U0203846

THE CHECKLIST OF PLANTS IN EAST CHINA

华东植物名录

主编 严 靖 汪 远

图书在版编目(CIP)数据

华东植物名录 / 严靖，汪远主编. —郑州 ：河南科学技术出版社，2023.10
ISBN 978-7-5725-1226-1

Ⅰ.①华… Ⅱ.①严… ②汪… Ⅲ.①植物－华东地区－名录 Ⅳ.①Q948.525-62

中国国家版本馆CIP数据核字（2023）第153295号

出版发行：河南科学技术出版社
地址：郑州市郑东新区祥盛街27号　邮编：450002
电话：（0371）65788629　65788613
网址：www.hnstp.cn
策划编辑：陈淑芹
责任编辑：田　伟
责任校对：丁秀荣
封面设计：张德琛
责任印制：徐海东
印　　刷：河南瑞之光印刷股份有限公司
经　　销：全国新华书店
开　　本：889 mm×1 194 mm　1/16　印张：34.75　字数：883千字
版　　次：2023年10月第1版　2023年10月第1次印刷
定　　价：268.00元

如发现印、装质量问题，影响阅读，请与出版社联系并调换。

编写人员名单

主　　编　严　靖　汪　远

副 主 编　王樟华　李惠茹　闫小玲

编写人员　严　靖　汪　远　李惠茹　王樟华　闫小玲

审　　校　杜　诚　钟　鑫

前言

东六省一市（不含台湾省，以下简称华东地区）地处中国东部沿海，包括上海、江苏、浙江、安徽、福建、江西和山东，面积 83.43 万平方千米，占全国的 8.7%，地形复杂，以丘陵、盆地和平原为主，属亚热带湿润性季风气候和温带季风气候。该地区跨北亚热带与中亚热带两个生物气候带，气候差异明显，植物资源丰富。其海岸线绵长，沿海岛屿众多，且拥有国家一类口岸 75 个和 4 个临时开放口岸，对外交流频繁，交通发达，人口众多，经济繁荣。复杂的地形和气候使得该区植物资源丰富，包括了中亚热带常绿阔叶林、常绿落叶混交林、华东灌丛和华东平原草地等多种植被类型，植物区系复杂。高度的对外开放则使得华东地区成为外来植物进入中国的主要通道之一，外来物种更易在本地定殖归化，因此该地区所遭受的外来植物的威胁亦尤其严重。

华东地区的面积虽然不足全国的 9%，却承载着全国 1/3 的人口，生物多样性保育压力极大。然而至今还没有华东行政区范围的植物信息数据库，只有各省植物志、地方植物名录可用，对于研究植物区系较为不便。因此，鉴于华东地区植物研究资料更新相对落后，特别是考虑到国家林草局设立于中国科学院上海辰山植物科学研究中心华东野生濒危资源植物保育中心的使命，完整的植物信息库是开展生物多样性保育的基础，因此，华东地区植物信息数据库急需更新。

1. 省级植物志（植物名录）更新缓慢

华东六省一市植物志现状：《山东植物志》上下两卷，分别出版于 1990 年及 1997 年，共记载维管束植物 183 科 925 属 2 472 种（含种下等级，下同），但之后有《山东木本植物志》，出版于 2016 年，收录木本植物 98 科 280 属 916 种。《江苏植物志》第一版分上下两卷，分别出版于 1977 年及 1984 年，共记载维管束植物 197 科 2 350 种；第二版共 5 卷，出版于 2013 年至 2016 年，收录了苔藓植物和维管束植物共 297 科 1 391 属 3 759 种。《安徽植物志》共 5 卷，出版于 1986 年至 1992 年，共记载维管束植物 225 科 1 232 属 3 645 种。《浙江植物志》共 8 卷，其中第 1 卷为总论，各卷出版于 1989 年至 1993 年，共记载维管束植物 231 科 1 372 属 4 444 种。《浙江植物志（新编）》出版于 2021 年，共记载维管束植物 262 科 1 587 属 4 868 种。浙江省近年来还相继出版了《杭州植物志》（共 3 卷，2017 年出版）和《温州植物志》（共 5 卷，2017 年出版）等市级植物志。《江西植物志》第一版出版于 1960 年，实际为《江西野生经济植物志》，后经当时的邵式平省长审阅后题名为《江西植物志》，收录物种有限，只记述了野生资源植物 501 种；第二版目前已出版 3 卷，出版于 1993 年至 2014 年，共记载维管束植物 189 科 826 属 3 156 种，仍未完全出版，预计收录 5 000 余种维管束植物；但江西有《江西种子植物名录》，收录了江西种子植物 200 科 1 160 属 4 452 种，出版于 2010 年。《福建植物志》共 6 卷，出版于 1982 年至 1995 年，共记载维管束植物 248 科 1 596 属 4 669 种。《上海植物志》出版于 1999 年，包括野生植物和经济植物在内，共记载 168 科 981 属 2 296 种；但有《上海维管植物名录》，出版于 2013 年，包括野生植物和栽培植物在内，共记载植物 202 科 1 100 属 2 991 种，其中野生植物 150 科 601 属 1 199 种。由此可见，华东六省一市中，山东、安徽、福建的植物资料至少距今已有 20 年，关于植物信息的基础资料缺乏更新。

1993 年出版的《华东五省一市植物名录》收录了安徽、福建、江苏、江西、上海和浙江五省一市的植物 8 616 种，除维管束植物之外还包含了苔藓与地衣，但缺乏山东省的数据。2010 年出版的《华东种子植物检索手册》以行政区划为界，收录了华东地区种子植物 233 科 1 782 属 6 458 种。2014 年出版的《华东植物区系维管束植物多样性编目》则以自然区系为界，以标本为基础资料，其囊括的范围与行政区划意义上的华东地区相差较大，不包括淮河以北地区和福建中南部，但包括了湖北中东部、湖南中东部、广东北缘和河南东南缘，共发现和整理了区系内维管束植物 245 科 1 563 属 7 272 种。

2. 新记录种类和新种不断增加

随着植物调查的不断开展和研究的深入，新记录植物种类被不断发现，包括省级新记录和国家级新记录。随着植物研究力量不断加强，科研人员和植物爱好者等不断深入前人调查未及的大山深处，发现了大量之前尚未记载的新分布植物，尤其是近年来调查比较详细的浙江省、福建省、江苏省和上海市。另外随着专业水平的提升，一些疑难类群及相似种类的鉴定更加准确，从而增加了一些之前被忽略的种类。2010~2019 年的近 10 年间报道华东地区省级新记录的文献就超过了 30 篇，报道新记录种超过 100 种，极大地丰富了华东地区植物区系的基础资料。

除了原生植物，各省外来植物也不断地被发现，种类大幅增加。胡长松等（2016）在江苏省的进口粮食码头、加工厂、储备库、运输沿线等区域就曾发现外来植物 142 种，其中中国新记录种就有 21 种，尽管这些物种目前尚处于管控区内，但存在逃逸甚至归化或造成入侵的风险。2018 年在安徽滁州发现了新归化种头序巴豆（*Croton capitatus* Michx.）（夏常英等 , 2020），之后的两年间就已分布到江苏和山东等地；2019 年在浙江宁海报道了弗吉尼亚须芒草（*Andropogon virginicus* L.）的分布新记录（徐跃良等 , 2019），且已在浙江归化；2020 年在浙江宁波报道了弯喙苣（*Urospermum picroides* (L.) Scop. ex F.W.Schmidt）的分布新记录，目前该种尚处于定殖阶段（杨旭东等 , 2020）。2020 年在江苏句容报道了二色仙人掌（*Opuntia cespitosa* Rafinesque）的新记录，并已归化于江苏（李新华等 , 2020）。据我们统计，21 世纪的最初 20 年间华东地区就新增了 31 种国家新记录外来植物，且在全国范围内已有超过 60 种外来植物在中国归化或入侵，这些物种扩散至华东地区只是时间问题。由此可知，随着国际交流和贸易的进一步深入，外来物种的输入将会是一种常态。

华东地区各省的新种近年来持续被发现并发表。据统计，2000~2019 年这 20 年间，中国新发表了 4 407 个中国维管植物新分类群，平均每年发表 220 个新分类群，且没有明显的减缓趋势（Du, 2020）。虽然中国维管植物新物种主要分布在西南地区，其中以云南省最多，但华东地区的新发现也非常之多，其中以浙江省为最，共发表了 184 个新种。2000~2010 年，华东地区共有 157 个新种（包括种下等级和新杂交种，下同）发表。对 1999~2019 年文献报道的江西高等植物新种及新记录进行统计分析表明，21 年间，在江西共发现高等植物新种 14 种，新变种 4 种，新变型 3 种，新记录科 8 科，新记录属 43 属，新记录种 348 种（李斌等 , 2020）。

目前，新种依然在不断地被发现并发表，仅 2020 年上半年在浙江省就发表了 8 个新种，它们分别是：大皿黄精（*Polygonatum daminense* H. J. Yang & D. F. Cui）、庆元香科科（*Teucrium qingyuanense* D. L. Chen, Y. L. Xu & B. Y. Ding）、凤阳山荚蒾（*Viburnum fengyangshanense* Z. H. Chen, P. L. Chiu & L. X. Ye）、无毛忍冬（*Lonicera omissa* P. L. Chiu, Z. H. Chen & Y. L. Xu）、泰顺皿果草（*Omphalotrigonotis taishunensis* Shao Z. Yang, W. W. Pan & J. P. Zhong）、景宁悬钩子（*Rubus jingningensis* Z. H. Chen, F. Chen & F. G. Zhang）、永嘉石斛（*Dendrobium yongjiaense* Z. Zhou & S. R. Lan）和浙南木樨（*Osmanthus austrozhejiangensis* Z. H. Chen, W. Y. Xie & X. Liu）。2019 年在浙江发现并发表的新分类群也达到了 12 个之多。这些新种的不断发现极大地丰富了华东地区植物区系的资料，同时也说明华东地区还有许多的植物资源尚待发掘。但是，由于一些新种被发表的时候所依据的很多是形态学证据，缺乏分子系统学的证据和基于种群的研究，导致很多新种发表之后不久就被归并或处理成异名。

3. 植物分类学观点变更

由于各地方植物志编纂时年代较早，很多类群当时研究不够透彻。随着近些年分子生物学手段的使用、各个类群专类研究的深入以及 *Flora of China* 的编纂出版，很多种类的分类地位都发生了变动。有些种类经研究认为应归并，有些应拆分，还有些由种级变更为亚种、变种，或者亚种、变种提升为种。属级水平的研究也在不断进行，包括众多大属的拆分、小属的合并等。过去 20 年间，经过分类学研究，中国有 3 562 个植物名称被组合、306 个名称被替代、2 349 个名称被归并入其他物种；大约有全国总数的十分之一植物物种名称发生了变化。

随着分子系统学研究的深入，属级分类学变动非常普遍。如唇形科的大属鼠尾草属（*Salvia* L.），有 900~1 000 种左右，在欧洲、非洲、东亚和南北美洲均有广泛分布。然而分子研究表明，这样定义的广义鼠尾草属是多系群，至少可以分成 I、II、III-A、III-B 和 IV 等 5 个演化支。就叶绿体基因和核基因各自构建的系统发育树的共同之处来说，演化支 I（包含属模式，主要分布于欧洲及周边地区）与迷迭香属（*Rosmarinus* L.）和分药花属（*Perovskia* Kar.）构成一个支持率较高的分支；演化支 II（主要分布于美洲）与矛叶苏属（*Dorystaechas* Boiss. & Heldr. ex Benth.）和樟味苏属（*Meriandra* Benth.）构成一个支持率较高的分支；演化支 III-A、III-B（主要分布于非洲）与香蚁苏属（*Zhumeria* Rech. f. & Wendelbo）构成一个支持率较高的分支；演化支 II（及其卫星属）、演化支 III-A ＋ III-B（及其卫星属）又与演化支 IV（分布于东亚）构成多分支结构。

针对这种情况有两种处理方式，一是把嵌在广义鼠尾草属中的 5 个卫星属归入鼠尾草属，二是把鼠尾草属拆分成多个较小的属。德国学者玛利亚 · 威尔主张后一处理方式，理由之一是她和她的团队发现广义鼠尾草属的两大分支与蜜蜂花属（*Melissa* L.）、囊萼苏属（*Lepechinia* Willd.）也构成暂时不能解析的多分支结构（Will & Claßen-Bockhoff, 2014）。然而，国际分类学界的主流意见是前一处理方式。2017 年，一个国际性团队运用更多的 DNA 片段确证蜜蜂花属和囊萼苏属构成一个支持率较高的演化支（即蜜蜂花亚族），而与广义鼠尾草属及其卫星属构成的鼠尾草亚族分开。此时，把整个鼠尾草亚族处理成单一的鼠尾草属，既不违反单系原则，又可以最大程度保证名称稳定（5 个卫星属总共只有 15 种），对分类学界和人数更多的非分类学界人士（特别是园艺界）都是极大的方便。反之，如果拆分鼠尾草属，则将有 700 多个种不得不更名。

再如藜属（*Chenopodium* L.），分子研究表明传统的藜属是高度的并系群，菠菜属（*Spinacia* L.）和滨藜属（*Atriplex* L.）的一些物种均嵌入其中，为此，从藜属中分出刺藜属（*Teloxys* Moq.）、球花藜属（*Blitum* L.）、多子藜属（*Lipandra* Moq.）、红叶藜属（*Oxybasis* Kar. & Kir.）和麻叶藜属（*Chenopodiastrum* S. Fuentes, Uotila & Borsch），原来局限分布于澳洲的腺毛藜属（*Dysphania* R. Br.）范围扩大，包含了香藜（*D. botrys* (L.) Mosyakin & Clemants）和土荆芥（*D. ambrosioides* (L.) Mosyakin & Clemants）等种类（Fuentes-Bazan et al., 2012）。相应的，狼尾草属（*Pennisetum* Rich.）则由于在形态上与蒺藜草属（*Cenchrus* L.）植物有诸多的相似特征，且系统发育结果强烈支持狼尾草属和蒺藜草属的统一，因此狼尾草属应并入蒺藜草属（Chemisquy et al., 2010）。

属级分类学变动，就涉及种的重新组合。由于种种原因，在属的变动发生之后，实际上很多名称仍然未得到妥善的处理，一些新组合至今仍未被发表，这部分分类学工作仍然在不断地进行着。本名录共涉及 17 个新组合，包括一个替代名称。例如，广义李属有 2 种处理方式，即分为桃属（*Amygdalus* L.）、樱属（*Cerasus* Mill.）、稠李属（*Padus* Mill.）、桂樱属（*Laurocerasus* Duhamel）、杏属（*Armeniaca* Scop.）等小属，或者维持广义李属概念。分子系统学研究表明，广义李属分为单生花、伞房花序和总状花序三大类群。然而，除伞房花序类之外，其他几个分支与传统属对应的支持率都不高，如要严格保持单系性，需要拆分出大量新属。因此，本书保持广义李属概念，由此带来一些未发表的新组合。

打碗花属为单系类群，但分子系统学研究表明，本属嵌入旋花属中。本书将所有打碗花属植物并入旋花属中，并由此带来未发表的新组合。

除属级变动外，种的合并与独立常常涉及大种概念与小种概念的分类学观点之争，如苍耳属（*Xanthium* L.）植物，中国植物志英文版（FOC）中记载的苍耳（*Xanthium strumarium* L.）的异名就有 27 个之多，将中国植物志中文版（FRPS）中所描述的蒙古苍耳（*X. mongolicum* Kitagawa）和偏基苍耳（*X. inaequilaterum* A. Candolle）均当作异名处理而合并成苍耳一个种，甚至将外来种北美苍耳（*X. chinense* Miller）也作为异名处理，针对这种处理有些学者是持反对意见的。关于北美苍耳，李振宇先生有考证：Miller（1768）发表该种时误将其原产地写成中国，但不久后 Miller（1771）本人对此做了纠正，指出 W. Houston 于 1730 年首次在墨西哥的韦拉克鲁斯发现北美苍耳的天然种群，同时指出该种与较晚发表的 *X. glabratum* Britton（平滑苍耳）为同一种植物。19 世纪初北美苍耳的刺果附着在北美浣熊皮上被带入欧洲，1929 年吉野善介在日本冈山县采到本种标本。1933 年日本学者中井猛之进（T. Nakai）等在内蒙古赤峰市采到中国境内的北美苍耳标本，1936 年北川政夫（M. Kitagawa）误将该种作新种蒙古苍耳发表，不久该种在哈尔滨和热河出现。因此，北美苍耳可能自日本传入我国东北地区。如今南北各地多有分布，常入侵农田，且已严重威胁本土种偏基苍耳的生存。在华东地区的各省级植物志中，关于苍耳这一种就多达 4 个名称，分别为：*X. inaequilaterum*（福建）、*X. mongolicum*（山东）、*X. sibiricum*（福建、山东、安徽和江西）和 *X. strumarium*（江苏）。而与此类似的情况远不止于此，如番薯属（*Ipomoea* L.）中关于牵牛 [（*I. nil* (L.) Roth] 、裂叶牵牛（*I. hederacea* Jacquin）和变色牵牛 [*I. indica* (J. Burman) Merrill] 的问题、鬼针草属（*Bidens* L.）中白花鬼针草 [*B. alba* (L.) Candolle] 和三叶鬼针草（*B. pilosa* L.）的问题等。由于分类学变动在各大植物志中的处理不尽相同，这就造成了大量同物异名的现象产生，从而导致植物志中所记载的许多植物名称事实上都是异名，这种混乱在各省级植物志中普遍存在。

4. 错误鉴定、存疑种类和错误拼写得到纠正

由于研究不透彻或资料获取不便等原因，有很多物种存在错误鉴定的情况，随着研究深入，这些问题很多得到校正。错误鉴定的情况在外来植物中尤其普遍，如 2015 年发现于安徽中国大陆新记录种白花金纽扣（*Acmella radicans* (Jacq.) R.K. Jansen），就曾被学者于 2014 年误鉴定为短舌花金纽扣（*A. brachyglossa* Cass.）。另外相近种之间的混淆也常有发生，其中最严重的为反枝苋（*Amaranthus retroflexus* L.）和绿穗苋（*A. hybridus* L.）之间的混淆。FRPS 及 FOC 对反枝苋分布范围的记载均为华北地区，绿穗苋则华南至华北地区均有分布，而国内大部分的期刊文献、部分植物图鉴甚至地方植物志都错误地将绿穗苋鉴定为反枝苋，以至于反枝苋在南方如江西省的分布出现“全省分布”的描述。而事实是“全省分布”的为绿穗苋，反枝苋在华东及华南地区极少见，而绿穗苋在北至内蒙古、新疆等地均发现有分布，由于两者形态特征相近而被错误鉴定以致以讹传讹，导致诸多文献报道中两者的分布范围有所交叉又互相矛盾且混乱不一（严靖等 , 2017）。

此外学名错误使用的情况也大量存在，如南美天胡荽的学名应为 *Hydrocotyle verticillata* Thunb.，而不是国内文献普遍记载的 *H. vulgaris* L.，后者在中国并没有分布，也未见引种栽培，因两者形态相近而相互混淆，这种情况在欧洲如比利时、西班牙等国家的文献中也曾存在。再如小万寿菊（*Tagetes minuta* L.），此前在文献中常使用的名称为 *T. minima* L.，然而在北美植物志（FNA）中就已说明这个名称为源于 *T. minuta* 的错误使用。

华东地区各省级植物志中存在的被 FOC 纠正的误用名就超过了 100 个，这些误用名所涉及的主要为错误鉴定及存疑物种的问题。如米面翁 *Buckleya henryi* Diels 被误用为 *B. lanceolata* (Sieb. & Zucc.) Miq.（江苏、江西）、小藜 *Chenopodium ficifolium* Sm. 被误用为 *C. serotinum* Forssk.（安徽、福建、江西）、

沼生蔊菜 *Rorippa palustris* (L.) Besser 被误用为 *R. islandica* (Oeder) Borbás（安徽、山东）等。另外 FOC 中也有一些问题尚未得到纠正，如酸浆属（*Physalis* L.），其中毛酸浆在 FOC 中的学名为 *Physalis philadelphica* Lam.，而在 FRPS 中的学名则为 *P. pubescens* L.，实则为两个不同的物种。尽管 FOC 对这一情况进行了“澄清”，并说明 *P. pubescens* 为基于一份 *P. philadelphica* 标本的错误鉴定（事实上 FOC 的“更正”是错误的），但关于酸浆属的分类学问题却并没有得到妥善的解决，尤其是归化于中国的酸浆属植物，其形态特征具有诸多的变异，且物种之间存在着杂交的可能，导致野外酸浆属植物常常存在特征过渡的现象。还有如长刺蒺藜草（*Cenchrus longispinus* (Hack.) Fernald）误鉴定为少花蒺藜草（*C. spinifex* Cav.）的问题等。

一些存疑种类随着研究的深入也逐渐得到解决。如一度被视为入侵植物的弯曲碎米荠（*Cardamine flexuosa* With.），2006 年基于分子系统学研究认为原产日本、中国大陆和东南亚的 Asian *C. flexuosa* 和原产欧洲的 *C. flexuosa* 是独立进化的两个分支，应该是两个独立的物种，并最终于 2016 年根据植物命名法规给原产中国的 Asian *C. flexuosa* 重新命名为 *C. occulta* Hornem. 并指定了模式。再如李法增和陈锡典（1985）曾发表一新种山东丰花草（*Borreria shandongensis* F.Z. Li & X.D. Chen），后来发现该种并非新种，而是外来物种睫毛坚扣草［*Hexasepalum teres* (Walter) J.H.Kirkbr.］的错误鉴定。类似的情况还有很多，但已出版的植物志仍然是错误的信息，且错误一直延续。

现有地方植物志由于早期出版、参考资料等原因，存在大量字母拼写错误，还有很多晚出同名、命名人拼写不规范等问题。这些错误随着植物志的使用被广泛流传，以致很多出版物都犯了相同错误，FOC 对于大部分这一类的问题都进行了纠正。

错误拼写中常见的情况有：ae→i（如细叶青冈 *Cyclobalanopsis myrsin**i**folia* 错误拼写为 *Cyclobalanopsis myrsin**ae**folia*）、a→e、a→o、a→i、a→u、a→um（如文冠果 *Xanthoceras sorbifoli**um*** 错误拼写为 *Xanthoceras sorbifoli**a***）、a→us（如卫矛 *Euonymus alat**us*** 错误拼写为 *Euonymus alat**a***）、i→a、i→e（如吉祥草 *Reineck**e**a carnea* 错误拼写为 *Reineck**i**a carnea*）、i→o、i→y、m→n、ru→ur（如芡实 ***Eur**yale ferox* 错误拼写为 ***Eru**yale ferox*）、sis→se、u→n、u→o、um→a、um→ae、us→a 等，多一个字母或少一个字母的情况也很常见，如多或少字母 a、b、c、e、g、i、n、o、p、s 等，如芭蕉 *Musa basjoo* 错误拼写为 *Musa bas**i**joo*、珠穗苔草 *Carex ischnost**a**chya* 错误拼写为 *Carex ischnostchya* 等。上述情况大多数属于词尾错误（词性不同导致）、元音字母错误（音节问题）、笔误以及印刷问题等，此外连字符“-”的有无也是常见的错误拼写之一，其中多连字符是最常见的错误，如珊瑚樱 *Solanum pseudocapsicum* 错误拼写为 *Solanum pseudo-capsicum*。

5. 分类系统的更新

从华东地区各省（市）出版的省级植物志来看，蕨类植物的编排除《江苏植物志》（第 2 版）按照张宪春分类系统（2012）外，其他均按照秦仁昌分类系统（1978）排列；裸子植物均按照郑万钧分类系统（1978）排列。被子植物的分类系统则较为复杂，《江西植物志》（第 2 版）按照哈钦松系统（1926）排列；《江苏植物志》（第 2 版）按照克朗奎斯特系统（1981），并有部分科参考 APG III 分类系统（2009）进行了调整；《山东植物志》按照恩格勒和笛尔士《植物自然分科志》第 11 版的系统（1936）排列；其他省级植物志则均采用以恩格勒（1964）为主要框架的分类系统。

由此可知，目前大部分的省级植物志仍然采用以恩格勒（1964）为主要框架的分类系统，虽经小幅修改，但整体仍为人为分类系统，和现代研究成果相去甚远。

被子植物是高等植物中最为进化和繁盛的类群，近年来，以 DNA 测序为基础的分子系统学日趋成熟，利用分子系统学手段来得到更自然的系统演化关系已成为有效且普遍的途径，被子植物分类系统出现了众多新的变化，APG 系统即为一例。APG 系统（或称 APG 分类法）（APG, 1998）是被子植物系统发育研究组（Angiosperm Phylogeny Group）以分支分类学和分子系统学为研究方法提出的被子植物新分类系统，该分类法以分支分类学的单系原则界定植物分类群（尤其是目和科）的范围，还建议尽量将单属科或寡属科合并，以减少科的数目，自 1998 年发表第一版以来，经历近 20 年不断完善，至 2016 年已发表第四版，其分类系统框架和对科级范畴的界定已基本成熟，得到主流学界的认可。2017 年出版的市级植物志《杭州植物志》中被子植物部分科即按照 APG III 分类系统（2009）进行了调整。蕨类植物 PPG I 系统 2016 年首次发表，其整体框架也是经过长时间的研究得到确认。现生裸子植物的系统发育树也于 2010 年提出（Ran et al., 2010）。因此，中国的新植物志、植物名录应抛弃先入为主的分类概念，在采用、吸收最新研究成果的前提下，保持分类体系相对稳定。

综上，本书主要基于以下 7 个方面开展编著工作：

1. 整理华东地区各省级植物志和植物名录收录的物种数据

将华东地区各省市的植物志、植物名录中记载的物种名称及信息进行录入并整理，主要包括《山东植物志》（上、下两卷）、《江苏植物志（第 2 版）》、《安徽植物志》（5 卷）、《浙江植物志》（7 卷）、《江西植物志（第 2 版）》（1~3 卷）、《江西种子植物名录》、《福建植物志》（6 卷）、《上海植物志》、《上海维管植物名录》等。对录入的植物名称进行标准化，校正拼写错误，与《中国植物志》和 *Flora of China* 进行匹配，最终整理了 26 837 条植物名称数据，校正各植物志中的错误拼写 1 446 条，涉及 879 个名称。

2. 提取文献报道的新种及新记录植物

通过收集并整理国内外相关分类学文献及著作，提取其中发表的华东地区新种数据，以及华东地区的分布新记录植物（包括外来入侵和新归化植物），极大地丰富了华东地区植物区系的资料。

据统计，自各省市植物志或植物名录出版后至 2021 年 12 月，华东地区新发表的植物新种、新等级、新组合等共 496 个，隶属于 91 科 231 属，禾本科中发表新种最多，达 62 种，蔷薇科和莎草科次之，分别为 36 种和 35 种，其中刚竹属（*Phyllostachys* Sieb. & Zucc.）新种最多，达 38 种，薹草属（*Carex* L.）次之，有 31 种。本书收录了所有新分类群，并根据相关文献进行了一定的处理，部分种类在分类学上被归并，但有观赏价值的种类降级为品种，将对应的生态型处理为相应种类的异名。此外，其中发表的新分类群中也不乏栽培的变型和杂交种，本书未收录，但作为附录列于书后。首次发现于华东地区的国家新记录种有 58 种，各省市报道的省级新分布种则达到 1 200 种之多。上述数据极大地丰富了华东地区植物区系的基础资料，对于各省市的植物志及植物名录也是重要的补充资料，同时也说明华东地区还有许多的植物资源尚待发掘。

3. 纠正各省级植物志及植物名录中的错误鉴定及存疑物种

通过对华东地区植物名称进行标准化，与《中国植物志》和 *Flora of China* 进行匹配，同时查阅相关分类学文献，对华东地区植物名录中的错误鉴定和存疑物种进行了考证，如反枝苋（*Amaranthus retroflexus* L.）和绿穗苋（*A. hybridus* L.）之间的混淆，弯曲碎米荠（*Cardamine flexuosa* With.）的错误鉴定和学名误用等。本书共校正了 174 处错误鉴定及存疑物种，并对这 174 个误用名进行了标注和纠正。此外还对 14 个未合格发表的名称和 28 个不合法名称进行了标注。

4. 按最新分类状态进行处理

根据最新分类学文献，处理华东地区所涉及的植物属的拆分、合并及物种的等级变化等。随着近些年分子生物学手段的使用、各个类群专类研究的深入以及 *Flora of China* 的编纂出版，很多种类的分类地位都发生了变动。有些种类经研究认为应归并，有些应拆分，还有些由种级变更为亚种、变种，或者亚种、变种提升为种。属级水平的研究也在不断进行，包括众多大属的拆分、小属的合并等。本次研究共处理此类异名数据 8 104 条，涉及 3 778 个名称，如狼尾草属（*Pennisetum* Rich.）、蒺藜草属（*Cenchrus* L.）的合并，传统藜属（*Chenopodium* L.）的拆分等。对于部分因属的变动而尚未进行组合处理的名称，作者在书中均做了相应的分类学处理，共处理此类新组合名称 19 个，包括一个替代名。这 19 个新组合名称（含替代名）为：光叶栗金星蕨 *Coryphopteris japonica* var. *glabrata* (Ching) Yuan Wang，Jing Yan & C.Du、三角叶盾蕨 *Lepisorus ovatus* f. *deltoideus* (Hand.-Mazz.) Yuan Wang, Jing Yan & C. Du、乐东拟单性木兰 *Pachylarnax lotungensis* (Chun & C.H. Tsoong) Yuan Wang, Jing Yan & C. Du、天鹅绒竹 *Bambusa chungii* var. *velutina* (T.P. Yi & J.Y. Shi) Yuan Wang, Jing Yan & C. Du、凤阳山樱桃 *Prunus fengyangshanica* (L.X. Ye & X.F. Jin) Yuan Wang, Jing Yan & C. Du、崂山樱花 *Prunus laoshanensis* (D.K. Zang) Yuan Wang, Jing Yan & C. Du、景宁晚樱 *Prunus paludosa* (R.L. Liu, W.J. Chen & Z.H. Chen) Yuan Wang, Jing Yan & C. Du、景宁青冈 *Quercus jingningensis* (Z.H. Chen, Ri L. Liu & Y.F. Lu) Yuan Wang, Jing Yan & C. Du、软枝青冈 *Quercus reclinatocaulis* (M.M. Lin) Yuan Wang, Jing Yan & C. Du、雷公藤 *Celastrus wilfordii* (Hook. f.) Yuan Wang, Jing Yan & C. Du、扁叶孔药柞 *Neosprucea planifolia* (Horik.) Yuan Wang, Jing Yan & C. Du、仙居冻绿 *Frangula crenata* var. *xianjuensis* (X.F. Jin & Y.F. Lu) Yuan Wang, Jing Yan & C. Du、砂引草 *Heliotropium sibiricum* (L.) Yuan Wang, Jing Yan & C. Du、细叶砂引草 *Heliotropium sibiricum* var. *angustior* (DC.) Yuan Wang, Jing Yan & C. Du、长叶藤长苗 *Convolvulus pellitus* subsp. *longifolius* (Brummitt) Yuan Wang, Jing Yan & C. Du、毛打碗花 *Convolvulus sepium* subsp. *spectabilis* (Brummitt) Yuan Wang, Jing Yan & C. Du、旋花 *Convolvulus silvaticus* subsp. *orientalis* (Brummitt) Yuan Wang, Jing Yan & C. Du、天目山蓝 *Dicliptera tianmuensis* (H.S. Lo) Yuan Wang, Jing Yan & C. Du、虾须草 *Aster spananthus* Yuan Wang, Jing Yan & C. Du。

基于上述工作，本书共收录华东地区 249 科 1 764 属 8 207 种原生及外来归化（含入侵）植物。

5. 更新分类系统

根据分子系统学研究结果，将华东地区石松类和蕨类植物的科按照 PPG I 系统排列，裸子植物的科按照 Ran 等（2010）提出的系统排列，被子植物的科按照 APG IV 系统进行排列。结果显示，华东地区 8 207 种原生及外来归化和入侵植物隶属于 249 科，其中石松类和蕨类植物 36 科，裸子植物 6 科，被子植物 207 科。科内属的排序则依据系统发育关系，主要参考多识植物百科及各类群的最新分类学成果。

6. 华东珍稀濒危植物和保护植物

在对华东地区植物信息数据进行汇总整理之后，根据世界自然保护联盟（IUCN）和《中国生物多样性红色名录——高等植物卷》（2013）等确定华东珍稀濒危植物名录，统计结果显示，华东地区珍稀濒危植物有 678 种，隶属于 117 科 340 属，其中极危（CR）56 种，濒危（EN）108 种，易危（VU）228 种，近危（NT）283 种，另有绝灭（EX）1 种，野外绝灭（EW）2 种。根据国家林业和草原局和农业农村部最新发布的《国家重点保护野生植物名录》（2021），华东地区共有重点保护植物 217 种，隶属于 60 科 118 属。其中一级保护植物 16 种，二级保护植物 201 种。

7. 华东归化与入侵植物

归化植物是指在无人为干扰的情况下可自行繁衍的来自本土之外的异域植物，并且能够长期维持（通常为 10 年以上）种群的自我更替（Pyšek et al, 2004），即当外来物种在自然或半自然的生态系统或生境中建立了种群时，称为归化（Jiang et al, 2011），而改变且威胁本地生物多样性并造成经济和生态损失时，就构成了入侵。因此，本书对归化植物的判断标准如下：（1）在无须人为干预的情况下可建立稳定种群；（2）可长期维持（通常为 10 年以上）种群的自我更替，能够完成完整的生活史（如从种子到种子）；（3）归化植物的种群应远离栽培群体，即能够占据非栽培生境，是否归化应视（1）（2）而定，栽培群体 [如黑松（*Pinus thunbergii*）人工林] 周围的更新苗属于逸生状态；（4）归化种群的数量及分布区域应达到一定的规模，分布不局限于一处，且至少在一处分布地占据优势地位（优势种，即在群落中占优势的种类，对群落的结构和群落环境的形成具有明显控制作用）；（5）对于存有争议的种类 [如桉属（*Eucalyptus*）的多种植物]，作者均咨询了相关专家，根据各方面的综合意见对外来植物进行合理评定。

本书共收录华东地区外来植物 380 种，其中 82 种处于栽培逸生或建群初级阶段，已在华东地区归化的植物有 62 科 182 属 298 种（附录 IV），总体上呈现种类丰富、以草本植物为主、原产于美洲的种类多、引入途径集中等特征。在空间尺度上，福建省（236 种）的物种多样性明显高于其他省市，且仅分布于此的种类也最多（达 57 种，占总种数的 19.1%），其他省市之间则差别不大，对外交流程度和气候相似性可能是影响归化植物多样性和空间分布格局的主要因素。在时间尺度上，1850 年之后，华东地区归化植物呈现出指数增长的趋势，增长速率达 1.5 种 / 年，且当前正处于快速增长阶段；21 世纪以来，80% 以上的归化植物来自无意引入的物种，这提示我们需要对此特别关注（严靖等，2021）。

外来入侵植物是归化植物的子集，归化是入侵的前期阶段，归化植物有造成入侵的潜在风险。根据《中国外来入侵植物名录》（马金双和李惠茹 , 2018），华东地区归化植物（374 种）中有 210 种中国外来入侵植物。在世界自然保护联盟（IUCN）公布的《外来物种入侵导致灾难性后果》报告中列出了 100 种入侵性最强的外来生物物种（其中被子植物 35 种）（Lowe et al, 2000; Courchamp, 2013），华东地区有 9 种；在国家环境总局、环境保护部和中国科学院发布的对中国生物多样性和生态环境造成严重危害和巨大经济损失的 40 种入侵植物中（环境总局 , 2003; 环境保护部 , 2010, 2014, 2017），华东地区就有 29 种，其中大部分都在华东地区造成了入侵危害。

随着长三角一体化宏伟目标的确立，华东地区作为我国对外交流的重要区域，在防范外来植物入侵方面面临着双重压力。一是外来植物的输入压力。胡长松等（2016）在江苏省的进口粮食码头、加工厂、储备库、运输沿线等区域就曾发现外来植物 142 种，其中中国新记录种就有 21 种。由此可知，随着国际交流和贸易的进一步深入，外来物种的无意输入将会是一种常态。二是外来植物归化并造成入侵危害的压力。华东地区归化植物中被列入中国外来入侵植物的种类占 62.2%，除此之外，归化植物经过一段时间的环境适应性进化，大多数都具有潜在的入侵风险（Pyšek et al, 2008），若任其发展，可能对当地的生态系统、生物多样性和农林业生产造成严重破坏。李振宇（2003）于 1985 年发现于北京的长芒苋（*Amaranthus palmeri*）就已经在京津冀地区造成了严重的入侵危害。目前该种向南仅分布至山东，但其种子却常见于各大口岸的进口粮食中，且华东地区为其适生区（徐晗等 , 2013），因此须特别关注该种的动态。此外还须重点监控那些尚未造成入侵但已有扩散蔓延趋势的归化植物，如北美刺龙葵（*Solanum carolinense*）、蒜芥茄（*S. sisymbriifolium*）等。因此，为了更好地对外来种进行管理，避免其造成入侵危害，应加强入境检疫、加大对口岸或港口的外来植物监测力度、规范引种栽培和注重科普宣传。

综上所述，本书最终整理了 27 668 条华东地区植物名称数据，处理异名 3 778 个，共收录物种 8 207 种，隶属于 249 科 1 764 属。其中石松类和蕨类植物 36 科 125 属 716 种，裸子植物 6 科 22 属 44 种，被子植物 207 科 1 617 属 7 447 种。原生植物共有 244 科 1 637 属 7 827 种，外来归化（含入侵）植物 68 科 227 属 380 种。另有各省植物志及名录记载的在华东地区仅有栽培的植物 1 830 种，本书未进行收录，仅收录了原生或外来植物中有栽培的种类。

国家级和省级植物志的编写完成并不代表中国的所有植物都已经弄清楚，华东地区亦是如此。20 年间的数据表明，新物种仍然以较高的数量被发现，分类学修订也导致大量的名称出现变化，要想完整地摸清中国植物的家底，还尚需相当的时日。同时，对于新种的发表以及新记录的报道应该更加谨慎，如证据应更加充分、更加科学，鉴定更加准确。在当代生命科学的背景下，我们可能更应该思考的是，如何将动态的植物信息完整、及时地展现在人们面前，利用现代信息技术手段开展新一代的可实时更新的数字化植物志，则显得更加必要。希望本书的出版以及华东植物信息数据库的建立能够为华东地区的植物资料更新做出重要贡献，为华东地区植物多样性保育、资源的开发利用以及科学普及等提供重要资料和理论依据。

本书由上海市绿化和市容管理局科研专项（G182419）资助出版。在本书的编著过程中，得到了上海市绿化和市容管理局、上海辰山植物园等单位的大力支持和帮助。感谢辰山植物园标本馆馆员钟鑫和研究助理杜诚在百忙之中对全书进行审校，感谢辰山植物园宋以刚博士对胡桃科和壳斗科的审定，感谢辰山植物园标本馆馆员李晓晨在堇菜属（*Viola* L.）和酢浆草属（*Oxalis* L.）的鉴定与资料收集中所给予的帮助。由于编写工作艰巨，涉及名称繁杂，考证难度较大，编者的学识水平有限，书中难免存在一些疏漏和错误，希望广大读者及专家给予指正，并提出宝贵意见，以使华东植物信息数据库不断趋于完善和准确。

编者

2021 年 12 月

编写说明

1. 收录内容

本书收录华东地区野生维管束植物 8 126 种（含种下等级），内容包括植物的科属信息、中文名、中文别名、别名来源、学名（接受名）、异名、异名来源、状态（原生、外来、栽培）、华东地区分布等信息。

2. 分类系统及排列顺序

本书石松类和蕨类植物的分类系统框架为 PPG I（2016），裸子植物的分类系统参考 Ran 等（2010）的研究，被子植物的分类系统框架为 APG IV（2016），同时参考了多识植物百科及最新分子系统学研究成果对部分属进行了调整。科、属的顺序按多识植物百科进行排序，种的顺序按学名字母进行排序。

3. 物种的中文名

中文名主要参考中国生物物种名录（2021）、FOC 和 CFH，同时对原文献（FOC、华东地区各省市植物志及物种名录）记载的中文别名也进行了收录。

4. 物种的接受名

物种的接受名主要参考中国生物物种名录（2021）、FOC、POWO、Tropicos 等数据库，结合各类群最新分子系统学研究成果确定，基本反映了最新的学术研究成果。

5. 物种的异名及其标注

异名包括了原文献记载的普通异名、晚出同名、非法名称和无效名称等，也包括拼写错误，同时对于错误鉴定和误用名称也进行了大量核对鉴定工作。对于拼写错误和误用名称，其在原文献中的错误记载会以双引号进行标注，在其后标注中文“拼写错误”或“误用名”等，并注明来源。

6. 物种状态

物种状态主要参考 FOC、各省市植物志、植物名录记载，并根据《中国外来入侵植物名录》（2018）和 The Checklist of the Naturalized Plants in China（2019）及其他相关研究资料确定。书中标注“外来、栽培”或“原生、栽培”的物种是指在华东地区既有野生分布又有栽培的植物，其中“栽培”是指普遍栽培，而不是仅栽培于一处（如植物园）。

7. 分布区域

分布区域以省级行政区划为单元记载，主要参考原文献记载，同时增加了各省市的新记录植物和新分布信息，并结合实地调查予以确定。

8. 编写范例

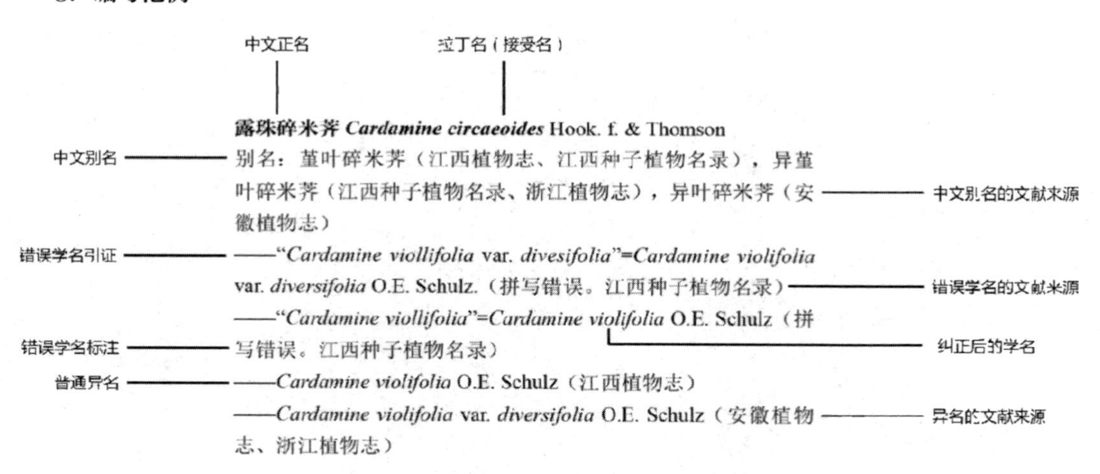

在本书的附录中，分别收录了发现于华东地区并有效发表的植物新名称、各省级植物志与名录中的误用名称、华东地区保护植物名录、华东地区归化（含入侵）植物名录和首次发现于华东地区的国家新记录种等，附于书后以供读者查询。此外，分布于华东地区的珍稀濒危植物在正文中作了相应的标注。

目　录

石松科 Lycopodiaceae

马尾杉属 *Phlegmariurus*

（石松科 Lycopodiaceae）

华南马尾杉 *Phlegmariurus austrosinicus* (Ching) Li Bing Zhang
别名：华南石杉（江西植物志）
——"*Huperzia austro-sinica*"=*Huperzia austrosinica* Ching（拼写错误。江西植物志）
原生。近危（NT）。华东分布：江西。

柳杉叶马尾杉 *Phlegmariurus cryptomerinus* (Maxim.) Ching
——"*Phlegmariurus crutomerianus*"=*Phlegmariurus cryptomerinus* (Maxim.) Ching（拼写错误。安徽植物志）
原生。华东分布：安徽、福建、江西、浙江。

福氏马尾杉 *Phlegmariurus fordii* (Baker) Ching
别名：华南马尾杉（江西植物志、浙江植物志），椭圆石松（福建植物志），雁荡马尾杉（浙江植物志）
——*Lycopodium fordii* Baker（福建植物志）
——*Phlegmariurus yandongensis* Ching & C.F. Zhang（浙江植物志）
原生。华东分布：福建、江西、浙江。

闽浙马尾杉 *Phlegmariurus mingcheensis* Ching
别名：闽浙石松（福建植物志）
——"*Phlegmariurus mingchegensis*"=*Phlegmariurus minchegensis* Ching（拼写错误。安徽植物志、浙江植物志）
——*Lycopodium minchegense* Ching（福建植物志）
原生。华东分布：安徽、福建、江西、浙江。

有柄马尾杉 *Phlegmariurus petiolatus* (C.B. Clarke) H.S. Kung & Li Bing Zhang
原生。华东分布：福建。

美丽马尾杉 *Phlegmariurus pulcherrimus* (Wall. ex Grev. & Hook.) Á. Löve & D. Löve
原生。华东分布：安徽。

石杉属 *Huperzia*

（石松科 Lycopodiaceae）

伏贴石杉 *Huperzia appressa* (Desv.) Á. Löve & D. Löve
——*Huperzia selago* var. *appressa* (Desv.) Ching（浙江植物志）
原生。华东分布：浙江。

中华石杉 *Huperzia chinensis* (Christ) Ching
原生。近危（NT）。华东分布：福建。

皱边石杉 *Huperzia crispata* (Ching) Ching
原生。易危（VU）。华东分布：江西。

锡金石杉 *Huperzia herteriana* (Kümmerle) T. Sen & U. Sen
原生。华东分布：安徽。

长柄石杉 *Huperzia javanica* (Sw.) Fraser-Jenk.
别名：蛇足石杉（安徽植物志、江苏植物志 第2版、江西植物志、上海维管植物名录、浙江植物志），蛇足石松（福建植物志）
——"*Huperzia serrata*"=*Huperzia javanica* (Sw.) Fraser-Jenk.（误用名。安徽植物志、江苏植物志 第2版、江西植物志、上海维管植物名录、浙江植物志）
——"*Lycopodium serratum*"=*Huperzia javanica* (Sw.) Fraser-Jenk.（误用名。福建植物志）
原生。华东分布：安徽、福建、江苏、江西、上海、浙江。

昆明石杉 *Huperzia kunmingensis* Ching
原生。华东分布：福建、江西。

金发石杉 *Huperzia quasipolytrichoides* (Hayata) Ching
别名：黄山石杉（安徽植物志）
——"*Huperzia hwangshanensis*"=*Huperzia whangshanensis* Ching & P.C. Chiu（拼写错误。安徽植物志）
原生。易危（VU）。华东分布：安徽、江西。

直叶金发石杉 *Huperzia quasipolytrichoides* var. ***rectifolia***（J.F. Cheng）H.S. Kung & Li Bing Zhang
别名：直叶黄山石杉（江西植物志）
——*Huperzia whangshanensis* var. *rectifolia* J.F. Cheng（江西植物志）
原生。极危（CR）。华东分布：福建、江西。

四川石杉 *Huperzia sutchueniana* (Herter) Ching
别名：稀齿石杉（江西植物志）
——*Huperzia minimadenta* J.F. Cheng（江西植物志）
原生。近危（NT）。华东分布：安徽、福建、江西、浙江。

小石松属 *Lycopodiella*

（石松科 Lycopodiaceae）

小石松 *Lycopodiella inundata* (L.) Holub
原生。华东分布：福建。

拟小石松属 *Pseudolycopodiella*

（石松科 Lycopodiaceae）

拟小石松 *Pseudolycopodiella caroliniana* (L.) Holub
别名：卡罗利小石松（FOC）
——*Lycopodiella caroliniana* (L.) Pic. Serm.（FOC）
原生。濒危（EN）。华东分布：福建。

垂穗石松属 *Palhinhaea*

（石松科 Lycopodiaceae）

垂穗石松 *Palhinhaea cernua* (L.) Franco & Vasc.
别名：灯笼草（安徽植物志、江西植物志、浙江植物志）
——"*Palhinhaea cernna*"=*Palhinhaea cernua* (L.) Franco & Vasc.（拼写错误。安徽植物志）
——*Lycopodium cernuum* L.（福建植物志）
原生。华东分布：安徽、福建、江西、浙江。

扁枝石松属 *Diphasiastrum*

（石松科 Lycopodiaceae）

扁枝石松 *Diphasiastrum complanatum* (L.) Holub
别名：地刷子石松（福建植物志）
——*Lycopodium complanatum* L.（福建植物志）
原生。华东分布：福建、江西、浙江。

石松属 *Lycopodium*

（石松科 Lycopodiaceae）

石松 *Lycopodium japonicum* Thunb.
别名：华中石松（江西植物志），密叶石松（江西植物志、浙江植物志）
——*Lycopodium centrochinense* Ching（江西植物志）

——*Lycopodium simulans* Ching & H.S. Kung（江西植物志、浙江植物志）
原生。华东分布：安徽、福建、江苏、江西、上海、浙江。

玉柏属 *Dendrolycopodium*

（石松科 Lycopodiaceae）

玉柏 *Dendrolycopodium obscurum* (L.) A. Haines
——*Lycopodium obscurum* L.（FOC）
原生。华东分布：安徽、福建、江西、浙江。

笔直石松 *Dendrolycopodium verticale* (Li Bing Zhang) Li Bing Zhang & X.M. Zhou
别名：劲直树状石松（安徽植物志）
——*Lycopodium obscurum* f. *strictum* (Milde) Nakai ex H. Hara（安徽植物志、江西植物志、浙江植物志）
——*Lycopodium verticale* Li Bing Zhang（FOC）
原生。华东分布：安徽、江西、浙江。

藤石松属 *Lycopodiastrum*

（石松科 Lycopodiaceae）

藤石松 *Lycopodiastrum casuarinoides* (Spring) Holub ex R.D. Dixit
别名：石子藤石松（福建植物志）
——"*Lycopodiastrum causarinoides*"=*Lycopodiastrum casuarinoides* (Spring) Holub ex R.D. Dixit（拼写错误。浙江植物志）
——"*Lycopodium casurainoides*"=*Lycopodium casuarinoides* (Spring) Holub ex R.D. Dixit（拼写错误。福建植物志）
原生。华东分布：福建、江西、浙江。

水韭科 Isoetaceae

水韭属 *Isoetes*

（水韭科 Isoetaceae）

保东水韭 *Isoetes baodongii* Y.F. Gu, Y.H. Yan & Yi J. Lu
原生。华东分布：浙江。

东方水韭 *Isoetes orientalis* Hong Liu & Q.F. Wang
原生。极危（CR）。华东分布：福建、浙江。

中华水韭 *Isoetes sinensis* Palmer
原生。濒危（EN）。华东分布：安徽、江苏、江西、上海、浙江。

卷柏科 Selaginellaceae

卷柏属 *Selaginella*

（卷柏科 Selaginellaceae）

二形卷柏 *Selaginella biformis* A. Braun ex Kuhn
别名：二型卷柏（福建植物志）
原生。华东分布：福建、江西、浙江。

布朗卷柏 *Selaginella braunii* Baker
原生。华东分布：安徽、江西、浙江。

蔓出卷柏 *Selaginella davidii* Franch.
别名：蔓生卷柏（福建植物志）
原生。华东分布：安徽、福建、江苏、江西、山东、浙江。

薄叶卷柏 *Selaginella delicatula* (Desv.) Alston
原生。华东分布：安徽、福建、江西、浙江。

深绿卷柏 *Selaginella doederleinii* Hieron.
原生。华东分布：安徽、福建、江西、浙江。

小卷柏 *Selaginella helvetica* (L.) Spring
原生。华东分布：安徽、山东。

异穗卷柏 *Selaginella heterostachys* Baker
原生。华东分布：安徽、福建、江西、浙江。

兖州卷柏 *Selaginella involvens* (Sw.) Spring
原生。华东分布：安徽、福建、江苏、江西、浙江。

细叶卷柏 *Selaginella labordei* Hieron. ex Christ
原生。华东分布：安徽、福建、江西、浙江。

耳基卷柏 *Selaginella limbata* Alston
别名：具边卷柏（江西植物志、浙江植物志）
原生。华东分布：福建、江西、浙江。

江南卷柏 *Selaginella moellendorffii* Hieron.
——"*Selaginella moellendorfii*"=*Selaginella moellendorffii* Hieron.（拼写错误。浙江植物志）
原生。华东分布：安徽、福建、江苏、江西、上海、浙江。

伏地卷柏 *Selaginella nipponica* Franch. & Sav.
原生。华东分布：安徽、福建、江苏、江西、山东、上海、浙江。

黑顶卷柏 *Selaginella picta* A. Braun ex Baker
原生。华东分布：江西。

垫状卷柏 *Selaginella pulvinata* (Hook. & Grev.) Maxim.
原生。近危（NT）。华东分布：福建、江西、山东。

疏叶卷柏 *Selaginella remotifolia* Spring
原生。华东分布：福建、江苏、江西、浙江。

鹿角卷柏 *Selaginella rossii* (Baker) Warb.
原生。华东分布：山东。

中华卷柏 *Selaginella sinensis* (Desv.) Spring
原生。华东分布：安徽、江苏、山东。

旱生卷柏 *Selaginella stauntoniana* Spring
原生。华东分布：山东。

卷柏 *Selaginella tamariscina* (P. Beauv.) Spring
别名：还魂草（安徽植物志、山东植物志）
原生。华东分布：安徽、福建、江苏、江西、山东、上海、浙江。

毛枝卷柏 *Selaginella trichoclada* Alston
原生。华东分布：安徽、福建、江西、浙江。

翠云草 *Selaginella uncinata* (Desv.) Spring
原生。华东分布：安徽、福建、江苏、江西、浙江。

剑叶卷柏 *Selaginella xipholepis* Baker
原生。华东分布：江西。

木贼科 Equisetaceae

木贼属 *Equisetum*

（木贼科 Equisetaceae）

问荆 *Equisetum arvense* L.
原生。华东分布：安徽、江苏、江西、山东、上海、浙江。

披散问荆 *Equisetum diffusum* D. Don
别名：披散木贼（上海维管植物名录）
原生。华东分布：上海。

犬问荆 *Equisetum palustre* L.

原生。华东分布：江西。

草问荆 ***Equisetum pratense*** Ehrh.

原生。华东分布：江苏、山东。

节节草 ***Equisetum ramosissimum*** Desf.

——"*Hippochaete ramosissimum*"=*Hippochaete ramosissima* (Desf.) Börner（拼写错误。安徽植物志）

——*Hippochaete ramosissima* (Desf.) Börner（江西植物志、山东植物志、浙江植物志）

原生。华东分布：安徽、福建、江苏、江西、山东、上海、浙江。

笔管草 ***Equisetum ramosissimum*** subsp. ***debile*** (Roxb. ex Vaucher) Hauke

——"*Hippochaete debile*"=*Hippochaete debilis* (Roxb. ex Vaucher) Ching（拼写错误。安徽植物志、江西植物志）

——*Equisetum debile* Roxb. ex Vaucher（福建植物志）

——*Equisetum ramosissimum* var. *debile* (Roxb. ex Vaucher) Hauke（江苏植物志 第 2 版）

——*Hippochaete debilis* (Roxb. ex Vaucher) Ching（浙江植物志）

原生。华东分布：安徽、福建、江苏、江西、上海、浙江。

林问荆 ***Equisetum sylvaticum*** L.

别名：林下问荆（山东植物志）

原生。华东分布：山东。

斑纹木贼 ***Equisetum variegatum*** Schleich. ex F. Weber & D. Mohr

原生。华东分布：江苏。

松叶蕨科 Psilotaceae

松叶蕨属 *Psilotum*

（松叶蕨科 Psilotaceae）

松叶蕨 ***Psilotum nudum*** (L.) P. Beauv.

原生。易危（VU）。华东分布：安徽、福建、江苏、江西、浙江。

瓶尔小草科 Ophioglossaceae

蕨萁属 *Botrypus*

（瓶尔小草科 Ophioglossaceae）

蕨萁 ***Botrypus virginianus*** (L.) Michx.

原生。华东分布：安徽、浙江。

阴地蕨属 *Sceptridium*

（瓶尔小草科 Ophioglossaceae）

薄叶阴地蕨 ***Sceptridium daucifolium*** (Wall. ex Hook. & Grev.) Lyon

——"*Scepteridium daucifolium*"=*Sceptridium daucifolium* (Wall. ex Hook. & Grev.) Lyon（拼写错误。浙江植物志）

原生。近危（NT）。华东分布：江西、浙江。

台湾阴地蕨 ***Sceptridium formosanum*** (Tagawa) Holub

——*Botrychium formosanum* Tagawa（FOC）

原生。近危（NT）。华东分布：江西。

华东阴地蕨 ***Sceptridium japonicum*** (Prantl) Lyon

——"*Scepteridium japonicum*"=*Sceptridium japonicum* (Prantl) Lyon（拼写错误。安徽植物志、浙江植物志）

——*Botrychium japonicum* (Prantl) Underw.（福建植物志、江苏植物志 第 2 版）

原生。华东分布：安徽、福建、江苏、江西、浙江。

阴地蕨 ***Sceptridium ternatum*** (Thunb.) Lyon

——"*Scepteridium ternatum*"=*Sceptridium ternatum* (Thunb.) Lyon（拼写错误。安徽植物志、山东植物志、浙江植物志）

——*Botrychium ternatum* (Thunb.) Sw.（福建植物志、江苏植物志 第 2 版）

原生。华东分布：安徽、福建、江苏、江西、山东、浙江。

劲直阴地蕨属 *Sahashia*

（瓶尔小草科 Ophioglossaceae）

劲直阴地蕨 ***Sahashia stricta*** (Underw.) Li Bing Zhang & Liang Zhang

——*Botrychium strictum* Underw.（FOC）

原生。华东分布：安徽、江西。

瓶尔小草属 *Ophioglossum*

（瓶尔小草科 Ophioglossaceae）

钝头瓶尔小草 ***Ophioglossum petiolatum*** Hook.

别名：柄叶瓶尔小草（FOC）

原生。华东分布：福建。

心叶瓶尔小草 ***Ophioglossum reticulatum*** L.

别名：尖头瓶尔小草（安徽植物志、江西植物志），一支箭（福建植物志）

——*Ophioglossum pedunculosum* Desv.（安徽植物志、福建植物志、江西植物志）

原生。近危（NT）。华东分布：安徽、福建、江西、浙江。

狭叶瓶尔小草 ***Ophioglossum thermale*** Kom.

原生。近危（NT）。华东分布：福建、江苏、江西、山东、上海、浙江。

瓶尔小草 ***Ophioglossum vulgatum*** L.

原生。华东分布：安徽、福建、江苏、江西、上海、浙江。

合囊蕨科 Marattiaceae

观音座莲属 *Angiopteris*

（合囊蕨科 Marattiaceae）

福建观音座莲 ***Angiopteris fokiensis*** Hieron.

别名：定心散观音座莲（浙江植物志），福建观音莲座（江苏植物志 第 2 版），福建莲座蕨（福建植物志、江西植物志），假脉莲座蕨（福建植物志），江西莲座蕨（江西植物志），林氏观音座莲（浙江植物志）

——*Angiopteris jiangxiensis* Ching & J.F. Cheng（江西植物志）

——*Angiopteris lingii* Ching（福建植物志、浙江植物志）

——*Angiopteris officinalis* Ching（浙江植物志）

原生。华东分布：福建、江西、浙江。

紫萁科 Osmundaceae

桂皮紫萁属 *Osmundastrum*

（紫萁科 Osmundaceae）

桂皮紫萁 *Osmundastrum cinnamomeum* (L.) C. Presl
别名：福建紫萁（浙江植物志），南方紫萁（安徽植物志、福建植物志、江西植物志）
——"*Osmunda cinnamomea* var. *fokiense*"=*Osmunda cinnamomea* var. *fokienense* Copel.（拼写错误。安徽植物志、福建植物志、浙江植物志）
——*Osmunda cinnamomea* L.（江西植物志）
原生。华东分布：安徽、福建、江西、浙江。

紫萁属 *Osmunda*

（紫萁科 Osmundaceae）

紫萁 *Osmunda japonica* Thunb.
别名：矛叶紫萁（浙江植物志），矛状紫萁（安徽植物志）
——*Osmunda japonica* var. *sublancea* (Christ) Nakai（安徽植物志、浙江植物志）
原生。华东分布：安徽、福建、江苏、江西、山东、上海、浙江。

粤紫萁 *Osmunda mildei* C. Chr.
原生。极危（CR）。华东分布：江西。

绒紫萁属 *Claytosmunda*

（紫萁科 Osmundaceae）

绒紫萁 *Claytosmunda claytoniana* (L.) Metzgar & Rouhan
——*Osmunda claytoniana* L.（FOC）
原生。华东分布：安徽。

羽节紫萁属 *Plenasium*

（紫萁科 Osmundaceae）

羽节紫萁 *Plenasium banksiifolium* (C. Presl) C. Presl
别名：粗齿紫萁（福建植物志、江西植物志、浙江植物志）
——*Osmunda banksiifolia* (C. Presl) Kuhn（福建植物志、江西植物志、浙江植物志）
原生。近危（NT）。华东分布：福建、江西、浙江。

华南羽节紫萁 *Plenasium vachellii* (Hook.) C. Presl
别名：华南紫萁（福建植物志、江西植物志、浙江植物志）
——*Osmunda vachellii* Hook.（福建植物志、江西植物志、浙江植物志）
原生。华东分布：福建、江西、浙江。

膜蕨科 Hymenophyllaceae

膜蕨属 *Hymenophyllum*

（膜蕨科 Hymenophyllaceae）

蕗蕨 *Hymenophyllum badium* Hook. & Grev.
别名：波纹蕗蕨（浙江植物志）
——*Mecodium badium* (Hook. & Grev.) Copel.（福建植物志、江西植物志、浙江植物志）
——*Mecodium crispatum* (Wall. ex Hook. & Grev.) Copel.（浙江植物志）
原生。华东分布：福建、江西、浙江。

华东膜蕨 *Hymenophyllum barbatum* (Bosch) Baker
别名：顶果膜蕨（浙江植物志），黄山膜蕨（安徽植物志、江西植物志、浙江植物志），膜蕨（安徽植物志），尾叶膜蕨（浙江植物志），小叶膜蕨（福建植物志、浙江植物志）
——"*Hymenophyllum caudifrons*"=*Hymenophyllum urofrons* Ching & C.F. Zhang（拼写错误。浙江植物志）
——"*Hymenophyllum khasyanum*"=*Hymenophyllum khasianum* Baker（拼写错误。浙江植物志）
——"*Hymenophyllum oxydon*"=*Hymenophyllum oxyodon* Baker（拼写错误。浙江植物志）
——"*Hymenophyllum wangshanense*"=*Hymenophyllum whangshanense* Ching & P.S. Chiu（拼写错误。安徽植物志）
——*Hymenophyllum oxyodon* Baker（福建植物志）
——*Hymenophyllum whangshanense* Ching & P.S. Chiu（江西植物志、浙江植物志）
原生。华东分布：安徽、福建、江西、浙江。

毛蕗蕨 *Hymenophyllum exsertum* Wall. ex Hook.
别名：华南膜蕨（福建植物志、浙江植物志）
——"*Hymenophyllum austro-sinicum*"=*Hymenophyllum austrosinicum* Ching（拼写错误。福建植物志、浙江植物志）
——*Mecodium exsertum* (Wall. ex Hook.) Copel.（江西植物志）
原生。华东分布：福建、江西、浙江。

线叶蕗蕨 *Hymenophyllum longissimum* (Ching & Chiu) K. Iwats.
——*Mecodium lineatum* Ching & P.S. Chiu（浙江植物志）
原生。华东分布：浙江。

长毛蕗蕨 *Hymenophyllum oligosorum* Makino
——*Mecodium oligosorum* (Makino) H. Itô（浙江植物志）
原生。华东分布：浙江。

长柄蕗蕨 *Hymenophyllum polyanthos* (Sw.) Sw.
别名：扁苞蕗蕨（江西植物志），庐山蕗蕨（福建植物志、江西植物志、浙江植物志），罗浮蕗蕨（浙江植物志），小果蕗蕨（安徽植物志、江西植物志、浙江植物志）
——*Mecodium lofoushanense* Ching & P.S. Chiu（浙江植物志）
——*Mecodium lushanense* Ching & P.S. Chiu（福建植物志、江西植物志、浙江植物志）
——*Mecodium microsorum* (Bosch) Ching（安徽植物志、江西植物志、浙江植物志）
——*Mecodium osmundoides* (Bosch) Ching（安徽植物志、福建植物志、江西植物志、浙江植物志）
——*Mecodium paniculiflorum* (C. Presl) Copel.（江西植物志）
原生。华东分布：安徽、福建、江西、浙江。

娇嫩蕗蕨 *Hymenophyllum tenellum* D. Don
——*Hymenophyllum fujisanense* Nakai［Systematics of *Hymenophyllum* subgenus *Mecodium* (Hymenophyllaceae) in Taiwan］
原生。华东分布：福建。

瓶蕨属 *Vandenboschia*

（膜蕨科 Hymenophyllaceae）

瓶蕨 *Vandenboschia auriculata* (Blume) Copel.
——"*Trichomanes auriculata*"=*Trichomanes auriculatum* Blume（拼写错误。福建植物志、浙江植物志）
——*Trichomanes auriculatum* Blume（江西植物志）

原生。华东分布：福建、江西、浙江。

墨兰瓶蕨 *Vandenboschia cystoseiroides* (Christ) Ching

原生。华东分布：浙江。

管苞瓶蕨 *Vandenboschia kalamocarpa* (Hayata) Ebihara

原生。华东分布：福建、江西、浙江。

南海瓶蕨 *Vandenboschia striata* (D. Don) Ebihara

别名：华东瓶蕨（安徽植物志、福建植物志、江西植物志、浙江植物志），漏斗瓶蕨（江西植物志、浙江植物志）

——"*Trichomanes orientale*"=*Vandenboschia striata* (D. Don) Ebihara（误用名。江西植物志）

——"*Trichomanes orientalis*" (= *Trichomanes orientale* C. Chr.)= *Vandenboschia striata* (D. Don) Ebihara（拼写错误；误用名。安徽植物志、福建植物志、浙江植物志）

——"*Trichomanes striata*"=*Trichomanes striatum* D. Don（拼写错误。浙江植物志）

——*Trichomanes naseanum* Christ（江西植物志）

原生。华东分布：安徽、福建、江西、浙江。

假脉蕨属 *Crepidomanes*

（膜蕨科 Hymenophyllaceae）

翅柄假脉蕨 *Crepidomanes latealatum* (Bosch) Copel.

别名：多脉假脉蕨（安徽植物志、福建植物志、江西植物志、浙江植物志），天童假脉蕨（浙江植物志），长柄假脉蕨（福建植物志、江西植物志、浙江植物志）

——"*Crepidomanes insignis*"=*Crepidomanes insigne* (Bosch) Fu（拼写错误。浙江植物志）

——"*Crepidomanes racemulosa*"=*Crepidomanes racemulosum* (Bosch) Ching（拼写错误。浙江植物志）

——"*Crepidomanes tiendongensis*"=*Crepidomanes tiendongense* Ching & C.F. Zhang（拼写错误。浙江植物志）

——*Crepidomanes insigne* (Bosch) Fu（安徽植物志、福建植物志、江西植物志）

——*Crepidomanes racemulosum* (Bosch) Ching（福建植物志、江西植物志）

原生。华东分布：安徽、福建、江西、浙江。

阔边假脉蕨 *Crepidomanes latemarginale* (D.C. Eaton) Copel.

原生。华东分布：福建。

团扇蕨 *Crepidomanes minutum* (Blume) K. Iwats.

——*Gonocormus minutus* (Blume) Bosch（安徽植物志、福建植物志、江西植物志、浙江植物志）

原生。华东分布：安徽、福建、江苏、江西、上海、浙江。

西藏假脉蕨 *Crepidomanes schmidianum* (Zenker ex Taschner) K. Iwats.

别名：西藏瓶蕨（FOC）

原生。华东分布：江西。

里白科 Gleicheniaceae

里白属 *Diplopterygium*

（里白科 Gleicheniaceae）

粤里白 *Diplopterygium cantonense* (Ching) Nakai

别名：广东里白（FOC）

原生。华东分布：江西。

中华里白 *Diplopterygium chinense* (Rosenst.) De Vol

——*Hicriopteris chinensis* (Rosenst.) Ching（福建植物志）

原生。华东分布：福建、江西、浙江。

里白 *Diplopterygium glaucum* (Thunb. ex Houtt.) Nakai

——*Hicriopteris glauca* (Thunb. ex Houtt.) Ching（福建植物志）

原生。华东分布：安徽、福建、江苏、江西、上海、浙江。

光里白 *Diplopterygium laevissimum* (Christ) Nakai

——"*Diplopterygium laevissima*"=*Diplopterygium laevissimum* (Christ) Nakai（拼写错误。安徽植物志）

——*Hicriopteris laevissima* (Christ) Ching（福建植物志）

原生。华东分布：安徽、福建、江西、浙江。

芒萁属 *Dicranopteris*

（里白科 Gleicheniaceae）

芒萁 *Dicranopteris pedata* (Houtt.) Nakaike

——*Dicranopteris dichotoma* (Thunb.) Bernh.（安徽植物志、福建植物志）

原生。华东分布：安徽、福建、江苏、江西、山东、上海、浙江。

台湾芒萁 *Dicranopteris taiwanensis* Ching & P. S. Chiu

别名：蔓芒萁（Two genera and six spieces newly recorded from Fujian province）

——*Dicranopteris tetraphylla* (Rosenst.) C.M. Kuo（Two genera and six spieces newly recorded from Fujian province）

原生。华东分布：福建。

海金沙科 Lygodiaceae

海金沙属 *Lygodium*

（海金沙科 Lygodiaceae）

曲轴海金沙 *Lygodium flexuosum* (L.) Sw.

别名：小叶海金沙（福建植物志、江西植物志）

——*Lygodium scandens* (L.) Sw.（福建植物志、江西植物志）

原生。华东分布：福建、江西。

海金沙 *Lygodium japonicum* (Thunb.) Sw.

别名：狭叶海金沙（福建植物志、浙江植物志）

——*Lygodium microstachyum* Desv.（福建植物志、浙江植物志）

原生。华东分布：安徽、福建、江苏、江西、上海、浙江。

小叶海金沙 *Lygodium microphyllum* (Cav.) R. Br.

原生。华东分布：福建、江西。

槐叶蘋科 Salviniaceae

满江红属 *Azolla*

（槐叶蘋科 Salviniaceae）

细叶满江红 *Azolla filiculoides* Lam.

别名：蕨状满江红（浙江植物志）

外来。华东分布：安徽、福建、江苏、江西、山东、上海、浙江。

满江红 *Azolla pinnata* subsp. ***asiatica*** R.M.K. Saunders & K. Fowler

——*Azolla imbricata* (Roxb. ex Griff.) Nakai（安徽植物志、福建植物志、江西植物志、山东植物志、上海维管植物名录、浙江

植物志）
原生。华东分布：安徽、福建、江苏、江西、山东、上海、浙江。

槐叶蘋属 *Salvinia*

（槐叶蘋科 Salviniaceae）

人厌槐叶蘋 *Salvinia molesta* D. Mitch.
别名：速生槐叶蘋（中国外来入侵植物名录）
外来。华东分布：福建。

槐叶蘋 *Salvinia natans* (L.) All.
别名：槐叶苹（福建植物志、江西植物志）
原生。华东分布：安徽、福建、江苏、江西、山东、上海、浙江。

蘋科 Marsileaceae

蘋属 *Marsilea*

（蘋科 Marsileaceae）

南国蘋 *Marsilea minuta* L.
别名：南国田字草（江苏植物志 第 2 版），蘋（上海维管植物名录）
原生。华东分布：安徽、福建、江西、江苏、上海、浙江。

蘋 *Marsilea quadrifolia* L.
别名：苹（福建植物志、江西植物志）
原生。华东分布：安徽、福建、江苏、江西、山东、上海、浙江。

瘤足蕨科 Plagiogyriaceae

瘤足蕨属 *Plagiogyria*

（瘤足蕨科 Plagiogyriaceae）

瘤足蕨 *Plagiogyria adnata* (Blume) Bedd.
别名：镰叶瘤足蕨（安徽植物志、福建植物志、江西植物志、浙江植物志）
——*Plagiogyria distinctissima* Ching（安徽植物志、福建植物志、江西植物志、浙江植物志）
原生。华东分布：安徽、福建、江西、浙江。

华中瘤足蕨 *Plagiogyria euphlebia* (Kunze) Mett.
别名：尾叶瘤足蕨（福建植物志、江西植物志、浙江植物志），武夷瘤足蕨（福建植物志、江西植物志、浙江植物志）
——*Plagiogyria chinensis* Ching（福建植物志、江西植物志、浙江植物志）
——*Plagiogyria grandis* Copel.（福建植物志、江西植物志、浙江植物志）
原生。华东分布：安徽、福建、江西、浙江。

镰羽瘤足蕨 *Plagiogyria falcata* Copel.
别名：齿缘瘤足蕨（江西植物志、浙江植物志），倒叶瘤足蕨（安徽植物志、福建植物志、江西植物志、浙江植物志），浙江瘤足蕨（浙江植物志）
——*Plagiogyria chekiangensis* P.L. Chiu（浙江植物志）
——*Plagiogyria dentimarginata* J.F. Cheng（江西植物志、浙江植物志）
——*Plagiogyria dunnii* Copel.（安徽植物志、福建植物志、江西植物志、浙江植物志）
原生。华东分布：安徽、福建、江西、浙江。

华东瘤足蕨 *Plagiogyria japonica* Nakai
原生。华东分布：安徽、福建、江苏、江西、上海、浙江。

耳形瘤足蕨 *Plagiogyria stenoptera* (Hance) Diels
原生。华东分布：浙江。

金毛狗科 Cibotiaceae

金毛狗属 *Cibotium*

（金毛狗科 Cibotiaceae）

金毛狗 *Cibotium barometz* (L.) J. Sm.
原生。华东分布：福建、江西、浙江。

桫椤科 Cyatheaceae

白桫椤属 *Sphaeropteris*

（桫椤科 Cyatheaceae）

笔筒树 *Sphaeropteris lepifera* (J. Sm. ex Hook.) R.M. Tryon
原生。华东分布：福建、浙江。

黑桫椤属 *Gymnosphaera*

（桫椤科 Cyatheaceae）

结脉黑桫椤 *Gymnosphaera bonii* (Christ) S.Y. Dong
原生。华东分布：福建。

粗齿黑桫椤 *Gymnosphaera denticulata* (Baker) Copel.
别名：粗齿桫椤（福建植物志、江西植物志、浙江植物志）
——*Alsophila denticulata* Baker（浙江植物志）
——*Gymnosphaera hancockii* (Copel.) Ching ex L.G. Lin（福建植物志、江西植物志）
原生。华东分布：福建、江西、浙江。

小黑桫椤 *Gymnosphaera metteniana* (Hance) Tagawa
别名：福建桫椤（福建植物志），光叶小黑桫椤（浙江植物志），针毛桫椤（福建植物志），针毛桫锣（江西植物志）
——“*Gymnosphaera lampricaulon*”=*Gymnosphaera lamprocaulon* (Christ) Ching ex L.G. Lin（拼写错误。福建植物志）
——*Alsophila metteniana* var. *subglabra* Ching & Q. Xia（浙江植物志）
原生。华东分布：福建、江西、浙江。

黑桫椤 *Gymnosphaera podophylla* (Hook.) Copel.
原生。华东分布：福建。

桫椤属 *Alsophila*

（桫椤科 Cyatheaceae）

桫椤 *Alsophila spinulosa* (Wall. ex Hook.) R.M. Tryon
别名：刺桫椤（福建植物志）
原生。近危（NT）。华东分布：福建、江西、浙江。

鳞始蕨科 Lindsaeaceae

乌蕨属 *Odontosoria*

（鳞始蕨科 Lindsaeaceae）

阔片乌蕨 *Odontosoria biflora* (Kaulf.) C. Chr.

——"*Stenoloma biflora*"=*Stenoloma biflorum* (Kaulf.) Ching（拼写错误。福建植物志）
——*Sphenomeris biflora* (Kaulf.) Akas.（浙江植物志）
原生。近危（NT）。华东分布：福建、浙江。
乌蕨 *Odontosoria chinensis* (L.) J. Sm.
——"*Stenoloma chusanum*"=*Stenoloma chusana* (L.) Ching（拼写错误。安徽植物志）
——*Sphenomeris chinensis* (L.) Maxon（浙江植物志）
——*Stenoloma chusana* (L.) Ching（福建植物志、江西植物志）
原生。华东分布：安徽、福建、江苏、江西、上海、浙江。

鳞始蕨属 *Lindsaea*

（鳞始蕨科 Lindsaeaceae）

钱氏鳞始蕨 *Lindsaea chienii* Ching
别名：阔边鳞始蕨（江西植物志），长方叶鳞始蕨（福建植物志）
——*Lindsaea recedens* Ching（江西植物志）
原生。华东分布：福建、江西、浙江。
双唇蕨 *Lindsaea ensifolia* Sw.
别名：剑叶鳞始蕨（FOC）
——*Schizoloma ensifolium* (Sw.) J. Sm.（福建植物志）
原生。华东分布：福建。
异叶双唇蕨 *Lindsaea heterophylla* Dryand.
别名：异叶鳞始蕨（FOC）
——*Schizoloma heterophyllum* (Dryand.) J. Sm.（福建植物志）
原生。华东分布：福建。
爪哇鳞始蕨 *Lindsaea javanensis* Blume
别名：长柄鳞始蕨（福建植物志）
——*Lindsaea longipetiolata* Ching（福建植物志）
原生。华东分布：福建、江西。
亮叶鳞始蕨 *Lindsaea lucida* Blume
别名：狭叶鳞始蕨（江西植物志）
——*Lindsaea changii* C. Chr.（江西植物志）
原生。华东分布：江西。
团叶鳞始蕨 *Lindsaea orbiculata* (Lam.) Mett. ex Kuhn
别名：海岛鳞始蕨（浙江植物志），卵叶鳞始蕨（浙江植物志）
——"*Lindsaea intertexta* (Ching) Ching"=*Lindsaea orbiculata* (Lam.) Mett. ex Kuhn（名称未合格发表。浙江植物志）
——*Lindsaea orbiculata* var. *commixta* (Tagawa) K.U. Kramer（浙江植物志）
原生。华东分布：福建、江西、浙江。

香鳞始蕨属 *Osmolindsaea*

（鳞始蕨科 Lindsaeaceae）

日本香鳞始蕨 *Osmolindsaea japonica* (Baker) Lehtonen & Christenh.
别名：日本鳞始蕨（FOC）
原生。华东分布：江西。
香鳞始蕨 *Osmolindsaea odorata* (Roxb.) Lehtonen & Christenh.
别名：鳞始蕨（福建植物志、江西植物志、浙江植物志）
——*Lindsaea odorata* Roxb.（福建植物志、江西植物志、浙江植物志）
原生。华东分布：福建、江西、浙江。

凤尾蕨科 Pteridaceae

凤了蕨属 *Coniogramme*

（凤尾蕨科 Pteridaceae）

尾尖凤了蕨 *Coniogramme caudiformis* Ching & K.H. Shing
别名：尾尖凤丫蕨（浙江植物志）
原生。华东分布：浙江。
峨眉凤了蕨 *Coniogramme emeiensis* Ching & K.H. Shing
别名：峨眉凤丫蕨（浙江植物志），长羽凤丫蕨（浙江植物志）
——*Coniogramme longissima* Ching & H.S. Kung（浙江植物志）
原生。华东分布：江西、浙江。
镰羽凤了蕨 *Coniogramme falcipinna* Ching & K.H. Shing
别名：镰羽凤丫蕨（浙江植物志）
原生。华东分布：浙江。
普通凤了蕨 *Coniogramme intermedia* Hieron.
别名：阔带凤丫蕨（浙江植物志），美丽凤丫蕨（福建植物志），普通凤丫蕨（安徽植物志、浙江植物志），优美凤丫蕨（江西植物志、浙江植物志）
——*Coniogramme intermedia* var. *pulchra* Ching & K.H. Shing（福建植物志、浙江植物志）
——*Coniogramme maxima* Ching & K.H. Shing（浙江植物志）
原生。华东分布：安徽、福建、江西、浙江。
无毛凤了蕨 *Coniogramme intermedia* var. ***glabra*** Ching
别名：光叶凤丫蕨（浙江植物志）
原生。华东分布：安徽、江苏、江西、浙江。
凤了蕨 *Coniogramme japonica* (Thunb.) Diels
别名：凤丫蕨（安徽植物志、福建植物志、江西植物志、浙江植物志），南岳凤丫蕨（安徽植物志、福建植物志、江西植物志、浙江植物志），狭羽凤丫蕨（安徽植物志）
——"*Coniogramme centiochinensis*"=*Coniogramme centrochinensis* Ching（拼写错误。福建植物志）
——*Coniogramme centrochinensis* Ching（安徽植物志、江西植物志、浙江植物志）
——*Coniogramme japonica* var. *gracilis* (Ogata) Tagawa（安徽植物志）
原生。华东分布：安徽、福建、江苏、江西、上海、浙江。
井冈山凤了蕨 *Coniogramme jinggangshanensis* Ching & K.H. Shing
别名：井冈山凤丫蕨（福建植物志、江西植物志、浙江植物志）
——"*Coniogramme tsingkanshanensis*"=*Coniogramme jinggangshanensis* Ching & K.H. Shing（拼写错误。福建植物志、江西植物志）
原生。华东分布：福建、江西、浙江。
条纹凤丫蕨 *Coniogramme jinggangshanensis* 'Zebrina'
——*Coniogramme jinggangshanensis* f. *zebrina* X.X. Wang & M.M. Lin（Additions to the Pteridophyte Flora of Fujian Province）
原生。华东分布：福建。
黑轴凤了蕨 *Coniogramme robusta* Christ
别名：黑轴凤丫蕨（江西植物志）
原生。华东分布：江西。
黄轴凤了蕨 *Coniogramme robusta* var. ***rependula*** Ching & K.H. Shing

原生。华东分布：江西。

乳头凤了蕨 *Coniogramme rosthornii* Hieron.

原生。华东分布：安徽。

紫柄凤了蕨 *Coniogramme sinensis* Ching

别名：紫柄凤丫蕨（浙江植物志）

原生。华东分布：江西、浙江。

疏网凤了蕨 *Coniogramme wilsonii* Hieron.

别名：疏网凤丫蕨（浙江植物志）

原生。华东分布：江西、浙江、安徽。

水蕨属 *Ceratopteris*

（凤尾蕨科 Pteridaceae）

粗梗水蕨 *Ceratopteris pteridoides* (Hook.) Hieron.

原生。濒危（EN）。华东分布：江苏、江西、山东、上海、安徽。

水蕨 *Ceratopteris thalictroides* (L.) Brongn.

原生。易危（VU）。华东分布：安徽、福建、江苏、江西、山东、上海、浙江。

粉叶蕨属 *Pityrogramma*

（凤尾蕨科 Pteridaceae）

粉叶蕨 *Pityrogramma calomelanos* (L.) Link

原生。华东分布：福建。

凤尾蕨属 *Pteris*

（凤尾蕨科 Pteridaceae）

红秆凤尾蕨 *Pteris amoena* Blume

原生。华东分布：福建、浙江。

线羽凤尾蕨 *Pteris arisanesis* Tagawa

——"*Pteris arisanensis*"=*Pteris arisanesis* Tagawa（拼写错误。FOC）

——"*Pteris linearis*"=*Pteris arisanesis* Tagawa（误用名。New records of ferns from Jiangxi, China；New record of Pteridophyte from Fujian Province）

原生。华东分布：福建、江西。

华南凤尾蕨 *Pteris austrosinica* (Ching) Ching

原生。华东分布：江西、浙江。

条纹凤尾蕨 *Pteris cadieri* Christ

原生。华东分布：福建、江西、浙江。

欧洲凤尾蕨 *Pteris cretica* L.

别名：凤尾蕨（安徽植物志、福建植物志、江西植物志、浙江植物志）

——*Pteris cretica* var. *nervosa* (Thunb.) Ching & S.H. Wu（浙江植物志）

——*Pteris nervosa* Thunb.（安徽植物志、福建植物志、江西植物志）

原生。华东分布：安徽、福建、江西、浙江。

粗糙凤尾蕨 *Pteris cretica* var. *laeta* (Wall. ex Ettingsh.) C. Chr. & Tardieu

——*Pteris laeta* Wall. ex Ettingsh.（江西植物志）

原生。华东分布：福建、江西。

珠叶凤尾蕨 *Pteris cryptogrammoides* Ching

原生。华东分布：福建。

岩凤尾蕨 *Pteris deltodon* Baker

原生。华东分布：浙江。

刺齿半边旗 *Pteris dispar* Kunze

别名：刺齿凤尾蕨（安徽植物志、福建植物志、江苏植物志第2版、浙江植物志），刺凤尾蕨（山东植物志）

原生。华东分布：安徽、福建、江苏、江西、山东、浙江。

剑叶凤尾蕨 *Pteris ensiformis* Burm.

原生。华东分布：福建、江西、浙江。

阔叶凤尾蕨 *Pteris esquirolii* Christ

原生。华东分布：福建、浙江。

傅氏凤尾蕨 *Pteris fauriei* Hieron.

别名：贵州凤尾蕨（浙江植物志），金钗凤尾蕨（安徽植物志、福建植物志）

——*Pteris guizhouensis* Ching（浙江植物志）

原生。华东分布：安徽、福建、江西、浙江。

百越凤尾蕨 *Pteris fauriei* var. *chinensis* Ching & S.H. Wu

原生。华东分布：福建、江西、浙江。

疏裂凤尾蕨 *Pteris finotii* Christ

原生。华东分布：福建。

林下凤尾蕨 *Pteris grevilleana* Wall. ex J. Agardh

原生。华东分布：福建。

中华凤尾蕨 *Pteris inaequalis* Baker

别名：变异凤尾蕨（浙江植物志）

——*Pteris excelsa* var. *inaequalis* (Baker) S.H. Wu（福建植物志）

原生。华东分布：福建、江西、浙江。

全缘凤尾蕨 *Pteris insignis* Mett. ex Kuhn

原生。华东分布：福建、江西、浙江。

城户氏凤尾蕨 *Pteris kidoi* Kurata

别名：城户凤尾蕨（浙江植物志）

——"*Pteris kidai*"=*Pteris kidoi* Kurata（拼写错误。浙江植物志）

原生。华东分布：浙江。

平羽凤尾蕨 *Pteris kiuschiuensis* Hieron.

——"*Pteris kiuschinensis*"=*Pteris kiuschiuensis* Hieron.(拼写错误。福建植物志)

原生。华东分布：福建、江西、浙江。

华中凤尾蕨 *Pteris kiuschiuensis* var. *centrochinensis* Ching & S.H. Wu

原生。华东分布：福建、江西。

龙泉凤尾蕨 *Pteris laurisilvicola* Kurata

原生。华东分布：浙江。

两广凤尾蕨 *Pteris maclurei* Ching

原生。华东分布：福建、江西、浙江。

井栏边草 *Pteris multifida* Poir.

别名：井口边草（安徽植物志）

原生。华东分布：安徽、福建、江苏、江西、山东、上海、浙江。

泰顺凤尾蕨 *Pteris natiensis* Tagawa

原生。华东分布：浙江。

江西凤尾蕨 *Pteris obtusiloba* Ching & S.H. Wu

原生。华东分布：江西、浙江。

斜羽凤尾蕨 *Pteris oshimensis* Hieron.

原生。华东分布：福建、江西、浙江。

栗柄凤尾蕨 *Pteris plumbea* Christ

原生。华东分布：安徽、福建、江苏、江西、浙江。

半边旗 *Pteris semipinnata* L.
原生。华东分布：安徽、福建、江苏、江西、上海、浙江。
溪边凤尾蕨 *Pteris terminalis* Wall. ex J. Agardh
——*Pteris excelsa* Blume（江西植物志、浙江植物志）
原生。华东分布：江西、浙江、安徽、福建。
蜈蚣凤尾蕨 *Pteris vittata* L.
别名：蜈蚣草（安徽植物志、福建植物志、江苏植物志 第 2 版、江西植物志、浙江植物志）
原生。华东分布：安徽、福建、江苏、江西、山东、浙江。
西南凤尾蕨 *Pteris wallichiana* J. Agardh
原生。华东分布：福建、江西。
圆头凤尾蕨 *Pteris wallichiana* var. ***obtusa*** S.H. Wu
原生。华东分布：福建、江西。

金粉蕨属 *Onychium*

（凤尾蕨科 Pteridaceae）

野雉尾金粉蕨 *Onychium japonicum* (Thunb.) Kunze
别名：野鸡尾（山东植物志），野雉属（安徽植物志），野雉尾（福建植物志、浙江植物志）
原生。华东分布：安徽、福建、江苏、江西、山东、上海、浙江。
栗柄金粉蕨 *Onychium japonicum* var. ***lucidum*** (D. Don) Christ
别名：金粉蕨（浙江植物志）
——*Onychium lucidum* (D. Don) Spreng.（浙江植物志）
原生。华东分布：安徽、福建、江西、浙江。
蚀盖金粉蕨 *Onychium tenuifrons* Ching
原生。华东分布：浙江。

铁线蕨属 *Adiantum*

（凤尾蕨科 Pteridaceae）

团羽铁线蕨 *Adiantum capillus-junonis* Rupr.
原生。华东分布：山东。
铁线蕨 *Adiantum capillus-veneris* L.
别名：条裂铁线蕨（浙江植物志）
——*Adiantum capillus-veneris* f. *dissectum* (M. Martens & Galeotti) Ching（浙江植物志）
原生。华东分布：安徽、福建、江苏、江西、浙江。
鞭叶铁线蕨 *Adiantum caudatum* L.
原生。华东分布：福建、江苏、江西、浙江。
白背铁线蕨 *Adiantum davidii* Franch.
原生。华东分布：山东。
长尾铁线蕨 *Adiantum diaphanum* Blume
别名：无毛长尾铁线蕨（福建植物志）
——*Adiantum diaphanum* var. *affine* (Willd.) Alderw.（福建植物志）
原生。近危（NT）。华东分布：福建、江西、浙江。
普通铁线蕨 *Adiantum edgeworthii* Hook.
原生。华东分布：山东。
扇叶铁线蕨 *Adiantum flabellulatum* L.
原生。华东分布：安徽、福建、江苏、江西、浙江。
白垩铁线蕨 *Adiantum gravesii* Hance
原生。华东分布：江西、浙江。
仙霞铁线蕨 *Adiantum juxtapositum* Ching
别名：仙霞钱线蕨（浙江植物志）
——"*Adiantum juxtopositum*"=*Adiantum juxtapositum* Ching（拼写错误。福建植物志）
原生。易危（VU）。华东分布：福建、江西、浙江。
假鞭叶铁线蕨 *Adiantum malesianum* J. Ghatak
原生。华东分布：江西。
单盖铁线蕨 *Adiantum monochlamys* D.C. Eaton
原生。近危（NT）。华东分布：浙江。
灰背铁线蕨 *Adiantum myriosorum* Baker
别名：下弯铁线蕨（浙江植物志）
——*Adiantum myriosorum* var. *recurvatum* Ching & Y.X. Lin（浙江植物志）
原生。近危（NT）。华东分布：安徽、江西、浙江。
月芽铁线蕨 *Adiantum refractum* Christ
——*Adiantum edentulum* Christ（浙江植物志）
原生。华东分布：浙江。
昌化铁线蕨 *Adiantum subpedatum* Ching
原生。华东分布：安徽、浙江。

书带蕨属 *Haplopteris*

（凤尾蕨科 Pteridaceae）

剑叶书带蕨 *Haplopteris amboinensis* (Fée) X. C. Zhang
原生。华东分布：江西。
姬书带蕨 *Haplopteris anguste-elongata* (Hayata) E.H. Crane
原生。华东分布：福建。
唇边书带蕨 *Haplopteris elongata* (Sw.) E.H. Crane
别名：长叶书带蕨（福建植物志）
——"*Vittaria zosterifolia*"=*Haplopteris elongata* (Sw.) E.H. Crane（误用名。福建植物志）
——*Vittaria elongata* Sw.（福建植物志）
原生。华东分布：福建。
书带蕨 *Haplopteris flexuosa* (Fée) E.H. Crane
别名：龙骨书带蕨（江西植物志），细柄书带蕨（福建植物志、江西植物志、浙江植物志），细叶书带蕨（安徽植物志），小叶书带蕨（安徽植物志、福建植物志、江西植物志、浙江植物志）
——*Vittaria caricina* Christ（江西植物志）
——*Vittaria filipes* Christ（安徽植物志、福建植物志、江西植物志、浙江植物志）
——*Vittaria flexuosa* Fée（安徽植物志、福建植物志、江西植物志、浙江植物志）
——*Vittaria modesta* Hand.-Mazz.（安徽植物志、福建植物志、江西植物志、浙江植物志）
原生。华东分布：安徽、福建、江苏、江西、浙江。
平肋书带蕨 *Haplopteris fudzinoi* (Makino) E.H. Crane
别名：华中书带蕨（江西植物志）
——*Vittaria centrochinensis* Ching ex J.F. Cheng（江西植物志）
——*Vittaria fudzinoi* Makino（安徽植物志、福建植物志、江西植物志、浙江植物志）
原生。华东分布：安徽、福建、江西、浙江。
广叶书带蕨 *Haplopteris taeniophylla* (Copel.) E.H. Crane
——*Vittaria taeniophylla* Copel.（浙江植物志）
原生。华东分布：浙江。

车前蕨属 *Antrophyum*

（凤尾蕨科 Pteridaceae）

长柄车前蕨 *Antrophyum obovatum* Baker

原生。华东分布：福建、江西。

欧金毛裸蕨属 *Paragymnopteris*

（凤尾蕨科 Pteridaceae）

耳羽金毛裸蕨 *Paragymnopteris bipinnata* var. ***auriculata*** (Franch.) K.H. Shing

别名：耳叶金毛裸蕨（山东植物志）

——*Gymnopteris bipinnata* var. *auriculata* (Franch.) Ching（山东植物志）

原生。华东分布：山东。

碎米蕨属 *Cheilanthes*

（凤尾蕨科 Pteridaceae）

中华隐囊蕨 *Cheilanthes chinensis* (Baker) Domin

原生。华东分布：安徽。

毛轴碎米蕨 *Cheilanthes chusana* Hook.

——*Cheilosoria chusana* (Hook.) Ching（安徽植物志、福建植物志、江西植物志、浙江植物志）

原生。华东分布：安徽、福建、江苏、江西、浙江。

旱蕨 *Cheilanthes nitidula* Hook.

——*Pellaea nitidula* (Hook.) Baker（福建植物志、江西植物志、浙江植物志）

原生。华东分布：福建、江西、浙江。

隐囊蕨 *Cheilanthes nudiuscula* (R. Br.) T. Moore

——*Notholaena hirsuta* (Poir.) Desv.（福建植物志）

原生。华东分布：福建。

碎米蕨 *Cheilanthes opposita* Kaulf.

——“*Cheilosoria mysuriensis*”=*Cheilosoria mysurensis* (Wall. ex Hook.) Ching & K.H. Shing（拼写错误。福建植物志）

原生。华东分布：福建、浙江。

平羽碎米蕨 *Cheilanthes patula* Baker

原生。近危（NT）。华东分布：浙江。

薄叶碎米蕨 *Cheilanthes tenuifolia* (Burm. f.) Sw.

——*Cheilosoria tenuifolia* (Burm. f.) Trevis.（福建植物志、江西植物志、浙江植物志）

原生。华东分布：福建、江西、浙江。

粉背蕨属 *Aleuritopteris*

（凤尾蕨科 Pteridaceae）

粉背蕨 *Aleuritopteris anceps* (Blanf.) Panigrahi

别名：多鳞粉背蕨（浙江植物志），拟粉背蕨（福建植物志）

——*Aleuritopteris pseudofarinosa* Ching & S.K. Wu（福建植物志、江西植物志、浙江植物志）

原生。华东分布：安徽、福建、江西、浙江。

银粉背蕨 *Aleuritopteris argentea* (S.G. Gmel.) Fée

原生。华东分布：安徽、福建、江苏、江西、山东、浙江。

陕西粉背蕨 *Aleuritopteris argentea* var. ***obscura*** (Christ) Ching

别名：无银粉背蕨（安徽植物志），无银金粉蕨（福建植物志）

原生。华东分布：安徽、福建、江西。

台湾粉背蕨 *Aleuritopteris formosana* (Hayata) Tagawa

原生。华东分布：福建。

华北薄鳞蕨 *Aleuritopteris kuhnii* (Milde) Ching

别名：华北粉背蕨（山东植物志）

原生。华东分布：山东。

蒙山粉背蕨 *Aleuritopteris mengshanensis* F.Z. Li

原生。华东分布：山东。

雪白粉背蕨 *Aleuritopteris niphobola* (C. Chr.) Ching

原生。华东分布：山东。

碗蕨科 Dennstaedtiaceae

稀子蕨属 *Monachosorum*

（碗蕨科 Dennstaedtiaceae）

尾叶稀子蕨 *Monachosorum flagellare* (Maxim. ex Makino) Hayata

别名：华中稀子蕨（浙江植物志）

——*Monachosorum flagellare* var. *nipponicum* (Makino) Tagawa（浙江植物志）

原生。华东分布：安徽、福建、江西、浙江。

稀子蕨 *Monachosorum henryi* Christ

原生。华东分布：福建、江西。

岩穴蕨 *Monachosorum maximowiczii* Hayata

别名：穴子蕨（FOC）

——*Ptilopteris maximowiczii* (Baker) Hance（安徽植物志、江西植物志、浙江植物志）

原生。华东分布：安徽、江西、浙江。

蕨属 *Pteridium*

（碗蕨科 Dennstaedtiaceae）

蕨 *Pteridium aquilinum* var. ***latiusculum*** (Desv.) Underw. ex A. Heller

——“*Pteridium apuilinum* var. *latiusculum*”=*Pteridium aquilinum* var. *latiusculum* (Desv.) Underw. ex A. Heller（拼写错误。山东植物志）

原生。华东分布：安徽、福建、江苏、江西、山东、上海、浙江。

毛轴蕨 *Pteridium revolutum* (Blume) Nakai

别名：毛蕨（安徽植物志），密毛蕨（浙江植物志）

原生。华东分布：安徽、江西、浙江。

姬蕨属 *Hypolepis*

（碗蕨科 Dennstaedtiaceae）

姬蕨 *Hypolepis punctata* (Thunb.) Mett.

原生。华东分布：安徽、福建、江苏、江西、上海、浙江。

栗蕨属 *Histiopteris*

（碗蕨科 Dennstaedtiaceae）

栗蕨 *Histiopteris incisa* (Thunb.) J. Sm.

原生。华东分布：福建、江西、浙江。

鳞盖蕨属 *Microlepia*

（碗蕨科 Dennstaedtiaceae）

团羽鳞盖蕨 *Microlepia obtusiloba* Hayata

原生。华东分布：福建。

华南鳞盖蕨 *Microlepia hancei* Prantl

原生。华东分布：福建、江西、浙江。

虎克鳞盖蕨 ***Microlepia hookeriana*** (Wall. ex Hook.) C. Presl
别名：波缘鳞盖蕨（福建植物志）
原生。华东分布：安徽、福建、江西、浙江。

克氏鳞盖蕨 ***Microlepia krameri*** C. M. Kuo
原生。华东分布：福建。

边缘鳞盖蕨 ***Microlepia marginata*** (Panz.) C. Chr.
原生。华东分布：安徽、福建、江苏、江西、上海、浙江。

二回边缘鳞盖蕨 ***Microlepia marginata*** var. ***bipinnata*** Makino
别名：二回鳞盖蕨（浙江植物志），二羽边缘鳞盖蕨（安徽植物志）
原生。华东分布：安徽、福建、江苏、江西、浙江。

光叶鳞盖蕨 ***Microlepia marginata*** var. ***calvescens*** (Wall. ex Hook.) C. Chr.
——*Microlepia calvescens* (Wall. ex Hook.) C. Presl（福建植物志、浙江植物志）
原生。华东分布：安徽、福建、江西、浙江。

羽叶鳞盖蕨 ***Microlepia marginata*** var. ***intramarginalis*** (Tagawa) Y.H. Yan
原生。华东分布：浙江。

毛叶边缘鳞盖蕨 ***Microlepia marginata*** var. ***villosa*** (C. Presl) Y.C. Wu
原生。华东分布：安徽、福建、江苏、江西、浙江。

皖南鳞盖蕨 ***Microlepia modesta*** Ching
原生。华东分布：安徽、江西、浙江。

假粗毛鳞盖蕨 ***Microlepia pseudostrigosa*** Makino
别名：中华鳞盖蕨（江西植物志、浙江植物志）
——"*Microlepia sino-strigosa*"=*Microlepia sinostrigosa* Ching（拼写错误。浙江植物志）
——*Microlepia sinostrigosa* Ching（江西植物志）
原生。华东分布：江苏、江西、浙江。

粗毛鳞盖蕨 ***Microlepia strigosa*** (Thunb.) C. Presl
原生。华东分布：福建、江苏、江西、山东、浙江。

亚粗毛鳞盖蕨 ***Microlepia substrigosa*** Tagawa
原生。华东分布：江西。

四川鳞盖蕨 ***Microlepia szechuanica*** Ching
原生。华东分布：福建。

碗蕨属 *Dennstaedtia*

（碗蕨科 Dennstaedtiaceae）

细毛碗蕨 ***Dennstaedtia hirsuta*** (Sw.) Mett. ex Miq.
——*Dennstaedtia pilosella* (Hook.) Ching（安徽植物志、福建植物志、江西植物志、山东植物志、浙江植物志）
原生。华东分布：安徽、福建、江苏、江西、山东、上海、浙江。

碗蕨 ***Dennstaedtia scabra*** (Wall. ex Hook.) T. Moore
原生。华东分布：福建、江西、浙江。

光叶碗蕨 ***Dennstaedtia scabra*** var. ***glabrescens*** (Ching) C. Chr.
原生。华东分布：安徽、福建、江西、浙江。

溪洞碗蕨 ***Dennstaedtia wilfordii*** (T. Moore) Christ
原生。华东分布：安徽、福建、江苏、江西、山东、浙江。

冷蕨科 Cystopteridaceae

羽节蕨属 *Gymnocarpium*

（冷蕨科 Cystopteridaceae）

东亚羽节蕨 ***Gymnocarpium oyamense*** (Baker) Ching
原生。华东分布：安徽、江西、浙江。

亮毛蕨属 *Acystopteris*

（冷蕨科 Cystopteridaceae）

亮毛蕨 ***Acystopteris japonica*** (Luerss.) Nakai
原生。华东分布：福建、江西、浙江。

禾秆亮毛蕨 ***Acystopteris tenuisecta*** (Blume) Tagawa
原生。华东分布：福建。

冷蕨属 *Cystopteris*

（冷蕨科 Cystopteridaceae）

冷蕨 ***Cystopteris fragilis*** (L.) Bernh.
原生。华东分布：安徽、山东。

轴果蕨科 Rhachidosoraceae

轴果蕨属 *Rhachidosorus*

（轴果蕨科 Rhachidosoraceae）

轴果蕨 ***Rhachidosorus mesosorus*** (Makino) Ching
原生。华东分布：江苏、江西、浙江。

肠蕨科 Diplaziopsidaceae

肠蕨属 *Diplaziopsis*

（肠蕨科 Diplaziopsidaceae）

川黔肠蕨 ***Diplaziopsis cavaleriana*** (Christ) C. Chr.
原生。华东分布：安徽、福建、江西、浙江。

铁角蕨科 Aspleniaceae

膜叶铁角蕨属 *Hymenasplenium*

（铁角蕨科 Aspleniaceae）

齿果膜叶铁角蕨 ***Hymenasplenium cheilosorum*** (Kunze ex Mett.) Tagawa
别名：齿果铁角蕨（福建植物志、浙江植物志）
——*Asplenium cheilosorum* Kunze ex Mett.（福建植物志、浙江植物志）
原生。华东分布：福建、江西、浙江。

切边膜叶铁角蕨 ***Hymenasplenium excisum*** (C. Presl) S. Lindsay
别名：切边铁角蕨（浙江植物志）
——*Asplenium excisum* C. Presl（浙江植物志）
原生。华东分布：浙江。

东亚膜叶铁角蕨 ***Hymenasplenium hondoense*** (N. Murak. & Hatan.) Nakaike
原生。华东分布：福建。

单边膜叶铁角蕨 ***Hymenasplenium murakami-hatanakae*** Nakaike

别名：半边铁角蕨（安徽植物志、福建植物志、浙江植物志、江西植物志）
——"*Asplenium unilaterale*"=*Hymenasplenium murakami-hatanakae* Nakaike（误用名。安徽植物志、福建植物志、江西植物志、浙江植物志）
原生。华东分布：江西。
阴湿膜叶铁角蕨 *Hymenasplenium obliquissimum* (Hayata) Sugim.
别名：荫湿膜叶铁角蕨（FOC）
原生。华东分布：江西。
绿秆膜叶铁角蕨 *Hymenasplenium obscurum* (Blume) Tagawa
别名：绿秆铁角蕨（福建植物志）
——*Asplenium obscurum* Blume（福建植物志）
原生。华东分布：福建。
中华膜叶铁角蕨 *Hymenasplenium sinense* K.W. Xu, Li Bing Zhang & W.B. Liao
原生。华东分布：福建、江西。
培善膜叶铁角蕨 *Hymenasplenium wangpeishanii* Li Bing Zhang & K.W. Xu
原生。华东分布：安徽、福建、江西、浙江。

铁角蕨属 *Asplenium*

（铁角蕨科 Aspleniaceae）

四国铁角蕨 *Asplenium* × *shikokianum* Makino
——"*Asplenium shikokianum*"=*Asplenium* × *shikokianum* Makino（杂交种。浙江植物志）
原生。华东分布：浙江。
西南铁角蕨 *Asplenium aethiopicum* (Burm. f.) Becherer
原生。华东分布：江西。
广布铁角蕨 *Asplenium anogrammoides* Christ
原生。华东分布：安徽、福建、江苏、江西、山东、浙江。
大鳞巢蕨 *Asplenium antiquum* Makino
——*Neottopteris antiqua* (Makino) Masam.（福建植物志）
原生。极危（CR）。华东分布：福建。
狭翅巢蕨 *Asplenium antrophyoides* Christ
别名：狭基巢蕨（福建植物志）
——*Neottopteris antrophyoides* (Christ) Ching（福建植物志）
原生。近危（NT）。华东分布：福建。
华南铁角蕨 *Asplenium austrochinense* Ching
别名：假闽浙铁角蕨（浙江植物志），九龙铁角蕨（安徽植物志），相似铁角蕨（江西植物志）
——"*Asplenium pseudo-wolfordii*"=*Asplenium pseudowilfordii* Tagawa（拼写错误。浙江植物志）
——*Asplenium consimile* Ching（江西植物志）
——*Asplenium jiulungense* Ching（安徽植物志）
原生。华东分布：安徽、福建、江西、浙江。
大盖铁角蕨 *Asplenium bullatum* Wall. ex Mett.
原生。华东分布：福建、浙江。
东海铁角蕨 *Asplenium castaneoviride* Baker
别名：海边铁角蕨（山东植物志）
——"*Asplenium castaneo-viride*"=*Asplenium castaneoviride* Baker（拼写错误。山东植物志）
原生。华东分布：江苏、山东。
线裂铁角蕨 *Asplenium coenobiale* Hance
别名：乌木铁角蕨（福建植物志）
——*Asplenium fuscipes* Baker（福建植物志）
原生。华东分布：福建、浙江。
毛轴铁角蕨 *Asplenium crinicaule* Hance
原生。华东分布：福建、江西、浙江。
剑叶铁角蕨 *Asplenium ensiforme* Wall. ex Hook. & Grev.
原生。华东分布：江西、浙江。
厚叶铁角蕨 *Asplenium griffithianum* Hook.
原生。华东分布：福建、江西。
江南铁角蕨 *Asplenium holosorum* Christ
——*Asplenium loxogrammoides* Christ（江西植物志）
原生。华东分布：江西。
虎尾铁角蕨 *Asplenium incisum* Thunb.
原生。华东分布：安徽、福建、江苏、江西、山东、上海、浙江。
胎生铁角蕨 *Asplenium indicum* Sledge
别名：印度铁角蕨（浙江植物志）
——*Asplenium planicaule* Wall. ex E.J. Lowe（安徽植物志、福建植物志、江西植物志）
——*Asplenium yoshinagae* var. *indicum* (Sledge) Ching & S.K. Wu（浙江植物志）
原生。华东分布：安徽、福建、江西、浙江。
江苏铁角蕨 *Asplenium kiangsuense* Ching & Y.X. Jing
别名：杭州铁角蕨（浙江植物志），庐山铁角蕨（江西植物志），小叶铁角蕨（浙江植物志）
——*Asplenium gulingense* Ching & S.H. Wu（江西植物志）
——*Asplenium hangzhouense* Ching & C.F. Zhang（浙江植物志）
——*Asplenium parviusculum* Ching（浙江植物志）
原生。华东分布：江苏、江西、浙江。
倒挂铁角蕨 *Asplenium normale* D. Don
原生。华东分布：安徽、福建、江苏、江西、浙江。
东南铁角蕨 *Asplenium oldhamii* Hance
——"*Asplenium oldhami*"=*Asplenium oldhamii* Hance（拼写错误。江西植物志、浙江植物志）
原生。华东分布：安徽、福建、江西、浙江。
北京铁角蕨 *Asplenium pekinense* Hance
原生。华东分布：安徽、福建、江苏、江西、山东、上海、浙江。
长叶铁角蕨 *Asplenium prolongatum* Hook.
别名：长生铁角蕨（浙江植物志），长叶铁线蕨（江西植物志）
原生。华东分布：安徽、福建、江西、浙江。
假大羽铁角蕨 *Asplenium pseudolaserpitiifolium* Ching
别名：大羽铁角蕨（福建植物志）
原生。华东分布：福建、江西。
叶基宽铁角蕨 *Asplenium pulcherrimum* (Baker) Ching ex Tardieu
原生。华东分布：福建。
四倍体铁角蕨 *Asplenium quadrivalens* (D.E. Mey.) Landolt
原生。华东分布：安徽、福建、江苏、江西、浙江。
骨碎补铁角蕨 *Asplenium ritoense* Hayata
——"*Asplenium davalloides*"=*Asplenium davallioides* Hook.（拼写错误。福建植物志）
——*Asplenium davallioides* Hook.（江西植物志、浙江植物志）

原生。华东分布：福建、江西、浙江。

过山蕨 *Asplenium ruprechtii* Kurata

——*Camptosorus sibiricus* Rupr.（江西植物志、山东植物志）

原生。华东分布：安徽、江苏、江西、山东。

卵叶铁角蕨 *Asplenium ruta-muraria* L.

原生。华东分布：浙江。

华中铁角蕨 *Asplenium sarelii* Hook.

原生。华东分布：安徽、福建、江苏、江西、山东、上海、浙江。

黑边铁角蕨 *Asplenium speluncae* Christ

原生。濒危（EN）。华东分布：安徽、江西。

细茎铁角蕨 *Asplenium tenuicaule* Hayata

原生。华东分布：安徽、江苏、山东、浙江。

钝齿铁角蕨 *Asplenium tenuicaule* var. ***subvarians*** (Ching) Viane

——*Asplenium subvarians* Ching（江西植物志、山东植物志、浙江植物志）

原生。华东分布：安徽、江苏、江西、山东、浙江。

铁角蕨 *Asplenium trichomanes* L.

原生。华东分布：安徽、福建、江苏、江西、浙江。

三翅铁角蕨 *Asplenium tripteropus* Nakai

原生。华东分布：安徽、福建、江苏、江西、浙江。

变异铁角蕨 *Asplenium varians* Wall. ex Grev. & Hook.

原生。华东分布：安徽、江西、山东、浙江。

闽浙铁角蕨 *Asplenium wilfordii* Mett.

别名：凤阳山铁角蕨（浙江植物志）

——*Asplenium fengyangshanense* Ching & C.F. Zhang（浙江植物志）

原生。华东分布：福建、江西、浙江。

狭翅铁角蕨 *Asplenium wrightii* D.C. Eaton ex Hook.

别名：福建铁角蕨（江西植物志），华东铁角蕨（江西植物志）

——*Asplenium fujianense* Ching（江西植物志）

——*Asplenium serratissimum* Ching（江西植物志）

原生。华东分布：安徽、福建、江苏、江西、浙江。

棕鳞铁角蕨 *Asplenium yoshinagae* Makino

别名：胎生铁角蕨（浙江植物志）

原生。华东分布：福建、江西、浙江。

岩蕨科 Woodsiaceae

岩蕨属 *Woodsia*

（岩蕨科 Woodsiaceae）

东亚岩蕨 *Woodsia intermedia* Tagawa

别名：泰山岩蕨（山东植物志），中岩蕨（山东植物志）

——*Woodsia taishanensis* F.Z. Li & C.K. Ni（山东植物志）

原生。华东分布：山东。

大囊岩蕨 *Woodsia macrochlaena* Mett. ex Kuhn

原生。华东分布：安徽、山东、浙江。

妙峰岩蕨 *Woodsia oblonga* Ching & S.H. Wu

原生。华东分布：江苏、山东。

耳羽岩蕨 *Woodsia polystichoides* D.C. Eaton

原生。华东分布：安徽、江苏、江西、山东、浙江。

二羽岩蕨属 *Physematium*

（岩蕨科 Woodsiaceae）

膀胱蕨 *Physematium manchuriense* (Hook.) Nakai

别名：膀胱岩蕨（安徽植物志）

——*Protowoodsia manchuriensis* (Hook.) Ching（安徽植物志、江西植物志、山东植物志、浙江植物志）

原生。华东分布：安徽、江西、山东、浙江。

球子蕨科 Onocleaceae

球子蕨属 *Onoclea*

（球子蕨科 Onocleaceae）

球子蕨 *Onoclea sensibilis* var. ***interrupta*** Maxim.

——“*Onoclea sensibilis*”=*Onoclea sensibilis* var. *interrupta* Maxim.（误用名。The Addendum of Flora Shandong）

原生。华东分布：山东。

荚果蕨属 *Matteuccia*

（球子蕨科 Onocleaceae）

荚果蕨 *Matteuccia struthiopteris* (L.) Tod.

原生。华东分布：山东。

东方荚果蕨属 *Pentarhizidium*

（球子蕨科 Onocleaceae）

东方荚果蕨 *Pentarhizidium orientale* (Hook.) Hayata

——*Matteuccia orientalis* (Hook.) Trevis.（安徽植物志、福建植物志、江西植物志、浙江植物志）

原生。华东分布：安徽、福建、江西、浙江。

乌毛蕨科 Blechnaceae

狗脊属 *Woodwardia*

（乌毛蕨科 Blechnaceae）

崇澍蕨 *Woodwardia harlandii* Hook.

别名：羽裂狗脊蕨（福建植物志）

——*Chieniopteris harlandii* (Hook.) Ching（江西植物志、FOC）

原生。华东分布：福建、江西。

狗脊 *Woodwardia japonica* (L. f.) Sm.

别名：峨眉狗脊蕨（江西植物志），狗脊蕨（安徽植物志、福建植物志、江西植物志、上海维管植物名录），缙云山狗脊（浙江植物志），密羽狗脊（浙江植物志）

——“*Woodwardia omiensis*”=*Woodwardia omeiensis* Ching（拼写错误。江西植物志）

——*Woodwardia affinis* Ching & P.S. Chiu（浙江植物志）

——*Woodwardia japonica* var. *contigua* Ching & P.S. Chiu（浙江植物志）

原生。华东分布：安徽、福建、江苏、江西、上海、浙江。

裂羽崇澍蕨 *Woodwardia kempii* Copel.

——*Chieniopteris kempii* (Copel.) Ching（FOC）

原生。易危（VU）。华东分布：福建。

东方狗脊 *Woodwardia orientalis* Sw.

别名：东方狗脊蕨（福建植物志）

原生。华东分布：福建、江西、浙江。

珠芽狗脊 *Woodwardia prolifera* Hook. & Arn.

别名：胎生狗脊（浙江植物志），胎生狗脊蕨（安徽植物志、福建植物志、江西植物志），台湾狗脊（浙江植物志），台湾胎生狗脊蕨（福建植物志）

——*Woodwardia prolifera* var. *formosana* (Rosenst.) Ching（福建植物志、浙江植物志）

原生。华东分布：安徽、福建、江西、浙江。

顶芽狗脊 *Woodwardia unigemmata* (Makino) Nakai

别名：单芽狗脊蕨（福建植物志、江西植物志）

原生。华东分布：安徽、福建、江西、浙江。

苏铁蕨属 *Brainea*

（乌毛蕨科 Blechnaceae）

苏铁蕨 *Brainea insignis* (Hook.) J. Sm.

原生。易危（VU）。华东分布：福建、江西。

乌毛蕨属 *Blechnopsis*

（乌毛蕨科 Blechnaceae）

乌毛蕨 *Blechnopsis orientalis* (L.) C. Presl

——*Blechnum orientale* L.（福建植物志、江西植物志、浙江植物志）

原生。华东分布：福建、江西、浙江。

荚囊蕨属 *Cleistoblechnum*

（乌毛蕨科 Blechnaceae）

荚囊蕨 *Cleistoblechnum eburneum* (Christ) Gasper & Salino

——*Struthiopteris eburnea* (Christ) Ching（安徽植物志）

原生。近危（NT）。华东分布：安徽、浙江。

蹄盖蕨科 Athyriaceae

对囊蕨属 *Deparia*

（蹄盖蕨科 Athyriaceae）

介蕨 *Deparia boryana* (Willd.) M. Kato

别名：对囊蕨（FOC）

——*Dryoathyrium boryanum* (Willd.) Ching（福建植物志、浙江植物志）

原生。华东分布：福建、浙江。

钝羽假蹄盖蕨 *Deparia conilii* (Franch. & Sav.) M. Kato

别名：钝羽对囊蕨（江苏植物志 第 2 版、FOC）

——*Athyriopsis conilii* (Franch. & Sav.) Ching（安徽植物志、山东植物志、浙江植物志）

原生。华东分布：安徽、福建、江苏、江西、山东、浙江。

二型叶假蹄盖蕨 *Deparia dimorphophylla* (Koidz.) M. Kato

别名：二型叶对囊蕨（FOC）

——"*Deparia dimorphophyllum*"=*Deparia dimorphophylla* (Koidz.) M. Kato（拼写错误。FOC）

——*Athyriopsis dimorphophylla* (Koidz.) Ching ex W.M. Chu（浙江植物志）

原生。华东分布：安徽、江苏、江西、浙江。

鄂西介蕨 *Deparia henryi* (Baker) M. Kato

别名：鄂西对囊蕨（FOC）

——*Dryoathyrium henryi* (Baker) Ching（安徽植物志）

原生。华东分布：安徽、福建。

假蹄盖蕨 *Deparia japonica* (Thunb.) M. Kato

别名：东洋对囊蕨（江苏植物志 第 2 版、FOC）

——*Athyriopsis japonica* (Thunb.) Ching（安徽植物志、福建植物志、江西植物志、浙江植物志）

原生。华东分布：安徽、福建、江苏、江西、山东、上海、浙江。

九龙蛾眉蕨 *Deparia jiulungensis* (Ching) Z.R. Wang

别名：九龙对囊蕨（FOC）

——*Lunathyrium jiulungense* Ching（浙江植物志）

原生。华东分布：安徽、江西、浙江。

东亚蛾眉蕨 *Deparia jiulungensis* var. *albosquamata* (Ching) Z.R. Wang

别名：东亚对囊蕨（FOC）

原生。华东分布：安徽。

中日假蹄盖蕨 *Deparia kiusiana* (Koidz.) M. Kato

别名：中日对囊蕨（FOC）

——"*Athyriopsis kiusianum*"=*Athyriopsis kiusiana* (Koidz.) Ching（拼写错误。山东植物志）

原生。华东分布：山东、浙江。

单叶双盖蕨 *Deparia lancea* (Thunb.) Fraser-Jenk.

别名：单叶对囊蕨（江苏植物志 第 2 版、FOC），单叶假双盖蕨（安徽植物志），假双盖蕨（浙江植物志）

——*Diplazium subsinuatum* (Wall. ex Hook. & Grev.) Tagawa（福建植物志）

——*Triblemma lancea* (Thunb.) Ching（安徽植物志、江西植物志、浙江植物志）

原生。华东分布：安徽、福建、江苏、江西、浙江。

鲁山假蹄盖蕨 *Deparia lushanensis* Z.R. He

别名：鲁山对囊蕨（FOC）

——*Athyriopsis lushanensis* J.X. Li（山东植物志）

原生。华东分布：山东。

华中介蕨 *Deparia okuboana* (Makino) M. Kato

别名：大久保对囊蕨（江苏植物志 第 2 版、FOC）

——*Dryoathyrium okuboanum* (Makino) Ching（安徽植物志、福建植物志、江西植物志、浙江植物志）

原生。华东分布：安徽、福建、江苏、江西、浙江。

光叶对囊蕨 *Deparia otomasui* (Kurata) Seriz.

原生。华东分布：安徽。

毛轴假蹄盖蕨 *Deparia petersenii* (Kunze) M. Kato

别名：毛叶对囊蕨（江苏植物志 第 2 版、FOC），毛轴短羽假蹄盖蕨（安徽植物志），斜羽假蹄盖蕨（安徽植物志、浙江植物志）

——"*Athyriopsis japonica* var. *oshimensis*"=*Athyriopsis japonica* var. *oshimense* (Christ) Ching（拼写错误。安徽植物志、浙江植物志）

——"*Athyriopsis peterseni* var. *coreana*"=*Athyriopsis petersenii* var. *coreana* (Baker) Ching（拼写错误。安徽植物志）

——"*Athyriopsis peterseni*"=*Athyriopsis petersenii* (Kunze) Ching（拼写错误。安徽植物志、福建植物志、浙江植物志）

——*Athyriopsis petersenii* (Kunze) Ching（江西植物志）

原生。华东分布：安徽、福建、江苏、江西、山东、浙江。

阔基假蹄盖蕨 *Deparia pseudoconilii* (Seriz.) Seriz.
别名：阔基对囊蕨（FOC）
原生。华东分布：浙江。
东北蛾眉蕨 *Deparia pycnosora* (Christ) M. Kato
别名：东北对囊蕨（FOC）
——*Lunathyrium pycnosorum* (Christ) Koidz.（山东植物志）
原生。华东分布：山东。
刺毛介蕨 *Deparia setigera* (Ching ex Y.T. Hsieh) Z.R. Wang
别名：刺毛对囊蕨（FOC）
——*Dryoathyrium setigerum* Ching ex Y.T. Hsieh（浙江植物志）
原生。华东分布：浙江。
山东假蹄盖蕨 *Deparia shandongensis* Z.R. He
别名：山东对囊蕨（FOC），山东蛾眉蕨（山东植物志）
——*Athyriopsis shandongensis* J.X. Li & Z.C. Ding（山东植物志）
原生。华东分布：山东。
华中蛾眉蕨 *Deparia shennongensis* (Ching, Boufford & K.H. Shing) X.C. Zhang
别名：华中对囊蕨（FOC）
——"*Lunathyrium centro-chinense*"=*Lunathyrium centrochinense* Ching ex K.H. Shing（拼写错误。安徽植物志、江西植物志、浙江植物志）
原生。华东分布：安徽、江西、浙江。
羽裂叶对囊蕨 *Deparia tomitaroana* (Masam.) R. Sano
别名：裂叶双盖蕨（福建植物志），锡兰单叶双盖蕨（江西植物志），锡兰假双盖蕨（浙江植物志）
——"*Diplazium zeylanicum*"=*Deparia tomitaroana* (Masam.) R. Sano（误用名。福建植物志）
——"*Triblemma zeylanica*"=*Deparia tomitaroana* (Masam.) R. Sano（误用名。江西植物志、浙江植物志）
原生。华东分布：安徽、福建、江苏、江西、浙江。
峨眉介蕨 *Deparia unifurcata* (Baker) M. Kato
别名：单叉对囊蕨（FOC）
——*Dryoathyrium unifurcatum* (Baker) Ching（浙江植物志）
原生。华东分布：安徽、江西、浙江。
河北蛾眉蕨 *Deparia vegetior* (Kitag.) X.C. Zhang
别名：蛾眉蕨（山东植物志），河北对囊蕨（FOC）
——*Lunathyrium acrostichoides* (Sw.) Ching（山东植物志）
原生。华东分布：山东。
绿叶介蕨 *Deparia viridifrons* (Makino) M. Kato
别名：绿叶对囊蕨（江苏植物志 第 2 版、FOC）
——*Dryoathyrium viridifrons* (Makino) Ching（浙江植物志）
原生。华东分布：安徽、福建、江苏、江西、浙江。

双盖蕨属 *Diplazium*

（蹄盖蕨科 Athyriaceae）

百山祖短肠蕨 *Diplazium baishanzuense* (Ching & P.S. Chiu ex W.M. Chu & Z.R. He) Z.R. He
别名：百山祖双盖蕨（FOC）
原生。华东分布：江西、浙江。
中华短肠蕨 *Diplazium chinense* (Baker) C. Chr.
别名：中华双盖蕨（江苏植物志 第 2 版、FOC）
——*Allantodia chinensis* (Baker) Ching（安徽植物志、福建植物志、江西植物志、浙江植物志）
原生。华东分布：安徽、福建、江苏、江西、上海、浙江。
边生短肠蕨 *Diplazium conterminum* Christ
别名：边生双盖蕨（FOC），无柄短肠蕨（浙江植物志）
——*Allantodia allantodioides* (Ching) Ching（浙江植物志）
——*Allantodia contermina* (Christ) Ching（福建植物志、浙江植物志）
原生。华东分布：福建、江西、浙江。
厚叶双盖蕨 *Diplazium crassiusculum* Ching
原生。华东分布：福建、江西、浙江。
毛柄短肠蕨 *Diplazium dilatatum* Blume
别名：毛柄双盖蕨（FOC），膨大短肠蕨（福建植物志、浙江植物志）
——*Allantodia dilatata* (Blume) Ching（福建植物志、浙江植物志）
原生。华东分布：福建、江西、浙江。
光脚短肠蕨 *Diplazium doederleinii* (Luerss.) Makino
别名：光脚双盖蕨（FOC）
——*Allantodia doederleinii* (Luerss.) Ching（福建植物志、浙江植物志）
原生。华东分布：福建、江西、浙江。
双盖蕨 *Diplazium donianum* (Mett.) Tardieu
原生。华东分布：安徽、福建。
菜蕨 *Diplazium esculentum* (Retz.) Sw.
别名：食用双盖蕨（FOC）
——*Callipteris esculenta* (Retz.) J. Sm. ex T. Moore & Houlston（安徽植物志、福建植物志、江西植物志、浙江植物志）
原生。华东分布：安徽、福建、江西、上海、浙江。
毛轴菜蕨 *Diplazium esculentum* var. *pubescens* (Link) Tardieu & C. Chr.
别名：毛轴食用双盖蕨（FOC）
原生。华东分布：江西、浙江。
大型短肠蕨 *Diplazium giganteum* (Baker) Ching
别名：大型双盖蕨（FOC）
原生。华东分布：江西。
薄盖短肠蕨 *Diplazium hachijoense* Nakai
别名：薄盖双盖蕨（FOC）
——*Allantodia hachijoensis* (Nakai) Ching（安徽植物志、福建植物志、江西植物志、浙江植物志）
原生。华东分布：安徽、福建、江西、浙江。
中日短肠蕨 *Diplazium* × *kidoi* Sa. Kurata
原生。华东分布：福建。
异裂短肠蕨 *Diplazium laxifrons* Rosenst.
别名：异裂双盖蕨（FOC）
原生。华东分布：福建、江西。
马鞍山双盖蕨 *Diplazium maonense* Ching
原生。易危（VU）。华东分布：福建。
阔片短肠蕨 *Diplazium matthewii* (Copel.) C. Chr.
别名：阔片双盖蕨（FOC）
——"*Allantodia mathewi*"=*Allantodia matthewii* (Copel.) Ching（拼写错误。福建植物志）
原生。华东分布：福建、江西。

大叶短肠蕨 *Diplazium maximum* (D. Don) C. Chr.
别名：大叶双盖蕨（FOC），细疣短肠蕨（福建植物志）
——"*Allantodia verruculosa* Ching & W.M. Chu"=*Diplazium maximum* (D. Don) C. Chr.（不合法名称。福建植物志）
原生。华东分布：福建、江西。

江南短肠蕨 *Diplazium mettenianum* (Miq.) C. Chr.
别名：尖裂短肠蕨（浙江植物志），江南双盖蕨（FOC）
——*Allantodia metteniana* (Miq.) Ching（安徽植物志、福建植物志、江西植物志、浙江植物志）
——*Allantodia metteniana* var. *isobasis* (Christ) Ching（浙江植物志）
原生。华东分布：安徽、福建、江西、浙江。

小叶短肠蕨 *Diplazium mettenianum* var. ***fauriei*** (Christ) Tagawa
别名：小叶双盖蕨（FOC）
——*Allantodia metteniana* var. *fauriei* (Christ) Ching（福建植物志、浙江植物志）
原生。华东分布：福建、江西、浙江。

日本短肠蕨 *Diplazium nipponicum* Tagawa
别名：日本双盖蕨（FOC）
原生。华东分布：浙江、安徽。

假耳羽短肠蕨 *Diplazium okudairai* Makino
别名：假耳羽双盖蕨（FOC）
——*Allantodia okudairai* (Makino) Ching（江西植物志）
原生。华东分布：江西、浙江、福建。

假镰羽短肠蕨 *Diplazium petrii* Tardieu
别名：假镰羽双盖蕨（FOC），九龙山短肠蕨（浙江植物志）
——*Allantodia jiulungshanensis* P.C. Chiu & G.H. Yao（浙江植物志）
原生。华东分布：浙江。

薄叶双盖蕨 *Diplazium pinfaense* Ching
别名：镰羽双盖蕨（福建植物志）
——"*Diplazium pin-faense*"=*Diplazium pinfaense* Ching（拼写错误。福建植物志）
原生。华东分布：福建、江西、浙江。

毛轴线盖蕨 *Diplazium pullingeri* (Baker) J. Sm.
别名：毛轴双盖蕨（FOC），毛子蕨（福建植物志、江西植物志、浙江植物志）
——*Monomelangium pullingeri* (Baker) Tagawa（福建植物志、江西植物志、浙江植物志）
原生。华东分布：福建、江西、浙江。

鳞柄短肠蕨 *Diplazium squamigerum* (Mett.) Matsum.
别名：鳞柄双盖蕨（江苏植物志 第2版、FOC），有鳞短肠蕨（安徽植物志、福建植物志、江西植物志、浙江植物志）
——*Allantodia squamigera* (Mett.) Ching（安徽植物志、福建植物志、江西植物志、浙江植物志）
原生。华东分布：安徽、福建、江苏、江西、浙江。

淡绿短肠蕨 *Diplazium virescens* Kunze
别名：淡绿双盖蕨（FOC）
——*Allantodia virescens* (Kunze) Ching（安徽植物志、福建植物志、江西植物志、浙江植物志）
原生。华东分布：安徽、福建、江西、浙江。

短果短肠蕨 *Diplazium wheeleri* (Baker) Diels
别名：短果双盖蕨（FOC）
——*Allantodia wheeleri* (Baker) Ching（浙江植物志）
原生。华东分布：浙江。

耳羽短肠蕨 *Diplazium wichurae* (Mett.) Diels
别名：耳羽双盖蕨（江苏植物志 第2版、FOC）
——*Allantodia wichurae* (Mett.) Ching（安徽植物志、福建植物志、江西植物志、浙江植物志）
原生。华东分布：安徽、福建、江苏、江西、浙江。

龙池短肠蕨 *Diplazium wichurae* var. ***parawichurae*** (Ching) Z.R. He
别名：龙池双盖蕨（江苏植物志 第2版、FOC）
原生。华东分布：江苏。

假江南短肠蕨 *Diplazium yaoshanense* (Y.C. Wu) Tardieu
别名：假江南双盖蕨（FOC）
原生。华东分布：福建、江西。

安蕨属 *Anisocampium*

（蹄盖蕨科 Athyriaceae）

华日安蕨 *Anisocampium* × *saitoanum* (Sugim.) M. Kato
原生。华东分布：安徽。

日本安蕨 *Anisocampium niponicum* (Mett.) Yea C. Liu, W.L. Chiou & M. Kato
别名：华北蹄盖蕨（山东植物志），华东蹄盖蕨（安徽植物志、江西植物志、山东植物志、浙江植物志），日本蹄盖蕨（上海维管植物名录、New Information of Pteridophyte in Fujian Province）
——"*Athyrium nippoicum*"=*Athyrium niponicum* (Mett.) Hance（拼写错误。安徽植物志、江西植物志、山东植物志）
——*Athyrium niponicum* (Mett.) Hance（浙江植物志、New Information of Pteridophyte in Fujian Province）
——*Athyrium pachyphlebium* C. Chr.（山东植物志）
原生。华东分布：安徽、福建、江苏、江西、山东、上海、浙江。

华东安蕨 *Anisocampium sheareri* (Baker) Ching
原生。华东分布：安徽、福建、江苏、江西、浙江。

蹄盖蕨属 *Athyrium*

（蹄盖蕨科 Athyriaceae）

宿蹄盖蕨 *Athyrium anisopterum* Christ
原生。华东分布：江西。

大叶假冷蕨 *Athyrium atkinsonii* Bedd.
别名：大叶蹄盖蕨（福建植物志）
——"*Athyrium atkinsoni*"=*Athyrium atkinsonii* Bedd.（拼写错误。福建植物志）
——*Pseudocystopteris atkinsonii* (Bedd.) Ching（江西植物志）
原生。华东分布：福建、江西。

百山祖蹄盖蕨 *Athyrium baishanzuense* Ching & Y.T. Hsieh
原生。华东分布：浙江。

东北蹄盖蕨 *Athyrium brevifrons* Nakai ex Kitag.
别名：短叶蹄盖蕨（山东植物志）
原生。华东分布：山东。

坡生蹄盖蕨 *Athyrium clivicola* Tagawa
别名：羽裂蹄盖蕨（浙江植物志）

——"*Athyrium clivicolum*"=*Athyrium clivicola* Tagawa（拼写错误。浙江植物志）
原生。易危（VU）。华东分布：安徽、福建、江西、浙江。
合欢山蹄盖蕨 *Athyrium cryptogrammoides* Hayata
原生。华东分布：浙江。
溪边蹄盖蕨 *Athyrium deltoidofrons* Makino
别名：九龙山蹄盖蕨（浙江植物志），修株蹄盖蕨（江西植物志、浙江植物志），圆片蹄盖蕨（福建植物志、浙江植物志）
——*Athyrium giganteum* De Vol（福建植物志、江西植物志、浙江植物志）
——*Athyrium jiulungshanense* Ching（浙江植物志）
——*Athyrium rotundilobum* Ching（福建植物志、浙江植物志）
原生。华东分布：福建、江西、浙江。
瘦叶蹄盖蕨 *Athyrium deltoidofrons* var. ***gracillimum*** (Ching) Z.R. Wang
——*Athyrium gracillimum* Ching（江西植物志）
原生。华东分布：江西。
湿生蹄盖蕨 *Athyrium devolii* Ching
别名：福建蹄盖蕨（福建植物志、浙江植物志）
——"*Athyrium fukienense*"=*Athyrium fujianense* Ching（拼写错误。浙江植物志）
——*Athyrium fujianense* Ching（福建植物志）
原生。华东分布：福建、江西、浙江。
长叶蹄盖蕨 *Athyrium elongatum* Ching
原生。易危（VU）。华东分布：江西、浙江。
轴果蹄盖蕨 *Athyrium epirachis* (Christ) Ching
原生。华东分布：福建。
密羽蹄盖蕨 *Athyrium imbricatum* Christ
原生。华东分布：安徽。
中间蹄盖蕨 *Athyrium intermixtum* Ching & P.S. Chui
原生。华东分布：安徽、浙江。
长江蹄盖蕨 *Athyrium iseanum* Rosenst.
原生。华东分布：安徽、福建、江苏、江西、浙江。
紫柄蹄盖蕨 *Athyrium kenzo-satakei* Sa. Kurata
原生。华东分布：江西。
川滇蹄盖蕨 *Athyrium mackinnoniorum* (C. Hope) C. Chr.
原生。华东分布：安徽、浙江。
昴山蹄盖蕨 *Athyrium maoshanense* Ching & P.S. Chiu
原生。华东分布：浙江。
多羽蹄盖蕨 *Athyrium multipinnum* Y.T. Hsieh & Z.B. Wang
原生。华东分布：安徽、江西、浙江。
南岳蹄盖蕨 *Athyrium nanyueense* Ching
原生。华东分布：安徽。
峨眉蹄盖蕨 *Athyrium omeiense* Ching
原生。华东分布：安徽、江西。
光蹄盖蕨 *Athyrium otophorum* (Miq.) Koidz.
原生。华东分布：安徽、福建、江西、浙江。
贵州蹄盖蕨 *Athyrium pubicostatum* Ching & Z.Y. Liu
原生。华东分布：福建。
中华蹄盖蕨 *Athyrium sinense* Rupr.
原生。华东分布：安徽、山东。
软刺蹄盖蕨 *Athyrium strigillosum* (E.J. Lowe) Salomon
原生。华东分布：安徽、江西。
尖头蹄盖蕨 *Athyrium vidalii* (Franch. & Sav.) Nakai
别名：山蹄盖蕨（安徽植物志），武功山蹄盖蕨（江西植物志）
——*Athyrium wugongshanense* Ching & Y.T. Hsieh（江西植物志）
原生。华东分布：安徽、江西、浙江。
松谷蹄盖蕨 *Athyrium vidalii* var. ***amabile*** (Ching) Z.R. Wang
——*Athyrium amabile* Ching（浙江植物志）
原生。华东分布：浙江。
胎生蹄盖蕨 *Athyrium viviparum* Christ
原生。华东分布：江西、浙江。
华中蹄盖蕨 *Athyrium wardii* (Hook.) Makino
原生。华东分布：安徽、福建、江西、浙江。
无毛华中蹄盖蕨 *Athyrium wardii* var. ***glabratum*** Y.T. Hsieh & Z.R. Wang
别名：光叶华中蹄盖蕨（浙江植物志）
原生。华东分布：福建、江西、浙江。
禾秆蹄盖蕨 *Athyrium yokoscense* (Franch. & Sav.) Christ
别名：横须贺蹄盖蕨（山东植物志）
原生。华东分布：安徽、江苏、江西、山东、浙江。

角蕨属 *Cornopteris*

（蹄盖蕨科 Athyriaceae）

尖羽角蕨 *Cornopteris christenseniana* (Koidz.) Tagawa
——*Cornopteris hakonensis* (Makino) Nakai（浙江植物志）
原生。华东分布：浙江。
角蕨 *Cornopteris decurrenti-alata* (Hook.) Nakai
原生。华东分布：安徽、福建、江苏、江西、浙江。
毛叶角蕨 *Cornopteris decurrenti-alata* f. ***pillosella*** (H. Itô) W.M. Chu
原生。华东分布：江西、浙江。
黑叶角蕨 *Cornopteris opaca* (D. Don) Tagawa
原生。华东分布：福建、江西、浙江。

金星蕨科 Thelypteridaceae

针毛蕨属 *Macrothelypteris*

（金星蕨科 Thelypteridaceae）

细裂针毛蕨 *Macrothelypteris contingens* Ching
原生。华东分布：浙江。
针毛蕨 *Macrothelypteris oligophlebia* (Baker) Ching
原生。华东分布：安徽、福建、江苏、江西、浙江。
雅致针毛蕨 *Macrothelypteris oligophlebia* var. ***elegans*** (Koidz.) Ching
别名：短毛针毛蕨（安徽植物志）
原生。华东分布：安徽、福建、江苏、江西、浙江。
普通针毛蕨 *Macrothelypteris torresiana* (Gaudich.) Ching
——"*Macrothelypteris toressiana*"=*Macrothelypteris torresiana* (Gaudich.) Ching（拼写错误。安徽植物志、福建植物志、浙江植物志）
原生。华东分布：安徽、福建、江苏、江西、浙江。

翠绿针毛蕨 *Macrothelypteris viridifrons* (Tagawa) Ching
别名：假普通针毛蕨（安徽植物志、江西植物志）
原生。华东分布：安徽、福建、江苏、江西、浙江。

卵果蕨属 *Phegopteris*

（金星蕨科 Thelypteridaceae）

延羽卵果蕨 *Phegopteris decursive-pinnata* (H.C. Hall) Fée
原生。华东分布：安徽、福建、江苏、江西、山东、上海、浙江。

紫柄蕨属 *Pseudophegopteris*

（金星蕨科 Thelypteridaceae）

耳状紫柄蕨 *Pseudophegopteris aurita* (Hook.) Ching
原生。华东分布：福建、江西、浙江。

星毛紫柄蕨 *Pseudophegopteris levingei* (C.B. Clarke) Ching
原生。华东分布：浙江。

紫柄蕨 *Pseudophegopteris pyrrhorhachis* (Kunze) Ching
——“*Pseudophegopteris pyrrhorachis*”=*Pseudophegopteris pyrrhorhachis* (Kunze) Ching（拼写错误。福建植物志、江西植物志、浙江植物志）
原生。华东分布：福建、江西、浙江。

沼泽蕨属 *Thelypteris*

（金星蕨科 Thelypteridaceae）

沼泽蕨 *Thelypteris palustris* Schott
原生。华东分布：安徽、山东、上海。

毛叶沼泽蕨 *Thelypteris palustris* var. ***pubescens*** (G. Lawson) Fernald
原生。华东分布：安徽、江苏、上海、浙江。

栗金星蕨属 *Coryphopteris*

（金星蕨科 Thelypteridaceae）

钝角栗金星蕨 *Coryphopteris angulariloba* (Ching) L.J. He & X.C. Zhang
别名：钝角金星蕨（福建植物志、浙江植物志）
——*Parathelypteris angulariloba* (Ching) Ching（福建植物志、浙江植物志、FOC）
原生。华东分布：福建、江西、浙江。

光脚栗金星蕨 *Coryphopteris japonica* (Baker) L.J. He & X.C. Zhang
别名：秆色金星蕨（安徽植物志），光脚金星蕨（安徽植物志、江苏植物志 第2版、江西植物志、FOC），磨沙石金星蕨（安徽植物志），日本金星蕨（福建植物志、浙江植物志）
——*Parathelypteris japonica* (Baker) Ching（安徽植物志、福建植物志、江苏植物志 第2版、江西植物志、浙江植物志、FOC）
——*Parathelypteris japonica* var. *musashiensis* (Hiyama) Ching（安徽植物志）
——*Parathelypteris japonica* var. *viridescens* (Makino) Nakaike（安徽植物志）
原生。华东分布：安徽、福建、江苏、江西、浙江。

光叶栗金星蕨 *Coryphopteris japonica* var. ***glabrata*** (Ching) Yuan Wang, Jing Yan & C. Du comb. nov. [**Basionym:** *Thelypteris japonica* (Baker) Ching var. *glabrata* Ching in Bulletin of the Fan Memorial Institute of Biology：Botany 6(5): 313. 1936. **Type:** *Faurie 27*]
别名：光叶金星蕨（FOC）
——*Parathelypteris japonica* var. *glabrata* (Ching) K.H. Shing（FOC）
原生。华东分布：福建、江西。

凸轴蕨属 *Metathelypteris*

（金星蕨科 Thelypteridaceae）

微毛凸轴蕨 *Metathelypteris adscendens* (Ching) Ching
别名：光叶凸轴蕨（福建植物志、江西植物志、浙江植物志）
原生。华东分布：福建、江西、浙江。

林下凸轴蕨 *Metathelypteris hattorii* (H. Ito) Ching
——“*Metathelypteris hattori*”=*Metathelypteris hattorii* (H. Itô) Ching（拼写错误。安徽植物志）
原生。华东分布：安徽、福建、江西、浙江。

疏羽凸轴蕨 *Metathelypteris laxa* (Franch. & Sav.) Ching
原生。华东分布：安徽、福建、江苏、江西、上海、浙江。

有柄凸轴蕨 *Metathelypteris petiolulata* Ching ex K.H. Shing
原生。华东分布：安徽、福建、江西、浙江。

武夷山凸轴蕨 *Metathelypteris wuyishanica* Ching
原生。华东分布：浙江、福建、江西。

金星蕨属 *Parathelypteris*

（金星蕨科 Thelypteridaceae）

狭叶金星蕨 *Parathelypteris angustifrons* (Miq.) Ching
原生。华东分布：福建、浙江。

长根金星蕨 *Parathelypteris beddomei* (Baker) Ching
原生。华东分布：安徽、福建、浙江。

狭脚金星蕨 *Parathelypteris borealis* (Hara) K.H. Shing
原生。华东分布：安徽、福建、江西。

中华金星蕨 *Parathelypteris chinensis* (Ching) Ching
原生。华东分布：安徽、福建、江苏、江西、浙江。

毛果金星蕨 *Parathelypteris chinensis* var. ***trichocarpa*** Ching ex K.H. Shing & J.F. Cheng
原生。华东分布：江西。

秦氏金星蕨 *Parathelypteris chingii* K.H. Shing & J.F. Cheng
原生。华东分布：江西。

马蹄金星蕨 *Parathelypteris cystopteroides* (D.C. Eaton) Ching
原生。华东分布：福建。

金星蕨 *Parathelypteris glanduligera* (Kunze) Ching
原生。华东分布：安徽、福建、江苏、江西、山东、上海、浙江。

微毛金星蕨 *Parathelypteris glanduligera* var. ***puberula*** (Ching) K.H. Shing ex Ching
原生。华东分布：江苏、江西。

中日金星蕨 *Parathelypteris nipponica* (Franch. & Sav.) Ching
别名：日本金星蕨（上海维管植物名录）
原生。华东分布：安徽、福建、江苏、江西、山东、上海、浙江。

阔片金星蕨 *Parathelypteris pauciloba* Ching ex K.H. Shing
原生。华东分布：福建。

有齿金星蕨 *Parathelypteris serrutula* (Ching) Ching
别名：齿叶金星蕨（浙江植物志）
——“*Parathelypteris serratula*”=*Parathelypteris serrutula* (Ching) Ching（拼写错误。浙江植物志）
原生。华东分布：浙江。

钩毛蕨属 *Cyclogramma*

（金星蕨科 Thelypteridaceae）

狭基钩毛蕨 *Cyclogramma leveillei* (Christ) Ching
原生。华东分布：福建、江西、浙江。

溪边蕨属 *Stegnogramma*

（金星蕨科 Thelypteridaceae）

圣蕨 *Stegnogramma griffithii* (T. Moore) K. Iwats.
——*Dictyocline griffithii* Mett.（江西植物志）
原生。华东分布：福建、江西。

闽浙圣蕨 *Stegnogramma mingchegensis* (Ching) X.C. Zhang & L.J. He
——*Dictyocline mingchegensis* Ching（福建植物志、江西植物志、浙江植物志）
原生。华东分布：福建、江西、浙江。

戟叶圣蕨 *Stegnogramma sagittifolia* (Ching) L.J. He & X.C. Zhang
——*Dictyocline sagittifolia* Ching（江西植物志）
原生。华东分布：江西。

羽裂圣蕨 *Stegnogramma wilfordii* (Hook.) Seriz.
——*Dictyocline wilfordii* (Hook.) J. Sm.（安徽植物志、福建植物志、江西植物志、浙江植物志）
原生。华东分布：安徽、福建、江西、浙江。

方秆蕨属 *Glaphyropteridopsis*

（金星蕨科 Thelypteridaceae）

粉红方秆蕨 *Glaphyropteridopsis rufostraminea* (Christ) Ching
原生。华东分布：安徽。

茯蕨属 *Leptogramma*

（金星蕨科 Thelypteridaceae）

峨眉茯蕨 *Leptogramma scallanii* (Christ) Ching
——"*Leptogramma scallani*"=*Leptogramma scallanii* (Christ) Ching（拼写错误。福建植物志）
原生。华东分布：福建、江西、浙江。

小叶茯蕨 *Leptogramma tottoides* H. Itô
原生。华东分布：福建、江西、浙江。

毛蕨属 *Cyclosorus*

（金星蕨科 Thelypteridaceae）

缩羽毛蕨 *Cyclosorus abbreviatus* Ching & K.H. Shing
原生。华东分布：江西。

渐尖毛蕨 *Cyclosorus acuminatus* (Houtt.) Nakai
别名：假渐尖毛蕨（江西植物志）
——*Cyclosorus subacuminatus* Ching ex K.H. Shing & J.F. Cheng（江西植物志）
原生。华东分布：安徽、福建、江苏、江西、山东、上海、浙江。

细柄毛蕨 *Cyclosorus acuminatus* var. ***kuliangensis*** Ching
别名：鼓岭渐尖毛蕨（安徽植物志、福建植物志、FOC），牯岭毛蕨（浙江植物志）
——"*Cyclosorus acuminatus* var. *kulingensis*"=*Cyclosorus acuminatus* var. *kuliangensis* Ching（拼写错误。安徽植物志、福建植物志、浙江植物志）
——*Cyclosorus kuliangensis* (Ching) K.H. Shing（江西植物志）
原生。华东分布：安徽、福建、江西、浙江。

干旱毛蕨 *Cyclosorus aridus* (D. Don) Ching
别名：锐尖毛蕨（江西植物志）
——*Cyclosorus acutissimus* Ching ex K.H. Shing & J.F. Cheng（江西植物志）
原生。华东分布：安徽、福建、江西、浙江。

齿牙毛蕨 *Cyclosorus dentatus* (Forssk.) Ching
别名：九龙山毛蕨（浙江植物志），狭羽毛蕨（福建植物志、浙江植物志），越北毛蕨（浙江植物志）
——*Cyclosorus angustus* Ching（福建植物志、浙江植物志）
——*Cyclosorus jiulungshanensis* P.C. Chiu & G.H. Yao ex Ching（浙江植物志）
——*Cyclosorus proximus* Ching（浙江植物志）
原生。华东分布：安徽、福建、江西、浙江。

福建毛蕨 *Cyclosorus fukienensis* Ching
别名：桴叶毛蕨（福建植物志、浙江植物志），德化毛蕨（福建植物志、浙江植物志），乐清毛蕨（浙江植物志），南岭毛蕨（江西植物志）
——*Cyclosorus dehuaensis* Ching & K.H. Shing（福建植物志、浙江植物志）
——*Cyclosorus fraxinifolius* Ching & K.H. Shing（福建植物志、浙江植物志）
——*Cyclosorus luoqingensis* Ching & C.F. Zhang（浙江植物志）
——*Cyclosorus nanlingensis* Ching ex K.H. Shing & J.F. Cheng（江西植物志）
原生。华东分布：福建、江西、浙江。

大毛蕨 *Cyclosorus grandissimus* Ching & K.H. Shing
原生。华东分布：福建、浙江。

毛蕨 *Cyclosorus interruptus* (Willd.) H. Ito
——*Cyclosorus gongylodes* (Schkuhr) Link（福建植物志、江西植物志）
原生。华东分布：福建、江西。

闽台毛蕨 *Cyclosorus jaculosus* (Christ) H. Ito
原生。华东分布：福建、江西、浙江。

宽羽毛蕨 *Cyclosorus latipinnus* (Benth.) Tardieu ex Tardieu & C. Chr.
别名：光盖毛蕨（福建植物志），南平毛蕨（福建植物志）
——"*Cyclosorus latipinna*"=*Cyclosorus latipinnus* (Benth.) Tardieu（拼写错误。福建植物志）
——*Cyclosorus decipiens* Ching（福建植物志）
——*Cyclosorus nanpingensis* Ching（福建植物志）
原生。华东分布：福建、江西、浙江。

蝶状毛蕨 *Cyclosorus papilio* (C. Hope) Ching
别名：缩羽毛蕨（浙江植物志）
原生。华东分布：浙江。

宽顶毛蕨 *Cyclosorus paracuminatus* Ching ex K.H. Shing & J.F. Cheng
原生。华东分布：江西。

华南毛蕨 *Cyclosorus parasiticus* (L.) Farw.
别名：齿片毛蕨（浙江植物志），高大毛蕨（福建植物志、浙江植物志），海南毛蕨（浙江植物志），金腺毛蕨（浙江植物志），石生毛蕨（福建植物志），寻乌毛蕨（江西植物志），雁荡毛蕨（浙

江植物志）
——"*Cyclosorus aureo-glandulous*"=*Cyclosorus aureoglandulosus* Ching & K.Y. Shing（拼写错误。浙江植物志）
——"*Cyclosorus pauciserratus*"=*Cyclosorus parasiticus* (L.) Farw.（误用名。浙江植物志）
——*Cyclosorus excelsior* Ching & K.H. Shing（福建植物志、浙江植物志）
——*Cyclosorus hainanensis* Ching（浙江植物志）
——*Cyclosorus rupicola* Ching（福建植物志）
——*Cyclosorus xunwuensis* Ching ex K.H. Shing & J.F. Cheng（江西植物志）
——*Cyclosorus yandongensis* Ching & K.H. Shing（浙江植物志）
原生。华东分布：安徽、福建、江苏、江西、浙江。
小叶毛蕨 *Cyclosorus parvifolius* Ching
原生。华东分布：福建、浙江。
矮毛蕨 *Cyclosorus pygmaeus* Ching & C.F. Zhang
别名：程氏毛蕨（江西植物志）
——*Cyclosorus chengii* Ching ex K.H. Shing & J.F. Cheng（江西植物志）
原生。华东分布：江西、浙江。
短尖毛蕨 *Cyclosorus subacutus* Ching
原生。华东分布：福建、江西、浙江。
截裂毛蕨 *Cyclosorus truncatus* (Poir.) Tardieu
别名：截头毛蕨（福建植物志）
原生。华东分布：福建。

星毛蕨属 *Ampelopteris*

（金星蕨科 Thelypteridaceae）
星毛蕨 *Ampelopteris prolifera* (Retz.) Copel.
原生。华东分布：福建、江西。

新月蕨属 *Pronephrium*

（金星蕨科 Thelypteridaceae）
针毛新月蕨 *Pronephrium hirsutum* Ching ex Y.X. Lin
原生。华东分布：福建。
红色新月蕨 *Pronephrium lakhimpurense* (Rosenst.) Holttum
——"*Pronephrium lakhimpurensis*"=*Pronephrium lakhimpurense* (Rosenst.) Holttum（拼写错误。福建植物志）
原生。华东分布：福建、江西。
披针新月蕨 *Pronephrium penangianum* (Hook.) Holttum
——"*Pronephrium penangiana*"=*Pronephrium penangianum* (Hook.) Holttum（拼写错误。浙江植物志）
原生。华东分布：江西、浙江。
微红新月蕨 *Pronephrium sampsoni* Ching
原生。华东分布：福建、江西。
单叶新月蕨 *Pronephrium simplex* (Hook.) Holttum
原生。华东分布：福建。
三羽新月蕨 *Pronephrium triphyllum* (Sw.) Holttum
——"*Pronephrium triphylla*"=*Pronephrium triphyllum* (Sw.) Holttum（拼写错误。福建植物志）
原生。华东分布：福建。

圆腺蕨属 *Sphaerostephanos*

（金星蕨科 Thelypteridaceae）
台湾圆腺蕨 *Sphaerostephanos taiwanensis* (C. Chr.) Holttum ex C.M. Kuo
别名：台湾毛蕨（福建植物志、江西植物志）
——*Cyclosorus taiwanensis* (C. Chr.) H. Itô（福建植物志、江西植物志）
原生。华东分布：福建、江西。

假毛蕨属 *Pseudocyclosorus*

（金星蕨科 Thelypteridaceae）
德化假毛蕨 *Pseudocyclosorus dehuaensis* Y.X. Lin
原生。华东分布：福建。
西南假毛蕨 *Pseudocyclosorus esquirolii* (Christ) Ching
原生。华东分布：福建、江西。
镰片假毛蕨 *Pseudocyclosorus falcilobus* (Hook.) Ching
别名：镰形假毛蕨（浙江植物志）
原生。华东分布：福建、江西、浙江。
庐山假毛蕨 *Pseudocyclosorus lushanensis* Ching ex Y.X. Lin
原生。华东分布：福建、江西。
武宁假毛蕨 *Pseudocyclosorus paraochthodes* Ching ex K.H. Shing & J.F. Cheng
原生。华东分布：江西。
普通假毛蕨 *Pseudocyclosorus subochthodes* (Ching) Ching
原生。华东分布：安徽、福建、江苏、江西、浙江。
景烈假毛蕨 *Pseudocyclosorus tsoi* Ching
原生。华东分布：福建、江苏、江西、浙江。

肿足蕨科 Hypodematiaceae

肿足蕨属 *Hypodematium*

（肿足蕨科 Hypodematiaceae）
肿足蕨 *Hypodematium crenatum* (Forssk.) Kuhn & Decken
原生。华东分布：安徽、江西、山东、浙江。
福氏肿足蕨 *Hypodematium fordii* (Baker) Ching
别名：广东肿足蕨（安徽植物志、福建植物志、江西植物志）
原生。华东分布：安徽、福建、江苏、江西。
球腺肿足蕨 *Hypodematium glanduloso-pilosum* (Tagawa) Ohwi
别名：腺毛肿足蕨（山东植物志、浙江植物志）
——"*Hypodematium glandulosum-pilosum*"=*Hypodematium glanduloso-pilosum* (Tagawa) Ohwi（拼写错误。浙江植物志）
原生。华东分布：安徽、江苏、山东、浙江。
修株肿足蕨 *Hypodematium gracile* Ching
原生。华东分布：安徽、江苏、江西、山东、浙江。
光轴肿足蕨 *Hypodematium hirsutum* (D. Don) Ching
原生。华东分布：安徽、浙江。
山东肿足蕨 *Hypodematium sinense* K. Iwats.
原生。华东分布：江苏、山东。
鳞毛肿足蕨 *Hypodematium squamuloso-pilosum* Ching
别名：毛鳞肿足蕨（江西植物志），宜兴肿足蕨（安徽植物志）
原生。华东分布：安徽、福建、江苏、江西、山东、浙江。

鳞毛蕨科 Dryopteridaceae

黄腺羽蕨属 *Pleocnemia*

（鳞毛蕨科 Dryopteridaceae）

黄腺羽蕨 ***Pleocnemia winitii*** Holttum
原生。华东分布：福建。

实蕨属 *Bolbitis*

（鳞毛蕨科 Dryopteridaceae）

长叶实蕨 ***Bolbitis heteroclita*** (C. Presl) Ching
原生。华东分布：福建。

华南实蕨 ***Bolbitis subcordata*** (Copel.) Ching
原生。华东分布：福建、江西、浙江。

网藤蕨属 *Lomagramma*

（鳞毛蕨科 Dryopteridaceae）

网藤蕨 ***Lomagramma matthewii*** (Ching) Holttum
——"*Lomagramma mathiwii*"=*Lomagramma matthewii* (Ching) Holttum（拼写错误。福建植物志）
原生。华东分布：福建。

舌蕨属 *Elaphoglossum*

（鳞毛蕨科 Dryopteridaceae）

舌蕨 ***Elaphoglossum marginatum*** T. Moore
——"*Elaphoglossum conforme*"=*Elaphoglossum marginatum* T. Moore（误用名。New records of ferns from Jiangxi, China）
原生。华东分布：福建、江西。

华南舌蕨 ***Elaphoglossum yoshinagae*** (Yatabe) Makino
原生。华东分布：福建、江西、浙江。

肋毛蕨属 *Ctenitis*

（鳞毛蕨科 Dryopteridaceae）

二型肋毛蕨 ***Ctenitis dingnanensis*** Ching
原生。华东分布：福建、江西、浙江。

直鳞肋毛蕨 ***Ctenitis eatonii*** (Baker) Ching
别名：正安肋毛蕨（江西植物志）
——*Ctenitis changanensis* Ching（江西植物志）
原生。华东分布：江西。

三相蕨 ***Ctenitis sinii*** (Ching) Ohwi
别名：厚叶肋毛蕨（FOC），亮鳞轴脉蕨（福建植物志）
——*Ataxipteris sinii* (Ching) Holttum（浙江植物志）
——*Ctenitopsis sinii* (Ching) Ching（福建植物志）
原生。近危（NT）。华东分布：福建、江西、浙江。

亮鳞肋毛蕨 ***Ctenitis subglandulosa*** (Hance) Ching
别名：安远肋毛蕨（江西植物志），崇义肋毛蕨（江西植物志），虹鳞肋毛蕨（福建植物志），靠边肋毛蕨（福建植物志），膜叶肋毛蕨（浙江植物志）
——*Ctenitis anyuanensis* Ching & C.H. Wang（江西植物志）
——*Ctenitis chungyiensis* Ching & C.H. Wang（江西植物志）
——*Ctenitis costulisora* Ching（福建植物志）
——*Ctenitis membranifolia* Ching & C.H. Wang（浙江植物志）
——*Ctenitis rhodolepis* (C.B. Clarke) Ching（福建植物志）
原生。华东分布：福建、江西、浙江。

贯众属 *Cyrtomium*

（鳞毛蕨科 Dryopteridaceae）

刺齿贯众 ***Cyrtomium caryotideum*** (Wall. ex Hook. & Grev.) C. Presl
原生。华东分布：福建、江西。

密羽贯众 ***Cyrtomium confertifolium*** Ching & Shing
原生。华东分布：江西、浙江。

福建贯众 ***Cyrtomium conforme*** Ching
原生。华东分布：福建。

披针贯众 ***Cyrtomium devexiscapulae*** (Koidz.) Ching
别名：无齿贯众（浙江植物志）
——*Cyrtomium integrum* Ching & K.H. Shing ex K.H. Shing（浙江植物志）
原生。华东分布：福建、江西、浙江。

全缘贯众 ***Cyrtomium falcatum*** (L. f.) C. Presl
别名：阴山贯众（山东植物志）
——*Cyrtomium yiangshanense* Ching & Y.C. Lang（山东植物志）
原生。易危（VU）。华东分布：福建、江苏、山东、上海、浙江。

贯众 ***Cyrtomium fortunei*** J. Sm.
别名：倒鳞贯众[Two New Species of *Cyrtomium* (Dryopreridaceae) from Shandong]，宽羽贯众（浙江植物志），密齿贯众［Two New Species of *Cyrtomium* (Dryopreridaceae) from Shandong］，山东贯众（山东植物志）
——*Cyrtomium fortunei* f. *latipinna* Ching（浙江植物志）
——*Cyrtomium confertiserratum* J.X. Li, H.S. Kung & X.J. Li[Two New Species of *Cyrtomium* (Dryopreridaceae) from Shandong]
——*Cyrtomium reflexosquamatum* J.X. Li & F.Q. Zhou［Two New Species of *Cyrtomium* (Dryopreridaceae) from Shandong］
——*Cyrtomium shandongense* J.X. Li（山东植物志）
原生。华东分布：安徽、福建、江苏、江西、山东、上海、浙江。

小羽贯众 ***Cyrtomium lonchitoides*** (Christ) Christ
原生。华东分布：山东。

大叶贯众 ***Cyrtomium macrophyllum*** (Makino) Tagawa
别名：大羽贯众（江西植物志）
原生。华东分布：安徽、江西。

钝羽贯众 ***Cyrtomium muticum*** (Christ) Ching
别名：大叶贯众（安徽植物志）
原生。华东分布：安徽。

斜基贯众 ***Cyrtomium obliquum*** Ching & Shing
原生。华东分布：浙江。

齿盖贯众 ***Cyrtomium tukusicola*** Tagawa
原生。华东分布：浙江。

阔羽贯众 ***Cyrtomium yamamotoi*** Tagawa
别名：粗齿阔羽贯众（浙江植物志）
——*Cyrtomium yamamotoi* var. *intermedium* (Diels) Ching & K.H. Shing（浙江植物志）
原生。华东分布：安徽、江西、山东、浙江。

耳蕨属 *Polystichum*

（鳞毛蕨科 Dryopteridaceae）

尖齿耳蕨 ***Polystichum acutidens*** Christ
原生。华东分布：浙江。

尖头耳蕨 *Polystichum acutipinnulum* Ching & Shing
原生。华东分布：福建、浙江。
镰羽耳蕨 *Polystichum balansae* Christ
别名：巴兰贯众（山东植物志），镰羽贯众（安徽植物志、福建植物志、江西植物志、浙江植物志），无齿镰羽贯众（福建植物志、浙江植物志）
——*Cyrtomium balansae* (Christ) C. Chr.（安徽植物志、福建植物志、江西植物志、山东植物志、浙江植物志）
——*Cyrtomium balansae* f. *edentatum* Ching ex K.H. Shing（福建植物志、浙江植物志）
原生。华东分布：安徽、福建、江西、山东、浙江。
布朗耳蕨 *Polystichum braunii* (Spenn.) Fée
原生。华东分布：安徽。
卵状鞭叶蕨 *Polystichum conjunctum* (Ching) Li Bing Zhang
别名：卵形鞭叶蕨（浙江植物志），卵羽鞭叶蕨（江西植物志），卵状鞭叶耳蕨（FOC）
——*Cyrtomidictyum conjunctum* Ching（江西植物志、浙江植物志）
原生。易危（VU）。华东分布：安徽、江西、浙江。
鞭叶耳蕨 *Polystichum craspedosorum* (Maxim.) Diels
原生。华东分布：山东、浙江。
对生耳蕨 *Polystichum deltodon* (Baker) Diels
原生。华东分布：安徽、浙江。
纤鳞耳蕨 *Polystichum fibrilloso-paleaceum* (Kodama) Tagawa
——"*Polystichum fibrillosa-paleaceum*"=*Polystichum fibrilloso-paleaceum* (Kodama) Tagawa（拼写错误；不合法名称。浙江植物志）
原生。华东分布：浙江。
无盖耳蕨 *Polystichum gymnocarpium* Ching ex W.M. Chu & Z.R. He
——"*Polystichum gymnocarpum*"=*Polystichum gymnocarpium* Ching ex W.M. Chu & Z.R. He（拼写错误。福建植物志、浙江植物志）
原生。华东分布：福建、江西、浙江。
小戟叶耳蕨 *Polystichum hancockii* (Hance) Diels
别名：单羽耳蕨（福建植物志），小三叶耳蕨（安徽植物志、福建植物志、江西植物志、浙江植物志）
——"*Polystichum simplicipinum*"=*Polystichum simplicipinnum* Hayata（拼写错误。福建植物志）
原生。华东分布：安徽、福建、江苏、江西、山东、浙江。
芒齿耳蕨 *Polystichum hecatopterum* Diels
别名：多翼耳蕨（江西植物志、浙江植物志）
——"*Polystichum hecatopteron*"=*Polystichum hecatopterum* Diels（拼写错误。浙江植物志）
原生。华东分布：江西、浙江。
草叶耳蕨 *Polystichum herbaceum* Ching & Z.Y. Liu
原生。华东分布：安徽、浙江。
深裂耳蕨 *Polystichum incisopinnulum* H.S. Kung & Li Bing Zhang
原生。华东分布：安徽。
亮叶耳蕨 *Polystichum lanceolatum* Baker
别名：披针耳蕨（江西植物志）
原生。华东分布：江西。
宽鳞耳蕨 *Polystichum latilepis* Ching & H.S. Kung
原生。华东分布：安徽、江西、浙江。
鞭叶蕨 *Polystichum lepidocaulon* (Hook.) J. Sm.
别名：鞭叶耳蕨（江苏植物志 第 2 版、FOC）
——*Cyrtomidictyum lepidocaulon* (Hook.) Ching（福建植物志、江西植物志、浙江植物志）
原生。华东分布：安徽、福建、江苏、江西、浙江。
黑鳞耳蕨 *Polystichum makinoi* (Tagawa) Tagawa
原生。华东分布：安徽、福建、江苏、江西、浙江。
前原耳蕨 *Polystichum mayebarae* Tagawa
原生。华东分布：浙江。
革叶耳蕨 *Polystichum neolobatum* Nakai
别名：新裂耳蕨（江西植物志）
原生。华东分布：安徽、江西、浙江。
南碧耳蕨 *Polystichum otomasui* Kurata
原生。华东分布：福建、江西。
卵鳞耳蕨 *Polystichum ovatopaleaceum* (Kodama) Kurata
别名：龙王山耳蕨（浙江植物志），卵鳞折鳞耳蕨（安徽植物志）
——"*Polystichum ovata-paleaceum*"=*Polystichum ovatopaleaceum* (Kodama) Kurata（拼写错误。浙江植物志）
——"*Polystichum ovata-paleaceum* var. *coraiense*"=*Polystichum ovatopaleaceum* var. *coraiense* (Christ) Kurata（拼写错误。浙江植物志）
——"*Polystichum retrose-paleaceum* var. *ovato-paleaceum*"=*Polystichum retrosopaleaceum* var. *ovatopaleaceum* (Kodama) Tagawa（拼写错误。安徽植物志）
原生。华东分布：安徽、浙江。
棕鳞耳蕨 *Polystichum polyblepharum* (Roem. ex Kunze) C. Presl
原生。华东分布：安徽、江苏、浙江。
假黑鳞耳蕨 *Polystichum pseudomakinoi* Tagawa
——"*Polystichum pseudo-makinoi*"=*Polystichum pseudomakinoi* Tagawa（拼写错误。安徽植物志、浙江植物志）
原生。华东分布：安徽、福建、江苏、江西、浙江。
洪雅耳蕨 *Polystichum pseudoxiphophyllum* Ching ex H.S. Kung
原生。华东分布：江西。
普陀鞭叶蕨 *Polystichum putuoense* Li Bing Zhang
别名：阔镰鞭叶蕨（安徽植物志），普陀鞭叶耳蕨（江苏植物志 第 2 版、FOC）
——*Cyrtomidictyum faberi* (Baker) Ching（安徽植物志、浙江植物志）
原生。华东分布：安徽、江苏、浙江。
倒鳞耳蕨 *Polystichum retrosopaleaceum* (Kodama) Tagawa
别名：井冈山耳蕨（江西植物志），折鳞耳蕨（安徽植物志）
——"*Polystichum retrose-paleaceum*"=*Polystichum retrosopaleaceum* (Kodama) Tagawa（拼写错误。安徽植物志）
——"*Polystichum retroso-paleaceum*"=*Polystichum retrosopaleaceum* (Kodama) Tagawa（拼写错误。浙江植物志）
——*Polystichum tsingkanshanense* Ching（江西植物志）
原生。华东分布：安徽、江西、浙江。
阔鳞耳蕨 *Polystichum rigens* Tagawa
——*Polystichum platychlamys* Ching（江西植物志）
原生。华东分布：安徽、江西。

灰绿耳蕨 *Polystichum scariosum* (Roxb.) C.V. Morton
别名：阿里山耳蕨（江西植物志）
——"*Polystichum eximium*"=*Polystichum scariosum* (Roxb.) C.V. Morton（误用名。江西植物志、浙江植物志）
原生。华东分布：福建、江西、浙江。
山东鞭叶耳蕨 *Polystichum shandongense* J.X. Li & Y. Wei
别名：山东耳蕨（山东植物志、FOC）
原生。华东分布：山东。
边果耳蕨 *Polystichum shimurae* Kurata ex Seriz.
原生。华东分布：浙江。
中华对马耳蕨 *Polystichum sinotsus-simense* Ching & Z.Y. Liu
原生。华东分布：浙江。
戟叶耳蕨 *Polystichum tripteron* (Kunze) C. Presl
别名：三叉耳蕨（安徽植物志、福建植物志、江西植物志、山东植物志、浙江植物志）
原生。华东分布：安徽、福建、江苏、江西、山东、浙江。
对马耳蕨 *Polystichum tsus-simense* (Hook.) J. Sm.
原生。华东分布：安徽、福建、江苏、江西、山东、上海、浙江。

复叶耳蕨属 *Arachniodes*

（鳞毛蕨科 Dryopteridaceae）

斜方复叶耳蕨 *Arachniodes amabilis* (Blume) Tindale
——*Arachniodes rhomboidea* (Schott) Ching（安徽植物志、福建植物志、江西植物志、浙江植物志）
原生。华东分布：安徽、福建、江苏、江西、上海、浙江。
多羽复叶耳蕨 *Arachniodes amoena* (Ching) Ching
别名：美丽复叶耳蕨（安徽植物志、福建植物志、江西植物志、浙江植物志）
原生。华东分布：安徽、福建、江西、浙江。
刺头复叶耳蕨 *Arachniodes aristata* (G. Forst.) Tindale
别名：昴山复叶耳蕨（浙江植物志）
——*Arachniodes exilis* (Hance) Ching（安徽植物志、福建植物志、江西植物志、山东植物志、浙江植物志）
——*Arachniodes maoshanensis* Ching（浙江植物志）
原生。华东分布：安徽、福建、江苏、江西、山东、上海、浙江。
粗齿黔蕨 *Arachniodes blinii* (H. Lév.) Nakaike
——*Phanerophlebiopsis blinii* (H. Lév.) Ching（江西植物志）
原生。华东分布：江西。
大片复叶耳蕨 *Arachniodes cavaleriei* (Christ) Ohwi
别名：阔片复叶耳蕨（福建植物志、江西植物志、浙江植物志）
——"*Arachniodes cavalerii*"=*Arachniodes cavaleriei* (Christ) Ohwi（拼写错误。安徽植物志、福建植物志、江西植物志、浙江植物志）
原生。华东分布：安徽、福建、江西、浙江。
中华复叶耳蕨 *Arachniodes chinensis* (Rosenst.) Ching
别名：大型长尾复叶耳蕨（安徽植物志），尾形复叶耳蕨（江西植物志），尾叶复叶耳蕨（浙江植物志）
——*Arachniodes caudata* (Tagawa) Ching（江西植物志、浙江植物志）
——*Arachniodes simplicior* var. *major* (Tagawa) Ohwi（安徽植物志）
原生。华东分布：安徽、福建、江西、浙江。
华南复叶耳蕨 *Arachniodes festina* (Hance) Ching
别名：细裂复叶耳蕨（福建植物志、江西植物志、浙江植物志）
原生。华东分布：福建、江西、浙江。
假斜方复叶耳蕨 *Arachniodes hekiana* Kurata
别名：华夏复叶耳蕨（浙江植物志），天童复叶耳蕨（浙江植物志），中华斜方复叶耳蕨（安徽植物志）
——*Arachniodes rhomboidea* var. *sinica* Ching（安徽植物志、浙江植物志）
——*Arachniodes tiendongensis* Ching & C.F. Zhang（浙江植物志）
原生。华东分布：安徽、福建、江苏、江西、浙江。
缩羽复叶耳蕨 *Arachniodes japonica* (Kurata) Nakaike
别名：庆元复叶耳蕨（浙江植物志）
——*Arachniodes gradata* Ching（浙江植物志）
——*Arachniodes reducta* Y.T. Hsieh & Y.P. Wu（浙江植物志）
原生。华东分布：福建、浙江。
金平复叶耳蕨 *Arachniodes jinpingensis* Y.T. Hsieh
别名：渐尖复叶耳蕨（浙江植物志）
——*Arachniodes attenuata* Ching（浙江植物志）
原生。华东分布：浙江。
毛枝蕨 *Arachniodes miqueliana* (Maxim. ex Franch. & Sav.) Ohwi
——*Leptorumohra miqueliana* (Maxim. ex Franch. & Sav.) H. Itô（安徽植物志、江西植物志、浙江植物志）
原生。华东分布：安徽、江西、山东、浙江。
日本复叶耳蕨 *Arachniodes nipponica* (Rosenst.) Ohwi
别名：贵州复叶耳蕨（江西植物志、浙江植物志）
原生。华东分布：江西、浙江。
四回毛枝蕨 *Arachniodes quadripinnata* (Hayata) Seriz.
原生。华东分布：安徽、江西。
相似复叶耳蕨 *Arachniodes similis* Ching
原生。华东分布：福建、浙江。
长尾复叶耳蕨 *Arachniodes simplicior* (Makino) Ohwi
别名：多芒复叶耳蕨（浙江植物志），溧阳复叶耳蕨（浙江植物志），漂阳复叶耳蕨（安徽植物志）
——*Arachniodes aristatissima* Ching（浙江植物志）
——*Arachniodes liyangensis* Ching & Y.C. Lan（安徽植物志、浙江植物志）
原生。华东分布：安徽、福建、江苏、江西、上海、浙江。
华西复叶耳蕨 *Arachniodes simulans* (Ching) Ching
别名：华中复叶耳蕨（江西植物志）
原生。华东分布：安徽、江西、浙江。
无鳞毛枝蕨 *Arachniodes sinomiqueliana* (Ching) Ohwi
——"*Leptorumohra sino-miqueliana*"=*Leptorumohra sinomiqueliana* (Ching) Tagawa（拼写错误。浙江植物志）
原生。濒危（EN）。华东分布：江西、浙江。
美丽复叶耳蕨 *Arachniodes speciosa* (D. Don) Ching
别名：粗裂复叶耳蕨（安徽植物志），华东复叶耳蕨（浙江植物志），美观复叶耳蕨（江苏植物志 第2版、上海维管植物名录），新刺齿复叶耳蕨（浙江植物志），宜兴复叶耳蕨（浙江植物志）
——"*Arachniodes pseudo-aristata*"=*Arachniodes pseudoaristata* (Tagawa) Ohwi（拼写错误。安徽植物志、浙江植物志）
——*Arachniodes ishingensis* Ching & Y.T. Hsieh（浙江植物志）

——*Arachniodes neoaristata* Ching（浙江植物志）
原生。华东分布：安徽、福建、江苏、江西、上海、浙江。
紫云山复叶耳蕨 *Arachniodes ziyunshanensis* Y.T. Xie
别名：假长尾复叶耳蕨（浙江植物志），双柏复叶耳蕨（浙江植物志），云栖复叶耳蕨（浙江植物志）
——"*Arachniodes pseudo-simplicior*"=*Arachniodes pseudosimplicior* Ching（拼写错误。浙江植物志）
——*Arachniodes shuangbaiensis* Ching（浙江植物志）
——*Arachniodes yunqiensis* Y.T. Hsieh（浙江植物志）
原生。华东分布：安徽、江西、浙江。

鳞毛蕨属 *Dryopteris*

（鳞毛蕨科 Dryopteridaceae）

遂昌鳞毛蕨 *Dryopteris×shuichangensis* P.C. Chiu & G.H. Yao
——"*Dryopteris shuichangensis*"=*Dryopteris× shuichangensis* P.C. Chiu & G.H. Yao（杂交种。浙江植物志）
原生。华东分布：浙江。
暗鳞鳞毛蕨 *Dryopteris atrata* (Wall. ex Kunze) Ching
原生。华东分布：安徽、福建、江苏、江西、山东、浙江。
阔鳞鳞毛蕨 *Dryopteris championii* (Benth.) C. Chr.
别名：古田山鳞毛蕨（浙江植物志），黄志鳞毛蕨（浙江植物志），崂山鳞毛蕨（山东植物志），临安鳞毛蕨（浙江植物志），强壮鳞毛蕨（浙江植物志），武夷山鳞毛蕨（福建植物志），雁荡鳞毛蕨（浙江植物志）
——"*Dryopteris grandisora*"=*Dryopteris grandiosa* Ching & P.C. Chiu（拼写错误。浙江植物志）
——*Dryopteris gutishanensis* Ching & C.F. Zhang（浙江植物志）
——*Dryopteris laoshanensis* J.X. Li & S.T. Ma（山东植物志）
——*Dryopteris linganensis* Ching & C.F. Zhang（浙江植物志）
——*Dryopteris wangii* Ching（浙江植物志）
——*Dryopteris wuyishanensis* Ching（福建植物志）
——*Dryopteris yandongensis* Ching & C.F. Zhang（浙江植物志）
原生。华东分布：安徽、福建、江苏、江西、山东、上海、浙江。
启明鳞毛蕨 *Dryopteris chimingiana* Ching ex K.H. Shing & J.F. Cheng
原生。华东分布：江西。
中华鳞毛蕨 *Dryopteris chinensis* (Baker) Koidz.
原生。华东分布：安徽、江苏、江西、山东、浙江。
混淆鳞毛蕨 *Dryopteris commixta* Tagawa
别名：类狭基鳞毛蕨（江西植物志）
——"*Dryopteris sino-dickinsii*"=*Dryopteris sinodickinsii* Ching ex K.H. Shing & J.F. Cheng（拼写错误。江西植物志）
原生。华东分布：福建、江西、浙江。
桫椤鳞毛蕨 *Dryopteris cycadina* (Franch. & Sav.) C. Chr.
别名：暗鳞鳞毛蕨（浙江植物志），凤阳山鳞毛蕨（浙江植物志），假暗鳞鳞毛蕨（福建植物志、江西植物志），硬叶鳞毛蕨（江西植物志），长喙鳞毛蕨（江西植物志）
——"*Dryopteris pseudoatrata*"=*Dryopteris pseudatrata* Ching（拼写错误。江西植物志）
——*Dryopteris fengyangshanensis* Ching & C.F. Zhang（浙江植物志）
——*Dryopteris longirostrata* Ching ex K.H. Shing & J.F. Cheng（江西植物志）
——*Dryopteris pseudatrata* Ching（福建植物志）
——*Dryopteris rigidiuscula* Ching ex K.H. Shing & J.F. Cheng（江西植物志）
原生。华东分布：安徽、福建、江苏、江西、浙江。
迷人鳞毛蕨 *Dryopteris decipiens* (Hook.) Kuntze
别名：深裂鳞毛蕨（浙江植物志），异盖鳞毛蕨（福建植物志、浙江植物志）
——*Dryopteris fuscipes* var. *diplazioides* (Christ) Ching（浙江植物志）
原生。华东分布：安徽、福建、江苏、江西、浙江。
深裂迷人鳞毛蕨 *Dryopteris decipiens* var. ***diplazioides*** (Christ) Ching
别名：倒向鳞毛蕨（浙江植物志），后生黑足鳞毛蕨（浙江植物志），拟倒向鳞毛蕨（浙江植物志），深裂鳞毛蕨（安徽植物志、福建植物志），心羽鳞毛蕨（福建植物志）
——"*Dryopteris retroso-paleacea*"=*Dryopteris retrorsopaleacea* Ching & C.F. Zhang（拼写错误。浙江植物志）
——*Dryopteris cordipinna* Ching & K.H. Shing（福建植物志）
——*Dryopteris fuscipes* var. *diplazioides* (Christ) Ching ex L.K. Ling, Q.Q. Zhang & Y.R. Hwang（安徽植物志、福建植物志）
——*Dryopteris metafuscipes* Ching & C.F. Zhang（浙江植物志）
——*Dryopteris mimetica* Ching & C.F. Zhang（浙江植物志）
原生。华东分布：安徽、福建、江苏、江西、浙江。
德化鳞毛蕨 *Dryopteris dehuaensis* Ching & K.H. Shing
别名：鼓山鳞毛蕨（福建植物志），新落鳞鳞毛蕨（江西植物志）
——*Dryopteris gushanica* Ching & K.H. Shing（福建植物志）
——*Dryopteris neosordidipes* Ching ex K.H. Shing & J.F. Cheng（江西植物志）
原生。华东分布：安徽、福建、江西、浙江。
远轴鳞毛蕨 *Dryopteris dickinsii* (Franch. & Sav.) C. Chr.
别名：狭基鳞毛蕨（安徽植物志、江西植物志）
原生。华东分布：安徽、福建、江西、浙江。
宜昌鳞毛蕨 *Dryopteris enneaphylla* (Baker) C. Chr.
别名：顶羽鳞毛蕨（浙江植物志）
原生。华东分布：浙江。
红盖鳞毛蕨 *Dryopteris erythrosora* (D.C. Eaton) Kuntze
别名：华红盖鳞毛蕨（福建植物志），假红盖鳞毛蕨（安徽植物志、浙江植物志），灵隐鳞毛蕨（浙江植物志），日本鳞毛蕨（浙江植物志），远羽鳞毛蕨（浙江植物志）
——"*Dryopteris niponensis*"=*Dryopteris nipponensis* Koidz.（拼写错误。浙江植物志）
——"*Dryopteris pseudo-erythrosora*"=*Dryopteris seudoerythrosora* Kodama（拼写错误。安徽植物志）
——"*Dryopteris sino-erythrosora*"=*Dryopteris sinoerythrosora* Ching & K.H. Shing（拼写错误。福建植物志）
——*Dryopteris linyingensis* Ching & C.F. Zhang（浙江植物志）
——*Dryopteris paraerythrosora* Ching & C.F. Zhang(浙江植物志)
——*Dryopteris remotipinnula* Ching & C.F. Zhang（浙江植物志）
原生。华东分布：安徽、福建、江苏、江西、上海、浙江。
台湾鳞毛蕨 *Dryopteris formosana* (Christ) C. Chr.

原生。濒危（EN）。华东分布：福建、浙江。

黑足鳞毛蕨 ***Dryopteris fuscipes*** C. Chr.

别名：密羽鳞毛蕨（福建植物志、江西植物志），相近鳞毛蕨（浙江植物志）

——*Dryopteris confertipinna* Ching & K.H. Shing（福建植物志）

——*Dryopteris persimilis* Ching & C.F. Zhang（浙江植物志）

——*Dryopteris stenochlamys* Ching ex K.H. Shing & J.F. Cheng(江西植物志）

原生。华东分布：安徽、福建、江苏、江西、上海、浙江。

华北鳞毛蕨 ***Dryopteris goeringiana*** (Kunze) Koidz.

——*Dryopteris laeta* (Kom.) C. Chr.（山东植物志）

原生。华东分布：江苏、山东。

裸叶鳞毛蕨 ***Dryopteris gymnophylla*** (Baker) C. Chr.

原生。华东分布：安徽、江苏、江西、山东、浙江。

裸果鳞毛蕨 ***Dryopteris gymnosora*** (Makino) C. Chr.

别名：光鳞毛蕨（福建植物志、浙江植物志），裸囊鳞毛蕨（江西植物志）

原生。华东分布：安徽、福建、江苏、江西、浙江。

边生鳞毛蕨 ***Dryopteris handeliana*** C. Chr.

——*Dryopteris tasiroi* Tagawa（安徽植物志）

原生。濒危（EN）。华东分布：安徽、江西、浙江。

杭州鳞毛蕨 ***Dryopteris hangchowensis*** Ching

原生。华东分布：安徽、江苏、江西、浙江。

异鳞轴鳞蕨 ***Dryopteris heterolaena*** C. Chr.

别名：异鳞鳞毛蕨（FOC），浙江肋毛蕨（浙江植物志）

——*Ctenitis zhejiangensis* Ching & C.F. Zhang（浙江植物志）

原生。华东分布：江西、浙江。

桃花岛鳞毛蕨 ***Dryopteris hondoensis*** Koidz.

原生。华东分布：福建、浙江。

黄山鳞毛蕨 ***Dryopteris huangshanensis*** Ching

别名：黄岗山鳞毛蕨（福建植物志、浙江植物志）

——"*Dryopteris hwangshanensis*"=*Dryopteris huangshanensis* Ching（拼写错误。安徽植物志）

——"*Dryopteris whangshanensis*"=*Dryopteris huangshanensis* Ching（拼写错误。浙江植物志）

——"*Dryopteris whangshangensis*"=*Dryopteris huangshanensis* Ching（拼写错误。江西植物志）

——*Dryopteris huangangshanensis* Ching（福建植物志、浙江植物志）

原生。华东分布：安徽、福建、江西、浙江。

假异鳞毛蕨 ***Dryopteris immixta*** Ching

原生。华东分布：安徽、福建、江苏、江西、山东、上海、浙江。

平行鳞毛蕨 ***Dryopteris indusiata*** (Makino) Makino & Yamam.

别名：假黑足鳞毛蕨（江西植物志），具盖鳞毛蕨（浙江植物志），有盖鳞毛蕨（江西植物志）

——*Dryopteris subfuscipes* Ching ex K.Y. Shing & J.F. Cheng（江西植物志）

原生。华东分布：安徽、福建、江西、浙江。

泡鳞轴鳞蕨 ***Dryopteris kawakamii*** Hayata

别名：九龙山肋毛蕨（浙江植物志），泡鳞肋毛蕨（福建植物志、江西植物志、浙江植物志），泡鳞鳞毛蕨（FOC）

——*Ctenitis jiulungshanensis* P.C. Chiu & G.H. Yao（浙江植物志）

——*Ctenitis mariformis* (Rosenst.) Ching（福建植物志、江西植物志、浙江植物志）

原生。华东分布：福建、江西、浙江。

京鹤鳞毛蕨 ***Dryopteris kinkiensis*** Koidz. ex Tagawa

别名：金鹤鳞毛蕨（福建植物志、江西植物志），近畿鳞毛蕨（上海维管植物名录），京畿鳞毛蕨（浙江植物志），浙南鳞毛蕨（浙江植物志）

——"*Dryopteris zhenanensis*"=*Dryopteris zhenangensis* Ching & P.C. Chiu（拼写错误。浙江植物志）

原生。华东分布：安徽、福建、江西、上海、浙江。

齿头鳞毛蕨 ***Dryopteris labordei*** (Christ) C. Chr.

原生。华东分布：安徽、福建、江苏、江西、上海、浙江。

狭顶鳞毛蕨 ***Dryopteris lacera*** (Thunb.) Kuntze

别名：中华狭顶鳞毛蕨（浙江植物志）

——*Dryopteris lacera* var. *chinensis* Ching（浙江植物志）

原生。华东分布：安徽、江苏、江西、山东、上海、浙江。

轴鳞鳞毛蕨 ***Dryopteris lepidorachis*** C. Chr.

别名：齿鳞鳞毛蕨（江西植物志）

——*Dryopteris championii* var. *rheosora* (Baker) K.H. Shing（江西植物志）

原生。华东分布：安徽、福建、江苏、江西、浙江。

溧阳鳞毛蕨 ***Dryopteris liyangensis*** Ching & Y.Z. Lan

原生。华东分布：浙江。

龙南鳞毛蕨 ***Dryopteris lungnanensis*** Ching ex K.H. Shing & J.F. Cheng

原生。华东分布：江西。

龙泉鳞毛蕨 ***Dryopteris lungquanensis*** Ching & P.C. Chiu

原生。华东分布：浙江。

边果鳞毛蕨 ***Dryopteris marginata*** (C.B. Clarke) Christ

原生。华东分布：福建、江西。

阔鳞轴鳞蕨 ***Dryopteris maximowicziana*** (Miq.) C. Chr.

别名：黄岗肋毛蕨（江西植物志），阔鳞肋毛蕨（安徽植物志、福建植物志、江西植物志、浙江植物志），马氏鳞毛蕨（FOC）

——*Ctenitis maximowicziana* (Miq.) Ching（安徽植物志、福建植物志、江西植物志、浙江植物志）

——*Ctenitis whankanshanensis* Ching & C.H. Wang（江西植物志）

原生。华东分布：安徽、福建、江西、浙江。

黑鳞远轴鳞毛蕨 ***Dryopteris namegatae*** (Kurata) Kurata

原生。华东分布：江西、浙江。

太平鳞毛蕨 ***Dryopteris pacifica*** (Nakai) Tagawa

别名：四回鳞毛蕨（江西植物志）

——*Dryopteris quadrifida* Ching ex K.H. Shing & J.F. Cheng（江西植物志）

原生。华东分布：安徽、福建、江苏、江西、上海、浙江。

鱼鳞蕨 ***Dryopteris paleolata*** (Pic. Serm.) Li Bing Zhang

别名：鱼鳞鳞毛蕨（FOC）

——"*Acrophorus stipellatus* (Wall.) Moore"=*Dryopteris paleolata* (Pic. Serm.) Li Bing Zhang（名称未合格发表。江西植物志、浙江植物志）

原生。华东分布：福建、江西、浙江。

假中华鳞毛蕨 *Dryopteris parachinensis* Ching & F.Z. Li
原生。华东分布：山东。
半岛鳞毛蕨 *Dryopteris peninsulae* Kitag.
别名：新狭顶鳞毛蕨（江西植物志）
——*Dryopteris neolacera* Ching（江西植物志）
原生。华东分布：安徽、江苏、江西、山东、上海、浙江。
柄叶鳞毛蕨 *Dryopteris podophylla* (Hook.) Kuntze
原生。华东分布：福建。
红腺蕨 *Dryopteris pseudocaenopteris* (Kunze) Li Bing Zhang
别名：红线蕨（浙江植物志），南亚鳞毛蕨（FOC）
——*Diacalpe aspidioides* Blume（浙江植物志）
原生。华东分布：浙江。
豫陕鳞毛蕨 *Dryopteris pulcherrima* Ching
原生。华东分布：安徽。
宽羽鳞毛蕨 *Dryopteris ryo-itoana* Kurata
别名：不等羽鳞毛蕨（浙江植物志），开化鳞毛蕨（浙江植物志），龙山鳞毛蕨（浙江植物志），庐山鳞毛蕨（江西植物志），三角鳞毛蕨（浙江植物志）
——*Dryopteris dispar* Maxon & C.V. Morton（浙江植物志）
——*Dryopteris kaihuaensis* Ching & C.F. Zhang（浙江植物志）
——*Dryopteris lungshanensis* Ching & P.C. Chiu（浙江植物志）
——*Dryopteris lushanensis* Ching & P.C. Chiu（江西植物志）
——*Dryopteris triangularifrons* Ching（浙江植物志）
原生。华东分布：江西、浙江。
棕边鳞毛蕨 *Dryopteris sacrosancta* Koidz.
别名：天竺鳞毛蕨（浙江植物志）
——"*Dryopteris tientsoensis*"=*Dryopteris tieanzuensis* Ching & P.C. Chiu（拼写错误。浙江植物志）
原生。华东分布：安徽、江苏、山东、浙江。
无盖鳞毛蕨 *Dryopteris scottii* (Bedd.) Ching
原生。华东分布：安徽、福建、江苏、江西、浙江。
两色鳞毛蕨 *Dryopteris setosa* (Thunb.) Akasawa
别名：细裂鳞毛蕨（江西植物志）
——*Dryopteris bissetiana* (Baker) C. Chr.（安徽植物志、江西植物志、山东植物志、浙江植物志）
——*Dryopteris pseudobissetiana* Ching ex K.Y. Shing & J.F. Cheng（江西植物志）
原生。华东分布：安徽、福建、江苏、江西、山东、上海、浙江。
山东鳞毛蕨 *Dryopteris shandongensis* J.X. Li & F. Li
原生。华东分布：山东。
霞客鳞毛蕨 *Dryopteris shiakeana* H. Shang & Y. H. Yan
原生。华东分布：福建、浙江。
东亚鳞毛蕨 *Dryopteris shikokiana* (Makino) C. Chr.
原生。华东分布：福建。
奇羽鳞毛蕨 *Dryopteris sieboldii* (Van Houtte) Kuntze
别名：奇数鳞毛蕨（安徽植物志、福建植物志、江西植物志、浙江植物志）
原生。华东分布：安徽、福建、江西、浙江。
高鳞毛蕨 *Dryopteris simasakii* (H. Itô) Kurata
别名：老殿鳞毛蕨（浙江植物志）
——*Dryopteris excelsior* Ching & P.C. Chiu（浙江植物志）
——*Dryopteris laodianensis* Ching & P.C. Chiu（浙江植物志）
原生。华东分布：安徽、江西、浙江。
密鳞高鳞毛蕨 *Dryopteris simasakii* var. *paleacea* (H. Itô) Kurata
别名：红鳞鳞毛蕨（浙江植物志）
——*Dryopteris rufosquamosa* Ching & P.C. Chiu（浙江植物志）
原生。华东分布：浙江。
稀羽鳞毛蕨 *Dryopteris sparsa* (D. Don) Kuntze
别名：华稀羽鳞毛蕨（福建植物志、浙江植物志），绿色稀羽鳞毛蕨（浙江植物志）
——"*Dryopteris sino-sparsa*"=*Dryopteris sinosparsa* Ching & K.H. Shing（拼写错误。福建植物志、浙江植物志）
——*Dryopteris sparsa* subsp. *viridescens* (Baker) Fraser-Jenk.（浙江植物志）
原生。华东分布：安徽、福建、江苏、江西、上海、浙江。
无柄鳞毛蕨 *Dryopteris submarginata* Rosenst.
别名：钝齿鳞毛蕨（福建植物志、浙江植物志）
原生。华东分布：福建、江苏、江西、浙江。
三角鳞毛蕨 *Dryopteris subtriangularis* (C. Hope) C. Chr.
原生。华东分布：福建。
大明鳞毛蕨 *Dryopteris tahmingensis* Ching
别名：毛鳞鳞毛蕨（福建植物志）
——*Dryopteris hwangii* Ching（福建植物志）
原生。华东分布：福建。
华南鳞毛蕨 *Dryopteris tenuicula* C.G. Matthew & Christ
别名：湖南鳞毛蕨（浙江植物志），九龙山鳞毛蕨（浙江植物志），张氏鳞毛蕨（浙江植物志）
——*Dryopteris jiulungshanensis* P.C. Chiu & G.H. Yao ex Ching（浙江植物志）
——*Dryopteris subchampionii* Ching（浙江植物志）
——*Dryopteris zhangii* Ching（浙江植物志）
原生。华东分布：安徽、福建、江西、浙江。
东京鳞毛蕨 *Dryopteris tokyoensis* (Matsum.) C. Chr.
别名：三明鳞毛蕨（福建植物志）
——*Dryopteris sanmingensis* Ching（福建植物志）
原生。濒危（EN）。华东分布：福建、江西、浙江。
观光鳞毛蕨 *Dryopteris tsoongii* Ching
——"*Dryopteris tsoogii*"=*Dryopteris tsoongii* Ching（拼写错误。浙江植物志）
原生。华东分布：安徽、福建、江苏、江西、上海、浙江。
同形鳞毛蕨 *Dryopteris uniformis* (Makino) Makino
别名：假同型鳞毛蕨（福建植物志），江山鳞毛蕨（浙江植物志），同型鳞毛蕨（安徽植物志），狭翅鳞毛蕨（浙江植物志）
——*Dryopteris decurrentiloba* Ching & C.F. Zhang（浙江植物志）
——*Dryopteris jiangshanensis* Ching & P.C. Chiu（浙江植物志）
——*Dryopteris pseudouniformis* Ching（福建植物志）
原生。华东分布：安徽、福建、江苏、江西、上海、浙江。
变异鳞毛蕨 *Dryopteris varia* (L.) Kuntze
别名：富阳鳞毛蕨（浙江植物志），光叶鳞毛蕨（江西植物志），林氏鳞毛蕨（浙江植物志），异鳞鳞毛蕨（福建植物志），长尾鳞毛蕨（浙江植物志）
——*Dryopteris caudifolia* Ching & P.C. Chiu（浙江植物志）

——*Dryopteris fuyangensis* Ching & P.C. Chiu（浙江植物志）
——*Dryopteris glabrescens* Ching & P.S. Chiu ex K.H. Shing & J.F. Cheng（江西植物志）
——*Dryopteris lingii* Ching（浙江植物志）
原生。华东分布：安徽、福建、江苏、江西、山东、上海、浙江。
大羽鳞毛蕨 *Dryopteris wallichiana* (Spreng.) Hyl.
原生。华东分布：福建、江西。
细叶鳞毛蕨 *Dryopteris woodsiisora* Hayata
别名：泰山鳞毛蕨（山东植物志），岩鳞毛蕨（江西植物志）
——"*Dryopteris woodsisora*"=*Dryopteris woodsiisora* Hayata（拼写错误。江西植物志）
——*Dryopteris taishanensis* F.Z. Li（山东植物志）
原生。华东分布：江西、山东。
武夷山鳞毛蕨 *Dryopteris wuyishanica* Ching & P.C. Chiu
原生。华东分布：福建、浙江。
寻乌鳞毛蕨 *Dryopteris xunwuensis* Ching & K.H. Shing
——"*Dryopteris xungwuensis*"=*Dryopteris xunwuensis* Ching & K.H. Shing（拼写错误。江西植物志）
原生。华东分布：江西。
南平鳞毛蕨 *Dryopteris yenpingensis* C. Chr. & Ching
——"*Dryopteris nanpingensis*"=*Dryopteris yenpingensis* C. Chr. & Ching（拼写错误。福建植物志）
原生。华东分布：福建。

肾蕨科 Nephrolepidaceae

肾蕨属 *Nephrolepis*

（肾蕨科 Nephrolepidaceae）

毛叶肾蕨 *Nephrolepis brownii* (Desv.) Hovenkamp & Miyam.
——"*Nephrolepis hirsutula*"=*Nephrolepis brownii* (Desv.) Hovenkamp & Miyam.（误用名。福建植物志）
原生。华东分布：福建。
肾蕨 *Nephrolepis cordifolia* (L.) C. Presl
——*Nephrolepis auriculata* (L.) Trimen（安徽植物志、福建植物志、江西植物志、浙江植物志）
原生。华东分布：安徽、福建、江苏、江西、浙江。

篠蕨科 Oleandraceae

篠蕨属 *Oleandra*

华南篠蕨 *Oleandra cumingii* J. Smith
原生。华东分布：江西。

三叉蕨科 Tectariaceae

三叉蕨属 *Tectaria*

（三叉蕨科 Tectariaceae）

下延三叉蕨 *Tectaria decurrens* (C. Presl) Copel.
原生。华东分布：福建。
毛叶轴脉蕨 *Tectaria devexa* (Kunze) Copel.
——*Ctenitopsis devexa* (Kunze ex Mett.) Ching & C.H. Wang（浙江植物志）
原生。华东分布：浙江。
沙皮蕨 *Tectaria harlandii* (Hook.) C.M. Kuo
——*Hemigramma decurrens* (Hook.) Copel.（福建植物志）
原生。华东分布：福建。
中型三叉蕨 *Tectaria media* Ching
别名：中型叉蕨（FOC）
原生。华东分布：福建。
条裂三叉蕨 *Tectaria phaeocaulis* (Rosenst.) C. Chr.
原生。华东分布：福建、江西。
燕尾三叉蕨 *Tectaria simonsii* (Baker) Ching
别名：燕尾叉蕨（FOC）
原生。华东分布：福建。
三叉蕨 *Tectaria subtriphylla* (Hook. & Arn.) Copel.
原生。华东分布：福建。
地耳蕨 *Tectaria zeilanica* (Houtt.) Sledge
——*Quercifilix zeylanica* (Houtt.) Copel.（福建植物志）
原生。华东分布：福建。

骨碎补科 Davalliaceae

兔脚蕨属 *Davallia*

（骨碎补科 Davalliaceae）

大叶骨碎补 *Davallia divaricata* Blume
原生。华东分布：福建。
杯盖阴石蕨 *Davallia griffithiana* Hook.
别名：圆盖阴石蕨（安徽植物志、福建植物志、江西植物志、浙江植物志）
——"*Humata tyermanni*"=*Humata tyermannii* T. Moore（拼写错误。安徽植物志、福建植物志、江西植物志、浙江植物志）
——*Humata griffithiana* (Hook.) C. Chr.（江苏植物志 第 2 版、FOC）
原生。华东分布：安徽、福建、江苏、江西、上海、浙江。
鳞轴小膜盖蕨 *Davallia perdurans* Christ
——*Araiostegia perdurans* (Christ) Copel.（福建植物志、江西植物志、浙江植物志、FOC）
原生。华东分布：安徽、福建、江西、浙江。
阴石蕨 *Davallia repens* (L. f.) Kuhn
——*Humata repens* (L. f.) Small ex Diels（福建植物志、江西植物志、浙江植物志、FOC）
原生。华东分布：福建、江西、浙江。
骨碎补 *Davallia trichomanoides* Blume
别名：海州骨碎补（山东植物志）
——*Davallia mariesii* T. Moore ex Baker（山东植物志、浙江植物志）
原生。近危（NT）。华东分布：安徽、福建、江苏、山东、浙江。

双扇蕨科 Dipteridaceae

全缘燕尾蕨 *Cheiropleuria integrifolia* (D. C. Eaton ex Hook.) M.

Kato, Y. Yatabe, Sahashi & N. Murak.
别名：燕尾蕨（浙江植物志）
——"*Cheiropleuria bicuspis*"=*Cheiropleuria integrifolia* (D. C. Eaton ex Hook.) M. Kato, Y. Yatabe, Sahashi & N. Murak.（误用名。浙江植物志）
原生。易危（VU）。华东分布：浙江。

水龙骨科 Polypodiaceae

剑蕨属 *Loxogramme*

（水龙骨科 Polypodiaceae）

黑鳞剑蕨 *Loxogramme assimilis* Ching
原生。华东分布：江西。
中华剑蕨 *Loxogramme chinensis* Ching
别名：福建剑蕨（福建植物志）
——*Loxogramme fujiansis* Ching（福建植物志）
原生。华东分布：安徽、福建、江西、浙江。
褐柄剑蕨 *Loxogramme duclouxii* Christ
——*Loxogramme saziran* Tagawa ex M.G. Price（安徽植物志、江西植物志、浙江植物志）
原生。华东分布：安徽、福建、江西、浙江。
匙叶剑蕨 *Loxogramme grammitoides* (Baker) C. Chr.
别名：禾叶剑蕨（江西植物志）
原生。华东分布：安徽、福建、江西、浙江。
柳叶剑蕨 *Loxogramme salicifolia* (Makino) Makino
原生。华东分布：安徽、福建、江西、浙江。

槲蕨属 *Drynaria*

（水龙骨科 Polypodiaceae）

崖姜 *Drynaria coronans* (Wall. ex Mett.) J. Sm. ex T. Moore
别名：崖姜蕨（福建植物志）
——*Aglaomorpha coronans* (Wall. ex Mett.) Copel.（FOC）
——*Pseudodrynaria coronans* (Wall. ex Mett.) Ching（福建植物志）
原生。华东分布：福建。
槲蕨 *Drynaria roosii* Nakaike
——"*Drynaria fortuni*"=*Drynaria fortunei* T. Moore（拼写错误。福建植物志）
——*Drynaria fortunei* T. Moore（安徽植物志、江西植物志、浙江植物志）
原生。华东分布：安徽、福建、江苏、江西、浙江。

修蕨属 *Selliguea*

（水龙骨科 Polypodiaceae）

灰鳞假瘤蕨 *Selliguea albipes* (C. Chr. & Ching) S.G. Lu
——"*Phymatopsis albopes*"=*Phymatopsis albipes* (C. Chr. & Ching) Ching（拼写错误。福建植物志、江西植物志）
原生。华东分布：福建、江西。
交连假瘤蕨 *Selliguea conjuncta* (Ching) S.G. Lu, Hovenkamp & M.G. Gilbert
——*Phymatopsis conjuncta* Ching（安徽植物志、福建植物志）
原生。华东分布：安徽、福建。
指叶假瘤蕨 *Selliguea dactylina* (Christ) S.G. Lu, Hovenkamp & M.G. Gilbert
原生。华东分布：浙江。
雨蕨 *Selliguea dareiformis* (Hook.) X.C. Zhang & L.J. He
——*Gymnogrammitis dareiformis* (Hook.) Ching（FOC）
原生。濒危（EN）。华东分布：福建、江西。
掌叶假瘤蕨 *Selliguea digitata* (Ching) S.G. Lu, Hovenkamp & M.G. Gilbert
别名：掌裂假瘤蕨（浙江植物志）
——*Phymatopsis palmatifida* Ching & P.C. Chiu（浙江植物志）
原生。近危（NT）。华东分布：浙江。
恩氏假瘤蕨 *Selliguea engleri* (Luerss.) Fraser-Jenk.
别名：波缘假瘤蕨（福建植物志）
——*Phymatopsis engleri* (Luerss.) H. Itô（福建植物志、浙江植物志）
原生。华东分布：福建、江西、浙江。
大果假瘤蕨 *Selliguea griffithiana* (Hook.) Fraser-Jenk.
——*Phymatopsis griffithiana* (Hook.) J. Sm.（安徽植物志）
原生。华东分布：安徽、江西、浙江。
金鸡脚假瘤蕨 *Selliguea hastata* (Thunb.) Fraser-Jenk.
别名：单叶金鸡脚（安徽植物志），金鸡脚（安徽植物志、福建植物志、江西植物志、浙江植物志），山东假瘤蕨（山东植物志）
——*Phymatopsis hastata* (Thunb.) Kitag. ex H. Itô（安徽植物志、福建植物志、江西植物志、浙江植物志）
——*Phymatopsis hastata* f. *simplex* (Christ) Ching（安徽植物志）
——*Phymatopsis shandongensis* J.X. Li & C.Y. Wang（山东植物志）
原生。华东分布：安徽、福建、江苏、江西、山东、上海、浙江。
节肢蕨 *Selliguea lehmannii* (Mett.) Christenh.
——*Arthromeris lehmannii* (Mett.) Ching（江西植物志、浙江植物志、FOC）
原生。华东分布：福建、江西、浙江。
龙头节肢蕨 *Selliguea lungtauensis* (Ching) Christenh.
——"*Arthromeris lungtaensis*"=*Arthromeris lungtauensis* Ching（拼写错误。福建植物志）
——*Arthromeris lungtauensis* Ching（江西植物志、浙江植物志、FOC）
原生。华东分布：福建、江西、浙江。
多羽节肢蕨 *Selliguea mairei* (Brause) Christenh.
——*Arthromeris mairei* (Brause) Ching（FOC）
原生。华东分布：江西。
宽底假瘤蕨 *Selliguea majoensis* (C. Chr.) Fraser-Jenk.
——*Phymatopsis majoensis* (C. Chr.) Ching（江西植物志）
原生。华东分布：安徽、江西。
喙叶假瘤蕨 *Selliguea rhynchophylla* (Hook.) Fraser-Jenk.
——*Phymatopsis rhynchophylla* (Hook.) J. Sm.（福建植物志、江西植物志）
原生。华东分布：福建、江西。
屋久假瘤蕨 *Selliguea yakushimensis* (Makino) Fraser-Jenk.
别名：福建假瘤蕨（福建植物志、江西植物志、浙江植物志）
——*Phymatopsis fukienensis* Ching（福建植物志、江西植物志、浙江植物志）

——*Phymatopsis yakushimensis* (Makino) H. Itô（浙江植物志）
原生。华东分布：安徽、福建、江西、浙江。

睫毛蕨属 *Pleurosoriopsis*

（水龙骨科 Polypodiaceae）

睫毛蕨 *Pleurosoriopsis makinoi* (Maxim. ex Makino) Fomin
原生。华东分布：浙江。

石韦属 *Pyrrosia*

（水龙骨科 Polypodiaceae）

贴生石韦 *Pyrrosia adnascens* (Sw.) Ching
原生。华东分布：福建。

石蕨 *Pyrrosia angustissima* (Giesenh. ex Diels) Tagawa & K. Iwats.
——"*Saxiglossum angustissima*"=*Saxiglossum angustissimum* (Giesenh. ex Diels) Ching（拼写错误。江西植物志）
——*Saxiglossum angustissimum* (Giesenh. ex Diels) Ching（安徽植物志、福建植物志、浙江植物志）
原生。华东分布：安徽、福建、江西、浙江。

相近石韦 *Pyrrosia assimilis* (Baker) Ching
别名：黄山石韦［A New Species of *Pyrrosia* (Polypodiaceae) from Anhui Province］，相似石韦（安徽植物志、福建植物志、江西植物志），相异石韦（浙江植物志）
——*Pyrrosia dimorpha* (Copel.) Parris［A New Species of *Pyrrosia* (Polypodiaceae) from Anhui Province］
原生。华东分布：安徽、福建、江西、浙江。

光石韦 *Pyrrosia calvata* (Baker) Ching
原生。华东分布：安徽、福建、江西、浙江。

华北石韦 *Pyrrosia davidii* (Giesenh. ex Diels) Ching
别名：北京石韦（安徽植物志）
原生。华东分布：安徽、山东。

戟叶石韦 *Pyrrosia hastata* (Thunb. ex Houtt.) Ching
别名：三尖石韦（安徽植物志）
——"*Pyrrosia tricuspsis*"=*Pyrrosia tricuspis* (Sw.) Tagawa（拼写错误。安徽植物志）
原生。濒危（EN）。华东分布：安徽。

线叶石韦 *Pyrrosia linearifolia* (Hook.) Ching
原生。华东分布：浙江。

石韦 *Pyrrosia lingua* (Thunb.) Farw.
别名：矩圆石韦（江西植物志）
——*Pyrrosia martinii* (Christ) Ching（江西植物志）
原生。华东分布：安徽、福建、江苏、江西、上海、浙江。

有柄石韦 *Pyrrosia petiolosa* (Christ) Ching
别名：有柄石苇（江西植物志）
原生。华东分布：安徽、福建、江苏、江西、山东、上海、浙江。

柔软石韦 *Pyrrosia porosa* (C. Presl) Hovenkamp
——"*Pyrrosia mollis*"=*Pyrrosia porosa* (C. Presl) Hovenkamp（误用名。浙江植物志）
原生。华东分布：浙江。

庐山石韦 *Pyrrosia sheareri* (Baker) Ching
原生。华东分布：安徽、福建、江苏、江西、浙江。

棱脉蕨属 *Goniophlebium*

（水龙骨科 Polypodiaceae）

友水龙骨 *Goniophlebium amoenum* (Wall. ex Mett.) Bedd.
——"*Polypodiodes amoenum*"=*Polypodiodes amoena* (Wall. ex Mett.) Ching（拼写错误。安徽植物志）
——*Polypodiodes amoena* (Wall. ex Mett.) Ching（江西植物志、浙江植物志、FOC）
原生。华东分布：安徽、江西、浙江。

柔毛水龙骨 *Goniophlebium amoenum* var. *pilosum* (C.B. Clarke & Baker) X.C. Zhang
——*Polypodiodes amoena* var. *pilosa* (C.B. Clarke & Baker) S.R. Ghosh（浙江植物志）
原生。华东分布：浙江。

尖齿拟水龙骨 *Goniophlebium argutum* (Wall. ex Hook.) Bedd.
——*Polypodiastrum argutum* (Wall. ex Hook.) Ching（Additions to the Pteridophyte Flora of Fujian Province）
原生。华东分布：福建。

中华水龙骨 *Goniophlebium chinense* (Christ) X.C. Zhang
别名：假友水龙骨（江西植物志）
——"*Polypodiodes pseudoamoena*"=*Polypodiodes pseudo-amoena* (Ching) Ching（拼写错误。江西植物志）
——"*Polypodiodes pseudoamoenum*"=*Polypodiodes pseudo-amoena* (Ching) Ching（拼写错误。安徽植物志）
——*Polypodiodes chinensis* (Christ) S. G. Lu（FOC）
原生。华东分布：安徽、福建、江西、浙江。

台湾水龙骨 *Goniophlebium formosanum* (Baker) Rödl-Linder
——*Polypodiodes formosana* (Baker) Ching（FOC）
原生。华东分布：福建。

日本水龙骨 *Goniophlebium niponicum* (Mett.) Bedd. ex Rödl-Linder
别名：水龙骨（安徽植物志、福建植物志、江西植物志、浙江植物志）
——"*Polypodiodes nipponica*"=*Polypodiodes niponica* (Mett.) Ching（拼写错误。福建植物志、江西植物志、浙江植物志）
——"*Polypodiodes nipponicum*"=*Polypodiodes niponica* (Mett.) Ching（拼写错误。安徽植物志）
——*Polypodiodes niponica* (Mett.) Ching（江苏植物志 第 2 版、FOC）
原生。华东分布：安徽、福建、江苏、江西、浙江。

拟水龙骨属 *Polypodiastrum*

（水龙骨科 Polypodiaceae）

蒙自拟水龙骨 *Polypodiastrum mengtzeense* (Christ) Ching
原生。华东分布：福建。

膜叶星蕨属 *Bosmania*

（水龙骨科 Polypodiaceae）

膜叶星蕨 *Bosmania membranacea* (D. Don) Testo
别名：滇星蕨（江西植物志）
——*Microsorum hymenodes* (Kunze) Ching（江西植物志）
——*Microsorum membranaceum* (D. Don) Ching（FOC）
原生。华东分布：福建、江西。

瓦韦属 *Lepisorus*

（水龙骨科 Polypodiaceae）

狭叶瓦韦 *Lepisorus angustus* Ching
原生。华东分布：安徽、浙江。
黄瓦韦 *Lepisorus asterolepis* (Baker) Ching
别名：星鳞瓦韦（江苏植物志 第 2 版）
——"*Lepisorus asterlepis*"=*Lepisorus asterolepis* (Baker) Ching（拼写错误。浙江植物志）
原生。华东分布：安徽、江苏、江西、浙江。
二色瓦韦 *Lepisorus bicolor* Ching
别名：两色瓦韦（安徽植物志）
原生。华东分布：安徽。
鳞果星蕨 *Lepisorus buergerianus* (Miq.) C.F. Zhao, R. Wei & X.C. Zhang
别名：常春藤鳞果星蕨（浙江植物志），短柄鳞果星蕨（江西植物志、浙江植物志），攀援星蕨（安徽植物志、福建植物志），细辛叶鳞果星蕨（江西植物志）
——"*Lipidomicrosorium subhastatum*"=*Lepidomicrosorium subhastatum* (Baker) Ching（拼写错误。安徽植物志）
——"*Microsorium buergerianum*"=*Microsorum buergerianum* (Miq.) Ching（拼写错误。安徽植物志、福建植物志）
——*Lepidomicrosorium asarifolium* Ching & K.H. Shing（江西植物志）
——*Lepidomicrosorium brevipes* Ching & K.H. Shing（江西植物志、浙江植物志）
——*Lepidomicrosorium buergerianum* (Miq.) Ching & K.H. Shing（江西植物志、FOC）
——*Lepidomicrosorium hederaceum* (Christ) Ching（浙江植物志）
——*Lepidomicrosorium subhastatum* (Baker) Ching（浙江植物志）
原生。华东分布：安徽、福建、江西、浙江。
扭瓦韦 *Lepisorus contortus* (Christ) Ching
原生。华东分布：安徽、福建、江西、浙江。
剑叶盾蕨 *Lepisorus ensatus* (Thunb.) C.F. Zhao, R. Wei & X.C. Zhang
别名：盾蕨（FOC），宽剑叶盾蕨（浙江植物志）
——*Neolepisorus ensatus* (Thunb.) Ching（浙江植物志、FOC）
——*Neolepisorus ensatus* f. *platyphyllus* (Tagawa) Ching & K.H. Shing（浙江植物志）
原生。华东分布：浙江。
江南星蕨 *Lepisorus fortunei* (T. Moore) C.M. Kuo
别名：江南瓦韦（江西植物志）
——"*Microsorium fortunei*"=*Microsorum fortunei* (T. Moore) Ching（拼写错误。安徽植物志）
——"*Microsorium fortuni*"=*Microsorum fortunei* (T. Moore) Ching（拼写错误。福建植物志）
——"*Microsorium henyi*"=*Microsorum henryi* (Christ) C.M. Kuo（拼写错误。浙江植物志）
——*Microsorum fortunei* (T. Moore) Ching（江苏植物志 第 2 版）
——*Microsorum henryi* (Christ) C.M. Kuo（江西植物志）
——*Neolepisorus fortunei* (T. Moore) Li Wang（FOC）
原生。华东分布：安徽、福建、江苏、江西、浙江。
庐山瓦韦 *Lepisorus lewisii* (Baker) Ching
原生。华东分布：安徽、福建、江西、浙江。
大瓦韦 *Lepisorus macrosphaerus* (Baker) Ching
——"*Lepisorus macrophaerus*"=*Lepisorus macrosphaerus* (Baker) Ching（拼写错误。浙江植物志）
原生。华东分布：安徽、江西、浙江。
有边瓦韦 *Lepisorus marginatus* Ching
原生。华东分布：安徽、江西、山东、浙江。
小盾蕨 *Lepisorus minor* (W.M. Chu) C.F. Zhao, R. Wei & X.C. Zhang
别名：瘦足盾蕨（浙江植物志）
——*Neolepisorus minor* W.M. Chu（FOC）
——*Neolepisorus tenuipes* Ching & K.H. Shing（浙江植物志）
原生。华东分布：浙江。
丝带蕨 *Lepisorus miyoshianus* (Makino) Fraser-Jenk. & Subh. Chandra
——*Drymotaenium miyoshianum* (Makino) Makino（江西植物志、浙江植物志）
原生。华东分布：安徽、福建、江西、浙江。
粤瓦韦 *Lepisorus obscurevenulosus* (Hayata) Ching
——"*Lepisorus obscure-venulosus*"=*Lepisorus obscurevenulosus* (Hayata) Ching（拼写错误。安徽植物志、福建植物志、浙江植物志）
原生。华东分布：安徽、福建、江西、浙江。
稀鳞瓦韦 *Lepisorus oligolepidus* (Baker) Ching
别名：多鳞瓦韦（安徽植物志、江西植物志），鳞瓦韦（福建植物志、浙江植物志），椭圆瓦韦（浙江植物志）
——*Lepisorus ellipticus* Ching（浙江植物志）
原生。华东分布：安徽、福建、江西、浙江。
盾蕨 *Lepisorus ovatus* (Wall. ex Bedd.) C.F. Zhao, R. Wei & X.C. Zhang
别名：峨眉盾蕨（江西植物志），梵净山盾蕨（江西植物志、浙江植物志），卵叶盾蕨（安徽植物志、江苏植物志 第 2 版、江西植物志、FOC），世纬盾蕨（江西植物志、浙江植物志）
——*Neolepisorus dengii* Ching & P.S. Wang（江西植物志、浙江植物志）
——*Neolepisorus emeiensis* Ching & K.H. Shing（江西植物志）
——*Neolepisorus lancifolius* Ching & K.H. Shing（江西植物志、浙江植物志）
——*Neolepisorus ovatus* (Wall. ex Bedd.) Ching（安徽植物志、福建植物志、江苏植物志 第 2 版、江西植物志、浙江植物志、FOC）
原生。华东分布：安徽、福建、江苏、江西、浙江。
三角叶盾蕨 *Lepisorus ovatus* f. ***deltoideus*** (Hand.-Mazz.) Yuan Wang, Jing Yan & C. Du comb. nov. [**Basionym:** *Polypodium hemitomum* Hance var. *deltoideum* Hand.-Mazz. in Symbolae Sinicae 6: 44. 1929. = *Polypodium deltoideum* Baker in Journal of Botany, British and Foreign 26(7): 230. 1888. nom. illeg. hom. **Type:** *A. Henry 3279* (Holotype: K-000959646)]
——"*Neolepisorus ovatus* f. *deltoideaus*" =*Neolepisorus ovatus* f. *deltoideus* (Hand.-Mazz.) Ching（拼写错误。安徽植物志）
原生。华东分布：安徽。
梨叶骨牌蕨 *Lepisorus pyriformis* (Ching) C.F. Zhao, R. Wei & X.C. Zhang

——*Lepidogrammitis pyriformis* (Ching) Ching（浙江植物志）
原生。华东分布：浙江。
骨牌蕨 *Lepisorus rostratus* (Bedd.) C.F. Zhao, R. Wei & X.C. Zhang
——"*Lepidogrammitis rostata*"=*Lepidogrammitis rostrata* (Bedd.) Ching（拼写错误。安徽植物志）
——*Lepidogrammitis rostrata* (Bedd.) Ching（浙江植物志）
——*Lemmaphyllum rostratum* (Bedd.) Tagawa（FOC）
原生。华东分布：安徽、福建、江西、浙江。
滇鳞果星蕨 *Lepisorus subhemionitideus* (Christ) C.F. Zhao, R. Wei & X.C. Zhang
——*Lepidomicrosorium subhemionitideum* (Christ) P.S. Wang（FOC）
原生。华东分布：浙江。
表面星蕨 *Lepisorus superficialis* (Blume) C.F. Zhao, R. Wei & X.C. Zhang
别名：攀援星蕨（江西植物志、浙江植物志）
——"*Microsorium brachylepis*"=*Microsorum brachylepis* (Baker) Nakaike（拼写错误。浙江植物志）
——*Lepidomicrosorium superficiale* (Blume) Li Wang（FOC）
——*Microsorum brachylepis* (Baker) Nakaike（江西植物志）
原生。华东分布：安徽、福建、江西、浙江。
瓦韦 *Lepisorus thunbergianus* (Kaulf.) Ching
别名：密果瓦韦（浙江植物志）
——*Lepisorus myriosorus* Ching（浙江植物志）
原生。华东分布：安徽、福建、江苏、江西、山东、上海、浙江。
阔叶瓦韦 *Lepisorus tosaensis* (Makino) H. Itô
别名：宝华山瓦韦（安徽植物志、福建植物志、江西植物志、浙江植物志），阔鳞瓦韦（江西植物志），拟瓦韦（浙江植物志）
——*Lepisorus paohuashanensis* Ching（安徽植物志、福建植物志、江西植物志、浙江植物志）
原生。华东分布：安徽、福建、江苏、江西、上海、浙江。
乌苏里瓦韦 *Lepisorus ussuriensis* (Regel & Maack.) Ching
原生。华东分布：安徽、山东、浙江。
远叶瓦韦 *Lepisorus ussuriensis* var. ***distans*** (Makino) Tagawa
——*Lepisorus distans* (Makino) Ching（安徽植物志、江西植物志、山东植物志）
原生。华东分布：安徽、江西、山东、浙江。

伏石蕨属 *Lemmaphyllum*

（水龙骨科 Polypodiaceae）

肉质伏石蕨 *Lemmaphyllum carnosum* (Hook.) C.Presl
别名：中间骨牌蕨（浙江植物志）
——*Lepidogrammitis intermedia* Ching（浙江植物志）
原生。华东分布：浙江。
披针骨牌蕨 *Lemmaphyllum diversum* (Rosenst.) Tagawa
——*Lepidogrammitis diversa* (Rosenst.) Ching（安徽植物志、福建植物志、江西植物志、浙江植物志）
原生。华东分布：安徽、福建、江西、浙江。
抱石莲 *Lemmaphyllum drymoglossoides* (Baker) Ching
别名：抱树莲（上海维管植物名录）
——*Lepidogrammitis drymoglossoides* (Baker) Ching（安徽植物志、福建植物志、江西植物志、浙江植物志）
原生。华东分布：安徽、福建、江苏、江西、上海、浙江。
伏石蕨 *Lemmaphyllum microphyllum* C. Presl
原生。华东分布：安徽、福建、江西、浙江。
倒卵叶伏石蕨 *Lemmaphyllum microphyllum* var. ***obovatum*** (Harr.) C. Chr.
别名：倒卵伏石蕨（FOC）
原生。华东分布：福建、浙江。

星蕨属 *Microsorum*

（水龙骨科 Polypodiaceae）

羽裂星蕨 *Microsorum insigne* (Blume) Copel.
——"*Microsorium dilatatum*"=*Microsorum dilatatum* (Bedd.) Sledge（拼写错误。福建植物志）
——*Microsorum dilatatum* (Bedd.) Sledge（江西植物志）
原生。华东分布：福建、江西。
星蕨 *Microsorum punctatum* (L.) Copel.
原生。华东分布：福建。

薄唇蕨属 *Leptochilus*

（水龙骨科 Polypodiaceae）

胄叶线蕨 *Leptochilus* × *hemitomus* (Hance) Noot.
——*Colysis hemitoma* (Hance) Ching（福建植物志、江西植物志）
原生。华东分布：福建、江西、浙江。
线蕨 *Leptochilus ellipticus* (Thunb.) Noot.
——*Colysis elliptica* (Thunb.) Ching（安徽植物志、福建植物志、江西植物志、浙江植物志）
原生。华东分布：安徽、福建、江苏、江西、浙江。
曲边线蕨 *Leptochilus ellipticus* var. ***flexilobus*** (Christ) X.C. Zhang
——*Colysis flexiloba* (Christ) Ching（江西植物志）
原生。华东分布：江西。
宽羽线蕨 *Leptochilus ellipticus* var. ***pothifolius*** (Buch.-Ham. ex D. Don) X.C. Zhang
——*Colysis pothifolia* (Buch.-Ham. ex D. Don) C. Presl（福建植物志、江西植物志、浙江植物志）
原生。华东分布：福建、江西、浙江。
断线蕨 *Leptochilus hemionitideus* (Wall. ex Mett.) Noot.
——*Colysis hemionitidea* (Wall. ex C. Presl) C. Presl（福建植物志、江西植物志、浙江植物志）
原生。华东分布：安徽、福建、江西、浙江。
矩圆线蕨 *Leptochilus henryi* (Baker) X.C. Zhang
别名：短圆线蕨（浙江植物志），长柄线蕨（福建植物志、浙江植物志）
——"*Colysis liouii*"=*Colysis lioui* Ching（拼写错误。福建植物志、浙江植物志）
——*Colysis henryi* Ching（安徽植物志、江西植物志、浙江植物志）
原生。华东分布：安徽、福建、江苏、江西、浙江。
绿叶线蕨 *Leptochilus leveillei* (Christ) X.C. Zhang & Noot.
——*Colysis leveillei* (Christ) Ching（福建植物志、江西植物志）
原生。华东分布：福建、江西。
翅星蕨 *Leptochilus pteropus* (Blume) Fraser-Jenk.
别名：有翅星蕨（福建植物志、江西植物志、FOC）
——"*Microsorium pteropus*"=*Microsorum pteropus* (Blume) Copel.（拼写错误。福建植物志）

——*Microsorum pteropus* (Blume) Copel.（江西植物志、FOC）
原生。华东分布：福建、江西。
褐叶线蕨 *Leptochilus wrightii* (Hook.) X.C. Zhang
——*Colysis wrightii* Ching（福建植物志、江西植物志、浙江植物志）
原生。华东分布：福建、江西、浙江。

裂禾蕨属 *Tomophyllum*

（水龙骨科 Polypodiaceae）

裂禾蕨 *Tomophyllum donianum* (Spreng.) Fraser-Jenk. & Parris
原生。华东分布：安徽。

锯蕨属 *Micropolypodium*

（水龙骨科 Polypodiaceae）

锯蕨 *Micropolypodium okuboi* (Yatabe) Hayata
——*Grammitis okuboi* (Yatabe) Ching（福建植物志、浙江植物志）
原生。华东分布：福建、江西、浙江。

剑羽蕨属 *Xiphopterella*

（水龙骨科 Polypodiaceae）

剑羽蕨 *Xiphopterella devolii* S.J. Moore, Parris & W.L. Chiou
别名：叉毛禾叶蕨（福建植物志、浙江植物志）
——"*Grammitis cornigera*"=*Xiphopterella devolii* S.J. Moore, Parris & W.L. Chiou（误用名。福建植物志、浙江植物志）
原生。华东分布：福建、浙江。

辐禾蕨属 *Radiogrammitis*

（水龙骨科 Polypodiaceae）

红毛禾叶蕨 *Radiogrammitis hirtella* (Blume) Parris
——"*Grammitis hirtella* (Blume) Ching"=*Grammitis hirtella* (Blume) Tuyama（不合法名称。浙江植物志）
原生。华东分布：浙江。

滨禾蕨属 *Oreogrammitis*

（水龙骨科 Polypodiaceae）

短柄滨禾蕨 *Oreogrammitis dorsipila* (Christ) Parris
别名：两广禾叶蕨（福建植物志、江西植物志）
——"*Grammitis lasiosora*"=*Grammitis dorsipila* (Christ) C. Chr. & Tardieu（误用名。福建植物志、江西植物志）
原生。华东分布：福建、江西、浙江。
隐脉滨禾蕨 *Oreogrammitis sinohirtella* Parris
原生。华东分布：福建、江西、浙江。

银杏科 Ginkgoaceae

银杏属 *Ginkgo*

（银杏科 Ginkgoaceae）

银杏 *Ginkgo biloba* L.
原生、栽培。极危（CR）。华东分布：安徽、福建、江苏、江西、山东、上海、浙江。

罗汉松科 Podocarpaceae

罗汉松属 *Podocarpus*

（罗汉松科 Podocarpaceae）

柱冠罗汉松 *Podocarpus chingianus* S. Y. Hu
原生。华东分布：江苏、浙江。
罗汉松 *Podocarpus macrophyllus* (Thunb.) Sweet
——"*Podocarpus macrophylla*"=*Podocarpus macrophyllus* (Thunb.) Sweet（拼写错误。福建植物志）
原生、栽培。易危（VU）。华东分布：福建、江苏、江西、浙江。
百日青 *Podocarpus neriifolius* D. Don
原生。易危（VU）。华东分布：福建、江西、浙江。

竹柏属 *Nageia*

（罗汉松科 Podocarpaceae）

竹柏 *Nageia nagi* (Thunb.) Kuntze
——"*Podocarpus pnagi*"=*Podocarpus nagi* (Thunb.) Makino（拼写错误。福建植物志）
——*Podocarpus nagi* (Thunb.) Makino（江西植物志、江西种子植物名录、山东植物志）
原生、栽培。濒危（EN）。华东分布：福建、江苏、江西、山东、浙江。

柏科 Cupressaceae

杉木属 *Cunninghamia*

（柏科 Cupressaceae）

杉木 *Cunninghamia lanceolata* (Lamb.) Hook.
原生、栽培。华东分布：安徽、福建、江苏、江西、浙江。

柳杉属 *Cryptomeria*

（柏科 Cupressaceae）

柳杉 *Cryptomeria japonica* var. ***sinensis*** Miq.
——*Cryptomeria fortunei* Hooibr. ex Billain（福建植物志、江西植物志、江西种子植物名录、浙江植物志）
原生。华东分布：福建、江西、浙江。

水松属 *Glyptostrobus*

（柏科 Cupressaceae）

水松 *Glyptostrobus pensilis* (Staunton ex D. Don) K. Koch
原生。易危（VU）。华东分布：福建、江西。

福建柏属 *Fokienia*

（柏科 Cupressaceae）

福建柏 *Fokienia hodginsii* (Dunn) A. Henry & H H. Thomas
别名：建柏（福建植物志）
原生、栽培。易危（VU）。华东分布：福建、江苏、江西、浙江。

柏木属 *Cupressus*

（柏科 Cupressaceae）

柏木 *Cupressus funebris* Endl.
原生。华东分布：安徽、福建、江苏、江西、浙江。

刺柏属 *Juniperus*

（柏科 Cupressaceae）

圆柏 *Juniperus chinensis* L.

——*Sabina chinensis* (L.) Antoine（福建植物志、江西植物志、江西种子植物名录、山东植物志）

原生、栽培。华东分布：安徽、福建、江苏、江西、山东、上海、浙江。

刺柏 *Juniperus formosana* Hayata

原生、栽培。华东分布：安徽、福建、江苏、江西、浙江。

高山柏 *Juniperus squamata* Buch.-Ham. ex D. Don

——*Sabina squamata* (Buch.-Ham. ex D. Don) Antoine（安徽植物志、福建植物志）

原生、栽培。华东分布：安徽、福建。

长叶高山柏 *Juniperus squamata* var. ***fargesii*** Rehder & E.H. Wilson

原生、栽培。华东分布：安徽、福建。

红豆杉科 Taxaceae

白豆杉属 *Pseudotaxus*

（红豆杉科 Taxaceae）

白豆杉 *Pseudotaxus chienii* (W.C. Cheng) W.C. Cheng

原生。易危（VU）。华东分布：江西、浙江。

红豆杉属 *Taxus*

（红豆杉科 Taxaceae）

红豆杉 *Taxus wallichiana* var. ***chinensis*** (Pilg.) Florin

——*Taxus chinensis* (Pilg.) Rehder（安徽植物志、江西植物志、浙江植物志）

原生、栽培。易危（VU）。华东分布：安徽、福建、江西、浙江。

南方红豆杉 *Taxus wallichiana* var. ***mairei*** (Lemée & H. Lév.) L.K. Fu & Nan Li

——*Taxus chinensis* var. *mairei* (Lemée & H. Lév.) W.C. Cheng & L.K. Fu（福建植物志）

——*Taxus mairei* (Lemée & H. Lév.) S.Y. Hu（安徽植物志、江西植物志、江西种子植物名录、浙江植物志）

原生、栽培。易危（VU）。华东分布：安徽、福建、江苏、江西、浙江。

三尖杉属 *Cephalotaxus*

（红豆杉科 Taxaceae）

三尖杉 *Cephalotaxus fortunei* Hook.

原生、栽培。华东分布：安徽、福建、江苏、江西、浙江。

宽叶粗榧 *Cephalotaxus latifolia* W.C. Cheng & L.K. Fu ex L.K. Fu & R.R. Mill

——*Cephalotaxus sinensis* var. *latifolia* W.C. Cheng & L.K. Fu（名称未合格发表。福建植物志）

原生。极危（CR）。华东分布：福建、江西。

篦子三尖杉 *Cephalotaxus oliveri* Mast.

原生。易危（VU）。华东分布：江西。

粗榧 *Cephalotaxus sinensis* (Rehder & E.H. Wilson) H.L. Li

原生、栽培。近危（NT）。华东分布：安徽、福建、江苏、江西、浙江。

穗花杉属 *Amentotaxus*

（红豆杉科 Taxaceae）

穗花杉 *Amentotaxus argotaenia* (Hance) Pilg.

原生、栽培。华东分布：福建、江苏、江西、浙江。

榧属 *Torreya*

（红豆杉科 Taxaceae）

巴山榧 *Torreya fargesii* Franch.

原生。易危（VU）。华东分布：安徽、浙江。

榧 *Torreya grandis* Fortune ex Lindl.

别名：榧树（江苏植物志 第 2 版、江西植物志、江西种子植物名录、浙江植物志），香榧（安徽植物志、福建植物志）

原生、栽培。华东分布：安徽、福建、江苏、江西、浙江。

九龙山榧树 *Torreya grandis* var. ***jiulongshanensis*** Zhi Y. Li, Z.C. Tang & N. Kang

原生。极危（CR）。华东分布：浙江。

长叶榧 *Torreya jackii* Chun

别名：长叶榧树（福建植物志、江西植物志、江西种子植物名录）

原生。易危（VU）。华东分布：福建、江西、浙江。

松科 Pinaceae

油杉属 *Keteleeria*

（松科 Pinaceae）

铁坚油杉 *Keteleeria davidiana* (C.E. Bertrand) Beissn.

原生、栽培。华东分布：江苏、江西。

云南油杉 *Keteleeria evelyniana* Mast.

原生。近危（NT）。华东分布：江西。

油杉 *Keteleeria fortunei* (A. Murray bis) Carrière

原生。易危（VU）。华东分布：福建、江苏、江西。

江南油杉 *Keteleeria fortunei* var. ***cyclolepis*** (Flous) Silba

——*Keteleeria cyclolepis* Flous（福建植物志、江西植物志、江西种子植物名录、浙江植物志）

原生、栽培。华东分布：福建、江苏、江西、浙江。

冷杉属 *Abies*

（松科 Pinaceae）

百山祖冷杉 *Abies beshanzuensis* M.H. Wu

原生。极危（CR）。华东分布：浙江。

资源冷杉 *Abies ziyuanensis* L.K. Fu & S.L. Mo

别名：大院冷杉（江西植物志）

——*Abies dayuanensis* Q.X. Liu（江西植物志）

原生。濒危（EN）。华东分布：江西。

金钱松属 *Pseudolarix*

（松科 Pinaceae）

金钱松 *Pseudolarix amabilis* (J. Nelson) Rehder

原生、栽培。易危（VU）。华东分布：安徽、福建、江苏、江西、浙江。

长苞铁杉属 *Nothotsuga*

（松科 Pinaceae）

长苞铁杉 *Nothotsuga longibracteata* (W.C. Cheng) H.H. Hu ex

C.N. Page
——*Tsuga longibracteata* W.C. Cheng（福建植物志、江西植物志、江西种子植物名录）
原生。易危（VU）。华东分布：福建、江西。

铁杉属 *Tsuga*

（松科 Pinaceae）

铁杉 *Tsuga chinensis* (Franch.) Pritz.
别名：南方铁杉（安徽植物志、福建植物志、江西植物志、江西种子植物名录、浙江植物志）
——*Tsuga chinensis* var. *tchekiangensis* (Flous) W.C. Cheng & L.K. Fu（福建植物志、江西种子植物名录、浙江植物志）
——*Tsuga tchekiangensis* Flous（安徽植物志、江西植物志）
原生。华东分布：安徽、福建、江西、浙江。

黄杉属 *Pseudotsuga*

（松科 Pinaceae）

华东黄杉 *Pseudotsuga gaussenii* Flous
原生。华东分布：安徽、福建、江西、浙江。

松属 *Pinus*

（松科 Pinaceae）

大别五针松 *Pinus fenzeliana* var. ***dabeshanensis*** (W.C. Cheng & Y.W. Law) L.K. Fu & Nan Li
原生。华东分布：安徽、江西。
马尾松 *Pinus massoniana* Lamb.
别名：沙黄松（FOC）
——*Pinus massoniana* var. *shaxianensis* D.X. Zhou（FOC）
原生、栽培。华东分布：安徽、福建、江苏、江西、浙江。
台湾松 *Pinus taiwanensis* Hayata
别名：黄山松（安徽植物志、福建植物志、江西种子植物名录、浙江植物志）
原生、栽培。华东分布：安徽、福建、江西、浙江。
短叶黄山松 *Pinus taiwanensis* var. ***brevifolia*** G.Y. Li & Z.H. Chen
原生。华东分布：浙江。

买麻藤科 Gnetaceae

买麻藤属 *Gnetum*

（买麻藤科 Gnetaceae）

海南买麻藤 *Gnetum hainanense* C.Y. Cheng ex L.K. Fu, Y.F. Yu & M.G. Gilbert
原生。华东分布：福建。
罗浮买麻藤 *Gnetum luofuense* C.Y. Cheng
原生。华东分布：江西。
买麻藤 *Gnetum montanum* Markgr.
原生。华东分布：福建。
小叶买麻藤 *Gnetum parvifolium* (Warb.) W.C. Cheng
原生。华东分布：福建、江西。

莼菜科 Cabombaceae

莼菜属 *Brasenia*

（莼菜科 Cabombaceae）

莼菜 *Brasenia schreberi* J.F. Gmel.
原生。极危（CR）。华东分布：安徽、福建、江苏、江西。

水盾草属 *Cabomba*

（莼菜科 Cabombaceae）

水盾草 *Cabomba caroliniana* A. Gray
别名：竹节水松（上海维管植物名录）
外来。华东分布：安徽、福建、江苏、江西、山东、上海、浙江。

睡莲科 Nymphaeaceae

萍蓬草属 *Nuphar*

（睡莲科 Nymphaeaceae）

萍蓬草 *Nuphar pumila* (Timm) DC.
别名：贵州萍蓬草（江西植物志）
——"*Nuphar pumilum*"=*Nuphar pumila* (Timm) DC.（拼写错误。安徽植物志、福建植物志、江西植物志、江西种子植物名录、浙江植物志）
——*Nuphar bornetii* H. Lév. & Vaniot（江西植物志）
原生。易危（VU）。华东分布：安徽、福建、江苏、江西、浙江。
中华萍蓬草 *Nuphar pumila* subsp. ***sinensis*** (Hand.-Mazz.) Padgett
别名：大花萍蓬草（江西种子植物名录）
——*Nuphar sinensis* Hand.-Mazz.（江西植物志、江西种子植物名录）
原生。易危（VU）。华东分布：江西、浙江。

芡属 *Euryale*

（睡莲科 Nymphaeaceae）

芡 *Euryale ferox* Salisb.
别名：茨实（江西植物志），芡实（安徽植物志、福建植物志、江苏植物志 第 2 版、江西种子植物名录、山东植物志）
——"*Eruyale ferox*"=*Euryale ferox* Salisb.（拼写错误。山东植物志）
原生。华东分布：安徽、福建、江苏、江西、山东。

睡莲属 *Nymphaea*

（睡莲科 Nymphaeaceae）

白睡莲 *Nymphaea alba* L.
原生。华东分布：江苏、江西。
延药睡莲 *Nymphaea nouchali* Burm. f.
原生。华东分布：安徽。
睡莲 *Nymphaea tetragona* Georgi
原生。华东分布：安徽、福建、江苏、江西、山东、浙江。

五味子科 Schisandraceae

八角属 *Illicium*

（五味子科 Schisandraceae）

大屿八角 *Illicium angustisepalum* A.C. Sm.
别名：闽皖八角（安徽植物志、江西植物志）
——*Illicium minwanense* B.N. Chang & S.D. Zhang（安徽植物志、江西植物志）
原生。华东分布：安徽、江西。
短柱八角 *Illicium brevistylum* A.C. Sm.
原生。华东分布：江西。
红花八角 *Illicium dunnianum* Tutcher
别名：红花茴香（福建植物志）
原生。华东分布：福建。
红茴香 *Illicium henryi* Diels
原生。华东分布：安徽、福建、江苏、江西。
假地枫皮 *Illicium jiadifengpi* B.N. Chang
别名：百山祖八角（浙江植物志）
——*Illicium jiadifengpi* var. *baishanense* B. N. Chang & S. H. Qu（浙江植物志）
原生。华东分布：福建、江西、浙江。
红毒茴 *Illicium lanceolatum* A.C. Sm.
别名：莽草（江西种子植物名录），披针叶茴香（安徽植物志、福建植物志、浙江植物志）
原生。华东分布：安徽、福建、江苏、江西、浙江。
大八角 *Illicium majus* Hook. f. & Thomson
原生。华东分布：江西。
厚皮香八角 *Illicium ternstroemioides* A.C. Sm.
原生。近危（NT）。华东分布：福建。

南五味子属 *Kadsura*

（五味子科 Schisandraceae）

黑老虎 *Kadsura coccinea* (Lem.) A.C. Sm.
别名：冷饭团（江西植物志）
原生。易危（VU）。华东分布：福建、江西。
异型南五味子 *Kadsura heteroclita* (Roxb.) Craib
别名：异形叶南五味子（福建植物志）
原生。华东分布：福建、江西。
日本南五味子 *Kadsura japonica* (L.) Dunal
别名：南五味子（江苏植物志 第2版、安徽植物志、福建植物志、江西植物志、江西种子植物名录、浙江植物志）
原生。华东分布：江苏。
南五味子 *Kadsura longipedunculata* Finet & Gagnep.
——"*Kadsura longepedunculata*"=*Kadsura longipedunculata* Finet & Gagnep.（拼写错误。安徽植物志、福建植物志）
原生。华东分布：安徽、福建、江西、浙江。
冷饭藤 *Kadsura oblongifolia* Merr.
原生。华东分布：福建、江西。

五味子属 *Schisandra*

（五味子科 Schisandraceae）

阿里山五味子 *Schisandra arisanensis* Hayata
原生。华东分布：安徽、福建、江西、浙江。
绿叶五味子 *Schisandra arisanensis* subsp. ***viridis*** (A.C. Sm.) R.M.K. Saunders
——*Schisandra viridis* A.C. Sm.（福建植物志、江西植物志、江西种子植物名录、浙江植物志）
原生。华东分布：福建、江苏、江西、浙江。
二色五味子 *Schisandra bicolor* W.C. Cheng
别名：瘤枝五味子（安徽植物志、江西植物志）
——*Schisandra bicolor* var. *tuberculata* (Y.W. Law) Y.W. Law（江西植物志）
——*Schisandra tuberculata* Y.W. Law（安徽植物志）
原生。华东分布：安徽、福建、江西、浙江。
爪哇五味子 *Schisandra elongata* (Blume) Baill.
别名：东亚五味子（江苏植物志 第2版）
原生。近危（NT）。华东分布：江苏。
翼梗五味子 *Schisandra henryi* C.B. Clarke
别名：粉背五味子（浙江植物志），棱枝五味子（安徽植物志、福建植物志）
原生。华东分布：安徽、福建、江西、浙江。
东南五味子 *Schisandra henryi* subsp. ***marginalis*** (A.C. Sm.) R.M.K. Saunders
原生。华东分布：福建、浙江。
合蕊五味子 *Schisandra propinqua* (Wall.) Baill.
原生、栽培。近危（NT）。华东分布：福建、江苏、江西。
铁箍散 *Schisandra propinqua* subsp. ***sinensis*** (Oliv.) R.M.K. Saunders
——*Schisandra propinqua* var. *sinensis* Oliv.（江西植物志）
原生。华东分布：江西。
华中五味子 *Schisandra sphenanthera* Rehder & E.H. Wilson
别名：瘤枝五味子（江西种子植物名录）
原生。华东分布：安徽、福建、江西、浙江。

三白草科 Saururaceae

蕺菜属 *Houttuynia*

（三白草科 Saururaceae）

蕺菜 *Houttuynia cordata* Thunb.
别名：鱼腥草（江西种子植物名录）
原生、栽培。华东分布：安徽、福建、江苏、江西、上海、浙江。

三白草属 *Saururus*

（三白草科 Saururaceae）

三白草 *Saururus chinensis* (Lour.) Baill.
原生、栽培。华东分布：安徽、福建、江苏、江西、上海、浙江。

胡椒科 Piperaceae

草胡椒属 *Peperomia*

（胡椒科 Piperaceae）

石蝉草 *Peperomia blanda* (Jacq.) Kunth
——*Peperomia dindygulensis* Miq.（福建植物志、浙江植物志）

原生。华东分布：福建、浙江。

椒草 *Peperomia japonica* Makino

原生。华东分布：福建。

草胡椒 *Peperomia pellucida* (L.) Kunth

外来。华东分布：安徽、福建、江苏、江西、山东、上海、浙江。

豆瓣绿 *Peperomia tetraphylla* (G. Forst.) Hook. & Arn.

——*Peperomia reflexa* Kunth（福建植物志）

原生。华东分布：福建、江西。

胡椒属 *Piper*

（胡椒科 Piperaceae）

华南胡椒 *Piper austrosinense* Y.C. Tseng

原生。华东分布：福建、江西。

竹叶胡椒 *Piper bambusifolium* Y.C. Tseng

——"*Piper bambusaefolium*"=*Piper bambusifolium* Y.C. Tseng（拼写错误。江西植物志、江西种子植物名录）

原生。华东分布：安徽、江西、浙江。

海南蒟 *Piper hainanense* Hemsl.

原生。华东分布：江西。

山蒟 *Piper hancei* Maxim.

原生。华东分布：安徽、福建、江西、浙江。

毛蒟 *Piper hongkongense* C. DC.

——*Piper puberulum* (Benth.) Maxim.（福建植物志、江西植物志、江西种子植物名录）

原生。华东分布：福建、江西。

风藤 *Piper kadsura* (Choisy) Ohwi

别名：细叶青蒌藤（福建植物志）

原生。华东分布：福建、江西、浙江。

假蒟 *Piper sarmentosum* Roxb.

原生。华东分布：安徽、福建、江西。

石南藤 *Piper wallichii* (Miq.) Hand.-Mazz.

原生。华东分布：江西。

马兜铃科 Aristolochiaceae

马蹄香属 *Saruma*

（马兜铃科 Aristolochiaceae）

马蹄香 *Saruma henryi* Oliv.

原生。濒危（EN）。华东分布：江西。

细辛属 *Asarum*

（马兜铃科 Aristolochiaceae）

尾花细辛 *Asarum caudigerum* Hance

别名：土细辛（福建植物志）

原生。华东分布：福建、江西、浙江。

川北细辛 *Asarum chinense* Franch.

别名：红背细辛（江西种子植物名录），江南细辛（福建植物志）

——*Asarum fargesii* Franch.（福建植物志、江西种子植物名录）

原生。华东分布：福建、江西。

铜钱细辛 *Asarum debile* Franch.

原生。华东分布：安徽。

杜衡 *Asarum forbesii* Maxim.

别名：杜蘅（江苏植物志 第 2 版）

原生。近危（NT）。华东分布：安徽、江苏、江西、浙江。

福建细辛 *Asarum fukienense* C.Y. Chen & C.S. Yang

——"*Asarum fujianensis*"=*Asarum fukienense* C.Y. Chen & C.S. Yang（拼写错误。福建植物志）

原生。华东分布：安徽、福建、江西、浙江。

细辛 *Asarum heterotropoides* F. Schmidt

别名：汉城细辛（上海维管植物名录）

——"*Asarum sieboldii*"=*Asarum heterotropoides* F. Schmidt（误用名。安徽植物志、江苏植物志 第 2 版、江西植物志、江西种子植物名录、山东植物志、上海维管植物名录、浙江植物志）

原生。易危（VU）。华东分布：安徽、江苏、江西、山东、上海、浙江。

小叶马蹄香 *Asarum ichangense* C.Y. Chen & C.S. Yang

别名：马蹄细辛（浙江植物志），宜昌细辛（江西植物志、江西种子植物名录）

原生。华东分布：安徽、福建、江西、浙江。

灯笼细辛 *Asarum inflatum* C.Y. Chen & C.S. Yang

原生。华东分布：安徽。

金耳环 *Asarum insigne* Diels

原生。易危（VU）。华东分布：江西。

大花细辛 *Asarum macranthum* Hook. f.

别名：长花细辛（福建植物志）

原生。华东分布：福建、江西。

祁阳细辛 *Asarum magnificum* Tsiang ex C.Y. Cheng & C.S. Yang

原生。易危（VU）。华东分布：安徽、江西、浙江。

大叶细辛 *Asarum maximum* Hemsl.

别名：大叶马蹄香（江西植物志、江西种子植物名录）

原生。易危（VU）。华东分布：江西。

长毛细辛 *Asarum pulchellum* Hemsl.

原生。华东分布：安徽、江西、浙江。

肾叶细辛 *Asarum renicordatum* C.Y. Chen & C.S. Yang

原生。濒危（EN）。华东分布：安徽、浙江。

五岭细辛 *Asarum wulingense* C.F. Liang

原生。华东分布：江西、浙江。

关木通属 *Isotrema*

（马兜铃科 Aristolochiaceae）

翅茎关木通 *Isotrema caulialatum* (C.Y. Wu ex J.S. Ma & C.Y. Cheng) X.X. Zhu, S. Liao & J.S. Ma

别名：翅茎马兜铃（FOC）

——*Aristolochia caulialata* C.J. Wu ex J.S. Ma & C.Y. Cheng（FOC）

原生。华东分布：福建。

大别山关木通 *Isotrema dabieshanense* (C.Y. Cheng & W. Yu) X.X. Zhu, S. Liao & J.S. Ma

原生。华东分布：安徽。

鲜黄关木通 *Isotrema hyperxanthum* (X.X. Zhu & J.S. Ma) X.X. Zhu, S. Liao & J.S. Ma

别名：鲜黄马兜铃［The Taxonomic Revision of Asian *Aristolochia* (Aristolochiaceae) II: Identities of *Aristolochia austroyunnanensis* and *A. dabieshanensis*, and *A. hyperxantha* — A New Species from Zhejiang, China］

——*Aristolochia hyperxantha* X.X. Zhu & J.S. Ma［The Taxonomic Revision of Asian *Aristolochia* (Aristolochiaceae) II: Identities of *Aristolochia austroyunnanensis* and *A. dabieshanensis*, and *A. hyperxantha* — A New Species from Zhejiang, China］
原生。华东分布：浙江。
广西关木通 *Isotrema kwangsiense* (Chun & F.C. How ex C.F. Liang) X.X. Zhu, S. Liao & J.S. Ma
别名：广西马兜铃（福建植物志）
——*Aristolochia kwangsiensis* Chun & F.C. How（福建植物志、FOC）
原生。华东分布：福建、浙江。
柔叶关木通 *Isotrema molle* (Dunn) X.X. Zhu, S. Liao & J.S. Ma
别名：柔叶马兜铃（福建植物志）
——*Aristolochia mollis* Dunn（福建植物志）
原生。华东分布：福建。
寻骨风 *Isotrema mollissimum* (Hance) X.X. Zhu, S. Liao & J.S. Ma
别名：绵毛马兜铃（安徽植物志、江苏植物志 第 2 版、江西植物志、江西种子植物名录、浙江植物志）
——*Aristolochia mollissima* Hance（安徽植物志、江苏植物志 第 2 版、江西植物志、江西种子植物名录、山东植物志、上海维管植物名录、浙江植物志、FOC）
原生。华东分布：安徽、江苏、江西、山东、上海、浙江。
宝兴关木通 *Isotrema moupinense* (Franch.) X.X. Zhu, S. Liao & J.S. Ma
别名：宝兴马兜铃（江西植物志、江西种子植物名录），淮通（FOC），木香马兜铃（福建植物志、浙江植物志）
——*Aristolochia moupinensis* Franch.（福建植物志、江西植物志、江西种子植物名录、浙江植物志、FOC）
原生。华东分布：安徽、福建、江西、浙江。

马兜铃属 *Aristolochia*

（马兜铃科 Aristolochiaceae）

华南马兜铃 *Aristolochia austrochinensis* C.Y. Cheng & J.S. Ma
原生。华东分布：福建。
北马兜铃 *Aristolochia contorta* Bunge
原生。华东分布：山东。
马兜铃 *Aristolochia debilis* Sieb. & Zucc.
原生。华东分布：安徽、福建、江苏、江西、山东、上海、浙江。
通城虎 *Aristolochia fordiana* Hemsl.
原生。易危（VU）。华东分布：江西。
蜂窝马兜铃 *Aristolochia foveolata* Merr.
别名：戟叶马兜铃（福建植物志）
——*Aristolochia kaoi* T.S. Liu & M.J. Lai（福建植物志）
原生。华东分布：福建、江西。
福建马兜铃 *Aristolochia fujianensis* S.M. Hwang
原生。易危（VU）。华东分布：福建、浙江。
大叶马兜铃 *Aristolochia kaempferi* Willd.
原生。华东分布：江西、浙江。
耳叶马兜铃 *Aristolochia tagala* Cham.
原生。华东分布：福建。
管花马兜铃 *Aristolochia tubiflora* Dunn
原生。华东分布：安徽、福建、江苏、江西、浙江。

木兰科 Magnoliaceae

鹅掌楸属 *Liriodendron*

（木兰科 Magnoliaceae）

鹅掌楸 *Liriodendron chinense* (Hemsl.) Sarg.
原生。华东分布：安徽、福建、江苏、江西、浙江。

长喙木兰属 *Lirianthe*

（木兰科 Magnoliaceae）

夜香木兰 *Lirianthe coco* (Lour.) N.H. Xia & C.Y. Wu
别名：夜合（福建植物志）
——*Magnolia coco* (Lour.) DC.（福建植物志）
原生。濒危（EN）。华东分布：福建。
福建木兰 *Lirianthe fujianensis* N.H. Xia & C.Y. Wu
——*Magnolia fujianensis* (Q.F. Zheng) Figlar（A New Species of Magnoliaceae from China）
原生。华东分布：福建。

木莲属 *Manglietia*

（木兰科 Magnoliaceae）

落叶木莲 *Manglietia decidua* Q.Y. Zheng
别名：华木莲（江西植物志）
——*Sinomanglietia glauca* Z.X. Yu & Q.Y. Zheng（江西植物志）
原生。易危（VU）。华东分布：江西。
木莲 *Manglietia fordiana* Oliv.
原生。华东分布：安徽、福建、江苏、江西、浙江。
井冈山木莲 *Manglietia jinggangshanensis* R.L. Liu & Z.X. Zhang
——*Magnolia jinggangshanensis* (R.L. Liu & Z.X. Zhang) C.B. Callaghan & Png［Twenty-six Additional New Combinations in the *Magnolia* (Magnoliaceae) of China and Vietnam］
原生。华东分布：江西。
广东木莲 *Manglietia kwangtungensis* (Merr.) Dandy
别名：毛桃木莲（FOC）
原生。易危（VU）。华东分布：福建。
乳源木莲 *Manglietia yuyuanensis* Y.W. Law
原生、栽培。华东分布：福建、江苏、江西、浙江。

厚朴属 *Houpoea*

（木兰科 Magnoliaceae）

厚朴 *Houpoea officinalis* (Rehder & E.H. Wilson) N.H. Xia & C.Y. Wu
——*Magnolia officinalis* Rehder & E.H. Wilson（安徽植物志、江苏植物志 第 2 版、江西植物志、江西种子植物名录、山东植物志、浙江植物志）
原生、栽培。华东分布：安徽、江苏、江西、山东、浙江。
凹叶厚朴 *Houpoea officinalis* 'Biloba'
——*Houpoea officinalis* var. *biloba* (Rehder & E.H. Wilson) Sima & H. Yu（New Combinations in Magnoliaceae）
——*Magnolia officinalis* subsp. *biloba* (Rehder & E.H. Wilson) Cheng & Law（安徽植物志、福建植物志、江西植物志、浙江植物志）

——*Magnolia officinalis* var. *biloba* Rehder & E.H. Wilson（江苏植物志 第 2 版）
原生、栽培。华东分布：安徽、福建、江苏、江西、浙江。

天女花属 *Oyama*

（木兰科 Magnoliaceae）

天女花 *Oyama sieboldii* (K. Koch) N.H. Xia & C.Y. Wu
别名：天女木兰（江苏植物志 第 2 版）
——*Magnolia sieboldii* K. Koch（安徽植物志、福建植物志、江苏植物志 第 2 版、江西植物志、江西种子植物名录、山东植物志、浙江植物志）
原生、栽培。近危（NT）。华东分布：安徽、福建、江苏、江西、山东、浙江。

厚壁木属 *Pachylarnax*

（木兰科 Magnoliaceae）

乐东拟单性木兰 *Pachylarnax lotungensis* (Chun & C.H. Tsoong) Yuan Wang, Jing Yan & C. Du comb. nov. ［**Basionym:** *Magnolia lotungensis* Chun & C.H. Tsoong in Acta Phytotaxonomica Sinica 8(4): 285. 1963. **Type:** *N.K. Chun & C.L. Tso 50122* (Holotype: IBSC)］
——*Parakmeria lotungensis* (Chun & C.H. Tsoong) Y.W. Law（福建植物志、江苏植物志、江西植物志、江西种子植物名录、浙江植物志、FOC）
原生、栽培。华东分布：福建、江苏、江西、浙江。

玉兰属 *Yulania*

（木兰科 Magnoliaceae）

天目玉兰 *Yulania amoena* (W.C. Cheng) D.L. Fu
别名：天目木兰（安徽植物志、江苏植物志 第 2 版、江西植物志、江西种子植物名录、浙江植物志）
——*Magnolia amoena* W.C. Cheng（安徽植物志、江苏植物志 第 2 版、江西植物志、江西种子植物名录、浙江植物志）
原生、栽培。易危（VU）。华东分布：安徽、江苏、江西、浙江。
白花天目玉兰 *Yulania amoena* 'Alba'
别名：白花天目木兰（Notes on the Seed Plant Flora of Zhejiang (Ⅷ)）
——*Magnolia amoena* f. *alba* H.L. Lin & G.Y. Li（Notes on the Seed Plant Flora of Zhejiang (Ⅷ)）
原生、栽培。华东分布：浙江。
紫花天目玉兰 *Yulania amoena* 'Purpurascens'
别名：紫花天目木兰［Notes on the Seed Plant Flora of Zhejiang (Ⅷ)］
——*Magnolia amoena* f. *purpurascens* F.Y. Zhang & X.Y. Ye［Notes on the Seed Plant Flora of Zhejiang (Ⅷ)］
原生、栽培。华东分布：浙江。
望春玉兰 *Yulania biondii* (Pamp.) D.L. Fu
原生。华东分布：江西。
黄山玉兰 *Yulania cylindrica* (E.H. Wilson) D.L. Fu
别名：黄山木兰（安徽植物志、福建植物志、江苏植物志 第 2 版、江西植物志、江西种子植物名录、浙江植物志）
——*Magnolia cylindrica* E.H. Wilson（安徽植物志、福建植物志、江苏植物志 第 2 版、江西植物志、江西种子植物名录、浙江植物志）
——*Magnolia cylindrica* var. *purpurascens* Y.L. Wang & S.Z. Zhang［New Varieties of *Magnolia biondii* and *Magnolia cylindrica* (Magnoliaceae) in China］
原生、栽培。华东分布：安徽、福建、江苏、江西、浙江。
紫黄山玉兰 *Yulania cylindrica* 'Purpurascens'
别名：紫黄山木兰［Notes on Seed Plant in Zhejiang Province (VI)］——*Magnolia cylindrica* f. *purpurascens* (Ya L. Wang & S.Z. Zhang) G.Y. Li & Z.H. Chen［Notes on Seed Plant in Zhejiang Province (VI)］
——*Yulania cylindrica* var. *purpurascens* (Ya L. Wang & S.Z. Zhang) Sima & H. Yu（New Combinations in Magnoliaceae）
原生、栽培。华东分布：浙江。
玉兰 *Yulania denudata* (Desr.) D.L. Fu
别名：白玉兰（江西种子植物名录），毛玉兰（A New Variety of *Yulania* Spach from Henan）
——*Magnolia denudata* Desr.（安徽植物志、福建植物志、江苏植物志 第 2 版、江西植物志、江西种子植物名录、山东植物志、浙江植物志）
——*Yulania denudata* var. *pubescens* D.L. Fu, T.B. Chao & G.H. Tian（A New Variety of *Yulania* Spach from Henan）
原生、栽培。近危（NT）。华东分布：安徽、福建、江苏、江西、山东、浙江。
雅致含笑 *Michelia elegans* Y.W. Law & Y.F. Wu
原生。濒危（EN）。华东分布：福建。
紫玉兰 *Yulania liliiflora* (Desr.) D.L. Fu
——*Magnolia polytepala* Y.W. Law, R.Z. Zhou & R.J. Zhang［A New Species of *Magnolia* sect. *Tulipastrum* (Magnoliaceae) from Fujian, China］
——*Magnolia liliflora* Desr.（安徽植物志、福建植物志、江苏植物志 第 2 版、江西植物志、江西种子植物名录、上海维管植物名录、浙江植物志）
原生、栽培。易危（VU）。华东分布：安徽、福建、江苏、江西、山东、上海、浙江。
武当玉兰 *Yulania sprengeri* (Pamp.) D.L. Fu
别名：武当木兰（江西植物志）
——*Magnolia sprengeri* Pamp.（江西植物志）
原生、栽培。华东分布：江西。
星花玉兰 *Yulania stellata* (Maxim.) N.H. Xia
外来、栽培。华东分布：浙江。
宝华玉兰 *Yulania zenii* (W.C. Cheng) D.L. Fu
——*Magnolia zenii* W.C. Cheng（江苏植物志 第 2 版）
原生、栽培。极危（CR）。华东分布：江苏。

含笑属 *Michelia*

（木兰科 Magnoliaceae）

苦梓含笑 *Michelia balansae* (A. DC.) Dandy
原生。华东分布：福建。
尾叶含笑 *Michelia caudata* M.X. Wu, X.H. Wu & G.Y. Li
——*Magnolia caudata* (M.H. Wu, X.H. Wu & G.Y. Li) C.B. Callaghan & Png［Twenty-six Additional New Combinations in the *Magnolia* (Magnoliaceae) of China and Vietnam］

原生。华东分布：浙江。
平伐含笑 *Michelia cavaleriei* Finet & Gagnep.
原生、栽培。濒危（EN）。华东分布：福建。
乐昌含笑 *Michelia chapensis* Dandy
别名：江西含笑（江西植物志）
——*Michelia jiangxiensis* Chang & B.L. Chen（江西植物志）
原生、栽培。近危（NT）。华东分布：福建、江西、浙江。
金叶含笑 *Michelia foveolata* Merr. ex Dandy
别名：灰毛含笑（江西植物志、江西种子植物名录），亮叶含笑（江西植物志、江西种子植物名录）
——*Michelia foveolata* var. *cinerascens* Y.W. Law & Y.F. Wu（江西植物志、江西种子植物名录）
——*Michelia fulgens* Dandy（江西植物志、江西种子植物名录）
原生、栽培。华东分布：福建、江西。
福建含笑 *Michelia fujianensis* Q.F. Zheng
别名：美毛含笑［Twenty-six Additional New Combinations in the *Magnolia* (Magnoliaceae) of China and Vietnam、江西植物志、江西种子植物名录］，七瓣含笑［Twenty-six Additional New Combinations in the *Magnolia* (Magnoliaceae) of China and Vietnam、江西植物志、江西种子植物名录］
——*Magnolia caloptila* (Y.W. Law & Y.F. Wu) C.B. Callaghan & Png［Twenty-six Additional New Combinations in the *Magnolia* (Magnoliaceae) of China and Vietnam］
——*Magnolia septipetala* (Z.L. Nong) C.B. Callaghan & Png［Twenty-six Additional New Combinations in the *Magnolia* (Magnoliaceae) of China and Vietnam］
——*Michelia caloptila* Y.W. Law & Y.F. Wu（江西植物志、江西种子植物名录）
——*Michelia septipetala* Z.L. Nong（江西植物志、江西种子植物名录）
原生。易危（VU）。华东分布：福建、江西。
鳞药含笑 *Michelia linyaoensis* D.C. Zhang & S.B. Zhou
原生。华东分布：福建。
醉香含笑 *Michelia macclurei* Dandy
原生、栽培。华东分布：福建、江西。
深山含笑 *Michelia maudiae* Dunn
别名：深山含笑花（江西种子植物名录）
原生、栽培。华东分布：安徽、福建、江苏、江西、浙江。
观光木 *Michelia odora* (Chun) Noot. & B.L. Chen
——*Tsoongiodendron odorum* Chun（福建植物志、江西植物志、江西种子植物名录）
原生、栽培。易危（VU）。华东分布：福建、江西。
野含笑 *Michelia skinneriana* Dunn
别名：悦色含笑（江西种子植物名录）
——"*Michelia amoema*"=*Michelia amoena* Q.F. Zheng & M.M. Lin（拼写错误。江西种子植物名录）
原生。华东分布：安徽、福建、江西、浙江。

番荔枝科 Annonaceae

鹰爪花属 *Artabotrys*

（番荔枝科 Annonaceae）

鹰爪花 *Artabotrys hexapetalus* (L. f.) Bhandari
原生。华东分布：江西。

瓜馥木属 *Fissistigma*

（番荔枝科 Annonaceae）

白叶瓜馥木 *Fissistigma glaucescens* (Hance) Merr.
原生。华东分布：福建、江西。
瓜馥木 *Fissistigma oldhamii* (Hemsl.) Merr.
原生。华东分布：福建、浙江。
香港瓜馥木 *Fissistigma uonicum* (Dunn) Merr.
原生。华东分布：福建。

紫玉盘属 *Uvaria*

（番荔枝科 Annonaceae）

光叶紫玉盘 *Uvaria boniana* Finet & Gagnep.
原生。华东分布：江西。
紫玉盘 *Uvaria macrophylla* Roxb. ex Wall.
——*Uvaria microcarpa* Champ. ex Benth.（福建植物志）
原生。华东分布：福建。

皂帽花属 *Dasymaschalon*

（番荔枝科 Annonaceae）

喙果皂帽花 *Dasymaschalon rostratum* Merr. & Chun
原生。华东分布：福建。

假鹰爪属 *Desmos*

（番荔枝科 Annonaceae）

假鹰爪 *Desmos chinensis* Lour.
原生。华东分布：福建。

蜡梅科 Calycanthaceae

夏蜡梅属 *Calycanthus*

（蜡梅科 Calycanthaceae）

夏蜡梅 *Calycanthus chinensis* W.C. Cheng & S.Y. Chang
原生、栽培。濒危（EN）。华东分布：安徽、福建、江苏、江西、山东、上海、浙江。

蜡梅属 *Chimonanthus*

（蜡梅科 Calycanthaceae）

突托蜡梅 *Chimonanthus grammatus* M.C. Liu
别名：突托腊梅（江西种子植物名录）
——"*Chimonanthus gramatus*"=*Chimonanthus grammatus* M.C. Liu（拼写错误。江西植物志、江西种子植物名录）
原生。濒危（EN）。华东分布：江西。
山蜡梅 *Chimonanthus nitens* Oliv.
原生、栽培。华东分布：安徽、福建、江苏、江西。
蜡梅 *Chimonanthus praecox* (L.) Link
别名：磬口蜡梅（江苏植物志 第2版、浙江植物志），素心

蜡梅（江苏植物志 第 2 版、浙江植物志），小花蜡梅（江苏植物志 第 2 版、浙江植物志）

——*Chimonanthus praecox* var. *concolor* Makino（江苏植物志 第 2 版、浙江植物志）

——*Chimonanthus praecox* var. *grandiflorus* (Lindl.) Makino（江苏植物志 第 2 版、浙江植物志）

——*Chimonanthus praecox* var. *parviflorus* Turrill（江苏植物志 第 2 版、浙江植物志）

原生、栽培。华东分布：安徽、福建、江苏、江西、山东、上海、浙江。

柳叶蜡梅 *Chimonanthus salicifolius* S.Y. Hu

别名：柳叶腊梅（江西种子植物名录）

——*Chimonanthus nitens* var. *salicifolius* (S.Y. Hu) H.D. Zhang（江西植物志）

原生、栽培。近危（NT）。华东分布：安徽、福建、江西、浙江。

浙江蜡梅 *Chimonanthus zhejiangensis* M.C. Liu

原生、栽培。华东分布：福建、浙江。

莲叶桐科 Hernandiaceae

青藤属 *Illigera*

（莲叶桐科 Hernandiaceae）

小花青藤 *Illigera parviflora* Dunn

——"*Illigera parvifolia*"=*Illigera parviflora* Dunn（拼写错误。福建植物志）

原生。华东分布：福建。

樟科 Lauraceae

厚壳桂属 *Cryptocarya*

（樟科 Lauraceae）

厚壳桂 *Cryptocarya chinensis* (Hance) Hemsl.

原生。华东分布：福建、江西。

硬壳桂 *Cryptocarya chingii* W.C. Cheng

原生。华东分布：福建、江西、浙江。

黄果厚壳桂 *Cryptocarya concinna* Hance

原生。华东分布：江西。

丛花厚壳桂 *Cryptocarya densiflora* Blume

原生。华东分布：福建、江西。

广东厚壳桂 *Cryptocarya kwangtungensis* Hung T. Chang

原生。华东分布：江西。

琼楠属 *Beilschmiedia*

（樟科 Lauraceae）

广东琼楠 *Beilschmiedia fordii* Dunn

原生。华东分布：福建、江西。

厚叶琼楠 *Beilschmiedia percoriacea* C.K. Allen

原生。华东分布：江西。

网脉琼楠 *Beilschmiedia tsangii* Merr.

原生。华东分布：福建。

海南琼楠 *Beilschmiedia wangii* C.K. Allen

原生。华东分布：江西。

无根藤属 *Cassytha*

（樟科 Lauraceae）

无根藤 *Cassytha filiformis* L.

原生。华东分布：福建、江西、浙江。

润楠属 *Machilus*

（樟科 Lauraceae）

短序润楠 *Machilus breviflora* (Benth.) Hemsl.

原生。华东分布：江西。

浙江润楠 *Machilus chekiangensis* S.K. Lee

别名：长序润楠（浙江植物志）

——*Machilus longipedunculata* S.K. Lee & F.N. Wei（浙江植物志）

原生。近危（NT）。华东分布：福建、浙江。

华润楠 *Machilus chinensis* (Champ. ex Meisn.) Hemsl.

原生。华东分布：江西。

基脉润楠 *Machilus decursinervis* Chun

原生。华东分布：江西。

闽润楠 *Machilus fukienensis* Hung T. Chang

——"*Machilus fukiensis*"=*Machilus fukienensis* Hung T. Chang（拼写错误。福建植物志）

原生。近危（NT）。华东分布：福建。

黄绒润楠 *Machilus grijsii* Hance

原生。华东分布：福建、江西、浙江。

宜昌润楠 *Machilus ichangensis* Rehder & E.H. Wilson

别名：宜昌楠（安徽植物志）

原生。华东分布：安徽、江西。

广东润楠 *Machilus kwangtungensis* Y.C. Yang

原生。华东分布：福建、江西。

薄叶润楠 *Machilus leptophylla* Hand.-Mazz. & Chun

别名：薄叶楠（安徽植物志）

——"*Machilus leptophlla*"=*Machilus leptophylla* Hand.-Mazz. & Chun（拼写错误。福建植物志）

原生。华东分布：安徽、福建、江苏、江西、浙江。

木姜润楠 *Machilus litseifolia* S.K. Lee

原生。华东分布：江西、浙江。

芒荡山润楠 *Machilus mangdangshanensis* Q.F. Zhang

原生。易危（VU）。华东分布：福建。

小果润楠 *Machilus microcarpa* Hemsl.

原生。华东分布：江西。

闽桂润楠 *Machilus minkweiensis* S.K. Lee

原生。华东分布：福建、江西。

雁荡润楠 *Machilus minutiloba* S.K. Lee

原生。极危（CR）。华东分布：浙江。

山润楠 *Machilus montana* L. Li, J. Li & H.W. Li

别名：山楠（江西植物志、江西种子植物名录）

——*Phoebe chinensis* Chun（江西植物志、江西种子植物名录、FOC）

原生。华东分布：江西。

纳槁润楠 *Machilus nakao* S.K. Lee

原生。近危（NT）。华东分布：江西。

润楠 *Machilus nanmu* (Oliv.) Hemsl.
——*Machilus pingii* W.C. Cheng ex Y.C. Yang（江西种子植物名录）
原生。濒危（EN）。华东分布：江西。
龙眼润楠 *Machilus oculodracontis* Chun
原生。濒危（EN）。华东分布：江西。
建润楠 *Machilus oreophila* Hance
别名：建楠（浙江植物志）
原生。华东分布：福建、江西、浙江。
刨花润楠 *Machilus pauhoi* Kaneh.
别名：创花润楠（福建植物志），刨花楠（浙江植物志），泡花润楠（江西植物志）
原生。华东分布：福建、江苏、江西、浙江。
凤凰润楠 *Machilus phoenicis* Dunn
原生。华东分布：福建、江西、浙江。
红楠 *Machilus thunbergii* Sieb. & Zucc.
原生、栽培。华东分布：安徽、福建、江苏、江西、山东、上海、浙江。
汀州润楠 *Machilus tingzhourensis* M.M. Lin, T.F. Que & S.Q. Zheng
原生。华东分布：福建。
绒毛润楠 *Machilus velutina* Champ. ex Benth.
原生。华东分布：福建、江西、浙江。
黄枝润楠 *Machilus versicolora* S.K. Lee & F.N. Wei
原生。华东分布：福建、江西、浙江。
信宜润楠 *Machilus wangchiana* Chun
原生。华东分布：江西。

楠属 *Phoebe*

（樟科 Lauraceae）

闽楠 *Phoebe bournei* (Hemsl.) Y.C. Yang
原生。易危（VU）。华东分布：福建、江西、浙江。
赛楠 *Phoebe cavaleriei* (H. Lév.) Y. Yang & Bing Liu
——*Nothaphoebe cavaleriei* (H. Lév.) Y.C. Yang（江西植物志、FOC）
原生。华东分布：江西。
浙江楠 *Phoebe chekiangensis* C.B. Shang
原生、栽培。易危（VU）。华东分布：安徽、福建、江苏、江西、浙江。
台楠 *Phoebe formosana* (Hayata) Hayata
原生。华东分布：安徽。
湘楠 *Phoebe hunanensis* Hand.-Mazz.
原生。华东分布：安徽、江苏、江西。
白楠 *Phoebe neurantha* (Hemsl.) Gamble
原生、栽培。华东分布：江苏、江西。
紫楠 *Phoebe sheareri* (Hemsl.) Gamble
原生、栽培。华东分布：安徽、福建、江苏、江西、浙江。

黄肉楠属 *Actinodaphne*

（樟科 Lauraceae）

红果黄肉楠 *Actinodaphne cupularis* (Hemsl.) Gamble
原生。华东分布：江西。
毛黄肉楠 *Actinodaphne pilosa* (Lour.) Merr.
原生。华东分布：江西。

新木姜子属 *Neolitsea*

（樟科 Lauraceae）

新木姜子 *Neolitsea aurata* (Hayata) Koidz.
原生。华东分布：安徽、福建、江西。
浙江新木姜子 *Neolitsea aurata* var. *chekiangensis* (Nakai) Yen C. Yang & P.H. Huang
原生。华东分布：安徽、福建、江苏、江西、浙江。
粉叶新木姜子 *Neolitsea aurata* var. *glauca* Y.C. Yang
原生。华东分布：江西。
云和新木姜子 *Neolitsea aurata* var. *paraciculata* (Nakai) Yen C. Yang & P.H. Huang
原生。华东分布：江西。
浙闽新木姜子 *Neolitsea aurata* var. *undulatula* Yen C. Yang & P.H. Huang
原生。华东分布：福建、江西。
短梗新木姜子 *Neolitsea brevipes* H.W. Li
别名：短梗新木姜（江西种子植物名录）
原生。华东分布：福建、江西。
锈叶新木姜子 *Neolitsea cambodiana* Lecomte
别名：锈毛新木姜子（江西植物志）
原生。华东分布：福建、江西。
香港新木姜子 *Neolitsea cambodiana* var. *glabra* C.K. Allen
原生。华东分布：福建、江西。
鸭公树 *Neolitsea chui* Merr.
——"*Neolitsea chuii*"=*Neolitsea chui* Merr.（拼写错误。福建植物志、江西植物志、江西种子植物名录）
原生。华东分布：福建、江西。
簇叶新木姜子 *Neolitsea confertifolia* (Hemsl.) Merr.
原生。华东分布：江西。
香果新木姜子 *Neolitsea ellipsoidea* C.K. Allen
原生。华东分布：江西。
广西新木姜子 *Neolitsea kwangsiensis* H. Liu
原生。华东分布：江西。
大叶新木姜子 *Neolitsea levinei* Merr.
原生。华东分布：福建、江西。
卵叶新木姜子 *Neolitsea ovatifolia* Yen C. Yang & P.H. Huang
原生。华东分布：江西。
显脉新木姜子 *Neolitsea phanerophlebia* Merr.
原生。华东分布：江西。
羽脉新木姜子 *Neolitsea pinninervis* Yen C. Yang & P.H. Huang
原生。华东分布：江西。
美丽新木姜子 *Neolitsea pulchella* (Meisn.) Merr.
原生。华东分布：福建、江西。
舟山新木姜子 *Neolitsea sericea* (Blume) Koidz.
别名：舟山新木姜（江西种子植物名录）
原生、栽培。濒危（EN）。华东分布：江西、上海、浙江。
新宁新木姜子 *Neolitsea shingningensis* Yen C. Yang & P.H. Huang
原生。易危（VU）。华东分布：江西。
巫山新木姜子 *Neolitsea wushanica* (Chun) Merr.
别名：巫山新木姜（福建植物志）
原生。华东分布：福建。

南亚新木姜子 ***Neolitsea zeylanica*** (Nees & T. Nees) Merr.
原生。华东分布：江西。

山胡椒属 *Lindera*

（樟科 Lauraceae）

乌药 ***Lindera aggregata*** (Sims) Kosterm.
原生。华东分布：安徽、福建、江苏、江西、浙江。
小叶乌药 ***Lindera aggregata*** var. ***playfairii*** (Hemsl.) H.P. Tsui
原生。华东分布：江西。
狭叶山胡椒 ***Lindera angustifolia*** W.C. Cheng
原生。华东分布：安徽、福建、江苏、江西、山东、上海、浙江。
江浙山胡椒 ***Lindera chienii*** W.C. Cheng
别名：江浙钓樟（浙江植物志），江浙钩樟（江西种子植物名录），浙江山胡椒（江西植物志）
原生。华东分布：安徽、江苏、江西、浙江。
鼎湖钓樟 ***Lindera chunii*** Merr.
原生。华东分布：江西。
香叶树 ***Lindera communis*** Hemsl.
原生。华东分布：福建、江西、浙江。
红果山胡椒 ***Lindera erythrocarpa*** Makino
别名：红果钓樟（浙江植物志）
原生。华东分布：安徽、福建、江苏、江西、山东、浙江。
香叶子 ***Lindera fragrans*** Oliv.
原生。华东分布：江西。
山胡椒 ***Lindera glauca*** (Sieb. & Zucc.) Blume
原生。华东分布：安徽、福建、江苏、江西、山东、上海、浙江。
广东山胡椒 ***Lindera kwangtungensis*** (H. Liu) C.K. Allen
原生。华东分布：福建、江西。
黑壳楠 ***Lindera megaphylla*** Hemsl.
别名：毛黑壳楠（福建植物志、江西植物志、江西种子植物名录）
——*Lindera megaphylla* f. *touyunensis* (H. Lév.) Rehder（福建植物志、江西植物志）
原生、栽培。华东分布：安徽、福建、江苏、江西、浙江。
毛黑壳楠 ***Lindera megaphylla*** f. ***touyunensis*** (H. Lév.) Rehder
——"*Lindera megaphylla* var. *touyuenensis*"=*Lindera megaphylla* var. *touyunensis* (H. Lév.) Rehder（拼写错误。江西种子植物名录）
——*Lindera megaphylla* f. *trichoclada* (Rehder) W.C. Cheng（浙江植物志）
原生。华东分布：江西、浙江。
滇粤山胡椒 ***Lindera metcalfiana*** C.K. Allen
原生。华东分布：福建。
网叶山胡椒 ***Lindera metcalfiana*** var. ***dictyophylla*** (C.K. Allen) H.P. Tsui
原生。华东分布：福建。
绒毛山胡椒 ***Lindera nacusua*** (D. Don) Merr.
原生。华东分布：福建、江西、浙江。
绿叶甘橿 ***Lindera neesiana*** (Wall. ex Nees) Kurz
——*Lindera fruticosa* Hemsl.（安徽植物志、福建植物志、江西植物志、江西种子植物名录）
原生、栽培。华东分布：安徽、福建、江苏、江西、浙江。
三桠乌药 ***Lindera obtusiloba*** Blume
原生。华东分布：安徽、福建、江苏、江西、山东、浙江。
大果山胡椒 ***Lindera praecox*** (Sieb. & Zucc.) Blume
别名：油乌药（浙江植物志）
原生。华东分布：安徽、江西、浙江。
香粉叶 ***Lindera pulcherrima*** var. ***attenuata*** C.K. Allen
原生。华东分布：福建。
川钓樟 ***Lindera pulcherrima*** var. ***hemsleyana*** (Diels) H.P. Tsui
原生。华东分布：江西。
山橿 ***Lindera reflexa*** Hemsl.
别名：黑果山橿［New Materials in Flora of Zhejiang Province (II)］，黄果山橿［New Materials in Flora of Zhejiang Province (II)］
——*Lindera reflexa* f. *melanocarpa* Z.H. Chen & G.Y. Li［New Materials in Flora of Zhejiang Province (II)］
——*Lindera reflexa* f. *xanthocarpa* G.Y. Li & Z.H. Chen［New Materials in Flora of Zhejiang Province (II)］
原生。华东分布：安徽、福建、江苏、江西、浙江。
陷脉山橿 ***Lindera reflexa*** var. ***impressivena*** G.Y. Li & J.F. Wang
原生。华东分布：浙江。
红脉钓樟 ***Lindera rubronervia*** Gamble
别名：红脉杓樟（安徽植物志）
原生。华东分布：安徽、江苏、江西、浙江。

香面叶属 *Iteadaphne*

（樟科 Lauraceae）

香面叶 ***Iteadaphne caudata*** (Nees) H.W. Li
——*Lindera caudata* (Nees) Hook. f.（江西种子植物名录）
原生。华东分布：江西。

木姜子属 *Litsea*

（樟科 Lauraceae）

尖脉木姜子 ***Litsea acutivena*** Hayata
原生。华东分布：福建、江西。
天目木姜子 ***Litsea auriculata*** S.S. Chien & W.C. Cheng
原生、栽培。易危（VU）。华东分布：安徽、江苏、江西、浙江。
毛豹皮樟 ***Litsea coreana*** var. ***lanuginosa*** (Migo) Yen C. Yang & P.H. Huang
别名：毛豺皮樟（福建植物志）
原生。华东分布：安徽、福建、江苏、江西、浙江。
豹皮樟 ***Litsea coreana*** var. ***sinensis*** (C.K. Allen) Yen C. Yang & P.H. Huang
别名：豺皮樟（福建植物志），扬子黄肉楠（江西种子植物名录）
——*Actinodaphne lancifolia* var. *sinensis* C.K. Allen（江西种子植物名录）
原生。华东分布：安徽、福建、江苏、江西、浙江。
山鸡椒 ***Litsea cubeba*** (Lour.) Pers.
别名：山苍子（江西种子植物名录）
原生。华东分布：安徽、福建、江苏、江西、浙江。
毛山鸡椒 ***Litsea cubeba*** var. ***formosana*** (Nakai) Yen C. Yang & P.H. Huang
原生。华东分布：安徽、福建、江西、浙江。
黄丹木姜子 ***Litsea elongata*** (Nees) Hook. f.
原生。华东分布：安徽、福建、江西、浙江。

石木姜子 ***Litsea elongata*** var. ***faberi*** (Hemsl.) Yen C. Yang & P.H. Huang
原生。华东分布：福建、江西、浙江。
蜂窝木姜子 ***Litsea foveola*** Kosterm.
——*Litsea foveolata* (Merr.) Kosterm.（江西种子植物名录）
原生。近危（NT）。华东分布：江西。
潺槁木姜子 ***Litsea glutinosa*** (Lour.) C.B. Rob.
别名：潺槁树（江西种子植物名录）
原生。华东分布：福建、江西。
白野槁树 ***Litsea glutinosa*** var. ***brideliifolia*** (Hayata) Merr.
原生。华东分布：福建。
华南木姜子 ***Litsea greenmaniana*** C.K. Allen
原生。华东分布：福建、江西、浙江。
湖南木姜子 ***Litsea hunanensis*** Yen C. Yang & P.H. Huang
原生。濒危（EN）。华东分布：江西。
湖北木姜子 ***Litsea hupehana*** Hemsl.
原生。华东分布：江西。
秃净木姜子 ***Litsea kingii*** Hook. f.
原生。华东分布：福建、江西。
大果木姜子 ***Litsea lancilimba*** Merr.
原生。华东分布：福建、江西。
毛叶木姜子 ***Litsea mollis*** Hemsl.
别名：清香木姜子（江西植物志）
——*Litsea euosma* W.W. Sm.（江西植物志）
原生。华东分布：江西。
红皮木姜子 ***Litsea pedunculata*** (Diels) Yen C. Yang & P.H. Huang
原生。华东分布：江西。
木姜子 ***Litsea pungens*** Hemsl.
原生。华东分布：福建、江西、浙江。
圆叶豺皮樟 ***Litsea rotundifolia*** Hemsl.
别名：豺皮樟（福建植物志）
原生。华东分布：福建、江西。
豺皮樟 ***Litsea rotundifolia*** var. ***oblongifolia*** (Nees) C.K. Allen
别名：圆叶豺皮樟（江西种子植物名录）
原生。华东分布：江西、浙江。
卵叶豺皮樟 ***Litsea rotundifolia*** var. ***ovatifolia*** Yen C. Yang & P.H. Huang
别名：卵叶木姜子（江西植物志）
原生。华东分布：江西。
圆果木姜子 ***Litsea sinoglobosa*** J. Li & H.W. Li
——*Litsea globosa* Kosterm.（江西植物志、江西种子植物名录）
原生。华东分布：江西。
桂北木姜子 ***Litsea subcoriacea*** Yen C. Yang & P.H. Huang
原生。华东分布：福建、江西。
黄椿木姜子 ***Litsea variabilis*** Hemsl.
原生。华东分布：江西。
轮叶木姜子 ***Litsea verticillata*** Hance
原生。华东分布：江西。

檫木属 *Sassafras*

（樟科 Lauraceae）

檫木 ***Sassafras tzumu*** (Hemsl.) Hemsl.
原生。华东分布：安徽、福建、江苏、江西、浙江。

樟属 *Cinnamomum*

（樟科 Lauraceae）

毛桂 ***Cinnamomum appelianum*** Schewe
原生。华东分布：江西。
华南桂 ***Cinnamomum austrosinense*** Hung T. Chang
别名：华南樟（浙江植物志）
——"*Cinnamomum austro-sinense*"=*Cinnamomum austrosinense* Hung T. Chang（拼写错误。福建植物志、江西植物志、江西种子植物名录、浙江植物志）
原生。华东分布：福建、江西、浙江。
钝叶桂 ***Cinnamomum bejolghota*** (Buch.-Ham.) Sweet
原生。华东分布：江西。
猴樟 ***Cinnamomum bodinieri*** H. Lév.
原生。华东分布：江西。
阴香 ***Cinnamomum burmanni*** (Nees & T. Nees) Blume
——"*Cinnamomum burmannii*"=*Cinnamomum burmanni* (Nees & T. Nees) Blume（拼写错误。福建植物志、江西植物志、江西种子植物名录）
原生、栽培。华东分布：福建、江西。
樟 ***Cinnamomum camphora*** (L.) J. Presl
别名：香樟（安徽植物志），樟树（江苏植物志 第2版、江西植物志、江西种子植物名录、浙江植物志）
原生、栽培。华东分布：安徽、福建、江苏、江西、上海、浙江。
肉桂 ***Cinnamomum cassia*** (Nees & T. Nees) J. Presl
别名：玉桂（江西植物志）
——*Cinnamomum aromaticum* Nees（江西植物志）
原生。华东分布：江西。
圆头叶桂 ***Cinnamomum daphnoides*** Sieb. & Zucc.
原生。华东分布：浙江。
云南樟 ***Cinnamomum glanduliferum*** (Wall.) Meisn.
原生。华东分布：江西。
天竺桂 ***Cinnamomum japonicum*** Sieb. ex Nakai
别名：浙江桂（福建植物志、江西种子植物名录），浙江樟（江苏植物志 第2版、浙江植物志）
——*Cinnamomum chekiangense* Nakai（福建植物志、江苏植物志 第2版、江西种子植物名录、浙江植物志）
原生、栽培。易危（VU）。华东分布：安徽、福建、江苏、江西、上海、浙江。
普陀樟 ***Cinnamomum japonicum*** 'Chenii'
——*Cinnamomum japonicum* var. *chenii* (Nakai) G.F. Tao（江西种子植物名录、浙江植物志）
原生、栽培。华东分布：江西、浙江。
野黄桂 ***Cinnamomum jensenianum*** Hand.-Mazz.
原生。华东分布：福建、江西、浙江。
红辣槁树 ***Cinnamomum kwangtungense*** Merr.
原生。濒危（EN）。华东分布：福建。
油樟 ***Cinnamomum longepaniculatum*** (Gamble) N. Chao ex H.W. Li
原生、栽培。近危（NT）。华东分布：江西。
沉水樟 ***Cinnamomum micranthum*** (Hayata) Hayata

原生。易危（VU）。华东分布：福建、江西、浙江。

黄樟 ***Cinnamomum parthenoxylon*** (Jack) Meisn.

——*Cinnamomum porrectum* (Roxb.) Kosterm.（福建植物志、江西植物志、江西种子植物名录）

原生。华东分布：福建、江西。

少花桂 ***Cinnamomum pauciflorum*** Nees

——"*Cinnamomum pauciflorus*"=*Cinnamomum pauciflorum* Chun ex Hung T. Chang（拼写错误。福建植物志）

原生。华东分布：福建、江西、浙江。

卵叶桂 ***Cinnamomum rigidissimum*** Hung T. Chang

别名：硬叶桂（江西种子植物名录）

原生。近危（NT）。华东分布：江西。

香桂 ***Cinnamomum subavenium*** Miq.

别名：细叶香桂（江西种子植物名录、浙江植物志）

——*Cinnamomum chingii* F.P. Metcalf（江西种子植物名录）

原生、栽培。华东分布：安徽、福建、江西、浙江。

辣汁树 ***Cinnamomum tsangii*** Merr.

原生。华东分布：福建、江西。

川桂 ***Cinnamomum wilsonii*** Gamble

原生。华东分布：江西。

金粟兰科 Chloranthaceae

草珊瑚属 *Sarcandra*

（金粟兰科 Chloranthaceae）

草珊瑚 ***Sarcandra glabra*** (Thunb.) Nakai

原生、栽培。华东分布：安徽、福建、江西、浙江。

金粟兰属 *Chloranthus*

（金粟兰科 Chloranthaceae）

狭叶金粟兰 ***Chloranthus angustifolius*** Oliv.

原生。华东分布：江西。

安徽金粟兰 ***Chloranthus anhuiensis*** K.F. Wu

原生。华东分布：安徽。

丝穗金粟兰 ***Chloranthus fortunei*** (A. Gray) Solms

原生。华东分布：安徽、福建、江苏、江西、山东、上海、浙江。

宽叶金粟兰 ***Chloranthus henryi*** Hemsl.

原生。华东分布：安徽、福建、江苏、江西、浙江。

银线草 ***Chloranthus japonicus*** Sieb.

原生。华东分布：江西、山东。

多穗金粟兰 ***Chloranthus multistachys*** S.J. Pei

——"*Chloranthus multistachya*"=*Chloranthus multistachys* C. Pei（拼写错误。江西种子植物名录）

原生。华东分布：江西。

台湾金粟兰 ***Chloranthus oldhamii*** Solms

别名：东南金粟兰（福建植物志、江西种子植物名录）

原生。华东分布：福建、江西。

及己 ***Chloranthus serratus*** (Thunb.) Roem. & Schult.

原生。华东分布：安徽、福建、江苏、江西、山东、浙江。

四川金粟兰 ***Chloranthus sessilifolius*** K.F. Wu

原生。华东分布：福建、江西。

华南金粟兰 ***Chloranthus sessilifolius*** var. ***austrosinensis*** K.F. Wu

——"*Chloranthus sessilifolius* var. *austro-sinensis*"=*Chloranthus sessilifolius* var. *austrosinensis* K.F. Wu（拼写错误。江西植物志、江西种子植物名录）

原生。华东分布：江西。

金粟兰 ***Chloranthus spicatus*** (Thunb.) Makino

原生。华东分布：福建、江苏、江西。

天目金粟兰 ***Chloranthus tianmushanensis*** K.F. Wu

原生。华东分布：浙江。

菖蒲科 Acoraceae

菖蒲属 *Acorus*

（菖蒲科 Acoraceae）

菖蒲 ***Acorus calamus*** L.

原生、栽培。华东分布：安徽、福建、江苏、江西、山东、上海、浙江。

金钱蒲 ***Acorus gramineus*** Sol. ex Aiton

别名：茴香菖蒲（福建植物志），钱菖蒲（江西种子植物名录），石菖蒲（安徽植物志、福建植物志、江苏植物志 第2版、江西种子植物名录、山东植物志、浙江植物志）

——*Acorus gramineus* var. *pusillus* (Sieb.) Engl.（江西种子植物名录）

——*Acorus macrospadiceus* (Yamam.) F.N. Wei & Y.K. Li（福建植物志）

——*Acorus tatarinowii* Schott（安徽植物志、福建植物志、江苏植物志 第2版、江西种子植物名录、山东植物志、浙江植物志）

原生、栽培。华东分布：安徽、福建、江苏、江西、山东、浙江。

天南星科 Araceae

紫萍属 *Spirodela*

（天南星科 Araceae）

紫萍 ***Spirodela polyrhiza*** (L.) Schleid.

——"*Spirodela polyrrhiza*"=*Spirodela polyrhiza* (L.) Schleid.（拼写错误。安徽植物志、福建植物志、江西种子植物名录、山东植物志）

原生。华东分布：安徽、福建、江苏、江西、山东、上海、浙江。

少根萍属 *Landoltia*

（天南星科 Araceae）

少根萍 ***Landoltia punctata*** (G. Mey.) Les & D.J. Crawford

别名：兰氏萍（FOC）

原生。华东分布：福建、浙江。

浮萍属 *Lemna*

（天南星科 Araceae）

稀脉浮萍 ***Lemna aequinoctialis*** Welw.

别名：稀脉萍（浙江植物志）

——"*Lemna perpusilla*"=*Lemna aequinoctialis* Welw.（误用名。安徽植物志、江西种子植物名录、浙江植物志）

原生。华东分布：安徽、江苏、江西、上海、浙江。

日本浮萍 ***Lemna japonica*** Landolt

原生。华东分布：江苏。

浮萍 *Lemna minor* L.

原生。华东分布：安徽、福建、江苏、江西、山东、上海、浙江。

品藻 *Lemna trisulca* L.

别名：品萍（浙江植物志），三叉浮萍（江苏植物志 第 2 版）

原生。华东分布：安徽、福建、江苏、江西、山东、上海、浙江。

鳞根萍 *Lemna turionifera* Landolt

原生。华东分布：安徽。

无根萍属 *Wolffia*

（天南星科 Araceae）

无根萍 *Wolffia globosa* (Roxb.) Hartog & Plas

别名：芜萍（安徽植物志、福建植物志、江西种子植物名录、山东植物志）

——"*Wolffia arrhiza*"=*Wolffia globosa* (Roxb.) Hartog & Plas（误用名。安徽植物志、福建植物志、江西种子植物名录、山东植物志、浙江植物志）

原生。华东分布：安徽、福建、江苏、江西、山东、上海、浙江。

崖角藤属 *Rhaphidophora*

（天南星科 Araceae）

爬树龙 *Rhaphidophora decursiva* (Roxb.) Schott

原生。华东分布：福建。

狮子尾 *Rhaphidophora hongkongensis* Schott

原生。华东分布：福建。

麒麟叶属 *Epipremnum*

（天南星科 Araceae）

麒麟叶 *Epipremnum pinnatum* (L.) Engl.

原生。华东分布：福建。

刺芋属 *Lasia*

（天南星科 Araceae）

刺芋 *Lasia spinosa* (L.) Thwaites

原生。华东分布：福建。

广东万年青属 *Aglaonema*

（天南星科 Araceae）

广东万年青 *Aglaonema modestum* Schott ex Engl.

原生。华东分布：福建。

魔芋属 *Amorphophallus*

（天南星科 Araceae）

东亚魔芋 *Amorphophallus kiusianus* (Makino) Makino

别名：华东魔芋（浙江植物志），疏毛磨芋（江西种子植物名录），疏毛魔芋（安徽植物志、福建植物志）

——*Amorphophallus sinensis* Belval（安徽植物志、福建植物志、江西种子植物名录、浙江植物志）

原生。华东分布：安徽、福建、江苏、江西、上海、浙江。

魔芋 *Amorphophallus konjac* K. Koch

别名：花魔芋（江苏植物志 第 2 版），磨芋（江西种子植物名录）

——*Amorphophallus rivieri* Durieu ex Rivière（安徽植物志、福建植物志、江西种子植物名录）

原生。近危（NT）。华东分布：安徽、福建、江苏、江西。

大薸属 *Pistia*

（天南星科 Araceae）

大薸 *Pistia stratiotes* L.

外来、栽培。华东分布：安徽、福建、江苏、江西、山东、上海、浙江。

大野芋属 *Leucocasia*

（天南星科 Araceae）

大野芋 *Leucocasia gigantea* (Blume) Schott

——*Colocasia gigantea* (Blume) Hook. f.（福建植物志、江西种子植物名录）

原生、栽培。近危（NT）。华东分布：福建、江西。

海芋属 *Alocasia*

（天南星科 Araceae）

尖尾芋 *Alocasia cucullata* (Lour.) G. Don

别名：假海芋（福建植物志、江西种子植物名录）

原生、栽培。华东分布：福建、江西、浙江。

海芋 *Alocasia odora* (Roxb.) K. Koch

原生、栽培。华东分布：福建、江西。

热亚海芋 *Alocasia macrorrhizos* (L.) G. Don

别名：海芋（福建植物志）

原生、栽培。华东分布：福建、浙江。

芋属 *Colocasia*

（天南星科 Araceae）

野芋 *Colocasia antiquorum* Schott

别名：紫芋（福建植物志、江西种子植物名录）

——*Colocasia tonoimo* Nakai（福建植物志、江西种子植物名录）

原生。华东分布：安徽、福建、江西、浙江。

天南星属 *Arisaema*

（天南星科 Araceae）

东北南星 *Arisaema amurense* Maxim.

别名：东北天南星（安徽植物志、江苏植物志 第 2 版）

原生。华东分布：安徽、江苏、山东。

狭叶南星 *Arisaema angustatum* Franch. & Sav.

别名：蛇头草（浙江植物志）

——"*Arisaema heterophyllum*"=*Arisaema angustatum* Franch. & Sav.（误用名。浙江植物志）

原生。华东分布：浙江。

灯台莲 *Arisaema bockii* Engl.

别名：粗齿天南星（福建植物志），绿苞灯台莲（New Taxa of Plant in Putuo Mountain），全缘灯台莲（福建植物志、江西种子植物名录、浙江植物志）

——"*Arisaema sikokianum* var. *serratum*"=*Arisaema bockii* Engl.（误用名。福建植物志、江西种子植物名录、浙江植物志）

——"*Arisaema sikokianum*"=*Arisaema bockii* Engl.（误用名。安徽植物志、福建植物志、江西种子植物名录、浙江植物志）

——*Arisaema sikokianum* var. *magnidens* (N.E. Br.) P.C. Kao（福建植物志）

——*Arisaema sikokianum* var. *viridescens* D.D. Ma（New Taxa of Plant in Putuo Mountain）

原生。华东分布：安徽、福建、江苏、江西、浙江。

绿苞灯台莲 ***Arisaema bockii* f. *viridescens*** (D.D. Ma) W.Y. Xie & B.Y. Ding

原生。华东分布：浙江。

一把伞南星 ***Arisaema erubescens*** (Wall.) Schott

别名：一把伞天南星（安徽植物志）

——"*Arisaema erubescense*"=*Arisaema erubescens* (Wall.) Schott（拼写错误。安徽植物志）

原生。华东分布：安徽、福建、江西、浙江。

毛笔南星 ***Arisaema grapsospadix*** Hayata

别名：二色南星（福建植物志）

原生。濒危（EN）。华东分布：福建。

天南星 ***Arisaema heterophyllum*** Blume

别名：短檐南星（福建植物志），异叶天南星（江苏植物志 第2版）

——*Arisaema brachyspathum* Hayata（福建植物志）

原生。华东分布：安徽、福建、江苏、江西、山东、上海、浙江。

湘南星 ***Arisaema hunanense*** Hand.-Mazz.

原生。华东分布：江西。

花南星 ***Arisaema lobatum*** Engl.

别名：花天南星（江苏植物志 第2版）

原生。华东分布：安徽、福建、江苏、江西、浙江。

普陀南星 ***Arisaema ringens*** (Thunb.) Schott

别名：普陀天南星（江苏植物志 第2版）

原生。华东分布：江苏、浙江。

鄂西南星 ***Arisaema silvestrii*** Pamp.

别名：江苏天南星（江苏植物志 第2版），云台南星（福建植物志、浙江植物志），云台伞南星（江西种子植物名录），云台天南星（安徽植物志）

——"*Arisaema du-bois-reymondiae*"=*Arisaema duboisreymondiae* Engl.（拼写错误。安徽植物志、福建植物志、江西种子植物名录、浙江植物志）

原生。华东分布：安徽、福建、江苏、江西、浙江。

半夏属 *Pinellia*

（天南星科 Araceae）

滴水珠 ***Pinellia cordata*** N.E. Br.

原生。华东分布：安徽、福建、江苏、江西、浙江。

闽半夏 ***Pinellia fujianensis*** H. Li & G.H. Zhu

原生。易危（VU）。华东分布：福建。

虎掌 ***Pinellia pedatisecta*** Schott

别名：掌叶半夏（江苏植物志 第2版、浙江植物志）

原生。华东分布：安徽、福建、江苏、江西、上海、浙江。

盾叶半夏 ***Pinellia peltata*** C. Pei

原生。易危（VU）。华东分布：福建、浙江。

半夏 ***Pinellia ternata*** (Thunb.) Makino

原生。华东分布：安徽、福建、江苏、江西、山东、上海、浙江。

鹞落坪半夏 ***Pinellia yaoluopingensis*** X.H. Guo & X.L. Liu

原生。华东分布：安徽。

犁头尖属 *Typhonium*

（天南星科 Araceae）

犁头尖 ***Typhonium blumei*** Nicolson & Sivad.

——"*Typhonium divaricatum*"=*Typhonium blumei* Nicolson & Sivad.（误用名。福建植物志、江西种子植物名录、浙江植物志）

原生。华东分布：福建、江西、上海、浙江。

斑龙芋属 *Sauromatum*

（天南星科 Araceae）

独角莲 ***Sauromatum giganteum*** (Engl.) Cusimano & Hett.

——*Typhonium giganteum* Engl.（安徽植物志、山东植物志）

原生。华东分布：安徽、江苏、山东。

岩菖蒲科 Tofieldiaceae

岩菖蒲属 *Tofieldia*

（岩菖蒲科 Tofieldiaceae）

长白岩菖蒲 ***Tofieldia coccinea*** Richardson

原生。华东分布：安徽。

泽泻科 Alismataceae

泽泻属 *Alisma*

（泽泻科 Alismataceae）

窄叶泽泻 ***Alisma canaliculatum*** A. Braun & C.D. Bouché

原生。华东分布：安徽、福建、江苏、江西、山东、浙江。

东方泽泻 ***Alisma orientale*** (Sam.) Juz.

别名：泽泻（安徽植物志、福建植物志、江西种子植物名录、山东植物志）

——*Alisma plantago-aquatica* var. *orientale* Sam.（安徽植物志）

原生、栽培。华东分布：安徽、福建、江苏、江西。

泽泻 ***Alisma plantago-aquatica*** L.

原生。华东分布：江西、山东。

毛茛泽泻属 *Ranalisma*

（泽泻科 Alismataceae）

长喙毛茛泽泻 ***Ranalisma rostrata*** Stapf

别名：毛茛泽泻（浙江植物志）

——"*Ranalisma rostratum*"=*Ranalisma rostrata* Stapf（拼写错误。浙江植物志）

原生。极危（CR）。华东分布：江西、浙江。

泽苔草属 *Caldesia*

（泽泻科 Alismataceae）

宽叶泽苔草 ***Caldesia grandis*** Sam.

别名：圆叶泽泻（江西种子植物名录）

原生。极危（CR）。华东分布：江西、浙江。

泽苔草 ***Caldesia parnassifolia*** (Bassi) Parl.

别名：泽薹草（江苏植物志 第2版）

原生。极危（CR）。华东分布：江苏、浙江。

肋果慈姑属 *Echinodorus*

（泽泻科 Alismataceae）

心叶刺果泽泻 ***Echinodorus cordifolius*** (L.) Griseb.
外来。华东分布：浙江。

慈姑属 *Sagittaria*

（泽泻科 Alismataceae）

冠果草 ***Sagittaria guayanensis*** subsp. ***lappula*** (D. Don) Bogin
——"*Lophotocarpus guyanensis*"=*Lophotocarpus guayanensis* (Kunth) J.G. Sm.（拼写错误；误用名。安徽植物志）
——"*Sagittaria guyanensis* subsp. *lappula*"=*Sagittaria guayanensis* subsp. *lappula* (D. Don) Bogin（拼写错误。福建植物志、江西种子植物名录）
原生。濒危（EN）。华东分布：安徽、福建、江西、浙江。

利川慈姑 ***Sagittaria lichuanensis*** J.K. Chen, X.Z. Sun & H.Q. Wang
原生。易危（VU）。华东分布：福建、江苏、江西、浙江。

阔叶慈姑 ***Sagittaria platyphylla*** (Engelm.) J.G. Sm.
外来。华东分布：浙江。

小慈姑 ***Sagittaria potamogetonifolia*** Merr.
别名：小慈菇（江西种子植物名录），小叶慈姑（浙江植物志）
——"*Sagittaria potamogetifolia*"=*Sagittaria potamogetonifolia* Merr.（拼写错误。福建植物志、江西种子植物名录、浙江植物志）
原生。易危（VU）。华东分布：安徽、福建、江西、浙江。

矮慈姑 ***Sagittaria pygmaea*** Miq.
别名：矮慈菇（安徽植物志）
原生。华东分布：安徽、福建、江苏、江西、山东、上海、浙江。

野慈姑 ***Sagittaria trifolia*** L.
别名：剪刀草（江西种子植物名录），弯喙慈菇（安徽植物志），长瓣慈姑（福建植物志、浙江植物志）
——"*Sagittaria latifolia*"=*Sagittaria trifolia* L.（误用名。安徽植物志）
——*Sagittaria trifolia* f. *longiloba* (Turcz.) Makino（福建植物志、江西种子植物名录、浙江植物志）
原生、栽培。华东分布：安徽、福建、江苏、江西、山东、上海、浙江。

华夏慈姑 ***Sagittaria trifolia*** subsp. ***leucopetala*** (Miq.) Q.F. Wang
别名：慈姑（福建植物志、江苏植物志 第 2 版、山东植物志、浙江植物志），中国慈姑（江西种子植物名录）
——"*Sagittaria sagittifolia*"=*Sagittaria trifolia* subsp. *leucopetala* (Miq.) Q.F. Wang（误用名。山东植物志）
——*Sagittaria trifolia* var. *sinensis* (Sims) Makino（福建植物志、江苏植物志 第 2 版、江西种子植物名录、浙江植物志）
原生、栽培。华东分布：安徽、福建、江苏、江西、山东、浙江。

花蔺科 Butomaceae

花蔺属 *Butomus*

（花蔺科 Butomaceae）

花蔺 ***Butomus umbellatus*** L.
原生。华东分布：安徽、江苏、山东。

水鳖科 Hydrocharitaceae

水筛属 *Blyxa*

（水鳖科 Hydrocharitaceae）

无尾水筛 ***Blyxa aubertii*** Rich.
原生。华东分布：福建、江西、浙江。

有尾水筛 ***Blyxa echinosperma*** (C.B. Clarke) Hook. f.
别名：有刺水筛（江西种子植物名录）
——"*Blyxa shimadai*"=*Blyxa shimadae* Hayata（拼写错误。江西种子植物名录）
原生。华东分布：安徽、福建、江苏、江西、浙江。

水筛 ***Blyxa japonica*** (Miq.) Maxim. ex Asch. & Gürke
原生。华东分布：安徽、福建、江苏、江西、浙江。

光滑水筛 ***Blyxa leiosperma*** Koidz.
原生。华东分布：江西。

水车前属 *Ottelia*

（水鳖科 Hydrocharitaceae）

龙舌草 ***Ottelia alismoides*** (L.) Pers.
别名：水车前（安徽植物志、浙江植物志）
原生。易危（VU）。华东分布：安徽、福建、江苏、江西、上海、浙江。

水蕴藻属 *Elodea*

（水鳖科 Hydrocharitaceae）

水蕴草 ***Elodea densa*** (Planch.) Casp.
外来。华东分布：上海、浙江。

伊乐藻 ***Elodea nuttallii*** (Planch.) H. St. John
外来。华东分布：江苏、浙江。

水鳖属 *Hydrocharis*

（水鳖科 Hydrocharitaceae）

水鳖 ***Hydrocharis dubia*** (Blume) Backer
别名：白苹（江西种子植物名录）
——*Hydrocharis asiatica* Miq.（江西种子植物名录）
原生。华东分布：安徽、福建、江苏、江西、山东、上海、浙江。

茨藻属 *Najas*

（水鳖科 Hydrocharitaceae）

弯果茨藻 ***Najas ancistrocarpa*** A. Braun ex Magnus
别名：钩果茨藻（浙江植物志）
原生。华东分布：福建、浙江。

东方茨藻 ***Najas chinensis*** N.Z. Wang
——*Najas orientalis* Triest & Uotila（福建植物志）
原生。华东分布：福建、上海。

多孔茨藻 ***Najas foveolata*** A. Braun ex Magnus
原生。华东分布：安徽、江西、浙江。

纤细茨藻 ***Najas gracillima*** (A. Braun ex Engelm.) Magnus
原生。华东分布：福建、江苏、江西、上海、浙江。

草茨藻 ***Najas graminea*** Delile
原生。华东分布：安徽、福建、江苏、江西、浙江。

弯果草茨藻 ***Najas graminea*** var. ***recurvata*** J.B. He, L.Y. Zhou & H.Q. Wang

原生。华东分布：浙江。

大茨藻 ***Najas marina*** L.

原生。华东分布：安徽、江苏、江西、山东、上海、浙江。

小茨藻 ***Najas minor*** All.

原生。华东分布：安徽、福建、江苏、江西、山东、上海、浙江。

澳古茨藻 ***Najas oguraensis*** Miki

原生。华东分布：江西、浙江。

黑藻属 *Hydrilla*

（水鳖科 Hydrocharitaceae）

黑藻 ***Hydrilla verticillata*** (L. f.) Royle

原生。华东分布：安徽、福建、江苏、江西、山东、上海、浙江。

罗氏轮叶黑藻 ***Hydrilla verticillata*** var. ***roxburghii*** Casp.

原生。华东分布：江苏。

苦草属 *Vallisneria*

（水鳖科 Hydrocharitaceae）

安徽苦草 ***Vallisneria anhuiensis*** X.S. Shen

原生。华东分布：安徽。

密刺苦草 ***Vallisneria denseserrulata*** (Makino) Makino

别名：密齿苦草（浙江植物志）

原生。华东分布：浙江。

长梗苦草 ***Vallisneria longipedunculata*** X.S. Shen

原生。华东分布：安徽。

苦草 ***Vallisneria natans*** (Lour.) H. Hara

——"*Vallisineria spiralis*"（=*Vallisneria spiralis* L.）= *Vallisneria natans* (Lour.) H. Hara（拼写错误；误用名。安徽植物志）

——"*Vallisneria spiralis*"=*Vallisneria natans* (Lour.) H. Hara（误用名。山东植物志）

原生。华东分布：安徽、福建、江苏、江西、山东、上海、浙江。

刺苦草 ***Vallisneria spinulosa*** S.Z. Yan

原生。华东分布：江苏、上海。

水蕹科 Aponogetonaceae

水蕹属 *Aponogeton*

（水蕹科 Aponogetonaceae）

水蕹 ***Aponogeton lakhonensis*** A. Camus

原生。华东分布：福建、江西、浙江。

水麦冬科 Juncaginaceae

水麦冬属 *Triglochin*

（水麦冬科 Juncaginaceae）

海韭菜 ***Triglochin maritima*** L.

——"*Triglochin maritimum*"=*Triglochin maritima* L.（拼写错误。山东植物志）

原生。华东分布：山东。

水麦冬 ***Triglochin palustris*** L.

——"*Triglochin palustre*"=*Triglochin palustris* L.（拼写错误。安徽植物志、山东植物志）

原生。华东分布：安徽、山东。

大叶藻科 Zosteraceae

虾海藻属 *Phyllospadix*

（大叶藻科 Zosteraceae）

红纤维虾海藻 ***Phyllospadix iwatensis*** Makino

原生。华东分布：山东。

黑纤维虾海藻 ***Phyllospadix japonicus*** Makino

——"*Phyllospadix japonica*"=*Phyllospadix japonicus* Makino（拼写错误。山东植物志）

原生。华东分布：山东。

大叶藻属 *Zostera*

（大叶藻科 Zosteraceae）

矮大叶藻 ***Zostera japonica*** Asch. & Graebn.

原生。华东分布：山东。

大叶藻 ***Zostera marina*** L.

原生。易危（VU）。华东分布：福建、山东。

眼子菜科 Potamogetonaceae

篦齿眼子菜属 *Stuckenia*

（眼子菜科 Potamogetonaceae）

蓖齿眼子菜 ***Stuckenia pectinata*** (L.) Börner

别名：篦齿眼子菜（安徽植物志、福建植物志、江苏植物志 第2版、江西种子植物名录、山东植物志、上海维管植物名录、浙江植物志）

——*Potamogeton pectinatus* L.（安徽植物志、福建植物志、江苏植物志 第2版、江西种子植物名录、山东植物志、浙江植物志）

原生。华东分布：安徽、福建、江苏、江西、山东、上海、浙江。

眼子菜属 *Potamogeton*

（眼子菜科 Potamogetonaceae）

菹草 ***Potamogeton crispus*** L.

原生。华东分布：安徽、福建、江苏、江西、山东、上海、浙江。

鸡冠眼子菜 ***Potamogeton cristatus*** Regel & Maack

别名：小叶眼子（安徽植物志），小叶眼子菜（江西种子植物名录、山东植物志、浙江植物志）

原生。华东分布：安徽、福建、江苏、江西、山东、浙江。

眼子菜 ***Potamogeton distinctus*** A. Benn.

原生。华东分布：安徽、福建、江苏、江西、山东、上海、浙江。

丽水眼子菜 ***Potamogeton distinctus*** var. ***lishuiensis*** M.R. Zhu & W.Y. Xie

原生。华东分布：浙江。

光叶眼子菜 ***Potamogeton lucens*** L.

原生。华东分布：安徽、江苏、江西、山东、上海。

微齿眼子菜 ***Potamogeton maackianus*** A. Benn.

原生。华东分布：安徽、江苏、江西、山东、上海、浙江。

浮叶眼子菜 ***Potamogeton natans*** L.

原生。近危（NT）。华东分布：安徽、福建、山东。

小节眼子菜 ***Potamogeton nodosus*** Poir.

别名：竹叶眼子菜（安徽植物志、福建植物志、江西种子植物

名录、山东植物志、浙江植物志）
——*Potamogeton malaianus* Miq.（安徽植物志、福建植物志、江西种子植物名录、山东植物志、浙江植物志）
原生。华东分布：安徽、福建、江西、山东、浙江。
八蕊眼子菜 *Potamogeton octandrus* Poir.
别名：钝脊眼子菜（福建植物志、浙江植物志），南方眼子菜（安徽植物志、江苏植物志 第2版）
——*Potamogeton octandrus* var. *miduhikimo* (Makino) H. Hara（福建植物志、浙江植物志）
原生。华东分布：安徽、福建、江苏、浙江。
尖叶眼子菜 *Potamogeton oxyphyllus* Miq.
原生。华东分布：安徽、福建、江苏、江西、浙江。
穿叶眼子菜 *Potamogeton perfoliatus* L.
原生。华东分布：山东。
小眼子菜 *Potamogeton pusillus* L.
原生。华东分布：安徽、福建、江苏、江西、山东、上海、浙江。
竹叶眼子菜 *Potamogeton wrightii* Morong
——"*Potamogeton malaianus*"=*Potamogeton wrightii* Morong（误用名。江苏植物志 第2版）
原生。华东分布：江苏、上海。

角果藻属 *Zannichellia*

（眼子菜科 Potamogetonaceae）

角果藻 *Zannichellia palustris* L.
原生。华东分布：安徽、福建、江苏、山东、上海、浙江。

川蔓藻科 Ruppiaceae

川蔓藻属 *Ruppia*

（川蔓藻科 Ruppiaceae）

短柄川蔓藻 *Ruppia brevipedunculata* Shuo Yu & Hartog
原生。华东分布：江苏。
川蔓藻 *Ruppia maritima* L.
——*Ruppia rostellata* W.D.J. Koch ex Rchb.（山东植物志）
原生。华东分布：福建、江苏、山东、浙江。
中华川蔓藻 *Ruppia sinensis* Shuo Yu & Hartog
原生。华东分布：江苏。

无叶莲科 Petrosaviaceae

无叶莲属 *Petrosavia*

（无叶莲科 Petrosaviaceae）

疏花无叶莲 *Petrosavia sakuraii* (Makino) J.J. Sm. ex Steenis
——"*Petrosavia sakurai*"=*Petrosavia sakuraii* (Makino) J.J. Sm. ex Steenis（拼写错误。福建植物志、浙江植物志）
原生。华东分布：福建、江西、浙江。

沼金花科 Nartheciaceae

肺筋草属 *Aletris*

（沼金花科 Nartheciaceae）

无毛肺筋草 *Aletris glabra* Bureau & Franch.
别名：无毛粉条儿菜（福建植物志、浙江植物志）
原生。华东分布：福建、浙江。
短柄肺筋草 *Aletris scopulorum* Dunn
别名：短柄粉条儿菜（福建植物志、江西种子植物名录、浙江植物志）
原生。华东分布：安徽、福建、江西、浙江。
肺筋草 *Aletris spicata* (Thunb.) Franch.
别名：粉条儿菜（安徽植物志、福建植物志、江苏植物志 第2版、江西种子植物名录、山东植物志、浙江植物志）
原生。华东分布：安徽、福建、江苏、江西、山东、浙江。

水玉簪科 Burmanniaceae

水玉簪属 *Burmannia*

（水玉簪科 Burmanniaceae）

头花水玉簪 *Burmannia championii* Thwaites
原生。华东分布：江西、浙江。
香港水玉簪 *Burmannia chinensis* Gand.
原生。华东分布：福建、江西、浙江。
三品一枝花 *Burmannia coelestis* D. Don
——"*Burmannia coelestris*"=*Burmannia coelestis* D. Don（拼写错误。江西种子植物名录）
原生。华东分布：福建、江西、浙江。
透明水玉簪 *Burmannia cryptopetala* Makino
别名：大西坑水玉簪（浙江植物志）
——*Burmannia cryptopetala* var. *daxikangensis* Y.B. Chang & Z. Wei（浙江植物志）
原生。易危（VU）。华东分布：福建、浙江。
水玉簪 *Burmannia disticha* L.
原生。华东分布：福建。
纤草 *Burmannia itoana* Makino
原生。华东分布：福建。
宽翅水玉簪 *Burmannia nepalensis* (Miers) Hook. f.
别名：石山水玉簪（浙江植物志）
——*Burmannia fadouensis* H. Li（浙江植物志）
原生。华东分布：福建、浙江。

薯蓣科 Dioscoreaceae

蒟蒻薯属 *Tacca*

（薯蓣科 Dioscoreaceae）

箭根薯 *Tacca chantrieri* André
原生。近危（NT）。华东分布：福建。
裂果薯 *Tacca plantaginea* (Hance) Drenth
——*Schizocapsa plantaginea* Hance（福建植物志、江西种子植

物名录）
原生。华东分布：福建、江西。

薯蓣属 *Dioscorea*

（薯蓣科 Dioscoreaceae）

大青薯 ***Dioscorea benthamii*** Prain & Burkill
原生。华东分布：福建。
黄独 ***Dioscorea bulbifera*** L.
原生。华东分布：安徽、福建、江苏、江西、上海、浙江。
薯莨 ***Dioscorea cirrhosa*** Lour.
别名：薯莨（浙江植物志）
原生。华东分布：福建、江西、浙江。
叉蕊薯蓣 ***Dioscorea collettii*** Hook. f.
原生。华东分布：安徽、福建、江西、浙江。
粉背薯蓣 ***Dioscorea collettii*** var. ***hypoglauca*** (Palib.) S.J. Pei & C.T. Ting
别名：粉萆薢（浙江植物志）
原生。华东分布：安徽、福建、江西、浙江。
山薯 ***Dioscorea fordii*** Prain & Burkill
原生。华东分布：福建、江西。
福州薯蓣 ***Dioscorea futschauensis*** Uline ex R. Knuth
别名：福萆薢（浙江植物志）
原生。近危（NT）。华东分布：福建、江西、浙江。
光叶薯蓣 ***Dioscorea glabra*** Roxb.
原生。易危（VU）。华东分布：浙江。
纤细薯蓣 ***Dioscorea gracillima*** Miq.
别名：白萆薢（浙江植物志）
原生。近危（NT）。华东分布：安徽、福建、江西、浙江。
白薯莨 ***Dioscorea hispida*** Dennst.
原生。近危（NT）。华东分布：福建。
日本薯蓣 ***Dioscorea japonica*** Thunb.
别名：尖叶薯蓣（浙江植物志）
原生。华东分布：安徽、福建、江苏、江西、浙江。
细叶日本薯蓣 ***Dioscorea japonica*** var. ***oldhamii*** Uline ex R. Knuth
原生。华东分布：江西。
毛藤日本薯蓣 ***Dioscorea japonica*** var. ***pilifera*** C.T. Ting & M.C. Chang
别名：毛藤尖叶薯蓣（浙江植物志）
原生。华东分布：安徽、福建、江苏、江西、浙江。
毛芋头薯蓣 ***Dioscorea kamoonensis*** Kunth
原生。华东分布：福建、江西。
柳叶薯蓣 ***Dioscorea linearicordata*** Prain & Burkill
——“*Dioscorea lineari-cordata*”=*Dioscorea linearicordata* Prain & Burkill（拼写错误。江西种子植物名录）
原生。濒危（EN）。华东分布：江西。
穿龙薯蓣 ***Dioscorea nipponica*** Makino
别名：龙萆薢（浙江植物志）
原生。华东分布：安徽、江西、山东、浙江。
五叶薯蓣 ***Dioscorea pentaphylla*** L.
原生。华东分布：福建、江西、浙江。
褐苞薯蓣 ***Dioscorea persimilis*** Prain & Burkill
原生。濒危（EN）。华东分布：福建、江西。
薯蓣 ***Dioscorea polystachya*** Turcz.
原生。华东分布：上海。
绵萆薢 ***Dioscorea spongiosa*** J.Q. Xi, M. Mizuno & W.L. Zhao
——“*Dioscorea septemloba*”=*Dioscorea spongiosa* J.Q. Xi, M. Mizuno & W.L. Zhao（误用名。福建植物志、江西种子植物名录）
原生。华东分布：福建、江西、浙江。
细柄薯蓣 ***Dioscorea tenuipes*** Franch. & Sav.
别名：细萆薢（浙江植物志）
原生。易危（VU）。华东分布：安徽、福建、江西、浙江。
山萆薢 ***Dioscorea tokoro*** Makino ex Miyabe
别名：山草薢（安徽植物志）
原生。华东分布：安徽、福建、江苏、江西、浙江。
盾叶薯蓣 ***Dioscorea zingiberensis*** C.H. Wright
原生。华东分布：安徽、江苏。

霉草科 Triuridaceae

霉草属 *Sciaphila*

大柱霉草 ***Sciaphila secundiflora*** Thwaites ex Benth.
原生。华东分布：福建、江西、浙江。
多枝霉草 ***Sciaphila ramosa*** Fukuyama & T. Suzuki
原生。濒危（EN）。华东分布：福建、浙江。

百部科 Stemonaceae

金刚大属 *Croomia*

（百部科 Stemonaceae）

金刚大 ***Croomia japonica*** Miq.
别名：黄精叶钩吻（福建植物志）
——“*Groomia japonica*”=*Croomia japonica* Miq.（拼写错误。安徽植物志）
原生。濒危（EN）。华东分布：安徽、福建、浙江。

百部属 *Stemona*

（百部科 Stemonaceae）

百部 ***Stemona japonica*** (Blume) Miq.
原生。华东分布：安徽、福建、江苏、江西、上海、浙江。
直立百部 ***Stemona sessilifolia*** (Miq.) Miq.
原生。华东分布：安徽、福建、江苏、山东、浙江。
山东百部 ***Stemona shandongensis*** D.K. Zang
原生。华东分布：山东。
大百部 ***Stemona tuberosa*** Lour.
别名：对叶百部（浙江植物志）
原生。华东分布：福建、江西、浙江。

露兜树科 Pandanaceae

露兜树属 *Pandanus*

（露兜树科 Pandanaceae）

露兜树 ***Pandanus tectorius*** Parkinson ex Du Roi
原生。华东分布：福建。

藜芦科 Melanthiaceae

藜芦属 *Veratrum*

（藜芦科 Melanthiaceae）

毛叶藜芦 *Veratrum grandiflorum* (Maxim. ex Miq.) Loes.
原生。华东分布：安徽、江西、浙江。
毛穗藜芦 *Veratrum maackii* Regel
原生。华东分布：山东。
藜芦 *Veratrum nigrum* L.
原生。华东分布：江西、山东。
长梗藜芦 *Veratrum oblongum* Loes.
别名：闽浙藜芦（江西种子植物名录）
——"*Veratrum maximowiczii*"=*Veratrum oblongum* Loes.（误用名。江西种子植物名录）
原生。华东分布：江西。
牯岭藜芦 *Veratrum schindleri* Loes.
别名：黑紫藜芦（安徽植物志、福建植物志、江西种子植物名录、浙江植物志）
——"*Veratrum japonicum*"=*Veratrum schindleri* Loes.（误用名。安徽植物志、福建植物志、江西种子植物名录、浙江植物志）
原生。华东分布：安徽、福建、江苏、江西、山东、浙江。

仙杖花属 *Chamaelirium*

（藜芦科 Melanthiaceae）

南岭白丝草 *Chamaelirium nanlingense* (L. Wu, Y. Tong & Q.R. Liu) N. Tanaka
——*Chionographis nanlingensis* L. Wu, Y. Tong & Q.R. Liu［New Records of Angiosperm Distribution in Fujian (IX)］
原生。华东分布：福建。
绿花白丝草 *Chamaelirium viridiflorum* Lei Wang, Z.C. Liu & W.B. Liao
原生。华东分布：江西。

白丝草属 *Chionographis*

（藜芦科 Melanthiaceae）

白丝草 *Chionographis chinensis* K. Krause
别名：中国白丝草（福建植物志、江西种子植物名录）
原生。华东分布：福建、江西。

丫蕊花属 *Ypsilandra*

（藜芦科 Melanthiaceae）

丫蕊花 *Ypsilandra thibetica* Franch.
原生。华东分布：江西。

延龄草属 *Trillium*

（藜芦科 Melanthiaceae）

延龄草 *Trillium tschonoskii* Maxim.
——"*Trilium tschonoskii*"=*Trillium tschonoskii* Maxim.（拼写错误。浙江植物志）
原生。华东分布：安徽、福建、浙江。

北重楼属 *Paris*

（藜芦科 Melanthiaceae）

金线重楼 *Paris delavayi* Franch.
原生。近危（NT）。华东分布：江西。
球药隔重楼 *Paris fargesii* Franch.
原生。近危（NT）。华东分布：福建、江西。
具柄重楼 *Paris fargesii* var. *petiolata* (Baker ex C.H. Wright) F.T. Wang & Tang
原生。濒危（EN）。华东分布：安徽、江西。
亮叶重楼 *Paris nitida* G. W. Hu, Z. Wang & Q. F. Wang
原生。华东分布：江西。
七叶一枝花 *Paris polyphylla* Sm.
原生。近危（NT）。华东分布：福建。
华重楼 *Paris polyphylla* var. *chinensis* (Franch.) H. Hara
原生。易危（VU）。华东分布：安徽、福建、江苏、江西、浙江。
宽叶重楼 *Paris polyphylla* var. *latifolia* F.T. Wang & C. Yu Chang
原生。华东分布：安徽、江苏、江西。
狭叶重楼 *Paris polyphylla* var. *stenophylla* Franch.
原生。近危（NT）。华东分布：安徽、福建、江苏、江西、浙江。
滇重楼 *Paris polyphylla* var. *yunnanensis* (Franch.) Hand.-Mazz.
别名：宽瓣重楼（福建植物志）
原生。近危（NT）。华东分布：福建、江西。
黑籽重楼 *Paris thibetica* Franch.
别名：短梗重楼（江西种子植物名录）
——*Paris polyphylla* var. *appendiculata* H. Hara（江西种子植物名录）
原生。近危（NT）。华东分布：江西。
北重楼 *Paris verticillata* M. Bieb.
原生。华东分布：安徽、浙江。

秋水仙科 Colchicaceae

万寿竹属 *Disporum*

（秋水仙科 Colchicaceae）

短蕊万寿竹 *Disporum bodinieri* (H. Lév. & Vaniot) F.T. Wang & Tang
别名：长蕊万寿竹（江西种子植物名录）
原生。华东分布：江西。
万寿竹 *Disporum cantoniense* (Lour.) Merr.
原生。华东分布：安徽、福建、江西。
山东万寿竹 *Disporum smilacinum* A. Gray
原生。华东分布：江苏、山东。
少花万寿竹 *Disporum uniflorum* Baker
别名：宝铎草（安徽植物志、福建植物志、江苏植物志 第2版、江西种子植物名录、山东植物志、浙江植物志）
——"*Disporum sessile*"=*Disporum uniflorum* Baker（误用名。安徽植物志、福建植物志、江西种子植物名录、山东植物志、浙江植物志）
原生。华东分布：安徽、福建、江苏、江西、山东、浙江。

菝葜科 Smilacaceae

菝葜属 *Smilax*

（菝葜科 Smilacaceae）

弯梗菝葜 *Smilax aberrans* Gagnep.
原生。华东分布：福建。
尖叶菝葜 *Smilax arisanensis* Hayata
原生。华东分布：安徽、福建、江西、浙江。
浙南菝葜 *Smilax austrozhejiangensis* Q. Lin
——“*Smilax austro-zhejiangensis*”=*Smilax austrozhejiangensis* Q. Lin（拼写错误。浙江植物志）
原生。华东分布：江西、浙江。
圆锥菝葜 *Smilax bracteata* C. Presl
原生。华东分布：福建。
菝葜 *Smilax china* L.
原生。华东分布：安徽、福建、江苏、江西、山东、上海、浙江。
柔毛菝葜 *Smilax chingii* F.T. Wang & Tang
原生。华东分布：福建。
银叶菝葜 *Smilax cocculoides* Warb.
原生。华东分布：江西。
平滑菝葜 *Smilax darrisii* H. Lév.
原生。华东分布：江西。
小果菝葜 *Smilax davidiana* A. DC.
原生。华东分布：安徽、福建、江苏、江西、上海、浙江。
托柄菝葜 *Smilax discotis* Warb.
原生。华东分布：安徽、福建、江西、浙江。
合丝肖菝葜 *Smilax gaudichaudiana* Kunth
——*Heterosmilax japonica* var. *gaudichaudiana* (Kunth) F.T. Wang & Tang（福建植物志）
原生。华东分布：福建。
土茯苓 *Smilax glabra* Roxb.
原生、栽培。华东分布：安徽、福建、江苏、江西、浙江。
黑果菝葜 *Smilax glaucochina* Warb.
别名：粉菝葜（江苏植物志 第2版）
——“*Smilax glauco-china*”=*Smilax glaucochina* Warb.（拼写错误。安徽植物志、江西种子植物名录、浙江植物志）
原生。华东分布：安徽、江苏、江西、上海、浙江。
菱叶菝葜 *Smilax hayatae* T. Koyama
原生。华东分布：福建、江西。
粉背菝葜 *Smilax hypoglauca* Benth.
原生。华东分布：福建、江西、上海。
肖菝葜 *Smilax japonica* (Kunth) P. Li & C.X. Fu
——*Heterosmilax japonica* Kunth（安徽植物志、福建植物志、江西种子植物名录、浙江植物志）
原生。华东分布：安徽、福建、江西、浙江。
马甲菝葜 *Smilax lanceifolia* Roxb.
别名：暗色菝葜（福建植物志、江西种子植物名录、浙江植物志），折枝菝葜（FOC）
——“*Smilax lanceaefolia* var. *opaca*”=*Smilax lanceifolia* var. *opaca* A. DC.（拼写错误。福建植物志）
——*Smilax lanceifolia* var. *elongata* (Warb.) F.T. Wang & Tang（FOC）
——*Smilax lanceifolia* var. *opaca* A. DC.（江西种子植物名录、浙江植物志）
原生。华东分布：福建、江西、浙江。
微齿菝葜 *Smilax microdontus* Z.S. Sun & C.X. Fu
原生。华东分布：山东。
小叶菝葜 *Smilax microphylla* C.H. Wright
原生。华东分布：江西。
缘脉菝葜 *Smilax nervomarginata* Hayata
——“*Smilax nervo-marginata*”=*Smilax nervomarginata* Hayata（拼写错误。安徽植物志、江西种子植物名录、浙江植物志）
原生。华东分布：安徽、江西、浙江。
无疣菝葜 *Smilax nervomarginata* var. *liukiuensis* (Hayata) F.T. Wang & T. Tang
——“*Smilax nervo-marginata* var. *liukiuensis*”=*Smilax nervomarginata* var. *liukiuensis* (Hayata) F.T. Wang & T. Tang（拼写错误。浙江植物志）
原生。华东分布：安徽、江西、浙江。
白背牛尾菜 *Smilax nipponica* Miq.
原生。华东分布：安徽、福建、江苏、江西、山东、浙江。
武当菝葜 *Smilax outanscianensis* Pamp.
原生。华东分布：安徽、江西、浙江。
红果菝葜 *Smilax polycolea* Warb.
原生。华东分布：福建。
牛尾菜 *Smilax riparia* A. DC.
原生。华东分布：安徽、福建、江苏、江西、山东、上海、浙江。
尖叶牛尾菜 *Smilax riparia* var. *acuminata* (C.H. Wright) F.T. Wang & Tang
原生。华东分布：安徽、江苏。
短梗菝葜 *Smilax scobinicaulis* C.H. Wright
别名：短菝葜（安徽植物志）
原生。华东分布：安徽、江西、浙江。
华东菝葜 *Smilax sieboldii* Miq.
原生。华东分布：安徽、福建、江苏、江西、山东、上海、浙江。
鞘柄菝葜 *Smilax stans* Maxim.
原生。华东分布：安徽、江苏、江西、山东、浙江。
三脉菝葜 *Smilax trinervula* Miq.
原生。华东分布：安徽、福建、江西、浙江。

百合科 Liliaceae

油点草属 *Tricyrtis*

（百合科 Liliaceae）

中国油点草 *Tricyrtis chinensis* Hir. Takah. bis
原生。华东分布：安徽、福建、江西、浙江。
毛果油点草 *Tricyrtis chinensis* var. *glandulosa* Z.H. Chen, G.Y. Li & W.Y. Xie
原生。华东分布：浙江。
油点草 *Tricyrtis macropoda* Miq.
原生。华东分布：安徽、福建、江苏、江西、浙江。
黄花油点草 *Tricyrtis pilosa* Wall.

别名：毛油点草（江西种子植物名录）
——*Tricyrtis maculata* (D. Don) J.F. Macbr.（江西种子植物名录）
原生。华东分布：安徽、江西。
绿花油点草 *Tricyrtis viridula* Hir. Takah. bis
原生。易危（VU）。华东分布：江西、浙江。
仙居油点草 *Tricyrtis xianjuensis* G.Y. Li, Z.H. Chen & D.D. Ma
原生。华东分布：浙江。

顶冰花属 *Gagea*

（百合科 Liliaceae）

顶冰花 *Gagea nakaiana* Kitag.
——"*Gagea lutea*"=*Gagea nakaiana* Kitag.（误用名。山东植物志）
原生。华东分布：江苏、山东。
洼瓣花 *Gagea serotina* (L.) Ker Gawl.
——*Lloydia serotina* (L.) Rchb.（FOC）
原生。华东分布：山东。
三花顶冰花 *Gagea triflora* (Ledeb.) Schult. & Schult. f.
原生。华东分布：浙江。
小顶冰花 *Gagea terraccianoana* Pascher.
原生。华东分布：山东。

老鸦瓣属 *Amana*

（百合科 Liliaceae）

安徽老鸦瓣 *Amana anhuiensis* (X.S. Shen) Christenh.
别名：皖郁金香［A New Species of *Tulipa* (Liliaceae) from China］
——*Tulipa anhuiensis* X.S. Sheng［A New Species of *Tulipa* (Liliaceae) from China］
原生。华东分布：安徽、浙江。
宝华老鸦瓣 *Amana baohuaensis* B.X. Han, Long Wang & G.Y. Lu
原生。华东分布：江苏。
老鸦瓣 *Amana edulis* (Miq.) Honda
——*Tulipa edulis* (Miq.) Baker（安徽植物志、江西种子植物名录、山东植物志、上海维管植物名录、浙江植物志）
原生。华东分布：安徽、江苏、江西、山东、上海、浙江。
二叶老鸦瓣 *Amana erythronioides* (Baker) D.Y. Tan & D.Y. Hong
别名：宽叶老鸦瓣（浙江植物志），阔叶老鸦瓣（江苏植物志第2版）
——*Tulipa erythronioides* Baker（浙江植物志）
原生。华东分布：江苏、浙江。
括苍山老鸦瓣 *Amana kuocangshanica* D.Y. Tan & D.Y. Hong
原生。华东分布：浙江。
皖浙老鸦瓣 *Amana wanzhensis* Lu Q. Huang, B.X. Han & K. Zhang
原生。华东分布：安徽、浙江。

大百合属 *Cardiocrinum*

（百合科 Liliaceae）

荞麦叶大百合 *Cardiocrinum cathayanum* (E.H. Wilson) Stearn
原生。华东分布：安徽、福建、江苏、江西、浙江。
大百合 *Cardiocrinum giganteum* (Wall.) Makino
原生。华东分布：江西。
云南大百合 *Cardiocrinum giganteum* var. ***yunnanense*** (Leichtlin ex Elwes) Stearn
原生。近危（NT）。华东分布：浙江。

贝母属 *Fritillaria*

（百合科 Liliaceae）

安徽贝母 *Fritillaria anhuiensis* S.C. Chen & S.F. Yin
原生。易危（VU）。华东分布：安徽。
天目贝母 *Fritillaria monantha* Migo
别名：湖北贝母（安徽植物志），铜陵黄花贝母（浙江植物志）
——*Fritillaria hupehensis* P.G. Xiao & K.C. Hsia（安徽植物志）
——*Fritillaria monantha* var. *tonglingensis* S.C. Chen & S.F. Yin(浙江植物志）
原生。濒危（EN）。华东分布：安徽、浙江。
浙贝母 *Fritillaria thunbergii* Miq.
原生。华东分布：安徽、福建、江苏、浙江。
东阳贝母 *Fritillaria thunbergii* var. ***chekiangensis*** P.K. Hsiao & K.C. Hsia
别名：东贝母（浙江植物志）
原生。易危（VU）。华东分布：浙江。

百合属 *Lilium*

（百合科 Liliaceae）

安徽百合 *Lilium anhuiense* D.C. Zhang & J.Z. Shao
原生。濒危（EN）。华东分布：安徽。
野百合 *Lilium brownii* F.E. Br. ex Miellez
原生。华东分布：福建、江西、山东、浙江。
巨球百合 *Lilium brownii* var. ***giganteum*** G.Y. Li & Z.H. Chen
原生。华东分布：浙江。
百合 *Lilium brownii* var. ***viridulum*** Baker
原生、栽培。华东分布：安徽、福建、江苏、江西、浙江。
条叶百合 *Lilium callosum* Sieb. & Zucc.
原生。华东分布：安徽、江苏、江西、浙江。
渥丹 *Lilium concolor* Salisb.
原生。华东分布：安徽、福建、山东。
大花百合 *Lilium concolor* var. ***megalanthum*** F.T. Wang & Tang
原生。华东分布：安徽。
有斑百合 *Lilium concolor* var. ***pulchellum*** (Fisch.) Baker
原生。华东分布：江苏、浙江。
湖北百合 *Lilium henryi* Baker
原生。近危（NT）。华东分布：福建。
浙江百合 *Lilium medeoloides* A. Gray
原生。濒危（EN）。华东分布：浙江。
山丹 *Lilium pumilum* Redouté
原生。华东分布：山东。
药百合 *Lilium speciosum* var. ***gloriosoides*** Baker
原生、栽培。华东分布：安徽、江西、浙江。
卷丹 *Lilium tigrinum* Ker Gawl.
——*Lilium lancifolium* Thunb.（安徽植物志、山东植物志、浙江植物志）
原生、栽培。华东分布：安徽、江苏、江西、山东、上海、浙江。
青岛百合 *Lilium tsingtauense* Gilg
原生、栽培。易危（VU）。华东分布：山东。

兰科 Orchidaceae

朱兰属 *Pogonia*

（兰科 Orchidaceae）

朱兰 *Pogonia japonica* Rchb. f.
原生。近危（NT）。华东分布：安徽、福建、江苏、江西、山东、浙江。

小朱兰 *Pogonia minor* (Makino) Makino
原生。易危（VU）。华东分布：福建。

盂兰属 *Lecanorchis*

（兰科 Orchidaceae）

盂兰 *Lecanorchis japonica* Blume
原生。华东分布：福建、浙江。

全唇盂兰 *Lecanorchis nigricans* Honda
原生。华东分布：福建、江西。

香荚兰属 *Vanilla*

（兰科 Orchidaceae）

南方香荚兰 *Vanilla annamica* Gagnep.
原生。易危（VU）。华东分布：福建。

深圳香荚兰 *Vanilla shenzhenica* Z.J. Liu & S.C. Chen
原生。华东分布：福建。

台湾香荚兰 *Vanilla somae* Hayata
别名：台湾香子兰（福建植物志）
——"*Vanilla griffithii*"=*Vanilla somae* Hayata（误用名。福建植物志）
原生。华东分布：福建。

肉果兰属 *Cyrtosia*

（兰科 Orchidaceae）

血红肉果兰 *Cyrtosia septentrionalis* (Rchb. f.) Garay
别名：红果山珊瑚（浙江植物志）
——*Galeola septentrionalis* Rchb. f.（浙江植物志）
原生。易危（VU）。华东分布：江西、浙江。

山珊瑚属 *Galeola*

（兰科 Orchidaceae）

山珊瑚 *Galeola faberi* Rolfe
别名：山珊蝴兰（安徽植物志）
原生。华东分布：安徽。

直立山珊瑚 *Galeola falconeri* Hook. f.
原生。易危（VU）。华东分布：安徽、浙江。

毛萼山珊瑚 *Galeola lindleyana* (Hook. f. & Thomson) Rchb. f.
别名：毛萼山珊蝴兰（安徽植物志），毛萼珊瑚兰（江西种子植物名录）
原生。华东分布：安徽、江西。

杓兰属 *Cypripedium*

（兰科 Orchidaceae）

紫点杓兰 *Cypripedium guttatum* Sw.
原生。濒危（EN）。华东分布：山东。

扇脉杓兰 *Cypripedium japonicum* Thunb.
原生。华东分布：安徽、江苏、江西、浙江。

大花杓兰 *Cypripedium macranthos* Sw.
原生。濒危（EN）。华东分布：山东。

玉凤花属 *Habenaria*

（兰科 Orchidaceae）

毛莛玉凤花 *Habenaria ciliolaris* Kraenzl.
别名：毛葶玉凤花（安徽植物志、江西种子植物名录、浙江植物志）
原生。华东分布：安徽、福建、江西、浙江。

鹅毛玉凤花 *Habenaria dentata* (Sw.) Schltr.
原生。华东分布：安徽、福建、江西、浙江。

小巧玉凤花 *Habenaria diplonema* Schltr.
原生。濒危（EN）。华东分布：福建。

裂舌玉凤花 *Habenaria fimbriatiloba* Kolan.
原生。华东分布：江西。

线瓣玉凤花 *Habenaria fordii* Rolfe
原生。华东分布：福建、江西。

湿地玉凤花 *Habenaria humidicola* Rolfe
原生。华东分布：浙江。

线叶十字兰 *Habenaria linearifolia* Maxim.
别名：线叶玉凤花（浙江植物志）
原生。近危（NT）。华东分布：江苏、江西、浙江。

南方玉凤花 *Habenaria malintana* (Blanco) Merr.
原生。华东分布：浙江。

裂瓣玉凤花 *Habenaria petelotii* Gagnep.
原生。华东分布：安徽、福建、江苏、江西、浙江。

丝裂玉凤花 *Habenaria polytricha* Rolfe
原生。华东分布：江苏、浙江。

橙黄玉凤花 *Habenaria rhodocheila* Hance
——"*Habenaria rhodochelia*"=*Habenaria rhodocheila* Hance（拼写错误。江西种子植物名录）
原生。华东分布：福建、江西。

十字兰 *Habenaria schindleri* Schltr.
——"*Habenaria sagittifera*"=*Habenaria schindleri* Schltr.（误用名。安徽植物志、福建植物志、山东植物志）
原生。易危（VU）。华东分布：安徽、福建、江苏、江西、山东。

阔蕊兰属 *Peristylus*

（兰科 Orchidaceae）

小花阔蕊兰 *Peristylus affinis* (D. Don) Seidenf.
原生。华东分布：江西。

长须阔蕊兰 *Peristylus calcaratus* (Rolfe) S.Y. Hu
原生。华东分布：江苏、江西、浙江。

狭穗阔蕊兰 *Peristylus densus* (Lindl.) Santapau & Kapadia
别名：鞭须阔蕊兰（福建植物志）
——*Peristylus flagellifer* (Makino) Ohwi（福建植物志）
原生。华东分布：福建、浙江。

阔蕊兰 *Peristylus goodyeroides* (D. Don) Lindl.
原生。华东分布：江西、福建、浙江。

撕唇阔蕊兰 *Peristylus lacertifer* (Lindl.) J.J. Sm.
——"*Peristylus lacertiferus*"=*Peristylus lacertifer* (Lindl.) J.J. Sm.（拼写错误。福建植物志）

原生。华东分布：福建。

触须阔蕊兰 *Peristylus tentaculatus* (Lindl.) J.J. Sm.

原生。华东分布：福建。

白蝶兰属 *Pecteilis*

（兰科 Orchidaceae）

龙头兰 *Pecteilis susannae* (L.) Raf.

原生。华东分布：福建、江西。

角盘兰属 *Herminium*

（兰科 Orchidaceae）

叉唇角盘兰 *Herminium lanceum* (Thunb. ex Sw.) Vuijk

原生。华东分布：安徽、福建、江西、浙江。

角盘兰 *Herminium monorchis* (L.) R. Br.

原生。近危（NT）。华东分布：安徽、江西、山东。

时珍兰属 *Shizhenia*

（兰科 Orchidaceae）

时珍兰 *Shizhenia pinguicula* (Rchb. f. & S. Moore) X.H. Jin, Lu Q. Huang, W.T. Jin & X.G. Xiang

别名：大花无柱兰（江苏植物志 第 2 版、江西种子植物名录、浙江植物志）

——"*Amitostigma pinguiculum*"=*Amitostigma pinguicula* (Rchb. f. & S. Moore) Schltr.（拼写错误。江西种子植物名录、浙江植物志）

——*Amitostigma pinguicula* (Rchb. f. & S. Moore) Schltr.（江苏植物志 第 2 版）

原生。华东分布：江苏、江西、浙江。

小红门兰属 *Ponerorchis*

（兰科 Orchidaceae）

二叶兜被兰 *Ponerorchis cucullata* (L.) X.H. Jin, Schuit. & W.T. Jin

——*Neottianthe cucullata* (L.) Schltr.（安徽植物志、福建植物志、浙江植物志）

原生。华东分布：安徽、福建、浙江。

无柱兰 *Ponerorchis gracilis* (Blume) X.H. Jin, Schuit. & W.T. Jin

别名：细葶无柱兰（安徽植物志、江西种子植物名录、山东植物志、浙江植物志）

——*Amitostigma gracile* (Blume) Schltr.（安徽植物志、福建植物志、江苏植物志 第 2 版、江西种子植物名录、山东植物志、浙江植物志）

原生。华东分布：安徽、福建、江苏、江西、山东、浙江。

舌喙兰属 *Hemipilia*

（兰科 Orchidaceae）

盔花舌喙兰 *Hemipilia galeata* Y. Tang, X.X. Zhu & H. Peng

原生。华东分布：福建、浙江。

掌裂兰属 *Dactylorhiza*

（兰科 Orchidaceae）

芒尖掌裂兰 *Dactylorhiza aristata* (Fisch. ex Lindl.) Soó

原生。华东分布：山东。

舌唇兰属 *Platanthera*

（兰科 Orchidaceae）

细距舌唇兰 *Platanthera bifolia* (L.) Rich.

原生。华东分布：山东。

二叶舌唇兰 *Platanthera chlorantha* (Custer) Rchb.

原生。华东分布：山东。

大明山舌唇兰 *Platanthera damingshanica* K.Y. Lang & H.S. Guo

原生。易危（VU）。华东分布：浙江。

福建舌唇兰 *Platanthera fujianensis* B.H. Chen & X.H. Jin

原生。华东分布：福建。

密花舌唇兰 *Platanthera hologlottis* Maxim.

原生。华东分布：安徽、福建、江苏、江西、山东、浙江。

舌唇兰 *Platanthera japonica* (Thunb.) Lindl.

原生。华东分布：安徽、江苏、江西、浙江。

尾瓣舌唇兰 *Platanthera mandarinorum* Rchb. f.

原生。华东分布：安徽、福建、江苏、江西、山东、浙江。

小舌唇兰 *Platanthera minor* (Miq.) Rchb. f.

原生。华东分布：安徽、福建、江苏、江西、上海、浙江。

蜻蜓兰 *Platanthera souliei* Kraenzl.

——*Tulotis asiatica* H. Hara（山东植物志）

原生。近危（NT）。华东分布：山东。

小花蜻蜓兰 *Platanthera ussuriensis* (Regel) Maxim.

别名：东亚舌唇兰（江苏植物志 第 2 版）

——*Tulotis ussuriensis* (Regel & Maack) H. Hara（安徽植物志、福建植物志、江西种子植物名录、浙江植物志）

原生。近危（NT）。华东分布：安徽、福建、江苏、江西、浙江。

黄山舌唇兰 *Platanthera whangshanensis* (S.S. Chien) Efimov

别名：筒距舌唇兰（浙江植物志、FOC）

——"*Platanthera tipuloides*"=*Platanthera whangshanensis* (S. S.Chien) Efimov（误用名。浙江植物志、FOC）

原生。华东分布：安徽、福建、江西、浙江。

指柱兰属 *Stigmatodactylus*

（兰科 Orchidaceae）

指柱兰 *Stigmatodactylus sikokianus* Maxim. ex Makino

原生。近危（NT）。华东分布：福建。

葱叶兰属 *Microtis*

（兰科 Orchidaceae）

葱叶兰 *Microtis unifolia* (G. Forst.) Rchb. f.

原生。华东分布：福建、江西、浙江。

隐柱兰属 *Cryptostylis*

（兰科 Orchidaceae）

隐柱兰 *Cryptostylis arachnites* (Blume) Hassk.

原生。华东分布：福建。

斑叶兰属 *Goodyera*

（兰科 Orchidaceae）

大花斑叶兰 *Goodyera biflora* (Lindl.) Hook. f.

原生。近危（NT）。华东分布：江苏、江西、浙江。

莲座叶斑叶兰 *Goodyera brachystegia* Hand.-Mazz.

原生。濒危（EN）。华东分布：安徽。

波密斑叶兰 *Goodyera bomiensis* K.Y. Lang

原生。易危（VU）。华东分布：江西、浙江。

多叶斑叶兰 *Goodyera foliosa* (Lindl.) Benth. ex C.B. Clarke

原生。华东分布：福建、江西。

光萼斑叶兰 *Goodyera henryi* Rolfe

原生。易危（VU）。华东分布：江西、浙江。

小小斑叶兰 ***Goodyera pusilla*** Blume

原生。华东分布：江西。

垂叶斑叶兰 *Goodyera recurva* Lindl.

别名：长苞斑叶兰（FOC）

原生。华东分布：福建。

小斑叶兰 *Goodyera repens* (L.) R. Br.

原生。华东分布：安徽、福建、江西、山东、浙江。

斑叶兰 *Goodyera schlechtendaliana* Rchb. f.

别名：大斑叶兰（安徽植物志）

原生。华东分布：安徽、福建、江苏、江西、浙江。

绒叶斑叶兰 *Goodyera velutina* Maxim. ex Regel

原生。华东分布：安徽、福建、江西、浙江。

高宝兰属 *Cionisaccus*

（兰科 Orchidaceae）

高宝兰 *Cionisaccus procera* (Ker Gawl.) M.C. Pace

别名：高斑叶兰（福建植物志、浙江植物志、FOC）

——*Goodyera procera* (Ker Gawl.) Hook.（福建植物志、浙江植物志、FOC）

原生。华东分布：安徽、福建、浙江。

开宝兰属 *Eucosia*

（兰科 Orchidaceae）

绿花开宝兰 *Eucosia cordata* (Lindley) Hsu

别名：绿花斑叶兰（福建植物志）

——"*Goodyera viridiflora*"=*Eucosia cordata* (Lindley) Hsu（误用名。福建植物志）

原生。华东分布：福建、江西、浙江。

歌绿开宝兰 *Eucosia longirostrata* (Hayata) Hsu

原生。华东分布：福建。

翻唇兰属 *Hetaeria*

（兰科 Orchidaceae）

四腺翻唇兰 *Hetaeria anomala* Lindl.

原生。华东分布：福建。

叉柱兰属 Cheirostylis

（兰科 Orchidaceae）

中华叉柱兰 *Cheirostylis chinensis* Rolfe

原生。华东分布：江西、浙江。

叉柱兰 *Cheirostylis clibborndyeri* S.Y. Hu & Barretto

原生。华东分布：福建。

箭药叉柱兰 *Cheirostylis monteiroi* S.Y. Hu & Barretto

原生。极危（CR）。华东分布：福建。

云南叉柱兰 *Cheirostylis yunnanensis* Rolfe

原生。华东分布：浙江。

线柱兰属 *Zeuxine*

（兰科 Orchidaceae）

宽叶线柱兰 *Zeuxine affinis* (Lindl.) Benth. ex Hook. f.

原生。华东分布：福建。

线柱兰 *Zeuxine strateumatica* (L.) Schltr.

原生。华东分布：福建、浙江。

菱兰属 *Rhomboda*

（兰科 Orchidaceae）

小片菱兰 *Rhomboda abbreviata* (Lindl.) Ormerod

别名：翻唇兰（福建植物志）

——*Hetaeria abbreviata* (Lindl.) J.J. Sm.（福建植物志）

原生。华东分布：福建。

金线兰属 *Anoectochilus*

（兰科 Orchidaceae）

金线兰 *Anoectochilus roxburghii* (Wall.) Lindl.

别名：花叶开唇兰（浙江植物志）

原生、栽培。濒危（EN）。华东分布：安徽、福建、江西、浙江。

浙江金线兰 *Anoectochilus zhejiangensis* Z. Wei & Y.B. Chang

别名：浙江开唇兰（浙江植物志）

原生。濒危（EN）。华东分布：福建、江西、浙江。

血叶兰属 *Ludisia*

（兰科 Orchidaceae）

血叶兰 *Ludisia discolor* (Ker Gawl.) Blume

原生。华东分布：福建。

全唇兰属 *Myrmechis*

（兰科 Orchidaceae）

全唇兰 *Myrmechis chinensis* Rolfe

原生。易危（VU）。华东分布：福建。

日本全唇兰 *Myrmechis japonica* (Rchb. f.) Rolfe

原生。近危（NT）。华东分布：福建、江西。

旗唇兰属 *Kuhlhasseltia*

（兰科 Orchidaceae）

旗唇兰 *Kuhlhasseltia yakushimensis* (Yamam.) Ormerod

原生。易危（VU）。华东分布：安徽、浙江。

叠鞘兰属 *Chamaegastrodia*

（兰科 Orchidaceae）

叠鞘兰 *Chamaegastrodia shikokiana* Makino & F. Maek.

原生。华东分布：浙江。

齿唇兰属 *Odontochilus*

（兰科 Orchidaceae）

西南齿唇兰 *Odontochilus elwesii* C.B. Clarke ex Hook. f.

原生。华东分布：福建。

广东齿唇兰 *Odontochilus guangdongensis* S.C. Chen, S.W. Gale & P.J. Cribb

原生。华东分布：江西。

齿爪齿唇兰 *Odontochilus poilanei* (Gagnep.) Ormerod

原生。华东分布：江西。

绶草属 *Spiranthes*

（兰科 Orchidaceae）

绶草 *Spiranthes sinensis* (Pers.) Ames

原生。华东分布：安徽、福建、江苏、江西、山东、上海、浙江。

宋氏绶草 *Spiranthes sunii* Boufford & Wen H. Zhang

原生。华东分布：江西。

头蕊兰属 *Cephalanthera*

（兰科 Orchidaceae）

银兰 *Cephalanthera erecta* (Thunb.) Blume
原生。华东分布：安徽、福建、江苏、江西、山东、浙江。
金兰 *Cephalanthera falcata* (Thunb.) Blume
原生。华东分布：安徽、福建、江苏、江西、浙江。

鸟巢兰属 *Neottia*

（兰科 Orchidaceae）

日本对叶兰 *Neottia japonica* (Blume) Szlach.
原生。易危（VU）。华东分布：福建、江西、浙江。
西藏对叶兰 *Neottia pinetorum* (Lindl.) Szlach.
——*Listera pinetorum* Lindl.（福建植物志）
原生。华东分布：福建。
对叶兰 *Neottia puberula* (Maxim.) Szlach.
——*Listera puberula* Maxim.（Plant species newly recorded from Fujian province or Wuyishan Nature Reserve）
原生。华东分布：福建。
武夷对叶兰 *Neottia wuyishanensis* B.H. Chen & X.H. Jin
原生。华东分布：福建。

火烧兰属 *Epipactis*

（兰科 Orchidaceae）

火烧兰 *Epipactis helleborine* (L.) Crantz
原生。华东分布：山东。
尖叶火烧兰 *Epipactis thunbergii* A. Gray
原生。易危（VU）。华东分布：江西、浙江。
北火烧兰 *Epipactis xanthophaea* Schltr.
别名：火烧兰（山东植物志）
原生。华东分布：江苏、山东。

无叶兰属 *Aphyllorchis*

（兰科 Orchidaceae）

无叶兰 *Aphyllorchis montana* Rchb. f.
原生。华东分布：福建。
单唇无叶兰 *Aphyllorchis simplex* Tang & F.T. Wang
原生。极危（CR）。华东分布：江西。

芋兰属 *Nervilia*

（兰科 Orchidaceae）

广布芋兰 *Nervilia aragoana* Gaudich.
原生。易危（VU）。华东分布：江西。
七角叶芋兰 *Nervilia mackinnonii* (Duthie) Schltr.
原生。濒危（EN）。华东分布：福建。
毛叶芋兰 *Nervilia plicata* (Andrews) Schltr.
原生。华东分布：福建、江西。

双唇兰属 *Didymoplexis*

（兰科 Orchidaceae）

双唇兰 *Didymoplexis pallens* Griff.
原生。近危（NT）。华东分布：福建。

天麻属 *Gastrodia*

（兰科 Orchidaceae）

天麻 *Gastrodia elata* Blume
原生、栽培。华东分布：安徽、福建、江苏、江西、山东、浙江。
福建天麻 *Gastrodia fujianensis* Liang Ma, Xin Y. Chen & S.P. Chen
原生。华东分布：福建。
南天麻 *Gastrodia javanica* (Blume) Lindl.
原生。易危（VU）。华东分布：福建。
武夷山天麻 *Gastrodia wuyishanensis* D.M. Li & C.D. Liu
原生。华东分布：福建。

竹叶兰属 *Arundina*

（兰科 Orchidaceae）

竹叶兰 *Arundina graminifolia* (D. Don) Hochr.
原生。华东分布：福建、江西、浙江。

白及属 *Bletilla*

（兰科 Orchidaceae）

小白及 *Bletilla formosana* (Hayata) Schltr.
原生。濒危（EN）。华东分布：江西。
黄花白及 *Bletilla ochracea* Schltr.
原生。华东分布：江西。
白及 *Bletilla striata* (Thunb.) Rchb. f.
别名：白芨（安徽植物志、江苏植物志 第 2 版、浙江植物志）
原生、栽培。濒危（EN）。华东分布：安徽、福建、江苏、江西、上海、浙江。

独蒜兰属 *Pleione*

（兰科 Orchidaceae）

独蒜兰 *Pleione bulbocodioides* (Franch.) Rolfe
原生。华东分布：安徽、福建、江西、浙江。
台湾独蒜兰 *Pleione formosana* Hayata
原生。易危（VU）。华东分布：江西、福建、浙江。
金华独蒜兰 *Pleione jinhuana* Z.J. Liu, M.T. Jiang & S.R. Lan
原生。华东分布：浙江。

贝母兰属 *Coelogyne*

（兰科 Orchidaceae）

流苏贝母兰 *Coelogyne fimbriata* Lindl.
原生。华东分布：福建、江苏、江西。

石仙桃属 *Pholidota*

（兰科 Orchidaceae）

细叶石仙桃 *Pholidota cantonensis* Rolfe
——"*Pholidota cantoniensis*"=*Pholidota cantonensis* Rolfe（拼写错误。江西种子植物名录）
原生。华东分布：福建、江西、浙江。
石仙桃 *Pholidota chinensis* Lindl.
原生。华东分布：福建、江苏、江西、浙江。

石豆兰属 *Bulbophyllum*

（兰科 Orchidaceae）

芳香石豆兰 *Bulbophyllum ambrosia* (Hance) Schltr.
别名：芬芳石豆兰（福建植物志）

——"*Bulbophyllum ambrosium*"=*Bulbophyllum ambrosia* (Hance) Schltr.（拼写错误。福建植物志）
原生。华东分布：福建。
二色卷瓣兰 *Bulbophyllum bicolor* Lindl.
原生。极危（CR）。华东分布：福建。
直唇卷瓣兰 *Bulbophyllum delitescens* Hance
原生。易危（VU）。华东分布：福建。
莲花卷瓣兰 *Bulbophyllum hirundinis* (Gagnep.) Seidenf.
原生。近危（NT）。华东分布：安徽、浙江。
黄山石豆兰 *Bulbophyllum huangshanense* Y.M. Hu & X.H. Jin
原生。华东分布：安徽。
瘤唇卷瓣兰 *Bulbophyllum japonicum* (Makino) Makino
原生。华东分布：福建、江西、浙江。
广东石豆兰 *Bulbophyllum kwangtungense* Schltr.
原生。华东分布：福建、江西、浙江。
乐东石豆兰 *Bulbophyllum ledungense* T. Tang & F.T. Wang
原生。华东分布：浙江。
齿瓣石豆兰 *Bulbophyllum levinei* Schltr.
——"*Bulbophyllum psychoon*"=*Bulbophyllum levinei* Schltr.（误用名。浙江植物志）
原生。华东分布：福建、江西、浙江。
紫纹卷瓣兰 *Bulbophyllum melanoglossum* Hayata
原生。华东分布：福建。
宁波石豆兰 *Bulbophyllum ningboense* G.Y. Li ex H.L. Lin & X.P. Li
原生。华东分布：浙江。
密花石豆兰 *Bulbophyllum odoratissimum* (Sm.) Lindl.
原生。华东分布：福建、浙江。
毛药卷瓣兰 *Bulbophyllum omerandrum* Hayata
原生。近危（NT）。华东分布：福建、浙江。
大瓣卷瓣兰 *Bulbophyllum omerandrum* var. ***macropetalum*** Liang Ma, Xin Y. Chen & S.P. Chen
原生。华东分布：福建。
斑唇卷瓣兰 *Bulbophyllum pecten-veneris* (Gagnep.) Seidenf.
——"*Bulbophyllum pectenveneris*"=*Bulbophyllum pecten-veneris* (Gagnep.) Seidenf.（拼写错误。江西种子植物名录）
——*Bulbophyllum flaviflorum* (T.S. Liu & H.J. Su) Seidenf.（福建植物志、浙江植物志）
原生。华东分布：福建、江西、浙江。
长足石豆兰 *Bulbophyllum pectinatum* Finet
原生。华东分布：福建。
屏南石豆兰 *Bulbophyllum pingnanense* J.F. Liu, S.R. Lan & Y.C. Liang
原生。华东分布：福建。
浙杭卷瓣兰 *Bulbophyllum quadrangulum* Z.H. Tsi
别名：四棱卷瓣兰（浙江植物志）
——"*Bulbophyllum quadrangulatum*"=*Bulbophyllum quadrangulum* Z.H. Tsi（拼写错误。浙江植物志）
原生。华东分布：安徽、福建、浙江。
藓叶卷瓣兰 *Bulbophyllum retusiusculum* Rchb. f.
原生。华东分布：浙江。
伞花石豆兰 *Bulbophyllum shweliense* W.W. Sm.
原生。近危（NT）。华东分布：福建、浙江。
永泰卷瓣兰 *Bulbophyllum yongtaiense* J.F. Liu, S.R. Lan & Y.C. Liang
原生。华东分布：福建。
云霄卷瓣兰 *Bulbophyllum yunxiaoense* M.H. Li, J.F. Liu & S.P. Chen
原生。华东分布：福建。

厚唇兰属 *Epigeneium*

（兰科 Orchidaceae）

单叶厚唇兰 *Epigeneium fargesii* (Finet) Gagnep.
原生。华东分布：福建、江西、浙江。

石斛属 *Dendrobium*

（兰科 Orchidaceae）

钩状石斛 *Dendrobium aduncum* Wall. ex Lindl.
原生。易危（VU）。华东分布：江西、浙江。
束花石斛 *Dendrobium chrysanthum* Wall. ex Lindl.
原生、栽培。易危（VU）。华东分布：福建。
黄花石斛 *Dendrobium dixanthum* Rchb.f.
原生、栽培。濒危（EN）。华东分布：浙江。
梵净山石斛 *Dendrobium fanjingshanense* Z.H. Tsi ex X.H. Jin & Y.W. Zhang
原生。濒危（EN）。华东分布：浙江。
串珠石斛 *Dendrobium falconeri* Hook.
原生。易危（VU）。华东分布：江西。
重唇石斛 *Dendrobium hercoglossum* Rchb. f.
原生。近危（NT）。华东分布：江西。
霍山石斛 *Dendrobium huoshanense* C.Z. Tang & S.J. Cheng
原生。华东分布：安徽。
美花石斛 *Dendrobium loddigesii* Rolfe.
原生。易危（VU）。华东分布：江西。
文卉石斛 *Dendrobium luoi* var. ***wenhuii*** W.L. Yang
原生。华东分布：福建。
罗河石斛 *Dendrobium lohohense* Tang & F.T. Wang
原生。濒危（EN）。华东分布：江西。
细茎石斛 *Dendrobium moniliforme* (L.) Sw.
原生。华东分布：安徽、福建、江西、浙江。
石斛 *Dendrobium nobile* Lindl.
原生。易危（VU）。华东分布：安徽、福建、江苏、江西。
铁皮石斛 *Dendrobium officinale* Kimura & Migo
别名：黑节草（江西种子植物名录），黄石斛（福建植物志）
——*Dendrobium tosaense* Makino（福建植物志）
原生、栽培。华东分布：福建、江西。
始兴石斛 *Dendrobium shixingense* Z.L. Chen, S.J. Zeng & J. Duan
原生。华东分布：江西。
剑叶石斛 *Dendrobium spatella* Rchb. f.
——*Dendrobium acinaciforme* Roxb.（福建植物志）
原生。易危（VU）。华东分布：福建。
大花石斛 *Dendrobium wilsonii* Rolfe
别名：广东石斛（江西种子植物名录）

原生。极危（CR）。华东分布：江西。

永嘉石斛 *Dendrobium yongjiaense* Zhuang Zhou & S.R. Lan

原生。华东分布：浙江。

政和石斛 *Dendrobium zhenghuoense* S.P. Chen, Liang Ma & M. He Li

原生。华东分布：福建、浙江。

鸢尾兰属 *Oberonia*

（兰科 Orchidaceae）

棒叶鸢尾兰 *Oberonia cavaleriei* Finet

原生。华东分布：江西。

无齿鸢尾兰 *Oberonia delicata* Z.H. Tsi & S.C. Chen

原生。近危（NT）。华东分布：福建。

小叶鸢尾兰 *Oberonia japonica* (Maxim.) Makino

原生。华东分布：福建、江西、浙江。

小花鸢尾兰 *Oberonia mannii* Hook. f.

原生。华东分布：福建。

密花鸢尾兰 *Oberonia seidenfadenii* (H.J.Su) Ormerod

原生。华东分布：福建、浙江。

沼兰属 *Crepidium*

（兰科 Orchidaceae）

浅裂沼兰 *Crepidium acuminatum* (D. Don) Szlach.

——*Malaxis acuminata* D. Don（福建植物志、浙江植物志）

原生。华东分布：福建、浙江。

深裂沼兰 *Crepidium purpureum* (Lindl.) Szlach.

原生。华东分布：福建、浙江。

原沼兰属 *Malaxis*

（兰科 Orchidaceae）

原沼兰 *Malaxis monophyllos* (L.) Sw.

原生。华东分布：安徽。

小沼兰属 *Oberonioides*

（兰科 Orchidaceae）

小沼兰 *Oberonioides microtatantha* (Schltr.) Szlach.

——*Malaxis microtatantha* (Schltr.) Tang & F.T. Wang（福建植物志、江西种子植物名录、浙江植物志）

原生。近危（NT）。华东分布：安徽、福建、江西、浙江。

羊耳蒜属 *Liparis*

（兰科 Orchidaceae）

镰翅羊耳蒜 *Liparis bootanensis* Griff.

原生。华东分布：福建、江西、浙江。

羊耳蒜 *Liparis campylostalix* Rchb. f.

——*Liparis japonica* Maxim.（安徽植物志、山东植物志）

原生。易危（VU）。华东分布：安徽、山东。

福建羊耳蒜 *Liparis dunnii* Rolfe

别名：大唇羊耳蒜（安徽植物志）

原生。华东分布：安徽、福建、江西、浙江。

锈色羊耳蒜 *Liparis ferruginea* Lindl.

原生。华东分布：福建。

长苞羊耳蒜 *Liparis inaperta* Finet

原生。极危（CR）。华东分布：福建、江西、浙江。

广东羊耳蒜 *Liparis kwangtungensis* Schltr.

原生。华东分布：福建。

梅花山羊耳蒜 *Liparis meihuashanensis* S.M. Fan

原生。华东分布：福建。

见血青 *Liparis nervosa* (Thunb.) Lindl.

别名：见血清（江西种子植物名录、浙江植物志）

原生。华东分布：安徽、福建、江西、浙江。

香花羊耳蒜 *Liparis odorata* (Willd.) Lindl.

原生。华东分布：福建、江西、浙江。

长唇羊耳蒜 *Liparis pauliana* Hand.-Mazz.

原生。华东分布：福建、江西、浙江。

柄叶羊耳蒜 *Liparis petiolata* (D. Don) P.F. Hunt & Summerh.

原生。易危（VU）。华东分布：福建、江西。

齿突羊耳蒜 *Liparis rostrata* Rchb. f.

原生。华东分布：浙江。

长茎羊耳蒜 *Liparis viridiflora* (Blume) Lindl.

原生。华东分布：福建。

睫唇兰属 *Blepharoglossum*

（兰科 Orchidaceae）

睫唇兰 *Blepharoglossum latifolium* (Blume) L. Li

别名：宽叶羊耳蒜（FOC），阔叶沼兰（福建植物志、浙江植物志）

——*Liparis latifolia* Lindl.（FOC）

——*Malaxis latifolia* Sm.（福建植物志、浙江植物志）

原生。华东分布：福建、浙江。

扁莛兰属 *Cestichis*

（兰科 Orchidaceae）

秉滔扁莛兰 *Cestichis pingtaoi* G.D. Tang, X.Y. Zhuang & Z.J. Liu

原生。华东分布：福建、浙江。

兰属 *Cymbidium*

（兰科 Orchidaceae）

纹瓣兰 *Cymbidium aloifolium* (L.) Sw.

原生。近危（NT）。华东分布：福建。

冬凤兰 *Cymbidium dayanum* Rchb. f.

原生。近危（NT）。华东分布：福建。

落叶兰 *Cymbidium defoliatum* Y.S. Wu & S.C. Chen

原生。濒危（EN）。华东分布：福建、浙江。

建兰 *Cymbidium ensifolium* (L.) Sw.

别名：蕉叶兰（福建植物志），素心兰（福建植物志）

——*Cymbidium ensifolium* var. *susin* T.C. Yen（福建植物志）

——*Cymbidium ensifolium* var. *yakibaran* (Makino) Y.S. Wu & S.C. Chen（福建植物志）

原生、栽培。易危（VU）。华东分布：安徽、福建、江苏、江西、浙江。

蕙兰 *Cymbidium faberi* Rolfe

原生、栽培。华东分布：安徽、福建、江苏、江西、浙江。

多花兰 *Cymbidium floribundum* Lindl.

别名：台兰（福建植物志、江西种子植物名录、浙江植物志）

——"*Cymbidium fioribundum* var. *pumilum*"=*Cymbidium floribundum* var. *pumilum* (Rolfe) Y.S. Wu & S.C. Chen（拼写错误。江西种子植物名录）

——*Cymbidium floribundum* var. *pumilum* (Rolfe) Y.S. Wu & S.C. Chen（福建植物志、浙江植物志）
原生、栽培。易危（VU）。华东分布：福建、江苏、江西、浙江。
春兰 *Cymbidium goeringii* (Rchb. f.) Rchb. f.
原生、栽培。易危（VU）。华东分布：安徽、福建、江苏、江西、浙江。
寒兰 *Cymbidium kanran* Makino
原生、栽培。易危（VU）。华东分布：安徽、福建、江苏、江西、浙江。
兔耳兰 *Cymbidium lancifolium* Hook.
别名：无齿兔耳兰（福建植物志）
——*Cymbidium javanicum* Blume（福建植物志）
原生。华东分布：福建、江西、浙江。
大根兰 *Cymbidium macrorhizon* Lindl.
原生。华东分布：江西。
墨兰 *Cymbidium sinense* (Jacks. ex Andrews) Willd.
原生、栽培。易危（VU）。华东分布：安徽、福建、江苏、江西。

美冠兰属 *Eulophia*

（兰科 Orchidaceae）

长距美冠兰 *Eulophia dabia* (D. Don) Hochr.
别名：美冠兰（安徽植物志）
——*Eulophia campestris* Wall.（安徽植物志）
原生。易危（VU）。华东分布：安徽、江苏。
美冠兰 *Eulophia graminea* Lindl.
原生。华东分布：福建。
紫花美冠兰 *Eulophia spectabilis* (Dennst.) Suresh
原生。华东分布：江西。
无叶美冠兰 *Eulophia zollingeri* (Rchb. f.) J.J. Sm.
原生。华东分布：福建、江西、浙江。

宽距兰属 *Yoania*

（兰科 Orchidaceae）

宽距兰 *Yoania japonica* Maxim.
原生。濒危（EN）。华东分布：福建、浙江。

独花兰属 *Changnienia*

（兰科 Orchidaceae）

独花兰 *Changnienia amoena* S.S. Chien
原生。濒危（EN）。华东分布：安徽、江苏、江西、浙江。

杜鹃兰属 *Cremastra*

（兰科 Orchidaceae）

杜鹃兰 *Cremastra appendiculata* (D. Don) Makino
别名：有翅柱杜鹃兰（江苏植物志 第2版）
——*Cremastra appendiculata* var. *variabilis* (Blume) I.D. Lund（江苏植物志 第2版）
原生。华东分布：安徽、江苏、江西、浙江。
斑叶杜鹃兰 *Cremastra unguiculata* (Finet) Finet
原生。极危（CR）。华东分布：江西。

丹霞兰属 *Danxiaorchis*

（兰科 Orchidaceae）

杨氏丹霞兰 *Danxiaorchis yangii* B.Y. Yang & Bo Li
原生。华东分布：江西。

山兰属 *Oreorchis*

（兰科 Orchidaceae）

长叶山兰 *Oreorchis fargesii* Finet
原生。近危（NT）。华东分布：安徽、福建、江西、浙江。
山兰 *Oreorchis patens* (Lindl.) Lindl.
原生。近危（NT）。华东分布：江西。

鹤顶兰属 *Phaius*

（兰科 Orchidaceae）

黄花鹤顶兰 *Phaius flavus* (Blume) Lindl.
别名：斑叶鹤顶兰（福建植物志、浙江植物志），黄鹤兰（福建植物志）
——*Phaius woodfordii* (Hook.) Merr.（福建植物志）
原生。华东分布：福建、江西、浙江。
鹤顶兰 *Phaius tancarvilleae* (L'Hér.) Blume
——"*Phaius tankervilleae*"=*Phaius tancarvilleae* (L'Hér.) Blume（拼写错误。江西种子植物名录）
——"*Phaius tankervilliae*"=*Phaius tancarvilleae* (L'Hér.) Blume（拼写错误。福建植物志）
原生、栽培。华东分布：福建、江苏、江西。

黄兰属 *Cephalantheropsis*

（兰科 Orchidaceae）

黄兰 *Cephalantheropsis obcordata* (Lindl.) Ormerod
别名：长茎虾脊兰（福建植物志、江西种子植物名录、浙江植物志）
——*Calanthe gracilis* Lindl.（福建植物志、江西种子植物名录、浙江植物志）
原生。近危（NT）。华东分布：福建、江西、浙江。

虾脊兰属 *Calanthe*

（兰科 Orchidaceae）

泽泻虾脊兰 *Calanthe alismatifolia* Lindl.
别名：泽泻叶虾脊兰（浙江植物志）
——"*Calanthe alismaefolia*"=*Calanthe alismatifolia* Lindl.（拼写错误。浙江植物志）
原生。华东分布：江西、浙江。
银带虾脊兰 *Calanthe argenteostriata* C.Z. Tang & S.J. Cheng
原生。华东分布：江西。
翘距虾脊兰 *Calanthe aristulifera* Rchb. f.
原生。近危（NT）。华东分布：福建、浙江。
棒距虾脊兰 *Calanthe clavata* Lindl.
原生。华东分布：福建。
剑叶虾脊兰 *Calanthe davidii* Franch.
原生。华东分布：浙江。
密花虾脊兰 *Calanthe densiflora* Lindl.
原生。华东分布：福建、江西。
虾脊兰 *Calanthe discolor* Lindl.
原生。华东分布：安徽、江苏、江西、浙江。
钩距虾脊兰 *Calanthe graciliflora* Hayata
别名：异钩距虾脊兰［*Calanthe graciliflora* f. *jiangxiensis*, A New Form of *Calanthe* (Orchidaceae) from Jiangxi Province］

——*Calanthe graciliflora* f. *jiangxiensis* Bo Li, L.J. Kong & Bo Yun Yang［*Calanthe graciliflora* f. *jiangxiensis*, A New Form of *Calanthe* (Orchidaceae) from Jiangxi Province］
原生。近危（NT）。华东分布：安徽、福建、江西、浙江。
疏花虾脊兰 *Calanthe henryi* Rolfe
原生。易危（VU）。华东分布：江西。
乐昌虾脊兰 *Calanthe lechangensis* Z.H. Tsi & Tang
原生。濒危（EN）。华东分布：江西。
细花虾脊兰 *Calanthe mannii* Hook. f.
原生。华东分布：江西、浙江。
反瓣虾脊兰 *Calanthe reflexa* Maxim.
原生、栽培。华东分布：安徽、江苏、江西、浙江。
大黄花虾脊兰 *Calanthe sieboldii* Decne. ex Regel
原生。极危（CR）。华东分布：江西。
异大黄花虾脊兰 *Calanthe sieboldopsis* Bo Y. Yang & Bo Li
原生。华东分布：江西。
长距虾脊兰 *Calanthe sylvatica* (Thouars) Lindl.
原生。华东分布：江西。
裂距虾脊兰 *Calanthe trifida* T. Tang & F.T. Wang
原生。极危（CR）。华东分布：福建。
三褶虾脊兰 *Calanthe triplicata* (Willemet) Ames
原生。华东分布：福建。
无距虾脊兰 *Calanthe tsoongiana* Tang & F.T. Wang
原生。近危（NT）。华东分布：安徽、福建、江西、浙江。

苞舌兰属 *Spathoglottis*

（兰科 Orchidaceae）

苞舌兰 *Spathoglottis pubescens* Lindl.
原生。华东分布：安徽、福建、江西、浙江。

坛花兰属 *Acanthephippium*

（兰科 Orchidaceae）

锥囊坛花兰 *Acanthephippium striatum* Lindl.
原生。濒危（EN）。华东分布：福建。

安兰属 *Ania*

（兰科 Orchidaceae）

香港安兰 *Ania hongkongensis* (Rolfe) Tang & F.T. Wang
原生。近危（NT）。华东分布：福建。

带唇兰属 *Tainia*

（兰科 Orchidaceae）

心叶球柄兰 *Tainia cordifolia* Hook. f.
——*Mischobulbum cordifolium* (Hook. f.) Schltr.（福建植物志）
原生。濒危（EN）。华东分布：福建。
带唇兰 *Tainia dunnii* Rolfe
原生。近危（NT）。华东分布：安徽、福建、江西、浙江。
云叶兰 *Tainia tenuiflora* (Blume) Gagnep.
——*Nephelaphyllum tenuiflorum* Blume（New records of three wild species in three genera of Orchidaceae in Fujian Province）
原生。易危（VU）。华东分布：福建。

吻兰属 *Collabium*

（兰科 Orchidaceae）

吻兰 *Collabium chinense* (Rolfe) Tang & F.T. Wang
别名：中国吻兰（福建植物志）
——"*Collabium chinensis*"=*Collabium chinense* (Rolfe) Tang & F.T. Wang（拼写错误。江西种子植物名录）
原生。华东分布：福建、江西。
台湾吻兰 *Collabium formosanum* Hayata
原生。华东分布：福建、江西、浙江。

毛兰属 *Eria*

（兰科 Orchidaceae）

半柱毛兰 *Eria corneri* Rchb. f.
原生。华东分布：福建。
高山毛兰 *Eria reptans* (Franch. & Sav.) Makino
别名：连珠毛兰（浙江植物志）
原生。华东分布：福建、浙江。

盾柄兰属 *Porpax*

（兰科 Orchidaceae）

蛤兰 *Porpax pusilla* (Griff.) Schuit., Y.P. Ng & H.A. Pedersen
——*Conchidium pusillum* Griff.（FOC）
原生。华东分布：福建、浙江。

牛齿兰属 *Appendicula*

（兰科 Orchidaceae）

小花牛齿兰 *Appendicula annamensis* Guillaumin
——"*Appendicula micrantha*"=*Appendicula annamensis* Guillaumin（误用名。江西种子植物名录）
原生。华东分布：江西。
牛齿兰 *Appendicula cornuta* Blume
原生。华东分布：福建。

绒兰属 *Dendrolirium*

（兰科 Orchidaceae）

白绵绒兰 *Dendrolirium lasiopetalum* (Willd.) S.C. Chen & J.J. Wood
原生。易危（VU）。华东分布：福建。

钟兰属 *Campanulorchis*

（兰科 Orchidaceae）

钟兰 *Campanulorchis thao* (Gagnep.) S.C. Chen & J.J. Wood
原生。华东分布：福建。

带叶兰属 *Taeniophyllum*

（兰科 Orchidaceae）

带叶兰 *Taeniophyllum glandulosum* Blume
原生。华东分布：福建、浙江。

蝴蝶兰属 *Phalaenopsis*

（兰科 Orchidaceae）

萼脊蝴蝶兰 *Phalaenopsis japonica* (Rchb. f.) Kocyan & Schuit.
别名：萼脊兰（浙江植物志）
——*Sedirea japonica* (Rchb. f.) Garay & H.R. Sweet（浙江植物志）
原生。易危（VU）。华东分布：浙江。

东亚蝴蝶兰 *Phalaenopsis subparishii* (Z.H. Tsi) Kocyan & Schuit.
别名：短茎萼脊兰（福建植物志、浙江植物志）
——*Hygrochilus subparishii* Z.H. Tsi（福建植物志）
——*Sedirea subparishii* (Z.H. Tsi) Christenson（浙江植物志）
原生。濒危（EN）。华东分布：福建、江西、浙江。
象鼻兰 *Phalaenopsis zhejiangensis* (Z.H. Tsi) Schuit.
——*Nothodoritis zhejiangensis* Z.H. Tsi（江西种子植物名录、浙江植物志）
原生。濒危（EN）。华东分布：江西、浙江。

白点兰属 *Thrixspermum*

（兰科 Orchidaceae）

白点兰 *Thrixspermum centipeda* Lour.
原生。华东分布：福建。
小叶白点兰 *Thrixspermum japonicum* (Miq.) Rchb. f.
原生。易危（VU）。华东分布：福建、江西。
黄花白点兰 *Thrixspermum laurisilvaticum* (Fukuy.) Garay
原生。华东分布：福建。
长轴白点兰 *Thrixspermum saruwatarii* (Hayata) Schltr.
原生。近危（NT）。华东分布：江西、浙江。

钗子股属 *Luisia*

（兰科 Orchidaceae）

纤叶钗子股 *Luisia hancockii* Rolfe
原生。华东分布：福建、浙江。

风兰属 *Neofinetia*

（兰科 Orchidaceae）

风兰 *Neofinetia falcata* (Thunb.) Hu
原生。濒危（EN）。华东分布：浙江。

槽舌兰属 *Holcoglossum*

（兰科 Orchidaceae）

短距槽舌兰 *Holcoglossum flavescens* (Schltr.) Z.H. Tsi
原生。易危（VU）。华东分布：福建、江西、浙江。

脆兰属 *Acampe*

（兰科 Orchidaceae）

多花脆兰 *Acampe rigida* (Buch.-Ham. ex Sm.) P.F. Hunt
——*Acampe multiflora* (Lindl.) Lindl.（福建植物志）
原生。华东分布：福建。

盆距兰属 *Gastrochilus*

（兰科 Orchidaceae）

台湾盆距兰 *Gastrochilus formosanus* (Hayata) Hayata
原生。近危（NT）。华东分布：安徽、福建、浙江。
广东盆距兰 *Gastrochilus guangtungensis* Z.H. Tsi
原生。濒危（EN）。华东分布：江西。
黄松盆距兰 *Gastrochilus japonicus* (Makino) Schltr.
原生。易危（VU）。华东分布：浙江。
中华盆距兰 *Gastrochilus sinensis* Z.H. Tsi
原生。极危（CR）。华东分布：福建、江苏、浙江。

蛇舌兰属 *Diploprora*

（兰科 Orchidaceae）

蛇舌兰 *Diploprora championii* (Lindl.) Hook. f.
原生。华东分布：福建。

匙唇兰属 *Schoenorchis*

（兰科 Orchidaceae）

匙唇兰 *Schoenorchis gemmata* (Lindl.) J.J. Sm.
原生。华东分布：福建。

寄树兰属 *Robiquetia*

（兰科 Orchidaceae）

寄树兰 *Robiquetia succisa* (Lindl.) Seidenf. & Garay
原生。华东分布：福建。

隔距兰属 *Cleisostoma*

（兰科 Orchidaceae）

大序隔距兰 *Cleisostoma paniculatum* (Ker Gawl.) Garay
原生。华东分布：福建、江西、浙江。
尖喙隔距兰 *Cleisostoma rostratum* (Lindl.) Garay
原生。华东分布：福建。
蜈蚣兰 *Cleisostoma scolopendrifolium* (Makino) Garay
——*Pelatantheria scolopendrifolia* (Makino) Aver.（江苏植物志第 2 版）
原生。华东分布：福建、江苏、江西、山东、浙江。
毛柱隔距兰 *Cleisostoma simondii* (Gagnep.) Seidenf.
原生。华东分布：福建。
广东隔距兰 *Cleisostoma simondii* var. *guangdongense* Z.H. Tsi
原生。易危（VU）。华东分布：福建。

仙茅科 Hypoxidaceae

小金梅草属 *Hypoxis*

（仙茅科 Hypoxidaceae）

小金梅草 *Hypoxis aurea* Lour.
原生。华东分布：安徽、福建、江苏、江西、浙江。

仙茅属 *Curculigo*

（仙茅科 Hypoxidaceae）

大叶仙茅 *Curculigo capitulata* (Lour.) Kuntze
原生。华东分布：福建、江西。
仙茅 *Curculigo orchioides* Gaertn.
原生。华东分布：安徽、福建、江苏、江西、浙江。

鸢尾科 Iridaceae

鸢尾属 *Iris*

（鸢尾科 Iridaceae）

单苞鸢尾 *Iris anguifuga* Y.T. Zhao & X.J. Xue
原生。华东分布：江西。
华夏鸢尾 *Iris cathayensis* Migo
原生。华东分布：江苏。
野鸢尾 *Iris dichotoma* Pall.

别名：白射干（江苏植物志 第 2 版），野鸢尾（山东植物志）
原生。华东分布：安徽、江苏、江西、山东。
射干 *Iris domestica* (L.) Goldblatt & Mabb.
——*Belamcanda chinensis* (L.) DC.（安徽植物志、福建植物志、江苏植物志 第 2 版、江西种子植物名录、山东植物志、浙江植物志）
原生、栽培。华东分布：安徽、福建、江苏、江西、山东、浙江。
玉蝉花 *Iris ensata* Thunb.
原生、栽培。近危（NT）。华东分布：安徽、江苏、山东、浙江。
长柄鸢尾 *Iris henryi* Baker
原生。华东分布：安徽。
蝴蝶花 *Iris japonica* Thunb.
原生、栽培。华东分布：安徽、福建、江苏、江西、上海、浙江。
白蝴蝶花 *Iris japonica* f. ***pallescens*** P.L. Chiu & Y.T. Zhao ex Y.T. Zhao
原生、栽培。华东分布：浙江。
矮鸢尾 *Iris kobayashii* Kitag.
原生。极危（CR）。华东分布：山东。
马蔺 *Iris lactea* Pall.
别名：白花马蔺（江苏植物志 第 2 版）
——*Iris lactea* var. *chinensis* (Fisch.) Koidz.（浙江植物志）
原生、栽培。华东分布：安徽、江苏、山东、浙江。
长白鸢尾 *Iris mandshurica* Maxim.
原生。华东分布：山东。
小鸢尾 *Iris proantha* Diels
原生。华东分布：安徽、江苏、江西、浙江。
粗壮小鸢尾 *Iris proantha* var. ***valida*** (S.S. Chien) Y.T. Zhao
原生。华东分布：浙江。
黄菖蒲 *Iris pseudacorus* L.
外来、栽培。华东分布：安徽、福建、江苏、江西、山东、上海、浙江。
紫苞鸢尾 *Iris ruthenica* Ker Gawl.
别名：矮紫苞鸢尾（山东植物志）
原生。华东分布：江苏、山东。
宜兴溪荪 *Iris sanguinea* var. ***yixingensis*** Y.T. Zhao
原生。易危（VU）。华东分布：江苏。
小花鸢尾 *Iris speculatrix* Hance
——"*Iris speculatriix*"=*Iris speculatrix* Hance（拼写错误。江西种子植物名录）
原生。华东分布：安徽、福建、江西、浙江。
鸢尾 *Iris tectorum* Maxim.
原生、栽培。华东分布：福建、江苏、江西。
细叶鸢尾 *Iris tenuifolia* Pall.
原生。华东分布：山东。
北陵鸢尾 *Iris typhifolia* Kitag.
原生。华东分布：山东。

红葱属 *Eleutherine*

（鸢尾科 Iridaceae）

红葱 *Eleutherine bulbosa* (Mill.) Urb.
——*Eleutherine plicata* (Sw.) Herb.［New Distribution Record of Angiosperm in Fujian（Ⅴ）］
外来、栽培。华东分布：福建。

庭菖蒲属 *Sisyrinchium*

（鸢尾科 Iridaceae）

庭菖蒲 *Sisyrinchium rosulatum* Bickn.
外来、栽培。华东分布：江苏、浙江。

阿福花科 Asphodelaceae

山菅兰属 *Dianella*

（阿福花科 Asphodelaceae）

山菅兰 *Dianella ensifolia* (L.) Redouté
别名：山菅（福建植物志、江西种子植物名录、浙江植物志）
原生、栽培。华东分布：福建、江西、浙江。

萱草属 *Hemerocallis*

（阿福花科 Asphodelaceae）

黄花菜 *Hemerocallis citrina* Baroni
原生。华东分布：安徽、福建、江苏、江西、山东。
北萱草 *Hemerocallis esculenta* Koidz.
原生。华东分布：山东。
萱草 *Hemerocallis fulva* (L.) L.
原生、栽培。华东分布：安徽、福建、江苏、江西、山东、浙江。
北黄花菜 *Hemerocallis lilioasphodelus* L.
——"*Hemerocallis lilio-asphodelus*"=*Hemerocallis lilioasphodelus* L.（拼写错误。山东植物志）
原生。华东分布：江苏、山东。
小黄花菜 *Hemerocallis minor* Mill.
原生。华东分布：江苏、山东。

石蒜科 Amaryllidaceae

葱属 *Allium*

（石蒜科 Amaryllidaceae）

矮韭 *Allium anisopodium* Ledeb.
原生。华东分布：山东。
糙葶韭 *Allium anisopodium* var. ***zimmermannianum*** (Gilg) F.T. Wang & Tang
原生。华东分布：山东。
矮齿韭 *Allium brevidentatum* F.Z. Li
原生。近危（NT）。华东分布：山东。
藠头 *Allium chinense* G. Don
别名：藠头（安徽植物志）
——"*Allium chinensis*"=*Allium chinense* G. Don（拼写错误。安徽植物志）
原生。华东分布：安徽。
黄花葱 *Allium condensatum* Turcz.
原生。华东分布：山东。
宽叶韭 *Allium hookeri* Thwaites
原生。华东分布：福建。
齿棱茎合被韭 *Allium inutile* Makino
原生。近危（NT）。华东分布：安徽。

对叶山葱 *Allium listera* Stearn
原生。华东分布：安徽、浙江。
薤白 *Allium macrostemon* Bunge
别名：密花小根蒜（江苏植物志 第 2 版），小根蒜（江苏植物志 第 2 版）
——*Allium macrostemon* var. *uratense* (Franch.) Airy Shaw（江苏植物志 第 2 版）
原生。华东分布：安徽、福建、江苏、江西、山东、上海、浙江。
长梗韭 *Allium neriniflorum* (Herb.) G. Don
原生。华东分布：山东。
多叶韭 *Allium plurifoliatum* Rendle
原生。华东分布：安徽、浙江。
碱韭 *Allium polyrhizum* Turcz. ex Regel
原生。华东分布：山东。
太白山葱 *Allium prattii* C.H. Wright
原生。华东分布：安徽。
蒙古野韭 *Allium prostratum* Trevir.
原生。华东分布：山东。
野韭 *Allium ramosum* L.
原生。华东分布：山东。
朝鲜韭 *Allium sacculiferum* Maxim.
别名：朝鲜薤（FOC）
原生。华东分布：浙江。
泰山韭 *Allium taishanense* J.M. Xu
原生。华东分布：山东。
细叶韭 *Allium tenuissimum* L.
原生。华东分布：安徽、江苏、山东、浙江。
球序韭 *Allium thunbergii* G. Don
原生。华东分布：江苏、山东、浙江。
茖葱 *Allium victorialis* L.
——"*Allium vitorialis*"=*Allium victorialis* L.（拼写错误。山东植物志）
原生。华东分布：江苏、山东、浙江。

文殊兰属 *Crinum*

（石蒜科 Amaryllidaceae）

文殊兰 *Crinum asiaticum* var. ***sinicum*** (Roxb. ex Herb.) Baker
原生。华东分布：福建。

石蒜属 *Lycoris*

（石蒜科 Amaryllidaceae）

乳白石蒜 *Lycoris* × *albiflora* Koidz.
——"*Lycoris albiflora*"=*Lycoris* × *albiflora* Koidz.（杂交种。江苏植物志 第 2 版）
原生。华东分布：江苏、浙江。
短蕊石蒜 *Lycoris* × *caldwellii* Traub
——"*Lycoris caldwellii*"=*Lycoris* × *caldwellii* Traub（杂交种。江苏植物志 第 2 版、浙江植物志）
原生。近危（NT）。华东分布：江苏、浙江。
江苏石蒜 *Lycoris* × *houdyshelii* Traub
——"*Lycoris houdyshelii*"=*Lycoris* × *houdyshelii* Traub（杂交种。浙江植物志）
原生。易危（VU）。华东分布：江苏、浙江。
玫瑰石蒜 *Lycoris* × *rosea* Traub & Moldenke
——"*Lycoris rosea*"=*Lycoris* × *rosea* Traub & Moldenke（杂交种。安徽植物志、江苏植物志 第 2 版、浙江植物志）
原生、栽培。华东分布：安徽、江苏、上海、浙江。
鹿葱 *Lycoris* × *squamigera* Maxim.
别名：夏水仙（安徽植物志）
——"*Lycoris squamigera*"=*Lycoris* × *squamigera* Maxim.（杂交种。安徽植物志、江苏植物志 第 2 版、山东植物志、浙江植物志）
原生。华东分布：安徽、江苏、山东、浙江。
稻草石蒜 *Lycoris* × *straminea* Lindl.
——"*Lycoris straminea*"=*Lycoris* × *straminea* Lindl.（杂交种。江苏植物志 第 2 版、浙江植物志）
原生。易危（VU）。华东分布：江苏、浙江。
安徽石蒜 *Lycoris anhuiensis* Y. Xu & G.J. Fan
原生。濒危（EN）。华东分布：安徽、江苏。
忽地笑 *Lycoris aurea* (L'Hér.) Herb.
原生、栽培。华东分布：安徽、福建、江苏、江西。
中国石蒜 *Lycoris chinensis* Traub
原生、栽培。华东分布：安徽、江苏、江西、浙江。
红蓝石蒜 *Lycoris haywardii* Traub
原生、栽培。华东分布：浙江。
长筒石蒜 *Lycoris longituba* Y.C. Hsu & G.J. Fan
原生。易危（VU）。华东分布：江苏。
黄长筒石蒜 *Lycoris longituba* var. ***flava*** Y. Xu & X.L. Huang
原生。华东分布：江苏。
石蒜 *Lycoris radiata* (L'Hér.) Herb.
原生、栽培。华东分布：安徽、福建、江苏、江西、浙江。
换锦花 *Lycoris sprengeri* Comes ex Baker
原生。华东分布：安徽、福建、江苏、上海、浙江。

水仙属 *Narcissus*

（石蒜科 Amaryllidaceae）

水仙 *Narcissus tazetta* var. ***chinensis*** M. Roem.
外来、栽培。华东分布：福建、浙江。

葱莲属 Zephyranthes

（石蒜科 Amaryllidaceae）

葱莲 *Zephyranthes candida* (Lindl.) Herb.
外来、栽培。华东分布：安徽、福建、江苏、江西、山东、上海、浙江。
韭莲 *Zephyranthes carinata* Herb.
外来、栽培。华东分布：安徽、福建、江苏、江西、山东、上海、浙江。

天门冬科 Asparagaceae

绵枣儿属 *Barnardia*

（天门冬科 Asparagaceae）

绵枣儿 *Barnardia japonica* (Thunb.) Schult. & Schult. f.
——*Scilla scilloides* (Lindl.) Druce（安徽植物志、福建植物志、江西种子植物名录、山东植物志、浙江植物志）

原生。华东分布：安徽、福建、江苏、江西、山东、上海、浙江。

知母属 *Anemarrhena*

（天门冬科 Asparagaceae）

知母 ***Anemarrhena asphodeloides*** Bunge
原生。华东分布：江苏、山东。

玉簪属 *Hosta*

（天门冬科 Asparagaceae）

白粉玉簪 ***Hosta albofarinosa*** D.Q. Wang
原生。华东分布：安徽。

玉簪 ***Hosta plantaginea*** (Lam.) Asch.
原生、栽培。华东分布：安徽、福建、江苏、江西、山东、上海、浙江。

紫萼 ***Hosta ventricosa*** (Salisb.) Stearn
原生、栽培。华东分布：安徽、福建、江苏、江西、山东、上海、浙江。

丝兰属 *Yucca*

（天门冬科 Asparagaceae）

凤尾丝兰 ***Yucca gloriosa*** L.
别名：凤尾兰（福建植物志、浙江植物志）
外来、栽培。华东分布：福建、浙江。

龙舌兰属 *Agave*

（天门冬科 Asparagaceae）

龙舌兰 ***Agave americana*** L.
外来、栽培。华东分布：福建。

异蕊草属 *Thysanotus*

（天门冬科 Asparagaceae）

异蕊草 ***Thysanotus chinensis*** Benth.
原生。华东分布：福建。

天门冬属 *Asparagus*

（天门冬科 Asparagaceae）

山文竹 ***Asparagus acicularis*** F.T. Wang & S.C. Chen
原生。华东分布：安徽、江苏、江西。

攀缘天门冬 ***Asparagus brachyphyllus*** Turcz.
别名：攀援天门冬（山东植物志）
原生。华东分布：山东。

天门冬 ***Asparagus cochinchinensis*** (Lour.) Merr.
原生。华东分布：安徽、福建、江苏、江西、山东、上海、浙江。

兴安天门冬 ***Asparagus dauricus*** Link
原生。华东分布：江苏、山东。

羊齿天门冬 ***Asparagus filicinus*** Buch.-Ham. ex D. Don
原生。华东分布：安徽、江西、浙江。

长花天门冬 ***Asparagus longiflorus*** Franch.
原生。华东分布：江苏、山东。

南玉带 ***Asparagus oligoclonos*** Maxim.
原生。华东分布：江苏、山东。

龙须菜 ***Asparagus schoberioides*** Kunth
原生。华东分布：江苏、山东。

球子草属 *Peliosanthes*

（天门冬科 Asparagaceae）

大盖球子草 ***Peliosanthes macrostegia*** Hance
原生。华东分布：福建。

山麦冬属 *Liriope*

（天门冬科 Asparagaceae）

禾叶山麦冬 ***Liriope graminifolia*** (L.) Baker
别名：禾叶土麦冬（安徽植物志）
原生。华东分布：安徽、福建、江苏、江西、山东、浙江。

长梗山麦冬 ***Liriope longipedicellata*** F.T. Wang & Tang
原生。华东分布：安徽、浙江。

矮小山麦冬 ***Liriope minor*** (Maxim.) Makino
别名：矮小土麦冬（安徽植物志）
原生。华东分布：安徽、江苏、江西、浙江。

阔叶山麦冬 ***Liriope muscari*** (Decne.) L.H. Bailey
别名：阔叶土麦冬（安徽植物志、江西种子植物名录）
——*Liriope platyphylla* F.T. Wang & Tang（江西种子植物名录）
原生、栽培。华东分布：安徽、福建、江苏、江西、山东、上海、浙江。

山麦冬 ***Liriope spicata*** (Thunb.) Lour.
别名：土麦冬（安徽植物志）
原生、栽培。华东分布：安徽、福建、江苏、江西、山东、上海、浙江。

浙江山麦冬 ***Liriope zhejiangensis*** G.H. Xia & G.Y. Li
原生。华东分布：浙江。

沿阶草属 *Ophiopogon*

（天门冬科 Asparagaceae）

沿阶草 ***Ophiopogon bodinieri*** H. Lév.
原生。华东分布：安徽、福建、江西。

间型沿阶草 ***Ophiopogon intermedius*** D. Don
原生。华东分布：安徽、福建、江西、浙江。

阔叶沿阶草 ***Ophiopogon jaburan*** (Siebold) G. Lodd.
原生、栽培。华东分布：浙江。

麦冬 ***Ophiopogon japonicus*** (L. f.) Ker Gawl.
别名：沿阶草（江苏植物志 第 2 版）
原生、栽培。华东分布：安徽、福建、江苏、江西、山东、上海、浙江。

狭叶沿阶草 ***Ophiopogon stenophyllus*** (Merr.) L. Rodr.
原生。华东分布：江西。

阴生沿阶草 ***Ophiopogon umbraticola*** Hance
原生。华东分布：江西、浙江。

白穗花属 *Speirantha*

（天门冬科 Asparagaceae）

白穗花 ***Speirantha gardenii*** (Hook.) Baill.
原生。华东分布：安徽、江苏、江西、浙江。

铃兰属 *Convallaria*

（天门冬科 Asparagaceae）

铃兰 ***Convallaria majalis*** L.
原生、栽培。华东分布：安徽、山东。

吉祥草属 *Reineckea*

（天门冬科 Asparagaceae）

吉祥草 *Reineckea carnea* (Andrews) Kunth

——“*Reineckia carnea*”=*Reineckea carnea* (Andrews) Kunth（拼写错误。福建植物志、江西种子植物名录、浙江植物志）

原生、栽培。华东分布：安徽、福建、江苏、江西、山东、上海、浙江。

蜘蛛抱蛋属 *Aspidistra*

（天门冬科 Asparagaceae）

基生蜘蛛抱蛋 *Aspidistra basalis* Tillich

原生、栽培。华东分布：江苏。

蜘蛛抱蛋 *Aspidistra elatior* Blume

原生、栽培。华东分布：安徽、福建、江苏、江西、上海、浙江。

流苏蜘蛛抱蛋 *Aspidistra fimbriata* F.T. Wang & K.Y. Lang

原生。华东分布：福建、浙江。

九龙盘 *Aspidistra lurida* Ker Gawl.

原生。华东分布：福建、江西、浙江。

湖南蜘蛛抱蛋 *Aspidistra triloba* F.T. Wang & K.Y. Lang

原生。华东分布：江西。

万年青属 *Rohdea*

（天门冬科 Asparagaceae）

开口箭 *Rohdea chinensis* (Baker) N. Tanaka

——*Tupistra chinensis* Baker（安徽植物志、福建植物志、江西种子植物名录、浙江植物志）

原生、栽培。华东分布：安徽、福建、江西、浙江。

万年青 *Rohdea japonica* (Thunb.) Roth

原生、栽培。华东分布：安徽、福建、江苏、江西、山东、上海、浙江。

舞鹤草属 *Maianthemum*

（天门冬科 Asparagaceae）

管花鹿药 *Maianthemum henryi* (Baker) LaFrankie

——*Smilacina henryi* (Baker) F.T. Wang & Tang（安徽植物志）

原生。华东分布：安徽、浙江。

鹿药 *Maianthemum japonicum* (A. Gray) LaFrankie

——*Smilacina japonica* A. Gray（安徽植物志、福建植物志、江西种子植物名录、山东植物志、浙江植物志）

原生。华东分布：安徽、福建、江苏、江西、山东、浙江。

盘珠鹿药 *Maianthemum robustum* (Makino & Honda) LaFrankie

原生。华东分布：浙江。

竹根七属 *Disporopsis*

（天门冬科 Asparagaceae）

散斑竹根七 *Disporopsis aspersa* (Hua) Engl. ex Diels

原生。华东分布：江西、浙江。

竹根七 *Disporopsis fuscopicta* Hance

原生。华东分布：福建、江西。

深裂竹根七 *Disporopsis pernyi* (Hua) Diels

别名：竹根万寿竹（江西种子植物名录）

——“*Disporum pernyi*”=*Disporopsis pernyi* (Hua) Diels（拼写错误。江西种子植物名录）

原生。华东分布：福建、江西、浙江。

黄精属 *Polygonatum*

（天门冬科 Asparagaceae）

多花黄精 *Polygonatum cyrtonema* Hua

原生、栽培。近危（NT）。华东分布：安徽、福建、江苏、江西、浙江。

古田山黄精 *Polygonatum cyrtonema* var. *gutianshanicum* X.F. Jin

原生。华东分布：浙江。

大皿黄精 *Polygonatum daminense* H.J. Yang & D.F. Cui

原生。华东分布：浙江。

长苞黄精 *Polygonatum desoulayi* Kom.

原生。华东分布：安徽。

长梗黄精 *Polygonatum filipes* Merr. ex C. Jeffrey & McEwan

原生。华东分布：安徽、福建、江西、浙江。

距药黄精 *Polygonatum franchetii* Hua

原生。近危（NT）。华东分布：安徽。

二苞黄精 *Polygonatum involucratum* (Franch. & Sav.) Maxim.

原生。华东分布：山东。

金寨黄精 *Polygonatum jinzhaiense* D.C. Zhang & J.Z. Shao

原生。易危（VU）。华东分布：安徽。

热河黄精 *Polygonatum macropodum* Turcz.

——“*Polygonatum macropodium*”=*Polygonatum macropodum* Turcz.（拼写错误。山东植物志）

原生。华东分布：山东。

节根黄精 *Polygonatum nodosum* Hua

原生。华东分布：江西。

玉竹 *Polygonatum odoratum* (Mill.) Druce

原生、栽培。华东分布：安徽、福建、江苏、江西、山东、浙江。

黄精 *Polygonatum sibiricum* Redouté

原生、栽培。华东分布：安徽、江苏、山东、浙江。

轮叶黄精 *Polygonatum verticillatum* (L.) All.

原生。华东分布：安徽。

湖北黄精 *Polygonatum zanlanscianense* Pamp.

原生。华东分布：安徽、江苏、江西、浙江。

棕榈科 Arecaceae

省藤属 *Calamus*

（棕榈科 Arecaceae）

杖藤 *Calamus rhabdocladus* Burret

别名：华南省藤（江西种子植物名录）

原生。华东分布：福建、江西。

白藤 *Calamus tetradactylus* Hance

原生。华东分布：福建。

毛鳞省藤 *Calamus thysanolepis* Hance

别名：高毛鳞省藤（福建植物志）

——*Calamus hoplites* Dunn（福建植物志）

原生。华东分布：福建、江西、浙江。

海枣属 *Phoenix*

（棕榈科 Arecaceae）

刺葵 ***Phoenix loureiroi*** Kunth

——*Phoenix hanceana* Naudin（福建植物志）

原生。华东分布：福建、浙江。

棕竹属 *Rhapis*

（棕榈科 Arecaceae）

棕竹 ***Rhapis excelsa*** (Thunb.) A. Henry

原生。华东分布：福建。

棕榈属 *Trachycarpus*

（棕榈科 Arecaceae）

棕榈 ***Trachycarpus fortunei*** (Hook.) H. Wendl.

原生、栽培。华东分布：安徽、福建、江苏、江西、山东、上海、浙江。

蒲葵属 *Livistona*

（棕榈科 Arecaceae）

大叶蒲葵 ***Livistona saribus*** (Lour.) Merr. ex A. Chev.

原生。华东分布：福建。

山槟榔属 *Pinanga*

（棕榈科 Arecaceae）

变色山槟榔 ***Pinanga baviensis*** Becc.

——*Pinanga discolor* Burret（福建植物志）

原生。华东分布：福建。

鸭跖草科 Commelinaceae

水竹叶属 *Murdannia*

（鸭跖草科 Commelinaceae）

大苞水竹叶 ***Murdannia bracteata*** (C.B. Clarke) J.K. Morton ex D.Y. Hong

原生。华东分布：江西。

根茎水竹叶 ***Murdannia hookeri*** (C.B. Clarke) G. Brückn.

原生。华东分布：江西、浙江。

狭叶水竹叶 ***Murdannia kainantensis*** (Masam.) D.Y. Hong

原生。华东分布：福建、江西。

疣草 ***Murdannia keisak*** (Hassk.) Hand.-Mazz.

原生。华东分布：安徽、江西、浙江。

牛轭草 ***Murdannia loriformis*** (Hassk.) R.S. Rao & Kammathy

原生。华东分布：安徽、福建、江西、上海、浙江。

裸花水竹叶 ***Murdannia nudiflora*** (L.) Brenan

原生。华东分布：安徽、福建、江苏、江西、山东、上海、浙江。

矮水竹叶 ***Murdannia spirata*** (L.) G. Brückn.

原生。华东分布：福建、江西。

水竹叶 ***Murdannia triquetra*** (Wall. ex C.B. Clarke) G. Brückn.

别名：竹叶（江西种子植物名录）

——"*Murdannia triqutra*"=*Murdannia triquetra* (Wall. ex C.B. Clarke) G. Brückn.（拼写错误。山东植物志）

原生。华东分布：安徽、福建、江苏、江西、山东、上海、浙江。

细柄水竹叶 ***Murdannia vaginata*** (L.) G. Brückn.

原生。华东分布：江苏、山东。

聚花草属 *Floscopa*

（鸭跖草科 Commelinaceae）

聚花草 ***Floscopa scandens*** Lour.

原生。华东分布：福建、江西、浙江。

鸭跖草属 *Commelina*

（鸭跖草科 Commelinaceae）

耳苞鸭跖草 ***Commelina auriculata*** Blume

原生。华东分布：福建。

饭包草 ***Commelina benghalensis*** L.

别名：火柴头（江苏植物志 第 2 版）

——"*Commelina bengalensis*"=*Commelina benghalensis* L.（拼写错误。福建植物志、江西种子植物名录、浙江植物志）

原生。华东分布：安徽、福建、江苏、江西、山东、上海、浙江。

鸭跖草 ***Commelina communis*** L.

原生。华东分布：安徽、福建、江苏、江西、山东、上海、浙江。

竹节菜 ***Commelina diffusa*** Burm. f.

别名：节节草（江西种子植物名录）

原生。华东分布：福建、江西、浙江。

大苞鸭跖草 ***Commelina paludosa*** Blume

原生。华东分布：福建、江西。

杜若属 *Pollia*

（鸭跖草科 Commelinaceae）

杜若 ***Pollia japonica*** Thunb.

原生。华东分布：安徽、福建、江苏、江西、浙江。

长花枝杜若 ***Pollia secundiflora*** (Blume) Bakh. f.

别名：偏花杜箬（江西种子植物名录）

原生。华东分布：江西。

钩毛子草属 *Rhopalephora*

（鸭跖草科 Commelinaceae）

钩毛子草 ***Rhopalephora scaberrima*** (Blume) Faden

别名：毛果网籽草（福建植物志）

——*Dictyospermum scaberrimum* (Blume) C.V. Morton ex Panigrahi（福建植物志）

原生。华东分布：福建。

竹叶子属 *Streptolirion*

（鸭跖草科 Commelinaceae）

竹叶子 ***Streptolirion volubile*** Edgew.

原生。华东分布：安徽、山东、浙江。

竹叶吉祥草属 *Spatholirion*

（鸭跖草科 Commelinaceae）

竹叶吉祥草 ***Spatholirion longifolium*** (Gagnep.) Dunn

原生。华东分布：福建、江西、浙江。

紫万年青属 *Tradescantia*

（鸭跖草科 Commelinaceae）

白花紫露草 ***Tradescantia fluminensis*** Vell.

外来。华东分布：福建、江西。

紫竹梅 ***Tradescantia pallida*** (Rose) D.R.Hunt

外来、栽培。华东分布：安徽、福建、江苏、江西、山东、上海、浙江。

吊竹梅 *Tradescantia zebrina* Bosse
外来、栽培。华东分布：福建。

蓝耳草属 *Cyanotis*

（鸭跖草科 Commelinaceae）

蛛丝毛蓝耳草 *Cyanotis arachnoidea* C.B. Clarke
别名：露水草（浙江植物志），蛛丝蓝耳草（江西种子植物名录）
——"*Cyanotis arachnoides*"=*Cyanotis arachnoidea* C.B. Clarke（拼写错误。浙江植物志）
——"*Cyanotis arachoidea*"=*Cyanotis arachnoidea* C.B. Clarke（拼写错误。福建植物志）
原生。华东分布：福建、江西、浙江。

蓝耳草 *Cyanotis vaga* (Lour.) Schult. & Schult. f.
原生。华东分布：江西。

穿鞘花属 *Amischotolype*

（鸭跖草科 Commelinaceae）

穿鞘花 *Amischotolype hispida* (A. Rich.) D.Y. Hong
原生。华东分布：福建。

锦竹草属 *Callisia*

（鸭跖草科 Commelinaceae）

二色锦竹草 *Callisia gracilis* (Kunth) D.R. Hunt
别名：二色鸭跖草（Four New Species of Flowering Plants from Anhui）
——*Commelina bicolor* Poepp. ex Kunth（Four New Species of Flowering Plants from Anhui）
原生。华东分布：安徽。

锦竹草 *Callisia repens* (Jacq.) L.
别名：洋竹草（中国外来入侵植物名录）
外来。华东分布：福建。

田葱科 Philydraceae

田葱属 *Philydrum*

（田葱科 Philydraceae）

田葱 *Philydrum lanuginosum* Banks & Sol. ex Gaertn.
原生。华东分布：福建、浙江。

雨久花科 Pontederiaceae

凤眼莲属 *Eichhornia*

（雨久花科 Pontederiaceae）

凤眼莲 *Eichhornia crassipes* (Mart.) Solms
别名：凤眼蓝（福建植物志、中国外来入侵植物名录、上海维管植物名录）
外来、栽培。华东分布：安徽、福建、江苏、江西、山东、上海、浙江。

雨久花属 *Monochoria*

（雨久花科 Pontederiaceae）

箭叶雨久花 *Monochoria hastata* (L.) Solms
原生。华东分布：福建。

雨久花 *Monochoria korsakowii* Regel & Maack
原生。华东分布：安徽、江苏、江西、山东、上海。

鸭舌草 *Monochoria vaginalis* (Burm. f.) C. Presl
别名：少花鸭舌草（安徽植物志）
——*Monochoria vaginalis* var. *plantaginea* (Roxb.) Solms（安徽植物志）
原生。华东分布：安徽、福建、江苏、江西、山东、上海、浙江。

芭蕉科 Musaceae

芭蕉属 *Musa*

（芭蕉科 Musaceae）

野蕉 *Musa balbisiana* Colla
原生。华东分布：福建、江西。

竹芋科 Marantaceae

水竹芋属 *Thalia*

（竹芋科 Marantaceae）

水竹芋 *Thalia dealbata* Fraser
别名：再力花（江苏植物志 第 2 版、中国外来入侵植物名录）
——"*Thalia dealbata* Fraser ex Roscoe"=*Thalia dealbata* Fraser（不合法名称。江苏植物志 第 2 版）
外来、栽培。华东分布：安徽、福建、江苏、江西、山东、上海、浙江。

柊叶属 *Phrynium*

（竹芋科 Marantaceae）

少花柊叶 *Phrynium oliganthum* Merr.
原生。华东分布：福建。

柊叶 *Phrynium rheedei* Suresh & Nicolson
——*Phrynium capitatum* Willd.（福建植物志）
原生。华东分布：福建。

姜科 Zingiberaceae

山姜属 *Alpinia*

（姜科 Zingiberaceae）

红豆蔻 *Alpinia galanga* (L.) Willd.
原生、栽培。华东分布：福建。

海南山姜 *Alpinia hainanensis* K. Schum.
别名：草豆蔻（福建植物志）
——"*Alpinia katsumadai*"=*Alpinia katsumadae* Hayata（拼写错误。福建植物志）
原生、栽培。华东分布：福建。

山姜 *Alpinia japonica* (Thunb.) Miq.
原生。华东分布：安徽、福建、江西、浙江。

箭杆风 *Alpinia jianganfeng* T.L. Wu
别名：箭杆风（FOC）
原生。华东分布：江西。
华山姜 *Alpinia oblongifolia* Hayata
——"*Alpinia chinensis*"=*Alpinia oblongifolia* Hayata（误用名。福建植物志）
——"*Alpinia chinesis*"［= *Alpinia chinensis* (Retz.) Rosc.］=*Alpinia oblongifolia* Hayata（拼写错误；误用名。江西种子植物名录）
原生。华东分布：福建、江西、浙江。
高良姜 *Alpinia officinarum* Hance
原生、栽培。华东分布：福建、江西。
益智 *Alpinia oxyphylla* Miq.
原生、栽培。华东分布：福建。
四川山姜 *Alpinia sichuanensis* Z.Y. Zhu
原生。华东分布：福建。
密苞山姜 *Alpinia stachyodes* Hance
别名：穗花山姜（江西种子植物名录）
——"*Alpinia stachyoides*"=*Alpinia stachyodes* Hance（拼写错误。江西种子植物名录）
——*Alpinia densibracteata* T.L. Wu & S.J. Chen（福建植物志）
原生。华东分布：福建、江西。

豆蔻属 *Amomum*

（姜科 Zingiberaceae）

砂仁 *Amomum villosum* Lour.
——*Wurfbainia villosa* (Lour.) Škorničk. & A.D. Poulsen［Convergent morphology in Alpinieae (Zingiberaceae): Recircumscribing *Amomum* as A Monophyletic Genus］
原生、栽培。华东分布：福建。

舞花姜属 *Globba*

（姜科 Zingiberaceae）

浙江舞花姜 *Globba chekiangensis* G.Y. Li, Z.H. Chen & G.H. Xia
别名：浙赣舞花姜（FOC）
原生。华东分布：江西、浙江。
舞花姜 *Globba racemosa* Sm.
原生。华东分布：安徽、福建、江西。

大苞姜属 *Monolophus*

（姜科 Zingiberaceae）

黄花大苞姜 *Monolophus coenobialis* Hance
——*Caulokaempferia coenobialis* (Hance) K. Larsen（江西种子植物名录）
原生。华东分布：江西。

姜黄属 *Curcuma*

（姜科 Zingiberaceae）

郁金 *Curcuma aromatica* Salisb.
原生、栽培。华东分布：福建、浙江。
土田七 *Curcuma involucrata* (King ex Baker) Škornick.
——*Stahlianthus involucratus* (King ex Baker) Craib（福建植物志）
原生。华东分布：福建。
姜黄 *Curcuma longa* L.
原生。华东分布：福建。
莪术 *Curcuma phaeocaulis* Valeton
原生。华东分布：福建。
温郁金 *Curcuma wenyujin* Y.H. Chen & C. Ling
原生。华东分布：浙江。

姜花属 *Hedychium*

（姜科 Zingiberaceae）

姜花 *Hedychium coronarium* J. Koenig
原生、栽培。华东分布：福建、江西。

姜属 *Zingiber*

（姜科 Zingiberaceae）

蘘荷 *Zingiber mioga* (Thunb.) Roscoe
原生。华东分布：安徽、福建、江苏、江西、浙江。
阳荷 *Zingiber striolatum* Diels
原生。华东分布：江西。
红球姜 *Zingiber zerumbet* (L.) Roscoe ex Sm.
原生。华东分布：福建。

香蒲科 Typhaceae

黑三棱属 *Sparganium*

（香蒲科 Typhaceae）

小黑三棱 *Sparganium emersum* Rehmann
——*Sparganium simplex* Huds.（江西种子植物名录）
原生。华东分布：江西。
曲轴黑三棱 *Sparganium fallax* Graebn.
原生。华东分布：福建、江西、浙江。
黑三棱 *Sparganium stoloniferum* (Buch.-Ham. ex Graebn.) Buch.-Ham. ex Juz.
原生。华东分布：安徽、江苏、江西、山东、浙江。

香蒲属 *Typha*

（香蒲科 Typhaceae）

水烛 *Typha angustifolia* L.
别名：狭叶香蒲（山东植物志）
原生。华东分布：安徽、福建、江苏、江西、山东、上海、浙江。
达香蒲 *Typha davidiana* (Kronf.) Hand.-Mazz.
原生。华东分布：江苏。
长苞香蒲 *Typha domingensis* Pers.
——*Typha angustata* Bory & Chaub.（安徽植物志、山东植物志）
原生。华东分布：安徽、江苏、山东。
宽叶香蒲 *Typha latifolia* L.
原生。华东分布：浙江。
无苞香蒲 *Typha laxmannii* Lepech.
原生。华东分布：江苏、江西。
短序香蒲 *Typha lugdunensis* P. Chabert
原生。华东分布：山东。
小香蒲 *Typha minima* Funck
原生。华东分布：山东。

香蒲 ***Typha orientalis*** C. Presl
别名：东方香蒲（江西种子植物名录、山东植物志、上海维管植物名录）
原生。华东分布：安徽、江苏、江西、山东、上海、浙江。

黄眼草科 Xyridaceae

黄眼草属 *Xyris*

（黄眼草科 Xyridaceae）

硬叶葱草 ***Xyris complanata*** R. Br.
原生。华东分布：福建。
黄眼草 ***Xyris indica*** L.
原生。华东分布：福建。
葱草 ***Xyris pauciflora*** Willd.
原生。华东分布：福建、江西。

谷精草科 Eriocaulaceae

谷精草属 *Eriocaulon*

（谷精草科 Eriocaulaceae）

高山谷精草 ***Eriocaulon alpestre*** Hook. f. & Thomson ex Körn.
原生。华东分布：安徽、江西。
毛谷精草 ***Eriocaulon australe*** R. Br.
原生。华东分布：福建、江西。
谷精草 ***Eriocaulon buergerianum*** Körn.
原生。华东分布：安徽、福建、江苏、江西、浙江。
白药谷精草 ***Eriocaulon cinereum*** R. Br.
别名：白花谷精草（安徽植物志）
——*Eriocaulon sieboldianum* Sieb. & Zucc. ex Steud.（安徽植物志）
原生。华东分布：安徽、福建、江苏、江西、山东、上海、浙江。
长苞谷精草 ***Eriocaulon decemflorum*** Maxim.
原生。易危（VU）。华东分布：福建、江苏、江西、山东、浙江。
尖苞谷精草 ***Eriocaulon echinulatum*** Mart.
别名：芒刺谷精草（福建植物志）
原生。华东分布：福建。
江南谷精草 ***Eriocaulon faberi*** Ruhland
原生。华东分布：福建、江苏、江西、浙江。
四国谷精草 ***Eriocaulon miquelianum*** Körn.
——*Eriocaulon sikokianum* Maxim.（浙江植物志）
原生。华东分布：浙江。
南投谷精草 ***Eriocaulon nantoense*** Hayata
别名：狭叶谷精草（FOC）
——*Eriocaulon angustulum* W.L. Ma（FOC）
原生。近危（NT）。华东分布：安徽、福建、浙江。
尼泊尔谷精草 ***Eriocaulon nepalense*** Prescott ex Bong.
别名：褐色谷精草（福建植物志），疏毛谷精草（福建植物志、浙江植物志）
——*Eriocaulon nantoense* var. *parviceps* (Hand.-Mazz.) W.L. Ma（福建植物志、浙江植物志）
——*Eriocaulon pullum* T. Koyama（福建植物志）
原生。华东分布：福建、江西、浙江。
玉龙山谷精草 ***Eriocaulon rockianum*** Hand.-Mazz.
原生。近危（NT）。华东分布：山东。
华南谷精草 ***Eriocaulon sexangulare*** L.
原生。华东分布：福建、江西、浙江。
泰山谷精草 ***Eriocaulon taishanense*** F.Z. Li
原生。华东分布：江西、山东。
菲律宾谷精草 ***Eriocaulon truncatum*** Buch.-Ham. ex Mart.
——*Eriocaulon merrillii* Ruhland ex J.R. Perkins（福建植物志）
原生。近危（NT）。华东分布：福建、山东。

灯芯草科 Juncaceae

地杨梅属 *Luzula*

（灯芯草科 Juncaceae）

地杨梅 ***Luzula campestris*** (L.) DC.
原生。华东分布：江苏。
异被地杨梅 ***Luzula inaequalis*** K.F. Wu
——"*Luzula inaequealis*"=*Luzula inaequalis* K.F. Wu（拼写错误。江西种子植物名录）
原生。华东分布：江西。
多花地杨梅 ***Luzula multiflora*** (Ehrh.) Lej.
原生。华东分布：安徽、江苏、江西、上海、浙江。
华北地杨梅 ***Luzula oligantha*** Sam.
原生。华东分布：安徽、江苏、山东。
羽毛地杨梅 ***Luzula plumosa*** E. Mey.
原生。华东分布：安徽、福建、江苏、江西、浙江。

灯芯草属 *Juncus*

（灯芯草科 Juncaceae）

翅茎灯芯草 ***Juncus alatus*** Franch. & Sav.
别名：翅灯心草（山东植物志），翅茎灯心草（安徽植物志、江苏植物志 第2版、江西种子植物名录、浙江植物志）
原生。华东分布：安徽、福建、江苏、江西、山东、上海、浙江。
小花灯芯草 ***Juncus articulatus*** L.
别名：小花灯心草（安徽植物志、山东植物志）
——*Juncus lampocarpus* Ehrh. ex Hoffm.（安徽植物志）
原生。华东分布：安徽、福建、山东。
小灯芯草 ***Juncus bufonius*** L.
别名：小灯心草（安徽植物志、江西种子植物名录、山东植物志）
原生。华东分布：安徽、福建、江苏、江西、山东、浙江。
星花灯芯草 ***Juncus diastrophanthus*** Buchenau
别名：星花灯心草（安徽植物志、江西种子植物名录、山东植物志、浙江植物志）
——"*Juncus distrophanthus*"=*Juncus diastrophanthus* Buchenau（拼写错误。山东植物志）
原生。华东分布：安徽、江苏、江西、山东、浙江。
灯芯草 ***Juncus effusus*** L.
别名：灯心草（安徽植物志、江苏植物志 第2版、江西种子植物名录、山东植物志、浙江植物志）

原生。华东分布：安徽、福建、江苏、江西、山东、浙江。

扁茎灯芯草 *Juncus gracillimus* (Buchenau) V.I. Krecz. & Gontsch.

别名：细灯心草（安徽植物志、江西种子植物名录、山东植物志、浙江植物志）

原生。华东分布：安徽、江苏、江西、山东、浙江。

片髓灯芯草 *Juncus inflexus* L.

原生。华东分布：江苏。

短喙灯芯草 *Juncus krameri* Franch. & Sav.

别名：短喙灯心草（FOC）

原生。华东分布：山东。

乳头灯芯草 *Juncus papillosus* Franch. & Sav.

别名：乳头灯心草（山东植物志）

原生。华东分布：江苏、山东。

笄石菖 *Juncus prismatocarpus* R. Br.

别名：江南灯心草（福建植物志、江西种子植物名录、浙江植物志），水茅草（安徽植物志）

——*Juncus leschenaultii* Gay ex Laharpe（安徽植物志、福建植物志、浙江植物志）

原生。华东分布：安徽、福建、江苏、江西、上海、浙江。

圆柱叶灯心草 *Juncus prismatocarpus* subsp. ***teretifolius*** K.F. Wu

原生。华东分布：江苏、浙江。

簇花灯芯草 *Juncus ranarius* Songeon & E.P. Perrier

原生。华东分布：江苏。

野灯芯草 *Juncus setchuensis* Buchenau

别名：野灯心草（安徽植物志、江苏植物志 第 2 版、江西种子植物名录、浙江植物志）

原生。华东分布：安徽、江苏、江西、上海、浙江。

假灯心草 *Juncus setchuensis* var. ***effusoides*** Buchenau

原生。华东分布：江西。

洮南灯芯草 *Juncus taonanensis* Satake & Kitag.

别名：洮南灯心草（山东植物志）

原生。华东分布：江苏、山东。

坚被灯芯草 *Juncus tenuis* Willd.

别名：柔弱灯心草（江西种子植物名录、山东植物志、浙江植物志）

原生。华东分布：江西、山东、上海、浙江。

针灯芯草 *Juncus wallichianus* J. Gay ex Laharpe

别名：针灯心草（山东植物志）

原生。华东分布：山东。

莎草科 Cyperaceae

割鸡芒属 *Hypolytrum*

（莎草科 Cyperaceae）

割鸡芒 *Hypolytrum nemorum* (Vahl) Spreng.

原生。华东分布：福建。

擂鼓簕属 *Mapania*

（莎草科 Cyperaceae）

单穗擂鼓簕 *Mapania wallichii* C.B. Clarke

别名：长秆擂鼓簕（福建植物志）

——*Mapania dolichopoda* Tang & F.T. Wang（福建植物志）

原生。华东分布：福建。

珍珠茅属 *Scleria*

（莎草科 Cyperaceae）

二花珍珠茅 *Scleria biflora* Roxb.

原生。近危（NT）。华东分布：福建、江苏、江西。

圆秆珍珠茅 *Scleria harlandii* Hance

原生。华东分布：福建。

黑鳞珍珠茅 *Scleria hookeriana* Boeckeler

原生。华东分布：福建、江西、浙江。

疏松珍珠茅 *Scleria laxa* R. Br.

别名：三槽珍珠茅（福建植物志）

——*Scleria trisulcata* G.P. Li（福建植物志）

原生。华东分布：福建。

毛果珍珠茅 *Scleria levis* Retz.

别名：柔毛果珍珠茅（浙江植物志）

——"*Scleria herbecarpa* var. *pubescens*"=*Scleria hebecarpa* var. *pubescens* (Steud.) C.B. Clarke（拼写错误。江西种子植物名录）

——*Scleria levis* var. *pubescens* (Steud.) C.Z. Zheng（浙江植物志）

原生。华东分布：安徽、福建、江苏、江西、浙江。

角架珍珠茅 *Scleria novae-hollandiae* Boeckeler

别名：福建珍珠茅（福建植物志）

——*Scleria fujianensis* G.P. Li（福建植物志）

原生。华东分布：福建、江苏。

小型珍珠茅 *Scleria parvula* Steud.

原生。华东分布：福建、山东、浙江。

纤秆珍珠茅 *Scleria pergracilis* (Nees) Kunth

别名：纤秤珍珠茅（江西种子植物名录）

原生。华东分布：江苏、江西。

垂序珍珠茅 *Scleria rugosa* R. Br.

别名：皱果珍珠茅（福建植物志、江西种子植物名录）

原生。华东分布：福建、江苏、江西、浙江。

高秆珍珠茅 *Scleria terrestris* (L.) Fassett

——*Scleria elata* Thwaites（江西种子植物名录、浙江植物志）

原生。华东分布：福建、江苏、江西、浙江。

裂颖茅属 *Diplacrum*

（莎草科 Cyperaceae）

裂颖茅 *Diplacrum caricinum* R. Br.

原生。华东分布：福建、江苏、江西、浙江。

一本芒属 *Cladium*

（莎草科 Cyperaceae）

华一本芒 *Cladium mariscus* (L.) Pohl

别名：华克拉莎（浙江植物志）

——"*Cladium chinensis*"=*Cladium chinense* Nees（拼写错误。浙江植物志）

原生。华东分布：浙江。

黑莎草属 *Gahnia*

（莎草科 Cyperaceae）

散穗黑莎草 *Gahnia baniensis* Benl

原生。华东分布：福建。

黑莎草 ***Gahnia tristis*** Nees

原生。华东分布：福建、江苏、江西、浙江。

鳞籽莎属 *Lepidosperma*

（莎草科 Cyperaceae）

鳞籽莎 ***Lepidosperma chinense*** Nees & Meyen ex Kunth

——"*Lepidosperma chinensis*"=*Lepidosperma chinense* Nees & Meyen ex Kunth（拼写错误。江西种子植物名录）

原生。华东分布：福建、江西、浙江。

刺子莞属 *Rhynchospora*

（莎草科 Cyperaceae）

华刺子莞 ***Rhynchospora chinensis*** Nees & Meyen

原生。华东分布：安徽、福建、江苏、江西、山东、浙江。

伞房刺子莞 ***Rhynchospora corymbosa*** (L.) Britton

原生。华东分布：福建、浙江。

细叶刺子莞 ***Rhynchospora faberi*** C.B. Clarke

原生。华东分布：福建、江苏、江西、山东、上海、浙江。

柔弱刺子莞 ***Rhynchospora gracillima*** Thwaites

别名：细弱刺子莞（福建植物志）

——"*Rhynchospora gracilima*"=*Rhynchospora gracillima* Thwaites（拼写错误。福建植物志）

原生。华东分布：福建。

日本刺子莞 ***Rhynchospora malasica*** C.B. Clarke

原生。华东分布：福建。

刺子莞 ***Rhynchospora rubra*** (Lour.) Makino

原生。华东分布：安徽、福建、江苏、江西、浙江。

白喙刺子莞 ***Rhynchospora rugosa*** subsp. ***brownii*** (Roem. & Schult.) T. Koyama

——*Rhynchospora brownii* Roem. & Schult.（福建植物志、浙江植物志）

原生。华东分布：福建、浙江。

蔺藨草属 *Trichophorum*

（莎草科 Cyperaceae）

三棱蔺藨草 ***Trichophorum mattfeldianum*** (Kük.) S. Yun Liang

别名：三棱秆藨草（浙江植物志），三棱针蔺（FOC）

——*Scirpus mattfeldianus* Kük.（浙江植物志）

原生。华东分布：浙江。

玉山蔺藨草 ***Trichophorum subcapitatum*** (Thwaites & Hook.) D.A. Simpson

别名：类头状花序藨草（福建植物志、江西种子植物名录、浙江植物志），龙须草（安徽植物志），玉山针蔺（FOC）

——"*Scripus subcapitatus*"=*Scirpus subcapitatus* Thwaites & Hook.（拼写错误。江西种子植物名录）

——*Baeothryon subcapitatum* (Thwaites & Hook.) Á. Löve & D. Löve（安徽植物志）

——*Scirpus subcapitatus* Thwaites & Hook.（福建植物志、浙江植物志）

原生。华东分布：安徽、福建、江西、浙江。

藨草属 *Scirpus*

（莎草科 Cyperaceae）

细枝藨草 ***Scirpus filipes*** C.B. Clarke

别名：细辐射枝藨草（福建植物志）

原生。华东分布：福建。

少花细枝藨草 ***Scirpus filipes*** var. ***paucispiculatus*** Tang & F.T. Wang

原生。华东分布：福建。

穗芽水葱 ***Scirpus gemmifer*** (C. Sato, T. Maeda & Uchino) Y.F. Lu & X.F. Jin

原生。华东分布：浙江。

海南藨草 ***Scirpus hainanensis*** S.M. Huang

原生。华东分布：福建、江苏、浙江。

华东藨草 ***Scirpus karuisawensis*** Makino

——"*Scirpus karuizawensis*"=*Scirpus karuisawensis* Makino（拼写错误。安徽植物志、山东植物志、浙江植物志）

——"*Scripus karuizawensis*"=*Scirpus karuisawensis* Makino（拼写错误。江西种子植物名录）

原生。华东分布：安徽、江苏、江西、山东、浙江。

庐山藨草 ***Scirpus lushanensis*** Ohwi

别名：茸球藨草（福建植物志、浙江植物志），荣成藨草（山东植物志）

——"*Scripus lushanensis*"=*Scirpus lushanensis* Ohwi（拼写错误。江西种子植物名录）

——*Scirpus rongchenensis* F.Z. Li（山东植物志）

原生。华东分布：安徽、福建、江苏、江西、山东、浙江。

东方藨草 ***Scirpus orientalis*** Ohwi

原生。华东分布：山东。

百球藨草 ***Scirpus rosthornii*** Diels

——"*Scripus rosthornii*"=*Scirpus rosthornii* Diels（拼写错误。江西种子植物名录）

原生。华东分布：安徽、福建、江西、浙江。

百穗藨草 ***Scirpus ternatanus*** Reinw. ex Miq.

原生。华东分布：安徽。

球穗藨草 ***Scirpus wichurae*** Boeckeler

别名：茸球藨草（江西种子植物名录）

——"*Scripus asiaticus*"=*Scirpus asiaticus* Beetle（拼写错误。江西种子植物名录）

原生。华东分布：江西。

羊胡子草属 *Eriophorum*

（莎草科 Cyperaceae）

细秆羊胡子草 ***Eriophorum gracile*** W.D.J. Koch

原生。华东分布：浙江。

薹草属 *Carex*

（莎草科 Cyperaceae）

广东薹草 ***Carex adrienii*** E.G. Camus

原生。华东分布：福建。

等高薹草 ***Carex aequialta*** Kük.

原生。华东分布：江苏、浙江。

禾状薹草 ***Carex alopecuroides*** D. Don

别名：芒尖薹草（安徽植物志）

原生。华东分布：安徽。

匿鳞薹草 *Carex aphanolepis* Franch. & Sav.

原生。华东分布：安徽、江苏。

阿齐薹草 *Carex argyi* H. Lév. & Vaniot

别名：红穗苔草（江西种子植物名录、浙江植物志），红穗薹草（安徽植物志、江苏植物志 第 2 版）

原生。华东分布：安徽、江苏、江西、上海、浙江。

阿里山薹草 *Carex arisanensis* Hayata

原生。华东分布：福建、浙江。

瑞安薹草 *Carex arisanensis* subsp. ***ruianensis*** H. Wang, C. Song & X.F. Jin

原生。华东分布：浙江。

宜昌薹草 *Carex ascotreta* C.B. Clarke ex Franch.

别名：台湾薹草（安徽植物志）

——*Carex formosensis* H. Lév. & Vaniot（安徽植物志）

原生。华东分布：安徽、上海。

浙南薹草 *Carex austrozhejiangensis* C.Z. Zheng & X.F. Jin

原生。华东分布：浙江。

秋生薹草 *Carex autumnalis* Ohwi

原生。华东分布：福建。

浆果薹草 *Carex baccans* Nees

别名：浆果苔草（江西种子植物名录、浙江植物志）

原生。华东分布：福建、江西、浙江。

白马薹草 *Carex baimaensis* S.W. Su

原生。近危（NT）。华东分布：安徽。

宝华山薹草 *Carex baohuashanica* Tang & F.T. Wang ex L.K. Dai

原生。近危（NT）。华东分布：江苏、浙江。

东亚薹草 *Carex benkei* Tak. Shimizu

原生。华东分布：安徽。

白里薹草 *Carex blinii* H. Lév. & Vaniot

别名：矮秆薹草（安徽植物志），上海薹草（上海维管植物名录）

——*Carex blinii* subsp. *shanghaiensis* (S.X. Qian & Y.Q. Liu) S. Yun Liang & T. Koyama（上海维管植物名录）

——*Carex minuticulmis* S.W. Su & S.M. Xu（安徽植物志）

原生。华东分布：安徽、上海。

滨海薹草 *Carex bodinieri* Franch.

别名：锈点苔草（江西种子植物名录、浙江植物志），锈点薹草（安徽植物志）

原生。华东分布：安徽、福建、江西、浙江。

卷柱头薹草 *Carex bostrychostigma* Maxim.

别名：柔苔草（江西种子植物名录、浙江植物志），柔薹草（安徽植物志、江苏植物志 第 2 版）

——"*Carex bostrichostigma*"=*Carex bostrychostigma* Maxim.（拼写错误。安徽植物志、江西种子植物名录、浙江植物志）

原生。华东分布：安徽、江苏、江西、浙江。

短芒薹草 *Carex breviaristata* K.T. Fu

原生。华东分布：安徽、上海。

青绿薹草 *Carex breviculmis* R. Br.

别名：青绿苔草（福建植物志、江西种子植物名录、江西种子植物名录、山东植物志、浙江植物志）

——*Carex leucochlora* Bunge（福建植物志、江西种子植物名录、山东植物志、浙江植物志）

原生。华东分布：安徽、福建、江苏、江西、山东、上海、浙江。

纤维青菅 *Carex breviculmis* var. ***fibrillosa*** (Franch. & Sav.) Matsum. & Hayata

别名：灰绿苔草（浙江植物志），纤维青绿苔草（福建植物志）

——*Carex fibrillosa* Franch. & Sav.（安徽植物志）

——*Carex leucochlora* f. *fibrillosa* (Franch. & Sav.) K.T. Fu（福建植物志）

——*Carex pallens* Z.P. Wang（浙江植物志）

原生。华东分布：安徽、福建、浙江。

短尖薹草 *Carex brevicuspis* C.B. Clarke

别名：短尖苔草（江西种子植物名录、浙江植物志）

原生。华东分布：安徽、福建、江西、浙江。

短莛薹草 *Carex breviscapa* C.B. Clarke

原生。华东分布：福建。

亚澳薹草 *Carex brownii* Tuck.

别名：亚澳苔草（江西种子植物名录），亚大苔草（浙江植物志），亚大薹草（安徽植物志、江苏植物志 第 2 版）

原生。华东分布：安徽、江苏、江西、上海、浙江。

褐果薹草 *Carex brunnea* Thunb.

别名：褐果苔草（江西种子植物名录），栗褐苔草（浙江植物志），栗褐薹草（安徽植物志、江苏植物志 第 2 版）

原生。华东分布：安徽、福建、江苏、江西、上海、浙江。

矮丛薹草 *Carex callitrichos* var. ***nana*** (H. Lév. & Vaniot) S. Yun Liang, L.K. Dai & Y.C. Tang

——*Carex humilis* var. *nana* (H. Lév. & Vaniot) Ohwi（安徽植物志）

原生。华东分布：安徽。

戟叶薹草 *Carex canina* Dunn

别名：连城薹草（福建植物志）

——"*Carex lienchengensis*"=*Carex lianchengensis* S. Yun Liang & Y.Z. Huang（拼写错误。福建植物志）

——*Carex hastata* Kük.（FOC）

原生。华东分布：福建、浙江。

发秆薹草 *Carex capillacea* Boott

别名：发秆苔草（江西种子植物名录、山东植物志、浙江植物志）

原生。濒危（EN）。华东分布：安徽、福建、江西、山东、浙江。

弓喙薹草 *Carex capricornis* Meinsh. ex Maxim.

别名：羊角薹草（江苏植物志 第 2 版）

原生。华东分布：江苏。

朝芳薹草 *Carex chaofangii* C.Z. Zheng & X.F. Jin

原生。华东分布：浙江。

陈氏薹草 *Carex cheniana* Tang & F.T. Wang ex S.Y. Liang

原生。华东分布：福建、江西、浙江。

中华薹草 *Carex chinensis* Retz.

别名：中华苔草（江西种子植物名录、浙江植物志）

原生。华东分布：安徽、福建、江苏、江西、上海、浙江。

仲氏薹草 *Carex chungii* Z.P. Wang

别名：安徽薹草（安徽植物志），截喙薹草（安徽植物志），无喙薹草（安徽植物志），宣城薹草（安徽植物志），皱苞苔草（山东植物志、浙江植物志），皱苞薹草（安徽植物志、江苏植物志 第 2 版）

——*Carex anhuiensis* S.W. Su & X.M. Xu（安徽植物志）
——*Carex truncatirostris* S.W. Su & S.M. Xu（安徽植物志）
——*Carex truncatirostris* f. *erostris* S.W. Su & S.M. Xu（安徽植物志）
——*Carex xuanchengensis* S.W. Su & S.M. Xu（安徽植物志）
原生。华东分布：安徽、江苏、山东、上海、浙江。
坚硬薹草 *Carex chungii* var. *rigida* Y.C. Tang & S. Yun Liang
原生。华东分布：福建。
毛缘宽叶薹草 *Carex ciliatomarginata* Nakai
别名：毛崖棕（山东植物志、浙江植物志）
——"*Carex ciliato-margianata*"=*Carex ciliatomarginata* Nakai（拼写错误。山东植物志）
——"*Carex ciliato-marginata*"=*Carex ciliatomarginata* Nakai（拼写错误。安徽植物志、浙江植物志）
——*Carex siderosticta* var. *pilosa* H. Lév.（江苏植物志 第 2 版）
原生。华东分布：安徽、江苏、山东、浙江。
灰化薹草 *Carex cinerascens* Kük.
别名：灰化苔草（江西种子植物名录、浙江植物志），匍枝薹草灰化薹草（安徽植物志）
原生。华东分布：安徽、江苏、江西、浙江。
细长喙薹草 *Carex commixta* Steud.
别名：球穗莎草（江西种子植物名录）
——*Carex spatiosa* Boott（江西种子植物名录）
原生。华东分布：江西。
密花薹草 *Carex confertiflora* Boott
原生。华东分布：浙江。
缘毛薹草 *Carex craspedotricha* Nelmes
原生。华东分布：福建、江西、浙江。
十字薹草 *Carex cruciata* Wahlenb.
别名：十字苔草（江西种子植物名录、浙江植物志）
原生。华东分布：福建、江西、浙江。
隐穗薹草 *Carex cryptostachys* Brongn.
原生。华东分布：福建。
大别薹 *Carex dabieensis* S.W. Su
别名：大别薹草（安徽植物志）
原生。华东分布：安徽。
大盘山薹草 *Carex dapanshanica* X.F. Jin, Y.J. Zhao & Zi L. Chen
别名：大盘山苔草（FOC）
原生。华东分布：浙江。
大通薹草 *Carex datongensis* S.W. Su
原生。华东分布：安徽。
无喙囊薹草 *Carex davidii* Franch.
别名：长梗薹草（安徽植物志），长芒苔草（江西种子植物名录、浙江植物志），长芒薹草（安徽植物志）
——*Carex kengiana* Z.P. Wang（安徽植物志）
原生。华东分布：安徽、江苏、江西、上海、浙江。
金华薹草 *Carex densipilosa* C.Z. Zheng & X.F. Jin
别名：密毛薹草［New Taxa of *Carex* (Cyperaceae) from Zhejiang, China］
原生。华东分布：浙江。
朝鲜薹草 *Carex dickinsii* Franch. & Sav.
原生。华东分布：福建、浙江。
二形鳞薹草 *Carex dimorpholepis* Steud.
别名：垂穗苔草（江西种子植物名录、山东植物志、浙江植物志），垂穗薹草（安徽植物志）
原生。华东分布：安徽、江苏、江西、山东、上海、浙江。
皱果薹草 *Carex dispalata* Boott
别名：弯囊苔草（浙江植物志），弯囊薹草（安徽植物志、江苏植物志 第 2 版），皱果苔草（江西种子植物名录）
原生。华东分布：安徽、福建、江苏、江西、上海、浙江。
长穗薹草 *Carex dolichostachya* Hayata
别名：祁门薹草（安徽植物志）
——*Carex qimenensis* S.W. Su & S.M. Xu（安徽植物志）
原生。华东分布：安徽。
签草 *Carex doniana* Spreng.
别名：芒尖苔草（江西种子植物名录、浙江植物志），芒尖薹草（江苏植物志 第 2 版）
原生。华东分布：福建、江苏、江西、上海、浙江。
寸草 *Carex duriuscula* C.A. Mey.
原生。华东分布：山东。
白颖薹草 *Carex duriuscula* subsp. *rigescens* (Franch.) S. Yun Liang & Y.C. Tang
别名：白颖苔草（山东植物志）
——"*Carex regescens*"=*Carex rigescens* (Franch.) V.I. Krecz.（拼写错误。山东植物志）
原生。华东分布：安徽、福建、江苏、山东。
三阳薹草 *Carex duvaliana* Franch. & Sav.
原生。华东分布：安徽、浙江。
川东薹草 *Carex fargesii* Franch.
别名：亮鞘苔草（江西种子植物名录）
原生。华东分布：江西。
南亚薹草 *Carex fedia* Nees
原生。华东分布：浙江。
蕨状薹草 *Carex filicina* Nees
别名：蕨状苔草（江西种子植物名录、浙江植物志）
原生。华东分布：福建、江西、浙江。
丝梗薹草 *Carex filipedunculata* S.W. Su
原生。近危（NT）。华东分布：安徽。
线柄薹草 *Carex filipes* Franch. & Sav.
别名：丝柄苔草（浙江植物志），丝柄薹草（江苏植物志 第 2 版）
原生。华东分布：江苏、浙江。
少囊薹草 *Carex filipes* var. *oligostachys* (Meinsh. ex Maxim.) Kük.
别名：少穗薹草（安徽植物志），丝柄苔草（福建植物志），丝柄薹草（安徽植物志）
——*Carex filipes* var. *rouyana* (Franch.) Kük.（安徽植物志、福建植物志）
原生。华东分布：安徽、福建、上海、浙江。
福建薹草 *Carex fokienensis* Dunn
别名：苍绿苔草（浙江植物志），福建苔草（江西种子植物名录），九仙山薹草（福建植物志），闽清薹草（FOC）
——"*Carex fokiensis*"=*Carex fokienensis* Dunn（拼写错误。江西

种子植物名录）
——"*Carex minquinensis*"=*Carex minqingensis* Z.P. Wang（拼写错误。FOC）
——"*Carex pallideviridis Chu*"=*Carex fokienensis* Dunn（名称未合格发表。浙江植物志）
——*Carex jiuxianshanensis* L.K. Dai & Y.Z. Huang（福建植物志）
原生。华东分布：福建、江西、浙江。
穿孔薹草 *Carex foraminata* C.B. Clarke
别名：穿孔苔草（江西种子植物名录、浙江植物志）
——"*Carex forminata*"=*Carex foraminata* C.B. Clarke（拼写错误。江西种子植物名录）
原生。华东分布：安徽、福建、江苏、江西、上海、浙江。
溪水薹草 *Carex forficula* Franch. & Sav.
别名：溪水苔草（山东植物志）
原生。华东分布：安徽、山东。
玄界萌黄薹草 *Carex genkaiensis* Ohwi
原生。华东分布：浙江。
亲族薹草 *Carex gentilis* Franch.
原生。华东分布：江西。
穹隆薹草 *Carex gibba* Wahlenb.
别名：穹隆苔草（江西种子植物名录、浙江植物志）
原生。华东分布：安徽、福建、江苏、江西、上海、浙江。
长梗薹草 *Carex glossostigma* Hand.-Mazz.
别名：戴云山苔草（福建植物志），雷湖薹草（安徽植物志），长梗苔草（江西种子植物名录、浙江植物志）
——"*Carex okamotoi*"=*Carex glossostigma* Hand.-Mazz.（误用名。安徽植物志）
——*Carex dayunshanensis* L.K. Ling & Y.Z. Huang（福建植物志）
原生。华东分布：安徽、福建、江西、浙江。
叉齿薹草 *Carex gotoi* Ohwi
别名：叉齿苔草（山东植物志）
原生。华东分布：山东。
大舌薹草 *Carex grandiligulata* Kük.
原生。华东分布：安徽、浙江。
长囊薹草 *Carex harlandii* Boott
别名：休宁薹草（安徽植物志），长囊苔草（江西种子植物名录、浙江植物志）
——*Carex harlandii* var. *xiuningensis* S.W. Su（安徽植物志）
原生。华东分布：安徽、福建、江西、浙江。
疏果薹草 *Carex hebecarpa* C.A. Mey.
别名：疏果苔草（江西种子植物名录）
原生。华东分布：福建、江西、浙江。
亨氏薹草 *Carex henryi* (C.B. Clarke) T. Koyama
别名：湖北苔草（浙江植物志），湖北薹草（安徽植物志）
原生。华东分布：安徽、浙江。
异鳞薹草 *Carex heterolepis* Bunge
别名：异鳞苔草（山东植物志）
原生。华东分布：安徽、山东。
异穗薹草 *Carex heterostachya* Bunge
别名：异穗苔草（山东植物志）
原生。华东分布：山东。
长安薹草 *Carex heudesii* H. Lév. & Vaniot
原生。华东分布：安徽。
洪林薹草 *Carex honglinii* Y.F. Lu & X.F. Jin
原生。华东分布：浙江。
凤凰薹草 *Carex hoozanensis* Hayata
别名：和溪苔草（福建植物志）
——*Carex hexinensis* S. Yun Liang & Y.Z. Huang（福建植物志）
原生。华东分布：福建。
黄山薹草 *Carex huangshanica* X.F. Jin & W.J. Chen
原生。华东分布：安徽。
低矮薹草 *Carex humilis* Leyss.
别名：矮丛苔草（山东植物志）
原生。华东分布：江苏、山东。
睫背薹草 *Carex hypoblephara* Ohwi & Ryu
原生。华东分布：江西。
绿囊薹草 *Carex hypochlora* Freyn
别名：下绿苔草（山东植物志）
原生。华东分布：山东。
马菅 *Carex idzuroei* Franch. & Sav.
原生。华东分布：江苏。
缺刻薹草 *Carex incisa* Boott
别名：刻鳞薹草（安徽植物志）
原生。华东分布：安徽。
长穗刻鳞薹草 *Carex incisa* subsp. ***longissima*** S.W. Su
原生。华东分布：安徽。
隐匿薹草 *Carex infossa* C.P. Wang
原生。华东分布：安徽、江苏、上海、浙江。
显穗薹草 *Carex infossa* var. ***extensa*** S.W. Su
原生。华东分布：安徽。
狭穗薹草 *Carex ischnostachya* Steud.
别名：珠穗苔草（福建植物志、江西种子植物名录），珠穗薹草（安徽植物志、浙江植物志）
——"*Carex ischnostachys*"=*Carex ischnostachya* Steud.（拼写错误。福建植物志）
——"*Carex ischnostchya*"=*Carex ischnostachya* Steud.（拼写错误。江西种子植物名录）
原生。华东分布：安徽、福建、江苏、江西、上海、浙江。
日本薹草 *Carex japonica* Thunb.
别名：日本苔草（江西种子植物名录、山东植物志、浙江植物志）
原生。华东分布：安徽、江苏、江西、山东、浙江。
胶东薹草 *Carex jiaodongensis* Y.M. Zhang & X.D. Chen
原生。华东分布：山东。
高氏薹草 *Carex kaoi* Tang & F.T. Wang ex S. Yun Liang
原生。近危（NT）。华东分布：浙江。
江苏薹草 *Carex kiangsuensis* Kük.
别名：江苏苔草（山东植物志、浙江植物志）
原生。华东分布：安徽、江苏、山东、浙江。
筛草 *Carex kobomugi* Ohwi
别名：砂钻苔草（浙江植物志），莦草（江苏植物志 第2版）
原生。华东分布：江苏、山东、浙江。
大披针薹草 *Carex lanceolata* Boott

别名：大披针苔草（江西种子植物名录），披针苔草（山东植物志、浙江植物志），披针薹草（安徽植物志、江苏植物志 第 2 版）
原生。华东分布：安徽、江苏、江西、山东、浙江。
亚柄薹草 *Carex lanceolata* var. *subpediformis* Kük.
别名：亚柄苔草（山东植物志），早春薹草（安徽植物志）
——*Carex subpediformis* (Kük.) Sutô & Suzuki（安徽植物志、山东植物志）
原生。华东分布：安徽、山东。
弯喙薹草 *Carex laticeps* C.B. Clarke ex Franch.
别名：弯喙苔草（江西种子植物名录、浙江植物志）
原生。华东分布：安徽、福建、江苏、江西、上海、浙江。
尖嘴薹草 *Carex leiorhyncha* C.A. Mey.
别名：尖嘴苔草（山东植物志）
原生。华东分布：安徽、江苏、山东。
香港薹草 *Carex ligata* Boott
原生。华东分布：安徽、福建。
舌叶薹草 *Carex ligulata* Nees
别名：舌叶苔草（江西种子植物名录、浙江植物志）
原生。华东分布：安徽、福建、江苏、江西、上海、浙江。
林氏薹草 *Carex lingii* F.T. Wang & Tang
原生。华东分布：福建、浙江。
刘氏薹草 *Carex liouana* F.T. Wang & Tang
原生。华东分布：福建。
二柱薹草 *Carex lithophila* Turcz.
别名：卵囊苔草（山东植物志）
原生。华东分布：山东。
台中薹草 *Carex liui* T. Koyama & T.I. Chuang
原生。华东分布：浙江。
长嘴薹草 *Carex longerostrata* C.A. Mey.
别名：牯牛薹草（Additional Notes on the Genus *Carex* Linn. from Anhui, China）
——*Carex guniuensis* S.W. Su（Additional Notes on the Genus *Carex* Linn. from Anhui, China）
原生。华东分布：安徽、浙江。
无芒长嘴薹草 *Carex longerostrata* var. *exaristata* X.F. Jin & C.Z. Zheng
原生。华东分布：浙江。
城弯薹草 *Carex longerostrata* var. *hoi* K.L. Chu ex S.Y. Liang
原生。华东分布：浙江。
龙胜薹草 *Carex longshengensis* Y.C. Tang & S. Yun Liang
原生。近危（NT）。华东分布：福建。
卵果薹草 *Carex maackii* Maxim.
别名：翅囊苔草（江西种子植物名录、浙江植物志），翅囊薹草（江苏植物志 第 2 版）
原生。华东分布：安徽、江苏、江西、上海、浙江。
斑点果薹草 *Carex maculata* Boott
别名：斑点苔草（浙江植物志），斑点薹草（安徽植物志），红苞薹草（江苏植物志 第 2 版、江西种子植物名录）
原生。华东分布：安徽、福建、江苏、江西、浙江。
弯柄薹草 *Carex manca* Boott
原生。华东分布：福建、浙江。
九华薹草 *Carex manca* subsp. *jiuhuaensis* (S. W. Su) S. Yun Liang
——*Carex jiuhuaensis* S.W. Su（安徽植物志）
原生。华东分布：安徽、浙江。
陇栖山薹草 *Carex manca* subsp. *takasagoana* (Akiyama) T. Koyama
别名：梦佳薹草（FOC）
——*Carex longqishanensis* S. Yun Liang（FOC）
原生。华东分布：福建。
套鞘薹草 *Carex maubertiana* Boott
别名：密叶苔草（浙江植物志），密叶薹草（安徽植物志、江西种子植物名录）
原生。华东分布：安徽、福建、江西、上海、浙江。
乳突薹草 *Carex maximowiczii* Miq.
别名：乳突苔草（江西种子植物名录、山东植物志、浙江植物志）
原生。华东分布：安徽、江苏、江西、山东、浙江。
眉县薹草 *Carex meihsienica* K. T. Fu
原生。华东分布：浙江。
锈果薹草 *Carex metallica* H. Lév.
别名：金穗苔草（浙江植物志），金穗薹草（安徽植物志、江苏植物志 第 2 版）
原生。华东分布：安徽、福建、江苏、上海、浙江。
灰帽薹草 *Carex mitrata* Franch.
别名：灰帽苔草（浙江植物志）
原生。华东分布：安徽、江苏、上海、浙江。
具芒灰帽薹草 *Carex mitrata* var. *aristata* Ohwi
——*Carex mitrata* subsp. *aristata* (Ohwi) T. Koyama（安徽植物志）
原生。华东分布：安徽、江苏、上海、浙江。
毛果薹草 *Carex miyabei* var. *maopengensis* S.W. Su
原生。华东分布：安徽。
柔果薹草 *Carex mollicula* Boott
别名：软薹草（安徽植物志），翼秆苔草（浙江植物志）
原生。华东分布：安徽、浙江。
日南薹草 *Carex nachiana* Ohwi
原生。华东分布：江苏。
条穗薹草 *Carex nemostachys* Steud.
别名：线穗苔草（浙江植物志）
原生。华东分布：安徽、福建、江苏、江西、上海、浙江。
翼果薹草 *Carex neurocarpa* Maxim.
别名：翼果苔草（江西种子植物名录、山东植物志、浙江植物志）
原生。华东分布：安徽、江苏、江西、山东、上海、浙江。
云雾薹草 *Carex nubigena* D. Don
原生。华东分布：安徽、上海。
肿喙薹草 *Carex oedorrhampha* Nelmes
别名：宁陕薹草（安徽植物志）
——"*Carex oederrhampha*"=*Carex oedorrhampha* Nelmes（拼写错误。安徽植物志）
原生。华东分布：安徽。
榄绿果薹草 *Carex olivacea* Boott
别名：橄绿果薹草（福建植物志）
原生。华东分布：福建、浙江。
针叶薹草 *Carex onoei* Franch. & Sav.

原生。华东分布：安徽。

鹞落薹草 *Carex otaruensis* Franch.

原生。华东分布：安徽、浙江。

短苞薹草 *Carex paxii* Kük.

别名：短苞苔草（江西种子植物名录）

原生。华东分布：安徽、江苏、江西。

白头山薹草 *Carex peiktusani* Kom.

别名：白头山苔草（山东植物志）

——"*Carex peiktusanii*"=*Carex peiktusani* Kom.（拼写错误。山东植物志）

原生。华东分布：山东。

扇叶薹草 *Carex peliosanthifolia* F.T. Wang & Tang ex P.C. Li

原生。近危（NT）。华东分布：福建。

霹雳薹草 *Carex perakensis* C.B. Clarke

别名：黄穗苔草（江西种子植物名录、浙江植物志）

原生。华东分布：福建、江西、浙江。

镜子薹草 *Carex phacota* Spreng.

别名：镜子苔草（浙江植物志）

原生。华东分布：安徽、福建、江苏、江西、浙江。

密苞叶薹草 *Carex phyllocephala* T. Koyama

原生。华东分布：福建。

刺毛缘薹草 *Carex pilosa* var. *auriculata* (Franch.) Kük.

原生。华东分布：浙江。

豌豆形薹草 *Carex pisiformis* Boott

别名：白鳞苔草（山东植物志），白鳞薹草（安徽植物志），类圆锥薹草（安徽植物志）

——*Carex conicoides* Honda（安徽植物志）

——*Carex polyschoena* H. Lév. & Vaniot（安徽植物志、山东植物志）

原生。华东分布：安徽、江苏、山东、浙江。

扁秆薹草 *Carex planiculmis* Kom.

原生。华东分布：安徽、上海。

杯鳞薹草 *Carex poculisquama* Kük.

别名：杯颖苔草（浙江植物志），杯颖薹草（安徽植物志）

原生。华东分布：安徽、江苏、浙江。

类白穗薹草 *Carex polyschoenoides* K.T. Fu

原生。华东分布：安徽。

粉被薹草 *Carex pruinosa* Boott

别名：粉被苔草（江西种子植物名录、浙江植物志），粉披薹草（安徽植物志）

原生。华东分布：安徽、福建、江苏、江西、浙江。

拟三穗薹草 *Carex pseudotristachya* X.F. Jin & C.Z. Zheng

原生。华东分布：浙江。

矮生薹草 *Carex pumila* Thunb.

别名：矮生苔草（山东植物志、浙江植物志）

原生。华东分布：福建、江苏、江西、山东、浙江。

清凉峰薹草 *Carex qingliangensis* D.M. Weng, H.W. Zhang & S.F. Xu

原生。华东分布：浙江。

青阳薹草 *Carex qingyangensis* S.W. Su & S.M. Xu

原生。近危（NT）。华东分布：安徽。

齐云薹草 *Carex qiyunensis* S.W. Su & S.M. Xu

原生。华东分布：安徽。

锥囊薹草 *Carex raddei* Kük.

别名：锥囊苔草（山东植物志）

原生。华东分布：江苏、山东。

根花薹草 *Carex radiciflora* Dunn

原生。华东分布：福建、江西、浙江。

细根茎薹草 *Carex radicina* C.P. Wang

原生。近危（NT）。华东分布：江苏。

松叶薹草 *Carex rara* Boott

别名：独穗苔草（浙江植物志），独穗薹草（江苏植物志 第2版）

——*Carex biwensis* Franch.（安徽植物志、浙江植物志）

原生。华东分布：安徽、江苏、浙江。

远穗薹草 *Carex remotistachya* Y.Y. Zhou & X.F. Jin

原生。华东分布：浙江。

丝引薹草 *Carex remotiuscula* Wahlenb.

原生。华东分布：安徽。

反折果薹草 *Carex retrofracta* Kük.

原生。华东分布：安徽、上海、浙江。

根足薹草 *Carex rhizopoda* Maxim.

原生。华东分布：安徽。

长颈薹草 *Carex rhynchophora* Franch.

别名：缘喙薹草（Additional Notes on the Genus *Carex* Linn. from Anhui, China），长茎薹草（江苏植物志 第2版），长颈苔草（浙江植物志）

——*Carex rhynchophora* var. *margineorostris* S.W. Su（Additional Notes on the Genus *Carex* Linn. from Anhui, China）

原生。华东分布：安徽、江苏、上海、浙江。

溪畔薹草 *Carex rivulorum* Dunn

别名：杭州薹草（FOC）

——*Carex hangzhouensis* C.Z. Zheng, X.F. Jin & B.Y. Ding（*Carex hangzhouensis* and Section Hangzhouenses, A New Species and Section of Cyperaceae；FOC）

原生。华东分布：浙江。

书带薹草 *Carex rochebrunii* Franch. & Sav.

别名：书带苔草（江西种子植物名录、浙江植物志）

——"*Carex rochebruui*"=*Carex rochebrunii* Franch. & Sav.（拼写错误。安徽植物志）

原生。华东分布：安徽、江苏、江西、上海、浙江。

点囊薹草 *Carex rubrobrunnea* C.B. Clarke

别名：点囊苔草（江西种子植物名录）

——"*Carex rubro-brunnea*"=*Carex rubrobrunnea* C.B. Clarke（拼写错误。江西种子植物名录）

原生。华东分布：江西。

大理薹草 *Carex rubrobrunnea* var. *taliensis* (Franch.) Kük.

别名：大理苔草（江西种子植物名录、浙江植物志）

——*Carex taliensis* Franch.（安徽植物志、江西种子植物名录、浙江植物志）

原生。华东分布：安徽、江西、浙江。

横纹薹草 *Carex rugata* Ohwi

原生。华东分布：安徽、江西、浙江。

粗脉薹草 *Carex rugulosa* Kük.
原生。华东分布：江苏、上海。
美丽薹草 *Carex sadoensis* Franch.
原生。华东分布：安徽。
糙叶薹草 *Carex scabrifolia* Steud.
别名：糙叶苔草（江西种子植物名录、山东植物志、浙江植物志）
原生。华东分布：福建、江苏、江西、山东、上海、浙江。
粗糙薹草 *Carex scabrisacca* Ohwi & Ryu
别名：糙囊薹草（FOC）
原生。华东分布：江西。
花葶薹草 *Carex scaposa* C.B. Clarke
别名：花葶苔草（江西种子植物名录、浙江植物志）
原生。华东分布：福建、江西、浙江。
硬果薹草 *Carex sclerocarpa* Franch.
别名：硬果苔草（浙江植物志）
原生。华东分布：安徽、福建、江西、上海、浙江。
崖壁薹草 *Carex scopulus* X.F. Jin & W. Jie Chen
原生。华东分布：浙江。
具芒崖壁薹草 *Carex scopulus* subsp. ***aristata*** Y.F. Lu & X.F. Jin
原生。华东分布：浙江。
仙台薹草 *Carex sendaica* Franch.
别名：锈鳞苔草（江西种子植物名录、浙江植物志），锈鳞薹草（安徽植物志、江苏植物志 第 2 版）
原生。华东分布：安徽、江苏、江西、上海、浙江。
多穗仙台薹草 *Carex sendaica* var. ***pseudosendaica*** T. Koyama
原生。华东分布：江苏。
商城薹草 *Carex shangchengensis* S. Yun Liang
别名：琅琊薹草（Additional Notes on the Genus *Carex* Linn. from Anhui, China）
——*Carex langyaensis* S.W. Su & X.M. Fang（Additional Notes on the Genus *Carex* Linn. from Anhui, China）
原生。近危（NT）。华东分布：安徽。
上杭薹草 *Carex shanghangensis* S. Yun Liang
别名：上杭苔草（福建植物志）
——"*Carex shanhangensis*"=*Carex shanghangensis* S. Yun Liang（拼写错误。福建植物志）
原生。近危（NT）。华东分布：福建。
舒城薹草 *Carex shuchengensis* S.W. Su & Q. Zhang
原生。易危（VU）。华东分布：安徽。
宽叶薹草 *Carex siderosticta* Hance
别名：宽叶苔草（江西种子植物名录、山东植物志、浙江植物志）
——"*Carex siderosticata*"=*Carex siderosticta* Hance（拼写错误。山东植物志）
原生。华东分布：安徽、江苏、江西、山东、浙江。
相仿薹草 *Carex simulans* C.B. Clarke
别名：相仿苔草（浙江植物志）
原生。华东分布：安徽、江苏、上海、浙江。
华芒鳞薹草 *Carex sinoaristata* Tang & F.T. Wang ex L.K. Dai
——"*Carex sino-aristata*"=*Carex sinoaristata* Tang & F.T. Wang ex L.K. Dai（拼写错误。福建植物志）
原生。华东分布：福建。
伴生薹草 *Carex sociata* Boott
别名：中国薹草（安徽植物志）
原生。华东分布：安徽。
柄果薹草 *Carex stipitinux* C.B. Clarke ex Franch.
别名：褐绿苔草（江西种子植物名录、浙江植物志），褐绿薹草（安徽植物志）
原生。华东分布：安徽、福建、江西、浙江。
近头状薹草 *Carex subcapitata* X.F. Jin, C.Z. Zheng & B.Y. Ding
原生。华东分布：浙江。
武义薹草 *Carex subcernua* Ohwi
原生。华东分布：浙江。
无毛条穗薹草 *Carex subglabra* (X.F. Jin & C.Z. Zheng) X.F. Jin & Y.F. Lu
原生。华东分布：浙江。
似柔果薹草 *Carex submollicula* Tang & F.T. Wang ex L.K. Dai
原生。华东分布：福建。
类霹雳薹草 *Carex subperakensis* L.K. Ling & Y.Z. Huang
别名：类霹雳苔草（福建植物志）
原生。近危（NT）。华东分布：福建。
似矮生薹草 *Carex subpumila* Tang & F.T. Wang ex L.K. Dai
原生。华东分布：福建。
似横果薹草 *Carex subtransversa* C.B. Clarke
别名：山苔草（浙江植物志）
原生。近危（NT）。华东分布：浙江。
肿胀果薹草 *Carex subtumida* (Kük.) Ohwi
别名：单蕊薹草（安徽植物志）
原生。华东分布：安徽、江苏。
太湖薹草 *Carex taihuensis* S.W. Su & S.M. Xu
原生。华东分布：安徽。
唐进薹草 *Carex tangiana* Ohwi
别名：东陵苔草（山东植物志）
原生。华东分布：山东。
长柱头薹草 *Carex teinogyna* Boott
别名：细梗苔草（江西种子植物名录、浙江植物志），细梗薹草（安徽植物志）
原生。华东分布：安徽、福建、江西、浙江。
细喙薹草 *Carex tenuirostrata* X.F. Jin, S.H. Jin & D.F. Wu
原生。华东分布：浙江。
纤穗薹草 *Carex tenuispicula* Tang ex S.Y. Liang
别名：细穗薹草（福建植物志）
原生。华东分布：福建。
藏薹草 *Carex thibetica* Franch.
别名：藏苔草（浙江植物志），西藏薹草（安徽植物志）
——"*Carex tibetica*"=*Carex thibetica* Franch.（拼写错误。安徽植物志）
原生。华东分布：安徽、浙江。
陌上菅 *Carex thunbergii* Steud.
原生。华东分布：安徽。
天目山薹草 *Carex tianmushanica* C.Z. Zheng & X.F. Jin
原生。近危（NT）。华东分布：浙江。
多枝薹草 *Carex tosaensis* Akiyama

原生。华东分布：安徽。

横果薹草 ***Carex transversa*** Boott
别名：柔菅（安徽植物志、江苏植物志 第2版、浙江植物志）
原生。华东分布：安徽、福建、江苏、江西、上海、浙江。

三穗薹草 ***Carex tristachya*** Thunb.
别名：三穗苔草（江西种子植物名录、浙江植物志）
原生。华东分布：安徽、福建、江苏、江西、上海、浙江。

合鳞薹草 ***Carex tristachya*** var. ***pocilliformis*** (Boott) Kük.
别名：杯鳞薹草（安徽植物志）
——*Carex pocilliformis* Boott（安徽植物志）
原生。华东分布：安徽、江苏、上海。

截鳞薹草 ***Carex truncatigluma*** C.B. Clarke
别名：华阳薹草（安徽植物志），截鳞苔草（江西种子植物名录、浙江植物志）
——*Carex gracilispica* Hayata（安徽植物志）
原生。华东分布：安徽、福建、江西、浙江。

华阳薹草 ***Carex truncatigluma*** subsp. ***huayangensis*** S.W. Su
原生。华东分布：安徽。

对马薹草 ***Carex tsushimensis*** (Ohwi) Ohwi
原生。华东分布：浙江。

东方薹草 ***Carex tungfangensis*** L.K. Dai & S.M. Huang
原生。华东分布：浙江。

单性薹草 ***Carex unisexualis*** C.B. Clarke
别名：单性苔草（江西种子植物名录、浙江植物志）
原生。华东分布：安徽、江苏、江西、上海、浙江。

健壮薹草 ***Carex wahuensis*** subsp. ***robusta*** (Franch. & Sav.) T. Koyama
别名：普陀薹草（FOC），青岛薹草（FOC）
——*Carex putuoensis* S. Yun Liang（FOC）
——*Carex qingdaoensis* F.Z. Li & S.J. Fan（FOC）
原生。华东分布：山东、浙江。

武夷山薹草 ***Carex wuyishanensis*** S. Yun Liang
原生。近危（NT）。华东分布：福建、江西。

雁荡山薹草 ***Carex yandangshanica*** C.Z. Zheng & X.F. Jin
原生。华东分布：浙江。

永安薹草 ***Carex yonganensis*** L.K. Dai & Y.Z. Huang
别名：永安苔草（福建植物志）
原生。华东分布：福建。

丫蕊薹草 ***Carex ypsilandrifolia*** F.T. Wang & Tang
原生。华东分布：福建、江西。

岳西薹草 ***Carex yuexiensis*** S.W. Su & S.M. Xu
别名：突喙薹草（安徽植物志）
原生。近危（NT）。华东分布：安徽。

云亿薹草 ***Carex yunyiana*** X.F. Jin & C.Z. Zheng
原生。近危（NT）。华东分布：浙江。

浙江薹草 ***Carex zhejiangensis*** X.F. Jin, Y.J. Zhao, C.Z. Zheng & H.W. Zhang
别名：浙江苔草（FOC）
原生。华东分布：浙江。

遵义薹草 ***Carex zunyiensis*** Tang & F.T. Wang
原生。华东分布：安徽、浙江。

荸荠属 *Eleocharis*

（莎草科 Cyperaceae）

锐棱荸荠 ***Eleocharis acutangula*** (Roxb.) Schult.
原生。华东分布：福建。

紫果蔺 ***Eleocharis atropurpurea*** (Retz.) J. Presl & C. Presl
原生。华东分布：安徽、江苏、江西、山东。

渐尖穗荸荠 ***Eleocharis attenuata*** (Franch. & Sav.) Palla
原生。华东分布：安徽、江苏、江西、山东、上海、浙江。

无根状茎荸荠 ***Eleocharis attenuata*** var. ***erhizomatosa*** Tang & F.T. Wang
原生。华东分布：福建、浙江。

密花荸荠 ***Eleocharis congesta*** D. Don
原生。华东分布：安徽、福建、上海。

荸荠 ***Eleocharis dulcis*** (Burm. f.) Trin. ex Hensch.
别名：野荸荠（福建植物志、江西种子植物名录）
——*Eleocharis dulcis* var. *tuberosa* (Schult.) T. Koyama（安徽植物志）
——*Eleocharis plantagineiformis* Tang & F.T. Wang（福建植物志、江西种子植物名录）
——*Eleocharis tuberosa* Schult.（山东植物志）
原生、栽培。华东分布：安徽、福建、江苏、江西、山东、上海。

黑籽荸荠 ***Eleocharis geniculata*** (L.) Roem. & Schult.
原生。华东分布：福建。

江南荸荠 ***Eleocharis migoana*** Ohwi & T. Koyama
原生。华东分布：安徽、江苏、江西、上海、浙江。

槽秆荸荠 ***Eleocharis mitracarpa*** Steud.
原生。华东分布：山东。

透明鳞荸荠 ***Eleocharis pellucida*** J. Presl & C. Presl
别名：膜苞蔺（江西种子植物名录）
原生。华东分布：安徽、江苏、江西、山东、浙江。

稻田荸荠 ***Eleocharis pellucida*** var. ***japonica*** (Miq.) Tang & F.T. Wang
别名：钝棱荸荠（福建植物志），日本荸荠（江西种子植物名录）
——"*Eleocharis congesta* var. *japonica* (Miq.) T. Koyama"=*Eleocharis congesta* subsp. *japonica* (Miq.) T. Koyama（名称未合格发表。江西种子植物名录）
——*Eleocharis congesta* subsp. *japonica* (Miq.) T. Koyama（福建植物志）
原生。华东分布：福建、江苏、江西、浙江。

海绵基荸荠 ***Eleocharis pellucida*** var. ***spongiosa*** Tang & F.T. Wang
原生。华东分布：江西。

贝壳叶荸荠 ***Eleocharis retroflexa*** (Poir.) Urb.
原生。华东分布：福建。

龙师草 ***Eleocharis tetraquetra*** Nees
原生。华东分布：安徽、福建、江苏、江西、山东、浙江。

具刚毛荸荠 ***Eleocharis valleculosa*** var. ***setosa*** Ohwi
别名：刚毛荸荠（安徽植物志、山东植物志）
——"*Eleocharis valleculosa*"=*Eleocharis valleculosa* var. *setosa* Ohwi（误用名。安徽植物志）
——*Eleocharis valleculosa* f. *setosa* (Ohwi) Kitag.（山东植物志）
原生。华东分布：安徽、江苏、山东。

羽毛荸荠 ***Eleocharis wichurae*** Boeckeler
别名：羽毛鳞荸荠（浙江植物志）
——"*Eleocharis wichurai*"=*Eleocharis wichurae* Boeckeler（拼写错误。安徽植物志、山东植物志、浙江植物志）
原生。华东分布：安徽、江苏、山东、浙江。
牛毛毡 ***Eleocharis yokoscensis*** (Franch. & Sav.) Tang & F.T. Wang
原生。华东分布：安徽、福建、江苏、江西、山东、上海、浙江。

球柱草属 *Bulbostylis*

（莎草科 Cyperaceae）

球柱草 ***Bulbostylis barbata*** (Rottb.) C.B. Clarke
原生。华东分布：安徽、福建、江苏、江西、山东、上海、浙江。
丝叶球柱草 ***Bulbostylis densa*** (Wall.) Hand.-Mazz.
原生。华东分布：安徽、福建、江苏、江西、山东、上海、浙江。
毛鳞球柱草 ***Bulbostylis puberula*** C.B. Clarke
原生。华东分布：福建。

飘拂草属 *Fimbristylis*

（莎草科 Cyperaceae）

披针穗飘拂草 ***Fimbristylis acuminata*** Vahl
原生。华东分布：福建。
夏飘拂草 ***Fimbristylis aestivalis*** (Retz.) Vahl
——"*Fimbristylis aestivajis*"=*Fimbristylis aestivalis* (Retz.) Vahl（拼写错误。安徽植物志）
原生。华东分布：安徽、福建、江西、浙江。
秋飘拂草 ***Fimbristylis autumnalis*** (L.) Roem. & Schult.
——"*Fimbristylis autummatis*"=*Fimbristylis autumnalis* (L.) Roem. & Schult.（拼写错误。山东植物志）
原生。华东分布：山东。
复序飘拂草 ***Fimbristylis bisumbellata*** (Forssk.) Bubani
原生。华东分布：安徽、江苏、江西、山东、上海、浙江。
澄迈飘拂草 ***Fimbristylis chingmaiensis*** S.M. Huang
原生。近危（NT）。华东分布：福建。
扁鞘飘拂草 ***Fimbristylis complanata*** (Retz.) Link
别名：扇鞘飘拂草（安徽植物志）
原生。华东分布：安徽、江苏、江西、山东、浙江。
矮扁鞘飘拂草 ***Fimbristylis complanata*** var. ***exaltata*** (T. Koyama) Y.C. Tang ex S.R. Zhang & T. Koyama
——"*Fimbristylis complanata* var. *kraussiana*"=*Fimbristylis complanata* var. *exaltata* (T. Koyama) Y.C. Tang ex S.R. Zhang & T. Koyama（误用名。安徽植物志、福建植物志）
原生。华东分布：安徽、福建、江苏、上海、浙江。
黑果飘拂草 ***Fimbristylis cymosa*** R. Br.
原生。华东分布：安徽。
佛焰苞飘拂草 ***Fimbristylis cymosa*** var. ***spathacea*** (Roth) T. Koyama
——*Fimbristylis spathacea* Roth（福建植物志、浙江植物志）
原生。华东分布：福建、浙江。
两歧飘拂草 ***Fimbristylis dichotoma*** (L.) Vahl
别名：飘拂草（江苏植物志 第2版、江西种子植物名录），线叶二歧飘拂草（江西种子植物名录），线叶飘拂草（安徽植物志），小飘拂草（安徽植物志）
——"*Fimbristylis dichotoma* f. *depauperata*"=*Fimbristylis dichotoma* (L.) Vahl（误用名。安徽植物志）
——*Fimbristylis annua* (All.) Roem. & Schult.（江西种子植物名录）
——*Fimbristylis dichotoma* f. *annua* (All.) Ohwi（安徽植物志）
——*Fimbristylis dichotoma* var. *annua* (All.) T. Koyama（江西种子植物名录）
原生。华东分布：安徽、福建、江苏、江西、山东、上海、浙江。
绒毛飘拂草 ***Fimbristylis dichotoma*** subsp. ***podocarpa*** (Nees) T. Koyama
原生。华东分布：江西。
拟二叶飘拂草 ***Fimbristylis diphylloides*** Makino
别名：面条草（浙江植物志）
原生。华东分布：安徽、福建、江苏、江西、山东、上海、浙江。
黄鳞二叶飘拂草 ***Fimbristylis diphylloides*** var. ***straminea*** Tang & F.T. Wang
原生。华东分布：江西。
起绒飘拂草 ***Fimbristylis dipsacea*** (Rottb.) C.B. Clarke
原生。华东分布：安徽、浙江。
疣果飘拂草 ***Fimbristylis dipsacea*** var. ***verrucifera*** (Maxim.) T. Koyama
——*Fimbristylis verrucifera* (Maxim.) Makino（浙江植物志）
原生。华东分布：安徽、浙江。
红鳞飘拂草 ***Fimbristylis disticha*** Boeckeler
——*Fimbristylis rufoglumosa* Tang & F.T. Wang（福建植物志）
原生。华东分布：福建。
知风飘拂草 ***Fimbristylis eragrostis*** (Nees) Hance
原生。华东分布：福建、江西。
矮飘拂草 ***Fimbristylis fimbristyloides*** (F. Muell.) Druce
原生。华东分布：安徽、江苏、浙江。
暗褐飘拂草 ***Fimbristylis fusca*** (Nees) Benth. ex C.B. Clarke
原生。华东分布：安徽、福建、江苏、江西、浙江。
宜昌飘拂草 ***Fimbristylis henryi*** C.B. Clarke
原生。华东分布：安徽、江苏、江西、浙江。
金色飘拂草 ***Fimbristylis hookeriana*** Boeckeler
别名：罗浮飘拂草（福建植物志）
——*Fimbristylis fordii* C.B. Clarke（福建植物志）
原生。华东分布：福建、江苏、山东、浙江。
细茎飘拂草 ***Fimbristylis leptoclada*** Benth.
别名：纤茎飘拂草（福建植物志）
原生。华东分布：福建。
水虱草 ***Fimbristylis littoralis*** Gaudich.
别名：日照飘拂草（浙江植物志）
——*Fimbristylis miliacea* (L.) Vahl（安徽植物志、福建植物志、江西种子植物名录、山东植物志、浙江植物志）
原生。华东分布：安徽、福建、江苏、江西、山东、上海、浙江。
长穗飘拂草 ***Fimbristylis longispica*** Steud.
原生。华东分布：福建、江苏、山东、上海、浙江。
龙泉飘拂草 ***Fimbristylis longquanensis*** X.F. Jin, Y.F. Lu & C.Z. Zheng
原生。华东分布：浙江。
矮秆飘拂草 ***Fimbristylis minuticulmis*** X.F. Jin & C.Z. Zheng

原生。华东分布：浙江。

垂穗飘拂草 ***Fimbristylis nutans*** (Retz.) Vahl

原生。华东分布：福建。

独穗飘拂草 ***Fimbristylis ovata*** (Burm. f.) J. Kern

原生。华东分布：福建、浙江。

东南飘拂草 ***Fimbristylis pierotii*** Miq.

原生。华东分布：安徽、福建、江苏、江西、浙江。

细叶飘拂草 ***Fimbristylis polytrichoides*** (Retz.) Vahl

原生。华东分布：福建。

五棱秆飘拂草 ***Fimbristylis quinquangularis*** (Vahl) Kunth

别名：高五棱秆飘拂草（福建植物志、浙江植物志）

——*Fimbristylis quinquangularis* var. *elata* Tang & F.T. Wang（福建植物志、浙江植物志）

原生。华东分布：安徽、福建、江西、浙江。

结壮飘拂草 ***Fimbristylis rigidula*** Nees

别名：结状飘拂草（江苏植物志 第 2 版、上海维管植物名录）

原生。华东分布：安徽、江苏、江西、上海、浙江。

少穗飘拂草 ***Fimbristylis schoenoides*** (Retz.) Vahl

原生。华东分布：福建、浙江。

绢毛飘拂草 ***Fimbristylis sericea*** R. Br.

原生。华东分布：福建、江苏、浙江。

锈鳞飘拂草 ***Fimbristylis sieboldii*** Miq. ex Franch. & Sav.

别名：弱锈鳞飘拂草（浙江植物志），弱锈飘拂草（安徽植物志、山东植物志），丝草（江苏植物志 第 2 版）

——"*Fimbristylis ferruginea*"=*Fimbristylis sieboldii* Miq. ex Franch. & Sav.（误用名。浙江植物志）

——"*Fimbristylis ferrugineae*"［=*Fimbristylis ferruginea* (L.) Vahl.］=*Fimbristylis sieboldii* Miq. ex Franch. & Sav.（拼写错误；误用名。福建植物志）

——*Fimbristylis ferrugineae* var. *sieboldii* (Miq. ex C.B. Clarke) Ohwi（山东植物志）

原生。华东分布：安徽、福建、江苏、山东、上海、浙江。

畦畔飘拂草 ***Fimbristylis squarrosa*** Vahl

原生。华东分布：安徽、福建、江苏、山东。

短尖飘拂草 ***Fimbristylis squarrosa*** var. ***esquarrosa*** Makino

——*Fimbristylis squarrosa* subsp. *esquarrosa* (Makino) T. Koyama（安徽植物志）

——*Fimbristylis velata* R. Br.（福建植物志）

原生。华东分布：安徽、福建、江苏、山东。

烟台飘拂草 ***Fimbristylis stauntonii*** Debeaux & Franch.

——"*Fimbristylis stauntoni*"=*Fimbristylis stauntonii* Debeaux & Franch.（拼写错误。山东植物志、浙江植物志）

原生。华东分布：安徽、江苏、山东、上海、浙江。

匍匐茎飘拂草 ***Fimbristylis stolonifera*** C.B. Clarke

原生。华东分布：浙江。

匍匐飘拂草 ***Fimbristylis stolonifera*** var. ***cylindrica*** X.F. Jin & Y.F. Lu

原生。华东分布：浙江。

双穗飘拂草 ***Fimbristylis subbispicata*** Nees

原生。华东分布：安徽、福建、江苏、江西、山东、浙江。

四棱飘拂草 ***Fimbristylis tetragona*** R. Br.

原生。华东分布：福建。

伞形飘拂草 ***Fimbristylis umbellaris*** (Lam.) Vahl

原生。华东分布：江苏。

芙兰草属 *Fuirena*

（莎草科 Cyperaceae）

毛芙兰草 ***Fuirena ciliaris*** (L.) Roxb.

别名：毛瓣莎（安徽植物志）

原生。华东分布：安徽、福建、江苏、山东。

芙兰草 ***Fuirena umbellata*** Rottb.

原生。华东分布：福建。

三棱草属 *Bolboschoenus*

（莎草科 Cyperaceae）

扁秆荆三棱 ***Bolboschoenus planiculmis*** (F. Schmidt) T.V. Egorova

别名：扁秆藨草（福建植物志、山东植物志、浙江植物志）

——*Scirpus planiculmis* F. Schmidt（福建植物志、山东植物志、浙江植物志）

原生。华东分布：安徽、福建、江苏、山东、上海、浙江。

荆三棱 ***Bolboschoenus yagara*** (Ohwi) Y.C. Yang & M. Zhan

——"*Scripus fluviatilis*"=*Scirpus fluviatilis* (Torr.) A. Gray（拼写错误。江西种子植物名录）

——*Scirpus yagara* Ohwi（山东植物志）

原生、栽培。华东分布：安徽、江苏、江西、山东、上海。

水葱属 *Schoenoplectus*

（莎草科 Cyperaceae）

曲氏水葱 ***Schoenoplectus chuanus*** (Tang & F.T. Wang) S. Yun Liang & S.R. Zhang

原生。濒危（EN）。华东分布：江苏。

剑苞水葱 ***Schoenoplectus ehrenbergii*** (Boeckeler) Soják

别名：剑苞藨草（山东植物志）

——*Scirpus ehrenbergii* Boeckeler（山东植物志）

原生。华东分布：山东。

萤蔺 ***Schoenoplectus juncoides*** (Roxb.) Palla

——"*Scripus juncoides*"=*Scirpus juncoides* Roxb.（拼写错误。江西种子植物名录）

——*Scirpus juncoides* Roxb.（福建植物志、山东植物志、浙江植物志）

原生。华东分布：安徽、福建、江苏、江西、山东、上海、浙江。

细秆萤蔺 ***Schoenoplectus hotarui*** (Ohwi) T. Koyama

——*Scirpus juncoides* var. *hotarui* (Ohwi) Ohwi（Some Newly Recorded Plants of the Family Cyperaceae from Shandong）

原生。华东分布：山东。

细匍匐茎水葱 ***Schoenoplectus lineolatus*** (Franch. & Sav.) T. Koyama

别名：线状匍匐茎藨草（福建植物志、山东植物志、浙江植物志）

——*Scirpus lineolatus* Franch. & Sav.（福建植物志、山东植物志、浙江植物志）

原生。华东分布：安徽、福建、山东、浙江。

单穗水葱 ***Schoenoplectus monocephalus*** (J.Q. He) S. Yun Liang & S.R. Zhang

原生。易危（VU）。华东分布：安徽。

水毛花 ***Schoenoplectus mucronatus*** subsp. ***robustus*** (Miq.) T. Koyama

——"*Scripus triangulatus*"=*Scirpus triangulatus* Roxb.（拼写错误。江西种子植物名录）
——*Scirpus triangulatus* Roxb.（福建植物志、山东植物志、浙江植物志）
原生。华东分布：安徽、福建、江苏、江西、山东、浙江。
滇水葱 *Schoenoplectus schoofii* (Beetle) Soják
原生。华东分布：江苏。
钻苞水葱 *Schoenoplectus subulatus* (Vahl) Lye
别名：羽状刚毛藨草（福建植物志）
——*Scirpus subulatus* Vahl（福建植物志）
原生。华东分布：福建。
仰卧秆水葱 *Schoenoplectus supinus* (L.) Palla
原生。华东分布：安徽、江苏。
稻田仰卧秆水葱 *Schoenoplectus supinus* subsp. ***lateriflorus*** (J.F. Gmel.) Soják
别名：侧花莞（安徽植物志）
原生。华东分布：安徽、江苏。
水葱 *Schoenoplectus tabernaemontani* (C.C. Gmel.) Palla
别名：南水葱（福建植物志）
——*Schoenoplectus lacustris* subsp. *validus* (Vahl) T. Koyama（安徽植物志）
——*Scirpus tabernaemontani* C.C. Gmel.（山东植物志）
——*Scirpus validus* Vahl（福建植物志）
——*Scirpus validus* var. *laeviglumis* Tang & F.T. Wang（福建植物志）
原生、栽培。华东分布：安徽、福建、江苏、山东、上海、浙江。
五棱水葱 *Schoenoplectus trapezoideus* (Koidz.) Hayas. & H. Ohashi
原生。华东分布：福建、山东。
三棱水葱 *Schoenoplectus triqueter* (L.) Palla
别名：藨草（福建植物志、江西种子植物名录、山东植物志、浙江植物志），藨莞（安徽植物志），青岛藨草（山东植物志）
——"*Scripus triqueter*"=*Scirpus triqueter* L.（拼写错误。江西种子植物名录）
——*Scirpus triqueter* L.（福建植物志、山东植物志、浙江植物志）
——*Scirpus trisetosus* Tang & F.T. Wang（山东植物志）
原生。华东分布：安徽、福建、江苏、江西、山东、上海、浙江。
猪毛草 *Schoenoplectus wallichii* (Nees) T. Koyama
——*Scirpus wallichii* Nees（福建植物志）
——"*Scleria wallichii*"=*Scirpus wallichii* Nees（拼写错误。江西种子植物名录）
原生。华东分布：安徽、福建、江苏、江西。

海三棱藨草属 ×*Bolboschoenoplectus*

（莎草科 Cyperaceae）

海三棱藨草 ×*Bolboschoenoplectus mariqueter* (Tang & F.T. Wang) Tatanov
别名：海三棱（江苏植物志 第2版）
——"*Bolboschoenus mariqueter*"=*Bolboschoenus* × *mariqueter* (Tang & F.T. Wang) Z.L. Xu（杂交种。江苏植物志 第2版）
——*Scirpus* × *mariqueter* Tang & F.T. Wang（浙江植物志）
原生。华东分布：江苏、上海、浙江。

细莞属 *Isolepis*

（莎草科 Cyperaceae）

细莞 *Isolepis setacea* (L.) R. Br.
原生。华东分布：江西。

莎草属 *Cyperus*

（莎草科 Cyperaceae）

阿穆尔莎草 *Cyperus amuricus* Maxim.
原生。华东分布：安徽、福建、江苏、江西、山东、上海、浙江。
少花穗莎草 *Cyperus cephalotes* Vahl
原生。华东分布：福建。
密穗砖子苗 *Cyperus compactus* Retz.
——*Mariscus compactus* (Retz.) Druce（江西种子植物名录）
原生。华东分布：江西。
扁穗莎草 *Cyperus compressus* L.
原生。华东分布：安徽、福建、江苏、江西、山东、上海、浙江。
长尖莎草 *Cyperus cuspidatus* Kunth
原生。华东分布：安徽、福建、江苏、江西、山东、浙江。
莎状砖子苗 *Cyperus cyperinus* (Retz.) Valck. Sur.
别名：莎草砖子苗（福建植物志、浙江植物志）
——*Mariscus cyperinus* (Retz.) Vahl（福建植物志、浙江植物志）
原生。华东分布：福建、浙江。
砖子苗 *Cyperus cyperoides* (L.) Kuntze
别名：小穗砖子苗（浙江植物志）
——*Mariscus sumatrensis* (Retz.) J. Raynal（安徽植物志）
——*Mariscus umbellatus* (Rottb.) Vahl（福建植物志、江西种子植物名录、浙江植物志）
——*Mariscus umbellatus* var. *microstachys* (Kük.) Tang & F.T. Wang（浙江植物志）
原生。华东分布：安徽、福建、江苏、江西、上海、浙江。
异型莎草 *Cyperus difformis* L.
原生。华东分布：安徽、福建、江苏、江西、山东、上海、浙江。
䅟穗莎草 *Cyperus eleusinoides* Kunth
原生。华东分布：福建。
高秆莎草 *Cyperus exaltatus* Retz.
原生。华东分布：安徽、福建、江苏、山东、上海、浙江。
长穗高秆莎草 *Cyperus exaltatus* var. ***megalanthus*** Kük.
原生。华东分布：安徽、福建、江苏、上海、浙江。
褐穗莎草 *Cyperus fuscus* L.
原生。华东分布：安徽、江苏、山东。
头状穗莎草 *Cyperus glomeratus* L.
别名：聚穗莎草（安徽植物志），球形莎草（江苏植物志 第2版、山东植物志、浙江植物志）
原生。华东分布：安徽、江苏、山东、上海、浙江。
畦畔莎草 *Cyperus haspan* L.
原生。华东分布：安徽、福建、江苏、江西、浙江。
山东白鳞莎草 *Cyperus hilgendorfianus* Boeckeler
——*Cyperus shandongense* F.Z. Li（山东植物志）
原生。华东分布：山东。
风车草 *Cyperus involucratus* Rottb.
外来。华东分布：福建、江西。

碎米莎草 *Cyperus iria* L.
原生。华东分布：安徽、福建、江苏、江西、山东、上海、浙江。
茳芏 *Cyperus malaccensis* Lam.
原生。华东分布：福建、江苏、江西、浙江。
短叶茳芏 *Cyperus malaccensis* subsp. *monophyllus* (Vahl) T. Koyama
别名：咸水草（浙江植物志）
——*Cyperus malaccensis* var. *brevifolius* Boeckeler（福建植物志、浙江植物志）
原生。华东分布：福建、江苏、浙江。
旋鳞莎草 *Cyperus michelianus* (L.) Delile
别名：席草（江西种子植物名录）
——"*Scripus michelianus*"=*Scirpus michelianus* L.（拼写错误。江西种子植物名录）
原生。华东分布：安徽、福建、江苏、江西、山东、上海、浙江。
具芒碎米莎草 *Cyperus microiria* Steud.
别名：小碎米莎草（江苏植物志 第2版、江西种子植物名录、山东植物志）
原生。华东分布：安徽、福建、江苏、江西、山东、上海、浙江。
白鳞莎草 *Cyperus nipponicus* Franch. & Sav.
别名：白磷莎草（江苏植物志 第2版）
原生。华东分布：安徽、江苏、江西、山东、上海、浙江。
断节莎 *Cyperus odoratus* L.
别名：球序断节莎（山东植物志）
——*Torulinium ferax* var. conglobatus (Link.) Kükenth.（山东植物志）
外来。华东分布：福建、山东、江西、上海、浙江。
三轮草 *Cyperus orthostachyus* Franch. & Sav.
别名：三轮莎草（江西种子植物名录），直穗莎草（浙江植物志）
——"*Cyperus orthostachys*"=*Cyperus orthostachyus* Franch. & Sav.（拼写错误。浙江植物志）
原生。华东分布：安徽、福建、江苏、江西、山东、浙江。
毛轴莎草 *Cyperus pilosus* Vahl
别名：白花毛轴莎草（福建植物志、江西种子植物名录、浙江植物志）
"*Cyperus pilosus* var. *albiquus*"=*Cyperus pilosus* var. *obliquus* C.B. Clarke（拼写错误。浙江植物志）
——"*Cyperus pilos* var. *obliquus*"=*Cyperus pilosus* var. *obliquus* C.B. Clarke（拼写错误。江西种子植物名录）
——*Cyperus pilosus* var. *obliquus* C.B. Clarke（福建植物志）
原生。华东分布：安徽、福建、江苏、江西、浙江。
矮莎草 *Cyperus pygmaeus* Rottb.
原生。华东分布：安徽、江苏、浙江。
辐射砖子苗 *Cyperus radians* Nees & Meyen ex Kunth
别名：辐射穗砖子苗（江苏植物志 第2版）
——*Mariscus radians* (Nees & Meyen ex Kunth) Tang & F.T. Wang（福建植物志、山东植物志、浙江植物志）
原生。华东分布：福建、江苏、山东、浙江。
香附子 *Cyperus rotundus* L.
别名：金门莎草（福建植物志），香附（山东植物志）
——*Cyperus rotundus* var. *quimoyensis* L.K. Dai（福建植物志）
原生。华东分布：福建、江苏、江西、山东、上海、浙江。
水莎草 *Cyperus serotinus* Rottb.
——*Juncellus serotinus* (Rottb.) C.B. Clarke（安徽植物志、福建植物志、江西种子植物名录、山东植物志、浙江植物志）
原生。华东分布：安徽、福建、江苏、江西、山东、上海、浙江。
广东水莎草 *Cyperus serotinus* var. *inundatus* Kük.
原生。华东分布：福建。
粗根茎莎草 *Cyperus stoloniferus* Retz.
原生。华东分布：福建。
苏里南莎草 *Cyperus surinamensis* Rottb.
外来。华东分布：福建、江西。
四棱穗莎草 *Cyperus tenuiculmis* Boeckeler
原生。华东分布：福建、浙江。
窄穗莎草 *Cyperus tenuispica* Steud.
原生。华东分布：安徽、江苏、江西、山东、上海、浙江。

水蜈蚣属 *Kyllinga*

（莎草科 Cyperaceae）

短叶水蜈蚣 *Kyllinga brevifolia* Rottb.
别名：光鳞水蜈蚣（山东植物志），水蜈蚣（安徽植物志、江西种子植物名录、浙江植物志）
原生。华东分布：安徽、福建、江苏、江西、山东、上海、浙江。
无刺鳞水蜈蚣 *Kyllinga brevifolia* var. *leiolepis* (Franch. & Sav.) H. Hara
别名：光鳞水蜈蚣（安徽植物志、浙江植物志）
原生。华东分布：安徽、福建、江苏、上海、浙江。
圆筒穗水蜈蚣 *Kyllinga cylindrica* Nees
原生。华东分布：福建。
单穗水蜈蚣 *Kyllinga nemoralis* (J.R. Forst. & G. Forst.) Dandy ex Hutch. & Dalziel
——"*Kyllinga monocephala* Rottb."=*Kyllinga nemoralis* (J.R. Forst. & G. Forst.) Dandy ex Hutch. & Dalziel（不合法名称。江西种子植物名录）
原生。华东分布：福建、江西。
水蜈蚣 *Kyllinga polyphylla* Willd. ex Kunth
外来。华东分布：福建、浙江。

湖瓜草属 *Lipocarpha*

（莎草科 Cyperaceae）

华湖瓜草 *Lipocarpha chinensis* (Osbeck) J. Kern
——*Lipocarpha microcephala* var. *chinensis* (Osbeck.) Tang & Wang（江西种子植物名录）
原生。华东分布：福建、江西。
湖瓜草 *Lipocarpha microcephala* (R. Br.) Kunth
原生。华东分布：安徽、福建、江苏、江西、山东、上海、浙江。
毛毯湖瓜草 *Lipocarpha squarrosa* (L.) Goetgh.
别名：毛毬藨草（福建植物志），新华藨草（浙江植物志）
——*Scirpus neochinensis* Tang & F.T. Wang（浙江植物志）
——*Scirpus squarrosus* L.（福建植物志）
原生。华东分布：福建、浙江。

扁莎属 *Pycreus*

（莎草科 Cyperaceae）

宽穗扁莎 *Pycreus diaphanus* (Schrad. ex Roem. & Schult.) S.S. Hooper & T. Koyama
原生。华东分布：江西。

球穗扁莎 *Pycreus flavidus* (Retz.) T. Koyama
——*Pycreus globosus* Rchb.（福建植物志、江西种子植物名录、山东植物志、浙江植物志）
原生。华东分布：安徽、福建、江苏、江西、山东、上海、浙江。

小球穗扁莎 *Pycreus flavidus* var. ***nilagiricus*** (Hochst. ex Steud.) Karthik.
——*Pycreus globosus* var. *nilagiricus* (Hochst. ex Steud.) C.B. Clarke（江西种子植物名录、浙江植物志）
原生。华东分布：江苏、江西、浙江。

直球穗扁莎 *Pycreus flavidus* var. ***strictus*** C.Y. Wu ex Karthik.
——*Pycreus globosus* var. *strictus* (Lam.) Domin（江西种子植物名录、浙江植物志）
原生。华东分布：安徽、江苏、江西、上海、浙江。

多枝扁莎 *Pycreus polystachyos* (Rottb.) P. Beauv.
别名：多穗扁莎（福建植物志、江西种子植物名录、浙江植物志）
——"*Pycreus polystachyus*"=*Pycreus polystachyos* (Rottb.) P. Beauv.（拼写错误。浙江植物志）
原生。华东分布：福建、江苏、江西、山东、上海、浙江。

矮扁莎 *Pycreus pumilus* (L.) Nees
原生。华东分布：福建、江西。

红鳞扁莎 *Pycreus sanguinolentus* (Vahl) Nees
别名：宽穗红鳞扁莎（福建植物志）
——*Pycreus sanguinolentus* var. *korshinskii* (Meinsh.) Kukenth（福建植物志）
原生。华东分布：安徽、福建、江苏、江西、山东、上海、浙江。

禾状扁莎 *Pycreus unioloides* (R. Br.) Urb.
别名：浙江扁莎（浙江植物志）
——*Pycreus chekiangensis* Tang & F.T. Wang（浙江植物志）
原生。华东分布：浙江。

禾本科 Poaceae

稻属 *Oryza*

（禾本科 Poaceae）

野生稻 *Oryza rufipogon* Griff.
别名：普通野生稻（江西种子植物名录）
原生。极危（CR）。华东分布：福建、江西。

假稻属 *Leersia*

（禾本科 Poaceae）

李氏禾 *Leersia hexandra* Sw.
原生。华东分布：江西。

假稻 *Leersia japonica* (Makino ex Honda) Honda
——*Leersia hexandra* var. *japonica* (Makino) Keng f.（江西种子植物名录）
原生。华东分布：安徽、江苏、江西、山东、上海、浙江。

蓉草 *Leersia oryzoides* (L.) Sw.
原生。华东分布：福建、浙江。

秕壳草 *Leersia sayanuka* Ohwi
别名：秕谷草（江苏植物志 第2版），粃壳草（山东植物志），哈克假稻（江西种子植物名录）
——"*Leersia hackii*"=*Leersia hackelii* Keng（拼写错误。江西种子植物名录）
——*Leersia sayanuka* var. *japonica* Hack（江西种子植物名录）
原生。华东分布：安徽、福建、江苏、江西、山东、浙江。

山涧草属 *Chikusichloa*

（禾本科 Poaceae）

山涧草 *Chikusichloa aquatica* Koidz.
原生。濒危（EN）。华东分布：安徽、江苏。

水禾属 *Hygroryza*

（禾本科 Poaceae）

水禾 *Hygroryza aristata* (Retz.) Nees ex Wight & Arn.
原生。易危（VU）。华东分布：福建、江西、浙江。

菰属 *Zizania*

（禾本科 Poaceae）

菰 *Zizania latifolia* (Griseb.) Hance ex F. Muell.
别名：茭笋（江西种子植物名录），野茭白（江西种子植物名录）
——*Zizania caduciflora* Hand.-Mazz.（安徽植物志、福建植物志、江西种子植物名录、浙江植物志）
原生、栽培。华东分布：安徽、福建、江苏、江西、山东、上海、浙江。

酸竹属 *Acidosasa*

（禾本科 Poaceae）

粉酸竹 *Acidosasa chienouensis* (T.H. Wen) C.S. Chao & T.H. Wen
原生。华东分布：福建、江西。

黄甜竹 *Acidosasa edulis* (T.H. Wen) T.H. Wen
原生。华东分布：福建。

长舌酸竹 *Acidosasa nanunica* (McClure) C.S. Chao & G.Y. Yang
别名：清远清篱竹（江西种子植物名录）
——*Arundinaria nanunica* (McClure) C.D. Chu & C.S. Chao（江西种子植物名录）
原生。华东分布：江西。

斑箨酸竹 *Acidosasa notata* (Z.P. Wang & G.H. Ye) S.S. You
别名：斑箨茶秆竹（江西种子植物名录），福建酸竹（福建植物志、江西种子植物名录），南平茶秆竹（福建植物志），武宁大节竹（江西种子植物名录）
——*Acidosasa longiligula* (T.H. Wen) C.S. Chao & C.D. Chu（江西种子植物名录）
——*Arundinaria notata* (Z.P. Wang & G.H. Ye) H.Y. Zou（江西种子植物名录）
——*Indosasa wuningensis* T.H. Wen & H.Y. Zou（江西种子植物名录）
——*Pseudosasa concava* (C.D. Chu & H.Y. Zhou) Q.F. Zheng & K.F. Huang（福建植物志）
原生。华东分布：福建、江西。

毛花酸竹 *Acidosasa purpurea* (J.R. Xue & T.P. Yi) Keng f.
——*Acidosasa hirtiflora* Z.P. Wang & G.H. Ye（江西种子植物名录）
原生。华东分布：江西。

北美箭竹属 *Arundinaria*

（禾本科 Poaceae）

铅山青篱竹 *Arundinaria yanshanensis* W.T. Lin
原生。华东分布：江西。

寒竹属 *Chimonobambusa*

（禾本科 Poaceae）

缅甸方竹 *Chimonobambusa armata* (Gamble) Hsueh & T.P. Yi
别名：毛方竹（浙江植物志）
原生。华东分布：浙江。

合江方竹 *Chimonobambusa hejiangensis* C.D. Chu & C.S. Chao
原生。易危（VU）。华东分布：江苏。

寒竹 *Chimonobambusa marmorea* (Mitford) Makino
别名：武夷山方竹（福建植物志）
——*Chimonobambusa setiformis* T.H. Wen（福建植物志）
原生。易危（VU）。华东分布：福建、江西、浙江。

方竹 *Chimonobambusa quadrangularis* (Franceschi) Makino
原生。华东分布：安徽、福建、江西、浙江。

镰序竹属 *Drepanostachyum*

（禾本科 Poaceae）

匍匐镰序竹 *Drepanostachyum stoloniforme* S.H. Chen & Zhen Z. Wang
原生。华东分布：福建。

短枝竹属 *Gelidocalamus*

（禾本科 Poaceae）

红壳寒竹 *Gelidocalamus rutilans* T.H. Wen
别名：红壳井冈竹（浙江植物志）
原生。近危（NT）。华东分布：浙江。

井冈寒竹 *Gelidocalamus stellatus* T.H. Wen
原生。华东分布：江西。

武功山短枝竹 *Gelidocalamus stellatus* var. ***wugongshanensis*** (G.Y. Yang & Z.Y. Li) W.G. Zhang
——*Gelidocalamus wugongshanensis* G.Y. Yang & Zu Y. Li（江西种子植物名录）
原生。华东分布：江西。

抽筒竹 *Gelidocalamus tessellatus* T.H. Wen & C.C. Chang
原生。易危（VU）。华东分布：江西。

寻乌短枝竹 *Gelidocalamus xunwuensis* W.G. Zhang & G.Y. Yang
原生。华东分布：江西。

箬竹属 *Indocalamus*

（禾本科 Poaceae）

都昌箬竹 *Indocalamus cordatus* T.H. Wen & Y. Zou
原生。华东分布：江西、浙江。

粽巴箬竹 *Indocalamus herklotsii* McClure
别名：粽巴竹（江西种子植物名录）
原生。华东分布：江西。

毛鞘箬竹 *Indocalamus hirtivaginatus* H.R. Zhao & Y.L. Yang
原生。华东分布：福建、江西。

阔叶箬竹 *Indocalamus latifolius* (Keng) McClure
别名：泡箬竹（浙江植物志）
——*Indocalamus lacunosus* T.H. Wen（浙江植物志）
原生。华东分布：安徽、福建、江苏、江西、上海、浙江。

箬叶竹 *Indocalamus longiauritus* Hand.-Mazz.
别名：长耳箬竹（浙江植物志）
原生。华东分布：安徽、江西、浙江。

半耳箬竹 *Indocalamus longiauritus* var. ***semifalcatus*** H.R. Zhao & Y.L. Yang
原生。华东分布：福建。

箬竹 *Indocalamus tessellatus* (Munro) Keng f.
别名：米箬竹（浙江植物志）
原生。华东分布：福建、江苏、江西、浙江。

同春箬竹 *Indocalamus tongchunensis* K.F. Huang & Z.L. Dai
原生。华东分布：福建。

胜利箬竹 *Indocalamus victorialis* Keng f.
原生。华东分布：江西、浙江。

大节竹属 *Indosasa*

（禾本科 Poaceae）

橄榄竹 *Indosasa gigantea* (T.H. Wen) T.H. Wen
——*Acidosasa gigantea* (T.H. Wen) Q.Z. Xie & W.Y. Zhang（福建植物志）
原生。华东分布：福建、浙江。

算盘竹 *Indosasa glabrata* C.D. Chu & C.S. Chao
原生。华东分布：浙江。

棚竹 *Indosasa longispicata* W.Y. Hsiung & C.S. Chao
别名：花箨唐竹（江西种子植物名录）
——*Sinobambusa striata* T.H. Wen（江西种子植物名录）
原生。华东分布：江西。

中华大节竹 *Indosasa sinica* C.D. Chu & C.S. Chao
原生。华东分布：江西。

江华大节竹 *Indosasa spongiosa* C.S. Chao & B.M. Yang
原生。华东分布：江西。

少穗竹属 *Oligostachyum*

（禾本科 Poaceae）

屏南少穗竹 *Oligostachyum glabrescens* (T.H. Wen) Q.F. Zheng & Z.P. Wang
别名：赐竹（浙江植物志）
原生。华东分布：福建、浙江。

城隍竹 *Oligostachyum heterophyllum* M.M. Lin
原生。华东分布：福建。

四季竹 *Oligostachyum lubricum* (T.H. Wen) Keng f.
——"*Oligostachyum labricum*"=*Oligostachyum lubricum* (T.H. Wen) Keng f.（拼写错误。福建植物志）
——*Arundinaria lubrica* (T.H. Wen) C.S. Chao & G.Y. Yang（江西种子植物名录）
——*Semiarundinaria lubrica* T.H. Wen（浙江植物志）
原生。华东分布：福建、江西、浙江。

肿节少穗竹 *Oligostachyum oedogonatum* (Z.P. Wang & G.H. Ye)

Q.F. Zhang & K.F. Huang
别名：肿节竹（江西种子植物名录、浙江植物志）
——*Arundinaria oedogonata* (Z.P. Wang & G.H. Ye) H.Y. Zou（江西种子植物名录）
——*Clavinodum oedogonatum* (Z.P. Wang & G.H. Ye) T.H. Wen（浙江植物志）
原生。华东分布：福建、江西、浙江。

糙花少穗竹 *Oligostachyum scabriflorum* (McClure) Z.P. Wang & G.H. Ye
别名：白眼竹（江西种子植物名录）
——*Arundinaria maculosa* C.D. Chu & C.S. Chao（江西种子植物名录）
原生。华东分布：福建、江西。

斗竹 *Oligostachyum spongiosum* (C.D. Chu & C.S. Chao) Q.F. Zheng & Y.M. Lin
——*Arundinaria spongiosa* C.D. Chu & C.S. Chao（江西种子植物名录）
原生。华东分布：福建、江西。

少穗竹 *Oligostachyum sulcatum* Z.P. Wang & G.H. Ye
别名：大黄苦竹（浙江植物志）
——*Arundinaria sulcata* (Z.P. Wang & G.H. Ye) C.S. Chao & G.Y. Yang（江西种子植物名录）
原生。华东分布：福建、江西、浙江。

永安少穗竹 *Oligostachyum yonganense* Y.M. Lin & Q.F. Zheng
——"*Oligostachyum yonganensis*"=*Oligostachyum yonganense* Y.M. Lin & Q.F. Zheng（拼写错误。福建植物志）
原生。华东分布：福建。

刚竹属 *Phyllostachys*

（禾本科 Poaceae）

尖头青竹 *Phyllostachys acuta* C.D. Chu & C.S. Chao
原生。华东分布：安徽、福建、江西、浙江。

糙竹 *Phyllostachys acutiligula* G.H. Lai
原生。华东分布：安徽。

白壳竹 *Phyllostachys albidula* N.X. Ma & W.Y. Zhang
原生。华东分布：浙江。

黄古竹 *Phyllostachys angusta* McClure
别名：黄姑竹（浙江植物志）
原生。华东分布：安徽、福建、江苏、江西、浙江。

石绿竹 *Phyllostachys arcana* McClure
原生。华东分布：安徽、江苏、江西、浙江。

黄槽石绿竹 *Phyllostachys arcana* 'Flavosulcata'
——*Phyllostachys arcana* f. *flavosulcata* McClure（安徽植物志）
原生、栽培。华东分布：安徽。

乌芽竹 *Phyllostachys atrovaginata* C.S. Chao & H.Y. Chou
原生。华东分布：浙江。

人面竹 *Phyllostachys aurea* Carrière ex Rivière & C. Rivière
别名：罗汉（江西种子植物名录），罗汉竹（浙江植物志）
原生、栽培。华东分布：安徽、福建、江苏、江西、浙江。

黄槽竹 *Phyllostachys aureosulcata* McClure
原生。华东分布：江苏、江西、浙江。

蓉城竹 *Phyllostachys bissetii* McClure
别名：白夹竹（江西种子植物名录）
原生。华东分布：江西。

毛壳花哺鸡竹 *Phyllostachys circumpilis* C.Y. Yao & S.Y. Chen
别名：毛壳花哺鸡（江西种子植物名录）
原生。华东分布：江西、浙江。

嘉兴雷竹 *Phyllostachys compar* W.Y. Zhang & N.X. Ma
原生。华东分布：浙江。

广德芽竹 *Phyllostachys corrugata* G.H. Lai
原生。华东分布：安徽。

白哺鸡竹 *Phyllostachys dulcis* McClure
原生。华东分布：福建、江苏、江西、浙江。

毛竹 *Phyllostachys edulis* (Carrière) J. Houz.
——*Phyllostachys heterocycla* 'Pubescens' (Carrière) Matsum.（福建植物志）
——*Phyllostachys pubescens* (Pradelle) Mazel ex J. Houz.（山东植物志、浙江植物志）
原生、栽培。华东分布：福建、江苏、江西、山东、浙江。

方秆毛竹 *Phyllostachys edulis* 'Quadrangulata'
别名：方秆（江西种子植物名录）
——*Phyllostachys edulis* f. *quadrangulata* (S.Y. Wang) Ohrnb.（江西种子植物名录）
原生、栽培。华东分布：江西。

甜笋竹 *Phyllostachys elegans* McClure
原生、栽培。华东分布：福建、江西。

角竹 *Phyllostachys fimbriligula* T.H. Wen
——"*Phyllostachys fimbriligulata*"=*Phyllostachys fimbriligula* T.H. Wen（拼写错误。浙江植物志）
原生、栽培。华东分布：浙江。

曲竿竹 *Phyllostachys flexuosa* Rivière & C. Rivière
别名：甜竹（安徽植物志、山东植物志）
原生、栽培。华东分布：安徽、江苏、山东。

花哺鸡竹 *Phyllostachys glabrata* S.Y. Chen & C.Y. Yao
原生、栽培。华东分布：福建、江西、浙江。

淡竹 *Phyllostachys glauca* McClure
别名：筠竹（浙江植物志）
——*Phyllostachys glauca* f. *yuozhu* J.L. Lu（浙江植物志）
原生。华东分布：安徽、福建、江苏、江西、山东、浙江。

水竹 *Phyllostachys heteroclada* Oliv.
别名：木竹（浙江植物志），盘珠竹（浙江植物志）
——*Phyllostachys heteroclada* f. *decurtata* (S.L. Chen) T.H. Wen（浙江植物志）
——*Phyllostachys heteroclada* f. *solida* (S.L. Chen) C.P. Wang & Z.H. Yu（浙江植物志）
原生。华东分布：安徽、福建、江苏、江西、山东、上海、浙江。

实心水竹 *Phyllostachys heteroclada* 'Solida'
别名：木竹（江西种子植物名录），实心竹（安徽植物志、福建植物志）
——*Phyllostachys heteroclada* f. *solida* (McClure) C.P. Wang & Z.H. Yu（安徽植物志、福建植物志、江西种子植物名录）
原生、栽培。华东分布：安徽、福建、江西。

燥壳竹 ***Phyllostachys hirtivagina*** G.H. Lai
原生。华东分布：安徽。
光壳竹 ***Phyllostachys hispida*** var. ***glabrivagina*** G.H. Lai
原生。华东分布：安徽。
红壳雷竹 ***Phyllostachys incarnata*** T.H. Wen
别名：遂昌雷竹（浙江植物志）
——*Phyllostachys primotina* T.H. Wen（浙江植物志）
原生。华东分布：浙江。
红哺鸡竹 ***Phyllostachys iridescens*** C.Y. Yao & S.Y. Chen
别名：红壳竹（安徽植物志），红竹（浙江植物志）
——"*Phyllostachys iridenscens*"=*Phyllostachys iridescens* C.Y. Yao & S.Y. Chen（拼写错误。安徽植物志）
——"*Phyllostachys lridescens*"=*Phyllostachys iridescens* C.Y. Yao & S.Y. Chen（拼写错误。浙江植物志）
原生、栽培。华东分布：安徽、江苏、浙江。
假毛竹 ***Phyllostachys kwangsiensis*** W.Y. Hsiung, Q.H. Dai & J.K. Liu
原生。华东分布：福建。
瓜水竹 ***Phyllostachys longiciliata*** G.H. Lai
原生。华东分布：安徽。
台湾桂竹 ***Phyllostachys makinoi*** Hayata
——"*Phyllostachys maikinoi*"=*Phyllostachys makinoi* Hayata（拼写错误。福建植物志）
原生。华东分布：福建、江西、浙江。
美竹 ***Phyllostachys mannii*** Gamble
别名：红鸡竹（浙江植物志），硬壳竹（浙江植物志）
——*Phyllostachys helva* T.H. Wen（浙江植物志）
原生。华东分布：安徽、江苏、浙江。
毛环竹 ***Phyllostachys meyeri*** McClure
别名：黄壳竹（浙江植物志），浙江淡竹（浙江植物志）
——*Phyllostachys viridis* f. *laqueata* T.H. Wen（浙江植物志）
原生。华东分布：安徽、福建、江苏、江西、浙江。
篌竹 ***Phyllostachys nidularia*** Munro
别名：蝶竹（浙江植物志），枪刀竹（浙江植物志）
——"*Phyllostachys nidularia* f. *glabro-vagina*"=*Phyllostachys nidularia* f. *glabrovagina* T.H. Wen（拼写错误。浙江植物志）
——"*Phyllostachys nidularia* f. *yexillaris* "=*Phyllostachys nidularia* f. *vexillaris* T.H. Wen（拼写错误。浙江植物志）
原生。华东分布：安徽、江苏、江西、上海、浙江。
实心篌竹 ***Phyllostachys nidularia*** 'Farcta'
别名：实肚竹（江西种子植物名录）
——*Phyllostachys nidularia* f. *farcta* H.R. Zhao & A.T. Liu（江西种子植物名录）
原生、栽培。华东分布：江西。
富阳乌哺鸡竹 ***Phyllostachys nigella*** T.H. Wen
原生、栽培。华东分布：浙江。
紫竹 ***Phyllostachys nigra*** (Lodd. ex Lindl.) Munro
原生、栽培。华东分布：安徽、福建、江苏、江西、浙江。
毛金竹 ***Phyllostachys nigra*** var. ***henonis*** (Mitford) Rendle
别名：黄鳝竹（浙江植物志），金竹（浙江植物志）
——"*Phyllostachys nigra* var. *henois*"=*Phyllostachys nigra* var. *henonis* (Mitford) Rendle（拼写错误。江西种子植物名录）
——*Phyllostachys nigra* f. *nigropunctata* (Mitford) Makino（浙江植物志）
——*Phyllostachys nigra* var. *stauntoni* (Munro) Keng f.（福建植物志）
原生、栽培。华东分布：安徽、福建、江苏、江西、浙江。
灰竹 ***Phyllostachys nuda*** McClure
别名：石竹（安徽植物志、江西种子植物名录、浙江植物志）
原生。华东分布：安徽、福建、江苏、江西、浙江。
安吉金竹 ***Phyllostachys parvifolia*** C.D. Chu & H.Y. Chou
别名：浙江金竹（浙江植物志）
原生、栽培。易危（VU）。华东分布：浙江。
灰水竹 ***Phyllostachys platyglossa*** C.P. Wang & Z.H. Yu
原生。华东分布：安徽、江苏、浙江。
高节竹 ***Phyllostachys prominens*** W.Y. Hsiung
原生、栽培。华东分布：安徽、江苏、江西、浙江。
早园竹 ***Phyllostachys propinqua*** McClure
别名：望江哺鸡竹（浙江植物志）
——*Phyllostachys propinqua* f. *lanuginosa* T.H. Wen（浙江植物志）
原生、栽培。华东分布：安徽、福建、江西、浙江。
谷雨竹 ***Phyllostachys purpureociliata*** G.H. Lai
原生。华东分布：安徽。
桂竹 ***Phyllostachys reticulata*** (Rupr.) K. Koch
别名：水桂竹（浙江植物志）
——*Phyllostachys bambusoides* Sieb. & Zucc.（安徽植物志、福建植物志、江苏植物志 第2版、江西种子植物名录、山东植物志、浙江植物志）
——*Phyllostachys pinyanensis* T.H. Wen（浙江植物志）
原生、栽培。华东分布：安徽、福建、江苏、江西、山东、浙江。
斑竹 ***Phyllostachys reticulata*** 'Tanakae'
——*Phyllostachys bambusoides* f. *tanakae* Makino ex Tsuboi（江西种子植物名录）
——*Phyllostachys bambusoides* f. *lacrima-deae* Keng f. & T.H. Wen（浙江植物志）
原生、栽培。华东分布：江西、浙江。
河竹 ***Phyllostachys rivalis*** H.R. Zhao & A.T. Liu
原生。华东分布：福建。
芽竹 ***Phyllostachys robustiramea*** S.Y. Chen & C.Y. Yao
原生。华东分布：福建、江西、浙江。
红后竹 ***Phyllostachys rubicunda*** T.H. Wen
别名：安吉水胖竹（江西种子植物名录），华东水竹（浙江植物志），水胖竹（安徽植物志、浙江植物志）
——*Phyllostachys concava* Z.H. Yu & C.P. Wang（江西种子植物名录）
——*Phyllostachys retusa* T.H. Wen（浙江植物志）
原生。华东分布：安徽、福建、江西、浙江。
红边竹 ***Phyllostachys rubromarginata*** McClure
别名：毛环水竹（江西种子植物名录），女儿竹（浙江植物志）
——*Phyllostachys aurita* J.L. Lu（江西种子植物名录）
——*Phyllostachys rubromarginata* f. *castigata* T.H. Wen（浙江植物志）

原生。华东分布：安徽、江西、浙江。
衢县红壳竹 *Phyllostachys rutila* T.H. Wen
别名：衢县红竹（浙江植物志）
原生。华东分布：浙江。
舒城刚竹 *Phyllostachys shuchengensis* S.C. Li & S.H. Wu
原生。华东分布：安徽、江西、浙江。
漫竹 *Phyllostachys stimulosa* H.R. Zhao & A.T. Liu
别名：水后竹（浙江植物志）
——*Phyllostachys stimulosa* f. *unifoliata* T.H. Wen（浙江植物志）
原生。华东分布：安徽、福建、江西、浙江。
金竹 *Phyllostachys sulphurea* (Carrière) Rivière & C. Rivière
别名：横里黄刚竹（安徽植物志），黄皮刚竹（安徽植物志、浙江植物志），黄皮绿筋竹（浙江植物志），绿皮黄筋竹（浙江植物志）
——*Phyllostachys viridis* f. *aurata* T.H. Wen（浙江植物志）
——*Phyllostachys viridis* f. *houzeauana* C.D. Chu & C.S. Chao（安徽植物志、浙江植物志）
——*Phyllostachys viridis* f. *youngii* C.D. Chu & C.S. Chao（浙江植物志）
原生。华东分布：安徽、江苏、浙江。
刚竹 *Phyllostachys sulphurea* var. ***viridis*** R.A. Young
——*Phyllostachys viridis* (Rob. A. Young) McClure（福建植物志、山东植物志、浙江植物志）
原生、栽培。华东分布：安徽、福建、江苏、江西、山东、浙江。
天目早竹 *Phyllostachys tianmuensis* Z.P. Wang & N.X. Ma
原生。华东分布：浙江。
乌竹 *Phyllostachys varioauriculata* S.C. Li & S.H. Wu
别名：毛壳竹（安徽植物志、浙江植物志）
——*Phyllostachys hispida* S.C. Li, S.H. Wu & S.Y. Chen（浙江植物志）
原生。华东分布：安徽、福建、江苏、浙江。
硬头青竹 *Phyllostachys veitchiana* Rendle
原生。华东分布：浙江。
早竹 *Phyllostachys violascens* (Carrière) Rivière & C. Rivière
别名：黄条早竹（浙江植物志），雷竹（浙江植物志）
——*Phyllostachys praecox* C.D. Chu & C.S. Chao（安徽植物志、福建植物志、江西种子植物名录、浙江植物志）
——*Phyllostachys praecox* f. *notata* S.Y. Chen & C.Y. Yao（浙江植物志）
——*Phyllostachys praecox* f. *prevernalis* S.Y. Chen & C.Y. Yao（浙江植物志）
原生。华东分布：安徽、福建、江苏、江西、浙江。
东阳青皮竹 *Phyllostachys virella* T.H. Wen
原生。华东分布：浙江。
粉绿竹 *Phyllostachys viridiglaucescens* (Carrière) Rivière & C. Rivière
别名：绿粉竹（江西种子植物名录），乌竹（浙江植物志）
——"*Phyllostachys viridi-glaucescens*"=*Phyllostachys viridiglaucescens* (Carrière) Rivière & C. Rivière（拼写错误。福建植物志、江西种子植物名录、浙江植物志）
原生。华东分布：福建、江苏、江西、浙江。
乌哺鸡竹 *Phyllostachys vivax* McClure
别名：褐条乌哺鸡竹（浙江植物志），黄秆乌哺鸡竹（浙江植物志）
——*Phyllostachys vivax* f. *aureocaulis* N.X. Ma（浙江植物志）
——*Phyllostachys vivax* f. *vittata* T.H. Wen（浙江植物志）
原生。华东分布：安徽、江苏、江西、浙江。
云和哺鸡竹 *Phyllostachys yunhoensis* S.Y. Chen & C.Y. Yao
原生。华东分布：浙江。
浙江甜竹 *Phyllostachys zhejiangensis* G.H. Lai
原生。华东分布：安徽。

苦竹属 *Pleioblastus*

（禾本科 Poaceae）

高舌苦竹 *Pleioblastus altiligulatus* S.L. Chen & S.Y. Chen
——"*Pleioblastus altigulatus*"=*Pleioblastus altiligulatus* S.L. Chen & S.Y. Chen（拼写错误。浙江植物志）
原生。华东分布：浙江。
苦竹 *Pleioblastus amarus* (Keng) Keng f.
——*Arundinaria amara* Keng（江西种子植物名录）
原生。华东分布：安徽、福建、江苏、江西、上海、浙江。
杭州苦竹 *Pleioblastus amarus* var. ***hangzhouensis*** S.L. Chen & S.Y. Chen
原生。华东分布：浙江。
垂枝苦竹 *Pleioblastus amarus* var. ***pendulifolius*** S.Y. Chen
原生。华东分布：浙江。
胖苦竹 *Pleioblastus amarus* var. ***tubatus*** T.H. Wen
原生。华东分布：福建、浙江。
光节苦竹 *Pleioblastus glabrinodus* G.H. Lai
原生。华东分布：安徽。
罗公竹 *Pleioblastus guilongshanensis* M.M. Lin
原生。华东分布：福建。
仙居苦竹 *Pleioblastus hsienchuensis* T.H. Wen
别名：轿杠竹（浙江植物志）
原生。华东分布：福建、浙江。
光箨苦竹 *Pleioblastus hsienchuensis* var. ***subglabratus*** (S.Y. Chen) C.S. Chao & G.Y. Yang
别名：胶南竹（福建植物志），巨县苦竹（江西种子植物名录）
——"*Arundinaria hsienchensis* var. *subglabrata*"=*Arundinaria hsienchuensis* var. *subglabrata* (S.Y. Chen) C.S. Chao & G.Y. Yang（拼写错误。江西种子植物名录）
——*Pleioblastus amarus* var. *subglabratus* S.Y. Chen（福建植物志）
——*Sinobambusa seminuda* T.H. Wen（福建植物志）
原生。华东分布：安徽、福建、江西。
绿苦竹 *Pleioblastus incarnatus* S.L. Chen & G.Y. Sheng
原生。华东分布：福建。
华丝竹 *Pleioblastus intermedius* S.Y. Chen
原生。华东分布：福建、浙江。
衢县苦竹 *Pleioblastus juxianensis* T.H. Wen, C.Y. Yao & S.Y. Chen
别名：巨县苦竹（安徽植物志）
原生。华东分布：安徽、福建、浙江。
斑苦竹 *Pleioblastus maculatus* (McClure) C.D. Chu & C.S. Chao
别名：广西苦竹（江西种子植物名录）
——*Arundinaria kwangsiensis* (W.Y. Hsiung & C.S. Chao) C.S.

Chao & G.Y. Yang（江西种子植物名录）
原生。华东分布：安徽、福建、江西、浙江。
丽水苦竹 *Pleioblastus maculosoides* T.H. Wen
原生。华东分布：浙江。
油苦竹 *Pleioblastus oleosus* T.H. Wen
别名：斑苦竹（江西种子植物名录）
——*Arundinaria chinensis* C.S. Chao & G.Y. Yang（江西种子植物名录）
原生。华东分布：福建、江西、浙江。
烂头苦竹 *Pleioblastus ovatoauritus* T.H. Wen ex W.Y. Zhang
原生。华东分布：浙江。
皱苦竹 *Pleioblastus rugatus* T.H. Wen & S.Y. Chen
——*Arundinaria rugata* (T.H. Wen & S.Y. Chen) C.S. Chao & G.Y. Yang（江西种子植物名录）
原生。华东分布：江西、浙江。
三明苦竹 *Pleioblastus sanmingensis* S.L. Chen & G.Y. Sheng
原生。华东分布：福建。
实心苦竹 *Pleioblastus solidus* S.Y. Chen
——*Arundinaria solida* (S.Y. Chen) C.S. Chao & G.Y. Yang（江西种子植物名录）
原生。华东分布：安徽、福建、江苏、江西、浙江。
尖子竹 *Pleioblastus truncatus* T.H. Wen
别名：箭子竹（浙江植物志）
——"*Pleioblastus truncata*"=*Pleioblastus truncatus* T.H. Wen（拼写错误。浙江植物志）
原生。华东分布：浙江。
武夷山苦竹 *Pleioblastus wuyishanensis* Q.F. Zheng & K.F. Huang
原生。近危（NT）。华东分布：福建。
宜兴苦竹 *Pleioblastus yixingensis* S.L. Chen & S.Y. Chen
原生。近危（NT）。华东分布：安徽、福建、江苏、浙江。

矢竹属 *Pseudosasa*

（禾本科 Poaceae）

尖箨茶竿竹 *Pseudosasa acutivagina* T.H. Wen & S.C. Chen
别名：尖箨茶秆竹（浙江植物志）
原生。华东分布：浙江。
空心竹 *Pseudosasa aeria* T.H. Wen
别名：空心苦（浙江植物志）
原生。濒危（EN）。华东分布：浙江。
茶竿竹 *Pseudosasa amabilis* (McClure) Keng f.
别名：茶秆竹（江西种子植物名录）
——*Arundinaria amabilis* McClure（江西种子植物名录）
原生。华东分布：福建、江苏、江西。
福建茶竿竹 *Pseudosasa amabilis* var. ***convexa*** Z.P. Wang & G.H. Ye
别名：薄箨茶秆竹（福建植物志），福建茶秆竹（福建植物志）
——*Pseudosasa amabilis* var. *tenuis* S.L. Chen & G.Y. Sheng（福建植物志）
——*Arundinaria amabilis* var. *convexa* (Z.P. Wang & G.H. Ye) C.S. Chao & G.Y. Yang（江西种子植物名录）
原生。华东分布：福建、江西。
短箨茶竿竹 *Pseudosasa brevivaginata* G.H. Lai
别名：短箨茶秆竹（A Newly-recorded Genus of Wild Bamboos with a New Species from Dabieshan Mountains in Anhui Province）
原生。近危（NT）。华东分布：安徽。
托竹 *Pseudosasa cantorii* (Munro) Keng f.
——"*Arundinaria cantori*"=*Arundinaria cantorii* (Munro) L.C. Chia（拼写错误。江西种子植物名录）
——"*Pseudosasa cantori*"=*Pseudosasa cantorii* (Munro) Keng f.（拼写错误。福建植物志、浙江植物志）
原生。华东分布：福建、江西、浙江。
纤细茶竿竹 *Pseudosasa gracilis* S.L. Chen & G.Y. Sheng
原生。华东分布：福建。
彗竹 *Pseudosasa hindsii* (Munro) S.L. Chen & G.Y. Sheng ex T.G. Liang
别名：篲竹（江西种子植物名录）
——*Arundinaria hindsii* Munro（江西种子植物名录）
原生。华东分布：福建、江西。
矢竹 *Pseudosasa japonica* (Sieb. & Zucc. ex Steud.) Makino ex Nakai
原生。华东分布：江苏。
将乐茶竿竹 *Pseudosasa jiangleensis* N.X. Zhao & N.H. Xia
别名：将乐茶秆竹（FOC）
原生。华东分布：福建。
鸡公山茶竿竹 *Pseudosasa maculifera* J.L. Lu
别名：鸡公山茶秆竹（FOC）
原生。华东分布：浙江。
毛箨茶竿竹 *Pseudosasa maculifera* var. ***hirsuta*** S.L. Chen & G.Y. Sheng
原生。华东分布：浙江。
面竿竹 *Pseudosasa orthotropa* S.L. Chen & T.H. Wen
别名：面秆竹（浙江植物志）
原生。华东分布：浙江。
毛花茶竿竹 *Pseudosasa pubiflora* (Keng) Keng f. ex D.Z. Li & L.M. Gao
别名：毛花茶秆竹（江西种子植物名录），少花茶竿竹［New Taxa and New Records of Bambusoideae (Poaceae) in Zhejiang Province, China］
——*Arundinaria pubiflora* Keng（江西种子植物名录）
——*Pseudosasa pallidiflora* (McClure) S.L. Chen & G.Y. Sheng［New Taxa and New Records of Bambusoideae (Poaceae) in Zhejiang Province, China］
原生。华东分布：江西、浙江。
近实心茶竿竹 *Pseudosasa subsolida* S.L. Chen & G.Y. Sheng
别名：花叶近实心茶秆竹（A New Form of *Pseudosasa subsolida*, Figure-leaf of *P. subsolida*），近实心茶秆竹（江西种子植物名录）
——*Arundinaria subsolida* (S.L. Chen & G.Y. Sheng) C.S. Chao & G.Y. Yang（江西种子植物名录）
——*Pseudosasa subsolida* f. *auricoma* J.G. Zheng & Q.F. Zhen（A New Form of *Pseudosasa subsolida*, Figure-leaf of *P. subsolida*）
原生。易危（VU）。华东分布：福建、江西。
笔竹 *Pseudosasa viridula* S.L. Chen & G.Y. Sheng
原生。华东分布：浙江。
武夷山茶竿竹 *Pseudosasa wuyiensis* S.L. Chen & G.Y. Sheng

别名：武夷山茶秆竹（FOC）
原生。近危（NT）。华东分布：福建。
中岩茶竿竹 ***Pseudosasa zhongyanensis*** S.H. Chen, K.F. Huang & H.Z. Guo
别名：中岩茶秆竹（*Pseudosasa zhongyanensis* S. H. Chen, K. F. Huang & H. Z. Guo, A New Species of *Pseudosasa* of Bambusoideae from China）
原生。华东分布：福建。

赤竹属 *Sasa*

（禾本科 Poaceae）

广西赤竹 ***Sasa guangxiensis*** C.D. Chu & C.S. Chao
原生。华东分布：江西。
湖北华箬竹 ***Sasa hubeiensis*** (C.H. Hu) C.H. Hu
原生。华东分布：江西。
大节赤竹 ***Sasa magninoda*** T.H. Wen & G.L. Liao
——"*Sasa magnonode*"=*Sasa magninoda* T.H. Wen & G.L. Liao（拼写错误。江西种子植物名录）
原生。华东分布：江西。
庆元华箬竹 ***Sasa qingyuanensis*** (C.H. Hu) C.H. Hu
原生。华东分布：浙江。
华箬竹 ***Sasa sinica*** Keng
——*Sasamorpha sinica* (Keng) Koidz.（安徽植物志）
原生。近危（NT）。华东分布：安徽、江西、浙江。

业平竹属 *Semiarundinaria*

（禾本科 Poaceae）

短穗竹 ***Semiarundinaria densiflora*** (Rendle) T.H. Wen
别名：毛环短穗竹（安徽植物志）
——*Brachystachyum densiflorum* (Rendle) Keng（安徽植物志、福建植物志）
——*Brachystachyum densiflorum* var. *villosum* S.L. Chen & C.Y. Yao（安徽植物志）
原生。华东分布：安徽、福建、江苏、江西、浙江。
中华业平竹 ***Semiarundinaria sinica*** T.H. Wen
原生。华东分布：江苏、浙江。

鹅毛竹属 *Shibataea*

（禾本科 Poaceae）

江山鹅毛竹 ***Shibataea chiangshanensis*** T.H. Wen
别名：江山矮竹（浙江植物志）
原生。近危（NT）。华东分布：浙江。
鹅毛竹 ***Shibataea chinensis*** Nakai
原生、栽培。华东分布：福建、江苏、江西、浙江。
细鹅毛竹 ***Shibataea chinensis*** var. ***gracilis*** C.H. Hu
原生。华东分布：江苏。
芦花竹 ***Shibataea hispida*** McClure
别名：休宁倭竹（安徽植物志）
原生。华东分布：安徽。
倭竹 ***Shibataea kumasaca*** (Zoll. ex Steud.) Makino ex Nakai
——"*Shibataea kumasasa*"=*Shibataea kumasaca* (Zoll. ex Steud.) Makino（拼写错误。福建植物志）
原生。华东分布：福建、江苏。
狭叶鹅毛竹 ***Shibataea lancifolia*** C.H. Hu
别名：狭叶矮竹（浙江植物志），狭叶倭竹（福建植物志）
——"*Shibataea lanceifolia*"=*Shibataea lancifolia* C.H. Hu（拼写错误。福建植物志、浙江植物志）
原生。华东分布：福建、浙江。
南平倭竹 ***Shibataea nanpingensis*** Q.F. Zheng & K.F. Huang
原生。华东分布：福建。
福建鹅毛竹 ***Shibataea nanpingensis*** var. ***fujianica*** (Z.D. Zhu & H.Y. Zhou) C.H. Hu
别名：福建倭竹（福建植物志）
——*Shibataea fujianica* Z.D. Zhu & H.Y. Zhou ex C.H. Hu, Q.F. Zheng & K.F. Huang（福建植物志）
原生。华东分布：福建。
矮雷竹 ***Shibataea strigosa*** T.H. Wen
别名：雷倭竹（江西种子植物名录）
——"*Shibataea strita*"=*Shibataea strigosa* T.H. Wen（拼写错误。江西种子植物名录）
原生。华东分布：江西、浙江。

唐竹属 *Sinobambusa*

（禾本科 Poaceae）

白皮唐竹 ***Sinobambusa farinosa*** (McClure) T.H. Wen
原生。华东分布：福建。
晾衫竹 ***Sinobambusa intermedia*** McClure
别名：凉衫竹（江西种子植物名录），硬头苦竹（福建植物志、浙江植物志）
——*Pleioblastus longifimbriatus* S.Y. Chen（福建植物志、浙江植物志）
原生。华东分布：福建、江西、浙江。
肾耳唐竹 ***Sinobambusa nephroaurita*** C.D. Chu & C.S. Chao
原生。华东分布：江西。
糙耳唐竹 ***Sinobambusa scabrida*** T.H. Wen
别名：冬笋竹（福建植物志）
原生。华东分布：福建。
唐竹 ***Sinobambusa tootsik*** (Makino) Makino ex Nakai
原生、栽培。华东分布：福建、江西、浙江。
火管竹 ***Sinobambusa tootsik*** var. ***dentata*** T.H. Wen
原生。华东分布：福建。
满山爆竹 ***Sinobambusa tootsik*** var. ***laeta*** (McClure) T.H. Wen
原生。华东分布：福建。
尖头唐竹 ***Sinobambusa urens*** T.H. Wen
原生。华东分布：福建、浙江。
宜兴唐竹 ***Sinobambusa yixingensis*** C.S. Chao & K.S. Xiao
原生。华东分布：江苏。

玉山竹属 *Yushania*

（禾本科 Poaceae）

百山祖玉山竹 ***Yushania baishanzuensis*** Z.P. Wang & G.H. Ye
别名：百山祖箭竹（江西种子植物名录）
——*Sinarundinaria baishanzuensis* Z.P. Wang & G.H. Ye（江西种子植物名录）
原生。华东分布：福建、江西、浙江。

毛玉山竹 *Yushania basihirsuta* (McClure) Z.P. Wang & G.H. Ye
原生。华东分布：浙江。
鄂西玉山竹 *Yushania confusa* (McClure) Z.P. Wang & G.H. Ye
原生。华东分布：安徽。
湖南玉山竹 *Yushania farinosa* Y.P. Wang & G.H. Ye
别名：湖南箭竹（江西种子植物名录）
——*Sinarundinaria farinosa* McClure（江西种子植物名录）
原生。华东分布：福建、江西。
毛竿玉山竹 *Yushania hirticaulis* Z.P. Wang & G.H. Ye
别名：毛秆箭竹（江西种子植物名录）
——*Sinarundinaria hirticaulis* (Z.P. Wang & G.H. Ye) C.S. Chao（江西种子植物名录）
原生。华东分布：福建、江西。
撕裂玉山竹 *Yushania lacera* Q.F. Zheng & K.F. Huang
原生。华东分布：福建。
长耳玉山竹 *Yushania longiaurita* Q.F. Zheng & K.F. Huang
原生。华东分布：福建。
玉山竹 *Yushania niitakayamensis* (Hayata) Keng f.
原生。华东分布：上海、浙江。
庐山玉山竹 *Yushania varians* T.P. Yi
原生。华东分布：江西。
武夷山玉山竹 *Yushania wuyishanensis* Q.F. Zheng & K.F. Huang
原生。华东分布：福建。
亚东玉山竹 *Yushania yadongensis* T.P. Yi
别名：长鞘玉山竹（福建植物志）
——*Yushania longissima* K.F. Huang & Q.F. Zheng（福建植物志）
原生。华东分布：福建。

簕竹属 *Bambusa*

（禾本科 Poaceae）

花竹 *Bambusa albolineata* L.C. Chia
别名：绿篱竹（江西种子植物名录）
——"*Bambusa textilis* var. *albo-striata*"=*Bambusa textilis* var. *albostriata* McClure（拼写错误。江西种子植物名录）
原生。华东分布：福建、江西、浙江。
扁竹 *Bambusa basihirsuta* McClure
别名：苦绿竹（福建植物志、浙江植物志）
——*Bambusa prasina* T.H. Wen（浙江植物志）
——*Dendrocalamopsis basihirsuta* (McClure) Keng f. & W.T. Lin（福建植物志）
原生。华东分布：福建、江西、浙江。
簕竹 *Bambusa blumeana* Schult. f.
原生。华东分布：福建。
妈竹 *Bambusa boniopsis* McClure
别名：多实竹（江西种子植物名录）
——*Bambusa fecunda* McClure（江西种子植物名录）
原生。华东分布：江西。
单竹 *Bambusa cerosissima* McClure
原生。华东分布：福建。
粉单竹 *Bambusa chungii* McClure
别名：粉箪竹（FOC）
原生。华东分布：福建。
天鹅绒竹 *Bambusa chungii* var. ***velutina*** (T.P. Yi & J.Y. Shi) Yuan Wang, Jing Yan & C. Du comb. nov. [**Basionym**: *Lingnania chungii* (McClure) McClure var. *velutina* T. P. Yi & J. Y. Shi in Journal of Bamboo Research 24(2): 14. 2005. **Type**: *T.P. Yi, J.Y. Shi & Y.G. Zou 04020* (Holotype: SIFS)]
——*Lingnania chungii* var. *velutina* T.P. Yi & J.Y. Shi（New Taxon of *Lingnania* McClure from Fujian, China）
原生。华东分布：福建。
毛簕竹 *Bambusa dissimulator* var. ***hispida*** McClure
——"*Bambusa dissemulator* var. *hispida*"=*Bambusa dissimulator* var. *hispida* McClure（拼写错误。福建植物志）
原生。华东分布：福建。
料慈竹 *Bambusa distegia* (Keng & Keng f.) L.C. Chia & H.L. Fung
别名：有节竹（A New Species of *Lingnania* McClure from South Fujian, China）
——*Lingnania fujianensis* T.P. Yi & J.Y. Shi（A New Species of *Lingnania* McClure from South Fujian, China）
原生。华东分布：福建。
长枝竹 *Bambusa dolichoclada* Hayata
原生。华东分布：福建、江西。
慈竹 *Bambusa emeiensis* L.C. Chia & H.L. Fung
——*Neosinocalamus affinis* (Rendle) Keng f.（福建植物志、浙江植物志）
原生、栽培。华东分布：福建、浙江。
泥竹 *Bambusa gibba* McClure
别名：坭竹（江西种子植物名录）
原生。华东分布：江西。
藤枝竹 *Bambusa lenta* L.C. Chia
原生。华东分布：福建。
孝顺竹 *Bambusa multiplex* (Lour.) Raeusch. ex Schult. f.
别名：河边竹（福建植物志），花孝顺竹（浙江植物志），普陀孝顺竹（浙江植物志）
——*Bambusa glaucescens* (Willd.) Merr.（江西种子植物名录、浙江植物志）
——*Bambusa glaucescens* var. *alphonso-karrii* (Mitford ex Satow) Hatus.（浙江植物志）
——*Bambusa glaucescens* var. *lutea* (T.H. Wen) T.H. Wen（浙江植物志）
——*Bambusa multiplex* var. *strigosa* (T.H. Wen) Keng f. ex Q.F. Zheng & Y.M. Lin（福建植物志）
原生、栽培。华东分布：福建、江苏、江西、浙江。
毛凤凰竹 *Bambusa multiplex* var. ***incana*** B.M. Yang
别名：河边竹（江西种子植物名录）
——*Bambusa strigosa* T.H. Wen（江西种子植物名录）
原生。华东分布：江西。
观音竹 *Bambusa multiplex* var. ***riviereorum*** Maire
别名：凤尾竹（浙江植物志）
——*Bambusa glaucescens* var. *riviereorum* (Maire) L.C. Chia & H.L. Fung（江西种子植物名录、浙江植物志）
原生。华东分布：江西、浙江。
石角竹 *Bambusa multiplex* var. ***shimadae*** (Hayata) Sasaki

别名：桃枝竹（浙江植物志）
——*Bambusa glaucescens* var. *shimadae* (Hayata) L.C. Chia & But（浙江植物志）
原生。华东分布：浙江。
绿竹 *Bambusa oldhamii* Munro
别名：光箨绿竹（福建植物志），毛绿竹（浙江植物志）
——"*Bambusa oldhami*"=*Bambusa oldhamii* Munro（拼写错误。浙江植物志）
——"*Dendrocalamopsis oldhami*"=*Dendrocalamopsis oldhamii* (Munro) Keng f.（拼写错误。福建植物志）
——*Bambusa atrovirens* T.H. Wen（浙江植物志）
——*Dendrocalamopsis atrovirens* (T.H. Wen) Keng f. ex W.T. Lin（福建植物志）
原生。华东分布：福建、浙江。
米筛竹 *Bambusa pachinensis* Hayata
原生。华东分布：浙江。
长毛米筛竹 *Bambusa pachinensis* var. ***hirsutissima*** (Odash.) W.T. Lin
原生。华东分布：福建、浙江。
撑篙竹 *Bambusa pervariabilis* McClure
原生、栽培。华东分布：福建、江西、浙江。
硬头黄竹 *Bambusa rigida* Keng & Keng f.
别名：硬头黄（江西种子植物名录）
原生。华东分布：福建、江西。
木竹 *Bambusa rutila* McClure
原生。华东分布：福建。
车筒竹 *Bambusa sinospinosa* McClure
原生。华东分布：福建。
青皮竹 *Bambusa textilis* McClure
原生。华东分布：福建、江西。
光秆青皮竹 *Bambusa textilis* var. ***glabra*** McClure
别名：光箨青皮竹（浙江植物志），黄竹（福建植物志、江西种子植物名录）
原生。华东分布：福建、江西、浙江。
崖州竹 *Bambusa textilis* var. ***gracilis*** McClure
原生。华东分布：福建、浙江。
青竿竹 *Bambusa tuldoides* Munro
原生。华东分布：福建。
佛肚竹 *Bambusa ventricosa* McClure
别名：小佛肚（江西种子植物名录）
原生。华东分布：江西。
温州单竹 *Bambusa wenchouensis* (T.H. Wen) Keng f. ex Q.F. Zheng, Y.M. Lin
别名：大木竹（浙江植物志），木单竹（福建植物志）
——*Lingnania wenchouensis* T.H. Wen（浙江植物志）
原生。华东分布：福建、浙江。
黄条大木竹 *Bambusa wenchouensis* f. ***striata*** J.J. Yue & J.L. Yuan
原生。华东分布：浙江。

牡竹属 *Dendrocalamus*

（禾本科 Poaceae）

麻竹 *Dendrocalamus latiflorus* Munro
别名：六月麻竹（浙江植物志）
——*Dendrocalamus latiflorus* var. *magnus* (T.H. Wen) T.H. Wen（浙江植物志）
原生。华东分布：福建、浙江。
长耳吊丝竹 *Dendrocalamus longiauritus* S.H. Chen, K.F. Huang & R.S. Chen
原生。华东分布：福建。

思簩竹属 *Schizostachyum*

（禾本科 Poaceae）

苗竹仔 *Schizostachyum dumetorum* (Hance ex Walp.) Munro
原生。华东分布：江西。
火筒竹 *Schizostachyum dumetorum* var. ***xinwuense*** (T.H. Wen & J.Y. Chin) N.H. Xia
别名：寻乌藤竹（江西种子植物名录）
——*Schizostachyum xinwuense* T.H. Wen & J.Y. Chin（江西种子植物名录）
原生。华东分布：江西。
万石山思簩竹 *Schizostachyum wanshishanense* S.H. Chen, K.F. Huang & H.Z. Guo
别名：万石山思劳竹（*Schizostachyum wanshishanense* S. H. Chen, K. F. Huang & H. Z. Guo sp. nov., A New Species of *Schizostachyum* of Bambusoideae from China）
原生。华东分布：福建。

短颖草属 *Brachyelytrum*

（禾本科 Poaceae）

日本短颖草 *Brachyelytrum japonicum* (Hack.) Matsum. ex Honda
——*Brachyelytrum erectum* var. *japonicum* Hack.（安徽植物志、江西种子植物名录、浙江植物志）
原生。华东分布：安徽、江苏、江西、浙江。

显子草属 *Phaenosperma*

（禾本科 Poaceae）

显子草 *Phaenosperma globosum* Munro ex Benth.
——"*Phaenosperma globosa*"=*Phaenosperma globosum* Munro ex Benth.（拼写错误。安徽植物志、福建植物志、江苏植物志 第2版、江西种子植物名录、FOC）
原生。华东分布：安徽、福建、江苏、江西、上海、浙江。

甜茅属 *Glyceria*

（禾本科 Poaceae）

甜茅 *Glyceria acutiflora* subsp. ***japonica*** (Steud.) T. Koyama & Kawano
原生。华东分布：安徽、福建、江苏、江西、上海、浙江。
假鼠妇草 *Glyceria leptolepis* Ohwi
别名：宽叶假鼠妇草（江西种子植物名录）
——*Glyceria leptolepis* var. *laxior* Keng（江西种子植物名录）
原生。华东分布：安徽、江西、山东、浙江。
卵花甜茅 *Glyceria tonglensis* C.B. Clarke
原生。华东分布：安徽、江西。

臭草属 *Melica*

（禾本科 Poaceae）

大花臭草 *Melica grandiflora* Koidz.

原生。华东分布：安徽、江苏、江西、山东、浙江。

广序臭草 ***Melica onoei*** Franch. & Sav.

别名：华北臭草（山东植物志），山野臭草（江西种子植物名录）

——"*Melica orwei*"=*Melica onoei* Franch. & Sav.（拼写错误。江西种子植物名录）

原生。华东分布：安徽、江苏、江西、山东、浙江。

细叶臭草 ***Melica radula*** Franch.

原生。华东分布：山东。

臭草 ***Melica scabrosa*** Trin.

原生。华东分布：安徽、江苏、山东。

抱草 ***Melica virgata*** Turcz. ex Trin.

原生。华东分布：江苏。

针茅属 *Stipa*

（禾本科 Poaceae）

长芒草 ***Stipa bungeana*** Trin.

原生。华东分布：安徽、江苏、山东。

长旗草属 *Patis*

（禾本科 Poaceae）

长旗草 ***Patis coreana*** (Honda) Ohwi

别名：大叶直芒草（安徽植物志、江苏植物志 第2版、江西种子植物名录、浙江植物志）

——*Achnatherum coreanum* (Honda) Ohwi（江苏植物志 第2版）

——*Orthoraphium grandifolium* (Keng) Keng ex P.C. Kuo（安徽植物志、江西种子植物名录、浙江植物志）

原生。华东分布：安徽、江苏、江西、浙江。

钝颖长旗草 ***Patis obtusa*** (Stapf ex Oliv.) Romasch., P.M. Peterson & Soreng

别名：钝颖落芒草（浙江植物志）

——*Oryzopsis obtusa* Stapf（浙江植物志）

原生。华东分布：浙江。

落芒草属 *Piptatherum*

（禾本科 Poaceae）

钝颖落芒草 ***Piptatherum kuoi*** S.M. Phillips & Z.L. Wu

原生。华东分布：福建。

羽茅属 *Achnatherum*

（禾本科 Poaceae）

京芒草 ***Achnatherum pekinense*** (Hance) Ohwi

别名：远东芨芨草（安徽植物志、山东植物志）

——*Achnatherum extremiorientale* (H. Hara) Keng（安徽植物志、山东植物志）

原生。华东分布：安徽、江苏、山东、浙江。

龙常草属 *Diarrhena*

（禾本科 Poaceae）

法利龙常草 ***Diarrhena fauriei*** (Hack.) Ohwi

别名：小果龙常草（安徽植物志）

原生。华东分布：安徽。

日本龙常草 ***Diarrhena japonica*** Franch. & Sav.

原生。华东分布：浙江。

龙常草 ***Diarrhena mandshurica*** Maxim.

——"*Diarrhena manshurica*"=*Diarrhena mandshurica* Maxim.（拼写错误。山东植物志）

原生。华东分布：山东。

短柄草属 *Brachypodium*

（禾本科 Poaceae）

短柄草 ***Brachypodium sylvaticum*** (Huds.) P. Beauv.

别名：小颖短柄草（安徽植物志）

——*Brachypodium sylvaticum* var. *breviglume* Keng ex Keng f.（安徽植物志）

原生。华东分布：安徽、江苏、浙江。

雀麦属 *Bromus*

（禾本科 Poaceae）

田雀麦 ***Bromus arvensis*** L.

外来。华东分布：江苏、山东。

扁穗雀麦 ***Bromus catharticus*** Vahl

——*Bromus unioloides* Kunth（福建植物志、浙江植物志）

外来。华东分布：安徽、福建、江苏、江西、山东、上海、浙江。

无芒雀麦 ***Bromus inermis*** Leyss.

原生。华东分布：江苏。

雀麦 ***Bromus japonicus*** Houtt.

——"*Bromus japonica*"=*Bromus japonicus* Houtt.（拼写错误。江西种子植物名录）

原生。华东分布：安徽、福建、江苏、江西、山东、上海、浙江。

疏花雀麦 ***Bromus remotiflorus*** (Steud.) Ohwi

原生。华东分布：安徽、福建、江苏、江西、山东、上海、浙江。

硬雀麦 ***Bromus rigidus*** Roth

外来。华东分布：福建、江苏、江西、浙江。

帚雀麦 ***Bromus scoparius*** L.

原生。华东分布：江苏。

贫育雀麦 ***Bromus sterilis*** L.

外来。华东分布：江苏、江西。

旱雀麦 ***Bromus tectorum*** L.

原生。华东分布：江西。

赖草属 *Leymus*

（禾本科 Poaceae）

羊草 ***Leymus chinensis*** (Trin.) Tzvelev

原生。华东分布：山东。

猬草 ***Leymus duthiei*** (Stapf ex Hook. f.) C. Yen, J.L. Yang & B.R. Baum

——"*Hystrix duthiel*"=*Hystrix duthiei* (Stapf) Bor（拼写错误。江西种子植物名录）

——*Hystrix duthiei* (Stapf) Bor（安徽植物志、浙江植物志）

原生。华东分布：安徽、江西、浙江。

滨麦 ***Leymus mollis*** (Trin.) Pilg.

原生。华东分布：山东。

大麦属 *Hordeum*

（禾本科 Poaceae）

芒颖大麦草 ***Hordeum jubatum*** L.

外来。华东分布：江苏、山东。

披碱草属 *Elymus*

（禾本科 Poaceae）

纤毛鹅观草 *Elymus ciliaris* (Trin.) Tzvelev

别名：仙茅披碱草（江苏植物志 第 2 版），纤毛披碱草（上海维管植物名录）

——*Roegneria ciliaris* (Trin.) Nevski（安徽植物志、福建植物志、江西种子植物名录、山东植物志、浙江植物志）

原生。华东分布：安徽、福建、江苏、江西、山东、上海、浙江。

日本纤毛草 *Elymus ciliaris* var. ***hackelianus*** (Honda) G.H. Zhu & S.L. Chen

别名：竖立鹅观草（安徽植物志、福建植物志、江西种子植物名录、山东植物志、浙江植物志），细叶鹅观草（安徽植物志）

——*Roegneria japonensis* (Honda) Keng ex Keng & S.L. Chen（安徽植物志、福建植物志、江西种子植物名录、山东植物志、浙江植物志）

——*Roegneria japonensis* var. *hackeliana* (Honda) Keng & S.L. Chen（安徽植物志）

原生。华东分布：安徽、福建、江苏、江西、山东、上海、浙江。

毛叶纤毛草 *Elymus ciliaris* var. ***lasiophyllus*** (Kitag.) Kitag.

原生。华东分布：上海。

短芒纤毛草 *Elymus ciliaris* var. ***submuticus*** (Honda) S.L. Chen

——*Roegneria ciliaris* var. *submutica* (Honda) Keng ex Keng & S.L. Chen（安徽植物志）

原生。华东分布：安徽、江苏。

披碱草 *Elymus dahuricus* Turcz. ex Griseb.

原生。华东分布：山东。

肥披碱草 *Elymus excelsus* Turcz. ex Griseb.

原生。华东分布：山东。

杂交鹅观草 *Elymus hybridus* (Keng) S.L. Chen

别名：杂交披碱草（江苏植物志 第 2 版）

原生。华东分布：江苏。

鹅观草 *Elymus kamoji* (Ohwi) S.L. Chen

别名：柯孟披碱草（江苏植物志 第 2 版、上海维管植物名录、FOC）

——“*Roegneria kamoji* (Ohwi)”=*Roegneria kamoji* (Ohwi) Keng & S.L. Chen（不合法名称。安徽植物志、福建植物志、江西种子植物名录、山东植物志、浙江植物志）

原生。华东分布：安徽、福建、江苏、江西、山东、上海、浙江。

缘毛鹅观草 *Elymus pendulinus* (Nevski) Tzvelev

——*Roegneria pendulina* Nevski（山东植物志）

原生。华东分布：山东。

偃麦草 *Elymus repens* (L.) Gould

——*Elytrigia repens* (L.) Desv. ex Nevski（山东植物志）

原生。华东分布：山东。

山东鹅观草 *Elymus shandongensis* B. Salomon

别名：东瀛鹅观草（安徽植物志、山东植物志、浙江植物志），山东披碱草（江苏植物志 第 2 版、上海维管植物名录），前原鹅观草（江西种子植物名录）

——“*Roegnaria mayebarana*”［=*Roegneria mayebarana* (Honda) Ohwi］=*Elymus shandongensis* B. Salomon（拼写错误；误用名。山东植物志）

——“*Roegneria mayebarance*”［=*Roegneria mayebarana* (Honda) Ohwi］=*Elymus kamoji* (Ohwi) S.L. Chen（拼写错误；误用名。江西种子植物名录）

——“*Roegneria mayebarana*”=*Elymus shandongensis* B. Salomon（误用名。浙江植物志）

——“*Roegneria mayebraana*”［=*Roegneria mayebarana* (Honda) Ohwi］=*Elymus shandongensis* B. Salomon（拼写错误；误用名。安徽植物志）

原生。华东分布：安徽、江苏、山东、上海、浙江。

黑麦属 *Secale*

（禾本科 Poaceae）

黑麦 *Secale cereale* L.

外来、栽培。华东分布：安徽、福建。

小麦属 *Triticum*

（禾本科 Poaceae）

节节麦 *Triticum triunciale* (L.) Raspail

——*Aegilops triuncialis* L.（中国外来入侵植物名录）

外来。华东分布：安徽、江苏、山东。

山燕麦属 *Helictotrichon*

（禾本科 Poaceae）

光花山燕麦 *Helictotrichon leianthum* (Keng) Ohwi

别名：光花异燕麦（安徽植物志、浙江植物志）

原生。华东分布：安徽、浙江。

燕麦属 *Avena*

（禾本科 Poaceae）

野燕麦 *Avena fatua* L.

外来。华东分布：安徽、福建、江苏、江西、山东、上海、浙江。

光稃野燕麦 *Avena fatua* var. ***glabrata*** (Peterm.) Malzev

别名：光轴野燕麦（安徽植物志），无毛野燕麦（浙江植物志）

——*Avena fatua* var. *mollis* Keng（安徽植物志）

外来。华东分布：安徽、福建、江苏、上海、浙江。

三毛草属 *Sibirotrisetum*

（禾本科 Poaceae）

三毛草 *Sibirotrisetum bifidum* (Thunb.) Barberá

——*Trisetum bifidum* (Thunb.) Ohwi（安徽植物志、福建植物志、江苏植物志 第 2 版、江西种子植物名录、山东植物志、上海维管植物名录、浙江植物志）

原生。华东分布：安徽、福建、江苏、江西、山东、上海、浙江。

湖北三毛草 *Sibirotrisetum henryi* (Rendle) Barberá

——*Trisetum henryi* Rendle（安徽植物志、江苏植物志 第 2 版、江西种子植物名录、浙江植物志）

原生。华东分布：安徽、江苏、江西、浙江。

洽草属 *Koeleria*

（禾本科 Poaceae）

洽草 *Koeleria macrantha* (Ledeb.) Schult.

——“*Koeleria cristata* (L.) Pers.”=*Koeleria macrantha* (Ledeb.) Schult.（不合法名称。安徽植物志、福建植物志、江西种子植物名录、山东植物志、浙江植物志）

原生。华东分布：安徽、福建、江苏、江西、山东、浙江。

虉草属 *Phalaris*

（禾本科 Poaceae）

水虉草 *Phalaris aquatica* L.
外来。华东分布：江苏。
虉草 *Phalaris arundinacea* L.
原生。华东分布：安徽、江苏、江西、山东、上海、浙江。

黄花茅属 *Anthoxanthum*

（禾本科 Poaceae）

光稃茅香 *Anthoxanthum glabrum* (Trin.) Veldkamp
别名：光稃香草（安徽植物志、江苏植物志 第2版、浙江植物志）
——*Hierochloe glabra* Trin.（安徽植物志、山东植物志、浙江植物志）
原生。华东分布：安徽、江苏、山东、浙江。
茅香 *Anthoxanthum nitens* (Weber) Y. Schouten & Veldkamp
——*Hierochloe odorata* (L.) P. Beauv.（山东植物志）
原生。华东分布：山东。
黄花茅 *Anthoxanthum odoratum* L.
原生。华东分布：江西、浙江。

凌风草属 *Briza*

（禾本科 Poaceae）

银鳞茅 *Briza minor* L.
原生。华东分布：江苏、上海、浙江。

剪股颖属 *Agrostis*

（禾本科 Poaceae）

华北剪股颖 *Agrostis clavata* Trin.
别名：剪股颖（安徽植物志、福建植物志、江西种子植物名录、浙江植物志）
——"*Agrostis clvata*"=*Agrostis clavata* Trin.（拼写错误。山东植物志）
——*Agrostis matsumurae* Hack. ex Honda（安徽植物志、福建植物志、江西种子植物名录、浙江植物志）
原生。华东分布：安徽、福建、江苏、江西、山东、上海、浙江。
巨序剪股颖 *Agrostis gigantea* Roth
别名：巨序翦股颖（安徽植物志、浙江植物志），小糠草（江西种子植物名录）
——"*Agrostis alba*"=*Agrostis gigantea* Roth（误用名。江西种子植物名录）
原生。华东分布：安徽、福建、江苏、江西、山东、浙江。
玉山剪股颖 *Agrostis infirma* Buse
别名：台湾剪股颖（江西种子植物名录）
——*Agrostis sozanensis* var. *exaristata* Hand.-Mazz.（江西种子植物名录）
原生。华东分布：江西。
小花剪股颖 *Agrostis micrantha* Steud.
别名：多花剪股颖（福建植物志、江西种子植物名录），小花翦股颖（安徽植物志）
——*Agrostis myriantha* Hook. f.（福建植物志、江西种子植物名录）
原生。华东分布：安徽、福建、江西、浙江。
台湾剪股颖 *Agrostis sozanensis* Hayata
别名：台湾翦股颖（安徽植物志、浙江植物志），外玉山剪股颖（福建植物志）
——*Agrostis canina* var. *formosana* Hack.（安徽植物志、福建植物志、浙江植物志）
——*Agrostis transmorrisonensis* Hayata（福建植物志）
原生。华东分布：安徽、福建、江苏、上海、浙江。
西伯利亚剪股颖 *Agrostis stolonifera* L.
别名：匐茎剪股颖（江苏植物志 第2版），匍茎剪股颖（江西种子植物名录）
——*Agrostis sibirica* Petrov（山东植物志）
原生、栽培。华东分布：江苏、江西、山东。

棒头草属 *Polypogon*

（禾本科 Poaceae）

棒头草 *Polypogon fugax* Nees ex Steud.
原生。华东分布：安徽、福建、江苏、江西、山东、上海、浙江。
长芒棒头草 *Polypogon monspeliensis* (L.) Desf.
——"*Polypogon manspeliensis*"=*Polypogon monspeliensis* (L.) Desf.（拼写错误。福建植物志）
原生。华东分布：安徽、福建、江苏、江西、山东、上海、浙江。

拂子茅属 *Calamagrostis*

（禾本科 Poaceae）

野青茅 *Calamagrostis arundinacea* (L.) Roth
别名：北方野青茅（安徽植物志、江苏植物志 第2版、浙江植物志），粗壮野青茅（安徽植物志、江苏植物志 第2版），短毛野青茅（安徽植物志），房县野青茅（安徽植物志、浙江植物志），湖北野青茅（安徽植物志、福建植物志、江西种子植物名录），纤毛野青茅（安徽植物志、福建植物志、江苏植物志 第2版、江西种子植物名录、浙江植物志），长舌野青茅（安徽植物志、福建植物志、江苏植物志 第2版）
——"*Deyeuxia arundinacea* var. *borealis*"=*Deyeuxia pyramidalis* var. *borealis* (Rendle) Q.X. Liu（误用名。安徽植物志、浙江植物志）
——"*Deyeuxia arundinacea* var. *ciliata*"=*Deyeuxia pyramidalis* var. *ciliata* (Honda) Q.X. Liu（误用名。安徽植物志、福建植物志、江西种子植物名录）
——"*Deyeuxia arundinacea* var. *ligulata*"=*Deyeuxia pyramidalis* var. *ligulata* (Rendle) Q.X. Liu（误用名。安徽植物志、福建植物志）
——"*Deyeuxia arundinacea* var. *robusta*"=*Deyeuxia pyramidalis* var. *robusta* Q.X. Liu（误用名。安徽植物志）
——"*Deyeuxia arundinacea*"=*Deyeuxia pyramidalis* (Host) Veldkamp（误用名。安徽植物志、福建植物志、江西种子植物名录、山东植物志）
——*Deyeuxia arundinacea* var. *brachytricha* (Steud.) P.C.Kuo & S.L.Lu（安徽植物志）
——*Deyeuxia henryi* Rendle（安徽植物志、浙江植物志）
——*Deyeuxia hupehensis* Rendle（安徽植物志、福建植物志、江西种子植物名录）
——*Deyeuxia pyramidalis* (Host) Veldkamp（江苏植物志 第2版、上海维管植物名录、FOC）
——*Deyeuxia pyramidalis* var. *borealis* (Rendle) Q.X. Liu（江苏植

物志 第 2 版）
——*Deyeuxia pyramidalis* var. *ciliata* (Rendle) Q.X. Liu（江苏植物志 第 2 版、浙江植物志）
——*Deyeuxia pyramidalis* var. *ligulata* (Rendle) Q.X. Liu（江苏植物志 第 2 版）
——*Deyeuxia pyramidalis* var. *robusta* (Franch. & Sav.) Q.X. Liu（江苏植物志 第 2 版）
原生。华东分布：安徽、福建、江苏、江西、山东、上海、浙江。

疏穗野青茅 *Calamagrostis effusiflora* (Rendle) P.C. Kuo & S.L. Lu ex J.L. Yang
别名：疏花野青茅（安徽植物志、福建植物志、江苏植物志 第 2 版、江西种子植物名录、浙江植物志）
——*Deyeuxia arundinacea* var. *laxiflora* (Rendle) P.C. Kuo & S.L. Lu（安徽植物志、福建植物志、江西种子植物名录、浙江植物志）
——*Deyeuxia effusiflora* Rendle（安徽植物志、上海维管植物名录、FOC）
——*Deyeuxia pyramidalis* var. *laxiflora* (Rendle) Q.X. Liu（江苏植物志 第 2 版）
原生。华东分布：安徽、福建、江苏、江西、上海、浙江。

拂子茅 *Calamagrostis epigejos* (L.) Roth
别名：密花拂子茅（安徽植物志、江西种子植物名录、浙江植物志）
——"*Calamagrostis epigeios*"=*Calamagrostis epigejos* (L.) Roth（拼写错误。江苏植物志 第 2 版、山东植物志、上海维管植物名录）
——*Calamagrostis epigejos* var. *densiflora* Ldb.（安徽植物志、江西种子植物名录、浙江植物志）
原生。华东分布：安徽、福建、江苏、江西、山东、上海、浙江。

箱根野青茅 *Calamagrostis hakonensis* Franch. & Sav.
——*Deyeuxia hakonensis* (Franch. & Sav.) Keng（安徽植物志、福建植物志、江西种子植物名录、浙江植物志、FOC）
原生。华东分布：安徽、福建、江西、浙江。

大拂子茅 *Calamagrostis macrolepis* Litv.
原生。华东分布：山东。

假苇拂子茅 *Calamagrostis pseudophragmites* (Haller f.) Koeler
原生。华东分布：江苏、山东。

黑麦草属 *Lolium*

（禾本科 Poaceae）

多花黑麦草 *Lolium multiflorum* Lam.
外来、栽培。华东分布：安徽、福建、江苏、江西、山东、上海、浙江。

黑麦草 *Lolium perenne* L.
外来、栽培。华东分布：安徽、福建、江苏、江西、山东、上海、浙江。

硬直黑麦草 *Lolium rigidum* Gaudin
外来、栽培。华东分布：安徽、福建、江苏、江西、山东、上海、浙江。

毒麦 *Lolium temulentum* L.
外来。华东分布：安徽、江苏、山东、上海。

田野黑麦草 *Lolium temulentum* var. *arvense* (With.) Lilj.
——*Lolium perenne* var. *arvense* (With.) Lilj.（江苏植物志 第 2 版）
外来。华东分布：江苏、浙江。

羊茅属 *Festuca*

（禾本科 Poaceae）

苇状羊茅 *Festuca arundinacea* Schreb.
外来、栽培。华东分布：安徽、江苏、江西、山东、上海、浙江。

远东羊茅 *Festuca extremiorientalis* Ohwi
——*Festuca subulata* subsp. *japonica* (Hack.) T. Koyama & Kawano（山东植物志）
原生。华东分布：安徽、山东。

日本羊茅 *Festuca japonica* Makino
原生。华东分布：安徽。

鼠茅 *Festuca myuros* L.
——*Vulpia myuros* (L.) C.C. Gmel.（安徽植物志、江苏植物志 第 2 版、上海维管植物名录）
原生。华东分布：安徽、福建、江苏、江西、山东、上海、浙江。

紫鼠茅 *Festuca octoflora* Walter
——*Vulpia octoflora* (Walter) Rydb.（上海维管植物名录）
原生。华东分布：上海。

羊茅 *Festuca ovina* L.
原生。华东分布：安徽、江苏、江西、山东、浙江。

小颖羊茅 *Festuca parvigluma* Steud.
原生。华东分布：安徽、福建、江苏、江西、山东、上海、浙江。

崂山小颖羊茅 *Festuca parvigluma* var. *laoshanensis* F.Z. Li
原生。华东分布：山东。

紫羊茅 *Festuca rubra* L.
原生。华东分布：福建、江苏、江西、山东。

毛鞘羊茅 *Festuca trichovagina* F.Z. Li
原生。华东分布：山东。

洋狗尾草属 *Cynosurus*

（禾本科 Poaceae）

洋狗尾草 *Cynosurus cristatus* L.
外来。华东分布：江西。

假牛鞭草属 *Parapholis*

（禾本科 Poaceae）

假牛鞭草 *Parapholis incurva* (L.) C.E. Hubb.
外来。华东分布：福建、上海、浙江。

鸭茅属 *Dactylis*

（禾本科 Poaceae）

鸭茅 *Dactylis glomerata* L.
原生。华东分布：江苏、江西、山东。

发草属 *Deschampsia*

（禾本科 Poaceae）

发草 *Deschampsia cespitosa* (L.) P. Beauv.
——"*Deschampsia caespitosa*"=*Deschampsia cespitosa* (L.) P. Beauv.（拼写错误。山东植物志）
原生。华东分布：山东。

莎禾属 *Coleanthus*

（禾本科 Poaceae）

莎禾 *Coleanthus subtilis* (Tratt.) Seidel ex Roem. & Schult.
原生。濒危（EN）。华东分布：江西。

碱茅属 *Puccinellia*

（禾本科 Poaceae）

朝鲜碱茅 *Puccinellia chinampoensis* Ohwi
原生。华东分布：江苏、山东。
碱茅 *Puccinellia distans* (Jacq.) Parl.
原生。华东分布：江苏、山东、浙江。
鹤甫碱茅 *Puccinellia hauptiana* (Trin. ex V.I. Krecz.) Kitag.
原生。华东分布：安徽、江苏。
热河碱茅 *Puccinellia jeholensis* Kitag.
原生。华东分布：江苏。
柔枝碱茅 *Puccinellia manchuriensis* Ohwi
原生。华东分布：江苏。
微药碱茅 *Puccinellia micrandra* (Keng) Keng f. & S.L. Chen
原生。华东分布：江苏、山东。
星星草 *Puccinellia tenuiflora* (Griseb.) Scribn. & Merr.
原生。华东分布：山东、上海。

假硬草属 *Pseudosclerochloa*

（禾本科 Poaceae）

耿氏假硬草 *Pseudosclerochloa kengiana* (Ohwi) Tzvelev
别名：硬草（安徽植物志）
——*Sclerochloa kengiana* (Ohwi) Tzvelev（安徽植物志）
原生。华东分布：安徽、江苏、上海、浙江。

粟草属 *Milium*

（禾本科 Poaceae）

粟草 *Milium effusum* L.
原生。华东分布：安徽、江苏、江西、浙江。

梯牧草属 *Phleum*

（禾本科 Poaceae）

鬼蜡烛 *Phleum paniculatum* Huds.
原生。华东分布：安徽、江苏、上海、浙江。
梯牧草 *Phleum pratense* L.
外来。华东分布：安徽、山东。

沟稃草属 *Aniselytron*

（禾本科 Poaceae）

沟稃草 *Aniselytron treutleri* (Kuntze) Soják
别名：日本沟稃草（福建植物志）
——*Aulacolepis japonica* Hack.（福建植物志）
——*Aulacolepis treutleri* (Kuntze) Hack.（福建植物志）
原生。华东分布：福建。

早熟禾属 *Poa*

（禾本科 Poaceae）

白顶早熟禾 *Poa acroleuca* Steud.
原生。华东分布：安徽、福建、江苏、江西、山东、上海、浙江。
如昆早熟禾 *Poa acroleuca* var. ***ryukyuensis*** Koba & Tateoka
原生。华东分布：山东、浙江。
早熟禾 *Poa annua* L.
原生、栽培。华东分布：安徽、福建、江苏、江西、山东、上海、浙江。
双节早熟禾 *Poa binodis* Keng f. ex L. Liu
原生。华东分布：安徽。
加拿大早熟禾 *Poa compressa* L.
外来。华东分布：江西、山东。
法氏早熟禾 *Poa faberi* Rendle
别名：华东早熟禾（安徽植物志、江西种子植物名录、山东植物志、浙江植物志），细长早熟禾（安徽植物志、浙江植物志）
——*Poa prolixior* Rendle（安徽植物志、浙江植物志）
原生。华东分布：安徽、江苏、江西、山东、上海、浙江。
久内早熟禾 *Poa hisauchii* Honda
原生。华东分布：浙江。
低矮早熟禾 *Poa infirma* Kunth
原生。华东分布：福建、浙江。
林地早熟禾 *Poa nemoralis* L.
别名：细弱早熟禾（安徽植物志）
——"*Poa aemoralio* var. *teaolla*"=*Poa nemoralis* var. *tenella* Rchb.（拼写错误。安徽植物志）
原生。华东分布：安徽。
尼泊尔早熟禾 *Poa nepalensis* (Wall. ex Griseb.) Duthie
原生。华东分布：江苏。
泽地早熟禾 *Poa palustris* L.
原生。华东分布：安徽。
草地早熟禾 *Poa pratensis* L.
原生。华东分布：安徽、江苏、江西、山东。
硬质早熟禾 *Poa sphondylodes* Trin.
原生。华东分布：安徽、江苏、山东、上海。
瘦弱早熟禾 *Poa sphondylodes* var. ***macerrima*** Keng
原生。华东分布：江苏。
普通早熟禾 *Poa trivialis* L.
原生。华东分布：江苏、江西。
乌苏里早熟禾 *Poa urssulensis* Trin.
原生。华东分布：山东。
坎博早熟禾 *Poa urssulensis* var. ***kanboensis*** (Ohwi) Olonova & G.H. Zhu
原生。华东分布：山东。
变色早熟禾 *Poa versicolor* Besser
别名：二花早熟禾（安徽植物志）
——"*Poa diantha* Steud."=*Poa versicolor* Besser（不合法名称。安徽植物志）
原生。华东分布：安徽。
乌库早熟禾 *Poa versicolor* subsp. ***ochotensis*** (Trin.) Tzvelev
原生。华东分布：安徽。

菵草属 *Beckmannia*

（禾本科 Poaceae）

菵草 *Beckmannia syzigachne* (Steud.) Fernald
原生。华东分布：安徽、福建、江苏、江西、山东、上海、浙江。

看麦娘属 *Alopecurus*

（禾本科 Poaceae）

看麦娘 *Alopecurus aequalis* Sobol.
原生。华东分布：安徽、福建、江苏、江西、山东、上海、浙江。
日本看麦娘 *Alopecurus japonicus* Steud.
原生。华东分布：安徽、福建、江苏、江西、上海、浙江。

三芒草属 *Aristida*

（禾本科 Poaceae）

三芒草 *Aristida adscensionis* L.
原生。华东分布：江苏、山东、上海。
华三芒草 *Aristida chinensis* Munro
原生。华东分布：福建。
黄草毛 *Aristida cumingiana* Trin. & Rupr.
原生。华东分布：安徽、福建、江苏、江西。

芦竹属 *Arundo*

（禾本科 Poaceae）

芦竹 *Arundo donax* L.
别名：花叶芦竹（浙江植物志）
——*Arundo donax* var. *versicolor* (Mill.) Stokes（浙江植物志）
原生、栽培。华东分布：安徽、福建、江苏、江西、山东、上海、浙江。

沼原草属 *Moliniopsis*

（禾本科 Poaceae）

沼原草 *Moliniopsis japonica* (Hack.) Hayata
——*Moliniopsis hui* (Pilg.) Keng（安徽植物志、福建植物志、江西种子植物名录、浙江植物志）
原生。近危（NT）。华东分布：安徽、福建、江西、浙江。

芦苇属 *Phragmites*

（禾本科 Poaceae）

芦苇 *Phragmites australis* (Cav.) Trin. ex Steud.
——*Phragmites communis* Trin.（山东植物志）
原生。华东分布：安徽、福建、江苏、江西、山东、上海、浙江。
卡开芦 *Phragmites karka* (Retz.) Trin. ex Steud.
别名：水竹（福建植物志）
原生。华东分布：福建、浙江。
日本苇 *Phragmites japonicus* Steud.
原生。华东分布：浙江。

鹧鸪草属 *Eriachne*

（禾本科 Poaceae）

鹧鸪草 *Eriachne pallescens* R. Br.
原生。华东分布：福建、江西。

小丽草属 *Coelachne*

（禾本科 Poaceae）

日本小丽草 *Coelachne japonica* Hack.
原生。华东分布：浙江。
小丽草 *Coelachne simpliciuscula* (Wight & Arn. ex Steud.) Munro ex Benth.
原生。华东分布：福建、浙江。

柳叶箬属 *Isachne*

（禾本科 Poaceae）

白花柳叶箬 *Isachne albens* Trin.
原生。华东分布：福建、江西。
小柳叶箬 *Isachne clarkei* Hook. f.
别名：细弱柳叶箬（福建植物志），小花柳叶箬（福建植物志）
——*Isachne beneckei* Hack.（福建植物志）
——*Isachne tenuis* Keng ex Keng f.（福建植物志）
原生。华东分布：福建。
柳叶箬 *Isachne globosa* (Thunb.) Kuntze
别名：类黍柳叶箬（福建植物志）
——*Isachne miliacea* Roth（福建植物志）
原生。华东分布：安徽、福建、江苏、江西、山东、上海、浙江。
紧穗柳叶箬 *Isachne globosa* var. ***compacta*** W.Z. Fang ex S.L. Chen
原生。华东分布：福建。
广西柳叶箬 *Isachne guangxiensis* W.Z. Fang
原生。华东分布：福建。
浙江柳叶箬 *Isachne hoi* Keng f.
原生。华东分布：江西、浙江。
日本柳叶箬 *Isachne nipponensis* Ohwi
原生。华东分布：安徽、福建、江西、浙江。
江西柳叶箬 *Isachne nipponensis* var. ***kiangsiensis*** Keng
原生。华东分布：福建、江西。
瘦脊柳叶箬 *Isachne pauciflora* Hack.
别名：荏弱柳叶箬（江西种子植物名录），荏弱柳叶箬（福建植物志）
——*Isachne debilis* Rendle（福建植物志、江西种子植物名录）
原生。华东分布：福建、江西。
矮小柳叶箬 *Isachne pulchella* Roth
别名：二型柳叶箬（安徽植物志、福建植物志、江西种子植物名录、浙江植物志）
——*Isachne dispar* Trin.（安徽植物志、福建植物志、江西种子植物名录、浙江植物志）
原生。华东分布：安徽、福建、江西、浙江。
匍匐柳叶箬 *Isachne repens* Keng
原生。华东分布：福建、江西。
刺毛柳叶箬 *Isachne sylvestris* Ridl.
——*Isachne hirsuta* (Hook. f.) Keng f.（福建植物志）
原生。华东分布：福建、浙江。
平颖柳叶箬 *Isachne truncata* A. Camus
别名：平颖柳叶箬（江西种子植物名录），皱叶柳叶箬（福建植物志）
——*Isachne truncata* var. *crispa* Keng f.（福建植物志）
原生。华东分布：福建、江西、浙江。

稗荩属 *Sphaerocaryum*

（禾本科 Poaceae）

稗荩 *Sphaerocaryum malaccense* (Trin.) Pilg.
原生。华东分布：福建、江西、浙江。

类芦属 *Neyraudia*

（禾本科 Poaceae）

山类芦 ***Neyraudia montana*** Keng

原生。华东分布：安徽、福建、江西、浙江。

类芦 ***Neyraudia reynaudiana*** (Kunth) Keng ex Hitchc.

原生。华东分布：福建、江西、山东、浙江。

九顶草属 *Enneapogon*

（禾本科 Poaceae）

九顶草 ***Enneapogon desvauxii*** P. Beauv.

原生。华东分布：安徽。

画眉草属 *Eragrostis*

（禾本科 Poaceae）

鼠妇草 ***Eragrostis atrovirens*** (Desf.) Trin. ex Steud.

原生。华东分布：福建、江西。

秋画眉草 ***Eragrostis autumnalis*** Keng

原生。华东分布：安徽、福建、江苏、江西、山东、浙江。

长画眉草 ***Eragrostis brownii*** (Kunth) Nees

——*Eragrostis zeylanica* Nees & Meyen（安徽植物志、福建植物志、江西种子植物名录、浙江植物志）

原生。华东分布：安徽、福建、江西、浙江。

大画眉草 ***Eragrostis cilianensis*** (All.) Vignolo ex Janch.

原生。华东分布：安徽、福建、江苏、江西、山东、上海、浙江。

珠芽画眉草 ***Eragrostis cumingii*** Steud.

别名：扭枝画眉草（福建植物志）

——"*Eragrostis bulbilifera*"=*Eragrostis bulbillifera* Steud.（拼写错误。浙江植物志）

——*Eragrostis bulbillifera* Steud.（安徽植物志、福建植物志、江西种子植物名录）

——*Eragrostis reflexa* Hack.（福建植物志）

原生。华东分布：安徽、福建、江苏、江西、上海、浙江。

短穗画眉草 ***Eragrostis cylindrica*** (Roxb.) Arn.

原生。华东分布：福建、江苏。

双药画眉草 ***Eragrostis elongata*** (Willd.) J. Jacq.

原生。华东分布：福建、江西。

知风草 ***Eragrostis ferruginea*** (Thunb.) P. Beauv.

原生。华东分布：安徽、福建、江苏、江西、山东、上海、浙江。

乱草 ***Eragrostis japonica*** (Thunb.) Trin.

原生。华东分布：安徽、福建、江苏、江西、上海、浙江。

小画眉草 ***Eragrostis minor*** Host

——*Eragrostis poaeoides* P. Beauv. ex Roem. & Schult.（安徽植物志、山东植物志）

原生。华东分布：安徽、福建、江苏、江西、山东、上海、浙江。

多秆画眉草 ***Eragrostis multicaulis*** Steud.

别名：无毛画眉草（安徽植物志、福建植物志、江苏植物志 第2版）

——*Eragrostis pilosa* var. *imberbis* Franch.（安徽植物志、福建植物志、江苏植物志 第2版）

原生。华东分布：安徽、福建、江苏、上海。

华南画眉草 ***Eragrostis nevinii*** Hance

原生。华东分布：福建、上海。

黑穗画眉草 ***Eragrostis nigra*** Nees ex Steud.

原生。华东分布：江西。

宿根画眉草 ***Eragrostis perennans*** Keng

原生。华东分布：福建、浙江。

疏穗画眉草 ***Eragrostis perlaxa*** Keng f.

原生。华东分布：安徽、福建、江西。

画眉草 ***Eragrostis pilosa*** (L.) P. Beauv.

别名：无毛画眉草（浙江植物志）

——*Eragrostis pilosa* var. *imberbis* Franch.（浙江植物志）

原生。华东分布：安徽、福建、江苏、江西、山东、上海、浙江。

多毛知风草 ***Eragrostis pilosissima*** Link

原生。华东分布：福建、江西。

鲫鱼草 ***Eragrostis tenella*** (L.) P. Beauv. ex Roem. & Schult.

别名：乱草（山东植物志）

原生。华东分布：安徽、福建、山东。

牛虱草 ***Eragrostis unioloides*** (Retz.) Nees ex Steud.

原生。华东分布：福建、江西。

结缕草属 *Zoysia*

（禾本科 Poaceae）

结缕草 ***Zoysia japonica*** Steud.

原生。华东分布：安徽、福建、江苏、江西、山东、上海、浙江。

大穗结缕草 ***Zoysia macrostachya*** Franch. & Sav.

原生。华东分布：安徽、江苏、浙江。

沟叶结缕草 ***Zoysia matrella*** (L.) Merr.

别名：细叶结缕草（福建植物志、江苏植物志 第2版、山东植物志）

——*Zoysia tenuifolia* Thiele（福建植物志、江苏植物志 第2版、山东植物志）

原生。华东分布：福建、江苏、山东、浙江。

中华结缕草 ***Zoysia sinica*** Hance

原生、栽培。华东分布：安徽、福建、江苏、江西、山东、上海、浙江。

鼠尾粟属 *Sporobolus*

（禾本科 Poaceae）

隐花草 ***Sporobolus aculeatus*** (L.) P.M. Peterson

别名：扎股草（安徽植物志）

——*Crypsis aculeata* (L.) Aiton（安徽植物志、江苏植物志 第2版、山东植物志）

原生。华东分布：安徽、江苏、山东。

互花米草 ***Sporobolus alterniflorus*** (Loisel.) P.M. Peterson & Saarela

——*Spartina alterniflora* Loisel.（江苏植物志 第2版、中国外来入侵植物名录、上海维管植物名录）

外来。华东分布：福建、江苏、山东、上海、浙江。

大米草 ***Sporobolus anglicus*** (C.E. Hubb.) P.M. Peterson & Saarela

——*Spartina anglica* C.E. Hubb.（上海维管植物名录）

外来。华东分布：江苏、山东、上海。

双蕊鼠尾粟 ***Sporobolus diandrus*** (Retz.) P. Beauv.

——"*Sporobolus diander*"=*Sporobolus diandrus* (Retz.) P. Beauv.（拼写错误。福建植物志）

原生。华东分布：福建。

鼠尾粟 *Sporobolus fertilis* (Steud.) Clayton
——"*Sporobolus indicus* var. *purpureasuffusus*"=*Sporobolus indicus* var. *purpureosuffusus* (Ohwi) T. Koyama（拼写错误。江西种子植物名录）
——"*Sporobolus indicus* var. *purpurea-suffusus*"=*Sporobolus indicus* var. *purpureosuffusus* (Ohwi) T. Koyama（拼写错误。山东植物志）
原生。华东分布：安徽、福建、江苏、江西、山东、上海、浙江。
广州鼠尾粟 *Sporobolus hancei* Rendle
原生。华东分布：福建、江苏、浙江。
毛鼠尾粟 *Sporobolus pilifer* (Trin.) Kunth
——"*Sporobolus piliferus*"=*Sporobolus pilifer* (Trin.) Kunth（拼写错误。安徽植物志、江西种子植物名录、浙江植物志）
原生。华东分布：安徽、江西、山东、浙江。
蔺状隐花草 *Sporobolus schoenoides* (L.) P.M. Peterson
——*Crypsis schoenoides* (L.) Lam.（江苏植物志 第2版、山东植物志）
——*Heleochloa schoenoides* (L.) Host ex Roem.（安徽植物志）
原生。华东分布：安徽、江苏、山东。
盐地鼠尾粟 *Sporobolus virginicus* (L.) Kunth
原生。华东分布：福建、上海、浙江。

草沙蚕属 *Tripogon*

（禾本科 Poaceae）

中华草沙蚕 *Tripogon chinensis* (Franch.) Hack.
原生。华东分布：安徽、江苏、山东。
线形草沙蚕 *Tripogon filiformis* Nees ex Steud.
原生。华东分布：福建、浙江。
长芒草沙蚕 *Tripogon longearistatus* Hack. ex Honda
——"*Tripogon longe-aristatus*"=*Tripogon longearistatus* Hack. ex Honda（拼写错误。福建植物志）
原生。华东分布：福建、浙江。

锋芒草属 *Tragus*

（禾本科 Poaceae）

虱子草 *Tragus berteronianus* Schult.
原生。华东分布：安徽、江苏、山东。
锋芒草 *Tragus mongolorum* Ohwi
别名：大虱子草（山东植物志）
原生。华东分布：山东。

乱子草属 *Muhlenbergia*

（禾本科 Poaceae）

弯芒乱子草 *Muhlenbergia curviaristata* (Ohwi) Ohwi
原生。华东分布：山东。
箱根乱子草 *Muhlenbergia hakonensis* (Hack.) Makino
原生。华东分布：安徽。
乱子草 *Muhlenbergia huegelii* Trin.
——"*Muhlenbergia hugelii*"=*Muhlenbergia huegelii* Trin.（拼写错误。安徽植物志、江西种子植物名录、山东植物志、浙江植物志）
原生。华东分布：安徽、江苏、江西、山东、浙江。
日本乱子草 *Muhlenbergia japonica* Steud.
原生。华东分布：安徽、福建、江苏、江西、山东、上海、浙江。
多枝乱子草 *Muhlenbergia ramosa* (Hack.) Makino
——*Muhlenbergia frondosa* subsp. *ramosa* (Hack. ex Matsum.) T. Koyama & Kawano（山东植物志）
原生。华东分布：安徽、福建、江苏、江西、山东、上海、浙江。

垂穗草属 *Bouteloua*

（禾本科 Poaceae）

野牛草 *Bouteloua dactyloides* (Nutt.) Columbus
——*Buchloe dactyloides* (Nutt.) Engelm.（中国外来入侵植物名录）
外来、栽培。华东分布：江苏、山东。

龙爪茅属 *Dactyloctenium*

（禾本科 Poaceae）

龙爪茅 *Dactyloctenium aegyptium* (L.) Willd.
原生。华东分布：福建、江苏、江西、上海、浙江。

䅟属 *Eleusine*

（禾本科 Poaceae）

牛筋草 *Eleusine indica* (L.) Gaertn.
原生。华东分布：安徽、福建、江苏、江西、山东、上海、浙江。

千金子属 *Leptochloa*

（禾本科 Poaceae）

千金子 *Leptochloa chinensis* (L.) Nees
原生。华东分布：安徽、福建、江苏、江西、山东、上海、浙江。
双稃草 *Leptochloa fusca* (L.) Kunth
——*Diplachne fusca* (L.) P. Beauv.（安徽植物志、福建植物志、山东植物志）
原生。华东分布：安徽、福建、江苏、山东、上海。
虮子草 *Leptochloa panicea* (Retz.) Ohwi
原生。华东分布：安徽、福建、江苏、江西、山东、上海、浙江。

虎尾草属 *Chloris*

（禾本科 Poaceae）

孟仁草 *Chloris barbata* Sw.
原生。华东分布：福建。
台湾虎尾草 *Chloris formosana* (Honda) Keng
原生。华东分布：福建。
虎尾草 *Chloris virgata* Sw.
原生。华东分布：安徽、福建、江苏、江西、山东、上海。

小草属 *Microchloa*

（禾本科 Poaceae）

小草 *Microchloa indica* (L. f.) P. Beauv.
原生。华东分布：福建。

真穗草属 *Eustachys*

（禾本科 Poaceae）

真穗草 *Eustachys tenera* (J. Presl) A. Camus
——"*Eustachys tener*"=*Eustachys tenera* (J. Presl) A. Camus（拼写错误。福建植物志）
原生。华东分布：福建。

狗牙根属 *Cynodon*

（禾本科 Poaceae）

狗牙根 *Cynodon dactylon* (L.) Pers.
原生、栽培。华东分布：安徽、福建、江苏、江西、山东、上海、浙江。

双花狗牙根 ***Cynodon dactylon*** var. ***biflorus*** Merino

原生。华东分布：安徽、福建、浙江。

隐子草属 *Cleistogenes*

（禾本科 Poaceae）

丛生隐子草 ***Cleistogenes caespitosa*** Keng

原生。华东分布：山东。

薄鞘隐子草 ***Cleistogenes festucacea*** Honda

原生。华东分布：山东。

朝阳隐子草 ***Cleistogenes hackelii*** (Honda) Honda

别名：朝阳青茅（安徽植物志、福建植物志、山东植物志、浙江植物志），中华隐子草（山东植物志）

——"*Cleistogenes hackeli*"=*Cleistogenes hackelii* (Honda) Honda（拼写错误。安徽植物志）

——*Cleistogenes chinensis* (Maxim.) Keng（山东植物志）

原生。华东分布：安徽、福建、江苏、山东、浙江。

宽叶隐子草 ***Cleistogenes hackelii*** var. ***nakaii*** (Keng) Ohwi

——"*Cleistogenes hackeli* var. *nakaii*"=*Cleistogenes hackelii* var. *nakaii* (Keng) Ohwi（拼写错误。安徽植物志）

原生。华东分布：安徽、江苏、浙江。

北京隐子草 ***Cleistogenes hancei*** Keng

原生。华东分布：安徽、福建、江苏、山东。

多叶隐子草 ***Cleistogenes polyphylla*** Keng ex Keng f. & L. Liou

——"*Cleistogenes polyphlla*"=*Cleistogenes polyphylla* Keng ex Keng f. & L. Liou（拼写错误。山东植物志）

原生。华东分布：山东。

糙隐子草 ***Cleistogenes squarrosa*** (Trin.) Keng

原生。华东分布：山东。

弯穗草属 *Dinebra*

（禾本科 Poaceae）

弯穗草 ***Dinebra retroflexa*** (Vahl) Panz.

原生。华东分布：山东。

獐毛属 *Aeluropus*

（禾本科 Poaceae）

獐毛 ***Aeluropus sinensis*** (Debeaux) Tzvelev

——*Aeluropus littoralis* var. *sinensis* Debeaux（山东植物志）

原生。华东分布：江苏、山东、上海。

茅根属 *Perotis*

（禾本科 Poaceae）

麦穗茅根 ***Perotis hordeiformis*** Nees

别名：茅根（山东植物志）

原生。华东分布：江苏、山东。

大花茅根 ***Perotis rara*** R. Br.

——*Perotis macrantha* Honda（福建植物志）

原生。华东分布：福建。

粽叶芦属 *Thysanolaena*

（禾本科 Poaceae）

粽叶芦 ***Thysanolaena latifolia*** (Roxb. ex Hornem.) Honda

别名：棕叶芦（福建植物志）

——*Thysanolaena maxima* (Roxb.) Kuntze（福建植物志、江西种子植物名录）

原生。华东分布：福建、江西。

酸模芒属 *Centotheca*

（禾本科 Poaceae）

酸模芒 ***Centotheca lappacea*** (L.) Desv.

别名：假淡竹叶（上海维管植物名录）

原生。华东分布：福建、上海。

淡竹叶属 *Lophatherum*

（禾本科 Poaceae）

淡竹叶 ***Lophatherum gracile*** Brongn.

原生。华东分布：安徽、福建、江苏、江西、浙江。

中华淡竹叶 ***Lophatherum sinense*** Rendle

原生。华东分布：安徽、福建、江苏、江西、浙江。

囊颖草属 *Sacciolepis*

（禾本科 Poaceae）

囊颖草 ***Sacciolepis indica*** (L.) Chase

原生。华东分布：安徽、福建、江苏、江西、山东、浙江。

鼠尾囊颖草 ***Sacciolepis myosuroides*** (R. Br.) Chase ex E.G. Camus & A. Camus

别名：鼠尾滑草（江西种子植物名录）

原生。华东分布：福建、江西。

马唐属 *Digitaria*

（禾本科 Poaceae）

异马唐 ***Digitaria bicornis*** (Lam.) Roem. & Schult.

原生。华东分布：福建。

升马唐 ***Digitaria ciliaris*** (Retz.) Koeler

别名：毛马唐（山东植物志），纤毛马唐（上海维管植物名录）

——*Digitaria adscendens* (Kunth) Henrard（山东植物志）

原生。华东分布：安徽、福建、江西、山东、上海、浙江。

毛马唐 ***Digitaria ciliaris*** var. ***chrysoblephara*** (Fig. & De Not.) R.R. Stewart

——*Digitaria chrysoblephara* Fig. & De Not.（安徽植物志、福建植物志、江西种子植物名录、浙江植物志）

原生。华东分布：安徽、福建、江苏、江西、浙江。

纤维马唐 ***Digitaria fibrosa*** (Hack.) Stapf ex Craib

原生。华东分布：福建。

福建薄稃草 ***Digitaria fujianensis*** (L. Liu) S.M. Phillips & S.L. Chen

——*Leptoloma fujianensis* L. Liu（Correction of Typographical Errors in the Protologue of Six Taxa in China、福建植物志）

原生。华东分布：福建。

亨利马唐 ***Digitaria henryi*** Rendle

原生。华东分布：福建、上海。

二型马唐 ***Digitaria heterantha*** (Hook. f.) Merr.

原生。华东分布：福建。

止血马唐 ***Digitaria ischaemum*** (Schreb.) Muhl.

原生。华东分布：安徽、福建、江苏、江西、山东、浙江。

丛立马唐 ***Digitaria leptalea*** Ohwi

原生。华东分布：福建。

长花马唐 *Digitaria longiflora* (Retz.) Pers.
原生。华东分布：福建、江西。
绒马唐 *Digitaria mollicoma* (Kunth) Henrard
原生。华东分布：安徽、江西。
红尾翎 *Digitaria radicosa* (J. Presl) Miq.
别名：短叶马唐（江苏植物志 第2版、江西种子植物名录、浙江植物志）
原生。华东分布：安徽、福建、江苏、江西、浙江。
马唐 *Digitaria sanguinalis* (L.) Scop.
原生。华东分布：安徽、江苏、江西、山东、上海。
海南马唐 *Digitaria setigera* Roth
别名：短颖马唐（福建植物志、江西种子植物名录）
——*Digitaria microbachne* (J. Presl) Henrard（福建植物志、江西种子植物名录）
原生。华东分布：福建、江西。
竖毛马唐 *Digitaria stricta* Roth
原生。华东分布：福建。
秃穗马唐 *Digitaria stricta* var. ***glabrescens*** Bor
——*Digitaria glabrescens* (Bor) L. Liu（福建植物志）
原生。华东分布：福建。
紫马唐 *Digitaria violascens* Link
别名：宿根马唐（福建植物志）
——"*Digitaria violasens*"=*Digitaria violascens* Link（拼写错误。山东植物志）
——*Digitaria thwaitesii* (Hack.) Henrard（福建植物志）
原生。华东分布：安徽、福建、江苏、江西、山东、上海、浙江。

稗属 *Echinochloa*

（禾本科 Poaceae）

长芒稗 *Echinochloa caudata* Roshev.
——"*Echinochloa crusgalli* var. *caudata*"=*Echinochloa crus-galli* var. *caudata* (Roshev.) Kitag.（拼写错误。浙江植物志）
原生。华东分布：安徽、江苏、江西、浙江。
光头稗 *Echinochloa colona* (L.) Link
——"*Echinochloa colonum*"=*Echinochloa colona* (L.) Link（拼写错误。安徽植物志、福建植物志、江苏植物志 第2版、江西种子植物名录、浙江植物志）
原生。华东分布：安徽、福建、江苏、江西、上海、浙江。
稗 *Echinochloa crus-galli* (L.) P. Beauv.
别名：稗子（安徽植物志、江苏植物志 第2版），旱稗（安徽植物志、福建植物志、江西种子植物名录、浙江植物志）
——"*Echinochloa crusgalli*"=*Echinochloa crus-galli* (L.) P. Beauv.（拼写错误。安徽植物志、福建植物志、江苏植物志 第2版、江西种子植物名录、浙江植物志、FOC）
——"*Echinochloa crusgallii*"=*Echinochloa crus-galli* (L.) P. Beauv.（拼写错误。山东植物志）
——"*Echinochloa crusgalli* var. *hispidula*"=*Echinochloa crus-galli* var. *hispidula* (Retz.) Honda（拼写错误。浙江植物志）
——*Echinochloa hispidula* (Retz.) Nees（安徽植物志、福建植物志、江西种子植物名录）
原生。华东分布：安徽、福建、江苏、江西、山东、上海、浙江。
小旱稗 *Echinochloa crus-galli* var. ***austrojaponensis*** Ohwi
——"*Echinochloa crusgalli* var. *austro-japonensis*"=*Echinochloa crus-galli* var. *austrojaponensis* Ohwi（拼写错误。安徽植物志、福建植物志）
——"*Echinochloa crusgalli* var. *austrojaponensis*"=*Echinochloa crus-galli* var. *austrojaponensis* Ohwi（拼写错误。江苏植物志 第2版、FOC）
原生。华东分布：安徽、福建、江苏。
无芒稗 *Echinochloa crus-galli* var. ***mitis*** (Pursh) Peterm.
——"*Echinochloa crusgalli* var. *mitis*"=*Echinochloa crus-galli* var. *mitis* (Pursh) Peterm.（拼写错误。安徽植物志、福建植物志、江苏植物志 第2版、浙江植物志、FOC）
——*Echinochloa hispidula* var. *mitis* (Pursh.) Peterm.（江西种子植物名录）
原生。华东分布：安徽、福建、江苏、江西、浙江。
细叶旱稗 *Echinochloa crus-galli* var. ***praticola*** Ohwi
——"*Echinochloa crusgalli* var. *praticola*"=*Echinochloa crus-galli* var. *praticola* Ohwi（拼写错误。安徽植物志、江苏植物志 第2版、FOC）
原生。华东分布：安徽、江苏。
西来稗 *Echinochloa crus-galli* var. ***zelayensis*** (Kunth) Hitchc.
——"*Echinochloa crusgalli* var. *zelayens*"=*Echinochloa crus-galli* var. *zelayensis* (Kunth) Hitchc.（拼写错误。福建植物志）
——"*Echinochloa crusgalli* var. *zelayensis*"=*Echinochloa crus-galli* var. *zelayensis* (Kunth) Hitchc.（拼写错误。安徽植物志、江苏植物志 第2版、浙江植物志、FOC）
原生。华东分布：安徽、福建、江苏、浙江。
孔雀稗 *Echinochloa crus-pavonis* (Kunth) Schult.
——"*Echinochloa cruspavonis*"=*Echinochloa crus-pavonis* (Kunth) Schult.（拼写错误。安徽植物志、福建植物志、江苏植物志 第2版、FOC）
原生。华东分布：安徽、福建、江苏、上海。
湖南稗子 *Echinochloa frumentacea* Link
原生。华东分布：安徽。
硬稃稗 *Echinochloa glabrescens* Munro ex Hook. f.
原生。华东分布：江苏。
水田稗 *Echinochloa oryzoides* (Ard.) Fritsch
别名：稻田稗（江苏植物志 第2版），宿穗稗（安徽植物志）
——*Echinochloa persistentia* Z.S. Diao（安徽植物志）
原生。华东分布：安徽、江苏。

露籽草属 *Ottochloa*

（禾本科 Poaceae）

露籽草 *Ottochloa nodosa* (Kunth) Dandy
原生。华东分布：福建。
小花露籽草 *Ottochloa nodosa* var. ***micrantha*** (Balansa ex A. Camus) Xiang Chen & S.M. Phillips
原生。华东分布：福建。

毛颖草属 *Alloteropsis*

（禾本科 Poaceae）

毛颖草 *Alloteropsis semialata* (R. Br.) Hitchc.

原生。华东分布：福建。

钩毛草属 *Pseudechinolaena*

（禾本科 Poaceae）

钩毛草 *Pseudechinolaena polystachya* (Kunth) Stapf
原生。华东分布：福建。

弓果黍属 *Cyrtococcum*

（禾本科 Poaceae）

弓果黍 *Cyrtococcum patens* (L.) A. Camus
别名：瘤穗弓果黍（福建植物志）
——*Cyrtococcum patens* var. *schmidtii* (Hack.) A. Camus（福建植物志）
原生。华东分布：福建、江西、浙江。

求米草属 *Oplismenus*

（禾本科 Poaceae）

竹叶草 *Oplismenus compositus* (L.) P. Beauv.
原生。华东分布：福建、浙江。

台湾竹叶草 *Oplismenus compositus* var. ***formosanus*** (Honda) S.L. Chen & Y.X. Jin
原生。华东分布：浙江。

中间型竹叶草 *Oplismenus compositus* var. ***intermedius*** (Honda) Ohwi
原生。华东分布：福建。

福建竹叶草 *Oplismenus fujianensis* S.L. Chen & Y.X. Jin
原生。华东分布：福建、浙江。

疏穗竹叶草 *Oplismenus patens* Honda
别名：疏穗求米草（福建植物志）
原生。华东分布：福建。

求米草 *Oplismenus undulatifolius* (Ard.) P. Beauv.
原生。华东分布：安徽、福建、江苏、江西、山东、上海、浙江。

双穗求米草 *Oplismenus undulatifolius* var. ***binatus*** S.L. Chen & Y.X. Jin
原生。华东分布：安徽、江苏、上海、浙江。

光叶求米草 *Oplismenus undulatifolius* var. ***glaber*** S.L. Chen & Y.X. Jin
——"*Oplismenus undulatifolius* var. *glabrus*"=*Oplismenus undulatifolius* var. *glaber* S.L. Chen & Y.X. Jin（拼写错误。安徽植物志）
原生。华东分布：安徽。

狭叶求米草 *Oplismenus undulatifolius* var. ***imbecillis*** (R. Br.) Hack.
原生。华东分布：安徽、江苏。

日本求米草 *Oplismenus undulatifolius* var. ***japonicus*** (Steud.) Koidz.
——"*Oplismenus undulatifolius* var. *japonica*"=*Oplismenus undulatifolius* var. *japonicus* (Steud.) Koidz.（拼写错误。江西种子植物名录）
原生。华东分布：安徽、福建、江苏、江西。

钝叶草属 *Stenotaphrum*

（禾本科 Poaceae）

钝叶草 *Stenotaphrum helferi* Munro ex Hook. f.
原生。华东分布：福建。

类雀稗属 *Paspalidium*

（禾本科 Poaceae）

尖头类雀稗 *Paspalidium punctatum* (Burm. f.) A. Camus
原生。华东分布：福建。

狗尾草属 *Setaria*

（禾本科 Poaceae）

莩草 *Setaria chondrachne* (Steud.) Honda
原生。华东分布：安徽、福建、江苏、江西、上海、浙江。

大狗尾草 *Setaria faberi* R.A.W. Herrm.
——"*Setaria faberii*"=*Setaria faberi* R.A.W. Herrm.（拼写错误。安徽植物志、福建植物志、江西种子植物名录、山东植物志）
原生。华东分布：安徽、福建、江苏、江西、山东、上海、浙江。

西南莩草 *Setaria forbesiana* (Nees ex Steud.) Hook. f.
原生。华东分布：安徽。

棕叶狗尾草 *Setaria palmifolia* (J. Koenig) Stapf
原生。华东分布：安徽、福建、江西、浙江。

莠狗尾草 *Setaria parviflora* (Poir.) Kerguélen
别名：褐毛狗尾草（福建植物志），幽狗尾草（FOC）
——"*Setaria geniculata*"=*Setaria parviflora* (Poir.) Kerguélen（误用名。福建植物志、江西种子植物名录）
——*Setaria pallidifusca* (Schumach.) Stapf & C.E. Hubb.（福建植物志）
原生。华东分布：安徽、福建、江西。

皱叶狗尾草 *Setaria plicata* (Lam.) T. Cooke
原生。华东分布：安徽、福建、江苏、江西、浙江。

金色狗尾草 *Setaria pumila* (Poir.) Roem. & Schult.
别名：金毛狗尾草（江西种子植物名录），硬稃狗尾草（福建植物志）
——"*Setaria glauca*"=*Setaria pumila* (Poir.) Roem. & Schult.（误用名。安徽植物志、福建植物志、江西种子植物名录、山东植物志、浙江植物志）
——*Setaria glauca* var. *dura* (I.C. Chung) I.C. Chung（福建植物志）
原生。华东分布：安徽、福建、江苏、江西、山东、上海、浙江。

狗尾草 *Setaria viridis* (L.) P. Beauv.
原生。华东分布：安徽、福建、江苏、江西、山东、上海、浙江。

巨大狗尾草 *Setaria viridis* subsp. ***pycnocoma*** (Steud.) Tzvelev
原生。华东分布：山东。

蒺藜草属 *Cenchrus*

（禾本科 Poaceae）

狼尾草 *Cenchrus alopecuroides* (L.) Thunb.
——*Pennisetum alopecuroides* (L.) Spreng.（安徽植物志、福建植物志、江苏植物志 第 2 版、江西种子植物名录、山东植物志、上海维管植物名录、浙江植物志）
原生。华东分布：安徽、福建、江苏、江西、山东、上海、浙江。

蒺藜草 *Cenchrus echinatus* L.
外来。华东分布：福建、浙江。

白草 *Cenchrus flaccidus* (Griseb.) Morrone
——*Pennisetum flaccidum* Griseb.（山东植物志）
原生。华东分布：安徽、山东。

牧地狼尾草 *Cenchrus polystachios* (L.) Morrone

——*Pennisetum polystachion* (L.) Schult.（中国外来入侵植物名录）
外来。华东分布：福建。
象草 *Cenchrus purpureus* (Schumach.) Morrone
——*Pennisetum purpureum* Schumach.（福建植物志、中国外来入侵植物名录）
外来。华东分布：福建。

鬣刺属 *Spinifex*

（禾本科 Poaceae）

鬣刺 *Spinifex littoreus* (Burm. f.) Merr.
原生。华东分布：福建。

伪针茅属 *Pseudoraphis*

（禾本科 Poaceae）

伪针茅 *Pseudoraphis brunoniana* (Wall. & Griff.) Pilg.
——"*Pseudoraphis spinescens*"=*Pseudoraphis brunoniana* (Griff.) Pilg.（误用名。福建植物志）
原生。华东分布：福建。
瘦脊伪针茅 *Pseudoraphis sordida* (Thwaites) S.M. Phillips & S.L. Chen
别名：瘦瘠伪针茅（安徽植物志、山东植物志）
——*Pseudoraphis spinescens* var. *depauperata* (Nees) Bor（安徽植物志、山东植物志）
原生。华东分布：安徽、江苏、山东。

臂形草属 *Moorochloa*

（禾本科 Poaceae）

臂形草 *Moorochloa eruciformis* (Sm.) Veldkamp
——*Brachiaria eruciformis* (Sm.) Griseb.（福建植物志）
原生。华东分布：福建。

糖蜜草属 *Melinis*

（禾本科 Poaceae）

红毛草 *Melinis repens* (Willd.) Zizka
——*Rhynchelytrum repens* (Willd.) C.E. Hubb.（福建植物志）
外来。华东分布：福建、江西。

尾稃草属 *Urochloa*

（禾本科 Poaceae）

四生尾稃草 *Urochloa distachya* (L.) T.Q. Nguyen
别名：四生臂形草（福建植物志、江西种子植物名录）
——*Brachiaria subquadripara* (Trin.) Hitchc.（福建植物志、江西种子植物名录）
原生。华东分布：福建、江西。
巴拉草 *Urochloa mutica* (Forssk.) T.Q. Nguyen
——*Brachiaria mutica* (Forssk.) Stapf（福建植物志、中国外来入侵植物名录）
外来。华东分布：福建。
毛尾稃草 *Urochloa villosa* (Lam.) T.Q. Nguyen
别名：毛臂形草（安徽植物志、福建植物志、江西种子植物名录、浙江植物志）
——*Brachiaria villosa* (Lam.) A. Camus（安徽植物志、福建植物志、江西种子植物名录、浙江植物志）
原生。华东分布：安徽、福建、江西、浙江。

野黍属 *Eriochloa*

（禾本科 Poaceae）

高野黍 *Eriochloa procera* (Retz.) C.E. Hubb.
原生。华东分布：福建。
野黍 *Eriochloa villosa* (Thunb.) Kunth
——"*Eremochloa villosa*"=*Eriochloa villosa* (Thunb.) Kunth（拼写错误。江西种子植物名录）
原生。华东分布：安徽、福建、江苏、江西、山东、上海、浙江。

黍属 *Panicum*

（禾本科 Poaceae）

紧序黍 *Panicum auritum* J. Presl ex Nees
别名：长耳膜稃草（福建植物志）
——*Hymenachne insulicola* (Steud.) L. Liu（福建植物志）
原生。华东分布：安徽、福建。
糠稷 *Panicum bisulcatum* Thunb.
别名：顶花稷（江西种子植物名录）
——"*Panicum bisculcatum*"=*Panicum bisulcatum* Thunb.（拼写错误。江西种子植物名录）
——*Panicum acroanthum* Steud.（江西种子植物名录）
原生。华东分布：安徽、福建、江苏、江西、山东、上海、浙江。
短叶黍 *Panicum brevifolium* L.
原生。华东分布：福建、江西、浙江。
弯花黍 *Panicum curviflorum* Hornem.
别名：旱黍草（福建植物志）
——*Panicum trypheron* Schult.（福建植物志）
原生。华东分布：福建。
洋野黍 *Panicum dichotomiflorum* Michx.
别名：水生黍（福建植物志）
——*Panicum paludosum* Roxb.（福建植物志）
外来。华东分布：福建、江苏、上海、浙江。
藤竹草 *Panicum incomtum* Trin.
原生。华东分布：福建。
大黍 *Panicum maximum* Jacq.
外来。华东分布：福建。
稷 *Panicum miliaceum* L.
别名：稷黍（安徽植物志）
原生。华东分布：安徽、福建、江苏。
心叶稷 *Panicum notatum* Retz.
原生。华东分布：福建。
铺地黍 *Panicum repens* L.
外来。华东分布：福建、江西、浙江。
细柄黍 *Panicum sumatrense* Roth
别名：短柄黍（江西种子植物名录），无稃细柄黍（浙江植物志）
——*Panicum psilopodium* Trin.（福建植物志、江西种子植物名录、山东植物志、浙江植物志）
——*Panicum psilopodium* var. *epaleatum* Keng ex S.L. Chen, T.D. Zhuang & X.L. Yang（浙江植物志）
原生。华东分布：福建、江苏、江西、山东、上海、浙江。

膜稃草属 *Hymenachne*

（禾本科 Poaceae）

展穗膜稃草 *Hymenachne patens* L. Liu
原生。近危（NT）。华东分布：福建、江西、浙江。

距花黍属 *Ichnanthus*

（禾本科 Poaceae）

大距花黍 *Ichnanthus pallens* var. ***major*** (Nees) Stieber
别名：距花黍（福建植物志、江西种子植物名录）
——"*Ichnanthus pallens*"=*Ichnanthus pallens* var. *major* (Nees) Stieber（误用名。江西种子植物名录）
——*Ichnanthus vicinus* (F.M. Bailey) Merr.（福建植物志）
原生。华东分布：福建、江西。

地毯草属 *Axonopus*

（禾本科 Poaceae）

地毯草 *Axonopus compressus* (Sw.) P. Beauv.
外来、栽培。华东分布：福建。

雀稗属 *Paspalum*

（禾本科 Poaceae）

两耳草 *Paspalum conjugatum* P.J. Bergius
外来。华东分布：福建、浙江。
毛花雀稗 *Paspalum dilatatum* Poir.
外来、栽培。华东分布：安徽、福建、江苏、江西、上海、浙江。
双穗雀稗 *Paspalum distichum* L.
——*Paspalum paspaloides* (Michx.) Scribn.（福建植物志、江西种子植物名录、浙江植物志）
外来。华东分布：安徽、福建、江苏、江西、山东、上海、浙江。
长叶雀稗 *Paspalum longifolium* Roxb.
原生。华东分布：福建、浙江。
百喜草 *Paspalum notatum* Flüggé
外来、栽培。华东分布：福建、江西。
鸭乸草 *Paspalum scrobiculatum* L.
别名：鸭虺草（江苏植物志 第2版）
原生。华东分布：福建、江苏。
囡雀稗 *Paspalum scrobiculatum* var. ***bispicatum*** Hack.
别名：南雀稗（福建植物志）
——*Paspalum commersonii* Lam. ［excluded］（福建植物志）
原生。华东分布：福建、江苏。
圆果雀稗 *Paspalum scrobiculatum* var. ***orbiculare*** (G. Forst.) Hack.
——*Paspalum orbiculare* G. Forst.（福建植物志、江西种子植物名录、浙江植物志）
原生。华东分布：安徽、福建、江苏、江西、上海、浙江。
雀稗 *Paspalum thunbergii* Kunth ex Steud.
原生。华东分布：安徽、福建、江苏、江西、山东、上海、浙江。
丝毛雀稗 *Paspalum urvillei* Steud.
外来。华东分布：福建、江西、浙江。
海雀稗 *Paspalum vaginatum* Sw.
原生。华东分布：福建。

野古草属 *Arundinella*

（禾本科 Poaceae）

毛节野古草 *Arundinella barbinodis* Keng f. ex B.S. Sun & Z.H. Hu
原生。华东分布：福建、浙江。
大序野古草 *Arundinella cochinchinensis* Keng
别名：交趾野古草（江西种子植物名录）
原生。华东分布：江西。
溪边野古草 *Arundinella fluviatilis* Hand.-Mazz.
原生。华东分布：江西。
野古草 *Arundinella hirta* (Thunb.) Tanaka
别名：毛杆野古草（江苏植物志 第2版），毛秆野古草（安徽植物志、福建植物志、江西种子植物名录、上海维管植物名录）
——*Arundinella anomala* Steud.（安徽植物志、福建植物志、江西种子植物名录）
原生。华东分布：安徽、福建、江苏、江西、山东、上海、浙江。
庐山野古草 *Arundinella hirta* var. ***hondana*** Koidz.
——*Arundinella hondana* (Koidz.) B.S. Sun & Z.H. Hu（江西种子植物名录）
原生。华东分布：江西。
石芒草 *Arundinella nepalensis* Trin.
原生。华东分布：福建、江西。
刺芒野古草 *Arundinella setosa* Trin.
原生。华东分布：安徽、福建、江苏、江西、上海、浙江。
无刺野古草 *Arundinella setosa* var. ***esetosa*** Bor ex S.M. Phillips & S.L. Chen
原生。华东分布：福建、江西、浙江。

耳稃草属 *Garnotia*

（禾本科 Poaceae）

三芒耳稃草 *Garnotia acutigluma* (Steud.) Ohwi
——*Garnotia triseta* Hitchc.（福建植物志、江西种子植物名录）
原生。华东分布：福建、江西。
耳稃草 *Garnotia patula* (Munro) Munro ex Benth.
原生。华东分布：福建。
无芒耳稃草 *Garnotia patula* var. ***mutica*** (Munro) Rendle
别名：无芒葛氏草（江西种子植物名录）
——*Garnotia mutica* (Munro) Druce（江西种子植物名录）
原生。华东分布：江西。

水蔗草属 *Apluda*

（禾本科 Poaceae）

水蔗草 *Apluda mutica* L.
原生。华东分布：福建。

金须茅属 *Chrysopogon*

（禾本科 Poaceae）

竹节草 *Chrysopogon aciculatus* (Retz.) Trin.
原生。华东分布：福建、浙江。
金须茅 *Chrysopogon orientalis* (Desv.) A. Camus
原生。华东分布：福建。

荩草属 *Arthraxon*

（禾本科 Poaceae）

荩草 *Arthraxon hispidus* (Thunb.) Makino
别名：匿芒荩草（安徽植物志、福建植物志、浙江植物志），若芒荩草（江西种子植物名录）
——*Arthraxon hispidus* var. *cryptatherus* (Hack.) Honda（安徽植物志、福建植物志、江西种子植物名录、浙江植物志）
原生。华东分布：安徽、福建、江苏、江西、山东、上海、浙江。

中亚荩草 *Arthraxon hispidus* var. *centrasiaticus* (Griseb.) Honda
原生。华东分布：福建、江苏、江西。

茅叶荩草 *Arthraxon prionodes* (Steud.) Dandy
别名：矛叶荩草（安徽植物志、山东植物志、浙江植物志）
原生。华东分布：安徽、江苏、江西、山东、上海、浙江。

多裔草属 *Polytoca*

（禾本科 Poaceae）

多裔草 *Polytoca digitata* (L. f.) Druce
原生。华东分布：江西。

薏苡属 *Coix*

（禾本科 Poaceae）

薏苡 *Coix lacryma-jobi* L.
别名：菩提子（浙江植物志）
——"*Coix laeryma-jobi*"=*Coix lacryma-jobi* L.（拼写错误。福建植物志）
原生。华东分布：安徽、福建、江苏、江西、山东、上海、浙江。

薏米 *Coix lacryma-jobi* var. *ma-yuen* (Rom. Caill.) Stapf
别名：薏苡（浙江植物志）
原生、栽培。华东分布：安徽、福建、江苏、江西、浙江。

蜈蚣草属 *Eremochloa*

（禾本科 Poaceae）

蜈蚣草 *Eremochloa ciliaris* (L.) Merr.
别名：百足草（江西种子植物名录）
原生。华东分布：福建、江西。

假俭草 *Eremochloa ophiuroides* (Munro) Hack.
原生。华东分布：安徽、福建、江苏、江西、山东、上海、浙江。

球穗草属 *Hackelochloa*

（禾本科 Poaceae）

球穗草 *Hackelochloa granularis* (L.) Kuntze
原生。华东分布：安徽、福建、江西、浙江。

牛鞭草属 *Hemarthria*

（禾本科 Poaceae）

大牛鞭草 *Hemarthria altissima* (Poir.) Stapf & C.E. Hubb.
别名：牛鞭草（安徽植物志、江西种子植物名录、山东植物志、浙江植物志）
原生。华东分布：安徽、江西、山东、上海、浙江。

扁穗牛鞭草 *Hemarthria compressa* (L. f.) R. Br.
原生。华东分布：福建、江西、浙江。

牛鞭草 *Hemarthria sibirica* (Gand.) Ohwi
原生。华东分布：江苏。

毛俭草属 *Mnesithea*

（禾本科 Poaceae）

假蛇尾草 *Mnesithea laevis* (Retz.) Kunth
——*Thaumastochloa cochinchinensis* (Lour.) C.E. Hubb.（福建植物志）
原生。华东分布：福建。

蛇尾草属 *Ophiuros*

（禾本科 Poaceae）

蛇尾草 *Ophiuros exaltatus* (L.) Kuntze
原生。华东分布：福建。

束尾草属 *Phacelurus*

（禾本科 Poaceae）

束尾草 *Phacelurus latifolius* (Steud.) Ohwi
别名：单穗束尾草（江苏植物志 第2版、浙江植物志），狭叶束尾草（江苏植物志 第2版、浙江植物志）
——*Phacelurus latifolius* var. *angustifolius* (Debeaux) Keng（江苏植物志 第2版、浙江植物志）
——*Phacelurus latifolius* var. *monostachyus* Keng ex S.L. Chen（江苏植物志 第2版、浙江植物志）
原生。华东分布：江苏、山东、上海、浙江。

筒轴茅属 *Rottboellia*

（禾本科 Poaceae）

筒轴茅 *Rottboellia cochinchinensis* (Lour.) Clayton
别名：筒轴草（江西种子植物名录）
——*Rottboellia exaltata* (L.) Naezén（福建植物志、江西种子植物名录、浙江植物志）
原生。华东分布：福建、江西、浙江。

光穗筒轴茅 *Rottboellia laevispica* Keng
原生。华东分布：安徽、江苏、上海。

鸭嘴草属 *Ischaemum*

（禾本科 Poaceae）

毛鸭嘴草 *Ischaemum anthephoroides* (Steud.) Miq.
——"*Ischaemum antephoroides*"=*Ischaemum anthephoroides* (Steud.) Miq.（拼写错误。山东植物志、浙江植物志）
原生。华东分布：江苏、山东、上海、浙江。

有芒鸭嘴草 *Ischaemum aristatum* L.
别名：芒穗鸭嘴草（江西种子植物名录），田鸭嘴草（江西种子植物名录），鸭嘴草（山东植物志）
——*Ischaemum hondae* Matsuda（江西种子植物名录）
原生。华东分布：安徽、福建、江苏、江西、山东、上海、浙江。

鸭嘴草 *Ischaemum aristatum* var. *glaucum* (Honda) T. Koyama
——*Ischaemum crassipes* (Steud.) Thell.（安徽植物志、江苏植物志 第2版）
原生。华东分布：安徽、福建、江苏、上海、浙江。

粗毛鸭嘴草 *Ischaemum barbatum* Retz.
别名：毛穗鸭嘴草（福建植物志），天台鸭嘴草（浙江植物志），皱颖鸭嘴草（江苏植物志 第2版）
——*Ischaemum tientaiense* Keng & H.R. Zhao（浙江植物志）
原生。华东分布：安徽、福建、江苏、江西、浙江。

细毛鸭嘴草 ***Ischaemum ciliare*** Retz.
别名：印度鸭嘴草（安徽植物志）
——"*Ischaemum indicum*"=*Ischaemum ciliare* Retz.（误用名。安徽植物志、福建植物志、江西种子植物名录、浙江植物志）
原生。华东分布：安徽、福建、江苏、江西、浙江。

田间鸭嘴草 ***Ischaemum rugosum*** Salisb.
别名：鸭嘴草（江西种子植物名录）
原生。华东分布：江西。

雁茅属 *Dimeria*

（禾本科 Poaceae）

镰形雁茅 ***Dimeria falcata*** Hack.
别名：镰形觿茅（福建植物志、江西种子植物名录、FOC）
原生。华东分布：福建、江西。

台湾雁茅 ***Dimeria falcata*** var. ***taiwaniana*** (Ohwi) S.L. Chen & G.Y. Sheng
别名：台湾觿茅（FOC）
原生。华东分布：福建。

雁茅 ***Dimeria ornithopoda*** Trin.
别名：矮觿茅（安徽植物志），觿茅（江苏植物志 第 2 版、FOC），觿茅（安徽植物志、福建植物志、江西种子植物名录、浙江植物志）
——*Dimeria ornithopoda* var. *nana* Keng & Y.L. Yang（安徽植物志）
原生。华东分布：安徽、福建、江苏、江西、山东、浙江。

具脊雁茅 ***Dimeria ornithopoda*** subsp. ***subrobusta*** (Hack.) S.L. Chen & G.Y. Sheng
别名：具脊觿茅（FOC）
原生。华东分布：山东。

华雁茅 ***Dimeria sinensis*** Rendle
别名：华鳞茅（江苏植物志 第 2 版），华觿茅（安徽植物志、福建植物志、江西种子植物名录、FOC）
原生。华东分布：安徽、福建、江苏、江西。

楔颖草属 *Apocopis*

（禾本科 Poaceae）

异穗楔颖草 ***Apocopis intermedius*** (A. Camus) Chai-Anan
原生。华东分布：浙江。

瑞氏楔颖草 ***Apocopis wrightii*** Munro
别名：曲芒楔颖草（安徽植物志、江西种子植物名录、浙江植物志）
原生。华东分布：安徽、福建、江西、浙江。

芒属 *Miscanthus*

（禾本科 Poaceae）

五节芒 ***Miscanthus floridulus*** (Labill.) Warb. ex K. Schum. & Lauterb.
原生。华东分布：安徽、福建、江苏、江西、上海、浙江。

南荻 ***Miscanthus lutarioriparius*** L. Liu ex S.L. Chen & Renvoize
原生。华东分布：江苏、浙江。

荻 ***Miscanthus sacchariflorus*** (Maxim.) Benth. & Hook. f. ex Franch.
原生。华东分布：安徽、江苏、江西、山东、上海、浙江。

芒 ***Miscanthus sinensis*** Andersson
别名：紫芒（安徽植物志）
——*Miscanthus sinensis* var. *purpurascens* (Andersson) Matsum.（安徽植物志）
原生、栽培。华东分布：安徽、福建、江苏、江西、山东、上海、浙江。

高粱属 *Sorghum*

（禾本科 Poaceae）

石茅 ***Sorghum halepense*** (L.) Pers.
别名：蒋森草（安徽植物志）
外来。华东分布：安徽、福建、江苏、江西、山东、上海、浙江。

光高粱 ***Sorghum nitidum*** (Vahl) Pers.
别名：光高梁（安徽植物志、福建植物志、山东植物志）
——"*Sorghum nitium*"=*Sorghum nitidum* (Vahl) Pers.（拼写错误。山东植物志）
原生。华东分布：安徽、福建、江苏、江西、山东、浙江。

拟高粱 ***Sorghum propinquum*** (Kunth) Hitchc.
原生。濒危（EN）。华东分布：福建、江西。

苏丹草 ***Sorghum sudanense*** (Piper) Stapf
外来。华东分布：安徽、江苏、江西、山东、浙江。

甘蔗属 *Saccharum*

（禾本科 Poaceae）

斑茅 ***Saccharum arundinaceum*** Retz.
原生。华东分布：安徽、福建、江苏、江西、浙江。

台蔗茅 ***Saccharum formosanum*** (Stapf) Ohwi
——*Erianthus formosanus* Stapf（福建植物志、浙江植物志）
原生。华东分布：福建、浙江。

河八王 ***Saccharum narenga*** (Nees ex Steud.) Hack.
别名：河王八（江西种子植物名录）
——*Narenga porphyrocoma* (Hance ex Trimen) Bor（安徽植物志、福建植物志、江西种子植物名录、浙江植物志）
原生。华东分布：安徽、福建、江苏、江西、浙江。

狭叶斑茅 ***Saccharum procerum*** Roxb.
原生。华东分布：福建。

甜根子草 ***Saccharum spontaneum*** L.
原生。华东分布：安徽、福建、江苏、江西、上海、浙江。

白茅属 *Imperata*

（禾本科 Poaceae）

大白茅 ***Imperata cylindrica*** var. ***major*** (Nees) C.E. Hubb.
别名：白茅（安徽植物志、福建植物志、江西种子植物名录、山东植物志、上海维管植物名录、浙江植物志），丝茅（江西种子植物名录）
——"*Imperata cylindrica*"=*Imperata cylindrica* var. *major* (Nees) C.E. Hubb.（误用名。上海维管植物名录）
——*Imperata koenigii* (Retz.) P. Beauv.（江西种子植物名录）
原生。华东分布：安徽、福建、江苏、江西、山东、上海、浙江。

金发草属 *Pogonatherum*

（禾本科 Poaceae）

金丝草 ***Pogonatherum crinitum*** (Thunb.) Kunth
原生。华东分布：安徽、福建、江西、浙江。

金发草 ***Pogonatherum paniceum*** (Lam.) Hack.

别名：竹叶草（江西种子植物名录）
原生。华东分布：江西。

假金发草属 *Pseudopogonatherum*

（禾本科 Poaceae）

笔草 ***Pseudopogonatherum contortum*** (Brongn.) A. Camus
原生。华东分布：福建。
中华笔草 ***Pseudopogonatherum contortum*** var. ***sinense*** Keng & S.L. Chen
原生。华东分布：江西、浙江。
假金发草 ***Pseudopogonatherum filifolium*** (S.L. Chen) H. Yu, Y.F. Deng & N.X. Zhao
别名：线叶金茅（安徽植物志）
——*Eulalia filifolia* S.L. Chen（安徽植物志）
原生。华东分布：安徽。
刺叶假金发草 ***Pseudopogonatherum koretrostachys*** (Trin.) Henrard
别名：刺叶笔草（安徽植物志、浙江植物志）
——*Pseudopogonatherum setifolium* (Nees) A. Camus（安徽植物志、福建植物志、江西种子植物名录、浙江植物志）
原生。华东分布：安徽、福建、江西、浙江。

莠竹属 *Microstegium*

（禾本科 Poaceae）

刚莠竹 ***Microstegium ciliatum*** (Trin.) A. Camus
别名：二型莠竹（福建植物志）
——*Microstegium biforme* Keng（福建植物志）
原生。华东分布：福建、江西、浙江。
法利莠竹 ***Microstegium fauriei*** (Hayata) Honda
原生。华东分布：福建。
膝曲莠竹 ***Microstegium fauriei*** subsp. ***geniculatum*** (Hayata) T. Koyama
——*Microstegium geniculatum* (Hayata) Honda（福建植物志、江西种子植物名录）
原生。华东分布：福建、江西。
日本莠竹 ***Microstegium japonicum*** (Miq.) Koidz.
原生。华东分布：江苏、上海。
竹叶茅 ***Microstegium nudum*** (Trin.) A. Camus
别名：茅（江西种子植物名录）
原生。华东分布：安徽、福建、江苏、江西、上海、浙江。
多芒莠竹 ***Microstegium somae*** (Hayata) Ohwi
原生。华东分布：安徽、福建。
柔枝莠竹 ***Microstegium vimineum*** (Trin.) A. Camus
别名：莠竹（安徽植物志、江西种子植物名录、浙江植物志）
——*Microstegium nodosum* (Kom.) Tzvelev（江西种子植物名录）
——*Microstegium vimineum* var. *imberbe* (Nees) Honda（安徽植物志、浙江植物志）
原生。华东分布：安徽、福建、江苏、江西、山东、上海、浙江。

黄金茅属 *Eulalia*

（禾本科 Poaceae）

龚氏金茅 ***Eulalia leschenaultiana*** (Decne.) Ohwi
别名：小金茅（江西种子植物名录）
原生。华东分布：福建、江西。
棕茅 ***Eulalia phaeothrix*** (Hack.) Kuntze
原生。华东分布：江西。
四脉金茅 ***Eulalia quadrinervis*** (Hack.) Kuntze
原生。华东分布：安徽、福建、江苏、江西、上海、浙江。
金茅 ***Eulalia speciosa*** (Debeaux) Kuntze
原生。华东分布：安徽、福建、江苏、江西、山东、浙江。

黄茅属 *Heteropogon*

（禾本科 Poaceae）

黄茅 ***Heteropogon contortus*** (L.) P. Beauv. ex Roem. & Schult.
原生。华东分布：福建、江西、浙江。

菅属 *Themeda*

（禾本科 Poaceae）

苞子草 ***Themeda caudata*** (Nees ex Hook. & Arn.) A. Camus
——"*Themeda candata*"=*Themeda caudata* (Nees ex Hook. & Arn.) A. Camus（拼写错误。江西种子植物名录）
——"*Themeda gigantea* var. *caudata* (Nees) Keng"=*Themeda caudata* (Nees ex Hook. & Arn.) A. Camus（名称未合格发表。福建植物志）
原生。华东分布：福建、江西、浙江。
黄背草 ***Themeda triandra*** Forssk.
别名：菅草（山东植物志）
——*Themeda japonica* (Willd.) Tanaka（安徽植物志、江西种子植物名录、山东植物志、浙江植物志）
——*Themeda triandra* var. *japonica* (Willd.) Makino（福建植物志）
原生。华东分布：安徽、福建、江苏、江西、山东、上海、浙江。
浙皖菅 ***Themeda unica*** S.L. Chen & T.D. Zhuang
原生。华东分布：安徽。
菅 ***Themeda villosa*** (Poir.) A. Camus
别名：大菅（江西种子植物名录）
——"*Themeda gigantea*"=*Themeda villosa* (Lam.) A. Camus（误用名。江西种子植物名录）
——*Themeda gigantea* var. *villosa* (Poir.) Hack.（福建植物志、江西种子植物名录）
原生。华东分布：福建、江西、浙江。

细柄草属 *Capillipedium*

（禾本科 Poaceae）

硬秆子草 ***Capillipedium assimile*** (Steud.) A. Camus
别名：硬杆子草（山东植物志）
——*Capillipedium glaucopsis* (Steud.) Stapf（山东植物志）
原生。华东分布：福建、江西、山东、浙江。
细柄草 ***Capillipedium parviflorum*** (R. Br.) Stapf
原生。华东分布：安徽、福建、江苏、江西、山东、上海、浙江。
多节细柄草 ***Capillipedium spicigerum*** S.T. Blake
原生。华东分布：江西、浙江。

孔颖草属 *Bothriochloa*

（禾本科 Poaceae）

臭根子草 ***Bothriochloa bladhii*** (Retz.) S.T. Blake
别名：无毛孔颖草（江西种子植物名录）
——*Bothriochloa glabra* (Roxb.) A. Camus（江西种子植物名录）
——*Bothriochloa intermedia* (R. Br.) A. Camus（福建植物志、江

西种子植物名录）
原生。华东分布：福建、江西。

孔颖臭根子草 ***Bothriochloa bladhii*** var. ***punctata*** (Roxb.) R.R. Stewart
原生。华东分布：安徽、福建。

白羊草 ***Bothriochloa ischaemum*** (L.) Keng
原生。华东分布：安徽、福建、江苏、江西、山东、上海、浙江。

香茅属 *Cymbopogon*

（禾本科 Poaceae）

柠檬草 ***Cymbopogon citratus*** (DC.) Stapf
别名：香茅（FOC）
原生。华东分布：福建、浙江。

橘草 ***Cymbopogon goeringii*** (Steud.) A. Camus
原生。华东分布：安徽、江苏、江西、山东、上海、浙江。

青香茅 ***Cymbopogon mekongensis*** A. Camus
——"*Cymbopogon caesius*"=*Cymbopogon mekongensis* A. Camus（误用名。江西种子植物名录）
原生。华东分布：江西。

扭鞘香茅 ***Cymbopogon tortilis*** (J. Presl) A. Camus
原生。华东分布：安徽、福建、江苏、浙江。

裂稃草属 *Schizachyrium*

（禾本科 Poaceae）

裂稃草 ***Schizachyrium brevifolium*** (Sw.) Nees ex Buse
原生。华东分布：安徽、福建、江苏、江西、山东、上海、浙江。

斜须裂稃草 ***Schizachyrium fragile*** (R. Br.) A. Camus
——*Schizachyrium obliquiberbe* (Hack.) A. Camus（安徽植物志）
原生。华东分布：安徽。

红裂稃草 ***Schizachyrium sanguineum*** (Retz.) Alston
原生。华东分布：福建。

须芒草属 *Andropogon*

（禾本科 Poaceae）

华须芒草 ***Andropogon chinensis*** (Nees) Merr.
原生。华东分布：福建。

弗吉尼亚须芒草 ***Andropogon virginicus*** L.
外来。华东分布：浙江。

大油芒属 *Spodiopogon*

（禾本科 Poaceae）

油芒 ***Spodiopogon cotulifer*** (Thunb.) Hack.
——"*Eccoilopus cotulifera*"=*Eccoilopus cotulifer* (Thunb.) A. Camus（拼写错误。江西种子植物名录）
——"*Spodiopogon cotulifera*"=*Spodiopogon cotulifer* (Thunb.) Hack.（拼写错误。江西种子植物名录）
——*Eccoilopus cotulifer* (Thunb.) A. Camus（安徽植物志、福建植物志、浙江植物志）
原生。华东分布：安徽、福建、江苏、江西、山东、上海、浙江。

大油芒 ***Spodiopogon sibiricus*** Trin.
原生。华东分布：安徽、江苏、江西、山东、浙江。

台南大油芒 ***Spodiopogon tainanensis*** Hayata
原生。华东分布：江苏。

华赤竹属 *Sinosasa*

（禾本科 Poaceae）

大节华赤竹 ***Sinosasa magninoda*** (T.H. Wen & G.L. Liao) N.H. Xia, Q.M. Qin & X.R. Zheng
原生。华东分布：江西。

明月山华赤竹 ***Sinosasa mingyueshanensis*** N.H. Xia, Q.M. Qin & X.R. Zheng
原生。华东分布：江西。

金鱼藻科 Ceratophyllaceae

金鱼藻属 *Ceratophyllum*

（金鱼藻科 Ceratophyllaceae）

金鱼藻 ***Ceratophyllum demersum*** L.
原生。华东分布：安徽、福建、江苏、江西、上海、浙江。

粗糙金鱼藻 ***Ceratophyllum muricatum*** subsp. ***kossinskyi*** (Kuzen.) Les
别名：宽叶金鱼藻（江西植物志），细金鱼藻（福建植物志）
——"*Ceratophyllum submersum*"=*Ceratophyllum muricatum* subsp. *kossinskyi* (Kuzen.) Les（误用名。福建植物志）
——*Ceratophyllum inflatum* C.C. Jao（江西植物志）
原生。华东分布：福建、江苏、江西。

五刺金鱼藻 ***Ceratophyllum platyacanthum*** subsp. ***oryzetorum*** (Kom.) Les
——"*Ceratophyllum oryztorum*"=*Ceratophyllum oryzetorum* Kom.（拼写错误。浙江植物志）
——*Ceratophyllum demersum* var. *quadrispinum* Makino（安徽植物志）
——*Ceratophyllum oryzetorum* Kom.（江西植物志、山东植物志）
原生。华东分布：安徽、江西、山东、浙江。

领春木科 Eupteleaceae

领春木属 *Euptelea*

（领春木科 Eupteleaceae）

领春木 ***Euptelea pleiosperma*** Hook. f. & Thomson
——"*Euptelea pleiosperma* f. *francheti*"=*Euptelea pleiosperma* f. *franchetii* (Tiegh.) P.C. Kuo（拼写错误。安徽植物志）
——"*Euptelea pleiospermum*"=*Euptelea pleiosperma* Hook. f. & Thomson（拼写错误。江西植物志、浙江植物志）
原生。华东分布：安徽、江苏、江西、浙江。

罂粟科 Papaveraceae

罂粟属 *Papaver*

（罂粟科 Papaveraceae）

虞美人 ***Papaver rhoeas*** L.
外来、栽培。华东分布：安徽、福建、江苏、江西、山东、上海、浙江。

花菱草属 *Eschscholtzia*

（罂粟科 Papaveraceae）

花菱草 ***Eschscholtzia californica*** Cham.
外来、栽培。华东分布：安徽、江苏、上海、浙江。

血水草属 *Eomecon*

（罂粟科 Papaveraceae）

血水草 ***Eomecon chionantha*** Hance
原生。华东分布：安徽、福建、江西、浙江。

博落回属 *Macleaya*

（罂粟科 Papaveraceae）

博落回 ***Macleaya cordata*** (Willd.) R. Br.
别名：博落迴（安徽植物志）
原生。华东分布：安徽、福建、江苏、江西、上海、浙江。

小果博落回 ***Macleaya microcarpa*** (Maxim.) Fedde
原生。华东分布：江苏、江西。

荷青花属 *Hylomecon*

（罂粟科 Papaveraceae）

荷青花 ***Hylomecon japonica*** (Thunb.) Prantl
——“*Hylomecon japonicum*”=*Hylomecon japonica* (Thunb.) Prantl（拼写错误。浙江植物志）
原生。华东分布：安徽、江西、浙江。

白屈菜属 *Chelidonium*

（罂粟科 Papaveraceae）

白屈菜 ***Chelidonium majus*** L.
原生。华东分布：安徽、江苏、江西、山东、浙江。

角茴香属 *Hypecoum*

（罂粟科 Papaveraceae）

角茴香 ***Hypecoum erectum*** L.
原生。华东分布：山东。

紫堇属 *Corydalis*

（罂粟科 Papaveraceae）

北越紫堇 ***Corydalis balansae*** Prain
别名：台湾黄堇（安徽植物志、福建植物志、山东植物志、浙江植物志），无距黄堇（江西植物志）
——“*Corydalis racemosa* var. *ecalcaratis*”=*Corydalis racemosa* var. *ecalcarata* Z.Y. Su（拼写错误。江西植物志）
原生。华东分布：安徽、福建、江苏、江西、山东、上海、浙江。

珠芽紫堇 ***Corydalis balsamiflora*** Prain
别名：珠芽尖距紫堇（浙江植物志）
——*Corydalis sheareri* var. *bulbillifera* Hand.-Mazz.（安徽植物志、江西植物志、浙江植物志）
原生。华东分布：安徽、江西、浙江。

地丁草 ***Corydalis bungeana*** Turcz.
原生。华东分布：江苏、山东。

小药八旦子 ***Corydalis caudata*** (Lam.) Pers.
原生。华东分布：江苏。

夏天无 ***Corydalis decumbens*** (Thunb.) Pers.
别名：伏生紫堇（安徽植物志、福建植物志、江西植物志、浙江植物志），黄山紫堇［*Corydalis huangshanensis* (Fumariaceae), A New Species from Anhui, China］，狭叶伏生紫堇［Notes on the Seed Plant Flora of Zhejiang (XI)］
——*Corydalis decumbens* var. *zhujiensis* Z.H. Chen & G.Y. Li［Notes on the Seed Plant Flora of Zhejiang (XI)］
——*Corydalis huangshanensis* L.Q. Huang & H.S. Peng［*Corydalis huangshanensis* (Fumariaceae), A New Species from Anhui, China］
原生。华东分布：安徽、福建、江苏、江西、上海、浙江。

紫堇 ***Corydalis edulis*** Maxim.
原生。华东分布：安徽、福建、江苏、江西、上海、浙江。

北京延胡索 ***Corydalis gamosepala*** Maxim.
别名：齿瓣延胡索（安徽植物志、山东植物志）
——*Corydalis remota* Fisch. ex Maxim.（安徽植物志、山东植物志）
原生。华东分布：安徽、山东。

小花宽瓣黄堇 ***Corydalis giraldii*** Fedde
原生。华东分布：山东。

异果黄堇 ***Corydalis heterocarpa*** Sieb. & Zucc.
原生。华东分布：山东、浙江。

土元胡 ***Corydalis humosa*** Migo
别名：白花土元胡（浙江植物志）
原生。易危（VU）。华东分布：浙江。

刻叶紫堇 ***Corydalis incisa*** (Thunb.) Pers.
别名：白花刻叶紫堇（江西植物志、江西种子植物名录、浙江植物志），浙江紫堇（江西植物志、江西种子植物名录）
——*Corydalis incisa* f. *pallescens* Makino（江西植物志、浙江植物志）
——*Corydalis incisa* var. *tschekiangensis* Fedde（江西植物志、江西种子植物名录）
原生。华东分布：安徽、福建、江苏、江西、上海、浙江。

胶州延胡索 ***Corydalis kiautschouensis*** Poelln.
原生。华东分布：江苏。

黄紫堇 ***Corydalis ochotensis*** Turcz.
别名：小黄紫堇（山东植物志）
原生。华东分布：山东。

蛇果黄堇 ***Corydalis ophiocarpa*** Hook. f. & Thomson
别名：蛇果紫堇（江西植物志）
原生。华东分布：安徽、江苏、江西、浙江。

黄堇 ***Corydalis pallida*** (Thunb.) Pers.
原生。华东分布：安徽、福建、江苏、江西、山东、上海、浙江。

浙江黄堇 ***Corydalis pallida*** var. ***zhejiangensis*** Y.H. Zhang
原生。华东分布：浙江。

小花黄堇 ***Corydalis racemosa*** (Thunb.) Pers.
原生。华东分布：安徽、福建、江苏、江西、上海、浙江。

小黄紫堇 ***Corydalis raddeana*** Regel
——*Corydalis ochotensis* var. *raddeana* (Regel) Nakai（浙江植物志）
原生。华东分布：浙江。

全叶延胡索 ***Corydalis repens*** Mandl & Muhldorf
原生。华东分布：安徽、江苏、江西、山东、浙江。

石生黄堇 ***Corydalis saxicola*** Bunting
别名：岩黄连（FOC）

原生。华东分布：浙江。

地锦苗 ***Corydalis sheareri*** S. Moore

别名：尖距紫堇（安徽植物志、福建植物志、江苏植物志 第2版、江西植物志），珠芽地锦苗（江西种子植物名录）

——"*Corydalis sheareri* f. *bulbllifera*"=*Corydalis sheareri* f. *bulbillifera* Hand.-Mazz.（拼写错误。江西种子植物名录）

原生。华东分布：安徽、福建、江苏、江西、上海。

珠果黄堇 ***Corydalis speciosa*** Maxim.

别名：球果黄堇（江西植物志）

原生。华东分布：安徽、江西。

齿瓣延胡索 ***Corydalis turtschaninovii*** Besser

——"*Corydalis turschaninovii*"=*Corydalis turtschaninovii* Besser（拼写错误。江西种子植物名录）

原生。华东分布：江西。

阜平黄堇 ***Corydalis wilfordii*** Regel

原生。华东分布：安徽、江苏、江西、山东、浙江。

延胡索 ***Corydalis yanhusuo*** W.T. Wang ex Z.Y. Su & C.Y. Wu

别名：东北延胡索（山东植物志）

——*Corydalis ambigua* Cham. & Schltdl.（山东植物志）

原生。易危（VU）。华东分布：安徽、江苏、江西、山东、浙江。

烟堇属 *Fumaria*

（罂粟科 Papaveraceae）

烟堇 ***Fumaria officinalis*** L.

外来、栽培。华东分布：福建。

木通科 Lardizabalaceae

大血藤属 *Sargentodoxa*

（木通科 Lardizabalaceae）

大血藤 ***Sargentodoxa cuneata*** (Oliv.) Rehder & E.H. Wilson

别名：刺毛大血藤（安徽植物志）

——*Sargentodoxa cuneata* var. *setosa* S.C. Li & Z.M. Wu（安徽植物志）

原生。华东分布：安徽、福建、江苏、江西、浙江。

猫儿屎属 *Decaisnea*

（木通科 Lardizabalaceae）

猫儿屎 ***Decaisnea insignis*** (Griff.) Hook. f. & Thomson

——*Decaisnea fargesii* Franch.（安徽植物志、浙江植物志）

原生。华东分布：安徽、江西、浙江。

串果藤属 *Sinofranchetia*

（木通科 Lardizabalaceae）

串果藤 ***Sinofranchetia chinensis*** (Franch.) Hemsl.

原生。华东分布：江西。

木通属 *Akebia*

（木通科 Lardizabalaceae）

长序木通 ***Akebia longeracemosa*** Matsum.

原生。华东分布：福建。

木通 ***Akebia quinata*** (Houtt.) Decne.

别名：多叶木通（浙江植物志），五叶木通（山东植物志）

——*Akebia quinata* var. *polyphylla* Nakai（浙江植物志）

原生。华东分布：安徽、福建、江苏、江西、山东、上海、浙江。

三叶木通 ***Akebia trifoliata*** (Thunb.) Koidz.

别名：绿花三叶木通［New Materials in Flora of Zhejiang Province (II)］

——*Akebia trifoliata* f. *dapanshanensis* G.Y. Li & Zi L. Chen［New Materials in Flora of Zhejiang Province (II)］

原生。华东分布：安徽、福建、江西、山东、浙江。

白木通 ***Akebia trifoliata*** subsp. ***australis*** (Diels) T. Shimizu

——*Akebia trifoliata* var. *australis* (Diels) Rehder（安徽植物志、福建植物志、浙江植物志）

原生。华东分布：安徽、福建、江苏、江西、浙江。

野木瓜属 *Stauntonia*

（木通科 Lardizabalaceae）

西南野木瓜 ***Stauntonia cavalerieana*** Gagnep.

别名：黄腊果（福建植物志），黄蜡果（安徽植物志、江西植物志、江西种子植物名录）

——*Stauntonia brachyanthera* Hand.-Mazz.（安徽植物志、福建植物志、江西植物志、江西种子植物名录）

原生。华东分布：安徽、福建、江西。

野木瓜 ***Stauntonia chinensis*** DC.

别名：七叶莲（福建植物志）

原生。华东分布：福建、江西。

显脉野木瓜 ***Stauntonia conspicua*** R.H. Chang

别名：显脉木通（江西种子植物名录）

——"*Stauntonia conspicus*"=*Stauntonia conspicua* R.H. Chang（拼写错误。江西种子植物名录）

原生。华东分布：福建、江西、浙江。

羊瓜藤 ***Stauntonia duclouxii*** Gagnep.

别名：云南野木瓜（江西植物志）

原生。华东分布：江西。

日本野木瓜 ***Stauntonia hexaphylla*** (Thunb. ex Murray) Decne.

原生。华东分布：浙江。

斑叶野木瓜 ***Stauntonia maculata*** Merr.

原生。华东分布：福建、江西。

倒卵叶野木瓜 ***Stauntonia obovata*** Hemsl.

别名：白花野木瓜（江西种子植物名录），短药野木瓜（安徽植物志、福建植物志、江西植物志、浙江植物志），钝药野木瓜（江苏植物志 第2版）

——*Stauntonia leucantha* Y.C. Wu（安徽植物志、福建植物志、江苏植物志 第2版、江西植物志、江西种子植物名录、浙江植物志）

原生。华东分布：安徽、福建、江苏、江西、浙江。

尾叶那藤 ***Stauntonia obovatifoliola*** subsp. ***urophylla*** (Hand.-Mazz.) H.N. Qin

别名：尾叶挪藤（江西种子植物名录、浙江植物志），五指挪藤（江西种子植物名录、浙江植物志），小黄蜡果（江西植物志）

——"*Stauntonia obovatifolia* subsp. *urophylla*"=*Stauntonia obovatifoliola* subsp. *urophylla* (Hand.-Mazz.) H.N. Qin（拼写错误。江西种子植物名录）

——"*Stauntonia obovatifolia* subsp. *intermedia*"=*Stauntonia obovatifoliola*

subsp. *intermedia* (Y.C. Wu) T. Chen（拼写错误。江西种子植物名录）
——*Stauntonia brachyanthera* var. *minor* Diels ex Y.C. Wu（江西植物志）
——*Stauntonia hexaphylla* f. *intermedia* Y.C. Wu（浙江植物志）
——*Stauntonia hexaphylla* f. *urophylla* (Hand.-Mazz.) Y.C. Wu（福建植物志、浙江植物志）
原生。华东分布：安徽、福建、江苏、江西、浙江。
三脉野木瓜 *Stauntonia trinervia* Merr.
原生。华东分布：江西。

八月瓜属 *Holboellia*

（木通科 Lardizabalaceae）

五月瓜藤 *Holboellia angustifolia* Wall.
别名：五叶瓜藤（安徽植物志、福建植物志、江西种子植物名录）
——*Holboellia fargesii* Reaub.（安徽植物志、福建植物志、江西植物志、江西种子植物名录）
原生。华东分布：安徽、福建、江西。
鹰爪枫 *Holboellia coriacea* Diels
原生。华东分布：安徽、福建、江苏、江西、上海、浙江。
牛姆瓜 *Holboellia grandiflora* Réaub.
原生。华东分布：安徽、江西。

牛藤果属 *Parvatia*

（木通科 Lardizabalaceae）

牛藤果 *Parvatia brunoniana* subsp. ***elliptica*** (Hemsl.) H.N. Qin
——*Stauntonia elliptica* Hemsl.（江西植物志、江西种子植物名录）
原生。华东分布：江西。

防己科 Menispermaceae

宽筋藤属 *Tinospora*

（防己科 Menispermaceae）

青牛胆 *Tinospora sagittata* (Oliv.) Gagnep.
原生。华东分布：江西。

风龙属 *Sinomenium*

（防己科 Menispermaceae）

风龙 *Sinomenium acutum* (Thunb.) Rehder & E.H. Wilson
别名：防己（浙江植物志），汉防己（安徽植物志、福建植物志、江西植物志），毛汉防己（安徽植物志）
——"*Sinomenium acutum* var. *cinerum*"=*Sinomenium acutum* var. *cinereum* (Diels) Rehder & E.H. Wilson（拼写错误。安徽植物志）
原生。华东分布：安徽、福建、江苏、江西、浙江。

蝙蝠葛属 *Menispermum*

（防己科 Menispermaceae）

蝙蝠葛 *Menispermum dauricum* DC.
——"*Menispermum dahuricum*"=*Menispermum dauricum* DC.（拼写错误。山东植物志）
原生。华东分布：安徽、江苏、江西、山东、上海、浙江。

秤钩风属 *Diploclisia*

（防己科 Menispermaceae）

秤钩风 *Diploclisia affinis* (Oliv.) Diels
别名：称钩风（安徽植物志），秤钩枫（浙江植物志）
原生。华东分布：安徽、福建、江西、浙江。
苍白秤钩风 *Diploclisia glaucescens* (Blume) Diels
原生。华东分布：江西。

细圆藤属 *Pericampylus*

（防己科 Menispermaceae）

细圆藤 *Pericampylus glaucus* (Lam.) Merr.
原生。华东分布：福建、江西、浙江。

夜花藤属 *Hypserpa*

（防己科 Menispermaceae）

夜花藤 *Hypserpa nitida* Miers ex Benth.
原生。华东分布：福建。

木防己属 *Cocculus*

（防己科 Menispermaceae）

樟叶木防己 *Cocculus laurifolius* DC.
原生。华东分布：福建、江西。
木防己 *Cocculus orbiculatus* (L.) DC.
——*Cocculus trilobus* (Thunb.) DC.（山东植物志）
原生。华东分布：安徽、福建、江苏、江西、山东、上海、浙江。

千金藤属 *Stephania*

（防己科 Menispermaceae）

金线吊乌龟 *Stephania cephalantha* Hayata
别名：金钱吊乌龟（福建植物志）
——"*Stephania ceparantha*"=*Stephania cephalantha* Hayata（拼写错误。福建植物志）
——"*Stephania cepharantha*"=*Stephania cephalantha* Hayata（拼写错误。安徽植物志、江西植物志、江西种子植物名录）
原生。华东分布：安徽、福建、江苏、江西、上海、浙江。
江南地不容 *Stephania excentrica* H.S. Lo
别名：江南地榕（江西种子植物名录）
原生。华东分布：福建、江西、浙江。
千金藤 *Stephania japonica* (Thunb.) Miers
原生。华东分布：安徽、福建、江苏、江西、浙江。
粪箕笃 *Stephania longa* Lour.
原生。华东分布：福建、江西、浙江。
粉防己 *Stephania tetrandra* S. Moore
别名：石蟾蜍（江西植物志、浙江植物志）
原生。华东分布：安徽、福建、江西、浙江。

轮环藤属 *Cyclea*

（防己科 Menispermaceae）

毛叶轮环藤 *Cyclea barbata* Miers
原生。华东分布：江西。
纤细轮环藤 *Cyclea gracillima* Diels
原生。华东分布：江西。
粉叶轮环藤 *Cyclea hypoglauca* (Schauer) Diels
原生。华东分布：福建、江西。
轮环藤 *Cyclea racemosa* Oliv.
原生。华东分布：福建、江西、浙江。
四川轮环藤 *Cyclea sutchuenensis* Gagnep.

原生。华东分布：江西。

小檗科 Berberidaceae

南天竹属 *Nandina*

（小檗科 Berberidaceae）

南天竹 *Nandina domestica* Thunb.
原生、栽培。华东分布：安徽、福建、江苏、江西、山东、上海、浙江。

红毛七属 *Caulophyllum*

（小檗科 Berberidaceae）

红毛七 *Caulophyllum robustum* Maxim.
别名：类叶牡丹（江西种子植物名录），牡丹草（安徽植物志）
——*Leontice robusta* (Maxim.) Diels（安徽植物志）
原生。华东分布：安徽、江西、浙江。

牡丹草属 *Gymnospermium*

（小檗科 Berberidaceae）

江南牡丹草 *Gymnospermium kiangnanense* (P.L. Chiu) Loconte
——*Leontice kiangnanensis* P.L. Chiu（浙江植物志）
原生。华东分布：安徽、浙江。

十大功劳属 *Mahonia*

（小檗科 Berberidaceae）

阔叶十大功劳 *Mahonia bealei* (Fortune) Carrière
——"*Mahonia bealii*"=*Mahonia bealei* (Fortune) Carrière（拼写错误。福建植物志）
原生、栽培。华东分布：安徽、福建、江苏、江西、浙江。

小果十大功劳 *Mahonia bodinieri* Gagnep.
别名：南方十大功劳（江西植物志）
原生。华东分布：江西、浙江。

北江十大功劳 *Mahonia fordii* C.K. Schneid.
别名：南岭十大功劳（江西植物志、江西种子植物名录）
原生。近危（NT）。华东分布：江西。

十大功劳 *Mahonia fortunei* (Lindl.) Fedde
原生、栽培。华东分布：江西、浙江。

沈氏十大功劳 *Mahonia shenii* Chun
别名：全缘十大功劳（江西植物志），全缘叶十大功劳（江西种子植物名录）
原生。华东分布：江西。

小檗属 *Berberis*

（小檗科 Berberidaceae）

黄芦木 *Berberis amurensis* Rupr.
别名：小檗（江西植物志）
原生。华东分布：江西、山东。

安徽小檗 *Berberis anhweiensis* Ahrendt
原生。华东分布：安徽、江西、浙江。

北京小檗 *Berberis beijingensis* T.S. Ying
原生。华东分布：山东。

华东小檗 *Berberis chingii* Cheng
原生。华东分布：江西。

淳安小檗 *Berberis chunanensis* T.S. Ying
原生。华东分布：浙江。

直穗小檗 *Berberis dasystachya* Maxim.
原生。华东分布：安徽。

首阳小檗 *Berberis dielsiana* Fedde
原生。华东分布：山东。

福建小檗 *Berberis fujianensis* C.M. Hu
原生。华东分布：福建、江西、浙江。

南阳小檗 *Berberis hersii* Ahrendt
原生。华东分布：山东。

南岭小檗 *Berberis impedita* C.K. Schneid.
原生。华东分布：江西。

江西小檗 *Berberis jiangxiensis* C.M. Hu
原生。华东分布：江西。

短叶江西小檗 *Berberis jiangxiensis* var. ***pulchella*** C.M. Hu
原生。华东分布：江西。

豪猪刺 *Berberis julianae* C.K. Schneid.
别名：蚝猪刺（安徽植物志），蠔猪刺（福建植物志）
——"*Berberis julinae*"=*Berberis julianae* C.K. Schneid.（拼写错误。安徽植物志）
原生。华东分布：安徽、福建、江苏、江西。

天台小檗 *Berberis lempergiana* Ahrendt
别名：长柱小檗（浙江植物志）
原生。华东分布：浙江。

疏齿小檗 *Berberis pectinocraspedon* C.Y. Wu ex S.Y. Bao
原生。华东分布：江西。

细叶小檗 *Berberis poiretii* C.K. Schneid.
原生。华东分布：山东。

华西小檗 *Berberis silva-taroucana* C.K. Schneid.
原生。华东分布：福建。

假豪猪刺 *Berberis soulieana* C.K. Schneid.
别名：拟蠔猪刺（浙江植物志）
原生。华东分布：浙江。

庐山小檗 *Berberis virgetorum* C.K. Schneid.
别名：平江小檗（江西植物志）
——*Berberis pingjiangensis* Q.L. Chen & B.M. Yang（江西植物志）
原生。华东分布：安徽、福建、江苏、江西、浙江。

武夷小檗 *Berberis wuyiensis* C.M. Hu
别名：武夷山小檗（江西植物志）
原生。华东分布：江西。

淫羊藿属 *Epimedium*

（小檗科 Berberidaceae）

淫羊藿 *Epimedium brevicornu* Maxim.
原生。近危（NT）。华东分布：江西。

宝兴淫羊藿 *Epimedium davidii* Franch.
别名：华西淫羊藿（江西植物志）
原生。近危（NT）。华东分布：江西。

朝鲜淫羊藿 *Epimedium koreanum* Nakai
别名：大花淫羊藿（山东植物志），淫羊藿（安徽植物志、江西种子植物名录、浙江植物志）
——"*Epimedium grandiflorum*"=*Epimedium koreanum* Nakai（误用

名。安徽植物志、江西种子植物名录、山东植物志、浙江植物志）
原生。近危（NT）。华东分布：安徽、江西、山东、浙江。
黔岭淫羊藿 *Epimedium leptorrhizum* Stearn
原生。近危（NT）。华东分布：福建、浙江。
时珍淫羊藿 *Epimedium lishihchenii* Stearn
——"*Epimedium lishichenii*"=*Epimedium lishihchenii* Stearn（拼写错误。江西种子植物名录）
原生。华东分布：江西。
柔毛淫羊藿 *Epimedium pubescens* Maxim.
原生。华东分布：安徽、江西。
三枝九叶草 *Epimedium sagittatum* (Sieb. & Zucc.) Maxim.
别名：箭叶淫羊藿（安徽植物志、江西植物志、江西种子植物名录、浙江植物志），三叶九枝草（福建植物志）
原生。近危（NT）。华东分布：安徽、福建、江西、浙江。
光叶淫羊藿 *Epimedium sagittatum* var. ***glabratum*** T.S. Ying
原生。易危（VU）。华东分布：江西。

鬼臼属 *Dysosma*

（小檗科 Berberidaceae）

小八角莲 *Dysosma difformis* (Hemsl. & E.H. Wilson) T.H. Wang
原生。易危（VU）。华东分布：江西。
六角莲 *Dysosma pleiantha* (Hance) Woodson
原生。近危（NT）。华东分布：安徽、福建、江西、浙江。
白花六角莲 *Dysosma pleiantha* 'Alba'
——*Dysosma pleiantha* f. *alba* (Masam.)W.Y. Xie & D.D. Ma
原生。华东分布：浙江。
八角莲 *Dysosma versipellis* (Hance) M. Cheng
原生、栽培。易危（VU）。华东分布：安徽、福建、江西、浙江。

毛茛科 Ranunculaceae

黄连属 *Coptis*

（毛茛科 Ranunculaceae）

黄连 *Coptis chinensis* Franch.
原生。易危（VU）。华东分布：江西。
短萼黄连 *Coptis chinensis* var. ***brevisepala*** W.T. Wang & P.K. Hsiao
原生。濒危（EN）。华东分布：安徽、福建、江西。

侧金盏花属 *Adonis*

（毛茛科 Ranunculaceae）

侧金盏花 *Adonis amurensis* Regel & Radde
原生。华东分布：山东。
辽吉侧金盏花 *Adonis ramosa* Franch.
原生。华东分布：江苏、山东。

唐松草属 *Thalictrum*

（毛茛科 Ranunculaceae）

尖叶唐松草 *Thalictrum acutifolium* (Hand.-Mazz.) B. Boivin
原生。近危（NT）。华东分布：安徽、福建、江西、浙江。
唐松草 *Thalictrum aquilegiifolium* var. ***sibiricum*** Regel & Tiling
——"*Thalictrum aquilegifolia* var. *sibiricum*"=*Thalictrum aquilegiifolium* var. *sibiricum* Regel & Tiling（拼写错误。山东植物志）
——"*Thalictrum aquilegifolium* var. *sibiricum*"=*Thalictrum aquilegiifolium* var. *sibiricum* Regel & Tiling（拼写错误。安徽植物志、浙江植物志）
原生。华东分布：安徽、江苏、山东、浙江。
大叶唐松草 *Thalictrum faberi* Ulbr.
原生。华东分布：安徽、福建、江苏、江西、浙江。
华东唐松草 *Thalictrum fortunei* S. Moore
原生。近危（NT）。华东分布：安徽、福建、江苏、江西、浙江。
珠芽华东唐松草 *Thalictrum fortunei* var. ***bulbiliferum*** B. Chen & X.J. Tian
原生。华东分布：江苏。
盾叶唐松草 *Thalictrum ichangense* Lecoy. ex Oliv.
别名：朝鲜唐松草（山东植物志）
原生。华东分布：山东、浙江。
爪哇唐松草 *Thalictrum javanicum* Blume
原生。华东分布：福建、江西、浙江。
亚欧唐松草 *Thalictrum minus* L.
别名：东亚唐松草（山东植物志、安徽植物志、江苏植物志 第2版、江西种子植物名录）
原生。华东分布：山东。
东亚唐松草 *Thalictrum minus* var. ***hypoleucum*** (Sieb. & Zucc.) Miq.
——*Thalictrum thunbergii* DC.（江西种子植物名录）
原生。华东分布：安徽、江苏、江西。
瓣蕊唐松草 *Thalictrum petaloideum* L.
原生。华东分布：安徽、江苏、山东、浙江。
粗壮唐松草 *Thalictrum robustum* Maxim.
原生。华东分布：安徽。
箭头唐松草 *Thalictrum simplex* L.
别名：短梗箭头唐松草（山东植物志、江苏植物志 第2版）
原生。华东分布：山东。
锐裂箭头唐松草 *Thalictrum simplex* var. ***affine*** (Ledeb.) Regel.
原生。华东分布：山东。
短梗箭头唐松草 *Thalictrum simplex* var. ***brevipes*** H. Hara
原生。华东分布：江苏。
散花唐松草 *Thalictrum sparsiflorum* Turcz. ex Fisch. & C.A. Mey.
别名：棒状唐松草（江西种子植物名录）
——*Thalictrum clavatum* DC.（江西种子植物名录）
原生。华东分布：江西。
展枝唐松草 *Thalictrum squarrosum* Stephan ex Willd.
原生。华东分布：江苏。
深山唐松草 *Thalictrum tuberiferum* Maxim.
原生。华东分布：江西。
阴地唐松草 *Thalictrum umbricola* Ulbr.
原生。华东分布：江西。
武夷唐松草 *Thalictrum wuyishanicum* W.T. Wang & S.H. Wang
别名：武夷山唐松草（福建植物志）
原生。近危（NT）。华东分布：福建、江西、浙江。
岳西唐松草 *Thalictrum yuexiense* W.T. Wang
原生。华东分布：安徽。

天葵属 *Semiaquilegia*

（毛茛科 Ranunculaceae）

天葵 *Semiaquilegia adoxoides* (DC.) Makino
原生。华东分布：安徽、福建、江苏、江西、山东、上海、浙江。

耧斗菜属 *Aquilegia*

（毛茛科 Ranunculaceae）

耧斗菜 *Aquilegia viridiflora* Pall.
原生。华东分布：山东。
紫花耧斗菜 *Aquilegia viridiflora* var. ***atropurpurea*** (Willd.) Trevir.
原生。华东分布：江苏、山东。
华北耧斗菜 *Aquilegia yabeana* Kitag.
原生。华东分布：山东。

人字果属 *Dichocarpum*

（毛茛科 Ranunculaceae）

耳状人字果 *Dichocarpum auriculatum* (Franch.) W.T. Wang & P.K. Hsiao
原生。华东分布：福建。
蕨叶人字果 *Dichocarpum dalzielii* (J.R. Drumm. & Hutch.) W.T. Wang & P.K. Hsiao
原生。华东分布：安徽、福建、江西、浙江。
纵肋人字果 *Dichocarpum fargesii* (Franch.) W.T. Wang & P.K. Hsiao
原生。华东分布：安徽、浙江。
小花人字果 *Dichocarpum franchetii* (Finet & Gagnep.) W.T. Wang & P.K. Hsiao
原生。华东分布：福建、江西。
人字果 *Dichocarpum sutchuenense* (Franch.) W.T. Wang & P.K. Hsiao
原生。华东分布：浙江。

乌头属 *Aconitum*

（毛茛科 Ranunculaceae）

大麻叶乌头 *Aconitum cannabifolium* Franch. ex Finet & Gagnep.
别名：展毛川鄂乌头（安徽植物志、浙江植物志）
——*Aconitum henryi* var. *villosum* W.T. Wang（安徽植物志、浙江植物志）
原生。华东分布：安徽、浙江。
乌头 *Aconitum carmichaelii* Debeaux
——“*Aconitum carmichaeli*”=*Aconitum carmichaelii* Debeaux（拼写错误。江西植物志、山东植物志、浙江植物志）
——*Aconitum carmichaeli* Debeaux（福建植物志）
原生。华东分布：安徽、福建、江苏、江西、山东、浙江。
黄山乌头 *Aconitum carmichaelii* var. ***hwangshanicum*** (W.T. Wang & P.G. Xiao) W.T. Wang & P.G. Xiao
原生。华东分布：安徽、浙江。
深裂乌头 *Aconitum carmichaelii* var. ***tripartitum*** W.T. Wang
别名：深裂叶乌头（江苏植物志 第 2 版）
原生。华东分布：江苏。
展毛乌头 *Aconitum carmichaelii* var. ***truppelianum*** (Ulbr.) W.T. Wang & P.G. Xiao
——“*Aconitum carmichaeli* var. *truppelianum*”=*Aconitum carmichaelii* var. *truppelianum* (Ulbr.) W.T. Wang & P.K. Hsiao（拼写错误。江西种子植物名录）
原生。华东分布：江苏、江西、浙江。
黄花乌头 *Aconitum coreanum* (H. Lév.) Rapaics
原生。华东分布：山东。
赣皖乌头 *Aconitum finetianum* Hand.-Mazz.
原生。华东分布：安徽、福建、江苏、江西、浙江。
瓜叶乌头 *Aconitum hemsleyanum* E. Pritz.
原生。华东分布：安徽、江西、浙江。
川鄂乌头 *Aconitum henryi* E. Pritz. ex Diels
原生。华东分布：安徽。
热河乌头 *Aconitum jeholense* Nakai & Kitag.
原生。华东分布：山东。
华北乌头 *Aconitum jeholense* var. ***angustius*** (W.T. Wang) Y.Z. Zhao
原生。华东分布：山东。
高帽乌头 *Aconitum longecassidatum* Nakai
别名：拟两色乌头（山东植物志）
——“*Aconitum loczyonum*”（=*Aconitum loczyanum* Rapaics）=*Aconitum longecassidatum* Nakai（拼写错误；误用名。山东植物志）
原生。华东分布：山东。
圆锥乌头 *Aconitum paniculigerum* Nakai
——“*Aconitum peniculigerum*”=*Aconitum paniculigerum* Nakai（拼写错误。山东植物志）
原生。近危（NT）。华东分布：山东。
花葶乌头 *Aconitum scaposum* Franch.
别名：等叶花葶乌头（江西植物志、江西种子植物名录），花葶乌头（安徽植物志、江西植物志、江西种子植物名录）
——“*Aconitum soaposum* var. *hupehanum*”=*Aconitum scaposum* var. *hupehanum* Rapaics（拼写错误。江西植物志）
——“*Aconitum soaposum*”=*Aconitum scaposum* Franch.（拼写错误。江西植物志）
——*Aconitum scaposum* var. *hupehanum* Rapaics（江西种子植物名录）
原生。华东分布：安徽、江西。
高乌头 *Aconitum sinomontanum* Nakai
原生。华东分布：江西。
狭盔高乌头 *Aconitum sinomontanum* var. ***angustius*** W.T. Wang
原生。华东分布：安徽、江西。
蔓乌头 *Aconitum volubile* Pall. ex Koelle
原生。华东分布：江西。

翠雀属 *Delphinium*

（毛茛科 Ranunculaceae）

还亮草 *Delphinium anthriscifolium* Hance
原生。华东分布：安徽、福建、江苏、江西、上海、浙江。
大花还亮草 *Delphinium anthriscifolium* var. ***majus*** Pamp.
原生。华东分布：安徽。
卵瓣还亮草 *Delphinium anthriscifolium* var. ***savatieri*** (Franch.) Munz
——*Delphinium anthriscifolium* var. *calleryi* (Franch.) Finet & Gagnep.（安徽植物志、江西植物志、江西种子植物名录、浙江植物志）
原生。华东分布：安徽、江苏、江西、浙江。
无距还亮草 *Delphinium ecalcaratum* S.Y. Wang & K.F. Zhou
原生。华东分布：安徽。
腺毛翠雀 *Delphinium grandiflorum* var. ***gilgianum*** (Pilg. ex Gilg) Finet & Gagnep.
别名：烟台翠雀花（山东植物志）

——"*Delphinium tchefoense*"=*Delphinium chefoense* Franch.（拼写错误。山东植物志）
——*Delphinium grandiflorum* var. *glandulosum* W.T. Wang（安徽植物志）
原生。华东分布：安徽、江苏、山东。
三小叶翠雀花 ***Delphinium trifoliolatum*** Finet & Gagnep.
原生。极危（CR）。华东分布：安徽。
全裂翠雀花 ***Delphinium trisectum*** W.T. Wang
原生。华东分布：安徽。

驴蹄草属 *Caltha*

（毛茛科 Ranunculaceae）

驴蹄草 ***Caltha palustris*** L.
别名：华东驴蹄草（安徽植物志、浙江植物志），三角叶驴蹄草（山东植物志）
——*Caltha palustris* var. *orientalisinensis* X.H. Guo（安徽植物志、浙江植物志）
原生。华东分布：安徽、浙江。
三角叶驴蹄草 ***Caltha palustris*** var. ***sibirica*** Regel
——"*Caltha palustrus* var. *sibirica*"=*Caltha palustris* var. *sibirica* Regel（拼写错误。山东植物志）
原生。华东分布：山东。

类叶升麻属 *Actaea*

（毛茛科 Ranunculaceae）

类叶升麻 ***Actaea asiatica*** H. Hara
原生。华东分布：安徽、山东。
兴安升麻 ***Actaea dahurica*** Turcz. ex Fisch. & C.A. Mey.
——*Cimicifuga dahurica* (Turcz. ex Fisch. & C.A. Mey.) Maxim.（山东植物志）
原生。华东分布：山东。
升麻 ***Actaea elata*** (Nutt.) Prantl
——*Cimicifuga foetida* L.（安徽植物志、江西植物志）
原生。华东分布：安徽、江西、浙江。
红果类叶升麻 ***Actaea erythrocarpa*** (Fisch.) Kom.
原生。华东分布：安徽。
小升麻 ***Actaea japonica*** Thunb.
别名：金龟草（江西种子植物名录），紫花小升麻（安徽植物志、江西植物志）
——*Cimicifuga acerina* (Sieb. & Zucc.) Tanaka（安徽植物志、江西植物志、江西种子植物名录、浙江植物志）
——*Cimicifuga acerina* f. *purpurea* P.G. Xiao（安徽植物志、江西植物志）
原生。华东分布：安徽、江西、浙江。
单穗升麻 ***Actaea simplex*** (DC.) Wormsk. ex Prantl
——*Cimicifuga simplex* (DC.) Wormsk. ex Turcz.（江西种子植物名录、浙江植物志）
原生。华东分布：江西、浙江。

铁线莲属 *Clematis*

（毛茛科 Ranunculaceae）

女萎 ***Clematis apiifolia*** DC.
原生。华东分布：安徽、福建、江苏、江西、上海、浙江。
钝齿铁线莲 ***Clematis apiifolia*** var. ***argentilucida*** (H. Lév. & Vaniot) W.T. Wang
别名：钝齿女萎（江苏植物志 第2版）
——*Clematis apiifolia* var. *obtusidentata* Rehder & E.H. Wilson（安徽植物志、江西植物志、江西种子植物名录、浙江植物志）
原生。华东分布：安徽、江苏、江西、浙江。
小木通 ***Clematis armandii*** Franch.
原生。华东分布：福建、江西、浙江。
短尾铁线莲 ***Clematis brevicaudata*** DC.
原生。华东分布：安徽、江苏、江西、浙江。
短柱铁线莲 ***Clematis cadmia*** Buch.-Ham. ex Hook. f. & Thomson
原生。华东分布：安徽、江苏、江西、浙江。
巢湖铁线莲 ***Clematis chaohuensis*** W.T. Wang & L.Q. Huang
原生。华东分布：安徽。
浙江山木通 ***Clematis chekiangensis*** C. Pei
原生。华东分布：江西、浙江。
威灵仙 ***Clematis chinensis*** Osbeck
原生。华东分布：安徽、福建、江苏、江西、上海、浙江。
安徽铁线莲 ***Clematis chinensis*** var. ***anhweiensis*** (M.C. Chang) W.T. Wang
别名：安徽威灵仙（安徽植物志、江西种子植物名录、浙江植物志）
——"*Clematis anhwiensis*"=*Clematis anhweiensis* M.C. Chang（拼写错误。江西种子植物名录、浙江植物志）
——*Clematis anhweiensis* M.C. Chang（安徽植物志）
原生。华东分布：安徽、江西、浙江。
毛叶威灵仙 ***Clematis chinensis*** var. ***vestita*** (Rehder & E.H. Wilson) W.T. Wang
——*Clematis chinensis* f. *vestita* Rehder & E.H. Wilson（安徽植物志、浙江植物志）
原生。华东分布：安徽、江苏、上海、浙江。
两广铁线莲 ***Clematis chingii*** W.T. Wang
原生。华东分布：江西。
大花威灵仙 ***Clematis courtoisii*** Hand.-Mazz.
别名：大花铁线莲（江苏植物志 第2版）
原生。华东分布：安徽、江苏、浙江。
厚叶铁线莲 ***Clematis crassifolia*** Benth.
原生。华东分布：福建、江西、浙江。
舟柄铁线莲 ***Clematis dilatata*** C. P'ei
原生。近危（NT）。华东分布：浙江。
山木通 ***Clematis finetiana*** H. Lév. & Vaniot
原生。华东分布：安徽、福建、江苏、江西、浙江。
铁线莲 ***Clematis florida*** Thunb.
原生。华东分布：江西。
重瓣铁线莲 ***Clematis florida*** var. ***flore-pleno*** D. Don
——*Clematis florida* var. *plena* D. Don（江西种子植物名录、浙江植物志）
原生。华东分布：江西、浙江。
褐毛铁线莲 ***Clematis fusca*** Turcz.
原生。华东分布：山东。
小蓑衣藤 ***Clematis gouriana*** Roxb. ex DC.

原生。华东分布：浙江。

粗齿铁线莲 *Clematis grandidentata* (Rehder & E.H. Wilson) W.T. Wang

——*Clematis argentilucida* (H. Lév. & Vaniot) W.T. Wang（安徽植物志、江西种子植物名录、浙江植物志）

原生。华东分布：安徽、江西、浙江。

丽江铁线莲 *Clematis grandidentata* var. ***likiangensis*** (Rehder) W.T. Wang

——*Clematis argentilucida* var. *likiangensis* (Rehder) W.T.Wang（浙江植物志）

原生。华东分布：浙江。

牯牛铁线莲 *Clematis guniuensis* W.Y. Ni, R.B. Wang & S.B. Zhou

原生。华东分布：安徽。

毛萼铁线莲 *Clematis hancockiana* Maxim.

原生。近危（NT）。华东分布：安徽、江苏、浙江。

单叶铁线莲 *Clematis henryi* Oliv.

别名：单叶钱线莲（浙江植物志）

原生。华东分布：安徽、福建、江苏、江西、浙江。

大叶铁线莲 *Clematis heracleifolia* DC.

别名：大叶钱线莲（山东植物志、浙江植物志）

原生。华东分布：安徽、江苏、山东、浙江。

长冬草 *Clematis hexapetala* var. ***tchefouensis*** (Debeaux) S.Y. Hu

——"*Clematis haxapetala* var. *tchefouensis*"=*Clematis hexapetala* var. *tchefouensis* (Debeaux) S.Y. Hu（拼写错误。山东植物志）

原生。华东分布：安徽、江苏、山东。

吴兴铁线莲 *Clematis huchouensis* Tamura

别名：湖州铁线莲（江苏植物志 第2版、江西种子植物名录）

原生。近危（NT）。华东分布：江苏、江西、浙江。

齿缺铁线莲 *Clematis inciso-denticulata* W.T. Wang

原生。华东分布：浙江。

金寨铁线莲 *Clematis jinzhaiensis* Z.W. Xue & X.W. Wang

原生。华东分布：安徽。

太行铁线莲 *Clematis kirilowii* Maxim.

原生。华东分布：安徽、江苏、山东。

狭裂太行铁线莲 *Clematis kirilowii* var. ***chanetii*** (H. Lév.) Hand.-Mazz.

原生。华东分布：江苏。

毛叶铁线莲 *Clematis lanuginosa* Lindl.

原生。华东分布：浙江。

毛蕊铁线莲 *Clematis lasiandra* Maxim.

原生。华东分布：安徽、江西、浙江。

锈毛铁线莲 *Clematis leschenaultiana* DC.

原生。华东分布：福建、江西。

丝铁线莲 *Clematis loureiroana* DC.

——*Clematis filamentosa* Dunn（福建植物志）

原生。华东分布：福建。

毛柱铁线莲 *Clematis meyeniana* Walp.

原生。华东分布：安徽、福建、江西、浙江。

单花毛柱铁线莲 *Clematis meyeniana* var. ***uniflora*** W.T. Wang

原生。华东分布：福建。

绣球藤 *Clematis montana* Buch.-Ham. ex DC.

原生。华东分布：安徽、福建、江西、浙江。

裂叶铁线莲 *Clematis parviloba* Gardner & Champ.

原生。华东分布：福建、江西、浙江。

巴山铁线莲 *Clematis pashanensis* (M.C. Chang) W.T. Wang

原生。华东分布：江苏。

转子莲 *Clematis patens* C. Morren & Decne.

原生。华东分布：山东。

天台铁线莲 *Clematis patens* var. ***tientaiensis*** (M.Y. Fang) W.T. Wang

——*Clematis patens* subsp. *tientaiensis* M.Y. Fang［江西种子植物名录、浙江植物志］

——*Clematis tientaiensis* (M.Y. Fang) W.T. Wang［Additional Notes on the Seed Plant Flora of Zhejiang (Ⅶ)］

原生。华东分布：江西、浙江。

钝萼铁线莲 *Clematis peterae* Hand.-Mazz.

别名：毛果铁线莲（浙江植物志）

原生。华东分布：浙江。

毛果铁线莲 *Clematis peterae* var. ***trichocarpa*** W.T. Wang

别名：毛果钝萼铁线莲（江苏植物志 第2版）

原生。华东分布：安徽、江苏、江西。

须蕊铁线莲 *Clematis pogonandra* Maxim.

别名：羽叶铁线莲（江苏植物志 第2版）

——*Clematis pinnata* Maxim.（江苏植物志 第2版）

原生。华东分布：江苏。

华中铁线莲 *Clematis pseudootophora* M.Y. Fang

——"*Clematis pseudootophpra*"=*Clematis pseudootophora* M.Y. Fang（拼写错误。江西种子植物名录）

——"*Clematis pseudootophyra*"=*Clematis pseudootophora* M.Y. Fang（拼写错误。浙江植物志）

原生。华东分布：福建、江西、浙江。

短毛铁线莲 *Clematis puberula* Hook. f. & Thomson

原生。华东分布：安徽、福建、江苏、江西、山东、浙江。

扬子铁线莲 *Clematis puberula* var. ***ganpiniana*** (H. Lév. & Vaniot) W.T. Wang

别名：毛果杨子铁线莲（山东植物志），杨子铁线莲（江西种子植物名录）

——*Clematis ganpiniana* (H. Lév. & Vaniot) Tamura（安徽植物志、福建植物志、江西种子植物名录、山东植物志、浙江植物志）

原生。华东分布：安徽、福建、江西、山东、浙江。

毛果扬子铁线莲 *Clematis puberula* var. ***tenuisepala*** (Maxim.) W.T. Wang

——*Clematis ganpiniana* var. *tenuisepala* (Maxim.) C.T. Ting（浙江植物志）

原生。华东分布：安徽、江苏、浙江。

五叶铁线莲 *Clematis quinquefoliolata* Hutch.

原生。华东分布：江西。

曲柄铁线莲 *Clematis repens* Finet & Gagnep.

原生。华东分布：江西。

菝葜叶铁线莲 *Clematis smilacifolia* Wall.

原生。华东分布：浙江。

圆锥铁线莲 *Clematis terniflora* DC.

原生。华东分布：安徽、江苏、江西、上海、浙江。

辣蓼铁线莲 ***Clematis terniflora*** var. ***mandshurica*** (Rupr.) Ohwi
原生。华东分布：山东。
管花铁线莲 ***Clematis tubulosa*** Turcz.
别名：卷萼铁线莲（江苏植物志 第 2 版）
原生。华东分布：江苏。
宜昌筒萼铁线莲 ***Clematis tubulosa*** var. ***ichangensis*** (Rehder & E.H. Wilson) W.T. Wang
别名：狭卷萼铁线莲（江苏植物志 第 2 版）
原生。华东分布：江苏。
柱果铁线莲 ***Clematis uncinata*** Champ. ex Benth.
原生。华东分布：安徽、福建、江苏、江西、浙江。

獐耳细辛属 *Hepatica*

（毛茛科 Ranunculaceae）

獐耳细辛 ***Hepatica nobilis*** var. ***asiatica*** (Nakai) H. Hara
原生。华东分布：安徽、江苏、浙江。

白头翁属 *Pulsatilla*

（毛茛科 Ranunculaceae）

白头翁 ***Pulsatilla chinensis*** (Bunge) Regel
原生。华东分布：安徽、江苏、山东。

欧银莲属 *Anemone*

（毛茛科 Ranunculaceae）

卵叶银莲花 ***Anemone begoniifolia*** H. Lév. & Vaniot
原生。华东分布：江西。
鹅掌草 ***Anemone flaccida*** F. Schmidt
别名：林荫银莲花（江西种子植物名录）
——*Anemonastrum flaccidum* (Fr. Schmidt) Mosyakin［Further New Combinations in *Anemonastrum* (Ranunculaceae) for Asian and North American Taxa］
原生。华东分布：安徽、江苏、江西、浙江。
安徽银莲花 ***Anemone flaccida*** var. ***anhuiensis*** (Y.K. Yang & al.) Ziman & Dutton
原生。华东分布：安徽。
打破碗花花 ***Anemone hupehensis*** (Lemoine) Boynton
原生。华东分布：安徽、江西、浙江。
秋牡丹 ***Anemone hupehensis*** var. ***japonica*** (Thunb.) Bowles & Stearn
——"*Anemone hupenensis* var. *japonica*"=*Anemone hupehensis* var. *japonica* (Thunb.) Bowles & Stearn（拼写错误。福建植物志）
原生。华东分布：安徽、福建、江苏、江西、浙江。
多被银莲花 ***Anemone raddeana*** Regel
原生。华东分布：山东。
龙王山银莲花 ***Anemone raddeana*** var. ***lacerata*** Y.L. Xu
原生。华东分布：浙江。
山东银莲花 ***Anemone shikokiana*** (Makino) Makino
——"*Anemone chosencola* var. *schantungensis*"=*Anemone chosenicola* var. *schantungensis* (Hand.-Mazz.) Tamura（拼写错误。山东植物志）
原生。易危（VU）。华东分布：山东。

碱毛茛属 *Halerpestes*

（毛茛科 Ranunculaceae）

碱毛茛 ***Halerpestes sarmentosa*** (Adams) Kom.
别名：水葫芦苗（山东植物志）
原生。华东分布：山东。

毛茛属 *Ranunculus*

（毛茛科 Ranunculaceae）

田野毛茛 ***Ranunculus arvensis*** L.
外来。华东分布：安徽、江西。
水毛茛 ***Ranunculus bungei*** Steud.
别名：小花水毛茛（FOC）
——"*Batracium bungei*"=*Batrachium bungei* (Steud.) L. Liu（拼写错误。山东植物志）
——*Batrachium bungei* (Steud.) L. Liu（安徽植物志、江苏植物志 第 2 版、江西植物志、江西种子植物名录）
——*Batrachium bungei* var. *micranthum* W.T. Wang（FOC）
原生。华东分布：安徽、江苏、江西、山东、浙江。
禺毛茛 ***Ranunculus cantoniensis*** DC.
别名：禺毛茛（江西植物志），禹毛茛（福建植物志）
原生。华东分布：安徽、福建、江苏、江西、浙江。
茴茴蒜 ***Ranunculus chinensis*** Bunge
原生。华东分布：安徽、江苏、江西、山东、上海、浙江。
西南毛茛 ***Ranunculus ficariifolius*** H. Lév. & Vaniot
原生。华东分布：江西。
怀宁毛茛 ***Ranunculus huainingensis*** Z. Yang & J. Xie
原生。华东分布：安徽。
毛茛 ***Ranunculus japonicus*** Thunb.
原生。近危（NT）。华东分布：安徽、福建、江苏、江西、山东、上海、浙江。
伏毛毛茛 ***Ranunculus japonicus*** var. ***propinquus*** (C.A. Mey.) W.T. Wang
原生。华东分布：山东。
三小叶毛茛 ***Ranunculus japonicus*** var. ***ternatifolius*** L. Liao
别名：三叶毛茛（江西植物志、江西种子植物名录）
原生。华东分布：江西、浙江。
庐江毛茛 ***Ranunculus lujiangensis*** W.T. Wang
原生。华东分布：安徽。
刺果毛茛 ***Ranunculus muricatus*** L.
外来。华东分布：安徽、福建、江苏、江西、上海、浙江。
柄果毛茛 ***Ranunculus podocarpus*** W.T. Wang
原生。华东分布：江西。
肉根毛茛 ***Ranunculus polii*** Franch. ex F.B. Forbes & Hemsl.
别名：上海毛茛（上海维管植物名录）
原生。华东分布：安徽、江苏、江西、上海、浙江。
欧毛茛 ***Ranunculus sardous*** Crantz
外来。华东分布：江苏、上海。
石龙芮 ***Ranunculus sceleratus*** L.
原生。华东分布：安徽、福建、江苏、江西、山东、上海、浙江。
扬子毛茛 ***Ranunculus sieboldii*** Miq.
——"*Ranuncus sieboldill*"=*Ranunculus sieboldii* Miq.（拼写错误。

山东植物志）
原生。华东分布：安徽、福建、江苏、江西、山东、上海、浙江。
钩柱毛茛 *Ranunculus silerifolius* H. Lév.
原生。华东分布：江西、上海。
猫爪草 *Ranunculus ternatus* Thunb.
原生。华东分布：安徽、福建、江苏、江西、山东、上海、浙江。
细裂猫爪草 *Ranunculus ternatus* var. ***dissectissimus*** (Migo) Hand.-Mazz.
原生。华东分布：江苏、上海。

清风藤科 Sabiaceae

清风藤属 *Sabia*

（清风藤科 Sabiaceae）

钟花清风藤 *Sabia campanulata* Wall.
原生。华东分布：安徽、福建、江苏、江西、浙江。
鄂西清风藤 *Sabia campanulata* subsp. ***ritchieae*** (Rehder & E.H. Wilson) Y.F. Wu
——*Sabia ritchieae* Rehder & E.H. Wilson（福建植物志、江西种子植物名录）
原生。华东分布：安徽、福建、江苏、江西、浙江。
革叶清风藤 *Sabia coriacea* Rehder & E.H. Wilson
原生。华东分布：福建、江西。
灰背清风藤 *Sabia discolor* Dunn
别名：白背清风藤（福建植物志、浙江植物志）
原生。华东分布：安徽、福建、江西、浙江。
凹萼清风藤 *Sabia emarginata* Lecomte
原生。华东分布：浙江。
簇花清风藤 *Sabia fasciculata* Lecomte ex L. Chen
原生。华东分布：福建、江西。
清风藤 *Sabia japonica* Maxim.
原生。华东分布：安徽、福建、江苏、江西、浙江。
中华清风藤 *Sabia japonica* var. ***sinensis*** (Stapf ex Anon.) L. Chen
原生。华东分布：安徽、福建、江西。
柠檬清风藤 *Sabia limoniacea* Wall. ex Hook. f. & Thomson
别名：毛萼清风藤（福建植物志）
——*Sabia limoniacea* var. *ardisioides* H.Y. Chen（福建植物志）
原生。华东分布：福建。
长脉清风藤 *Sabia nervosa* Chun ex Y.F. Wu
别名：长脉青风藤（江西种子植物名录）
原生。华东分布：江西。
四川清风藤 *Sabia schumanniana* Diels
原生。华东分布：安徽、福建。
尖叶清风藤 *Sabia swinhoei* Hemsl.
原生。华东分布：安徽、福建、江西、浙江。
云南清风藤 *Sabia yunnanensis* Franch.
原生。华东分布：安徽、江西。
阔叶清风藤 *Sabia yunnanensis* subsp. ***latifolia*** (Rehder & E.H. Wilson) Y.F. Wu
——*Sabia latifolia* Rehder & E.H. Wilson（江西种子植物名录）
原生。华东分布：江西。

泡花树属 *Meliosma*

（清风藤科 Sabiaceae）

珂楠树 *Meliosma alba* (Schltdl.) Walp.
——*Meliosma beaniana* Rehder & E.H. Wilson（福建植物志、江西植物志、江西种子植物名录、浙江植物志）
原生。华东分布：福建、江西、浙江。
泡花树 *Meliosma cuneifolia* Franch.
别名：金华泡花树［The Identity of *Meliosma platypoda* (Sabiaceae) and its New Subspecies from Zhejiang］
——*Meliosma platypoda* subsp. *jinhuaensis* Z.H. Chen, J.S. Wang & W.Q. Lin［The Identity of *Meliosma platypoda* (Sabiaceae) and its New Subspecies from Zhejiang］
原生。华东分布：江西、浙江。
光叶泡花树 *Meliosma cuneifolia* var. ***glabriuscula*** Cufod.
原生。华东分布：安徽。
垂枝泡花树 *Meliosma flexuosa* Pamp.
原生。华东分布：安徽、福建、江苏、江西、浙江。
毛果垂枝泡花树 *Meliosma flexuosa* var. ***pubicarpa*** X.F. Jin, Hong Wang & H.W. Zhang
原生。华东分布：浙江。
香皮树 *Meliosma fordii* Hemsl.
原生。华东分布：福建、江西。
腺毛泡花树 *Meliosma glandulosa* Cufod.
原生。华东分布：江西。
多花泡花树 *Meliosma myriantha* Sieb. & Zucc.
原生。华东分布：安徽、福建、江苏、江西、山东。
异色泡花树 *Meliosma myriantha* var. ***discolor*** Dunn
别名：庐山泡花树（江西种子植物名录）
——*Meliosma myriantha* var. *stewardii* (Merr.) Beusekom（江西种子植物名录）
原生。华东分布：安徽、福建、江西、浙江。
柔毛泡花树 *Meliosma myriantha* var. ***pilosa*** (Lecomte) Y.W. Law
原生。华东分布：安徽、江苏、江西、浙江。
红柴枝 *Meliosma oldhamii* Miq. ex Maxim.
别名：红枝柴（安徽植物志、江苏植物志 第2版、江西植物志、山东植物志、浙江植物志）
原生。华东分布：安徽、福建、江苏、江西、山东、上海、浙江。
有腺泡花树 *Meliosma oldhamii* var. ***glandulifera*** Cufod.
原生。华东分布：安徽、江西、浙江。
细花泡花树 *Meliosma parviflora* Lecomte
原生。华东分布：安徽、江苏、江西、浙江。
狭序泡花树 *Meliosma paupera* Hand.-Mazz.
原生。华东分布：江西。
羽叶泡花树 *Meliosma pinnata* (Roxb.) Maxim.
原生。华东分布：江西。
漆叶泡花树 *Meliosma rhoifolia* Maxim.
原生。华东分布：福建、江西、浙江。
腋毛泡花树 *Meliosma rhoifolia* var. ***barbulata*** (Cufod.) Y.W. Law
——"*Meliosma rhorifolia* var. *barbulata*"=*Meliosma rhoifolia* var. *barbulata* (Cufod.) Y.W. Law（拼写错误。福建植物志）
原生。华东分布：福建、江西、浙江。

笔罗子 *Meliosma rigida* Sieb. & Zucc.
原生。华东分布：福建、江西、浙江。
毡毛泡花树 *Meliosma rigida* var. ***pannosa*** (Hand.-Mazz.) Y.W. Law
原生。华东分布：福建、江西、浙江。
樟叶泡花树 *Meliosma squamulata* Hance
别名：绿樟（福建植物志、浙江植物志），章叶泡花树（江西种子植物名录）
原生。华东分布：福建、江西、浙江。
山檨叶泡花树 *Meliosma thorelii* Lecomte
别名：山檨泡花树（福建植物志）
原生。华东分布：福建、江西。
暖木 *Meliosma veitchiorum* Hemsl.
——"*Meliosma vetichiorum*"=*Meliosma veitchiorum* Hemsl.（拼写错误。江西种子植物名录）
原生。华东分布：安徽、江西、浙江。

莲科 Nelumbonaceae

莲属 *Nelumbo*

（莲科 Nelumbonaceae）

莲 *Nelumbo nucifera* Gaertn.
别名：荷花（江苏植物志 第2版）
原生、栽培。华东分布：安徽、福建、江苏、江西、山东、上海、浙江。

山龙眼科 Proteaceae

山龙眼属 *Helicia*

（山龙眼科 Proteaceae）

小果山龙眼 *Helicia cochinchinensis* Lour.
别名：红叶树（福建植物志、江西种子植物名录、浙江植物志）
原生。华东分布：福建、江西、浙江。
广东山龙眼 *Helicia kwangtungensis* W.T. Wang
别名：大叶山龙眼（江西种子植物名录）
原生。华东分布：福建、江西。
长柄山龙眼 *Helicia longipetiolata* Merr. & Chun
原生。华东分布：江西。
网脉山龙眼 *Helicia reticulata* W.T. Wang
别名：小叶网脉山龙眼（福建植物志）
——*Helicia reticulata* var. *parvifolia* W.T. Wang（福建植物志）
原生。华东分布：福建、江西。

黄杨科 Buxaceae

野扇花属 *Sarcococca*

（黄杨科 Buxaceae）

东方野扇花 *Sarcococca orientalis* C.Y. Wu
原生。华东分布：福建、江苏、江西、浙江。
野扇花 *Sarcococca ruscifolia* Stapf
原生。华东分布：江西。

板凳果属 *Pachysandra*

（黄杨科 Buxaceae）

板凳果 *Pachysandra axillaris* Franch.
别名：多毛板凳果（江西植物志），光叶板凳果（江西种子植物名录）
——*Pachysandra axillaris* var. *glaberrima* (Hand.-Mazz.) C.Y. Wu（江西种子植物名录）
原生。华东分布：江西。
多毛板凳果 *Pachysandra axillaris* var. ***stylosa*** (Dunn) M. Cheng
别名：毛叶板凳果（江西种子植物名录）
——*Pachysandra bodinieri* H. Lév.（江西种子植物名录）
原生。华东分布：福建、江西。
顶花板凳果 *Pachysandra terminalis* Sieb. & Zucc.
原生。华东分布：安徽、江苏、江西、浙江。

黄杨属 *Buxus*

（黄杨科 Buxaceae）

雀舌黄杨 *Buxus bodinieri* H. Lév.
别名：匙叶黄杨（福建植物志、浙江植物志）
原生、栽培。华东分布：安徽、福建、江苏、江西、浙江。
匙叶黄杨 *Buxus harlandii* Hance
别名：雀舌黄杨（福建植物志）
原生。华东分布：福建、江西、浙江。
宜昌黄杨 *Buxus ichangensis* Hatus.
原生。极危（CR）。华东分布：江西。
大叶黄杨 *Buxus megistophylla* H. Lév.
原生。华东分布：江西。
黄杨 *Buxus sinica* (Rehder & E.H. Wilson) M. Cheng
原生、栽培。华东分布：安徽、福建、江苏、江西、浙江。
尖叶黄杨 *Buxus sinica* var. ***aemulans*** (Rehder & E.H. Wilson) P. Brückn. & T.L. Ming
——*Buxus aemulans* (Rehd. & Wils.) S.C. Li & S.H. Wu（安徽植物志、浙江植物志）
——*Buxus sinica* subsp. *aemulans* (Rehder & E.H. Wilson) M. Cheng（福建植物志、江西种子植物名录）
原生。华东分布：安徽、福建、江苏、江西、浙江。
小叶黄杨 *Buxus sinica* var. ***parvifolia*** M. Cheng
别名：珍珠黄杨（浙江植物志）
原生、栽培。华东分布：安徽、福建、江苏、江西、浙江。
越橘叶黄杨 *Buxus sinica* var. ***vacciniifolia*** M. Cheng
别名：越桔叶黄杨（江西种子植物名录）
——"*Buxus sinica* var. *vaccinifolia*"=*Buxus sinica* var. *vacciniifolia* M. Cheng（拼写错误。江西种子植物名录）
原生。华东分布：江西。
狭叶黄杨 *Buxus stenophylla* Hance
原生。华东分布：福建、江西。

五桠果科 Dilleniaceae

锡叶藤属 *Tetracera*

（五桠果科 Dilleniaceae）

锡叶藤 *Tetracera sarmentosa* (L.) Vahl
——*Tetracera asiatica* (Lour.) Hoogland（福建植物志）
原生。华东分布：福建。

芍药科 Paeoniaceae

芍药属 *Paeonia*

（芍药科 Paeoniaceae）

草芍药 *Paeonia obovata* Maxim.
原生。华东分布：安徽、江西。

拟草芍药 *Paeonia obovata* subsp. ***willmottiae*** (Stapf) D.Y. Hong & K.Y. Pan
别名：毛叶草芍药（安徽植物志）
——*Paeonia obovata* var. *willmottiae* (Stapf) Stern（安徽植物志）
原生。华东分布：安徽。

银屏牡丹 *Paeonia suffruticosa* subsp. ***yinpingmudan*** D.Y. Hong
原生。极危（CR）。华东分布：安徽。

蕈树科 Altingiaceae

枫香树属 *Liquidambar*

（蕈树科 Altingiaceae）

缺萼枫香树 *Liquidambar acalycina* Hung T. Chang
别名：缺萼枫香（安徽植物志、福建植物志、浙江植物志）
原生。华东分布：安徽、福建、江西、浙江。

长尾半枫荷 *Liquidambar caudata* (Hung T. Chang) Ickert-Bond & J. Wen
别名：尖叶半枫荷（浙江植物志）
——*Semiliquidambar caudata* Hung T. Chang（福建植物志）
——*Semiliquidambar caudata* var. *cuspidata* (Hung T. Chang) Hung T. Chang（浙江植物志）
原生。华东分布：福建、浙江。

蕈树 *Liquidambar chinensis* Champ. ex Benth.
——*Altingia chinensis* (Champ. ex Benth.) Oliv. ex Hance（福建植物志、江西植物志、江西种子植物名录、浙江植物志）
原生。华东分布：福建、江西、浙江。

半枫荷 *Liquidambar chingii* (F.P. Metcalf) Ickert-Bond & J. Wen
别名：闽半枫荷（福建植物志），细柄半枫荷（福建植物志、江西植物志、江西种子植物名录），小叶半枫荷（江西植物志）
——*Semiliquidambar cathayensis* Hung T. Chang（福建植物志、江西植物志、江西种子植物名录）
——*Semiliquidambar cathayensis* var. *fukienensis* Hung T. Chang（福建植物志）
——*Semiliquidambar cathayensis* var. *parvifolia* (Chun) Hung T. Chang（江西植物志）
——*Semiliquidambar chingii* (F.P. Metcalf) Hung T. Chang（福建植物志、江西植物志、江西种子植物名录）
原生。华东分布：福建、江西。

枫香树 *Liquidambar formosana* Hance
别名：枫香（安徽植物志、江西种子植物名录），山枫香树（江西植物志）
——*Liquidambar formosana* var. *monticola* Rehder & E.H. Wilson（江西植物志）
原生、栽培。华东分布：安徽、福建、江苏、江西、浙江。

细柄蕈树 *Liquidambar gracilipes* (Hemsl.) Ickert-Bond & J. Wen
别名：细齿蕈树（福建植物志、江西植物志、浙江植物志）
——*Altingia gracilipes* Hemsl.（福建植物志、江苏植物志 第2版、江西植物志、江西种子植物名录、浙江植物志）
——*Altingia gracilipes* var. *serrulata* Tutcher（福建植物志、江西植物志、浙江植物志）
原生。华东分布：福建、江苏、江西、浙江。

薄叶蕈树 *Liquidambar siamensis* (Craib) Ickert-Bond & J. Wen
——*Altingia tenuifolia* Chun ex Hung T. Chang（江西植物志）
原生。华东分布：江西。

金缕梅科 Hamamelidaceae

马蹄荷属 *Exbucklandia*

（金缕梅科 Hamamelidaceae）

大果马蹄荷 *Exbucklandia tonkinensis* (Lecomte) Hung T. Chang
原生。华东分布：福建、江西。

双花木属 *Disanthus*

（金缕梅科 Hamamelidaceae）

长柄双花木 *Disanthus cercidifolius* subsp. ***longipes*** (Hung T. Chang) K.Y. Pan
——“*Disanthus cercidifolium* var. *longipes*”=*Disanthus cercidifolius* var. *longipes* Hung T. Chang（拼写错误。江西种子植物名录）
——*Disanthus cercidifolius* var. *longipes* Hung T. Chang（江西植物志、浙江植物志）
原生。濒危（EN）。华东分布：福建、江西、浙江。

蜡瓣花属 *Corylopsis*

（金缕梅科 Hamamelidaceae）

腺蜡瓣花 *Corylopsis glandulifera* Hemsl.
别名：灰白蜡瓣花（安徽植物志、江西植物志、江西种子植物名录、浙江植物志）
——*Corylopsis glandulifera* var. *hypoglauca* (Cheng) Hung T. Chang（安徽植物志、江西植物志、江西种子植物名录、浙江植物志）
原生。近危（NT）。华东分布：安徽、江西、浙江。

瑞木 *Corylopsis multiflora* Hance
别名：小叶瑞木（福建植物志）
——*Corylopsis multiflora* var. *parvifolia* Hung T. Chang（福建植物志）
原生。华东分布：福建、江西。

白背瑞木 *Corylopsis multiflora* var. ***nivea*** Hung T. Chang
原生。极危（CR）。华东分布：福建。

阔蜡瓣花 *Corylopsis platypetala* Rehder & E.H. Wilson
原生。华东分布：安徽。

蜡瓣花 *Corylopsis sinensis* Hemsl.
别名：小蜡瓣花（江西种子植物名录），小叶蜡瓣花（安徽植物志），中华蜡瓣花（江西植物志）
——*Corylopsis sinensis* var. *parvifolia* Hung T. Chang（安徽植物志、江西种子植物名录）
原生。华东分布：安徽、福建、江苏、江西、浙江。

秃蜡瓣花 *Corylopsis sinensis* var. ***calvescens*** Rehder & E.H. Wilson
原生。华东分布：安徽、福建、江西。

红药蜡瓣花 *Corylopsis veitchiana* Bean
原生。近危（NT）。华东分布：安徽。

檵木属 *Loropetalum*

（金缕梅科 Hamamelidaceae）

檵木 *Loropetalum chinense* (R. Br.) Oliv.
——"*Loropetalum chinensis*"=*Loropetalum chinense* (R. Br.) Oliv.（拼写错误。浙江植物志）
原生、栽培。华东分布：安徽、福建、江苏、江西、上海、浙江。

秀柱花属 *Eustigma*

（金缕梅科 Hamamelidaceae）

秀柱花 *Eustigma oblongifolium* Gardner & Champ.
原生。华东分布：福建、江西。

牛鼻栓属 *Fortunearia*

（金缕梅科 Hamamelidaceae）

牛鼻栓 *Fortunearia sinensis* Rehder & E.H. Wilson
原生。易危（VU）。华东分布：安徽、江苏、江西、浙江。

金缕梅属 *Hamamelis*

（金缕梅科 Hamamelidaceae）

金缕梅 *Hamamelis mollis* Oliv.
——"*Hamamelis molis*"=*Hamamelis mollis* Oliv.（拼写错误。江西种子植物名录）
原生、栽培。华东分布：安徽、福建、江西、浙江。

银缕梅属 *Shaniodendron*

（金缕梅科 Hamamelidaceae）

银缕梅 *Shaniodendron subaequale* (Hung T. Chang) M.B. Deng, H.T. Wei & X.Q. Wang
别名：小叶金缕梅（安徽植物志）
——*Hamamelis subaequalis* Hung T. Chang（安徽植物志）
——*Parrotia subaequalis* (Hung T. Chang) R.M. Hao & H.T. Wei（江苏植物志 第2版）
原生、栽培。极危（CR）。华东分布：安徽、江苏、浙江。

水丝梨属 *Sycopsis*

（金缕梅科 Hamamelidaceae）

水丝梨 *Sycopsis sinensis* Oliv.
原生。华东分布：安徽、福建、江西、浙江。

蚊母树属 *Distylium*

（金缕梅科 Hamamelidaceae）

小叶蚊母树 *Distylium buxifolium* (Hance) Merr.
别名：圆头蚊母树（福建植物志、江西植物志、浙江植物志）
——*Distylium buxifolium* var. *rotundum* Hung T. Chang（福建植物志、江西植物志、浙江植物志）
原生。华东分布：福建、江西、浙江。

闽粤蚊母树 *Distylium chungii* (F.P. Metcalf) W.C. Cheng
原生。易危（VU）。华东分布：福建、江西、浙江。

鳞毛蚊母树 *Distylium elaeagnoides* Hung T. Chang
原生。易危（VU）。华东分布：江西。

台湾蚊母树 *Distylium gracile* Nakai
原生。濒危（EN）。华东分布：浙江。

大叶蚊母树 *Distylium macrophyllum* Hung T. Chang
原生。极危（CR）。华东分布：江西。

杨梅叶蚊母树 *Distylium myricoides* Hemsl.
别名：亮叶蚊母树（安徽植物志、江西植物志、江西种子植物名录）
——*Distylium myricoides* var. *nitidum* Hung T. Chang（安徽植物志、江西植物志、江西种子植物名录）
原生。华东分布：安徽、福建、江苏、江西、浙江。

蚊母树 *Distylium racemosum* Sieb. & Zucc.
原生、栽培。华东分布：安徽、福建、江苏、江西、上海、浙江。

假蚊母属 *Distyliopsis*

（金缕梅科 Hamamelidaceae）

假蚊母 *Distyliopsis dunnii* (Hemsl.) Endress
别名：尖叶水丝梨（江西植物志、江西种子植物名录）
——*Sycopsis dunnii* Hemsl.（江西植物志、江西种子植物名录）
原生。华东分布：福建、江西。

钝叶假蚊母 *Distyliopsis tutcheri* (Hemsl.) P.K. Endress
别名：纯叶假蚊母（福建植物志），钝叶水丝梨（江西种子植物名录）
——*Sycopsis tutcheri* Hemsl.（江西种子植物名录）
原生。近危（NT）。华东分布：福建、江西。

连香树科 Cercidiphyllaceae

连香树属 *Cercidiphyllum*

（连香树科 Cercidiphyllaceae）

连香树 *Cercidiphyllum japonicum* Sieb. & Zucc. ex J.J. Hoffm. & J.H. Schult. bis
别名：毛叶连香树（安徽植物志、江西植物志）
——"*Cercidiphyllum japonicum* var. *sinensis*"=*Cercidiphyllum japonicum* var. *sinense* Rehder & E.H. Wilson（拼写错误。江西植物志）
——*Cercidiphyllum japonicum* var. *sinense* Rehder & E.H. Wilson（安徽植物志）
原生、栽培。华东分布：安徽、江苏、江西、浙江。

虎皮楠科 Daphniphyllaceae

虎皮楠属 *Daphniphyllum*

（虎皮楠科 Daphniphyllaceae）

狭叶虎皮楠 *Daphniphyllum angustifolium* Hutch.
原生。华东分布：江西。

牛耳枫 *Daphniphyllum calycinum* Benth.
原生。华东分布：福建、江苏、江西。

长序虎皮楠 *Daphniphyllum longeracemosum* K. Rosenthal
别名：江西虎皮楠（江西种子植物名录）
原生。华东分布：江西。

交让木 *Daphniphyllum macropodum* Miq.
原生。华东分布：安徽、福建、江苏、江西、浙江。

虎皮楠 *Daphniphyllum oldhamii* (Hemsl.) K. Rosenthal
别名：长柱虎皮楠（浙江植物志），披针叶虎皮楠（江西种子植物名录）
——"*Daphniphyllum oldhami* var. *oblongo-lanceolatum*"=*Daphniphyllum oldhami* var. *oblongolanceolatum* J.X. Wang（拼写错误。江西种子植物名录）
——"*Daphniphyllum oldhami*"=*Daphniphyllum oldhamii* (Hemsl.) K. Rosenthal（拼写错误。江西植物志、江西种子植物名录）
——*Daphniphyllum oldhamii* var. *longistylum* (S.S. Chien) J.X. Wang（浙江植物志）
原生。华东分布：安徽、福建、江苏、江西、浙江。

假轮叶虎皮楠 *Daphniphyllum subverticillatum* Merr.
原生。华东分布：福建。

鼠刺科 Iteaceae

鼠刺属 *Itea*

（鼠刺科 Iteaceae）

鼠刺 *Itea chinensis* Hook. & Arn.
别名：华鼠刺（江西种子植物名录）
原生。华东分布：福建、江西。

厚叶鼠刺 *Itea coriacea* Y.C. Wu
原生。华东分布：江西。

腺鼠刺 *Itea glutinosa* Hand.-Mazz.
原生。华东分布：福建、江西。

峨眉鼠刺 *Itea omeiensis* C.K. Schneid.
别名：矩形叶鼠刺（安徽植物志、浙江植物志），矩叶鼠刺（江西种子植物名录），山皮桐（江西种子植物名录），长圆叶鼠刺（福建植物志、江西植物志）
——*Itea chinensis* var. *oblonga* (Hand.-Mazz.) Y.C. Wu（安徽植物志、福建植物志、江西植物志、江西种子植物名录、浙江植物志）
——*Itea oblonga* Hand.-Mazz.（江西种子植物名录）
原生。华东分布：安徽、福建、江西、浙江。

茶藨子科 Grossulariaceae

茶藨子属 *Ribes*

（茶藨子科 Grossulariaceae）

革叶茶藨子 *Ribes davidii* Franch.
原生。华东分布：江西。

簇花茶藨子 *Ribes fasciculatum* Sieb. & Zucc.
别名：华茶藨（福建植物志、江西植物志、山东植物志、浙江植物志）
原生。华东分布：福建、江苏、江西、山东。

华蔓茶藨子 *Ribes fasciculatum* var. ***chinense*** Maxim.
别名：华茶藨（福建植物志、江西植物志、山东植物志、浙江植物志），华茶藨子（安徽植物志），华茶簏子（江西种子植物名录）
——"*Ribes fasciculatum* var. *chinese*"=*Ribes fasciculatum* var. *chinense* Maxim.（拼写错误。江西种子植物名录）
原生。华东分布：安徽、江苏、江西、上海、浙江。

冰川茶藨子 *Ribes glaciale* Wall.
别名：冰川茶藨（浙江植物志）
原生。华东分布：安徽、浙江。

长序茶藨子 *Ribes longeracemosum* Franch.
——"*Ribes longiracemosum*"=*Ribes longeracemosum* Franch.（拼写错误。江苏植物志 第2版）
原生。华东分布：江苏。

东北茶藨子 *Ribes mandshuricum* (Maxim.) Kom.
原生。华东分布：山东。

光叶东北茶藨子 *Ribes mandshuricum* var. ***subglabrum*** Kom.
原生。华东分布：山东。

宝兴茶藨子 *Ribes moupinense* Franch.
原生。华东分布：江西。

美丽茶藨子 *Ribes pulchellum* Turcz.
原生。华东分布：山东。

细枝茶藨子 *Ribes tenue* Jancz.
别名：细枝茶藨（江西植物志），细枝茶簏（江西种子植物名录）
原生。华东分布：江西。

绿花茶藨子 *Ribes viridiflorum* (Cheng) L.T. Lu & G. Yao
别名：绿花细枝茶藨（浙江植物志）
——*Ribes tenue* var. *viridiflorum* Cheng（浙江植物志）
原生。华东分布：安徽、浙江。

虎耳草科 Saxifragaceae

虎耳草属 *Saxifraga*

（虎耳草科 Saxifragaceae）

罗霄虎耳草 *Saxifraga luoxiaoensis* W.B. Liao, L. Wang & X.J. Zhang
原生。华东分布：江西。

扇叶虎耳草 *Saxifraga rufescens* var. ***flabellifolia*** C.Y. Wu & J.T. Pan
别名：浙江虎耳草（浙江植物志）

——*Saxifraga zhejiangensis* Z. Wei & Y.B. Chang（浙江植物志）
原生。华东分布：浙江。
球茎虎耳草 ***Saxifraga sibirica*** L.
原生。华东分布：山东。
虎耳草 ***Saxifraga stolonifera*** Curtis
原生、栽培。华东分布：安徽、福建、江苏、江西、上海、浙江。
瓣萼虎耳草 ***Saxifraga stolonifera*** f. ***sepaloides*** G.H. Xia & G.Y. Li
原生。华东分布：浙江。

落新妇属 *Astilbe*

（虎耳草科 Saxifragaceae）

落新妇 ***Astilbe chinensis*** (Maxim.) Franch. & Sav.
原生。华东分布：安徽、江苏、江西、山东、浙江。
大落新妇 ***Astilbe grandis*** Stapf ex E.H. Wilson
别名：大叶落新妇（江西植物志），华南落新妇（安徽植物志、江西种子植物名录）
——"*Astilbe austro-sinensis*"=*Astilbe austrosinensis* Hand.-Mazz.（拼写错误。江西种子植物名录）
——*Astilbe austrosinensis* Hand.-Mazz.（安徽植物志）
原生。华东分布：安徽、福建、江苏、江西、山东。
大果落新妇 ***Astilbe macrocarpa*** Knoll
别名：大落新妇（浙江植物志）
原生。华东分布：福建、江苏、江西、浙江。
多花落新妇 ***Astilbe rivularis*** var. ***myriantha*** (Diels) J.T. Pan
原生。华东分布：安徽。
腺萼落新妇 ***Astilbe rubra*** Hook. f. & Thomson
别名：红落新妇（福建植物志）
原生。华东分布：福建。

黄水枝属 *Tiarella*

（虎耳草科 Saxifragaceae）

黄水枝 ***Tiarella polyphylla*** D. Don
原生。华东分布：安徽、福建、江西、浙江。

涧边草属 *Peltoboykinia*

（虎耳草科 Saxifragaceae）

涧边草 ***Peltoboykinia tellimoides*** (Maxim.) H. Hara
原生。华东分布：福建、江西、浙江。

金腰属 *Chrysosplenium*

（虎耳草科 Saxifragaceae）

肾萼金腰 ***Chrysosplenium delavayi*** Franch.
原生。华东分布：福建、江苏、江西、浙江。
日本金腰 ***Chrysosplenium japonicum*** (Maxim.) Makino
原生。华东分布：江苏、江西、浙江。
楔叶金腰 ***Chrysosplenium japonicum*** var. ***cuneifolium*** X.H. Guo & X.P. Zhang
原生。近危（NT）。华东分布：安徽。
建宁金腰 ***Chrysosplenium jienningense*** W.T. Wang
——"*Chrysosplenium jianingense*"=*Chrysosplenium jienningense* W.T. Wang（拼写错误。福建植物志）
原生。濒危（EN）。华东分布：福建、浙江。
绵毛金腰 ***Chrysosplenium lanuginosum*** Hook. f. & Thomson
原生。华东分布：江西、浙江。
大叶金腰 ***Chrysosplenium macrophyllum*** Oliv.
原生。华东分布：安徽、福建、江西、浙江。
毛柄金腰 ***Chrysosplenium pilosum*** var. ***pilosopetiolatum*** (Z.P. Jien) J.T. Pan
——*Chrysosplenium pilosopetiolatum* Z.P. Jien［Notes on Seed Plant in Zhejiang Province (V)］
原生。华东分布：江西、浙江。
柔毛金腰 ***Chrysosplenium pilosum*** var. ***valdepilosum*** Ohwi
别名：毛金腰（安徽植物志）
原生。华东分布：安徽、山东、浙江。
中华金腰 ***Chrysosplenium sinicum*** Maxim.
别名：异叶金腰（安徽植物志）
——*Chrysosplenium pseudofauriei* H. Lév.（安徽植物志）
原生。华东分布：安徽、江苏、江西、浙江。

景天科 Crassulaceae

八宝属 *Hylotelephium*

（景天科 Crassulaceae）

八宝 ***Hylotelephium erythrostictum*** (Miq.) H. Ohba
别名：景天八宝（江西种子植物名录）
原生、栽培。华东分布：安徽、福建、江苏、江西、山东、浙江。
紫花八宝 ***Hylotelephium mingjinianum*** (S.H. Fu) H. Ohba
原生。华东分布：安徽、福建、江西、浙江。
长药八宝 ***Hylotelephium spectabile*** (Boreau) H. Ohba
原生。华东分布：安徽、江苏、山东。
汤池八宝 ***Hylotelephium tangchiense*** R.X. Meng
原生。华东分布：安徽。
轮叶八宝 ***Hylotelephium verticillatum*** (L.) H. Ohba
原生。华东分布：安徽、江苏、江西、山东、浙江。

伽蓝菜属 *Kalanchoe*

（景天科 Crassulaceae）

伽蓝菜 ***Kalanchoe ceratophylla*** Haw.
——"*Kalanchoe laciniata*"=*Kalanchoe ceratophylla* Haw.（误用名。福建植物志）
原生、栽培。华东分布：福建。
洋吊钟 ***Kalanchoe delagoensis*** Eckl. & Zeyh.
——*Bryophyllum delagoense* (Eckl. & Zeyh.) Druce（中国外来入侵植物名录）
——*Bryophyllum tubiflorum* Harv.（福建植物志）
外来、栽培。华东分布：福建。
匙叶伽蓝菜 ***Kalanchoe integra*** (Medik.) Kuntze
原生、栽培。华东分布：福建。
落地生根 ***Kalanchoe pinnata*** (Lam.) Pers.
——*Bryophyllum pinnatum* (Lam.) Oken（福建植物志、中国外来入侵植物名录）
外来、栽培。华东分布：福建、浙江。

石莲属 *Sinocrassula*

（景天科 Crassulaceae）

石莲 ***Sinocrassula indica*** (Decne.) A. Berger

原生。华东分布：安徽、江西。

瓦松属 *Orostachys*

（景天科 Crassulaceae）

狼爪瓦松 *Orostachys cartilaginea* Boriss.

——"*Orostachys cartilagineus*"=*Orostachys cartilaginea* Boriss.（拼写错误。山东植物志）

原生。华东分布：山东。

塔花瓦松 *Orostachys chanetii* (H. Lév.) A. Berger

原生。华东分布：山东。

瓦松 *Orostachys fimbriata* (Turcz.) A. Berger

——"*Orostachys fimbriatus*"=*Orostachys fimbriata* (Turcz.) A. Berger（拼写错误。安徽植物志、福建植物志、江西植物志、江西种子植物名录、山东植物志、浙江植物志）

原生。华东分布：安徽、福建、江苏、江西、山东、上海。

晚红瓦松 *Orostachys japonica* (Maxim.) A. Berger

——"*Orostachys erubescens*"=*Orostachys japonica* (Maxim.) A. Berger（误用名。安徽植物志、江西植物志、浙江植物志）

原生。华东分布：安徽、江苏、江西、上海、浙江。

费菜属 *Phedimus*

（景天科 Crassulaceae）

费菜 *Phedimus aizoon* (L.) 't Hart

别名：景天三七（江西植物志），宽叶费菜（浙江植物志、FOC），土三七（江西种子植物名录），狭叶费菜（FOC）

——*Phedimus aizoon* var. *latifolius* (Maxim.) H. Ohba, K.T. Fu & B.M. Barthol.（FOC）

——*Phedimus aizoon* var. *yamatutae* (Kitag.) H. Ohba, K.T. Fu & B.M. Barthol.（FOC）

——*Sedum aizoon* L.（安徽植物志、福建植物志、江西植物志、江西种子植物名录、山东植物志、浙江植物志）

——*Sedum aizoon* var. *latifolius* Maxim.（浙江植物志）

原生、栽培。华东分布：安徽、福建、江苏、江西、山东、浙江。

多花费菜 *Phedimus floriferus* (Praeger) T'Hart

别名：多花景天（江西植物志、山东植物志）

——*Sedum floriferum* Praeger（江西植物志、山东植物志）

原生。华东分布：江西、山东。

堪察加费菜 *Phedimus kamtschaticus* (Fisch.) 't Hart

别名：勘察加费菜（江苏植物志 第2版），堪察加景天（山东植物志）

——"*Sedum kamtrchaticum*"=*Sedum kamtschaticum* Fisch.（拼写错误。山东植物志）

原生。华东分布：江苏、山东。

景天属 *Sedum*

（景天科 Crassulaceae）

东南景天 *Sedum alfredii* Hance

——"*Sedum alfredi*"=*Sedum alfredii* Hance（拼写错误。福建植物志、江西种子植物名录）

原生。华东分布：安徽、福建、江苏、江西、浙江。

对叶景天 *Sedum baileyi* Praeger

原生。华东分布：江西、浙江。

珠芽景天 *Sedum bulbiferum* Makino

原生。华东分布：安徽、福建、江苏、江西、上海、浙江。

东至景天 *Sedum dongzhiense* D.Q. Wang & Y.L. Shi

原生。极危（CR）。华东分布：安徽、浙江。

大叶火焰草 *Sedum drymarioides* Hance

原生。华东分布：安徽、福建、江西、浙江。

虎耳草状景天 *Sedum drymarioides* var. ***saxifragiforme*** X.F. Jin & H.W. Zhang

原生。华东分布：浙江。

凹叶景天 *Sedum emarginatum* Migo

原生。华东分布：安徽、福建、江苏、江西、上海、浙江。

红籽佛甲草 *Sedum erythrospermum* Hayata

别名：红子佛甲草（New Records of Seed Plant from Zhejiang）

原生。华东分布：江苏、浙江。

小山飘风 *Sedum filipes* Hemsl.

原生。华东分布：江苏、江西。

台湾佛甲草 *Sedum formosanum* N.E. Br.

原生。华东分布：浙江。

禾叶景天 *Sedum grammophyllum* Fröd.

原生。华东分布：江西。

本州景天 *Sedum hakonense* Makino

别名：箱根景天（江西植物志、江西种子植物名录）

原生。极危（CR）。华东分布：江西。

杭州景天 *Sedum hangzhouense* K.T. Fu & G.Y. Rao

原生。华东分布：浙江。

贺氏景天 *Sedum hoi* X.F. Jin & B.Y. Ding

原生。华东分布：浙江。

九龙山景天 *Sedum jiulungshanense* Y.C. Ho

原生。近危（NT）。华东分布：浙江。

江南景天 *Sedum kiangnanense* D.Q. Wang & Z.F. Wu

原生。华东分布：安徽。

潜茎景天 *Sedum latentibulbosum* K.T. Fu & G.Y. Rao

——"*Sedum latentibullbosum*"=*Sedum latentibulbosum* K.T. Fu & G.Y. Rao（拼写错误。江西种子植物名录）

原生。极危（CR）。华东分布：江西。

薄叶景天 *Sedum leptophyllum* Fröd.

原生。华东分布：安徽、福建、江苏、江西、浙江。

佛甲草 *Sedum lineare* Thunb.

别名：安徽景天（安徽植物志）

——"*Sedum anhweiense*"=*Sedum anhuiense* S.H. Fu & X.W. Wang（拼写错误。安徽植物志）

原生、栽培。华东分布：安徽、福建、江苏、江西、上海、浙江。

龙泉景天 *Sedum lungtsuanense* S.H. Fu

原生。华东分布：福建、江西、浙江。

庐山景天 *Sedum lushanense* S.S. Lai

原生。华东分布：江西。

圆叶景天 *Sedum makinoi* Maxim.

原生。华东分布：江苏、江西、浙江。

大苞景天 *Sedum oligospermum* Maire

——*Sedum amplibracteatum* K.T. Fu（江西植物志、江西种子植物名录、浙江植物志）

原生。华东分布：安徽、江西、浙江。

爪瓣景天 *Sedum onychopetalum* Fröd.
别名：瓜瓣景天（安徽植物志）
原生。华东分布：安徽、江苏、上海、浙江。
叶花景天 *Sedum phyllanthum* H. Lév. & Vaniot
别名：四叶景天（江西植物志）
——*Sedum quaternatum* Praeger（江西植物志）
原生。华东分布：江西。
伴矿景天 *Sedum plumbizincicola* X.H. Guo & S.B. Zhou ex L.H. Wu
原生。华东分布：浙江。
藓状景天 *Sedum polytrichoides* Hemsl.
——"*Sedum polytricholdes*"=*Sedum polytrichoides* Hemsl.（拼写错误。江西种子植物名录）
原生。华东分布：安徽、福建、江苏、江西、山东、浙江。
垂盆草 *Sedum sarmentosum* Bunge
别名：狭叶垂盆草（江西种子植物名录）
——*Sedum sarmentosum* var. *angustifolia* Y.C. Ho（江西种子植物名录、浙江植物志）
原生、栽培。华东分布：安徽、福建、江苏、江西、山东、上海、浙江。
石台景天 *Sedum shitaiense* Y. Zheng & D.C. Zhang
原生。华东分布：安徽。
繁缕景天 *Sedum stellariifolium* Franch.
别名：火焰草（福建植物志、江苏植物志 第 2 版、江西种子植物名录、山东植物志、浙江植物志）
——"*Sedum stellariaefolium*"=*Sedum stellariifolium* Franch.（拼写错误。山东植物志）
原生。华东分布：安徽、福建、江苏、江西、山东、浙江。
细小景天 *Sedum subtile* Miq.
原生。华东分布：安徽、江苏、江西、浙江。
四芒景天 *Sedum tetractinum* Fröd.
原生。华东分布：安徽、福建、江西、浙江。
天目山景天 *Sedum tianmushanense* Y.C. Ho & F. Chai
原生。华东分布：浙江。
土佐景天 *Sedum tosaense* Makino
原生。华东分布：福建、浙江。
高岭景天 *Sedum tricarpum* Makino
原生。华东分布：浙江。
日本景天 *Sedum uniflorum* var. *japonicum* (Sieb. ex Miq.) Ohba
别名：胶东景天（山东植物志）
——*Sedum japonicum* Sieb. ex Miq.（安徽植物志、福建植物志、江西植物志、江西种子植物名录、浙江植物志）
——*Sedum jiaodongense* Y.M. Zhang & X.D. Chen（山东植物志）
原生。华东分布：安徽、福建、江西、山东、浙江。
短蕊景天 *Sedum yvesii* Raym.-Hamet
原生。华东分布：安徽、江西。

扯根菜科 Penthoraceae

扯根菜属 *Penthorum*

（扯根菜科 Penthoraceae）

扯根菜 *Penthorum chinense* Pursh
原生。华东分布：安徽、福建、江苏、江西、山东、上海、浙江。

小二仙草科 Haloragaceae

小二仙草属 *Gonocarpus*

（小二仙草科 Haloragaceae）

黄花小二仙草 *Gonocarpus chinensis* (Lour.) Orchard
——*Haloragis chinensis* (Lour.) Merr.（福建植物志、江西植物志、浙江植物志）
原生。华东分布：福建、江西、浙江。
小二仙草 *Gonocarpus micranthus* Thunb.
——*Haloragis micrantha* (Thunb.) R. Br.（安徽植物志、福建植物志、江西植物志、江西种子植物名录、浙江植物志）
原生。华东分布：安徽、福建、江苏、江西、浙江。

狐尾藻属 *Myriophyllum*

（小二仙草科 Haloragaceae）

互花狐尾藻 *Myriophyllum alterniflorum* DC.
原生。华东分布：安徽、江苏。
粉绿狐尾藻 *Myriophyllum aquaticum* (Vell.) Verdc.
外来、栽培。华东分布：安徽、福建、江苏、江西、山东、上海、浙江。
二分果狐尾藻 *Myriophyllum dicoccum* F. Muell.
别名：小狐尾藻（安徽植物志）
——"*Myriophyllum humile*"=*Myriophyllum dicoccum* F. Muell.（误用名。安徽植物志）
原生。华东分布：安徽。
东方狐尾藻 *Myriophyllum oguraense* Miki
原生。近危（NT）。华东分布：安徽、江苏、江西、浙江。
澳古狐尾藻 *Myriophyllum oguraense* subsp. *yangtzense* D. Wang
原生。华东分布：安徽、江苏。
西伯利亚狐尾藻 *Myriophyllum sibiricum* Kom.
原生。华东分布：江苏。
穗状狐尾藻 *Myriophyllum spicatum* L.
别名：狐尾藻（山东植物志），泥茜（江西种子植物名录），穗花狐尾藻（浙江植物志），蕹（安徽植物志、福建植物志）
原生。华东分布：安徽、福建、江苏、江西、山东、上海、浙江。
乌苏里狐尾藻 *Myriophyllum ussuriense* (Regel) Maxim.
别名：乌苏里杂（安徽植物志）
原生。易危（VU）。华东分布：安徽、江苏、上海。
狐尾藻 *Myriophyllum verticillatum* L.
别名：轮叶狐尾藻（安徽植物志、江西植物志、江西种子植物名录、山东植物志、浙江植物志）
原生。华东分布：安徽、江苏、江西、山东、浙江。

葡萄科 Vitaceae

牛果藤属 *Nekemias*

（葡萄科 Vitaceae）

牛果藤 *Nekemias cantoniensis* (Hook. & Arn.) J. Wen & Z.L. Nie
别名：广东蛇葡萄（安徽植物志、福建植物志、江苏植物志 第

2 版、江西植物志、江西种子植物名录、浙江植物志）

——*Ampelopsis cantoniensis* (Hook. & Arn.) K. Koch（安徽植物志、福建植物志、江苏植物志 第 2 版、江西植物志、江西种子植物名录、浙江植物志）

原生。华东分布：安徽、福建、江苏、江西、浙江。

羽叶牛果藤 *Nekemias chaffanjonii* (H. Lév. & Vaniot) J. Wen & Z.L. Nie

别名：羽叶蛇葡萄（安徽植物志、江西植物志、江西种子植物名录）

——*Ampelopsis chaffanjonii* (H. Lév. & Vaniot) Rehder（安徽植物志、江西植物志、江西种子植物名录）

原生。华东分布：安徽、江西、浙江。

大齿牛果藤 *Nekemias grossedentata* (Hand.-Mazz.) J. Wen & Z.L. Nie

别名：粗齿广州蛇葡萄（江西种子植物名录），显齿蛇葡萄（福建植物志、江西植物志、江西种子植物名录）

——*Ampelopsis cantoniensis* var. *grossedentata* Hand.-Mazz.（江西种子植物名录）

——*Ampelopsis grossedentata* (Hand.-Mazz.) W.T. Wang（福建植物志、江西植物志、江西种子植物名录）

原生。华东分布：福建、江西。

粉叶牛果藤 *Nekemias hypoglauca* (Hance) J. Wen & Z.L. Nie

别名：粉叶蛇葡萄（江西植物志）

——*Ampelopsis hypoglauca* (Hance) C.L. Li（江西植物志）

原生。近危（NT）。华东分布：江西。

大叶牛果藤 *Nekemias megalophylla* (Diels & Gilg) J. Wen & Z.L. Nie

别名：大叶蛇葡萄（福建植物志、江西植物志、江西种子植物名录）

——*Ampelopsis megalophylla* Diels & Gilg（福建植物志、江西植物志、江西种子植物名录）

原生。华东分布：福建、江西。

柔毛大叶牛果藤 *Nekemias megalophylla* var. ***jiangxiensis*** (W.T. Wang) J. Wen & Z.L. Nie

别名：江西蛇葡萄（江西植物志），柔毛大叶蛇葡萄（江西种子植物名录）

——*Ampelopsis jiangxiensis* W.T. Wang（江西植物志）

——*Ampelopsis megalophylla* var. *jiangxiensis* (W.T. Wang) C.L. Li（江西种子植物名录）

原生。华东分布：江西。

毛枝牛果藤 *Nekemias rubifolia* (Wall.) J. Wen & Z.L. Nie

别名：毛枝蛇葡萄（福建植物志、江西植物志、江西种子植物名录）

——*Ampelopsis megalophylla* var. *puberula* W.T. Wang（福建植物志）

——*Ampelopsis rubifolia* (Wall.) Planch.（江西植物志、江西种子植物名录）

原生。华东分布：福建、江西、浙江。

蛇葡萄属 *Ampelopsis*

（葡萄科 Vitaceae）

乌头叶蛇葡萄 *Ampelopsis aconitifolia* Bunge

——"*Ampelopsis aconititolia*"=*Ampelopsis aconitifolia* Bunge（拼写错误。江西种子植物名录）

原生。华东分布：江西、山东。

掌裂草葡萄 *Ampelopsis aconitifolia* var. ***palmiloba*** (Carrière) Rehder

原生。华东分布：山东、浙江。

蓝果蛇葡萄 *Ampelopsis bodinieri* (H. Lév. & Vaniot) Rehder

别名：蛇葡萄（江西种子植物名录）

原生。华东分布：江西。

三裂蛇葡萄 *Ampelopsis delavayana* Planch. ex Franch.

别名：三裂叶蛇葡萄（福建植物志、山东植物志、浙江植物志）

——"*Ampelopsis delavsyana*"=*Ampelopsis delavayana* Planch. ex Franch.（拼写错误。江西植物志）

原生。华东分布：安徽、福建、江苏、江西、山东、浙江。

掌裂蛇葡萄 *Ampelopsis delavayana* var. ***glabra*** (Diels & Gilg) C.L. Li

别名：掌裂草葡萄（安徽植物志）

——*Ampelopsis aconitifolia* var. *glabra* Diels & Gilg（安徽植物志）

原生。华东分布：安徽、江苏、浙江。

毛三裂蛇葡萄 *Ampelopsis delavayana* var. ***setulosa*** (Diels & Gilg) C.L. Li

——"*Ampelopsis delavsyana* var. *gentiliana*"=*Ampelopsis delavayana* var. *gentiliana* (H. Lév. & Vaniot) Rehder（拼写错误。江西植物志）

——*Ampelopsis delavayana* var. *gentiliana* (H. Lév. & Vaniot) Rehder（安徽植物志）

原生。华东分布：安徽、江西。

蛇葡萄 *Ampelopsis glandulosa* (Wall.) Momiy.

别名：锈毛蛇葡萄（江西种子植物名录）

——*Ampelopsis heterophylla* var. *vestita* Rehder（江西种子植物名录）

——*Ampelopsis sinica* (Miq.) W.T. Wang（安徽植物志、福建植物志、江西植物志、江西种子植物名录、浙江植物志）

原生。华东分布：安徽、福建、江苏、江西、上海、浙江。

东北蛇葡萄 *Ampelopsis glandulosa* var. ***brevipedunculata*** (Maxim.) Momiy.

——*Ampelopsis brevipedunculata* (Maxim.) Trautv.（山东植物志）

原生。华东分布：山东。

光叶蛇葡萄 *Ampelopsis glandulosa* var. ***hancei*** (Planch.) Momiy.

别名：小叶蛇葡萄（江西种子植物名录）

——*Ampelopsis brevipedunculata* var. *hancei* (Planch.) Rehder（江西种子植物名录）

——*Ampelopsis heterophylla* var. *hancei* Planch.（江西种子植物名录）

——*Ampelopsis sinica* var. *hancei* (Planch.) W.T. Wang（福建植物志、江西植物志、浙江植物志）

原生。华东分布：福建、江苏、江西、浙江。

异叶蛇葡萄 *Ampelopsis glandulosa* var. ***heterophylla*** (Thunb.) Momiy.

——*Ampelopsis heterophylla* Blume（江西种子植物名录）

——*Ampelopsis humulifolia* var. *heterophylla* (Thunb.) K. Koch（安徽植物志、福建植物志、江西植物志、浙江植物志）

原生。华东分布：安徽、福建、江苏、江西、山东、上海、浙江。

牯岭蛇葡萄 *Ampelopsis glandulosa* var. *kulingensis* (Rehder) Momiy.
别名：微毛蛇葡萄（安徽植物志、江西植物志、江西种子植物名录）
——*Ampelopsis brevipedunculata* var. *kulingensis* Rehder（安徽植物志、安徽植物志、福建植物志、江西植物志、江西种子植物名录、浙江植物志）
——*Ampelopsis brevipedunculata* var. *kulingensis* f. *puberula* W.T. Wang（江西植物志、江西种子植物名录）
原生。华东分布：安徽、福建、江苏、江西、浙江。
葎叶蛇葡萄 *Ampelopsis humulifolia* Bunge
原生。华东分布：福建、江苏、江西、山东。
白蔹 *Ampelopsis japonica* (Thunb.) Makino
原生。华东分布：安徽、福建、江苏、江西、山东、上海、浙江。

俞藤属 *Yua*

（葡萄科 Vitaceae）

大果俞藤 *Yua austro-orientalis* (F.P. Metcalf) C.L. Li
别名：东南爬山虎（福建植物志）
——*Parthenocissus austro-orientalis* F.P. Metcalf（福建植物志）
原生。华东分布：福建、江西、浙江。
俞藤 *Yua thomsonii* (M.A. Lawson) C.L. Li
别名：粉叶爬山虎（安徽植物志、福建植物志、浙江植物志）
——*Parthenocissus thomsonii* (M.A. Lawson) Planch.（安徽植物志、福建植物志、浙江植物志）
原生。华东分布：安徽、福建、江苏、江西、浙江。
华西俞藤 *Yua thomsonii* var. *glaucescens* (Diels & Gilg) C.L. Li
原生。华东分布：安徽、江西。

地锦属 *Parthenocissus*

（葡萄科 Vitaceae）

异叶地锦 *Parthenocissus dalzielii* Gagnep.
别名：异叶爬山虎（安徽植物志、福建植物志、江苏植物志 第2版、江西植物志、江西种子植物名录、山东植物志、浙江植物志）
——"*Parthenocissus heterophylla*"=*Parthenocissus dalzielii* Gagnep.（误用名。安徽植物志、福建植物志、山东植物志、浙江植物志）
原生。华东分布：安徽、福建、江苏、江西、山东、浙江。
花叶地锦 *Parthenocissus henryana* (Hemsl.) Graebn. ex Diels & Gilg
别名：川鄂爬山虎（江西植物志）
原生。华东分布：江西。
绿叶地锦 *Parthenocissus laetevirens* Rehder
别名：绿爬山虎（福建植物志、浙江植物志），绿叶爬山虎（安徽植物志、江苏植物志 第2版、江西植物志、江西种子植物名录）
——"*Parthenocissus laetivirens*"=*Parthenocissus laetevirens* Rehder（拼写错误。福建植物志、江西种子植物名录）
原生。华东分布：安徽、福建、江苏、江西、浙江。
五叶地锦 *Parthenocissus quinquefolia* (L.) Planch.
外来、栽培。华东分布：安徽、江苏、上海、山东。
三叶地锦 *Parthenocissus semicordata* (Wall.) Planch.
别名：三叶爬山虎（福建植物志、江西植物志、江西种子植物名录）
——*Parthenocissus himalayana* (Royle) Planch.（福建植物志）
原生。华东分布：福建、江西。
栓翅地锦 *Parthenocissus suberosa* Hand.-Mazz.
别名：栓翅爬山虎（江西种子植物名录、浙江植物志）
原生。华东分布：江西、浙江。
地锦 *Parthenocissus tricuspidata* (Sieb. & Zucc.) Planch.
别名：爬山虎（安徽植物志、福建植物志、江苏植物志 第2版、江西植物志、江西种子植物名录、山东植物志、浙江植物志）
原生、栽培。华东分布：安徽、福建、江苏、江西、山东、上海、浙江。

葡萄属 *Vitis*

（葡萄科 Vitaceae）

腺枝葡萄 *Vitis adenoclada* Hand.-Mazz.
原生。华东分布：安徽、江西、浙江。
秀丽葡萄 *Vitis amoena* Z.H. Chen, F. Chen & W.Y. Xie
原生。华东分布：浙江。
山葡萄 *Vitis amurensis* Rupr.
原生。华东分布：安徽、福建、江苏、江西、山东、浙江。
深裂山葡萄 *Vitis amurensis* var. *dissecta* Skvortsov
原生。华东分布：山东。
小果葡萄 *Vitis balansana* Planch.
别名：小果野葡萄（福建植物志、江西种子植物名录）
——"*Vitis balanseana*"=*Vitis balansana* Planch.（拼写错误。福建植物志、江西种子植物名录）
原生。华东分布：福建、江西。
美丽葡萄 *Vitis bellula* (Rehder) W.T. Wang
别名：小叶毛葡萄（江西种子植物名录）
原生。华东分布：江西。
华南美丽葡萄 *Vitis bellula* var. *pubigera* C.L. Li
原生。华东分布：江西。
桦叶葡萄 *Vitis betulifolia* Diels & Gilg
原生。华东分布：江西。
蘡薁 *Vitis bryoniifolia* Bunge
别名：华北葡萄（山东植物志），蘡（山东植物志），蘡奥（福建植物志、江西种子植物名录），蘡奥葡萄（江西种子植物名录），蘡奥（安徽植物志）
——"*Vitis bryoniaefolia*"=*Vitis bryoniifolia* Bunge（拼写错误。江西种子植物名录）
——"*Vitis bryoniaiefolia*"=*Vitis bryoniifolia* Bunge（拼写错误。山东植物志）
——*Vitis adstricta* Hance（安徽植物志、福建植物志、江西植物志、山东植物志、浙江植物志）
——*Vitis bryoniaefolia* var. *adstricta* (Hance) W.T. Wang（江西种子植物名录）
原生。华东分布：安徽、福建、江苏、江西、山东、上海、浙江。
三出蘡薁 *Vitis bryoniifolia* var. *ternata* (W.T. Wang) C.L. Li
——*Vitis adstricta* var. *ternata* W.T. Wang（浙江植物志）
原生。华东分布：浙江。
东南葡萄 *Vitis chunganensis* Hu
——"*Vitis chunganeniss*"=*Vitis chunganensis* Hu（拼写错误。浙江植物志）

原生。华东分布：安徽、福建、江西、浙江。

闽赣葡萄 ***Vitis chungii*** F.P. Metcalf

原生。华东分布：福建、江西、浙江。

刺葡萄 ***Vitis davidii*** (Rom. Caill.) Foëx

原生。华东分布：安徽、福建、江苏、江西、浙江。

蓝果刺葡萄 ***Vitis davidii*** var. ***cyanocarpa*** (Gagnep.) Gagnep.

别名：瘤枝葡萄（安徽植物志）

原生。华东分布：安徽、浙江。

锈毛刺葡萄 ***Vitis davidii*** var. ***ferruginea*** Merr. & Chun

原生。华东分布：福建、江苏、江西。

红叶葡萄 ***Vitis erythrophylla*** W.T. Wang

原生。华东分布：江西、浙江。

葛藟葡萄 ***Vitis flexuosa*** Thunb.

别名：葛藟（安徽植物志、江西植物志、山东植物志、浙江植物志），小叶葛藟（安徽植物志、福建植物志、江西植物志、江西种子植物名录、浙江植物志）

——*Vitis flexuosa* f. *parvifolia* (Roxb.) Planch.（江西植物志）

——*Vitis flexuosa* var. *parvifolia* (Roxb.) Gagnep.（安徽植物志、福建植物志、江西种子植物名录、浙江植物志）

原生。华东分布：安徽、福建、江苏、江西、山东、上海、浙江。

菱叶葡萄 ***Vitis hancockii*** Hance

别名：菱状葡萄（安徽植物志、浙江植物志）

原生。华东分布：安徽、福建、江西、浙江。

毛葡萄 ***Vitis heyneana*** Roem. & Schult.

——*Vitis quinquangularis* Rehder（安徽植物志、福建植物志、山东植物志、浙江植物志）

原生。华东分布：安徽、福建、江苏、江西、山东、浙江。

桑叶葡萄 ***Vitis heyneana*** subsp. ***ficifolia*** (Bunge) C.L. Li

——*Vitis ficifolia* Bunge（安徽植物志、江西植物志、山东植物志）

原生。华东分布：安徽、江苏、江西、山东、浙江。

庐山葡萄 ***Vitis hui*** W.C. Cheng

原生。濒危（EN）。华东分布：江西、浙江。

井冈葡萄 ***Vitis jinggangensis*** W.T. Wang

原生。华东分布：江西。

开化葡萄 ***Vitis kaihuaica*** Z.H. Chen, F. Chen & W.Y. Xie

原生。华东分布：浙江。

鸡足葡萄 ***Vitis lanceolatifoliosa*** C.L. Li

别名：三叶葡萄（江西植物志）

——"*Vitis lanceolatifoliola*"=*Vitis lanceolatifoliosa* C.L. Li（拼写错误。江西植物志）

原生。华东分布：江西。

龙泉葡萄 ***Vitis longquanensis*** P.L. Chiu

原生。华东分布：福建、江西、浙江。

腺枝龙泉葡萄 ***Vitis longquanensis*** var. ***glandulosa*** Z.H. Chen, F. Chen & W.Y. Xie

原生。华东分布：浙江。

变叶葡萄 ***Vitis piasezkii*** Maxim.

别名：复叶葡萄（江西种子植物名录），少毛复叶葡萄（江西植物志）

原生。华东分布：江西、浙江。

毛脉葡萄 ***Vitis pilosonerva*** F.P. Metcalf

原生。华东分布：福建、江西。

华东葡萄 ***Vitis pseudoreticulata*** W.T. Wang

原生。华东分布：安徽、福建、江苏、江西、上海、浙江。

秋葡萄 ***Vitis romanetii*** Rom. Caill.

——"*Vitis romaneti*"=*Vitis romanetii* Rom. Caill.（拼写错误。江西种子植物名录）

原生。华东分布：安徽、江苏、江西、浙江。

湖北葡萄 ***Vitis silvestrii*** Pamp.

原生。华东分布：江西。

小叶葡萄 ***Vitis sinocinerea*** W.T. Wang

原生。华东分布：安徽、福建、江苏、江西、浙江。

狭叶葡萄 ***Vitis tsoi*** Merr.

——"*Vitis tsoii*"=*Vitis tsoi* Merr.（拼写错误。福建植物志、江西种子植物名录）

原生。华东分布：福建、江西。

温州葡萄 ***Vitis wenchowensis*** C. Ling

原生。濒危（EN）。华东分布：浙江。

网脉葡萄 ***Vitis wilsoniae*** H.J. Veitch

——"*Vitis wilsonae*"=*Vitis wilsoniae* H.J. Veitch（拼写错误。安徽植物志、福建植物志、江西种子植物名录、浙江植物志）

原生。华东分布：安徽、福建、江苏、江西、浙江。

武汉葡萄 ***Vitis wuhanensis*** C.L. Li

原生。易危（VU）。华东分布：江西。

铅山葡萄 ***Vitis yanshanensis*** C.L. Li

原生。华东分布：江西。

浙江蘡薁 ***Vitis zhejiang-adstricta*** P.L. Chiu

原生。华东分布：浙江。

白粉藤属 *Cissus*

（葡萄科 Vitaceae）

毛叶苦郎藤 ***Cissus aristata*** Blume

别名：毛叶白粉藤（江西植物志）

——*Cissus assamica* var. *pilosissima* Gagnep.（江西植物志）

原生。华东分布：江西。

苦郎藤 ***Cissus assamica*** (M.A. Lawson) Craib

原生。华东分布：福建、江西。

翅茎白粉藤 ***Cissus hexangularis*** Thorel ex Planch.

原生。华东分布：福建。

鸡心藤 ***Cissus kerrii*** Craib

原生。华东分布：福建。

翼茎白粉藤 ***Cissus pteroclada*** Hayata

别名：戟叶白粉藤（福建植物志）

——"*Cissus hastata*"=*Cissus pteroclada* Hayata（误用名。福建植物志）

原生。华东分布：福建。

白粉藤 ***Cissus repens*** Lam.

原生。华东分布：福建、江西。

大麻藤属 *Cayratia*

（葡萄科 Vitaceae）

白毛乌蔹莓 ***Cayratia albifolia*** C.L. Li

别名：白毛乌敛莓（江西种子植物名录），脱毛乌蔹莓（江西

植物志），樱叶乌蔹莓（安徽植物志、福建植物志、江西种子植物名录、浙江植物志）
——*Cayratia albifolia* var. *glabra* (Gagnep.) C.L. Li（江西植物志）
——*Cayratia oligocarpa* var. *glabra* (Gagnep.) Rehder（安徽植物志、福建植物志、江西种子植物名录、浙江植物志）
原生。华东分布：安徽、福建、江西、浙江。
尖叶乌蔹莓 *Cayratia japonica* var. ***pseudotrifolia*** (W.T. Wang) C.L. Li
原生。华东分布：江西。

乌蔹莓属 *Causonis*

（葡萄科 Vitaceae）

角花乌蔹莓 *Causonis corniculata* (Benth.) J. Wen & L.M. Lu
别名：角花乌敛莓（江西种子植物名录）
——*Cayratia corniculata* (Benth.) Gagnep.（安徽植物志、福建植物志、江西植物志、江西种子植物名录）
原生。华东分布：安徽、福建、江西。
乌蔹莓 *Causonis japonica* (Thunb.) Raf.
别名：乌敛莓（江西种子植物名录）
——*Cayratia japonica* (Thunb.) Gagnep.（安徽植物志、福建植物志、江苏植物志 第2版、江西植物志、江西种子植物名录、山东植物志、上海维管植物名录、浙江植物志）
原生。华东分布：安徽、福建、江苏、江西、山东、上海、浙江。
毛乌蔹莓 *Causonis japonica* var. ***mollis*** (Wall. ex M.A. Lawson) Momiy.
别名：车锁藤（Additions to the Flora of Zhejiang）
——*Cayratia japonica* var. *pubifolia* Merr. & Chun（Additions to the Flora of Zhejiang）
原生。华东分布：浙江。
山地乌敛莓 *Causonis montana* Z.H. Chen, Y.F. Lu & X.F. Jin
原生。华东分布：浙江。
文采乌蔹莓 *Causonis wentsiana* Z.H. Chen, F. Chen & X.F. Jin
原生。华东分布：浙江。

拟乌蔹莓属 *Pseudocayratia*

（葡萄科 Vitaceae）

华中拟乌蔹莓 *Pseudocayratia oligocarpa* (H. Lév. & Vaniot) J. Wen & L.M. Lu
别名：大叶乌蔹莓（福建植物志、浙江植物志），大叶乌莓蔹（安徽植物志），华中乌蔹莓（江西种子植物名录）
——*Cayratia oligocarpa* (H. Lév. & Vaniot) Gagnep.（安徽植物志、福建植物志、江西种子植物名录、浙江植物志）
原生。华东分布：安徽、福建、江西、浙江。
华东拟乌蔹莓 *Pseudocayratia orientalisinensis* Z.H. Chen, W.Y. Xie & X.F. Jin
原生。华东分布：浙江。
拟乌蔹莓 *Pseudocayratia speciosa* J. Wen & L.M. Lu
原生。华东分布：福建、江西、浙江。

崖爬藤属 *Tetrastigma*

（葡萄科 Vitaceae）

尾叶崖爬藤 *Tetrastigma caudatum* Merr. & Chun
原生。华东分布：江西。
三叶崖爬藤 *Tetrastigma hemsleyanum* Diels & Gilg
原生。华东分布：安徽、福建、江苏、江西、浙江。
金秀崖爬藤 *Tetrastigma jinxiuense* C.L. Li
原生。濒危（EN）。华东分布：江西。
崖爬藤 *Tetrastigma obtectum* (Wall. ex M.A. Lawson) Planch. ex Franch.
别名：毛叶崖爬藤（江西植物志、江西种子植物名录）
——*Tetrastigma obtectum* var. *pilosum* Gagnep.（江西植物志、江西种子植物名录）
原生。华东分布：江西。
无毛崖爬藤 *Tetrastigma obtectum* var. ***glabrum*** (H. Lév.) Gagnep.
——"*Tetrastigma obtectum* var. *glaburm*"=*Tetrastigma obtectum* var. *glabrum* (H. Lév.) Gagnep.（拼写错误。江西种子植物名录）
原生。华东分布：福建、江西、浙江。
海南崖爬藤 *Tetrastigma papillatum* (Hance) C.Y. Wu
原生。华东分布：江西。
扁担藤 *Tetrastigma planicaule* (Hook. f.) Gagnep.
原生。华东分布：福建、江西。
石生崖爬藤 *Tetrastigma rupestre* Planch.
原生。华东分布：浙江。

蒺藜科 Zygophyllaceae

蒺藜属 *Tribulus*

（蒺藜科 Zygophyllaceae）

蒺藜 *Tribulus terrestris* L.
——"*Tribulus terrestis*"=*Tribulus terrestris* L.（拼写错误。江西种子植物名录）
原生。华东分布：安徽、福建、江苏、江西、山东、上海、浙江。

豆科 Fabaceae

紫荆属 *Cercis*

（豆科 Fabaceae）

紫荆 *Cercis chinensis* Bunge
别名：短毛紫荆（江苏植物志 第2版）
——*Cercis chinensis* f. *pubescens* C.F. Wei（江苏植物志 第2版）
原生、栽培。华东分布：安徽、福建、江苏、江西、山东、上海、浙江。
白花紫荆 *Cercis chinensis* 'Alba'
——*Cercis chinensis* f. *alba* S.C. Hsu（福建植物志、江苏植物志 第2版、江西植物志）
原生、栽培。华东分布：福建、江苏、江西。
黄山紫荆 *Cercis chingii* Chun
别名：无毛黄山紫荆［New Materials in Flora of Zhejiang Province (II)］
——*Cercis chingii* var. *glabrata* G.Y. Li & Z.H. Chen［New Materials in Flora of Zhejiang Province (II)］
原生、栽培。濒危（EN）。华东分布：安徽、浙江。
白花黄山紫荆 *Cercis chingii* 'Albiflora'
——*Cercis chingii* f. *albiflora* S.H. Jin & D.D. Ma（*Cercis chingii* f. *albiflora*: a New Forma of *Cercis chingii*）

原生。华东分布：浙江。

广西紫荆 *Cercis chuniana* F.P. Metcalf

别名：陈氏紫荆（福建植物志），广西柴荆（江西植物志）

原生。华东分布：福建、江西、浙江。

湖北紫荆 *Cercis glabra* Pamp.

别名：巨紫荆（安徽植物志、浙江植物志）

——"*Cercis gigantea* W.C. Cheng & Keng f."=*Cercis glabra* Pamp.（名称未合格发表。安徽植物志、浙江植物志）

原生、栽培。华东分布：安徽、浙江。

火索藤属 *Phanera*

（豆科 Fabaceae）

阔裂叶龙须藤 *Phanera apertilobata* (Merr. & F.P. Metcalf) K.W. Jiang

别名：宽裂叶羊蹄甲（江西植物志），阔裂叶羊蹄甲（福建植物志、江西种子植物名录）

——*Bauhinia apertilobata* Merr. & F.P. Metcalf（福建植物志、江西植物志、江西种子植物名录）

原生。近危（NT）。华东分布：福建、江西。

龙须藤 *Phanera championii* Benth.

别名：英德羊蹄甲（江西植物志）

——*Bauhinia championii* (Benth.) Benth.（福建植物志、江西植物志、江西种子植物名录、浙江植物志）

——*Bauhinia championii* var. *yingtakensis* (Merr. & F.P. Metcalf) T.C. Chen（江西植物志）

原生。华东分布：福建、江西、浙江。

首冠藤属 *Cheniella*

（豆科 Fabaceae）

首冠藤 *Cheniella corymbosa* (Roxb. ex DC.) R. Clark & Mackinder

——*Bauhinia corymbosa* Roxb. ex DC.（福建植物志、江西植物志）

原生。华东分布：福建、江西。

粉叶首冠藤 *Cheniella glauca* (Benth.) R. Clark & Mackinder

别名：粉叶羊蹄甲（福建植物志、江西植物志、江西种子植物名录、浙江植物志），湖北羊蹄甲（江西植物志、江西种子植物名录）

——*Bauhinia glauca* (Wall. ex Benth.) Benth.（福建植物志、江西植物志、江西种子植物名录、浙江植物志）

——*Bauhinia glauca* subsp. *hupehana* (Craib) T. Chen（江西植物志）

原生。华东分布：福建、江西、浙江。

细花首冠藤 *Cheniella tenuiflora* (Watt ex C.B. Clarke) R. Clark & Mackinder

别名：湖北羊蹄甲（江西植物志、江西种子植物名录）

——"*Bauhinia hupeana*"=*Bauhinia hupehana* Craib（拼写错误。江西种子植物名录）

原生。华东分布：江西。

油楠属 *Sindora*

（豆科 Fabaceae）

油楠 *Sindora glabra* Merr. ex de Wit

原生。易危（VU）。华东分布：福建。

任豆属 *Zenia*

（豆科 Fabaceae）

任豆 *Zenia insignis* Chun

原生。易危（VU）。华东分布：江西。

肥皂荚属 *Gymnocladus*

（豆科 Fabaceae）

肥皂荚 *Gymnocladus chinensis* Baill.

原生。华东分布：安徽、福建、江苏、江西、浙江。

皂荚属 *Gleditsia*

（豆科 Fabaceae）

华南皂荚 *Gleditsia fera* (Lour.) Merr.

原生。华东分布：江西。

山皂荚 *Gleditsia japonica* Miq.

别名：日本皂荚（福建植物志）

原生。华东分布：安徽、福建、江苏、江西、山东、上海、浙江。

野皂荚 *Gleditsia microphylla* D.A. Gordon ex Y.T. Lee

原生。华东分布：安徽、江苏、山东。

皂荚 *Gleditsia sinensis* Lam.

原生、栽培。华东分布：安徽、福建、江苏、江西、山东、浙江。

决明属 *Senna*

（豆科 Fabaceae）

翅荚决明 *Senna alata* (L.) Roxb.

外来、栽培。华东分布：福建。

双荚决明 *Senna bicapsularis* Roxb.

外来、栽培。华东分布：福建、江西、浙江。

伞房决明 *Senna corymbosa* (Lam.) H.S.Irwin & Barneby

外来、栽培。华东分布：安徽、福建、江苏、江西、上海、浙江。

望江南 *Senna occidentalis* (L.) Link

——*Cassia occidentalis* L.（安徽植物志、福建植物志、江西植物志、江西种子植物名录、山东植物志、浙江植物志）

外来、栽培。华东分布：安徽、福建、江苏、江西、山东、上海、浙江。

槐叶决明 *Senna sophera* (L.) Roxb.

别名：茳芒决明（江西种子植物名录）

——"*Cassia sophora*"=*Cassia sophera* L.（拼写错误。江西种子植物名录）

——*Cassia sophera* L.（江西植物志）

——*Cassia sophora* Collad.（浙江植物志）

外来、栽培。华东分布：江西、福建、浙江。

决明 *Senna tora* (L.) Roxb.

原生。华东分布：安徽、福建、江苏、江西、山东、上海、浙江。

山扁豆属 *Chamaecrista*

（豆科 Fabaceae）

大叶山扁豆 *Chamaecrista leschenaultiana* (DC.) O. Deg.

别名：短叶决明（安徽植物志、福建植物志、江西植物志、江西种子植物名录、浙江植物志）

——"*Cassia leschenaultana*"=*Cassia leschenaultiana* DC.（拼写错误。安徽植物志）

——*Cassia leschenaultiana* DC.（福建植物志、江西植物志、江

西种子植物名录、浙江植物志）
原生。华东分布：安徽、福建、江苏、江西、上海、浙江。
含羞草山扁豆 *Chamaecrista mimosoides* (L.) Greene
别名：含羞草决明（福建植物志、江西种子植物名录、浙江植物志），含羞草叶决明（江西植物志），山扁豆（中国外来入侵植物名录、上海维管植物名录）
——*Cassia mimosoides* L.（福建植物志、江西植物志、江西种子植物名录、浙江植物志）
外来。华东分布：福建、江西、山东、上海、浙江。
豆茶山扁豆 *Chamaecrista nomame* (Makino) H. Ohashi
别名：豆茶决明（安徽植物志、江苏植物志 第2版、江西植物志、山东植物志、上海维管植物名录、浙江植物志）
——*Cassia nomame* (Makino) Kitag.（安徽植物志、江西植物志、山东植物志、浙江植物志）
——*Senna nomame* (Makino) T.C. Chen（上海维管植物名录）
原生。华东分布：安徽、江苏、江西、山东、上海、浙江。

小凤花属 *Caesalpinia*

（豆科 Fabaceae）

南天藤 *Caesalpinia crista* L.
别名：华南云实（福建植物志）
原生。华东分布：福建。
乌爪簕 *Caesalpinia vernalis* Champ. ex Benth.
别名：春云实（福建植物志、浙江植物志）
原生。华东分布：福建、浙江。

鹰叶刺属 *Guilandina*

（豆科 Fabaceae）

喙荚鹰叶刺 *Guilandina minax* (Hance) G.P. Lewis.
别名：南蛇筋（福建植物志）
——*Caesalpinia minax* Hance（福建植物志）
原生。华东分布：福建。

云实属 *Biancaea*

（豆科 Fabaceae）

云实 *Biancaea decapetala* (Roth) O. Deg.
别名：毛云实（江西种子植物名录、浙江植物志）
——*Caesalpinia decapetala* (Roth) Alston（安徽植物志、福建植物志、江苏植物志 第2版、江西植物志、江西种子植物名录、上海维管植物名录、浙江植物志）
——*Caesalpinia decapetala* var. *pubescens* (Tang & F.T. Wang) X.Y. Zhu（江西种子植物名录、浙江植物志）
原生。华东分布：安徽、福建、江苏、江西、上海、浙江。
小叶云实 *Biancaea millettii* (Hook. & Arn.) Gagnon & G.P. Lewis
——"*Caesalpinia milletii*"=*Caesalpinia millettii* Hook. & Arn.（拼写错误。江西种子植物名录）
——*Caesalpinia millettii* Hook. & Arn.（江西植物志）
原生。华东分布：江西。
苏木 *Biancaea sappan* (L.) Tod.
——*Caesalpinia sappan* L.（福建植物志）
原生。华东分布：福建。

老虎刺属 *Pterolobium*

（豆科 Fabaceae）

老虎刺 *Pterolobium punctatum* Hemsl.
——"*Pterolobium punctum*"=*Pterolobium punctatum* Hemsl.（拼写错误。福建植物志）
原生。华东分布：福建、江西、浙江。

盾柱木属 *Peltophorum*

（豆科 Fabaceae）

银珠 *Peltophorum dasyrrhachis* var. ***tonkinensis*** (Pierre) K. Larsen & S.S. Larsen
——*Peltophorum tonkinense* (Pierre) Gagnep.（FOC）
原生。濒危（EN）。华东分布：福建。

格木属 *Erythrophleum*

（豆科 Fabaceae）

格木 *Erythrophleum fordii* Oliv.
原生。易危（VU）。华东分布：福建。

榼藤属 *Entada*

（豆科 Fabaceae）

榼藤 *Entada phaseoloides* (L.) Merr.
别名：盖藤子（福建植物志）
原生。濒危（EN）。华东分布：福建。
眼镜豆 *Entada rheedii* Spreng.
原生。华东分布：福建。

海红豆属 *Adenanthera*

（豆科 Fabaceae）

海红豆 *Adenanthera microsperma* Teijsm. & Binn.
——"*Adenanthera pavonina*"=*Adenanthera microsperma* Teijsm. & Binn.（误用名。福建植物志）
原生。华东分布：福建。

假含羞草属 *Neptunia*

（豆科 Fabaceae）

假含羞草 *Neptunia plena* (L.) Benth.
外来。华东分布：福建。

银合欢属 *Leucaena*

（豆科 Fabaceae）

银合欢 *Leucaena leucocephala* (Lam.) de Wit
外来。华东分布：福建、江西、浙江。

金合欢属 *Vachellia*

（豆科 Fabaceae）

金合欢 *Vachellia farnesiana* (L.) Wight & Arn.
——*Acacia farnesiana* (L.) Willd.（福建植物志、中国外来入侵植物名录）
外来、栽培。华东分布：福建、浙江。

含羞草属 *Mimosa*

（豆科 Fabaceae）

光荚含羞草 *Mimosa bimucronata* (DC.) Kuntze
外来、栽培。华东分布：福建、江西、浙江。
无刺巴西含羞草 *Mimosa diplotricha* var. ***inermis*** (Adelb.) Alam &

Yusuf
别名：无刺含羞草（福建植物志）
——*Mimosa invisa* var. *inermis* Adelb.（福建植物志）
外来。华东分布：福建。
含羞草 ***Mimosa pudica*** L.
外来、栽培。华东分布：福建。

儿茶属 *Senegalia*

（豆科 Fabaceae）

海南藤儿茶 ***Senegalia hainanensis*** (Hayata) H. Sun
别名：海南羽叶金合欢（FOC）
——*Acacia pennata* subsp. *hainanensis* (Hayata) I.C. Nielsen（FOC）
原生。华东分布：福建。
东方儿茶 ***Senegalia orientalis*** Maslin, B.C. Ho, H. Sun & L. Bai
别名：东方金合欢［Revision of *Senegalia* in China, and Notes on Introduced Species of *Acacia*, *Acaciella*, *Senegalia* and *Vachellia* (Leguminosae: Mimosoideae)］
原生。华东分布：福建。
臭菜藤 ***Senegalia pennata*** (L.) Maslin
别名：蛇藤合欢（福建植物志），羽叶金合欢（浙江植物志）
——*Acacia pennata* (L.) Willd.（福建植物志、浙江植物志）
原生。华东分布：福建、浙江。
皱荚藤儿茶 ***Senegalia rugata*** (Lam.) Britton & Rose
别名：藤金合欢（福建植物志、江西植物志、江西种子植物名录、浙江植物志）
——"*Acacia vietnamensis*"=*Senegalia rugata* (Lam.) Britton & Rose（误用名。浙江植物志）
——*Acacia sinuata* (Lour.) Merr.（福建植物志、江西植物志、江西种子植物名录）
原生。华东分布：福建、江西、浙江。

合欢属 *Albizia*

（豆科 Fabaceae）

楹树 ***Albizia chinensis*** (Osbeck) Merr.
原生。华东分布：江西。
天香藤 ***Albizia corniculata*** (Lour.) Druce
别名：刺藤（福建植物志）
原生。华东分布：福建。
合欢 ***Albizia julibrissin*** Durazz.
——"*Albizzia julibrissin*"=*Albizia julibrissin* Durazz.（拼写错误。江西种子植物名录）
原生、栽培。华东分布：安徽、福建、江苏、江西、浙江。
山槐 ***Albizia kalkora*** (Roxb.) Prain
别名：山合欢（安徽植物志、福建植物志、江苏植物志 第2版、江西植物志、江西种子植物名录、山东植物志、浙江植物志）
——"*Albizia macrophylla* (Bge.) P.C. Huang"(=*Albizia microphylla* J.F. Macbr.）=*Albizia kalkora* (Roxb.) Prain（拼写错误；名称未合格发表；误用名。安徽植物志）
——"*Albizzia kalkora*"=*Albizia kalkora* (Roxb.) Prain（拼写错误。江西种子植物名录）
原生。华东分布：安徽、福建、江苏、江西、山东、上海、浙江。
香合欢 ***Albizia odoratissima*** (L. f.) Benth.
原生。华东分布：福建。

猴耳环属 *Archidendron*

（豆科 Fabaceae）

猴耳环 ***Archidendron clypearia*** (Jack) I.C. Nielsen
——*Pithecellobium clypearia* (Jack) Benth.（福建植物志、江西植物志、江西种子植物名录、浙江植物志）
原生。华东分布：福建、江西、浙江。
亮叶猴耳环 ***Archidendron lucidum*** (Benth.) I.C. Nielsen
——*Pithecellobium lucidum* Benth.（福建植物志、江西植物志、江西种子植物名录、浙江植物志）
原生。华东分布：福建、江西、浙江。
薄叶猴耳环 ***Archidendron utile*** (Chun & F.C. How) I.C. Nielsen
——*Pithecellobium utile* Chun & F.C. How（福建植物志、浙江植物志）
原生。华东分布：福建、浙江。

相思树属 *Acacia*

（豆科 Fabaceae）

银荆 ***Acacia dealbata*** Link
别名：银荆树（浙江植物志）
外来、栽培。华东分布：福建、江西、上海、浙江。
黑荆 ***Acacia mearnsii*** De Wild.
外来、栽培。华东分布：福建、江西、浙江。

翅荚香槐属 *Platyosprion*

（豆科 Fabaceae）

翅荚香槐 ***Platyosprion platycarpum*** (Maxim.) Maxim.
别名：狭翅香槐（安徽植物志）
——*Cladrastis platycarpa* (Maxim.) Makino（安徽植物志、江苏植物志 第2版、江西植物志、江西种子植物名录、浙江植物志）
原生。华东分布：安徽、江苏、江西、浙江。

香槐属 *Cladrastis*

（豆科 Fabaceae）

秦氏香槐 ***Cladrastis chingii*** Duley & Vincent
原生。华东分布：浙江。
小花香槐 ***Cladrastis delavayi*** (Franch.) Prain
——*Cladrastis sinensis* Hemsl.（福建植物志）
原生。华东分布：福建。
香槐 ***Cladrastis wilsonii*** Takeda
原生。华东分布：安徽、福建、江西、浙江。

红豆属 *Ormosia*

（豆科 Fabaceae）

长脐红豆 ***Ormosia balansae*** Drake
原生。近危（NT）。华东分布：江西。
厚荚红豆 ***Ormosia elliptica*** Q.W. Yao & R.H. Chang
原生。华东分布：福建。
肥荚红豆 ***Ormosia fordiana*** Oliv.
原生。华东分布：江西。
光叶红豆 ***Ormosia glaberrima*** Y.C. Wu
原生。易危（VU）。华东分布：江西。
花榈木 ***Ormosia henryi*** Prain

原生、栽培。易危（VU）。华东分布：安徽、福建、江苏、江西、浙江。

红豆树 ***Ormosia hosiei*** Hemsl. & E.H. Wilson

原生、栽培。濒危（EN）。华东分布：福建、江苏、江西、浙江。

韧荚红豆 ***Ormosia indurata*** H.Y. Chen

原生。近危（NT）。华东分布：福建。

绒毛小叶红豆 ***Ormosia microphylla*** var. ***tomentosa*** R.H. Chang

原生。华东分布：福建。

秃叶红豆 ***Ormosia nuda*** (F.C. How) R.H. Chang & Q.W. Yao

原生。华东分布：江西。

软荚红豆 ***Ormosia semicastrata*** Hance

别名：苍叶红豆（江西植物志、江西种子植物名录）

——*Ormosia semicastrata* f. *pallida* F.C. How（江西植物志、江西种子植物名录）

原生。华东分布：福建、江西。

木荚红豆 ***Ormosia xylocarpa*** Chun ex Merr. & H.Y. Chen

原生。华东分布：福建、江西。

野决明属 *Thermopsis*

（豆科 Fabaceae）

霍州油菜 ***Thermopsis chinensis*** Benth. ex S. Moore

别名：小叶野决明（安徽植物志、江苏植物志 第2版、江西种子植物名录、浙江植物志）

原生。华东分布：安徽、江苏、江西、上海、浙江。

披针叶野决明 ***Thermopsis lanceolata*** R. Brown

原生。华东分布：山东。

野决明 ***Thermopsis lupinoides*** (L.) Link

——*Thermopsis fabacea* (Pall.) DC.（上海维管植物名录）

原生。华东分布：上海。

马鞍树属 *Maackia*

（豆科 Fabaceae）

朝鲜槐 ***Maackia amurensis*** Rupr.

别名：怀槐（山东植物志）

原生。华东分布：山东。

浙江马鞍树 ***Maackia chekiangensis*** S.S. Chien

原生。濒危（EN）。华东分布：安徽、江西、浙江。

马鞍树 ***Maackia hupehensis*** Takeda

——*Maackia chinensis* Takeda（安徽植物志、浙江植物志）

原生。华东分布：安徽、江苏、江西、浙江。

光叶马鞍树 ***Maackia tenuifolia*** (Hemsl.) Hand.-Mazz.

原生。华东分布：安徽、江苏、江西、浙江。

山豆根属 *Euchresta*

（豆科 Fabaceae）

山豆根 ***Euchresta japonica*** Hook. f. ex Regel

别名：三小叶山豆根（江西种子植物名录），三叶山豆根（浙江植物志）

——*Euchresta trifoliolata* Merr.（江西种子植物名录）

原生。易危（VU）。华东分布：安徽、江西、浙江。

管萼山豆根 ***Euchresta tubulosa*** Dunn

原生。华东分布：江西。

苦参属 *Sophora*

（豆科 Fabaceae）

短蕊槐 ***Sophora brachygyna*** C.Y. Ma

原生。华东分布：江西、浙江。

白刺花 ***Sophora davidii*** (Franch.) Pavol.

原生。华东分布：江苏、江西、浙江。

苦参 ***Sophora flavescens*** Aiton

原生。华东分布：安徽、福建、江苏、江西、山东、浙江。

红花苦参 ***Sophora flavescens*** var. ***galegoides*** (Pall.) DC.

原生。华东分布：安徽、浙江。

毛苦参 ***Sophora flavescens*** var. ***kronei*** (Hance) C.Y. Ma

原生。华东分布：江苏。

闽槐 ***Sophora franchetiana*** Dunn

——"*Sophora frachetiana*"=*Sophora franchetiana* Dunn（拼写错误。浙江植物志）

原生。华东分布：福建、江西、浙江。

槐 ***Sophora japonica*** L.

原生、栽培。华东分布：安徽、福建、江苏、江西、山东、上海、浙江。

猪屎豆属 *Crotalaria*

（豆科 Fabaceae）

翅托叶猪屎豆 ***Crotalaria alata*** Buch.-Ham. ex D. Don

原生。华东分布：福建。

响铃豆 ***Crotalaria albida*** B. Heyne ex Roth

原生。华东分布：安徽、福建、江西、浙江。

大猪屎豆 ***Crotalaria assamica*** Benth.

原生。华东分布：安徽、江西、上海。

长萼猪屎豆 ***Crotalaria calycina*** Schrank

别名：长萼野百合（福建植物志）

原生。华东分布：福建、江西。

中国猪屎豆 ***Crotalaria chinensis*** L.

别名：华百合（福建植物志），华野百合（江西种子植物名录、浙江植物志）

原生。华东分布：安徽、福建、江苏、江西、浙江。

假地蓝 ***Crotalaria ferruginea*** Graham ex Benth.

别名：假地兰（福建植物志）

原生。华东分布：安徽、福建、江苏、江西、浙江。

长果猪屎豆 ***Crotalaria lanceolata*** E. Mey.

外来。华东分布：福建。

线叶猪屎豆 ***Crotalaria linifolia*** L. f.

原生。华东分布：福建、江西。

假苜蓿 ***Crotalaria medicaginea*** Lam.

原生。华东分布：江西。

三尖叶猪屎豆 ***Crotalaria micans*** Link

——*Crotalaria anagyroides* Kunth（福建植物志）

外来。华东分布：福建。

猪屎豆 ***Crotalaria pallida*** Aiton

外来。华东分布：福建、浙江。

农吉利 ***Crotalaria sessiliflora*** L.

别名：野百合（安徽植物志、福建植物志、江苏植物志 第2版、

江西植物志、江西种子植物名录、山东植物志、上海维管植物名录、浙江植物志）
原生。华东分布：安徽、福建、江苏、江西、山东、上海、浙江。
大托叶猪屎豆 *Crotalaria spectabilis* Roth
原生。华东分布：安徽、福建、江苏、江西、上海、浙江。
天台猪屎豆 *Crotalaria tiantaiensis* Y.C. Jiang, X.Y. Zhu, Y.F. Du & H. Ohashi
原生。华东分布：浙江。
光萼猪屎豆 *Crotalaria trichotoma* Bojer
别名：光萼野百合（福建植物志）
——*Crotalaria zanzibarica* Benth.（福建植物志）
外来。华东分布：福建。
多疣猪屎豆 *Crotalaria verrucosa* L.
别名：多疣野百合（福建植物志）
原生。华东分布：福建。

紫穗槐属 *Amorpha*

（豆科 Fabaceae）

紫穗槐 *Amorpha fruticosa* L.
外来、栽培。华东分布：安徽、福建、江苏、江西、山东、上海、浙江。

丁癸草属 *Zornia*

（豆科 Fabaceae）

丁癸草 *Zornia gibbosa* Span.
别名：丁葵草（福建植物志、江西植物志），二叶丁癸草（浙江植物志）
——*Zornia cantoniensis* Mohlenbr.（福建植物志、江西种子植物名录、浙江植物志）
原生。华东分布：福建、江西、浙江。

黄檀属 *Dalbergia*

（豆科 Fabaceae）

秧青 *Dalbergia assamica* Benth.
别名：南岭黄檀（福建植物志、江西植物志、江西种子植物名录、浙江植物志）
——*Dalbergia balansae* Prain（福建植物志、江西植物志、江西种子植物名录、浙江植物志）
原生。濒危（EN）。华东分布：福建、江西、浙江。
两粤黄檀 *Dalbergia benthamii* Prain
——"*Dalbergia benthamil*"=*Dalbergia benthamii* Prain（拼写错误。江西种子植物名录）
原生。华东分布：福建、江西。
大金刚藤 *Dalbergia dyeriana* Prain
别名：大金刚藤黄檀（安徽植物志、江西种子植物名录）
原生。华东分布：安徽、江西、浙江。
藤黄檀 *Dalbergia hancei* Benth.
原生。华东分布：安徽、福建、江苏、江西、浙江。
黄檀 *Dalbergia hupeana* Hance
原生。近危（NT）。华东分布：安徽、福建、江苏、江西、山东、上海、浙江。
香港黄檀 *Dalbergia millettii* Benth.
原生。华东分布：福建、江西、浙江。
象鼻藤 *Dalbergia mimosoides* Franch.
别名：含羞草叶黄檀（江西种子植物名录）
原生。华东分布：江西。
降香 *Dalbergia odorifera* T.C. Chen
别名：降香黄檀（FOC）
原生。极危（CR）。华东分布：福建、浙江。
狭叶黄檀 *Dalbergia stenophylla* Prain
原生。华东分布：浙江。

合萌属 *Aeschynomene*

（豆科 Fabaceae）

合萌 *Aeschynomene indica* L.
别名：田皂角（江西植物志、山东植物志）
原生。华东分布：安徽、福建、江苏、江西、山东、上海、浙江。

坡油甘属 *Smithia*

（豆科 Fabaceae）

缘毛合叶豆 *Smithia ciliata* Royle
原生。华东分布：浙江。
密节坡油甘 *Smithia conferta* Sm.
别名：密节施氏豆（福建植物志）
原生。华东分布：福建。
坡油甘 *Smithia sensitiva* Aiton
原生。华东分布：福建、江西。

落花生属 *Arachis*

（豆科 Fabaceae）

蔓花生 *Arachis duranensis* Krapov. & W.C. Greg.
外来、栽培。华东分布：福建。

笔花豆属 *Stylosanthes*

（豆科 Fabaceae）

圭亚那笔花豆 *Stylosanthes guianensis* (Aubl.) Sw.
外来、栽培。华东分布：福建、浙江。

藤槐属 *Bowringia*

（豆科 Fabaceae）

藤槐 *Bowringia callicarpa* Champ. ex Benth.
原生。华东分布：福建。

木蓝属 *Indigofera*

（豆科 Fabaceae）

多花木蓝 *Indigofera amblyantha* Craib
别名：多花槐蓝（安徽植物志）
原生。华东分布：安徽、江苏、江西、浙江。
深紫木蓝 *Indigofera atropurpurea* Buch.-Ham. ex Hornem.
原生。华东分布：江西。
河北木蓝 *Indigofera bungeana* Walp.
别名：本氏槐蓝（安徽植物志），本氏木蓝（山东植物志），马棘（安徽植物志、福建植物志、江苏植物志 第2版、江西植物志、江西种子植物名录、浙江植物志），野木蓝（江西种子植物名录）
——*Indigofera pseudotinctoria* Matsum.（安徽植物志、福建植物志、江苏植物志 第2版、江西植物志、江西种子植物名录、浙江植物志）

原生。华东分布：安徽、福建、江苏、江西、山东、上海、浙江。

苏木蓝 ***Indigofera carlesii*** Craib

别名：苏槐蓝（安徽植物志）

原生。华东分布：安徽、江苏、江西、浙江。

南京木蓝 ***Indigofera chenii*** S.S. Chien

原生。极危（CR）。华东分布：江苏。

庭藤 ***Indigofera decora*** Lindl.

原生。华东分布：安徽、福建、江苏、江西、浙江。

宁波木蓝 ***Indigofera decora*** var. ***cooperi*** (Craib) Y.Y. Fang & C.Z. Zheng

别名：宁波槐蓝（安徽植物志）

原生。华东分布：安徽、福建、江西、浙江。

宜昌木蓝 ***Indigofera decora*** var. ***ichangensis*** (Craib) Y.Y. Fang & C.Z. Zheng

别名：宜昌槐蓝（安徽植物志）

原生。华东分布：安徽、福建、江西、浙江。

华东木蓝 ***Indigofera fortunei*** Craib

别名：华东槐蓝（安徽植物志）

原生。华东分布：安徽、福建、江苏、江西、上海、浙江。

穗序木蓝 ***Indigofera hendecaphylla*** Jacq.

别名：穗花槐兰（福建植物志），穗花槐蓝（江西种子植物名录）

——"*Indigofera spicata*"=*Indigofera hendecaphylla* Jacq.（误用名。福建植物志、江西种子植物名录）

原生。华东分布：福建、江西。

硬毛木蓝 ***Indigofera hirsuta*** L.

别名：毛槐兰（福建植物志）

原生。华东分布：福建、浙江。

花木蓝 ***Indigofera kirilowii*** Maxim. ex Palibin

原生。华东分布：江苏、江西、山东。

九叶木蓝 ***Indigofera linnaei*** Ali

别名：九叶槐兰（福建植物志）

——"*Indigofera enneaphylla*"=*Indigofera linnaei* Ali（误用名。福建植物志）

原生。华东分布：福建。

光叶木蓝 ***Indigofera neoglabra*** F.T. Wang & Tang

原生。华东分布：浙江。

黑叶木蓝 ***Indigofera nigrescens*** Kurz ex King & Prain

别名：黑叶槐兰（福建植物志）

原生。华东分布：福建、江西、浙江。

浙江木蓝 ***Indigofera parkesii*** Craib

别名：浙江槐蓝（安徽植物志）

原生。华东分布：安徽、福建、江西、浙江。

长总梗木蓝 ***Indigofera parkesii*** var. ***longipedunculata*** (Y.Y. Fang & C.Z. Zheng) X.F. Gao & Schrire

——*Indigofera longipedunculata* Y.Y. Fang & C.Z. Zheng（江西植物志、浙江植物志）

原生。华东分布：江西、浙江。

多叶浙江木蓝 ***Indigofera parkesii*** var. ***polyphylla*** Y.Y. Fang & C.Z. Zheng

别名：多叶槐蓝（安徽植物志）

——"*Indigofera parkesii* var. *polyphyalla*"=*Indigofera parkesii* var. *polyphylla* Y.Y. Fang & C.Z. Zheng（拼写错误。安徽植物志）

原生。华东分布：安徽。

腺毛木蓝 ***Indigofera scabrida*** Dunn

别名：腺毛槐兰（福建植物志）

原生。华东分布：福建。

福建木蓝 ***Indigofera sootepensis*** Craib

原生。华东分布：福建。

野青树 ***Indigofera suffruticosa*** Mill.

别名：假蓝靛（福建植物志）

外来。华东分布：福建、江西。

三叶木蓝 ***Indigofera trifoliata*** L.

原生。华东分布：江西。

尖叶木蓝 ***Indigofera zollingeriana*** Miq.

原生。华东分布：江西。

蝶豆属 *Clitoria*

（豆科 Fabaceae）

蝶豆 ***Clitoria ternatea*** L.

别名：蝴蝶花豆（福建植物志）

外来、栽培。华东分布：福建。

相思子属 *Abrus*

（豆科 Fabaceae）

相思子 ***Abrus precatorius*** L.

原生。华东分布：福建。

美丽相思子 ***Abrus pulchellus*** Thwaites

原生。华东分布：福建。

毛相思子 ***Abrus pulchellus*** subsp. ***mollis*** (Hance) Verdc.

——*Abrus mollis* Hance（福建植物志）

原生。华东分布：福建。

刀豆属 *Canavalia*

（豆科 Fabaceae）

狭刀豆 ***Canavalia lineata*** (Thunb.) DC.

别名：海刀豆（福建植物志、浙江植物志）

原生。华东分布：福建、浙江。

乳豆属 *Galactia*

（豆科 Fabaceae）

琉球乳豆 ***Galactia tashiroi*** Maxim.

别名：乳豆（江西植物志）

——*Galactia elliptifolia* Merr.（江西植物志）

原生。华东分布：福建、江西。

乳豆 ***Galactia tenuiflora*** (Willd.) Wight & Arn.

原生。华东分布：福建、江西。

灰毛豆属 *Tephrosia*

（豆科 Fabaceae）

白灰毛豆 ***Tephrosia candida*** DC.

别名：短萼灰叶（福建植物志）

外来、栽培。华东分布：福建。

灰毛豆 ***Tephrosia purpurea*** (L.) Pers.

原生。华东分布：福建。

黄灰毛豆 ***Tephrosia vestita*** Vogel

原生。华东分布：江西。

崖豆藤属 *Millettia*

（豆科 Fabaceae）

厚果崖豆藤 *Millettia pachycarpa* Benth.
原生。华东分布：福建、江西、浙江。

印度崖豆 *Millettia pulchra* (Benth.) Kurz
别名：印度崖豆藤（江西植物志）
原生。华东分布：江西。

华南小叶崖豆 *Millettia pulchra* var. ***chinensis*** Dunn
原生。近危（NT）。华东分布：福建。

疏叶崖豆 *Millettia pulchra* var. ***laxior*** (Dunn) Z. Wei
别名：疏叶崖豆藤（福建植物志、江西种子植物名录）
原生。华东分布：福建、江西。

绒毛崖豆 *Millettia velutina* Dunn
原生。华东分布：江西。

水黄皮属 *Pongamia*

（豆科 Fabaceae）

水黄皮 *Pongamia pinnata* (L.) Pierre
原生。华东分布：福建。

干花豆属 *Fordia*

（豆科 Fabaceae）

小叶干花豆 *Fordia microphylla* Dunn ex Z. Wei
原生。华东分布：福建。

鱼藤属 *Derris*

（豆科 Fabaceae）

锈毛鱼藤 *Derris ferruginea* Benth.
原生。华东分布：江西。

中南鱼藤 *Derris fordii* Oliv.
原生。华东分布：福建、江西、浙江。

亮叶中南鱼藤 *Derris fordii* var. ***lucida*** F. C. How
原生。华东分布：浙江。

边荚鱼藤 *Derris marginata* (Roxb.) Benth.
原生。华东分布：福建、江西。

鱼藤 *Derris trifoliata* Lour.
原生。华东分布：福建。

土圞儿属 *Apios*

（豆科 Fabaceae）

肉色土圞儿 *Apios carnea* (Wall.) Benth. ex Baker
原生。华东分布：福建、江西。

中华豆 *Apios chendezhaoana* (Y.K. Yang, L.H. Liu & J.K. Wu) B. Pan bis, X.L. Yu & F. Zhang
别名：南岭土圞儿［*Apios chendezhaoana* (Fabaceae), An Overlooked Species and A New Combination from China: Evidence from Morphological and Molecular Analyses］
原生。华东分布：福建、江西。

土圞儿 *Apios fortunei* Maxim.
——“*Apios fortunel*”=*Apios fortunei* Maxim.（拼写错误。江西种子植物名录）
原生。华东分布：安徽、福建、江苏、江西、山东、上海、浙江。

宿苞豆属 *Shuteria*

（豆科 Fabaceae）

西南宿苞豆 *Shuteria vestita* Wight & Arn.
别名：毛宿苞豆（江西植物志、江西种子植物名录）
——*Shuteria involucrata* var. *villosa* (Pamp.) H. Ohashi（江西种子植物名录）
——*Shuteria pampaniniana* Hand.-Mazz.（江西植物志）
原生。华东分布：江西。

油麻藤属 *Mucuna*

（豆科 Fabaceae）

白花油麻藤 *Mucuna birdwoodiana* Tutcher
别名：白花黎豆（福建植物志）
原生。华东分布：福建、江西、浙江。

闽油麻藤 *Mucuna cyclocarpa* F.P. Metcalf
别名：闽黎豆（福建植物志）
原生。华东分布：福建、江西。

褶皮油麻藤 *Mucuna lamellata* Wilmot-Dear
别名：宁油麻藤（安徽植物志、江西植物志、江西种子植物名录、浙江植物志），褶皮黧豆（江苏植物志 第2版）
——“*Mucuna paowashnica*”=*Mucuna paohwashanica* Tang & F.T. Wang（拼写错误。江西种子植物名录）
——*Mucuna paohwashanica* Tang & F.T. Wang（安徽植物志、江西植物志、浙江植物志）
原生。华东分布：安徽、江苏、江西、浙江。

油麻藤 *Mucuna sempervirens* Hemsl.
别名：常春黎豆（福建植物志），常春油麻藤（安徽植物志、江苏植物志 第2版、江西植物志、江西种子植物名录、上海维管植物名录、浙江植物志）
原生。华东分布：安徽、福建、江苏、江西、上海、浙江。

笐子梢属 *Campylotropis*

（豆科 Fabaceae）

笐子梢 *Campylotropis macrocarpa* (Bunge) Rehder
别名：杭子梢（安徽植物志、江苏植物志 第2版、江西植物志、江西种子植物名录、山东植物志、上海维管植物名录、浙江植物志）
——“*Campylotropsis macrocarpa*”=*Campylotropis macrocarpa* (Bunge) Rehder（拼写错误。江西种子植物名录）
原生。华东分布：安徽、福建、江苏、江西、山东、上海、浙江。

鸡眼草属 *Kummerowia*

（豆科 Fabaceae）

长萼鸡眼草 *Kummerowia stipulacea* (Maxim.) Makino
别名：短萼鸡眼草（浙江植物志）
——“*Kummerowia stipuiacea*”=*Kummerowia stipulacea* (Maxim.) Makino（拼写错误。安徽植物志）
原生。华东分布：安徽、福建、江苏、江西、山东、上海、浙江。

鸡眼草 *Kummerowia striata* (Thunb.) Schindl.
原生。华东分布：安徽、福建、江苏、江西、山东、上海、浙江。

胡枝子属 *Lespedeza*

（豆科 Fabaceae）

胡枝子 *Lespedeza bicolor* Turcz.
别名：圆叶胡枝子（安徽植物志）
原生。华东分布：安徽、福建、江苏、江西、山东、浙江。

绿叶胡枝子 *Lespedeza buergeri* Miq.
原生。华东分布：安徽、江苏、江西、上海、浙江。

长叶胡枝子 *Lespedeza caraganae* Bunge
别名：长叶铁扫帚（山东植物志）
原生。华东分布：江苏、山东。

中华胡枝子 *Lespedeza chinensis* G. Don
别名：短叶胡枝子（FOC）
——*Lespedeza mucronata* Ricker（FOC）
原生。华东分布：安徽、福建、江苏、江西、上海、浙江。

截叶铁扫帚 *Lespedeza cuneata* (Dum. Cours.) G. Don
原生。华东分布：安徽、福建、江苏、江西、山东、上海、浙江。

短梗胡枝子 *Lespedeza cyrtobotrya* Miq.
原生。华东分布：江苏、江西、山东、浙江。

兴安胡枝子 *Lespedeza daurica* (Laxm.) Schindl.
别名：达呼胡枝子（江西植物志），达呼里胡枝子（安徽植物志），达胡里胡枝子（山东植物志）
——"*Lespedeza davurica*"=*Lespedeza daurica* (Laxm.) Schindl.（拼写错误。安徽植物志、江苏植物志 第 2 版、山东植物志）
原生。华东分布：安徽、江苏、江西、山东。

大叶胡枝子 *Lespedeza davidii* Franch.
别名：少毛大叶胡枝子（江西植物志），无翅大叶胡枝子（浙江植物志）
——*Lespedeza davidii* var. *exalata* L.H. Lou（浙江植物志）
——*Lespedeza davidii* f. *glabrescens* S.S. Lai（江西植物志、江西植物志）
原生。华东分布：安徽、江苏、江西、上海、浙江。

春花胡枝子 *Lespedeza dunnii* Schindl.
别名：稀花胡枝子（浙江植物志）
——*Lespedeza metcalfii* Ricker（浙江植物志）
原生。近危（NT）。华东分布：安徽、福建、江西、浙江。

多花胡枝子 *Lespedeza floribunda* Bunge
原生。华东分布：安徽、福建、江苏、江西、山东、浙江。

广东胡枝子 *Lespedeza fordii* Schindl.
别名：南方胡枝子（安徽植物志）
原生。华东分布：安徽、江苏、江西、浙江。

阴山胡枝子 *Lespedeza inschanica* (Maxim.) Schindl.
原生。华东分布：江苏、山东。

江西胡枝子 *Lespedeza jiangxiensis* Bo Xu, X.F. Gao & Li Bing Zhang
原生。华东分布：江西。

尖叶铁扫帚 *Lespedeza juncea* (L. f.) Pers.
别名：尖叶胡枝子（山东植物志）
——*Lespedeza hedysaroides* (Pall.) Kitag.（山东植物志）
原生。华东分布：安徽、山东。

红花截叶铁扫帚 *Lespedeza lichiyuniae* T. Nemoto, H. Ohashi & T. Itoh
原生。华东分布：安徽、江苏、山东、浙江。

宽叶胡枝子 *Lespedeza maximowiczii* C.K. Schneid.
别名：假绿叶胡枝子（江西植物志），拟绿叶胡枝子（安徽植物志、江西种子植物名录、浙江植物志）
原生。华东分布：安徽、江苏、江西、浙江。

铁马鞭 *Lespedeza pilosa* (Thunb.) Sieb. & Zucc.
原生。华东分布：安徽、福建、江苏、江西、上海、浙江。

牛枝子 *Lespedeza potaninii* V.N. Vassil.
原生。华东分布：江苏。

日本胡枝子 *Lespedeza thunbergii* (DC.) Nakai
原生。华东分布：江苏。

椭圆叶胡枝子 *Lespedeza thunbergii* subsp. ***elliptica*** (Benth. ex Maxim.) H. Ohashi
别名：西南胡枝子（安徽植物志）
——*Lespedeza bicolor* subsp. *elliptica* (Benth. ex Maxim.) P.S. Hsu, X.Y. Li & D.X. Gu（安徽植物志）
原生。华东分布：安徽。

美丽胡枝子 *Lespedeza thunbergii* subsp. ***formosa*** (Vogel) H. Ohashi
别名：白花美丽胡枝子（浙江植物志），细枝美丽胡枝子（江西植物志），中华垂花胡枝子（浙江植物志）
——*Lespedeza bicolor* subsp. *formosa* (Vogel) P.S. Hsu, X.Y. Li & D.X. Gu（安徽植物志）
——*Lespedeza formosa* (Vogel) Koehne（福建植物志、江西植物志、江西种子植物名录、浙江植物志）
——*Lespedeza formosa* f. *albiflora* (Rick.) L.H. Lou（浙江植物志）
——*Lespedeza formosa* f. *gracilirama* S.S. Lai（江西植物志）
——*Lespedeza thunbergii* subsp. *cathayana* (L. Chu Li, Y.L. Lu & D.X. Gu ex P.S. Hsu) L. Chu Li, Y.L. Lu & D.X. Gu ex P.S. Hsu（浙江植物志）
原生。华东分布：安徽、福建、江苏、江西、上海、浙江。

绒毛胡枝子 *Lespedeza tomentosa* (Thunb.) Sieb. ex Maxim.
别名：毛胡枝子（山东植物志），毛叶胡枝子（安徽植物志），山豆花（福建植物志、江西植物志）
原生。华东分布：安徽、福建、江苏、江西、山东、上海、浙江。

路生胡枝子 *Lespedeza viatorum* Champ. ex Benth.
原生。华东分布：江西。

细梗胡枝子 *Lespedeza virgata* (Thunb.) DC.
原生。华东分布：安徽、福建、江苏、江西、山东、上海、浙江。

小槐花属 *Ohwia*

（豆科 Fabaceae）

小槐花 *Ohwia caudata* (Thunb.) H. Ohashi
——*Desmodium caudatum* (Thunb.) DC.（安徽植物志、福建植物志、江西植物志、江西种子植物名录、浙江植物志）
原生。华东分布：安徽、福建、江苏、江西、上海、浙江。

排钱树属 *Phyllodium*

（豆科 Fabaceae）

毛排钱树 *Phyllodium elegans* (Lour.) Desv.
别名：毛排钱草（福建植物志）
原生。华东分布：福建。

排钱树 *Phyllodium pulchellum* (L.) Desv.

别名：排钱草（福建植物志），排线草（江西植物志）
——*Desmodium pulchellum* (L.) Benth.（江西植物志）
原生。华东分布：福建、江西。

假木豆属 *Dendrolobium*

（豆科 Fabaceae）

小果单节假木豆 *Dendrolobium lanceolatum* var. ***microcarpum*** H. Ohashi
别名：小果假木豆（福建植物志）
原生。华东分布：福建。

葫芦茶属 *Tadehagi*

（豆科 Fabaceae）

蔓茎葫芦茶 *Tadehagi pseudotriquetrum* (DC.) H. Ohashi
——*Desmodium pseudotriquetrum* DC.（浙江植物志）
——*Tadehagi triquetrum* subsp. *pseudotriquetrum* (DC.) H. Ohashi（福建植物志）
原生。华东分布：福建、江西、浙江。
葫芦茶 *Tadehagi triquetrum* (L.) H. Ohashi
别名：葫芦条（江西植物志）
——*Desmodium triquetrum* (L.) DC.（江西植物志）
原生。华东分布：福建、江西。

长柄山蚂蝗属 *Hylodesmum*

（豆科 Fabaceae）

侧序长柄山蚂蝗 *Hylodesmum laterale* (Schindl.) H. Ohashi & R.R. Mill
别名：短柄山绿豆（福建植物志），海南山蚂蝗（江西植物志）
——*Desmodium hainanense* Isely（江西植物志）
——*Desmodium laxum* subsp. *laterale* (Schindl.) H. Ohashi（福建植物志）
原生。华东分布：福建、江西。
疏花长柄山蚂蝗 *Hylodesmum laxum* (DC.) H. Ohashi & R.R. Mill
别名：疏花山绿豆（福建植物志），疏花山蚂蝗（江西植物志）
——*Desmodium laxum* DC.（福建植物志、江西植物志）
原生。华东分布：福建、江西。
细长柄山蚂蝗 *Hylodesmum leptopus* (A. Gray ex Benth.) H. Ohashi & R.R. Mill
别名：细柄山绿豆（福建植物志），长果柄山蚂蝗（浙江植物志），长果山蚂蝗（江西植物志）
——*Desmodium laxum* subsp. *leptopus* (A. Gray ex Benth.) H. Ohashi（福建植物志）
——*Desmodium leptopus* A. Gray ex Benth.（江西植物志、浙江植物志）
原生。华东分布：福建、江西、浙江。
羽叶长柄山蚂蝗 *Hylodesmum oldhamii* (Oliv.) H. Ohashi & R.R. Mill
别名：羽叶山蚂蝗（安徽植物志、福建植物志、江西植物志、江西种子植物名录、浙江植物志）
——"*Podocarpium oldhami*"=*Podocarpium oldhamii* (Oliv.) Y.C. Yang & P.H. Huang（拼写错误。安徽植物志）
——*Desmodium oldhamii* Oliv.（福建植物志、江西植物志、江西种子植物名录、浙江植物志）
原生。华东分布：安徽、福建、江苏、江西、山东、浙江。
长柄山蚂蝗 *Hylodesmum podocarpum* (DC.) H. Ohashi & R.R. Mill
别名：圆菱叶山蚂蝗（江西植物志、江西种子植物名录、浙江植物志）
——*Desmodium podocarpum* DC.（江西植物志、浙江植物志）
——*Podocarpium podocarpum* (DC.) Y.C. Yang & P.H. Huang（安徽植物志、山东植物志）
原生。华东分布：安徽、江苏、江西、山东、上海、浙江。
宽卵叶长柄山蚂蝗 *Hylodesmum podocarpum* subsp. ***fallax*** (Schindl.) H. Ohashi & R.R. Mill
别名：宽卵叶山蚂蝗（福建植物志、江西植物志、江西种子植物名录、浙江植物志）
——*Desmodium fallax* Schindl.（江西植物志、江西种子植物名录）
——*Desmodium podocarpum* subsp. *fallax* (Schindl.) H. Ohashi（福建植物志）
——*Hylodesmum podocarpum* var. *fallax* (Schindl.) X.F. Gao（江西种子植物名录）
原生。华东分布：安徽、福建、江苏、江西、上海、浙江。
尖叶长柄山蚂蝗 *Hylodesmum podocarpum* subsp. ***oxyphyllum*** (DC.) H. Ohashi & R.R. Mill
别名：尖叶山蚂蝗（福建植物志、浙江植物志），山蚂蝗（江西植物志、江西种子植物名录）
——*Desmodium podocarpum* subsp. *oxyphyllum* (DC.) H. Ohashi（福建植物志）
——*Desmodium racemosum* DC.（江西植物志、江西种子植物名录）
——*Hylodesmum podocarpum* var. *oxyphyllum* (DC.) H. Ohashi & R.R. Mill（江西种子植物名录）
——*Podocarpium podocarpum* var. *oxyphyllum* (DC.) Y.C. Yang & P.H. Huang（安徽植物志）
原生。华东分布：安徽、福建、江苏、江西、上海、浙江。

饿蚂蝗属 *Ototropis*

（豆科 Fabaceae）

饿蚂蝗 *Ototropis multiflora* (DC.) H. Ohashi & K. Ohashi
别名：多花三点金（福建植物志）
——*Desmodium multiflorum* DC.（福建植物志、江西种子植物名录、浙江植物志、FOC）
——*Desmodium sambuense* (D. Don) DC.（江西植物志）
原生。华东分布：福建、江西、浙江。

拿身草属 *Sohmaea*

（豆科 Fabaceae）

拿身草 *Sohmaea laxiflora* (DC.) H. Ohashi & K. Ohashi
别名：大叶拿身草（福建植物志、江西植物志、FOC）
——*Desmodium laxiflorum* DC.（福建植物志、江西植物志、FOC）
原生。华东分布：福建、江西。

链荚豆属 *Alysicarpus*

（豆科 Fabaceae）

链荚豆 *Alysicarpus vaginalis* (L.) DC.
原生。华东分布：福建、江西。

山蚂蝗属 *Desmodium*

（豆科 Fabaceae）

南美山蚂蝗 ***Desmodium tortuosum*** (Sw.) DC.
外来。华东分布：福建、江西。

蝉豆属 *Pleurolobus*

（豆科 Fabaceae）

蝉豆 ***Pleurolobus gangeticus*** (L.) J. St.-Hil. ex H. Ohashi & K. Ohashi
别名：大叶山蚂蝗（福建植物志、FOC）
——*Desmodium gangeticum* (L.) DC.（福建植物志、FOC）
原生。华东分布：福建。

舞草属 *Codariocalyx*

（豆科 Fabaceae）

圆叶舞草 ***Codariocalyx gyroides*** (Roxb. ex Link) Hassk.
原生。华东分布：安徽、福建。

舞草 ***Codariocalyx motorius*** (Houtt.) H. Ohashi
原生。华东分布：福建、江西。

细蚂蝗属 *Leptodesmia*

（豆科 Fabaceae）

小叶细蚂蝗 ***Leptodesmia microphylla*** (Thunb.) H. Ohashi & K. Ohashi
别名：小叶三点金（江西植物志、江西种子植物名录、浙江植物志、FOC），小叶三点金草（安徽植物志、江苏植物志 第2版），小叶山绿豆（福建植物志）
——*Desmodium microphyllum* (Thunb.) DC.（安徽植物志、福建植物志、江苏植物志 第2版、江西植物志、江西种子植物名录、浙江植物志、FOC）
原生。华东分布：安徽、福建、江苏、江西、浙江。

假地豆属 *Grona*

（豆科 Fabaceae）

假地豆 ***Grona heterocarpos*** (L.) H. Ohashi & K. Ohashi
——"*Desmodium heterocarpum*"=*Desmodium heterocarpon* (L.) DC.（拼写错误。安徽植物志）
——*Desmodium heterocarpon* (L.) DC.（福建植物志、江苏植物志 第2版、江西种子植物名录、浙江植物志、FOC）
原生。华东分布：安徽、福建、江苏、江西、浙江。

糙毛假地豆 ***Grona heterocarpos*** var. ***strigosa*** (Meeuwen) H. Ohashi & K. Ohashi
——*Desmodium heterocarpon* var. *strigosum* Meeuwen（福建植物志、FOC）
原生。华东分布：福建。

异叶假地豆 ***Grona heterophylla*** (Willd.) H. Ohashi & K. Ohashi
别名：异叶山绿豆（福建植物志），异叶山蚂蝗（江西种子植物名录）
——*Desmodium heterophyllum* (Willd.) DC.（福建植物志、江西种子植物名录、FOC）
原生。华东分布：安徽、福建、江西。

赤假地豆 ***Grona rubra*** (Lour.) H. Ohashi & K. Ohashi
别名：单叶假地豆（江西植物志），赤山蚂蝗（FOC）
——*Desmodium rubrum* (Lour.) DC.（江西植物志、FOC）
原生。华东分布：江西。

广东金钱草 ***Grona styracifolia*** (Osbeck) H. Ohashi & K. Ohashi
别名：金钱草（福建植物志）
——*Desmodium styracifolium* (Osbeck) Merr.（福建植物志、FOC）
原生。华东分布：福建。

三点金 ***Grona triflora*** (L.) H. Ohashi & K. Ohashi
——*Desmodium triflorum* (L.) DC.（福建植物志、江西种子植物名录、FOC）
原生。华东分布：福建、江西、浙江。

密子豆属 *Pycnospora*

（豆科 Fabaceae）

密子豆 ***Pycnospora lutescens*** (Poir.) Schindl.
原生。华东分布：福建、浙江。

狸尾豆属 *Uraria*

（豆科 Fabaceae）

猫尾草 ***Uraria crinita*** (L.) Desv. ex DC.
原生。华东分布：福建、江西。

福建狸尾豆 ***Uraria fujianensis*** Y.C. Yang & P.H. Huang
原生。华东分布：福建。

狸尾豆 ***Uraria lagopodioides*** (L.) DC.
别名：兔尾草（福建植物志、江西植物志、江西种子植物名录）
原生。华东分布：福建、江西。

长苞狸尾豆 ***Uraria longibracteata*** Y.C. Yang & P.H. Huang
别名：长苞猫尾豆（福建植物志）
原生。华东分布：福建、浙江。

蝙蝠草属 *Christia*

（豆科 Fabaceae）

台湾蝙蝠草 ***Christia campanulata*** (Wall.) Thoth.
别名：蝙蝠草（福建植物志）
原生。华东分布：福建。

铺地蝙蝠草 ***Christia obcordata*** (Poir.) Bakh. f.
原生。华东分布：福建。

密花豆属 *Spatholobus*

（豆科 Fabaceae）

密花豆 ***Spatholobus suberectus*** Dunn
原生。易危（VU）。华东分布：福建。

千斤拔属 *Flemingia*

（豆科 Fabaceae）

大叶千斤拔 ***Flemingia macrophylla*** (Willd.) Kuntze ex Merr.
别名：千斤拔（江西种子植物名录），千觔拔（福建植物志）
原生。华东分布：福建、江西。

千斤拔 ***Flemingia prostrata*** Roxb. Junior ex Roxb.
别名：蔓性千斤拔（福建植物志、江西种子植物名录），蔓性千斤拨（江西植物志）
——"*Flemingia philipinensis*"=*Flemingia philippinensis* Merr. & Rolfe（拼写错误。福建植物志）
——"*Flemingia phillippinensis*"=*Flemingia philippinensis* Merr. & Rolfe（拼写错误。江西种子植物名录）

——*Flemingia philippinensis* Merr. & Rolfe（江西植物志）
原生。华东分布：福建、江西、浙江。

球穗千斤拔 *Flemingia strobilifera* (L.) W.T. Aiton
别名：球穗花千斤拔（福建植物志）
原生。华东分布：福建、江西。

木豆属 *Cajanus*

（豆科 Fabaceae）

木豆 *Cajanus cajan* (L.) Huth
外来、栽培。华东分布：福建、江西、浙江。

虫豆 *Cajanus crassus* (Prain ex King) Maesen
原生。华东分布：江西。

大花虫豆 *Cajanus grandiflorus* (Benth. ex Baker) Maesen
原生。华东分布：浙江。

蔓草虫豆 *Cajanus scarabaeoides* (L.) Thouars
——*Atylosia scarabaeoides* (Baill.) Benth.（福建植物志）
原生。华东分布：福建。

鸡头薯属 *Eriosema*

（豆科 Fabaceae）

鸡头薯 *Eriosema chinense* Vogel
别名：猪仔笠（福建植物志、江西植物志、江西种子植物名录）
原生。华东分布：福建、江西。

鹿藿属 *Rhynchosia*

（豆科 Fabaceae）

渐尖叶鹿藿 *Rhynchosia acuminatifolia* Makino
原生。华东分布：安徽、江苏、江西、山东、浙江。

中华鹿藿 *Rhynchosia chinensis* Hung T. Chang ex Y.T. Wei & S.K. Lee
原生。华东分布：江西。

菱叶鹿藿 *Rhynchosia dielsii* Harms ex Diels
原生。华东分布：安徽、福建、江西、浙江。

紫脉花鹿藿 *Rhynchosia himalensis* var. *craibiana* (Rehder) E. Peter
——*Rhynchosia craibiana* Rehder（江西种子植物名录）
原生。华东分布：江西。

绒叶鹿藿 *Rhynchosia sericea* Span.
原生。华东分布：福建。

鹿藿 *Rhynchosia volubilis* Lour.
原生。华东分布：安徽、福建、江苏、江西、山东、上海、浙江。

野扁豆属 *Dunbaria*

（豆科 Fabaceae）

长毛野扁豆 *Dunbaria crinita* (Dunn) Maesen
原生。华东分布：福建。

鸽仔豆 *Dunbaria henryi* Y.C. Wu
原生。华东分布：江西。

长柄野扁豆 *Dunbaria podocarpa* Kurz
原生。华东分布：福建、江西。

圆叶野扁豆 *Dunbaria punctata* (Wight & Arn.) Benth.
别名：原叶野扁豆（江西植物志）
——*Dunbaria rotundifolia* (Lour.) Merr.（江苏植物志　第 2 版、江西植物志）
原生。华东分布：江苏、江西、浙江。

野扁豆 *Dunbaria villosa* (Thunb.) Makino
别名：毛野扁豆（安徽植物志、福建植物志、江西植物志、浙江植物志）
原生。华东分布：安徽、福建、江苏、江西、浙江。

刺桐属 *Erythrina*

（豆科 Fabaceae）

刺桐 *Erythrina variegata* L.
——*Erythrina variegata* var. *orientalis* L.（福建植物志）
原生。华东分布：福建。

豇豆属 *Vigna*

（豆科 Fabaceae）

贼小豆 *Vigna minima* (Roxb.) Ohwi & H. Ohashi
别名：山红豆（安徽植物志），山绿豆（江苏植物志　第 2 版、江西植物志、江西种子植物名录、山东植物志、浙江植物志），小豇豆（福建植物志、江西种子植物名录）
——"*Vigna minimus*"=*Vigna minima* (Roxb.) Ohwi & H. Ohashi（拼写错误。江西种子植物名录）
——*Phaseolus minimus* Roxb.（安徽植物志、江西植物志、江西种子植物名录、山东植物志）
原生。华东分布：安徽、福建、江苏、江西、山东、浙江。

三裂叶绿豆 *Vigna radiata* var. *sublobata* (Roxb.) Verdc.
原生。华东分布：江苏、山东、上海、浙江。

三裂叶豇豆 *Vigna trilobata* (L.) Verdc.
别名：三裂叶菜豆（江西植物志）
——*Phaseolus trilobatus* (L.) Baill.（江西植物志）
原生。华东分布：福建、江西。

赤小豆 *Vigna umbellata* (Thunb.) Ohwi & H. Ohashi
——*Phaseolus calcaratus* Roxb.（安徽植物志、江西植物志、山东植物志）
原生、栽培。华东分布：安徽、江苏、江西、山东、上海。

眉豆 *Vigna unguiculata* subsp. *cylindrica* (L.) Verdc.
别名：短豇豆（江苏植物志　第 2 版），饭豇豆（福建植物志、江西植物志）
——*Vigna cylindrica* (L.) Skeels（福建植物志、江西植物志、江西种子植物名录）
原生。华东分布：福建、江苏、江西。

野豇豆 *Vigna vexillata* (L.) A. Rich.
原生。华东分布：安徽、福建、江苏、江西、上海、浙江。

大翼豆属 *Macroptilium*

（豆科 Fabaceae）

紫花大翼豆 *Macroptilium atropurpureum* (DC.) Urb.
外来。华东分布：福建。

大翼豆 *Macroptilium lathyroides* (L.) Urb.
外来。华东分布：福建。

草葛属 *Neustanthus*

（豆科 Fabaceae）

草葛 *Neustanthus phaseoloides* (Roxb.) Benth.
别名：三裂葛藤（江西植物志），三裂叶野葛（浙江植物志、

FOC）
——*Pueraria phaseoloides* (Roxb.) Benth.（江西植物志、浙江植物志、FOC）
原生。华东分布：福建、江西、浙江。

葛属 *Pueraria*

（豆科 Fabaceae）

贵州葛 ***Pueraria bouffordii*** H. Ohashi
别名：丽花葛藤（江西植物志）
——*Pueraria elegans* Wang & Tang（江西植物志）
原生。华东分布：江西。
葛 ***Pueraria montana*** (Lour.) Merr.
别名：葛麻姆（江西种子植物名录），越南葛藤（福建植物志、江西植物志）
——*Pueraria lobata* var. *montana* (Lour.) Maesen（江西种子植物名录）
原生。华东分布：福建、江西、浙江。
葛麻姆 ***Pueraria montana*** var. ***lobata*** (Willd.) Maesen & S.M. Almeida ex Sanjappa & Predeep
别名：葛（江西种子植物名录），葛藤（安徽植物志），野葛（福建植物志、江苏植物志 第2版、山东植物志、浙江植物志），野葛藤（江西植物志）
——*Pueraria lobata* (Willd.) Ohwi（安徽植物志、福建植物志、江西植物志、江西种子植物名录、山东植物志、浙江植物志）
原生。华东分布：安徽、福建、江苏、江西、山东、上海、浙江。
粉葛 ***Pueraria montana*** var. ***thomsonii*** (Benth.) M.R. Almeida
原生。华东分布：江西。

大豆属 *Glycine*

（豆科 Fabaceae）

野大豆 ***Glycine soja*** Sieb. & Zucc.
原生。华东分布：安徽、福建、江苏、江西、山东、上海、浙江。
烟豆 ***Glycine tabacina*** (Labill.) Benth.
原生。华东分布：福建。
短绒野大豆 ***Glycine tomentella*** Hayata
别名：阔叶大豆（福建植物志）
原生。易危（VU）。华东分布：福建。

两型豆属 *Amphicarpaea*

（豆科 Fabaceae）

两型豆 ***Amphicarpaea edgeworthii*** Benth.
别名：三籽二型豆（江西种子植物名录），三籽两型豆（安徽植物志、福建植物志、江西植物志、山东植物志、浙江植物志）
——*Amphicarpaea trisperma* (Miq.) Baker（安徽植物志、福建植物志、江西植物志、江西种子植物名录、山东植物志、浙江植物志）
原生。华东分布：安徽、福建、江苏、江西、山东、上海、浙江。

山黑豆属 *Dumasia*

（豆科 Fabaceae）

小鸡藤 ***Dumasia forrestii*** Diels
别名：雀舌豆（福建植物志、江西种子植物名录）
原生。近危（NT）。华东分布：福建、江西。
硬毛山黑豆 ***Dumasia hirsuta*** Craib
原生。华东分布：江西。
山黑豆 ***Dumasia truncata*** Sieb. & Zucc.
别名：截叶山黑豆（江西植物志、江西种子植物名录、浙江植物志）
——“*Dumasia fruncata*”=*Dumasia truncata* Sieb. & Zucc.（拼写错误。江西植物志）
原生。华东分布：江苏、江西、浙江。
柔毛山黑豆 ***Dumasia villosa*** DC.
原生。华东分布：福建、江西。

补骨脂属 *Cullen*

（豆科 Fabaceae）

补骨脂 ***Cullen corylifolium*** (L.) Medik.
——*Psoralea corylifolia* L.（安徽植物志、福建植物志、山东植物志）
原生。华东分布：安徽、福建、江苏、江西、山东。

田菁属 *Sesbania*

（豆科 Fabaceae）

刺田菁 ***Sesbania bispinosa*** (Jacq.) W. Wight
别名：刺田青（江西植物志）
原生、栽培。华东分布：江西。
田菁 ***Sesbania cannabina*** (Retz.) Poir.
别名：田青（江西植物志）
外来、栽培。华东分布：安徽、福建、江苏、江西、山东、上海、浙江。

斧荚豆属 *Securigera*

（豆科 Fabaceae）

小冠花 ***Securigera varia*** (L.) Lassen
别名：绣球小冠花（江苏植物志 第2版、中国外来入侵植物名录、上海维管植物名录）
——*Coronilla varia* L.（江苏植物志 第2版、上海维管植物名录）
外来。华东分布：江苏、上海。

百脉根属 *Lotus*

（豆科 Fabaceae）

百脉根 ***Lotus corniculatus*** L.
原生、栽培。华东分布：江西、上海。

刺槐属 *Robinia*

（豆科 Fabaceae）

刺槐 ***Robinia pseudoacacia*** L.
别名：无刺槐（浙江植物志）
——*Robinia pseudoacacia* f. *inermis* (Mirb.) Rehder（浙江植物志）
外来、栽培。华东分布：安徽、福建、江苏、江西、山东、上海、浙江。

甘草属 *Glycyrrhiza*

（豆科 Fabaceae）

刺果甘草 ***Glycyrrhiza pallidiflora*** Maxim.
原生。华东分布：江苏、山东、上海。
圆果甘草 ***Glycyrrhiza squamulosa*** Franch.
原生。华东分布：江苏。
甘草 ***Glycyrrhiza uralensis*** Fisch. ex DC.

原生。华东分布：山东。

南海藤属 *Nanhaia*

（豆科 Fabaceae）

南海藤 *Nanhaia speciosa* (Champ. ex Benth.) J. Compton & Schrire
别名：美丽崖豆藤（福建植物志、江西植物志），美丽鸡血藤（FOC）
——*Callerya speciosa* (Champ. ex Benth.) Schot（FOC）
——*Millettia speciosa* Champ.（福建植物志、江西植物志）
原生。易危（VU）。华东分布：福建、江西。

夏藤属 *Wisteriopsis*

（豆科 Fabaceae）

绿花夏藤 *Wisteriopsis championii* (Benth.) J. Compton & Schrire
别名：绿花崖豆藤（福建植物志、江西种子植物名录），绿花鸡血藤（FOC）
——"*Millettia championi*"=*Millettia championii* Benth.（拼写错误。福建植物志）
——Callerya championii (Benth.) X.Y.Zhu（FOC）
——*Millettia championii* Benth.（江西种子植物名录）
原生。华东分布：福建、江西。

江西夏藤 *Wisteriopsis kiangsiensis* (Z. Wei) J. Compton & Schrire
别名：江西鸡血藤（江苏植物志 第2版、FOC），江西崖豆藤（安徽植物志、江西植物志、江西种子植物名录、浙江植物志），紫花崖豆藤（浙江植物志）
——*Callerya kiangsiensis* (Z. Wei) Z. Wei & Pedley（江苏植物志 第2版、FOC）
——*Millettia kiangsiensis* Z. Wei（安徽植物志、江西植物志、江西种子植物名录、浙江植物志）
——*Millettia kiangsiensis* f. *purpurea* Z. H. Cheng（浙江植物志）
原生。华东分布：安徽、福建、江苏、江西、浙江。

网络夏藤 *Wisteriopsis reticulata* (Benth.) J. Compton & Schrire
别名：鸡血藤（江苏植物志 第2版、江西种子植物名录），毛萼鸡血藤（江西种子植物名录），网络鸡血藤（上海维管植物名录、FOC），网络崖豆藤（安徽植物志、福建植物志、江西种子植物名录、浙江植物志），网脉崖豆藤（江西植物志）
——*Callerya reticulata* (Benth.) Schot（江苏植物志 第2版、上海维管植物名录、FOC）
——*Millettia cognata* Hance（江西种子植物名录）
——*Millettia reticulata* Benth.（安徽植物志、福建植物志、江西植物志、江西种子植物名录、浙江植物志）
原生。华东分布：安徽、福建、江苏、江西、上海、浙江。

鸡血藤属 *Callerya*

（豆科 Fabaceae）

灰毛鸡血藤 *Callerya cinerea* (Benth.) Schot
别名：锈毛崖豆藤（江西种子植物名录）
——*Millettia sericosema* Hance（江西种子植物名录）
原生。华东分布：江西。

密花鸡血藤 *Callerya congestiflora* (T.C. Chen) Z. Wei & Pedley
别名：密花崖豆藤（安徽植物志、江西植物志、江西种子植物名录）
——*Millettia congestiflora* T.C. Chen（安徽植物志、江西植物志、江西种子植物名录）
原生。华东分布：安徽、江西、浙江。

香花鸡血藤 *Callerya dielsiana* (Harms ex Diels) P.K. Lôc ex Z. Wei & Pedley
别名：香花崖豆藤（安徽植物志、福建植物志、江西植物志、江西种子植物名录、浙江植物志）
——*Millettia dielsiana* Harms（安徽植物志、福建植物志、江西植物志、江西种子植物名录、浙江植物志）
原生。华东分布：安徽、福建、江苏、江西、浙江。

异果鸡血藤 *Callerya dielsiana* var. *heterocarpa* (Chun ex T. Chen) X.Y. Zhu ex Z. Wei & Pedley
别名：异果崖豆藤（福建植物志、江西植物志、江西种子植物名录）
——*Millettia dielsiana* var. *heterocarpa* (T. Chen) Z. Wei（福建植物志、江西植物志）
——*Millettia heterocarpa* Chun ex T.C. Chen（江西种子植物名录）
原生。华东分布：福建、江西。

亮叶鸡血藤 *Callerya nitida* (Benth.) R. Geesink
别名：亮叶崖豆藤（福建植物志、江西植物志、江西种子植物名录、浙江植物志）
——*Millettia nitida* Benth.（福建植物志、江西植物志、江西种子植物名录、浙江植物志）
原生。华东分布：福建、江西、浙江。

丰城鸡血藤 *Callerya nitida* var. *hirsutissima* (Z. Wei) X.Y. Zhu
别名：丰城崖豆藤（福建植物志、江西植物志、江西种子植物名录）
——*Millettia nitida* var. *hirsutissima* Z. Wei（福建植物志、江西植物志、江西种子植物名录）
原生。华东分布：福建、江西。

峨眉鸡血藤 *Callerya nitida* var. *minor* (Z. Wei) X.Y. Zhu
别名：峨眉崖豆藤（福建植物志、江西植物志）
——*Millettia nitida* var. *minor* Z. Wei（福建植物志、江西植物志）
原生。华东分布：福建、江西。

紫藤属 *Wisteria*

（豆科 Fabaceae）

短梗紫藤 *Wisteria brevidentata* Rehder
原生。华东分布：福建。

紫藤 *Wisteria sinensis* (Sims) DC.
原生、栽培。华东分布：安徽、福建、江苏、江西、山东、上海、浙江。

白花紫藤 *Wisteria sinensis* 'Alba'
别名：银藤（安徽植物志）
——*Wisteria sinensis* f. *alba* (Lindl.) Rehder & E.H. Wilson（江苏植物志 第2版、江西植物志、浙江植物志）
——*Wisteria sinensis* var. *albiflora* Lem.（安徽植物志）
原生、栽培。华东分布：安徽、江苏、江西、浙江。

白花藤萝 *Wisteria venusta* Rehder & E.H. Wilson
别名：白花藤箩（FOC）
原生。华东分布：山东。

锦鸡儿属 *Caragana*

（豆科 Fabaceae）

黄刺条锦鸡儿 *Caragana frutex* (L.) K. Koch
原生。华东分布：江苏。

毛掌叶锦鸡儿 *Caragana leveillei* Kom.
原生。华东分布：安徽、江苏、山东。

小叶锦鸡儿 *Caragana microphylla* Lam.
原生。华东分布：安徽、江苏、山东。

红花锦鸡儿 *Caragana rosea* Turcz. ex Maxim.
原生。华东分布：江苏、山东。

锦鸡儿 *Caragana sinica* (Buc'hoz) Rehder
原生。华东分布：安徽、福建、江苏、江西、山东、浙江。

米口袋属 *Gueldenstaedtia*

（豆科 Fabaceae）

川鄂米口袋 *Gueldenstaedtia henryi* Ulbr.
原生。华东分布：安徽。

狭叶米口袋 *Gueldenstaedtia stenophylla* Bunge
原生。华东分布：安徽、山东。

米口袋 *Gueldenstaedtia verna* (Georgi) Boriss.
别名：海滨米口袋（山东植物志），少花米口袋（江苏植物志 第2版、上海维管植物名录），长柄米口袋（安徽植物志）
——*Gueldenstaedtia harmsii* Ulbr.（安徽植物志）
——*Gueldenstaedtia maritima* Maxim.（山东植物志）
——*Gueldenstaedtia multiflora* Bunge（安徽植物志、山东植物志）
原生。华东分布：安徽、福建、江苏、山东、上海、浙江。

棘豆属 *Oxytropis*

（豆科 Fabaceae）

二色棘豆 *Oxytropis bicolor* Bunge
原生。华东分布：山东。

硬毛棘豆 *Oxytropis hirta* Bunge
原生。华东分布：山东。

山西棘豆 *Oxytropis shanxiensis* X.Y. Zhu
原生。华东分布：山东。

黄芪属 *Astragalus*

（豆科 Fabaceae）

华黄芪 *Astragalus chinensis* L. f.
别名：华黄耆（江苏植物志 第2版、山东植物志），中国黄耆（FOC）
原生。华东分布：安徽、江苏、山东。

达乌里黄芪 *Astragalus dahuricus* (Pall.) DC.
别名：达胡里黄耆（山东植物志），达乌里黄耆（FOC）
原生。华东分布：山东。

鸡峰山黄芪 *Astragalus kifonsanicus* Ulbr.
别名：鸡峰山黄耆（山东植物志、FOC）
原生。华东分布：山东。

斜茎黄芪 *Astragalus laxmannii* Jacq.
别名：斜茎黄耆（江苏植物志 第2版、FOC），直立黄芪（安徽植物志），直立黄耆（山东植物志）
——*Astragalus adsurgens* Pall.（安徽植物志、山东植物志）
原生。华东分布：安徽、江苏、山东、上海。

草木樨状黄芪 *Astragalus melilotoides* Pall.
别名：草木樨状黄耆（山东植物志、FOC）
原生。华东分布：山东。

黄芪 *Astragalus membranaceus* Moench
别名：膜荚黄芪（安徽植物志），膜荚黄耆（山东植物志）
——"*Astragalus membranacens*"=*Astragalus membranaceus* (Fisch.) Bunge（拼写错误。安徽植物志）
原生。华东分布：安徽、山东。

蒙古黄芪 *Astragalus membranaceus* var. ***mongholicus*** (Bunge) P.K. Hsiao
别名：蒙古黄耆（江苏植物志 第2版、FOC）
——*Astragalus mongholicus* Bunge（江苏植物志 第2版、FOC）
原生。易危（VU）。华东分布：江苏。

糙叶黄芪 *Astragalus scaberrimus* Bunge
别名：糙叶黄耆（江苏植物志 第2版、山东植物志、FOC）
原生。华东分布：安徽、江苏、山东。

紫云英 *Astragalus sinicus* L.
原生、栽培。华东分布：安徽、江苏、江西、浙江。

云南黄芪 *Astragalus yunnanensis* Franch.
别名：云南黄耆（FOC）
原生。华东分布：山东。

蔓黄芪属 *Phyllolobium*

（豆科 Fabaceae）

蔓黄芪 *Phyllolobium chinense* Fisch.
别名：背扁膨果豆（江苏植物志 第2版、FOC），扁茎黄耆（山东植物志）
——*Astragalus complanatus* R. Br. ex Bunge（山东植物志）
原生。华东分布：安徽、江苏、山东。

苜蓿属 *Medicago*

（豆科 Fabaceae）

野苜蓿 *Medicago falcata* L.
原生。华东分布：山东。

天蓝苜蓿 *Medicago lupulina* L.
别名：天兰苜蓿（江西种子植物名录），天蓝紫苜蓿（浙江植物志）
——"*Medicago lupilina*"=*Medicago lupulina* L.（拼写错误。福建植物志）
原生。华东分布：安徽、福建、江苏、江西、山东、上海、浙江。

小苜蓿 *Medicago minima* (L.) Bartal.
原生。华东分布：安徽、江苏、江西、山东、上海、浙江。

南苜蓿 *Medicago polymorpha* L.
——*Medicago hispida* Gaertn.（安徽植物志、山东植物志）
外来、栽培。华东分布：安徽、福建、江苏、江西、山东、上海、浙江。

花苜蓿 *Medicago ruthenica* (L.) Trautv.
别名：扁蓿豆（山东植物志）
——*Melissitus ruthenicus* (L.) Latsch.（山东植物志）
原生。华东分布：山东。

苜蓿 *Medicago sativa* L.
别名：紫苜蓿（安徽植物志、江苏植物志 第2版、江西种子植

物名录、中国外来入侵植物名录、山东植物志、浙江植物志）
外来、栽培。华东分布：安徽、福建、江苏、江西、山东、上海、浙江。

胡卢巴属 *Trigonella*

（豆科 Fabaceae）

胡卢巴 *Trigonella foenum-graecum* L.
——"*Trigonella foenum-gracum*"=*Trigonella foenum-graecum* L.（拼写错误。安徽植物志）
外来、栽培。华东分布：安徽。

草木樨属 *Melilotus*

（豆科 Fabaceae）

白花草木樨 *Melilotus albus* Medik.
别名：白花草木犀（江苏植物志 第2版）、白香草木樨（安徽植物志、福建植物志、山东植物志），白香草木犀（江西种子植物名录）
原生、栽培。华东分布：安徽、福建、江苏、江西、山东、上海、浙江。
细齿草木樨 *Melilotus dentatus* (Waldst. & Kit.) Desf.
原生。华东分布：山东。
印度草木樨 *Melilotus indicus* (L.) All.
别名：小花草木犀（江西种子植物名录），印度草木犀（江苏植物志 第2版、中国外来入侵植物名录）
外来。华东分布：安徽、福建、江苏、江西、山东、上海。
草木樨 *Melilotus officinalis* (L.) Lam.
别名：草木犀（江苏植物志 第2版、江西植物志、江西种子植物名录、中国外来入侵植物名录），黄香草木樨（安徽植物志、江西植物志、山东植物志），黄香草木犀（江西种子植物名录）
——"*Melilotus officinalis* (L.) Desr."=*Melilotus officinalis* (L.) Lam.（不合法名称。安徽植物志）
——*Melilotus suaveolens* Ledeb.（安徽植物志、福建植物志、江西植物志、江西种子植物名录、山东植物志）
外来、栽培。华东分布：安徽、福建、江苏、江西、山东、上海、浙江。

车轴草属 *Trifolium*

（豆科 Fabaceae）

红车轴草 *Trifolium pratense* L.
——"*Trifolium pratens*"=*Trifolium pratense* L.（拼写错误。山东植物志）
外来、栽培。华东分布：安徽、福建、江苏、江西、山东、上海、浙江。
白车轴草 *Trifolium repens* L.
别名：白花车轴草（江西种子植物名录）
外来、栽培。华东分布：安徽、福建、江苏、江西、山东、上海、浙江。

野豌豆属 *Vicia*

（豆科 Fabaceae）

山野豌豆 *Vicia amoena* Fisch. ex Ser.
原生。华东分布：江苏、山东。
贝加尔野豌豆 *Vicia baicalensis* (Turcz.) B. Fedtsch.
原生。华东分布：安徽。
大花野豌豆 *Vicia bungei* Ohwi
别名：三齿萼野豌豆（山东植物志），三萼齿野豌豆（安徽植物志）
原生。华东分布：安徽、江苏、山东。
千山野豌豆 *Vicia chianschanensis* (P.Y. Fu & Y.A. Chen) Z.D. Xia
原生。华东分布：山东。
广布野豌豆 *Vicia cracca* L.
原生。华东分布：安徽、福建、江苏、江西、上海、浙江。
弯折巢菜 *Vicia deflexa* Nakai
原生。华东分布：江苏。
小巢菜 *Vicia hirsuta* (L.) Gray
原生。华东分布：安徽、福建、江苏、江西、山东、上海、浙江。
确山野豌豆 *Vicia kioshanica* L.H. Bailey
——"*Vicia kioshenica*"=*Vicia kioshanica* L.H. Bailey（拼写错误。安徽植物志）
原生。华东分布：安徽、江苏、山东。
牯岭野豌豆 *Vicia kulingana* L.H. Bailey
别名：无萼齿野豌豆（安徽植物志、山东植物志、浙江植物志）
——"*Vicia ebentata*"（=*Vicia edentata* W.T. Wang & Tang）=*Vicia kulingana* L.H. Bailey（拼写错误；不合法名称。安徽植物志）
——"*Vicia edentata* W.T. Wang & Tang "=*Vicia kulingana* L.H. Bailey（不合法名称。山东植物志、浙江植物志）
——"*Vicia kulingiana*"=*Vicia kulingana* L.H. Bailey（拼写错误。安徽植物志、江西种子植物名录、江西种子植物名录、山东植物志、浙江植物志）
原生。华东分布：安徽、福建、江苏、江西、山东、浙江。
兵豆 *Vicia lens* (L.) Coss. & Germ.
——*Lens culinaris* Medik.（安徽植物志、江苏植物志 第2版）
原生。华东分布：安徽、江苏。
明月山野豌豆 *Vicia mingyueshanensis* Z.Y. Xiao & X.C. Li
原生。华东分布：江西。
头序歪头菜 *Vicia ohwiana* Hosok.
原生。华东分布：山东、浙江。
大叶野豌豆 *Vicia pseudo-orobus* Fisch. & C.A. Mey.
别名：假香野豌豆（安徽植物志）
——"*Vicia pseudorobus*"=*Vicia pseudo-orobus* Fisch. & C.A. Mey.（拼写错误。安徽植物志）
原生、栽培。华东分布：安徽、江苏、江西、山东。
北野豌豆 *Vicia ramuliflora* (Maxim.) Ohwi
原生。华东分布：安徽、山东。
救荒野豌豆 *Vicia sativa* L.
别名：大巢菜（浙江植物志），普通巢菜（安徽植物志）
原生。华东分布：安徽、福建、江苏、江西、山东、上海、浙江。
窄叶野豌豆 *Vicia sativa* subsp. ***nigra*** (L.) Ehrh.
别名：狭叶野豌豆（江西植物志）
——*Vicia angustifolia* L.（安徽植物志、江西植物志、江西种子植物名录、山东植物志）
——*Vicia sativa* var. *angustifolia* (L.) Wahlenb.（福建植物志、江西种子植物名录）
原生。华东分布：安徽、福建、江苏、江西、山东、上海。

野豌豆 *Vicia sepium* L.
原生。华东分布：安徽。
大野豌豆 *Vicia sinogigantea* B.J. Bao & Turland
原生。华东分布：山东。
四籽野豌豆 *Vicia tetrasperma* (L.) Schreb.
原生。华东分布：安徽、福建、江苏、江西、山东、上海、浙江。
歪头菜 *Vicia unijuga* A. Braun
别名：短序歪头菜（安徽植物志）
原生。华东分布：安徽、江苏、江西、山东、浙江。
长柔毛野豌豆 *Vicia villosa* Roth
别名：白花长柔毛野豌豆（New Species from Shandong）
——*Vicia villosa* var. *alba* Y.Q. Zhu（New Species from Shandong）
外来、栽培。华东分布：江苏、山东、上海、浙江。
欧洲苕子 *Vicia villosa* subsp. ***varia*** (Host) Corb.
外来、栽培。华东分布：山东。

山黧豆属 *Lathyrus*

（豆科 Fabaceae）

安徽山黧豆 *Lathyrus anhuiensis* Y.J. Zhu & R.X. Meng
原生。近危（NT）。华东分布：安徽、浙江。
尾叶山黧豆 *Lathyrus caudatus* Z. Wei & H.B. Cui
原生。华东分布：浙江。
大山黧豆 *Lathyrus davidii* Hance
别名：茳茳香豌豆（山东植物志），茳芒香豌豆（安徽植物志）
原生。华东分布：安徽、山东、浙江。
中华山黧豆 *Lathyrus dielsianus* Harms
原生。华东分布：山东、浙江。
海滨山黧豆 *Lathyrus japonicus* Willd.
别名：海边香豌豆（山东植物志）
——*Lathyrus maritimus* Bigelow（山东植物志）
原生。华东分布：福建、江苏、山东、上海、浙江。
欧山黧豆 *Lathyrus palustris* L.
原生。华东分布：江苏、浙江。
毛山黧豆 *Lathyrus palustris* var. ***pilosus*** (Cham.) Ledeb.
——"*Lathyrus palustrus* var. *pilosus*"=*Lathyrus palustris* var. *pilosus* (Cham.) Ledeb.（拼写错误。浙江植物志）
原生。华东分布：江苏。
牧地山黧豆 *Lathyrus pratensis* L.
别名：牧地香豌豆（江西植物志）
原生。华东分布：江西。
山黧豆 *Lathyrus quinquenervius* (Miq.) Litv.
别名：五脉叶香豌豆（山东植物志）
原生。华东分布：江苏、山东。

远志科 Polygalaceae

鳞叶草属 *Epirixanthes*

（远志科 Polygalaceae）

鳞叶草 *Epirixanthes elongata* Blume
别名：寄生鳞叶草（福建植物志）
——*Salomonia elongata* (Blume) Kurz ex Koord.（福建植物志）
原生。华东分布：福建。

齿果草属 *Salomonia*

（远志科 Polygalaceae）

齿果草 *Salomonia cantoniensis* Lour.
原生。华东分布：福建、江西、浙江。
椭圆叶齿果草 *Salomonia ciliata* (L.) DC.
别名：缘毛齿果草（江西植物志），缘叶齿果草（江西种子植物名录）
——*Salomonia oblongifolia* DC.（福建植物志、江西植物志、浙江植物志）
原生。华东分布：福建、江苏、江西、浙江。

远志属 *Polygala*

（远志科 Polygalaceae）

荷包山桂花 *Polygala arillata* Buch.-Ham. ex D. Don
别名：黄花远志（安徽植物志、江西植物志、浙江植物志）
原生。华东分布：安徽、江西、浙江。
华南远志 *Polygala chinensis* L.
别名：金不换（福建植物志、江西植物志、江西种子植物名录、浙江植物志）
——*Polygala glomerata* Lour.（福建植物志、江西植物志、江西种子植物名录、浙江植物志）
原生。华东分布：福建、江西、浙江。
黄花倒水莲 *Polygala fallax* Hemsl.
别名：黄花远志（江西种子植物名录）
原生。华东分布：福建、江西。
香港远志 *Polygala hongkongensis* Hemsl.
原生。华东分布：福建、江西、浙江。
狭叶香港远志 *Polygala hongkongensis* var. ***stenophylla*** Migo
别名：狭叶远志（江西植物志、江西种子植物名录）
——*Polygala stenophylla* A. Gray（江西种子植物名录）
原生。华东分布：安徽、福建、江苏、江西、上海、浙江。
瓜子金 *Polygala japonica* Houtt.
原生。华东分布：安徽、福建、江苏、江西、山东、上海、浙江。
密花远志 *Polygala karensium* Kurz
——*Polygala tricornis* Gagnep.（江西种子植物名录）
原生。华东分布：江西。
曲江远志 *Polygala koi* Merr.
原生。华东分布：江西。
大叶金牛 *Polygala latouchei* Franch.
原生。华东分布：福建、江西、浙江。
西伯利亚远志 *Polygala sibirica* L.
别名：西伯利亚远（江西种子植物名录）
原生。华东分布：安徽、江苏、江西、山东。
小扁豆 *Polygala tatarinowii* Regel
原生。华东分布：安徽、江西、山东。
小花远志 *Polygala telephioides* Willd.
——*Polygala arvensis* Willd.（福建植物志、江西植物志、江西种子植物名录、浙江植物志）
——*Polygala polifolia* C. Presl（江苏植物志 第 2 版）
原生。华东分布：福建、江苏、江西、浙江。

远志 *Polygala tenuifolia* Willd.
原生。华东分布：安徽、江苏、江西、山东。
长毛籽远志 *Polygala wattersii* Hance
原生。华东分布：江西。

蔷薇科 Rosaceae

悬钩子属 *Rubus*

（蔷薇科 Rosaceae）

腺毛莓 *Rubus adenophorus* Rolfe
原生。华东分布：安徽、福建、江西、浙江。
粗叶悬钩子 *Rubus alceifolius* Poir.
——"*Rubus alceaefolius*"=*Rubus alceifolius* Poir.（拼写错误。福建植物志、江西植物志、江西种子植物名录、浙江植物志）
原生。华东分布：福建、江苏、江西、浙江。
周毛悬钩子 *Rubus amphidasys* Focke
别名：周毛莓（安徽植物志）
原生。华东分布：安徽、福建、江西、浙江。
圆叶悬钩子 *Rubus amphidasys* var. ***suborbiculatus*** Z.H. Chen, W.Y. Xie & F.G. Zhang
原生。华东分布：浙江。
尖齿黑莓 *Rubus argutus* Link
外来、栽培。华东分布：安徽。
寒莓 *Rubus buergeri* Miq.
别名：寒梅（江西植物志）
原生。华东分布：安徽、福建、江苏、江西、浙江。
尾叶悬钩子 *Rubus caudifolius* Wuzhi
原生。华东分布：福建、浙江。
陈谋悬钩子 *Rubus chenmouanus* Z.H. Chen, F.G. Zhang & G.K. Chen
原生。华东分布：浙江。
长序莓 *Rubus chiliadenus* Focke
原生。近危（NT）。华东分布：江西。
掌叶覆盆子 *Rubus chingii* Hu
别名：悬钩子（福建植物志、江西种子植物名录），掌叶复盆子（安徽植物志、福建植物志、江西植物志、浙江植物志）
——*Rubus palmatus* Thunb.（福建植物志、江西种子植物名录）
原生、栽培。华东分布：安徽、福建、江苏、江西、上海、浙江。
毛萼莓 *Rubus chroosepalus* Focke
原生。华东分布：福建、江西。
小柱悬钩子 *Rubus columellaris* Tutcher
原生。华东分布：福建、江西、浙江。
山莓 *Rubus corchorifolius* L. f.
别名：重瓣山莓（New Forms and Records of *Rubus* Linn. from Zhejiang Province）
——*Rubus corchorifolius* f. *semiplenus* Z.X. Yu（New Forms and Records of *Rubus* Linn. from Zhejiang Province）
原生。华东分布：安徽、福建、江苏、江西、山东、上海、浙江。
插田泡 *Rubus coreanus* Miq.
原生。华东分布：安徽、福建、江苏、江西、浙江。
毛叶插田泡 *Rubus coreanus* var. ***tomentosus*** Cardot
原生。华东分布：安徽、江苏、江西。
厚叶悬钩子 *Rubus crassifolius* T.T. Yu & L.T. Lu
原生。华东分布：江西。
牛叠肚 *Rubus crataegifolius* Bunge
原生。华东分布：山东。
闽粤悬钩子 *Rubus dunnii* F.P. Metcalf
原生。华东分布：福建。
光叶闽粤悬钩子 *Rubus dunnii* var. ***glabrescens*** T.T. Yu & L.T. Lu
原生。华东分布：福建。
大红泡 *Rubus eustephanos* Focke
——"*Rubus eustephanus*"=*Rubus eustephanos* Focke（拼写错误。浙江植物志）
原生。华东分布：安徽、福建、江西、浙江。
攀枝莓 *Rubus flagelliflorus* Focke
原生。华东分布：福建、浙江。
弓茎悬钩子 *Rubus flosculosus* Focke
原生。华东分布：福建、浙江。
脱毛弓茎悬钩子 *Rubus flosculosus* var. ***etomentosus*** T.T. Yu & L.T. Lu
别名：脱毛弓茎莓（福建植物志）
原生。华东分布：福建。
福建悬钩子 *Rubus fujianensis* T.T. Yu & L.T. Lu
原生。华东分布：福建、浙江。
光果悬钩子 *Rubus glabricarpus* W.C. Cheng
原生。华东分布：安徽、福建、江苏、江西、浙江。
无毛光果悬钩子 *Rubus glabricarpus* var. ***glabratus*** C.Z. Zheng & Y.Y. Fang
别名：武夷悬钩子（New Materials of *Rubus* L. in Zhejiang、江西植物志）
——*Rubus jiangxiensis* Z.X. Yu, W.T. Ji & H. Zheng（New Materials of *Rubus* L. in Zhejiang、江西植物志）
原生。近危（NT）。华东分布：福建、江西、浙江。
腺果悬钩子 *Rubus glandulosocarpus* M.X. Nie
原生。近危（NT）。华东分布：江西。
中南悬钩子 *Rubus grayanus* Maxim.
原生。华东分布：福建、江西、浙江。
三裂中南悬钩子 *Rubus grayanus* var. ***trilobatus*** T.T. Yu & L.T. Lu
原生。华东分布：福建、浙江。
江西悬钩子 *Rubus gressittii* F.P. Metcalf
原生。华东分布：江西。
展毛悬钩子 *Rubus hakonensis* var. ***villosulus*** Z.H. Chen, W.Y. Xie & F.G. Zhang
原生。华东分布：浙江。
华南悬钩子 *Rubus hanceanus* Kuntze
原生。华东分布：福建、江西。
戟叶悬钩子 *Rubus hastifolius* H. Lév. & Vaniot
原生。华东分布：江西。
蓬蘽 *Rubus hirsutus* Thunb.
别名：重瓣蓬蘽（New Forms and Records of *Rubus* Linn. from Zhejiang Province），多瓣蓬蘽（New Forms and Records of *Rubus* Linn. from Zhejiang Province）

——*Rubus hirsutus* f. *harai* (Makino) Ohwi（New Forms and Records of *Rubus* Linn. from Zhejiang Province）
——*Rubus hirsutus* f. plenus Z.H. Chen, G.Y. Li & M.H. Mao（New Forms and Records of *Rubus* Linn. from Zhejiang Province）
原生。华东分布：安徽、福建、江苏、江西、上海、浙江。
短梗蓬蘽 *Rubus hirsutus* var. ***brevipedicellus*** Z.M. Wu
原生。华东分布：安徽。
黄果蓬蘽 *Rubus hirsutus* ‘Xanthocarpus’
——*Rubus hirsutus* f. *xanthocarpus* (Nakai) M. Kim（New Materials of *Rubus* L. in Zhejiang）
原生。华东分布：浙江。
湖南悬钩子 *Rubus hunanensis* Hand.-Mazz.
别名：湖南莓（安徽植物志）
原生。华东分布：安徽、福建、江西、浙江。
宜昌悬钩子 *Rubus ichangensis* Hemsl. & Kuntze
原生。华东分布：安徽。
拟覆盆子 *Rubus idaeopsis* Focke
别名：拟复盆子（江西植物志）
原生。华东分布：江西。
覆盆子 *Rubus idaeus* L.
别名：复盆子（山东植物志）
原生。华东分布：安徽、山东。
陷脉悬钩子 *Rubus impressinervus* F.P. Metcalf
别名：凹脉莓（福建植物志）
——“*Rubus impressinervius*”=*Rubus impressinervus* F.P. Metcalf（拼写错误。江西植物志）
原生。华东分布：福建、江西、浙江。
白叶莓 *Rubus innominatus* S. Moore
原生。华东分布：安徽、福建、江西、浙江。
密腺白叶莓 *Rubus innominatus* var. ***aralioides*** (Hance) T.T. Yu & L.T. Lu
别名：蜜腺白叶莓（江西植物志、江西种子植物名录）
原生。华东分布：福建、江西、浙江。
无腺白叶莓 *Rubus innominatus* var. ***kuntzeanus*** (Hemsl.) L.H. Bailey
原生。华东分布：安徽、江西、浙江。
宽萼白叶莓 *Rubus innominatus* var. ***macrosepalus*** F.P. Metcalf
原生。华东分布：安徽、浙江。
五叶白叶莓 *Rubus innominatus* var. ***quinatus*** L.H. Bailey
别名：五叶白叶莓（江西种子植物名录）
原生。近危（NT）。华东分布：江西。
灰毛泡 *Rubus irenaeus* Focke
原生。华东分布：安徽、福建、江苏、江西、浙江。
蒲桃叶悬钩子 *Rubus jambosoides* Hance
原生。华东分布：福建、江西。
常绿悬钩子 *Rubus jianensis* L.T. Lu & Boufford
——*Rubus sempervirens* Bigelow（江西植物志、江西种子植物名录）
原生。华东分布：福建、江西。
景宁悬钩子 *Rubus jingningensis* Z.H. Chen, F. Chen & F.G. Zhang
原生。华东分布：浙江。
牯岭悬钩子 *Rubus kulinganus* L.H. Bailey
原生。华东分布：安徽、江西、浙江。
绵果悬钩子 *Rubus lasiostylus* Focke
原生。华东分布：安徽。
高粱泡 *Rubus lambertianus* Ser.
——“*Rubus jambertianus*”=*Rubus lambertianus* Ser.（拼写错误。福建植物志）
原生。华东分布：安徽、福建、江苏、江西、上海、浙江。
光滑高粱泡 *Rubus lambertianus* var. ***glaber*** Hemsl.
原生。华东分布：江西、浙江。
白花悬钩子 *Rubus leucanthus* Hance
原生。华东分布：福建、江西。
黎川悬钩子 *Rubus lichuanensis* T.T. Yu & L.T. Lu
原生。华东分布：江西。
光滑悬钩子 *Rubus linearifoliolus* Hayata
别名：广东悬钩子（福建植物志）
——*Rubus tsangii* Merr.（福建植物志、浙江植物志）
原生。华东分布：福建、浙江。
铅山悬钩子 *Rubus linearifoliolus* var. ***yanshanensis*** (Z.X. Yu & W.T. Ji) Y.F. Deng
——*Rubus yanshanensis* Z.X. Yu & W.T. Ji（江西植物志）
原生。华东分布：江西、浙江。
丽水悬钩子 *Rubus lishuiensis* T.T. Yu & L.T. Lu
原生。近危（NT）。华东分布：浙江。
光亮悬钩子 *Rubus lucens* Focke
原生。华东分布：江西。
棠叶悬钩子 *Rubus malifolius* Focke
原生。华东分布：江西。
刺毛悬钩子 *Rubus multisetosus* T.T. Yu & L.T. Lu
原生。华东分布：江西。
高砂悬钩子 *Rubus nagasawanus* Koidz.
别名：长腺灰白毛莓（江西植物志）
——“*Rubus tephrodes* var. *setosissmus*”=*Rubus tephrodes* var. *setosissimus* Hand.-Mazz.（拼写错误。江西植物志）
原生。华东分布：江西。
太平莓 *Rubus pacificus* Hance
原生。华东分布：安徽、福建、江苏、江西、浙江。
掌叶山莓 *Rubus palmatiformis* Z.H. Chen, F. Chen & F.G. Zhang
原生。华东分布：浙江。
矮空心泡 *Rubus pararosifolius* F.P. Metcalf
别名：南平空心泡（福建植物志）
——“*Rubus pararosaefolius*”=*Rubus pararosifolius* F.P. Metcalf（拼写错误。福建植物志）
原生。华东分布：福建。
乌泡子 *Rubus parkeri* Hance
原生。华东分布：福建、江苏。
茅莓 *Rubus parvifolius* L.
原生。华东分布：安徽、福建、江苏、江西、山东、上海、浙江。
白花茅莓 *Rubus parvifolius* ‘Alba’
——*Rubus parvifolius* f. *alba* K. Ye（New Records and New Form of Spermatophyte in Anhui Province）
原生。华东分布：安徽。

腺花茅莓 *Rubus parvifolius* var. *adenochlamys* (Focke) Migo
别名：腺萼茅莓（浙江植物志）
原生。华东分布：安徽、江苏、江西、浙江。
五叶红梅消 *Rubus parvifolius* var. *toapiensis* (Yamam.) Hosok.
原生。华东分布：福建。
黄泡 *Rubus pectinellus* Maxim.
——"*Rubus pictinellus*"=*Rubus pectinellus* Maxim.（拼写错误。福建植物志）
原生。华东分布：福建、江西、浙江。
盾叶莓 *Rubus peltatus* Maxim.
原生。华东分布：安徽、福建、江西、浙江。
多腺悬钩子 *Rubus phoenicolasius* Maxim.
原生。华东分布：江西、山东。
羽萼悬钩子 *Rubus pinnatisepalus* Hemsl.
原生。华东分布：江西。
梨叶悬钩子 *Rubus pirifolius* Sm.
原生。华东分布：福建、江西、浙江。
毛叶悬钩子 *Rubus poliophyllus* Kuntze
原生。华东分布：江西。
针刺悬钩子 *Rubus pungens* Cambess.
原生。华东分布：安徽、福建、江西、浙江。
香莓 *Rubus pungens* var. *oldhamii* (Miq.) Maxim.
原生。华东分布：安徽、福建、江西、浙江。
饶平悬钩子 *Rubus raopingensis* T.T. Yu & L.T. Lu
原生。华东分布：江西。
钝齿悬钩子 *Rubus raopingensis* var. *obtusidentatus* T.T. Yu & L.T. Lu
原生。华东分布：福建。
锈毛莓 *Rubus reflexus* Ker Gawl.
原生。华东分布：福建、江西、浙江。
浅裂锈毛莓 *Rubus reflexus* var. *hui* (Diels ex Hu) F.P. Metcalf
原生。华东分布：福建、江西、浙江。
深裂悬钩子 *Rubus reflexus* var. *lanceolobus* F.P. Metcalf
别名：深裂锈毛莓（福建植物志、江西植物志、江西种子植物名录）
原生。华东分布：福建、江西。
长叶锈毛莓 *Rubus reflexus* var. *orogenes* Hand.-Mazz.
别名：长叶锈毛莓（江西种子植物名录）
——"*Rubus reflexus* var. *orogenen*"=*Rubus reflexus* var. *orogenes* Hand.-Mazz.（拼写错误。江西植物志）
原生。华东分布：江西。
曲萼悬钩子 *Rubus refractus* H. Lév.
原生。华东分布：江西。
空心泡 *Rubus rosifolius* Sm.
——"*Rubus rosaefolius*"=*Rubus rosifolius* Sm.（拼写错误。安徽植物志、福建植物志、江西植物志、江西种子植物名录、浙江植物志）
原生。华东分布：安徽、福建、江西、浙江。
重瓣空心泡 *Rubus rosifolius* var. *coronarius* (Sims) Focke
别名：武夷山空心泡（江西植物志）
——"*Rubus rosaefolius* var. *coronarius*"=*Rubus rosifolius* var. *coronarius* Sims（拼写错误。福建植物志）
——"*Rubus rosaefolius* var. *wuyishanensis*"=*Rubus rosifolius* var. *wuyishanensis* Z. X. Yu（拼写错误。江西植物志）
原生。华东分布：福建、江西、浙江。
无刺空心泡 *Rubus rosifolius* var. *inermis* Z.X. Yu
原生。华东分布：江西。
棕红悬钩子 *Rubus rufus* Focke
别名：棕色悬钩子（江西植物志）
原生。华东分布：江西、浙江。
单茎悬钩子 *Rubus simplex* Focke
原生。华东分布：安徽、江苏。
少花悬钩子 *Rubus spananthus* Z.M. Wu & Z.L. Cheng
原生。华东分布：安徽。
红腺悬钩子 *Rubus sumatranus* Miq.
别名：楸叶泡（福建植物志）
——*Rubus sorbifolius* Maxim.（福建植物志）
原生。华东分布：安徽、福建、江苏、江西、浙江。
遂昌红腺悬钩子 *Rubus sumatranus* var. *suichangensis* P.L. Chiu ex L. Qian & X.F. Jin
原生。华东分布：浙江。
木莓 *Rubus swinhoei* Hance
原生。华东分布：安徽、福建、江苏、江西、浙江。
刺毛白叶莓 *Rubus teledapos* Focke
——*Rubus spinulosoides* F.P. Metcalf（山东植物志）
原生。近危（NT）。华东分布：山东。
灰白毛莓 *Rubus tephrodes* Hance
原生。华东分布：安徽、福建、江苏、江西、浙江。
无腺灰白毛莓 *Rubus tephrodes* var. *ampliflorus* (H. Lév. & Vaniot) Hand.-Mazz.
别名：无腺灰白莓（浙江植物志）
原生。华东分布：安徽、江苏、江西、浙江。
三花悬钩子 *Rubus trianthus* Focke
别名：宁波三花莓（New Forms and Records of *Rubus* Linn. from Zhejiang Province），三对叶悬钩子（江西种子植物名录）
——*Rubus trianthus* f. *pleiopetalus* Z.H. Chen, G.Y. Li & D.D. Ma（New Forms and Records of *Rubus* Linn. from Zhejiang Province）
原生。华东分布：安徽、福建、江苏、江西、上海、浙江。
东南悬钩子 *Rubus tsangiorum* Hand.-Mazz.
——"*Rubus tsangorum*"=*Rubus tsangiorum* Hand.-Mazz.（拼写错误。安徽植物志、江西植物志、江西种子植物名录、浙江植物志）
——"*Rubus tsangorus*"=*Rubus tsangiorum* Hand.-Mazz.（拼写错误。福建植物志）
原生。华东分布：安徽、福建、江西、浙江。
黄果悬钩子 *Rubus xanthocarpus* Bureau & Franch.
原生。华东分布：安徽。
黄脉莓 *Rubus xanthoneurus* Focke
原生。华东分布：福建、江西。
九仙莓 *Rubus yanyunii* Y.T. Chang & L.Y. Chen
原生。华东分布：福建、浙江。

路边青属 *Geum*

（蔷薇科 Rosaceae）

路边青 *Geum aleppicum* Jacq.
原生。华东分布：江西、山东。

柔毛路边青 *Geum japonicum* var. ***chinense*** F. Bolle
别名：柔毛水杨梅（安徽植物志、江西种子植物名录、浙江植物志）
原生。华东分布：安徽、福建、江苏、江西、山东、上海、浙江。

龙牙草属 *Agrimonia*

（蔷薇科 Rosaceae）

托叶龙牙草 *Agrimonia coreana* Nakai
别名：托叶龙芽草（山东植物志）
原生。华东分布：江苏、山东、浙江。

小花龙牙草 *Agrimonia nipponica* var. ***occidentalis*** Skalický
别名：小花龙芽草（江西植物志）
——*Agrimonia pilosa* var. *occidentalis* (Skalický) Z. Wei & Y.B. Chang（浙江植物志）
原生。华东分布：安徽、江西、浙江。

龙牙草 *Agrimonia pilosa* Ledeb.
别名：龙芽草（安徽植物志、福建植物志、江西种子植物名录、山东植物志）
原生。华东分布：安徽、福建、江苏、江西、山东、上海、浙江。

黄龙尾 *Agrimonia pilosa* var. ***nepalensis*** (D. Don) Nakai
别名：尼泊尔龙芽草（安徽植物志），绒毛龙牙草（江苏植物志 第2版）
原生。华东分布：安徽、江苏、江西、浙江。

地榆属 *Sanguisorba*

（蔷薇科 Rosaceae）

宽蕊地榆 *Sanguisorba applanata* T.T. Yu & C.L. Li
原生。华东分布：江苏、山东。

柔毛宽蕊地榆 *Sanguisorba applanata* var. ***villosa*** T.T. Yu & C.L. Li
原生。华东分布：山东。

地榆 *Sanguisorba officinalis* L.
原生。华东分布：安徽、福建、江苏、江西、山东、浙江。

腺地榆 *Sanguisorba officinalis* var. ***glandulosa*** (Kom.) Vorosch.
原生。华东分布：江苏。

长蕊地榆 *Sanguisorba officinalis* var. ***longifila*** (Kitag.) T.T. Yu & C.L. Li
原生。华东分布：安徽。

长叶地榆 *Sanguisorba officinalis* var. ***longifolia*** (Bertol.) T.T. Yu & C.L. Li
原生。华东分布：安徽、江苏、江西、浙江。

细叶地榆 *Sanguisorba tenuifolia* Fisch. ex Link
原生。华东分布：江苏、山东。

蔷薇属 *Rosa*

（蔷薇科 Rosaceae）

银粉蔷薇 *Rosa anemoniflora* Fortune ex Lindl.
——"*Rosa anemonaeflora*"=*Rosa anemoniflora* Fortune ex Lindl.（拼写错误。福建植物志）
原生。近危（NT）。华东分布：福建。

木香花 *Rosa banksiae* R. Br.
原生。华东分布：江苏。

单瓣木香花 *Rosa banksiae* var. ***normalis*** Regel
别名：白木香（江苏植物志 第2版），单瓣白木香（浙江植物志）
原生。华东分布：江苏、浙江。

拟木香 *Rosa banksiopsis* Baker
原生。华东分布：江西。

硕苞蔷薇 *Rosa bracteata* J.C. Wendl.
原生。华东分布：安徽、福建、江苏、江西、上海、浙江。

密刺硕苞蔷薇 *Rosa bracteata* var. ***scabriacaulis*** Lindl. ex Koidz.
别名：糙茎硕苞蔷薇（福建植物志）
原生。华东分布：福建、浙江。

尾萼蔷薇 *Rosa caudata* Baker
原生。华东分布：江西。

紫月季花 *Rosa chinensis* var. ***semperflorens*** (Curtis) Koehne
原生。华东分布：江苏。

小果蔷薇 *Rosa cymosa* Tratt.
别名：毛叶山木香（安徽植物志）
原生。华东分布：安徽、福建、江苏、江西、上海、浙江。

毛叶山木香 *Rosa cymosa* var. ***puberula*** T.T. Yu & T.C. Ku
别名：大盘山蔷薇（*Rosa cymosa* var. *dapanshanensis*, a New Variety of Rosaceae from Zhejiang, China），毛叶小果蔷薇（福建植物志、江苏植物志 第2版、浙江植物志）
——*Rosa cymosa* var. *dapanshanensis* F.G. Zhang（*Rosa cymosa* var. *dapanshanensis*, a New Variety of Rosaceae from Zhejiang, China）
原生。华东分布：福建、江苏、江西、浙江。

软条七蔷薇 *Rosa henryi* Boulenger
别名：湖北蔷薇（安徽植物志），南软条七蔷薇（福建植物志）
——*Rosa henryi* var. *australis* (Rehder & E.H. Wilson) F.P. Metcalf（福建植物志）
原生。华东分布：安徽、福建、江苏、江西、浙江。

广东蔷薇 *Rosa kwangtungensis* T.T. Yu & H.T. Tsai
原生。易危（VU）。华东分布：福建、江西、浙江。

毛叶广东蔷薇 *Rosa kwangtungensis* var. ***mollis*** F.P. Metcalf
别名：毛萼广东蔷薇（福建植物志）
原生。华东分布：福建。

金樱子 *Rosa laevigata* Michx.
别名：光果金樱子（江西种子植物名录）
——*Rosa laevigata* var. *leiocarpa* Y.Q. Wang & P.Y. Chen（江西种子植物名录）
原生、栽培。华东分布：安徽、福建、江苏、江西、上海、浙江。

重瓣金樱子 *Rosa laevigata* 'Semiplena'
——*Rosa laevigata* f. *semiplena* T.T. Yu & T.C. Ku（福建植物志、江西植物志）
原生。华东分布：福建、江西、浙江。

琅琊山蔷薇 *Rosa langyashanica* D.C. Zhang & J.Z. Shao
原生。极危（CR）。华东分布：安徽。

光叶蔷薇 *Rosa luciae* Franch. & Rochebr. ex Crép.
别名：岱山蔷薇（FOC）

——"*Rosa wichuraiana*"=*Rosa wichurana* Crép.（拼写错误。江西植物志、浙江植物志）
——*Rosa daishanensis* T.C. Ku（FOC）
原生。华东分布：江西、浙江。
伞花蔷薇 *Rosa maximowicziana* Regel
原生。华东分布：山东。
野蔷薇 *Rosa multiflora* Thunb.
别名：多花蔷薇（山东植物志）
——"*Rosa multifora*"=*Rosa multiflora* Thunb.（拼写错误。江西种子植物名录）
原生。华东分布：安徽、福建、江苏、江西、山东、上海、浙江。
粉团蔷薇 *Rosa multiflora* var. ***cathayensis*** Rehder & E.H. Wilson
别名：粉花野蔷薇（安徽植物志）
——"*Rosa multifora* var. *cathayensis*"=*Rosa multiflora* var. *cathayensis* Rehder & E.H. Wilson（拼写错误。江西种子植物名录）
原生。华东分布：安徽、福建、江苏、江西、浙江。
缫丝花 *Rosa roxburghii* Tratt.
原生。华东分布：安徽、福建、江苏、江西、浙江。
单瓣缫丝花 *Rosa roxburghii* f. ***normalis*** Rehder & E.H. Wilson
原生。华东分布：安徽、福建、江苏、江西。
悬钩子蔷薇 *Rosa rubus* H. Lév. & Vaniot
别名：茶糜花（福建植物志）
原生。华东分布：安徽、福建、江苏、江西、浙江。
大红蔷薇 *Rosa saturata* Baker
原生。华东分布：浙江。
钝叶蔷薇 *Rosa sertata* Rolfe
原生。华东分布：安徽、福建、江苏、江西、浙江。
川滇蔷薇 *Rosa soulieana* Crép.
原生。华东分布：安徽。
单花合柱蔷薇 *Rosa uniflorella* Buzunova
——*Rosa uniflora* Galushko（浙江植物志）
原生。华东分布：浙江。
腺瓣蔷薇 *Rosa uniflorella* subsp. ***adenopetala*** L. Qian & X.F. Jin
原生。华东分布：浙江。
单瓣黄刺玫 *Rosa xanthina* f. ***normalis*** Rehder & E.H. Wilson
原生。华东分布：安徽。

委陵菜属 *Potentilla*

（蔷薇科 Rosaceae）

皱叶委陵菜 *Potentilla ancistrifolia* Bunge
别名：钩叶委陵菜（安徽植物志）
原生。华东分布：安徽、山东。
薄叶皱叶委陵菜 *Potentilla ancistrifolia* var. ***dickinsii*** (Franch. & Sav.) Koidz.
原生。华东分布：安徽。
蕨麻 *Potentilla anserina* L.
原生。华东分布：山东。
蛇莓委陵菜 *Potentilla centigrana* Maxim.
原生。华东分布：江西。
委陵菜 *Potentilla chinensis* Ser.
原生。华东分布：安徽、福建、江苏、江西、山东、上海、浙江。
细裂委陵菜 *Potentilla chinensis* var. ***lineariloba*** Franch. & Sav.
原生。华东分布：江苏。
狼牙委陵菜 *Potentilla cryptotaeniae* Maxim.
原生。华东分布：浙江。
翻白草 *Potentilla discolor* Bunge
原生。华东分布：安徽、福建、江苏、江西、山东、上海、浙江。
匍枝委陵菜 *Potentilla flagellaris* D.F.K. Schltdl.
别名：匐枝委陵菜（上海维管植物名录）
原生。华东分布：江苏、山东、上海。
莓叶委陵菜 *Potentilla fragarioides* L.
原生。华东分布：安徽、福建、江苏、江西、山东、浙江。
三叶委陵菜 *Potentilla freyniana* Bornm.
原生。华东分布：安徽、福建、江苏、江西、山东、上海、浙江。
中华三叶委陵菜 *Potentilla freyniana* var. ***sinica*** Migo
原生。华东分布：安徽、江苏、江西、浙江。
柔毛委陵菜 *Potentilla griffithii* Hook. f.
原生。华东分布：江西。
蛇莓 *Potentilla indica* (Andrews) Th. Wolf
——*Duchesnea indica* (Jacks.) Focke（安徽植物志、福建植物志、江苏植物志 第2版、江西植物志、江西种子植物名录、山东植物志、上海维管植物名录、浙江植物志）
原生。华东分布：安徽、福建、江苏、江西、山东、上海、浙江。
蛇含委陵菜 *Potentilla kleiniana* Wight & Arn.
别名：蛇含（江西植物志）
——*Potentilla sundaica* Kuntze（福建植物志、浙江植物志）
原生。华东分布：安徽、福建、江苏、江西、山东、上海、浙江。
下江委陵菜 *Potentilla limprichtii* J. Krause
原生。华东分布：江西。
腺毛委陵菜 *Potentilla longifolia* Willd. ex D.F.K. Schltdl.
原生。华东分布：山东。
绢毛匍匐委陵菜 *Potentilla reptans* var. ***sericophylla*** Franch.
原生。华东分布：安徽、江苏、山东、上海、浙江。
朝天委陵菜 *Potentilla supina* L.
别名：朝天委陵菜花板（浙江植物志）
原生。华东分布：安徽、福建、江苏、江西、山东、上海、浙江。
三叶朝天委陵菜 *Potentilla supina* var. ***ternata*** Peterm.
——"*Potentilla supina* var. *ternate*"=*Potentilla supina* var. *ternata* Peterm.（拼写错误。江西种子植物名录）
原生。华东分布：安徽、江苏、江西、浙江。
菊叶委陵菜 *Potentilla tanacetifolia* Willd. ex D.F.K. Schltdl.
原生。华东分布：山东。
皱果蛇莓 *Potentilla wallichiana* Ser.
——*Duchesnea chrysantha* (Zoll. & Moritzi) Miq.（福建植物志、江苏植物志 第2版、上海维管植物名录、浙江植物志）
原生。华东分布：福建、江苏、上海、浙江。

草莓属 *Fragaria*

（蔷薇科 Rosaceae）

东方草莓 *Fragaria orientalis* Losinsk.
原生。华东分布：江苏。

金露梅属 *Dasiphora*

（蔷薇科 Rosaceae）

银露梅 *Dasiphora glabra* (G. Lodd.) Soják
——*Potentilla glabra* G. Lodd.（FOC）
原生。华东分布：安徽。

地蔷薇属 *Chamaerhodos*

（蔷薇科 Rosaceae）

灰毛地蔷薇 *Chamaerhodos canescens* J. Krause
原生。华东分布：山东。

绣线梅属 *Neillia*

（蔷薇科 Rosaceae）

野珠兰 *Neillia hanceana* (Kuntze) S.H. Oh
别名：华空木（福建植物志、江苏植物志 第2版、江西植物志）
——*Stephanandra chinensis* Hance（安徽植物志、福建植物志、江苏植物志 第2版、江西植物志、江西种子植物名录、浙江植物志、FOC）
原生。华东分布：安徽、福建、江苏、江西、浙江。

小野珠兰 *Neillia incisa* (Thunb.) S.H. Oh
别名：小米空木（安徽植物志、江苏植物志 第2版、山东植物志），深裂野珠兰（FOC）
——*Stephanandra incisa* (Thunb.) Sieb. & Zucc. ex Zabel（安徽植物志、江苏植物志 第2版、山东植物志、FOC）
原生。华东分布：安徽、江苏、山东。

井冈山绣线梅 *Neillia jinggangshanensis* Z.X. Yu
原生。近危（NT）。华东分布：江西。

中华绣线梅 *Neillia sinensis* Oliv.
原生。华东分布：江西。

白鹃梅属 *Exochorda*

（蔷薇科 Rosaceae）

红柄白鹃梅 *Exochorda giraldii* Hesse
原生。华东分布：安徽、江苏、江西、浙江。

绿柄白鹃梅 *Exochorda giraldii* var. *wilsonii* (Rehder) Rehder
原生、栽培。华东分布：安徽、浙江。

白鹃梅 *Exochorda racemosa* (Lindl.) Rehder
原生、栽培。华东分布：安徽、江苏、江西、浙江。

鸡麻属 *Rhodotypos*

（蔷薇科 Rosaceae）

鸡麻 *Rhodotypos scandens* (Thunb.) Makino
原生、栽培。华东分布：安徽、江苏、山东、浙江。

棣棠属 *Kerria*

（蔷薇科 Rosaceae）

棣棠 *Kerria japonica* (L.) DC.
别名：棣棠花（安徽植物志、福建植物志、江苏植物志 第2版、江西植物志、江西种子植物名录、浙江植物志）
原生、栽培。华东分布：安徽、福建、江苏、江西、山东、上海、浙江。

李属 *Prunus*

（蔷薇科 Rosaceae）

杏 *Prunus armeniaca* L.
别名：杏树（江苏植物志 第2版）
——*Armeniaca vulgaris* Lam.（江苏植物志 第2版、FOC）
原生、栽培。华东分布：江苏、山东。

野杏 *Prunus armeniaca* var. *ansu* Maxim.
——*Armeniaca vulgaris* var. *ansu* (Maxim.) T.T. Yu & L.T. Lu（江苏植物志 第2版、FOC）
原生。近危（NT）。华东分布：江苏。

短梗稠李 *Prunus brachypoda* Batalin
——*Padus brachypoda* (Batalin) C.K. Schneid.（安徽植物志、江西种子植物名录、FOC）
原生。华东分布：安徽、江西、浙江。

细齿短梗稠李 *Prunus brachypoda* var. *microdonta* Koehne
——*Padus brachypoda* var. *microdonta* (Koehne) T.T. Yu & T.C. Ku（FOC）
原生。华东分布：浙江。

橉木 *Prunus buergeriana* Miq.
别名：橉木稠李（安徽植物志、福建植物志、江苏植物志 第2版）
——*Padus buergeriana* (Miq.) T.T. Yu & T.C. Ku（安徽植物志、江苏植物志 第2版、江西植物志、江西种子植物名录、FOC）
原生。华东分布：安徽、福建、江苏、江西、浙江。

钟花樱 *Prunus campanulata* Maxim.
别名：福建山樱花（福建植物志），钟花樱桃（江西种子植物名录、FOC）
——*Cerasus campanulata* (Maxim.) A.N. Vassiljeva（江苏植物志 第2版、江西种子植物名录、FOC）
原生、栽培。华东分布：福建、江苏、江西、上海、浙江。

武夷红樱 *Prunus campanulata* var. *wuyiensis* (X.R. Wang, X.G. Yi & C.P. Xie) Y.H. Tong & N.H. Xia
——*Cerasus campanulata* var. *wuyiensis* X.R. Wang, X.G. Yi & C.P. Xie（*Cerasus campanulata* var. *wuyiensis*, A New Variety of Rosaceae in Wuyi Mountain）
原生。华东分布：福建。

微毛樱桃 *Prunus clarofolia* C.K. Schneid.
别名：微毛樱（安徽植物志、浙江植物志）
——*Cerasus clarofolia* (C.K. Schneid.) T.T. Yu & C.L. Li（安徽植物志、江西植物志、FOC）
原生。华东分布：安徽、江西、浙江。

华中樱桃 *Prunus conradinae* Koehne
别名：华中樱（福建植物志、浙江植物志）
——*Cerasus conradinae* (Koehne) T.T. Yu & C.L. Li（江西植物志、江西种子植物名录、FOC）
原生、栽培。华东分布：福建、江西、浙江。

山桃 *Prunus davidiana* (Carrière) Franch.
——*Amygdalus davidiana* (Carrière) de Vos ex Henry（江西植物志、江西种子植物名录、FOC）
原生、栽培。华东分布：安徽、江西、山东。

毛叶欧李 *Prunus dictyoneura* Diels
——*Cerasus dictyoneura* (Diels) Holub（江苏植物志 第2版、FOC）
原生。华东分布：江苏。

尾叶樱桃 *Prunus dielsiana* C.K. Schneid.

别名：尾叶樱（安徽植物志、江苏植物志 第 2 版）
——*Cerasus dielsiana* (C.K. Schneid.) T.T. Yu & C.L. Li（安徽植物志、江苏植物志 第 2 版、江西植物志、江西种子植物名录、FOC）
原生。华东分布：安徽、江苏、江西。

迎春樱桃 *Prunus discoidea* (T.T. Yu & C.L. Li) Z. Wei & Y.B. Chang
别名：迎春樱（安徽植物志、浙江植物志）
——"*Cerasus discoides*"=*Cerasus discoidea* T.T. Yu & C.L. Li（拼写错误。安徽植物志）
——*Cerasus discoidea* T.T. Yu & C.L. Li（江苏植物志 第 2 版、江西植物志、江西种子植物名录、上海维管植物名录、FOC）
原生，栽培。近危（NT）。华东分布：安徽、江苏、江西、上海、浙江。

白花迎春樱桃 *Prunus discoidea* 'Albiflora'
别名：白花迎春樱（Noteworthy Plants in Prunoideae of Rosaceae from Zhejiang）
——*Cerasus discoidea* f. *albiflora* H.Q. Bai & Z.H. Chen（Noteworthy Plants in Prunoideae of Rosaceae from Zhejiang）
原生。华东分布：浙江。

凤阳山樱桃 *Prunus fengyangshanica* (L.X. Ye & X.F. Jin) Yuan Wang, Jing Yan & C. Du comb. nov. [**Basionym:** *Cerasus fengyangshanica* L. X. Ye & X. F. Jin in Journal of Hangzhou Normal University (Natural Science Edition) 16(1): 22. 2017. **Type:** *X.F. Jin 3502* (Holotype: HTC; Isotype: HTC, ZM); *X.F. Jin 3501* (Paratype: HTC); *Z.H. Chen s.n.* (Paratype: HTC); *L.X. Ye s.n.* (Paratype: HTC)]
——*Cerasus fengyangshanica* L.X. Ye & X.F. Jin [*Cerasus fengyangshanica* (Rosaceae), A New Species from Zhejiang]
原生。华东分布：浙江。

华东樱 *Prunus fordiana* Dunn
别名：华南桂樱（江西种子植物名录、FOC）
——*Laurocerasus fordiana* (Dunn) Browicz（江西种子植物名录、FOC）
原生。华东分布：江西。

福建假稠李 *Prunus fujianensis* (Y.T. Chang) J. Wen
——*Maddenia fujianensis* Y.T. Chang（福建植物志、FOC）
原生。华东分布：福建、江西。

麦李 *Prunus glandulosa* Thunb.
——*Cerasus glandulosa* (Thunb.) Loisel.（安徽植物志、江苏植物志 第 2 版、江西植物志、江西种子植物名录、上海维管植物名录、FOC）
原生、栽培。华东分布：安徽、福建、江苏、江西、山东、上海、浙江。

灰叶稠李 *Prunus grayana* Maxim.
——*Padus grayana* (Maxim.) C.K. Schneid.（安徽植物志、江西植物志、江西种子植物名录、FOC）
原生。华东分布：安徽、福建、江西、浙江。

欧李 *Prunus humilis* Bunge
——*Cerasus humilis* (Bunge) Sokoloff（安徽植物志、江苏植物志 第 2 版、FOC）
原生。华东分布：安徽、江苏、山东。

锐齿臭樱 *Prunus incisoserrata* (T.T. Yu & T.C. Ku) J. Wen
——*Maddenia incisoserrata* T.T. Yu & T.C. Ku（安徽植物志、浙江植物志、FOC）
原生。华东分布：安徽、浙江。

毛背桂樱 *Prunus hypotricha* Rehder
——*Laurocerasus hypotricha* (Rehder) T.T. Yu & L.T. Lu（江西植物志、江西种子植物名录、FOC）
原生。华东分布：福建、江西。

洪平杏 *Prunus hongpingensis* (C.L. Li) Y.H. Tong & N.H. Xia
原生。华东分布：安徽。

郁李 *Prunus japonica* Thunb.
——*Cerasus japonica* (Thunb.) Loisel.（安徽植物志、江苏植物志 第 2 版、江西植物志、江西种子植物名录、FOC）
原生、栽培。华东分布：安徽、福建、江苏、江西、山东、浙江。

长梗郁李 *Prunus japonica* var. *nakaii* (H. Lév.) Rehder.
——*Cerasus japonica* var. *nakaii* (H. Lévl.) T.T. Yu & C.L. Li（FOC）
原生。华东分布：山东。

沼生矮樱 *Prunus jingningensis* (Z.H. Chen, G.Y. Li & Y.K. Xu) D.G. Zhang & Y. Wu
原生。华东分布：江西、浙江。

重瓣矮樱 *Prunus jingningensis* 'Pleiopetala'
——*Cerasus jingningensis* f. *pleiopetala* Z.H. Chen, H.F. Xu & G.Y. Li（Noteworthy Plants in Prunoideae of Rosaceae from Zhejiang）
原生。华东分布：浙江。

崂山樱花 *Prunus laoshanensis* (D.K. Zang) Yuan Wang, Jing Yan & C. Du comb. nov. [**Basionym:** *Cerasus laoshanensis* D.K. Zang in Annales Botanici Fennici 54(1-3): 135. 2017. **Type:** *D.K. Zang 14007* (Holotype: SDAU); *D.K. Zang 14030* (Paratype: SDAU)]
——*Cerasus laoshanensis* D.K. Zang [*Cerasus laoshanensi* (Rosaceae), A New Species from Shandong, China]
原生。华东分布：山东。

李梅杏 *Prunus limeixing* (J.Y. Zhang & Z.M. Wang) Y.H. Tong & N.H. Xia
——*Armeniaca limeixing* J.Y. Zhang & Z.M. Wang（FOC）
原生、栽培。华东分布：江苏、山东。

东北杏 *Prunus mandshurica* (Maxim.) Koehne
——*Armeniaca mandshurica* (Maxim.) Skvortsov（FOC）
原生。华东分布：山东。

全缘桂樱 *Prunus marginata* Dunn
原生。华东分布：江西。

黑樱桃 *Prunus maximowiczii* Rupr.
——*Cerasus maximowiczii* (Rupr.) Kom.（FOC）
原生。华东分布：浙江。

梅 *Prunus mume* (Sieb.) Sieb. & Zucc.
别名：毛茎梅（FOC）
——*Armeniaca mume* Sieb.（安徽植物志、江西植物志、FOC）
——*Armeniaca mume* var. *pubicaulina* C.Z. Qiao & H.M. Shen（FOC）
原生、栽培。华东分布：安徽、福建、江苏、江西、山东、上海、浙江。

粗梗稠李 *Prunus napaulensis* (Ser.) Steud.
——*Padus napaulensis* (Ser.) C.K. Schneid.（江西植物志、FOC）

原生。华东分布：安徽、江西、浙江。

细齿稠李 *Prunus obtusata* Koehne

——*Padus obtusata* (Koehne) T.T. Yu & T.C. Ku（安徽植物志、江苏植物志 第 2 版、江西植物志、江西种子植物名录、FOC）

原生。华东分布：安徽、江苏、江西、浙江。

稠李 *Prunus padus* L.

——*Padus avium* Mill.（江苏植物志 第 2 版、FOC）

原生、栽培。华东分布：江苏、山东。

北亚稠李 *Prunus padus* var. *asiatica* (Kom.) T.C. Ku & B.M. Barthol.

——*Padus avium* var. *asiatica* (Kom.) T.C. Ku & B.M. Barthol.（FOC）

原生。华东分布：山东。

景宁晚樱 *Prunus paludosa* (R.L. Liu, W.J. Chen & Z.H. Chen) Yuan Wang, Jing Yan & C. Du comb. nov. [**Basionym:** *Cerasus paludosa* R.L. Liu, W.J. Chen & Z.H. Chen in Journal of Hangzhou Normal University (Natural Science Edition) 16(5): 519. 2017. **Type:** *W.J. Chen 3468* (Holotype: HTC; Isotype: HTC, ZM); *W.J. Chen 3476* (Paratype: HTC); *W.J. Chen 3477* (Paratype: HTC)]

——*Cerasus paludosa* R.L. Liu, W.J. Chen & Z.H. Chen（Noteworthy Plants in Prunoideae of Rosaceae from Zhejiang）

原生。华东分布：浙江。

磐安樱桃 *Prunus pananensis* Z.L. Chen, W.J. Chen & X.F. Jin

别名：磐安樱 [New Materials of the Seed Plants in Zhejiang (VI)]——*Cerasus pananensis* (Zi L. Chen, W.J. Chen & X.F. Jin) Y.F. Lu, Zi L. Chen & X.F. Jin [New Materials of the Seed Plants in Zhejiang (VI)]

原生。华东分布：浙江。

桃 *Prunus persica* (L.) Batsch

别名：桃树（江苏植物志 第 2 版）

——*Amygdalus persica* L.（安徽植物志、江苏植物志 第 2 版、江西植物志、江西种子植物名录、FOC）

原生、栽培。华东分布：安徽、福建、江苏、江西、山东、上海、浙江。

腺叶桂樱 *Prunus phaeosticta* (Hance) Maxim.

别名：腺叶野樱（福建植物志）

——*Laurocerasus phaeosticta* (Hance) C.K. Schneid.（安徽植物志、江西植物志、江西种子植物名录、FOC）

原生。华东分布：安徽、福建、江西、浙江。

毛柱郁李 *Prunus pogonostyla* Maxim.

别名：毛柱樱（福建植物志、江西种子植物名录）

——*Cerasus pogonostyla* (Maxim.) T.T. Yu & C.L. Li（江西植物志、江西种子植物名录、FOC）

原生。华东分布：福建、江西、浙江。

长尾毛柱樱 *Prunus pogonostyla* var. *obovata* Koehne

别名：长尾毛樱桃（FOC）

——*Cerasus pogonostyla* var. *obovata* (Koehne) T.T. Yu & C.L. Li（江西种子植物名录）

原生。华东分布：福建、江西。

樱桃 *Prunus pseudocerasus* Lindl.

别名：毛山樱（江西种子植物名录）

——*Cerasus cantabrigiensis* (Stapf) Ohle（江西种子植物名录）

——*Cerasus pseudocerasus* (Lindl.) Loudon（安徽植物志、江苏植物志 第 2 版、江西植物志、江西种子植物名录、FOC）

原生、栽培。华东分布：安徽、福建、江苏、江西、山东、上海、浙江。

李 *Prunus salicina* Lindl.

别名：李树（江苏植物志 第 2 版）

原生、栽培。华东分布：安徽、福建、江苏、江西、山东、上海、浙江。

浙闽樱桃 *Prunus schneideriana* Koehne

别名：浙闽樱（福建植物志、江西种子植物名录、浙江植物志）

——*Cerasus schneideriana* (Koehne) T.T. Yu & C.L. Li（江西种子植物名录、FOC）

原生。华东分布：安徽、福建、江西、浙江。

山樱花 *Prunus serrulata* Lindl.

——*Cerasus serrulata* (Lindl.) Loudon（安徽植物志、江苏植物志 第 2 版、江西植物志、江西种子植物名录、FOC）

原生、栽培。华东分布：安徽、江苏、江西、山东、浙江。

毛叶山樱花 *Prunus serrulata* var. *pubescens* (Makino) Nakai

别名：毛山樱花（安徽植物志）、毛叶山樱桃（浙江植物志）

——*Cerasus serrulata* var. *pubescens* (Makino) T.T. Yu & C.L. Li（安徽植物志、江苏植物志 第 2 版、江西种子植物名录、FOC）

——*Prunus veitchii* Koehne［Taxonomic Reconsideration of *Prunus veitchii* (Rosaceae)］

原生。华东分布：安徽、福建、江苏、江西、山东、浙江。

刺叶桂樱 *Prunus spinulosa* Sieb. & Zucc.

别名：刺叶樱（福建植物志）

——*Laurocerasus spinulosa* (Sieb. & Zucc.) C.K. Schneid.（安徽植物志、江苏植物志 第 2 版、江西植物志、江西种子植物名录、FOC）

原生。华东分布：安徽、福建、江苏、江西、浙江。

星毛稠李 *Prunus stellipila* Koehne

——*Prunus buergeriana* var. *stellipila* (Koehne) T.T. Yu & C.L. Li（浙江植物志）

——*Padus stellipila* (Koehne) T.T. Yu & T.C. Ku（江西植物志、FOC）

原生。华东分布：江西、浙江。

大叶早樱 *Prunus subhirtella* Miq.

别名：野生早樱（江苏植物志 第 2 版）

——*Cerasus subhirtella* var. *ascendens* (Makino) X.R. Wang & Shang（江苏植物志 第 2 版）

原生。华东分布：江苏。

重瓣早樱 *Prunus subhirtella* 'Multipetala'

——*Cerasus subhirtella* f. *multipetala* F.Y. Zhang, W.Y. Xie & Z.H. Chen（Noteworthy Plants in Prunoideae of Rosaceae from Zhejiang）

原生。华东分布：浙江。

毛樱桃 *Prunus tomentosa* Thunb.

——*Cerasus tomentosa* (Thunb.) Masam. & S. Suzuki（安徽植物志、江苏植物志 第 2 版、FOC）

原生、栽培。华东分布：安徽、江苏、山东。

臀果木 *Prunus topengii* (Merr.) J. Wen & L. Zhao

别名：臀形果（福建植物志）

——*Pygeum topengii* Merr.（福建植物志、FOC）

原生。华东分布：福建、江西。

榆叶梅 *Prunus triloba* Lindl.

——*Amygdalus triloba* (Lindl.) Ricker（安徽植物志、江苏植物志 第 2 版、江西植物志、江西种子植物名录、FOC）
原生、栽培。华东分布：安徽、江苏、江西、山东、浙江。

尖叶桂樱 *Prunus undulata* Buch.-Ham. ex D. Don
别名：钝齿尖叶桂樱（江西植物志）
——*Laurocerasus undulata* (Buch.-Ham. ex D. Don) M. Roem.（江西植物志、FOC）
——*Laurocerasus undulata* f. *microbotrys* (Koehne) T.T. Yu & L.T. Lu（江西植物志）
原生。华东分布：福建、江西。

毡毛稠李 *Prunus velutina* Batalin
——*Padus velutina* (Batalin) C.K. Schneid.（江西植物志、FOC）
原生。华东分布：江西。

绢毛稠李 *Prunus wilsonii* (C.K. Schneid.) Koehne
——*Padus wilsonii* C.K. Schneid.（安徽植物志、江苏植物志 第 2 版、江西植物志、江西种子植物名录、FOC）
——*Prunus sericea* (Batalin) Koehne（福建植物志、浙江植物志）
原生。华东分布：安徽、福建、江苏、江西、浙江。

仙居杏 *Prunus xianjuxing* (J.Y. Zhang & X.Z. Wu) Y.H. Tong & N.H. Xia
——*Armeniaca xianjuxing* J.Y. Zhang & X.Z. Wu（A New Species of the Genus Armeniaca (Rosaceae)）
原生。华东分布：浙江。

政和杏 *Prunus zhengheensis* (J.Y. Zhang & M.N. Lu) Y.H. Tong & N.H. Xia
——*Armeniaca zhengheensis* J.Y. Zhang & M.N. Lu（FOC）
原生。极危（CR）。华东分布：福建、浙江。

大叶桂樱 *Prunus zippeliana* Miq.
别名：柔毛大叶桂樱（江西种子植物名录）
——*Laurocerasus zippeliana* (Miq.) Browicz（江西植物志、江西种子植物名录、FOC）
——*Laurocerasus zippeliana* var. *puberifolia* (Koehne) Yu & Li（江西种子植物名录）
原生。华东分布：福建、江西、浙江。

珍珠梅属 *Sorbaria*

（蔷薇科 Rosaceae）

高丛珍珠梅 *Sorbaria arborea* C.K. Schneid.
原生。华东分布：江西。

假升麻属 *Aruncus*

（蔷薇科 Rosaceae）

假升麻 *Aruncus sylvester* Kostel. ex Maxim.
——*Aruncus dioicus* (Walter) Fernald（浙江植物志）
原生。华东分布：安徽、福建、江西、浙江。

绣线菊属 *Spiraea*

（蔷薇科 Rosaceae）

菱叶绣线菊 *Spiraea* × *vanhouttei* (Briot) Carrière
原生、栽培。华东分布：江苏。

绣球绣线菊 *Spiraea blumei* G. Don
原生。华东分布：福建、江苏、江西、浙江。

宽瓣绣球绣线菊 *Spiraea blumei* var. ***latipetala*** Hemsl.
原生。华东分布：江西、浙江。

毛果绣球绣线菊 *Spiraea blumei* var. ***pubicarpa*** Cheng
原生。近危（NT）。华东分布：浙江。

麻叶绣线菊 *Spiraea cantoniensis* Lour.
别名：麻叶线菊（福建植物志）
原生、栽培。华东分布：安徽、福建、江苏、江西、浙江。

江西绣线菊 *Spiraea cantoniensis* var. ***jiangxiensis*** (Z.X. Yu) L.T. Lu
——*Spiraea jiangxiensis* Z.X. Yu（江西植物志）
原生。近危（NT）。华东分布：江西。

中华绣线菊 *Spiraea chinensis* Maxim.
原生。华东分布：安徽、福建、江苏、江西、山东、浙江。

直果绣线菊 *Spiraea chinensis* var. ***erecticarpa*** Y.Q. Zhu & X.W. Li
原生。华东分布：山东。

大花中华绣线菊 *Spiraea chinensis* var. ***grandiflora*** T. T. Yu
原生。华东分布：浙江。

毛花绣线菊 *Spiraea dasyantha* Bunge
原生。华东分布：安徽、江苏、江西。

华北绣线菊 *Spiraea fritschiana* C.K. Schneid.
原生。华东分布：江苏、山东、浙江。

大叶华北绣线菊 *Spiraea fritschiana* var. ***angulata*** (Fritsch ex C.K. Schneid.) Rehder
原生。华东分布：安徽、江西、山东。

小叶华北绣线菊 *Spiraea fritschiana* var. ***parvifolia*** Liou
原生。华东分布：山东。

疏毛绣线菊 *Spiraea hirsuta* (Hemsl.) C.K. Schneid.
原生。华东分布：福建、江西、浙江。

粉花绣线菊 *Spiraea japonica* L. f.
别名：白花绣线菊（江西种子植物名录），绣线菊（FOC）
——*Spiraea japonica* var. *albiflora* (Miq.) Koidz.（江西种子植物名录）
原生、栽培。华东分布：安徽、福建、江苏、江西、山东、上海、浙江。

白花绣线菊 *Spiraea japonica* f. ***albiflora*** (Miq.) Kitam.
——*Spiraea japonica* var. *albiflora* (Miq.) Z.Wei & Y.B. Chang（浙江植物志）
原生。华东分布：浙江。

渐尖粉花绣线菊 *Spiraea japonica* var. ***acuminata*** Franch.
别名：粉花锈线菊渐尖变种（江西种子植物名录），渐尖绣线菊（FOC），尖叶粉花绣线菊（安徽植物志），狭叶粉花绣线菊（福建植物志、浙江植物志）
——"*Spiraea japonica* var. *acuminate*"=*Spiraea japonica* var. *acuminata* Franch.（拼写错误。江苏植物志 第 2 版）
原生。华东分布：安徽、福建、江苏、江西、浙江。

光叶粉花绣线菊 *Spiraea japonica* var. ***fortunei*** (Planch.) Rehder
别名：粉花绣线菊光叶变种（江西种子植物名录），光叶绣线菊（FOC）
原生。华东分布：安徽、福建、江苏、江西、浙江。

无毛粉花绣线菊 *Spiraea japonica* var. ***glabra*** (Regel) Koidz.
别名：无毛绣线菊（FOC）
原生。华东分布：安徽、江西、浙江。

长芽绣线菊 *Spiraea longigemmis* Maxim.

原生。华东分布：浙江。

长蕊绣线菊 ***Spiraea miyabei*** Koidz.

原生。华东分布：安徽。

无毛长蕊绣线菊 ***Spiraea miyabei*** var. ***glabrata*** Rehder

原生。近危（NT）。华东分布：安徽。

细枝绣线菊 ***Spiraea myrtilloides*** Rehder

原生。华东分布：安徽、江西。

金州绣线菊 ***Spiraea nishimurae*** Kitag.

原生。华东分布：安徽、山东。

李叶绣线菊 ***Spiraea prunifolia*** Sieb. & Zucc.

原生、栽培。华东分布：安徽、江苏、江西、浙江。

单瓣李叶绣线菊 ***Spiraea prunifolia*** var. ***simpliciflora*** (Nakai) Nakai

原生、栽培。华东分布：安徽、福建、江苏、江西、浙江。

土庄绣线菊 ***Spiraea pubescens*** Turcz.

原生。华东分布：安徽、山东。

毛果土庄绣线菊 ***Spiraea pubescens*** var. ***lasiocarpa*** Nakai

原生。华东分布：安徽。

南川绣线菊 ***Spiraea rosthornii*** E. Pritz.

原生。华东分布：安徽。

茂汶绣线菊 ***Spiraea sargentiana*** Rehder

原生。华东分布：浙江。

川滇绣线菊 ***Spiraea schneideriana*** Rehder

原生。华东分布：福建、江西。

珍珠绣线菊 ***Spiraea thunbergii*** Sieb. ex Blume

原生。华东分布：江苏、江西。

三裂绣线菊 ***Spiraea trilobata*** L.

原生、栽培。华东分布：安徽、江苏、山东。

毛叶三裂绣线菊 ***Spiraea trilobata*** var. ***pubescens*** T.T. Yu

原生。华东分布：山东。

火棘属 *Pyracantha*

（蔷薇科 Rosaceae）

全缘火棘 ***Pyracantha atalantioides*** (Hance) Stapf

原生。华东分布：江西。

细圆齿火棘 ***Pyracantha crenulata*** (D. Don) M. Roem.

原生、栽培。华东分布：江苏、江西、山东。

火棘 ***Pyracantha fortuneana*** (Maxim.) H.L. Li

原生、栽培。华东分布：安徽、福建、江苏、江西、山东、上海、浙江。

唐棣属 *Amelanchier*

（蔷薇科 Rosaceae）

东亚唐棣 ***Amelanchier asiatica*** (Sieb. & Zucc.) Endl. ex Walp.

原生。华东分布：安徽、江西、浙江。

山楂属 *Crataegus*

（蔷薇科 Rosaceae）

野山楂 ***Crataegus cuneata*** Sieb. & Zucc.

原生。华东分布：安徽、福建、江苏、江西、山东、上海、浙江。

小叶野山楂 ***Crataegus cuneata*** var. ***tangchungchangii*** (F.P. Metcalf) T.C. Ku & Spongberg

——"*Crataegus cuneata* f. *tang-chung-changii*"=*Crataegus cuneata* f. *tangchungchangii* (F.P. Metcalf) Y.T. Chang（拼写错误。福建植物志）

原生。华东分布：福建。

光叶山楂 ***Crataegus dahurica*** Koehne ex C.K. Schneid.

原生。华东分布：山东。

湖北山楂 ***Crataegus hupehensis*** Sarg.

原生。华东分布：安徽、江苏、江西、浙江。

山楂 ***Crataegus pinnatifida*** Bunge

原生、栽培。华东分布：安徽、江苏、山东、浙江。

山东山楂 ***Crataegus shandongensis*** F.Z. Li & W.D. Peng

原生。易危（VU）。华东分布：山东。

华中山楂 ***Crataegus wilsonii*** Sarg.

原生。华东分布：安徽、江西、浙江。

小石积属 Osteomeles

（蔷薇科 Rosaceae）

圆叶小石积 ***Osteomeles subrotunda*** K. Koch

原生。近危（NT）。华东分布：浙江。

榅桲属 *Cydonia*

（蔷薇科 Rosaceae）

榅桲 ***Cydonia oblonga*** Mill.

外来、栽培。华东分布：江西。

木瓜属 *Pseudocydonia*

（蔷薇科 Rosaceae）

木瓜 ***Pseudocydonia sinensis*** (Thouin) C.K. Schneid.

——*Chaenomeles sinensis* (Thouin) Koehne（安徽植物志、江苏植物志 第 2 版、江西植物志、江西种子植物名录、FOC）

原生、栽培。华东分布：安徽、福建、江苏、江西、山东、上海、浙江。

木瓜海棠属 *Chaenomeles*

（蔷薇科 Rosaceae）

木瓜海棠 ***Chaenomeles cathayensis*** (Hemsl.) C.K. Schneid.

别名：毛叶木瓜（江苏植物志 第 2 版、江西植物志、江西种子植物名录），木桃（浙江植物志）

原生、栽培。华东分布：安徽、福建、江苏、江西、山东、上海、江西。

贴梗海棠 ***Chaenomeles speciosa*** (Sweet) Nakai

别名：皱皮木瓜（江苏植物志 第 2 版、江西植物志、江西种子植物名录）

原生、栽培。华东分布：安徽、福建、江苏、江西、山东、上海、浙江。

苹果属 *Malus*

（蔷薇科 Rosaceae）

花红 ***Malus asiatica*** Nakai

原生、栽培。华东分布：江苏、山东、浙江。

山荆子 ***Malus baccata*** (L.) Borkh.

原生、栽培。华东分布：江苏、山东。

台湾林檎 ***Malus doumeri*** (Bois) A. Chev.

别名：尖咀林檎（福建植物志），尖嘴林檎（安徽植物志），台湾海棠（江西种子植物名录）

——*Malus melliana* (Hand.-Mazz.) Rehder（安徽植物志、福建植

物志）
原生。华东分布：安徽、福建、江苏、江西、浙江。
垂丝海棠 *Malus halliana* Koehne
原生、栽培。华东分布：安徽、福建、江苏、江西、山东、上海、浙江。
湖北海棠 *Malus hupehensis* (Pamp.) Rehder
——"*Malus huphensis*"=*Malus hupehensis* (Pamp.) Rehder（拼写错误。福建植物志）
原生、栽培。华东分布：安徽、福建、江苏、江西、山东、上海、浙江。
平邑甜茶 *Malus hupehensis* var. ***mengshanensis*** G.Z. Qian & W.H. Shao
原生。华东分布：山东。
泰山海棠 *Malus hupehensis* var. ***taiensis*** G.Z. Qian
原生。华东分布：山东。
光萼海棠 *Malus leiocalyca* S.Z. Huang
别名：光萼林擒（江苏植物志 第2版），光萼林檎（江西植物志、江西种子植物名录、浙江植物志）
原生。华东分布：安徽、福建、江苏、江西、浙江。
毛山荆子 *Malus mandshurica* (Maxim.) Kom. ex Skvortsov
——*Malus baccata* var. *mandshurica* (Maxim.) C.K. Schneid.（江苏植物志 第2版、浙江植物志）
原生。华东分布：江苏、浙江。
楸子 *Malus prunifolia* (Willd.) Borkh.
原生。华东分布：山东。
海棠花 *Malus spectabilis* (Aiton) Borkh.
原生、栽培。华东分布：江苏、山东、浙江。
三叶海棠 *Malus toringo* (Sieb.) de Vriese
别名：三裂海棠（福建植物志）
——*Malus sieboldii* (Regel) Rehder（福建植物志、江苏植物志 第2版、江西植物志、江西种子植物名录、山东植物志、上海维管植物名录、浙江植物志、FOC）
原生。华东分布：福建、江苏、江西、山东、上海、浙江。

红果树属 *Stranvaesia*

（蔷薇科 Rosaceae）

毛萼红果树 *Stranvaesia amphidoxa* C.K. Schneid.
原生。华东分布：安徽、江西、浙江。
红果树 *Stranvaesia davidiana* Decne.
原生。华东分布：江西。
波叶红果树 *Stranvaesia davidiana* var. ***undulata*** (Decne.) Rehder & E.H. Wilson
别名：红果树波叶变种（江西种子植物名录）
原生。华东分布：福建、江西、浙江。

石楠属 *Photinia*

（蔷薇科 Rosaceae）

中华石楠 *Photinia beauverdiana* C.K. Schneid.
别名：厚叶中华石楠（安徽植物志、江西植物志、浙江植物志），中华石楠厚叶变种（江西种子植物名录）
——*Photinia beauverdiana* var. *notabilis* (C.K. Schneid.) Rehder & E.H. Wilson（安徽植物志、江西植物志、江西种子植物名录、浙江植物志）
原生。华东分布：安徽、福建、江苏、江西、浙江。
短叶中华石楠 *Photinia beauverdiana* var. ***brevifolia*** Cardot
别名：中华石楠短叶变种（江西种子植物名录）
原生。华东分布：安徽、江苏、江西、浙江。
闽粤石楠 *Photinia benthamiana* Hance
原生。华东分布：福建、江西、浙江。
贵州石楠 *Photinia bodinieri* H. Lév.
别名：椤木石楠（安徽植物志、福建植物志、江苏植物志 第2版、江西植物志、江西种子植物名录、浙江植物志），黑果石楠［*Photinia atropurpurea* (Rosaceae), a New Species of *Photinia* Lindl. from Zhejiang］
——*Photinia atropurpurea* P.L. Chiu ex Z.H. Chen & X.F. Jin［*Photinia atropurpurea* (Rosaceae), a New Species of *Photinia* Lindl. from Zhejiang］
——*Photinia davidsoniae* Rehder & E.H. Wilson（安徽植物志、福建植物志、江苏植物志 第2版、江西植物志、江西种子植物名录、浙江植物志）
原生、栽培。华东分布：安徽、福建、江苏、江西、浙江。
裘氏石楠 *Photinia chiuana* Z.H. Chen, F.Chen & X.F. Jin
原生。华东分布：浙江。
福建石楠 *Photinia fokienensis* (Finet & Franch.) Franch. ex Cardot
原生。华东分布：福建、江西、浙江。
光叶石楠 *Photinia glabra* (Thunb.) Maxim.
——"*Photinia gclabra*"=*Photinia glabra* (Thunb.) Maxim.（拼写错误。福建植物志）
原生。华东分布：安徽、福建、江苏、江西、浙江。
褐毛石楠 *Photinia hirsuta* Hand.-Mazz.
原生。华东分布：安徽、福建、江西、浙江。
裂叶褐毛石楠 *Photinia hirsuta* var. ***lobulata*** T.T. Yu
原生。近危（NT）。华东分布：福建。
陷脉石楠 *Photinia impressivena* Hayata
原生。华东分布：福建、江西。
垂丝石楠 *Photinia komarovii* (H. Lév. & Vaniot) L.T. Lu & C.L. Li
别名：武夷山石楠（江西植物志）
——*Photinia wuyishanensis* Z.X. Yu（江西植物志）
原生。华东分布：江西。
绵毛石楠 *Photinia lanuginosa* T.T. Yu
原生。濒危（EN）。华东分布：浙江。
倒卵叶石楠 *Photinia lasiogyna* (Franch.) C.K. Schneid.
原生。华东分布：江西、浙江。
脱毛石楠 *Photinia lasiogyna* var. ***glabrescens*** L.T. Lu & C.L. Li
原生。华东分布：福建、江西、浙江。
罗城石楠 *Photinia lochengensis* T.T. Yu
原生。近危（NT）。华东分布：浙江。
玉兰叶石楠 *Photinia magnoliifolia* Z.H. Chen
原生。华东分布：浙江。
斜脉石楠 *Photinia obliqua* Stapf
原生。近危（NT）。华东分布：福建。
小叶石楠 *Photinia parvifolia* (E. Pritz.) C.K. Schneid.
别名：伞花石楠（江西种子植物名录、浙江植物志）

——"*Photinia parviflia*"=*Photinia parvifolia* (E. Pritz.) C.K. Schneid.（拼写错误。福建植物志）
——*Photinia subumbellata* Rehder & E.H. Wilson（江西种子植物名录、浙江植物志）
——*Photinia villosa* var. *parvifolia* (E. Pritz.) P.S. Hsu & L.C. Li（安徽植物志）
原生。华东分布：安徽、福建、江苏、江西、浙江。
桃叶石楠 *Photinia prunifolia* (Hook. & Arn.) Lindl.
原生。华东分布：福建、江西、浙江。
重齿桃叶石楠 *Photinia prunifolia* var. ***denticulata*** T.T. Yu
别名：水花石楠（浙江植物志）
原生。近危（NT）。华东分布：福建、浙江。
饶平石楠 *Photinia raupingensis* K.C. Kuan
原生。华东分布：江西。
绒毛石楠 *Photinia schneideriana* Rehder & E.H. Wilson
别名：芷江石楠（江西种子植物名录）
——*Photinia zhijiangensis* T.C. Ku（江西种子植物名录）
原生。华东分布：安徽、福建、江西、浙江。
石楠 *Photinia serratifolia* (Desf.) Kalkman
——*Photinia serrulata* Lindl.（安徽植物志、福建植物志、江西植物志、江西种子植物名录、山东植物志、浙江植物志）
原生、栽培。华东分布：安徽、福建、江苏、江西、山东、上海、浙江。
宽叶石楠 *Photinia serratifolia* var. ***daphniphylloides*** (Hayata) L.T. Lu
——*Photinia serrulata* var. *daphniphylloides* (Hayata) Kuan（浙江植物志）
原生。华东分布：浙江。
紫金牛叶石楠 *Photinia serratifolia* var. ***ardisiifolia*** (Hayata) H. Ohashi
——*Photinia serrulata* var. *ardisiifolia* (Hayata) Kuan（浙江植物志）
原生。华东分布：浙江。
泰顺石楠 *Photinia taishunensis* G.H. Xia, L.H. Lou & S.H. Jin
原生。华东分布：浙江。
毛叶石楠 *Photinia villosa* (Thunb.) DC.
原生。华东分布：福建、江苏、江西、山东、浙江。
光萼石楠 *Photinia villosa* var. ***glabricalycina*** L.T. Lu & C.L. Li
原生。华东分布：江苏、江西、浙江。
庐山石楠 *Photinia villosa* var. ***sinica*** Rehder & E.H. Wilson
别名：华毛叶石楠（安徽植物志）
原生。华东分布：安徽、福建、江苏、江西、浙江。
浙江石楠 *Photinia zhejiangensis* P.L. Chiu
——"*Photinia zehjiangensis*"=*Photinia zhejiangensis* P.L. Chiu（拼写错误。安徽植物志）
原生。华东分布：安徽、浙江。

石斑木属 *Rhaphiolepis*

（蔷薇科 Rosaceae）

大花石斑木 *Rhaphiolepis cavaleriei* (H. Lév.) B.B.Liu&J.Wen
别名：大花枇杷（福建植物志、江西种子植物名录、FOC）
——*Eriobotrya cavaleriei* (H. Lév.) Rehder（福建植物志、江西种子植物名录、FOC）
原生。华东分布：福建、江西。
锈毛石斑木 *Rhaphiolepis ferruginea* F.P. Metcalf
——"*Raphiolepis ferruginea*"=*Rhaphiolepis ferruginea* F.P. Metcalf（拼写错误。江西植物志、浙江植物志）
原生。华东分布：福建、江西、浙江。
齿叶锈毛石斑木 *Rhaphiolepis ferruginea* var. ***serrata*** F.P. Metcalf
别名：齿叶锈毛石斑木［A Synopsis of the Expanded *Rhaphiolepis* (Maleae, Rosaceae)、福建植物志］，锈毛齿叶石斑木（江西植物志）
——"*Raphiolepis ferruginea* var. *serrata*"=*Rhaphiolepis ferruginea* var. *serrata* F.P. Metcalf（拼写错误。江西植物志）
原生。华东分布：福建、江西。
石斑木 *Rhaphiolepis indica* (L.) Lindl.
——"*Raphiolepis indica*"=*Rhaphiolepis indica* (L.) Lindl.（拼写错误。江西植物志、江西种子植物名录、浙江植物志）
——"*Raphiolepis inidca*"=*Rhaphiolepis indica* (L.) Lindl.（拼写错误。安徽植物志）
——*Rhaphiolepis gracilis* Nakai［Synopsis of the Expanded *Rhaphiolepis* (Maleae, Rosaceae)］
原生、栽培。华东分布：安徽、福建、江苏、江西、浙江。
细叶石斑木 *Rhaphiolepis lanceolata* Hu
——"*Raphiolepis lanceolata*"=*Rhaphiolepis lanceolata* Hu（拼写错误。江西种子植物名录）
原生。华东分布：江西。
大叶石斑木 *Rhaphiolepis major* Cardot
——"*Raphiolepis major*"=*Rhaphiolepis major* Cardot（拼写错误。江西植物志、江西种子植物名录、浙江植物志）
原生。华东分布：安徽、福建、江西、浙江。
柳叶石斑木 *Rhaphiolepis salicifolia* Lindl.
——"*Raphiolepis salicifolia*"=*Rhaphiolepis salicifolia* Lindl.（拼写错误。江西种子植物名录）
原生。华东分布：福建、江西。
厚叶石斑木 *Rhaphiolepis umbellata* (Thunb.) Makino
——"*Raphiolepis umbellata*"=*Rhaphiolepis umbellata* (Thunb.) Makino（拼写错误。浙江植物志）
原生。华东分布：江西、上海、浙江。

枇杷属 *Eriobotrya*

（蔷薇科 Rosaceae）

台湾枇杷 *Eriobotrya deflexa* (Hemsl.) Nakai
原生。华东分布：江西。
香花枇杷 *Eriobotrya fragrans* Champ. ex Benth.
原生。华东分布：江西。
枇杷 *Eriobotrya japonica* (Thunb.) Lindl.
原生、栽培。华东分布：安徽、福建、江苏、江西、山东、上海、浙江。

栒子属 *Cotoneaster*

（蔷薇科 Rosaceae）

灰栒子 *Cotoneaster acutifolius* Turcz.
原生。华东分布：安徽。
密毛灰栒子 *Cotoneaster acutifolius* var. ***villosulus*** Rehder & E.H. Wilson

别名：毛灰栒子（安徽植物志）
原生。华东分布：安徽。
匍匐栒子 *Cotoneaster adpressus* Bois
原生。华东分布：安徽。
散生栒子 *Cotoneaster divaricatus* Rehder & E.H. Wilson
原生、栽培。华东分布：安徽、江西、浙江。
平枝栒子 *Cotoneaster horizontalis* Decne.
原生、栽培。华东分布：安徽、江苏、江西、浙江。
山东栒子 *Cotoneaster schantungensis* G. Klotz
原生。易危（VU）。华东分布：安徽、山东。
华中栒子 *Cotoneaster silvestrii* Pamp.
别名：华中栒子（江西种子植物名录）
原生。华东分布：安徽、江苏、江西。
西北栒子 *Cotoneaster zabelii* C.K. Schneid.
原生。华东分布：安徽、江西、山东。

梨属 *Pyrus*

（蔷薇科 Rosaceae）

杜梨 *Pyrus betulifolia* Bunge
别名：棠梨（安徽植物志）
——"*Pyrus betulaefolia*"=*Pyrus betulifolia* Bunge（拼写错误。安徽植物志、江西植物志、江西种子植物名录、山东植物志）
原生、栽培。华东分布：安徽、江苏、江西、山东、浙江。
白梨 *Pyrus bretschneideri* Rehder
原生。华东分布：江苏。
豆梨 *Pyrus calleryana* Decne.
别名：毛豆梨（安徽植物志），绒毛豆梨（福建植物志、江西植物志、江西种子植物名录、浙江植物志）
——"*Pyrus calleryana* f. *tementella*"=*Pyrus calleryana* f. *tomentella* Rehder（拼写错误。江西植物志）
——*Pyrus calleryana* f. *tomentella* Rehder（安徽植物志、福建植物志、江西种子植物名录、浙江植物志）
原生、栽培。华东分布：安徽、福建、江苏、江西、山东、上海、浙江。
全缘叶豆梨 *Pyrus calleryana* var. ***integrifolia*** T.T. Yu
——"*Pyrus calleryana* var. *integrifoliola*"=*Pyrus calleryana* var. *integrifolia* T.T. Yu（拼写错误。安徽植物志）
原生。华东分布：安徽、江苏、浙江。
楔叶豆梨 *Pyrus calleryana* var. ***koehnei*** (C.K. Schneid.) T.T. Yu
别名：豆梨楔叶变种（江西种子植物名录），粉花柯氏梨（New Materials of Rosaceae in Zhejiang）
——*Pyrus koehnei* f. roseiflorus Z.H. Chen, H.F. Xu& F.G. Zhang（New Materials of Rosaceae in Zhejiang）
原生。华东分布：安徽、福建、江西、浙江。
柳叶豆梨 *Pyrus calleryana* var. ***lanceata*** Rehder
——"*Pyrus calleryana* var. *lanceolata*"=*Pyrus calleryana* var. *lanceata* Rehder（拼写错误。安徽植物志、福建植物志、江西植物志、浙江植物志）
原生。华东分布：安徽、福建、江西、山东、浙江。
河北梨 *Pyrus hopeiensis* T.T. Yu
原生。极危（CR）。华东分布：山东。
海棠叶梨 *Pyrus malifolioides* Z.H. Chen, W.Y. Xie & Zi. L. Chen
原生。华东分布：浙江。
褐梨 *Pyrus phaeocarpa* Rehder
原生。华东分布：江西、山东。
沙梨 *Pyrus pyrifolia* (Burm. f.) Nakai
原生。华东分布：安徽、江苏、江西。
麻梨 *Pyrus serrulata* Rehder
原生。华东分布：福建、江西、浙江。
秋子梨 *Pyrus ussuriensis* Maxim.
原生。华东分布：浙江。

花楸属 *Sorbus*

（蔷薇科 Rosaceae）

水榆花楸 *Sorbus alnifolia* (Sieb. & Zucc.) K. Koch
原生。华东分布：安徽、福建、江苏、江西、山东、浙江。
棱果花楸 *Sorbus alnifolia* var. ***angulata*** S.B. Liang
原生。近危（NT）。华东分布：山东。
裂叶水榆花楸 *Sorbus alnifolia* var. ***lobulata*** Rehder
原生。近危（NT）。华东分布：安徽、山东。
黄山花楸 *Sorbus amabilis* W.C. Cheng ex T.T. Yu & K.C. Kuan
别名：武夷花楸（江西种子植物名录），武夷山花楸（江西植物志）
——"*Sorbus amabilis* var. *wuyishangensis*"=*Sorbus amabilis* var. *wuyishanensis* Z.X. Yu（拼写错误。江西种子植物名录）
——*Sorbus amabilis* var. *wuyishanensis* Z.X. Yu（江西植物志）
原生。华东分布：安徽、福建、江西、浙江。
美脉花楸 *Sorbus caloneura* (Stapf) Rehder
——"*Sorbus caloneurs*"=*Sorbus caloneura* (Stapf) Rehder（拼写错误。福建植物志）
原生。华东分布：福建、江西。
北京花楸 *Sorbus discolor* (Maxim.) Maxim.
原生。华东分布：山东。
棕脉花楸 *Sorbus dunnii* Rehder
原生。华东分布：安徽、福建、江西、浙江。
石灰花楸 *Sorbus folgneri* (C.K. Schneid.) Rehder
别名：石灰树（FOC）
原生。华东分布：安徽、福建、江西、浙江。
齿叶石灰花楸 *Sorbus folgneri* var. ***duplicatodentata*** T.T. Yu & L.T. Lu
别名：齿叶石灰树（FOC），大叶石灰树（江西种子植物名录）
——*Sorbus chengii* C.J. Qi（江西种子植物名录）
原生。华东分布：江西、浙江。
江南花楸 *Sorbus hemsleyi* (C.K. Schneid.) Rehder
原生。华东分布：安徽、福建、江西、浙江。
湖北花楸 *Sorbus hupehensis* C.K. Schneid.
——"*Sorbus hupehesis*"=*Sorbus hupehensis* C.K. Schneid.（拼写错误。安徽植物志）
原生。华东分布：安徽、江西、山东。
少叶花楸 *Sorbus hupehensis* var. ***paucijuga*** (D.K. Zang & P.C. Huang) L.T. Lu
原生。华东分布：山东。

毛序花楸 *Sorbus keissleri* (C.K. Schneid.) Rehder
原生。华东分布：江西。
庐山花楸 *Sorbus lushanensis* Xin Chen & Jing Qiu
原生。华东分布：江西。
大果花楸 *Sorbus megalocarpa* Rehder
原生。华东分布：江西。
花楸树 *Sorbus pohuashanensis* (Hance) Hedl.
别名：泰山花楸（山东植物志）
——*Sorbus taishanensis* F.Z. Li & X.D. Chen（山东植物志）
原生。华东分布：山东。
天堂花楸 *Sorbus tiantangensis* X.M. Liu & C.L. Wang
原生。华东分布：安徽。

胡颓子科 Elaeagnaceae

胡颓子属 *Elaeagnus*

（胡颓子科 Elaeagnaceae）

沙枣 *Elaeagnus angustifolia* L.
原生、栽培。华东分布：安徽、江苏。
佘山羊奶子 *Elaeagnus argyi* H. Lév.
别名：佘山胡颓子（安徽植物志）
原生。华东分布：安徽、江苏、江西、上海、浙江。
长叶胡颓子 *Elaeagnus bockii* Diels
原生。华东分布：江西。
毛木半夏 *Elaeagnus courtoisii* Belval
——"*Elaeagnus courtoisi*"=*Elaeagnus courtoisii* Belval(拼写错误。安徽植物志、江西种子植物名录、浙江植物志）
原生。华东分布：安徽、福建、江西、浙江。
巴东胡颓子 *Elaeagnus difficilis* Servett.
别名：铜色叶胡颓子（江西种子植物名录）
——*Elaeagnus cuprea* Rehder（江西种子植物名录）
原生。华东分布：安徽、福建、江西、浙江。
蔓胡颓子 *Elaeagnus glabra* Thunb.
原生。华东分布：安徽、福建、江苏、江西、浙江。
角花胡颓子 *Elaeagnus gonyanthes* Benth.
原生。华东分布：江西。
多毛羊奶子 *Elaeagnus grijsii* Hance
原生。华东分布：福建。
宜昌胡颓子 *Elaeagnus henryi* Warb. ex Diels
原生。华东分布：安徽、福建、江苏、江西、浙江。
江西羊奶子 *Elaeagnus jiangxiensis* C.Y. Chang
原生。华东分布：江西。
披针叶胡颓子 *Elaeagnus lanceolata* Warb.
原生。华东分布：安徽、江西。
鸡柏紫藤 *Elaeagnus loureiroi* Champ.
原生。华东分布：江西。
大叶胡颓子 *Elaeagnus macrophylla* Thunb.
原生。华东分布：福建、江苏、山东、浙江。
银果牛奶子 *Elaeagnus magna* (Servett.) Rehder
原生。华东分布：江西。
木半夏 *Elaeagnus multiflora* Thunb.
别名：长梗胡颓子（安徽植物志）
——*Elaeagnus longipedunculata* N. Li & T.M. Wu（安徽植物志）
原生。华东分布：安徽、福建、江苏、江西、山东、上海、浙江。
倒果木半夏 *Elaeagnus multiflora* var. *obovoidea* C.Y. Chang
原生。华东分布：安徽、江苏、江西、浙江。
长萼木半夏 *Elaeagnus multiflora* var. *siphonantha* (Nakai) C.Y. Chang
原生。华东分布：江西。
福建胡颓子 *Elaeagnus oldhamii* Maxim.
——"*Elaeagnus oldhami*"=*Elaeagnus oldhamii* Maxim.(拼写错误。福建植物志）
原生。华东分布：福建。
卵叶胡颓子 *Elaeagnus ovata* Servett.
原生。华东分布：上海。
胡颓子 *Elaeagnus pungens* Thunb.
原生、栽培。华东分布：安徽、福建、江苏、江西、上海、浙江。
星毛羊奶子 *Elaeagnus stellipila* Rehder
原生。华东分布：江西。
香港胡颓子 *Elaeagnus tutcheri* Dunn
原生。华东分布：江西。
牛奶子 *Elaeagnus umbellata* Thunb.
原生。华东分布：安徽、江苏、江西、山东、上海、浙江。

鼠李科 Rhamnaceae

翼核果属 *Ventilago*

（鼠李科 Rhamnaceae）

翼核果 *Ventilago leiocarpa* Benth.
原生。华东分布：福建、江西。

雀梅藤属 *Sageretia*

（鼠李科 Rhamnaceae）

钩刺雀梅藤 *Sageretia hamosa* (Wall.) Brongn.
原生。华东分布：安徽、福建、江西、浙江。
疏花雀梅藤 *Sageretia laxiflora* Hand.-Mazz.
原生。华东分布：江西。
亮叶雀梅藤 *Sageretia lucida* Merr.
别名：梗花雀梅藤（江西植物志、江西种子植物名录、浙江植物志）
——*Sageretia henryi* J.R. Drumm. & Sprague（江西植物志、江西种子植物名录、浙江植物志）
原生。易危（VU）。华东分布：福建、江西、浙江。
刺藤子 *Sageretia melliana* Hand.-Mazz.
原生。华东分布：安徽、福建、江西、浙江。
皱叶雀梅藤 *Sageretia rugosa* Hance
别名：皱叶雀梅（江西种子植物名录）
原生。华东分布：江西。
尾叶雀梅藤 *Sageretia subcaudata* C.K. Schneid.
原生。华东分布：江西、浙江。
雀梅藤 *Sageretia thea* (Osbeck) M.C. Johnst.
原生。华东分布：安徽、福建、江苏、江西、上海、浙江。

毛叶雀梅藤 ***Sageretia thea*** var. ***tomentosa*** (C.K. Schneid.) Y.L. Chen & P.K. Chou
原生。华东分布：安徽、福建、江苏、江西。

裸芽鼠李属 *Frangula*

（鼠李科 Rhamnaceae）

长叶冻绿 ***Frangula crenata*** (Sieb. & Zucc.) Miq.
——*Rhamnus crenata* Sieb. & Zucc.（安徽植物志、福建植物志、江苏植物志 第2版、江西植物志、江西种子植物名录、浙江植物志、FOC）
原生。华东分布：安徽、福建、江苏、江西、浙江。

两色裸芽鼠李 ***Frangula crenata*** var. ***discolor*** (Rehder) H. Yu, H.G. Ye & N.H. Xia
别名：两色冻绿（江西种子植物名录、浙江植物志、FOC），两色鼠李（江西植物志）
——*Rhamnus crenata* var. *discolor* Rehder（江西植物志、江西种子植物名录、浙江植物志）
原生。近危（NT）。华东分布：江西、浙江。

仙居冻绿 ***Frangula crenata*** var. ***xianjuensis*** (X.F. Jin & Y.F. Lu) Yuan Wang, Jing Yan & C. Du comb. nov. ［**Basionym:** *Rhamnus crenata* Siebold & Zucc. var. *xianjuensis* X.F. Jin & Y.F. Lu in Journal of Hangzhou Normal University (Natural Science Edition) 17(3): 252. 2018. **Type:** *X.F. Jin 3825* (Holotype: HTC; isotype: HTC, ZM)］
——*Rhamnus crenata* var. *xianjuensis* X.F. Jin & Y.F. Lu（*Rhamnus crenata* var. *xianjuensis*, a New Variety of Rhamnaceae from Zhejiang）
原生。华东分布：浙江。

毛叶鼠李 ***Frangula henryi*** (C.K. Schneid.) Grubov
——*Rhamnus henryi* C.K. Schneid.（江西种子植物名录、FOC）
原生。华东分布：江西。

长柄鼠李 ***Frangula longipes*** (Merr. & Chun) Grubov
别名：长柄冻绿（福建植物志）
——*Rhamnus longipes* Merr. & Chun（福建植物志、江西植物志、FOC）
原生。华东分布：福建、江西。

鼠李属 *Rhamnus*

（鼠李科 Rhamnaceae）

锐齿鼠李 ***Rhamnus arguta*** Maxim.
原生。华东分布：安徽、山东。

山绿柴 ***Rhamnus brachypoda*** C.Y. Wu
原生。华东分布：福建、江西、浙江。

卵叶鼠李 ***Rhamnus bungeana*** J.J. Vassil.
原生。华东分布：安徽、山东。

鼠李 ***Rhamnus davurica*** Pall.
原生。华东分布：山东。

金刚鼠李 ***Rhamnus diamantiaca*** Nakai
原生。华东分布：山东。

刺鼠李 ***Rhamnus dumetorum*** C.K. Schneid.
原生。华东分布：安徽、江西、浙江。

圆叶鼠李 ***Rhamnus globosa*** Bunge
原生。华东分布：安徽、江苏、江西、山东、上海、浙江。

亮叶鼠李 ***Rhamnus hemsleyana*** C.K. Schneid.
原生。华东分布：江西。

朝鲜鼠李 ***Rhamnus koraiensis*** C.K. Schneid.
原生。近危（NT）。华东分布：山东。

钩齿鼠李 ***Rhamnus lamprophylla*** C.K. Schneid.
——"*Rhamnus lambrophylla*"=*Rhamnus lamprophylla* C.K. Schneid.（拼写错误。福建植物志）
原生。华东分布：福建、江西。

薄叶鼠李 ***Rhamnus leptophylla*** C.K. Schneid.
原生。华东分布：安徽、福建、江苏、江西、山东、浙江。

尼泊尔鼠李 ***Rhamnus napalensis*** (Wall.) M.A. Lawson
别名：伞花鼠李（江西种子植物名录）
——*Rhamnus paniculiflorus* C.K. Schneid.（江西种子植物名录）
原生。华东分布：福建、江西、浙江。

小叶鼠李 ***Rhamnus parvifolia*** Bunge
原生。华东分布：安徽、江苏、山东。

皱叶鼠李 ***Rhamnus rugulosa*** Hemsl.
原生。华东分布：安徽、江苏、江西、浙江。

浙江鼠李 ***Rhamnus rugulosa*** var. ***chekiangensis*** (Cheng) Y.L. Chen & P.K. Chou
原生。华东分布：浙江。

脱毛皱叶鼠李 ***Rhamnus rugulosa*** var. ***glabrata*** Y.L. Chen & P.K. Chou
原生。近危（NT）。华东分布：安徽。

长梗鼠李 ***Rhamnus schneideri*** H. Lév. & Vaniot
别名：东北鼠李（山东植物志）
原生。华东分布：山东。

乌苏里鼠李 ***Rhamnus ussuriensis*** J.J. Vassil.
原生。华东分布：山东。

冻绿 ***Rhamnus utilis*** Decne.
原生。华东分布：安徽、福建、江苏、江西、山东、浙江。

毛冻绿 ***Rhamnus utilis*** var. ***hypochrysa*** (C.K. Schneid.) Rehder
原生。华东分布：安徽。

山鼠李 ***Rhamnus wilsonii*** C.K. Schneid.
别名：毛山鼠李（安徽植物志）
原生。华东分布：安徽、福建、江西、浙江。

毛山鼠李 ***Rhamnus wilsonii*** var. ***pilosa*** Rehder
原生。华东分布：江西、浙江。

小勾儿茶属 *Berchemiella*

（鼠李科 Rhamnaceae）

小勾儿茶 ***Berchemiella wilsonii*** (C.K. Schneid.) Nakai
原生。华东分布：安徽、浙江。

毛柄小勾儿茶 ***Berchemiella wilsonii*** var. ***pubipetiolata*** H. Qian
原生。华东分布：安徽、浙江。

勾儿茶属 *Berchemia*

（鼠李科 Rhamnaceae）

腋毛勾儿茶 ***Berchemia barbigera*** C.Y. Wu
原生。濒危（EN）。华东分布：安徽、江西、浙江。

多花勾儿茶 ***Berchemia floribunda*** (Wall.) Brongn.
原生。华东分布：安徽、福建、江苏、江西、浙江。

矩叶勾儿茶 ***Berchemia floribunda*** var. ***oblongifolia*** Y.L. Chen & P.K. Chou
别名：长圆叶勾儿茶（江西植物志）
——"*Berchemia floribunda* var. *oblongiflia*"=*Berchemia floribunda* var. *oblongifolia* Y.L. Chen & P.K. Chou（拼写错误。江西植物志）
原生。华东分布：安徽、福建、江西、浙江。
大叶勾儿茶 ***Berchemia huana*** Rehder
原生。华东分布：安徽、福建、江苏、江西、浙江。
脱毛大叶勾儿茶 ***Berchemia huana*** var. ***glabrescens*** Cheng ex Y.L. Chen & P.K. Chou
原生。华东分布：安徽、江西、浙江。
牯岭勾儿茶 ***Berchemia kulingensis*** C.K. Schneid.
原生。华东分布：安徽、福建、江苏、江西、浙江。
铁包金 ***Berchemia lineata*** (L.) DC.
原生。华东分布：福建、江西。
光枝勾儿茶 ***Berchemia polyphylla*** var. ***leioclada*** (Hand.-Mazz.)
原生。华东分布：福建、江西
毛叶勾儿茶 ***Berchemia polyphylla*** var. ***trichophylla*** Hand.-Mazz.
原生。华东分布：安徽。
云南勾儿茶 ***Berchemia yunnanensis*** Franch.
原生。华东分布：江西。
浙江勾儿茶 ***Berchemia zhejiangensis*** Y.F. Lu & X.F. Jin
原生。华东分布：浙江。

猫乳属 *Rhamnella*

（鼠李科 Rhamnaceae）

猫乳 ***Rhamnella franguloides*** (Maxim.) Weberb.
别名：长麦猫乳（江西种子植物名录）
——*Rhamnella obovalis* C.K. Schneid.（江西种子植物名录）
原生。华东分布：安徽、江苏、江西、山东、上海、浙江。

咀签属 *Gouania*

（鼠李科 Rhamnaceae）

毛咀签 ***Gouania javanica*** Miq.
原生。华东分布：福建。

枳椇属 *Hovenia*

（鼠李科 Rhamnaceae）

枳椇 ***Hovenia acerba*** Lindl.
别名：南枳椇（安徽植物志）
原生。华东分布：安徽、福建、江苏、江西、上海。
北枳椇 ***Hovenia dulcis*** Thunb.
别名：枳椇（浙江植物志）
原生。华东分布：安徽、江苏、江西、山东、浙江。
毛果枳椇 ***Hovenia trichocarpa*** Chun & Tsiang
原生。华东分布：江西。
光叶毛果枳椇 ***Hovenia trichocarpa*** var. ***robusta*** (Nakai & Kimura) Y.L. Chen & P.K. Chou
——"*Hovenia trichocarpa* var. *rubusta*"=*Hovenia trichocarpa* var. *robusta* (Nakai & Kimura) Y.L. Chen & P.K. Chou（拼写错误。江西种子植物名录）
原生。华东分布：安徽、福建、江西、浙江。

马甲子属 *Paliurus*

（鼠李科 Rhamnaceae）

铜钱树 ***Paliurus hemsleyanus*** Rehder
原生。华东分布：安徽、福建、江苏、江西、浙江。
硬毛马甲子 ***Paliurus hirsutus*** Hemsl.
原生。华东分布：安徽、福建、江苏、江西。
马甲子 ***Paliurus ramosissimus*** (Lour.) Poir.
原生。华东分布：安徽、福建、江苏、江西、浙江。

枣属 *Ziziphus*

（鼠李科 Rhamnaceae）

枣 ***Ziziphus jujuba*** Mill.
别名：枣树（安徽植物志、江苏植物志 第2版）
——"*Zizphus jujuba*"=*Ziziphus jujuba* Mill.（拼写错误。江西种子植物名录）
——"*Zizyphus jujuba*"=*Ziziphus jujuba* Mill.（拼写错误。福建植物志）
原生、栽培。华东分布：安徽、福建、江苏、江西、山东、上海、浙江。
无刺枣 ***Ziziphus jujuba*** var. ***inermis*** (Bunge) Rehder
——"*Zizphus jujuba* var. *inemmis*"=*Ziziphus jujuba* var. *inermis* (Bunge) Rehder（拼写错误。江西种子植物名录）
——"*Zizyphus jujuba* var. *inermis*"=*Ziziphus jujuba* var. *inermis* (Bunge) Rehder（拼写错误。福建植物志）
原生、栽培。华东分布：安徽、福建、江苏、江西、山东、上海、浙江。
酸枣 ***Ziziphus jujuba*** var. ***spinosa*** (Bunge) Hu ex H.F. Chow
——"*Ziziphus jujuba* var. *spinosus*"=*Ziziphus jujuba* var. *spinosa* (Bunge) H.H. Hu ex H.F. Chow（拼写错误。安徽植物志）
——"*Zizyphus jujuba* var. *spinosa*"=*Ziziphus jujuba* var. *spinosa* (Bunge) H.H. Hu ex H.F. Chow（拼写错误。福建植物志）
原生。华东分布：安徽、福建、江苏。

榆科 Ulmaceae

刺榆属 *Hemiptelea*

（榆科 Ulmaceae）

刺榆 ***Hemiptelea davidii*** (Hance) Planch.
原生。华东分布：安徽、江苏、江西、山东、浙江。

榉属 *Zelkova*

（榆科 Ulmaceae）

大叶榉树 ***Zelkova schneideriana*** Hand.-Mazz.
别名：榉（福建植物志），榉树（江西种子植物名录、浙江植物志）
原生、栽培。近危（NT）。华东分布：安徽、福建、江苏、江西、上海、浙江。
榉树 ***Zelkova serrata*** (Thunb.) Makino
别名：光叶榉（安徽植物志、福建植物志、江西种子植物名录、浙江植物志）
原生、栽培。华东分布：安徽、福建、江苏、江西、山东、上海、浙江。

大果榉 *Zelkova sinica* C.K. Schneid.
原生。华东分布：江苏。

榆属 *Ulmus*

（榆科 Ulmaceae）

兴山榆 *Ulmus bergmanniana* C.K. Schneid.
原生。华东分布：安徽、江西、浙江。

多脉榆 *Ulmus castaneifolia* Hemsl.
原生。华东分布：安徽、福建、江苏、江西、浙江。

杭州榆 *Ulmus changii* W.C. Cheng
原生。华东分布：安徽、福建、江苏、江西、浙江。

琅琊榆 *Ulmus chenmoui* W.C. Cheng
别名：琅玡榆（安徽植物志）
——"*Ulmus chenmouii*"=*Ulmus chenmoui* W.C. Cheng（拼写错误。安徽植物志）
原生。濒危（EN）。华东分布：安徽、江苏。

黑榆 *Ulmus davidiana* Planch.
别名：春榆（安徽植物志）
原生。华东分布：安徽、山东。

春榆 *Ulmus davidiana* var. ***japonica*** (Rehder) Nakai
原生。华东分布：江苏、江西、浙江。

长序榆 *Ulmus elongata* L.K. Fu & C.S. Ding
原生。濒危（EN）。华东分布：安徽、福建、江西、浙江。

醉翁榆 *Ulmus gaussenii* W.C. Cheng
原生。极危（CR）。华东分布：安徽。

旱榆 *Ulmus glaucescens* Franch.
原生。华东分布：江苏、山东。

裂叶榆 *Ulmus laciniata* (Trautv.) Mayr
原生。华东分布：山东。

脱皮榆 *Ulmus lamellosa* C. Wang & S.L. Chang
原生。易危（VU）。华东分布：江苏。

大果榆 *Ulmus macrocarpa* Hance
别名：黄榆（山东植物志）
原生。华东分布：安徽、江苏、江西、山东。

榔榆 *Ulmus parvifolia* Jacq.
别名：春榆（江西种子植物名录）
——*Ulmus japonica* (Rehder) Sarg.（江西种子植物名录）
原生、栽培。华东分布：安徽、福建、江苏、江西、山东、上海、浙江。

榆树 *Ulmus pumila* L.
别名：白榆（浙江植物志），榆（山东植物志）
原生、栽培。华东分布：安徽、福建、江苏、江西、山东、上海、浙江。

红果榆 *Ulmus szechuanica* W.P. Fang
——*Ulmus erythrocarpa* W.C. Cheng［Validation of the Chinese Names *Bischofia racemosa* (Euphorbiaceae), *Ulmus erythrocarpa* and *Ulmus multinervis* (Ulmaceae)］
原生。华东分布：安徽、江苏、江西、浙江。

大麻科 Cannabaceae

糙叶树属 *Aphananthe*

（大麻科 Cannabaceae）

糙叶树 *Aphananthe aspera* (Thunb.) Planch.
原生。华东分布：安徽、福建、江苏、江西、山东、上海、浙江。

柔毛糙叶树 *Aphananthe aspera* var. ***pubescens*** C.J. Chen
别名：毛糙叶树（江西种子植物名录）
原生。华东分布：江西、浙江。

大麻属 *Cannabis*

（大麻科 Cannabaceae）

大麻 *Cannabis sativa* L.
外来、栽培。华东分布：安徽、福建、江苏、江西、山东、上海、浙江。

葎草属 *Humulus*

（大麻科 Cannabaceae）

葎草 *Humulus scandens* (Lour.) Merr.
原生。华东分布：安徽、福建、江苏、江西、山东、上海、浙江。

朴属 *Celtis*

（大麻科 Cannabaceae）

紫弹树 *Celtis biondii* Pamp.
别名：异叶紫弹（福建植物志），紫弹（福建植物志），紫弹朴（安徽植物志、江西种子植物名录）
——*Celtis biondii* var. *heterophylla* (H. Lév.) C.K. Schneid.（福建植物志）
原生。华东分布：安徽、福建、江苏、江西、浙江。

黑弹树 *Celtis bungeana* Blume
别名：小叶朴（山东植物志）
原生。华东分布：江苏、江西、山东、浙江。

小果朴 *Celtis cerasifera* C.K. Schneid.
别名：樱果朴（江苏植物志 第2版、浙江植物志）
原生。近危（NT）。华东分布：江苏、江西、浙江。

天目朴树 *Celtis chekiangensis* W.C. Cheng
别名：天目朴（安徽植物志、浙江植物志）
原生。濒危（EN）。华东分布：安徽、江苏、浙江。

珊瑚朴 *Celtis julianae* C.K. Schneid.
别名：珊蝴朴（浙江植物志）
——"*Celtis juliana*"=*Celtis julianae* C.K. Schneid.（拼写错误。福建植物志）
原生。华东分布：安徽、福建、江苏、江西、浙江。

大叶朴 *Celtis koraiensis* Nakai
原生。华东分布：安徽、江苏、山东。

浙江大果朴 *Celtis neglecta* Zi L. Chen & X.F. Jin
原生。华东分布：浙江。

朴树 *Celtis sinensis* Pers.
别名：黄果朴（江西种子植物名录），朴（福建植物志）
——*Celtis labilis* C.K. Schneid.（江西种子植物名录）
——*Celtis tetrandra* subsp. *sinensis* (Pers.) Y.C. Tang（安徽植物志、福建植物志、浙江植物志）

原生、栽培。华东分布：安徽、福建、江苏、江西、山东、上海、浙江。

垂枝朴 *Celtis tetrandra* 'Pendula'

——*Celtis tetrandra* f. *pendula* Y.Q. Zhu（New Species from Shandong）

原生。华东分布：山东。

假玉桂 *Celtis timorensis* Span.

别名：樟叶朴（福建植物志）

——*Celtis cinnamomea* Lindl. ex Planch.（福建植物志）

原生。华东分布：福建。

西川朴 *Celtis vandervoetiana* C.K. Schneid.

原生。华东分布：安徽、福建、江西、浙江。

山黄麻属 *Trema*

（大麻科 Cannabaceae）

光叶山黄麻 *Trema cannabina* Lour.

别名：光叶山油麻（江西种子植物名录）

原生。华东分布：福建、江西、浙江。

山油麻 *Trema cannabina* var. ***dielsiana*** (Hand.-Mazz.) C.J. Chen

别名：山黄麻（安徽植物志）

——*Trema dielsiana* Hand.-Mazz.（福建植物志、江西种子植物名录）

原生。华东分布：安徽、福建、江苏、江西、浙江。

羽脉山黄麻 *Trema levigata* Hand.-Mazz.

原生。华东分布：安徽。

异色山黄麻 *Trema orientalis* (L.) Blume

别名：山黄麻（福建植物志）

原生。华东分布：福建。

山黄麻 *Trema tomentosa* (Roxb.) H. Hara

原生。华东分布：福建、浙江。

青檀属 *Pteroceltis*

（大麻科 Cannabaceae）

青檀 *Pteroceltis tatarinowii* Maxim.

原生。华东分布：安徽、福建、江苏、江西、山东、浙江。

桑科 Moraceae

橙桑属 *Maclura*

（桑科 Moraceae）

构棘 *Maclura cochinchinensis* (Lour.) Corner

别名：葨芝（福建植物志、浙江植物志），畏芝（安徽植物志）

——*Cudrania cochinchinensis* (Lour.) Kudô & Masam.（安徽植物志、福建植物志、江西植物志、江西种子植物名录、浙江植物志）

原生。华东分布：安徽、福建、江西、浙江。

山地柘 *Maclura montana* Z.P. Lei, G.Y. Li & Z.H. Chen

原生。华东分布：浙江。

东部柘藤 *Maclura orientalis* G.Y. Li, W.Y. Xie & Z.H. Chen

别名：东部藤柘［A New Species of *Maclura* Nutt. (Moraceae) from China］

原生。华东分布：浙江。

毛柘藤 *Maclura pubescens* (Trécul) Z.K. Zhou & M.G. Gilbert

别名：毛柘（福建植物志）

——*Cudrania pubescens* Trécul（福建植物志、江西种子植物名录）

原生。华东分布：福建、江西。

柘 *Maclura tricuspidata* Carrière

别名：柘树（安徽植物志、福建植物志、江苏植物志 第2版、江西植物志、江西种子植物名录、山东植物志）

——*Cudrania tricuspidata* (Carrière) Bureau ex Lavallée（安徽植物志、福建植物志、江西植物志、江西种子植物名录、山东植物志、浙江植物志）

原生。华东分布：安徽、福建、江苏、江西、山东、上海、浙江。

波罗蜜属 *Artocarpus*

（桑科 Moraceae）

白桂木 *Artocarpus hypargyreus* Hance ex Benth.

原生。濒危（EN）。华东分布：福建、江西。

胭脂 *Artocarpus tonkinensis* A. Chev. ex Gagnep.

原生。华东分布：福建。

桑属 *Morus*

（桑科 Moraceae）

桑 *Morus alba* L.

别名：桑树（江苏植物志 第2版）

原生、栽培。华东分布：安徽、福建、江苏、江西、山东、上海、浙江。

鲁桑 *Morus alba* var. ***multicaulis*** (Perret) Loudon

原生、栽培。华东分布：江苏、浙江。

鸡桑 *Morus australis* Poir.

别名：花叶鸡桑（江西植物志），鸡爪桑（江西植物志），鸡爪叶桑（江西种子植物名录）

——"*Morus australis* var. *inussitata*"=*Morus australis* var. *inusitata* (H. Lév.) C.Y. Wu（拼写错误。江西植物志）

——*Morus australis* var. *linearipartita* Z.Y. Cao（江西植物志、江西种子植物名录）

原生。华东分布：安徽、福建、江苏、江西、山东、上海、浙江。

华桑 *Morus cathayana* Hemsl.

原生。华东分布：安徽、福建、江苏、江西、浙江。

蒙桑 *Morus mongolica* (Bureau) C.K. Schneid.

别名：花桑（安徽植物志），山桑（江苏植物志 第2版）

——*Morus mongolica* var. *diabolica* Koidz.（安徽植物志、江苏植物志 第2版）

原生。华东分布：安徽、江苏、江西、山东、浙江。

水蛇麻属 *Fatoua*

（桑科 Moraceae）

水蛇麻 *Fatoua villosa* (Thunb.) Nakai

别名：桑草（安徽植物志、浙江植物志）

——"*Fatoua pilosa*"=*Fatoua villosa* (Thunb.) Nakai（误用名。浙江植物志）

原生。华东分布：安徽、福建、江苏、江西、上海、浙江。

构属 *Broussonetia*

（桑科 Moraceae）

藤构 *Broussonetia kaempferi* var. ***australis*** T. Suzuki

别名：葡蟠（福建植物志、江西种子植物名录），藤构树（江

西植物志），藤葡蟠（浙江植物志）

——"*Broussonetia kaempferi*"=*Broussonetia kaempferi* var. *australis* T. Suzuki（误用名。安徽植物志、福建植物志、江西植物志、江西种子植物名录、浙江植物志）

原生。华东分布：安徽、福建、江苏、江西、浙江。

楮 *Broussonetia kazinoki* Sieb. & Zucc.

别名：小构树（安徽植物志、福建植物志、江苏植物志 第2版、江西植物志、江西种子植物名录、浙江植物志）

原生。华东分布：安徽、福建、江苏、江西、上海、浙江。

构 *Broussonetia papyrifera* (L.) L'Hér. ex Vent.

别名：构树（安徽植物志、福建植物志、江苏植物志 第2版、江西植物志、江西种子植物名录、山东植物志、上海维管植物名录、浙江植物志）

原生。华东分布：安徽、福建、江苏、江西、山东、上海、浙江。

榕属 *Ficus*

（桑科 Moraceae）

石榕树 *Ficus abelii* Miq.

原生。华东分布：福建、江西。

大果榕 *Ficus auriculata* Lour.

原生。华东分布：福建。

纸叶榕 *Ficus chartacea* (Wall. ex Kurz) Wall. ex King

原生。易危（VU）。华东分布：江西。

无柄纸叶榕 *Ficus chartacea* var. ***torulosa*** King

原生。易危（VU）。华东分布：江西。

雅榕 *Ficus concinna* (Miq.) Miq.

别名：无柄小叶榕（浙江植物志），小叶榕（福建植物志）

——*Ficus concinna* var. *subsessilis* Corner（浙江植物志）

原生。华东分布：福建、江西、浙江。

矮小天仙果 *Ficus erecta* Thunb.

别名：天仙果（安徽植物志、福建植物志、江苏植物志 第2版、江西植物志、江西种子植物名录、浙江植物志），狭叶天仙果（福建植物志、江西植物志）

——*Ficus erecta* f. *koshunensis* (Hayata) Corner（江西植物志）

——*Ficus erecta* var. *beecheyana* (Hook. & Arn.) King（安徽植物志、福建植物志、福建植物志、江西种子植物名录、浙江植物志）

原生。华东分布：安徽、福建、江苏、江西、上海、浙江。

黄毛榕 *Ficus esquiroliana* H. Lév.

原生。华东分布：江西。

水同木 *Ficus fistulosa* Reinw. ex Blume

原生。华东分布：福建。

台湾榕 *Ficus formosana* Maxim.

别名：细叶台湾榕（江西植物志、江西种子植物名录），狭叶台湾榕（浙江植物志）

——*Ficus formosana* f. *shimadai* Hayata（江西植物志、江西种子植物名录、浙江植物志）

原生。华东分布：福建、江西、浙江。

金毛榕 *Ficus fulva* Reinw. ex Blume

别名：黄毛榕（福建植物志）

原生。华东分布：福建。

冠毛榕 *Ficus gasparriniana* Miq.

原生。华东分布：福建、江西。

长叶冠毛榕 *Ficus gasparriniana* var. ***esquirolii*** (H. Lév. & Vaniot) Corner

原生。华东分布：福建。

异叶榕 *Ficus heteromorpha* Hemsl.

原生。华东分布：安徽、福建、江西、浙江。

粗叶榕 *Ficus hirta* Vahl

原生。华东分布：福建、江西、浙江。

景宁榕 *Ficus jingningensis* X.D. Mei, Z.H. Chen & G.Y. Li

原生。华东分布：浙江。

青藤公 *Ficus langkokensis* Drake

别名：尖尾榕（福建植物志）

原生。华东分布：福建。

榕树 *Ficus microcarpa* L. f.

原生。华东分布：福建、江西、浙江。

九丁榕 *Ficus nervosa* B. Heyne ex Roth

别名：九丁树（福建植物志）

原生。华东分布：福建。

琴叶榕 *Ficus pandurata* Hance

别名：全叶榕（江西种子植物名录、浙江植物志），全缘琴叶榕（江西植物志），全缘榕（福建植物志），条叶榕（安徽植物志、江西种子植物名录、浙江植物志），狭全缘榕（江西种子植物名录），线叶榕（江西植物志），窄叶台湾榕（福建植物志）

——"*Ficus pandurata* var. *holophyilla*"=*Ficus pandurata* var. *holophylla* Migo（拼写错误。江西种子植物名录）

——*Ficus formosana* var. *angustifolia* (Cheng) Migo（福建植物志）

——*Ficus pandurata* var. *angustifolia* W.C. Cheng（安徽植物志、江西植物志、江西种子植物名录、浙江植物志）

——*Ficus pandurata* var. *holophylla* Migo（福建植物志、江西植物志、江西种子植物名录、浙江植物志）

原生。华东分布：安徽、福建、江西、浙江。

球果山榕 *Ficus pubilimba* Merr.

原生。濒危（EN）。华东分布：福建。

薜荔 *Ficus pumila* L.

原生、栽培。华东分布：安徽、福建、江苏、江西、上海、浙江。

爱玉子 *Ficus pumila* var. ***awkeotsang*** (Makino) Corner

原生、栽培。华东分布：福建、浙江。

舶梨榕 *Ficus pyriformis* Hook. & Arn.

别名：梨果榕（福建植物志）

原生。华东分布：福建。

大果藤爬榕 *Ficus sarmentosa* var. ***duclouxii*** (H. Lév. & Vaniot) Corner

别名：大果爬藤榕（江西植物志）

原生。华东分布：江西。

珍珠莲 *Ficus sarmentosa* var. ***henryi*** (King ex Oliv.) Corner

原生。华东分布：安徽、福建、江苏、江西、浙江。

爬藤榕 *Ficus sarmentosa* var. ***impressa*** (Champ. ex Benth.) Corner

别名：纽榕（福建植物志），小叶珍珠莲（江西种子植物名录）

原生。华东分布：安徽、福建、江苏、江西、浙江。

尾尖爬藤榕 *Ficus sarmentosa* var. ***lacrymans*** (H. Lév.) Corner

别名：薄叶匍茎榕（福建植物志），尾叶爬藤榕（江西植物志）

原生。华东分布：福建、江西。

长柄爬藤榕 *Ficus sarmentosa* var. *luducca* (Roxb.) Corner
别名：无柄爬藤榕（江西植物志），长柄葡茎榕（江西种子植物名录）
——*Ficus sarmentosa* var. *luducca* f. *sessilis* Corner（江西植物志）
原生。华东分布：江西。
白背爬藤榕 *Ficus sarmentosa* var. *nipponica* (Franch. & Sav.) Corner
别名：日本匍茎榕（福建植物志）
原生。华东分布：安徽、福建、江西、浙江。
少脉爬藤榕 *Ficus sarmentosa* var. *thunbergii* (Maxim.) Corner
别名：小果薜荔（Two New Plant Varieties from Putuo Island, Zhejiang Province）
——*Ficus pumila* var. *microcarpa* G.Y. Li & Z.H. Chen（Two New Plant Varieties from Putuo Island, Zhejiang Province）
原生。华东分布：浙江。
竹叶榕 *Ficus stenophylla* Hemsl.
原生。华东分布：福建、江西、浙江。
笔管榕 *Ficus subpisocarpa* Gagnep.
——"*Ficus superba* var. *japonica*"=*Ficus subpisocarpa* Gagnep.（误用名。江西种子植物名录）
原生。华东分布：福建、江西、浙江。
假斜叶榕 *Ficus subulata* Blume
原生。华东分布：江西。
斜叶榕 *Ficus tinctoria* subsp. ***gibbosa*** (Blume) Corner
原生。华东分布：福建。
楔叶榕 *Ficus trivia* Corner
原生。易危（VU）。华东分布：江西。
杂色榕 *Ficus variegata* Blume
别名：青果榕（福建植物志）
——*Ficus variegata* var. *chlorocarpa* (Benth.) Benth. ex King（福建植物志）
原生。华东分布：福建。
变叶榕 *Ficus variolosa* Lindl. ex Benth.
原生。华东分布：福建、江西、浙江。
白肉榕 *Ficus vasculosa* Wall. ex Miq.
原生。华东分布：江西。
黄葛树 *Ficus virens* Aiton
别名：山榕（福建植物志）
原生。华东分布：福建、浙江。

荨麻科 Urticaceae

藤麻属 *Procris*

（荨麻科 Urticaceae）

藤麻 *Procris crenata* C.B. Rob.
——"*Procris laevigata*"=*Procris crenata* C.B. Rob.（误用名。福建植物志）
原生。华东分布：福建。

赤车属 *Pellionia*

（荨麻科 Urticaceae）

短叶赤车 *Pellionia brevifolia* Benth.
别名：山椒草（江西种子植物名录、浙江植物志），小赤车（安徽植物志、江西植物志、江西种子植物名录），小叶赤车（福建植物志）
——*Pellionia minima* Makino（安徽植物志、江西植物志、江西种子植物名录、浙江植物志）
原生。华东分布：安徽、福建、江西、浙江。
少脉南亚赤车 *Pellionia griffithiana* var. ***paucinervis*** W.T. Wang
原生。华东分布：江西。
华南赤车 *Pellionia grijsii* Hance
别名：福建赤车（福建植物志）
——"*Pellionia grijisii*"=*Pellionia grijsii* Hance（拼写错误。福建植物志）
原生。华东分布：福建、江西。
异被赤车 *Pellionia heteroloba* Wedd.
原生。华东分布：福建。
赤车 *Pellionia radicans* (Sieb. & Zucc.) Wedd.
别名：毛茎赤车（福建植物志），长茎赤车（福建植物志）
——*Pellionia radicans* f. *grandis* Gagnep.（福建植物志）
——*Pellionia radicans* f. *puberula* W.T. Wang（福建植物志）
原生。华东分布：安徽、福建、江西、浙江。
曲毛赤车 *Pellionia retrohispida* W.T. Wang
别名：三色赤车（江西种子植物名录）
——"*Pellionia retrispida*"=*Pellionia retrohispida* W.T. Wang（拼写错误。江西种子植物名录）
原生。华东分布：江西、浙江。
蔓赤车 *Pellionia scabra* Benth.
别名：毛赤车（福建植物志）
原生。华东分布：安徽、福建、江苏、江西、浙江。

楼梯草属 *Elatostema*

（荨麻科 Urticaceae）

深绿楼梯草 *Elatostema atroviride* W.T. Wang
原生。华东分布：浙江。
骤尖楼梯草 *Elatostema cuspidatum* Wight
原生。华东分布：福建、江西。
锐齿楼梯草 *Elatostema cyrtandrifolium* (Zoll. & Moritzi) Miq.
别名：毛叶楼梯草（江西种子植物名录），台湾楼梯草（福建植物志）
——*Elatostema herbaceifolium* Hayata（福建植物志）
——*Elatostema sessile* var. *pubescens* Hook. f.（江西种子植物名录）
原生。华东分布：安徽、福建、江西、浙江。
楼梯草 *Elatostema involucratum* Franch. & Sav.
别名：总苞楼梯草（福建植物志）
原生。华东分布：安徽、福建、江苏、江西、浙江。
狭叶楼梯草 *Elatostema lineolatum* Wight
别名：多齿楼梯草（福建植物志）
——*Elatostema lineolatum* var. *majus* Wedd.（福建植物志、江西种子植物名录）
原生。华东分布：福建、江西。
多序楼梯草 *Elatostema macintyrei* Dunn
别名：青叶楼梯草（福建植物志）

原生。华东分布：福建、江西。

托叶楼梯草 ***Elatostema nasutum*** Hook. f.

原生。华东分布：江西。

短毛楼梯草 ***Elatostema nasutum*** var. ***puberulum*** (W.T. Wang) W.T. Wang

原生。华东分布：江西。

长圆楼梯草 ***Elatostema oblongifolium*** Fu ex W.T. Wang

原生。华东分布：浙江。

钝叶楼梯草 ***Elatostema obtusum*** Wedd.

原生。华东分布：安徽、福建、浙江。

三齿钝叶楼梯草 ***Elatostema obtusum*** var. ***trilobulatum*** (Hayata) W.T. Wang

别名：钝叶楼梯草（江西种子植物名录）

——*Elatostema obtusum* var. *glabrescens* W.T. Wang（江西种子植物名录）

原生。华东分布：福建、江西、浙江。

石生楼梯草 ***Elatostema rupestre*** (Buch.-Ham. ex D. Don) Wedd.

原生。华东分布：江西。

对叶楼梯草 ***Elatostema sinense*** H. Schroet.

原生。华东分布：安徽、福建、江西、浙江。

庐山楼梯草 ***Elatostema stewardii*** Merr.

原生。华东分布：安徽、福建、江苏、江西、浙江。

伞花楼梯草 ***Elatostema umbellatum*** (Sieb. & Zucc.) Blume

原生。华东分布：江西。

冷水花属 *Pilea*

（荨麻科 Urticaceae）

圆瓣冷水花 ***Pilea angulata*** (Blume) Blume

原生。华东分布：安徽、江苏、江西。

华中冷水花 ***Pilea angulata*** subsp. ***latiuscula*** C.J. Chen

原生。华东分布：江苏、江西。

长柄冷水花 ***Pilea angulata*** subsp. ***petiolaris*** (Sieb. & Zucc.) C.J. Chen

别名：圆瓣冷水花（浙江植物志）

原生。华东分布：福建、江西、浙江。

湿生冷水花 ***Pilea aquarum*** Dunn

别名：山谷冷水花（福建植物志）

原生。华东分布：福建、江西、浙江。

短角湿生冷水花 ***Pilea aquarum*** subsp. ***brevicornuta*** (Hayata) C.J. Chen

原生。华东分布：福建。

波缘冷水花 ***Pilea cavaleriei*** H. Lév.

原生。华东分布：安徽、福建、江西、浙江。

山冷水花 ***Pilea japonica*** (Maxim.) Hand.-Mazz.

别名：日本冷水花（江西种子植物名录）

原生。华东分布：安徽、江苏、江西、上海、浙江。

京都冷水花 ***Pilea kiotensis*** Ohwi

外来。华东分布：浙江。

隆脉冷水花 ***Pilea lomatogramma*** Hand.-Mazz.

原生。华东分布：江西。

大叶冷水花 ***Pilea martinii*** (H. Lév.) Hand.-Mazz.

——"*Pilea martini*"=*Pilea martinii* (H. Lév.) Hand.-Mazz.（拼写错误。江西植物志、FOC）

原生。华东分布：江西。

小叶冷水花 ***Pilea microphylla*** (L.) Liebm.

外来、栽培。华东分布：安徽、福建、江苏、江西、山东、上海、浙江。

念珠冷水花 ***Pilea monilifera*** Hand.-Mazz.

原生。华东分布：江西。

冷水花 ***Pilea notata*** C.H. Wright

别名：粗齿冷水花（江西种子植物名录），华东冷水花（New Plant Records in Zhejiang）

——*Pilea elliptifolia* B. L. Shih & Yuen P. Yang（New Plant Records in Zhejiang）

——*Pilea fasciata* Wedd.（江西种子植物名录）

原生、栽培。华东分布：安徽、福建、江苏、江西、上海、浙江。

矮冷水花 ***Pilea peploides*** (Gaudich.) Hook. & Arn.

别名：齿叶矮冷水花（安徽植物志、江西植物志、江西种子植物名录、浙江植物志），苔水花（上海维管植物名录、FOC）

——*Pilea peploides* var. *major* Wedd.（安徽植物志、江西植物志、江西种子植物名录、浙江植物志）

原生。华东分布：安徽、福建、江西、上海、浙江。

透茎冷水花 ***Pilea pumila*** (L.) A. Gray

——*Pilea mongolica* Wedd.（福建植物志、山东植物志）

原生。华东分布：安徽、福建、江苏、江西、山东、上海、浙江。

镰叶冷水花 ***Pilea semisessilis*** Hand.-Mazz.

原生。华东分布：江西。

厚叶冷水花 ***Pilea sinocrassifolia*** C.J. Chen

原生。华东分布：福建。

粗齿冷水花 ***Pilea sinofasciata*** C.J. Chen

——"*Pilea sinofasiata*"=*Pilea sinofasciata* C.J. Chen（拼写错误。江西种子植物名录）

原生。华东分布：安徽、江苏、江西、浙江。

三角形冷水花 ***Pilea swinglei*** Merr.

别名：三角冷水花（安徽植物志），三角叶冷水花（福建植物志、江西植物志、浙江植物志）

原生。华东分布：安徽、福建、江西、浙江。

疣果冷水花 ***Pilea verrucosa*** Hand.-Mazz.

别名：紫背冷水花（江西植物志）

——*Pilea purpurella* C.J. Chen（江西植物志）

原生。华东分布：江西。

闽北冷水花 ***Pilea verrucosa*** var. ***fujianensis*** C.J. Chen

原生。易危（VU）。华东分布：福建、浙江。

假楼梯草属 *Lecanthus*

（荨麻科 Urticaceae）

假楼梯草 ***Lecanthus peduncularis*** (Wall. ex Royle) Wedd.

原生。华东分布：安徽、福建、江西、浙江。

翅艾麻属 *Laportea*

（荨麻科 Urticaceae）

珠芽艾麻 ***Laportea bulbifera*** (Sieb. & Zucc.) Wedd.

别名：蜇麻（江西种子植物名录），中华艾麻（江西种子植物名录）

——*Laportea bulbifera* subsp. *dielsii* (Pamp.) C.J. Chen（江西种子植物名录）
——*Laportea sinensis* C.H. Wright（江西种子植物名录）
原生。华东分布：安徽、福建、江苏、江西、山东、浙江。
艾麻 *Laportea cuspidata* (Wedd.) Friis
别名：蝎子草（山东植物志）
——*Girardinia cuspidata* Wedd.（山东植物志）
——*Laportea macrostachya* (Maxim.) Ohwi（安徽植物志、江西种子植物名录、浙江植物志）
原生。华东分布：安徽、江苏、江西、山东、浙江。
福建红小麻 *Laportea fujianensis* C.J. Chen
原生。华东分布：福建。
红小麻 *Laportea interrupta* (L.) Chew
——"*Fleurya interupta*"=*Fleurya interrupta* (L.) Gaudich.（拼写错误。福建植物志）
原生。华东分布：福建。
靖安艾麻 *Laportea jinganensis* W.T. Wang
原生。华东分布：江西。

蝎子草属 *Girardinia*

（荨麻科 Urticaceae）

大蝎子草 *Girardinia diversifolia* (Link) Friis
别名：掌叶蝎子草（江西种子植物名录），浙江蝎子草（浙江植物志）
——*Girardinia chingiana* S.S. Chien（浙江植物志）
——*Girardinia palmata* (Forssk.) Gaudich.（江西种子植物名录）
原生、栽培。华东分布：安徽、江苏、江西、浙江。

花点草属 *Nanocnide*

（荨麻科 Urticaceae）

花点草 *Nanocnide japonica* Blume
原生。华东分布：安徽、福建、江苏、江西、浙江。
毛花点草 *Nanocnide lobata* Wedd.
别名：裂叶花点草（福建植物志、浙江植物志）
——*Nanocnide pilosa* Migo（安徽植物志、浙江植物志）
原生。华东分布：安徽、福建、江苏、江西、上海、浙江。
浙江花点草 *Nanocnide zhejiangensis* X.F. Jin & Y.F. Lu
原生。华东分布：浙江。

荨麻属 *Urtica*

（荨麻科 Urticaceae）

狭叶荨麻 *Urtica angustifolia* Fisch. ex Hornem.
原生。华东分布：山东。
荨麻 *Urtica fissa* E. Pritz.
别名：裂叶荨麻（安徽植物志、福建植物志、江西种子植物名录、浙江植物志）
原生。华东分布：安徽、福建、江西、浙江。
宽叶荨麻 *Urtica laetevirens* Maxim.
原生。华东分布：安徽、江西、山东。

水丝麻属 *Maoutia*

（荨麻科 Urticaceae）

水丝麻 *Maoutia puya* (Hook.) Wedd.
——"*Maoytia puya*"=*Maoutia puya* (Hook.) Wedd.（拼写错误。江西种子植物名录）
原生。近危（NT）。华东分布：江西。

墙草属 *Parietaria*

（荨麻科 Urticaceae）

墙草 *Parietaria micrantha* Ledeb.
原生。华东分布：安徽、山东。

紫麻属 *Oreocnide*

（荨麻科 Urticaceae）

紫麻 *Oreocnide frutescens* (Thunb.) Miq.
原生。华东分布：安徽、福建、江苏、江西、浙江。

微柱麻属 *Chamabainia*

（荨麻科 Urticaceae）

微柱麻 *Chamabainia cuspidata* Wight
别名：虫蚁菜（福建植物志、江西种子植物名录）
原生。华东分布：福建、江西、浙江。

糯米团属 *Gonostegia*

（荨麻科 Urticaceae）

糯米团 *Gonostegia hirta* (Blume ex Hassk.) Miq.
原生。华东分布：安徽、福建、江苏、江西、上海、浙江。

雾水葛属 *Pouzolzia*

（荨麻科 Urticaceae）

雾水葛 *Pouzolzia zeylanica* (L.) Benn.
原生。华东分布：安徽、福建、江苏、江西、上海、浙江。
多枝雾水葛 *Pouzolzia zeylanica* var. ***microphylla*** (Wedd.) W.T. Wang
原生。华东分布：安徽、福建、江西、浙江。

苎麻属 *Boehmeria*

（荨麻科 Urticaceae）

序叶苎麻 *Boehmeria clidemioides* var. ***diffusa*** (Wedd.) Hand.-Mazz.
——*Boehmeria diffusa* Wedd.（福建植物志）
原生。华东分布：安徽、福建、江苏、江西、浙江。
密花苎麻 *Boehmeria densiflora* Hook. & Arn.
原生。华东分布：浙江。
密球苎麻 *Boehmeria densiglomerata* W.T. Wang
原生。华东分布：福建、江西。
海岛苎麻 *Boehmeria formosana* Hayata
别名：台湾苎麻（福建植物志、江西种子植物名录）
原生。华东分布：安徽、福建、江西、浙江。
福州苎麻 *Boehmeria formosana* var. ***stricta*** (C.H. Wright) C.J. Chen
别名：罗浮水苧麻（江西种子植物名录）
——*Boehmeria formosana* var. *fuzhouensis* W.T. Wang（福建植物志）
——*Boehmeria platyphylla* var. *stricta* C.H. Wright（江西种子植物名录）
原生。华东分布：福建、江西。
野线麻 *Boehmeria japonica* (L. f.) Miq.
别名：大叶苎麻（安徽植物志、江西植物志、江西种子植物名录、山东植物志、浙江植物志），薮苎麻（浙江植物志），野

苎麻（江西种子植物名录），长穗苎麻（福建植物志）
——“*Boehmeria longispicata*”=*Boehmeria longispica* Steud.（拼写错误。江西种子植物名录）
——*Boehmeria grandifolia* Wedd.（江西种子植物名录）
——*Boehmeria longispica* Steud.（安徽植物志、福建植物志、江西植物志、山东植物志、浙江植物志）
原生。华东分布：安徽、福建、江苏、江西、山东、浙江。
水苎麻 *Boehmeria macrophylla* Hornem.
原生。华东分布：浙江。
圆叶水苎麻 *Boehmeria macrophylla* var. ***rotundifolia*** (D. Don) W.T. Wang
别名：圆叶苎麻（FOC）
原生。华东分布：浙江。
糙叶水苎麻 *Boehmeria macrophylla* var. ***scabrella*** (Roxb.) D.G. Long
别名：糙叶苎麻（FOC）
原生。华东分布：山东。
苎麻 *Boehmeria nivea* (L.) Gaudich.
原生。华东分布：安徽、福建、江苏、江西、山东、上海、浙江。
青叶苎麻 *Boehmeria nivea* var. ***tenacissima*** (Gaudich.) Miq.
别名：伏毛苎麻（安徽植物志、江西植物志、江西种子植物名录、浙江植物志），楔基苎麻（浙江植物志）
——*Boehmeria nivea* var. *candicans* Wedd.（浙江植物志）
——*Boehmeria nivea* var. *nipononivea* (Koidz.) W.T. Wang（安徽植物志、江西植物志、江西种子植物名录、浙江植物志）
原生。华东分布：安徽、江苏、江西、上海、浙江。
长叶苎麻 *Boehmeria penduliflora* Wedd. ex D.G. Long
原生。华东分布：江西。
赤麻 *Boehmeria silvestrii* (Pamp.) W.T. Wang
——“*Boehmeria silvestris*”=*Boehmeria silvestrii* (Pamp.) W.T. Wang（拼写错误。山东植物志）
原生。华东分布：山东。
小赤麻 *Boehmeria spicata* (Thunb.) Thunb.
别名：蔌苎麻（福建植物志），细野麻（安徽植物志、江西植物志、江西种子植物名录、山东植物志、浙江植物志）
——*Boehmeria gracilis* C.H. Wright（安徽植物志、江西植物志、江西种子植物名录、山东植物志、浙江植物志）
原生。华东分布：安徽、福建、江苏、江西、山东、浙江。
八角麻 *Boehmeria tricuspis* (Hance) Makino
别名：赤麻（江西种子植物名录），山麻（福建植物志），悬铃木叶苎麻（江苏植物志 第2版、江西植物志、江西种子植物名录、山东植物志、浙江植物志），悬铃叶苎麻（安徽植物志）
——“*Boehmeria platanifolia* Franch. & Sav.”=*Boehmeria platanifolia* (Franch. & Sav.) C.H. Wright（名称未合格发表。安徽植物志、福建植物志、山东植物志、浙江植物志）
原生。华东分布：安徽、福建、江苏、江西、山东、上海、浙江。

水麻属 *Debregeasia*

（荨麻科 Urticaceae）

鳞片水麻 *Debregeasia squamata* King ex Hook. f.
原生。华东分布：福建。

壳斗科 Fagaceae

水青冈属 *Fagus*

（壳斗科 Fagaceae）

米心水青冈 *Fagus engleriana* Seemen ex Diels
原生。华东分布：安徽、江西、浙江。
台湾水青冈 *Fagus hayatae* Palib. ex Hayata
别名：巴山水青冈（浙江植物志），浙江水青冈（浙江植物志）
——*Fagus hayatae* var. *zhejiangensis* M.C. Liu & M.H. Wu（浙江植物志）
——*Fagus pashanica* C.C. Yang（浙江植物志）
原生。华东分布：浙江。
水青冈 *Fagus longipetiolata* Seemen
别名：长柄水青冈（江西种子植物名录）
原生。华东分布：安徽、福建、江西、浙江。
光叶水青冈 *Fagus lucida* Rehder & E.H. Wilson
别名：亮叶水青冈（福建植物志、江西种子植物名录、浙江植物志）
原生。华东分布：安徽、福建、江西、浙江。

柯属 *Lithocarpus*

（壳斗科 Fagaceae）

愉柯 *Lithocarpus amoenus* Chun & C.C. Huang
别名：可爱石栎（福建植物志）
原生。濒危（EN）。华东分布：福建。
杏叶柯 *Lithocarpus amygdalifolius* (Skan) Hayata
原生。华东分布：江西。
短尾柯 *Lithocarpus brevicaudatus* (Skan) Hayata
原生。华东分布：江西。
美叶柯 *Lithocarpus calophyllus* Chun ex C.C. Huang & Y.T. Chang
别名：美叶石栎（福建植物志、江西种子植物名录）
——“*Lithocarpus colophyllus*”=*Lithocarpus calophyllus* Chun ex C.C. Huang & Y.T. Chang（拼写错误。福建植物志）
原生。华东分布：福建、江西。
粤北柯 *Lithocarpus chifui* Chun & Tsiang
原生。濒危（EN）。华东分布：江西。
金毛柯 *Lithocarpus chrysocomus* Chun & Tsiang
别名：漳平石栎（福建植物志）
——*Lithocarpus chrysocomus* var. *zhangpingensis* Q.F. Zheng（福建植物志）
原生。华东分布：福建、江西。
包果柯 *Lithocarpus cleistocarpus* (Seemen) Rehder & E.H. Wilson
别名：包石栎（安徽植物志、福建植物志、浙江植物志）
原生。华东分布：安徽、福建、江苏、江西、浙江。
烟斗柯 *Lithocarpus corneus* (Lour.) Rehder
别名：烟斗石栎（福建植物志、江西种子植物名录）
原生。华东分布：福建、江西。
皱叶烟斗柯 *Lithocarpus corneus* var. ***rhytidophyllus*** C.C. Huang & Y.T. Chang
别名：皱叶柯（江西种子植物名录）
——*Lithocarpus rhytidophyllus* Hoang.（江西种子植物名录）

原生。华东分布：江西。

厚斗柯 ***Lithocarpus elizabethiae*** (Tutcher) Rehder

别名：贵州石栎（江西种子植物名录）

——"*Lithocarpus elizabethae*"=*Lithocarpus elizabethiae* (Tutcher) Rehder（拼写错误。江西种子植物名录）

原生。华东分布：江西。

泥柯 ***Lithocarpus fenestratus*** (Roxb.) Rehder

别名：华南石栎（福建植物志、江西种子植物名录）

原生。华东分布：福建、江西。

卷毛柯 ***Lithocarpus floccosus*** C.C. Huang & Y.T. Chang

别名：卷毛石栎（福建植物志）

原生。易危（VU）。华东分布：福建、江西。

柯 ***Lithocarpus glaber*** (Thunb.) Nakai

别名：石栎（安徽植物志、福建植物志、江苏植物志 第 2 版、浙江植物志）

原生。华东分布：安徽、福建、江苏、江西、浙江。

庵耳柯 ***Lithocarpus haipinii*** Chun

别名：菴耳柯（FOC），泡叶石栎（福建植物志）

原生。华东分布：福建。

硬壳柯 ***Lithocarpus hancei*** (Benth.) Rehder

别名：硬斗柯（江西植物志），硬斗石栎（福建植物志、江西种子植物名录、浙江植物志）

原生。华东分布：福建、江西、浙江。

港柯 ***Lithocarpus harlandii*** (Hance ex Walp.) Rehder

别名：东南石栎（福建植物志、江西种子植物名录、浙江植物志）

原生。华东分布：福建、江苏、江西、上海、浙江。

灰柯 ***Lithocarpus henryi*** (Seemen) Rehder & E.H. Wilson

别名：绵柯（江苏植物志 第 2 版），绵槠（安徽植物志）

原生。华东分布：安徽、江苏、江西。

广南柯 ***Lithocarpus irwinii*** (Hance) Rehder

原生。华东分布：福建。

鼠刺叶柯 ***Lithocarpus iteaphyllus*** (Hance) Rehder

别名：鼠刺叶石栎（福建植物志、江西种子植物名录、浙江植物志）

原生。华东分布：福建、江西、浙江。

木姜叶柯 ***Lithocarpus litseifolius*** (Hance) Chun

别名：多穗石栎（福建植物志、浙江植物志），两广石栎（福建植物志）

——"*Lithocarpus polystachyus*"=*Lithocarpus litseifolius* (Hance) Chun（误用名。福建植物志、浙江植物志）

——"*Lithocarpus synbalanus*"=*Lithocarpus synbalanos* (Hance) Chun（拼写错误。福建植物志）

原生。华东分布：福建、江西、浙江。

榄叶柯 ***Lithocarpus oleifolius*** A. Camus

别名：榄叶石栎（福建植物志）

——"*Lithocarpus oleaefoius*"=*Lithocarpus oleifolius* A. Camus（拼写错误。江西种子植物名录）

——"*Lithocarpus oleaefolius*"=*Lithocarpus oleifolius* A. Camus（拼写错误。福建植物志）

原生。华东分布：福建、江西。

大叶苦柯 ***Lithocarpus paihengii*** Chun & Tsiang

别名：大叶苦石栎（福建植物志）

原生。近危（NT）。华东分布：福建、江西。

圆锥柯 ***Lithocarpus paniculatus*** Hand.-Mazz.

原生。华东分布：江西。

栎叶柯 ***Lithocarpus quercifolius*** C.C. Huang & Y.T. Chang

别名：砾叶柯（江西种子植物名录）

原生。濒危（EN）。华东分布：江西。

南川柯 ***Lithocarpus rosthornii*** (Schottky) Barnett

原生。华东分布：江西。

滑皮柯 ***Lithocarpus skanianus*** (Dunn) Rehder

别名：滑皮石栎（福建植物志）

原生。华东分布：福建、江西。

菱果柯 ***Lithocarpus taitoensis*** (Hayata) Hayata

原生。华东分布：江苏、江西。

薄叶柯 ***Lithocarpus tenuilimbus*** Hung T. Chang

原生。华东分布：江西。

紫玉盘柯 ***Lithocarpus uvariifolius*** (Hance) Rehder

别名：紫玉盘石栎（福建植物志）

——"*Lithocarpus uvarifolius*"=*Lithocarpus uvariifolius* (Hance) Rehder（拼写错误。福建植物志）

原生。华东分布：福建。

卵叶玉盘柯 ***Lithocarpus uvariifolius*** var. ***ellipticus*** (F.P. Metcalf) C.C. Huang & Y.T. Chang

别名：卵叶紫玉盘（江西种子植物名录）

原生。华东分布：江西。

永福柯 ***Lithocarpus yongfuensis*** Q.F. Zheng

原生。极危（CR）。华东分布：福建。

栗属 *Castanea*

（壳斗科 Fagaceae）

锥栗 ***Castanea henryi*** (Skan) Rehder & E.H. Wilson

别名：锥粟（安徽植物志）

原生。华东分布：安徽、福建、江苏、江西、浙江。

栗 ***Castanea mollissima*** Blume

别名：板栗（安徽植物志、福建植物志、江苏植物志 第 2 版、江西植物志、江西种子植物名录、浙江植物志）

原生、栽培。华东分布：安徽、福建、江苏、江西、山东、浙江。

茅栗 ***Castanea seguinii*** Dode

别名：茅粟（安徽植物志）

原生。华东分布：安徽、福建、江苏、江西、上海、浙江。

锥属 *Castanopsis*

（壳斗科 Fagaceae）

米槠 ***Castanopsis carlesii*** (Hemsl.) Hayata

原生。华东分布：安徽、福建、江苏、江西、浙江。

短刺米槠 ***Castanopsis carlesii*** var. ***spinulosa*** W.C. Cheng & C.S. Chao

原生。华东分布：江西。

锥 ***Castanopsis chinensis*** (Spreng.) Hance

别名：桂林栲（江西种子植物名录）

原生。华东分布：江西。

厚皮锥 ***Castanopsis chunii*** W.C. Cheng

别名：厚皮栲（江西种子植物名录）
原生。华东分布：江西。
华南锥 ***Castanopsis concinna*** (Champ. ex Benth.) A. DC.
别名：华南栲（江西种子植物名录）
原生。近危（NT）。华东分布：福建、江西。
甜槠 ***Castanopsis eyrei*** (Champ. ex Benth.) Hutch.
原生。华东分布：安徽、福建、江苏、江西、浙江。
罗浮锥 ***Castanopsis fabri*** Hance
别名：罗浮栲（江西种子植物名录、浙江植物志）
——"*Castanopsis fabrii*"=*Castanopsis fabri* Hance（拼写错误。浙江植物志）
原生。华东分布：安徽、福建、江西、浙江。
栲 ***Castanopsis fargesii*** Franch.
别名：栲树（安徽植物志、福建植物志、江苏植物志 第2版、浙江植物志）
原生。华东分布：安徽、福建、江苏、江西、浙江。
黧蒴锥 ***Castanopsis fissa*** (Champ. ex Benth.) Rehder & E.H. Wilson
别名：黧蒴栲（江西种子植物名录），裂斗锥（福建植物志）
原生。华东分布：福建、江西。
毛锥 ***Castanopsis fordii*** Hance
别名：南岭栲（江西种子植物名录、浙江植物志），南岭锥（福建植物志）
原生。华东分布：福建、江西、浙江。
红锥 ***Castanopsis hystrix*** Hook. f. & Thomson ex A. DC.
原生。华东分布：福建、江西。
秀丽锥 ***Castanopsis jucunda*** Hance
别名：东南栲（江西种子植物名录），东南锥（安徽植物志、福建植物志），乌楣栲（浙江植物志）
原生。华东分布：安徽、福建、江苏、江西、浙江。
吊皮锥 ***Castanopsis kawakamii*** Hayata
别名：青钩栲（江西种子植物名录）
原生。易危（VU）。华东分布：福建、江西。
鹿角锥 ***Castanopsis lamontii*** Hance
别名：狗牙锥（福建植物志），鹿角栲（江西种子植物名录），上杭锥（福建植物志、江西种子植物名录）
——*Castanopsis lamontii* var. *shanghangensis* Q.F. Zheng（福建植物志、江西种子植物名录）
原生。华东分布：福建、江西。
黑叶锥 ***Castanopsis nigrescens*** Chun & C.C. Huang
别名：黑叶栲（江西种子植物名录），黑锥（福建植物志）
原生。华东分布：福建、江西。
苦槠 ***Castanopsis sclerophylla*** (Lindl. & Paxton) Schottky
原生。华东分布：安徽、福建、江苏、江西、上海、浙江。
钩锥 ***Castanopsis tibetana*** Hance
别名：大叶锥（安徽植物志、福建植物志），钩栲（江西种子植物名录），钩栗（浙江植物志）
原生。华东分布：安徽、福建、江西、浙江。
淋漓锥 ***Castanopsis uraiana*** (Hayata) Kaneh. & Hatus.
别名：鳞苞锥（福建植物志）
原生。华东分布：福建、江西。

栎属 *Quercus*

（壳斗科 Fagaceae）

房山栎 ***Quercus* × *fangshanensis*** Liou
——"*Quercus fangshanensis*"=*Quercus* × *fangshanensis* Liou（杂交种。山东植物志）
原生。华东分布：山东。
河北栎 ***Quercus* × *hopeiensis*** Liou
——"*Quercus hopeiensis*"=*Quercus* × *hopeiensis* Liou（杂交种。山东植物志）
原生。华东分布：山东。
柞槲栎 ***Quercus* × *mongolicodentata*** Nakai
——"*Quercus mongolica-dentata*"=*Quercus* × *mongolicodentata* Nakai（拼写错误；杂交种。山东植物志）
原生。华东分布：山东。
麻栎 ***Quercus acutissima*** Carruth.
原生。华东分布：安徽、福建、江苏、江西、山东、上海、浙江。
槲栎 ***Quercus aliena*** Blume
原生。华东分布：安徽、江苏、江西、山东、浙江。
锐齿槲栎 ***Quercus aliena*** var. ***acutiserrata*** Maxim.
——"*Quercus aliena* var. *acuteserrata*"=*Quercus aliena* var. *acutiserrata* Maxim. ex Wenz.（拼写错误。安徽植物志）
原生。华东分布：安徽、江苏、江西、浙江。
北京槲栎 ***Quercus aliena*** var. ***pekingensis*** Schottky
原生。华东分布：山东。
倒卵叶青冈 ***Quercus arbutifolia*** B. Hickel & A. Camus
别名：梅花山青冈（福建植物志）
——*Cyclobalanopsis meihuashanensis* Q.F. Zheng（福建植物志）
——*Cyclobalanopsis obovatifolia* (C.C. Huang) Q.F. Zheng（福建植物志、江西植物志、江西种子植物名录、FOC）
原生。极危（CR）。华东分布：福建、江西。
橿子栎 ***Quercus baronii*** Skan
原生。华东分布：浙江。
岭南青冈 ***Quercus championii*** Benth.
——*Cyclobalanopsis championii* (Benth.) Oerst.（福建植物志、江西植物志、江西种子植物名录、FOC）
原生。华东分布：福建、江西。
小叶栎 ***Quercus chenii*** Nakai
原生。华东分布：安徽、福建、江苏、江西、山东、浙江。
福建青冈 ***Quercus chungii*** F.P. Metcalf
别名：南岭青冈（江西种子植物名录）
——*Cyclobalanopsis chungii* (F.P. Metcalf) Y.C. Hsu & H. Wei Jen（福建植物志、江西植物志、江西种子植物名录、FOC）
原生。华东分布：福建、江西。
上思青冈 ***Quercus delicatula*** Chun & Tsiang
——*Cyclobalanopsis delicatula* (Chun & Tsiang) Y.C. Hsu & H. Wei Jen（江西种子植物名录、FOC）
原生。极危（CR）。华东分布：江西。
槲树 ***Quercus dentata*** Thunb.
原生。华东分布：安徽、江苏、江西、山东、浙江。
鼎湖青冈 ***Quercus dinghuensis*** C.C. Huang
——*Cyclobalanopsis dinghuensis* (C.C. Huang) Y.C. Hsu & H. Wei

Jen（江西种子植物名录、FOC）
原生。易危（VU）。华东分布：江西。
碟斗青冈 *Quercus disciformis* Chun & Tsiang
——*Cyclobalanopsis disciformis* (Chun & Tsiang) Y.C. Hsu & H. Wei Jen（江西植物志、江西种子植物名录、FOC）
原生。易危（VU）。华东分布：江西。
华南青冈 *Quercus edithiae* Skan
——"*Cyclobalanopsis edithae*"=*Cyclobalanopsis edithiae* (Skan) Schottky（拼写错误。江西种子植物名录、FOC）
原生。近危（NT）。华东分布：江西。
突脉青冈 *Quercus elevaticostata* (Q.F. Zheng) C.C. Huang
——*Cyclobalanopsis elevaticostata* Q.F. Zheng（福建植物志、江西种子植物名录、FOC）
原生。华东分布：福建、江西。
巴东栎 *Quercus engleriana* Seemen
原生。华东分布：福建、江西、浙江。
白栎 *Quercus fabri* Hance
原生。华东分布：安徽、福建、江苏、江西、上海、浙江。
饭甑青冈 *Quercus fleuryi* Hickel & A. Camus
——*Cyclobalanopsis fleuryi* (Hickel & A. Camus) Chun ex Q.F. Zheng（福建植物志、江西植物志、江西种子植物名录、FOC）
原生。华东分布：福建、江西。
赤皮青冈 *Quercus gilva* Blume
——*Cyclobalanopsis gilva* (Blume) Oerst.（福建植物志、江西植物志、江西种子植物名录、浙江植物志、FOC）
原生。华东分布：福建、江西、浙江。
青冈 *Quercus glauca* Thunb.
别名：青冈栎（安徽植物志、浙江植物志）
——*Cyclobalanopsis glauca* (Thunb.) Oerst.（安徽植物志、福建植物志、江苏植物志 第2版、江西植物志、江西种子植物名录、上海维管植物名录、浙江植物志、FOC）
原生。华东分布：安徽、福建、江苏、江西、上海、浙江。
雷公青冈 *Quercus hui* Chun
——"*Cyclobalanopsis huii*"=*Cyclobalanopsis hui* (Chun) Chun ex Y.C. Hsu & H. Wei Jen（拼写错误。江西种子植物名录）
——*Cyclobalanopsis hui* (Chun) Chun ex Y.C. Hsu & H. Wei Jen（江西植物志、FOC）
原生。华东分布：江西。
大叶青冈 *Quercus jenseniana* Hand.-Mazz.
——*Cyclobalanopsis jenseniana* (Hand.-Mazz.) W.C. Cheng & T. Hong ex Q.F. Zheng（福建植物志、江西植物志、江西种子植物名录、浙江植物志、FOC）
原生。华东分布：福建、江西、浙江。
景宁青冈 *Quercus jingningensis* (Z.H. Chen, Ri L. Liu & Y.F. Lu) Yuan Wang, Jing Yan & C. Du comb. nov. ［**Basionym:** *Cyclobalanopsis jingningensis* Z.H. Chen, Ri L. Liu & Y.F. Lu in Journal of Hangzhou Normal University (Natural Science Edition) 18(6): 601. 2019. **Type:** *R. L. Liu, Z. H. Chen & X. D. Mei JN2017101901* (holotype: ZM; isotype: HTC-0021887)］
——*Cyclobalanopsis jingningensis* Z.H. Chen, Ri L. Liu & Y.F. Lu（*Cyclobalanopsis jingningensis*, A New Species of Fagaceae from Zhejiang）
原生。华东分布：浙江。
木姜叶青冈 *Quercus litseoides* Dunn
——*Cyclobalanopsis litseoides* (Dunn) Schottky（江西种子植物名录、FOC）
原生。华东分布：江西。
蒙古栎 *Quercus mongolica* Fisch. ex Ledeb.
别名：辽东栎（山东植物志）
——*Quercus liaotungensis* Koidz.（山东植物志）
原生。华东分布：山东。
多脉青冈 *Quercus multinervis* (W.C. Cheng & T. Hong) Govaerts
别名：白背青冈（江西种子植物名录）
——*Cyclobalanopsis argyalis* (Hand.-Mazz.) G.J. Qi（江西种子植物名录）
——*Cyclobalanopsis multinervis* W.C. Cheng & T. Hong（福建植物志、江苏植物志 第2版、江西植物志、江西种子植物名录、浙江植物志、FOC）
原生。华东分布：安徽、福建、江苏、江西、浙江。
小叶青冈 *Quercus myrsinifolia* Blume
别名：细叶青冈（安徽植物志、福建植物志、浙江植物志）
——"*Cyclobalanopsis myrsinaefolia*"=*Cyclobalanopsis myrsinifolia* (Blume) Oerst.（拼写错误。安徽植物志、福建植物志、江西种子植物名录、浙江植物志）
——*Cyclobalanopsis myrsinifolia* (Blume) Oerst.（江苏植物志 第2版、江西植物志、FOC）
原生。华东分布：安徽、福建、江苏、江西、浙江。
竹叶青冈 *Quercus neglecta* (Schottky) Koidz.
别名：竹叶椆（江西种子植物名录）
——"*Cyclobalanopsis bambusaefolia*"=*Cyclobalanopsis bambusifolia* (Hance) Y.C. Hsu & H. Wei Jen（拼写错误。江西种子植物名录）
——*Cyclobalanopsis neglecta* Schottky（FOC）
原生。华东分布：江西。
宁冈青冈 *Quercus ningangensis* (W.C. Cheng & Y.C. Hsu) C.C. Huang
——*Cyclobalanopsis ningangensis* W.C. Cheng & Y.C. Hsu（江西植物志、江西种子植物名录、FOC）
原生。华东分布：江西。
曼青冈 *Quercus oxyodon* Miq.
——*Cyclobalanopsis oxyodon* (Miq.) Oerst.（江西植物志、江西种子植物名录、FOC）
原生。华东分布：江西。
尖叶栎 *Quercus oxyphylla* (E.H. Wilson) Hand.-Mazz.
原生。华东分布：安徽、福建、浙江。
毛果青冈 *Quercus pachyloma* Seemen
别名：赤椆（江西种子植物名录），卷斗青冈（福建植物志）
——*Cyclobalanopsis pachyloma* (Seemen) Schottky（福建植物志、江西植物志、江西种子植物名录、FOC）
原生。华东分布：福建、江西。
托盘青冈 *Quercus patelliformis* Chun
——*Cyclobalanopsis patelliformis* (Chun) Y.C. Hsu & H. Wei Jen（江西植物志、FOC）

原生。华东分布：江西。

乌冈栎 *Quercus phillyraeoides* A. Gray

——"*Quercus phillyreoides*"=*Quercus phillyraeoides* A. Gray（拼写错误。FOC）

原生。华东分布：安徽、福建、江苏、江西、浙江。

软枝青冈 *Quercus reclinatocaulis* (M.M. Lin) Yuan Wang, Jing Yan & C. Du comb. nov. ［**Basionym:** *Cyclobalanopsis reclinatocaulis* M.M. Lin in Bulletin of Botanical Research 40(1): 11. 2020. **Type:** *Q.W. Lin & al. 01-06* (Holotype: AU)］

——*Cyclobalanopsis reclinatocaulis* M.M. Lin（*Cyclobalanopsis reclinatocaulis*, A New Species of Fagaceae from Fujian Province）

原生。华东分布：福建。

枹栎 *Quercus serrata* Murray

别名：短柄枹（安徽植物志、福建植物志、江西植物志、浙江植物志），短柄枹栎（江苏植物志 第2版、江西种子植物名录）

——*Quercus glandulifera* Blume（安徽植物志、山东植物志）

——*Quercus glandulifera* var. *brevipetiolata* (A. DC.) Nakai（安徽植物志、浙江植物志）

——*Quercus serrata* var. *brevipetiolata* (A. DC.) Nakai（福建植物志、江苏植物志 第2版、江西植物志、江西种子植物名录）

原生。华东分布：安徽、福建、江苏、江西、山东、浙江。

云山青冈 *Quercus sessilifolia* Blume

别名：平脉青冈（安徽植物志）

——*Cyclobalanopsis nubium* (Hand.-Mazz.) Chun ex Q.F. Zheng（安徽植物志、福建植物志、浙江植物志）

——*Cyclobalanopsis sessilifolia* (Blume) Schottky（江苏植物志 第2版、江西植物志、江西种子植物名录、FOC）

原生。华东分布：安徽、福建、江苏、江西、浙江。

细叶青冈 *Quercus shennongii* C.C. Huang & S.H. Fu

别名：小叶青冈（安徽植物志、福建植物志、浙江植物志）

——*Cyclobalanopsis gracilis* (Rehder & E.H. Wilson) W.C. Cheng & T. Hong（安徽植物志、福建植物志、江苏植物志 第2版、江西植物志、江西种子植物名录、浙江植物志、FOC）

原生。华东分布：安徽、福建、江苏、江西、浙江。

刺叶高山栎 *Quercus spinosa* David

别名：刺叶栎（福建植物志）

原生。华东分布：福建、江西、浙江。

褐叶青冈 *Quercus stewardiana* A. Camus

——*Cyclobalanopsis stewardiana* (A. Camus) Y.C. Hsu & H. Wei Jen（安徽植物志、江苏植物志 第2版、江西植物志、江西种子植物名录、浙江植物志、FOC）

原生。华东分布：安徽、江苏、江西、浙江。

黄山栎 *Quercus* × *stewardii* Rehder

——"*Quercus stewardii*"=*Quercus* × *stewardii* Rehder（杂交种。浙江植物志）

原生。华东分布：安徽、江西、浙江。

栓皮栎 *Quercus variabilis* Blume

原生。华东分布：安徽、福建、江苏、江西、山东、浙江。

永安青冈 *Quercus yonganensis* L.G. Lin & C.C. Huang

——*Cyclobalanopsis yonganensis* (L.G. Lin & C.C. Huang) Y.C. Hsu & H. Wei Jen（FOC）

原生。华东分布：福建。

杨梅科 Myricaceae

杨梅属 *Morella*

（杨梅科 Myricaceae）

青杨梅 *Morella adenophora* (Hance) J. Herb.

——*Myrica adenophora* Hance（江西植物志、FOC）

原生。易危（VU）。华东分布：江西。

毛杨梅 *Morella esculenta* (Buch.-Ham. ex D. Don) I.M. Turner

——*Myrica esculenta* Buch.-Ham. ex D. Don（江西植物志、FOC）

原生。华东分布：江西。

杨梅 *Morella rubra* Lour.

——*Myrica rubra* (Lour.) Sieb. & Zucc.（安徽植物志、福建植物志、江苏植物志 第2版、江西植物志、江西种子植物名录、浙江植物志、FOC）

原生、栽培。华东分布：安徽、福建、江苏、江西、上海、浙江。

胡桃科 Juglandaceae

烟包树属 *Engelhardia*

（胡桃科 Juglandaceae）

少叶黄杞 *Engelhardia roxburghiana* Lindl.

——"*Engelhardtia fenzelii*"=*Engelhardia fenzelii* Merr.（拼写错误。福建植物志、江西种子植物名录）

原生。华东分布：福建、江西、浙江。

黄杞 *Engelhardia roxburghiana* Wall.

——"*Engelhardtia roxburghiana*"=*Engelhardia roxburghiana* Lindl.（拼写错误。福建植物志、江西种子植物名录）

原生。华东分布：福建、江西。

化香树属 *Platycarya*

（胡桃科 Juglandaceae）

化香树 *Platycarya strobilacea* Sieb. & Zucc.

别名：化香（安徽植物志），圆果化香树（江西植物志）

——"*Platycarya strobilaceae*"=*Platycarya strobilacea* Sieb. & Zucc.（拼写错误。江西植物志）

原生。华东分布：安徽、福建、江苏、江西、山东、上海、浙江。

山核桃属 *Carya*

（胡桃科 Juglandaceae）

山核桃 *Carya cathayensis* Sarg.

原生、栽培。易危（VU）。华东分布：安徽、江苏、江西、浙江。

青钱柳属 *Cyclocarya*

（胡桃科 Juglandaceae）

青钱柳 *Cyclocarya paliurus* (Batalin) Iljinsk.

原生。华东分布：安徽、福建、江苏、江西、浙江。

枫杨属 *Pterocarya*

（胡桃科 Juglandaceae）

湖北枫杨 *Pterocarya hupehensis* Skan

原生。华东分布：浙江。

华西枫杨 *Pterocarya macroptera* var. ***insignis*** (Rehder & E.H. Wilson) W.E. Manning
——*Pterocarya insignis* Rehder & E.H. Wilson（安徽植物志、浙江植物志）
原生。华东分布：安徽、浙江。
枫杨 *Pterocarya stenoptera* C. DC.
原生、栽培。华东分布：安徽、福建、江苏、江西、山东、上海、浙江。

胡桃属 *Juglans*

（胡桃科 Juglandaceae）

胡桃楸 *Juglans mandshurica* Maxim.
别名：华东野核桃（安徽植物志、江苏植物志 第 2 版、江西植物志、江西种子植物名录、浙江植物志），台湾野核桃（福建植物志、江西种子植物名录），野核桃（江苏植物志 第 2 版、江西种子植物名录、山东植物志）
——*Juglans cathayensis* Dode（江苏植物志 第 2 版、江西种子植物名录、山东植物志）
——*Juglans cathayensis* var. *formosana* (Hayata) A.M. Lu & R.H. Chang（安徽植物志、福建植物志、江苏植物志 第 2 版、江西植物志、江西种子植物名录、江西种子植物名录、浙江植物志）
原生。华东分布：安徽、福建、江苏、江西、山东、浙江。
胡桃 *Juglans regia* L.
原生、栽培。易危（VU）。华东分布：安徽、福建、江苏、江西、山东、浙江。

桦木科 Betulaceae

桤木属 *Alnus*

（桦木科 Betulaceae）

桦叶桤木 *Alnus betulifolia* G.Y. Li, Z.H. Chen & D.D. Ma
原生。华东分布：浙江。
桤木 *Alnus cremastogyne* Burkill
原生、栽培。华东分布：安徽、江苏、江西、浙江。
辽东桤木 *Alnus hirsuta* Turcz. ex Rupr.
——*Alnus sibirica* (Spach) Turcz. ex Kom.（山东植物志）
原生。华东分布：山东。
日本桤木 *Alnus japonica* (Thunb.) Steud.
别名：赤杨（福建植物志）
原生。华东分布：安徽、福建、江苏、山东。
江南桤木 *Alnus trabeculosa* Hand.-Mazz.
原生。华东分布：安徽、福建、江苏、江西、浙江。

桦木属 *Betula*

（桦木科 Betulaceae）

西桦 *Betula alnoides* Buch.-Ham. ex D. Don
原生、栽培。华东分布：福建、浙江。
华南桦 *Betula austrosinensis* Chun ex P.C. Li
——"*Betula austro-sinensis*"=*Betula austrosinensis* Chun ex P.C. Li（拼写错误。江西种子植物名录）
原生。华东分布：江西。
坚桦 *Betula chinensis* Maxim.
别名：胶东桦（山东植物志）
——*Betula jiaodongensis* S.B. Liang（山东植物志）
原生。华东分布：山东。
福建桦 *Betula fujianensis* J. Zeng, Jian H. Li & Z.D. Chen
原生。华东分布：福建。
香桦 *Betula insignis* Franch.
原生。华东分布：江西。
亮叶桦 *Betula luminifera* H.J.P. Winkl.
别名：光皮桦（江西种子植物名录）
原生、栽培。华东分布：安徽、福建、江苏、江西、浙江。
白桦 *Betula platyphylla* Sukaczev
原生、栽培。华东分布：江苏、山东。
武夷桦 *Betula wuyiensis* J.B. Xiao
原生。华东分布：福建。

榛属 *Corylus*

（桦木科 Betulaceae）

披针叶榛 *Corylus fargesii* (Franch.) C.K. Schneid.
原生。华东分布：江西。
榛 *Corylus heterophylla* Fisch. ex Trautv.
别名：榛子（江苏植物志 第 2 版）
原生、栽培。华东分布：江苏、江西、山东。
川榛 *Corylus heterophylla* var. ***sutchuenensis*** Franch.
别名：短柄川榛（江苏植物志 第 2 版、江西植物志、江西种子植物名录）
——"*Corylus heterophylla* var. *sutchuanensis*"=*Corylus heterophylla* var. *sutchuenensis* Franch.（拼写错误。江苏植物志 第 2 版）
——"*Corylus kwetchowensis* var. *brevipes*"=*Corylus kweichowensis* var. *brevipes* W.J. Liang（拼写错误。江西植物志）
——"*Corylus kwetchowensis*"=*Corylus kweichowensis* H.H. Hu（拼写错误。江西植物志）
——*Corylus kweichowensis* H.H. Hu（浙江植物志）
——*Corylus kweichowensis* var. *brevipes* W.J. Liang（江西种子植物名录）
——*Corylus heterophylla* var. *brevipes* (W.J. Liang) K. Ye & M.B. Deng（江苏植物志 第 2 版）
原生。华东分布：安徽、江苏、江西、山东、浙江。
毛榛 *Corylus mandshurica* Maxim.
原生。华东分布：山东。

铁木属 *Ostrya*

（桦木科 Betulaceae）

铁木 *Ostrya japonica* Sarg.
原生。华东分布：安徽。
多脉铁木 *Ostrya multinervis* Rehder
原生。华东分布：江苏、浙江。
天目铁木 *Ostrya rehderiana* Chun
原生。极危（CR）。华东分布：浙江。

鹅耳枥属 *Carpinus*

（桦木科 Betulaceae）

粤北鹅耳枥 *Carpinus chuniana* Hu
原生。华东分布：江西。

千金榆 ***Carpinus cordata*** Blume
原生。华东分布：安徽、江苏、山东。
华千金榆 ***Carpinus cordata*** var. ***chinensis*** Franch.
别名：华鹅耳枥（江西种子植物名录），南方千金榆（浙江植物志）
原生。华东分布：安徽、江苏、江西、浙江。
川陕鹅耳枥 ***Carpinus fargesiana*** H.J.P. Winkl.
原生。华东分布：安徽。
湖北鹅耳枥 ***Carpinus hupeana*** Hu
别名：鄂鹅耳枥（江西种子植物名录）
原生。华东分布：安徽、江苏、江西、浙江。
短尾鹅耳枥 ***Carpinus londoniana*** H.J.P. Winkl.
别名：岷江鹅耳枥（福建植物志）
原生。华东分布：安徽、福建、江西、浙江。
宽叶鹅耳枥 ***Carpinus londoniana*** var. ***latifolia*** P.C. Li
原生。华东分布：浙江。
剑苞鹅耳枥 ***Carpinus londoniana*** var. ***xiphobracteata*** P.C. Li
原生。华东分布：浙江。
宝华鹅耳枥 ***Carpinus oblongifolia*** (Hu) Hu & W.C. Cheng
原生。极危（CR）。华东分布：江苏、浙江。
多脉鹅耳枥 ***Carpinus polyneura*** Franch.
原生。华东分布：安徽、江西、浙江。
普陀鹅耳枥 ***Carpinus putoensis*** W.C. Cheng
原生。极危（CR）。华东分布：浙江。
陕西鹅耳枥 ***Carpinus shensiensis*** Hu
原生。华东分布：安徽。
天台鹅耳枥 ***Carpinus tientaiensis*** W.C. Cheng
原生。极危（CR）。华东分布：浙江。
昌化鹅耳枥 ***Carpinus tschonoskii*** Maxim.
——"*Carpinus tschoniskii*"=*Carpinus tschonoskii* Maxim.（拼写错误。江西种子植物名录）
原生。华东分布：安徽、江苏、江西、浙江。
鹅耳枥 ***Carpinus turczaninowii*** Hance
原生。华东分布：安徽、江苏、江西、山东。
雷公鹅耳枥 ***Carpinus viminea*** Lindl. ex Wall.
别名：大穗鹅耳枥（江西种子植物名录）
——*Carpinus fargesii* Franch.（江西种子植物名录）
原生。华东分布：安徽、福建、江苏、江西、浙江。

木麻黄科 Casuarinaceae

木麻黄属 *Casuarina*

（木麻黄科 Casuarinaceae）

木麻黄 ***Casuarina equisetifolia*** L.
外来、栽培。华东分布：福建、浙江。

葫芦科 Cucurbitaceae

盒子草属 *Actinostemma*

（葫芦科 Cucurbitaceae）

假贝母 ***Actinostemma paniculatum*** (Maxim.) Cogn.
——*Bolbostemma paniculatum* (Maxim.) Franquet（山东植物志、FOC）
原生。华东分布：山东。
盒子草 ***Actinostemma tenerum*** Griff.
别名：合子草（浙江植物志）
原生。华东分布：安徽、福建、江苏、江西、山东、上海、浙江。

雪胆属 *Hemsleya*

（葫芦科 Cucurbitaceae）

雪胆 ***Hemsleya chinensis*** Cogn. ex F.B. Forbes & Hemsl.
原生。华东分布：江西。
马铜铃 ***Hemsleya graciliflora*** (Harms) Cogn.
别名：细花雪胆（江西种子植物名录）
原生。易危（VU）。华东分布：安徽、福建、江西、浙江。
蛇莲 ***Hemsleya sphaerocarpa*** Kuang & A.M. Lu
原生。华东分布：江西。
浙江雪胆 ***Hemsleya zhejiangensis*** C.Z. Zheng
原生。近危（NT）。华东分布：福建、江西、浙江。

绞股蓝属 *Gynostemma*

（葫芦科 Cucurbitaceae）

疏花绞股蓝 ***Gynostemma laxiflorum*** C.Y. Wu & S.K. Chen
原生。极危（CR）。华东分布：安徽。
光叶绞股蓝 ***Gynostemma laxum*** (Wall.) Cogn.
原生。华东分布：安徽、江西、浙江。
五柱绞股蓝 ***Gynostemma pentagynum*** Z.P. Wang
原生。极危（CR）。华东分布：浙江。
绞股蓝 ***Gynostemma pentaphyllum*** (Thunb.) Makino
原生。华东分布：安徽、福建、江苏、江西、山东、上海、浙江。
喙果绞股蓝 ***Gynostemma yixingense*** (Z.P. Wang & Q.Z. Xie) C.Y. Wu & S.K. Chen
原生。华东分布：安徽、江苏、江西、浙江。

赤瓟属 *Thladiantha*

（葫芦科 Cucurbitaceae）

大苞赤瓟 ***Thladiantha cordifolia*** (Blume) Cogn.
别名：球果赤瓟（江西植物志）
——*Thladiantha globicarpa* A.M. Lu & Zhi Y. Zhang（江西植物志）
原生。华东分布：江西。
川赤瓟 ***Thladiantha davidii*** Franch.
原生。华东分布：江西。
齿叶赤瓟 ***Thladiantha dentata*** Cogn.
别名：鄂赤瓟（江西种子植物名录），光赤瓟（江西种子植物名录）
——*Thladiantha glabra* Cogn.（江西种子植物名录）
——*Thladiantha oliveri* Cogn. ex Mottet（江西种子植物名录）
原生。华东分布：江西、浙江。
赤瓟 ***Thladiantha dubia*** Bunge
原生。华东分布：江苏、山东。
斑赤瓟 ***Thladiantha maculata*** Cogn. ex Oliv.
原生。华东分布：安徽。
南赤瓟 ***Thladiantha nudiflora*** Hemsl.
别名：大果赤瓟（安徽植物志），绵赤瓟（安徽植物志、江苏植物志 第2版）

——*Thladiantha nudiflora* var. *macrocarpa* Z. Zhang（安徽植物志）
——*Thladiantha nudiflora* var. *membranacea* Z. Zhang（安徽植物志、江苏植物志 第 2 版）
原生。华东分布：安徽、福建、江苏、江西、上海、浙江。

西固赤瓟 *Thladiantha nudiflora* var. *bracteata* A.M. Lu & Zhi Y. Zhang
别名：西周赤瓟（安徽植物志）
原生。华东分布：安徽。

台湾赤瓟 *Thladiantha punctata* Hayata
别名：长叶赤瓟（江西种子植物名录）
——*Thladiantha longifolia* Cogn. ex Oliv.（江西种子植物名录）
原生。华东分布：安徽、福建、江西、浙江。

长毛赤瓟 *Thladiantha villosula* Cogn.
原生。华东分布：安徽。

罗汉果属 *Siraitia*

（葫芦科 Cucurbitaceae）

翅子罗汉果 *Siraitia siamensis* (Craib) C. Jeffrey ex S.Q. Zhong & D. Fang
原生。易危（VU）。华东分布：福建。

苦瓜属 *Momordica*

（葫芦科 Cucurbitaceae）

木鳖子 *Momordica cochinchinensis* (Lour.) Spreng.
别名：木鳖（江苏植物志 第 2 版）
原生。华东分布：安徽、福建、江苏、江西、浙江。

凹萼木鳖 *Momordica subangulata* Blume
原生。华东分布：江西。

裂瓜属 *Schizopepon*

（葫芦科 Cucurbitaceae）

裂瓜 *Schizopepon bryoniifolius* Maxim.
原生。华东分布：江苏。

湖北裂瓜 *Schizopepon dioicus* Cogn.
原生。华东分布：安徽。

栝楼属 *Trichosanthes*

（葫芦科 Cucurbitaceae）

金瓜 *Trichosanthes costata* Blume
——*Gymnopetalum chinense* (Lour.) Merr.（福建被子植物分布新记录Ⅷ）
原生。华东分布：福建。

王瓜 *Trichosanthes cucumeroides* (Ser.) Maxim.
原生。华东分布：安徽、福建、江苏、江西、上海、浙江。

湘桂栝楼 *Trichosanthes hylonoma* Hand.-Mazz.
别名：小花栝楼（江苏植物志 第 2 版、浙江植物志）
——*Trichosanthes parviflora* C.Y. Wu ex S.K. Chen（江苏植物志 第 2 版、浙江植物志）
原生。近危（NT）。华东分布：江苏、浙江。

井冈栝楼 *Trichosanthes jinggangshanica* C.H. Yueh
别名：井冈山栝楼（江西种子植物名录）
原生。华东分布：江西。

栝楼 *Trichosanthes kirilowii* Maxim.
原生。华东分布：安徽、福建、江苏、江西、山东、上海、浙江。

长萼栝楼 *Trichosanthes laceribractea* Hayata
别名：湖北栝楼（江西种子植物名录），腺栝楼（*Trichosanthes glandulosa*, A New Species of *Trichosanthes* L.）
——*Trichosanthes glandulosa* G.Q. Zhu, H.Z. Peng & X.H. Liu（*Trichosanthes glandulosa*, A New Species of *Trichosanthes* L.）
——*Trichosanthes hupehensis* C.Y. Cheng & C.H. Yueh（江西种子植物名录）
原生。华东分布：安徽、江西、上海、浙江。

趾叶栝楼 *Trichosanthes pedata* Merr. & Chun
原生。华东分布：江西。

中华栝楼 *Trichosanthes rosthornii* Harms
别名：华中栝楼（江西种子植物名录），日本栝楼（江西种子植物名录）
——"*Trichosanthes japonica*"=*Trichosanthes rosthornii* Harms（误用名。江西种子植物名录）
原生。华东分布：安徽、福建、江西、浙江。

展毛栝楼 *Trichosanthes rosthornii* subsp. *patentivillosa* Z.H. Chen, W.Y. Xie & F. Chen
原生。华东分布：浙江。

黄山栝楼 *Trichosanthes rosthornii* var. *huangshanensis* S.K. Chen
原生。华东分布：安徽、江西。

三尖栝楼 *Trichosanthes tricuspidata* Lour.
别名：大苞栝楼（江西种子植物名录）
——*Trichosanthes bracteata* (Lam.) Voigt（江西种子植物名录）
原生。华东分布：江西。

刺果瓜属 *Sicyos*

（葫芦科 Cucurbitaceae）

刺果瓜 *Sicyos angulatus* L.
外来。华东分布：山东。

马瓟儿属 *Zehneria*

（葫芦科 Cucurbitaceae）

纽子瓜 *Zehneria bodinieri* (H. Lév.) W.J. de Wilde & Duyfjes
别名：钮子瓜（江西植物志、江西种子植物名录）
——"*Zehneria maysorensis*"=*Zehneria bodinieri* (H. Lév.) W.J. de Wilde & Duyfjes（误用名。福建植物志、江西植物志、江西种子植物名录）
原生。华东分布：福建、江西、浙江。

马瓟儿 *Zehneria japonica* (Thunb.) H.Y. Liu
——*Zehneria indica* (Lour.) Keraudren（安徽植物志、福建植物志、江西植物志、江西种子植物名录、浙江植物志）
原生。华东分布：安徽、福建、江苏、江西、上海、浙江。

番马瓟属 *Melothria*

（葫芦科 Cucurbitaceae）

美洲马瓟儿 *Melothria pendula* L.
外来。华东分布：福建。

茅瓜属 *Solena*

（葫芦科 Cucurbitaceae）

茅瓜 *Solena heterophylla* Lour.

——"*Solena amplexicaulis*"=*Solena heterophylla* Lour.（误用名。福建植物志、江西植物志）
原生。华东分布：福建、江西、浙江。

黄瓜属 *Cucumis*

（葫芦科 Cucurbitaceae）

爪哇帽儿瓜 *Cucumis javanicus* (Miq.) Ghebret. & Thulin
——*Mukia javanica* (Miq.) C. Jeffrey（福建植物志、FOC）
原生。华东分布：福建。
帽儿瓜 *Cucumis maderaspatanus* L.
——*Mukia maderaspatana* (L.) M. Roem.（浙江植物志、FOC）
原生。华东分布：浙江。

秋海棠科 Begoniaceae

秋海棠属 *Begonia*

（秋海棠科 Begoniaceae）

美丽秋海棠 *Begonia algaia* L.B. Sm. & Wassh.
原生。近危（NT）。华东分布：江西、浙江。
花叶秋海棠 *Begonia cathayana* Hemsl.
原生。华东分布：福建。
周裂秋海棠 *Begonia circumlobata* Hance
别名：周裂叶秋海棠（江西植物志）
原生。华东分布：福建、江西、浙江。
四季秋海棠 *Begonia cucullata* Willd.
别名：四季海棠（安徽植物志、江西植物志、江西种子植物名录、浙江植物志）
——*Begonia semperflorens* Link & Otto（安徽植物志、福建植物志、江苏植物志 第2版、江西植物志、江西种子植物名录、山东植物志）
外来、栽培。华东分布：安徽、福建、江苏、江西、山东、上海、浙江。
丹霞秋海棠 *Begonia danxiaensis* D.K. Tian & X.L. Yu
原生。华东分布：江西。
槭叶秋海棠 *Begonia digyna* Irmsch.
原生。华东分布：福建、江西、浙江。
紫背天葵 *Begonia fimbristipula* Hance
原生。华东分布：福建、江西、浙江。
秋海棠 *Begonia grandis* Dryand.
——*Begonia evansiana* Andrews（安徽植物志、福建植物志、山东植物志、浙江植物志）
原生。华东分布：安徽、福建、江苏、江西、山东、浙江。
中华秋海棠 *Begonia grandis* subsp. ***sinensis*** (A. DC.) Irmsch.
——*Begonia sinensis* A. DC.（安徽植物志、福建植物志、江西植物志、江西种子植物名录、山东植物志、浙江植物志）
原生。华东分布：安徽、福建、江西、山东、浙江。
粗喙秋海棠 *Begonia longifolia* Blume
——*Begonia crassirostris* Irmsch.（福建植物志、江西种子植物名录）
原生。华东分布：福建、江西、浙江。
裂叶秋海棠 *Begonia palmata* D. Don
——*Begonia laciniata* Roxb.（福建植物志）
原生。华东分布：福建、江西。
红孩儿 *Begonia palmata* var. ***bowringiana*** (Champ. ex Benth.) Golding & Kareg.
原生。华东分布：福建、江西。
掌裂叶秋海棠 *Begonia pedatifida* H. Lév.
原生。华东分布：江西。

卫矛科 Celastraceae

梅花草属 *Parnassia*

（卫矛科 Celastraceae）

白耳菜 *Parnassia foliosa* Hook. f. & Thomson
别名：白耳草（江西植物志、江西种子植物名录）
原生。华东分布：安徽、福建、江西、浙江。
梅花草 *Parnassia palustris* L.
原生。华东分布：福建、江西。
鸡肫梅花草 *Parnassia wightiana* Wall. ex Wight & Arn.
别名：鸡眼梅花草（福建植物志、江西种子植物名录）
原生。华东分布：福建、江西。

假卫矛属 *Microtropis*

（卫矛科 Celastraceae）

德化假卫矛 *Microtropis dehuaensis* Z.S. Huang & Y.Y. Lin
原生。华东分布：福建。
福建假卫矛 *Microtropis fokienensis* Dunn
原生。华东分布：安徽、福建、江苏、江西、浙江。
密花假卫矛 *Microtropis gracilipes* Merr. & F.P. Metcalf
别名：团花假卫矛（福建植物志）
原生。华东分布：福建、江西。
灵香假卫矛 *Microtropis submembranacea* Merr. & F.L. Freeman
原生。华东分布：福建。

永瓣藤属 *Monimopetalum*

（卫矛科 Celastraceae）

永瓣藤 *Monimopetalum chinense* Rehder
原生。濒危（EN）。华东分布：安徽、江西、浙江。

南蛇藤属 *Celastrus*

（卫矛科 Celastraceae）

过山枫 *Celastrus aculeatus* Merr.
原生。华东分布：福建、江西、浙江。
苦皮藤 *Celastrus angulatus* Maxim.
别名：苦树皮（安徽植物志）
原生。华东分布：安徽、福建、江苏、江西、山东、浙江。
小南蛇藤 *Celastrus cuneatus* (Rehder & E.H. Wilson) C.Y. Cheng & T.C. Kao
原生。华东分布：浙江。
刺苞南蛇藤 *Celastrus flagellaris* Rupr.
原生。华东分布：江西、山东、浙江。
大芽南蛇藤 *Celastrus gemmatus* Loes.
别名：哥兰叶（江西植物志、江西种子植物名录、浙江植物志）
原生。华东分布：安徽、福建、江苏、江西、浙江。

灰叶南蛇藤 *Celastrus glaucophyllus* Rehder & E.H. Wilson
原生。华东分布：江西。
青江藤 *Celastrus hindsii* Benth.
别名：清江藤（江西植物志）
原生。华东分布：福建、江西。
昆明山海棠 *Celastrus hypoglaucus* Hemsl.
别名：白背雷公藤（福建植物志）
——*Tripterygium hypoglaucum* (H. Lév.) Hutch.（安徽植物志、福建植物志、江西植物志、江西种子植物名录、浙江植物志）
原生。华东分布：安徽、福建、江苏、江西、浙江。
薄叶南蛇藤 *Celastrus hypoleucoides* P.L. Chiu
别名：拟粉背南蛇藤（江西植物志、江西种子植物名录、浙江植物志）
——"*Celastrus hypoglaucoides*"=*Celastrus hypoleucoides* P.L. Chiu（拼写错误。江西植物志）
原生。华东分布：江西、浙江。
粉背南蛇藤 *Celastrus hypoleucus* (Oliv.) Warb. ex Loes.
原生。华东分布：安徽、江西、浙江。
圆叶南蛇藤 *Celastrus kusanoi* Hayata
原生。华东分布：福建。
独子藤 *Celastrus monospermus* Roxb.
别名：单籽南蛇藤（福建植物志）
原生。华东分布：福建、江西。
窄叶南蛇藤 *Celastrus oblanceifolius* C.H. Wang & P.C. Tsoong
原生。华东分布：安徽、福建、江西、浙江。
南蛇藤 *Celastrus orbiculatus* Thunb.
原生。华东分布：安徽、江苏、江西、山东、上海、浙江。
灯油藤 *Celastrus paniculatus* Willd.
原生。华东分布：福建、江西。
东南南蛇藤 *Celastrus punctatus* Thunb.
别名：黑点南蛇藤（福建植物志），腺萼南蛇藤（浙江植物志）
原生。华东分布：福建、江西、浙江。
短梗南蛇藤 *Celastrus rosthornianus* Loes.
原生。华东分布：安徽、福建、江西、浙江。
显柱南蛇藤 *Celastrus stylosus* Wall.
原生。华东分布：安徽、江西。
毛脉显柱南蛇藤 *Celastrus stylosus* var. *puberulus* (P.S. Hsu) C.Y. Cheng & T.C. Kao
原生。华东分布：安徽、江苏、江西、浙江。
雷公藤 *Celastrus wilfordii* (Hook. f.) Yuan Wang, Jing Yan & C. Du comb. nov. ［**Basionym:** *Tripterygium wilfordii* Hook. f. in Genera Plantarum ad exemplaria imprimis in herbariis Kewensibus 1(1): 368. 1862. **Type:** *Wilford 484* (Holotype: K-000478771)］
——"*Tripterygum wilfordii*"=*Tripterygium wilfordii* Hook. f.（拼写错误。山东植物志）
——*Tripterygium wilfordii* Hook. f.（安徽植物志、福建植物志、江苏植物志 第 2 版、江西植物志、江西种子植物名录、浙江植物志、FOC）
原生。华东分布：安徽、福建、江苏、江西、山东、浙江。
浙江南蛇藤 *Celastrus zhejiangensis* P.L. Chiu, G.Y. Li & Z.H. Chen
原生。华东分布：福建、浙江。

卫矛属 *Euonymus*

（卫矛科 Celastraceae）

刺果卫矛 *Euonymus acanthocarpus* Franch.
——"*Euonymus acanthocarpa*"=*Euonymus acanthocarpus* Franch.（拼写错误。安徽植物志）
原生。华东分布：安徽、福建、江西、浙江。
星刺卫矛 *Euonymus actinocarpus* Loes.
别名：紫刺卫矛（江西种子植物名录）
——*Euonymus angustatus* Sprague（江西种子植物名录）
原生。华东分布：江西。
卫矛 *Euonymus alatus* (Thunb.) Sieb.
别名：南昌卫矛（江西植物志）
——"*Euonymus alata*"=*Euonymus alatus* (Thunb.) Sieb.（拼写错误。安徽植物志）
——*Euonymus ellipticus* (C.H. Wang) C.Y. Cheng（江西植物志）
原生、栽培。华东分布：安徽、福建、江苏、江西、山东、上海、浙江。
肉花卫矛 *Euonymus carnosus* Hemsl.
——"*Euonymus carnosa*"=*Euonymus carnosus* Hemsl.（拼写错误。安徽植物志）
原生。华东分布：安徽、福建、江苏、江西、上海、浙江。
百齿卫矛 *Euonymus centidens* H. Lév.
别名：窄翅卫矛（江西种子植物名录）
——*Euonymus streptopterus* Merr.（江西种子植物名录）
原生。华东分布：安徽、福建、江西、浙江。
陈谋卫矛 *Euonymus chenmoui* W.C. Cheng
别名：黄山卫矛（安徽植物志）
原生。华东分布：安徽、江西、浙江。
角翅卫矛 *Euonymus cornutus* Hemsl.
原生。华东分布：江西。
裂果卫矛 *Euonymus dielsianus* Loes.
原生。华东分布：江西。
棘刺卫矛 *Euonymus echinatus* Wall.
别名：无柄卫矛（福建植物志、江西植物志、江西种子植物名录、浙江植物志）
——*Euonymus subsessilis* Sprague（福建植物志、江西植物志、江西种子植物名录、浙江植物志）
原生。华东分布：安徽、福建、江西、浙江。
鸦椿卫矛 *Euonymus euscaphis* Hand.-Mazz.
原生。华东分布：安徽、福建、江西、浙江。
扶芳藤 *Euonymus fortunei* (Turcz.) Hand.-Mazz.
别名：常春卫矛（福建植物志、江西植物志、江西种子植物名录、浙江植物志），胶东卫矛（安徽植物志、福建植物志、江西植物志、山东植物志、浙江植物志），胶州卫矛（江苏植物志 第 2 版、江西种子植物名录），爬行卫矛（安徽植物志）
——"*Euonymus hederacea*"=*Euonymus hederaceus* Champ. ex Benth.（拼写错误。福建植物志、江西种子植物名录）
——"*Euonymus kiauschovicus*"=*Euonymus kiautschovicus* Loes.（拼写错误。江西种子植物名录）
——"*Euonymus kiautschovica*"=*Euonymus kiautschovicus* Loes.（拼

写错误。安徽植物志）
——*Euonymus fortunei* var. *radicans* (Sieb. ex Miq.) Rehder（安徽植物志）
——*Euonymus hederaceus* Champ. ex Benth.（江西植物志、浙江植物志）
——*Euonymus kiautschovicus* Loes.（福建植物志、江苏植物志第2版、江西植物志、山东植物志、浙江植物志）
原生、栽培。华东分布：安徽、福建、江苏、江西、山东、上海、浙江。
纤齿卫矛 *Euonymus giraldii* Loes.
原生。华东分布：安徽。
大花卫矛 *Euonymus grandiflorus* Wall.
——"*Euonymus grandiflora*"=*Euonymus grandiflorus* Wall.（拼写错误。江西种子植物名录）
原生。华东分布：安徽、江西。
西南卫矛 *Euonymus hamiltonianus* Wall.
别名：鬼见愁（安徽植物志），毛脉西南卫矛（江西植物志），茅脉西南卫矛（江西种子植物名录）
——"*Euonymus hamiltoniana* var. *lanceifolia*"=*Euonymus hamiltonianus* var. *lanceifolius* (Loes.) Blakelock（拼写错误。安徽植物志）
——*Euonymus hamiltonianus* f. *lanceifolius* (Loes.) C.Y. Cheng（江西植物志、江西种子植物名录）
原生。华东分布：安徽、福建、江苏、江西、浙江。
湖广卫矛 *Euonymus hukuangensis* C.Y. Cheng ex J.S. Ma
原生。华东分布：福建。
疏花卫矛 *Euonymus laxiflorus* Champ. ex Benth.
原生。华东分布：福建、江西、浙江。
庐山卫矛 *Euonymus lushanensis* F.H. Chen & M.C. Wang
别名：短刺刺果卫矛（江西种子植物名录），庐山刺果卫矛（江西植物志）
——*Euonymus acanthocarpus* var. *lushanensis* (F.H. Chen & M.C. Wang) C.Y. Cheng（江西植物志、江西种子植物名录）
原生。华东分布：江西。
白杜 *Euonymus maackii* Rupr.
别名：丝棉木（安徽植物志、江西种子植物名录），圆叶丝棉木（江西种子植物名录）
——"*Euonymus bungeana*"=*Euonymus bungeanus* Maxim.（拼写错误。安徽植物志）
——*Euonymus bungeanus* Maxim.（福建植物志、江西种子植物名录、山东植物志）
——*Euonymus bungeanus* var. *ovatus* F.H. Chen & M.C. Wang（江西种子植物名录）
原生、栽培。华东分布：安徽、福建、江苏、江西、山东、上海、浙江。
黄心卫矛 *Euonymus macropterus* Rupr.
别名：黄瓢子（安徽植物志）
——"*Euonymus macroptera*"=*Euonymus macropterus* Rupr.（拼写错误。安徽植物志）
原生。华东分布：安徽。
大果卫矛 *Euonymus myrianthus* Hemsl.
——"*Euonymus myriantha*"=*Euonymus myrianthus* Hemsl.（拼写错误。安徽植物志）
原生。华东分布：安徽、福建、江苏、江西、浙江。
中华卫矛 *Euonymus nitidus* Benth.
别名：矩叶卫矛（江西植物志、江西种子植物名录、浙江植物志），矩圆叶卫矛（安徽植物志），亮叶卫矛（江西种子植物名录），长圆叶卫矛（福建植物志）
——"*Euonymus mitidus*"=*Euonymus nitidus* Benth.（拼写错误。江西种子植物名录）
——"*Euonymus oblongifolia*"=*Euonymus oblongifolius* Loes. & Rehder（拼写错误。安徽植物志）
——*Euonymus chinensis* Lour.（福建植物志）
——*Euonymus oblongifolius* Loes. & Rehder（福建植物志、江西植物志、江西种子植物名录、浙江植物志）
原生。华东分布：安徽、福建、江西、浙江。
垂丝卫矛 *Euonymus oxyphyllus* Miq.
——"*Euonymus oxyphylla*"=*Euonymus oxyphyllus* Miq.(拼写错误。安徽植物志）
原生、栽培。华东分布：安徽、江西、山东、浙江。
栓翅卫矛 *Euonymus phellomanus* Loes.
——"*Euonymus phellomana*"=*Euonymus phellomanus* Loes.（拼写错误。安徽植物志）
原生。华东分布：安徽。
柳叶卫矛 *Euonymus salicifolius* Loes.
别名：柳叶中缅卫矛（江西种子植物名录）
——*Euonymus lawsonii* f. *salicifolius* (Loes.) C.Y. Cheng（江西种子植物名录）
原生。近危（NT）。华东分布：江西。
疏刺卫矛 *Euonymus spraguei* Hayata
原生。华东分布：江西。
狭叶卫矛 *Euonymus tsoi* Merr.
原生。华东分布：江西。
游藤卫矛 *Euonymus vagans* Wall.
别名：井冈山卫矛（江西植物志）
——*Euonymus jinggangshanensis* M.X. Nie（江西植物志）
原生。华东分布：江西。
荚蒾卫矛 *Euonymus viburnoides* Prain
别名：荚谜卫矛（FOC）
原生。华东分布：江西。

美登木属 *Gymnosporia*

（卫矛科 Celastraceae）

变叶裸实 *Gymnosporia diversifolia* Maxim.
别名：无刺裸实［New Materials in Flora of Zhejiang Province (II)］，细叶裸实（福建植物志）
——*Gymnosporia diversifolia* var. *inermis* Z.H. Chen & G.Y. Li［New Materials in Flora of Zhejiang Province (II)］
——*Maytenus diversifolia* (Maxim.) Ding Hou（福建植物志）
原生。华东分布：福建、浙江。

翅子藤属 *Loeseneriella*

（卫矛科 Celastraceae）

程香仔树 ***Loeseneriella concinna*** A.C. Sm.
原生。华东分布：福建。

牛栓藤科 Connaraceae

红叶藤属 *Rourea*

（牛栓藤科 Connaraceae）

小叶红叶藤 ***Rourea microphylla*** (Hook. & Arn.) Planch.
别名：红叶藤（福建植物志）
原生。华东分布：福建。

红叶藤 ***Rourea minor*** (Gaertn.) Alston
别名：大叶红叶藤（福建植物志）
——*Rourea santaloides* (Vahl) Wight & Arn.（福建植物志）
原生。华东分布：福建。

酢浆草科 Oxalidaceae

酢浆草属 *Oxalis*

（酢浆草科 Oxalidaceae）

关节酢浆草 ***Oxalis articulata*** Savigny
外来、栽培。华东分布：安徽、福建、江苏、江西、山东、上海、浙江。

珠芽酢浆草 ***Oxalis bulbillifera*** X.S. Shen & Hao Sun
原生。华东分布：安徽。

酢浆草 ***Oxalis corniculata*** L.
原生。华东分布：安徽、福建、江苏、江西、山东、上海、浙江。

红花酢浆草 ***Oxalis debilis*** Kunth
外来、栽培。华东分布：安徽、福建、江苏、江西、山东、上海、浙江。

山酢浆草 ***Oxalis griffithii*** Edgew. & Hook. f.
别名：酢浆草（福建植物志）
——*Oxalis acetosella* subsp. *griffithii* (Edgew. & Hook. f.) Hara（江西种子植物名录）
原生。华东分布：安徽、福建、江苏、江西、山东、浙江。

三角叶酢浆草 ***Oxalis obtriangulata*** Maxim.
别名：大酢浆草（安徽植物志）
原生。华东分布：安徽、浙江。

直酢浆草 ***Oxalis stricta*** L.
别名：直立酢浆草（江西植物志、浙江植物志）
——*Oxalis corniculata* var. *stricta* (L.) Sav. ex Trel.（江西植物志）
原生。华东分布：江西、浙江。

德州酢浆草 ***Oxalis texana*** (Small) Fedde
外来。华东分布：江苏、上海、浙江。

紫叶酢浆草 ***Oxalis triangularis*** subsp. ***papilionacea*** (Hoffmanns. ex Zucc.) Lourteig
——"*Oxalis triangularis*"=*Oxalis triangularis* subsp. *papilionacea* (Hoffmanns. ex Zucc.) Lourteig（误用名。江苏植物志 第2版、中国外来入侵植物名录），
外来、栽培。华东分布：安徽、福建、江苏、江西、山东、上海、浙江。

杜英科 Elaeocarpaceae

猴欢喜属 *Sloanea*

（杜英科 Elaeocarpaceae）

膜叶猴欢喜 ***Sloanea dasycarpa*** (Benth.) Hemsl.
别名：毛果猴欢喜（FOC）
原生。华东分布：福建。

仿栗 ***Sloanea hemsleyana*** (Ito) Rehder & E.H. Wilson
原生。华东分布：江西。

薄果猴欢喜 ***Sloanea leptocarpa*** Diels
原生。华东分布：福建。

猴欢喜 ***Sloanea sinensis*** (Hance) Hemsl.
原生。华东分布：福建、江苏、江西、浙江。

杜英属 *Elaeocarpus*

（杜英科 Elaeocarpaceae）

中华杜英 ***Elaeocarpus chinensis*** (Gardner & Champ.) Hook. f. ex Benth.
别名：华杜英（福建植物志）
原生、栽培。华东分布：安徽、福建、江苏、江西、浙江。

杜英 ***Elaeocarpus decipiens*** Hemsl.
原生、栽培。华东分布：安徽、福建、江苏、江西、上海、浙江。

褐毛杜英 ***Elaeocarpus duclouxii*** Gagnep.
别名：冬桃（江西种子植物名录、FOC）
原生。华东分布：江西。

秃瓣杜英 ***Elaeocarpus glabripetalus*** Merr.
别名：颓瓣杜英（安徽植物志）
原生。华东分布：安徽、福建、江西、浙江。

日本杜英 ***Elaeocarpus japonicus*** Sieb. & Zucc.
别名：薯豆（安徽植物志、福建植物志、浙江植物志、FOC）
原生、栽培。华东分布：安徽、福建、江苏、江西、浙江。

澜沧杜英 ***Elaeocarpus japonicus*** var. ***lantsangensis*** (Hu) Hung T. Chang
原生。华东分布：福建。

披针叶杜英 ***Elaeocarpus lanceifolius*** Roxb.
——"*Elaeocarpus lanceaefolius*"=*Elaeocarpus lanceifolius* Roxb.（拼写错误。江西种子植物名录）
原生。华东分布：江西。

灰毛杜英 ***Elaeocarpus limitaneus*** Hand.-Mazz.
原生。华东分布：福建。

绢毛杜英 ***Elaeocarpus nitentifolius*** Merr. & Chun
原生。易危（VU）。华东分布：福建。

山杜英 ***Elaeocarpus sylvestris*** (Lour.) Poir.
原生、栽培。华东分布：福建、江苏、江西、浙江。

红树科 Rhizophoraceae

竹节树属 *Carallia*

（红树科 Rhizophoraceae）

竹节树 *Carallia brachiata* (Lour.) Merr.

原生。华东分布：福建。

木榄属 *Bruguiera*

（红树科 Rhizophoraceae）

木榄 *Bruguiera gymnorhiza* (L.) Lam.

——"*Bruguiera gymnorrhiza*"=*Bruguiera gymnorhiza* (L.) Lam.（拼写错误。福建植物志）

原生。华东分布：福建。

秋茄树属 *Kandelia*

（红树科 Rhizophoraceae）

秋茄树 *Kandelia obovata* Sheue, H.Y. Liu & J.W.H. Yong

——"*Kandelia candel*"=*Kandelia obovata* Sheue, H.Y. Liu & J.W.H. Yong（误用名。福建植物志）

原生。华东分布：福建。

古柯科 Erythroxylaceae

古柯属 *Erythroxylum*

（古柯科 Erythroxylaceae）

东方古柯 *Erythroxylum sinense* Y.C. Wu

——*Erythroxylum kunthianum* A. St.-Hil.（福建植物志、江西种子植物名录、浙江植物志）

原生。华东分布：福建、江西、浙江。

藤黄科 Clusiaceae

藤黄属 *Garcinia*

（藤黄科 Clusiaceae）

木竹子 *Garcinia multiflora* Champ. ex Benth.

别名：多花山竹子（福建植物志、江西植物志、江西种子植物名录）

原生。华东分布：福建、江西。

岭南山竹子 *Garcinia oblongifolia* Champ. ex Benth.

原生。华东分布：福建、江西。

川苔草科 Podostemaceae

川藻属 *Terniopsis*

（川苔草科 Podostemaceae）

川藻 *Terniopsis sessilis* H.C. Chao

别名：石蔓（福建植物志）

——*Dalzellia sessilis* (Chao) C. Cusset & G. Cusset（FOC）

原生。易危（VU）。华东分布：福建。

川苔草属 *Cladopus*

（川苔草科 Podostemaceae）

川苔草 *Cladopus doianus* (Koidz.) Kôriba

别名：中国川苔草（福建植物志）

——*Cladopus chinensis* (H.C. Chao) H.C. Chao（福建植物志、FOC）

原生。濒危（EN）。华东分布：福建。

飞瀑草 *Cladopus nymanii* H.A. Möller

别名：福建川苔草（福建植物志）

——*Cladopus fukienensis* (H.C. Chao) H.C. Chao（福建植物志）

原生。易危（VU）。华东分布：福建。

金丝桃科 Hypericaceae

金丝桃属 *Hypericum*

（金丝桃科 Hypericaceae）

黄海棠 *Hypericum ascyron* L.

原生。华东分布：安徽、福建、江苏、江西、山东、上海、浙江。

赶山鞭 *Hypericum attenuatum* Fisch. ex Choisy

原生。华东分布：安徽、江苏、江西、山东、浙江。

挺茎遍地金 *Hypericum elodeoides* Choisy

别名：挺茎金丝桃（福建植物志、江西种子植物名录）

原生。华东分布：安徽、福建、江西。

小连翘 *Hypericum erectum* Thunb.

原生。华东分布：安徽、福建、江苏、江西、上海、浙江。

扬子小连翘 *Hypericum faberi* R. Keller

原生。华东分布：安徽、福建、江苏、江西、浙江。

衡山金丝桃 *Hypericum hengshanense* W.T. Wang

原生。华东分布：江西、浙江。

地耳草 *Hypericum japonicum* Thunb.

——"*Hypericum japonicm*"=*Hypericum japonicum* Thunb.（拼写错误。安徽植物志）

原生。华东分布：安徽、福建、江苏、江西、山东、上海、浙江。

长柱金丝桃 *Hypericum longistylum* Oliv.

原生。华东分布：安徽、江西。

金丝桃 *Hypericum monogynum* L.

——*Hypericum chinense* L.（江西植物志）

原生、栽培。华东分布：安徽、福建、江苏、江西、山东、上海、浙江。

金丝梅 *Hypericum patulum* Thunb.

原生、栽培。华东分布：安徽、福建、江苏、江西、山东、上海、浙江。

贯叶连翘 *Hypericum perforatum* L.

原生。华东分布：安徽、江苏、江西、山东。

中国金丝桃 *Hypericum perforatum* subsp. ***chinense*** N. Robson

原生。华东分布：江苏、江西、山东。

短柄小连翘 *Hypericum petiolulatum* Hook. f. & Thomson ex Dyer

原生。华东分布：江西。

云南小连翘 *Hypericum petiolulatum* subsp. ***yunnanense*** (Franch.) N. Robson

原生。华东分布：福建、江西。

元宝草 *Hypericum sampsonii* Hance

——"*Hypericum sampsoni*"=*Hypericum sampsonii* Hance（拼写错误。江西种子植物名录）
原生。华东分布：安徽、福建、江苏、江西、上海、浙江。
密腺小连翘 *Hypericum seniawinii* Maxim.
——"*Hypericum seniavinii*"=*Hypericum seniawinii* Maxim.（拼写错误。江西植物志）
——*Hypericum lianzhouense* subsp. *guangdongense* L.H. Wu & D.P. Yang（A New Species and A New Subspecies of *Hypericum* from Guangdong, China）
原生。华东分布：安徽、福建、江苏、江西、浙江。

三腺金丝桃属 *Triadenum*

（金丝桃科 Hypericaceae）

三腺金丝桃 *Triadenum breviflorum* (Wall. ex Dyer) Y. Kimura
——"*Triadenum breviflora*"=*Triadenum breviflorum* (Wall. ex Dyer) Y. Kimura（拼写错误。江西种子植物名录）
原生。华东分布：安徽、福建、江苏、江西、浙江。

沟繁缕科 Elatinaceae

田繁缕属 *Bergia*

（沟繁缕科 Elatinaceae）

田繁缕 *Bergia ammannioides* Roxb.
原生。华东分布：江苏、江西。
倍蕊田繁缕 *Bergia serrata* Blanco
原生。华东分布：福建。

沟繁缕属 *Elatine*

（沟繁缕科 Elatinaceae）

三蕊沟繁缕 *Elatine triandra* Schkuhr
原生。华东分布：福建、江苏、山东、浙江。

金虎尾科 Malpighiaceae

风筝果属 *Hiptage*

（金虎尾科 Malpighiaceae）

风筝果 *Hiptage benghalensis* (L.) Kurz
别名：风车藤（福建植物志）
——"*Hiptage denghalensis*"=*Hiptage benghalensis* (L.) Kurz（拼写错误。福建植物志）
原生。华东分布：福建。

堇菜科 Violaceae

堇菜属 *Viola*

（堇菜科 Violaceae）

鸡腿堇菜 *Viola acuminata* Ledeb.
原生。华东分布：安徽、江苏、江西、山东、浙江。
菊叶堇菜 *Viola albida* var. *takahashii* (Nakai) Nakai
——*Viola takahashii* (Nakai) Taken.（山东植物志）
原生。华东分布：山东。
安徽堇菜 *Viola anhuiensis* M.E. Cheng, D.Q. Wang & K. Zhang
原生。华东分布：安徽。
如意草 *Viola arcuata* Blume
别名：堇菜（安徽植物志、福建植物志、江西植物志、江西种子植物名录、山东植物志、浙江植物志）
——"*Viola hamiltoniana*"=*Viola arcuata* Blume（误用名。江西种子植物名录）
——*Viola verecunda* A. Gray（安徽植物志、福建植物志、江西植物志、江西种子植物名录、山东植物志、浙江植物志）
原生。华东分布：安徽、福建、江苏、江西、山东、浙江。
华南堇菜 *Viola austrosinensis* Y.S. Chen & Q.E. Yang
别名：光叶堇菜（江西植物志、江西种子植物名录）
——"*Viola hossei*"=*Viola austrosinensis* Y.S. Chen & Q.E. Yang（误用名。江西植物志、江西种子植物名录）
原生。华东分布：江西。
戟叶堇菜 *Viola betonicifolia* Sm.
别名：箭叶堇菜（安徽植物志），尼泊尔堇菜（福建植物志、江西种子植物名录、浙江植物志）
——*Viola betonicifolia* subsp. *nepalensis* (Ging.) W. Becker（安徽植物志、福建植物志、浙江植物志）
——*Viola betonicifolia* var. *nepalensis* (Ging.) W. Becker（江西种子植物名录）
原生。华东分布：安徽、福建、江苏、江西、山东、上海、浙江。
双花堇菜 *Viola biflora* L.
原生。华东分布：山东。
南山堇菜 *Viola chaerophylloides* (Regel) W. Becker
原生。华东分布：安徽、福建、江苏、江西、山东、浙江。
细裂堇菜 *Viola chaerophylloides* var. *sieboldiana* (Maxim.) Makino
原生。华东分布：安徽、江西、浙江。
张氏堇菜 *Viola changii* J.S. Zhou & F.W. Xing
原生。易危（VU）。华东分布：江西。
球果堇菜 *Viola collina* Besser
别名：毛果堇菜（安徽植物志）
原生。华东分布：安徽、江苏、山东。
光果球果堇菜 *Viola collina* var. *glabricarpa* K. Sun
原生。华东分布：山东。
深圆齿堇菜 *Viola davidii* Franch.
别名：浅圆齿堇菜（江西植物志、江西种子植物名录）
——*Viola schneideri* W. Becker（江西植物志、江西种子植物名录）
原生。华东分布：福建、江西、浙江。
七星莲 *Viola diffusa* Ging.
别名：短须毛七星莲（江西种子植物名录），蔓茎堇菜（安徽植物志、福建植物志、江苏植物志 第2版、江西植物志、江西种子植物名录），心叶蔓茎堇菜（福建植物志、江西种子植物名录、浙江植物志），须毛蔓茎堇菜（浙江植物志），须毛七星草（江西植物志）
——*Viola diffusa* subsp. *tenuis* (Benth.) W. Becker（福建植物志、浙江植物志）
——*Viola diffusa* var. *brevibarbata* C.J. Wang（江西植物志、江西种子植物名录、浙江植物志）

——*Viola diffusa* var. *tenuis* (Benth.) W. Becker（江西种子植物名录）
原生。华东分布：安徽、福建、江苏、江西、上海、浙江。
裂叶堇菜 *Viola dissecta* Ledeb.
原生。华东分布：安徽、山东。
总裂叶堇菜 *Viola dissecta* var. *incisa* (Turcz.) Y.S. Chen
——*Viola fissifolia* Kitag.（山东植物志）
原生。华东分布：山东。
柔毛堇菜 *Viola fargesii* H. Boissieu
别名：毛堇菜（江西植物志）
——"*Viola thomsonii*"=*Viola fargesii* H. Boissieu（误用名。江西植物志）
——*Viola principis* H. Boissieu（安徽植物志、福建植物志、江西植物志、江西种子植物名录、浙江植物志）
原生。华东分布：安徽、福建、江西、浙江。
紫花堇菜 *Viola grypoceras* A. Gray
别名：毛紫花堇菜（浙江植物志），柔毛紫花堇菜（安徽植物志），长梗紫花堇菜（江西植物志、江西种子植物名录）
——"*Viola faurieana*"=*Viola grypoceras* A. Gray（误用名。江西植物志、江西种子植物名录）
——*Viola grypoceras* var. *pubescens* Nakai（安徽植物志、浙江植物志）
原生。华东分布：安徽、福建、江苏、江西、上海、浙江。
西山堇菜 *Viola hancockii* W. Becker
原生。华东分布：安徽、江苏、山东。
日本球果堇菜 *Viola hondoensis* W. Becker & H. Boissieu
别名：日本堇菜（浙江植物志）
原生。华东分布：安徽、江西、浙江。
长萼堇菜 *Viola inconspicua* Blume
别名：湖南堇菜（江西种子植物名录），毛堇菜（安徽植物志、福建植物志）
——*Viola confusa* Champ. ex Benth.（安徽植物志、福建植物志）
——*Viola hunanensis* Hand.-Mazz.（江西种子植物名录）
原生。华东分布：安徽、福建、江苏、江西、山东、上海、浙江。
犁头草 *Viola japonica* Langsd. ex Ging.
别名：深山堇菜（安徽植物志、江西植物志、山东植物志、上海维管植物名录）、心叶堇菜（安徽植物志、江西植物志、上海维管植物名录、浙江植物志）
——"*Viola selkirkii*"=*Viola japonica* Langsd. ex Ging.（误用名。安徽植物志、江西植物志、山东植物志、上海维管植物名录）
——"*Viola yunnanfuensis*"=*Viola japonica* Langsd. ex Ging.（误用名。安徽植物志、江西植物志、上海维管植物名录、浙江植物志）
原生。华东分布：安徽、福建、江苏、江西、山东、上海、浙江。
井冈山堇菜 *Viola jinggangshanensis* Z.L. Ning & J.P. Liao
原生。华东分布：江西。
福建堇菜 *Viola kosanensis* Hayata
别名：江西堇菜（福建植物志、江西植物志、江西种子植物名录），匍匐堇菜（江西植物志）
——"*Viola pilosa*"=*Viola kosanensis* Hayata（误用名。江西植物志）
——*Viola kiangsiensis* W. Becker（福建植物志、江西植物志、江西种子植物名录）
原生。华东分布：安徽、福建、江西、浙江。
广东堇菜 *Viola kwangtungensis* Melch.
别名：小尖堇菜（江西植物志）
——"*Viola mucronulifera*"=*Viola kwangtungensis* Melch.（误用名。江西植物志）
原生。华东分布：福建、江西。
白花堇菜 *Viola lactiflora* Nakai
别名：乳白花堇菜（浙江植物志）
——"*Viola patrinii*"=*Viola lactiflora* Nakai（误用名。安徽植物志）
原生。华东分布：安徽、江苏、江西、上海、浙江。
亮毛堇菜 *Viola lucens* W. Becker
原生。濒危（EN）。华东分布：安徽、福建、江西、浙江。
犁头叶堇菜 *Viola magnifica* C.J. Wang & X.D. Wang
别名：粗齿堇菜（江西植物志、浙江植物志）、维西堇菜（江西植物志）
——"*Viola monbeigii*"=*Viola magnifica* C.J. Wang & X.D. Wang（误用名。江西植物志）
——"*Viola urophylla*"=*Viola magnifica* C.J. Wang & X.D. Wang（误用名。江西植物志）
原生。华东分布：安徽、福建、江西、浙江。
东北堇菜 *Viola mandshurica* W. Becker
原生。华东分布：安徽、福建、江苏、山东。
蒙古堇菜 *Viola mongolica* Franch.
别名：阴地堇菜（江西种子植物名录、山东植物志）
——"*Viola yezoensis*"=*Viola mongolica* Franch.（误用名。江西种子植物名录、山东植物志）
原生。华东分布：山东。
萱 *Viola moupinensis* Franch.
别名：堇（江西种子植物名录），萱（福建植物志）
——"*Viola vaginata*"=*Viola moupinensis* Franch.（误用名。福建植物志、江西种子植物名录）
原生。华东分布：福建、江西。
东方堇菜 *Viola orientalis* (Maxim.) W. Becker
原生。华东分布：山东。
北京堇菜 *Viola pekinensis* (Regel) W. Becker
原生。华东分布：山东。
茜堇菜 *Viola phalacrocarpa* Maxim.
原生。华东分布：山东。
紫花地丁 *Viola philippica* Cav.
别名：北堇菜（江西种子植物名录），光瓣堇菜（安徽植物志）
——*Viola alisoviana* Kiss（江西种子植物名录）
——*Viola yedoensis* Makino（安徽植物志、福建植物志、浙江植物志）
原生。华东分布：安徽、福建、江苏、江西、山东、上海、浙江。
早开堇菜 *Viola prionantha* Bunge
别名：茜堇菜（山东植物志），泰山堇菜（山东植物志），维西堇菜（山东植物志）
——"*Viola monbeigii*"=*Viola prionantha* Bunge（误用名。山东植物志）
——"*Viola phalacrocarpa*"=*Viola prionantha* Bunge（误用名。山东植物志）

——*Viola taishanensis* C.J. Wang（山东植物志）
原生。华东分布：江苏、山东。
辽宁堇菜 *Viola rossii* Hemsl.
原生。华东分布：安徽、江西、山东、浙江。
深山堇菜 *Viola selkirkii* Pursh ex Goldie
原生。华东分布：安徽、江西、山东、上海。
庐山堇菜 *Viola stewardiana* W. Becker
原生。华东分布：安徽、福建、江苏、江西、浙江。
圆叶堇菜 *Viola striatella* H. Boissieu
原生。华东分布：安徽、浙江。
细距堇菜 *Viola tenuicornis* W. Becker
原生。华东分布：山东。
三角叶堇菜 *Viola triangulifolia* W. Becker
原生。华东分布：安徽、福建、江西、浙江。
紫背堇菜 *Viola violacea* Makino
原生。华东分布：安徽、福建、江苏、江西、浙江。

西番莲科 Passifloraceae

西番莲属 *Passiflora*

（西番莲科 Passifloraceae）

龙珠果 *Passiflora foetida* L.
外来。华东分布：福建。
广东西番莲 *Passiflora kwangtungensis* Merr.
别名：广东西蕃莲（江西植物志）
原生。易危（VU）。华东分布：福建、江西。
三角叶西番莲 *Passiflora suberosa* L.
外来。华东分布：福建。

杨柳科 Salicaceae

脚骨脆属 *Casearia*

（杨柳科 Salicaceae）

球花脚骨脆 *Casearia glomerata* Roxb.
别名：嘉赐树（福建植物志）
原生。华东分布：福建。
爪哇脚骨脆 *Casearia velutina* Blume
别名：毛叶嘉赐树（福建植物志）
原生。华东分布：福建。

天料木属 *Homalium*

（杨柳科 Salicaceae）

斯里兰卡天料木 *Homalium ceylanicum* (Gardner) Benth.
别名：红花天料木（福建植物志、江西植物志）
——*Homalium hainanense* Gagnep.（江西植物志）
原生、栽培。华东分布：福建、江西。
天料木 *Homalium cochinchinense* (Lour.) Druce
原生。华东分布：福建、江西。

孔药枠属 *Neosprucea*

（杨柳科 Salicaceae）

扁叶孔药枠 *Neosprucea planifolia* (Horik.) Yuan Wang, Jing Yan & C. Du comb. nov.［Basionym: *Leucolejeunea planifolia* Horik. in Taxon 64(5): 889. 2015. Type: *Iwamasa 2040* (Holotype: HIRO)］
——*Spruceanthus planifolius* (Horik.) X.Q. Shi, R.L. Zhu & Gradst.［Floristic Habitat Sampling Yielded *Spruceanthus planifolius* (Lejeuneaceae, Marchantiophyta) New to China］
原生。华东分布：浙江。

箣柊属 *Scolopia*

（杨柳科 Salicaceae）

箣柊 *Scolopia chinensis* (Lour.) Clos
别名：莿柊（福建植物志）
原生。华东分布：福建。
台湾箣柊 *Scolopia oldhamii* Hance
原生。华东分布：福建。
广东箣柊 *Scolopia saeva* (Hance) Hance
别名：广东莿柊（福建植物志）
原生。华东分布：福建。

柞木属 *Xylosma*

（杨柳科 Salicaceae）

柞木 *Xylosma congesta* (Lour.) Merr.
别名：毛枝柞木（江西植物志、江西种子植物名录）
——"*Xylosma japonicum*"=*Xylosma japonica* A. Gray（拼写错误。安徽植物志）
——"*Xylosma racemosum* var. *glaucescens*"=*Xylosma racemosa* var. *glaucescens* Franch.（拼写错误。江西植物志、江西种子植物名录）
——"*Xylosma racemosum*"=*Xylosma racemosa* (Sieb. & Zucc.) Miq.（拼写错误。江西植物志、江西种子植物名录）
——*Xylosma japonica* A. Gray（浙江植物志）
原生。华东分布：安徽、福建、江苏、江西、上海、浙江。
南岭柞木 *Xylosma controversa* Clos
——"*Xylosma controversum*"=*Xylosma controversa* Clos（拼写错误。江西植物志、江西种子植物名录）
原生。华东分布：福建、江西。
毛叶南岭柞木 *Xylosma controversa* var. ***pubescens*** Q.E. Yang
原生。华东分布：江西。
长叶柞木 *Xylosma longifolia* Clos
——"*Xylosma longifolium*"=*Xylosma longifolia* Clos（拼写错误。江西种子植物名录）
原生。华东分布：福建、江西。

山桂花属 *Bennettiodendron*

（杨柳科 Salicaceae）

山桂花 *Bennettiodendron leprosipes* (Clos) Merr.
别名：短柄山桂花（江西植物志、江西种子植物名录）
——*Bennettiodendron brevipes* Merr.（江西植物志、江西种子植物名录）
原生。华东分布：江西。

山桐子属 *Idesia*

（杨柳科 Salicaceae）

山桐子 *Idesia polycarpa* Maxim.

原生。华东分布：安徽、福建、江苏、江西、浙江。

毛叶山桐子 ***Idesia polycarpa*** var. ***vestita*** Diels

别名：福建山桐子（江西植物志），毛山桐子（安徽植物志），长果山桐子（江西植物志）

——*Idesia polycarpa* var. *fujianensis* (G.S. Fan) S.S. Lai（江西植物志）

——*Idesia polycarpa* var. *longicarpa* S.S. Lai（江西植物志）

原生。华东分布：安徽、福建、江苏、江西、浙江。

山拐枣属 *Poliothyrsis*

（杨柳科 Salicaceae）

山拐枣 ***Poliothyrsis sinensis*** Oliv.

别名：南方山拐枣（江西植物志、江西种子植物名录）

——"*Poliothyrsis sinensis* f. *subglabra* S.S. Lai"=*Poliothyrsis sinensis* Oliv.（名称未合格发表。江西植物志）

——"*Poliothyrsis sinensis* var. *subglabra*"（=*Poliothyrsis sinensis* f. *subglabra* S.S. Lai）=*Poliothyrsis sinensis* Oliv.（拼写错误；名称未合格发表。江西种子植物名录）

原生。华东分布：安徽、福建、江苏、江西、浙江。

杨属 *Populus*

（杨柳科 Salicaceae）

响叶杨 ***Populus adenopoda*** Maxim.

别名：响白杨（安徽植物志）

原生。华东分布：安徽、福建、江苏、江西、浙江。

山杨 ***Populus davidiana*** Dode

原生。华东分布：山东。

小叶杨 ***Populus simonii*** Carrière

原生。华东分布：安徽、江苏、山东。

毛白杨 ***Populus tomentosa*** C.K. Schneid.

原生、栽培。华东分布：江苏、山东、浙江。

五莲杨 ***Populus wulianensis*** S.B. Liang & X.W. Li

原生。华东分布：山东。

柳属 *Salix*

（杨柳科 Salicaceae）

光奇花柳 ***Salix atopantha*** var. ***glabra*** K.S. Hao ex C.F. Fang & A.K. Skvortsov

原生。华东分布：安徽、江苏、江西、浙江。

垂柳 ***Salix babylonica*** L.

原生、栽培。华东分布：安徽、福建、江苏、江西、山东、上海、浙江。

井冈柳 ***Salix baileyi*** C.K. Schneid.

别名：百里柳（FOC）

原生。华东分布：安徽、江西、浙江。

腺柳 ***Salix chaenomeloides*** Kimura

别名：河柳（江西种子植物名录）

原生。华东分布：安徽、江苏、江西、山东。

腺叶腺柳 ***Salix chaenomeloides*** var. ***glandulifolia*** (C. Wang & C.Y. Yu) C.F. Fang

原生。华东分布：安徽、福建。

浙江柳 ***Salix chekiangensis*** W.C. Cheng

原生。易危（VU）。华东分布：浙江。

银叶柳 ***Salix chienii*** Cheng

原生。华东分布：安徽、福建、江苏、江西、浙江。

鸡公柳 ***Salix chikungensis*** C.K. Schneid.

原生。华东分布：江西。

毛枝柳 ***Salix dasyclados*** Wimm.

原生。华东分布：山东。

长梗柳 ***Salix dunnii*** C.K. Schneid.

别名：长柄柳（江西种子植物名录、浙江植物志）

原生。华东分布：安徽、福建、江西、浙江。

细枝柳 ***Salix gracilior*** (Siuzew) Nakai

原生。华东分布：江苏。

川柳 ***Salix hylonoma*** C.K. Schneid.

原生。华东分布：安徽。

杞柳 ***Salix integra*** Thunb.

原生。华东分布：安徽、山东。

朝鲜柳 ***Salix koreensis*** Andersson

原生。华东分布：江苏、山东。

山东柳 ***Salix koreensis*** var. ***shandongensis*** C.F. Fang

原生。华东分布：山东。

荞麦地柳 ***Salix leveilleana*** C.K. Schneid.

别名：井冈柳（江西植物志），井岗柳（江西种子植物名录）

原生。华东分布：江西。

黄龙柳 ***Salix liouana*** C. Wang & C.Y. Yang

原生。华东分布：山东。

旱柳 ***Salix matsudana*** Koidz.

原生、栽培。华东分布：安徽、福建、江苏、江西、山东、上海、浙江。

粤柳 ***Salix mesnyi*** Hance

原生。华东分布：福建、江苏、江西、浙江。

钟氏柳 ***Salix mesnyi*** var. ***tsoongii*** (W.C. Cheng) Z.H. Chen, W.Y. Xie & S.Q. Xu

——*Salix dunnii* var. *tsoongii* (W.C. Cheng) C.Y. Yu & S.D. Zhao（FOC）

原生。易危（VU）。华东分布：浙江。

南京柳 ***Salix nankingensis*** C. Wang & S.L. Tung

原生。极危（CR）。华东分布：江苏。

三蕊柳 ***Salix nipponica*** Franch. & Sav.

别名：日本三蕊柳（浙江植物志）

——"*Salix triandra*"=*Salix nipponica* Franch. & Sav.（误用名。山东植物志）

——*Salix triandra* var. *nipponica* (Franch. & Sav.) Seemen（浙江植物志）

原生。华东分布：江苏、山东、浙江。

蒙山柳 ***Salix nipponica*** var. ***mengshanensis*** (S.B. Liang) G.H. Zhu

原生。近危（NT）。华东分布：山东。

小叶山毛柳 ***Salix pseudopermollis*** C.Y. Yu & Chang Y. Yang

原生。易危（VU）。华东分布：山东。

南川柳 ***Salix rosthornii*** Seemen

原生。华东分布：安徽、江苏、江西、浙江。

中国黄花柳 ***Salix sinica*** (K.S. Hao ex C.F. Fang & A.K. Skvortsov) G.H. Zhu

原生。华东分布：山东。

红皮柳 *Salix sinopurpurea* C. Wang & C.Y. Yang

别名：杞柳（安徽植物志）

原生。华东分布：安徽、浙江。

簸箕柳 *Salix suchowensis* W.C. Cheng

原生。华东分布：安徽、江苏、江西、山东。

泰山柳 *Salix taishanensis* C. Wang & C.F. Fang

原生。华东分布：山东。

皂柳 *Salix wallichiana* Andersson

原生。华东分布：安徽、浙江。

绒毛皂柳 *Salix wallichiana* var. ***pachyclada*** (H. Lév. & Vaniot) C. Wang & C.F. Fang

原生。华东分布：安徽、浙江。

紫柳 *Salix wilsonii* Seemen

原生。华东分布：安徽、江苏、江西、浙江。

大戟科 Euphorbiaceae

山麻秆属 *Alchornea*

（大戟科 Euphorbiaceae）

山麻秆 *Alchornea davidii* Franch.

别名：山麻杆（安徽植物志、江西植物志、江西种子植物名录、浙江植物志）

原生。华东分布：安徽、福建、江苏、江西、浙江。

红背山麻秆 *Alchornea trewioides* (Benth.) Müll. Arg.

别名：红背山麻杆（福建植物志、江西植物志、江西种子植物名录）

原生。华东分布：福建、江西。

粗毛野桐属 *Hancea*

（大戟科 Euphorbiaceae）

粗毛野桐 *Hancea hookeriana* Seem.

原生。华东分布：福建。

野桐属 *Mallotus*

（大戟科 Euphorbiaceae）

白背叶 *Mallotus apelta* (Lour.) Müll. Arg.

别名：白背叶野桐（安徽植物志）

——"*Mallotus apeltus*"=*Mallotus apelta* (Lour.) Müll. Arg.（拼写错误。浙江植物志）

原生。华东分布：安徽、福建、江苏、江西、上海、浙江。

毛桐 *Mallotus barbatus* Müll. Arg.

原生。华东分布：江西。

南平野桐 *Mallotus dunnii* F.P. Metcalf

原生。华东分布：福建、江西。

野梧桐 *Mallotus japonicus* (L. f.) Müll. Arg.

原生。华东分布：江苏、江西、上海、浙江。

东南野桐 *Mallotus lianus* Croizat

别名：锈叶野桐（浙江植物志）

原生。华东分布：福建、江西、浙江。

小果野桐 *Mallotus microcarpus* Pax & K. Hoffm.

原生。华东分布：江西。

山地野桐 *Mallotus oreophilus* Müll. Arg.

别名：绒毛野桐（江西植物志）

——"*Mallotus japonicus* var. *ochraceo-albidus*"=*Mallotus japonicus* var. *ochraceoalbidus* (Müll. Arg.) S.M. Hwang（拼写错误。江西植物志）

原生。华东分布：江西。

白楸 *Mallotus paniculatus* (Lam.) Müll. Arg.

原生。华东分布：福建、江西。

粗糠柴 *Mallotus philippensis* (Lam.) Müll. Arg.

——"*Mallotus philippiensis*"=*Mallotus philippensis* (Lam.) Müll. Arg.（拼写错误。江西种子植物名录）

——"*Mallotus philippinensis*"=*Mallotus philippensis* (Lam.) Müll. Arg.（拼写错误。安徽植物志、福建植物志、江西植物志、浙江植物志）

原生。华东分布：安徽、福建、江苏、江西、浙江。

网脉粗糠柴 *Mallotus philippensis* var. ***reticulatus*** (Dunn) F.P. Metcalf

别名：齿叶粗糠柴（福建植物志）

——"*Mallotus philippinensis* var. *reticulatus*"=*Mallotus philippensis* var. *reticulatus* (Dunn) F.P. Metcalf（拼写错误。福建植物志）

原生。华东分布：福建。

石岩枫 *Mallotus repandus* (Rottler) Müll. Arg.

原生。华东分布：福建、江苏、江西、浙江。

杠香藤 *Mallotus repandus* var. ***chrysocarpus*** (Pamp.) S.M. Hwang

别名：杜香藤（江西植物志），石岩枫（安徽植物志）

原生。华东分布：安徽、福建、江西、上海。

卵叶石岩枫 *Mallotus repandus* var. ***scabrifolius*** (A. Juss.) Müll. Arg.

原生。华东分布：福建、江西、浙江。

野桐 *Mallotus tenuifolius* Pax

别名：野梧桐（安徽植物志）

——"*Mallotus japonicus* var. *floccosus*"=*Mallotus tenuifolius* Pax（误用名。安徽植物志、福建植物志、江西植物志、江西种子植物名录、浙江植物志）

原生。华东分布：安徽、福建、江西、浙江。

乐昌野桐 *Mallotus tenuifolius* var. ***castanopsis*** (F.P. Metcalf) H.S. Kiu

原生。华东分布：江西。

红叶野桐 *Mallotus tenuifolius* var. ***paxii*** (Pamp.) H.S. Kiu

——*Mallotus paxii* Pamp.（江西种子植物名录）

原生。华东分布：安徽、福建、江苏、江西、浙江。

黄背野桐 *Mallotus tenuifolius* var. ***subjaponicus*** Croizat

原生。华东分布：安徽、福建、江苏、江西、浙江。

血桐属 *Macaranga*

（大戟科 Euphorbiaceae）

中平树 *Macaranga denticulata* (Blume) Müll. Arg.

原生。华东分布：江西。

刺果血桐 *Macaranga lowii* King ex Hook. f.

——*Macaranga auriculata* (Merr.) Airy Shaw（福建植物志）

原生。华东分布：福建。

鼎湖血桐 *Macaranga sampsonii* Hance

原生。华东分布：福建。

山靛属 *Mercurialis*

（大戟科 Euphorbiaceae）

山靛 *Mercurialis leiocarpa* Sieb. & Zucc.
原生。华东分布：安徽、福建、江西、浙江。

水柳属 *Homonoia*

（大戟科 Euphorbiaceae）

水柳 *Homonoia riparia* Lour.
原生。华东分布：江西。

铁苋菜属 *Acalypha*

（大戟科 Euphorbiaceae）

铁苋菜 *Acalypha australis* L.
原生。华东分布：安徽、福建、江苏、江西、山东、上海、浙江。

裂苞铁苋菜 *Acalypha supera* Forssk.
别名：短穗铁苋菜（安徽植物志、江西植物志、浙江植物志）
——*Acalypha brachystachya* Hornem.（安徽植物志、江苏植物志 第 2 版、江西植物志、江西种子植物名录、浙江植物志）
原生。华东分布：安徽、江苏、江西、浙江。

丹麻秆属 *Discocleidion*

（大戟科 Euphorbiaceae）

毛丹麻秆 *Discocleidion rufescens* (Franch.) Pax & K. Hoffm.
别名：毛丹麻杆（FOC）
原生。华东分布：安徽、福建。

丹麻秆 *Discocleidion ulmifolium* (Müll. Arg.) Pax & K. Hoffm.
别名：丹麻杆（FOC）
原生。华东分布：福建、江西、浙江。

蓖麻属 *Ricinus*

（大戟科 Euphorbiaceae）

蓖麻 *Ricinus communis* L.
别名：篦麻（福建植物志）
外来、栽培。华东分布：安徽、福建、江苏、江西、山东、上海、浙江。

地构叶属 *Speranskia*

（大戟科 Euphorbiaceae）

广东地构叶 *Speranskia cantonensis* (Hance) Pax & K. Hoffm.
别名：华南地构叶（江西植物志），瘤果地构叶（江西种子植物名录）
原生。华东分布：江西。

地构叶 *Speranskia tuberculata* (Bunge) Baill.
别名：疣果地构叶（江西植物志）
原生。华东分布：安徽、江苏、江西、山东、上海。

黄桐属 *Endospermum*

（大戟科 Euphorbiaceae）

黄桐 *Endospermum chinense* Benth.
原生。华东分布：福建。

巴豆属 *Croton*

（大戟科 Euphorbiaceae）

头状巴豆 *Croton capitatus* Michx.
别名：头序巴豆［*Croton capitatus* (Euphorbiaceae), A Newly Naturalizad Alien Species in China、中国外来入侵植物名录］
外来。华东分布：安徽、江苏、山东。

银叶巴豆 *Croton cascarilloides* Raeusch.
原生。华东分布：福建。

鸡骨香 *Croton crassifolius* Geiseler
原生。华东分布：福建、江西。

毛果巴豆 *Croton lachnocarpus* Benth.
原生。华东分布：江西。

巴豆 *Croton tiglium* L.
原生。华东分布：福建、江苏、江西、浙江。

石栗属 *Aleurites*

（大戟科 Euphorbiaceae）

石栗 *Aleurites moluccanus* (L.) Willd.
——"*Aleurites moluccana*"=*Aleurites moluccanus* (L.) Willd.（拼写错误。江西植物志、FOC）
原生、栽培。华东分布：福建、江西。

油桐属 *Vernicia*

（大戟科 Euphorbiaceae）

油桐 *Vernicia fordii* (Hemsl.) Airy Shaw
原生、栽培。华东分布：安徽、福建、江苏、江西、浙江。

木油桐 *Vernicia montana* Lour.
别名：木油树（福建植物志）
原生、栽培。华东分布：安徽、福建、江西、浙江。

乌桕属 *Triadica*

（大戟科 Euphorbiaceae）

山乌桕 *Triadica cochinchinensis* Lour.
——*Sapium discolor* (Champ. ex Benth.) Müll. Arg.（安徽植物志、福建植物志、江西植物志、江西种子植物名录、浙江植物志）
原生。华东分布：安徽、福建、江西、浙江。

圆叶乌桕 *Triadica rotundifolia* (Hemsl.) Esser
——*Sapium rotundifolium* Hemsl.（江西植物志）
原生。华东分布：江西。

乌桕 *Triadica sebifera* (L.) Small
——*Sapium sebiferum* (L.) Roxb.（安徽植物志、福建植物志、江西植物志、江西种子植物名录）
原生、栽培。华东分布：安徽、福建、江苏、江西、山东、上海、浙江。

白木乌桕属 *Neoshirakia*

（大戟科 Euphorbiaceae）

斑子乌桕 *Neoshirakia atrobadiomaculata* (F.P. Metcalf) Esser & P.T. Li
别名：小乌桕（浙江植物志）
——*Sapium atrobadiomaculatum* F.P. Metcalf（福建植物志、江西植物志、江西种子植物名录、浙江植物志）
原生。华东分布：安徽、福建、江西、浙江。

白木乌桕 *Neoshirakia japonica* (Sieb. & Zucc.) Esser
别名：白乳木（安徽植物志）
——*Sapium japonicum* (Sieb. & Zucc.) Pax & K. Hoffm.（安徽植物志、福建植物志、江西植物志、江西种子植物名录、山东植物志、浙江植物志）

原生。华东分布：安徽、福建、江苏、江西、山东、浙江。

地杨桃属 *Microstachys*

（大戟科 Euphorbiaceae）

地杨桃 *Microstachys chamaelea* (L.) Müll. Arg.
——*Sebastiania chamaelea* (L.) Müll. Arg.（江西植物志）
原生。华东分布：江西。

海漆属 *Excoecaria*

（大戟科 Euphorbiaceae）

海漆 *Excoecaria agallocha* L.
原生。华东分布：福建。

大戟属 *Euphorbia*

（大戟科 Euphorbiaceae）

细齿大戟 *Euphorbia bifida* Hook. & Arn.
原生。华东分布：安徽、江苏、江西、上海、浙江。
猩猩草 *Euphorbia cyathophora* Murray
外来、栽培。华东分布：安徽、福建、江苏、江西、山东、浙江。
齿裂大戟 *Euphorbia dentata* Michx.
外来。华东分布：江苏、山东。
乳浆大戟 *Euphorbia esula* L.
别名：猫眼草（山东植物志），苏州大戟（江西种子植物名录、浙江植物志）
——*Euphorbia lunulata* Bunge（山东植物志）
——*Euphorbia lunulata* var. *souchouensis* Hur（江西种子植物名录、浙江植物志）
原生。华东分布：安徽、福建、江苏、江西、山东、上海、浙江。
狼毒大戟 *Euphorbia fischeriana* Steud.
别名：狼毒（江西植物志）
原生、栽培。近危（NT）。华东分布：江西、山东。
泽漆 *Euphorbia helioscopia* L.
原生。华东分布：安徽、福建、江苏、江西、山东、上海、浙江。
白苞猩猩草 *Euphorbia heterophylla* L.
别名：猩猩草（安徽植物志、福建植物志、江西种子植物名录）
外来、栽培。华东分布：安徽、福建、江苏、江西、山东、浙江。
闽南大戟 *Euphorbia heyneana* Spreng.
别名：小叶大戟（福建植物志）
——*Euphorbia microphylla* Lam.（福建植物志）
原生。华东分布：安徽、福建、浙江。
飞扬草 *Euphorbia hirta* L.
别名：飞杨草（江西植物志）
外来。华东分布：安徽、福建、江苏、江西、浙江。
地锦草 *Euphorbia humifusa* Willd.
别名：地锦（江西植物志、江西种子植物名录、山东植物志、FOC）
原生。华东分布：安徽、福建、江苏、江西、山东、上海、浙江。
湖北大戟 *Euphorbia hylonoma* Hand.-Mazz.
原生。华东分布：江苏、江西、浙江。
通奶草 *Euphorbia hypericifolia* L.
别名：通乳草（浙江植物志）
——*Euphorbia indica* Lam.（浙江植物志）
外来。华东分布：安徽、福建、江苏、江西、山东、上海、浙江。
大狼毒 *Euphorbia jolkinii* Boiss.
别名：南大戟（江西种子植物名录）
——"*Euphorbia jolkini*"=*Euphorbia jolkinii* Boiss.（拼写错误。江西种子植物名录）
原生。易危（VU）。华东分布：福建、江西。
甘肃大戟 *Euphorbia kansuensis* Prokh.
别名：无苞大戟（浙江植物志），月腺大戟（安徽植物志、江苏植物志 第2版、江西种子植物名录、山东植物志）
——"*Euphorbia ebicteolata*"（=*Euphorbia ebracteolata* Hayata）=*Euphorbia kansuensis* Prokh.（拼写错误；误用名。江西种子植物名录）
——"*Euphorbia ebracteolata*"=*Euphorbia kansuensis* Prokh.（误用名。安徽植物志、江苏植物志 第2版、山东植物志、浙江植物志）
原生。华东分布：安徽、江苏、江西、山东、浙江。
甘遂 *Euphorbia kansui* T.N. Liou ex S.B. Ho
原生、栽培。华东分布：江苏、江西。
续随子 *Euphorbia lathyris* L.
原生、栽培。华东分布：江苏、江西。
斑地锦 *Euphorbia maculata* L.
——*Euphorbia supina* Raf.（安徽植物志、山东植物志、浙江植物志）
外来。华东分布：安徽、福建、江苏、江西、山东、上海、浙江。
小叶大戟 *Euphorbia makinoi* Hayata
原生。华东分布：江苏、上海、浙江。
大地锦草 *Euphorbia nutans* Lag.
别名：大地锦（中国外来入侵植物名录），美洲地锦（江苏植物志 第2版）
外来。华东分布：安徽、福建、江苏、上海。
大戟 *Euphorbia pekinensis* Rupr.
别名：京大戟（福建植物志、江西种子植物名录）
原生。华东分布：安徽、福建、江苏、江西、山东、上海、浙江。
南欧大戟 *Euphorbia peplus* L.
外来。华东分布：福建、浙江。
匍匐大戟 *Euphorbia prostrata* Aiton
别名：铺地草（福建植物志）
外来。华东分布：安徽、福建、江苏、江西、山东、上海、浙江。
匍根大戟 *Euphorbia serpens* Kunth
外来。华东分布：安徽、福建、江苏、江西、上海。
钩腺大戟 *Euphorbia sieboldiana* C. Morren & Decne.
别名：长圆叶大戟（江西种子植物名录、浙江植物志）
——*Euphorbia henryi* Hemsl.（江西种子植物名录、浙江植物志）
原生。华东分布：江苏、江西、浙江。
黄苞大戟 *Euphorbia sikkimensis* Boiss.
别名：草蔺如（江西种子植物名录）
——"*Euphorbia adenochlora*"=*Euphorbia sikkimensis* Boiss.（误用名。江西种子植物名录）
原生。华东分布：江西。
千根草 *Euphorbia thymifolia* L.
原生。华东分布：福建、江苏、江西、上海、浙江。
仙霞岭大戟 *Euphorbia xianxialingensis* F.Y. Zhang, W.Y. Xie & Z.H.

Chen
原生。华东分布：浙江。

亚麻科 Linaceae

亚麻属 *Linum*

（亚麻科 Linaceae）

海岸亚麻 *Linum maritimum* L.
外来。华东分布：安徽。
北美黄亚麻 *Linum medium* (Planch.) Britton
外来。华东分布：浙江。
野亚麻 *Linum stelleroides* Planch.
原生。华东分布：江苏、山东。
亚麻 *Linum usitatissimum* L.
外来、栽培。华东分布：安徽、福建、江苏、江西、山东、上海、浙江。

黏木科 Ixonanthaceae

黏木属 *Ixonanthes*

（黏木科 Ixonanthaceae）

黏木 *Ixonanthes reticulata* Jack
别名：粘木（福建植物志、FOC）
——*Ixonanthes chinensis* (Hook. & Arn.) Champ.（福建植物志）
原生。易危（VU）。华东分布：福建、江西。

叶下珠科 Phyllanthaceae

秋枫属 *Bischofia*

（叶下珠科 Phyllanthaceae）

秋枫 *Bischofia javanica* Blume
别名：重阳木（福建植物志）
原生、栽培。华东分布：安徽、福建、江苏、江西、浙江。
重阳木 *Bischofia polycarpa* (H. Lév.) Airy Shaw
别名：秋风（福建植物志）
原生、栽培。华东分布：安徽、福建、江苏、江西、上海、浙江。
总序重阳木 *Bischofia racemosa* W.C. Cheng & C.D. Chu
原生。华东分布：江苏。

银柴属 *Aporosa*

（叶下珠科 Phyllanthaceae）

云南银柴 *Aporosa yunnanensis* (Pax & K. Hoffm.) F.P. Metcalf
原生。华东分布：江西。

五月茶属 *Antidesma*

（叶下珠科 Phyllanthaceae）

五月茶 *Antidesma bunius* (L.) Spreng.
原生。华东分布：福建、江西。
黄毛五月茶 *Antidesma fordii* Hemsl.
原生。华东分布：福建。
日本五月茶 *Antidesma japonicum* Sieb. & Zucc.
别名：华中五月茶（江西植物志、江西种子植物名录），酸味子（福建植物志、江西植物志、浙江植物志、FOC）
——*Antidesma delicatulum* Hutch.（江西植物志、江西种子植物名录）
原生。华东分布：安徽、福建、江苏、江西、浙江。
小叶五月茶 *Antidesma montanum* var. ***microphyllum*** (Hemsl.) Petra Hoffm.
别名：柳叶五月茶（江西种子植物名录），狭叶五月茶（福建植物志、江西植物志、浙江植物志）
——“*Antidesma pseudomicrophylla*”=*Antidesma pseudomicrophyllum* Croizat（拼写错误。浙江植物志）
——“*Antidesma venosum*”=*Antidesma montanum* var. *microphyllum* (Hemsl.) Petra Hoffm.（误用名。江西种子植物名录）
——*Antidesma pseudomicrophyllum* Croizat（福建植物志、江西植物志、江西种子植物名录）
原生。华东分布：福建、江西、浙江。

雀舌木属 *Leptopus*

（叶下珠科 Phyllanthaceae）

雀儿舌头 *Leptopus chinensis* (Bunge) Pojark.
原生。华东分布：江苏、江西、山东。

土蜜树属 *Bridelia*

（叶下珠科 Phyllanthaceae）

禾串树 *Bridelia balansae* Tutcher
原生。华东分布：福建。
土蜜树 *Bridelia tomentosa* Blume
别名：土密树（福建植物志）
原生。华东分布：福建。

白饭树属 *Flueggea*

（叶下珠科 Phyllanthaceae）

一叶萩 *Flueggea suffruticosa* (Pall.) Baill.
别名：叶底珠（福建植物志、江西植物志、江西种子植物名录、山东植物志），一叶荻（安徽植物志）
——*Securinega suffruticosa* (Pall.) Rehder（安徽植物志、福建植物志、江西植物志、江西种子植物名录、山东植物志、浙江植物志）
原生。华东分布：安徽、福建、江苏、江西、山东、上海、浙江。
白饭树 *Flueggea virosa* (Roxb. ex Willd.) Royle
别名：多花一叶萩（山东植物志）
——*Securinega multiflora* S.B. Liang（山东植物志）
——*Securinega virosa* (Roxb. ex Willd.) Baill.（福建植物志）
原生。华东分布：福建、山东。

叶下珠属 *Phyllanthus*

（叶下珠科 Phyllanthaceae）

苦味叶下珠 *Phyllanthus amarus* Schumach. & Thonn.
别名：珠子草（福建植物志、江西植物志）
——“*Phyllanthus niruri*”=*Phyllanthus amarus* Schumach. & Thonn.（误用名。福建植物志、江西植物志）
外来。华东分布：福建、江西、浙江。
浙江叶下珠 *Phyllanthus chekiangensis* Croizat & Metcalf
别名：毛果细枝叶下珠（安徽植物志）
——“*Phyllanthus leptocladus* var. *pubescens*”=*Phyllanthus leptoclados* var. *pubescens* P.T. Li & D.Y. Liu（拼写错误。安徽植物志）

原生。华东分布：安徽、福建、江西、浙江。

越南叶下珠 *Phyllanthus cochinchinensis* Spreng.

别名：波盘叶下珠（福建植物志）

——"*Phyllanthus piereyi*"（=*Phyllanthus pireyi* Beille）=*Phyllanthus cochinchinensis* Spreng.（拼写错误；误用名。福建植物志）

原生。华东分布：福建。

锐尖叶下珠 *Phyllanthus debilis* Klein ex Willd.

外来。华东分布：福建、江西。

余甘子 *Phyllanthus emblica* L.

原生。华东分布：福建、江西。

尖叶下珠 *Phyllanthus fangchengensis* P. T. Li

原生。华东分布：福建。

落萼叶下珠 *Phyllanthus flexuosus* (Sieb. & Zucc.) Müll. Arg.

别名：曲折叶下珠（安徽植物志）

原生。华东分布：安徽、福建、江苏、江西、浙江。

青灰叶下珠 *Phyllanthus glaucus* Wall. ex Müll. Arg.

原生。华东分布：安徽、福建、江苏、江西、上海、浙江。

毛枝叶下珠 *Phyllanthus glaucus* var. ***trichocladus*** P.L. Chiu ex Z.H. Chen

原生。华东分布：浙江。

细枝叶下珠 *Phyllanthus leptoclados* Benth.

原生。华东分布：福建。

小果叶下珠 *Phyllanthus reticulatus* Poir.

别名：龙眼睛（福建植物志），无毛龙眼睛（福建植物志）

——*Phyllanthus multiflorus* Poir.（福建植物志）

——*Phyllanthus multiflorus* var. *glaber* Muell.-Arg.（福建植物志）

原生。华东分布：福建、江苏、江西。

纤梗叶下珠 *Phyllanthus tenellus* Roxb.

外来。华东分布：福建。

叶下珠 *Phyllanthus urinaria* L.

原生。华东分布：安徽、福建、江苏、江西、山东、上海、浙江。

蜜甘草 *Phyllanthus ussuriensis* Rupr. & Maxim.

别名：蜜柑草（安徽植物志、福建植物志、江苏植物志 第2版、江西植物志、江西种子植物名录、山东植物志、浙江植物志、FOC）

——*Phyllanthus matsumurae* Hayata（安徽植物志、福建植物志、江西种子植物名录、山东植物志、浙江植物志）

原生。华东分布：安徽、福建、江苏、江西、山东、上海、浙江。

黄珠子草 *Phyllanthus virgatus* G. Forst.

别名：单生叶下珠（江西植物志）

——*Phyllanthus simplex* Retz.（江西植物志）

原生。华东分布：江苏、江西、浙江。

算盘子属 *Glochidion*

（叶下珠科 Phyllanthaceae）

红算盘子 *Glochidion coccineum* (Buch.-Ham.) Müll. Arg.

——"*Glochidion cocineum*"=*Glochidion coccineum* (Buch.-Ham.) Müll. Arg.（拼写错误。福建植物志）

原生。华东分布：福建。

革叶算盘子 *Glochidion daltonii* (Müll. Arg.) Kurz

别名：灰叶算盘子（江西植物志）

原生。华东分布：安徽、江苏、江西、山东。

毛果算盘子 *Glochidion eriocarpum* Champ. ex Benth.

原生。华东分布：福建、江苏、江西。

厚叶算盘子 *Glochidion hirsutum* (Roxb.) Voigt

——*Glochidion dasyphyllum* K. Koch（福建植物志）

原生。华东分布：福建。

艾胶算盘子 *Glochidion lanceolarium* (Roxb.) Voigt

别名：大叶算盘子（福建植物志）

原生。华东分布：福建。

倒卵叶算盘子 *Glochidion obovatum* Sieb. & Zucc.

原生。华东分布：福建。

甜叶算盘子 *Glochidion philippicum* (Cav.) C.B. Rob.

原生。华东分布：福建。

算盘子 *Glochidion puberum* (L.) Hutch.

——"*Glochidion puber*"=*Glochidion puberum* (L.) Hutch.（拼写错误。江苏植物志 第2版、上海维管植物名录）

原生。华东分布：安徽、福建、江苏、江西、山东、上海、浙江。

台闽算盘子 *Glochidion rubrum* Blume

别名：馒头果（安徽植物志）

——*Glochidion fortunei* Hance（安徽植物志）

原生。华东分布：安徽、福建、浙江。

里白算盘子 *Glochidion triandrum* (Blanco) C.B. Rob.

别名：尖叶算盘子（New materials in the Flora of Zhejiang、福建植物志）

原生。华东分布：福建、浙江。

湖北算盘子 *Glochidion wilsonii* Hutch.

原生。华东分布：安徽、福建、江苏、江西、浙江。

白背算盘子 *Glochidion wrightii* Benth.

原生。华东分布：福建。

香港算盘子 *Glochidion zeylanicum* (Gaertn.) A. Juss.

——*Glochidion hongkongense* Müll. Arg.（福建植物志）

原生。华东分布：福建。

黑面神属 *Breynia*

（叶下珠科 Phyllanthaceae）

黑面神 *Breynia fruticosa* (L.) Müll. Arg.

原生。华东分布：福建、江西、浙江。

红仔珠 *Breynia officinalis* Hemsl.

别名：药用黑面神（福建植物志）

原生。华东分布：福建、浙江。

喙果黑面神 *Breynia rostrata* Merr.

原生。华东分布：福建、浙江。

艾堇属 *Synostemon*

（叶下珠科 Phyllanthaceae）

假叶下珠 *Synostemon bacciformis* (L.) G.L. Webster

别名：艾堇（福建植物志、FOC）

——*Sauropus bacciformis* (L.) Airy Shaw（FOC）

原生。华东分布：福建。

牻牛儿苗科 Geraniaceae

老鹳草属 *Geranium*

（牻牛儿苗科 Geraniaceae）

野老鹳草 *Geranium carolinianum* L.
外来。华东分布：安徽、福建、江苏、江西、山东、上海、浙江。
刻叶老鹳草 *Geranium dissectum* L.
外来。华东分布：江苏。
长根老鹳草 *Geranium donianum* Sweet
别名：高山老鹳草（江西种子植物名录）
原生。华东分布：江西。
刚毛紫地榆 *Geranium hispidissimum* (Franch.) R. Knuth
别名：宽裂紫地榆（江西植物志）
——*Geranium platylobum* (Franch.) R. Knuth（江西植物志）
原生、栽培。华东分布：江西。
朝鲜老鹳草 *Geranium koreanum* Kom.
别名：蒙山老鹳草（山东植物志），青岛老鹳草（山东植物志）
——*Geranium tsingtauense* Y. Yabe（山东植物志）
——*Geranium tsingtauense* f. *album* F.Z. Li（山东植物志）
原生。华东分布：江苏、山东。
突节老鹳草 *Geranium krameri* Franch. & Sav.
原生。华东分布：江苏、浙江。
尼泊尔老鹳草 *Geranium nepalense* Sweet
原生。华东分布：安徽、福建、江西、上海。
汉荭鱼腥草 *Geranium robertianum* L.
原生。华东分布：浙江。
湖北老鹳草 *Geranium rosthornii* R. Knuth
别名：血见愁老鹳草（安徽植物志）
——*Geranium henryi* R. Knuth（安徽植物志）
——*Geranium hupehanum* R. Knuth（江西种子植物名录）
原生。华东分布：安徽、江西。
鼠掌老鹳草 *Geranium sibiricum* L.
原生。华东分布：江苏、江西、山东。
中日老鹳草 *Geranium thunbergii* Sieb. & Zucc.
别名：东亚老鹳草（浙江植物志），南五叶老鹳草（江西种子植物名录）
——*Geranium nepalense* var. *thunbergii* (Sieb. ex Lindl. & Paxton) Kudô（江西种子植物名录、浙江植物志）
原生。华东分布：安徽、福建、江西、浙江。
老鹳草 *Geranium wilfordii* Maxim.
别名：高山老鹳草（江西植物志）
——*Geranium wilfordii* var. *chinense* H. Hara（江西植物志）
原生。华东分布：安徽、福建、江苏、江西、山东、浙江。
灰背老鹳草 *Geranium wlassovianum* Fisch. ex Link
——"*Geranium wlassowianum*"=*Geranium wlassovianum* Fisch. ex Link（拼写错误。山东植物志）
原生。华东分布：山东。

牻牛儿苗属 *Erodium*

（牻牛儿苗科 Geraniaceae）

芹叶牻牛儿苗 *Erodium cicutarium* (L.) L'Hér.
原生。华东分布：安徽、福建、江苏、山东、上海、浙江。
牻牛儿苗 *Erodium stephanianum* Willd.
原生。华东分布：安徽、江苏、江西、山东、上海。

使君子科 Combretaceae

风车子属 *Combretum*

（使君子科 Combretaceae）

风车子 *Combretum alfredii* Hance
——"*Combretum alfrebi*"=*Combretum alfredii* Hance（拼写错误。江西种子植物名录）
原生。华东分布：江西。
使君子 *Combretum indicum* (L.) DeFilipps
别名：毛使君子（江西种子植物名录）
——*Quisqualis indica* L.（福建植物志、江西植物志、江西种子植物名录）
——*Quisqualis indica* var. *villosa* (Roxb.) C.B. Clarke（江西种子植物名录）
原生。华东分布：福建、江西。
石风车子 *Combretum wallichii* DC.
原生。华东分布：福建。

千屈菜科 Lythraceae

节节菜属 *Rotala*

（千屈菜科 Lythraceae）

密花节节菜 *Rotala densiflora* (Roth) Koehne
原生。华东分布：江苏。
节节菜 *Rotala indica* (Willd.) Koehne
原生。华东分布：安徽、福建、江苏、江西、山东、上海、浙江。
轮叶节节菜 *Rotala mexicana* Schltdl. & Cham.
——"*Rotala maxicana*"=*Rotala mexicana* Schltdl. & Cham.（拼写错误。山东植物志）
原生。华东分布：安徽、江苏、江西、山东、浙江。
五蕊节节菜 *Rotala rosea* (Poir.) C.D.K. Cook
别名：薄瓣节节菜（福建植物志）
——*Rotala pentandra* (Roxb.) Blatt. & Hallb.（福建植物志）
原生。华东分布：福建、江苏。
圆叶节节菜 *Rotala rotundifolia* (Buch.-Ham. ex Roxb.) Koehne
原生。华东分布：安徽、福建、江苏、江西、山东、浙江。

千屈菜属 *Lythrum*

（千屈菜科 Lythraceae）

千屈菜 *Lythrum salicaria* L.
别名：中型千屈菜（山东植物志）
——*Lythrum intermedium* Fisch. ex Colla（山东植物志）
原生。华东分布：安徽、福建、江苏、江西、山东、上海、浙江。

海桑属 *Sonneratia*

（千屈菜科 Lythraceae）

无瓣海桑 *Sonneratia apetala* Buch.-Ham.
外来、栽培。华东分布：福建。

菱属 *Trapa*

（千屈菜科 Lythraceae）

二型菱 *Trapa dimorphocarpa* Z.S. Diao
原生。华东分布：福建。

细果野菱 *Trapa incisa* Sieb. & Zucc.
别名：四角刻叶菱（安徽植物志、江西植物志），野菱（福建植物志、江苏植物志 第 2 版、江西植物志、江西种子植物名录、浙江植物志）
——*Trapa incisa* var. *quadricaudata* Glück（福建植物志、江西植物志）
——*Trapa maximowiczii* Korsh.（安徽植物志、福建植物志、江西植物志、江西种子植物名录、山东植物志、浙江植物志）
原生、栽培。华东分布：安徽、福建、江苏、江西、山东、上海、浙江。

柔毛细果野菱 *Trapa incisa* var. ***pubescens*** Z.F. Yin
原生。华东分布：江苏。

欧菱 *Trapa natans* L.
别名：扁角格菱（江西植物志），短四角菱（江西植物志、江西种子植物名录），耳菱（浙江植物志），二角菱（山东植物志），格菱［Taxonomic Notes on Genus *Trapa* L. (Trapaceae) in China、江西植物志、江西种子植物名录］，弓角菱（江西植物志），冠菱（江西植物志），菱［Taxonomic Notes on Genus *Trapa* L. (Trapaceae) in China、安徽植物志、福建植物志、江西植物志］，南昌格菱（江西植物志），南湖菱（浙江植物志），丘角菱（安徽植物志、江西植物志、江西种子植物名录、山东植物志），四角矮菱（江西植物志、江西种子植物名录），四角菱［Taxonomic Notes on Genus *Trapa* L. (Trapaceae) in China、江西植物志、江西种子植物名录、山东植物志］，台湾菱（江西植物志），乌菱（福建植物志、江西植物志、山东植物志），无角菱（江西植物志），野菱［Taxonomic Notes on Genus *Trapa* L. (Trapaceae) in China），越南菱（江西植物志］
——*Trapa acornis* Nakano（江西植物志、浙江植物志）
——*Trapa arcuata* S.H. Li & Y.L. Chang（江西植物志）
——*Trapa bicornis* Osbeck（福建植物志、江西植物志、山东植物志）
——*Trapa bicornis* var. *cochinchinensis* (Lour.) Steenis（江西植物志）
——*Trapa bicornis* var. *taiwanensis* (Nakai) Z.T. Xiong（江西植物志）
——*Trapa bispinosa* Roxb.（安徽植物志、福建植物志、江西植物志、山东植物志）
——*Trapa japonica* Flerow（安徽植物志、江西植物志、江西种子植物名录、山东植物志）
——*Trapa litwinowii* V.N. Vassil.（江西植物志）
——*Trapa natans* var. *bispinosa* (Roxb.) Makino［Taxonomic Notes on Genus *Trapa* L. (Trapaceae) in China］
——*Trapa natans* var. *complana* (Z.T. Xiong) B.Y. Ding & X.F. Jin［Taxonomic Notes on Genus *Trapa* L. (Trapaceae) in China］
——*Trapa natans* var. *komarovii* (Skvortsov) B.Y. Ding & X.F. Jin［Taxonomic Notes on Genus *Trapa* L. (Trapaceae) in China］
——*Trapa natans* var. *pumila* Nakano ex Verdc.（江西植物志、江西种子植物名录）
——*Trapa natans* var. *quadricaudata* (Glück) B.Y. Ding & X.F. Jin［Taxonomic Notes on Genus *Trapa* L. (Trapaceae) in China］
——*Trapa potaninii* V.N. Vassil.（浙江植物志）
——*Trapa pseudoincisa* Nakai（江西植物志、江西种子植物名录）
——*Trapa pseudoincisa* var. *complana* Z.T. Xiong（江西植物志）
——*Trapa pseudoincisa* var. *nanchangensis* W.H. Wan（江西植物志）
——*Trapa quadrispinosa* Roxb.（江西植物志、江西种子植物名录、山东植物志）
——*Trapa quadrispinosa* var. *yongxiuensis* W.H. Wan（江西植物志、江西种子植物名录）
原生、栽培。华东分布：安徽、福建、江苏、江西、山东、上海、浙江。

紫薇属 *Lagerstroemia*

（千屈菜科 Lythraceae）

安徽紫薇 *Lagerstroemia anhuiensis* X.H. Guo & S.B. Zhou
原生。华东分布：安徽。

尾叶紫薇 *Lagerstroemia caudata* Chun & F.C. How ex S.K. Lee & L.F. Lau
原生。近危（NT）。华东分布：江西、浙江。

广东紫薇 *Lagerstroemia fordii* Oliv. & Koehne
原生。近危（NT）。华东分布：福建。

光紫薇 *Lagerstroemia glabra* (Koehne) Koehne
别名：狭瓣紫薇（江西植物志）
——*Lagerstroemia stenopetala* Chun（江西植物志）
原生。近危（NT）。华东分布：江西。

紫薇 *Lagerstroemia indica* L.
原生、栽培。华东分布：安徽、福建、江苏、江西、山东、上海、浙江。

福建紫薇 *Lagerstroemia limii* Merr.
别名：浙江紫薇（安徽植物志）
——*Lagerstroemia chekiangensis* Cheng（安徽植物志）
原生、栽培。近危（NT）。华东分布：安徽、福建、江苏、江西、浙江。

白花福建紫薇 *Lagerstroemia limii* 'Albiflora'
——*Lagerstroemia limii* f. *albiflora* G.Y. Li & Z.H. Chen［Notes on Seed Plant in Zhejiang Province (VI)］
原生。华东分布：浙江。

南紫薇 *Lagerstroemia subcostata* Koehne
原生、栽培。华东分布：安徽、福建、江苏、江西、浙江。

水苋菜属 *Ammannia*

（千屈菜科 Lythraceae）

耳基水苋菜 *Ammannia auriculata* Willd.
别名：耳基水苋（福建植物志、江苏植物志 第 2 版、江西植物志、江西种子植物名录、山东植物志、上海维管植物名录、浙江植物志、FOC）
——*Ammannia arenaria* Kunth（安徽植物志、福建植物志、江西植物志、江西种子植物名录、山东植物志、浙江植物志）
原生。华东分布：安徽、福建、江苏、江西、山东、上海、浙江。

水苋菜 *Ammannia baccifera* L.
别名：绿水苋（江西种子植物名录），水苋（江西种子植物名录）
——"*Ammannia virids*"=*Ammannia viridis* Willd. ex Hornem.（拼写错误。江西种子植物名录）
原生。华东分布：安徽、福建、江苏、江西、上海、浙江。
长叶水苋菜 *Ammannia coccinea* Rottb.
外来。华东分布：安徽、山东、浙江。
多花水苋菜 *Ammannia multiflora* Roxb.
别名：多花水苋（江苏植物志 第2版、江西植物志、江西种子植物名录、山东植物志、浙江植物志）
原生。华东分布：安徽、福建、江苏、江西、山东、上海、浙江。

萼距花属 *Cuphea*

（千屈菜科 Lythraceae）

香膏萼距花 *Cuphea carthagenensis* (Jacq.) J.F. Macbr.
外来。华东分布：福建、江西。

柳叶菜科 Onagraceae

丁香蓼属 *Ludwigia*

（柳叶菜科 Onagraceae）

台湾水龙 *Ludwigia* × *taiwanensis* C.I. Peng
原生。华东分布：福建、江西。
水龙 *Ludwigia adscendens* (L.) H. Hara
——*Jussiaea repens* L.（安徽植物志、福建植物志、江西植物志）
原生。华东分布：安徽、福建、江苏、江西、浙江。
翼茎水龙 *Ludwigia decurrens* Walter
别名：翼茎丁香蓼（中国外来入侵植物名录），翼茎水丁香（*Ludwigia decurrens* Walt., A Naturalized Hydrophyte in Mainland China）
外来。华东分布：江西。
假柳叶菜 *Ludwigia epilobioides* Maxim.
别名：丁香蓼（浙江植物志），柳叶丁香蓼（江西种子植物名录）
原生。华东分布：江苏、江西、上海、浙江。
草龙 *Ludwigia hyssopifolia* (G. Don) Exell
——*Jussiaea linifolia* Poir.（福建植物志、江西植物志）
原生。华东分布：福建、江西。
细果草龙 *Ludwigia leptocarpa* (Nutt.) H. Hara
别名：细果毛草龙（江苏植物志 第2版）
外来。华东分布：江苏、上海、浙江。
毛草龙 *Ludwigia octovalvis* (Jacq.) P.H. Raven
别名：草龙（浙江植物志），毛龙草（江西植物志）
——*Jussiaea suffruticosa* L.（福建植物志、江西植物志）
原生。华东分布：福建、江苏、江西、浙江。
卵叶丁香蓼 *Ludwigia ovalis* Miq.
原生。华东分布：安徽、福建、江苏、江西、浙江。
黄花水龙 *Ludwigia peploides* subsp. *stipulacea* (Ohwi) P.H. Raven
原生。华东分布：江苏、上海、浙江。
细花丁香蓼 *Ludwigia perennis* L.
——"*Ludwigia caryophylla*"=*Ludwigia caryophyllea* (Lam.) Merr. & F.P. Metcalf（拼写错误。福建植物志）
原生。华东分布：福建、江西。
丁香蓼 *Ludwigia prostrata* Roxb.
原生。华东分布：安徽、福建、江西、山东。
匍匐丁香蓼 *Ludwigia repens* J.R. Forst.
外来。华东分布：浙江。

露珠草属 *Circaea*

（柳叶菜科 Onagraceae）

高山露珠草 *Circaea alpina* L.
原生。华东分布：安徽、福建、江西、山东、浙江。
深山露珠草 *Circaea alpina* subsp. *caulescens* (Kom.) Tatew.
——*Circaea alpina* var. *caulescens* Kom.（福建植物志）
原生。华东分布：福建。
高原露珠草 *Circaea alpina* subsp. *imaicola* (Asch. & Magnus) Kitam.
原生。华东分布：安徽、江西、浙江。
露珠草 *Circaea cordata* Royle
别名：牛泷草（安徽植物志、福建植物志、江西植物志、江西种子植物名录、山东植物志、浙江植物志），曲毛露珠草（山东植物志）
——"*Circaea quadrisulcata*"=*Circaea cordata* Royle（误用名。安徽植物志、江西植物志、山东植物志、浙江植物志）
——*Circaea hybrida* Hand.-Mazz.（山东植物志）
原生。华东分布：安徽、福建、江苏、江西、山东、浙江。
谷蓼 *Circaea erubescens* Franch. & Sav.
原生。华东分布：安徽、福建、江苏、江西、浙江。
南方露珠草 *Circaea mollis* Sieb. & Zucc.
原生。华东分布：安徽、福建、江苏、江西、山东、浙江。

柳兰属 *Chamerion*

（柳叶菜科 Onagraceae）

柳兰 *Chamerion angustifolium* (L.) Holub
——*Chamaenerion angustifolium* (L.) Scop.（山东植物志）
原生。华东分布：山东。
毛脉柳兰 *Chamerion angustifolium* subsp. *circumvagum* (Mosquin) Hoch
别名：柳兰柳叶菜（江西植物志）
——*Epilobium angustifolium* subsp. *circumvagum* Mosquin（江西植物志、江西种子植物名录）
原生。华东分布：江西。

柳叶菜属 *Epilobium*

（柳叶菜科 Onagraceae）

毛脉柳叶菜 *Epilobium amurense* Hausskn.
原生。华东分布：安徽、福建、江西、山东、浙江。
光滑柳叶菜 *Epilobium amurense* subsp. *cephalostigma* (Hausskn.) C.J. Chen, Hoch & P.H. Raven
别名：光华柳叶菜（安徽植物志、福建植物志、江西植物志、山东植物志、浙江植物志），无毛柳叶菜（山东植物志）
——*Epilobium angulatum* Kom.（山东植物志）
——*Epilobium cephalostigma* Hausskn.（安徽植物志、福建植物志、山东植物志、浙江植物志）
原生。华东分布：安徽、福建、江西、山东、浙江。
短叶柳叶菜 *Epilobium brevifolium* D. Don

原生。华东分布：安徽、福建、江西、浙江。

腺茎柳叶菜 *Epilobium brevifolium* subsp. ***trichoneurum*** (Hausskn.) P.H. Raven

别名：短叶柳叶菜（浙江植物志），短叶毛柳叶菜（江西植物志）

原生。华东分布：江西、浙江。

多枝柳叶菜 *Epilobium fastigiatoramosum* Nakai

——"*Epilobium fastigiato-ramosum*"=*Epilobium fastigiatoramosum* Nakai（拼写错误。山东植物志）

原生。华东分布：山东。

柳叶菜 *Epilobium hirsutum* L.

原生。华东分布：安徽、福建、江苏、江西、山东、浙江。

沼生柳叶菜 *Epilobium palustre* L.

原生。华东分布：山东。

小花柳叶菜 *Epilobium parviflorum* Schreb.

原生。华东分布：江西、山东。

长籽柳叶菜 *Epilobium pyrricholophum* Franch. & Sav.

原生。华东分布：安徽、福建、江苏、江西、山东、浙江。

月见草属 *Oenothera*

（柳叶菜科 Onagraceae）

月见草 *Oenothera biennis* L.

别名：红杆月见草（江西植物志）

——"*Oenothera binnis*"=*Oenothera biennis* L.（拼写错误。江西植物志）

外来、栽培。华东分布：安徽、福建、江苏、江西、山东、上海、浙江。

小花山桃草 *Oenothera curtiflora* W.L. Wagner & Hoch

——*Gaura parviflora* Douglas ex Lehm.（福建植物志、江苏植物志 第2版、江西植物志、中国外来入侵植物名录、山东植物志、上海维管植物名录、FOC）

外来、栽培。华东分布：安徽、福建、江苏、江西、山东、上海、浙江。

海边月见草 *Oenothera drummondii* Hook.

别名：海边月见菜（福建植物志），海滨月见草（中国外来入侵植物名录、FOC）

——"*Oenothera littaralis*"=*Oenothera littoralis* Schltdl.（拼写错误。福建植物志）

外来。华东分布：福建。

黄花月见草 *Oenothera glazioviana* Micheli

别名：红萼月见草（山东植物志），月见草（安徽植物志、福建植物志、江西植物志、浙江植物志）

——*Oenothera erythrosepala* (Borbás) Borbás（安徽植物志、福建植物志、江西植物志、山东植物志、浙江植物志）

外来、栽培。华东分布：安徽、福建、江苏、江西、山东、上海、浙江。

裂叶月见草 *Oenothera laciniata* Hill

外来。华东分布：安徽、福建、江苏、江西、上海、浙江。

粉花月见草 *Oenothera rosea* L'Hér. ex Aiton

外来、栽培。华东分布：江苏、江西、上海、浙江。

美丽月见草 *Oenothera speciosa* Nutt.

外来、栽培。华东分布：安徽、福建、江苏、江西、山东、上海、浙江。

四翅月见草 *Oenothera tetraptera* Cav.

外来、栽培。华东分布：福建、江苏、上海。

长毛月见草 *Oenothera villosa* Thunb.

外来。华东分布：安徽、山东。

桃金娘科 Myrtaceae

桉属 *Eucalyptus*

（桃金娘科 Myrtaceae）

桉 *Eucalyptus robusta* Sm.

外来、栽培。华东分布：福建、江西、浙江。

岗松属 *Baeckea*

（桃金娘科 Myrtaceae）

岗松 *Baeckea frutescens* L.

原生。华东分布：福建、江西、浙江。

蒲桃属 *Syzygium*

（桃金娘科 Myrtaceae）

白果蒲桃 *Syzygium album* Q.F. Zheng

原生。华东分布：福建。

华南蒲桃 *Syzygium austrosinense* (Merr. & L.M. Perry) Hung T. Chang & R.H. Miao

——"*Syzygium austro-sinense*"=*Syzygium austrosinense* (Merr. & L.M. Perry) Hung T. Chang & R.H. Miao（拼写错误。江西种子植物名录、浙江植物志）

原生。华东分布：福建、江西、浙江。

赤楠 *Syzygium buxifolium* Hook. & Arn.

原生。华东分布：安徽、福建、江西、浙江。

轮叶赤楠 *Syzygium buxifolium* var. ***verticillatum*** C. Chen

——*Syzygium verticillatum* (C. Chen) G.Y. Li & Z.H. Chen［Notes on Seed Plant in Zhejiang Province (VI)］

原生。华东分布：安徽、福建、江西、浙江。

乌墨 *Syzygium cumini* (L.) Skeels

原生。华东分布：福建。

卫矛叶蒲桃 *Syzygium euonymifolium* (F.P. Metcalf) Merr. & L.M. Perry

原生。华东分布：福建。

轮叶蒲桃 *Syzygium grijsii* (Hance) Merr. & L.M. Perry

别名：轮叶赤楠（福建植物志、江西植物志），三叶赤楠（安徽植物志）

原生。华东分布：安徽、福建、江西、浙江。

红鳞蒲桃 *Syzygium hancei* Merr. & L.M. Perry

原生。华东分布：福建。

红枝蒲桃 *Syzygium rehderianum* Merr. & L.M. Perry

原生。华东分布：福建。

桃金娘属 *Rhodomyrtus*

（桃金娘科 Myrtaceae）

桃金娘 *Rhodomyrtus tomentosa* (Aiton) Hassk.

原生。华东分布：福建、江西、浙江。

野牡丹科 Melastomataceae

谷木属 *Memecylon*

（野牡丹科 Melastomataceae）

谷木 *Memecylon ligustrifolium* Champ. ex Benth.
原生。华东分布：福建。

鸭脚茶属 *Tashiroea*

（野牡丹科 Melastomataceae）

秀丽鸭脚茶 *Tashiroea amoena* (Diels) R. Zhou & Ying Liu
别名：无腺野海棠（浙江植物志），秀丽野海棠（安徽植物志、福建植物志、江西植物志、江西种子植物名录、浙江植物志）
——*Bredia amoena* Diels（安徽植物志、福建植物志、江西植物志、江西种子植物名录、浙江植物志）
——*Bredia amoena* var. *eglandulosa* B.Y. Ding（浙江植物志）
原生。华东分布：安徽、福建、江西、浙江。

毛柄鸭脚茶 *Tashiroea oligotricha* (Merr.) R. Zhou & Ying Liu
别名：毛柄锦香草（江西植物志）
——*Phyllagathis anisophylla* Diels（江西植物志、FOC）
原生。华东分布：江西。

过路惊 *Tashiroea quadrangularis* (Cogn.) R. Zhou & Ying Liu
别名：方枝野海棠（浙江植物志）
——"*Bredia quadranggularis*"=*Bredia quadrangularis* Cogn.（拼写错误。江西植物志）
——*Bredia quadrangularis* Cogn.（福建植物志、江西种子植物名录、浙江植物志、FOC）
原生。华东分布：安徽、福建、江西、浙江。

鸭脚茶 *Tashiroea sinensis* Diels
别名：中华野海棠（浙江植物志）
——*Bredia sinensis* (Diels) H.L. Li（福建植物志、江西植物志、江西种子植物名录、浙江植物志、FOC）
原生。华东分布：福建、江西、浙江。

长柔毛鸭脚茶 *Tashiroea villosa* X.X. Su
原生。华东分布：福建。

锦香草属 *Phyllagathis*

（野牡丹科 Melastomataceae）

锦香草 *Phyllagathis cavaleriei* (H. Lév. & Vaniot) Guillaumin
别名：短毛熊巴掌（福建植物志、江西植物志、江西种子植物名录、浙江植物志）
——*Phyllagathis cavaleriei* var. *tankahkeei* (Merr.) C.Y. Wu ex C. Chen（福建植物志、江西植物志、江西种子植物名录、浙江植物志）
原生。华东分布：福建、江西、浙江。

蜂斗草属 *Sonerila*

（野牡丹科 Melastomataceae）

蜂斗草 *Sonerila cantonensis* Stapf
原生。华东分布：福建。

直立蜂斗草 *Sonerila erecta* Jack
别名：三蕊草（江西植物志、江西种子植物名录）
——*Sonerila tenera* Royle（江西植物志、江西种子植物名录）
原生。华东分布：江西。

溪边蜂斗草 *Sonerila maculata* Roxb.
别名：溪边桑勒草（福建植物志、FOC）
——*Sonerila rivularis* Cogn.（福建植物志）
原生。华东分布：福建。

海棠叶蜂斗草 *Sonerila plagiocardia* Diels
别名：翅茎蜂斗草（江西植物志）
——*Sonerila alata* Chun & F.C. How ex C. Chen（江西植物志）
原生。华东分布：江西。

三脉蜂斗草 *Sonerila trinervis* Q.W. Lin
原生。华东分布：福建。

肉穗草属 *Sarcopyramis*

（野牡丹科 Melastomataceae）

肉穗草 *Sarcopyramis bodinieri* H. Lév.
别名：东方肉穗草（福建植物志、江西植物志、江西种子植物名录）
——"*Sarcopyramis bodineri* var. *delicata*"=*Sarcopyramis bodinieri* var. *delicata* (C.B. Rob.) C. Chen（拼写错误。江西种子植物名录）
——*Sarcopyramis bodinieri* var. *delicata* (C.B. Rob.) C. Chen（福建植物志、江西植物志）
原生。华东分布：福建、江西、浙江。

楮头红 *Sarcopyramis napalensis* Wall.
——"*Sarcopyramis nepalensis*"=*Sarcopyramis napalensis* Wall.（拼写错误。福建植物志、江西植物志、江西种子植物名录、浙江植物志）
原生。华东分布：福建、江西、浙江。

棱果花属 *Barthea*

（野牡丹科 Melastomataceae）

棱果花 *Barthea barthei* (Hance ex Benth.) Krasser
原生。华东分布：福建、江西。

柏拉木属 *Blastus*

（野牡丹科 Melastomataceae）

南亚柏拉木 *Blastus borneensis* Cogn. ex Boerl.
——*Blastus cogniauxii* Stapf（江西种子植物名录）
原生。华东分布：江西。

柏拉木 *Blastus cochinchinensis* Lour.
原生。华东分布：福建、江西。

少花柏拉木 *Blastus pauciflorus* (Benth.) Guillaumin
别名：黄金梢（江西种子植物名录），金花树（福建植物志、江西植物志、江西种子植物名录），留行草（江西植物志、江西种子植物名录），线萼金花树（福建植物志、江西植物志），腺毛金花树（福建植物志、江西植物志），长瓣金花树（福建植物志、江西植物志）
——"*Blastus dunnianus* var. *glandulo-setosus*"=*Blastus dunnianus* var. *glandulosetosus* C. Chen（拼写错误。福建植物志）
——"*Blastus dunnianus* var. *glandulo-setous*"=*Blastus dunnianus* var. *glandulosetosus* C. Chen（拼写错误。江西植物志）
——*Blastus apricus* (Hand.-Mazz.) H.L. Li（福建植物志、江西植物志、江西种子植物名录）
——*Blastus apricus* var. *longiflorus* (Hand.-Mazz.) C. Chen（福建

植物志、江西植物志）
——*Blastus dunnianus* H. Lév.（福建植物志、江西植物志、江西种子植物名录）
——*Blastus ernae* Hand.-Mazz. （江西植物志、江西种子植物名录）
原生。华东分布：福建、江西。

异药花属 *Fordiophyton*

（野牡丹科 Melastomataceae）

短莛无距花 *Fordiophyton breviscapum* (C. Chen) Y.F. Deng & T.L. Wu
别名：短葶无距花（江西种子植物名录、FOC）
——*Stapfiophyton breviscapum* C. Chen（江西种子植物名录）
原生。华东分布：江西。
异药花 *Fordiophyton faberi* Stapf
别名：斑叶肥肉草（江西种子植物名录），斑叶异药花（浙江植物志），肥肉草（福建植物志、江西植物志、江西种子植物名录、浙江植物志），光萼肥肉草（江西种子植物名录），毛柄肥肉草（江西植物志）
——"*Fordiophyton fordii* var. *vernicimum*"=*Fordiophyton fordii* var. *vernicinum* Hand.-Mazz.（拼写错误。江西种子植物名录）
——*Fordiophyton fordii* (Oliv.) Krasser（福建植物志、江西种子植物名录、浙江植物志）
——*Fordiophyton fordii* var. *pilosum* C. Chen（江西植物志）
——*Fordiophyton maculatum* C.Y. Wu ex Z. Wei & Y.B. Chang（江西种子植物名录、浙江植物志）
原生。华东分布：福建、江西、浙江。

野海棠属 *Bredia*

（野牡丹科 Melastomataceae）

叶底红 *Bredia fordii* (Hance) Diels
——*Phyllagathis fordii* (Hance) C. Chen（福建植物志、江西植物志、江西种子植物名录、浙江植物志）
原生。华东分布：福建、江西、浙江。
桂东野海棠 *Bredia guidongensis* (K.M. Liu & J. Tian) R. Zhou & Ying Liu
别名：桂东锦香草（New Records of Seed Plants from Eastern Slope of Luoxiao Range in Jiangxi Province, China）
——*Phyllagathis guidongensis* K.M. Liu & J. Tian（New Records of Seed Plants from Eastern Slope of Luoxiao Range in Jiangxi Province, China）
原生。华东分布：江西。
长萼野海棠 *Bredia longiloba* (Hand.-Mazz.) Diels
原生。华东分布：江西。
小叶野海棠 *Bredia microphylla* H.L. Li
原生。华东分布：江西。
腺毛野海棠 *Bredia velutina* Diels
别名：腺毛锦香草（FOC）
——*Phyllagathis velutina* (Diels) C. Chen（FOC）
原生。华东分布：福建。

野牡丹属 *Melastoma*

（野牡丹科 Melastomataceae）

细叶野牡丹 *Melastoma* × *intermedium* Dunn
——"*Melastoma intermedium*"=*Melastoma* × *intermedium* Dunn（杂交种。福建植物志、FOC）
原生。华东分布：福建。
野牡丹 *Melastoma candidum* D. Don
原生。华东分布：福建、江西、浙江。
地棯 *Melastoma dodecandrum* Lour.
别名：地菍（安徽植物志、福建植物志、江西植物志、江西种子植物名录、浙江植物志、FOC）
原生。华东分布：安徽、福建、江西、浙江。
印度野牡丹 *Melastoma malabathricum* L.
别名：多花野牡丹（福建植物志）
——*Melastoma affine* D. Don（福建植物志）
原生。华东分布：福建。
展毛野牡丹 *Melastoma normale* D. Don
原生。华东分布：福建。
毛棯 *Melastoma sanguineum* Sims
别名：毛菍（福建植物志、FOC）
原生。华东分布：福建。

金锦香属 *Osbeckia*

（野牡丹科 Melastomataceae）

金锦香 *Osbeckia chinensis* L.
原生。华东分布：安徽、福建、江苏、江西、浙江。
朝天罐 *Osbeckia opipara* C.Y. Wu & C. Chen
原生。华东分布：福建、江西、浙江。
星毛金锦香 *Osbeckia stellata* Buch.-Ham. ex D. Don
原生。华东分布：江苏。

省沽油科 Staphyleaceae

野鸦椿属 *Euscaphis*

（省沽油科 Staphyleaceae）

野鸦椿 *Euscaphis japonica* (Thunb.) Kanitz
别名：建宁野鸦椿（福建植物志、浙江植物志），野鸭椿（江西种子植物名录），圆齿野鸦椿（福建植物志），圆齿野鸭椿（江西种子植物名录）
——"*Euscaphis japonica* (Thunb.) Dippel"=*Euscaphis japonica* (Thunb.) Kanitz（不合法名称。安徽植物志）
——*Euscaphis japonica* var. *jianningensis* Q.J. Wang（福建植物志、浙江植物志）
——*Euscaphis konishii* Hayata（福建植物志、江西种子植物名录）
原生。华东分布：安徽、福建、江苏、江西、山东、上海、浙江。
黄果野鸦椿 *Euscaphis japonica* var. *wupingensis* B.P. Cai & Z.R. Chen
原生。华东分布：福建。

省沽油属 *Staphylea*

（省沽油科 Staphyleaceae）

省沽油 *Staphylea bumalda* DC.

原生。华东分布：安徽、福建、江苏、江西、浙江。

膀胱果 *Staphylea holocarpa* Hemsl.

原生。华东分布：安徽、江苏、江西、浙江。

山香圆属 *Turpinia*

（省沽油科 Staphyleaceae）

锐尖山香圆 *Turpinia arguta* (Lindl.) Seem.

别名：锐齿山香圆（福建植物志）

原生。华东分布：福建、江西、浙江。

绒毛山香圆 *Turpinia arguta* var. *pubescens* T.Z. Hsu

别名：绒毛锐尖香圆（江西植物志、FOC）

原生。华东分布：安徽、福建、江西、浙江。

台湾山香圆 *Turpinia formosana* Nakai

原生。华东分布：福建。

山香圆 *Turpinia montana* (Blume) Kurz

原生。华东分布：江西。

旌节花科 Stachyuraceae

旌节花属 *Stachyurus*

（旌节花科 Stachyuraceae）

中国旌节花 *Stachyurus chinensis* Franch.

别名：旌节花（安徽植物志、江西种子植物名录），宽叶旌节花（安徽植物志），阔叶旌节花（浙江植物志）

——*Stachyurus chinensis* subsp. *latus* (H.L. Li) Y.C. Tang & Y.L. Cao（安徽植物志）

——*Stachyurus chinensis* var. *latus* H.L. Li（浙江植物志）

原生。华东分布：安徽、福建、江苏、江西、浙江。

西域旌节花 *Stachyurus himalaicus* Hook. f. & Thomson ex Benth.

别名：喜马拉雅旌节花（浙江植物志）

原生。华东分布：江西、浙江。

白刺科 Nitrariaceae

白刺属 *Nitraria*

（白刺科 Nitrariaceae）

小果白刺 *Nitraria sibirica* Pall.

别名：白刺（山东植物志）

原生。华东分布：山东。

漆树科 Anacardiaceae

岭南酸枣属 *Allospondias*

（漆树科 Anacardiaceae）

岭南酸枣 *Allospondias lakonensis* (Pierre) Stapf

——*Spondias lakonensis* Pierre（福建植物志、FOC）

原生。华东分布：福建。

南酸枣属 *Choerospondias*

（漆树科 Anacardiaceae）

南酸枣 *Choerospondias axillaris* (Roxb.) B.L. Burtt & A.W. Hill

原生、栽培。华东分布：安徽、福建、江苏、江西、浙江。

盐麸木属 *Rhus*

（漆树科 Anacardiaceae）

盐麸木 *Rhus chinensis* Mill.

别名：盐肤木（安徽植物志、福建植物志、江苏植物志 第2版、江西植物志、江西种子植物名录、山东植物志、浙江植物志）

原生。华东分布：安徽、福建、江苏、江西、山东、上海、浙江。

滨盐麸木 *Rhus chinensis* var. *roxburghii* (DC.) Rehder

别名：滨盐肤木（江西植物志、江西种子植物名录）

原生。华东分布：江西。

白背麸杨 *Rhus hypoleuca* Champ. ex Benth.

——"*Rhus hyposlauca*"=*Rhus hypoleuca* Champ. ex Benth.（拼写错误。江西种子植物名录）

原生。华东分布：福建、江西、浙江。

青麸杨 *Rhus potaninii* Maxim.

原生。华东分布：安徽、江西、浙江。

红麸杨 *Rhus punjabensis* var. *sinica* (Diels) Rehder & E.H. Wilson

原生。华东分布：安徽、江西。

泰山盐麸木 *Rhus taishanensis* S.B. Liang

别名：泰山盐肤木（山东植物志）

原生。华东分布：山东。

火炬树 *Rhus typhina* L.

别名：红果漆（江苏植物志 第2版）

外来、栽培。华东分布：安徽、江苏、山东。

黄栌属 *Cotinus*

（漆树科 Anacardiaceae）

灰毛黄栌 *Cotinus coggygria* var. *cinerea* Engl.

别名：红叶黄栌（山东植物志）

原生。华东分布：山东。

毛黄栌 *Cotinus coggygria* var. *pubescens* Engl.

别名：毛叶黄栌（江苏植物志 第2版）

原生、栽培。华东分布：安徽、江苏、山东、浙江。

黄连木属 *Pistacia*

（漆树科 Anacardiaceae）

黄连木 *Pistacia chinensis* Bunge

原生、栽培。华东分布：安徽、福建、江苏、江西、山东、上海、浙江。

漆树属 *Toxicodendron*

（漆树科 Anacardiaceae）

刺果毒漆藤 *Toxicodendron radicans* subsp. *hispidum* (Engl.) Gillis

别名：刺果毒藤漆（江西种子植物名录），野葛（安徽植物志）

——*Pegia ntida* subsp. *hispidum* (Engl.) Gilis.（江西种子植物名录）

原生。华东分布：安徽、福建、江西、浙江。

野漆 *Toxicodendron succedaneum* (L.) Kuntze

别名：野漆树（安徽植物志、江苏植物志 第2版）

原生。华东分布：安徽、福建、江苏、江西、山东、浙江。

江西野漆 *Toxicodendron succedaneum* var. *kiangsiense* C.Y. Wu

原生。华东分布：江西。

木蜡树 *Toxicodendron sylvestre* (Sieb. & Zucc.) Kuntze
别名：木腊树（福建植物志）
原生。华东分布：安徽、福建、江苏、江西、浙江。
毛漆树 *Toxicodendron trichocarpum* (Miq.) Kuntze
原生。华东分布：安徽、福建、江西、浙江。
漆 *Toxicodendron vernicifluum* (Stokes) F.A. Barkley
别名：漆树（安徽植物志、福建植物志、江苏植物志 第2版、江西植物志、FOC）
——"*Toxicodendron verniciflorum*"=*Toxicodendron vernicifluum* (Stokes) F.A. Barkley（拼写错误。江西种子植物名录）
原生。华东分布：安徽、福建、江苏、江西、山东、浙江。

无患子科 Sapindaceae

文冠果属 *Xanthoceras*

（无患子科 Sapindaceae）

文冠果 *Xanthoceras sorbifolium* Bunge
原生、栽培。华东分布：江苏、山东。

槭属 *Acer*

（无患子科 Sapindaceae）

锐角槭 *Acer acutum* W.P. Fang
别名：锐角枫（FOC），天童锐角槭（安徽植物志、浙江植物志），五裂锐角槭（江西植物志、浙江植物志）
——*Acer acutum* var. *quinquefidum* W.P. Fang（江西植物志、浙江植物志）
——*Acer acutum* var. *tientungense* W.P. Fang & M.Y. Fang（安徽植物志、浙江植物志）
原生。华东分布：安徽、江西、浙江。
阔叶槭 *Acer amplum* Rehder
别名：大叶槭（安徽植物志），阔叶枫（FOC）
原生。近危（NT）。华东分布：安徽、福建、江西、浙江。
天台阔叶槭 *Acer amplum* subsp. ***tientaiense*** (C.K. Schneid.) Y.S. Chen
别名：天台阔叶枫（FOC）
——*Acer amplum* var. *tientaiense* (C.K. Schneid.) Rehder（福建植物志、江西种子植物名录、浙江植物志）
原生。华东分布：安徽、福建、江西、浙江。
三角槭 *Acer buergerianum* Miq.
别名：福州槭（福建植物志），九江三角枫（FOC），宁波三角枫（安徽植物志），宁波三角槭（江西植物志、浙江植物志），三角枫（安徽植物志、FOC）
——*Acer buergerianum* var. *jiujiangense* Z.X. Yu（FOC）
——*Acer buergerianum* var. *ningpoense* (Hance) Rehder（安徽植物志、江西植物志、浙江植物志）
——*Acer lingii* W.P. Fang（福建植物志）
原生、栽培。华东分布：安徽、福建、江苏、江西、山东、上海、浙江。
平翅三角槭 *Acer buergerianum* var. ***horizontale*** F.P. Metcalf
别名：平翅三角枫（FOC），雁荡三角枫（FOC）
——*Acer buergerianum* var. *yentangense* W.P. Fang & M.Y. Fang（FOC、江苏植物志 第2版）
原生。华东分布：江苏、浙江。
蜡枝槭 *Acer ceriferum* Rehder
别名：安徽槭（安徽植物志、江西植物志、江西种子植物名录、浙江植物志），杈叶枫（FOC）
——*Acer anhweiense* W.P. Fang & M.Y. Fang（安徽植物志、江西植物志、江西种子植物名录、浙江植物志）
原生。近危（NT）。华东分布：安徽、江西、浙江。
乳源槭 *Acer chunii* W.P. Fang
别名：乳源枫（FOC）
原生。濒危（EN）。华东分布：福建、浙江。
密叶槭 *Acer confertifolium* Merr. & F.P. Metcalf
别名：细齿密叶槭（福建植物志）
——*Acer confertifolium* var. *serrulatum* (Dunn) W.P. Fang（福建植物志）
原生。易危（VU）。华东分布：福建、浙江。
紫果槭 *Acer cordatum* Pax
别名：小紫果槭（福建植物志、江西植物志、江西种子植物名录、浙江植物志），长柄紫果槭（福建植物志、江西植物志、江西种子植物名录、浙江植物志），紫果枫（FOC）
——*Acer cordatum* var. *microcordatum* F.P. Metcalf（福建植物志、江西植物志、江西种子植物名录、浙江植物志）
——"*Acer cordatum* var. *subtriernvium*"=*Acer cordatum* var. *subtrinervium* (F.P. Metcalf) W.P. Fang（拼写错误。江西植物志）
——*Acer cordatum* var. *subtrinervium* (F.P. Metcalf) W.P. Fang（福建植物志、江西种子植物名录、浙江植物志）
原生。华东分布：安徽、福建、江西、浙江。
两型叶紫果槭 *Acer cordatum* var. ***dimorphifolium*** (F.P. Metcalf) Y.S. Chen
别名：二型叶网脉槭（福建植物志），江西槭（江西植物志、江西种子植物名录），井冈山紫果槭（江西植物志、江西种子植物名录），两型叶紫果枫（FOC）
——"*Acer cordatum* var. *jinggangshanensis*"=*Acer cordatum* var. *jinggangshanense* Z.X. Yu（拼写错误。江西种子植物名录）
——*Acer cordatum* var. *jinggangshanense* Z.X. Yu（江西植物志）
——*Acer kiangsiense* W.P. Fang & M.Y. Fang（江西植物志、江西种子植物名录）
——*Acer reticulatum* var. *dimorphifolium* (F.P. Metcalf) W.P. Fang & W.K. Hu（福建植物志）
原生。易危（VU）。华东分布：福建、江西、浙江。
樟叶槭 *Acer coriaceifolium* H. Lév.
别名：革叶槭（江苏植物志 第2版），樟叶枫（FOC）
——*Acer cinnamomifolium* Hayata（福建植物志、江西植物志、江西种子植物名录、浙江植物志）
原生、栽培。华东分布：安徽、福建、江苏、江西、上海、浙江。
青榨槭 *Acer davidii* Franch.
别名：青榨枫（FOC）
原生、栽培。华东分布：安徽、福建、江苏、江西、山东、上海、浙江。
葛罗槭 *Acer davidii* subsp. ***grosseri*** (Pax) P.C. de Jong
别名：葛萝槭（安徽植物志），葛罗枫（FOC），小叶葛萝槭（安

徽植物志），长裂葛萝槭（江西植物志、山东植物志、浙江植物志）
——*Acer grosseri* Pax（安徽植物志）
——*Acer grosseri* var. *hersii* (Rehder) Rehder（安徽植物志、江西植物志、山东植物志、浙江植物志）
原生。近危（NT）。华东分布：安徽、江西、山东、浙江。

中华重齿槭 *Acer duplicatoserratum* var. ***chinense*** C.S. Chang
别名：中华重齿枫（江苏植物志 第 2 版）
原生。华东分布：安徽、福建、江苏、江西、浙江。

秀丽槭 *Acer elegantulum* W.P. Fang & P.L. Chiu
别名：长尾秀丽槭（浙江植物志），橄榄槭（安徽植物志、江西植物志、江西种子植物名录、浙江植物志），秀丽枫（FOC）
——*Acer elegantulum* var. *macrurum* W. P. Fang & P. L. Chiu（浙江植物志）
——*Acer olivaceum* W.P. Fang & P.L. Chiu（安徽植物志、江西植物志、江西种子植物名录、浙江植物志）
原生。华东分布：安徽、福建、江西、浙江。

罗浮槭 *Acer fabri* Hance
别名：红果罗浮槭（江西植物志、江西种子植物名录），罗浮枫（FOC），铜鼓罗浮槭（江西植物志），铜鼓槭（江西种子植物名录）
——*Acer fabri* var. *rubrocarpum* F.P. Metcalf（江西植物志、江西种子植物名录）
——*Acer fabri* var. *tongguense* Z.X. Yu（江西植物志、江西种子植物名录）
原生、栽培。华东分布：江苏、江西。

扇叶槭 *Acer flabellatum* Rehder
别名：安福槭（江西植物志、江西种子植物名录），扇叶枫（FOC）
——*Acer shangszeense* var. *anfuense* W.P. Fang & Soong（江西植物志、江西种子植物名录）
原生。华东分布：江西。

建始槭 *Acer henryi* Pax
别名：三叶枫（FOC）
原生。华东分布：安徽、福建、江苏、江西、浙江。

临安槭 *Acer linganense* W.P. Fang & P.L. Chiu
别名：临安枫（FOC），宁冈槭（江西种子植物名录）
原生。易危（VU）。华东分布：安徽、江西、浙江。

长柄槭 *Acer longipes* Franch. ex Rehder
别名：长柄枫（FOC）
原生。华东分布：江西。

亮叶槭 *Acer lucidum* F.P. Metcalf
别名：亮叶枫（FOC），厚叶飞蛾槭（江西植物志、江西种子植物名录），将乐槭（福建植物志、江西种子植物名录），武夷槭（福建植物志、江西种子植物名录）
——*Acer laikuanii* Y. Ling（福建植物志、江西种子植物名录）
——*Acer oblongum* var. *pachyphyllum* W.P. Fang（江西植物志、江西种子植物名录）
——*Acer wuyishanicum* W.P. Fang & C.M. Tan（福建植物志、江西种子植物名录）
原生。华东分布：福建、江西。

蒙山槭 *Acer mengshanensis* Y.Q. Zhu
原生。华东分布：山东。

南岭槭 *Acer metcalfii* Rehder
别名：南岭枫（FOC）
原生。华东分布：江西。

庙台槭 *Acer miaotaiense* P.C. Tsoong
别名：庙台枫（FOC），羊角槭（江苏植物志 第 2 版、浙江植物志）
——*Acer yangjuechi* W.P. Fang & P.L. Chiu（江苏植物志 第 2 版、浙江植物志）
原生、栽培。易危（VU）。华东分布：江苏、浙江。

毛果槭 *Acer nikoense* Maxim.
别名：毛果枫（FOC）
原生。近危（NT）。华东分布：安徽、江西、浙江。

飞蛾槭 *Acer oblongum* Wall. ex DC.
别名：飞蛾枫（FOC）
原生。华东分布：福建、江西。

五裂槭 *Acer oliverianum* Pax
别名：五裂枫（FOC）
原生、栽培。华东分布：安徽、福建、江苏、江西、浙江。

稀花槭 *Acer pauciflorum* W.P. Fang
别名：昌化槭（安徽植物志、浙江植物志），毛鸡爪槭（安徽植物志、江西植物志、浙江植物志），美丽毛鸡爪槭（安徽植物志、浙江植物志），三裂叶昌化槭［New Notes on *Acer* L. in Zhejiang (Ⅱ)］，脱毛昌化槭［New Notes on *Acer* L. in Zhejiang (Ⅱ)］，稀花枫（FOC）
——*Acer changhuaense* (W.P. Fang & M.Y. Fang) W.P. Fang & P.L. Chiu（安徽植物志、浙江植物志）
——*Acer changhuaense* var. *glabrescens* Z.H. Chen, W.Y. Xie & X.F. Jin［New Notes on *Acer* L. in Zhejiang (Ⅱ)］
——*Acer changhuaense* var. *trilobum* Z.H. Chen, Y.R. Zhu & X.F. Jin［New Notes on *Acer* L. in Zhejiang (Ⅱ)］
——*Acer pubipalmatum* W.P. Fang（安徽植物志、浙江植物志）
——*Acer pubipalmatum* var. *pulcherrimum* W.P. Fang & P.L. Chiu（安徽植物志、浙江植物志）
原生。易危（VU）。华东分布：安徽、江西、浙江。

色木槭 *Acer pictum* Thunb.
别名：色木枫（FOC）
外来、栽培。华东分布：安徽、江苏、浙江。

五角槭 *Acer pictum* subsp. ***mono*** (Maxim.) H. Ohashi
别名：地锦槭（山东植物志），色木槭（江西植物志、江西种子植物名录、浙江植物志），弯翅色木槭（江西植物志、浙江植物志），五角枫（FOC），细叶槭（江西植物志）
——"*Acer mono* var. *incnrvatum*"=*Acer mono* var. *incurvatum* W.P. Fang & P.L. Chiu（拼写错误。江西植物志）
——*Acer leptophyllum* W.P. Fang（江西植物志）
——*Acer mono* Maxim.（安徽植物志、江西植物志、江西种子植物名录、山东植物志、浙江植物志）
——*Acer mono* var. *incurvatum* W.P. Fang & P.L. Chiu（浙江植物志）
原生。华东分布：安徽、江苏、江西、山东、浙江。

江南色木槭 *Acer pictum* subsp. ***pubigerum*** (W.P. Fang) Y.S. Chen

别名：江南色木枫（FOC），卷毛长柄槭（安徽植物志、江西植物志、浙江植物志）

——*Acer longipes* var. *pubigerum* (W.P. Fang) W.P. Fang（安徽植物志、江西植物志、浙江植物志）

原生。华东分布：安徽、江西、浙江。

毛脉槭 *Acer pubinerve* Rehder

别名：毛柄婺源槭（江西植物志、江西种子植物名录），毛脉枫（FOC），婺源槭（安徽植物志、江西植物志、江西种子植物名录），细果毛脉槭（浙江植物志）

——*Acer pubinerve* var. *apiferum* W. P. Fang & P. L. Chiu（浙江植物志）

——*Acer wuyuanense* W.P. Fang & Y.T. Wu（安徽植物志、江西植物志、江西种子植物名录）

——*Acer wuyuanense* var. *trichopodum* W.P. Fang & Y.T. Wu（江西植物志、江西种子植物名录）

原生。华东分布：安徽、福建、江西、浙江。

武义毛脉槭 *Acer pubinerve* var. ***wuyiense*** X.Y. Zhang, Z.H. Chen & W.J. Chen

原生。华东分布：浙江。

中华槭 *Acer sinense* Pax

别名：中华枫（FOC）

原生、栽培。华东分布：安徽、福建、江苏、江西。

天目槭 *Acer sinopurpurascens* W.C. Cheng

别名：天目枫（FOC）

原生、栽培。华东分布：安徽、江苏、江西、浙江。

茶条槭 *Acer tataricum* subsp. ***ginnala*** (Maxim.) Wesm.

别名：茶条枫（FOC）

——*Acer ginnala* Maxim.（江西植物志、山东植物志）

原生、栽培。华东分布：江苏、江西、山东。

苦条槭 *Acer tataricum* subsp. ***theiferum*** (W.P. Fang) Y.S. Chen & P.C. de Jong

别名：苦茶槭（安徽植物志、江西植物志、江西种子植物名录、浙江植物志），苦条枫（FOC）

——"*Acer ginneala* subsp. *theiferum*"=*Acer ginnala* var. *theiferum* W.P. Fang（拼写错误。江西种子植物名录）

——*Acer ginnala* subsp. *theiferum* W.P. Fang（安徽植物志、江西植物志、浙江植物志）

原生。华东分布：安徽、江苏、江西、山东、浙江。

元宝槭 *Acer truncatum* Bunge

别名：元宝枫（江西种子植物名录、FOC）

原生、栽培。华东分布：安徽、江苏、江西、山东。

岭南槭 *Acer tutcheri* Duthie

别名：岭南枫（FOC）

原生。华东分布：福建、江西、浙江。

三峡槭 *Acer wilsonii* Rehder

别名：钝角三峡槭（江西植物志、江西种子植物名录），长尾三峡槭（江西种子植物名录），三峡枫（FOC）

——*Acer wilsonii* var. *longicaudatum* (W.P. Fang) W.P. Fang（江西种子植物名录）

——*Acer wilsonii* var. *obtusum* W.P. Fang & Y.T. Wu（江西植物志、江西种子植物名录）

原生、栽培。华东分布：江苏、江西、浙江。

七叶树属 *Aesculus*

（无患子科 Sapindaceae）

七叶树 *Aesculus chinensis* Bunge

别名：浙江七叶树（浙江植物志）

——*Aesculus chinensis* var. *chekiangensis* (Hu & W.P. Fang) W.P. Fang（浙江植物志）

原生、栽培。华东分布：安徽、江苏、江西、上海、浙江。

天师栗 *Aesculus chinensis* var. ***wilsonii*** (Rehder) Turland & N.H. Xia

——*Aesculus wilsonii* Rehder（福建植物志、江西种子植物名录）

原生、栽培。华东分布：福建、江苏、江西。

伞花木属 *Eurycorymbus*

（无患子科 Sapindaceae）

伞花木 *Eurycorymbus cavaleriei* (H. Lév.) Rehder & Hand.-Mazz.

原生。华东分布：福建、江西。

车桑子属 *Dodonaea*

（无患子科 Sapindaceae）

车桑子 *Dodonaea viscosa* Jacq.

原生。华东分布：福建、江西。

栾属 *Koelreuteria*

（无患子科 Sapindaceae）

复羽叶栾 *Koelreuteria bipinnata* Franch.

别名：复羽叶栾树（江苏植物志 第2版、江西植物志、江西种子植物名录、FOC），全缘栾树（山东植物志），全缘叶栾树（安徽植物志、福建植物志、江西植物志、江西种子植物名录、浙江植物志），羽叶栾树（福建植物志）

——"*Koelreuteria bipinnata* var. *integrifoliota*"=*Koelreuteria bipinnata* var. *integrifoliola* (Merr.) T.C. Chen（拼写错误。福建植物志）

——*Koelreuteria bipinnata* var. *integrifoliola* (Merr.) T.C. Chen（安徽植物志、江西植物志、江西种子植物名录、山东植物志、浙江植物志）

原生、栽培。华东分布：安徽、福建、江苏、江西、山东、上海、浙江。

栾 *Koelreuteria paniculata* Laxm.

别名：栾树（安徽植物志、福建植物志、江苏植物志 第2版、江西植物志、江西种子植物名录、山东植物志、FOC）

原生、栽培。华东分布：安徽、福建、江苏、江西、山东、上海、浙江。

无患子属 *Sapindus*

（无患子科 Sapindaceae）

无患子 *Sapindus saponaria* L.

——*Sapindus mukorossi* Gaertn.（安徽植物志、福建植物志、江西植物志、江西种子植物名录、山东植物志、浙江植物志）

原生、栽培。华东分布：安徽、福建、江苏、江西、山东、上海、浙江。

倒地铃属 *Cardiospermum*

（无患子科 Sapindaceae）

倒地铃 *Cardiospermum halicacabum* L.

原生、栽培。华东分布：安徽、福建、江苏、江西、山东、上海、浙江。

芸香科 Rutaceae

石椒草属 *Boenninghausenia*

（芸香科 Rutaceae）

臭节草 *Boenninghausenia albiflora* (Hook.) Rchb. ex Meisn.
别名：石椒草（江苏植物志 第2版），松风草（安徽植物志、江西种子植物名录、浙江植物志）
原生、栽培。华东分布：安徽、福建、江苏、江西、浙江。

黄皮属 *Clausena*

（芸香科 Rutaceae）

齿叶黄皮 *Clausena dunniana* H. Lév.
原生。华东分布：江西。

假黄皮 *Clausena excavata* Burm. f.
原生。华东分布：福建、江西。

山小橘属 *Glycosmis*

（芸香科 Rutaceae）

小花山小橘 *Glycosmis parviflora* (Sims) Little
别名：山小桔（福建植物志）
原生。华东分布：福建。

九里香属 *Murraya*

（芸香科 Rutaceae）

九里香 *Murraya exotica* L.
别名：千里香（FOC）
——*Murraya paniculata* (L.) Jack（FOC）
原生。华东分布：福建。

酒饼簕属 *Atalantia*

（芸香科 Rutaceae）

酒饼簕 *Atalantia buxifolia* (Poir.) Oliv. ex Benth.
原生。华东分布：福建。

柑橘属 *Citrus*

（芸香科 Rutaceae）

香橙 *Citrus × junos* Sieb. ex Yu. Tanaka
原生、栽培。华东分布：安徽、江苏、浙江。

宜昌橙 *Citrus cavaleriei* H. Lév. ex Cavalerie
——*Citrus ichangensis* Swingle（安徽植物志）
原生。华东分布：安徽。

金柑 *Citrus japonica* Thunb.
别名：金弹（安徽植物志），金豆（福建植物志、江西植物志、江西种子植物名录、浙江植物志），金桔（安徽植物志、福建植物志），金橘（江西植物志、江西种子植物名录），山柑（福建植物志），山桔（安徽植物志、浙江植物志），山橘（江西植物志、江西种子植物名录）
——"*Fortunella wenosa*"=*Fortunella venosa* (Champ. ex Benth.) C.C. Huang（拼写错误。江西植物志）
——*Fortunella chintou* (Swingle) C.C. Huang（福建植物志）
——*Fortunella crassifolia* Swingle（安徽植物志）
——*Fortunella hindsii* (Champ. ex Benth.) Swingle（安徽植物志、福建植物志、江西植物志、江西种子植物名录、浙江植物志）
——*Fortunella japonica* (Thunb.) Swingle（福建植物志、江西种子植物名录）
——*Fortunella margarita* (Lour.) Swingle（安徽植物志、福建植物志、江西植物志、江西种子植物名录）
——*Fortunella venosa* (Champ. ex Benth.) C.C. Huang（江西种子植物名录、浙江植物志）
原生、栽培。华东分布：安徽、福建、江西、浙江。

枳 *Citrus trifoliata* L.
别名：枸桔（安徽植物志、山东植物志、浙江植物志），枸橘（江苏植物志 第2版），枳壳（江西种子植物名录）
——"*Poncirus rifoliate*"=*Poncirus trifoliate* (L.) Raf.（拼写错误。江西植物志）
——*Poncirus trifoliata* (L.) Raf.（安徽植物志、福建植物志、江苏植物志 第2版、江西种子植物名录、山东植物志、浙江植物志）
原生。华东分布：安徽、福建、江苏、江西、山东、浙江。

臭常山属 *Orixa*

（芸香科 Rutaceae）

臭常山 *Orixa japonica* Thunb.
原生。华东分布：安徽、福建、江苏、江西、浙江。

白鲜属 *Dictamnus*

（芸香科 Rutaceae）

白鲜 *Dictamnus dasycarpus* Turcz.
原生。华东分布：安徽、江苏、江西、山东。

茵芋属 *Skimmia*

（芸香科 Rutaceae）

日本茵芋 *Skimmia japonica* Thunb.
原生。华东分布：浙江。

茵芋 *Skimmia reevesiana* (Fortune) Fortune
原生。华东分布：安徽、福建、江西、浙江。

黄檗属 *Phellodendron*

（芸香科 Rutaceae）

黄檗 *Phellodendron amurense* Rupr.
别名：黄柏（福建植物志）
原生、栽培。易危（VU）。华东分布：安徽、福建、江苏、江西、山东。

川黄檗 *Phellodendron chinense* C.K. Schneid.
别名：黄皮树（安徽植物志）
原生、栽培。华东分布：安徽。

秃叶黄檗 *Phellodendron chinense* var. *glabriusculum* C.K. Schneid.
别名：秃叶黄皮树（安徽植物志、福建植物志、浙江植物志）
——"*Phellodendron chinense* var. *glabriusculm*"=*Phellodendron chinense* var. *glabriusculum* C.K. Schneid.（拼写错误。江西种子植物名录）
——"*Phellodendron chinensis* var. *glabriusculum*"=*Phellodendron chinense* var. *glabriusculum* C.K. Schneid.（拼写错误。浙江植物志）
原生。华东分布：安徽、福建、江西、浙江。

吴茱萸属 *Tetradium*

（芸香科 Rutaceae）

华南吴萸 *Tetradium austrosinense* (Hand.-Mazz.) T.G. Hartley

——"*Evodia austrosinensis*"=*Euodia austrosinensis* Hand.-Mazz.（拼写错误。江西种子植物名录）

——*Euodia austrosinensis* Hand.-Mazz.（福建植物志）

原生。华东分布：福建、江西。

臭檀吴萸 *Tetradium daniellii* (Benn.) T.G. Hartley

别名：臭檀（江苏植物志 第2版、山东植物志），臭檀吴茱萸（安徽植物志），湖北吴茱萸（江西种子植物名录），四川茱萸（江西植物志）

——"*Evodia daniellii*"=*Euodia daniellii* (Benn.) F.B. Forbes & Hemsl.（拼写错误。山东植物志）

——"*Evodia hupehensis*"=*Euodia hupehensis* Dode（拼写错误。江西种子植物名录）

——"*Evodia sutchuenensis*"=*Euodia sutchuenensis* Dode（拼写错误。江西植物志）

——*Euodia daniellii* (Benn.) Hemsl.（安徽植物志）

原生。华东分布：安徽、江苏、江西、山东。

楝叶吴萸 *Tetradium glabrifolium* (Champ. ex Benth.) T.G. Hartley

别名：臭辣树（江苏植物志 第2版、江西植物志、浙江植物志），臭辣吴萸（福建植物志），臭辣吴茱萸（安徽植物志），臭辣茱萸（江西种子植物名录），栋叶吴萸（福建植物志）

——"*Evodia fargesii*"=*Euodia fargesii* Dode（拼写错误。江西植物志、江西种子植物名录）

——"*Evodia glabrifolia*"=*Euodia glabrifolia* (Champ.) N.P. Balakr.（拼写错误。江西种子植物名录）

——"*Euodia meliaefolia*"=*Euodia meliifolia* (Hance ex Walp.) Benth.（拼写错误。福建植物志）

——*Euodia fargesii* Dode（安徽植物志、福建植物志、浙江植物志）

原生。华东分布：安徽、福建、江苏、江西、浙江。

吴茱萸 *Tetradium ruticarpum* (A. Juss.) T.G. Hartley

别名：波氏吴萸（江西植物志、江西种子植物名录），蜜果吴茱萸（浙江植物志），少果吴茱萸（安徽植物志），石虎（江西植物志、江西种子植物名录、浙江植物志）

——"*Euodia rutaecarpa*"=*Euodia ruticarpa* (A. Juss.) Benth.（拼写错误。安徽植物志、福建植物志、浙江植物志）

——"*Evodia rutaecarpa* f. *meionocarpa*"=*Euodia ruticarpa* f. *meionocarpa* (Hand.-Mazz.) C.C. Huang（拼写错误。安徽植物志、浙江植物志）

——"*Evodia rutaecarpa* var. *bodinieri*"=*Euodia ruticarpa* var. *bodinieri* (Dode) C.C. Huang（拼写错误。江西植物志、江西种子植物名录）

——"*Evodia rutaecarpa* var. *officinalis*"=*Euodia ruticarpa* var. *officinalis* (Dode) C.C. Huang（拼写错误。江西植物志、江西种子植物名录、浙江植物志）

——"*Evodia rutaecarpa*"=*Euodia ruticarpa* (A. Juss.) Benth.（拼写错误。江西植物志、江西种子植物名录）

原生。华东分布：安徽、福建、江苏、江西、浙江。

飞龙掌血属 *Toddalia*

（芸香科 Rutaceae）

飞龙掌血 *Toddalia asiatica* (L.) Lam.

原生。华东分布：福建、江西、浙江。

花椒属 *Zanthoxylum*

（芸香科 Rutaceae）

椿叶花椒 *Zanthoxylum ailanthoides* Sieb. & Zucc.

别名：樗叶花椒（江西种子植物名录）

原生。华东分布：安徽、福建、江苏、江西、上海、浙江。

毛椿叶花椒 *Zanthoxylum ailanthoides* var. *pubescens* Hatus.

原生。华东分布：浙江。

竹叶花椒 *Zanthoxylum armatum* DC.

别名：竹叶椒（山东植物志、浙江植物志）

原生。华东分布：安徽、福建、江苏、江西、山东、上海、浙江。

毛竹叶花椒 *Zanthoxylum armatum* var. *ferrugineum* (Rehder & E.H. Wilson) C.C. Huang

别名：毛竹叶椒（江西植物志、浙江植物志）

——*Zanthoxylum armatum* f. *ferrugineum* Rehder & E.H. Wilson（安徽植物志、福建植物志、浙江植物志）

原生。华东分布：安徽、福建、江西、浙江。

岭南花椒 *Zanthoxylum austrosinense* C.C. Huang

原生。华东分布：安徽、福建、江西、浙江。

簕欓花椒 *Zanthoxylum avicennae* (Lam.) DC.

别名：勒党花椒（福建植物志）

——"*Zanthoxylum avicannae*"=*Zanthoxylum avicennae* (Lam.) DC.（拼写错误。福建植物志）

原生。华东分布：福建、江西。

花椒 *Zanthoxylum bungeanum* Maxim.

原生、栽培。华东分布：安徽、福建、江苏、江西、山东、浙江。

蚬壳花椒 *Zanthoxylum dissitum* Hemsl.

别名：砚壳花椒（江西种子植物名录）

原生。华东分布：江西。

梗花椒 *Zanthoxylum huangianum* Z.H. Chen & F. Chen

——*Zanthoxylum stipitatum* C.C. Huang（江西植物志、FOC）

原生。华东分布：福建、江西、浙江。

广西花椒 *Zanthoxylum kwangsiense* (Hand.-Mazz.) Chun ex C.C. Huang

原生。华东分布：江西。

小花花椒 *Zanthoxylum micranthum* Hemsl.

原生。华东分布：安徽、江西、浙江。

朵花椒 *Zanthoxylum molle* Rehder

别名：朵椒［Additional Notes on the Seed Plants in Zhejiang (II)、浙江植物志］

原生、栽培。易危（VU）。华东分布：安徽、江苏、江西、浙江。

多叶花椒 *Zanthoxylum multijugum* Franch.

原生。华东分布：安徽。

大叶臭花椒 *Zanthoxylum myriacanthum* Dunn & Tutcher

别名：大叶臭椒（浙江植物志）

——*Zanthoxylum rhetsoides* Drake（福建植物志、浙江植物志）

原生。华东分布：福建、江西、浙江。

两面针 *Zanthoxylum nitidum* (Roxb.) DC.
别名：毛两面针（福建植物志）
——*Zanthoxylum nitidum* f. *fastuosum* How ex Huang（福建植物志）
原生。华东分布：福建、江西、浙江。
胡椒木 *Zanthoxylum piperitum* (L.) DC.
原生。华东分布：浙江。
花椒簕 *Zanthoxylum scandens* Blume
原生。华东分布：安徽、福建、江西、浙江。
青花椒 *Zanthoxylum schinifolium* Sieb. & Zucc.
别名：香椒子（山东植物志）
原生。华东分布：安徽、福建、江苏、江西、山东、浙江。
野花椒 *Zanthoxylum simulans* Hance
别名：柄果花椒（福建植物志、江西种子植物名录）
——*Zanthoxylum podocarpum* Hemsl.（福建植物志、江西种子植物名录）
原生。华东分布：安徽、福建、江苏、江西、山东、上海、浙江。
毛野花椒 *Zanthoxylum simulans* subsp. ***calcareum*** Z.H. Chen, F. Chen & W. Zhu
原生。华东分布：浙江。
狭叶花椒 *Zanthoxylum stenophyllum* Hemsl.
原生。华东分布：江西。

蜜茱萸属 *Melicope*

（芸香科 Rutaceae）

三桠苦 *Melicope pteleifolia* (Champ. ex Benth.) T.G. Hartley
别名：三叉苦（福建植物志、浙江植物志）
——"*Evodia lepta*"=*Euodia lepta* (Spreng.) Merr.（拼写错误。江西植物志）
——*Euodia lepta* (Spreng.) Merr.（福建植物志、浙江植物志）
原生。华东分布：福建、江西、浙江。

山油柑属 *Acronychia*

（芸香科 Rutaceae）

山油柑 *Acronychia pedunculata* (L.) Miq.
原生。华东分布：福建。

苦木科 Simaroubaceae

苦木属 *Picrasma*

（苦木科 Simaroubaceae）

苦木 *Picrasma quassioides* (D. Don) Benn.
别名：苦树（江苏植物志 第 2 版、江西植物志、江西种子植物名录）
原生。华东分布：安徽、福建、江苏、江西、山东、浙江。

臭椿属 *Ailanthus*

（苦木科 Simaroubaceae）

臭椿 *Ailanthus altissima* (Mill.) Swingle
原生、栽培。华东分布：安徽、福建、江苏、江西、山东、上海、浙江。
大果臭椿 *Ailanthus altissima* var. ***sutchuenensis*** (Dode) Rehder & E.H. Wilson
原生。华东分布：江西。
常绿臭椿 *Ailanthus fordii* Noot.
原生。近危（NT）。华东分布：福建。
岭南臭椿 *Ailanthus triphysa* (Dennst.) Alston
原生。华东分布：福建。
刺臭椿 *Ailanthus vilmoriniana* Dode
别名：刺椿（山东植物志）
原生。华东分布：山东。

鸦胆子属 *Brucea*

（苦木科 Simaroubaceae）

鸦胆子 *Brucea javanica* (L.) Merr.
原生、栽培。华东分布：福建、江苏、江西。

楝科 Meliaceae

麻楝属 *Chukrasia*

（楝科 Meliaceae）

麻楝 *Chukrasia tabularis* A. Juss.
别名：毛麻栋（福建植物志）
——*Chukrasia tabularis* var. *velutina* King（福建植物志）
原生。华东分布：福建、江西。

香椿属 *Toona*

（楝科 Meliaceae）

红椿 *Toona ciliata* M. Roem.
别名：红楮（江西种子植物名录），毛红椿（安徽植物志、江苏植物志 第 2 版、江西植物志、浙江植物志），毛红楝（江西种子植物名录）
——*Toona ciliata* var. *pubescens* (Franch.) Hand.-Mazz.（江西植物志、江西种子植物名录、浙江植物志）
——*Toona sureni* var. *pubescens* (Franch.) Chun ex F.C. How & T.C. Chen（安徽植物志）
原生。易危（VU）。华东分布：安徽、江苏、江西。
红花香椿 *Toona fargesii* A. Chev.
——"*Toona rubriflora*"=*Toona fargesii* A. Chev.（不合法名称。福建植物志）
原生。易危（VU）。华东分布：福建、浙江。
香椿 *Toona sinensis* (Juss.) M. Roem.
别名：毛椿（浙江植物志）
——*Toona sinensis* var. *schensiana* (C. DC.) H. Li ex X.M. Chen（浙江植物志）
原生、栽培。华东分布：安徽、福建、江苏、江西、山东、上海、浙江。
紫椿 *Toona sureni* (Blume) Merr.
别名：红楝子（福建植物志）
原生。华东分布：福建。

楝属 *Melia*

（楝科 Meliaceae）

楝 *Melia azedarach* L.
别名：川楝（福建植物志、江苏植物志 第 2 版、江西植物志、江西种子植物名录、山东植物志），苦楝（安徽植物志、江西

种子植物名录、山东植物志），楝树（江苏植物志 第 2 版、浙江植物志）
——*Melia toosendan* Sieb. & Zucc.（福建植物志、江苏植物志 第 2 版、江西植物志、江西种子植物名录、山东植物志）
原生、栽培。华东分布：安徽、福建、江苏、江西、山东、上海、浙江。

山楝属 *Aphanamixis*

（楝科 Meliaceae）

山楝 *Aphanamixis polystachya* (Wall.) R. Parker
原生。华东分布：福建。

瘿椒树科 Tapisciaceae

瘿椒树属 *Tapiscia*

（瘿椒树科 Tapisciaceae）

瘿椒树 *Tapiscia sinensis* Oliv.
别名：银鹊树（安徽植物志、江西种子植物名录）
原生、栽培。华东分布：安徽、福建、江苏、江西、浙江。

锦葵科 Malvaceae

刺果麻属 *Ayenia*

（锦葵科 Malvaceae）

刺果藤 *Ayenia grandifolia* (DC.) Christenh. & Byng
——*Byttneria aspera* Collebr. ex Wall.（福建植物志）
——*Byttneria grandifolia* DC.（FOC）
原生。华东分布：福建。

马松子属 *Melochia*

（锦葵科 Malvaceae）

马松子 *Melochia corchorifolia* L.
原生。华东分布：安徽、福建、江苏、江西、上海、浙江。

蛇婆子属 *Waltheria*

（锦葵科 Malvaceae）

蛇婆子 *Waltheria indica* L.
外来。华东分布：福建。

黄麻属 *Corchorus*

（锦葵科 Malvaceae）

甜麻 *Corchorus aestuans* L.
别名：假黄麻（江西种子植物名录、山东植物志）
——*Corchorus acutangulus* Lam.（安徽植物志、江西种子植物名录）
原生。华东分布：安徽、福建、江苏、江西、山东、上海、浙江。
黄麻 *Corchorus capsularis* L.
原生。华东分布：安徽、福建、江苏、江西、浙江。
长蒴黄麻 *Corchorus olitorius* L.
外来。华东分布：福建。

刺蒴麻属 *Triumfetta*

（锦葵科 Malvaceae）

单毛刺蒴麻 *Triumfetta annua* L.
原生。华东分布：安徽、福建、江苏、江西、上海、浙江。
毛刺蒴麻 *Triumfetta cana* Blume
——*Triumfetta tomentosa* Bojer（福建植物志、江西种子植物名录）
原生。华东分布：福建、江苏、江西。
日本刺蒴麻 *Triumfetta japonica* Makino
外来。华东分布：安徽。
刺蒴麻 *Triumfetta rhomboidea* Jacq.
——*Triumfetta bartramia* L.（福建植物志）
原生。华东分布：福建、江西。

破布叶属 *Microcos*

（锦葵科 Malvaceae）

破布叶 *Microcos paniculata* L.
原生。华东分布：福建、江西。

扁担杆属 *Grewia*

（锦葵科 Malvaceae）

扁担杆 *Grewia biloba* G. Don
别名：光叶扁担秆子（江西种子植物名录）
——*Grewia biloba* var. *glabrescens* (Benth.) Rehder（江西种子植物名录）
原生。华东分布：安徽、福建、江苏、江西、浙江。
海岸扁担杆 *Grewia biloba* var. *microphylla* (Maxim.) Hand.-Mazz.
别名：细叶扁担杆（福建植物志）
——*Grewia piscatorum* Hance（福建植物志）
原生。华东分布：福建。
小花扁担杆 *Grewia biloba* var. *parviflora* (Bunge) Hand.-Mazz.
别名：扁担木（安徽植物志、福建植物志、山东植物志、浙江植物志）
原生。华东分布：安徽、福建、江苏、江西、山东、上海、浙江。
同色扁担杆 *Grewia concolor* Merr.
原生。近危（NT）。华东分布：福建。
黄麻叶扁担杆 *Grewia henryi* Burret
原生。华东分布：江西。

椴属 *Tilia*

（锦葵科 Malvaceae）

紫椴 *Tilia amurensis* Rupr.
原生。易危（VU）。华东分布：山东。
短毛椴 *Tilia chingiana* Hu & W.C. Cheng
——*Tilia breviradiata* (Rehder) H.H. Hu & W.C. Cheng（安徽植物志、江西植物志、江西种子植物名录、浙江植物志）
原生。华东分布：安徽、江苏、江西、浙江。
白毛椴 *Tilia endochrysea* Hand.-Mazz.
别名：建宁椴（福建植物志），浆果椴（安徽植物志、浙江植物志），两广椴（福建植物志），鳞果椴（福建植物志），鳞毛椴（江西种子植物名录）
——*Tilia croizatii* Chun & H.D. Wong（福建植物志）
——*Tilia lepidota* Rehder（江西种子植物名录）
——*Tilia leptocarya* Rehder（福建植物志）

——*Tilia scalenophylla* Y. Ling（福建植物志）
原生。华东分布：安徽、福建、江西、浙江。
毛糯米椴 *Tilia henryana* Szyszyl.
别名：糯米椴（安徽植物志、江西种子植物名录）
原生。华东分布：安徽、江苏、江西、浙江。
糯米椴 *Tilia henryana* var. ***subglabra*** V. Engl.
别名：光叶糯米椴（安徽植物志、江西种子植物名录），秃糯米椴（浙江植物志）
原生。华东分布：安徽、江苏、江西、浙江。
华东椴 *Tilia japonica* (Miq.) Simonk.
原生。华东分布：安徽、江苏、江西、山东、浙江。
胶东椴 *Tilia jiaodongensis* S.B. Liang
——"*Tilia jiaodonensis*"=*Tilia jiaodongensis* S.B. Liang（拼写错误。山东植物志）
原生。近危（NT）。华东分布：山东。
辽椴 *Tilia mandshurica* Rupr. & Maxim.
别名：糠椴（山东植物志）
原生。华东分布：江苏、山东。
膜叶椴 *Tilia membranacea* Hung T. Chang
原生。华东分布：安徽、江西。
南京椴 *Tilia miqueliana* Maxim.
别名：长柄南京椴（浙江植物志）
——*Tilia miqueliana* var. *longipes* P.C. Chiu（浙江植物志）
原生。易危（VU）。华东分布：安徽、江苏、江西、浙江。
帽峰椴 *Tilia mofungensis* Chun & H.D. Wong
原生。华东分布：安徽、江西。
粉椴 *Tilia oliveri* Szyszyl.
别名：鄂椴（FOC）
原生。华东分布：安徽、江苏、江西、浙江。
少脉椴 *Tilia paucicostata* Maxim.
原生。华东分布：安徽。
泰山椴 *Tilia taishanensis* S.B. Liang
原生。华东分布：山东。
椴树 *Tilia tuan* Szyszyl.
别名：椴（江西种子植物名录），湖北毛椴（江西种子植物名录），矩圆叶椴［Additional Notes on the Seed Plant Flora of Zhejiang (Ⅶ)、江西植物志］，云山椴（江西植物志、江西种子植物名录），长圆叶椴（安徽植物志、江西种子植物名录）
——*Tilia hupehensis* W.C. Cheng ex Hung T. Chang（江西种子植物名录）
——*Tilia oblongifolia* Rehder［Additional Notes on the Seed Plant Flora of Zhejiang (Ⅶ)、安徽植物志、江西植物志、江西种子植物名录］
——*Tilia obscura* Hand.-Mazz.（江西植物志、江西种子植物名录）
原生。华东分布：安徽、福建、江苏、江西、浙江。
毛芽椴 *Tilia tuan* var. ***chinensis*** (Szyszyl.) Rehder & E.H. Wilson
原生。华东分布：江苏、江西、浙江。

山芝麻属 *Helicteres*

（锦葵科 Malvaceae）

山芝麻 *Helicteres angustifolia* L.
原生。华东分布：安徽、福建、江西、浙江。
剑叶山芝麻 *Helicteres lanceolata* DC.
原生。华东分布：江西。

梭罗树属 *Reevesia*

（锦葵科 Malvaceae）

瑶山梭罗树 *Reevesia glaucophylla* H.H. Hsue
别名：瑶山梭罗（FOC）
原生。华东分布：江西。
梭罗树 *Reevesia pubescens* Mast.
别名：梭罗（FOC）
原生。华东分布：江西。
密花梭罗树 *Reevesia pycnantha* Y. Ling
别名：密花梭罗（安徽植物志、福建植物志、江西种子植物名录、FOC）
原生。易危（VU）。华东分布：安徽、福建、江西、浙江。
两广梭罗树 *Reevesia thyrsoidea* Lindl.
别名：两广梭罗（江西种子植物名录、FOC）
——"*Reevesia thyrsoides*"=*Reevesia thyrsoidea* Lindl.（拼写错误。江西植物志）
原生。华东分布：江西。
绒果梭罗树 *Reevesia tomentosa* H.L. Li
别名：绒果梭罗（福建植物志、FOC）
原生。近危（NT）。华东分布：福建、浙江。

苹婆属 *Sterculia*

（锦葵科 Malvaceae）

苹婆 *Sterculia monosperma* Vent.
——*Sterculia nobilis* Sm.（福建植物志）
原生、栽培。华东分布：福建。

梧桐属 *Firmiana*

（锦葵科 Malvaceae）

梧桐 *Firmiana simplex* (L.) W. Wight
——*Firmiana platanifolia* (L. f.) Schott & Endl.（福建植物志、江西植物志、山东植物志）
原生、栽培。华东分布：安徽、福建、江苏、江西、山东、上海、浙江。

翅子树属 *Pterospermum*

（锦葵科 Malvaceae）

翻白叶树 *Pterospermum heterophyllum* Hance
原生。华东分布：福建、浙江。

田麻属 *Corchoropsis*

（锦葵科 Malvaceae）

田麻 *Corchoropsis crenata* Sieb. & Zucc.
别名：绒果田麻（浙江植物志），小花田麻（福建植物志）
——"*Corchoropsis tomentosa* (Thunb.) Makino"=*Corchoropsis crenata* Sieb. & Zucc.（不合法名称。安徽植物志、福建植物志、江西植物志、江西种子植物名录、浙江植物志）
——*Corchoropsis tomentosa* var. *micropetala* Y.T. Chang（福建植物志）
——*Corchoropsis tomentosa* var. *tomentosicarpa* P.L. Chiu & G.R.

Zhong（浙江植物志）
原生。华东分布：安徽、福建、江苏、江西、上海、浙江。
光果田麻 ***Corchoropsis crenata*** var. ***hupehensis*** Pamp.
——*Corchoropsis psilocarpa* Harms & Loes.（安徽植物志、山东植物志）
原生。华东分布：安徽、江苏、山东、上海。

木槿属 *Hibiscus*

（锦葵科 Malvaceae）

海滨木槿 ***Hibiscus hamabo*** Sieb. & Zucc.
原生、栽培。华东分布：福建、浙江。
木芙蓉 ***Hibiscus mutabilis*** L.
原生、栽培。华东分布：安徽、福建、江苏、江西、山东、上海、浙江。
庐山芙蓉 ***Hibiscus paramutabilis*** L.H. Bailey
原生。易危（VU）。华东分布：江苏、江西、浙江。
华木槿 ***Hibiscus sinosyriacus*** L.H. Bailey
别名：中华木槿（江西植物志）
原生。近危（NT）。华东分布：江西。
木槿 ***Hibiscus syriacus*** L.
原生、栽培。华东分布：安徽、福建、江苏、江西、山东、上海、浙江。
黄槿 ***Hibiscus tiliaceus*** L.
原生。华东分布：福建。
野西瓜苗 ***Hibiscus trionum*** L.
——"*Hibicus trionum*"=*Hibiscus trionum* L.（拼写错误。山东植物志）
原生。华东分布：安徽、福建、江苏、江西、山东、上海、浙江。

秋葵属 *Abelmoschus*

（锦葵科 Malvaceae）

黄蜀葵 ***Abelmoschus manihot*** (L.) Medik.
原生。华东分布：福建、江苏、江西、山东。
刚毛黄蜀葵 ***Abelmoschus manihot*** var. ***pungens*** (Roxb.) Hochr.
原生。华东分布：江西。
黄葵 ***Abelmoschus moschatus*** Medik.
原生、栽培。华东分布：福建、江苏、江西。

梵天花属 *Urena*

（锦葵科 Malvaceae）

地桃花 ***Urena lobata*** L.
别名：肖梵天花（福建植物志、江西种子植物名录）
原生。华东分布：安徽、福建、江苏、江西、上海、浙江。
中华地桃花 ***Urena lobata*** var. ***chinensis*** (Osbeck) S.Y. Hu
别名：中华地桃红（江西植物志），中华肖梵天花（福建植物志）
原生。华东分布：安徽、福建、江西。
粗叶地桃花 ***Urena lobata*** var. ***glauca*** (Blume) Borss.
别名：粗叶肖梵天花（福建植物志）
——*Urena lobata* var. *scabriuscula* (DC.) Walp.（福建植物志、浙江植物志）
原生。华东分布：福建、江苏、浙江。
梵天花 ***Urena procumbens*** L.
原生。华东分布：福建、江西、浙江。
小叶梵天花 ***Urena procumbens*** var. ***microphylla*** K.M. Feng
原生。华东分布：浙江。

锦葵属 *Malva*

（锦葵科 Malvaceae）

圆叶锦葵 ***Malva pusilla*** Sm.
——*Malva rotundifolia* L.（安徽植物志、福建植物志、山东植物志）
原生。华东分布：安徽、福建、江苏、山东。
野葵 ***Malva verticillata*** L.
别名：中华冬葵（安徽植物志），中华野葵（福建植物志、江西植物志、江西种子植物名录、浙江植物志）
——*Malva verticillata* var. *chinensis* (Mill.) S.Y. Hu（安徽植物志、福建植物志、江西植物志、江西种子植物名录、浙江植物志）
原生。华东分布：安徽、福建、江苏、江西、山东、上海、浙江。
冬葵 ***Malva verticillata*** var. ***crispa*** L.
——*Malva crispa* (L.) L.（江西植物志、江西种子植物名录）
原生。华东分布：江西。
中华野葵 ***Malva verticillata*** var. ***rafiqii*** Abedin
原生。华东分布：安徽、江苏、江西、山东、浙江。

蜀葵属 *Alcea*

（锦葵科 Malvaceae）

蜀葵 ***Alcea rosea*** L.
——*Althaea rosea* (L.) Cav.（安徽植物志、福建植物志、江西植物志、江西种子植物名录、山东植物志）
原生、栽培。华东分布：安徽、福建、江苏、江西、山东、上海、浙江。

赛葵属 *Malvastrum*

（锦葵科 Malvaceae）

穗花赛葵 ***Malvastrum americanum*** (L.) Torr.
外来。华东分布：福建。
赛葵 ***Malvastrum coromandelianum*** (L.) Garcke
外来。华东分布：福建、江西、上海、浙江。

黄花棯属 *Sida*

（锦葵科 Malvaceae）

黄花棯 ***Sida acuta*** Burm. f.
别名：黄花稔（福建植物志、中国外来入侵植物名录、FOC）
外来。华东分布：安徽、福建、山东。
桤叶黄花棯 ***Sida alnifolia*** L.
别名：桤叶黄花稔（福建植物志、江西植物志、浙江植物志、FOC）
原生。华东分布：福建、江西、浙江。
小叶黄花棯 ***Sida alnifolia*** var. ***microphylla*** (Cav.) S.Y. Hu
别名：小叶黄花稔（浙江植物志、FOC）
原生。华东分布：福建、浙江。
长梗黄花棯 ***Sida cordata*** (Burm. f.) Borss. Waalk.
别名：长梗黄花稔（福建植物志、FOC）
原生。华东分布：福建。
心叶黄花棯 ***Sida cordifolia*** L.
别名：心叶黄花稔（福建植物志、FOC）
原生。华东分布：福建。

湖南黄花棯 *Sida cordifolioides* K.M. Feng
别名：湖南黄花稔（安徽植物志、FOC）
原生。华东分布：安徽。
黏毛黄花棯 *Sida mysorensis* Wight & Arn.
别名：粘毛黄花稔（福建植物志、FOC）
原生。华东分布：福建。
白背黄花棯 *Sida rhombifolia* L.
别名：白背黄花稔（福建植物志、江苏植物志 第2版、江西植物志、江西种子植物名录、浙江植物志、FOC）
原生。华东分布：福建、江苏、江西、上海、浙江。
刺黄花棯 *Sida spinosa* L.
别名：刺黄花稔（江苏植物志 第2版）
外来。华东分布：江苏、浙江。
拔毒散 *Sida szechuensis* Matsuda
原生。华东分布：安徽。

苘麻属 *Abutilon*

（锦葵科 Malvaceae）

磨盘草 *Abutilon indicum* (L.) Sweet
原生。华东分布：福建、江西。
苘麻 *Abutilon theophrasti* Medik.
原生。华东分布：安徽、福建、江苏、江西、山东、上海、浙江。

脬果苘属 *Herissantia*

（锦葵科 Malvaceae）

脬果苘 *Herissantia crispa* (L.) Brizicky
别名：泡果苘（中国外来入侵植物名录、FOC）
外来。华东分布：福建。

瑞香科 Thymelaeaceae

结香属 *Edgeworthia*

（瑞香科 Thymelaeaceae）

结香 *Edgeworthia chrysantha* Lindl.
原生、栽培。华东分布：安徽、福建、江苏、江西、山东、上海、浙江。

荛花属 *Wikstroemia*

（瑞香科 Thymelaeaceae）

安徽荛花 *Wikstroemia anhuiensis* D.C. Zhang & X.P. Zhang
原生。华东分布：安徽、浙江。
荛花 *Wikstroemia canescens* Wall. ex Meisn.
原生。华东分布：安徽、江西。
河朔荛花 *Wikstroemia chamaedaphne* (Bunge) Meisn.
别名：河蒴荛花（山东植物志）
原生。华东分布：江苏、山东。
一把香 *Wikstroemia dolichantha* Diels
别名：构皮荛花（江西种子植物名录）
——*Wikstroemia effusa* Rehder（江西种子植物名录）
原生。华东分布：江西。
光叶荛花 *Wikstroemia glabra* W.C. Cheng
别名：光洁荛花（浙江植物志），紫背光叶荛花（安徽植物志），紫花光荛花（浙江植物志）
——*Wikstroemia glabra* f. *purpurea* (W.C. Cheng) S.C. Huang（安徽植物志）
——*Wikstroemia glabra* var. *purpurea* W.C. Cheng（浙江植物志）
原生。华东分布：安徽、江西、浙江。
纤细荛花 *Wikstroemia gracilis* Hemsl.
原生。华东分布：江西。
了哥王 *Wikstroemia indica* (L.) C.A. Mey.
别名：南岭荛花（浙江植物志）
原生。华东分布：福建、江西、浙江。
大叶荛花 *Wikstroemia liangii* Merr. & Chun
原生。易危（VU）。华东分布：江西。
小黄构 *Wikstroemia micrantha* Hemsl.
原生。华东分布：江西。
北江荛花 *Wikstroemia monnula* Hance
原生。华东分布：安徽、福建、江西、浙江。
休宁荛花 *Wikstroemia monnula* var. ***xiuningensis*** D.C. Zhang & J.Z. Shao
原生。华东分布：安徽。
细轴荛花 *Wikstroemia nutans* Champ. ex Benth.
原生。华东分布：福建、江西。
短细轴荛花 *Wikstroemia nutans* var. ***brevior*** Hand.-Mazz.
原生。华东分布：江西。
多毛荛花 *Wikstroemia pilosa* W.C. Cheng
别名：绢毛荛花（江西种子植物名录），毛花荛花（安徽植物志、江西植物志、江西种子植物名录、浙江植物志）
——*Wikstroemia pilosa* var. *kulingensis* (Domke) S.C. Huang（江西种子植物名录）
原生。华东分布：安徽、江西、浙江。
白花荛花 *Wikstroemia trichotoma* (Thunb.) Makino
别名：白荛花（江西种子植物名录）
——*Wikstroemia alba* Hand.-Mazz.（安徽植物志、福建植物志、江西种子植物名录、浙江植物志）
原生。华东分布：安徽、福建、江西、浙江。

草瑞香属 *Diarthron*

（瑞香科 Thymelaeaceae）

草瑞香 *Diarthron linifolium* Turcz.
原生。华东分布：安徽、江苏、山东。

瑞香属 *Daphne*

（瑞香科 Thymelaeaceae）

长柱瑞香 *Daphne championii* Benth.
——“*Daphne championi*”=*Daphne championii* Benth.（拼写错误。江西种子植物名录）
原生。华东分布：福建、江苏、江西。
高姥山瑞香 *Daphne gaomushanensis* Zi L. Chen, P. Wang & Y.F. Lu
原生。华东分布：浙江。
芫花 *Daphne genkwa* Sieb. & Zucc.
原生。华东分布：安徽、福建、江苏、江西、山东、浙江。
倒卵叶瑞香 *Daphne grueningiana* H. Winkl.
原生。华东分布：浙江。

金寨瑞香 ***Daphne jinzhaiensis*** D.C. Zhang & J.Z. Shao
原生。华东分布：安徽。
红花毛瑞香 ***Daphne kiusiana*** 'Purpurea'
——*Daphne kiusiana* f. *purpurea* X.F. Jin, Z.H. Chen & Y.F. Lu［Additional Notes on the Seed Plant Flora of Zhejiang (Ⅶ)］
原生。华东分布：浙江。
毛瑞香 ***Daphne kiusiana*** var. ***atrocaulis*** (Rehder) F. Maek.
别名：紫枝瑞香（江西种子植物名录）
——*Daphne odora* var. *atrocaulis* Rehder（安徽植物志、福建植物志、江西植物志、江西种子植物名录、浙江植物志）
原生。华东分布：安徽、福建、江苏、江西、浙江。
白瑞香 ***Daphne papyracea*** Wall. ex G. Don
——"*Daphne papyacea*"=*Daphne papyracea* Wall. ex G. Don（拼写错误。江西种子植物名录）
原生。华东分布：安徽、福建、江西。

叠珠树科 Akaniaceae

伯乐树属 *Bretschneidera*

（叠珠树科 Akaniaceae）

伯乐树 ***Bretschneidera sinensis*** Hemsl.
别名：钟萼木（福建植物志、浙江植物志）
原生。近危（NT）。华东分布：福建、江西、浙江。

山柑科 Capparaceae

鱼木属 *Crateva*

（山柑科 Capparaceae）

鱼木 ***Crateva religiosa*** G. Forst.
——"*Crataeva religiosa*"=*Crateva religiosa* G. Forst.（拼写错误。浙江植物志）
原生。华东分布：浙江。
树头菜 ***Crateva unilocularis*** Buch.-Ham.
原生。近危（NT）。华东分布：福建。

山柑属 *Capparis*

（山柑科 Capparaceae）

独行千里 ***Capparis acutifolia*** Sweet
别名：锐叶山柑（浙江植物志）
原生。华东分布：福建、江西、浙江。
广州山柑 ***Capparis cantoniensis*** Lour.
原生。华东分布：福建。

白花菜科 Cleomaceae

鸟足菜属 *Cleome*

（白花菜科 Cleomaceae）

黄花草 ***Cleome viscosa*** L.
别名：黄花菜（安徽植物志、福建植物志、江西植物志），黄醉蝶花（浙江植物志）
——*Arivela viscosa* (L.) Raf.（江苏植物志 第 2 版、上海维管植物名录、FOC）
原生。华东分布：安徽、福建、江苏、江西、上海、浙江。
无毛黄花草 ***Cleome viscosa*** var. ***deglabrata*** (Backer) B.S. Sun
别名：无毛黄花菜（福建植物志、江西植物志）
——*Arivela viscosa* var. *deglabrata* (Backer) M.L.Zhang & G.C.Tucker（FOC）
原生。华东分布：福建、江西、浙江。

白花菜属 *Gynandropsis*

（白花菜科 Cleomaceae）

白花菜 ***Gynandropsis gynandra*** (L.) Briq.
别名：羊角菜（江苏植物志 第 2 版、FOC）
——*Cleome gynandra* L.（安徽植物志、福建植物志、江西植物志、江西种子植物名录、山东植物志、浙江植物志）
原生。华东分布：安徽、福建、江苏、江西、山东、浙江。

十字花科 Brassicaceae

香芥属 *Clausia*

（十字花科 Brassicaceae）

毛萼香芥 ***Clausia trichosepala*** (Turcz.) Dvorák
别名：香花芥（山东植物志）
——*Hesperis trichosepala* Turcz.（山东植物志）
原生。华东分布：山东。

花旗杆属 *Dontostemon*

（十字花科 Brassicaceae）

花旗杆 ***Dontostemon dentatus*** (Bunge) C.A. Mey. ex Ledeb.
别名：花旗竿（安徽植物志）
原生。华东分布：安徽、江苏、山东。
异蕊芥 ***Dontostemon pinnatifidus*** (Willd.) Al-Shehbaz & H. Ohba
别名：羽裂花旗杆（FOC）
原生。华东分布：山东。

离子芥属 *Chorispora*

（十字花科 Brassicaceae）

离子芥 ***Chorispora tenella*** (Pall.) DC.
原生。华东分布：安徽、山东、上海。

鸟头荠属 *Euclidium*

（十字花科 Brassicaceae）

鸟头荠 ***Euclidium syriacum*** (L.) R. Br.
别名：乌头荠（上海维管植物名录）
原生。华东分布：上海。

涩芥属 *Strigosella*

（十字花科 Brassicaceae）

涩芥 ***Strigosella africana*** (L.) Botsch.
别名：涩荠（江苏植物志 第 2 版）
——*Malcolmia africana* (L.) R. Br.（江苏植物志 第 2 版、山东植物志、上海维管植物名录、FOC）
原生。华东分布：安徽、江苏、山东、上海。

曙南芥属 *Stevenia*

（十字花科 Brassicaceae）

锥果芥 *Stevenia maximowiczii* (Palib.) D.A. German & Al-Shehbaz
别名：星毛芥（安徽植物志）
——*Berteroella maximowiczii* (Palib.) O.E. Schulz ex Loes.（安徽植物志、江苏植物志 第2版、山东植物志、浙江植物志、FOC）
原生。华东分布：安徽、江苏、山东、浙江。

南芥属 *Arabis*

（十字花科 Brassicaceae）

匍匐南芥 *Arabis flagellosa* Miq.
原生。华东分布：安徽、福建、江苏、江西、浙江。
硬毛南芥 *Arabis hirsuta* (L.) Scop.
别名：卵叶硬毛南芥（浙江植物志）
——*Arabis hirsuta* var. *nipponica* (Franch. & Sav.) C.C. Yuan & T.Y. Cheo（浙江植物志）
原生、栽培。华东分布：安徽、江西、山东、浙江。
齿叶南芥 *Arabis serrata* Franch. & Sav.
原生。易危（VU）。华东分布：安徽。

葶苈属 *Draba*

（十字花科 Brassicaceae）

葶苈 *Draba nemorosa* L.
原生。华东分布：安徽、江苏、江西、山东、浙江。

山芥属 *Barbarea*

（十字花科 Brassicaceae）

欧洲山芥 *Barbarea vulgaris* R. Br.
原生。华东分布：江苏。

碎米荠属 *Cardamine*

（十字花科 Brassicaceae）

安徽碎米荠 *Cardamine anhuiensis* D.C. Zhang & C.Z. Shao
原生。华东分布：安徽、江苏。
露珠碎米荠 *Cardamine circaeoides* Hook. f. & Thomson
别名：堇叶碎米荠（江西植物志、江西种子植物名录），异堇叶碎米荠（江西种子植物名录、浙江植物志），异叶碎米荠（安徽植物志）
——"*Cardamine viollifolia* var. *divesifolia*"=*Cardamine violifolia* var. *diversifolia* O.E. Schulz.（拼写错误。江西种子植物名录）
——"*Cardamine viollifolia*"=*Cardamine violifolia* O.E. Schulz（拼写错误。江西种子植物名录）
——*Cardamine violifolia* O.E. Schulz（江西植物志）
——*Cardamine violifolia* var. *diversifolia* O.E. Schulz（安徽植物志、浙江植物志）
原生。华东分布：安徽、福建、江苏、江西、浙江。
光头山碎米荠 *Cardamine engleriana* O.E. Schulz
原生。华东分布：安徽、福建。
莓叶碎米荠 *Cardamine fragariifolia* O.E. Schulz
别名：翅柄岩荠（江西植物志、江西种子植物名录），翅柄岩荠（安徽植物志）
——*Cochlearia alatipes* Hand.-Mazz.（安徽植物志、江西植物志、江西种子植物名录）
原生。华东分布：安徽、江西。
粗毛碎米荠 *Cardamine hirsuta* L.
别名：碎米荠（安徽植物志、福建植物志、江苏植物志 第2版、江西植物志、江西种子植物名录、山东植物志、上海维管植物名录、浙江植物志）
原生。华东分布：安徽、福建、江苏、江西、山东、上海、浙江。
弹裂碎米荠 *Cardamine impatiens* L.
别名：钝叶弹裂碎米荠（安徽植物志），毛果弹裂碎米荠（江苏植物志 第2版），毛果碎米荠（安徽植物志、江西植物志、江西种子植物名录、浙江植物志），窄叶弹裂碎米荠（安徽植物志）
——*Cardamine impatiens* var. *angustifolia* O.E. Schulz（安徽植物志）
——*Cardamine impatiens* var. *dasycarpa* (M. Bieb.) T.Y. Cheo & R.C. Fang（安徽植物志、江苏植物志 第2版、江西植物志、江西种子植物名录、浙江植物志）
——*Cardamine impatiens* var. *obtusifolia* Knaf（安徽植物志）
原生。华东分布：安徽、福建、江苏、江西、山东、上海、浙江。
白花碎米荠 *Cardamine leucantha* (Tausch) O.E. Schulz
原生。华东分布：安徽、江苏、江西、山东、浙江。
水田碎米荠 *Cardamine lyrata* Bunge
原生。华东分布：安徽、福建、江苏、江西、山东、上海、浙江。
大叶碎米荠 *Cardamine macrophylla* Willd.
别名：华中碎米荠（安徽植物志、江西植物志、江西种子植物名录、浙江植物志）
——*Cardamine urbaniana* O.E. Schulz（安徽植物志、江西植物志、江西种子植物名录、浙江植物志）
原生。华东分布：安徽、江苏、江西、浙江。
碎米荠 *Cardamine occulta* Hornem.
别名：柔弯曲碎米荠（安徽植物志），弯曲碎米荠（安徽植物志、福建植物志、江苏植物志 第2版、江西植物志、江西种子植物名录、山东植物志、上海维管植物名录、浙江植物志、FOC）
——"*Cardamine flexuosa* var. *debilia*"［=*Cardamine flexuosa* var. *debilis* (O.E. Schulz) T. Y. Cheo & R. C. Fang］=*Cardamine occulta* Hornem.（拼写错误；误用名。安徽植物志）
——"*Cardamine flexuosa*"=*Cardamine occulta* Hornem.（误用名。安徽植物志、福建植物志、江苏植物志 第2版、江西植物志、江西种子植物名录、山东植物志、上海维管植物名录、浙江植物志、FOC）
原生。华东分布：安徽、福建、江苏、江西、山东、上海、浙江。
小花碎米荠 *Cardamine parviflora* L.
原生。华东分布：安徽、江苏、浙江。
圆齿碎米荠 *Cardamine scutata* Thunb.
别名：大叶碎米荠（安徽植物志），浙江碎米荠（安徽植物志、浙江植物志）
——*Cardamine regeliana* Miq.（安徽植物志）
——*Cardamine zhejiangensis* T.Y. Cheo & R.C. Fang（安徽植物志、浙江植物志）
原生。华东分布：安徽、江苏、山东、上海、浙江。
紫花碎米荠 *Cardamine tangutorum* O.E. Schulz
别名：唐古碎米荠（FOC）

原生。华东分布：安徽。

豆瓣菜属 *Nasturtium*

（十字花科 Brassicaceae）

豆瓣菜 *Nasturtium officinale* W.T. Aiton
外来、栽培。华东分布：安徽、福建、江苏、江西、山东、上海、浙江。

蔊菜属 *Rorippa*

（十字花科 Brassicaceae）

广州蔊菜 *Rorippa cantoniensis* (Lour.) Ohwi
别名：广东蔊菜（安徽植物志、福建植物志、江苏植物志 第2版），武宁蔊菜（江西植物志、江西种子植物名录）
——*Rorippa cantoniensis* var. *wuningensis* C.L. Li（江西植物志、江西种子植物名录）
原生。华东分布：安徽、福建、江苏、江西、山东、上海、浙江。
无瓣蔊菜 *Rorippa dubia* (Pers.) H. Hara
别名：无裂蔊菜（江西植物志）
——*Rorippa dubia* f. *elliptifolia* C.L. Li（江西植物志）
原生。华东分布：安徽、江苏、江西、山东、上海、浙江。
风花菜 *Rorippa globosa* (Turcz. ex Fisch. & C.A. Mey.) Hayek
别名：球果蔊菜（安徽植物志、福建植物志、江苏植物志 第2版、江西植物志）
原生。华东分布：安徽、福建、江苏、江西、山东、上海、浙江。
蔊菜 *Rorippa indica* (L.) Hiern
别名：野油菜（江西种子植物名录），印度蔊菜（安徽植物志、福建植物志）
——*Rorippa montana* (Wall. ex Hook. f. & Thomson) Small（江西种子植物名录）
原生。华东分布：安徽、福建、江苏、江西、山东、上海、浙江。
沼生蔊菜 *Rorippa palustris* (L.) Besser
——"*Rorippa islandica*"=*Rorippa palustris* (L.) Besser（误用名。安徽植物志、山东植物志）
原生。华东分布：安徽、福建、江苏、山东、上海、浙江。

独行菜属 *Lepidium*

（十字花科 Brassicaceae）

独行菜 *Lepidium apetalum* Willd.
原生。华东分布：安徽、江苏、山东、上海、浙江。
毛果群心菜 *Lepidium appelianum* Al-Shehbaz
——*Cardaria pubescens* (C.A. Mey.) Jarmolenko（上海维管植物名录、FOC）
原生。华东分布：上海。
南美独行菜 *Lepidium bonariense* L.
外来。华东分布：福建、浙江。
绿独行菜 *Lepidium campestre* (L.) W.T. Aiton
别名：翼果独行菜（山东植物志）
——"*Lepidium compestre*"=*Lepidium campestre* (L.) W.T. Aiton（拼写错误。山东植物志）
外来。华东分布：山东。
球果群心菜 *Lepidium chalepense* L.
——*Cardaria chalepensis* (L.) Hand.-Mazz.（山东植物志）
——*Cardaria draba* subsp. *chalepensis* (L.) O.E. Schulz（FOC）
原生。华东分布：山东。
心叶独行菜 *Lepidium cordatum* Willd. ex Steven
原生。华东分布：山东。
楔叶独行菜 *Lepidium cuneiforme* C.Y. Wu
原生。华东分布：江西。
密花独行菜 *Lepidium densiflorum* Schrad.
外来。华东分布：山东。
臭荠 *Lepidium didymum* L.
别名：臭芥（江西种子植物名录）
——*Coronopus didymus* (L.) Sm.（安徽植物志、福建植物志、江苏植物志 第2版、江西植物志、江西种子植物名录、中国外来入侵植物名录、山东植物志、上海维管植物名录、浙江植物志、FOC）
外来。华东分布：安徽、福建、江苏、江西、山东、上海、浙江。
群心菜 *Lepidium draba* L.
——*Cardaria draba* (L.) Desv.（山东植物志、FOC）
原生。华东分布：山东。
宽叶独行菜 *Lepidium latifolium* L.
别名：光果宽叶独行菜（山东植物志）
原生。华东分布：山东。
抱茎独行菜 *Lepidium perfoliatum* L.
原生。华东分布：江苏。
柱毛独行菜 *Lepidium ruderale* L.
别名：积鸡菜（江西种子植物名录）
原生。华东分布：江西、山东。
家独行菜 *Lepidium sativum* L.
——"*Lepidium satium*"=*Lepidium sativum* L.（拼写错误。山东植物志）
原生。华东分布：江苏、山东。
北美独行菜 *Lepidium virginicum* L.
外来。华东分布：安徽、福建、江苏、江西、山东、上海、浙江。

播娘蒿属 *Descurainia*

（十字花科 Brassicaceae）

播娘蒿 *Descurainia sophia* (L.) Webb ex Prantl
——"*Descurainaia sophia*"=*Descurainia sophia* (L.) Webb ex Prantl（拼写错误。江西种子植物名录）
原生。华东分布：安徽、福建、江苏、江西、山东、上海、浙江。

糖芥属 *Erysimum*

（十字花科 Brassicaceae）

糖芥 *Erysimum amurense* Kitag.
——*Erysimum bungei* (Kitag.) Kitag.（山东植物志）
原生。华东分布：江苏、山东。
波齿糖芥 *Erysimum macilentum* Bunge
别名：小花糖荠（江西种子植物名录），小花糖芥（安徽植物志、江西植物志、山东植物志、上海维管植物名录、浙江植物志）
——"*Erysimum cheiranthoides*"=*Erysimum macilentum* Bunge（误用名。安徽植物志、江西植物志、江西种子植物名录、山东植物志、上海维管植物名录、浙江植物志）
原生、栽培。华东分布：安徽、江苏、江西、山东、上海、浙江。

旗杆芥属 *Turritis*

（十字花科 Brassicaceae）

旗杆芥 ***Turritis glabra*** L.
原生。华东分布：江苏、山东、浙江。

拟南芥属 *Arabidopsis*

（十字花科 Brassicaceae）

拟南芥 ***Arabidopsis thaliana*** (L.) Heynh.
别名：拟南荠（江西种子植物名录），鼠耳芥（江西植物志、山东植物志、上海维管植物名录、浙江植物志）
原生。华东分布：安徽、福建、江苏、江西、山东、上海、浙江。

亚麻荠属 *Camelina*

（十字花科 Brassicaceae）

小果亚麻荠 ***Camelina microcarpa*** Andrz. ex DC.
别名：小果亚麻芥（山东植物志）
原生。华东分布：山东、上海。

荠属 *Capsella*

（十字花科 Brassicaceae）

荠 ***Capsella bursa-pastoris*** (L.) Medik.
别名：荠菜（江苏植物志 第 2 版）
原生、栽培。华东分布：安徽、福建、江苏、江西、山东、上海、浙江。

垂果南芥属 *Catolobus*

（十字花科 Brassicaceae）

垂果南芥 ***Catolobus pendulus*** (L.) Al-Shehbaz
——*Arabis pendula* L.（山东植物志、FOC）
原生。华东分布：山东。

山萮菜属 *Eutrema*

（十字花科 Brassicaceae）

小盐芥 ***Eutrema halophilum*** (C.A. Mey.) Al-Shehbaz & Warwick
——*Thellungiella halophila* (C.A. Mey.) O.E. Schulz（山东植物志）
原生。华东分布：山东。

盐芥 ***Eutrema salsugineum*** (Pall.) Al-Shehbaz & Warwick
——*Thellungiella salsuginea* (Pall.) O.E. Schulz（江苏植物志 第 2 版、山东植物志、FOC）
原生。华东分布：江苏、山东。

山萮菜 ***Eutrema yunnanense*** Franch.
别名：南山萮菜（FOC），细弱山萮菜（安徽植物志），岳西山萮菜（安徽植物志），云南山萮菜（安徽植物志、江苏植物志 第 2 版）
——*Eutrema yunnanense* var. *tenerum* O.E. Schulz（安徽植物志）
——*Eutrema yunnanense* var. *yexinicum* C.H. An（安徽植物志）
原生。华东分布：安徽、江苏、浙江。

菥蓂属 *Thlaspi*

（十字花科 Brassicaceae）

菥蓂 ***Thlaspi arvense*** L.
别名：遏蓝菜（江西种子植物名录）
原生。华东分布：安徽、福建、江苏、江西、山东、上海、浙江。

华葱芥属 *Sinalliaria*

（十字花科 Brassicaceae）

华葱芥 ***Sinalliaria limprichtiana*** (Pax) X.F. Jin, Y.Y. Zhou & H.W. Zhang
别名：心叶碎米荠（安徽植物志、浙江植物志），心叶诸葛菜（江苏植物志 第 2 版、上海维管植物名录、FOC）
——*Cardamine limprichtiana* Pax（安徽植物志、浙江植物志）
——*Orychophragmus limprichtianus* (Pax) Al-Shehbaz & G. Yang（江苏植物志 第 2 版、上海维管植物名录、FOC）
原生。近危（NT）。华东分布：安徽、江苏、上海、浙江。

大叶华葱芥 ***Sinalliaria limprichtiana*** var. ***grandifolia*** (C.H. An) X.F. Jin, Y.Y. Zhou & H.W. Zhang
别名：大叶葱芥（安徽植物志、浙江植物志）
——*Alliaria grandifolia* C.H. An（安徽植物志、浙江植物志）
原生。华东分布：安徽、浙江。

诸葛菜属 *Orychophragmus*

（十字花科 Brassicaceae）

长果诸葛菜 ***Orychophragmus longisiliquus*** Huan Hu, J. Quan Liu & Al-Shehbaz
原生。华东分布：江西、浙江。

诸葛菜 ***Orychophragmus violaceus*** (L.) O.E. Schulz
别名：毛果诸葛菜（江苏植物志 第 2 版）
——*Orychophragmus violaceus* var. *lasiocarpus* Migo（江苏植物志 第 2 版）
原生、栽培。华东分布：安徽、福建、江苏、江西、山东、上海、浙江。

铺散诸葛菜 ***Orychophragmus violaceus*** subsp. ***homaeophylla*** (Hance) Z.H. Chen & X.F. Jin
别名：羽裂叶诸葛菜（浙江植物志）
——*Orychophragmus violaceus* var. *homaeophyllus* (Hance) O.E. Schulz（浙江植物志）
原生。华东分布：江苏、浙江。

白芥属 *Sinapis*

（十字花科 Brassicaceae）

白芥 ***Sinapis alba*** L.
原生。华东分布：安徽、山东。

芝麻菜属 *Eruca*

（十字花科 Brassicaceae）

芝麻菜 ***Eruca vesicaria*** subsp. ***sativa*** (Mill.) Thell.
原生。华东分布：山东、浙江。

田白芥属 *Rhamphospermum*

（十字花科 Brassicaceae）

新疆白芥 ***Rhamphospermum arvense*** (L.) Andrz. ex Besser
别名：田野白芥（江苏植物志 第 2 版）
——*Sinapis arvensis* L.（江苏植物志 第 2 版、FOC）
外来。华东分布：江苏。

萝卜属 *Raphanus*

（十字花科 Brassicaceae）

野萝卜 ***Raphanus raphanistrum*** L.

别名：蓝花子（浙江植物志）

——*Raphanus sativus* var. *raphanistroides* (Makino) Makino（ 浙江植物志）

外来。华东分布：福建、浙江。

短果芥属 *Hirschfeldia*

（十字花科 Brassicaceae）

短果芥 *Hirschfeldia incana* (L.) Lagr.-Foss.

外来。华东分布：浙江。

菘蓝属 *Isatis*

（十字花科 Brassicaceae）

菘蓝 *Isatis tinctoria* L.

别名：欧洲菘蓝（江西植物志、浙江植物志）

——*Isatis indigotica* Fortune（江西植物志、山东植物志）

外来、栽培。华东分布：福建、江西、山东、浙江。

大蒜芥属 *Sisymbrium*

（十字花科 Brassicaceae）

大蒜芥 *Sisymbrium altissimum* L.

原生。华东分布：上海。

垂果大蒜芥 *Sisymbrium heteromallum* C.A. Mey.

原生。华东分布：江苏、上海。

水蒜芥 *Sisymbrium irio* L.

原生。华东分布：上海。

全叶大蒜芥 *Sisymbrium luteum* (Maxim.) O.E. Schulz

原生。华东分布：山东。

无毛全叶大蒜芥 *Sisymbrium luteum* var. ***glabrum*** F.Z. Li & Z.Y. Sun

原生。华东分布：山东。

东方大蒜芥 *Sisymbrium orientale* L.

别名：福建大蒜芥（福建植物志）

——*Sisymbrium fujianensis* L.G. Ling（福建植物志）

原生。华东分布：福建、山东。

脬果荠属 *Hilliella*

（十字花科 Brassicaceae）

脬果荠 *Hilliella fumarioides* (Dunn) Y.H. Zhang & H.W. Li

别名：白花浙江泡果荠（江西种子植物名录、浙江植物志），棒毛荠（浙江植物志），烟色岩荠（福建植物志），浙江泡果荠（浙江植物志），紫堇叶岩荠（江西植物志、江西种子植物名录），紫堇叶阴山荠（FOC）

——*Cochlearia fumarioides* Dunn（福建植物志、江西植物志、江西种子植物名录）

——*Cochleariella zhejiangensis* (Y.H. Zhang) Y.H. Zhang & Vogt（浙江植物志）

——*Hilliella warburgii* (O.E. Schulz) Y.H. Zhang & H.W. Li（浙江植物志）

——*Hilliella warburgii* var. *albiflora* S.X. Qian（江西种子植物名录、浙江植物志）

——*Yinshania fumarioides* (Dunn) Y. Z. Zhao（FOC）

原生。华东分布：安徽、福建、江西、浙江。

武功山脬果荠 *Hilliella hui* (O.E. Schulz) Y.H. Zhang & H.W. Li

别名：武功山泡果荠（江西种子植物名录、浙江植物志），武功山岩荠（江西植物志），武功山阴山荠（FOC）

——*Cochlearia hui* O.E. Schulz（江西植物志）

——*Yinshania hui* (O. E. Schulz) Y. Z. Zhao（FOC）

原生。易危（VU）。华东分布：江西、浙江。

湖南脬果荠 *Hilliella hunanensis* Y.H. Zhang

别名：湖南阴山荠（FOC）

——*Yinshania hunanensis* (Y.H. Zhang) Al-Shehbaz, G. Yang, L.L. Lu & T.Y. Cheo（FOC）

原生。近危（NT）。华东分布：江西。

黎川脬果荠 *Hilliella lichuanensis* Y.H. Zhang

别名：昌化泡果荠（浙江植物志），黎川泡果荠（江西种子植物名录），黎川岩荠（江西植物志），利川阴山荠（FOC），长柱泡果荠（江西种子植物名录、浙江植物志）

——*Cochlearia lichuanensis* (Y.H. Zhang) C.L. Li（江西植物志）

——*Hilliella changhuaensis* Y.H. Zhang（浙江植物志）

——*Hilliella longistyla* Y.H. Zhang（江西种子植物名录、浙江植物志）

——*Yinshania lichuanensis* (Y.H. Zhang) Al-Shehbaz, G. Yang, L.L. Lu & T.Y. Cheo（FOC）

原生。华东分布：安徽、福建、江西、浙江。

菱果脬果荠 *Hilliella rhombea* D.D. Ma & W.Y. Xie

原生。华东分布：浙江。

河岸脬果荠 *Hilliella rivulorum* (Dunn) Y.H. Zhang & H.W. Li

别名：河岸泡果荠（浙江植物志），河岸阴山荠（FOC），台湾岩荠（福建植物志）

——*Cochlearia formosana* Hayata（福建植物志）

——*Yinshania rivulorum* (Dunn) Al-Shehbaz, G. Yang, L.L. Lu & T.Y. Cheo（FOC）

原生。华东分布：安徽、福建、浙江。

石生脬果荠 *Hilliella rupicola* (D.C. Zhang & J.Z. Shao) Y.H. Zhang

别名：石生岩荠（安徽植物志），石生阴山荠（FOC）

——*Cochlearia rupicola* D.C. Zhang & J.Z. Shao（安徽植物志）

——*Yinshania rupicola* (D.C. Zhang & J.Z. Shao) Al-Shehbaz, G. Yang, L.L. Lou（FOC）

原生。华东分布：安徽。

双牌脬果荠 *Hilliella shuangpaiensis* Z. Yu Li

别名：双牌阴山荠（FOC）

——*Yinshania rupicola* subsp. *shuangpaiensis* (Z.Y. Li) Al-Shehbaz, G. Yang, L.L. Lu & T.Y. Cheo（FOC）

原生。华东分布：福建、江西。

弯缺脬果荠 *Hilliella sinuata* (K.C. Kuan) Y.H. Zhang & H.W. Li

别名：弯缺泡果荠（江西种子植物名录、浙江植物志），弯缺岩荠（江西植物志、江西种子植物名录），弯缺阴山荠（FOC）

——*Cochlearia sinuata* K.C. Kuan（江西植物志、江西种子植物名录）

——*Yinshania sinuata* (K. C. Kuan) Al-Shehbaz, G. Yang, L. L. Lou & T. Y. Cheo（FOC）

原生。华东分布：安徽、福建、江西、浙江。

寻乌脬果荠 *Hilliella sinuata* var. ***qianwuensis*** Y.H. Zhang

别名：寻邬弯缺岩荠（江西植物志），寻乌阴山荠（FOC）
——*Cochlearia sinuata* var. *qianwuensis* (Y.H. Zhang) C.L. Li（江西植物志）
——*Yinshania sinuata* subsp. *qianwuensis* (Y.H. Zhang) Al-Shehbaz, G. Yang, L.L. Lu & T.Y. Cheo（FOC）
原生。华东分布：江西。
黟县脬果荠 *Hilliella yixianensis* Y.H. Zhang
别名：黟县阴山荠（FOC）
——*Yinshania yixianensis* (Y.H. Zhang) Al-Shehbaz, G. Yang, L.L. Lu & T.Y. Cheo（FOC）
原生。华东分布：安徽。

蛇菰科 Balanophoraceae

蛇菰属 *Balanophora*

（蛇菰科 Balanophoraceae）

短穗蛇菰 *Balanophora abbreviata* Blume
原生。华东分布：福建、江西、浙江。
红冬蛇菰 *Balanophora harlandii* Hook. f.
别名：葛菌（FOC），冬红蛇菰（江西植物志），球穗蛇菰（福建植物志），蛇菰（安徽植物志、江西种子植物名录），宜昌蛇菰（江西植物志）
——"*Balanophora japonica*"=*Balanophora harlandii* Hook. f.（误用名。安徽植物志、江西种子植物名录）
——*Balanophora henryi* Hemsl.（江西植物志）
原生。华东分布：安徽、福建、江西、浙江。
筒鞘蛇菰 *Balanophora involucrata* Hook. f. & Thomson
别名：红菌（FOC），筒鞋蛇菰（江西种子植物名录）
——"*Balanophora involuerata*"=*Balanophora involucrata* Hook. f. & Thomson（拼写错误。江西种子植物名录）
原生。华东分布：江西。
疏花蛇菰 *Balanophora laxiflora* Hemsl.
别名：穗花蛇菰（福建植物志、江西植物志、江西种子植物名录、浙江植物志）
——*Balanophora spicata* Hayata（江西植物志、江西种子植物名录、浙江植物志）
原生。华东分布：福建、江西、浙江。
多蕊蛇菰 *Balanophora polyandra* Griff.
原生。华东分布：江西。
杯茎蛇菰 *Balanophora subcupularis* P.C. Tam
别名：怀茎蛇菰（江西种子植物名录）
原生。华东分布：福建、江西、浙江。
鸟黐蛇菰 *Balanophora tobiracola* Makino
别名：海桐蛇菰（FOC）
原生。华东分布：江西。

檀香科 Santalaceae

米面蓊属 *Buckleya*

（檀香科 Santalaceae）

棱果米面蓊 *Buckleya angulosa* S.B. Zhou & X.H. Guo
原生。华东分布：安徽。
米面蓊 *Buckleya henryi* Diels
别名：羽毛球树（浙江植物志）
——"*Buckleya lanceolata*"=*Buckleya henryi* Diels（误用名。江苏植物志 第2版、江西植物志、浙江植物志）
原生。华东分布：安徽、江苏、江西、浙江。

百蕊草属 *Thesium*

（檀香科 Santalaceae）

华北百蕊草 *Thesium cathaicum* Hendrych
原生。华东分布：山东。
百蕊草 *Thesium chinense* Turcz.
原生。华东分布：安徽、福建、江苏、江西、山东、上海、浙江。
长叶百蕊草 *Thesium longifolium* Turcz.
原生。华东分布：江苏、江西。

檀梨属 *Pyrularia*

（檀香科 Santalaceae）

檀梨 *Pyrularia edulis* (Wall.) A. DC.
别名：华檀梨（江西植物志、江西种子植物名录）
——*Pyrularia sinensis* Y.C. Wu（江西植物志、江西种子植物名录）
原生。华东分布：安徽、福建、江西。

重寄生属 *Phacellaria*

（檀香科 Santalaceae）

长序重寄生 *Phacellaria tonkinensis* Lecomte
别名：重寄生（福建植物志）
原生。华东分布：福建。

寄生藤属 *Dendrotrophe*

（檀香科 Santalaceae）

寄生藤 *Dendrotrophe varians* (Blume) Miq.
——*Dendrotrophe frutescens* (Champ. ex Benth.) Danser（福建植物志、江西种子植物名录）
原生。华东分布：福建、江西。

栗寄生属 *Korthalsella*

（檀香科 Santalaceae）

栗寄生 *Korthalsella japonica* (Thunb.) Engl.
原生。华东分布：福建、江西、浙江。

槲寄生属 *Viscum*

（檀香科 Santalaceae）

扁枝槲寄生 *Viscum articulatum* Burm. f.
原生。华东分布：福建、江西。
槲寄生 *Viscum coloratum* (Kom.) Nakai
原生。华东分布：安徽、福建、江苏、江西、山东、浙江。
棱枝槲寄生 *Viscum diospyrosicola* Hayata
别名：柿寄生（江西种子植物名录、FOC）
——"*Viscum angulatum*"=*Viscum diospyrosicola* Hayata（误用名。福建植物志、江西植物志、江西种子植物名录）
——"*Viscum diospyrosicolum*"=*Viscum diospyrosicola* Hayata（拼写错误。安徽植物志、江西种子植物名录、浙江植物志）
原生。华东分布：安徽、福建、江西、浙江。
枫香槲寄生 *Viscum liquidambaricola* Hayata

别名：枫寄生（江西种子植物名录、FOC），枫香寄生（浙江植物志）
——"*Viscum liquidambaricolum*"=*Viscum liquidambaricola* Hayata（拼写错误。江西种子植物名录、浙江植物志）
原生。华东分布：江西、浙江。
柄果槲寄生 *Viscum multinerve* (Hayata) Hayata
别名：多脉槲寄生（福建植物志）
原生。华东分布：福建、江西。

青皮木科 Schoepfiaceae

青皮木属 *Schoepfia*

（青皮木科 Schoepfiaceae）

华南青皮木 *Schoepfia chinensis* Gardner & Champ.
别名：青皮木（福建植物志、江西植物志、江西种子植物名录）
原生。华东分布：福建、江西。
青皮木 *Schoepfia jasminodora* Sieb. & Zucc.
——"*Schoepfia jasmindora*"=*Schoepfia jasminodora* Sieb. & Zucc.（拼写错误。江西种子植物名录）
原生。华东分布：安徽、福建、江苏、江西、浙江。

桑寄生科 Loranthaceae

鞘花属 *Macrosolen*

（桑寄生科 Loranthaceae）

双花鞘花 *Macrosolen bibracteolatus* (Hance) Danser
别名：双色鞘花（福建植物志）
——*Elytranthe bibracteolata* (Hance) Lecomte（福建植物志）
原生。华东分布：福建。
鞘花 *Macrosolen cochinchinensis* (Lour.) Tiegh.
别名：枫木鞘花（福建植物志）
——*Elytranthe cochinchinensis* (Lour.) G. Don（福建植物志）
原生。华东分布：福建、江西。
三色鞘花 *Macrosolen tricolor* (Lecomte) Danser
原生。华东分布：江西。

桑寄生属 *Loranthus*

（桑寄生科 Loranthaceae）

椆树桑寄生 *Loranthus delavayi* Tiegh.
原生。华东分布：福建、江西、浙江。
南桑寄生 *Loranthus guizhouensis* H.S. Kiu
原生。华东分布：江西。
华中桑寄生 *Loranthus pseudo-odoratus* Lingelsh.
原生。华东分布：浙江。
北桑寄生 *Loranthus tanakae* Franch. & Sav.
原生。华东分布：山东。

钝果寄生属 *Taxillus*

（桑寄生科 Loranthaceae）

松柏钝果寄生 *Taxillus caloreas* (Diels) Danser
别名：松寄生（福建植物志）
原生。华东分布：福建。
广寄生 *Taxillus chinensis* (DC.) Danser
别名：华桑寄生（江西种子植物名录），桑寄生（福建植物志）
——*Loranthus chinensis* DC.（江西种子植物名录）
原生。华东分布：福建、江西、浙江。
小叶钝果寄生 *Taxillus kaempferi* (DC.) Danser
别名：华东松寄生（安徽植物志、福建植物志、浙江植物志）
原生。华东分布：安徽、福建、江西、浙江。
锈毛钝果寄生 *Taxillus levinei* (Merr.) H.S. Kiu
别名：锈毛寄生（江西种子植物名录、浙江植物志），锈毛桑寄生（福建植物志）
原生。华东分布：安徽、福建、江苏、江西、浙江、上海。
木兰寄生 *Taxillus limprichtii* (Grüning) H.S. Kiu
别名：木兰桑寄生（福建植物志、江西种子植物名录）
原生。华东分布：福建、江西。
亮叶木兰寄生 *Taxillus limprichtii* var. *longiflorus* (Lecomte) H.S. Kiu
别名：显脉木兰桑寄生（福建植物志）
原生。华东分布：福建。
狭叶果寄生 *Taxillus liquidambaricola* var. *neriifolius* H.S. Kiu
原生。华东分布：福建。
毛叶钝果寄生 *Taxillus nigrans* (Hance) Danser
别名：毛叶寄生（江西种子植物名录）
原生。华东分布：福建、江西。
川桑寄生 *Taxillus sutchuenensis* (Lecomte) Danser
别名：桑寄生（江西植物志、江西种子植物名录、FOC），四川寄生（浙江植物志），四川桑寄生（福建植物志）
原生。华东分布：福建、江西、浙江。
灰毛桑寄生 *Taxillus sutchuenensis* var. *duclouxii* (Lecomte) H.S. Kiu
别名：毛叶桑寄生（江西种子植物名录）
——*Loranthus yadoriki* Sieb. ex Maxim.（江西种子植物名录）
原生。华东分布：江西。

梨果寄生属 *Scurrula*

（桑寄生科 Loranthaceae）

红花寄生 *Scurrula parasitica* L.
别名：红花桑寄生（福建植物志）
原生。华东分布：福建、江西。

大苞寄生属 *Tolypanthus*

（桑寄生科 Loranthaceae）

大苞寄生 *Tolypanthus maclurei* (Merr.) Danser
别名：大苞桑寄生（福建植物志）
原生。华东分布：福建、江西。

离瓣寄生属 *Helixanthera*

（桑寄生科 Loranthaceae）

离瓣寄生 *Helixanthera parasitica* Lour.
别名：五瓣寄生（福建植物志）
原生。华东分布：福建。
油茶离瓣寄生 *Helixanthera sampsonii* (Hance) Danser
别名：油茶寄生（福建植物志）
——"*Helixanthera ligustrina*"=*Helixanthera sampsonii* (Hance) Danser

（误用名。福建植物志）
原生。华东分布：福建。

柽柳科 Tamaricaceae

柽柳属 *Tamarix*

（柽柳科 Tamaricaceae）

柽柳 *Tamarix chinensis* Lour.
别名：桧柽柳（江西植物志）
——*Tamarix juniperina* Bunge（江西植物志）
原生、栽培。华东分布：安徽、福建、江苏、江西、山东、上海、浙江。
多枝柽柳 *Tamarix ramosissima* Ledeb.
原生。华东分布：安徽、江苏、山东。

白花丹科 Plumbaginaceae

蓝雪花属 *Ceratostigma*

（白花丹科 Plumbaginaceae）

蓝雪花 *Ceratostigma plumbaginoides* Bunge
原生。华东分布：江苏、浙江。

白花丹属 *Plumbago*

（白花丹科 Plumbaginaceae）

白花丹 *Plumbago zeylanica* L.
原生。华东分布：福建、浙江。
尖瓣白花丹 *Plumbago zeylanica* var. *oxypetala* Boiss.
原生。华东分布：福建。

补血草属 *Limonium*

（白花丹科 Plumbaginaceae）

二色补血草 *Limonium bicolor* (Bunge) Kuntze
原生。华东分布：江苏、山东。
烟台补血草 *Limonium franchetii* (Debeaux) Kuntze
原生。华东分布：江苏、山东。
补血草 *Limonium sinense* (Girard) Kuntze
别名：中国补血草（江苏植物志 第2版），中华补血草（福建植物志、浙江植物志）
——"*Limonium sienense*"=*Limonium sinense* (Girard) Kuntze（拼写错误。山东植物志）
原生。华东分布：福建、江苏、山东、浙江。

蓼科 Polygonaceae

珊瑚藤属 *Antigonon*

（蓼科 Polygonaceae）

珊瑚藤 *Antigonon leptopus* Hook. & Arn.
别名：珊蝴藤（福建植物志）
外来、栽培。华东分布：福建。

蓼属 *Persicaria*

（蓼科 Polygonaceae）

两栖蓼 *Persicaria amphibia* (L.) Delarbre
别名：干型两栖蓼（江西植物志）
——"*Polygonum amphibium* var. *terretre*"=*Polygonum amphibium* var. *terrestre* Leers（拼写错误。江西植物志）
——"*Polygonum amphibu*"=*Polygonum amphibium* L.（拼写错误。江西种子植物名录）
——*Polygonum amphibium* L.（安徽植物志、江西植物志、山东植物志、上海维管植物名录、FOC）
原生。华东分布：安徽、江苏、江西、山东、上海。
毛蓼 *Persicaria barbata* (L.) H. Hara
——*Polygonum barbatum* L.（福建植物志、江西植物志、江西种子植物名录、FOC）
原生。华东分布：福建、江西。
细刺毛蓼 *Persicaria barbata* var. *gracilis* (Danser) H. Hara
原生。华东分布：江苏。
柳叶刺蓼 *Persicaria bungeana* (Turcz.) Nakai
——*Polygonum bungeanum* Turcz.（山东植物志、上海维管植物名录、FOC）
原生。华东分布：江苏、山东、上海。
头花蓼 *Persicaria capitata* (Buch.-Ham. ex D. Don) H. Gross
——*Polygonum capitatum* Buch.-Ham. ex D. Don（江西植物志、江西种子植物名录、FOC）
原生。华东分布：江西。
昌化刺蓼 *Persicaria changhuaensis* H.W. Zhang & X.F. Jin
——*Polygonum changhuaense* (H.W. Zhang & X.F. Jin) Y.F. Lu, H.W. Zhang & X.F. Jin［New Materials of the Seed Plants in Zhejiang (VI)］
原生。华东分布：浙江。
火炭母 *Persicaria chinensis* (L.) H. Gross
别名：火炭母草（浙江植物志）
——*Persicaria chinense* (L.) H. Gross（江苏植物志 第2版）
——*Polygonum chinense* L.（福建植物志、江西植物志、江西种子植物名录、上海维管植物名录、浙江植物志、FOC）
原生、栽培。华东分布：安徽、福建、江苏、江西、上海、浙江。
显花蓼 *Persicaria conspicua* (Nakai) Nakai
——*Polygonum conspicuum* (Nakai) Nakai（安徽植物志、浙江植物志）
——*Polygonum japonicum* var. *conspicuum* Nakai（江西植物志、江西种子植物名录、FOC）
原生。华东分布：安徽、福建、江苏、江西、浙江。
蓼子草 *Persicaria criopolitana* (Hance) Migo
——"*Polygonum cripolitanum*"=*Polygonum criopolitanum* Hance（拼写错误。安徽植物志）
——*Polygonum criopolitanum* Hance（福建植物志、江西植物志、江西种子植物名录、上海维管植物名录、浙江植物志、FOC）
原生。华东分布：安徽、福建、江苏、江西、上海、浙江。
荞叶蓼 *Persicaria debilis* (Meisn.) H.Gross ex W.Lee
外来。华东分布：浙江。
二歧蓼 *Persicaria dichotoma* (Blume) Masam.
——*Polygonum dichotomum* Blume（福建植物志、FOC）

原生。华东分布：福建。

稀花蓼 *Persicaria dissitiflora* (Hemsl.) H. Gross ex T. Mori

——*Polygonum dissitiflorum* Hemsl.（安徽植物志、福建植物志、江西植物志、江西种子植物名录、山东植物志、浙江植物志、FOC）

原生。华东分布：安徽、福建、江苏、江西、山东、浙江。

金线草 *Persicaria filiformis* (Thunb.) Nakai

——*Antenoron filiforme* (Thunb.) Roberty & Vautier（安徽植物志、福建植物志、江苏植物志 第 2 版、江西植物志、江西种子植物名录、山东植物志、浙江植物志、FOC）

原生。华东分布：安徽、福建、江苏、江西、山东、浙江。

多叶蓼 *Persicaria foliosa* (H. Lindb.) Kitag.

别名：宽基多叶蓼（江苏植物志 第 2 版、FOC）

原生。华东分布：安徽、江苏。

光蓼 *Persicaria glabra* (Willd.) M. Gómez

——*Polygonum glabrum* Willd.（福建植物志、江西植物志、FOC）

原生。华东分布：福建、江西。

长箭叶蓼 *Persicaria hastatosagittata* (Makino) Nakai

别名：戟叶箭蓼（福建植物志、浙江植物志），戟状箭叶蓼（江苏植物志 第 2 版、江西植物志），披针叶蓼（安徽植物志、江西种子植物名录）

——"*Polygonum hastato-sagittatum*"=*Polygonum hastatosagittatum* Makino（拼写错误。安徽植物志、福建植物志、江西植物志、江西种子植物名录、浙江植物志）

——*Polygonum hastatosagittatum* Makino（FOC）

原生。华东分布：安徽、福建、江苏、江西、浙江。

水蓼 *Persicaria hydropiper* (L.) Delarbre

别名：辣蓼（上海维管植物名录）

——*Polygonum hydropiper* L.（安徽植物志、福建植物志、江西植物志、江西种子植物名录、山东植物志、上海维管植物名录、浙江植物志、FOC）

原生。华东分布：安徽、福建、江苏、江西、山东、上海、浙江。

蚕茧草 *Persicaria japonica* (Meisn.) Nakai

别名：蚕茧蓼（福建植物志、江苏植物志 第 2 版、江西种子植物名录、上海维管植物名录、FOC），长花蓼（福建植物志、江西种子植物名录、山东植物志、浙江植物志）

——*Polygonum japonicum* Meisn.（安徽植物志、福建植物志、江西植物志、江西种子植物名录、上海维管植物名录、浙江植物志、FOC）

——*Polygonum macranthum* Meisn.（福建植物志、江西种子植物名录、山东植物志、浙江植物志）

原生。华东分布：安徽、福建、江苏、江西、山东、上海、浙江。

愉悦蓼 *Persicaria jucunda* (Meisn.) Migo

——*Polygonum jucundum* Meisn.（安徽植物志、福建植物志、江西植物志、江西种子植物名录、上海维管植物名录、浙江植物志、FOC）

原生。华东分布：安徽、福建、江苏、江西、山东、上海、浙江。

柔茎蓼 *Persicaria kawagoeana* (Makino) Nakai

别名：短序小蓼（浙江植物志），小蓼（福建植物志、江西植物志、江西种子植物名录、浙江植物志）

——"*Polygonum minus*"=*Polygonum kawagoeanum* Makino（误用名。福建植物志、江西植物志、江西种子植物名录、浙江植物志）

——*Polygonum kawagoeanum* Makino（上海维管植物名录、FOC）

——*Polygonum tenellum* var. *micranthum* (Meisn.) C.Y. Wu（江西植物志、江西种子植物名录、浙江植物志）

原生。华东分布：安徽、福建、江苏、江西、上海、浙江。

酸模叶蓼 *Persicaria lapathifolia* (L.) Delarbre

别名：节蓼（江西种子植物名录），黄斑蓼（山东植物志），马蓼（上海维管植物名录、FOC），绵毛酸模叶蓼（安徽植物志）

——*Polygonum lapathifolium* L.（安徽植物志、福建植物志、江西植物志、江西种子植物名录、山东植物志、上海维管植物名录、浙江植物志、FOC）

——*Polygonum lapathifolium* var. *xanthophyllum* H. W. Kung（山东植物志）

——*Polygonum nodosum* Pers.（江西种子植物名录）

原生。华东分布：安徽、福建、江苏、江西、山东、上海、浙江。

密毛马蓼 *Persicaria lapathifolia* var. ***lanata*** (Roxb.) H. Hara

——*Polygonum lapathifolium* var. *lanatum* (Roxb.) Steward（FOC）

原生。华东分布：福建。

绵毛酸模叶蓼 *Persicaria lapathifolia* var. ***salicifolia*** (Sibth.) Miyabe

别名：柳叶蓼（江西种子植物名录），绵毛马蓼（上海维管植物名录、FOC）

——*Polygonum lapathifolium* var. *salicifolium* Sibth.（安徽植物志、福建植物志、江西植物志、江西种子植物名录、山东植物志、上海维管植物名录、浙江植物志）

原生。华东分布：安徽、福建、江苏、江西、山东、上海、浙江。

长鬃蓼 *Persicaria longiseta* (Bruijn) Kitag.

别名：马蓼（浙江植物志）

——*Polygonum longisetum* Bruijn（安徽植物志、福建植物志、江西植物志、江西种子植物名录、山东植物志、上海维管植物名录、浙江植物志）

原生。华东分布：安徽、福建、江苏、江西、山东、上海、浙江。

圆基长鬃蓼 *Persicaria longiseta* var. ***rotundata*** (A.J. Li) B. Li

别名：细刺毛蓼（江西植物志），细刺水蓼（江西种子植物名录），圆基马蓼（浙江植物志）

——"*Polygonum hydropiper* var. *gracile*"=*Polygonum longisetum* var. *rotundatum* A.J. Li（误用名。江西植物志、江西种子植物名录）

——"*Polygonum longisetum* var. *rotundum*"=*Polygonum longisetum* var. *rotundatum* A.J. Li（拼写错误。江西种子植物名录、浙江植物志）

——*Polygonum longisetum* var. *rotundatum* A.J. Li（安徽植物志、江西植物志、山东植物志、上海维管植物名录）

原生。华东分布：安徽、福建、江苏、江西、山东、上海、浙江。

长戟叶蓼 *Persicaria maackiana* (Regel) Nakai

——*Polygonum maackianum* Regel（安徽植物志、江西植物志、江西种子植物名录、山东植物志、上海维管植物名录、浙江植物志、FOC）

原生。华东分布：安徽、江苏、江西、山东、上海、浙江。

春蓼 *Persicaria maculosa* Gray

别名：蓼（上海维管植物名录、FOC），舒城蓼（*P. shuchengense* Z.Z. Zhou, A New Species of *Polygonum* from Anhui, China），桃叶蓼

（江西植物志、江西种子植物名录、山东植物志）
——"*Polygonum periscaria*"=*Polygonum persicaria* L.（拼写错误。福建植物志）
——*Polygonum persicaria* L.（安徽植物志、江西植物志、江西种子植物名录、山东植物志、上海维管植物名录、浙江植物志、FOC）
——*Polygonum shuchengense* Z.Z. Zhou（*P. shuchengense* Z.Z. Zhou, A New Species of *Polygonum* from Anhui, China）
原生。华东分布：安徽、福建、江苏、江西、山东、上海、浙江。

小蓼花 *Persicaria muricata* (Meisn.) Nemoto
别名：水湿蓼（江西植物志），小花蓼（安徽植物志、福建植物志、江苏植物志 第2版、江西种子植物名录、浙江植物志）
——*Polygonum muricatum* Meisn.（安徽植物志、福建植物志、江西植物志、江西种子植物名录、浙江植物志、FOC）
原生。华东分布：安徽、福建、江苏、江西、浙江。

短毛金线草 *Persicaria neofiliformis* (Nakai) Ohki
——*Antenoron filiforme* var. *neofiliforme* (Nakai) A.J. Li（江苏植物志 第2版、上海维管植物名录、FOC）
——*Antenoron neofiliforme* (Nakai) H. Hara（安徽植物志、福建植物志、江西植物志、江西种子植物名录、山东植物志）
原生。华东分布：安徽、福建、江苏、江西、山东、上海、浙江。

尼泊尔蓼 *Persicaria nepalensis* (Meisn.) H. Gross
别名：头状蓼（福建植物志）
——*Polygonum alatum* Buch.-Ham. ex D. Don（福建植物志）
——*Polygonum nepalense* Meisn.［Notes on Seed Plant in Zhejiang Province (V)、安徽植物志、江西植物志、江西种子植物名录、山东植物志、上海维管植物名录、浙江植物志、FOC］
原生。华东分布：安徽、福建、江苏、江西、山东、上海、浙江。

暗果春蓼 *Persicaria opaca* (Sam.) Koidz.
别名：暗果蓼（FOC），暗子蓼（福建植物志、江西种子植物名录、浙江植物志）
——*Polygonum opacum* Sam.（福建植物志、江西种子植物名录、浙江植物志）
——*Polygonum persicaria* var. *opacum* (Sam.) A.J. Li（FOC）
原生。华东分布：福建、江西、浙江。

红蓼 *Persicaria orientalis* (L.) Spach
别名：红草（江西植物志），荭草（福建植物志、浙江植物志）
——"*Polygonum orietale*"=*Polygonum orientale* L.（拼写错误。山东植物志）
——*Polygonum orientale* L.（安徽植物志、福建植物志、江西植物志、江西种子植物名录、上海维管植物名录、浙江植物志、FOC）
原生。华东分布：安徽、福建、江苏、江西、山东、上海、浙江。

掌叶蓼 *Persicaria palmata* (Dunn) Yonek. & H. Ohashi
——*Polygonum palmatum* Dunn（江西植物志、江西种子植物名录、FOC）
——*Polygonum pseudopalmatum* C. Ho（福建植物志）
原生。华东分布：安徽、福建、江西。

湿地蓼 *Persicaria paralimicola* (A.J. Li) B. Li
——*Polygonum paralimicola* A.J. Li（江西植物志、江西种子植物名录、FOC）
原生。华东分布：江西、浙江。

杠板归 *Persicaria perfoliata* (L.) H. Gross
别名：杠板归（安徽植物志、福建植物志、江苏植物志 第2版、江西植物志、江西种子植物名录、山东植物志、上海维管植物名录、浙江植物志、FOC）
——*Polygonum perfoliatum* L.（安徽植物志、福建植物志、江西植物志、江西种子植物名录、山东植物志、上海维管植物名录、浙江植物志、FOC）
原生。华东分布：安徽、福建、江苏、江西、山东、上海、浙江。

丛枝蓼 *Persicaria posumbu* (Buch.-Ham. ex D. Don) H. Gross
别名：白花丛枝蓼（江西植物志、江西种子植物名录），长尾叶蓼（安徽植物志）
——"*Polygonum posumbum*"=*Polygonum posumbu* Buch.-Ham. ex D. Don（拼写错误。山东植物志）
——*Polygonum caespitosum* Blume（江西植物志、江西种子植物名录）
——*Polygonum caespitosum* f. *album* S.S. Lai（江西植物志、江西种子植物名录）
——*Polygonum posumbu* Buch.-Ham. ex D. Don（安徽植物志、福建植物志、江西种子植物名录、上海维管植物名录、浙江植物志、FOC）
原生。华东分布：安徽、福建、江苏、江西、山东、上海、浙江。

疏蓼 *Persicaria praetermissa* (Hook. f.) H. Hara
别名：疏忽蓼（安徽植物志、福建植物志），疏花蓼（江苏植物志 第2版、江西种子植物名录、浙江植物志）
——*Polygonum praetermissum* Hook. f.（安徽植物志、福建植物志、江西植物志、江西种子植物名录、浙江植物志、FOC）
原生。华东分布：安徽、福建、江苏、江西、浙江。

伏毛蓼 *Persicaria pubescens* (Blume) H. Hara
别名：粗毛水（江西种子植物名录），辣蓼（江西种子植物名录），毛水蓼（福建植物志），柔毛蓼（山东植物志），软叶水蓼（福建植物志），无辣蓼（安徽植物志、浙江植物志）
——*Polygonum hydropiper* var. *flaccidum* (Meisn.) Steward（福建植物志、江西种子植物名录）
——*Polygonum hydropiper* var. *hispidum* (Buch.-Ham. ex D. Don) Steward（福建植物志、江西种子植物名录）
——*Polygonum pubescens* Blume（安徽植物志、江西植物志、江西种子植物名录、山东植物志、上海维管植物名录、浙江植物志、FOC）
原生。华东分布：安徽、福建、江苏、江西、山东、上海、浙江。

圆基愉悦蓼 *Persicaria rotunda* (Z.Z. Zhou & Q.Y. Sun) Bo Li
——*Polygonum jucundum* var. *rotundum* Z.Z. Zhou & Q.Y. Sun（*Polygonum jucundum* var. *rotundum* Z.Z. Zhou & Q.Y. Sun, A New Variety of Polygonaceae from Anhui, China）
原生。华东分布：安徽、江西。

羽叶蓼 *Persicaria runcinata* (Buch.-Ham. ex D. Don) H. Gross
别名：赤胫散（福建植物志、江西种子植物名录）
——*Polygonum runcinatum* Buch.-Ham. ex D. Don（福建植物志、江西种子植物名录、FOC）
原生。华东分布：福建、江西。

赤胫散 *Persicaria runcinata* var. ***sinensis*** (Hemsl.) B. Li

别名：中华赤胫散（江西种子植物名录）

——"*Persicaria runcinata* var. *sinensis* (Hemsl.) Q.X. Liu "=*Persicaria runcinata* var. *sinensis* (Hemsl.) B. Li.（不合法名称。江苏植物志 第 2 版）

——*Polygonum runcinatum* var. *sinense* Hemsl.（安徽植物志、江西植物志、江西种子植物名录、上海维管植物名录、浙江植物志、FOC）

原生、栽培。华东分布：安徽、江苏、江西、上海、浙江。

箭头蓼 *Persicaria sagittata* (L.) H. Gross

别名：箭叶蓼（安徽植物志、福建植物志、江苏植物志 第 2 版、江西植物志、江西种子植物名录、山东植物志、浙江植物志）

——*Polygonum sagittatum* L.（山东植物志、FOC）

——*Polygonum sieboldii* Meisn.（安徽植物志、福建植物志、江西植物志、江西种子植物名录、浙江植物志）

原生。华东分布：安徽、福建、江苏、江西、山东、浙江。

刺蓼 *Persicaria senticosa* (Meisn.) H. Gross

别名：廊茵（福建植物志）

——*Polygonum senticosum* (Meisn.) Franch. & Sav.（安徽植物志、福建植物志、江西植物志、江西种子植物名录、山东植物志、上海维管植物名录、浙江植物志）

原生。华东分布：安徽、福建、江苏、江西、山东、上海、浙江。

大箭叶蓼 *Persicaria senticosa* var. ***sagittifolia*** (H. Gross) Yonek. & H. Ohashi

——*Persicaria darrisii* (H. Lév.) Q.X. Liu（江苏植物志 第 2 版）

——*Polygonum darrisii* H. Lév.（江西种子植物名录、FOC）

——*Polygonum sagittifolium* (Ortega) Kuntze（安徽植物志、福建植物志、江西植物志、浙江植物志）

原生。华东分布：安徽、福建、江苏、江西、浙江。

中华蓼 *Persicaria sinica* Migo

——*Polygonum sinicum* (Migo) Fang & Zheng（安徽植物志、福建植物志、浙江植物志）

原生。华东分布：安徽、福建、浙江。

糙毛蓼 *Persicaria strigosa* (R. Br.) H. Gross

——*Polygonum strigosum* R. Br.（福建植物志、江西种子植物名录、FOC）

原生。华东分布：福建、江西。

细叶蓼 *Persicaria taquetii* (H. Lév.) Koidz.

别名：穗下蓼（江西植物志）

——*Polygonum taquetii* H. Lév.（安徽植物志、福建植物志、江西植物志、江西种子植物名录、上海维管植物名录、浙江植物志、FOC）

原生。华东分布：安徽、福建、江苏、江西、上海、浙江。

戟叶蓼 *Persicaria thunbergii* (Sieb. & Zucc.) H. Gross

——*Polygonum thunbergii* Sieb. & Zucc.（安徽植物志、福建植物志、江西植物志、江西种子植物名录、山东植物志、浙江植物志、FOC）

原生。华东分布：安徽、福建、江苏、江西、山东、浙江。

蓼蓝 *Persicaria tinctoria* (Aiton) Spach

——*Polygonum tinctorium* Aiton（安徽植物志、福建植物志、江西植物志、山东植物志、上海维管植物名录、浙江植物志、FOC）

原生、栽培。华东分布：安徽、福建、江苏、江西、山东、上海、浙江。

黏蓼 *Persicaria viscofera* (Makino) H. Gross

别名：粗壮粘液蓼（安徽植物志、福建植物志、浙江植物志），粘蓼（江西植物志、山东植物志、上海维管植物名录、FOC），粘液蓼（安徽植物志、浙江植物志），中轴蓼（江苏植物志 第 2 版、江西种子植物名录）

——*Persicaria excurrens* (Steward) Koidz.（江苏植物志 第 2 版）

——*Polygonum excurrens* Steward（江西种子植物名录）

——*Polygonum viscoferum* Makino（安徽植物志、江西植物志、江西种子植物名录、山东植物志、上海维管植物名录、浙江植物志、FOC）

——*Polygonum viscoferum* var. *robustum* Makino（安徽植物志、福建植物志、浙江植物志）

原生。华东分布：安徽、福建、江苏、江西、山东、上海、浙江。

香蓼 *Persicaria viscosa* (Buch.-Ham. ex D. Don) H. Gross ex T. Mori

别名：黏毛蓼（江苏植物志 第 2 版、江西种子植物名录），粘毛蓼（安徽植物志、福建植物志、江西植物志、浙江植物志）

——*Polygonum viscosum* Buch.-Ham. ex D. Don（安徽植物志、福建植物志、江西植物志、江西种子植物名录、上海维管植物名录、浙江植物志、FOC）

原生。华东分布：安徽、福建、江苏、江西、山东、上海、浙江。

武功山蓼 *Persicaria wugongshanensis* Bo Li

原生。华东分布：江西。

拳参属 *Bistorta*

（蓼科 Polygonaceae）

拳参 *Bistorta officinalis* Delarbre

别名：拳蓼（安徽植物志、江西种子植物名录、山东植物志）

——*Polygonum bistorta* L.（安徽植物志、江西植物志、江西种子植物名录、浙江植物志、FOC）

原生。华东分布：安徽、江苏、江西、山东、浙江。

支柱拳参 *Bistorta suffulta* (Maxim.) Greene ex H. Gross

别名：毛叶支柱蓼（A New Variety of *Polygonum* from Jiangxi and Its Morphological Characters of Leaf Epidermis、江西种子植物名录），支持蓼（浙江植物志），支柱蓼（安徽植物志、江西植物志、江西种子植物名录、山东植物志）

——*Polygonum suffultum* Maxim.（安徽植物志、江西植物志、江西种子植物名录、山东植物志、浙江植物志）

——*Polygonum suffultum* var. *tomentosum* Bo Li & Shao F. Chen（A New Variety of *Polygonum* from Jiangxi and Its Morphological Characters of Leaf Epidermis、江西种子植物名录）

原生。华东分布：安徽、江西、山东、浙江。

细穗支柱拳参 *Bistorta suffulta* subsp. ***pergracilis*** (Hemsl.) Soják

别名：细穗支柱蓼（安徽植物志、FOC）

——*Polygonum suffultum* var. *pergracile* (Hemsl.) Sam.（安徽植物志、FOC）

原生。华东分布：安徽、浙江。

冰岛蓼属 *Koenigia*

（蓼科 Polygonaceae）

高山神血宁 *Koenigia alpina* (All.) T.M. Schust. & Reveal

别名：高山蓼（山东植物志）
——*Polygonum alpinum* All.（山东植物志、FOC）
原生。华东分布：山东。
叉分神血宁 *Koenigia divaricata* (L.) T.M. Schust. & Reveal
别名：叉分蓼（山东植物志）
——*Polygonum divaricatum* L.（山东植物志、FOC）
原生。华东分布：山东。

荞麦属 *Fagopyrum*

（蓼科 Polygonaceae）

金荞麦 *Fagopyrum dibotrys* (D. Don) H. Hara
别名：金荞（上海维管植物名录、FOC），荞麦三七（江西种子植物名录），野荞麦（浙江植物志）
——*Fagopyrum cymosum* (Trevir.) Meisn.（福建植物志、江西种子植物名录）
原生、栽培。华东分布：安徽、福建、江苏、江西、上海、浙江。
荞麦 *Fagopyrum esculentum* Moench
——*Fagopyrum sagittatum* Gilib.（福建植物志、江西植物志）
原生、栽培。华东分布：安徽、福建、江苏、江西、山东、上海、浙江。
细柄野荞麦 *Fagopyrum gracilipes* (Hemsl.) Dammer
别名：细柄野荞（上海维管植物名录、FOC）
原生。华东分布：上海。
苦荞麦 *Fagopyrum tataricum* (L.) Gaertn.
别名：苦荞（FOC）
原生、栽培。华东分布：福建、江西。

酸模属 *Rumex*

（蓼科 Polygonaceae）

酸模 *Rumex acetosa* L.
原生。华东分布：安徽、福建、江苏、江西、山东、上海、浙江。
小酸模 *Rumex acetosella* L.
原生。华东分布：福建、江西、山东、浙江。
黑龙江酸模 *Rumex amurensis* F. Schmidt ex Maxim.
别名：阿穆尔酸模（安徽植物志、山东植物志）
原生。华东分布：安徽、江苏、山东。
网果酸模 *Rumex chalepensis* Mill.
别名：中亚酸模（安徽植物志、江西植物志、浙江植物志）
原生。华东分布：安徽、江苏、江西、上海、浙江。
荒地酸模 *Rumex conglomeratus* Murray
原生。华东分布：安徽。
皱叶酸模 *Rumex crispus* L.
原生。华东分布：江苏、江西、山东、上海、浙江。
齿果酸模 *Rumex dentatus* L.
——"*Rumex dendatus*"=*Rumex dentatus* L.（拼写错误。江西植物志）
原生。华东分布：安徽、福建、江苏、江西、山东、上海、浙江。
羊蹄 *Rumex japonicus* Houtt.
——"*Rumex japonecus*"=*Rumex japonicus* Houtt.（拼写错误。江西植物志）
原生。华东分布：安徽、福建、江苏、江西、山东、上海、浙江。
长叶酸模 *Rumex longifolius* DC.
原生。华东分布：山东。
刺酸模 *Rumex maritimus* L.
别名：假菠菜（江西种子植物名录），长刺酸模（福建植物志、山东植物志）
原生。华东分布：福建、江苏、江西、山东。
小果酸模 *Rumex microcarpus* Campd.
原生。华东分布：江苏、上海。
尼泊尔酸模 *Rumex nepalensis* Spreng.
原生。华东分布：江苏、江西、浙江。
钝叶酸模 *Rumex obtusifolius* L.
别名：土大黄（江西种子植物名录）
——"*Rumex madaio*"=*Rumex obtusifolius* L.（误用名。江西种子植物名录）
原生。华东分布：江苏、江西、山东、浙江。
巴天酸模 *Rumex patientia* L.
原生。华东分布：江苏、山东。
中亚酸模 *Rumex popovii* Pachom.
原生。华东分布：江西。
长刺酸模 *Rumex trisetifer* Stokes
——"*Rumex trisetiferus*"=*Rumex trisetifer* Stokes（拼写错误。安徽植物志、浙江植物志）
原生。华东分布：安徽、福建、江苏、江西、上海、浙江。

西伯利亚蓼属 *Knorringia*

（蓼科 Polygonaceae）

西伯利亚蓼 *Knorringia sibirica* (Laxm.) Tzvelev
别名：西伯利亚神血宁（FOC）
——*Aconogonon sibiricum* (Laxm.) H. Hara（江苏植物志 第2版）
——*Polygonum sibiricum* Laxm.（安徽植物志、山东植物志）
原生。华东分布：安徽、江苏、山东。

何首乌属 *Pleuropterus*

（蓼科 Polygonaceae）

何首乌 *Pleuropterus multiflorus* (Thunb.) Turcz. ex Nakai
别名：夜交藤（江西种子植物名录）
——"*Polygonum multiforum*"=*Polygonum multiflorum* Thunb.（拼写错误。江西植物志）
——*Fallopia multiflora* (Thunb.) Czerep.（江苏植物志 第2版、江西种子植物名录、上海维管植物名录）
——*Polygonum multiflorum* Thunb.（安徽植物志、福建植物志、江西种子植物名录、山东植物志、浙江植物志）
原生。华东分布：安徽、福建、江苏、江西、山东、上海、浙江。

虎杖属 *Reynoutria*

（蓼科 Polygonaceae）

蔓虎杖 *Reynoutria forbesii* (Hance) T. Yamaz.
别名：华蔓首乌（FOC）
——*Fallopia forbesii* (Hance) Yonek. & H. Ohashi（FOC）
原生。华东分布：安徽、江西、山东、浙江。
虎杖 *Reynoutria japonica* Houtt.
——"*Polygonum cuspidata*"=*Polygonum cuspidatum* Sieb. & Zucc.（拼写错误。浙江植物志）
——*Polygonum cuspidatum* Sieb. & Zucc.（安徽植物志、福建植

物志、江西植物志、山东植物志）
原生。华东分布：安徽、福建、江苏、江西、山东、上海、浙江。

藤蓼属 *Fallopia*

（蓼科 Polygonaceae）

卷茎蓼 *Fallopia convolvulus* (L.) Á. Löve
别名：蔓首乌（江苏植物志 第 2 版、上海维管植物名录、FOC）
——*Polygonum convolvulus* L.（安徽植物志、江西种子植物名录、山东植物志）
原生。华东分布：安徽、江苏、江西、山东、上海。

齿翅蓼 *Fallopia dentatoalata* (F. Schmidt) Holub
别名：齿翅首乌（江苏植物志 第 2 版、上海维管植物名录、FOC）
——"*Polygonum dentato-alatum*"=*Polygonum dentatoalatum* F. Schmidt（拼写错误。安徽植物志、山东植物志）
原生。华东分布：安徽、江苏、山东、上海。

篱蓼 *Fallopia dumetorum* (L.) Holub
别名：篱首乌（江苏植物志 第 2 版、FOC）
——*Polygonum dumetorum* L.（山东植物志）
原生。华东分布：江苏、山东。

疏花篱首乌 *Fallopia dumetorum* var. ***pauciflora*** (Maxim.) A.J. Li
原生。华东分布：山东。

萹蓄属 *Polygonum*

（蓼科 Polygonaceae）

帚萹蓄 *Polygonum argyrocoleon* Steud. ex Kunze
原生。华东分布：上海。

萹蓄 *Polygonum aviculare* L.
别名：大叶萹蓄（江西植物志、江西种子植物名录）
——"*Polygonum aciculare* var. *vegetum*"=*Polygonum aviculare* var. *vegetum* Ledeb.（拼写错误。江西种子植物名录）
——*Polygonum aviculare* var. *vegetum* Ledeb.（江西植物志）
——*Polygonum heterophyllum* Lindm.（福建植物志）
原生。华东分布：安徽、福建、江苏、江西、山东、上海、浙江。

褐鞘萹蓄 *Polygonum fusco-ochreatum* Kom.
——*Polygonum aviculare* var. *fusco-ochreatum* (Kom.) A.J. Li（FOC）
原生。华东分布：山东。

展枝萹蓄 *Polygonum patulum* M. Bieb.
别名：直立萹蓄（Some New Taxa from Shandong Province）
——*Polygonum aviculare* f. *erectum* J.X. Li & Y.M. Zhang（Some New Taxa from Shandong Province）
原生。华东分布：山东。

习见萹蓄 *Polygonum plebeium* R. Br.
别名：铁马鞭（FOC），习见蓼（江苏植物志 第 2 版、江西植物志、江西种子植物名录、山东植物志、上海维管植物名录、浙江植物志），腋花蓼（安徽植物志、福建植物志）
原生。华东分布：安徽、福建、江苏、江西、山东、上海、浙江。

茅膏菜科 Droseraceae

茅膏菜属 *Drosera*

（茅膏菜科 Droseraceae）

锦地罗 *Drosera burmannii* Vahl
——"*Drosera burmanni*"=*Drosera burmannii* Vahl（拼写错误。FOC）
原生。华东分布：福建、江西、浙江。

长叶茅膏菜 *Drosera indica* L.
原生。华东分布：福建。

长柱茅膏菜 *Drosera oblanceolata* Y.Z. Ruan
原生。华东分布：福建。

茅膏菜 *Drosera peltata* Thunb.
别名：光萼茅膏菜（江西植物志、江西种子植物名录、浙江植物志），芽膏菜（江西种子植物名录）
——*Drosera peltata* var. *glabrata* Y.Z. Ruan（江西植物志、江西种子植物名录、浙江植物志）
——*Drosera peltata* var. *lunata* (Buch.-Ham. ex DC.) C.B. Clarke（安徽植物志、福建植物志、江西种子植物名录）
原生。华东分布：安徽、福建、江苏、江西、上海、浙江。

圆叶茅膏菜 *Drosera rotundifolia* L.
别名：叉梗茅膏菜（江西植物志、江西种子植物名录、浙江植物志）
——*Drosera rotundifolia* var. *furcata* Y.Z. Ruan（江西植物志、江西种子植物名录、浙江植物志）
原生。华东分布：福建、江西、浙江。

匙叶茅膏菜 *Drosera spatulata* Labill.
——"*Drosera spathulata*"=*Drosera spatulata* Labill.（拼写错误。福建植物志、浙江植物志）
原生。华东分布：福建、浙江。

石竹科 Caryophyllaceae

多荚草属 *Polycarpon*

（石竹科 Caryophyllaceae）

多荚草 *Polycarpon prostratum* (Forssk.) Asch. & Schweinf.
别名：多荚果（福建植物志）
——*Polycarpon indicum* (Retz.) Merr.（福建植物志）
原生。华东分布：福建、江西。

白鼓钉属 *Polycarpaea*

（石竹科 Caryophyllaceae）

白鼓钉 *Polycarpaea corymbosa* (L.) Lam.
别名：满天星（江西种子植物名录）
原生。华东分布：安徽、福建、江西。

牛漆姑属 *Spergularia*

（石竹科 Caryophyllaceae）

牛漆姑 *Spergularia marina* (L.) Besser
别名：拟漆姑（安徽植物志、福建植物志、江苏植物志 第 2 版、山东植物志、上海维管植物名录、浙江植物志），拟漆姑草（江西植物志、江西种子植物名录）

——*Spergularia salina* J. Presl & C. Presl（安徽植物志、福建植物志、江西植物志、江西种子植物名录）
原生。华东分布：安徽、福建、江苏、江西、山东、上海、浙江。
闭花拟漆姑草 *Spergularia marina* var. *cleistogama* Y.X. Ma & D.L. Cui
原生。华东分布：浙江。

大爪草属 *Spergula*

（石竹科 Caryophyllaceae）

大爪草 *Spergula arvensis* L.
原生。华东分布：山东。

漆姑草属 *Sagina*

（石竹科 Caryophyllaceae）

漆姑草 *Sagina japonica* (Sw.) Ohwi
原生。华东分布：安徽、福建、江苏、江西、山东、上海、浙江。
根叶漆姑草 *Sagina maxima* A. Gray
原生。华东分布：江西。

种阜草属 *Moehringia*

（石竹科 Caryophyllaceae）

种阜草 *Moehringia lateriflora* (L.) Fenzl
原生。华东分布：江西。
三脉种阜草 *Moehringia trinervia* (L.) Clairv.
别名：安徽繁缕（安徽植物志、江西植物志、江西种子植物名录）
——*Stellaria anhweiensis* Migo（安徽植物志、江西植物志、江西种子植物名录）
原生。华东分布：安徽、江苏、江西。

无心菜属 *Arenaria*

（石竹科 Caryophyllaceae）

老牛筋 *Arenaria juncea* M. Bieb.
别名：灯芯草蚤缀（山东植物志）
原生。华东分布：江苏、山东。
无心菜 *Arenaria serpyllifolia* L.
别名：鹅不食草（江西种子植物名录），细枝蚤缀（江西植物志、江西种子植物名录），蚤缀（安徽植物志、福建植物志、江苏植物志 第2版、江西植物志、江西种子植物名录、山东植物志、浙江植物志）
——"*Arenaria aerpyllifolia*"=*Arenaria serpyllifolia* L.（拼写错误。江西种子植物名录）
——*Arenaria leptoclados* Boiss.（江西植物志、江西种子植物名录）
原生。华东分布：安徽、福建、江苏、江西、山东、上海、浙江。

薄蒴草属 *Lepyrodiclis*

（石竹科 Caryophyllaceae）

薄蒴草 *Lepyrodiclis holosteoides* (C.A. Mey.) Fenzl ex Fisch. & C.A. Mey.
原生。华东分布：上海。

孩儿参属 *Pseudostellaria*

（石竹科 Caryophyllaceae）

蔓孩儿参 *Pseudostellaria davidii* (Franch.) Pax
别名：蔓假繁缕（安徽植物志）
原生。华东分布：安徽、山东、浙江。
异花孩儿参 *Pseudostellaria heterantha* (Maxim.) Pax
别名：天目山孩儿参［*Pseudostellaria tianmushanensis* sp. nov. (Caryophyllaceae) from Zhejiang, China］，异花假繁缕（安徽植物志）
——*Pseudostellaria tianmushanensis* G.H. Xia & G.Y. Li［*Pseudostellaria tianmushanensis* sp. nov. (Caryophyllaceae) from Zhejiang, China］
原生。华东分布：安徽、浙江。
孩儿参 *Pseudostellaria heterophylla* (Miq.) Pax
别名：太子参（江苏植物志 第2版）
原生。华东分布：安徽、江苏、江西、山东、浙江。
细叶孩儿参 *Pseudostellaria sylvatica* (Maxim.) Pax
原生。华东分布：江西。
武夷山孩儿参 *Pseudostellaria wuyishanensis* X. Luo & Q.Y. Yang
原生。华东分布：福建。
浙江孩儿参 *Pseudostellaria zhejiangensis* X.F. Jin & B.Y. Ding
原生。华东分布：浙江。

卷耳属 *Cerastium*

（石竹科 Caryophyllaceae）

卷耳 *Cerastium arvense* subsp. *strictum* Gaudin
——"*Cerastium arvense*"=*Cerastium arvense* subsp. *strictum* Gaudin（误用名。江西种子植物名录）
原生。华东分布：江西。
喜泉卷耳 *Cerastium fontanum* Baumg.
原生。华东分布：安徽、福建、江苏、江西、浙江。
簇生泉卷耳 *Cerastium fontanum* subsp. *vulgare* (Hartm.) Greuter & Burdet
别名：簇生卷耳（安徽植物志、福建植物志、江西植物志、江西种子植物名录、浙江植物志），粘毛卷耳（山东植物志），紫色卷耳（江西植物志、江西种子植物名录）
——"*Cerastium caespitosum* Gilib."=*Cerastium fontanum* subsp. *vulgare* (Hartm.) Greuter & Burdet（不合法名称。江西植物志）
——*Cerastium caespitosum* Asch.（安徽植物志、福建植物志、江西种子植物名录、浙江植物志）
——*Cerastium caespitosum* f. *purpureum* S.S. Lai（江西植物志、江西种子植物名录）
——*Cerastium viscosum* L.（山东植物志）
原生。华东分布：安徽、福建、江苏、江西、山东、浙江。
球序卷耳 *Cerastium glomeratum* Thuill.
别名：紫色卷耳（江西种子植物名录）
外来。华东分布：安徽、福建、江苏、江西、山东、上海、浙江。
清凉峰卷耳 *Cerastium qingliangfengicum* H.W. Zhang & X.F. Jin
原生。华东分布：浙江。
鄂西卷耳 *Cerastium wilsonii* Takeda
别名：卵叶卷耳（FOC）
原生。华东分布：安徽。

雀舌草属 *Stellaria*

（石竹科 Caryophyllaceae）

雀舌草 *Stellaria alsine* Grimm
——*Stellaria uliginosa* Murray（江西植物志、江西种子植物名录、

浙江植物志）
原生。华东分布：安徽、福建、江苏、江西、山东、上海、浙江。

林繁缕 *Stellaria bungeana* var. *stubendorfii* (Regel) Y.C. Chu
别名：长瓣繁缕（浙江植物志）
原生。华东分布：浙江。

中国繁缕 *Stellaria chinensis* Regel
别名：中华繁缕（浙江植物志）
原生。华东分布：安徽、江苏、江西、山东、浙江。

翻白繁缕 *Stellaria discolor* Turcz.
原生。华东分布：安徽、浙江。

禾叶繁缕 *Stellaria graminea* L.
原生。华东分布：安徽、山东。

繁缕 *Stellaria media* (L.) Vill.
原生。华东分布：安徽、福建、江苏、江西、山东、上海、浙江。

单子繁缕 *Stellaria monosperma* Buch.-Ham. ex D. Don
别名：独子繁缕（FOC）
原生。华东分布：浙江。

皱叶繁缕 *Stellaria monosperma* var. *japonica* Maxim.
原生。华东分布：福建、江西、浙江。

鸡肠繁缕 *Stellaria neglecta* Weihe ex Bluff & Fingerh.
别名：鹅肠繁缕（江西植物志、浙江植物志），赛繁缕（江西种子植物名录）
原生。华东分布：江苏、江西、上海、浙江。

多花繁缕 *Stellaria nipponica* Ohwi
——"*Stellaria florida*"=*Stellaria nipponica* Ohwi（误用名。安徽植物志）
原生。华东分布：安徽。

峨眉繁缕 *Stellaria omeiensis* C.Y. Wu & Y.W. Tsui ex P. Ke
原生。华东分布：福建、江西、浙江。

无瓣繁缕 *Stellaria pallida* (Dumort.) Piré
别名：安徽繁缕（浙江植物志）
——"*Stellaria anhweiensis*"=*Stellaria pallida* (Dumort.) Piré（误用名。浙江植物志）
外来。华东分布：安徽、福建、江苏、江西、山东、上海、浙江。

沼生繁缕 *Stellaria palustris* Ehrh. ex Hoffm.
别名：湿地繁缕（安徽植物志），沼泽繁缕（山东植物志）
原生。华东分布：安徽、山东、浙江。

网脉繁缕 *Stellaria reticulivena* Hayata
原生。华东分布：江苏、浙江。

岩繁缕 *Stellaria rupestris* Pax
原生。华东分布：安徽。

柳叶繁缕 *Stellaria salicifolia* Y.W. Cui ex P. Ke
原生。华东分布：浙江。

箐姑草 *Stellaria vestita* Kurz
别名：充繁缕（江西植物志、江西种子植物名录），假石生繁缕（浙江植物志），石生繁缕（安徽植物志、江西植物志、江西种子植物名录）
——*Stellaria pseudosaxatilis* Hand.-Mazz.（江西植物志、江西种子植物名录、浙江植物志）
——*Stellaria saxatilis* Buch.-Ham. ex D. Don（安徽植物志、江西植物志、江西种子植物名录）
原生。华东分布：安徽、福建、江西、山东、浙江。

巫山繁缕 *Stellaria wushanensis* F.N. Williams
原生。华东分布：福建、江西、浙江。

鹅肠菜属 *Myosoton*

（石竹科 Caryophyllaceae）

鹅肠菜 *Myosoton aquaticum* (L.) Moench
别名：牛繁缕（福建植物志、江苏植物志 第2版、浙江植物志）
——*Malachium aquaticum* (L.) Fr.（安徽植物志、福建植物志、山东植物志、浙江植物志）
原生。华东分布：安徽、福建、江苏、江西、山东、上海、浙江。

假卷耳属 *Pseudocerastium*

（石竹科 Caryophyllaceae）

假卷耳 *Pseudocerastium stellarioides* X.H. Guo & X.P. Zhang
原生。华东分布：安徽。

麦仙翁属 *Agrostemma*

（石竹科 Caryophyllaceae）

麦仙翁 *Agrostemma githago* L.
外来、栽培。华东分布：安徽、江苏、山东、上海、浙江。

蝇子草属 *Silene*

（石竹科 Caryophyllaceae）

女娄菜 *Silene aprica* Turcz. ex Fisch. & C.A. Mey.
别名：女蒌菜（江西种子植物名录）
——*Melandrium apricum* (Turcz.) Rohrb.（安徽植物志、福建植物志、江西植物志）
原生。华东分布：安徽、福建、江苏、江西、山东、上海、浙江。

狗筋蔓 *Silene baccifera* (L.) Durande
——*Cucubalus baccifer* L.（安徽植物志、福建植物志、江苏植物志 第2版、江西植物志、江西种子植物名录、山东植物志、浙江植物志）
原生。华东分布：安徽、福建、江苏、江西、山东、浙江。

剪春罗 *Silene banksia* (Meerb.) Mabb.
别名：剪夏罗（安徽植物志、福建植物志、江西植物志、浙江植物志）
——*Lychnis coronata* Thunb.（安徽植物志、福建植物志、江苏植物志 第2版、江西植物志、江西种子植物名录、浙江植物志、FOC）
原生。华东分布：安徽、福建、江苏、江西、浙江。

皱叶剪秋罗 *Silene chalcedonica* (L.) E.H.L. Krause
——*Lychnis chalcedonica* L.（江苏植物志 第2版、江西植物志、FOC）
原生、栽培。华东分布：江苏、江西。

浅裂剪秋罗 *Silene cognata* (Maxim.) H. Ohashi & H. Nakai
——*Lychnis cognata* Maxim.（江苏植物志 第2版、山东植物志、FOC）
原生。华东分布：江苏、山东、浙江。

麦瓶草 *Silene conoidea* L.
原生。华东分布：安徽、江苏、江西、山东、上海、浙江。

坚硬女娄菜 *Silene firma* Sieb. & Zucc.
别名：粗壮女娄菜（江西植物志、山东植物志、浙江植物志），

光萼女娄菜（安徽植物志），疏毛女娄菜（FOC）
——*Melandrium firmum* (Sieb. & Zucc.) Rohrb.（安徽植物志、江西植物志）
原生。华东分布：安徽、福建、江苏、江西、山东、上海、浙江。
鹤草 *Silene fortunei* Vis.
别名：野蚊子草（安徽植物志），蝇子草（福建植物志、江苏植物志 第2版、江西植物志、山东植物志、浙江植物志）
原生。华东分布：安徽、福建、江苏、江西、山东、浙江。
剪秋罗 *Silene fulgens* (Fisch. ex Spreng.) E.H.L. Krause
别名：大花剪秋萝（江西植物志）
——*Lychnis fulgens* Fisch.（江西植物志、FOC）
原生、栽培。华东分布：江西。
西欧蝇子草 *Silene gallica* L.
别名：匙叶麦瓶草（福建植物志），蝇子草（中国外来入侵植物名录）
外来、栽培。华东分布：福建、浙江。
山蚂蚱草 *Silene jenisseensis* Willd.
别名：山蚂蚱（山东植物志）
原生。华东分布：山东。
白花蝇子草 *Silene latifolia* subsp. ***alba*** (Mill.) Greuter & Burdet
外来。华东分布：山东。
齐云山蝇子草 *Silene qiyunshanensis* X.H. Guo & X.L. Liu
原生。华东分布：安徽。
剪红纱花 *Silene senno* (Sieb. & Zucc.) S. Akiyama
别名：剪秋罗（安徽植物志、江苏植物志 第2版、江西植物志、浙江植物志）
——*Lychnis senno* Sieb. & Zucc.（安徽植物志、江苏植物志 第2版、江西植物志、江西种子植物名录、浙江植物志、FOC）
原生。华东分布：安徽、江苏、江西、浙江。
石生蝇子草 *Silene tatarinowii* Regel
原生。华东分布：江苏、江西。
白玉草 *Silene vulgaris* (Moench) Garcke
原生。华东分布：上海。

石头花属 *Gypsophila*

（石竹科 Caryophyllaceae）

长蕊石头花 *Gypsophila oldhamiana* Miq.
别名：霞草（安徽植物志、江苏植物志 第2版）
原生。华东分布：安徽、江苏、山东。
大叶石头花 *Gypsophila pacifica* Kom.
原生。华东分布：江西。
麦蓝菜 *Gypsophila vaccaria* (L.) Sm.
别名：王不留行（安徽植物志、江西植物志、江西种子植物名录、山东植物志、浙江植物志）
——*Vaccaria hispanica* (Mill.) Rauschert（江苏植物志 第2版、上海维管植物名录、FOC）
——*Vaccaria segetalis* (Neck.) Garcke（安徽植物志、江西植物志、江西种子植物名录、山东植物志、浙江植物志）
原生。华东分布：安徽、江苏、江西、山东、上海、浙江。

石竹属 *Dianthus*

（石竹科 Caryophyllaceae）

石竹 *Dianthus chinensis* L.
别名：长苞石竹（山东植物志），长萼石竹（山东植物志）
——*Dianthus chinensis* var. *liaotungensis* Y.C. Chu（山东植物志）
——*Dianthus chinensis* var. *longisquama* Nakai & Kitag.（山东植物志）
原生。华东分布：安徽、福建、江苏、江西、山东、上海、浙江。
山东石竹 *Dianthus chinensis* var. ***shandongensis*** J.X. Li & F.Q. Zhou
原生。华东分布：山东。
长萼瞿麦 *Dianthus longicalyx* Miq.
原生。华东分布：江苏、江西、山东、浙江。
瞿麦 *Dianthus superbus* L.
原生。华东分布：安徽、福建、江苏、江西、山东、上海、浙江。

苋科 Amaranthaceae

碱蓬属 *Suaeda*

（苋科 Amaranthaceae）

南方碱蓬 *Suaeda australis* (R. Br.) Moq.
原生。华东分布：福建、江苏、江西、上海、浙江。
碱蓬 *Suaeda glauca* (Bunge) Bunge
原生。华东分布：江苏、山东、上海、浙江。
平卧碱蓬 *Suaeda prostrata* Pall.
原生。华东分布：安徽、江苏、浙江。
盐地碱蓬 *Suaeda salsa* (L.) Pall.
原生。华东分布：安徽、江苏、山东、上海、浙江。

盐角草属 *Salicornia*

（苋科 Amaranthaceae）

北美海蓬子 *Salicornia bigelovii* Torr.
外来、栽培。华东分布：江苏。
盐角草 *Salicornia europaea* L.
原生。华东分布：江苏、山东、浙江。

沙冰藜属 *Bassia*

（苋科 Amaranthaceae）

地肤 *Bassia scoparia* (L.) A.J. Scott
——*Kochia scoparia* (L.) Schrad.（安徽植物志、福建植物志、江苏植物志 第2版、江西植物志、江西种子植物名录、山东植物志、上海维管植物名录、浙江植物志、FOC）
原生。华东分布：安徽、福建、江苏、江西、山东、上海、浙江。

雾冰藜属 *Grubovia*

（苋科 Amaranthaceae）

雾冰藜 *Grubovia dasyphylla* (Fisch. & C.A. Mey.) Freitag & G. Kadereit
——*Bassia dasyphylla* (Fisch. & C.A. Mey.) Kuntze（FOC）
原生。华东分布：山东。

猪毛菜属 *Kali*

（苋科 Amaranthaceae）

猪毛菜 *Kali collinum* (Pall.) Akhani & Roalson

——*Salsola collina* Pall.（江苏植物志 第 2 版、山东植物志、上海维管植物名录、FOC）
原生。华东分布：安徽、江苏、山东、上海。
无翅猪毛菜 *Kali komarovii* (Iljin) Akhani & Roalson
——*Salsola komarovii* Iljin（江苏植物志 第 2 版、山东植物志、浙江植物志、FOC）
原生。华东分布：江苏、山东、浙江。
刺沙蓬 *Kali tragus* Scop.
——*Salsola ruthenica* Iljin（山东植物志、浙江植物志）
——*Salsola tragus* L.（江苏植物志 第 2 版、上海维管植物名录、FOC）
原生。华东分布：江苏、山东、上海、浙江。

青葙属 *Celosia*

（苋科 Amaranthaceae）

青葙 *Celosia argentea* L.
别名：青箱（江西植物志）
原生。华东分布：安徽、福建、江苏、江西、山东、上海、浙江。
鸡冠花 *Celosia cristata* L.
外来、栽培。华东分布：安徽、福建、江苏、江西、山东、上海、浙江。

苋属 *Amaranthus*

（苋科 Amaranthaceae）

白苋 *Amaranthus albus* L.
外来。华东分布：山东。
北美苋 *Amaranthus blitoides* S. Watson
外来。华东分布：安徽、山东。
凹头苋 *Amaranthus blitum* L.
别名：野苋菜（江西种子植物名录）
——*Amaranthus lividus* L.（安徽植物志、福建植物志、江西植物志、江西种子植物名录、山东植物志、浙江植物志）
外来。华东分布：安徽、福建、江苏、江西、山东、上海、浙江。
尾穗苋 *Amaranthus caudatus* L.
别名：老枪谷（中国外来入侵植物名录）
外来、栽培。华东分布：安徽、福建、江苏、江西、山东、上海、浙江。
繁穗苋 *Amaranthus cruentus* L.
别名：老鸦谷（中国外来入侵植物名录）
——*Amaranthus paniculatus* L.（安徽植物志、江西植物志、江西种子植物名录、山东植物志、浙江植物志）
外来、栽培。华东分布：安徽、福建、江苏、江西、山东、上海、浙江。
假刺苋 *Amaranthus dubius* Mart. ex Thell.
外来。华东分布：安徽、江西、浙江。
腋花苋 *Amaranthus graecizans* subsp. ***thellungianus*** (Nevski) Gusev
——*Amaranthus roxburghianus* H.W. Kung（江苏植物志 第 2 版、山东植物志）
外来。华东分布：江苏、山东。
绿穗苋 *Amaranthus hybridus* L.
别名：大序绿穗苋（江苏植物志 第 2 版、浙江植物志），反枝苋（江苏植物志 第 2 版、浙江植物志）
——"*Amaranthus retroflexus*"=*Amaranthus hybridus* L.（误用名。江苏植物志 第 2 版、浙江植物志）
——*Amaranthus patulus* Bertol.（江苏植物志 第 2 版、浙江植物志）
外来。华东分布：安徽、福建、江苏、江西、山东、上海、浙江。
千穗谷 *Amaranthus hypochondriacus* L.
别名：凤尾红（福建植物志）
——*Amaranthus hybridus* var. *hypochondriacus* (L.) B.L. Rob.（福建植物志）
外来、栽培。华东分布：安徽、福建、江苏、江西、山东、上海、浙江。
长芒苋 *Amaranthus palmeri* S. Watson
外来。华东分布：山东。
合被苋 *Amaranthus polygonoides* L.
别名：泰山苋（安徽植物志、山东植物志）
——*Amaranthus taishanensis* F.Z. Li & C.K. Ni（安徽植物志、山东植物志）
外来。华东分布：安徽、江苏、山东、上海、浙江。
反枝苋 *Amaranthus retroflexus* L.
外来。华东分布：安徽、江西、山东。
刺苋 *Amaranthus spinosus* L.
外来。华东分布：安徽、福建、江苏、江西、山东、上海、浙江。
薄叶苋 *Amaranthus tenuifolius* Willd.
外来。华东分布：江苏、山东。
苋 *Amaranthus tricolor* L.
别名：苋菜（江苏植物志 第 2 版）
外来、栽培。华东分布：安徽、福建、江苏、江西、山东、上海、浙江。
糙果苋 *Amaranthus tuberculatus* (Moq.) J.D. Sauer
外来。华东分布：山东。
皱果苋 *Amaranthus viridis* L.
外来。华东分布：安徽、福建、江苏、江西、山东、上海、浙江。

长序苋属 *Digera*

（苋科 Amaranthaceae）

长序苋 *Digera muricata* (L.) Mart.
外来。华东分布：安徽。

杯苋属 *Cyathula*

（苋科 Amaranthaceae）

川牛膝 *Cyathula officinalis* K.C. Kuan
原生。华东分布：江西。
杯苋 *Cyathula prostrata* (L.) Blume
原生。华东分布：福建。

牛膝属 *Achyranthes*

（苋科 Amaranthaceae）

土牛膝 *Achyranthes aspera* L.
原生。华东分布：福建、江苏、江西、浙江。
禾叶土牛膝 *Achyranthes aspera* var. ***rubrofusca*** (Wight) Hook. f.
别名：褐叶土牛膝（福建植物志）
——"*Achyranthes aspera* var. *rubro-fusca*"=*Achyranthes aspera*

var. *rubrofusca* (Wight) Hook. f.（拼写错误。福建植物志）
原生。华东分布：福建。

牛膝 *Achyranthes bidentata* Blume
别名：红叶牛膝（浙江植物志）
——*Achyranthes bidentata* f. *rubra* F.C.Ho（浙江植物志）
原生。华东分布：安徽、福建、江苏、江西、山东、上海、浙江。

少毛牛膝 *Achyranthes bidentata* var. ***japonica*** Miq.
原生。华东分布：安徽、江西、上海、浙江。

柳叶牛膝 *Achyranthes longifolia* (Makino) Makino
原生。华东分布：安徽、福建、江苏、江西、山东、浙江。

莲子草属 *Alternanthera*

（苋科 Amaranthaceae）

巴西莲子草 *Alternanthera brasiliana* (L.) Kuntze
外来、栽培。华东分布：福建、江西。

空心莲子草 *Alternanthera philoxeroides* (Mart.) Griseb.
别名：喜旱莲子草（安徽植物志、江西植物志、山东植物志、上海维管植物名录、浙江植物志、FOC）
外来、栽培。华东分布：安徽、福建、江苏、江西、山东、上海、浙江。

刺花莲子草 *Alternanthera pungens* Kunth
外来。华东分布：福建。

莲子草 *Alternanthera sessilis* (L.) R. Br. ex DC.
别名：狭叶莲子草（福建植物志、浙江植物志）
——*Alternanthera nodiflora* R. Br.（福建植物志、浙江植物志）
原生。华东分布：安徽、福建、江苏、江西、山东、上海、浙江。

千日红属 *Gomphrena*

（苋科 Amaranthaceae）

银花苋 *Gomphrena celosioides* Mart.
外来。华东分布：福建、江西、浙江。

千日红 *Gomphrena globosa* L.
——"*Comphrena globosa*"=*Gomphrena globosa* L.（拼写错误。江西种子植物名录）
外来、栽培。华东分布：安徽、福建、江苏、江西、山东、上海、浙江。

沙蓬属 *Agriophyllum*

（苋科 Amaranthaceae）

沙蓬 *Agriophyllum squarrosum* (L.) Moq.
原生。华东分布：安徽。

虫实属 *Corispermum*

（苋科 Amaranthaceae）

烛台虫实 *Corispermum candelabrum* Iljin
原生。华东分布：山东。

兴安虫实 *Corispermum chinganicum* Iljin
原生。华东分布：山东。

毛果虫实 *Corispermum chinganicum* var. ***stellipile*** C. P. Tsien & C. G. Ma
原生。华东分布：山东。

软毛虫实 *Corispermum puberulum* Iljin
别名：光果软毛虫实（山东植物志）
——*Corispermum puberulum* var. *ellipsocarpum* Tsien & C.G. Ma（山东植物志）
原生。华东分布：安徽、江苏、山东、上海。

细苞虫实 *Corispermum stenolepis* Kitagawa
原生。华东分布：山东。

毛果绳虫实 *Corispermum tylocarpum* Hance
——*Corispermum declinatum* var. *tylocarpum* (Hance) C.P. Tsien & C.G. Ma（山东植物志）
原生。华东分布：江苏、山东、上海。

刺藜属 *Teloxys*

（苋科 Amaranthaceae）

刺藜 *Teloxys aristata* (L.) Moq.
——*Chenopodium aristatum* L.（山东植物志）
——*Dysphania aristata* (L.) Mosyakin & Clemants（江苏植物志 第2版、上海维管植物名录、FOC）
原生。华东分布：江苏、山东、上海。

腺毛藜属 *Dysphania*

（苋科 Amaranthaceae）

土荆芥 *Dysphania ambrosioides* (L.) Mosyakin & Clemants
——*Chenopodium ambrosioides* L.（安徽植物志、福建植物志、江西植物志、江西种子植物名录、山东植物志、浙江植物志）
外来。华东分布：安徽、福建、江苏、江西、山东、上海、浙江。

香藜 *Dysphania botrys* (L.) Mosyakin & Clemants
原生。华东分布：上海。

铺地藜 *Dysphania pumilio* (R. Br.) Mosyakin & Clemants
外来。华东分布：山东。

红叶藜属 *Oxybasis*

（苋科 Amaranthaceae）

灰绿藜 *Oxybasis glauca* (L.) S. Fuentes, Uotila & Borsch
——*Chenopodium glaucum* L.（安徽植物志、江苏植物志 第2版、江西种子植物名录、山东植物志、上海维管植物名录、浙江植物志、FOC）
原生。华东分布：安徽、福建、江苏、江西、山东、上海、浙江。

东亚市藜 *Oxybasis micrantha* (Trautv.) Sukhor. & Uotila
——*Chenopodium urbicum* subsp. *sinicum* H.W. Kung & G.L. Chu（江苏植物志 第2版、山东植物志、FOC）
原生。华东分布：江苏、山东。

麻叶藜属 *Chenopodiastrum*

（苋科 Amaranthaceae）

杂配藜 *Chenopodiastrum hybridum* (L.) S. Fuentes, Uotila & Borsch
——*Chenopodium hybridum* L.（山东植物志、中国外来入侵植物名录）
外来。华东分布：山东。

滨藜属 *Atriplex*

（苋科 Amaranthaceae）

中亚滨藜 *Atriplex centralasiatica* Iljin
原生。华东分布：山东。

海滨藜 *Atriplex maximowicziana* Makino
原生。濒危（EN）。华东分布：福建。

异苞滨藜 *Atriplex micrantha* C.A. Mey.
原生。华东分布：上海。
滨藜 *Atriplex patens* (Litv.) Iljin
原生。华东分布：江苏、山东、上海。

藜属 *Chenopodium*
（苋科 Amaranthaceae）

尖头叶藜 *Chenopodium acuminatum* Willd.
别名：狭叶尖头山藜（江苏植物志 第 2 版）
原生。华东分布：江苏、山东、浙江。
狭叶尖头叶藜 *Chenopodium acuminatum* subsp. ***virgatum*** (Thunb.) Kitam.
原生。华东分布：福建、上海、浙江。
藜 *Chenopodium album* L.
别名：白藜（江苏植物志 第 2 版）
原生。华东分布：安徽、福建、江苏、江西、山东、上海、浙江。
小藜 *Chenopodium ficifolium* Sm.
——"*Chenopodium serotinum*"=*Chenopodium ficifolium* Sm.（误用名。安徽植物志、福建植物志、江西植物志、江西种子植物名录、山东植物志、浙江植物志）
原生。华东分布：安徽、福建、江苏、江西、山东、上海、浙江。
杖藜 *Chenopodium giganteum* D. Don
别名：红心藜（浙江植物志）
——*Chenopodium album* var. *centrorubrum* Makino（浙江植物志）
外来。华东分布：上海、浙江。
细穗藜 *Chenopodium gracilispicum* H.W. Kung
原生。华东分布：安徽、江苏、江西、山东、上海、浙江。
细叶藜 *Chenopodium stenophyllum* (Makino) Koidz.
——*Chenopodium album* var. *stenophyllum* Makino（上海维管植物名录）
原生。华东分布：上海。

番杏科 Aizoaceae

海马齿属 *Sesuvium*
（番杏科 Aizoaceae）

海马齿 *Sesuvium portulacastrum* (L.) L.
原生。华东分布：福建。

番杏属 *Tetragonia*
（番杏科 Aizoaceae）

番杏 *Tetragonia tetragonoides* (Pall.) Kuntze
——"*Tetragonia tetragonioides*"=*Tetragonia tetragonoides* (Pall.) Kuntze（拼写错误。浙江植物志、FOC）
外来、栽培。华东分布：福建、江苏、江西、上海、浙江。

商陆科 Phytolaccaceae

商陆属 *Phytolacca*
（商陆科 Phytolaccaceae）

商陆 *Phytolacca acinosa* Roxb.
原生。华东分布：安徽、福建、江苏、江西、山东、上海、浙江。
垂序商陆 *Phytolacca americana* L.
别名：华东商陆［*Phytolacca americana* var. *huadongensis* (Phytolaccaceae), A New Chinese Variety with Thyrsoid Inflorescences］，美商陆（山东植物志），美洲商陆（安徽植物志、浙江植物志）
——*Phytolacca americana* var. *huadongensis* X.H. Li［*Phytolacca americana* var. *huadongensis* (Phytolaccaceae), A New Chinese Variety with Thyrsoid Inflorescences］
外来。华东分布：安徽、福建、江苏、江西、山东、上海、浙江。
日本商陆 *Phytolacca japonica* Makino
别名：浙江商陆（浙江植物志）
——*Phytolacca zhejiangensis* W.T. Fan（浙江植物志）
原生。华东分布：安徽、福建、江西、山东、浙江。

蒜香草科 Petiveriaceae

蒜香草属 *Petiveria*
（蒜香草科 Petiveriaceae）

蒜香草 *Petiveria alliacea* L.
别名：蒜味草（中国外来入侵植物名录）
外来。华东分布：福建。

紫茉莉科 Nyctaginaceae

叶子花属 *Bougainvillea*
（紫茉莉科 Nyctaginaceae）

叶子花 *Bougainvillea spectabilis* Willd.
外来、栽培。华东分布：福建、江西。

紫茉莉属 *Mirabilis*
（紫茉莉科 Nyctaginaceae）

紫茉莉 *Mirabilis jalapa* L.
外来、栽培。华东分布：安徽、福建、江苏、江西、山东、上海、浙江。

黄细心属 *Boerhavia*
（紫茉莉科 Nyctaginaceae）

黄细心 *Boerhavia diffusa* L.
原生。华东分布：福建、江西。
匍匐黄细心 *Boerhavia repens* L.
原生。华东分布：福建。

粟米草科 Molluginaceae

粟米草属 *Trigastrotheca*
（粟米草科 Molluginaceae）

粟米草 *Trigastrotheca stricta* (L.) Thulin
——"*Mollugo pentaphylla*"=*Mollugo stricta* L.（误用名。安徽植物志、福建植物志、山东植物志、浙江植物志）
——*Mollugo stricta* L.（江苏植物志 第 2 版、江西植物志、江西种子植物名录、上海维管植物名录）
原生。华东分布：安徽、福建、江苏、江西、山东、上海、浙江。

星粟草属 *Glinus*

（粟米草科 Molluginaceae）

长梗星粟草 *Glinus oppositifolius* (L.) Aug. DC.
原生。华东分布：浙江。

毯粟草属 *Mollugo*

（粟米草科 Molluginaceae）

毯粟草 *Mollugo verticillata* L.
别名：多棱粟米草（福建植物志、山东植物志），种棱粟米草（上海维管植物名录、FOC）
——*Mollugo costata* Y.T. Chang & C.F. Wei（福建植物志、山东植物志）
原生。华东分布：安徽、福建、山东、上海、浙江。

落葵科 Basellaceae

落葵薯属 *Anredera*

（落葵科 Basellaceae）

落葵薯 *Anredera cordifolia* (Ten.) Steenis
别名：细枝落葵薯（浙江植物志），心叶落葵薯（福建植物志、江西植物志）
——"*Anredera gracilis* var. *pseudobaselloides* L.H. Bailey"=*Boussingaultia gracilis* var. *pseudobaselloides* (Hauman) L.H. Bailey（名称未合格发表。安徽植物志）
外来、栽培。华东分布：安徽、福建、江西、浙江。

落葵属 *Basella*

（落葵科 Basellaceae）

落葵 *Basella alba* L.
——*Basella rubra* L.（安徽植物志、福建植物志、江西植物志、江西种子植物名录、山东植物志、浙江植物志）
外来、栽培。华东分布：安徽、福建、江苏、江西、山东、上海、浙江。

土人参科 Talinaceae

土人参属 *Talinum*

（土人参科 Talinaceae）

土人参 *Talinum paniculatum* (Jacq.) Gaertn.
外来、栽培。华东分布：安徽、福建、江苏、江西、山东、上海、浙江。

马齿苋科 Portulacaceae

马齿苋属 *Portulaca*

（马齿苋科 Portulacaceae）

大花马齿苋 *Portulaca grandiflora* Hook.
外来、栽培。华东分布：安徽、福建、江苏、江西、山东、上海、浙江。

马齿苋 *Portulaca oleracea* L.
原生。华东分布：安徽、福建、江苏、江西、山东、上海、浙江。

毛马齿苋 *Portulaca pilosa* L.
别名：多毛马齿苋（福建植物志、江西植物志）
外来。华东分布：福建、江西。

仙人掌科 Cactaceae

仙人掌属 *Opuntia*

（仙人掌科 Cactaceae）

仙人掌 *Opuntia dillenii* (Ker Gawl.) Haw.
外来、栽培。华东分布：安徽、福建、江苏、江西、山东、上海、浙江。

梨果仙人掌 *Opuntia ficus-indica* (L.) Mill.
别名：少刺仙人掌（福建植物志）
——"*Opuntia vulgaris*"=*Opuntia ficus-indica* (L.) Mill.（误用名。福建植物志）
外来、栽培。华东分布：福建。

匍地仙人掌 *Opuntia humifusa* (Raf.) Raf.
别名：二色仙人掌（*Opuntia cespitosa* Rafinesque, A New Naturalized Species of Cactaceae from China），匍地仙人掌（中国外来入侵植物名录）
——"*Opuntia cespitosa*"=*Opuntia humifusa* (Raf.) Raf.（误用名。*Opuntia cespitosa* Rafinesque, A New Naturalized Species of Cactaceae from China）
外来。华东分布：江苏、山东。

单刺仙人掌 *Opuntia monacantha* Haw.
外来、栽培。华东分布：福建、浙江。

蓝果树科 Nyssaceae

喜树属 *Camptotheca*

（蓝果树科 Nyssaceae）

喜树 *Camptotheca acuminata* Decne.
别名：旱莲木（安徽植物志）
原生、栽培。华东分布：安徽、福建、江苏、江西、山东、上海、浙江。

洛氏喜树 *Camptotheca lowreyana* S.Y. Li
原生。华东分布：福建、江西。

蓝果树属 *Nyssa*

（蓝果树科 Nyssaceae）

蓝果树 *Nyssa sinensis* Oliv.
别名：紫树（安徽植物志）
原生。华东分布：安徽、福建、江苏、江西、浙江。

绣球科 Hydrangeaceae

黄山梅属 *Kirengeshoma*

（绣球科 Hydrangeaceae）

黄山梅 *Kirengeshoma palmata* Yatabe
原生。华东分布：安徽、浙江。

溲疏属 *Deutzia*

（绣球科 Hydrangeaceae）

钩齿溲疏 *Deutzia baroniana* Diels
别名：李叶溲疏（山东植物志）
——*Deutzia hamata* Koehne ex Gilg & Loes.（山东植物志）
原生。华东分布：江苏、山东。

浙江溲疏 *Deutzia faberi* Rehder
别名：天台溲疏（浙江植物志）
原生。华东分布：浙江。

光萼溲疏 *Deutzia glabrata* Kom.
别名：无毛溲疏（山东植物志）
原生。华东分布：山东。

无柄溲疏 *Deutzia glabrata* var. ***sessilifolia*** (Pamp.) Zaik.
原生。华东分布：山东。

黄山溲疏 *Deutzia glauca* W.C. Cheng
原生。华东分布：安徽、福建、江苏、江西、浙江。

斑萼溲疏 *Deutzia glauca* var. ***decalvata*** S.M. Hwang
原生。华东分布：浙江。

大花溲疏 *Deutzia grandiflora* Bunge
原生。华东分布：江苏、山东。

宁波溲疏 *Deutzia ningpoensis* Rehder
别名：杂毛溲疏（浙江植物志）
——*Deutzia chunii* H.H. Hu（浙江植物志）
原生。华东分布：安徽、福建、江西、浙江。

小花溲疏 *Deutzia parviflora* Bunge
原生。华东分布：山东。

长江溲疏 *Deutzia schneideriana* Rehder
别名：疏花溲疏（江西种子植物名录）
——*Deutzia schneideriana* var. *laxiflora* Rehder（江西种子植物名录）
原生。华东分布：安徽、江苏、江西、浙江。

四川溲疏 *Deutzia setchuenensis* Franch.
别名：川溲疏（福建植物志）
原生。华东分布：福建、江西。

山梅花属 *Philadelphus*

（绣球科 Hydrangeaceae）

短序山梅花 *Philadelphus brachybotrys* (Koehne) Koehne
原生。华东分布：福建、江苏、江西、浙江。

山梅花 *Philadelphus incanus* Koehne
原生、栽培。华东分布：安徽、福建、江苏、江西。

疏花山梅花 *Philadelphus laxiflorus* Rehder
别名：光盘山梅花（安徽植物志）
原生。华东分布：安徽、江西。

太平花 *Philadelphus pekinensis* Rupr.
原生、栽培。华东分布：江苏、江西、浙江。

绢毛山梅花 *Philadelphus sericanthus* Koehne
原生。华东分布：安徽、福建、江苏、江西、浙江。

牯岭山梅花 *Philadelphus sericanthus* var. ***kulingensis*** (Koehne) Hand.-Mazz.
别名：牿岭山梅花（江西种子植物名录）
原生。华东分布：安徽、江西、浙江。

浙江山梅花 *Philadelphus zhejiangensis* S.M. Hwang
别名：疏花短序山梅花（福建植物志），疏花山梅花（安徽植物志、浙江植物志）
——*Philadelphus brachybotrys* var. *laxiflorus* (Cheng) S.Y. Hu（安徽植物志、浙江植物志）
原生、栽培。华东分布：安徽、福建、江苏、江西、浙江。

常山属 *Dichroa*

（绣球科 Hydrangeaceae）

常山 *Dichroa febrifuga* Lour.
原生、栽培。华东分布：安徽、福建、江苏、江西、浙江。

光绣球属 *Hydrangea*

（绣球科 Hydrangeaceae）

冠盖绣球 *Hydrangea anomala* D. Don
别名：冠绣盖球（安徽植物志）
原生、栽培。华东分布：安徽、福建、江苏、江西、浙江。

马桑绣球 *Hydrangea aspera* D. Don
原生。华东分布：江苏。

尾叶绣球 *Hydrangea caudatifolia* W.T. Wang & M.X. Nie
原生。华东分布：江西。

中国绣球 *Hydrangea chinensis* Maxim.
别名：大叶伞形绣球（福建植物志、江西植物志），江西绣球（福建植物志、江西植物志、江西种子植物名录），绿瓣绣球（江西植物志），伞花绣球（江西种子植物名录），伞形绣球（安徽植物志、福建植物志、江西植物志、江西种子植物名录、浙江植物志）
——*Hydrangea angustipetala* Hayata（福建植物志、江西植物志、江西种子植物名录、浙江植物志）
——*Hydrangea angustipetala* var. *major* W.T. Wang & M.X. Nie(福建植物志、江西植物志）
——*Hydrangea chloroleuca* Diels（江西植物志）
——*Hydrangea jiangxiensis* W.T. Wang & M.X. Nie（福建植物志、江西植物志、江西种子植物名录）
——*Hydrangea scandens* subsp. *chinensis* (Maxim.) E.M. McClint.（安徽植物志）
——*Hydrangea umbellata* Rehder（安徽植物志、江西种子植物名录）
原生。华东分布：安徽、福建、江西、浙江。

展毛中国绣球 *Hydrangea chinensis* var. ***patentihirsuta*** Z.H. Chen
原生。华东分布：浙江。

福建绣球 *Hydrangea chungii* Rehder
原生。华东分布：福建、江西。

酥醪绣球 *Hydrangea coenobialis* Chun
别名：紫枝柳叶绣球（福建植物志）
——*Hydrangea stenophylla* var. *decorticata* Chun（福建植物志）
原生。华东分布：福建。

细枝绣球 *Hydrangea gracilis* W.T. Wang & M.X. Nie
原生。华东分布：江西。

粤西绣球 *Hydrangea kwangsiensis* Hu
别名：广西绣球（江西种子植物名录）
原生。华东分布：江西。

广东绣球 *Hydrangea kwangtungensis* Merr.
别名：椭圆广东绣球（江西种子植物名录）
——*Hydrangea kwangtungensis* var. *elliptica* Chun（江西种子植物名录）
原生。华东分布：江西。
狭叶绣球 *Hydrangea lingii* G. Hoo
别名：林氏绣球（福建植物志、江西植物志），紫叶绣球（江西植物志）
——*Hydrangea vinicolor* Chun（江西植物志）
原生。华东分布：福建、江西。
临桂绣球 *Hydrangea linkweiensis* Chun
别名：支序伞形绣球（福建植物志）
——*Hydrangea angustipetala* var. *subumbellata* W.T. Wang（福建植物志）
原生。华东分布：福建。
莼兰绣球 *Hydrangea longipes* Franch.
别名：长绣柄球（安徽植物志）
原生。华东分布：安徽、江西。
莽山绣球 *Hydrangea mangshanensis* C.F. Wei
原生。华东分布：江西。
圆锥绣球 *Hydrangea paniculata* Sieb.
原生、栽培。华东分布：安徽、福建、江苏、江西、浙江。
粗枝绣球 *Hydrangea robusta* Hook. f. & Thomson
原生。华东分布：安徽、福建、江西、浙江。
泽八绣球 *Hydrangea serrata* f. *acuminata* (Sieb. & Zucc.) E.H. Wilson
别名：泽绣球（浙江植物志）
原生。华东分布：浙江。
柳叶绣球 *Hydrangea stenophylla* Merr. & Chun
原生。华东分布：江西。
蜡莲绣球 *Hydrangea strigosa* Rehder
别名：八仙腊莲绣球（浙江植物志），阔叶腊莲绣球（江西植物志），腊莲绣球（安徽植物志、福建植物志、江西植物志、浙江植物志）
——*Hydrangea aspera* subsp. *strigosa* (Rehder) E.M. McClint.（安徽植物志）
——*Hydrangea strigosa* f. *sterilis* Rehder（浙江植物志）
——*Hydrangea strigosa* var. *macrophylla* (Hemsl.) Rehder（江西植物志）
原生。华东分布：安徽、福建、江西、浙江。
浙皖绣球 *Hydrangea zhewanensis* P.S. Hsu & X.P. Zhang
原生。华东分布：安徽、江西、浙江。

蛛网萼属 *Platycrater*

（绣球科 Hydrangeaceae）

蛛网萼 *Platycrater arguta* Sieb. & Zucc.
原生。华东分布：安徽、福建、江西、浙江。

草绣球属 *Cardiandra*

（绣球科 Hydrangeaceae）

台湾草绣球 *Cardiandra formosana* Hayata
原生。华东分布：浙江。
草绣球 *Cardiandra moellendorffii* (Hance) Migo
别名：人心药（福建植物志、江西植物志、浙江植物志）
——"*Cardiandra noellendorffii* (Hance) Li"=*Cardiandra moellendorffi* (Hance) Migo（拼写错误；不合法名称。安徽植物志）
原生。华东分布：安徽、福建、江苏、江西、浙江。

冠盖藤属 *Pileostegia*

（绣球科 Hydrangeaceae）

星毛冠盖藤 *Pileostegia tomentella* Hand.-Mazz.
原生。华东分布：福建、江西、浙江。
冠盖藤 *Pileostegia viburnoides* Hook. f. & Thomson
原生。华东分布：安徽、福建、江西、浙江。

钻地风属 *Schizophragma*

（绣球科 Hydrangeaceae）

秦榛钻地风 *Schizophragma corylifolium* Chun
别名：华东钻地风（安徽植物志）
——"*Schizophragma hydrangeoides* f. *sinicum* C.C. Yang"=*Schizophragma corylifolium* Chun（误用名。安徽植物志）
原生。华东分布：安徽、浙江。
圆叶钻地风 *Schizophragma fauriei* Hayata
原生。华东分布：福建。
白背钻地风 *Schizophragma hypoglaucum* Rehder
原生。华东分布：江西。
钻地风 *Schizophragma integrifolium* Oliv.
别名：小齿钻地风（安徽植物志、江西植物志、江西种子植物名录、浙江植物志）
——*Schizophragma integrifolium* f. *denticulatum* (Rehder) Chun（安徽植物志、江西植物志、江西种子植物名录、浙江植物志）
原生。华东分布：安徽、福建、江苏、江西、浙江。
粉绿钻地风 *Schizophragma integrifolium* var. *glaucescens* Rehder
原生。华东分布：安徽、福建、江西、浙江。
柔毛钻地风 *Schizophragma molle* (Rehder) Chun
别名：毛叶钻地风（江西种子植物名录）
原生。华东分布：安徽、福建、江苏、江西、浙江。

山茱萸科 Cornaceae

八角枫属 *Alangium*

（山茱萸科 Cornaceae）

八角枫 *Alangium chinense* (Lour.) Harms
原生。华东分布：安徽、福建、江苏、江西、山东、上海、浙江。
稀花八角枫 *Alangium chinense* subsp. *pauciflorum* W.P. Fang
原生。华东分布：江西。
伏毛八角枫 *Alangium chinense* subsp. *strigosum* W.P. Fang
原生。华东分布：安徽、福建、江苏、江西。
深裂八角枫 *Alangium chinense* subsp. *triangulare* (Wangerin) W.P. Fang
原生。华东分布：安徽、江西。
小花八角枫 *Alangium faberi* Oliv.
原生。华东分布：江西。
毛八角枫 *Alangium kurzii* Craib

别名：伞花八角枫（江西种子植物名录），伞形八角枫（福建植物志、江西植物志、浙江植物志），疏叶八角枫（江西植物志、江西种子植物名录）

——*Alangium handelii* var. *laxifolium* (Y.C. Wu) Fang（江西植物志）

——*Alangium handelii* var. *umbellatum* (Yang) Fang（江西植物志）

——*Alangium kurzii* var. *laxifolium* (Y.C. Wu) W.P. Fang（江西种子植物名录）

——*Alangium kurzii* var. *umbellatum* (Y.C. Yang) W.P. Fang（福建植物志、江西种子植物名录、浙江植物志）

原生。华东分布：安徽、福建、江苏、江西、浙江。

云山八角枫 ***Alangium kurzii*** var. ***handelii*** (Schnarf) W.P. Fang

——*Alangium handelii* Schnarf（江西植物志）

原生。华东分布：安徽、福建、江苏、江西、浙江。

三裂瓜木 ***Alangium platanifolium*** var. ***trilobum*** (Miq.) Ohwi

别名：瓜木（安徽植物志、福建植物志、江西植物志、江西种子植物名录、山东植物志、浙江植物志）

——"*Alangium platanifolium*"=*Alangium platanifolium* var. *trilobum* (Miq.) Ohwi（误用名。安徽植物志、福建植物志、江西植物志、江西种子植物名录、山东植物志、浙江植物志）

原生。华东分布：安徽、福建、江苏、江西、山东、浙江。

日本八角枫 ***Alangium premnifolium*** Ohwi

原生。华东分布：安徽、江苏、江西、浙江。

山茱萸属 *Cornus*

（山茱萸科 Cornaceae）

红瑞木 ***Cornus alba*** L.

——*Swida alba* (L.) Opiz（江西植物志、山东植物志）

原生、栽培。华东分布：江苏、江西、山东。

头状四照花 ***Cornus capitata*** Wall.

——*Dendrobenthamia capitata* (Wall.) Hutch.（江西植物志、江西种子植物名录）

原生。华东分布：江西。

川鄂山茱萸 ***Cornus chinensis*** Wangerin

原生。华东分布：江西、浙江。

灯台树 ***Cornus controversa*** Hemsl.

——"*Bothrocaryum controversa*"=*Bothrocaryum controversum* (Hemsl.) Pojark.（拼写错误。江西植物志）

——*Bothrocaryum controversum* (Hemsl.) Pojark.（江西种子植物名录、山东植物志）

原生、栽培。华东分布：安徽、福建、江苏、江西、山东、上海、浙江。

尖叶四照花 ***Cornus elliptica*** (Pojark.) Q.Y. Xiang & Boufford

别名：武夷四照花（江西植物志、江西种子植物名录）

——*Dendrobenthamia angustata* (Chun) W.P. Fang（安徽植物志、福建植物志、江西植物志、江西种子植物名录）

——*Dendrobenthamia angustata* var. *wuyishanensis* (W.P. Fang & Y.T. Hsieh) W.P. Fang & W.K. Hu（江西植物志、江西种子植物名录）

原生。华东分布：安徽、福建、江西。

香港四照花 ***Cornus hongkongensis*** Hemsl.

——*Dendrobenthamia hongkongensis* (Hemsl.) Hutch.（江西植物志、江西种子植物名录）

原生。华东分布：江西。

秀丽四照花 ***Cornus hongkongensis*** subsp. ***elegans*** (W.P. Fang & Y.T. Hsieh) Q.Y. Xiang

别名：秀丽香港四照花（浙江植物志）

——*Dendrobenthamia elegans* W.P. Fang & Y.T. Hsieh（福建植物志、江西植物志、江西种子植物名录）

原生。华东分布：福建、江西、浙江。

褐毛四照花 ***Cornus hongkongensis*** subsp. ***ferruginea*** (Y.C. Wu) Q.Y. Xiang

别名：江西褐毛四照花（江西植物志），江西四照花（江西种子植物名录）

——*Dendrobenthamia ferruginea* (Y.C. Wu) W.P. Fang（江西植物志）

——*Dendrobenthamia ferruginea* var. *jiangxiensis* W.P. Fang & Y.T. Hsieh（江西种子植物名录）

原生。华东分布：江西。

东瀛四照花 ***Cornus kousa*** F. Buerger ex Hance

原生、栽培。华东分布：浙江。

四照花 ***Cornus kousa*** subsp. ***chinensis*** (Osborn) Q.Y. Xiang

——*Dendrobenthamia japonica* var. *chinensis* (Osborn) W.P. Fang（安徽植物志、江西植物志、江西种子植物名录、山东植物志）

原生、栽培。华东分布：安徽、江苏、江西、山东、浙江。

梾木 ***Cornus macrophylla*** Wall.

别名：梾木（江西种子植物名录）

——*Swida macrophylla* (Wall.) Soják（江西植物志、江西种子植物名录、山东植物志）

原生。华东分布：安徽、福建、江苏、江西、山东、浙江。

山茱萸 ***Cornus officinalis*** Sieb. & Zucc.

——*Macrocarpium officinale* (Sieb. & Zucc.) Nakai（安徽植物志）

原生、栽培。近危（NT）。华东分布：安徽、福建、江苏、江西、山东、上海、浙江。

小梾木 ***Cornus quinquenervis*** Franch.

别名：小梾木（江西种子植物名录）

——*Cornus paucinervis* Hance（福建植物志）

——*Swida paucinervis* (Hance) Soják（江西植物志、江西种子植物名录）

原生、栽培。华东分布：福建、江苏、江西。

毛梾 ***Cornus walteri*** Wangerin

别名：毛梾木（山东植物志），毛梾（江西种子植物名录）

——*Swida walteri* (Wangerin) Soják（江西植物志、江西种子植物名录、山东植物志）

原生。华东分布：安徽、福建、江苏、江西、山东、浙江。

光皮梾木 ***Cornus wilsoniana*** Wangerin

别名：光皮树（福建植物志、江西种子植物名录）

——*Swida wilsoniana* (Wangerin) Soják（江西植物志、江西种子植物名录）

原生、栽培。华东分布：福建、江苏、江西、浙江。

凤仙花科 Balsaminaceae

凤仙花属 *Impatiens*

（凤仙花科 Balsaminaceae）

安徽凤仙花 *Impatiens anhuiensis* Y.L. Chen
原生。华东分布：安徽。
凤仙花 *Impatiens balsamina* L.
外来、栽培。华东分布：安徽、福建、江苏、江西、山东、上海、浙江。
睫毛萼凤仙花 *Impatiens blepharosepala* E. Pritz.
别名：睫毛凤仙花（福建植物志）
原生。华东分布：安徽、福建、江西、浙江。
浙江凤仙花 *Impatiens chekiangensis* Y.L. Chen
原生。华东分布：江西、浙江。
苍南凤仙花 *Impatiens chekiangensis* var. ***cangnanensis*** Y.L. Xu & X.F. Jin
原生。华东分布：浙江。
多花凤仙花 *Impatiens chekiangensis* var. ***multiflora*** Y.L. Xu & X.F. Jin
原生。华东分布：安徽、浙江。
华凤仙 *Impatiens chinensis* L.
别名：华凤仙花（福建植物志）
原生。华东分布：安徽、福建、江西、浙江。
绿萼凤仙花 *Impatiens chlorosepala* Hand.-Mazz.
原生。华东分布：江西。
淡黄绿凤仙花 *Impatiens chloroxantha* Y.L. Chen
——*Impatiens platysepala* var. *chloroxantha* (Y.L. Chen) X.F. Jin & Y.L. Xu［New Materials of the Seed Plants in Zhejiang (V)］
原生。华东分布：福建、浙江。
鸭跖草状凤仙花 *Impatiens commelinoides* Hand.-Mazz.
别名：类鸭跖草凤仙花（福建植物志），鸭趾草状凤仙花（江西植物志）
——"*Impatiens commellinoides*"=*Impatiens commelinoides* Hand. -Mazz.（拼写错误。江西植物志、江西种子植物名录、浙江植物志）
原生。华东分布：福建、江西、浙江。
蓝花凤仙花 *Impatiens cyanantha* Hook. f.
原生。华东分布：福建。
牯岭凤仙花 *Impatiens davidii* Franch.
原生。华东分布：安徽、福建、江西、浙江。
齿萼凤仙花 *Impatiens dicentra* Franch. ex Hook. f.
原生。华东分布：江西。
封怀凤仙花 *Impatiens fenghwaiana* Y.L. Chen
原生。华东分布：江西、浙江。
东北凤仙花 *Impatiens furcillata* Hemsl.
原生。华东分布：山东。
中州凤仙花 *Impatiens henanensis* Y.L. Chen
原生。华东分布：江苏。
黄岩凤仙花 *Impatiens huangyanensis* X.F. Jin & B.Y. Ding
原生。近危（NT）。华东分布：福建、浙江。
狭萼黄岩凤仙花 *Impatiens huangyanensis* subsp. ***attenuata*** X.F. Jin & Z.H. Chen
原生。华东分布：浙江。
湖南凤仙花 *Impatiens hunanensis* Y.L. Chen
原生。华东分布：江西。
井冈山凤仙花 *Impatiens jinggangensis* Y.L. Chen
别名：井冈凤仙花（江西植物志），少花井冈凤仙花（江西植物志），少花井冈山凤仙花（江西种子植物名录）
——"*Impatiens jingangensis* var. *paucifora*"=*Impatiens jinggangensis* var. *pauciflora* Y.L. Chen（拼写错误。江西植物志）
——"*Impatiens jingangensis*"=*Impatiens jinggangensis* Y.L. Chen（拼写错误。江西植物志）
——*Impatiens jinggangensis* var. *pauciflora* Y.L. Chen（江西种子植物名录）
原生。华东分布：江西。
九龙山凤仙花 *Impatiens jiulongshanica* Y.L. Xu & Y.L. Chen
原生。华东分布：江西、浙江。
毛凤仙花 *Impatiens lasiophyton* Hook. f.
原生。华东分布：江西。
细柄凤仙花 *Impatiens leptocaulon* Hook. f.
原生。华东分布：江西。
卢氏凤仙花 *Impatiens lushiensis* Y.L. Chen
原生。华东分布：安徽。
浙皖凤仙花 *Impatiens neglecta* Y.L. Xu & Y.L. Chen
原生。华东分布：安徽、浙江。
水金凤 *Impatiens noli-tangere* L.
原生。华东分布：安徽、江西、山东、浙江。
丰满凤仙花 *Impatiens obesa* Hook. f.
原生。近危（NT）。华东分布：江西。
阔萼凤仙花 *Impatiens platysepala* Y.L. Chen
别名：括苍山凤仙花［A New Variety of *Impatiens* Linn. from Zhejiang Province、New Materials of the Seed Plants in Zhejiang (V)］
——*Impatiens kuocangshanica* (X.F. Jin & F.G. Zhang) X.F. Jin & Y.L. Xu［New Materials of the Seed Plants in Zhejiang (V)］
——*Impatiens platysepala* var. *kuocangshanica* X.F. Jin & F.G. Zhang（A New Variety of *Impatiens* Linn. from Zhejiang Province）
原生。华东分布：福建、江西、浙江。
翼萼凤仙花 *Impatiens pterosepala* Hook. f.
原生。华东分布：江西。
黄金凤 *Impatiens siculifer* Hook. f.
原生。华东分布：福建、江西。
遂昌凤仙花 *Impatiens suichangensis* Y.L. Xu & Y.L. Chen
原生。近危（NT）。华东分布：浙江。
泰顺凤仙花 *Impatiens taishunensis* Y.L. Chen & Y.L. Xu
原生。华东分布：浙江。
野凤仙花 *Impatiens textorii* Miq.
——"*Impatiens textori*"=*Impatiens textorii* Miq.（拼写错误。山东植物志）
原生。华东分布：山东。
天目山凤仙花 *Impatiens tienmushanica* Y.L. Chen
原生。华东分布：浙江。
长距天目山凤仙花 *Impatiens tienmushanica* var. ***longicalcarata*** Y.L. Xu & Y.L. Chen

原生。华东分布：浙江。

管茎凤仙花 ***Impatiens tubulosa*** Hemsl.

原生。华东分布：江西、浙江。

武夷凤仙花 ***Impatiens wuyiensis*** J.S. Wang, Y.F. Lu & X.F. Jin

原生。华东分布：福建。

婺源凤仙花 ***Impatiens wuyuanensis*** Y.L. Chen

原生。华东分布：江西。

艺林凤仙花 ***Impatiens yilingiana*** X.F. Jin, Shu Z. Yang & L. Qian

原生。华东分布：浙江。

五列木科 Pentaphylacaceae

五列木属 *Pentaphylax*

（五列木科 Pentaphylacaceae）

五列木 ***Pentaphylax euryoides*** Gardner & Champ.

原生。华东分布：福建、江西。

茶梨属 *Anneslea*

（五列木科 Pentaphylacaceae）

茶梨 ***Anneslea fragrans*** Wall.

别名：红楣（福建植物志）

原生。华东分布：福建、江西。

厚皮香属 *Ternstroemia*

（五列木科 Pentaphylacaceae）

厚皮香 ***Ternstroemia gymnanthera*** (Wight & Arn.) Bedd.

原生、栽培。华东分布：安徽、福建、江苏、江西、浙江。

日本厚皮香 ***Ternstroemia japonica*** Thunb.

原生、栽培。华东分布：福建、上海、浙江。

厚叶厚皮香 ***Ternstroemia kwangtungensis*** Merr.

别名：井冈山厚皮香（江西种子植物名录）

——"*Ternstroemia aubrotundafolia*"=*Ternstroemia subrotundifolia* Hung T. Chang（拼写错误。江西种子植物名录）

原生。华东分布：福建、江西。

尖萼厚皮香 ***Ternstroemia luteoflora*** L.K. Ling

原生。华东分布：福建、江西。

小叶厚皮香 ***Ternstroemia microphylla*** Merr.

原生。华东分布：福建。

亮叶厚皮香 ***Ternstroemia nitida*** Merr.

原生。华东分布：安徽、福建、江西、浙江。

红淡比属 *Cleyera*

（五列木科 Pentaphylacaceae）

凹脉红淡比 ***Cleyera incornuta*** Y.C. Wu

原生。华东分布：江西。

红淡比 ***Cleyera japonica*** Thunb.

原生。华东分布：安徽、福建、江苏、江西、浙江。

多瓣杨桐 ***Cleyera japonica*** subsp. ***pleiopetala*** Z.H. Chen, P.L. Chiu & G.Y. Li

原生。华东分布：浙江。

齿叶红淡比 ***Cleyera lipingensis*** (Hand.-Mazz.) T.L. Ming

原生。华东分布：江西。

厚叶红淡比 ***Cleyera pachyphylla*** Chun ex Hung T. Chang

原生。华东分布：福建、江西、浙江。

小叶红淡比 ***Cleyera parvifolia*** (Kobuski) Hu ex L.K. Ling

原生。近危（NT）。华东分布：江西。

杨桐属 *Adinandra*

（五列木科 Pentaphylacaceae）

川杨桐 ***Adinandra bockiana*** E. Pritz.

原生。华东分布：江西。

尖叶川杨桐 ***Adinandra bockiana*** var. ***acutifolia*** (Hand.-Mazz.) Kobuski

别名：尖叶川黄瑞木（福建植物志）

原生。华东分布：福建、江西。

两广杨桐 ***Adinandra glischroloma*** Hand.-Mazz.

原生。华东分布：江西。

长毛杨桐 ***Adinandra glischroloma*** var. ***jubata*** (H.L. Li) Kobuski

别名：美毛两广黄瑞木（福建植物志）

——"*Adinandra glischroloma* var. *jubuta*"=*Adinandra glischroloma* var. *jubata* (H.L. Li) Kobuski（拼写错误。福建植物志）

原生。华东分布：福建。

大萼杨桐 ***Adinandra glischroloma*** var. ***macrosepala*** (F.P. Metcalf) Kobuski

别名：大萼黄瑞木（浙江植物志），大萼两广黄瑞木（福建植物志）

原生。华东分布：福建、江西、浙江。

杨桐 ***Adinandra millettii*** (Hook. & Arn.) Benth. & Hook. f. ex Hance

别名：黄瑞木（安徽植物志、福建植物志、江西种子植物名录、浙江植物志）

原生、栽培。华东分布：安徽、福建、江西、浙江。

亮叶杨桐 ***Adinandra nitida*** Merr. ex H.L. Li

原生。华东分布：江西。

柃属 *Eurya*

（五列木科 Pentaphylacaceae）

尾尖叶柃 ***Eurya acuminata*** DC.

原生。近危（NT）。华东分布：安徽。

尖叶毛柃 ***Eurya acuminatissima*** Merr. & Chun

别名：尖叶柃（江西植物志）

原生。华东分布：江西。

尖萼毛柃 ***Eurya acutisepala*** Hu & L.K. Ling

原生。华东分布：福建、江西、浙江。

翅柃 ***Eurya alata*** Kobuski

原生。华东分布：安徽、福建、江苏、江西、浙江。

穿心柃 ***Eurya amplexifolia*** Dunn

原生。华东分布：福建。

黄腺柃 ***Eurya aureopunctata*** (Hung T. Chang) Z.H. Chen & P.L. Chiu

别名：金叶细枝柃（福建植物志、江西植物志、FOC）

——"*Eurya loquaiana* var. *aureo-punctata*"=*Eurya loquaiana* var. *aureopunctata* Hung T. Chang（拼写错误。福建植物志、江西植物志）

——*Eurya loquaiana* var. *aureopunctata* Hung T. Chang（FOC）
原生。华东分布：福建、江西。
短柱柃 *Eurya brevistyla* Kobuski
原生。华东分布：安徽、福建、江西。
米碎花 *Eurya chinensis* R. Br.
原生。华东分布：福建、江西、浙江。
光枝米碎花 *Eurya chinensis* var. ***glabra*** Hu & L.K. Ling
原生。华东分布：福建、江西。
二列叶柃 *Eurya distichophylla* Hemsl.
原生。华东分布：福建、江西。
滨柃 *Eurya emarginata* (Thunb.) Makino
原生、栽培。华东分布：福建、江苏、上海、浙江。
粗枝腺柃 *Eurya glandulosa* var. ***dasyclados*** (Kobuski) Hung T. Chang
原生。华东分布：福建。
岗柃 *Eurya groffii* Merr.
原生。华东分布：福建、江西。
微毛柃 *Eurya hebeclados* Ling
原生。华东分布：安徽、福建、江苏、江西、浙江。
凹脉柃 *Eurya impressinervis* Kobuski
原生。华东分布：江西。
柃木 *Eurya japonica* Thunb.
原生。华东分布：安徽、江苏、江西、上海、浙江。
细枝柃 *Eurya loquaiana* Dunn
原生。华东分布：安徽、福建、江西、浙江。
金叶细枝柃 *Eurya loquaiana* var. ***aureopunctata*** Hung T. Chang
别名：金叶微毛柃（江西种子植物名录、浙江植物志）
——"*Eurya hebeclados* var. *aureo-punctata*"=*Eurya hebeclados* var. *aureopunctata* (Hung T. Chang) L.K. Ling（拼写错误。福建植物志、江西种子植物名录、浙江植物志）
原生。华东分布：福建、江西、浙江。
黑柃 *Eurya macartneyi* Champ.
原生。华东分布：福建、江西。
从化柃 *Eurya metcalfiana* Kobuski
别名：丛化柃（福建植物志、江西种子植物名录）
原生。华东分布：安徽、福建、江苏、江西、浙江。
格药柃 *Eurya muricata* Dunn
别名：隔药柃（浙江植物志）
原生。华东分布：安徽、福建、江苏、江西、浙江。
毛枝格药柃 *Eurya muricata* var. ***huana*** (Kobuski) L.K. Ling
别名：胡氏格药柃（江西种子植物名录）
——"*Eurya muricata* var. *huiana*"=*Eurya muricata* var. *huana* (Kobuski) L.K. Ling（拼写错误。安徽植物志、江西植物志、江西种子植物名录、江西种子植物名录）
原生。华东分布：安徽、江西、浙江。
细齿叶柃 *Eurya nitida* Korth.
别名：细齿柃（浙江植物志），细齿叶柃木（江西植物志）
原生。华东分布：安徽、福建、江西、浙江。
矩圆叶柃 *Eurya oblonga* Y.C. Yang
原生。华东分布：江西。
钝叶柃 *Eurya obtusifolia* Hung T. Chang
原生。华东分布：江西。
窄基红褐柃 *Eurya rubiginosa* var. ***attenuata*** Hung T. Chang
原生。华东分布：安徽、福建、江苏、江西、浙江。
岩柃 *Eurya saxicola* Hung T. Chang
别名：毛岩柃（江西植物志）
——*Eurya saxicola* f. *puberula* Hung T. Chang（江西植物志）
原生。华东分布：安徽、福建、江西、浙江。
半齿柃 *Eurya semiserrulata* Hung T. Chang
——"*Eurya semiserrata*"=*Eurya semiserrulata* Hung T. Chang（拼写错误。江西种子植物名录）
原生。华东分布：江西。
四角柃 *Eurya tetragonoclada* Merr. & Chun
原生。华东分布：江西。
毛果柃 *Eurya trichocarpa* Korth.
原生。华东分布：江西。
单耳柃 *Eurya weissiae* Chun
原生。华东分布：福建、江西、浙江。

山榄科 Sapotaceae

肉实树属 *Sarcosperma*

（山榄科 Sapotaceae）

肉实树 *Sarcosperma laurinum* (Benth.) Hook. f.
——"*Sarcosperma laurianum*"=*Sarcosperma laurinum* (Benth.) Hook. f.（拼写错误。浙江植物志）
原生。华东分布：福建、浙江。

久榄属 *Sideroxylon*

（山榄科 Sapotaceae）

革叶铁榄 *Sideroxylon wightianum* Hook. & Arn.
别名：铁榄（福建植物志）
——*Sinosideroxylon wightianum* (Hook. & Arn.) Aubrév.（福建植物志、FOC）
原生。华东分布：福建。

柿科 Ebenaceae

柿属 *Diospyros*

（柿科 Ebenaceae）

乌柿 *Diospyros cathayensis* Steward
别名：福州柿（福建植物志）
——*Diospyros cathayensis* var. *foochowensis* (F.P. Metcalf & H.Y. Chen) S.T. Lee（福建植物志）
原生、栽培。华东分布：安徽、福建、江苏、浙江。
乌材 *Diospyros eriantha* Champ. ex Benth.
原生。华东分布：福建、江西。
山柿 *Diospyros japonica* Sieb. & Zucc.
别名：粉叶柿（福建植物志、江苏植物志 第2版、江西种子植物名录），浙江柿（安徽植物志、浙江植物志）
——*Diospyros glaucifolia* Metcalf（安徽植物志、福建植物志、江苏植物志 第2版、江西种子植物名录、浙江植物志）
原生。华东分布：安徽、福建、江苏、江西、浙江。

柿 ***Diospyros kaki*** Thunb.
别名：柿树（江苏植物志 第 2 版、山东植物志）
原生、栽培。华东分布：安徽、福建、江苏、江西、山东、上海、浙江。
野柿 ***Diospyros kaki*** var. ***silvestris*** Makino
——"*Diospyros kaki* var. *sulvestris*"=*Diospyros kaki* var. *silvestris* Makino（拼写错误。福建植物志）
——"*Diospyros kaki* var. *sylvestris*"=*Diospyros kaki* var. *silvestris* Makino（拼写错误。安徽植物志、浙江植物志）
原生。华东分布：安徽、福建、江苏、江西、山东、上海、浙江。
君迁子 ***Diospyros lotus*** L.
别名：黑枣柿（安徽植物志）
原生。华东分布：安徽、福建、江苏、江西、山东、浙江。
罗浮柿 ***Diospyros morrisiana*** Hance ex Walp.
——"*Diospyros morrisina*"=*Diospyros morrisiana* Hance ex Walp.（拼写错误。浙江植物志）
原生。华东分布：安徽、福建、江西、浙江。
油柿 ***Diospyros oleifera*** Cheng
别名：华东油柿（浙江植物志）
原生。华东分布：安徽、福建、江苏、江西、浙江。
老鸦柿 ***Diospyros rhombifolia*** Hemsl.
原生、栽培。华东分布：安徽、福建、江苏、江西、山东、上海、浙江。
延平柿 ***Diospyros tsangii*** Merr.
原生。华东分布：福建、江西、浙江。
浙江光叶柿 ***Diospyros zhejiangensis*** Z.H. Chen & P.L. Chiu
原生。华东分布：浙江。

报春花科 Primulaceae

杜茎山属 *Maesa*

（报春花科 Primulaceae）

杜茎山 ***Maesa japonica*** (Thunb.) Moritzi ex Zoll.
原生。华东分布：安徽、福建、江西、浙江。
金珠柳 ***Maesa montana*** A. DC.
原生。华东分布：福建、江西。
小叶杜茎山 ***Maesa parvifolia*** Aug. DC.
原生。华东分布：福建。
鲫鱼胆 ***Maesa perlaria*** (Lour.) Merr.
——"*Maesa perlarius*"=*Maesa perlaria* (Lour.) Merr.（拼写错误。福建植物志、江西种子植物名录、FOC）
原生。华东分布：福建、江西。
软弱杜茎山 ***Maesa tenera*** Mez
原生。华东分布：福建、江西、浙江。

水茴草属 *Samolus*

（报春花科 Primulaceae）

水茴草 ***Samolus valerandi*** L.
——"*Samolus valerandii*"=*Samolus valerandi* L.（拼写错误。福建植物志）
原生。华东分布：福建、江西。

点地梅属 *Androsace*

（报春花科 Primulaceae）

东北点地梅 ***Androsace filiformis*** Retz.
原生。华东分布：上海。
大苞点地梅 ***Androsace maxima*** L.
原生。华东分布：山东。
点地梅 ***Androsace umbellata*** (Lour.) Merr.
原生。华东分布：安徽、江苏、江西、山东、上海、浙江。

报春花属 *Primula*

（报春花科 Primulaceae）

堇叶报春 ***Primula cicutariifolia*** Pax
别名：毛茛叶报春（安徽植物志、FOC）
——"*Primula cicutarifolia*"=*Primula cicutariifolia* Pax（拼写错误。浙江植物志）
原生。易危（VU）。华东分布：安徽、江西、浙江。
广东报春 ***Primula kwangtungensis*** W.W. Sm.
别名：广东报春花（江西种子植物名录）
原生。濒危（EN）。华东分布：江西。
肾叶报春 ***Primula loeseneri*** Kitag.
原生。华东分布：山东。
报春花 ***Primula malacoides*** Franch.
别名：报春（江苏植物志 第 2 版）
原生、栽培。华东分布：江苏、山东。
安徽羽叶报春 ***Primula merrilliana*** Schltr.
原生。易危（VU）。华东分布：安徽、江西、浙江。
鄂报春 ***Primula obconica*** Hance
原生、栽培。华东分布：江苏、江西、山东。
福建报春 ***Primula obconica*** subsp. ***fujianensis*** C.M. Hu & G.S. He
原生。近危（NT）。华东分布：福建。
秋浦羽叶报春 ***Primula qiupuensis*** J.W. Shao
原生。华东分布：安徽。
莓叶报春 ***Primula rubifolia*** C.M. Hu
原生。华东分布：浙江。
毛茛叶报春 ***Primula ranunculoides*** F.H. Chen
别名：丽水报春（A New Species of *Primula* of Zhejiang: *Primula lishuiensis*）
——*Primula lishuiensis* D.H. Wu, X.D. Mei & X.B. Chen（A New Species of *Primula* of Zhejiang: *Primula lishuiensis*）
原生。易危（VU）。华东分布：安徽、江西、浙江。
樱草 ***Primula sieboldii*** E. Morren
原生、栽培。近危（NT）。华东分布：山东。
皖南羽叶报春 ***Primula wannanensis*** X. He & J.W. Shao
原生。华东分布：安徽。
浙西羽叶报春 ***Primula zhexiensis*** X. He & J.W. Shao
原生。华东分布：浙江。

假婆婆纳属 *Stimpsonia*

（报春花科 Primulaceae）

假婆婆纳 ***Stimpsonia chamaedryoides*** C. Wright ex A. Gray
原生。华东分布：安徽、福建、江苏、江西、浙江。
红花假婆婆纳 ***Stimpsonia chamaedryoides*** 'Rubriflora'

——*Stimpsonia chamaedryoides* f. *rubriflora* J.Z. Shao（安徽植物志）
——*Stimpsonia chamaedryoides* var. *rubriflora* (J.Z. Shao) Y.L. Xu & D.L. Chen（New Materials of Seed Plant of Zhejiang Province from Fengyangshan-Baishanzu National Nature Reserve）
原生。华东分布：安徽、福建、江西、浙江。

琉璃繁缕属 *Anagallis*

（报春花科 Primulaceae）

琉璃繁缕 *Anagallis arvensis* L.
——"*Anagallis coerulea* Schreb."=*Anagallis arvensis* L.（不合法名称。福建植物志）
原生。华东分布：福建、江苏、江西、上海、浙江。

黄连花属 *Lysimachia*

（报春花科 Primulaceae）

广西过路黄 *Lysimachia alfredii* Hance
原生。华东分布：安徽、福建、江西。
假排草 *Lysimachia ardisioides* Masam.
——"*Lysimachia sikokiana*"=*Lysimachia ardisioides* Masam.（误用名。福建植物志、江西种子植物名录）
原生。华东分布：福建、江西。
狼尾花 *Lysimachia barystachys* Bunge
别名：虎尾草（山东植物志、FOC）
原生。华东分布：安徽、福建、江苏、山东、上海、浙江。
泽珍珠菜 *Lysimachia candida* Lindl.
原生。华东分布：安徽、福建、江苏、江西、山东、上海、浙江。
细梗香草 *Lysimachia capillipes* Hemsl.
原生。华东分布：安徽、福建、江西、浙江。
浙江过路黄 *Lysimachia chekiangensis* C.C. Wu
原生。华东分布：江苏、浙江。
过路黄 *Lysimachia christiniae* Hance
——"*Lysimachia christinae*"=*Lysimachia christiniae* Hance（拼写错误。安徽植物志、福建植物志、江西种子植物名录、浙江植物志）
原生、栽培。华东分布：安徽、福建、江苏、江西、上海、浙江。
露珠珍珠菜 *Lysimachia circaeoides* Hemsl.
原生。华东分布：江西。
矮桃 *Lysimachia clethroides* Duby
别名：珍珠菜（安徽植物志、福建植物志、江苏植物志 第2版、山东植物志、浙江植物志）
原生。华东分布：安徽、福建、江苏、江西、山东、上海、浙江。
临时救 *Lysimachia congestiflora* Hemsl.
别名：聚花过路黄（江苏植物志 第2版、江西种子植物名录、浙江植物志）
原生。华东分布：安徽、福建、江苏、江西、上海、浙江。
大别山过路黄 *Lysimachia dabieshanensis* Kun Liu & S.B. Zhou
原生。华东分布：安徽。
黄连花 *Lysimachia davurica* Ledeb.
原生。华东分布：江苏、山东、浙江。
延叶珍珠菜 *Lysimachia decurrens* G. Forst.
原生。华东分布：安徽、福建、江苏、江西。
右旋过路黄 *Lysimachia dextrorsiflora* X.P. Zhang, X.H. Guo & J.W. Shao
别名：德克珍珠菜（FOC）
——"*Lysimachia dextrosiflora*"=*Lysimachia dextrorsiflora* X.P. Zhang, X.H. Guo & J.W. Shao（拼写错误。FOC）
原生。华东分布：安徽、福建。
管茎过路黄 *Lysimachia fistulosa* Hand.-Mazz.
原生。华东分布：江西。
五岭管茎过路黄 *Lysimachia fistulosa* var. ***wulingensis*** F.H. Chen & C.M. Hu
别名：五岭过路黄（福建植物志）
原生。近危（NT）。华东分布：福建、江西。
大叶过路黄 *Lysimachia fordiana* Oliv.
原生。近危（NT）。华东分布：江西。
星宿菜 *Lysimachia fortunei* Maxim.
原生。华东分布：安徽、福建、江苏、江西、上海、浙江。
福建过路黄 *Lysimachia fukienensis* Hand.-Mazz.
原生。华东分布：福建、江西、浙江。
繸瓣珍珠菜 *Lysimachia glanduliflora* Hanelt
原生。华东分布：安徽。
金爪儿 *Lysimachia grammica* Hance
原生。华东分布：安徽、江苏、上海、浙江。
点腺过路黄 *Lysimachia hemsleyana* Maxim. ex Oliv.
原生。华东分布：安徽、福建、江苏、江西、上海、浙江。
黑腺珍珠菜 *Lysimachia heterogenea* Klatt
原生。华东分布：安徽、福建、江苏、江西、浙江。
白花过路黄 *Lysimachia huitsunae* S.S. Chien
原生。易危（VU）。华东分布：安徽、江西、浙江。
小茄 *Lysimachia japonica* Thunb.
原生。华东分布：安徽、福建、江苏、上海、浙江。
江西珍珠菜 *Lysimachia jiangxiensis* C.M. Hu
原生。近危（NT）。华东分布：江西、浙江。
金寨过路黄 *Lysimachia jinzhaiensis* S.B. Zhou & Kun Liu
原生。华东分布：安徽。
轮叶过路黄 *Lysimachia klattiana* Hance
别名：轮叶排草（江苏植物志 第2版）
原生。华东分布：安徽、福建、江苏、江西、山东、上海、浙江。
多枝香草 *Lysimachia laxa* Baudo
原生。华东分布：江西。
长梗过路黄 *Lysimachia longipes* Hemsl.
别名：长梗排草（江西种子植物名录）
原生。华东分布：安徽、福建、江苏、江西、浙江。
滨海珍珠菜 *Lysimachia mauritiana* Lam.
原生。华东分布：福建、江苏、山东、上海、浙江。
山萝过路黄 *Lysimachia melampyroides* R. Knuth
原生。华东分布：浙江。
南平过路黄 *Lysimachia nanpingensis* F.H. Chen & C.M. Hu
原生。近危（NT）。华东分布：福建、江西。
落地梅 *Lysimachia paridiformis* Franch.
原生。华东分布：福建。
小叶珍珠菜 *Lysimachia parvifolia* Franch.
原生。华东分布：安徽、江苏、江西、山东、上海、浙江。

巴东过路黄 *Lysimachia patungensis* Hand.-Mazz.
别名：光叶巴东过路黄（安徽植物志、江西种子植物名录）
——*Lysimachia patungensis* f. *glabrifolia* C.M. Hu（安徽植物志）
——*Lysimachia patungensis* var. *glabrifolia* C.M. Hu（江西种子植物名录）
原生。华东分布：安徽、福建、江西、浙江。
狭叶珍珠菜 *Lysimachia pentapetala* Bunge
原生。华东分布：安徽、江苏、江西、山东、浙江。
贯叶过路黄 *Lysimachia perfoliata* Hand.-Mazz.
别名：贯叶排草（安徽植物志）
原生。华东分布：安徽、江西。
叶头过路黄 *Lysimachia phyllocephala* Hand.-Mazz.
原生。近危（NT）。华东分布：江西、浙江。
疏头过路黄 *Lysimachia pseudohenryi* Pamp.
——"*Lysimachia pseudo-henryi*"=*Lysimachia pseudohenryi* Pamp.（拼写错误。安徽植物志、福建植物志、江西种子植物名录）
原生。华东分布：安徽、福建、江西、浙江。
祁门过路黄 *Lysimachia qimenensis* X.H. Guo, X.P. Zhang & J.W. Shao
原生。华东分布：安徽、浙江。
疏节过路黄 *Lysimachia remota* Petitm.
原生。华东分布：安徽、福建、江苏、江西、上海、浙江。
庐山疏节过路黄 *Lysimachia remota* var. ***lushanensis*** F.H. Chen & C.M. Hu
原生。近危（NT）。华东分布：江西。
显苞过路黄 *Lysimachia rubiginosa* Hemsl.
——"*Lysimachia rubuginosa*"=*Lysimachia rubiginosa* Hemsl.（拼写错误。福建植物志）
原生。华东分布：福建、浙江。
紫脉过路黄 *Lysimachia rubinervis* F.H. Chen & C.M. Hu
原生。近危（NT）。华东分布：浙江。
红毛过路黄 *Lysimachia rubopilosa* Y.Y. Fang & C.Z. Zheng
原生。华东分布：福建。
北延叶珍珠菜 *Lysimachia silvestrii* (Pamp.) Hand.-Mazz.
原生。华东分布：江苏、江西。
腺药珍珠菜 *Lysimachia stenosepala* Hemsl.
原生。华东分布：江西、浙江。
大叶珍珠菜 *Lysimachia stigmatosa* F.H. Chen & C.M. Hu
原生。近危（NT）。华东分布：安徽、江西。
天马过路黄 *Lysimachia tianmaensis* Kun Liu, S.B. Zhou & Ying Wang
原生。华东分布：安徽。
天目珍珠菜 *Lysimachia tienmushanensis* Migo
原生。近危（NT）。华东分布：安徽、浙江。

海乳草属 *Glaux*

（报春花科 Primulaceae）

海乳草 *Glaux maritima* L.
原生。华东分布：安徽、江苏、山东。

酸藤子属 *Embelia*

（报春花科 Primulaceae）

酸藤子 *Embelia laeta* (L.) Mez
原生。华东分布：福建、江西。
腺毛酸藤子 *Embelia laeta* subsp. ***papilligera*** (Nakai) Pipoly & C. Chen
原生。华东分布：江西。
当归藤 *Embelia parviflora* Wall. ex A. DC.
原生。华东分布：福建、江西、浙江。
白花酸藤果 *Embelia ribes* Burm. f.
原生。华东分布：福建、江西。
平叶酸藤子 *Embelia undulata* (Wall.) Mez
别名：长叶酸藤子（福建植物志、江西种子植物名录、浙江植物志）
——*Embelia longifolia* (Benth.) Hemsl.（福建植物志、江西种子植物名录、浙江植物志）
原生。华东分布：福建、江西、浙江。
密齿酸藤子 *Embelia vestita* Roxb.
别名：多脉酸藤子（福建植物志、江西种子植物名录），网脉酸藤子（福建植物志、江西种子植物名录、浙江植物志）
——*Embelia oblongifolia* Hemsl.（福建植物志、江西种子植物名录）
——*Embelia rudis* Hand.-Mazz.(福建植物志、江西种子植物名录、浙江植物志）
原生。华东分布：福建、江西、浙江。

铁仔属 *Myrsine*

（报春花科 Primulaceae）

铁仔 *Myrsine africana* L.
原生。华东分布：浙江。
平叶密花树 *Myrsine faberi* (Mez) Pipoly & C. Chen
别名：尖叶密花树（江西种子植物名录）
——*Rapanea faberi* Mez（江西种子植物名录）
原生。华东分布：江西。
打铁树 *Myrsine linearis* (Lour.) Poir.
原生。华东分布：江西。
密花树 *Myrsine seguinii* H. Lév.
——*Rapanea neriifolia* Mez（福建植物志、江西种子植物名录、浙江植物志）
原生。华东分布：安徽、福建、江西、浙江。
针齿铁仔 *Myrsine semiserrata* Wall.
原生。华东分布：安徽、福建、江西。
光叶铁仔 *Myrsine stolonifera* (Koidz.) E. Walker
原生。华东分布：安徽、福建、江西、浙江。

蜡烛果属 *Aegiceras*

（报春花科 Primulaceae）

蜡烛果 *Aegiceras corniculatum* (L.) Blanco
原生。华东分布：福建。

紫金牛属 *Ardisia*

（报春花科 Primulaceae）

细罗伞 *Ardisia affinis* Hemsl.
——*Ardisia sinoaustralis* C. Chen（FOC）
原生。华东分布：江西。
少年红 *Ardisia alyxiifolia* Tsiang ex C. Chen

——"*Ardisia alyxiaefoila*"=*Ardisia alyxiifolia* Tsiang ex C. Chen(拼写错误。江西种子植物名录)

——"*Ardisia alyxiaefolia*"=*Ardisia alyxiifolia* Tsiang ex C. Chen(拼写错误。福建植物志)

原生。华东分布：福建、江西、浙江。

九管血 *Ardisia brevicaulis* Diels

别名：短茎紫金牛（浙江植物志），血党（安徽植物志、江西种子植物名录）

原生。华东分布：安徽、福建、江西、浙江。

小紫金牛 *Ardisia chinensis* Benth.

原生。华东分布：福建、江西、浙江。

朱砂根 *Ardisia crenata* Sims

别名：红凉伞（安徽植物志、福建植物志、江西种子植物名录、浙江植物志），郎伞木（福建植物志），美丽紫金牛（江西种子植物名录），硃砂根（安徽植物志、江西种子植物名录）

——*Ardisia crenata* f. *hortensis* (Migo) W.Z. Fang & K. Yao（安徽植物志、浙江植物志）

——*Ardisia crenata* var. *bicolor* (E. Walker) C.Y. Wu & C. Chen(福建植物志、江西种子植物名录)

——*Ardisia elegans* Andrews（福建植物志、江西种子植物名录）

原生、栽培。华东分布：安徽、福建、江苏、江西、浙江。

黄果朱砂根 *Ardisia crenata* 'Xanthocarpa'

——*Ardisia crenata* f. *xanthocarpa* (Nakai) H. Ohashi［A New Form of *Ardisia* (Myrsinaceae) from Zhejiang, China］

原生。华东分布：浙江。

百两金 *Ardisia crispa* (Thunb.) A. DC.

别名：大叶百两金（浙江植物志），细柄百两金（浙江植物志）

——*Ardisia crispa* var. *amplifolia* E. Walker（浙江植物志）

——*Ardisia crispa* var. *dielsii* (H. Lév.) E. Walker（浙江植物志）

原生。华东分布：安徽、福建、江苏、江西、浙江。

剑叶紫金牛 *Ardisia ensifolia* E. Walker

原生。华东分布：江西。

月月红 *Ardisia faberi* Hemsl.

别名：江南紫金牛（江西种子植物名录）

原生。华东分布：江西。

灰色紫金牛 *Ardisia fordii* Hemsl.

原生。华东分布：福建。

走马胎 *Ardisia gigantifolia* Stapf

原生。华东分布：福建、江西。

大罗伞树 *Ardisia hanceana* Mez

原生。华东分布：福建、江西、浙江。

紫金牛 *Ardisia japonica* (Thunb.) Blume

原生、栽培。华东分布：安徽、福建、江苏、江西、上海、浙江。

山血丹 *Ardisia lindleyana* D. Dietr.

别名：沿海紫金牛（浙江植物志）

——*Ardisia punctata* Lindl.（福建植物志、江西种子植物名录、浙江植物志）

原生。华东分布：福建、江西、浙江。

心叶紫金牛 *Ardisia maclurei* Merr.

原生。华东分布：福建。

虎舌红 *Ardisia mamillata* Hance

原生。华东分布：福建、江苏、江西、浙江。

纽子果 *Ardisia polysticta* Miq.

——*Ardisia virens* Kurz（江西种子植物名录、FOC）

原生。华东分布：江西。

莲座紫金牛 *Ardisia primulifolia* Gardner & Champ.

——"*Ardisia primulaefolia*"=*Ardisia primulifolia* Gardner & Champ.（拼写错误。福建植物志、浙江植物志）

原生。华东分布：福建、江西、浙江。

九节龙 *Ardisia pusilla* A. DC.

原生。华东分布：福建、江西、浙江。

罗伞树 *Ardisia quinquegona* Blume

原生。华东分布：福建、江西、浙江。

多枝紫金牛 *Ardisia sieboldii* Miq.

别名：金枝紫金牛（福建植物志）

原生。华东分布：福建、浙江。

锦花紫金牛 *Ardisia violacea* (T. Suzuki) W.Z. Fang & K. Yao

别名：堇叶紫金牛（浙江植物志）

原生。华东分布：浙江。

山茶科 Theaceae

紫茎属 *Stewartia*

（山茶科 Theaceae）

厚叶紫茎 *Stewartia crassifolia* (S.Z. Yan) J. Li & T.L. Ming

别名：厚叶折柄茶（江西植物志），圆萼折柄茶（江西种子植物名录）

——*Hartia crassifolia* S.Z. Yan（江西植物志、江西种子植物名录）

原生。华东分布：江西。

小花紫茎 *Stewartia micrantha* (Chun) Sealy

别名：小花折柄茶（福建植物志）

——*Hartia micrantha* Chun（福建植物志）

原生。近危（NT）。华东分布：福建。

翅柄紫茎 *Stewartia pteropetiolata* W.C. Cheng

别名：折柄茶（江西种子植物名录）

——*Hartia sinensis* Dunn（江西种子植物名录）

原生。华东分布：江西。

长喙紫茎 *Stewartia rostrata* Spongberg

别名：光紫茎（浙江植物志），长柱紫茎（安徽植物志、江西植物志、浙江植物志）

——*Stewartia glabra* S.Z. Yan（浙江植物志）

——*Stewartia sinensis* var. *rostrata* (Spongberg) Hung T. Chang(江西植物志、江西种子植物名录)

原生。华东分布：安徽、江西、浙江。

紫茎 *Stewartia sinensis* Rehder & E.H. Wilson

别名：南岭紫茎（江西种子植物名录），天目紫茎［Notes on Seed Plant in Zhejiang Province (V)、江西植物志、江西种子植物名录］

——*Stewartia gemmata* S.S. Chien & W.C. Cheng［Notes on Seed Plant in Zhejiang Province (V)、江西植物志、江西种子植物名录］——*Stewartia nanlingensis* S.Z. Yan（江西种子植物名录）

原生、栽培。华东分布：安徽、福建、江苏、江西、浙江。

尖萼紫茎 *Stewartia sinensis* var. *acutisepala* (P.L. Chiu & G.R. Zhong)

T.L. Ming & J. Li
——*Stewartia acutisepala* P.L. Chiu & G.R. Zhong（Validation of *Rhododendron sparsifolium* and *Stewartia acutisepala*, Endemic to China、浙江植物志）
原生。华东分布：浙江。
短萼紫茎 *Stewartia sinensis* var. ***brevicalyx*** (S.Z. Yan) T.L. Ming & J. Li
——*Stewartia brevicalyx* S.Z. Yan（浙江植物志）
原生。近危（NT）。华东分布：浙江。
柔毛紫茎 *Stewartia villosa* Merr.
原生。华东分布：江西。
广东柔毛紫茎 *Stewartia villosa* var. ***kwangtungensis*** (Chun) J. Li & T.L. Ming
别名：贴毛折柄茶（江西植物志）
——*Hartia villosa* var. *kwangtungensis* (Chun) Hung T. Chang（江西植物志）
原生。华东分布：江西。

木荷属 *Schima*

（山茶科 Theaceae）

银木荷 *Schima argentea* E. Pritz.
原生。华东分布：江西。
短梗木荷 *Schima brevipedicellata* Hung T. Chang
原生。华东分布：江西。
疏齿木荷 *Schima remotiserrata* Hung T. Chang
原生。华东分布：福建、江西。
木荷 *Schima superba* Gardner & Champ.
原生。华东分布：安徽、福建、江苏、江西、浙江。

核果茶属 *Pyrenaria*

（山茶科 Theaceae）

粗毛核果茶 *Pyrenaria hirta* (Hand.-Mazz.) H. Keng
别名：粗毛石笔木（江西植物志、江西种子植物名录）
——*Tutcheria hirta* (Hand.-Mazz.) H.L. Li（江西植物志、江西种子植物名录）
原生。华东分布：江西。
小果核果茶 *Pyrenaria microcarpa* (Dunn) H. Keng
别名：狭叶石笔木（安徽植物志、江西种子植物名录），小果石笔木（福建植物志、江西植物志、江西种子植物名录、浙江植物志）
——"*Tutcheria onicrocarpa*"=*Tutcheria microcarpa* Dunn（拼写错误。江西种子植物名录）
——*Tutcheria microcarpa* Dunn（安徽植物志、福建植物志、江西植物志、江西种子植物名录、浙江植物志）
原生。华东分布：安徽、福建、江西、浙江。
卵叶核果茶 *Pyrenaria microcarpa* var. ***ovalifolia*** (H.L. Li) T.L. Ming & S.X. Yang
别名：锥果石笔木（福建植物志）
——*Tutcheria symplocifolia* Merr. & F.P. Metcalf（福建植物志）
原生。近危（NT）。华东分布：福建。
大果核果茶 *Pyrenaria spectabilis* (Champ.) C.Y. Wu & S.X. Yang
别名：短果石笔木（福建植物志、江西植物志），石笔木（福建植物志、江西种子植物名录）
——"*Tutcheria championi*"（=*Tutcheria championii* Nakai）=*Pyrenaria spectabilis* (Champ.) C.Y. Wu & S.X. Yang（拼写错误；不合法名称。江西种子植物名录）
——*Tutcheria brachycarpa* Hung T. Chang（福建植物志、江西植物志）
——*Tutcheria spectabilis* (Champ. ex Benth.) Dunn（福建植物志）
原生。华东分布：福建、江西。
长柱核果茶 *Pyrenaria spectabilis* var. ***greeniae*** (Chun) S.X. Yang
别名：长柄石笔木（福建植物志、江西植物志、江西种子植物名录）
——*Tutcheria greeniae* Chun（福建植物志、江西植物志、江西种子植物名录）
原生。华东分布：福建、江西。

大头茶属 *Polyspora*

（山茶科 Theaceae）

大头茶 *Polyspora axillaris* (Roxb. ex Ker Gawl.) Sweet.
原生。华东分布：福建。

山茶属 *Camellia*

（山茶科 Theaceae）

大萼毛蕊茶 *Camellia assimiloides* Sealy
别名：杯萼连蕊茶（江西植物志）
——*Camellia cratera* Hung T. Chang（江西植物志）
原生。易危（VU）。华东分布：江西。
短柱茶 *Camellia brevistyla* (Hayata) Cohen-Stuart
别名：短柱油茶（FOC），钝叶短柱茶（福建植物志、江西植物志、浙江植物志），粉红钝叶短柱茶（浙江植物志），红花短柱茶（浙江植物志）
——*Camellia brevistyla* f. *rubida* P.L. Chiu（浙江植物志）
——*Camellia obtusifolia* Hung T. Chang（福建植物志、江西植物志、浙江植物志）
——*Camellia obtusifolia* f. *rubella* Z.H. Cheng（浙江植物志）
——*Camellia puniceiflora* Hung T. Chang（浙江植物志）
原生。华东分布：安徽、福建、江西、浙江。
长尾毛蕊茶 *Camellia caudata* Wall.
原生。华东分布：福建、江西。
浙江红山茶 *Camellia chekiangoleosa* Hu
别名：红花油茶（江西种子植物名录），厚叶红山茶（江西植物志、江西种子植物名录），离蕊红山茶（江西植物志），遂昌大果油茶（浙江植物志）
——"*Camellia chekiang-oleosa*"=*Camellia chekiangoleosa* Hu（拼写错误。安徽植物志、浙江植物志）
——"*Camellia chekiang-oleosa* f. *tanglii*"=*Camellia chekiangoleosa* f. *tanglii* P. L. Chiu（拼写错误。浙江植物志）
——*Camellia crassissima* Hung T. Chang & W.J. Shi（江西植物志、江西种子植物名录）
——*Camellia liberistamina* Hung T. Chang & J.S. Kiu（江西植物志）
原生。华东分布：安徽、福建、江西、浙江。
心叶毛蕊茶 *Camellia cordifolia* (F.P. Metcalf) Nakai

原生。华东分布：福建、江西。

贵州连蕊茶 *Camellia costei* H. Lév.

别名：秃柄连蕊茶（江西植物志）

——*Camellia dubia* Sealy（江西植物志）

原生。华东分布：江西。

红皮糙果茶 *Camellia crapnelliana* Tutcher

别名：八瓣糙果茶（福建植物志、浙江植物志），多苞糙果茶（江西种子植物名录），多萼糙果茶（江西植物志）

——*Camellia multibracteata* Hung T. Chang & Z.Q. Mo（江西植物志、江西种子植物名录）

——*Camellia octopetala* H.H. Hu（福建植物志、浙江植物志）

原生。易危（VU）。华东分布：福建、江西、浙江。

尖连蕊茶 *Camellia cuspidata* (Kochs) Bean

别名：尖叶连蕊茶（江西种子植物名录），连蕊茶（FOC），细尖连蕊茶（江西种子植物名录）

——*Camellia parvicuspidata* Hung T. Chang（江西种子植物名录）

原生。华东分布：安徽、福建、江西、浙江。

浙江连蕊茶 *Camellia cuspidata* var. ***chekiangensis*** Sealy

别名：浙江尖连蕊茶（福建植物志、浙江植物志）

原生。华东分布：福建、江西、浙江。

大花连蕊茶 *Camellia cuspidata* var. ***grandiflora*** Sealy

别名：大萼连蕊茶（江西种子植物名录），大花尖连蕊茶（江西植物志），长尖连蕊茶（江西种子植物名录）

——*Camellia acutissima* Hung T. Chang（江西种子植物名录）

——*Camellia macrosepala* Hung T. Chang（江西种子植物名录）

原生。华东分布：江西。

尖萼红山茶 *Camellia edithae* Hance

别名：东南山茶（FOC）

原生。华东分布：福建、江西。

柃叶连蕊茶 *Camellia euryoides* Lindl.

别名：短柄细叶连蕊茶（江西植物志），细叶连蕊茶（江西植物志）

——*Camellia parvilimba* Merr. & F.P. Metcalf（江西植物志）

——*Camellia parvilimba* var. *brevipes* Hung T. Chang（江西植物志）

原生。华东分布：福建、江西。

毛蕊柃叶连蕊茶 *Camellia euryoides* var. ***nokoensis*** (Hayata) T.S. Liu

别名：细萼连蕊茶（江西植物志、江西种子植物名录）

——"*Camellia tsofuii*"=*Camellia tsofui* S.S. Chien（拼写错误。江西植物志、江西种子植物名录）

原生。华东分布：江西。

大花窄叶油茶 *Camellia fluviatilis* var. ***megalantha*** (Hung T. Chang) T.L. Ming

别名：狭叶油茶（江西植物志）

——*Camellia lanceoleosa* Hung T. Chang（江西植物志）

原生、栽培。华东分布：江西。

毛柄连蕊茶 *Camellia fraterna* Hance

别名：连蕊茶（江西种子植物名录），毛花连蕊茶（安徽植物志、福建植物志、江苏植物志 第2版、江西植物志、浙江植物志、FOC）

原生。华东分布：安徽、福建、江苏、江西、浙江。

糙果茶 *Camellia furfuracea* (Merr.) Cohen-Stuart

原生。华东分布：福建、江西。

硬叶糙果茶 *Camellia gaudichaudii* (Gagnep.) Sealy

原生。易危（VU）。华东分布：江西。

长瓣短柱茶 *Camellia grijsii* Hance

原生。近危（NT）。华东分布：福建、江西、浙江。

山茶 *Camellia japonica* L.

别名：红山茶（浙江植物志）

原生、栽培。华东分布：安徽、福建、江苏、江西、山东、上海、浙江。

短柄山茶 *Camellia japonica* var. ***rusticana*** (Honda) Ming

原生。近危（NT）。华东分布：浙江。

落瓣油茶 *Camellia kissii* Wall.

别名：落瓣短柱茶（江西种子植物名录）

——"*Camellia kissi*"=*Camellia kissii* Wall.（拼写错误。江西种子植物名录）

原生。华东分布：江西。

长萼连蕊茶 *Camellia longicalyx* Hung T. Chang

别名：披针萼连蕊茶（福建植物志）

——*Camellia lanceisepala* L.K. Ling（福建植物志）

原生。华东分布：福建。

闪光红山茶 *Camellia lucidissima* Hung T. Chang

原生。华东分布：福建、江西、浙江。

景宁白山茶 *Camellia lucidissima* subsp. ***jingningensis*** Z.H. Chen, P.L. Chiu & W.Y. Xie

原生。华东分布：浙江。

细叶短柱茶 *Camellia microphylla* (Merr.) S.S. Chien

别名：细叶短柱油茶（FOC）

——*Camellia brevistyla* var. *microphylla* (Merr.) T.L. Ming（FOC）

原生。华东分布：安徽、江西、浙江。

红花短柱茶 *Camellia microphylla* f. ***rubida*** (P.L. Chiu) Z.H. Chen & P.L. Chiu

原生。华东分布：浙江。

油茶 *Camellia oleifera* Abel

原生、栽培。华东分布：安徽、福建、江苏、江西、上海、浙江。

多齿红山茶 *Camellia polyodonta* F.C. How ex H.H. Hu

别名：多齿山茶（FOC），宛田红花油茶（江西种子植物名录）

原生。近危（NT）。华东分布：江西。

毛叶茶 *Camellia ptilophylla* Hung T. Chang

别名：汝城毛叶茶（江西种子植物名录）

——*Camellia pubescens* Hung T. Chang & C.X. Ye（江西种子植物名录）

原生。易危（VU）。华东分布：江西。

柳叶毛蕊茶 *Camellia salicifolia* Champ.

别名：柳叶连蕊茶（江西植物志），柳叶山茶（江西种子植物名录）

原生。华东分布：福建、江西。

南山茶 *Camellia semiserrata* C.W. Chi

别名：毛籽红山茶（江西植物志）

——*Camellia trichosperma* Hung T. Chang（江西植物志）
原生。华东分布：江西。
茶 *Camellia sinensis* (L.) Kuntze
别名：茶树（安徽植物志、江苏植物志 第2版）
原生、栽培。华东分布：安徽、福建、江苏、江西、山东、上海、浙江。
普洱茶 *Camellia sinensis* var. ***assamica*** (J.W. Mast.) Kitam.
——*Camellia assamica* (Choisy) Hung T. Chang（江西种子植物名录）
原生、栽培。易危（VU）。华东分布：福建、江西。
全缘红山茶 *Camellia subintegra* P.C. Huang
别名：全缘叶山茶（FOC）
原生。近危（NT）。华东分布：江西。
阿里山连蕊茶 *Camellia transarisanensis* (Hayata) Cohen-Stuart
别名：毛萼连蕊茶（FOC），岳麓连蕊茶（江西植物志、江西种子植物名录）
——*Camellia handelii* Sealy（江西植物志、江西种子植物名录）
原生。华东分布：福建、江西。
毛枝连蕊茶 *Camellia trichoclada* (Rehder) S.S. Chien
别名：白花细叶茶（浙江植物志）
——"*Camellia tricholada*"=*Camellia trichoclada* (Rehder) S.S. Chien（拼写错误。江西种子植物名录）
——*Camellia trichoclada* f. *leucantha* P.L. Chiu（浙江植物志）
原生。近危（NT）。华东分布：福建、江西、浙江。

山矾科 Symplocaceae

革瓣山矾属 *Cordyloblaste*

（山矾科 Symplocaceae）

南岭革瓣山矾 *Cordyloblaste confusa* (Brand) Ridl.
别名：南岭山矾（福建植物志、江西种子植物名录、浙江植物志、FOC）
——*Symplocos confusa* Brand（福建植物志、江西种子植物名录、浙江植物志）
——*Symplocos pendula* var. *hirtistylis* (C.B. Clarke) Noot.（FOC）
原生。华东分布：福建、江西、浙江。
吊钟革瓣山矾 *Cordyloblaste pendula* (Wight) Alston
别名：吊钟山矾（FOC）
——*Symplocos pendula* Wight（FOC）
原生。华东分布：福建、江西、浙江。

山矾属 *Symplocos*

（山矾科 Symplocaceae）

腺叶山矾 *Symplocos adenophylla* Wall. ex G. Don
原生。华东分布：福建、江西。
腺柄山矾 *Symplocos adenopus* Hance
原生。华东分布：福建、江西。
薄叶山矾 *Symplocos anomala* Brand
原生。华东分布：安徽、福建、江苏、江西、浙江。
阿里山山矾 *Symplocos arisanensis* Hayata
别名：潮州山矾（福建植物志）
——*Symplocos mollifolia* Dunn（福建植物志）
原生。华东分布：福建、江西、浙江。
南国山矾 *Symplocos austrosinensis* Hand.-Mazz.
原生。华东分布：江西。
总状山矾 *Symplocos botryantha* Franch.
原生。华东分布：福建、江西、浙江。
华山矾 *Symplocos chinensis* (Lour.) Druce
原生。华东分布：安徽、福建、江苏、江西、山东、浙江。
越南山矾 *Symplocos cochinchinensis* (Lour.) S. Moore
别名：火灰树（浙江植物志）
原生。华东分布：福建、江西、浙江。
密花山矾 *Symplocos congesta* Benth.
原生。华东分布：福建、江西、浙江。
朝鲜白檀 *Symplocos coreana* (H. Lév.) Ohwi
原生。华东分布：浙江。
长毛山矾 *Symplocos dolichotricha* Merr.
原生。华东分布：江西。
福建山矾 *Symplocos fukienensis* Y. Ling
原生。易危（VU）。华东分布：福建、江西。
羊舌树 *Symplocos glauca* (Thunb.) Koidz.
原生。华东分布：福建、江西、浙江。
团花山矾 *Symplocos glomerata* King ex C.B. Clarke
别名：宜章山矾（福建植物志、浙江植物志）
——"*Symplocos yizhanensis*"=*Symplocos yizhangensis* Y.F. Wu（拼写错误。浙江植物志）
——*Symplocos yizhangensis* Y.F. Wu（福建植物志）
原生。华东分布：福建、江西、浙江。
毛山矾 *Symplocos groffii* Merr.
原生。华东分布：江西。
光叶山矾 *Symplocos lancifolia* Sieb. & Zucc.
别名：卵叶山矾（江西种子植物名录）
——*Symplocos ovalifolia* Hand.-Mazz.（江西种子植物名录）
原生、栽培。华东分布：福建、江苏、江西、浙江。
光亮山矾 *Symplocos lucida* (Thunb.) Sieb. & Zucc.
别名：波缘山矾（江西种子植物名录），厚皮灰木（江西种子植物名录），厚皮山矾（福建植物志），棱角山矾（福建植物志、江西种子植物名录），棱角山砚（安徽植物志），四川山矾（安徽植物志、福建植物志、江苏植物志 第2版、江西种子植物名录、浙江植物志），枝穗山矾（福建植物志、江西种子植物名录）
——*Symplocos crassifolia* Benth.（福建植物志、江西种子植物名录）
——*Symplocos multipes* Brand（福建植物志、江西种子植物名录）
——*Symplocos setchuensis* Brand（安徽植物志、福建植物志、江苏植物志 第2版、江西种子植物名录、浙江植物志）
——*Symplocos sinuata* Brand（江西种子植物名录）
——*Symplocos tetragona* Chen ex Y.F. Wu（安徽植物志、福建植物志、江西种子植物名录）
原生、栽培。华东分布：安徽、福建、江苏、江西、浙江。
白檀 *Symplocos paniculata* Miq.
——"*Symplocos tanakana*"=*Symplocos paniculata* (Thunb.) Miq.（误用名。Taxonomic Revision of the Genus *Symplocos* Jacq. from Zhejiang Province）

原生。华东分布：安徽、福建、江苏、江西、山东、上海、浙江。

叶萼山矾 *Symplocos phyllocalyx* C.B. Clarke
别名：茶条果（江西种子植物名录）
——"*Symplocos plyllocalyx*"=*Symplocos phyllocalyx* C.B. Clarke（拼写错误。江西种子植物名录）
原生。华东分布：安徽、福建、江西、浙江。

黑山山矾 *Symplocos prunifolia* Sieb. & Zucc.
别名：海桐山矾（福建植物志、江西种子植物名录、FOC）
——*Symplocos heishanensis* Hayata（福建植物志、江西种子植物名录、浙江植物志、FOC）
原生。华东分布：福建、江西、浙江。

铁山矾 *Symplocos pseudobarberina* Gontsch.
原生。华东分布：福建、江西。

多花山矾 *Symplocos ramosissima* Wall. ex G. Don
原生。华东分布：江西。

琉璃白檀 *Symplocos sawafutagi* Nagam.
原生。华东分布：浙江。

老鼠屎 *Symplocos stellaris* Brand
别名：老鼠矢（安徽植物志、福建植物志、江苏植物志 第2版、江西种子植物名录、浙江植物志）
原生。华东分布：安徽、福建、江苏、江西、浙江。

山矾 *Symplocos sumuntia* Buch.-Ham. ex D. Don
别名：美山矾（福建植物志、江西种子植物名录、浙江植物志），坛果山矾（江西种子植物名录），银色山矾（安徽植物志、福建植物志、江西种子植物名录），长花柱山矾（福建植物志）
——*Symplocos caudata* Wall. ex G. Don（Taxonomic Revision of the Genus *Symplocos* Jacq. from Zhejiang Province）
——*Symplocos decora* Hance（福建植物志、江西种子植物名录、浙江植物志）
——*Symplocos dolichostylosa* Y.F. Wu（福建植物志）
——*Symplocos subconnata* Hand.-Mazz.（安徽植物志、福建植物志、江西种子植物名录）
——*Symplocos urceolaris* Hance（江西种子植物名录）
原生。华东分布：安徽、福建、江苏、江西、浙江。

黄牛奶树 *Symplocos theophrastifolia* Sieb. & Zucc.
别名：火灰山矾（福建植物志、江西种子植物名录）
——*Symplocos cochinchinensis* var. *laurina* (Retz.) Noot.（江苏植物志 第2版、FOC）
——*Symplocos dung* Eberh. & Dubard（福建植物志、江西种子植物名录）
——*Symplocos laurina* (Retz.) Wall. ex G. Don（福建植物志、江西种子植物名录、浙江植物志）
原生。华东分布：福建、江苏、江西、浙江。

卷毛山矾 *Symplocos ulotricha* Y. Ling
原生。华东分布：福建。

微毛山矾 *Symplocos wikstroemiifolia* Hayata
——"*Symplocos wikstroemifolia*"=*Symplocos wikstroemiifolia* Hayata（拼写错误。江西种子植物名录）
原生。华东分布：福建、江西、浙江。

安息香科 Styracaceae

山茉莉属 *Huodendron*

（安息香科 Styracaceae）

双齿山茉莉 *Huodendron biaristatum* (W.W. Sm.) Rehder
原生。易危（VU）。华东分布：江西。

岭南山茉莉 *Huodendron biaristatum* var. *parviflorum* (Merr.) Rehder
别名：小花山茉莉（江西种子植物名录）
原生。华东分布：江西。

安息香属 *Styrax*

（安息香科 Styracaceae）

灰叶安息香 *Styrax calvescens* Perkins
别名：灰叶野茉莉（江西种子植物名录）
原生。华东分布：安徽、福建、江西、浙江。

赛山梅 *Styrax confusus* Hemsl.
——"*Styrax confusa*"=*Styrax confusus* Hemsl.（拼写错误。江西种子植物名录）
原生。华东分布：安徽、福建、江苏、江西、山东、浙江。

垂珠花 *Styrax dasyanthus* Perkins
原生。华东分布：安徽、福建、江苏、江西、山东、浙江。

白花龙 *Styrax faberi* Perkins
原生。华东分布：安徽、福建、江苏、江西、浙江。

台湾安息香 *Styrax formosanus* Matsum.
原生。华东分布：安徽、福建、江西、浙江。

长柔毛安息香 *Styrax formosanus* var. *hirtus* S.M. Hwang
原生。华东分布：安徽、江西、浙江。

大花野茉莉 *Styrax grandiflorus* Griff.
别名：大花安息香（江西种子植物名录）
原生。华东分布：江西。

老鸹铃 *Styrax hemsleyanus* Diels
——"*Styrax hemsleyana*"=*Styrax hemsleyanus* Diels（拼写错误。江西种子植物名录）
原生。华东分布：江西。

野茉莉 *Styrax japonicus* Sieb. & Zucc.
——"*Styrax japonica*"=*Styrax japonicus* Sieb. & Zucc.（拼写错误。山东植物志）
原生。华东分布：安徽、福建、江苏、江西、山东、浙江。

毛萼野茉莉 *Styrax japonicus* var. *calycothrix* Gilg
原生。华东分布：江苏、山东。

大果安息香 *Styrax macrocarpus* Cheng
原生。濒危（EN）。华东分布：江西。

玉铃花 *Styrax obassia* Sieb. & Zucc.
——"*Styrax obassis*"=*Styrax obassia* Sieb. & Zucc.（拼写错误。江苏植物志 第2版）
——"*Styrax obassius*"=*Styrax obassia* Sieb. & Zucc.（拼写错误。安徽植物志）
原生。华东分布：安徽、江苏、江西、山东、浙江。

芬芳安息香 *Styrax odoratissimus* Champ. ex Benth.
别名：芬香安息香（福建植物志），郁香安息香（浙江植物志），

郁香野茉莉（江苏植物志 第 2 版）
原生。华东分布：安徽、福建、江苏、江西、浙江。
栓叶安息香 *Styrax suberifolius* Hook. & Arn.
别名：红皮树（浙江植物志）
——"*Styrax suberifolia*"=*Styrax suberifolius* Hook. & Arn.（拼写错误。江西种子植物名录）
原生。华东分布：安徽、福建、江苏、江西、浙江。
越南安息香 *Styrax tonkinensis* (Pierre) Craib ex Hartwich
原生。华东分布：福建、江西。
婺源安息香 *Styrax wuyuanensis* S.M. Hwang
原生。近危（NT）。华东分布：安徽、江苏、浙江。
浙江安息香 *Styrax zhejiangensis* S.M. Hwang & L.L. Yu
原生。极危（CR）。华东分布：浙江。

赤杨叶属 *Alniphyllum*

（安息香科 Styracaceae）

赤杨叶 *Alniphyllum fortunei* (Hemsl.) Makino
别名：拟赤杨（江西种子植物名录、浙江植物志）
——"*Alniphyllum forutnei*"=*Alniphyllum fortunei* (Hemsl.) Makino（拼写错误。福建植物志）
原生。华东分布：安徽、福建、江苏、江西、浙江。

陀螺果属 *Melliodendron*

（安息香科 Styracaceae）

陀螺果 *Melliodendron xylocarpum* Hand.-Mazz.
别名：鸦头梨（浙江植物志）
原生、栽培。华东分布：福建、江西、上海、浙江。
粉花陀螺果 *Melliodendron xylocarpum* 'Suzuki Pink'
——*Melliodendron xylocarpum* var. *roseolum* Z.X. Yu［A Review of the Chinese Monotypic Genus *Melliodendron* (Styracaceae), with A New Synonym of *M. xylocarpum*、江西种子植物名录］
原生、栽培。华东分布：江西。

银钟花属 *Perkinsiodendron*

（安息香科 Styracaceae）

银钟花 *Perkinsiodendron macgregorii* (Chun) P.W. Fritsch
——*Halesia macgregorii* Chun（福建植物志、江西种子植物名录、浙江植物志、FOC）
原生。近危（NT）。华东分布：福建、江西、浙江。

木瓜红属 *Rehderodendron*

（安息香科 Styracaceae）

广东木瓜红 *Rehderodendron kwangtungense* Chun
原生。华东分布：江西。

白辛树属 *Pterostyrax*

（安息香科 Styracaceae）

小叶白辛树 *Pterostyrax corymbosus* Sieb. & Zucc.
原生。华东分布：安徽、福建、江苏、江西、浙江。

秤锤树属 *Sinojackia*

（安息香科 Styracaceae）

细果秤锤树 *Sinojackia microcarpa* Tao Chen & G.Y. Li
原生。极危（CR）。华东分布：浙江。
狭果秤锤树 *Sinojackia rehderiana* Hu
原生。濒危（EN）。华东分布：安徽、江西、浙江。
秤锤树 *Sinojackia xylocarpa* Hu
原生、栽培。濒危（EN）。华东分布：安徽、江苏、山东、上海、浙江。

猕猴桃科 Actinidiaceae

水东哥属 *Saurauia*

（猕猴桃科 Actinidiaceae）

水东哥 *Saurauia tristyla* DC.
别名：水车哥（福建植物志）
原生。华东分布：福建。

藤山柳属 *Clematoclethra*

（猕猴桃科 Actinidiaceae）

藤山柳 *Clematoclethra scandens* (Franch.) Maxim.
别名：刚毛藤山柳（江西植物志、江西种子植物名录）
原生。华东分布：江西。

猕猴桃属 *Actinidia*

（猕猴桃科 Actinidiaceae）

软枣猕猴桃 *Actinidia arguta* (Sieb. & Zucc.) Planch. ex Miq.
别名：心叶猕猴桃（安徽植物志、浙江植物志），紫果猕猴桃（福建植物志、江西植物志、江西种子植物名录、浙江植物志）
——*Actinidia arguta* var. *cordifolia* (Miq.) Bean（安徽植物志、浙江植物志）
——*Actinidia arguta* var. *purpurea* (Rehder) C.F. Liang ex Q.Q. Chang（福建植物志、江西植物志、江西种子植物名录、浙江植物志）
原生。华东分布：安徽、福建、江苏、江西、山东、浙江。
陕西猕猴桃 *Actinidia arguta* var. *giraldii* (Diels) Vorosch.
别名：凸脉猕猴桃（浙江植物志）
——*Actinidia arguta* var. *nervosa* C.F. Liang（浙江植物志）
原生。华东分布：江西、浙江。
硬齿猕猴桃 *Actinidia callosa* Lindl.
原生。华东分布：江西。
异色猕猴桃 *Actinidia callosa* var. *discolor* C.F. Liang
原生。华东分布：安徽、福建、江西、浙江。
京梨猕猴桃 *Actinidia callosa* var. *henryi* Maxim.
原生。华东分布：安徽、福建、江西、浙江。
毛叶硬齿猕猴桃 *Actinidia callosa* var. *strigillosa* C.F. Liang
原生。华东分布：安徽、福建。
中华猕猴桃 *Actinidia chinensis* Planch.
别名：红肉猕猴桃（江西植物志），井冈山猕猴桃（江西植物志、江西种子植物名录），庐山猕猴桃（江西种子植物名录）
——"*Actinidia chinensis* f. *ginkangshanensis*"=*Actinidia chinensis* f. *jinggangshanensis* C.F. Liang（拼写错误。江西种子植物名录）
——*Actinidia chinensis* f. *jinggangshanensis* C.F. Liang（江西植物志）
——*Actinidia chinensis* 'Lushanensis'（江西种子植物名录）

——*Actinidia chinensis* var. *rufopulpa* (C.F. Liang & R.H. Huang) C.F. Liang & A.R. Ferguson（江西植物志）
原生、栽培。华东分布：安徽、福建、江苏、江西、山东、上海、浙江。
美味猕猴桃 *Actinidia chinensis* var. *deliciosa* (A. Chev.) A. Chev.
原生。华东分布：江西。
金花猕猴桃 *Actinidia chrysantha* C.F. Liang
原生。华东分布：江西。
毛花猕猴桃 *Actinidia eriantha* Benth.
别名：白色毛花猕猴桃（浙江植物志）
——*Actinidia eriantha* f. *alba* C.F. Gan（浙江植物志）
原生。华东分布：安徽、福建、江西、浙江。
条叶猕猴桃 *Actinidia fortunatii* Finet & Gagnep.
别名：耳叶猕猴桃（江西种子植物名录），华南猕猴桃（江西种子植物名录）
——*Actinidia glaucophylla* F. Chun（江西种子植物名录）
——*Actinidia glaucophylla* var. *asymmetrica* (F. Chun) C.F. Liang（江西种子植物名录）
原生。近危（NT）。华东分布：江西。
黄毛猕猴桃 *Actinidia fulvicoma* Hance
原生。近危（NT）。华东分布：福建、江西。
灰毛猕猴桃 *Actinidia fulvicoma* var. *cinerascens* (C.F. Liang) J.Q. Li & Soejarto
别名：长叶柄猕猴桃（福建植物志）
——*Actinidia cinerascens* var. *longipetiolata* C.F. Liang（福建植物志）
原生。易危（VU）。华东分布：福建。
绵毛猕猴桃 *Actinidia fulvicoma* var. *hirsuta* Finet & Gagnep.
别名：糙毛猕猴桃（FOC）
——*Actinidia fulvicoma* var. *lanata* (Hemsl.) C.F. Liang（福建植物志、江西植物志、江西种子植物名录）
原生。易危（VU）。华东分布：福建、江西。
厚叶猕猴桃 *Actinidia fulvicoma* var. *pachyphylla* (Dunn) H.L. Li
原生。易危（VU）。华东分布：福建、江西。
长叶猕猴桃 *Actinidia hemsleyana* Dunn
原生。易危（VU）。华东分布：福建、江西、浙江。
中越猕猴桃 *Actinidia indochinensis* Merr.
原生。华东分布：福建。
江西猕猴桃 *Actinidia jiangxiensis* C.F. Liang & Li
原生。华东分布：江西。
狗枣猕猴桃 *Actinidia kolomikta* (Maxim.) Maxim.
别名：心叶海棠猕猴桃（江西种子植物名录）
——*Actinidia maloides* f. *cordata* C.F. Liang（江西种子植物名录）
原生。华东分布：江苏、江西。
小叶猕猴桃 *Actinidia lanceolata* Dunn
原生。易危（VU）。华东分布：安徽、福建、江苏、江西、浙江。
阔叶猕猴桃 *Actinidia latifolia* (Gardner & Champ.) Merr.
别名：多花猕猴桃（福建植物志）
原生。华东分布：安徽、福建、江西、浙江。
大籽猕猴桃 *Actinidia macrosperma* C.F. Liang
原生。华东分布：安徽、江苏、江西、浙江。
梅叶猕猴桃 *Actinidia macrosperma* var. *mumoides* C.F. Liang
——*Actinidia mumoides* C.F. Liang（江西种子植物名录）
原生。华东分布：安徽、江苏、江西、浙江。
黑蕊猕猴桃 *Actinidia melanandra* Franch.
别名：退粉猕猴桃（江西种子植物名录），褪粉猕猴桃（江西植物志、浙江植物志），无髯猕猴桃（安徽植物志）
——*Actinidia melanandra* var. *subconcolor* C.F. Liang（江西植物志、江西种子植物名录、浙江植物志）
原生。华东分布：安徽、福建、江西、浙江。
美丽猕猴桃 *Actinidia melliana* Hand.-Mazz.
原生。华东分布：江西。
葛枣猕猴桃 *Actinidia polygama* (Sieb. & Zucc.) Planch. ex Maxim.
原生。华东分布：安徽、福建、江苏、江西、山东、浙江。
红茎猕猴桃 *Actinidia rubricaulis* Dunn
原生。近危（NT）。华东分布：安徽、江西。
革叶猕猴桃 *Actinidia rubricaulis* var. *coriacea* (Finet & Gagnep.) C.F. Liang
——*Actinidia coriacea* (Finet & Gagnep.) Dunn（江西种子植物名录）
原生。华东分布：安徽、江西。
清风藤猕猴桃 *Actinidia sabiifolia* Dunn
别名：清风猕猴桃（安徽植物志）
——"*Actinidia sabiaefolia*"=*Actinidia sabiifolia* Dunn（拼写错误。安徽植物志、福建植物志、江西植物志、江西种子植物名录）
原生。易危（VU）。华东分布：安徽、福建、江西。
星毛猕猴桃 *Actinidia stellatopilosa* C.Y. Chang
原生。极危（CR）。华东分布：江西。
安息香猕猴桃 *Actinidia styracifolia* C.F. Liang
原生。易危（VU）。华东分布：福建、江西、浙江。
毛蕊猕猴桃 *Actinidia trichogyna* Franch.
原生。易危（VU）。华东分布：江西。
对萼猕猴桃 *Actinidia valvata* Dunn
别名：长柄对萼猕猴桃（浙江植物志），麻叶猕猴桃（江西植物志、江西种子植物名录、浙江植物志）
——"*Actinidia valvata* var. *boehmeriaefolia*"=*Actinidia valvata* var. *boehmeriifolia* C.F. Liang（拼写错误。江西植物志、江西种子植物名录、浙江植物志）
——*Actinidia valvata* var. *longipedicellata* L.L. Yu.（浙江植物志）
原生。近危（NT）。华东分布：安徽、福建、江苏、江西、浙江。
浙江猕猴桃 *Actinidia zhejiangensis* C.F. Liang
原生。极危（CR）。华东分布：福建、江西、浙江。

桤叶树科 Clethraceae

桤叶树属 *Clethra*

（桤叶树科 Clethraceae）

髭脉桤叶树 *Clethra barbinervis* Sieb. & Zucc.
别名：华东桤叶树（福建植物志），华东山柳（安徽植物志、江西种子植物名录、浙江植物志），蚀瓣山柳（江西种子植物名录），武夷山柳（江西种子植物名录）
——*Clethra wuyishanica* Ching ex L.C. Hu（江西种子植物名录）

——*Clethra wuyishanica* var. *erosa* L.C. Hu（江西种子植物名录）
原生。华东分布：安徽、福建、江西、山东、浙江。
单毛桤叶树 *Clethra bodinieri* H. Lév.
别名：单柱桤叶树（福建植物志）
原生。华东分布：福建。
云南桤叶树 *Clethra delavayi* Franch.
别名：薄叶山柳（江西种子植物名录），贵定桤叶树（福建植物志），江南山柳（江西种子植物名录、浙江植物志），南岭桤叶树（福建植物志），南岭山柳（江西种子植物名录），全缘山柳（浙江植物志），小果山柳（江西种子植物名录）
——*Clethra cavaleriei* H. Lév.（福建植物志、江西种子植物名录、浙江植物志）
——*Clethra cavaleriei* var. *leptophylla* L.C. Hu（江西种子植物名录）
——*Clethra cavaleriei* var. *subintegrifolia* Ching ex L.C. Hu（浙江植物志）
——*Clethra esquirolii* H. Lév.（福建植物志、江西种子植物名录）
——*Clethra purpurea* var. *microcarpa* W.P. Fang & L.C. Hu（江西种子植物名录）
原生。华东分布：福建、江西、浙江。
华南桤叶树 *Clethra fabri* Hance
别名：华南山柳（江西种子植物名录）
——"*Clethra faberi*"=*Clethra fabri* Hance（拼写错误。江西种子植物名录）
原生。华东分布：江西。
城口桤叶树 *Clethra fargesii* Franch.
别名：短穗山柳（江西种子植物名录），华中山柳（江西种子植物名录）
——*Clethra brachystachya* W.P. Fang & L.C. Hu（江西种子植物名录）
原生。濒危（EN）。华东分布：江西。
贵州桤叶树 *Clethra kaipoensis* H. Lév.
别名：多肋山柳（江西种子植物名录），贵州山柳（江西种子植物名录），江西山柳（江西种子植物名录），毛叶桤叶树（福建植物志）
——"*Clethra kingsiensis*"=*Clethra kaipoensis* H. Lév.（拼写错误。江西种子植物名录）
——*Clethra brammeriana* Hand.-Mazz.（福建植物志）
——*Clethra kaipoensis* var. *polyneura* (H.L. Li) W.P. Fang & L.C. Hu（江西种子植物名录）
原生。华东分布：福建、江西。

杜鹃花科 Ericaceae

吊钟花属 *Enkianthus*

（杜鹃花科 Ericaceae）

灯笼树 *Enkianthus chinensis* Franch.
别名：灯笼吊钟花（FOC），灯笼花（安徽植物志、福建植物志、江西种子植物名录、浙江植物志）
原生。华东分布：安徽、福建、江西、浙江。
吊钟花 *Enkianthus quinqueflorus* Lour.
原生。华东分布：福建、江西。
齿缘吊钟花 *Enkianthus serrulatus* (E.H. Wilson) C.K. Schneid.
别名：齿叶吊钟花（福建植物志），美叶吊钟花（浙江植物志）
——*Enkianthus calophyllus* T.Z. Hsu（浙江植物志）
原生。华东分布：福建、江西、浙江。

鹿蹄草属 *Pyrola*

（杜鹃花科 Ericaceae）

鹿蹄草 *Pyrola calliantha* Andres
原生。华东分布：安徽、福建、江苏、江西、山东、浙江。
普通鹿蹄草 *Pyrola decorata* Andres
原生。华东分布：安徽、福建、江苏、江西、浙江。
长叶鹿蹄草 *Pyrola elegantula* Andres
别名：江西长叶鹿蹄草（福建植物志、江西种子植物名录）
——*Pyrola elegantula* var. *jiangxiensis* Y.L. Chou & R.C. Zhou（福建植物志、江西种子植物名录）
原生。华东分布：福建、江西。
圆叶鹿蹄草 *Pyrola rotundifolia* L.
原生。华东分布：江苏。

喜冬草属 *Chimaphila*

（杜鹃花科 Ericaceae）

喜冬草 *Chimaphila japonica* Miq.
原生。华东分布：安徽、山东。

假沙晶兰属 *Monotropastrum*

（杜鹃花科 Ericaceae）

球果假沙晶兰 *Monotropastrum humile* (D. Don) H. Hara
别名：矮假水晶兰（安徽植物志），大果假水晶兰（福建植物志、江西种子植物名录、浙江植物志），假水晶兰（浙江植物志），毛花假水晶兰（浙江植物志），球果假水晶兰（江西种子植物名录）
——"*Cheilotheca macrocarpum*"=*Cheilotheca macrocarpa* (Andres) Y.L. Chou（拼写错误。福建植物志、江西种子植物名录）
——*Cheilotheca humilis* (D. Don) H. Keng（安徽植物志、江西种子植物名录、浙江植物志）
——*Cheilotheca humilis* var. *glaberrima* (H. Hara) H. Keng & C.F. Hsieh（浙江植物志）
——*Cheilotheca humilis* var. *pubescens* (K.F. Wu) C. Ling（浙江植物志）
原生。华东分布：安徽、福建、江苏、江西、浙江。

水晶兰属 *Monotropa*

（杜鹃花科 Ericaceae）

松下兰 *Monotropa hypopitys* L.
别名：毛花松下兰（安徽植物志、福建植物志、江西种子植物名录）
——*Hypopitys monotropa* var. *hirsuta* Roth.（安徽植物志、福建植物志）
——*Monotropa hypopitys* var. *hirsuta* Roth.（江西种子植物名录）
原生。华东分布：安徽、福建、江西、浙江。
水晶兰 *Monotropa uniflora* L.
原生。近危（NT）。华东分布：安徽、福建、江西、浙江。

岩须属 *Cassiope*

（杜鹃花科 Ericaceae）

福建岩须 ***Cassiope fujianensis*** L.K. Ling & G. Hoo
别名：福建锦绦花（FOC）
原生。近危（NT）。华东分布：福建。

杜鹃花属 *Rhododendron*

（杜鹃花科 Ericaceae）

锦绣杜鹃 ***Rhododendron* × *pulchrum*** Sweet
原生、栽培。华东分布：安徽、福建、江苏、江西、山东、上海、浙江。

多花杜鹃 ***Rhododendron cavaleriei*** H. Lév.
原生。华东分布：福建、江西。

刺毛杜鹃 ***Rhododendron championiae*** Hook.
——"*Rhododendron championae*"=*Rhododendron championiae* Hook.（拼写错误。福建植物志、江西种子植物名录、浙江植物志）
原生。华东分布：福建、江西、浙江。

潮安杜鹃 ***Rhododendron chaoanense*** T.C. Wu & P.C. Tam
别名：涧上杜鹃（江西种子植物名录、FOC）
——*Rhododendron subflumineum* P.C. Tam（江西种子植物名录、FOC）
原生。华东分布：江西。

喇叭杜鹃 ***Rhododendron discolor*** Franch.
原生。华东分布：安徽、江西、浙江。

丁香杜鹃 ***Rhododendron farrerae*** Sweet
别名：华丽杜鹃（福建植物志），满山红（安徽植物志、福建植物志、江苏植物志 第2版、江西种子植物名录、浙江植物志、FOC）
——*Rhododendron mariesii* Hemsl. & E.H. Wilson（安徽植物志、福建植物志、江苏植物志 第2版、江西种子植物名录、浙江植物志、FOC）
原生。华东分布：安徽、福建、江苏、江西、浙江。

云锦杜鹃 ***Rhododendron fortunei*** Lindl.
原生。华东分布：安徽、福建、江西、浙江。

光枝杜鹃 ***Rhododendron haofui*** Chun & W.P. Fang
原生。华东分布：江西。

弯蒴杜鹃 ***Rhododendron henryi*** Hance
别名：弯朔杜鹃（江西种子植物名录）
原生。华东分布：福建、江西、浙江。

秃房弯蒴杜鹃 ***Rhododendron henryi*** var. ***dunnii*** (E.H. Wilson) M.Y. He
别名：东南杜鹃（福建植物志、浙江植物志），秃房杜鹃（江西种子植物名录）
——*Rhododendron dunnii* E.H. Wilson（福建植物志、浙江植物志）
原生。近危（NT）。华东分布：福建、江西、浙江。

白马银花 ***Rhododendron hongkongense*** Hutch.
原生。华东分布：江西。

华顶杜鹃 ***Rhododendron huadingense*** B.Y. Ding & Y.Y. Fang
原生。华东分布：浙江。

湖南杜鹃 ***Rhododendron hunanense*** Chun ex P.C. Tam
原生。近危（NT）。华东分布：江西。

井冈山杜鹃 ***Rhododendron jingangshanicum*** P.C. Tam
原生。濒危（EN）。华东分布：江西。

江西杜鹃 ***Rhododendron kiangsiense*** W.P. Fang
原生。濒危（EN）。华东分布：江西、浙江。

鹿角杜鹃 ***Rhododendron latoucheae*** Franch.
别名：鹿角杜鹃（浙江植物志），西施花（FOC）
原生。华东分布：安徽、福建、江西、浙江。

南岭杜鹃 ***Rhododendron levinei*** Merr.
原生。近危（NT）。华东分布：福建。

忍冬杜鹃 ***Rhododendron loniceriflorum*** P.C. Tam
——"*Rhododendron loniceraeflorum*"=*Rhododendron loniceriflorum* P.C. Tam（拼写错误。福建植物志）
原生。华东分布：福建。

黄山杜鹃 ***Rhododendron maculiferum*** subsp. ***anhweiense*** (E.H. Wilson) D.F. Chamb.
别名：安徽杜鹃（江西种子植物名录、浙江植物志）
——*Rhododendron anhweiense* E.H. Wilson（江西种子植物名录、浙江植物志）
原生。华东分布：安徽、江西、浙江。

岭南杜鹃 ***Rhododendron mariae*** Hance
别名：紫花杜鹃（福建植物志）
原生。华东分布：安徽、福建、江西。

绿晕满山红 ***Rhododendron mariesii*** 'Viridia'
——*Rhododendron mariesii* f. *viridia* K. Chen, Y.P. Li & F.X. Luo（*Rhododendron mariesii* f. *viridia*, A New Species of *Rhododendron mariesii*）
原生。华东分布：浙江。

照山白 ***Rhododendron micranthum*** Turcz.
原生。华东分布：山东。

小果马银花 ***Rhododendron microcarpum*** R.L. Liu & L.M. Gao
原生。华东分布：江西。

羊踯躅 ***Rhododendron molle*** (Blume) G. Don
原生、栽培。华东分布：安徽、福建、江苏、江西、山东、浙江。

毛棉杜鹃 ***Rhododendron moulmainense*** Hook.
别名：毛棉杜鹃花（江西种子植物名录）
原生。华东分布：福建、江西。

白花杜鹃 ***Rhododendron mucronatum*** (Blume) G. Don
原生。华东分布：安徽、福建、江苏、浙江。

迎红杜鹃 ***Rhododendron mucronulatum*** Turcz.
别名：尖叶杜鹃（山东植物志）
原生。华东分布：江苏、山东。

南昆杜鹃 ***Rhododendron naamkwanense*** Merr.
别名：紫微春（江西种子植物名录），紫薇春（福建植物志、FOC）
——*Rhododendron naamkwanense* var. *cryptonerve* P.C. Tam（福建植物志、江西种子植物名录、FOC）
原生。华东分布：福建、江西。

钝叶杜鹃 ***Rhododendron obtusum*** (Lindl.) Planch.
原生、栽培。华东分布：福建、江苏、江西、山东。

马银花 ***Rhododendron ovatum*** (Lindl.) Planch. ex Maxim.
别名：石壁杜鹃（福建植物志），腺萼马银花（江西种子植物

名录、FOC）
——*Rhododendron bachii* H. Lév.（福建植物志、江西种子植物名录、FOC）
原生。华东分布：安徽、福建、江苏、江西、浙江。
乳源杜鹃 *Rhododendron rhuyuenense* Chun ex P.C. Tam
原生。华东分布：江西。
溪畔杜鹃 *Rhododendron rivulare* Hand.-Mazz.
原生。华东分布：福建、江西。
广东杜鹃 *Rhododendron rivulare* var. ***kwangtungense*** (Merr. & Chun) X.F. Jin & B.Y. Ding
——*Rhododendron kwangtungense* Merr. & Chun（福建植物志、FOC）
原生。华东分布：福建。
红背杜鹃 *Rhododendron rufescens* Franch.
别名：茶绒杜鹃（福建植物志）
原生。近危（NT）。华东分布：福建。
崖壁杜鹃 *Rhododendron saxatile* B.Y. Ding & Y.Y. Fang
原生。华东分布：浙江。
毛果杜鹃 *Rhododendron seniavinii* Maxim.
别名：南平杜鹃（FOC）
——*Rhododendron nanpingense* P.C. Tam（FOC）
原生。华东分布：福建、江西、浙江。
上犹杜鹃 *Rhododendron seniavinii* var. ***shangyounicum*** R.L. Liu & L.M. Cao
——"*Rhododendron seniavinii* var. *shangyoumicum*"=*Rhododendron seniavinii* var. *shangyounicum* R.L. Liu & L.M. Cao（拼写错误。江西种子植物名录）
原生。华东分布：江西。
都支杜鹃 *Rhododendron shanii* W.P. Fang
原生。华东分布：安徽。
猴头杜鹃 *Rhododendron simiarum* Hance
别名：福建杜鹃（福建植物志、江西种子植物名录）
——*Rhododendron fokienense* Franch.（福建植物志、江西种子植物名录）
原生。华东分布：安徽、福建、江西、浙江。
杜鹃 *Rhododendron simsii* Planch.
别名：白花映山红（江西种子植物名录），杜鹃花（山东植物志），映山红（江西种子植物名录、浙江植物志）
——*Rhododendron simsii* var. *albiflorum* R.L. Liu（江西种子植物名录）
原生、栽培。华东分布：安徽、福建、江苏、江西、山东、上海、浙江。
普陀杜鹃 *Rhododendron simsii* var. ***putoense*** G.Y. Li & Z.H. Chen
原生。华东分布：浙江。
长蕊杜鹃 *Rhododendron stamineum* Franch.
原生。华东分布：安徽、江西、浙江。
伏毛杜鹃 *Rhododendron strigosum* R.L. Liu
原生。华东分布：江西。
大埔杜鹃 *Rhododendron taipaoense* T.C. Wu & P.C. Tam
别名：龙岩杜鹃（江西种子植物名录、FOC），蔗黄杜鹃（FOC）
——*Rhododendron florulentum* P.C. Tam（江西种子植物名录、FOC）
——*Rhododendron spadiceum* P.C. Tam（FOC）
原生。华东分布：福建、江西。
泰顺杜鹃 *Rhododendron taishunense* B.Y. Ding & Y.Y. Fang
原生。易危（VU）。华东分布：福建、浙江。
背绒杜鹃 *Rhododendron tsoi* var. ***hypoblematosum*** (Tam) X.F. Jin & B.Y. Ding
别名：棒柱杜鹃（江西种子植物名录、FOC），粗柱杜鹃（江西种子植物名录、FOC）
——*Rhododendron crassimedium* P.C. Tam（江西种子植物名录、FOC）
——*Rhododendron crassistylum* M.Y. He（江西种子植物名录、FOC）
——*Rhododendron hypoblematosum* P.C. Tam（FOC）
原生。华东分布：江西。
千针叶杜鹃 *Rhododendron tsoi* var. ***polyraphidoideum*** (P.C. Tam) X.F. Jin & B.Y. Ding
——"*Rhododendron polyraphideum*"=*Rhododendron polyraphidoideum* P.C. Tam（拼写错误。福建植物志）
——*Rhododendron polyraphidoideum* P.C. Tam（FOC）
原生。华东分布：福建。
凯里杜鹃 *Rhododendron westlandii* Hemsl.
原生。华东分布：福建、江西。
武夷杜鹃 *Rhododendron wuyishanicum* L.K. Ling
原生。华东分布：福建。
湘赣杜鹃 *Rhododendron xiangganense* X.F. Jin & B.Y. Ding
原生。华东分布：江西。
小溪洞杜鹃 *Rhododendron xiaoxidongense* W.K. Hu
原生。绝灭（EX）。华东分布：江西。
阳明山杜鹃 *Rhododendron yangmingshanense* P.C. Tam
原生。华东分布：江西。
云亿杜鹃 *Rhododendron yunyianum* X.F. Jin & B.Y. Ding
原生。华东分布：福建。

珍珠花属 *Lyonia*

（杜鹃花科 Ericaceae）

珍珠花 *Lyonia ovalifolia* (Wall.) Drude
别名：南烛（福建植物志、江西种子植物名录）
原生。华东分布：福建、江西。
小果珍珠花 *Lyonia ovalifolia* var. ***elliptica*** (Sieb. & Zucc.) Hand.-Mazz.
别名：小果南烛（福建植物志、江西种子植物名录）
原生。华东分布：福建、江苏、江西、浙江。
毛果珍珠花 *Lyonia ovalifolia* var. ***hebecarpa*** (Franch. ex F.B. Forbes & Hemsl.) Chun
别名：毛果南烛（安徽植物志、江西种子植物名录、浙江植物志）
原生。华东分布：安徽、福建、江苏、江西、浙江。
狭叶珍珠花 *Lyonia ovalifolia* var. ***lanceolata*** (Wall.) Hand.-Mazz.
别名：狭叶南烛（福建植物志）
原生。华东分布：福建、江西。

马醉木属 *Pieris*

（杜鹃花科 Ericaceae）

美丽马醉木 *Pieris formosa* (Wall.) D. Don

——"*Pieris formosana*"=*Pieris formosa* (Wall.) D. Don（拼写错误。福建植物志）

原生。华东分布：安徽、福建、江西、浙江。

马醉木 *Pieris japonica* (Thunb.) D. Don ex G. Don

——*Pieris polita* W.W. Sm. & Jeffrey（福建植物志）

原生。华东分布：安徽、福建、江苏、江西、浙江。

长萼马醉木 *Pieris swinhoei* Hemsl.

原生。易危（VU）。华东分布：福建、江西。

白珠属 *Gaultheria*

（杜鹃花科 Ericaceae）

白果白珠 *Gaultheria leucocarpa* Blume

原生。华东分布：福建、江西。

毛滇白珠 *Gaultheria leucocarpa* var. ***crenulata*** (Kurz) T.Z. Hsu

别名：滇白珠（江西种子植物名录）

原生。华东分布：江西。

滇白珠 *Gaultheria leucocarpa* var. ***yunnanensis*** (Franch.) T.Z. Hsu & R.C. Fang

别名：白珠树（福建植物志、江西种子植物名录）

——"*Gaultheria leucocarpa* var. *cumingiana*"=*Gaultheria leucocarpa* var. *yunnanensis* (Franch.) T.Z. Hsu & R.C. Fang（误用名。福建植物志、江西种子植物名录）

原生。华东分布：福建、江西。

越橘属 *Vaccinium*

（杜鹃花科 Ericaceae）

南烛 *Vaccinium bracteatum* Thunb.

别名：乌饭树（安徽植物志、福建植物志、江苏植物志 第2版、江西种子植物名录、浙江植物志）

原生。华东分布：安徽、福建、江苏、江西、上海、浙江。

小叶南烛 *Vaccinium bracteatum* var. ***chinense*** (Lodd.) Chun ex Sleumer

别名：小叶乌饭树（福建植物志）

原生。近危（NT）。华东分布：福建、江西。

淡红南烛 *Vaccinium bracteatum* var. ***rubellum*** P.S. Hsu, J.X. Qiu, S.F. Huang & Y. Zhang

原生。近危（NT）。华东分布：江西、浙江。

短尾越橘 *Vaccinium carlesii* Dunn

别名：短尾越桔（安徽植物志、福建植物志、浙江植物志、FOC）

原生。华东分布：安徽、福建、江西、浙江。

广东乌饭 *Vaccinium guangdongense* W.P. Fang & Z.H. Pan

原生。华东分布：江西。

无梗越橘 *Vaccinium henryi* Hemsl.

别名：无梗越桔（安徽植物志、福建植物志、浙江植物志、FOC）

原生。华东分布：安徽、福建、江西、浙江。

有梗越橘 *Vaccinium henryi* var. ***chingii*** (Sleumer) C.Y. Wu & R.C. Fang

别名：有梗越桔（安徽植物志、FOC）

——*Vaccinium chingii* Sleumer（安徽植物志）

原生。近危（NT）。华东分布：安徽、福建、江西、浙江。

黄背越橘 *Vaccinium iteophyllum* Hance

别名：黄背越桔（安徽植物志、江西种子植物名录、浙江植物志、FOC），鼠刺乌饭树（福建植物志）

原生。华东分布：安徽、福建、江苏、江西、浙江。

日本扁枝越橘 *Vaccinium japonicum* Miq.

别名：日本扁枝越桔（FOC）

原生。华东分布：安徽、福建、江西、浙江。

扁枝越橘 *Vaccinium japonicum* var. ***sinicum*** (Nakai) Rehder

别名：扁枝越桔（安徽植物志、浙江植物志、FOC），山小檗（福建植物志）

——"*Hugeria vaccinioides*"=*Hugeria vaccinoidea* (H. Lév.) H. Hara（拼写错误。福建植物志）

原生。华东分布：安徽、福建、江西、浙江。

长尾乌饭 *Vaccinium longicaudatum* Chun ex W.P. Fang & Z.H. Pan

别名：长尾越橘（江西种子植物名录）

原生。华东分布：江西。

江南越橘 *Vaccinium mandarinorum* Diels

别名：华南米饭花（福建植物志），江南越桔（浙江植物志、FOC），具苞江南越橘（江西种子植物名录），米饭花（安徽植物志、福建植物志）

——"*Vaccinium mandarinorum* var. *austrosinensis*"=*Vaccinium mandarinorum* var. *austrosinense* (Hand.-Mazz.) F.P. Metcalf（拼写错误。江西种子植物名录）

——*Vaccinium mandarinorum* var. *austrosinense* (Hand.-Mazz.) F.P. Metcalf（福建植物志）

原生。华东分布：安徽、福建、江苏、江西、浙江。

腺齿越橘 *Vaccinium oldhamii* Miq.

别名：腺齿越桔（山东植物志、FOC）

原生。华东分布：江苏、山东。

峦大越橘 *Vaccinium randaiense* Hayata

别名：峦大越桔（FOC）

原生。华东分布：江西。

广西越橘 *Vaccinium sinicum* Sleumer

别名：广西越桔（福建植物志、FOC）

原生。近危（NT）。华东分布：福建。

刺毛越橘 *Vaccinium trichocladum* Merr. & F.P. Metcalf

别名：刺毛越桔（安徽植物志、福建植物志、浙江植物志、FOC）

原生。华东分布：安徽、福建、江苏、江西、浙江。

光序刺毛越橘 *Vaccinium trichocladum* var. ***glabriracemosum*** C.Y. Wu

别名：光序刺毛越桔（福建植物志、FOC）

原生。华东分布：福建、江西、浙江。

平萼乌饭 *Vaccinium truncatocalyx* Chun

原生。华东分布：江西。

帽蕊草科 Mitrastemonaceae

帽蕊草属 *Mitrastemon*

（帽蕊草科 Mitrastemonaceae）

帽蕊草 *Mitrastemon yamamotoi* (Makino) Makino
——*Mitrastemon kawasasakii* Hayata（福建植物志）
原生。易危（VU）。华东分布：福建。

茶茱萸科 Icacinaceae

定心藤属 *Mappianthus*

（茶茱萸科 Icacinaceae）

定心藤 *Mappianthus iodoides* Hand.-Mazz.
别名：甜果藤（江西种子植物名录）
——"*Mappianthus iodioides*"=*Mappianthus iodoides* Hand.-Mazz.（拼写错误。福建植物志）
原生。华东分布：福建、江西、浙江。

无须藤属 *Hosiea*

（茶茱萸科 Icacinaceae）

无须藤 *Hosiea sinensis* (Oliv.) Hemsl. & E.H. Wilson
原生。华东分布：安徽、江西、浙江。

杜仲科 Eucommiaceae

杜仲属 *Eucommia*

（杜仲科 Eucommiaceae）

杜仲 *Eucommia ulmoides* Oliv.
原生、栽培。易危（VU）。华东分布：安徽、福建、江苏、江西、山东、上海、浙江。

丝缨花科 Garryaceae

桃叶珊瑚属 *Aucuba*

（丝缨花科 Garryaceae）

窄斑叶珊瑚 *Aucuba albopunctifolia* var. ***angustula*** W.P. Fang & Soong
——"*Aucuba albo-punctifolia* var. *angustula*"=*Aucuba albopunctifolia* var. *angustula* W.P. Fang & Soong（拼写错误。浙江植物志）
原生。华东分布：浙江。

桃叶珊瑚 *Aucuba chinensis* Benth.
原生。华东分布：福建、江西。

纤尾桃叶珊瑚 *Aucuba filicauda* Chun & F.C. How
原生。华东分布：江西。

少花桃叶珊瑚 *Aucuba filicauda* var. ***pauciflora*** W.P. Fang & Soong
原生。华东分布：江西。

喜马拉雅珊瑚 *Aucuba himalaica* Hook. f. & Thomson
原生。华东分布：江西、浙江。

长叶珊瑚 *Aucuba himalaica* var. ***dolichophylla*** W.P. Fang & Soong
原生。华东分布：江西、浙江。

青木 *Aucuba japonica* Thunb.
原生、栽培。华东分布：福建、江苏、江西、浙江。

花叶青木 *Aucuba japonica* var. ***variegata*** Dombrain
原生、栽培。华东分布：安徽、福建、江苏、江西、山东、上海、浙江。

倒心叶珊瑚 *Aucuba obcordata* (Rehder) K.T. Fu ex W.K. Hu & Soong
原生。华东分布：江西、浙江。

茜草科 Rubiaceae

流苏子属 *Coptosapelta*

（茜草科 Rubiaceae）

流苏子 *Coptosapelta diffusa* (Champ. ex Benth.) Steenis
别名：盾子木（浙江植物志）
——*Thysanospermum diffusum* Champ. ex Benth.（安徽植物志）
原生。华东分布：安徽、福建、江西、浙江。

蛇根草属 *Ophiorrhiza*

（茜草科 Rubiaceae）

广州蛇根草 *Ophiorrhiza cantonensis* Hance
——"*Ophiorrhiza cantoniensis*"=*Ophiorrhiza cantonensis* Hance（拼写错误。江西种子植物名录）
原生。华东分布：江西。

中华蛇根草 *Ophiorrhiza chinensis* H.S. Lo
原生。华东分布：安徽、福建、江西。

日本蛇根草 *Ophiorrhiza japonica* Blume
别名：蛇根草（浙江植物志）
原生。华东分布：安徽、福建、江西、浙江。

小叶蛇根草 *Ophiorrhiza microphylla* (H.S. Lo) Razafim. & C. Rydin
原生。华东分布：江西。

东南蛇根草 *Ophiorrhiza mitchelloides* (Masam.) H.S. Lo
——*Ophiorrhiza exigua* (H.L. Li) H.S. Lo（福建植物志）
原生。华东分布：福建、江西。

短小蛇根草 *Ophiorrhiza pumila* Champ. ex Benth.
原生。华东分布：福建、江西。

螺序草属 *Spiradiclis*

（茜草科 Rubiaceae）

小叶螺序草 *Spiradiclis microphylla* H.S. Lo
原生。华东分布：江西。

粗叶木属 *Lasianthus*

（茜草科 Rubiaceae）

斜基粗叶木 *Lasianthus attenuatus* Jack
——*Lasianthus wallichii* Wight（福建植物志）
原生。华东分布：福建。

粗叶木 *Lasianthus chinensis* (Champ.) Benth.
原生。华东分布：福建、江西。

焕镛粗叶木 *Lasianthus chunii* H.S. Lo
原生。华东分布：福建、江西。

广东粗叶木 *Lasianthus curtisii* King & Gamble
——*Lasianthus kwangtungensis* Merr.（福建植物志）
原生。华东分布：福建。

长梗粗叶木 *Lasianthus filipes* Chun ex H.S. Lo
原生。华东分布：福建。
罗浮粗叶木 *Lasianthus fordii* Hance
原生。华东分布：福建。
西南粗叶木 *Lasianthus henryi* Hutch.
原生。华东分布：福建。
日本粗叶木 *Lasianthus japonicus* Miq.
别名：榄绿粗叶木（安徽植物志、福建植物志、江西种子植物名录、浙江植物志），毛脉粗叶木（浙江植物志），污毛粗叶木（安徽植物志、福建植物志、江西种子植物名录、浙江植物志），中南粗叶木（福建植物志）
——*Lasianthus hartii* Franch.（安徽植物志、福建植物志、江西种子植物名录、浙江植物志）
——*Lasianthus hartii* var. *lancilimbus* (Merr.) Q.Q. Zhang（福建植物志）
——*Lasianthus japonicus* var. *lancilimbus* (Merr.) C.Y. Wu & H. Zhu（江西种子植物名录）
——*Lasianthus lancilimbus* Merr.（安徽植物志、浙江植物志）
——*Lasianthus satsumensis* Matsum.（福建植物志）
原生。华东分布：安徽、福建、江西、浙江。
美脉粗叶木 *Lasianthus lancifolius* Hook. f.
原生。华东分布：江西。
小花粗叶木 *Lasianthus micranthus* Hook. f.
别名：薄叶粗叶木（福建植物志）
——*Lasianthus microstachys* Hayata（福建植物志）
原生。华东分布：福建、浙江。
锡金粗叶木 *Lasianthus sikkimensis* Hook. f.
别名：上思粗叶木（浙江植物志）
——*Lasianthus tsangii* Merr. ex H.L. Li（浙江植物志）
原生。华东分布：福建、浙江。

虎刺属 *Damnacanthus*

（茜草科 Rubiaceae）

短刺虎刺 *Damnacanthus giganteus* (Makino) Nakai
——*Damnacanthus subspinosus* Hand.-Mazz.（安徽植物志、福建植物志、浙江植物志）
原生。华东分布：安徽、福建、江西、浙江。
虎刺 *Damnacanthus indicus* C.F. Gaertn.
原生、栽培。华东分布：安徽、福建、江苏、江西、山东、浙江。
浙皖虎刺 *Damnacanthus macrophyllus* Sieb. ex Miq.
别名：浙江虎刺（安徽植物志、浙江植物志）
——*Damnacanthus shanii* K. Yao & M.B. Deng（安徽植物志、浙江植物志）
——"*Damnacanthus subspinosus* var. *salicifolius* C.Y. Deng & K. Yao"=*Damnacanthus macrophyllus* Sieb. ex Miq.（不合法名称。安徽植物志、浙江植物志）
原生。华东分布：安徽、江苏、浙江。
大卵叶虎刺 *Damnacanthus major* Sieb. & Zucc.
原生。易危（VU）。华东分布：浙江。

蔓虎刺属 *Mitchella*

（茜草科 Rubiaceae）

蔓虎刺 *Mitchella undulata* Sieb. & Zucc.
别名：波状蔓虎刺（浙江植物志）
原生。华东分布：安徽、福建、浙江。

木巴戟属 *Morinda*

（茜草科 Rubiaceae）

白蕊巴戟 *Morinda citrina* var. ***chlorina*** Y.Z. Ruan
原生。近危（NT）。华东分布：安徽、福建、江西、浙江。
大果巴戟 *Morinda cochinchinensis* DC.
原生。华东分布：福建。
湖北巴戟 *Morinda hupehensis* S.Y. Hu
原生。华东分布：福建。
木姜叶巴戟 *Morinda litseifolia* Y.Z. Ruan
原生。华东分布：福建、江西。
少花鸡眼藤 *Morinda nanlingensis* var. ***pauciflora*** Y.Z. Ruan
原生。濒危（EN）。华东分布：浙江。
巴戟天 *Morinda officinalis* F.C. How
原生。易危（VU）。华东分布：福建、江西。
鸡眼藤 *Morinda parvifolia* Bartl. ex DC.
原生。华东分布：福建、江西。
短梗木巴戟 *Morinda persicifolia* Buch.-Ham.
别名：短柄鸡眼藤（江西种子植物名录）
——"*Morinda persicaefolia*"=*Morinda persicifolia* Buch.-Ham.（拼写错误。江西种子植物名录）
原生。华东分布：江西。
西南巴戟 *Morinda scabrifolia* Y.Z. Ruan
原生。华东分布：江西。
假巴戟 *Morinda shuanghuaensis* C.Y. Chen & M.S. Huang
原生。近危（NT）。华东分布：福建。
印度羊角藤 *Morinda umbellata* L.
别名：羊角藤（安徽植物志、浙江植物志）
原生。华东分布：安徽、福建、江苏、江西、浙江。
羊角藤 *Morinda umbellata* subsp. ***obovata*** Y.Z. Ruan
原生。华东分布：安徽、福建、江苏、江西、浙江。

南山花属 *Prismatomeris*

（茜草科 Rubiaceae）

南山花 *Prismatomeris tetrandra* (Roxb.) K. Schum.
别名：四蕊三角瓣花（FOC）
原生。华东分布：福建。

爱地草属 *Geophila*

（茜草科 Rubiaceae）

爱地草 *Geophila repens* (L.) I.M. Johnst.
——*Geophila herbacea* (Jacq.) K. Schum.（福建植物志）
原生。华东分布：福建。

九节属 *Psychotria*

（茜草科 Rubiaceae）

九节 *Psychotria asiatica* L.
——"*Psychotria rubra*"=*Psychotria asiatica* L.（误用名。福建植

物志、浙江植物志）
原生、栽培。华东分布：福建、浙江。
蔓九节 *Psychotria serpens* L.
别名：匍匐九节木（江西种子植物名录）
原生。华东分布：福建、江西、浙江。
假九节 *Psychotria tutcheri* Dunn
原生。华东分布：福建、浙江。

红芽大戟属 *Knoxia*

（茜草科 Rubiaceae）

红大戟 *Knoxia roxburghii* (Spreng.) M.A. Rau
别名：假缬草（浙江植物志）
——*Knoxia valerianoides* Thorel ex Pit.（浙江植物志）
原生。易危（VU）。华东分布：福建、浙江。
红芽大戟 *Knoxia sumatrensis* (Retz.) DC.
——*Knoxia corymbosa* Willd.（福建植物志）
原生。华东分布：福建。

毛瓣耳草属 *Hedyotis*

（茜草科 Rubiaceae）

金草 *Hedyotis acutangula* Champ. ex Benth.
原生。华东分布：福建。
耳草 *Hedyotis auricularia* L.
原生。华东分布：江西。
拟定经草 *Hedyotis brachypoda* (DC.) Sivar. & Biju
原生。华东分布：安徽。
剑叶耳草 *Hedyotis caudatifolia* Merr. & F.P. Metcalf
原生。华东分布：福建、江西、浙江。
金毛耳草 *Hedyotis chrysotricha* (Palib.) Merr.
原生。华东分布：安徽、福建、江苏、江西、上海、浙江。
拟金草 *Hedyotis consanguinea* Hance
别名：剑叶耳草（福建植物志、浙江植物志）
——*Hedyotis lancea* Thunb ex Maxim.（福建植物志、浙江植物志）
原生。华东分布：福建、浙江。
牛白藤 *Hedyotis hedyotidea* (DC.) Merr.
原生。华东分布：福建、江西。
丹草 *Hedyotis herbacea* L.
原生。华东分布：福建、江西。
粤港耳草 *Hedyotis loganioides* Benth.
原生。华东分布：福建。
长瓣耳草 *Hedyotis longipetala* Merr.
原生。华东分布：福建。
疏花耳草 *Hedyotis matthewii* Dunn
别名：蔬花耳草（江西种子植物名录）
原生。华东分布：江西。
粗毛耳草 *Hedyotis mellii* Tutcher
原生。华东分布：福建、江西。
肉叶耳草 *Hedyotis strigulosa* (Bartl. ex DC.) Fosberg
别名：厚叶双花耳草（浙江植物志）
——*Hedyotis biflora* var. *parvifolia* Hook. & Arn.（浙江植物志）
原生。华东分布：浙江。
细梗耳草 *Hedyotis tenuipes* Hemsl.
原生。华东分布：福建。
长节耳草 *Hedyotis uncinella* Hook. & Arn.
原生。华东分布：福建、江西。

网籽耳草属 *Leptopetalum*

（茜草科 Rubiaceae）

双花耳草 *Leptopetalum biflorum* (L.) Neupane & N. Wikstr.
别名：圆锥耳草（福建植物志）
——*Hedyotis biflora* (L.) Lam.（福建植物志、FOC）
——*Hedyotis paniculata* (L.) Lam.（福建植物志）
原生。华东分布：福建、江苏。

蛇舌草属 *Scleromitrion*

（茜草科 Rubiaceae）

白花蛇舌草 *Scleromitrion diffusum* (Willd.) R.J. Wang
别名：白花蛇耳草（上海维管植物名录、FOC）
——*Hedyotis diffusa* Willd.（安徽植物志、福建植物志、江苏植物志 第2版、江西种子植物名录、上海维管植物名录、浙江植物志、FOC）
原生。华东分布：安徽、福建、江苏、江西、上海、浙江。
蕴璋耳草 *Scleromitrion koanum* (R.J. Wang) R.J. Wang
——*Hedyotis koana* R.J. Wang（*Hedyotis koana* R. J. Wang, A New Species of Rubiaceae from China、FOC）
原生。华东分布：福建、江西。
松叶耳草 *Scleromitrion pinifolium* (Wall. ex G. Don) R.J. Wang
——*Hedyotis pinifolia* Wall. ex G. Don（福建植物志、FOC）
原生。华东分布：福建。
纤花耳草 *Scleromitrion tenelliflorum* (Blume) Korth.
——*Hedyotis tenelliflora* Blume（安徽植物志、福建植物志、江西种子植物名录、浙江植物志、FOC）
原生。华东分布：安徽、福建、江西、浙江。
粗叶耳草 *Scleromitrion verticillatum* (L.) R.J. Wang
——*Hedyotis hispida* Retz.（福建植物志）
——*Hedyotis verticillata* (L.) Lam.（江西种子植物名录、浙江植物志、FOC）
原生。华东分布：福建、江西、浙江。

新耳草属 *Neanotis*

（茜草科 Rubiaceae）

卷毛新耳草 *Neanotis boerhaavioides* Hance
别名：臭假耳草（江西种子植物名录），黄细心状假耳草（浙江植物志）
原生。华东分布：福建、江西、浙江。
薄叶新耳草 *Neanotis hirsuta* (L. f.) W.H. Lewis
别名：薄叶假耳草（安徽植物志、江西种子植物名录、浙江植物志）
原生。华东分布：安徽、福建、江苏、江西、浙江。
臭味新耳草 *Neanotis ingrata* (Wall. ex Hook. f.) W.H. Lewis
别名：假耳草（江西种子植物名录、浙江植物志）
原生。华东分布：福建、江苏、江西、浙江。
广东新耳草 *Neanotis kwangtungensis* (Merr. & F.P. Metcalf) W.H. Lewis
原生。华东分布：福建、江西。

西南新耳草 *Neanotis wightiana* (Wall. ex Wight & Arn.) W.H. Lewis
原生。华东分布：安徽。

水线草属 *Oldenlandia*

（茜草科 Rubiaceae）

水线草 *Oldenlandia corymbosa* L.
别名：伞房耳草（安徽植物志），伞房花耳草（福建植物志、江西种子植物名录、上海维管植物名录、浙江植物志、FOC）
——*Hedyotis corymbosa* (L.) Lam.（安徽植物志、福建植物志、江西种子植物名录、上海维管植物名录、浙江植物志、FOC）
原生。华东分布：安徽、福建、江西、上海、浙江。

圆茎耳草 *Oldenlandia corymbosa* var. ***tereticaulis*** (W.C. Ko) R.J. Wang
——"*Hedyotis corymbosa* var. *tereticaulia*"=*Hedyotis corymbosa* var. *tereticaulis* W.C. Ko（拼写错误。福建植物志）
——*Hedyotis corymbosa* var. *tereticaulis* W.C. Ko（FOC）
原生。华东分布：福建。

双角草属 *Diodia*

（茜草科 Rubiaceae）

双角草 *Diodia virginiana* L.
外来。华东分布：安徽。

盖裂果属 *Mitracarpus*

（茜草科 Rubiaceae）

盖裂果 *Mitracarpus hirtus* (L.) DC.
外来。易危（VU）。华东分布：福建、江西。

号扣草属 *Hexasepalum*

（茜草科 Rubiaceae）

睫毛坚扣草 *Hexasepalum teres* (Walter) J.H. Kirkbr.
别名：山东丰花草（山东植物志、FOC），圆茎双角草（中国外来入侵植物名录）
——*Borreria shandongensis* F.Z. Li & X.D. Chen（山东植物志）
——*Diodia teres* Walter（中国外来入侵植物名录、FOC）
外来。华东分布：安徽、福建、江苏、江西、山东、浙江。

纽扣草属 *Spermacoce*

（茜草科 Rubiaceae）

阔叶丰花草 *Spermacoce alata* Aubl.
——*Borreria latifolia* (Aubl.) K. Schum.（福建植物志）
外来。华东分布：福建、江苏、江西、浙江。

长管糙叶丰花草 *Spermacoce articularis* L. f.
别名：糙叶丰花草（福建植物志）
——*Borreria articularis* (L. f.) F.N. Williams（福建植物志）
原生。华东分布：福建。

丰花草 *Spermacoce pusilla* Wall.
——*Borreria pusilla* (Wall.) DC.（浙江植物志）
原生。华东分布：安徽、福建、江西、浙江。

光叶丰花草 *Spermacoce remota* Lam.
外来。华东分布：福建。

墨苜蓿属 *Richardia*

（茜草科 Rubiaceae）

巴西墨苜蓿 *Richardia brasiliensis* Gomes
外来。华东分布：福建、浙江。

薄柱草属 *Nertera*

（茜草科 Rubiaceae）

黑果薄柱草 *Nertera nigricarpa* Hayata
原生。华东分布：福建。

薄柱草 *Nertera sinensis* Hemsl.
原生。华东分布：福建、江西。

宽昭木属 *Foonchewia*

（茜草科 Rubiaceae）

宽昭木 *Foonchewia coriacea* (Dunn) Z.Q. Song
别名：革叶腺萼木（福建植物志、FOC）
——*Mycetia coriacea* (Dunn) Merr.（福建植物志、FOC）
原生。华东分布：福建。

牡丽草属 *Mouretia*

（茜草科 Rubiaceae）

广东牡丽草 *Mouretia inaequalis* (H.S. Lo) Tange
别名：牡丽草（福建植物志）
——"*Mouretia tonkinensis*"=*Mouretia inaequalis* (H.S. Lo) Tange（误用名。福建植物志）
原生。华东分布：福建。

腺萼木属 *Mycetia*

（茜草科 Rubiaceae）

华腺萼木 *Mycetia sinensis* (Hemsl.) Craib
原生。华东分布：福建、江西。

鸡屎藤属 *Paederia*

（茜草科 Rubiaceae）

耳叶鸡屎藤 *Paederia cavaleriei* H. Lév.
别名：长序鸡屎藤（浙江植物志），耳叶鸡矢藤（FOC）
原生。华东分布：江西、浙江。

鸡屎藤 *Paederia foetida* L.
别名：鸡矢藤（安徽植物志、江苏植物志 第2版、江西种子植物名录、上海维管植物名录、FOC），鸡天藤（山东植物志），毛鸡矢藤（安徽植物志、福建植物志、江西种子植物名录、浙江植物志），毛鸡天藤（山东植物志），疏花鸡屎藤（福建植物志）
——*Paederia laxiflora* Merr. ex H.L. Li（福建植物志）
——*Paederia scandens* (Lour.) Merr.（安徽植物志、福建植物志、江西种子植物名录、山东植物志、浙江植物志）
——*Paederia scandens* var. *tomentosa* (Blume) Hand.-Mazz.（安徽植物志、福建植物志、江西种子植物名录、山东植物志、浙江植物志）
原生。华东分布：安徽、福建、江苏、江西、山东、上海、浙江。

白毛鸡屎藤 *Paederia pertomentosa* Merr. ex H.L. Li
别名：白毛鸡矢藤（FOC）
原生。华东分布：福建、江西。

狭序鸡屎藤 *Paederia stenobotrya* Merr.
别名：狭序鸡矢藤（江西种子植物名录、FOC），狭枝鸡屎藤（福

建植物志）
原生。华东分布：福建、江西。

白马骨属 *Serissa*

（茜草科 Rubiaceae）

六月雪 *Serissa japonica* (Thunb.) Thunb.
——*Serissa foetida* (L. f.) Lam.（安徽植物志）
原生、栽培。华东分布：安徽、福建、江苏、江西、浙江。
白马骨 *Serissa serissoides* (DC.) Druce
原生、栽培。华东分布：安徽、福建、江苏、江西、山东、上海、浙江。

假盖果草属 *Pseudopyxis*

（茜草科 Rubiaceae）

异叶假盖果草 *Pseudopyxis heterophylla* (Miq.) Maxim.
原生。华东分布：浙江。
胀节假盖果草 *Pseudopyxis heterophylla* subsp. ***monilirhizoma*** (Tao Chen) L.X. Ye, C.Z. Zheng & X.F. Jin
——*Pseudopyxis monilirhizoma* Tao Chen［Observations and A New Species in the Genus *Pseudopyxis* (Rubiaceae)、FOC］
原生。华东分布：浙江。

假繁缕属 *Theligonum*

（茜草科 Rubiaceae）

日本假繁缕 *Theligonum japonicum* Ôkubo & Makino
别名：日本假牛繁缕（江西植物志、浙江植物志）
原生。华东分布：安徽、江西、浙江。
假繁缕 *Theligonum macranthum* Franch.
原生。华东分布：浙江。

茜草属 *Rubia*

（茜草科 Rubiaceae）

金剑草 *Rubia alata* Wall.
别名：披针叶茜草（安徽植物志）
——*Rubia lanceolata* Hayata（安徽植物志）
原生。华东分布：安徽、福建、江西、浙江。
东南茜草 *Rubia argyi* (H. Lév. & Vaniot) H. Hara
别名：茜草（浙江植物志）
原生。华东分布：安徽、福建、江苏、江西、上海、浙江。
浙南茜草 *Rubia austrozhejiangensis* Z.P. Lei, Y.Y. Zhou & R.W. Wang
原生。华东分布：福建、浙江。
茜草 *Rubia cordifolia* L.
原生。华东分布：安徽、江苏、江西、山东。
卵叶茜草 *Rubia ovatifolia* Z. Ying Zhang
原生。华东分布：浙江。
大叶茜草 *Rubia schumanniana* E. Pritz.
原生。华东分布：江西。
山东茜草 *Rubia truppeliana* Loes.
别名：狭叶茜草（山东植物志）
原生。近危（NT）。华东分布：山东。
多花茜草 *Rubia wallichiana* Decne.
原生。华东分布：江西。

拉拉藤属 *Galium*

（茜草科 Rubiaceae）

原拉拉藤 *Galium aparine* L.
别名：猪殃殃（安徽植物志、山东植物志）
原生。华东分布：安徽、山东。
北方拉拉藤 *Galium boreale* L.
原生。华东分布：江西、山东。
四叶律 *Galium bungei* Steud.
别名：细四叶葎（安徽植物志），细叶四叶葎（江西种子植物名录）
——*Galium gracilens* (A. Gray) Makino（安徽植物志、江西种子植物名录）
原生。华东分布：安徽、福建、江苏、江西、山东、上海、浙江。
狭叶四叶律 *Galium bungei* var. ***angustifolium*** (Loes.) Cufod.
别名：狭叶四叶葎（安徽植物志）
原生。华东分布：安徽、福建、江苏、江西、山东、浙江。
硬毛四叶律 *Galium bungei* var. ***hispidum*** (Matsuda) Cufod.
别名：毛阔叶四叶葎（浙江植物志）
原生。华东分布：安徽、福建、江苏、浙江。
毛四叶律 *Galium bungei* var. ***punduanoides*** Cufod.
原生。华东分布：江苏。
毛冠四叶律 *Galium bungei* var. ***setuliflorum*** (A. Gray) Cufod.
原生。华东分布：江苏。
阔叶四叶律 *Galium bungei* var. ***trachyspermum*** (A. Gray) Cufod.
别名：阔叶四叶葎（福建植物志、江西种子植物名录、浙江植物志）
——*Galium trachyspermum* A. Gray（浙江植物志）
原生。华东分布：安徽、福建、江苏、江西、山东、浙江。
浙江拉拉藤 *Galium chekiangense* Ehrend.
原生。华东分布：福建、浙江。
大叶猪殃殃 *Galium dahuricum* Turcz. ex Ledeb.
别名：线梗拉拉藤（福建植物志）
——"*Galium comari*"=*Galium comarii* H. Lév. & Vaniot（拼写错误。福建植物志）
原生。华东分布：福建。
密花拉拉藤 *Galium dahuricum* var. ***densiflorum*** (Cufod.) Ehrend.
原生。华东分布：江西。
东北猪殃殃 *Galium dahuricum* var. ***lasiocarpum*** (Makino) Nakai
别名：山猪殃殃（浙江植物志）
——"*Galium pseudo-asprellum*"=*Galium pseudoasprellum* Makino（拼写错误。浙江植物志）
原生。华东分布：江苏、浙江。
小红参 *Galium elegans* Wall.
别名：西南拉拉藤（福建植物志）
原生。华东分布：安徽、福建、上海、浙江。
六叶律 *Galium hoffmeisteri* (Klotzsch) Ehrend. & Schönb.-Tem. ex R.R. Mill
——"*Galium asperuboides* subsp. *hoffmeisteri*"=*Galium asperuloides* subsp. *hoffmeisteri* (Klotzsch) H. Hara（拼写错误。江西种子植物名录）
——*Galium asperuloides* subsp. *hoffmeisteri* (Klotzsch) H. Hara（浙

江植物志）
——*Galium asperuloides* var. *hoffmeisteri* (Klotzsch) Hand.-Mazz.（安徽植物志）
原生。华东分布：安徽、江苏、江西、浙江。
湖北拉拉藤 *Galium hupehense* Pamp.
原生。华东分布：江苏。
小猪殃殃 *Galium innocuum* Miq.
别名：小叶猪殃殃（安徽植物志、福建植物志、江苏植物志 第2版、江西种子植物名录、浙江植物志）
——“*Galium trifidum*”=*Galium innocuum* Miq.（误用名。安徽植物志、福建植物志、江苏植物志 第2版、江西种子植物名录、浙江植物志）
原生。华东分布：安徽、福建、江苏、江西、上海、浙江。
三脉猪殃殃 *Galium kamtschaticum* Steller ex Schult.
原生。华东分布：安徽、浙江。
线叶拉拉藤 *Galium linearifolium* Turcz.
原生。华东分布：安徽。
异叶轮草 *Galium maximowiczii* (Kom.) Pobed.
别名：车叶草（山东植物志）
——“*Galium maximoviczii*”=*Galium maximowiczii* (Kom.) Pobed.（拼写错误。FOC）
——*Asperula maximowiczii* Kom.（山东植物志）
原生。华东分布：安徽、江苏、山东、浙江。
车轴草 *Galium odoratum* (L.) Scop.
原生。华东分布：山东。
林猪殃殃 *Galium paradoxum* Maxim.
别名：林地猪殃殃（安徽植物志）
原生。华东分布：安徽、福建、浙江。
猪殃殃 *Galium spurium* L.
别名：光果猪殃殃（安徽植物志），拉拉藤（福建植物志、江西种子植物名录），少花猪殃殃（山东植物志）
——“*Galium aparine* var. *echinospermon*”=*Galium aparine* var. *echinospermum* (Wallr.) Farw.（拼写错误。浙江植物志）
——*Galium aparine* var. *echinospermum* (Wallr.) Farw.（福建植物志、江西种子植物名录）
——*Galium aparine* var. *tenerum* (Gren. & Godr.) Rchb. f.（江西种子植物名录）
——*Galium pauciflorum* Bunge（山东植物志）
原生。华东分布：安徽、福建、江苏、江西、山东、上海、浙江。
钝叶猪殃殃 *Galium tokyoense* Makino
别名：钝叶拉拉藤（FOC）
原生。华东分布：山东。
麦仁珠 *Galium tricornutum* Dandy
——“*Galium tricone*”（=*Galium tricorne* Stokes）=*Galium tricornutum* Dandy（拼写错误；不合法名称。山东植物志）
——“*Galium tricorne* Stokes”=*Galium tricornutum* Dandy（不合法名称。安徽植物志、江西种子植物名录）
原生。华东分布：安徽、江苏、江西、山东、上海。
蓬子菜 *Galium verum* L.
别名：蓬子莱（江西种子植物名录）
原生。华东分布：安徽、江苏、江西、山东、上海、浙江。
长叶蓬子菜 *Galium verum* var. ***asiaticum*** Nakai
原生。华东分布：安徽、江苏、山东、浙江。
淡黄蓬子菜 *Galium verum* var. ***leiophyllum*** Wallr.
原生。华东分布：山东。
日光蓬子菜 *Galium verum* var. ***nikkoense*** Nakai
原生。华东分布：山东。
毛果蓬子菜 *Galium verum* var. ***trachycarpum*** DC.
原生。华东分布：浙江。
粗糙蓬子菜 *Galium verum* var. ***trachyphyllum*** Wallr.
原生。华东分布：安徽、江苏、山东。

田茜属 *Sherardia*

（茜草科 Rubiaceae）

田茜 *Sherardia arvensis* L.
外来。华东分布：江苏、浙江。

风箱树属 *Cephalanthus*

（茜草科 Rubiaceae）

风箱树 *Cephalanthus tetrandrus* (Roxb.) Ridsdale & Bakh. f.
——“*Cephalanthus occidentalis*”=*Cephalanthus tetrandrus* (Roxb.) Ridsdale & Bakh. f.（误用名。福建植物志）
——“*Cephalanthus tetrandra*”=*Cephalanthus tetrandrus* (Roxb.) Ridsdale & Bakh. f.（拼写错误。浙江植物志）
原生、栽培。华东分布：福建、江西、浙江。

鸡仔木属 *Sinoadina*

（茜草科 Rubiaceae）

鸡仔木 *Sinoadina racemosa* (Sieb. & Zucc.) Ridsdale
——“*Sinadina racemosa*”=*Sinoadina racemosa* (Sieb. & Zucc.) Ridsdale（拼写错误。浙江植物志）
——*Adina racemosa* (Sieb. & Zucc.) Miq.（安徽植物志）
原生。华东分布：安徽、福建、江苏、江西、浙江。

水团花属 *Adina*

（茜草科 Rubiaceae）

水团花 *Adina pilulifera* (Lam.) Franch. ex Drake
原生、栽培。华东分布：安徽、福建、江苏、江西、浙江。
细叶水团花 *Adina rubella* Hance
原生、栽培。华东分布：安徽、福建、江苏、江西、山东、浙江。

槽裂木属 *Pertusadina*

（茜草科 Rubiaceae）

海南槽裂木 *Pertusadina metcalfii* (Merr. ex H.L. Li) Y.F. Deng & C.M. Hu
——*Pertusadina hainanensis* (F.C. How) Ridsdale（福建植物志、浙江植物志）
原生。华东分布：福建、浙江。

钩藤属 *Uncaria*

（茜草科 Rubiaceae）

毛钩藤 *Uncaria hirsuta* Havil.
原生。华东分布：福建。
钩藤 *Uncaria rhynchophylla* (Miq.) Miq.
原生。华东分布：安徽、福建、江西、浙江。

毛茶属 *Antirhea*

（茜草科 Rubiaceae）

毛茶 *Antirhea chinensis* (Champ. ex Benth.) Benth. & Hook. f. ex F.B. Forbes & Hemsl.
原生。华东分布：福建。

香果树属 *Emmenopterys*

（茜草科 Rubiaceae）

香果树 *Emmenopterys henryi* Oliv.
原生。近危（NT）。华东分布：安徽、福建、江苏、江西、浙江。

玉叶金花属 *Mussaenda*

（茜草科 Rubiaceae）

楠藤 *Mussaenda erosa* Champ. ex Benth.
原生。华东分布：福建。

玉叶金花 *Mussaenda pubescens* W.T. Aiton
原生、栽培。华东分布：福建、江西、浙江。

大叶白纸扇 *Mussaenda shikokiana* Makino
别名：黐花（福建植物志）
——*Mussaenda esquirolii* H. Lév.（安徽植物志、福建植物志、江西种子植物名录）
原生、栽培。华东分布：安徽、福建、江西、浙江。

龙船花属 *Ixora*

（茜草科 Rubiaceae）

龙船花 *Ixora chinensis* Lam.
原生、栽培。华东分布：福建。

狗骨柴属 *Diplospora*

（茜草科 Rubiaceae）

狗骨柴 *Diplospora dubia* (Lindl.) Masam.
——*Tricalysia dubia* (Lindl.) Ohwi（安徽植物志、福建植物志、浙江植物志）
原生。华东分布：安徽、福建、江苏、江西、浙江。

毛狗骨柴 *Diplospora fruticosa* Hemsl.
原生。华东分布：江西。

乌口树属 *Tarenna*

（茜草科 Rubiaceae）

尖萼乌口树 *Tarenna acutisepala* F.C. How ex W.C. Chen
原生。华东分布：福建、江苏、江西、浙江。

白皮乌口树 *Tarenna depauperata* Hutch.
原生。华东分布：江苏。

广西乌口树 *Tarenna lanceolata* Chun & F.C. How ex W.C. Chen
原生。华东分布：江西。

白花苦灯笼 *Tarenna mollissima* (Hook. & Arn.) B.L. Rob.
原生。华东分布：福建、江西、浙江。

栀子属 *Gardenia*

（茜草科 Rubiaceae）

栀子 *Gardenia jasminoides* J. Ellis
别名：大花栀子（安徽植物志、浙江植物志），水栀子（江西种子植物名录、浙江植物志）
——*Gardenia jasminoides* f. *grandiflora* (Lour.) Makino（浙江植物志）
——*Gardenia jasminoides* var. *grandiflora* (Lour.) Nakai（安徽植物志）
——*Gardenia jasminoides* var. *radicans* (Thunb.) Makino（江西种子植物名录）
原生、栽培。华东分布：安徽、福建、江苏、江西、山东、上海、浙江。

白蟾 *Gardenia jasminoides* var. ***fortuneana*** (Lindl.) H. Hara
——"*Gardenia jasminoides* var. *fortuniana*"=*Gardenia jasminoides* var. *fortuneana* (Lindl.) H. Hara（拼写错误。福建植物志）
原生、栽培。华东分布：福建。

茜树属 *Aidia*

（茜草科 Rubiaceae）

香楠 *Aidia canthioides* (Champ. ex Benth.) Masam.
——*Randia canthioides* Champ. ex Benth.（福建植物志）
原生。华东分布：福建、江西。

茜树 *Aidia cochinchinensis* Lour.
别名：山黄皮（福建植物志、浙江植物志）
——*Randia cochinchinensis* (Lour.) Merr.（福建植物志、浙江植物志）
原生。华东分布：福建、江西、浙江。

亨氏香楠 *Aidia henryi* (E. Pritz.) T. Yamaz.
原生。华东分布：福建、江苏、江西、浙江。

多毛茜草树 *Aidia pycnantha* (Drake) Tirveng.
——*Randia acuminatissima* Merr.（福建植物志）
原生。华东分布：福建、江西。

鸡爪簕属 *Benkara*

（茜草科 Rubiaceae）

多刺鸡爪簕 *Benkara depauperata* (Drake) Ridsdale
别名：多刺簕茜（FOC），多刺山黄皮（福建植物志）
——*Randia depauperata* Drake（福建植物志）
原生。华东分布：福建。

鸡爪簕 *Benkara sinensis* (Lour.) Ridsdale
别名：簕茜（FOC）
——*Randia sinensis* (Lour.) Schult.（福建植物志）
原生。华东分布：福建。

山石榴属 *Catunaregam*

（茜草科 Rubiaceae）

山石榴 *Catunaregam spinosa* (Thunb.) Tirveng.
——*Randia spinosa* (Thunb.) Poir.（福建植物志）
原生。华东分布：福建。

白香楠属 *Alleizettella*

（茜草科 Rubiaceae）

白香楠 *Alleizettella leucocarpa* (Champ. ex Benth.) Tirveng.
别名：白果山黄皮（福建植物志），白果香楠（FOC）
——*Randia leucocarpa* Champ. ex Benth.（福建植物志）
原生。华东分布：福建。

龙胆科 Gentianaceae

藻百年属 *Exacum*

（龙胆科 Gentianaceae）

藻百年 *Exacum tetragonum* Roxb.
原生。华东分布：江西。

百金花属 *Centaurium*

（龙胆科 Gentianaceae）

日本百金花 *Centaurium japonicum* (Maxim.) Druce
原生。华东分布：浙江。

百金花 *Centaurium pulchellum* var. ***altaicum*** (Griseb.) Kitag. & H. Hara
原生。华东分布：安徽、福建、江苏、江西、山东、上海、浙江。

罗星草属 Canscora

（龙胆科 Gentianaceae）

罗星草 *Canscora andrographioides* Griff. ex C.B.Clarke
原生。华东分布：福建。

龙胆属 *Gentiana*

（龙胆科 Gentianaceae）

白条纹龙胆 *Gentiana burkillii* Harry Sm.
原生。华东分布：山东。

达乌里秦艽 *Gentiana dahurica* Fisch.
原生。华东分布：山东。

五岭龙胆 *Gentiana davidii* Franch.
原生。华东分布：安徽、福建、江苏、江西、浙江。

福建龙胆 *Gentiana davidii* var. ***formosana*** (Hayata) T.N. Ho
——*Gentiana davidii* var. *fukienensis* (Y. Ling) T.N. Ho（FOC）
原生。华东分布：福建。

黄山龙胆 *Gentiana delicata* Hance
原生。近危（NT）。华东分布：安徽、浙江。

广西龙胆 *Gentiana kwangsiensis* T.N. Ho
原生。华东分布：福建。

华南龙胆 *Gentiana loureiroi* (G. Don) Griseb.
——"*Gentiana loureirii*"=*Gentiana loureiroi* (G. Don) Griseb.（拼写错误。福建植物志、江西种子植物名录）
——"*Gentiana lourieri*"=*Gentiana loureiroi* (G. Don) Griseb.（拼写错误。浙江植物志）
原生。华东分布：福建、江苏、江西、浙江。

秦艽 *Gentiana macrophylla* Pall.
原生。华东分布：山东。

大花秦艽 *Gentiana macrophylla* var. ***fetissowii*** (Regel & Winkl.) Ma & K.C. Hsia
原生。华东分布：山东。

条叶龙胆 *Gentiana manshurica* Kitag.
原生。濒危（EN）。华东分布：安徽、福建、江苏、江西、山东、浙江。

流苏龙胆 *Gentiana panthaica* Prain & Burkill
原生。华东分布：福建、江西。

假水生龙胆 *Gentiana pseudoaquatica* Kusn.
原生。华东分布：山东。

深红龙胆 *Gentiana rubicunda* Franch.
——"*Gentiana rubicunnda*"=*Gentiana rubicunda* Franch.（拼写错误。江西种子植物名录）
原生。华东分布：江西。

龙胆 *Gentiana scabra* Bunge
原生。华东分布：安徽、福建、江苏、江西、山东、浙江。

鳞叶龙胆 *Gentiana squarrosa* Ledeb.
原生。华东分布：江西、山东。

丛生龙胆 *Gentiana thunbergii* (G. Don) Griseb.
原生。华东分布：江西。

三花龙胆 *Gentiana triflora* Pall.
原生。华东分布：江西。

灰绿龙胆 *Gentiana yokusai* Burkill
别名：芒尖龙胆（福建植物志）
原生。华东分布：安徽、福建、江苏、江西、上海、浙江。

笔龙胆 *Gentiana zollingeri* Fawc.
原生。华东分布：安徽、福建、江苏、江西、山东、浙江。

蔓龙胆属 *Crawfurdia*

（龙胆科 Gentianaceae）

福建蔓龙胆 *Crawfurdia pricei* (C. Marquand) Harry Sm.
原生。华东分布：福建、江西。

双蝴蝶属 *Tripterospermum*

（龙胆科 Gentianaceae）

南方双蝴蝶 *Tripterospermum australe* J. Murata
原生。华东分布：福建。

双蝴蝶 *Tripterospermum chinense* (Migo) Harry Sm.
别名：华双蝴蝶（浙江植物志），中国双蝴蝶（福建植物志）
原生。华东分布：安徽、福建、江苏、江西、上海、浙江。

线叶双蝴蝶 *Tripterospermum chinense* var. ***linearifolium*** X.F. Jin
原生。华东分布：浙江。

湖北双蝴蝶 *Tripterospermum discoideum* (C. Marquand) Harry Sm.
原生。近危（NT）。华东分布：上海。

细茎双蝴蝶 *Tripterospermum filicaule* (Hemsl.) Harry Sm.
别名：丝茎双蝴蝶（福建植物志）
原生。华东分布：安徽、福建、江西、浙江。

香港双蝴蝶 *Tripterospermum nienkui* (C. Marquand) C.J. Wu
原生。华东分布：福建、浙江。

獐牙菜属 *Swertia*

（龙胆科 Gentianaceae）

狭叶獐牙菜 *Swertia angustifolia* Buch.-Ham. ex D. Don
原生。华东分布：福建、江西。

美丽獐牙菜 *Swertia angustifolia* var. ***pulchella*** (D. Don) Burkill
原生。华东分布：安徽、福建、江西、浙江。

獐牙菜 *Swertia bimaculata* (Sieb. & Zucc.) Hook. f. & Thomson ex C.B. Clarke
原生。华东分布：安徽、福建、江苏、江西、浙江。

歧伞獐牙菜 *Swertia dichotoma* L.
原生。华东分布：山东。

北方獐牙菜 *Swertia diluta* (Turcz.) Benth. & Hook. f.

别名：当药（福建植物志、江西种子植物名录）
原生。华东分布：安徽、福建、江苏、江西、山东。
日本獐牙菜 *Swertia diluta* var. *tosaensis* (Makino) H. Hara
原生。华东分布：山东。
浙江獐牙菜 *Swertia hickinii* Burkill
别名：江浙獐牙菜（安徽植物志、江苏植物志 第2版、浙江植物志）
——"*Swertia hicknii*"=*Swertia hickinii* Burkill（拼写错误。安徽植物志、浙江植物志）
原生。华东分布：安徽、福建、江苏、江西、浙江。
瘤毛獐牙菜 *Swertia pseudochinensis* H. Hara
原生。华东分布：山东。
新店獐牙菜 *Swertia shintenensis* Hayata
别名：新店当药（福建植物志）
原生。华东分布：福建。
近单花獐牙菜 *Swertia subuniflora* B. Hua Chen & Shi L. Chen
原生。华东分布：福建。

扁蕾属 *Gentianopsis*

（龙胆科 Gentianaceae）

扁蕾 *Gentianopsis barbata* (Froel.) Ma
原生。华东分布：山东。
回旋扁蕾 *Gentianopsis contorta* (Royle) Ma
别名：迴旋扁蕾（山东植物志）
原生。华东分布：山东。

匙叶草属 *Latouchea*

（龙胆科 Gentianaceae）

匙叶草 *Latouchea fokienensis* Franch.
——"*Latouchea fokiensis*"=*Latouchea fokienensis* Franch.（拼写错误。福建植物志、江西种子植物名录、浙江植物志）
原生。华东分布：福建、江西、浙江。

肋柱花属 *Lomatogonium*

（龙胆科 Gentianaceae）

辐状肋柱花 *Lomatogonium rotatum* (L.) Fr.
原生。华东分布：山东。

假龙胆属 *Gentianella*

（龙胆科 Gentianaceae）

尖叶假龙胆 *Gentianella acuta* (Michx.) Hiitonen
原生。华东分布：山东。

马钱科 Loganiaceae

蓬莱葛属 *Gardneria*

（马钱科 Loganiaceae）

柳叶蓬莱葛 *Gardneria lanceolata* Rehder & E.H. Wilson
原生。华东分布：安徽、江苏、江西、浙江。
蓬莱葛 *Gardneria multiflora* Makino
原生。华东分布：安徽、福建、江苏、江西、浙江。
线叶蓬莱葛 *Gardneria nutans* Sieb. & Zucc.
别名：少花蓬莱葛（安徽植物志、江西种子植物名录、浙江植物志）
——"*Gardneria mutans*"=*Gardneria nutans* Sieb. & Zucc.（拼写错误。江西种子植物名录）
原生。华东分布：安徽、江西、浙江。

马钱属 *Strychnos*

（马钱科 Loganiaceae）

牛眼马钱 *Strychnos angustiflora* Benth.
原生。华东分布：福建。

尖帽草属 *Mitrasacme*

（马钱科 Loganiaceae）

尖帽草 *Mitrasacme indica* Wight
别名：姬苗（安徽植物志、福建植物志），尖帽花（江苏植物志 第2版、FOC）
原生。华东分布：安徽、福建、江苏、山东。
水田白 *Mitrasacme pygmaea* R. Br.
别名：小姬苗（福建植物志）
原生。华东分布：安徽、福建、江苏、江西、山东、浙江。

钩吻科 Gelsemiaceae

钩吻属 *Gelsemium*

（钩吻科 Gelsemiaceae）

钩吻 *Gelsemium elegans* (Gardner & Champ.) Benth.
别名：断肠草（浙江植物志），胡蔓藤（福建植物志）
原生。华东分布：福建、江西、浙江。

夹竹桃科 Apocynaceae

蕊木属 *Kopsia*

（夹竹桃科 Apocynaceae）

蕊木 *Kopsia arborea* Blume
别名：云南蕊木（福建植物志）
——*Kopsia officinalis* Tsiang & P.T. Li（福建植物志）
原生。华东分布：福建。

萝芙木属 *Rauvolfia*

（夹竹桃科 Apocynaceae）

萝芙木 *Rauvolfia verticillata* (Lour.) Baill.
别名：药用萝芙木（福建植物志）
——*Rauvolfia verticillata* var. *officinalis* Tsiang（福建植物志）
原生。华东分布：福建、浙江。

长春花属 *Catharanthus*

（夹竹桃科 Apocynaceae）

长春花 *Catharanthus roseus* (L.) G. Don
外来、栽培。华东分布：安徽、福建、江苏、江西、上海、浙江。

山橙属 *Melodinus*

（夹竹桃科 Apocynaceae）

台湾山橙 *Melodinus angustifolius* Hayata
原生。华东分布：福建。

尖山橙 *Melodinus fusiformis* Champ. ex Benth.
原生、栽培。华东分布：福建、江西。
山橙 *Melodinus suaveolens* (Hance) Champ. ex Benth.
原生、栽培。华东分布：福建、江西。

水甘草属 *Amsonia*

（夹竹桃科 Apocynaceae）

水甘草 *Amsonia elliptica* (Thunb.) Roem. & Schult.
——*Amsonia sinensis* Tsiang & P.T. Li（安徽植物志）
原生。易危（VU）。华东分布：安徽、江苏。

链珠藤属 *Alyxia*

（夹竹桃科 Apocynaceae）

链珠藤 *Alyxia sinensis* Champ. ex Benth.
别名：串珠子（江西种子植物名录），尖叶链珠藤（江西种子植物名录），念珠藤（浙江植物志）
——*Alyxia acutifolia* Tsiang（江西种子植物名录）
——*Alyxia vulgaris* Tsiang（江西种子植物名录）
原生。华东分布：福建、江西、浙江。

假虎刺属 *Carissa*

（夹竹桃科 Apocynaceae）

刺黄果 *Carissa carandas* L.
原生。华东分布：福建。
大花假虎刺 *Carissa macrocarpa* (Eckl.) A. DC.
原生。华东分布：福建。

羊角拗属 *Strophanthus*

（夹竹桃科 Apocynaceae）

羊角拗 *Strophanthus divaricatus* (Lour.) Hook. & Arn.
原生。华东分布：福建。

鳝藤属 *Anodendron*

（夹竹桃科 Apocynaceae）

鳝藤 *Anodendron affine* (Hook. & Arn.) Druce
原生。华东分布：福建、江西、浙江。

毛药藤属 *Sindechites*

（夹竹桃科 Apocynaceae）

毛药藤 *Sindechites henryi* Oliv.
——*Cleghornia henryi* (Oliv.) P.T. Li（安徽植物志、浙江植物志）
原生。华东分布：安徽、江西、浙江。

罗布麻属 *Apocynum*

（夹竹桃科 Apocynaceae）

罗布麻 *Apocynum venetum* L.
原生。华东分布：安徽、江苏、山东、上海、浙江。

水壶藤属 *Urceola*

（夹竹桃科 Apocynaceae）

毛杜仲藤 *Urceola huaitingii* (Chun & Tsiang) D.J. Middleton
——*Parabarium huaitingii* Chun & Tsiang（江西种子植物名录）
原生。华东分布：江西。
杜仲藤 *Urceola micrantha* (Wall. ex G. Don) D.J. Middleton
别名：花皮胶藤（福建植物志）
——*Ecdysanthera utilis* Hayata & Kawak.（福建植物志）
原生。华东分布：福建。
酸叶胶藤 *Urceola rosea* (Hook. & Arn.) D.J. Middleton
——*Ecdysanthera rosea* Hook. & Arn.（福建植物志、江西种子植物名录、浙江植物志）
原生。华东分布：福建、江西、浙江。
乐东藤 *Urceola xylinabariopsoides* (Tsiang) D.J. Middleton
——*Chunechites xylinabariopsoides* Tsiang（浙江植物志）
原生。濒危（EN）。华东分布：浙江。

络石属 *Trachelospermum*

（夹竹桃科 Apocynaceae）

亚洲络石 *Trachelospermum asiaticum* (Sieb. & Zucc.) Nakai
别名：湖北络石（江西种子植物名录），细梗络石（安徽植物志、福建植物志、江西种子植物名录、浙江植物志）
——"*Trachelospermum gracililes* var. *hupehense*"=*Trachelospermum gracilipes* var. *hupehense* Tsiang & P.T. Li（拼写错误。江西种子植物名录）
——*Trachelospermum gracilipes* Hook. f.（安徽植物志、福建植物志、江西种子植物名录、浙江植物志）
原生、栽培。华东分布：安徽、福建、江西、浙江。
紫花络石 *Trachelospermum axillare* Hook. f.
原生。华东分布：安徽、福建、江西、浙江。
贵州络石 *Trachelospermum bodinieri* (H. Lév.) Woodson
别名：乳儿绳（安徽植物志、江西种子植物名录、浙江植物志）
——*Trachelospermum cathayanum* C.K. Schneid.（安徽植物志、江西种子植物名录、浙江植物志）
原生。华东分布：安徽、福建、江西、浙江。
短柱络石 *Trachelospermum brevistylum* Hand.-Mazz.
原生。华东分布：安徽、福建、江西、浙江。
锈毛络石 *Trachelospermum dunnii* (H. Lév.) H. Lév.
别名：韧皮络石（浙江植物志）
——*Trachelospermum tenax* Tsiang（浙江植物志）
原生。华东分布：江西、浙江。
络石 *Trachelospermum jasminoides* (Lindl.) Lem.
别名：石血（安徽植物志、福建植物志、江西种子植物名录、浙江植物志）
——*Trachelospermum jasminoides* var. *heterophyllum* Tsiang（安徽植物志、福建植物志、江西种子植物名录、浙江植物志）
原生、栽培。华东分布：安徽、福建、江苏、江西、山东、上海、浙江。

帘子藤属 *Pottsia*

（夹竹桃科 Apocynaceae）

大花帘子藤 *Pottsia grandiflora* Markgr.
原生。华东分布：福建、江西、浙江。
帘子藤 *Pottsia laxiflora* (Blume) Kuntze
原生。华东分布：福建、江西、浙江。

腰骨藤属 *Ichnocarpus*

（夹竹桃科 Apocynaceae）

腰骨藤 *Ichnocarpus frutescens* (L.) W.T. Aiton
原生。华东分布：福建。
少花腰背藤 *Ichnocarpus jacquetii* (Pierre ex Spire) D.J. Middleton

别名：少花腰骨藤（福建植物志）
——*Ichnocarpus oliganthus* Tsiang（福建植物志）
原生。华东分布：福建。

同心结属 *Parsonsia*

（夹竹桃科 Apocynaceae）

海南同心结 *Parsonsia alboflavescens* (Dennst.) Mabb.
——*Parsonsia howii* Tsiang（福建植物志）
原生。华东分布：福建。

杠柳属 *Periploca*

（夹竹桃科 Apocynaceae）

杠柳 *Periploca sepium* Bunge
原生。华东分布：安徽、福建、江苏、江西、山东、上海、浙江。

弓果藤属 *Toxocarpus*

（夹竹桃科 Apocynaceae）

毛弓果藤 *Toxocarpus villosus* (Blume) Decne.
原生。华东分布：福建。
短柱弓果藤 *Toxocarpus villosus* var. ***brevistylis*** Costantin
原生。华东分布：福建。

鹅绒藤属 *Cynanchum*

（夹竹桃科 Apocynaceae）

尖叶白前 *Cynanchum acuminatifolium* Hemsl.
别名：潮风草（山东植物志、FOC）
——"*Cynanchum ascyrifolium*"=*Cynanchum acuminatifolium* Hemsl.（误用名。山东植物志）
原生。华东分布：安徽、山东。
合掌消 *Cynanchum amplexicaule* (Sieb. & Zucc.) Hemsl.
别名：紫花合掌消（江西种子植物名录）
——*Cynanchum amplexicaule* var. *castaneum* Makino（江西种子植物名录）
原生。华东分布：安徽、江苏、江西、山东。
白薇 *Cynanchum atratum* Bunge
原生。华东分布：安徽、福建、江苏、江西、山东。
牛皮消 *Cynanchum auriculatum* Royle ex Wight
原生。华东分布：安徽、福建、江苏、江西、上海、浙江。
折冠牛皮消 *Cynanchum boudieri* H. Lév. & Vaniot
原生。华东分布：安徽、江苏、江西、山东、浙江。
白首乌 *Cynanchum bungei* Decne.
原生。华东分布：山东、浙江。
蔓剪草 *Cynanchum chekiangense* M. Cheng
原生。华东分布：安徽、江西、浙江。
鹅绒藤 *Cynanchum chinense* R. Br.
原生。华东分布：安徽、江苏、山东、上海、浙江。
刺瓜 *Cynanchum corymbosum* Wight
原生。华东分布：福建。
山白前 *Cynanchum fordii* Hemsl.
原生。华东分布：福建、江西、浙江。
白前 *Cynanchum glaucescens* (Decne.) Hand.-Mazz.
原生。华东分布：安徽、福建、江苏、江西、上海、浙江。
竹灵消 *Cynanchum inamoenum* (Maxim.) Loes. ex Gilg & Loes.
原生。华东分布：安徽、江西、山东、浙江。
华北白前 *Cynanchum mongolicum* (Maxim.) Hemsl.
——*Cynanchum hancockianum* (Maxim.) Ijinsk.（山东植物志）
原生。华东分布：山东。
毛白前 *Cynanchum mooreanum* Hemsl.
原生。华东分布：安徽、福建、江苏、江西、上海、浙江。
朱砂藤 *Cynanchum officinale* (Hemsl.) Tsiang & H.D. Zhang
原生。华东分布：安徽、江西、浙江。
徐长卿 *Cynanchum paniculatum* (Bunge) Kitag. ex H. Hara
原生。华东分布：安徽、福建、江苏、江西、山东、浙江。
柳叶白前 *Cynanchum stauntonii* (Decne.) Hand.-Mazz.
原生。华东分布：安徽、福建、江苏、江西、浙江。
镇江白前 *Cynanchum sublanceolatum* (Miq.) Matsum.
原生。近危（NT）。华东分布：江苏。
太行白前 *Cynanchum taihangense* Tsiang & H.D. Zhang
原生。华东分布：浙江。
地梢瓜 *Cynanchum thesioides* (Freyn) K. Schum.
原生。华东分布：安徽、江苏、山东、上海。
变色白前 *Cynanchum versicolor* Bunge
原生。华东分布：安徽、江苏、山东、浙江。
隔山消 *Cynanchum wilfordii* (Maxim.) Hook. f.
原生。华东分布：安徽、江苏、山东。

萝藦属 *Metaplexis*

（夹竹桃科 Apocynaceae）

华萝藦 *Metaplexis hemsleyana* Oliv.
原生。华东分布：江西。
萝藦 *Metaplexis japonica* (Thunb.) Makino
别名：萝摩（山东植物志）
原生。华东分布：安徽、福建、江苏、江西、山东、上海、浙江。

白前属 *Vincetoxicum*

（夹竹桃科 Apocynaceae）

光叶娃儿藤 *Vincetoxicum brownii* (Hayata) Meve & Liede
——*Tylophora ovata* var. *brownii* (Hayata) Tsiang & P.T. Li（福建植物志）
——*Tylophora brownii* Hayata（FOC）
原生。华东分布：福建。
七层楼 *Vincetoxicum floribundum* (Miq.) Franch. & Sav.
别名：多花娃儿藤（FOC）
——*Tylophora floribunda* Miq.（安徽植物志、福建植物志、江苏植物志 第2版、江西种子植物名录、上海维管植物名录、浙江植物志、FOC）
原生。华东分布：安徽、福建、江苏、江西、上海、浙江。
宽叶秦岭藤 *Vincetoxicum hemsleyanum* (Warb.) Meve & Liede
——*Biondia hemsleyana* (Warb.) Tsiang（江西种子植物名录、FOC）
原生。华东分布：江西。
紫花娃儿藤 *Vincetoxicum henryanum* Meve & Liede
——*Tylophora henryi* Warb.（福建植物志、江西种子植物名录、FOC）
原生。华东分布：福建、江西。

青龙藤 ***Vincetoxicum henryi*** (Warb. ex Schltr. & Diels) Meve & Liede
——*Biondia henryi* (Warb.) Tsiang & P.T. Li（安徽植物志、福建植物志、FOC）
原生。华东分布：安徽、福建、江西、浙江。
娃儿藤 ***Vincetoxicum hirsutum*** (Wall.) Kuntze
——*Tylophora ovata* (Lindl.) Hook. ex Steud.（江西种子植物名录、FOC）
原生。华东分布：江西。
催吐白前 ***Vincetoxicum hirundinaria*** Medik.
——*Cynanchum vincetoxicum* (L.) Pers.（江苏植物志 第 2 版）
原生。华东分布：江苏。
人参娃儿藤 ***Vincetoxicum kerrii*** (Craib) A. Kidyoo
——*Tylophora kerrii* Craib（福建植物志、FOC）
原生。华东分布：福建。
通天连 ***Vincetoxicum koi*** (Merr.) Meve & Liede
——*Tylophora koi* Merr.（福建植物志、江西种子植物名录、FOC）
原生。华东分布：福建、江西、浙江。
祛风藤 ***Vincetoxicum microcentrum*** (Tsiang) Meve & Liede
别名：浙江乳突果（安徽植物志、江西种子植物名录、浙江植物志）
——*Adelostemma microcentrum* Tsiang（安徽植物志、江西种子植物名录、浙江植物志）
——*Biondia microcentra* (Tsiang) P. T. Li（FOC）
原生。华东分布：安徽、福建、江西、浙江。
小花秦岭藤 ***Vincetoxicum parviurnulum*** (M.G. Gilbert & P.T. Li) Meve & Liede
——*Biondia parviurnula* M.G. Gilbert & P.T. Li（FOC）
原生。华东分布：安徽。
长梗娃儿藤 ***Vincetoxicum renchangii*** (Tsiang) Meve & Liede
别名：假白前（江西种子植物名录）
——*Tylophora glabra* Costantin（FOC）
——*Tylophora renchangii* Tsiang（江西种子植物名录）
原生。华东分布：江西。
贵州娃儿藤 ***Vincetoxicum silvestre*** (Tsiang) Meve & Liede
——*Tylophora silvestris* Tsiang（安徽植物志、江苏植物志 第 2 版、江西种子植物名录、浙江植物志、FOC）
原生。华东分布：安徽、福建、江苏、江西、浙江。

眼树莲属 *Dischidia*

（夹竹桃科 Apocynaceae）

圆叶眼树莲 ***Dischidia nummularia*** R. Br.
别名：小叶眼树莲（福建植物志）
——*Dischidia minor* (Vahl) Merr.（福建植物志）
原生。华东分布：福建。

球兰属 *Hoya*

（夹竹桃科 Apocynaceae）

球兰 ***Hoya carnosa*** (L. f.) R. Br.
原生。华东分布：福建。

夜来香属 *Telosma*

（夹竹桃科 Apocynaceae）

夜来香 ***Telosma cordata*** (Burm. f.) Merr.
原生、栽培。华东分布：福建、江西、浙江。
卧茎夜来香 ***Telosma procumbens*** (Blanco) Merr.
别名：华南夜来香（江西种子植物名录）
——*Telosma cathayensis* Merr.（江西种子植物名录）
原生。华东分布：福建、江西。

南山藤属 *Dregea*

（夹竹桃科 Apocynaceae）

苦绳 ***Dregea sinensis*** Hemsl.
原生。华东分布：江苏、浙江。

牛奶菜属 *Marsdenia*

（夹竹桃科 Apocynaceae）

团花牛奶菜 ***Marsdenia glomerata*** Tsiang
原生。华东分布：浙江。
海枫屯 ***Marsdenia officinalis*** Tsiang & P.T. Li
别名：海枫藤（浙江植物志、FOC）
原生。华东分布：浙江。
牛奶菜 ***Marsdenia sinensis*** Hemsl.
原生。华东分布：安徽、福建、江西、浙江。
蓝叶藤 ***Marsdenia tinctoria*** R. Br.
原生。华东分布：江西。

匙羹藤属 *Gymnema*

（夹竹桃科 Apocynaceae）

广东匙羹藤 ***Gymnema inodorum*** (Lour.) Decne.
原生。华东分布：江西。
匙羹藤 ***Gymnema sylvestre*** (Retz.) R. Br. ex Sm.
原生。华东分布：福建、浙江。

黑鳗藤属 *Jasminanthes*

（夹竹桃科 Apocynaceae）

黑鳗藤 ***Jasminanthes mucronata*** (Blanco) W.D. Stevens & P.T. Li
——*Stephanotis mucronata* (Blanco) Merr.（福建植物志、江西种子植物名录、浙江植物志）
原生。华东分布：福建、江西、浙江。

醉魂藤属 *Heterostemma*

（夹竹桃科 Apocynaceae）

台湾醉魂藤 ***Heterostemma brownii*** Hayata
别名：醉魂藤（福建植物志）
——"*Heterostemma alatum*"=*Heterostemma brownii* Hayata（误用名。福建植物志）
原生。华东分布：福建。
催乳藤 ***Heterostemma oblongifolium*** Costantin
原生。华东分布：江西。
灵山醉魂藤 ***Heterostemma tsoongii*** Tsiang
别名：广西醉魂藤（福建植物志、FOC）
——*Heterostemma renchangii* Tsiang（福建植物志）
原生。华东分布：福建。

石萝藦属 *Pentasachme*

（夹竹桃科 Apocynaceae）

石萝藦 *Pentasachme caudatum* Wall. ex Wight
原生。华东分布：江西。

紫草科 Boraginaceae

天剑菜属 *Euploca*

（紫草科 Boraginaceae）

细叶天剑菜 *Euploca strigosa* (Willd.) Diane & Hilger
别名：细叶天芥菜（福建植物志、FOC）
——*Heliotropium strigosum* Willd.（福建植物志、FOC）
原生。华东分布：福建。

天芥菜属 *Heliotropium*

（紫草科 Boraginaceae）

天芥菜 *Heliotropium europaeum* L.
外来。华东分布：上海。
大尾摇 *Heliotropium indicum* L.
原生。华东分布：福建、上海。
砂引草 *Heliotropium sibiricum* (L.) Yuan Wang, Jing Yan & C. Du comb. nov. [Basionym: *Tournefortia sibirica* L. in Species Plantarum 1: 141. 1753. Type: *s.n. s.coll.* (Lectotype: LINN 192.1)]
——*Messerschmidia sibirica* (L.) L.（山东植物志）
——*Tournefortia sibirica* L.（江苏植物志 第2版、上海维管植物名录、FOC）
原生。华东分布：江苏、山东、上海、浙江。
细叶砂引草 *Heliotropium sibiricum* var. *angustior* (DC.) Yuan Wang, Jing Yan & C. Du comb. nov. [***Basionym:*** *Tournefortia arguzia* Roem. & Schult. var. *angustior* DC. in Prodromus Systematis Naturalis Regni Vegetabilis 9: 514. 1845. ***Type:*** *Bunge s.n.* (Syntype: G-00147111); *Karelin s.n.* (Syntype: G-00147107); *Meyer & Turczaninow s.n.* (Syntype: G-00147121); *Aucher-Eloy 2353* (Syntype: G-00147081); *Hohenacker s.n.* (Syntype: G-00147057)]
——*Messerschmidia sibirica* subsp. *angustior* (DC.) Kitag.（浙江植物志）
——*Tournefortia sibirica* var. *angustior* (DC.) G.L. Chu & M.G. Gilbert（上海维管植物名录、FOC）
原生。华东分布：上海、山东、浙江。

厚壳树属 *Ehretia*

（紫草科 Boraginaceae）

厚壳树 *Ehretia acuminata* R. Br.
——"*Ehretia thysiflora*"=*Ehretia thyrsiflora* (Sieb. & Zucc.) Nakai（拼写错误。浙江植物志）
——*Ehretia thyrsiflora* (Sieb. & Zucc.) Nakai（安徽植物志、福建植物志、江西种子植物名录、山东植物志）
原生。华东分布：安徽、福建、江苏、江西、山东、浙江。
粗糠树 *Ehretia dicksonii* Hance
别名：毛叶厚壳树（福建植物志）
——"*Ehretia macrophylla*"=*Ehretia dicksonii* Hance（误用名。安徽植物志、江西种子植物名录、浙江植物志）
——"*Ehretia macropylla*"（=*Ehretia macrophylla* Wall.）=*Ehretia dicksonii* Hance（拼写错误；误用名。福建植物志）
原生。华东分布：安徽、福建、江苏、江西、浙江。
长花厚壳树 *Ehretia longiflora* Champ. ex Benth.
原生。华东分布：福建、江西。

破布木属 *Cordia*

（紫草科 Boraginaceae）

破布木 *Cordia dichotoma* G. Forst.
原生。华东分布：福建、江西。

聚合草属 *Symphytum*

（紫草科 Boraginaceae）

聚合草 *Symphytum officinale* L.
外来、栽培。华东分布：安徽、福建、江苏、江西、山东、上海、浙江。

蓝蓟属 *Echium*

（紫草科 Boraginaceae）

车前叶蓝蓟 *Echium plantagineum* L.
外来、栽培。华东分布：浙江。

紫草属 *Lithospermum*

（紫草科 Boraginaceae）

田紫草 *Lithospermum arvense* L.
别名：麦家公（安徽植物志、福建植物志、浙江植物志）
原生。华东分布：安徽、福建、江苏、山东、浙江。
紫草 *Lithospermum erythrorhizon* Sieb. & Zucc.
原生。华东分布：安徽、福建、江苏、江西、山东、浙江。
梓木草 *Lithospermum zollingeri* A. DC.
原生。华东分布：安徽、江苏、江西、山东、上海、浙江。

紫筒草属 *Stenosolenium*

（紫草科 Boraginaceae）

紫筒草 *Stenosolenium saxatile* (Pall.) Turcz.
——"*Stenosolenium saxatiles*"=*Stenosolenium saxatile* (Pall.) Turcz.（拼写错误。山东植物志）
原生。华东分布：山东。

糙草属 *Asperugo*

（紫草科 Boraginaceae）

糙草 *Asperugo procumbens* L.
原生。华东分布：上海。

鹤虱属 *Lappula*

（紫草科 Boraginaceae）

粒状鹤虱 *Lappula granulata* (Krylov) Popov
原生。华东分布：山东。
蒙古鹤虱 *Lappula intermedia* (Ledeb.) Popov
原生。华东分布：山东。
鹤虱 *Lappula myosotis* Moench
原生。华东分布：安徽、江苏、山东、上海。

附地菜属 *Trigonotis*

（紫草科 Boraginaceae）

台湾附地菜 *Trigonotis formosana* Hayata

原生。华东分布：福建。

南川附地菜 ***Trigonotis laxa*** I.M. Johnst.

原生。华东分布：江西。

硬毛附地菜 ***Trigonotis laxa*** var. ***hirsuta*** W.T. Wang ex C.J. Wang

别名：硬毛南川附地菜（FOC）

原生。华东分布：江西。

附地菜 ***Trigonotis peduncularis*** (Trevir.) Benth. ex Hemsl.

原生。华东分布：安徽、福建、江苏、江西、山东、上海、浙江。

钝萼附地菜 ***Trigonotis peduncularis*** var. ***amblyosepala*** (Nakai & Kitag.) W.T. Wang

——*Trigonotis amblyosepala* Nakai & Kitag.（山东植物志）

原生。华东分布：山东。

大花附地菜 ***Trigonotis peduncularis*** var. ***macrantha*** W.T. Wang

原生。华东分布：山东。

北附地菜 ***Trigonotis radicans*** (A. DC.) Steven

原生。华东分布：江苏。

朝鲜附地菜 ***Trigonotis radicans*** subsp. ***sericea*** (Maxim.) Riedl

——*Trigonotis coreana* Nakai（山东植物志）

原生。华东分布：江苏、山东。

蒙山附地菜 ***Trigonotis tenera*** I.M. Johnst.

原生。华东分布：山东。

勿忘草属 *Myosotis*

（紫草科 Boraginaceae）

勿忘草 ***Myosotis alpestris*** F.W. Schmidt

原生、栽培。华东分布：江苏、山东。

车前紫草属 *Sinojohnstonia*

（紫草科 Boraginaceae）

浙赣车前紫草 ***Sinojohnstonia chekiangensis*** (Migo) W.T. Wang ex Z. Ying Zhang

原生。华东分布：安徽、江西、浙江。

汝槐车前紫草 ***Sinojohnstonia ruhuaii*** W.B. Liao & Lei Wang

原生。华东分布：江西。

皿果草属 *Omphalotrigonotis*

（紫草科 Boraginaceae）

皿果草 ***Omphalotrigonotis cupulifera*** (I.M. Johnst.) W.T. Wang

——"*Omphalotrigonotis cupullifera*"=*Omphalotrigonotis cupulifera* (I.M. Johnst.) W.T. Wang（拼写错误。浙江植物志）

原生。华东分布：安徽、江西、浙江。

泰顺皿果草 ***Omphalotrigonotis taishunensis*** Shao Z. Yang, W.W. Pan & J.P. Zhong

原生。华东分布：浙江。

具鞘皿果草 ***Omphalotrigonotis vaginata*** Y.Y. Fang

原生。华东分布：浙江。

斑种草属 *Bothriospermum*

（紫草科 Boraginaceae）

斑种草 ***Bothriospermum chinense*** Bunge

原生。华东分布：江苏、山东。

狭苞斑种草 ***Bothriospermum kusnetzowii*** Bunge ex DC.

——*Bothriospermum kusnezowii* Bunge ex DC.（江苏植物志 第2版、FOC）

原生。华东分布：江苏。

多苞斑种草 ***Bothriospermum secundum*** Maxim.

原生。华东分布：安徽、江苏、江西、山东、上海、浙江。

柔弱斑种草 ***Bothriospermum zeylanicum*** (J. Jacq.) Druce

别名：细茎斑种草（江苏植物志 第2版），细弱斑种草（山东植物志）

——*Bothriospermum tenellum* (Hornem.) Fisch. & C.A. Mey.（安徽植物志、福建植物志、江西种子植物名录、山东植物志、浙江植物志）

原生。华东分布：安徽、福建、江苏、江西、山东、上海、浙江。

盾果草属 *Thyrocarpus*

（紫草科 Boraginaceae）

弯齿盾果草 ***Thyrocarpus glochidiatus*** Maxim.

原生。华东分布：安徽、江苏、江西、山东、上海。

盾果草 ***Thyrocarpus sampsonii*** Hance

原生。华东分布：安徽、福建、江苏、江西、上海、浙江。

琉璃草属 *Cynoglossum*

（紫草科 Boraginaceae）

倒提壶 ***Cynoglossum amabile*** Stapf & J.R. Drumm.

原生、栽培。华东分布：江苏、江西、浙江。

大果琉璃草 ***Cynoglossum divaricatum*** Stephan ex Lehm.

原生。华东分布：山东。

台湾琉璃草 ***Cynoglossum formosanum*** Nakai

原生。华东分布：江西。

琉璃草 ***Cynoglossum furcatum*** Wall.

——"*Cynoglossum zeylanicum*"=*Cynoglossum furcatum* Wall.（误用名。安徽植物志、福建植物志、浙江植物志）

原生。华东分布：安徽、福建、江苏、江西、浙江。

小花琉璃草 ***Cynoglossum lanceolatum*** Forssk.

原生。华东分布：福建、江苏、江西、上海、浙江。

旋花科 Convolvulaceae

飞蛾藤属 *Dinetus*

（旋花科 Convolvulaceae）

飞蛾藤 ***Dinetus racemosus*** (Roxb.) Buch.-Ham. ex Sweet

——"*Porana racemosus*"=*Porana racemosa* Roxb.（拼写错误。江西种子植物名录）

——*Porana racemosa* Roxb.（安徽植物志、福建植物志、浙江植物志）

原生。华东分布：安徽、福建、江苏、江西、浙江。

毛果飞蛾藤 ***Dinetus truncatus*** (Kurz) Staples

原生。华东分布：安徽、江西。

小牵牛属 *Jacquemontia*

（旋花科 Convolvulaceae）

小牵牛 ***Jacquemontia paniculata*** (Burm. f.) Hallier f.

原生。华东分布：福建。

苞片小牵牛 ***Jacquemontia tamnifolia*** (L.) Griseb.

别名：苞叶小牵牛（中国外来入侵植物名录、上海维管植物名录）

外来。华东分布：江西、山东、上海、浙江。

马蹄金属 *Dichondra*

（旋花科 Convolvulaceae）

马蹄金 *Dichondra micrantha* Urb.

—— "*Dichondra repens*"=*Dichondra micrantha* Urb.（误用名。安徽植物志、福建植物志、江西种子植物名录、浙江植物志）

原生、栽培。华东分布：安徽、福建、江苏、江西、上海、浙江。

土丁桂属 *Evolvulus*

（旋花科 Convolvulaceae）

土丁桂 *Evolvulus alsinoides* (L.) L.

原生。华东分布：安徽、福建、江苏、江西、浙江。

银丝草 *Evolvulus alsinoides* var. ***decumbens*** (R. Br.) Ooststr.

原生。华东分布：福建、江西。

菟丝子属 *Cuscuta*

（旋花科 Convolvulaceae）

南方菟丝子 *Cuscuta australis* R. Br.

——"*Cuscuta australia*"=*Cuscuta australis* R. Br.（拼写错误。江西种子植物名录）

原生。华东分布：安徽、福建、江苏、江西、山东、上海、浙江。

原野菟丝子 *Cuscuta campestris* Yunck.

外来。华东分布：福建、浙江。

菟丝子 *Cuscuta chinensis* Lam.

原生。华东分布：安徽、福建、江苏、江西、山东、上海、浙江。

金灯藤 *Cuscuta japonica* Choisy

别名：日本菟丝子（江苏植物志 第 2 版、江西种子植物名录）

原生。华东分布：安徽、福建、江苏、江西、山东、上海、浙江。

啤酒花菟丝子 *Cuscuta lupuliformis* Krock.

原生。华东分布：山东。

旋花属 *Convolvulus*

（旋花科 Convolvulaceae）

田旋花 *Convolvulus arvensis* L.

原生。华东分布：安徽、江苏、江西、山东、上海、浙江。

打碗花 *Convolvulus hederaceus* L.

——*Calystegia hederacea* Wall.（安徽植物志、福建植物志、江苏植物志 第 2 版、江西种子植物名录、山东植物志、上海维管植物名录、浙江植物志、FOC）

原生。华东分布：安徽、福建、江苏、江西、山东、上海、浙江。

藤长苗 *Convolvulus pellitus* Ledeb.

——*Calystegia pellita* (Ledeb.) G. Don（安徽植物志、江苏植物志 第 2 版、江西种子植物名录、山东植物志、上海维管植物名录、FOC）

原生。华东分布：安徽、江苏、江西、山东、上海。

长叶藤长苗 *Convolvulus pellitus* subsp. ***longifolius*** (Brummitt) Yuan Wang, Jing Yan & C. Du comb. nov. [**Basionym:** *Calystegia pellita* G. Don subsp. *longifolia* Brummitt in Kew Bulletin 35(2): 331. 1980. **Type:** *Henry 1901* (holotype: NY-00318894)]

——*Calystegia pellita* subsp. *longifolia* Brummitt（FOC）

原生。华东分布：安徽、江苏、山东。

柔毛打碗花 *Convolvulus pubescens* (Lindl.) Thell.

别名：缠枝牡丹（安徽植物志、江苏植物志 第 2 版、浙江植物志），长裂篱打碗花（安徽植物志、江苏植物志 第 2 版），长裂旋花（浙江植物志）

——*Calystegia dahurica* f. *anestia* (Fernald) Hara（安徽植物志、浙江植物志）

——*Calystegia pubescens* Lindl.（江苏植物志 第 2 版、上海维管植物名录、FOC）

——*Calystegia sepium* var. *japonica* Makino（安徽植物志、江苏植物志 第 2 版、浙江植物志）

原生。华东分布：安徽、江苏、山东、上海、浙江。

毛打碗花 *Convolvulus sepium* subsp. ***spectabilis*** (Brummitt) Yuan Wang, Jing Yan & C. Du comb. nov. [**Basionym:** *Calystegia sepium* (L.) R. Br. subsp. *spectabilis* Brummitt in Botanical Journal of the Linnean Society 64(1): 73. 1971. **Type:** *S. Kilander s.n.* (Holotype: UPS)]

别名：欧旋花（FOC）

——"*Calystegia dahurica*"=*Calystegia sepium* subsp. *spectabilis* Brummitt（误用名。安徽植物志、江苏植物志 第 2 版、山东植物志）

——*Calystegia sepium* subsp. *spectabilis* Brummitt（FOC）

原生。华东分布：安徽、江苏、山东。

旋花 *Convolvulus silvaticus* subsp. ***orientalis*** (Brummitt) Yuan Wang, Jing Yan & C. Du comb. nov. [**Basionym:** *Calystegia silvatica* (Kit.) Griseb. subsp. *orientalis* Brummitt in Kew Bulletin 35(2): 332. 1980. **Type:** *C.S. Fan & Y.Y. Li 125* (Holotype: NY; Isotype: E-00284511)]

别名：鼓子花（上海维管植物名录、FOC），篱打碗花（安徽植物志、江苏植物志 第 2 版）

——"*Calystegia sepium*"=*Calystegia silvatica* subsp. *orientalis* Brummitt（误用名。安徽植物志、福建植物志、江苏植物志 第 2 版、山东植物志、浙江植物志）

——"*Convolvulus sepium*"=*Calystegia silvatica* subsp. *orientalis* Brummitt（误用名。江西种子植物名录）

——*Calystegia silvatica* subsp. *orientalis* Brummitt（上海维管植物名录、FOC）

原生。华东分布：安徽、福建、江苏、江西、山东、上海、浙江。

肾叶打碗花 *Convolvulus soldanellus* L.

——*Calystegia soldanella* (L.) R. Br.（福建植物志、江苏植物志 第 2 版、山东植物志、上海维管植物名录、浙江植物志、FOC）

原生。华东分布：福建、江苏、山东、上海、浙江。

地旋花属 *Xenostegia*

（旋花科 Convolvulaceae）

地旋花 *Xenostegia tridentata* (L.) D.F. Austin & Staples

别名：尖萼鱼黄草（福建植物志）

——*Merremia tridentata* subsp. *hastata* (Hallier f.) Ooststr.（福建植物志）

原生。华东分布：福建。

鱼黄草属 *Merremia*

（旋花科 Convolvulaceae）

篱栏网 *Merremia hederacea* (Burm. f.) Hallier f.

别名：鱼黄草（福建植物志、江西种子植物名录）
原生。华东分布：安徽、福建、江西、上海、浙江。
指叶山猪菜 *Merremia quinata* (R. Br.) Ooststr.
原生。华东分布：福建。
北鱼黄草 *Merremia sibirica* (L.) Hallier f.
原生。华东分布：安徽、江苏、江西、山东、上海、浙江。
九华北鱼黄草 *Merremia sibirica* var. ***jiuhuaensis*** B.A. Shen & X.L. Liu
别名：九华鱼黄草（安徽植物志）
原生。华东分布：安徽。
山猪菜 *Merremia umbellata* subsp. ***orientalis*** (Hallier f.) Ooststr.
原生。华东分布：福建、江西。

鳞蕊藤属 *Lepistemon*

（旋花科 Convolvulaceae）

裂叶鳞蕊藤 *Lepistemon lobatum* Pilg.
原生。华东分布：福建、江西、浙江。

虎掌藤属 *Ipomoea*

（旋花科 Convolvulaceae）

毛牵牛 *Ipomoea biflora* (L.) Pers.
别名：心萼薯（福建植物志、江西种子植物名录）
——*Aniseia biflora* (L.) Choisy（福建植物志、江西种子植物名录）
原生。华东分布：福建、江西。
五爪金龙 *Ipomoea cairica* (L.) Sweet
外来。华东分布：福建、浙江。
橙红茑萝 *Ipomoea coccinea* L.
别名：圆叶茑萝（江苏植物志 第2版）
——"*Ipomoea hederifolia*"=*Ipomoea coccinea* L.（误用名。中国外来入侵植物名录）
——*Quamoclit coccinea* (L.) Moench（福建植物志、江苏植物志 第2版、山东植物志）
外来、栽培。华东分布：安徽、福建、江苏、江西、山东、上海、浙江。
心叶番薯 *Ipomoea cordatotriloba* Dennst.
别名：毛果甘薯（中国外来入侵植物名录）
外来。华东分布：浙江。
齿萼薯 *Ipomoea fimbriosepala* Choisy
别名：大花心萼薯（福建植物志、浙江植物志），狭花心萼薯（福建植物志），狭叶心萼薯（江西种子植物名录）
——*Aniseia stenantha* (Dunn) Ling ex R.C. Fang & S.H. Huang（福建植物志、江西种子植物名录）
——*Aniseia stenantha* var. *macrostephana* Y.H. Zhang（福建植物志、浙江植物志）
原生。华东分布：福建、江西、浙江。
假厚藤 *Ipomoea imperati* (Vahl) Griseb.
——*Ipomoea stolonifera* (Cirillo) J.F. Gmel.（福建植物志）
原生。华东分布：福建。
瘤梗番薯 *Ipomoea lacunosa* L.
别名：瘤梗甘薯（中国外来入侵植物名录）
外来。华东分布：安徽、福建、江苏、江西、山东、上海、浙江。
七爪龙 *Ipomoea mauritiana* Jacq.
——"*Ipomoea digitata*"=*Ipomoea mauritiana* Jacq.（误用名。福建植物志）
外来。华东分布：福建。
牵牛 *Ipomoea nil* (L.) Roth
别名：裂叶牵牛（山东植物志）
——"*Pharbitis nille*"=*Pharbitis nil* (L.) Choisy（拼写错误。山东植物志）
——*Pharbitis hederacea* (L.) Choisy（山东植物志）
——*Pharbitis nil* (L.) Choisy（安徽植物志、福建植物志、江苏植物志 第2版、浙江植物志）
外来、栽培。华东分布：安徽、福建、江苏、江西、山东、上海、浙江。
厚藤 *Ipomoea pes-caprae* (L.) R. Br.
原生。华东分布：福建、浙江。
圆叶牵牛 *Ipomoea purpurea* (L.) Roth
——*Pharbitis purpurea* (L.) Voigt（安徽植物志、福建植物志、江苏植物志 第2版、江西种子植物名录、山东植物志、浙江植物志）
外来、栽培。华东分布：安徽、福建、江苏、江西、山东、上海、浙江。
茑萝 *Ipomoea quamoclit* L.
别名：茑萝松（江西种子植物名录、山东植物志）
——*Quamoclit pennata* (Desr.) Bojer（安徽植物志、福建植物志、江苏植物志 第2版、江西种子植物名录、山东植物志、浙江植物志）
外来、栽培。华东分布：安徽、福建、江苏、江西、山东、上海、浙江。
三裂叶薯 *Ipomoea triloba* L.
外来。华东分布：安徽、福建、江苏、江西、山东、上海、浙江。
槭叶小牵牛 *Ipomoea wrightii* A. Gray
外来。华东分布：浙江。

茄科 Solanaceae

枸杞属 *Lycium*

（茄科 Solanaceae）

宁夏枸杞 *Lycium barbarum* L.
原生、栽培。华东分布：山东。
枸杞 *Lycium chinense* Mill.
原生、栽培。华东分布：安徽、福建、江苏、江西、山东、上海、浙江。

天仙子属 *Hyoscyamus*

（茄科 Solanaceae）

天仙子 *Hyoscyamus niger* L.
别名：小天仙子（山东植物志）
——*Hyoscyamus bohemicus* F.W. Schmidt（山东植物志）
原生。华东分布：安徽、江苏、山东。

茄属 *Solanum*

（茄科 Solanaceae）

少花龙葵 *Solanum americanum* Mill.

别名：光枝木龙葵（FOC）、美洲龙葵（福建植物志）、木龙葵（福建植物志、江西种子植物名录）
——*Solanum merrillianum* Liou（FOC）
——*Solanum photeinocarpum* Nakam. & Odash.（安徽植物志、江西种子植物名录）
——*Solanum suffruticosum* Schousb.（福建植物志、江西种子植物名录）
外来。华东分布：安徽、福建、江苏、江西、上海、浙江。
狭叶茄 *Solanum angustifolium* Mill.
外来。华东分布：江苏。
牛茄子 *Solanum capsicoides* All.
别名：北美茄（福建植物志）
——“*Solanum surattense*”=*Solanum capsicoides* All.（误用名。江西种子植物名录、山东植物志、浙江植物志）
——“*Solanum virginianum*”=*Solanum capsicoides* All.（误用名。福建植物志）
外来。华东分布：福建、江苏、江西、山东、上海、浙江。
北美刺龙葵 *Solanum carolinense* L.
别名：北美水茄（上海维管植物名录）
外来。华东分布：山东、上海、浙江。
多裂水茄 *Solanum chrysotrichum* Schltdl.
原生。华东分布：福建、浙江。
银叶茄 *Solanum elaeagnifolium* Cav.
别名：银毛龙葵（中国外来入侵植物名录）
外来。华东分布：山东。
假烟叶树 *Solanum erianthum* D. Don
别名：软毛茄（福建植物志）
外来。华东分布：福建。
澳洲茄 *Solanum laciniatum* Aiton
外来、栽培。华东分布：江苏、山东。
番茄 *Solanum lycopersicum* L.
——*Lycopersicon esculentum* Mill.（江苏植物志 第2版、山东植物志、FOC）
外来、栽培。华东分布：安徽、福建、江苏、江西、山东、上海、浙江。
白英 *Solanum lyratum* Thunb.
别名：千年不烂心（安徽植物志、江西种子植物名录、山东植物志、浙江植物志）
——*Solanum cathayanum* C.Y. Wu & S.C. Huang（安徽植物志、江西种子植物名录、山东植物志、浙江植物志）
原生。华东分布：安徽、福建、江苏、江西、山东、上海、浙江。
山茄 *Solanum macaonense* Dunal
原生。华东分布：福建。
龙葵 *Solanum nigrum* L.
原生。华东分布：安徽、福建、江苏、江西、山东、上海、浙江。
海桐叶白英 *Solanum pittosporifolium* Hemsl.
别名：疏毛海桐叶白英（山东植物志），野海茄（安徽植物志、江苏植物志 第2版、江西种子植物名录、山东植物志、浙江植物志）
——*Solanum japonense* Nakai（安徽植物志、江苏植物志 第2版、江西种子植物名录、山东植物志、浙江植物志）
——*Solanum pittosporifolium* var. *pilosum* C.Y. Wu & S.C. Huang（山东植物志）
原生。华东分布：安徽、福建、江苏、江西、山东、浙江。
珊瑚樱 *Solanum pseudocapsicum* L.
别名：珊瑚豆（安徽植物志、福建植物志、山东植物志、上海维管植物名录、浙江植物志、FOC）
——“*Solanum pseudo-capsicum*”=*Solanum pseudocapsicum* L.（拼写错误。安徽植物志、江西种子植物名录、浙江植物志）
外来、栽培。华东分布：安徽、福建、江苏、江西、山东、上海、浙江。
——“*Solanum pseudo-capsicum* var. *diflorum*”=*Solanum pseudocapsicum* var. *diflorum* (Vell.) Bitter（安徽植物志、福建植物志、山东植物志、浙江植物志）
——*Solanum pseudocapsicum* var. *diflorum* (Vell.) Bitter（上海维管植物名录、FOC）
青杞 *Solanum septemlobum* Bunge
原生。华东分布：安徽、江苏、山东、浙江。
蒜芥茄 *Solanum sisymbriifolium* Lam.
外来。华东分布：江西、上海、浙江。
水茄 *Solanum torvum* Sw.
外来。华东分布：福建、浙江。
野茄 *Solanum undatum* Jacq.
别名：细软毛茄（福建植物志）
——“*Solanum incanum*”=*Solanum undatum* Poir.（误用名。福建植物志）
原生。华东分布：福建。
毛果茄 *Solanum viarum* Dunal
别名：喀西茄（安徽植物志、江苏植物志 第2版、上海维管植物名录）
——“*Solanum aculeatissimum*”=*Solanum viarum* Dunal（误用名。江苏植物志 第2版、上海维管植物名录）
——“*Solanum khasianum*”=*Solanum viarum* Dunal（误用名。安徽植物志）
外来。华东分布：安徽、福建、江苏、江西、上海、浙江。
刺天茄 *Solanum violaceum* Ortega
——“*Solanum anguivi*”=*Solanum violaceum* Ortega（误用名。福建植物志）
——“*Solanum indicum*”=*Solanum violaceum* Ortega（误用名。江西种子植物名录）
原生。华东分布：福建、江西。

假酸浆属 *Nicandra*

（茄科 Solanaceae）

假酸浆 *Nicandra physalodes* (L.) Gaertn.
——“*Nicandra physaloides*”=*Nicandra physalodes* (L.) Gaertn.（拼写错误。安徽植物志、江西种子植物名录、山东植物志）
外来、栽培。华东分布：安徽、福建、江苏、江西、山东、上海、浙江。

曼陀罗属 *Datura*

（茄科 Solanaceae）

毛曼陀罗 *Datura innoxia* Mill.

——"*Datura inoxia*"=*Datura innoxia* Mill.（拼写错误。中国外来入侵植物名录、上海维管植物名录）
外来、栽培。华东分布：安徽、江苏、山东、上海、浙江。

洋金花 ***Datura metel*** L.
别名：白花曼陀罗（浙江植物志）
外来、栽培。华东分布：福建、浙江。

曼陀罗 ***Datura stramonium*** L.
外来。华东分布：安徽、福建、江苏、江西、山东、上海、浙江。

红丝线属 *Lycianthes*

（茄科 Solanaceae）

红丝线 ***Lycianthes biflora*** (Lour.) Bitter
原生。华东分布：福建、江西、浙江。

鄂红丝线 ***Lycianthes hupehensis*** (Bitter) C. Y Wu & S.C. Huang
原生。华东分布：福建。

单花红丝线 ***Lycianthes lysimachioides*** (Wall.) Bitter
别名：紫单花红丝线（浙江植物志）
——*Lycianthes lysimachioides* var. *purpuriflora* C.Y. Wu & S.C. Huang（浙江植物志）
原生。华东分布：浙江。

中华红丝线 ***Lycianthes lysimachioides*** var. ***sinensis*** Bitter
原生。华东分布：安徽、福建、江西、浙江。

截齿红丝线 ***Lycianthes neesiana*** (Wall. ex Nees) D'Arcy & Zhi Y. Zhang
原生。近危（NT）。华东分布：福建。

龙珠属 *Tubocapsicum*

（茄科 Solanaceae）

龙珠 ***Tubocapsicum anomalum*** (Franch. & Sav.) Makino
原生。华东分布：福建、江苏、江西、浙江。

散血丹属 *Physaliastrum*

（茄科 Solanaceae）

广西地海椒 ***Physaliastrum chamaesarachoides*** (Makino) Makino
别名：日本地海椒（安徽植物志）
——*Archiphysalis chamaesarachoides* (Makino) Kuang（安徽植物志）
——*Archiphysalis kwangsiensis* Kuang（江西种子植物名录）
原生。易危（VU）。华东分布：安徽、江西、浙江。

日本散血丹 ***Physaliastrum echinatum*** (Yatabe) Makino
——"*Physaliastrum japonicum*"=*Physaliastrum echinatum* (Yatabe) Makino（误用名。山东植物志）
原生。华东分布：山东、浙江。

江南散血丹 ***Physaliastrum heterophyllum*** (Hemsl.) Migo
原生。华东分布：安徽、福建、江苏、江西、浙江。

地海椒 ***Physaliastrum sinense*** (Hemsl.) D'Arcy & Zhi Y. Zhang
原生。易危（VU）。华东分布：安徽。

华北散血丹 ***Physaliastrum sinicum*** Kuang & A.M. Lu
原生。易危（VU）。华东分布：山东。

酸浆属 *Alkekengi*

（茄科 Solanaceae）

酸浆 ***Alkekengi officinarum*** Moench
——*Physalis alkekengi* L.（江西种子植物名录、FOC）
原生。华东分布：江西。

灯笼果属 *Physalis*

（茄科 Solanaceae）

挂金灯 ***Physalis alkekengi*** var. ***franchetii*** (Mast.) Makino
——"*Physalis alkekengi* var. *francheti*"=*Physalis alkekengi* var. *franchetii* (Mast.) Makino（拼写错误。福建植物志、江西种子植物名录、山东植物志）
原生。华东分布：安徽、福建、江苏、江西、山东、上海、浙江。

苦蘵 ***Physalis angulata*** L.
别名：苦职（上海维管植物名录），毛苦蘵（安徽植物志、江西种子植物名录、浙江植物志）
——*Physalis angulata* var. *villosa* Bonati（安徽植物志、江西种子植物名录、浙江植物志）
外来。华东分布：安徽、福建、江苏、江西、山东、上海、浙江。

展毛灯笼果 ***Physalis divaricata*** D. Don
别名：小酸浆（山东植物志、上海维管植物名录）
——"*Physalis minima*"=*Physalis divaricata* D. Don（误用名。山东植物志、上海维管植物名录）
原生。华东分布：安徽、山东、上海、浙江。

灰绿灯笼果 ***Physalis grisea*** (Waterf.) M. Martínez
别名：灰绿酸浆（中国外来入侵植物名录）
外来。华东分布：福建、江西、浙江。

毛灯笼果 ***Physalis pubescens*** L.
别名：毛酸浆（中国外来入侵植物名录、山东植物志）
外来。华东分布：安徽、福建、江苏、江西、山东、上海、浙江。

楔瓣花科 Sphenocleaceae

楔瓣花属 *Sphenoclea*

（楔瓣花科 Sphenocleaceae）

楔瓣花 ***Sphenoclea zeylanica*** Gaertn.
别名：尖瓣花（福建植物志、FOC）
原生。华东分布：福建、江西。

田基麻科 Hydroleaceae

田基麻属 *Hydrolea*

（田基麻科 Hydroleaceae）

田基麻 ***Hydrolea zeylanica*** (L.) Vahl
原生。华东分布：福建。

木樨科 Oleaceae

雪柳属 *Fontanesia*

（木樨科 Oleaceae）

雪柳 ***Fontanesia phillyreoides*** subsp. ***fortunei*** (Carrière) Yalt.
——"*Fontanensia fortunei*"=*Fontanesia fortunei* Carrière（拼写错误。江西种子植物名录）
——*Fontanesia fortunei* Carrière（安徽植物志、福建植物志、江

苏植物志 第 2 版、山东植物志、浙江植物志）
原生、栽培。华东分布：安徽、福建、江苏、江西、山东、浙江。

连翘属 *Forsythia*

（木樨科 Oleaceae）

秦连翘 ***Forsythia giraldiana*** Lingelsh.
原生。华东分布：安徽、山东。

连翘 ***Forsythia suspensa*** (Thunb.) Vahl
原生、栽培。华东分布：安徽、江苏、山东。

金钟花 ***Forsythia viridissima*** Lindl.
别名：金钟连翘（山东植物志）
原生、栽培。华东分布：安徽、福建、江苏、江西、山东、上海、浙江。

探春花属 *Chrysojasminum*

（木樨科 Oleaceae）

探春花 ***Chrysojasminum floridum*** (Bunge) Banfi
别名：探春（江苏植物志 第 2 版）
——*Jasminum floridum* Bunge（江苏植物志 第 2 版、山东植物志、FOC）
原生、栽培。华东分布：江苏、江西、山东。

素馨属 *Jasminum*

（木樨科 Oleaceae）

清香藤 ***Jasminum lanceolaria*** Roxb.
别名：光清香藤（安徽植物志），毛清香藤（安徽植物志）
——"*Jasminum lanceolarium* var. *puberulum*"=*Jasminum lanceolaria* var. *puberulum* Hemsl.（拼写错误。安徽植物志）
——"*Jasminum lanceolarium*"=*Jasminum lanceolaria* Roxb.（拼写错误。安徽植物志、福建植物志、江西种子植物名录、浙江植物志）
原生。华东分布：安徽、福建、江西、浙江。

华素馨 ***Jasminum sinense*** Hemsl.
别名：华清香藤（江西种子植物名录）
原生。华东分布：福建、江西、浙江。

亮叶素馨 ***Jasminum seguinii*** H. Lév.
原生。华东分布：江西。

川素馨 ***Jasminum urophyllum*** Hemsl.
别名：短萼素馨（福建植物志）
——*Jasminum brevidentatum* L.C. Chia（福建植物志）
原生。华东分布：福建、江西。

丁香属 *Syringa*

（木樨科 Oleaceae）

紫丁香 ***Syringa oblata*** Lindl.
原生、栽培。华东分布：山东。

巧玲花 ***Syringa pubescens*** Turcz.
原生。华东分布：山东。

女贞属 *Ligustrum*

（木樨科 Oleaceae）

长叶女贞 ***Ligustrum compactum*** (Wall. ex G. Don) Hook. f. & Thomson ex Brandis
——"*Ligustrum compacyum*"=*Ligustrum compactum* (Wall. ex G. Don) Hook. f. & Thomson ex Brandis（拼写错误。江西种子植物名录）
原生。华东分布：江西。

扩展女贞 ***Ligustrum expansum*** Rehder
别名：粗壮女贞（福建植物志、江西种子植物名录、FOC），紫枝女贞［Additional Notes on the Seed Plant Flora in Zhejiang (V)］——"*Ligustrum robustum*"=*Ligustrum robustum* subsp. *chinense* P.S. Green（误用名。福建植物志、江西种子植物名录）
——*Ligustrum purpurascens* Y.C. Yang［Additional Notes on the Seed Plant Flora in Zhejiang (V)］
——*Ligustrum robustum* subsp. *chinense* P.S. Green（FOC）
原生。华东分布：安徽、福建、江西、浙江。

细女贞 ***Ligustrum gracile*** Rehder
别名：纤细女贞（福建植物志）
原生。华东分布：福建。

蜡子树 ***Ligustrum leucanthum*** (S. Moore) P.S. Green
别名：光叶蜡子树（安徽植物志），长筒女贞（江西种子植物名录、浙江植物志），长筒兴山蜡树（安徽植物志）
——*Ligustrum henryi* var. *longitubum* P.S. Hsu（安徽植物志）
——*Ligustrum longitubum* (P.S. Hsu) P.S. Hsu（江西种子植物名录、浙江植物志）
——*Ligustrum molliculum* Hance（安徽植物志、福建植物志、江西种子植物名录、浙江植物志）
——*Ligustrum molliculum* var. *glabrum* (Z.Y. Zhang) S.H. Wu（安徽植物志）
原生、栽培。华东分布：安徽、福建、江苏、江西、浙江。

华女贞 ***Ligustrum lianum*** P.S. Hsu
别名：李氏女贞（福建植物志）
原生。华东分布：安徽、福建、江西、浙江。

女贞 ***Ligustrum lucidum*** W.T. Aiton
别名：落叶女贞（安徽植物志、浙江植物志）
——*Ligustrum lucidum* var. *latifolium* (W.C. Cheng) W.C. Cheng（安徽植物志、浙江植物志）
原生、栽培。华东分布：安徽、福建、江苏、江西、山东、上海、浙江。

东亚女贞 ***Ligustrum obtusifolium*** subsp. ***microphyllum*** (Nakai) P.S. Green
别名：小叶蜡子树（浙江植物志）
——*Ligustrum ibota* var. *microphyllum* Nakai（浙江植物志）
原生。华东分布：江苏、浙江。

辽东水蜡树 ***Ligustrum obtusifolium*** subsp. ***suave*** (Kitag.) Kitag.
别名：水蜡树（安徽植物志、江西种子植物名录）
——"*Ligustrum longipedicellatum*"=*Ligustrum obtusifolium* subsp. *suave* (Kitag.) Kitag.（误用名。江西种子植物名录）
——"*Ligustrum obtusifolium*"=*Ligustrum obtusifolium* subsp. *suave* (Kitag.) Kitag.（误用名。安徽植物志）
原生。华东分布：安徽、江苏、江西、山东、浙江。

斑叶女贞 ***Ligustrum punctifolium*** M.C. Chang
原生。华东分布：福建。

小叶女贞 ***Ligustrum quihoui*** Carrière
原生、栽培。华东分布：安徽、江苏、江西、山东、上海、浙江。

凹叶女贞 ***Ligustrum retusum*** Merr.

原生。华东分布：福建。

小蜡 *Ligustrum sinense* Lour.

别名：华南小蜡（江西种子植物名录），亮叶小蜡（安徽植物志、福建植物志、浙江植物志），卵叶小蜡（福建植物志），小蜡树（山东植物志）

——*Ligustrum calleryanum* Decne.（江西种子植物名录）

——*Ligustrum sinense* var. *nitidum* Rehder（安徽植物志、福建植物志、浙江植物志）

——*Ligustrum sinense* var. *stauntonii* (A. DC.) Rehder（福建植物志）

原生、栽培。华东分布：安徽、福建、江苏、江西、山东、上海、浙江。

光萼小蜡 *Ligustrum sinense* var. ***myrianthum*** (Diels) Hoefker

原生。华东分布：福建、江西。

皱叶小蜡 *Ligustrum sinense* var. ***rugosulum*** (W.W. Sm.) M.C. Chang

原生。华东分布：福建。

梣属 *Fraxinus*

（木樨科 Oleaceae）

小叶梣 *Fraxinus bungeana* A. DC.

原生。华东分布：安徽、山东。

白蜡树 *Fraxinus chinensis* Roxb.

别名：尖叶白蜡（安徽植物志、江西种子植物名录），尖叶白蜡树（福建植物志）

——"*Fraxinus szabpsba*"=*Fraxinus szaboana* Lingelsh.（拼写错误。江西种子植物名录）

——*Fraxinus chinensis* var. *acuminata* Lingelsh.（安徽植物志、福建植物志、浙江植物志）

原生。华东分布：安徽、福建、江苏、江西、山东、上海、浙江。

花曲柳 *Fraxinus chinensis* subsp. ***rhynchophylla*** (Hance) A.E. Murray

别名：大叶白蜡树（福建植物志）

——*Fraxinus rhynchophylla* Hance（福建植物志、山东植物志）

原生、栽培。华东分布：福建、江苏、山东。

多花梣 *Fraxinus floribunda* Wall.

原生。华东分布：浙江。

光蜡树 *Fraxinus griffithii* C.B. Clarke

原生、栽培。华东分布：福建、江苏。

苦枥木 *Fraxinus insularis* Hemsl.

——*Fraxinus championii* Little（安徽植物志）

原生。华东分布：安徽、福建、江苏、江西、浙江。

水曲柳 *Fraxinus mandshurica* Rupr.

原生、栽培。易危（VU）。华东分布：山东。

尖萼梣 *Fraxinus odontocalyx* Hand.-Mazz. ex E. Peter

别名：黄山梣（安徽植物志），尖萼白蜡树（福建植物志），尖萼柃（江西种子植物名录）

——"*Fraxinus longicuspis*"=*Fraxinus odontocalyx* Hand.-Mazz. ex E. Peter（误用名。安徽植物志）

——*Fraxinus huangshanensis* S.S. Sun（安徽植物志）

原生。华东分布：安徽、福建、江西。

庐山梣 *Fraxinus sieboldiana* Blume

别名：庐山白蜡树（福建植物志、浙江植物志），小萼白蜡树（安徽植物志）

——*Fraxinus mariesii* Hook. f.（福建植物志、江西种子植物名录、浙江植物志）

原生。华东分布：安徽、福建、江苏、江西、浙江。

木樨榄属 *Olea*

（木樨科 Oleaceae）

云南木樨榄 *Olea tsoongii* (Merr.) P.S. Green

别名：异株木樨榄（New materials in the Flora of Zhejiang、New records of Oleaceae plants distributed in Jiangxi province）

——"*Olea dioica*"=*Olea tsoongii* (Merr.) P.S. Green（误用名。New materials in the Flora of Zhejiang、New records of Oleaceae plants distributed in Jiangxi province）

原生。华东分布：江西、浙江。

北美流苏树属 *Chionanthus*

（木樨科 Oleaceae）

枝花流苏树 *Chionanthus ramiflorus* Roxb.

原生。华东分布：江西。

流苏树 *Chionanthus retusus* Lindl. & Paxton

别名：齿叶流苏（安徽植物志）

——"*Chionanthus retusus* var. *serrulata*"=*Chionanthus retusus* var. *serrulatus* (Hayata) Koidz.（拼写错误。安徽植物志）

原生、栽培。华东分布：安徽、福建、江苏、江西、山东、浙江。

万钧木属 *Chengiodendron*

（木樨科 Oleaceae）

万钧木 *Chengiodendron marginatum* (Champ. ex Benth.) C.B. Shang, X.R. Wang, Yi F. Duan & Yong F. Li

别名：边缘木犀（安徽植物志），厚边木犀（江西种子植物名录、FOC），厚叶木犀［Validation of the Name Osmanthus marginatus var. pachyphyllus (Oleaceae)、浙江植物志］，月桂（福建植物志）

——*Osmanthus marginatus* (Champ. ex Benth.) Hemsl.（安徽植物志、福建植物志、江西种子植物名录、FOC）

——*Osmanthus marginatus* var. *pachyphyllus* Hung T. Chang ex B.Q. Xu, Y.F. Deng & G. Hao［Validation of the Name *Osmanthus marginatus* var. *pachyphyllus* (Oleaceae)］

——*Osmanthus pachyphyllus* Hung T. Chang（浙江植物志）

原生。华东分布：安徽、福建、江西、浙江。

牛屎果 *Chengiodendron matsumuranum* (Hayata) C.B. Shang, X.R. Wang, Yi F. Duan & Yong F. Li

别名：牛矢果（安徽植物志、福建植物志、江西种子植物名录、浙江植物志、FOC）

——*Osmanthus matsumuranus* Hayata（安徽植物志、福建植物志、江西种子植物名录、浙江植物志、FOC）

原生。华东分布：安徽、福建、江西、浙江。

小叶万钧木 *Chengiodendron minor* (P.S. Green) C.B. Shang, X.R. Wang, Yi F. Duan & Yong F. Li

别名：小叶木犀（福建植物志），小叶月桂（FOC）

——*Osmanthus minor* P.S. Green（福建植物志、FOC）

原生。华东分布：福建、江西、浙江。

木樨属 *Osmanthus*

（木樨科 Oleaceae）

红柄木樨 *Osmanthus armatus* Diels
别名：红柄木犀（江苏植物志 第2版、FOC）
原生、栽培。华东分布：江苏、江西。

狭叶木樨 *Osmanthus attenuatus* P.S. Green
别名：狭叶木犀（江西种子植物名录、FOC）
原生。华东分布：江西。

宁波木樨 *Osmanthus cooperi* Hemsl.
别名：华东木犀（安徽植物志、浙江植物志），宁波木犀（福建植物志、江苏植物志 第2版、江西种子植物名录、FOC）
原生。华东分布：安徽、福建、江苏、江西、浙江。

细脉木樨 *Osmanthus gracilinervis* L.C. Chia ex R.L. Lu
别名：细叶木犀（江西种子植物名录、FOC）
原生。华东分布：江西、浙江。

蒙自桂花 *Osmanthus henryi* P.S. Green
原生。华东分布：江西。

长叶木樨 *Osmanthus marginatus* var. *longissimus* (Hung T. Chang) R.L. Lu
别名：长叶木犀（FOC），长叶月桂（福建植物志、江西种子植物名录）
——"*Osmanthus marginatus* var. *longsimus*"=*Osmanthus marginatus* var. *longissimus* (Hung T. Chang) R.L. Lu（拼写错误。江西种子植物名录）
——*Osmanthus longissimus* Hung T. Chang（浙江植物志）
原生。华东分布：福建、江西、浙江。

网脉木樨 *Osmanthus reticulatus* P.S. Green
别名：网脉木犀（江西种子植物名录）
原生。近危（NT）。华东分布：江西。

短丝木樨 *Osmanthus serrulatus* Rehder
别名：宝兴桂花（江苏植物志 第2版），短丝木犀（福建植物志、FOC）
原生、栽培。华东分布：福建、江苏。

浙南木樨 *Osmanthusaustro zhejiangensis* Z.H. Chen, W.Y. Xie & X. Liu
原生。华东分布：浙江。

苦苣苔科 Gesneriaceae

台闽苣苔属 *Titanotrichum*

（苦苣苔科 Gesneriaceae）

台闽苣苔 *Titanotrichum oldhamii* (Hemsl.) Soler.
原生。近危（NT）。华东分布：福建、江西、浙江。

线柱苣苔属 *Rhynchotechum*

（苦苣苔科 Gesneriaceae）

异色线柱苣苔 *Rhynchotechum discolor* (Maxim.) B.L. Burtt
原生。华东分布：福建。

线柱苣苔 *Rhynchotechum ellipticum* (Wall. ex D. Dietr.) A. DC.
原生。华东分布：福建。

旋蒴苣苔属 *Dorcoceras*

（苦苣苔科 Gesneriaceae）

旋蒴苣苔 *Dorcoceras hygrometrica* Bunge
别名：猫耳朵（安徽植物志）
——"*Boea hydrometrica*"=*Boea hygrometrica* (Bunge) R. Br.（拼写错误。江西种子植物名录）
——*Boea hygrometrica* (Bunge) R. Br.（安徽植物志、福建植物志、山东植物志、浙江植物志、FOC）
原生。华东分布：安徽、福建、江西、山东、浙江。

套唇苣苔属 *Damrongia*

（苦苣苔科 Gesneriaceae）

大花套唇苣苔 *Damrongia clarkeana* (Hemsl.) C. Puglisi
别名：大花旋蒴苣苔（江西种子植物名录、浙江植物志、FOC），旋蒴苣苔（安徽植物志）
——*Boea clarkeana* Hemsl.（安徽植物志、江西种子植物名录、浙江植物志、FOC）
原生。华东分布：安徽、江西、浙江。

芒毛苣苔属 *Aeschynanthus*

（苦苣苔科 Gesneriaceae）

芒毛苣苔 *Aeschynanthus acuminatus* Wall. ex A. DC.
原生。华东分布：福建。

马铃苣苔属 *Oreocharis*

（苦苣苔科 Gesneriaceae）

窄叶马铃苣苔 *Oreocharis argyreia* var. *angustifolia* K.Y. Pan
原生。华东分布：江西。

长瓣马铃苣苔 *Oreocharis auricula* (S. Moore) C.B. Clarke
别名：绢毛马铃苣苔（福建植物志、江西种子植物名录、浙江植物志）
——*Oreocharis sericea* (H. Lév.) H. Lév.（福建植物志、江西种子植物名录、浙江植物志）
原生。华东分布：安徽、福建、江西、浙江。

细齿马铃苣苔 *Oreocharis auricula* var. *denticulata* K.Y. Pan
原生。华东分布：福建。

保连马铃苣苔 *Oreocharis baolianis* (Qin W. Lin) Li H. Yang & M. Kang
别名：保连横蒴苣苔（*Beccarinda baolianis*, A New Species of Gesneriaceae from Fujian Province）
——*Beccarinda baolianis* Q.W. Lin（*Beccarinda baolianis*, A New Species of Gesneriaceae from Fujian Province）
原生。华东分布：福建。

大叶石上莲 *Oreocharis benthamii* C.B. Clarke
原生。华东分布：福建、江西。

石上莲 *Oreocharis benthamii* var. *reticulata* Dunn
原生。华东分布：福建。

龙南后蕊苣苔 *Oreocharis burtii* (W.T. Wang) Mich. Möller & A. Weber
——*Opithandra burttii* W.T. Wang（FOC）
原生。华东分布：江西。

浙皖佛肚苣苔 *Oreocharis chienii* (Chun) Mich. Möller & A. Weber
别名：浙皖粗筒苣苔（安徽植物志、江西种子植物名录、浙江

植物志、FOC）
——*Briggsia chienii* Chun（安徽植物志、江西种子植物名录、浙江植物志、FOC）
原生。华东分布：安徽、福建、江西、浙江。
千家峒马铃苣苔 *Oreocharis curvituba* J.J. Wei & W.B. Xu
原生。华东分布：江西。
汕头后蕊苣苔 *Oreocharis dalzielii* (W.W. Sm.) Mich. Möller & A. Weber
——*Opithandra dalzielii* (W.W. Sm.) B.L. Burtt（福建植物志、FOC）
原生。华东分布：福建。
江西全唇苣苔 *Oreocharis jiangxiensis* (W.T. Wang) Mich. Möller & A. Weber
——*Deinocheilos jiangxiense* W.T. Wang（FOC）
原生。易危（VU）。华东分布：江西、浙江。
宽萼佛肚苣苔 *Oreocharis latisepala* (Chun ex K.Y. Pan) Mich. Möller & W.H. Chen
别名：宽萼粗筒苣苔（江西种子植物名录、浙江植物志、FOC）
——*Briggsia latisepala* Chun ex K.Y. Pan（江西种子植物名录、浙江植物志、FOC）
原生。易危（VU）。华东分布：江西、浙江。
五数苣苔 *Oreocharis leiophylla* W.T. Wang
——*Bournea leiophylla* (W.T. Wang) W.T. Wang & K.Y. Pan（福建植物志、FOC）
原生。华东分布：福建。
大齿马铃苣苔 *Oreocharis magnidens* W.Y. Chun ex K.Y. Pan
原生。华东分布：福建。
大花石上莲 *Oreocharis maximowiczii* C.B. Clarke
原生。华东分布：福建、江西、浙江。
密毛大花石上莲 *Oreocharis maximowiczii* var. *mollis* J.M. Li & R. Yi
原生。华东分布：福建。
条纹马铃苣苔 *Oreocharis striata* F. Wen & C.Z. Yang
原生。华东分布：福建。
筒花马铃苣苔 *Oreocharis tubiflora* K.Y. Pan
原生。易危（VU）。华东分布：福建、江西。
湘桂马铃苣苔 *Oreocharis xiangguiensis* W.T. Wang & K.Y. Pan
原生。华东分布：江西。

苦苣苔属 *Conandron*

（苦苣苔科 Gesneriaceae）

苦苣苔 *Conandron ramondioides* Sieb. & Zucc.
原生。华东分布：安徽、福建、江西、浙江。

双片苣苔属 *Didymostigma*

（苦苣苔科 Gesneriaceae）

双片苣苔 *Didymostigma obtusum* (C.B. Clarke) W.T. Wang
原生。华东分布：福建。

长蒴苣苔属 *Didymocarpus*

（苦苣苔科 Gesneriaceae）

温州长蒴苣苔 *Didymocarpus cortusifolius* (Hance) H. Lév.
原生。华东分布：浙江。
深裂长蒴苣苔 *Didymocarpus dissectus* F. Wen, Y.L. Qiu, Jie Huang & Y.G. Wei
原生。华东分布：福建。
闽赣长蒴苣苔 *Didymocarpus heucherifolius* Hand.-Mazz.
原生。华东分布：安徽、福建、江西、浙江。
浙东长蒴苣苔 *Didymocarpus lobulatus* F. Wen, Xin Hong & W.Y. Xie
原生。华东分布：浙江。
叠裂长蒴苣苔 *Didymocarpus salviiflorus* Chun
别名：迭裂长蒴苣苔（浙江植物志、FOC）
原生。近危（NT）。华东分布：浙江。

石山苣苔属 *Petrocodon*

（苦苣苔科 Gesneriaceae）

东南长蒴苣苔 *Petrocodon hancei* (Hemsl.) Mich. Möller & A. Weber
——*Didymocarpus hancei* Hemsl.（福建植物志、江西种子植物名录、FOC）
原生。华东分布：福建、江西。
江西石山苣苔 *Petrocodon jiangxiensis* F. Wen, L.F. Fu & L.Y. Su
原生。华东分布：江西。

报春苣苔属 *Primulina*

（苦苣苔科 Gesneriaceae）

池州报春苣苔 *Primulina chizhouensis* Xin Hong, S.B. Zhou & F. Wen
原生。华东分布：安徽。
东莞报春苣苔 *Primulina dongguanica* F. Wen, Y.G. Wei & R.Q. Luo
原生。华东分布：江西、浙江。
牛耳朵 *Primulina eburnea* (Hance) Yin Z. Wang
——*Chirita eburnea* Hance（江西种子植物名录、浙江植物志、FOC）
原生。华东分布：江西、浙江。
蚂蟥七 *Primulina fimbrisepala* (Hand.-Mazz.) Yin Z. Wang
别名：蚂蝗七（福建植物志、江西种子植物名录、FOC）
——*Chirita fimbrisepala* Hand.-Mazz.（安徽植物志、福建植物志、江西种子植物名录、FOC）
原生。华东分布：安徽、福建、江西、浙江。
大齿报春苣苔 *Primulina juliae* (Hance) Mich. Möller & A. Weber
别名：宁化唇柱苣苔（福建植物志）
——*Chirita gueilinensis* var. *brachycarpa* W.T. Wang（福建植物志）
原生。华东分布：福建、浙江。
乐平报春苣苔 *Primulina lepingensis* Z.L. Ning & Ming Kang
原生。华东分布：江西。
连城报春苣苔 *Primulina lianchengensis* B.J. Ye & S.P. Chen
原生。华东分布：福建。
羽裂报春苣苔 *Primulina pinnatifida* (Hand.-Mazz.) Yin Z. Wang
别名：羽裂唇柱苣苔（福建植物志、江西种子植物名录、浙江植物志、FOC）
——*Chirita pinnatifida* (Hand.-Mazz.) B.L. Burtt（福建植物志、江西种子植物名录、浙江植物志、FOC）
原生。华东分布：福建、江西、浙江。

遂川报春苣苔 *Primulina suichuanensis* X.L. Yu & J.J. Zhou
原生。华东分布：江西。
钟冠唇柱苣苔 *Primulina swinglei* (Merr.) Mich. Möller & A. Weber
原生。华东分布：福建。
报春苣苔 *Primulina tabacum* Hance
原生。濒危（EN）。华东分布：江西。
温氏报春苣苔 *Primulina wenii* Jian Li & L.J. Yan
原生。华东分布：福建。
休宁小花苣苔 *Primulina xiuningensis* (X.L. Liu & X.H. Guo) Mich. Möller & A. Weber
——*Chiritopsis xiuningensis* X.L. Liu & X.H. Guo（安徽植物志、FOC）
原生。濒危（EN）。华东分布：安徽、浙江。
西子报春苣苔 *Primulina xiziae* F. Wen, Yue Wang & G.J. Hua
原生。华东分布：浙江。

半蒴苣苔属 *Hemiboea*

（苦苣苔科 Gesneriaceae）

贵州半蒴苣苔 *Hemiboea cavaleriei* H. Lév.
原生。华东分布：福建、江西。
华南半蒴苣苔 *Hemiboea follicularis* C.B. Clarke
原生。华东分布：江西。
纤细半蒴苣苔 *Hemiboea gracilis* Franch.
原生。华东分布：江西。
腺毛半蒴苣苔 *Hemiboea strigosa* Chun ex W.T. Wang & K.Y. Pan
原生。华东分布：江西。
短茎半蒴苣苔 *Hemiboea subacaulis* Hand.-Mazz.
原生。华东分布：江西。
江西半蒴苣苔 *Hemiboea subacaulis* var. ***jiangxiensis*** Z.Y. Li
原生。近危（NT）。华东分布：江西。
半蒴苣苔 *Hemiboea subcapitata* C.B. Clarke
别名：降龙草（江西种子植物名录、浙江植物志）
——*Hemiboea henryi* C.B. Clarke（安徽植物志、福建植物志、江西种子植物名录、浙江植物志）
原生。华东分布：安徽、福建、江苏、江西、浙江。

吊石苣苔属 *Lysionotus*

（苦苣苔科 Gesneriaceae）

吊石苣苔 *Lysionotus pauciflorus* Maxim.
原生。华东分布：安徽、福建、江苏、江西、浙江。

车前科 Plantaginaceae

伏胁花属 *Mecardonia*

（车前科 Plantaginaceae）

伏胁花 *Mecardonia procumbens* (Mill.) Small
外来。华东分布：福建。

假马齿苋属 *Bacopa*

（车前科 Plantaginaceae）

麦花草 *Bacopa floribunda* (R. Br.) Wettst.
原生。华东分布：福建。
假马齿苋 *Bacopa monnieri* (L.) Wettst.
原生。华东分布：福建。
田玄参 *Bacopa repens* (Sw.) Wettst.
别名：匍匐假马齿苋（福建植物志）
外来。华东分布：福建。

野甘草属 *Scoparia*

（车前科 Plantaginaceae）

野甘草 *Scoparia dulcis* L.
外来。华东分布：安徽、福建、上海、浙江。

水八角属 *Gratiola*

（车前科 Plantaginaceae）

水八角 *Gratiola japonica* Miq.
别名：白花水八角（安徽植物志、江苏植物志 第 2 版、江西种子植物名录）
原生。华东分布：安徽、福建、江苏、江西、浙江。

毛麝香属 *Adenosma*

（车前科 Plantaginaceae）

毛麝香 *Adenosma glutinosum* (L.) Druce
原生。华东分布：福建、江西。
球花毛麝香 *Adenosma indianum* (Lour.) Merr.
原生。华东分布：福建、上海。

茶菱属 *Trapella*

（车前科 Plantaginaceae）

茶菱 *Trapella sinensis* Oliv.
原生。华东分布：安徽、福建、江苏、江西、山东、浙江。

石龙尾属 *Limnophila*

（车前科 Plantaginaceae）

紫苏草 *Limnophila aromatica* (Lam.) Merr.
原生。华东分布：福建、江苏、江西。
中华石龙尾 *Limnophila chinensis* (Osbeck) Merr.
原生。华东分布：福建。
抱茎石龙尾 *Limnophila connata* (Buch.-Ham. ex D. Don) Hand.-Mazz.
原生。华东分布：福建、江西。
异叶石龙尾 *Limnophila heterophylla* (Roxb.) Benth.
原生。华东分布：安徽、江西。
有梗石龙尾 *Limnophila indica* (L.) Druce
原生。华东分布：江苏。
匍匐石龙尾 *Limnophila repens* (Benth.) Benth.
原生。华东分布：福建。
大叶石龙尾 *Limnophila rugosa* (Roth) Merr.
原生。华东分布：安徽、福建。
石龙尾 *Limnophila sessiliflora* (Vahl) Blume
原生。华东分布：安徽、福建、江苏、江西、山东、上海、浙江。

虻眼属 *Dopatrium*

（车前科 Plantaginaceae）

虻眼 *Dopatrium junceum* (Roxb.) Buch.-Ham. ex Benth.
——"*Dopatricum junceum*"=*Dopatrium junceum* (Roxb.) Buch.-Ham. ex Benth.（拼写错误。江西种子植物名录）

原生。华东分布：江苏、江西、上海、浙江。

泽番椒属 *Deinostema*

（车前科 Plantaginaceae）

有腺泽番椒 ***Deinostema adenocaula*** (Maxim.) T. Yamaz.

原生。华东分布：浙江。

泽番椒 ***Deinostema violacea*** (Maxim.) T. Yamaz.

——"*Deinostema violaceum*"=*Deinostema violacea* (Maxim.) T. Yamaz.（拼写错误。浙江植物志）

原生。华东分布：福建、江苏、浙江。

银鱼草属 *Kickxia*

（车前科 Plantaginaceae）

戟叶凯氏草 ***Kickxia elatine*** (L.) Dumort.

外来。华东分布：江苏、上海、浙江。

柳穿鱼属 *Linaria*

（车前科 Plantaginaceae）

细柳穿鱼 ***Linaria canadensis*** (L.) Chaz.

别名：加拿大柳蓝花（Four newly records of naturalized plant found in Zhejiang, China）

——*Nuttallanthus canadensis* (L.) D.A. Sutton（Four newly records of naturalized plant found in Zhejiang, China）

外来。华东分布：浙江。

柳穿鱼 ***Linaria vulgaris*** subsp. ***sinensis*** (Debeaux) D.Y. Hong

别名：中国柳穿鱼（江苏植物志 第 2 版）

——"*Linaria vulgaris* subsp. *chinensis*"=*Linaria vulgaris* subsp. *sinensis* (Debeaux) D.Y. Hong（拼写错误。FOC）

原生。华东分布：福建、江苏、山东。

牛鼻草属 *Misopates*

（车前科 Plantaginaceae）

奥河牛鼻草 ***Misopates orontium*** (L.) Raf.

外来。华东分布：福建。

幌菊属 *Ellisiophyllum*

（车前科 Plantaginaceae）

幌菊 ***Ellisiophyllum pinnatum*** (Wall. ex Benth.) Makino

原生。华东分布：江西。

水马齿属 *Callitriche*

（车前科 Plantaginaceae）

西南水马齿 ***Callitriche fehmedianii*** Majeed Kak & Javeid

别名：水马齿（江西植物志、江西种子植物名录、山东植物志）

——"*Callitriche stagnalis*"=*Callitriche fehmedianii* Majeed Kak & Javeid（误用名。江西植物志、江西种子植物名录、山东植物志）

原生。华东分布：江西、山东。

日本水马齿 ***Callitriche japonica*** Engelm. ex Hegelm.

原生。华东分布：福建、江西。

水马齿 ***Callitriche palustris*** L.

别名：沼生水马齿（安徽植物志、福建植物志、江苏植物志 第 2 版、江西植物志、江西种子植物名录、浙江植物志）

原生。华东分布：安徽、福建、江苏、江西、上海、浙江。

东北水马齿 ***Callitriche palustris*** var. ***elegans*** (Petrov) Y.L. Chang

原生。华东分布：江西。

广东水马齿 ***Callitriche palustris*** var. ***oryzetorum*** (Petrov) Lansdown

别名：广东马齿苋（江西种子植物名录）

——*Callitriche oryzetorum* Petr.（江西种子植物名录）

原生。华东分布：福建、江西、浙江。

鞭打绣球属 *Hemiphragma*

（车前科 Plantaginaceae）

鞭打绣球 ***Hemiphragma heterophyllum*** Wall.

原生。华东分布：福建、江西、浙江。

腹水草属 *Veronicastrum*

（车前科 Plantaginaceae）

爬岩红 ***Veronicastrum axillare*** (Sieb. & Zucc.) T. Yamaz.

原生。华东分布：安徽、福建、江苏、江西、浙江。

四方麻 ***Veronicastrum caulopterum*** (Hance) T. Yamaz.

原生。华东分布：江西。

宽叶腹水草 ***Veronicastrum latifolium*** (Hemsl.) T. Yamaz.

原生。华东分布：福建。

粗壮腹水草 ***Veronicastrum robustum*** (Diels) D.Y. Hong

原生。华东分布：福建、江西、浙江。

草本威灵仙 ***Veronicastrum sibiricum*** (L.) Pennell

原生。华东分布：山东。

细穗腹水草 ***Veronicastrum stenostachyum*** (Hemsl.) T. Yamaz.

别名：腹水草（江西种子植物名录、FOC）

原生。华东分布：福建、江西。

毛叶腹水草 ***Veronicastrum villosulum*** (Miq.) T. Yamaz.

原生。华东分布：安徽、江西、浙江。

铁钓竿 ***Veronicastrum villosulum*** var. ***glabrum*** T.L. Chin & D.Y. Hong

别名：铁钓杆（安徽植物志）

原生。华东分布：安徽、江西、浙江。

刚毛毛叶腹水草 ***Veronicastrum villosulum*** var. ***hirsutum*** T.L. Chin & D.Y. Hong

别名：刚毛腹水草（江西种子植物名录、FOC），硬毛腹水草（浙江植物志）

原生。华东分布：福建、江西、浙江。

两头连 ***Veronicastrum villosulum*** var. ***parviflorum*** T.L. Chin & D.Y. Hong

别名：两头莲（江西种子植物名录、浙江植物志），两头忙（FOC）

原生。华东分布：江西、浙江。

婆婆纳属 *Veronica*

（车前科 Plantaginaceae）

北水苦荬 ***Veronica anagallis-aquatica*** L.

——"*Veronica anagalis-aquatica*"=*Veronica anagallis-aquatica* L.（拼写错误。安徽植物志）

——"*Veronica anagallisaquatica*"=*Veronica anagallis-aquatica* L.（拼写错误。山东植物志）

原生。华东分布：安徽、江苏、江西、山东。

直立婆婆纳 ***Veronica arvensis*** L.

外来。华东分布：安徽、福建、江苏、江西、山东、上海、浙江。

有柄水苦荬 ***Veronica beccabunga*** subsp. ***muscosa*** (Korsh.) Elenevsky

原生。华东分布：安徽。

两裂婆婆纳 ***Veronica biloba*** L.
原生。华东分布：山东。
常春藤婆婆纳 ***Veronica hederifolia*** L.
别名：睫毛婆婆纳（江苏植物志 第 2 版）
外来。华东分布：江苏、浙江。
华中婆婆纳 ***Veronica henryi*** T. Yamaz.
原生。华东分布：福建、江西、浙江。
多枝婆婆纳 ***Veronica javanica*** Blume
原生。华东分布：福建、江西、浙江。
细叶水蔓菁 ***Veronica linariifolia*** Pall. ex Link
别名：水蔓青（安徽植物志），细叶婆婆纳（山东植物志）
——*Pseudolysimachion linariifolium* (Pall. ex Link) Holub（FOC）
原生。华东分布：安徽、山东。
水蔓菁 ***Veronica linariifolia*** subsp. ***dilatata*** (Nakai & Kitag.) D.Y. Hong
别名：水蔓青（江西种子植物名录、浙江植物志）
——"*Veronica leariifolia* subsp. *dilatata*"=*Veronica linariifolia* subsp. *dilatata* (Nakai & Kitag.) D.Y. Hong（拼写错误。浙江植物志）
——*Pseudolysimachion linariifolium* subsp. *dilatatum* (Nakai & Kitag.) D.Y. Hong（江苏植物志 第 2 版、FOC）
——*Veronica linariifolia* var. *dilatata* Nakai & Kitag.（江西种子植物名录）
原生。华东分布：安徽、福建、江苏、江西、山东、浙江。
蚊母草 ***Veronica peregrina*** L.
原生。华东分布：安徽、福建、江苏、江西、山东、上海、浙江。
阿拉伯婆婆纳 ***Veronica persica*** Poir.
别名：波斯婆婆纳（江西种子植物名录）
外来。华东分布：安徽、福建、江苏、江西、山东、上海、浙江。
婆婆纳 ***Veronica polita*** Fr.
——*Veronica didyma* Ten.（安徽植物志、福建植物志、江西种子植物名录、山东植物志、浙江植物志）
外来。华东分布：安徽、福建、江苏、江西、山东、上海、浙江。
无柄穗花 ***Veronica rotunda*** Nakai
别名：朝鲜婆婆纳（安徽植物志、浙江植物志）
——"*Pseudolysimachion rotundum* (Nakai) T. Yamaz." =*Pseudolysimachion rotundum* (Nakai) Holub（名称未合格发表。FOC）
原生。华东分布：安徽、浙江。
朝鲜穗花 ***Veronica rotunda*** subsp. ***coreana*** (Nakai) T. Yamaz
别名：朝鲜婆婆纳（安徽植物志、浙江植物志）
——*Pseudolysimachion rotundum* subsp. *coreanum* (Nakai) D.Y. Hong（FOC）
——*Veronica rotunda* var. *coreana* (Nakai) T. Yamaz.（浙江植物志）
原生。华东分布：安徽、浙江。
小婆婆纳 ***Veronica serpyllifolia*** L.
原生。华东分布：江西、上海。
水苦荬 ***Veronica undulata*** Wall.
——"*Veronicastrum undullata*"=*Veronicastrum undulata* Wall.（拼写错误。江西种子植物名录）
原生。华东分布：安徽、福建、江苏、江西、山东、上海、浙江。

车前属 *Plantago*

（车前科 Plantaginaceae）

芒苞车前 ***Plantago aristata*** Michx.
别名：芒车前（山东植物志）
外来。华东分布：安徽、江苏、山东。
车前 ***Plantago asiatica*** L.
别名：长柄车前（山东植物志）
——"*Plantago asiatia*"=*Plantago asiatica* L.（拼写错误。江西种子植物名录）
——*Plantago hostifolia* Nakai & Kitag.（山东植物志）
原生。华东分布：安徽、福建、江苏、江西、山东、上海、浙江。
疏花车前 ***Plantago asiatica*** subsp. ***erosa*** (Wall.) Z. Yu Li
原生。华东分布：福建、江西、浙江。
平车前 ***Plantago depressa*** Willd.
原生。华东分布：安徽、福建、江苏、江西、山东、上海。
对叶车前 ***Plantago indica*** L.
——*Plantago arenaria* Waldst. & Kit.（江苏植物志 第 2 版、FOC）
外来、栽培。华东分布：江苏、浙江。
长叶车前 ***Plantago lanceolata*** L.
原生。华东分布：安徽、江苏、江西、山东、上海、浙江。
大车前 ***Plantago major*** L.
原生。华东分布：安徽、福建、江苏、江西、山东、上海、浙江。
北美车前 ***Plantago virginica*** L.
别名：北美毛车前（浙江植物志）
外来。华东分布：安徽、江苏、江西、上海、浙江。

玄参科 Scrophulariaceae

苦槛蓝属 *Pentacoelium*

（玄参科 Scrophulariaceae）

苦槛蓝 ***Pentacoelium bontioides*** Sieb. & Zucc.
——*Myoporum bontioides* (Sieb. & Zucc.) A. Gray（福建植物志、浙江植物志）
原生。华东分布：福建、浙江。

醉鱼草属 *Buddleja*

（玄参科 Scrophulariaceae）

白背枫 ***Buddleja asiatica*** Lour.
别名：驳骨丹（福建植物志、浙江植物志），驳骨丹醉鱼草（江西种子植物名录）
原生、栽培。华东分布：福建、江苏、江西、浙江。
大叶醉鱼草 ***Buddleja davidii*** Franch.
原生、栽培。华东分布：安徽、江苏、江西、浙江。
醉鱼草 ***Buddleja lindleyana*** Fortune
原生、栽培。华东分布：安徽、福建、江苏、江西、山东、上海、浙江。
酒药花醉鱼草 ***Buddleja myriantha*** Diels
原生。华东分布：福建。
密蒙花 ***Buddleja officinalis*** Maxim.
原生、栽培。华东分布：安徽、福建、江苏。
喉药醉鱼草 ***Buddleja paniculata*** Wall.

原生。华东分布：江西。

毛蕊花属 *Verbascum*

（玄参科 Scrophulariaceae）

毛蕊花 ***Verbascum thapsus*** L.
原生、栽培。华东分布：江苏、上海、浙江。

玄参属 *Scrophularia*

（玄参科 Scrophulariaceae）

北玄参 ***Scrophularia buergeriana*** Miq.
原生、栽培。华东分布：安徽、江苏、山东。

丹东玄参 ***Scrophularia kakudensis*** Franch.
原生。华东分布：山东。

南京玄参 ***Scrophularia nankinensis*** P.C. Tsoong
原生。极危（CR）。华东分布：江苏。

玄参 ***Scrophularia ningpoensis*** Hemsl.
原生。华东分布：安徽、福建、江苏、江西、山东、浙江。

母草科 Linderniaceae

陌上菜属 *Lindernia*

（母草科 Linderniaceae）

长蒴母草 ***Lindernia anagallis*** (Burm. f.) Pennell
——"*Lindernia anagalis*"=*Lindernia anagallis* (Burm. f.) Pennell（拼写错误。安徽植物志）
原生。华东分布：安徽、福建、江苏、江西、上海、浙江。

泥花草 ***Lindernia antipoda*** (L.) Alston
别名：泥花母草（上海维管植物名录、FOC）
原生。华东分布：安徽、福建、江苏、江西、上海、浙江。

短梗母草 ***Lindernia brevipedunculata*** Migo
原生。华东分布：上海、浙江。

刺齿泥花草 ***Lindernia ciliata*** (Colsm.) Pennell
别名：齿叶泥花草（江西种子植物名录）
原生。华东分布：福建、江西。

母草 ***Lindernia crustacea*** (L.) F. Muell.
原生。华东分布：安徽、福建、江苏、江西、山东、上海、浙江。

荨麻母草 ***Lindernia elata*** (Benth.) Wettst.
别名：荨麻叶母草（福建植物志）
——*Lindernia urticifolia* (Hance) Bonati（福建植物志）
原生。华东分布：福建。

九华山母草 ***Lindernia jiuhuanica*** X.H. Guo & X.L. Liu
原生。华东分布：安徽、浙江。

江西母草 ***Lindernia kiangsiensis*** P.C. Tsoong
原生。近危（NT）。华东分布：江西。

长序母草 ***Lindernia macrobotrys*** P. C. Tsoong
原生。近危（NT）。华东分布：江西。

狭叶母草 ***Lindernia micrantha*** (Blatt. & Hallb.) V. Singh
——*Lindernia angustifolia* (Benth.) Wettst.（安徽植物志、福建植物志、江西种子植物名录、浙江植物志）
原生。华东分布：安徽、福建、江苏、江西、浙江。

红骨母草 ***Lindernia mollis*** (Benth.) Wettst.
别名：红骨草（福建植物志、江西种子植物名录）
——*Lindernia montana* (Blume) Koord.（福建植物志、江西种子植物名录）
原生。华东分布：福建、江西。

宽叶母草 ***Lindernia nummulariifolia*** (D. Don) Wettst.
——"*Lindernia nummularifolia*"=*Lindernia nummulariifolia* (D. Don) Wettst.（拼写错误。浙江植物志）
原生。华东分布：江苏、江西、浙江。

棱萼母草 ***Lindernia oblonga*** (Benth.) Merr. & Chun
原生。华东分布：福建。

陌上菜 ***Lindernia procumbens*** (Krock.) Philcox
——"*Lindernia procubens*"=*Lindernia procumbens* (Krock.) Philcox（拼写错误。安徽植物志）
原生。华东分布：安徽、福建、江苏、江西、山东、上海、浙江。

细茎母草 ***Lindernia pusilla*** (Willd.) Merr.
——*Lindernia caespitosa* (Blume) Panigrahi（福建植物志）
原生。华东分布：福建、江西。

圆叶母草 ***Lindernia rotundifolia*** (L.) Alston
外来。华东分布：福建、浙江。

旱田草 ***Lindernia ruellioides*** (Colsm.) Pennell
原生。华东分布：福建、江西、浙江。

刺毛母草 ***Lindernia setulosa*** (Maxim.) Tuyama ex H. Hara
原生。华东分布：安徽、福建、江西、浙江。

坚挺母草 ***Lindernia stricta*** P.C. Tsoong & T.C. Ku
原生。近危（NT）。华东分布：安徽、福建。

黏毛母草 ***Lindernia viscosa*** (Hornem.) Bold.
别名：粘毛母草（上海维管植物名录、浙江植物志）
原生。华东分布：福建、江西、上海、浙江。

三翅萼属 *Legazpia*

（母草科 Linderniaceae）

三翅萼 ***Legazpia polygonoides*** (Benth.) T. Yamaz.
原生。华东分布：福建。

蝴蝶草属 *Torenia*

（母草科 Linderniaceae）

长叶蝴蝶草 ***Torenia asiatica*** L.
别名：光叶蝴蝶草（福建植物志、江西种子植物名录、浙江植物志、FOC），光叶翼萼（安徽植物志）
——*Torenia glabra* Osbeck（安徽植物志、福建植物志、江西种子植物名录、浙江植物志）
原生。华东分布：安徽、福建、江西、浙江。

毛叶蝴蝶草 ***Torenia benthamiana*** Hance
原生。华东分布：福建、浙江。

单色蝴蝶草 ***Torenia concolor*** Lindl.
原生。华东分布：福建。

紫斑蝴蝶草 ***Torenia fordii*** Hook. f.
原生。华东分布：福建、江西。

蓝猪耳 ***Torenia fournieri*** Linden ex E. Fourn.
外来、栽培。华东分布：安徽、福建、江苏、江西、浙江。

金门母草 ***Torenia kinmenensis*** (Y.S. Liang & al.) Y.S. Liang & J.C. Wang
——*Lindernia kinmenensis* Y.S. Liang, C.H. Chen & J.L. Tsai

[*Lindernia kinmenensis* sp. nov. (Scrophulariaceae) from Kinmen (Taiwan)]
原生。华东分布：福建。
泰山母草 *Torenia taishanensis* (F.Z. Li) Y.S. Liang & J.C. Wang
——*Lindernia taishanensis* F.Z. Li（山东植物志）
原生。华东分布：山东。
紫萼蝴蝶草 *Torenia violacea* (Azaola ex Blanco) Pennell
别名：紫色翼萼（安徽植物志）
原生。华东分布：安徽、江苏、江西、上海、浙江。

爵床科 Acanthaceae

叉柱花属 *Staurogyne*

（爵床科 Acanthaceae）

叉柱花 *Staurogyne concinnula* (Hance) Kuntze
原生。华东分布：福建。

海榄雌属 *Avicennia*

（爵床科 Acanthaceae）

海榄雌 *Avicennia marina* (Forssk.) Vierh.
原生。华东分布：福建。

山牵牛属 *Thunbergia*

（爵床科 Acanthaceae）

山牵牛 *Thunbergia grandiflora* Roxb.
原生。华东分布：福建。

老鼠簕属 *Acanthus*

（爵床科 Acanthaceae）

老鼠簕 *Acanthus ilicifolius* L.
别名：厦门老鼠簕（福建植物志）
——*Acanthus xiamenensis* R.T. Zhang（福建植物志）
原生。华东分布：福建。

穿心莲属 *Andrographis*

（爵床科 Acanthaceae）

穿心莲 *Andrographis paniculata* (Burm. f.) Nees
外来、栽培。华东分布：福建。

假杜鹃属 *Barleria*

（爵床科 Acanthaceae）

假杜鹃 *Barleria cristata* L.
原生。华东分布：福建。

芦莉草属 *Ruellia*

（爵床科 Acanthaceae）

翠芦莉 *Ruellia simplex* C. Wright
别名：蓝花草（福建植物志）
——*Ruellia brittoniana* Leonard（福建植物志）
外来、栽培。华东分布：福建。
飞来蓝 *Ruellia venusta* Hance
别名：拟地皮消（福建植物志、江西种子植物名录）
——*Leptosiphonium venustum* (Hance) E. Hossain（福建植物志、江西种子植物名录）
原生。华东分布：安徽、福建、江西。

马蓝属 *Strobilanthes*

（爵床科 Acanthaceae）

海南马蓝 *Strobilanthes anamiticus* Kuntze
别名：海南黄猄草（江西种子植物名录）
——"*Strobilanthes anamitica*"=*Strobilanthes anamiticus* Kuntze（拼写错误。FOC）
——*Championella maclurei* (Merr.) C.Y. Wu & H.S. Lo（江西种子植物名录）
原生。华东分布：江西。
山一笼鸡 *Strobilanthes aprica* (Hance) T. Anderson ex Benth.
——*Gutzlaffia aprica* Hance（江西种子植物名录）
原生。华东分布：江西。
翅柄马蓝 *Strobilanthes atropurpurea* Nees
别名：三花马蓝（福建植物志）
——"*Strobilanthes triflorus* Y.C. Tang"=*Strobilanthes atropurpurea* Nees（名称未合格发表。福建植物志）
原生。华东分布：福建、江西、浙江。
华南马蓝 *Strobilanthes austrosinensis* Y.F. Deng & J.R.I. Wood
原生。华东分布：江西。
板蓝 *Strobilanthes cusia* (Nees) Kuntze
别名：马蓝（福建植物志、江西种子植物名录）
原生。华东分布：福建、江西、浙江。
曲枝假蓝 *Strobilanthes dalzielii* (W.W. Sm.) Benoist
别名：曲枝马蓝（FOC），疏花马蓝（福建植物志、江西种子植物名录）
——"*Diflugossa divaricata*"=*Strobilanthes dalzielii* (W.W. Sm.) Benoist（误用名。江西种子植物名录）
——"*Strobilanthes divaricatus*"=*Strobilanthes dalzielii* (W.W. Sm.) Benoist（误用名。福建植物志）
原生。华东分布：福建、江西。
薄叶马蓝 *Strobilanthes labordei* H. Lév.
原生。华东分布：江西。
少花马蓝 *Strobilanthes oligantha* Miq.
——"*Championella oliganthus*"=*Championella oligantha* (Miq.) Bremek.（拼写错误。江西种子植物名录）
——"*Strobilanthes oliganthus*"=*Strobilanthes oligantha* Miq.（拼写错误。安徽植物志、福建植物志、浙江植物志）
原生。华东分布：安徽、福建、江西、浙江。
圆苞马蓝 *Strobilanthes penstemonoides* (Nees) T. Anderson
别名：球花马蓝（福建植物志、浙江植物志）
——"*Strobilanthes pentstemonoides*"=*Strobilanthes penstemonoides* (Nees) T. Anderson（拼写错误。福建植物志、浙江植物志）
原生。华东分布：福建、浙江。
羽裂马蓝 *Strobilanthes pinnatifida* C.Z. Zheng
——"*Strobilanthes pinnatifidus*"=*Strobilanthes pinnatifida* C.Z. Zheng（拼写错误。浙江植物志）
原生。华东分布：浙江。
菜头肾 *Strobilanthes sarcorrhiza* (C. Ling) C.Z. Zheng ex Y.F. Deng & N.H. Xia
——"*Strobilanthes sarcorrhizus*"=*Strobilanthes sarcorrhiza* (C. Ling)

C.Z. Zheng ex Y.F. Deng & N.H. Xia（拼写错误。浙江植物志）
——*Championella sarcorrhiza* C. Ling（江西种子植物名录）
原生。华东分布：江西、浙江。
四子马蓝 *Strobilanthes tetrasperma* (Champ.) Druce
别名：四籽马蓝（福建植物志、浙江植物志）
——"*Strobilanthes tetraspermus*"=*Strobilanthes tetrasperma* (Champ.) Druce（拼写错误。福建植物志、浙江植物志）
——*Championella tetrasperma* (Champ. ex Benth.) Bremek.（江西种子植物名录）
原生。华东分布：福建、江西、浙江。

水蓑衣属 *Hygrophila*

（爵床科 Acanthaceae）

小狮子草 *Hygrophila polysperma* (Roxb.) T. Anderson
原生。华东分布：江西。
水蓑衣 *Hygrophila ringens* (L.) R. Br. ex Spreng.
——*Hygrophila salicifolia* (Vahl) Nees（安徽植物志、福建植物志、江苏植物志 第2版、江西种子植物名录、浙江植物志）
原生。华东分布：安徽、福建、江苏、江西、上海、浙江。

钟花草属 *Codonacanthus*

（爵床科 Acanthaceae）

钟花草 *Codonacanthus pauciflorus* (Nees) Nees
原生。华东分布：福建、江西。

十万错属 *Asystasia*

（爵床科 Acanthaceae）

小花十万错 *Asystasia gangetica* subsp. ***micrantha*** (Nees) Ensermu
外来、栽培。华东分布：福建。
白接骨 *Asystasia neesiana* (Wall.) Nees
——*Asystasiella chinensis* (S. Moore) E. Hossain（安徽植物志、福建植物志、江西种子植物名录、浙江植物志）
——*Asystasiella neesiana* (Wall.) Lindau（江苏植物志 第2版）
原生。华东分布：安徽、福建、江苏、江西、浙江。

叉序草属 *Isoglossa*

（爵床科 Acanthaceae）

叉序草 *Isoglossa collina* (T. Anderson) B. Hansen
原生。华东分布：福建、江西。

孩儿草属 *Rungia*

（爵床科 Acanthaceae）

中华孩儿草 *Rungia chinensis* Benth.
原生。华东分布：安徽、福建、江西、浙江。
密花孩儿草 *Rungia densiflora* H.S. Lo
原生。华东分布：安徽、福建、江西、浙江。

黑爵床属 *Justicia*

（爵床科 Acanthaceae）

华南爵床 *Justicia austrosinensis* H.S. Lo & D. Fang
原生。华东分布：江西。
圆苞杜根藤 *Justicia championii* T. Anderson ex Benth.
别名：杜根藤（安徽植物志、浙江植物志）
——*Calophanoides chinensis* (Benth.) C.Y. Wu & H.S. Lo（安徽植物志、浙江植物志）
原生。华东分布：安徽、福建、江西、浙江。
小叶散爵床 *Justicia diffusa* Willd.
原生。华东分布：福建。
早田氏爵床 *Justicia hayatae* Yamam.
原生。华东分布：浙江。
南岭爵床 *Justicia leptostachya* Hemsl.
别名：南岭野靛棵（江西种子植物名录）
——*Mananthes leptostachya* (Hemsl.) H.S. Lo（江西种子植物名录）
原生。华东分布：江西。
爵床 *Justicia procumbens* L.
——*Rostellularia procumbens* (L.) Nees（安徽植物志、福建植物志、江西种子植物名录、山东植物志、浙江植物志）
原生。华东分布：安徽、福建、江苏、江西、山东、上海、浙江。
白花爵床 *Justicia procumbens* 'Leucantha'
——*Rostellularia procumbens* var. *leucantha* (Honda) S.X. Qian & S.H. Ou（安徽植物志）
原生。华东分布：安徽。
杜根藤 *Justicia quadrifaria* (Nees) T. Anderson
——*Calophanoides quadrifaria* (Nees) Ridl.（福建植物志、江西种子植物名录）
原生。华东分布：福建、江西。

狗肝菜属 *Dicliptera*

（爵床科 Acanthaceae）

狗肝菜 *Dicliptera chinensis* (L.) Juss.
原生。华东分布：福建、江西、浙江。
海南山蓝 *Dicliptera floribunda* Eastw.
——*Peristrophe floribunda* (Hemsl.) C.Y. Wu & H.S. Lo（江西种子植物名录、FOC）
原生。华东分布：福建、江西、浙江。
九头狮子草 *Dicliptera japonica* (Thunb.) Makino
——*Peristrophe japonica* (Thunb.) Bremek.（安徽植物志、福建植物志、江苏植物志 第2版、江西种子植物名录、上海维管植物名录、浙江植物志、FOC）
原生。华东分布：安徽、福建、江苏、江西、上海、浙江。
天目山蓝 *Dicliptera tianmuensis* (H.S. Lo) Yuan Wang, Jing Yan & C. Du comb. nov.［Basionym: *Peristrophe tianmuensis* H.S. Lo in Bulletin of Botanical Research, Harbin 8(1): 4. 1988. Type: *H.Q. Zhu 340* (Holotype: IBSC)］
——*Peristrophe tianmuensis* H.S. Lo（浙江植物志、FOC）
原生。华东分布：浙江。
观音草 *Dicliptera tinctoria* (Nees) Kostel.
别名：山蓝（福建植物志）
——*Peristrophe bivalvis* (L.) Merr.（上海维管植物名录、FOC）
——*Peristrophe roxburghiana* (Roem. & Schult.) Bremek.（福建植物志）
原生。华东分布：福建、江西、上海。

紫葳科 Bignoniaceae

凌霄属 *Campsis*

（紫葳科 Bignoniaceae）

凌霄 *Campsis grandiflora* (Thunb.) K. Schum.
别名：凌霄花（安徽植物志）
原生、栽培。华东分布：安徽、福建、江苏、江西、山东、上海、浙江。

角蒿属 *Incarvillea*

（紫葳科 Bignoniaceae）

角蒿 *Incarvillea sinensis* Lam.
原生。华东分布：山东。

鹰爪藤属 *Dolichandra*

（紫葳科 Bignoniaceae）

猫爪藤 *Dolichandra unguis-cati* (L.) L.G. Lohmann
——*Macfadyena unguis-cati* (L.) A.H. Gentry（福建植物志）
外来、栽培。华东分布：福建。

木蝴蝶属 *Oroxylum*

（紫葳科 Bignoniaceae）

木蝴蝶 *Oroxylum indicum* (L.) Kurz
原生。华东分布：福建。

梓属 *Catalpa*

（紫葳科 Bignoniaceae）

楸 *Catalpa bungei* C.A. Mey.
别名：楸树（安徽植物志、江苏植物志 第 2 版）
原生、栽培。华东分布：安徽、福建、江苏、江西、山东、上海、浙江。
灰楸 *Catalpa fargesii* Bureau
原生。华东分布：山东。
梓 *Catalpa ovata* G. Don
别名：梓树（江苏植物志 第 2 版、山东植物志）
原生、栽培。华东分布：安徽、福建、江苏、江西、山东、上海、浙江。

猫尾木属 *Markhamia*

（紫葳科 Bignoniaceae）

西南猫尾木 *Markhamia stipulata* (Wall.) Seem.
原生。华东分布：福建。
毛叶猫尾木 *Markhamia stipulata* var. ***kerrii*** Sprague
别名：猫尾木（福建植物志）
——*Dolichandrone cauda-felina* (Hance) Benth. & Hook. f.（福建植物志）
原生、栽培。华东分布：福建。

狸藻科 Lentibulariaceae

狸藻属 *Utricularia*

（狸藻科 Lentibulariaceae）

黄花狸藻 *Utricularia aurea* Lour.
原生。华东分布：安徽、福建、江苏、江西、山东、上海、浙江。
南方狸藻 *Utricularia australis* R. Br.
原生。华东分布：安徽、福建、江苏、江西、上海、浙江。
挖耳草 *Utricularia bifida* L.
原生。华东分布：安徽、福建、江苏、江西、山东、浙江。
短梗挖耳草 *Utricularia caerulea* L.
别名：兰花狸藻（江西种子植物名录）
——*Utricularia racemosa* var. *filicaulis* (Wall. ex A. DC.) C.B. Clarke（江西种子植物名录）
原生。华东分布：安徽、福建、江西、山东、浙江。
少花狸藻 *Utricularia gibba* L.
——"*Utricularia exolita*"=*Utricularia exoleta* R. Br.（拼写错误。江西种子植物名录）
——*Utricularia exoleta* R. Br.（安徽植物志、福建植物志、浙江植物志）
原生。华东分布：安徽、福建、江苏、江西、浙江。
禾叶挖耳草 *Utricularia graminifolia* Vahl
原生。华东分布：福建。
斜果挖耳草 *Utricularia minutissima* Vahl
原生。华东分布：福建、江苏、江西。
盾鳞狸藻 *Utricularia punctata* Wall. ex A. DC.
原生。华东分布：福建。
圆叶挖耳草 *Utricularia striatula* Sm.
原生。华东分布：安徽、福建、江西、浙江。
弯距狸藻 *Utricularia vulgaris* subsp. ***macrorhiza*** (Leconte) R.T. Clausen
原生。华东分布：山东。
钩突挖耳草 *Utricularia warburgii* K.I. Goebel
别名：钩突耳草（江苏植物志 第 2 版、FOC）
原生。华东分布：安徽、福建、江苏、江西、浙江。

马鞭草科 Verbenaceae

假连翘属 *Duranta*

（马鞭草科 Verbenaceae）

假连翘 *Duranta erecta* L.
——*Duranta repens* L.（福建植物志）
外来、栽培。华东分布：福建、江西。

假马鞭属 *Stachytarpheta*

（马鞭草科 Verbenaceae）

假马鞭 *Stachytarpheta jamaicensis* (L.) Vahl
外来。华东分布：福建。

马鞭草属 *Verbena*

（马鞭草科 Verbenaceae）

柳叶马鞭草 *Verbena bonariensis* L.
外来、栽培。华东分布：安徽、福建、江苏、江西、山东、上海、浙江。
狭叶马鞭草 *Verbena brasiliensis* Vell.
外来、栽培。华东分布：福建、江西、浙江。
马鞭草 *Verbena officinalis* L.

原生。华东分布：安徽、福建、江苏、江西、山东、上海、浙江。

白花马鞭草 *Verbena officinalis* 'Albiflora'

——*Verbena officinalis* f. *albiflora* S.H. Jin & D.D. Ma（New Taxa of Plant in Putuo Mountain）

原生。华东分布：浙江。

过江藤属 *Phyla*

（马鞭草科 Verbenaceae）

过江藤 *Phyla nodiflora* (L.) Greene

原生。华东分布：安徽、福建、江苏、江西、浙江。

马缨丹属 *Lantana*

（马鞭草科 Verbenaceae）

马缨丹 *Lantana camara* L.

外来、栽培。华东分布：安徽、福建、江西、浙江。

蔓马缨丹 *Lantana montevidensis* (Spreng.) Briq.

外来、栽培。华东分布：福建、江西。

唇形科 Lamiaceae

紫珠属 *Callicarpa*

（唇形科 Lamiaceae）

异叶紫珠 *Callicarpa anisophylla* C.Y. Wu ex W.Z. Fang

原生。华东分布：江西。

紫珠 *Callicarpa bodinieri* H. Lév.

原生、栽培。华东分布：安徽、福建、江苏、江西、浙江。

短柄紫珠 *Callicarpa brevipes* (Benth.) Hance

原生。华东分布：安徽、福建、江西、浙江。

华紫珠 *Callicarpa cathayana* Hung T. Chang

原生。华东分布：安徽、福建、江苏、江西、浙江。

丘陵紫珠 *Callicarpa collina* Diels

原生。华东分布：江西。

白棠子树 *Callicarpa dichotoma* (Lour.) K. Koch

原生。华东分布：安徽、福建、江苏、江西、山东、浙江。

尖尾枫 *Callicarpa dolichophylla* Merr.

别名：秃尖尾枫（江西种子植物名录）

——*Callicarpa longissima* (Hemsl.) Merr.（福建植物志、江西种子植物名录、FOC）

——*Callicarpa longissima* f. *subglabra* C. P'ei（江西种子植物名录）

原生。华东分布：福建、江西。

老鸦糊 *Callicarpa giraldii* Hesse ex Rehder

原生、栽培。华东分布：安徽、福建、江苏、江西、山东、浙江。

毛叶老鸦糊 *Callicarpa giraldii* var. ***subcanescens*** Rehder

——*Callicarpa giraldii* var. *lyi* (H. Lév.) C.Y. Wu（安徽植物志、浙江植物志）

原生。华东分布：安徽、江苏、江西、浙江。

全缘叶紫珠 *Callicarpa integerrima* Champ. ex Benth.

原生。华东分布：福建、江西、浙江。

藤紫珠 *Callicarpa integerrima* var. ***chinensis*** (C. Pei) S.L. Chen

——*Callicarpa peii* Hung T. Chang（江西种子植物名录、浙江植物志）

原生。华东分布：江西、浙江。

日本紫珠 *Callicarpa japonica* Thunb.

原生。华东分布：安徽、江苏、江西、山东、浙江。

朝鲜紫珠 *Callicarpa japonica* var. ***luxurians*** Rehder.

原生。华东分布：浙江。

枇杷叶紫珠 *Callicarpa kochiana* Makino

原生。华东分布：福建、江西、浙江。

广东紫珠 *Callicarpa kwangtungensis* Chun

原生。华东分布：福建、江西、浙江。

光叶紫珠 *Callicarpa lingii* Merr.

原生。华东分布：安徽、江西、浙江。

尖萼紫珠 *Callicarpa loboapiculata* F.P. Metcalf

——"*Callicarpa lobo-apiculata*"=*Callicarpa loboapiculata* Metcalf（拼写错误。江西种子植物名录）

原生。华东分布：江西。

长柄紫珠 *Callicarpa longipes* Dunn

原生。华东分布：安徽、福建、江西、浙江。

大叶紫珠 *Callicarpa macrophylla* Vahl

原生。华东分布：江西。

窄叶紫珠 *Callicarpa membranacea* Hung T. Chang

——*Callicarpa japonica* var. *angustata* Rehder（安徽植物志、江苏植物志 第2版、江西种子植物名录、浙江植物志）

原生。华东分布：安徽、江苏、江西、浙江。

裸花紫珠 *Callicarpa nudiflora* Hook. & Arn.

原生。华东分布：福建。

少花紫珠 *Callicarpa pauciflora* Chun ex Hung T. Chang

原生。华东分布：江西。

杜虹花 *Callicarpa pedunculata* R. Br.

——*Callicarpa formosana* Rolfe（福建植物志、江西种子植物名录、浙江植物志、FOC）

原生。华东分布：福建、江西、浙江。

钩毛紫珠 *Callicarpa peichieniana* Chun & S.L. Chen ex H. Ma & W.B. Yu

原生。华东分布：江西。

红紫珠 *Callicarpa rubella* Lindl.

原生。华东分布：安徽、福建、江苏、江西、浙江。

钝齿红紫珠 *Callicarpa rubella* var. ***crenata*** (C. Pei) L.X. Ye & B.Y. Ding

——*Callicarpa rubella* f. *crenata* C. Pei（福建植物志、江西种子植物名录、浙江植物志）

原生。华东分布：福建、江西、浙江。

上狮紫珠 *Callicarpa siongsaiensis* F.P. Metcalf

——"*Callicarpa siong-saiensis*"=*Callicarpa siongsaiensis* Metcalf（拼写错误。福建植物志、浙江植物志）

原生。华东分布：福建、浙江。

秃红紫珠 *Callicarpa subglabra* (C. Pei) L.X. Ye & B.Y. Ding

——*Callicarpa rubella* var. *subglabra* (C. Pei) Hung T. Chang（江西种子植物名录、浙江植物志、FOC）

原生。华东分布：江西、浙江。

牡荆属 *Vitex*

（唇形科 Lamiaceae）

灰毛牡荆 *Vitex canescens* Kurz
原生。华东分布：江西。

黄荆 *Vitex negundo* L.
原生。华东分布：安徽、福建、江苏、江西、山东、浙江。

牡荆 *Vitex negundo* var. ***cannabifolia*** (Sieb. & Zucc.) Hand.-Mazz.
原生。华东分布：安徽、福建、江苏、江西、上海、浙江。

荆条 *Vitex negundo* var. ***heterophylla*** (Franch.) Rehder
原生。华东分布：安徽、江苏、江西、山东、上海。

单叶黄荆 *Vitex negundo* var. ***simplicifolia*** (B.N. Lin & S.W. Wang) D.K. Zang & J.W. Sun
——*Vitex simplicifolia* B.N. Lin & S.W. Wang（FOC）
原生。华东分布：山东。

山牡荆 *Vitex quinata* (Lour.) F.N. Williams
原生。华东分布：福建、江西、浙江。

单叶蔓荆 *Vitex rotundifolia* L. f.
——*Vitex trifolia* var. *simplicifolia* Cham.（安徽植物志、福建植物志、江西种子植物名录、山东植物志、浙江植物志）
原生。华东分布：安徽、福建、江苏、江西、山东、上海、浙江。

广东牡荆 *Vitex sampsonii* Hance
原生。华东分布：江西、浙江。

蔓荆 *Vitex trifolia* L.
原生。华东分布：福建。

野苏子属 *Vuhuangia*

（唇形科 Lamiaceae）

吴黄木 *Vuhuangia flava* (Benth.) Molinari, Solomon Raju & Mayta
别名：黄花香薷（FOC）
——*Elsholtzia flava* (Benth.) Benth.（FOC）
原生。华东分布：浙江。

香薷属 *Elsholtzia*

（唇形科 Lamiaceae）

紫花香薷 *Elsholtzia argyi* H. Lév.
原生。华东分布：安徽、福建、江苏、江西、浙江。

香薷 *Elsholtzia ciliata* (Thunb.) Hyl.
原生。华东分布：安徽、福建、江苏、江西、山东、上海、浙江。

野草香 *Elsholtzia cyprianii* (Pavol.) C.Y. Wu & S. Chow
别名：野草香薷（江西种子植物名录）
——"*Elsholtzia cypriani*"=*Elsholtzia cyprianii* (Pavol.) C.Y. Wu & S. Chow（拼写错误。安徽植物志、江西种子植物名录）
原生。华东分布：安徽、江西。

湖南香薷 *Elsholtzia hunanensis* Hand.-Mazz.
原生。华东分布：安徽、江西。

水香薷 *Elsholtzia kachinensis* Prain
原生。华东分布：江西。

岩生香薷 *Elsholtzia saxatilis* (Kom.) Nakai ex Kitag.
原生。华东分布：山东。

海州香薷 *Elsholtzia splendens* Nakai ex F. Maek.
别名：海洲香薷（江西种子植物名录）
原生。华东分布：安徽、福建、江苏、江西、山东、浙江。

穗状香薷 *Elsholtzia stachyodes* (Link) Raizada & H.O. Saxena
——"*Elsholtzia stachyoides* (Link) C.Y. Wu"=*Elsholtzia stachyodes* (Link) Raizada & H.O. Saxena（拼写错误；不合法名称。安徽植物志）
原生。华东分布：安徽、浙江。

紫苏属 *Perilla*

（唇形科 Lamiaceae）

紫苏 *Perilla frutescens* (L.) Britton
别名：白苏（江苏植物志 第2版），白紫苏（江西种子植物名录），耳齿紫苏（浙江植物志）
——"*Perilla frutescens* var. *auriculato-dentata*"=*Perilla frutescens* var. *auriculatodentata* C.Y. Wu & S.J. Hsuan ex H.W. Li（拼写错误。浙江植物志）
原生、栽培。华东分布：安徽、福建、江苏、江西、山东、上海、浙江。

回回苏 *Perilla frutescens* var. ***crispa*** (Thunb.) H. Deane
别名：鸡冠紫苏（江西种子植物名录）
原生、栽培。华东分布：江苏、江西、浙江。

野生紫苏 *Perilla frutescens* var. ***purpurascens*** (Hayata) H.W. Li
别名：野紫苏（安徽植物志、浙江植物志）
——*Perilla frutescens* var. *acuta* (Odash.) Kudô（安徽植物志、福建植物志、江西种子植物名录、浙江植物志）
原生。华东分布：安徽、福建、江苏、江西、上海、浙江。

香简草属 *Keiskea*

（唇形科 Lamiaceae）

南方香简草 *Keiskea australis* C.Y. Wu & H.W. Li
原生。近危（NT）。华东分布：福建、江西。

香薷状香简草 *Keiskea elsholtzioides* Merr.
别名：紫花香简草（安徽植物志）
——*Keiskea elsholtzioides* f. *purpurea* X.H. Guo（安徽植物志）
原生。华东分布：安徽、福建、江苏、江西、浙江。

腺毛香简草 *Keiskea glandulosa* C.Y. Wu
原生。华东分布：福建。

中华香简草 *Keiskea sinensis* Diels
原生。华东分布：安徽、江苏、浙江。

石荠苎属 *Mosla*

（唇形科 Lamiaceae）

小花荠苎 *Mosla cavaleriei* H. Lév.
别名：小花荠苧（安徽植物志、江西种子植物名录、浙江植物志）
原生。华东分布：安徽、江西、上海、浙江。

石香薷 *Mosla chinensis* Maxim.
别名：华荠苧（江苏植物志 第2版）
原生。华东分布：安徽、福建、江苏、江西、山东、浙江。

小鱼仙草 *Mosla dianthera* (Buch.-Ham. ex Roxb.) Maxim.
原生。华东分布：安徽、福建、江苏、江西、山东、上海、浙江。

荠苎 *Mosla grosseserrata* Maxim.
别名：荠苧（江苏植物志 第2版、江西种子植物名录）
原生。华东分布：安徽、江苏、江西、浙江。

杭州石荠苎 *Mosla hangchowensis* Matsuda
别名：杭州荠苧（浙江植物志），杭州石荠苧（江苏植物志 第

2 版）
原生。近危（NT）。华东分布：安徽、福建、江苏、上海、浙江。
建德石荠苎 *Mosla hangchowensis* var. *cheteana* (Y.Z. Sun) C.Y. Wu & H.W. Li
别名：建德荠苎（浙江植物志）
原生。华东分布：浙江。
长苞荠苎 *Mosla longibracteata* (C.Y. Wu & S.J. Hsuan) C.Y. Wu & H.W. Li
别名：长苞荠苧（安徽植物志、江西种子植物名录、浙江植物志）
原生。华东分布：安徽、江西、浙江。
长穗荠苎 *Mosla longispica* (C.Y. Wu) C.Y. Wu & H.W. Li
别名：长穗荠苧（安徽植物志、江苏植物志 第 2 版）
原生。华东分布：安徽、江苏、江西。
石荠苎 *Mosla scabra* (Thunb.) C.Y. Wu & H.W. Li
别名：石荠苧（安徽植物志、江苏植物志 第 2 版、山东植物志、浙江植物志）
——"*Mosla scaber*"=*Mosla scabra* (Thunb.) C.Y. Wu & H.W. Li（拼写错误。江西种子植物名录）
——*Mosla punctulata* (J.F. Gmel.) Nakai（福建植物志）
原生。华东分布：安徽、福建、江苏、江西、山东、上海、浙江。
苏州荠苎 *Mosla soochouensis* Matsuda
别名：苏州荠苧（安徽植物志、江苏植物志 第 2 版、浙江植物志）
——"*Mosla soochowensis*"=*Mosla soochouensis* Matsuda（拼写错误。安徽植物志、江苏植物志 第 2 版、江西种子植物名录、浙江植物志、FOC）
原生。华东分布：安徽、江苏、江西、上海、浙江。

筒冠花属 *Siphocranion*

（唇形科 Lamiaceae）

光柄筒冠花 *Siphocranion nudipes* (Hemsl.) Kudô
原生。华东分布：福建、江西。

四轮香属 *Hanceola*

（唇形科 Lamiaceae）

出蕊四轮香 *Hanceola exserta* Y.Z. Sun ex C.Y. Wu
原生。近危（NT）。华东分布：福建、江西、浙江。
粉花出蕊四轮香 *Hanceola exserta* 'Subrosa'
——*Hanceola exserta* f. *subrosa* B.Y. Ding & Y.L. Xu（A Supplement to Labiatae in Zhejiang Province）
原生。华东分布：浙江。

山香属 *Mesosphaerum*

（唇形科 Lamiaceae）

山香 *Mesosphaerum suaveolens* (L.) Kuntze
——*Hyptis suaveolens* (L.) Poit.（福建植物志、中国外来入侵植物名录、FOC）
外来。华东分布：福建。

香茶菜属 *Isodon*

（唇形科 Lamiaceae）

香茶菜 *Isodon amethystoides* (Benth.) H. Hara
——*Rabdosia amethystoides* (Benth.) H. Hara（福建植物志、浙江植物志）
原生。华东分布：安徽、福建、江苏、江西、浙江。
细锥香茶菜 *Isodon coetsa* (Buch.-Ham. ex D. Don) Kudô
原生。华东分布：安徽、江西。
毛萼香茶菜 *Isodon eriocalyx* (Dunn) Kudô
——"*Isodon eriocalgx*"=*Isodon eriocalyx* (Dunn) Kudô（拼写错误。江西种子植物名录）
原生。华东分布：江西。
鄂西香茶菜 *Isodon henryi* (Hemsl.) Kudô
原生。华东分布：浙江。
内折香茶菜 *Isodon inflexus* (Thunb.) Kudô
——"*Isodon inflexa*"=*Isodon inflexus* (Thunb.) Kudô（拼写错误。江西种子植物名录）
——*Rabdosia inflexa* (Thunb.) H. Hara（福建植物志、山东植物志、浙江植物志）
原生。华东分布：安徽、福建、江苏、江西、山东、浙江。
毛叶香茶菜 *Isodon japonicus* (Burm. f.) H. Hara
别名：日本香茶菜（江苏植物志 第 2 版）
原生。华东分布：安徽、江苏。
蓝萼毛叶香茶菜 *Isodon japonicus* var. *glaucocalyx* (Maxim.) H.W. Li
别名：蓝萼香茶菜（山东植物志）
——"*Rabdosia japonica* var. *glaucocalys*"=*Rabdosia japonica* var. *glaucocalyx* (Maxim.) H. Hara（拼写错误。山东植物志）
原生。华东分布：江苏、山东。
长管香茶菜 *Isodon longitubus* (Miq.) Kudô
——"*Isodon longituba*"=*Isodon longitubus* (Miq.) Kudô（拼写错误。江西种子植物名录）
——*Rabdosia longituba* (Miq.) H. Hara（浙江植物志）
原生。华东分布：安徽、江西、浙江。
线纹香茶菜 *Isodon lophanthoides* (Buch.-Ham. ex D. Don) H. Hara
——*Rabdosia lophanthoides* (Buch.-Ham. ex D. Don) H. Hara（福建植物志、浙江植物志）
原生。华东分布：福建、江西、浙江。
细花线纹香茶菜 *Isodon lophanthoides* var. *graciliflorus* (Benth.) H. Hara
别名：细花香茶菜（江西种子植物名录）
——"*Isodon lophanthoides* var. *graciliflora*"=*Isodon lophanthoides* var. *graciliflorus* (Benth.) H. Hara（拼写错误。江西种子植物名录）
——*Rabdosia lophanthoides* var. *graciliflora* (Benth.) H. Hara（福建植物志）
原生。华东分布：福建、江西。
大萼香茶菜 *Isodon macrocalyx* (Dunn) Kudô
——*Rabdosia macrocalyx* (Dunn) H. Hara（福建植物志、浙江植物志）
原生。华东分布：安徽、福建、江苏、江西、上海、浙江。
歧伞香茶菜 *Isodon macrophyllus* (Migo) H. Hara
别名：大叶香茶菜（江苏植物志 第 2 版），清凉峰歧伞香茶菜（安徽植物志）
——*Isodon macrophylla* f. *qingliangfenensis* (H.P. Zhang) H.P. Zhang（安徽植物志）

原生。华东分布：安徽、江苏、浙江。

显脉香茶菜 ***Isodon nervosus*** (Hemsl.) Kudô

别名：脉纹香茶菜（江苏植物志 第 2 版）

——"*Isodon nervosa*"=*Isodon nervosus* (Hemsl.) Kudô（拼写错误。江西种子植物名录）

——*Rabdosia nervosa* (Hemsl.) C.Y. Wu & H.W. Li（福建植物志、浙江植物志）

原生。华东分布：安徽、福建、江苏、江西、上海、浙江。

碎米桠 ***Isodon rubescens*** (Hemsl.) H. Hara

——*Rabdosia rubescens* (Hemsl.) H. Hara（浙江植物志）

原生。华东分布：安徽、江西、山东、浙江。

溪黄草 ***Isodon serra*** (Maxim.) Kudô

——*Rabdosia serra* (Maxim.) H. Hara（福建植物志、浙江植物志）

原生。华东分布：安徽、福建、江苏、江西、上海、浙江。

辽宁香茶菜 ***Isodon websteri*** (Hemsl.) Kudô

——*Rabdosia websteri* (Hemsl.) H. Hara（山东植物志）

原生。华东分布：山东。

逐风草属 *Platostoma*

（唇形科 Lamiaceae）

凉粉草 ***Platostoma palustre*** (Blume) A.J. Paton

——*Mesona chinensis* Benth.（福建植物志、江西种子植物名录、浙江植物志、FOC）

原生。华东分布：福建、江西、浙江。

鸡脚参属 *Orthosiphon*

（唇形科 Lamiaceae）

肾茶 ***Orthosiphon aristatus*** (Blume) Miq.

——*Clerodendranthus spicatus* (Thunb.) C.Y. Wu ex H.W. Li（福建植物志、FOC）

原生。华东分布：福建。

罗勒属 *Ocimum*

（唇形科 Lamiaceae）

罗勒 ***Ocimum basilicum*** L.

外来、栽培。华东分布：安徽、福建、江苏、江西、山东、上海、浙江。

疏柔毛罗勒 ***Ocimum basilicum*** var. ***pilosum*** (Willd.) Benth.

外来、栽培。华东分布：安徽、福建、江苏、江西、浙江。

鞘蕊花属 *Coleus*

（唇形科 Lamiaceae）

排香草 ***Coleus strobilifer*** (Roxb.) A.J. Paton

别名：排草香（FOC）

——*Anisochilus carnosus* (L. f.) Benth.（FOC）

原生、栽培。华东分布：江苏。

蜜蜂花属 *Melissa*

（唇形科 Lamiaceae）

蜜蜂花 ***Melissa axillaris*** (Benth.) Bakh. f.

原生。华东分布：福建、江西。

鼠尾草属 *Salvia*

（唇形科 Lamiaceae）

铁线鼠尾草 ***Salvia adiantifolia*** E. Peter

原生。近危（NT）。华东分布：福建、江西。

白马鼠尾草 ***Salvia baimaensis*** S.W. Su & Z.A. Shen

原生。近危（NT）。华东分布：安徽。

南丹参 ***Salvia bowleyana*** Dunn

原生。华东分布：安徽、福建、江西、浙江。

白花南丹参 ***Salvia bowleyana*** 'Alba'

——*Salvia bowleyana* f. *alba* G.Y. Li, W.Y. Xie & D.D. Ma（New Materials of Lamiaceae in Zhejiang）

原生。华东分布：浙江。

近二回羽裂南丹参 ***Salvia bowleyana*** var. ***subbipinnata*** C.Y. Wu

别名：二回羽裂南丹参（江西种子植物名录、浙江植物志）

原生。华东分布：福建、江西、浙江。

贵州鼠尾草 ***Salvia cavaleriei*** H. Lév.

原生。华东分布：江西。

血盆草 ***Salvia cavaleriei*** var. ***simplicifolia*** E. Peter

原生。华东分布：江西。

黄山鼠尾草 ***Salvia chienii*** E. Peter

原生。华东分布：安徽。

婺源鼠尾草 ***Salvia chienii*** var. ***wuyuania*** Y.Z. Sun

原生。华东分布：江西。

华鼠尾草 ***Salvia chinensis*** Benth.

原生。华东分布：安徽、福建、江苏、江西、山东、上海、浙江。

崇安鼠尾草 ***Salvia chunganensis*** C.Y. Wu & Y.C. Huang

原生。华东分布：福建。

大别山丹参 ***Salvia dabieshanensis*** J.Q. He

别名：大别山鼠尾草（安徽植物志）

原生。华东分布：安徽。

鼠尾草 ***Salvia japonica*** Thunb.

别名：翅柄鼠尾草（浙江植物志），绵毛鼠尾草（福建植物志）

——*Salvia japonica* f. *alatopinnata* (Matsum. & Kudô) Kudô（浙江植物志）

——*Salvia japonica* var. *lanuginosa* E. Peter（福建植物志）

原生。华东分布：安徽、福建、江苏、江西、浙江。

多小叶鼠尾草 ***Salvia japonica*** var. ***multifoliolata*** E. Peter

原生。华东分布：福建。

关公须 ***Salvia kiangsiensis*** C.Y. Wu

别名：江西鼠尾（江西种子植物名录）

原生。华东分布：安徽、福建、江西。

舌瓣鼠尾草 ***Salvia liguliloba*** Y.Z. Sun

原生。华东分布：安徽、浙江。

美丽鼠尾草 ***Salvia meiliensis*** S.W. Su

原生。近危（NT）。华东分布：安徽。

丹参 ***Salvia miltiorrhiza*** Bunge

原生、栽培。华东分布：安徽、江苏、江西、山东、浙江。

单叶丹参 ***Salvia miltiorrhiza*** var. ***charbonnelii*** (H. Lév.) C.Y. Wu

原生。华东分布：山东。

白花丹参 ***Salvia miltiorrhiza*** 'Alba'

——*Salvia miltiorrhiza* f. *alba* C.Y. Wu & H.W. Li（安徽植物志）

原生、栽培。华东分布：安徽。

浙江琴柱草 ***Salvia nipponica*** subsp. ***zhejiangensis*** J.F. Wang, W.Y. Xie & Z.H. Chen

原生。华东分布：福建、浙江。

拟丹参 ***Salvia paramiltiorrhiza*** H.W. Li & X.L. Huang

别名：皖鄂丹参（安徽植物志）

原生。华东分布：安徽。

紫花拟丹参 ***Salvia paramiltiorrhiza*** 'Purpureaorubra'

别名：紫花皖鄂丹参（安徽植物志）

——"*Salvia paramiltiorrhiza* f. *purpurea-ruba*"=*Salvia paramiltiorrhiza* f. *purpureaorubra* H.W. Li（拼写错误。安徽植物志）

原生。华东分布：安徽。

荔枝草 ***Salvia plebeia*** R. Br.

原生。华东分布：安徽、福建、江苏、江西、山东、上海、浙江。

长冠鼠尾草 ***Salvia plectranthoides*** Griff.

别名：长冠鼠尾（江西种子植物名录）

原生。华东分布：安徽、江西。

红根草 ***Salvia prionitis*** Hance

原生。华东分布：安徽、福建、江苏、江西、浙江。

祁门鼠尾草 ***Salvia qimenensis*** S.W. Su & J.Q. He

原生。近危（NT）。华东分布：安徽、浙江。

地埂鼠尾草 ***Salvia scapiformis*** Hance

别名：地梗鼠尾草（江西种子植物名录）

原生。华东分布：福建、江西。

钟萼地梗鼠尾草 ***Salvia scapiformis*** var. ***carphocalyx*** E. Peter

原生。华东分布：江西。

硬毛地埂鼠尾草 ***Salvia scapiformis*** var. ***hirsuta*** E. Peter

原生。华东分布：福建、浙江。

浙皖丹参 ***Salvia sinica*** Migo

别名：拟丹参（江苏植物志 第2版、浙江植物志），紫花浙皖丹参（安徽植物志）

——*Salvia sinica* f. *purpurea* H.W. Li（安徽植物志）

原生。华东分布：安徽、江苏、浙江。

二回羽裂丹参 ***Salvia subbipinnata*** (C.Y. Wu) B.Y. Ding & Z.H. Chen

原生。华东分布：浙江。

佛光草 ***Salvia substolonifera*** E. Peter

别名：蔓茎鼠尾（江西种子植物名录），蔓茎鼠尾草（浙江植物志）

原生。华东分布：安徽、福建、江西、浙江。

荫生鼠尾草 ***Salvia umbratica*** Hance

原生。华东分布：安徽、浙江。

马鞭鼠尾草 ***Salvia verbenaca*** L.

别名：威海鼠尾草（山东植物志）

——*Salvia weihaiensis* C.Y. Wu & H.W. Li（山东植物志、FOC）

原生。华东分布：山东。

仙居鼠尾草 ***Salvia xianjuensis*** Z.H. Chen, G.Y. Li & & D.D. Ma

原生。华东分布：浙江。

夏枯草属 *Prunella*

（唇形科 Lamiaceae）

山菠菜 ***Prunella asiatica*** Nakai

别名：白花夏枯草（安徽植物志）

——*Prunella vulgaris* var. *albiflora* Koidz.（安徽植物志、浙江植物志）

原生。华东分布：安徽、江苏、江西、山东、上海、浙江。

夏枯草 ***Prunella vulgaris*** L.

别名：白花夏枯草（福建植物志、江西种子植物名录）

——*Prunella vulgaris* var. *leucantha* Schur（福建植物志、江西种子植物名录）

原生、栽培。华东分布：安徽、福建、江苏、江西、山东、浙江。

地笋属 *Lycopus*

（唇形科 Lamiaceae）

小叶地笋 ***Lycopus cavaleriei*** H. Lév.

——"*Lycopus lamosissimus*"=*Lycopus ramosissimus* (Makino) Makino（拼写错误。江西种子植物名录）

——*Lycopus ramosissimus* (Makino) Makino（浙江植物志）

原生。华东分布：安徽、江西、浙江。

地笋 ***Lycopus lucidus*** Turcz. ex Benth.

原生。华东分布：江西、山东。

硬毛地笋 ***Lycopus lucidus*** var. ***hirtus*** Regel

别名：毛地笋（山东植物志）

——"*Lycopus lucidus* var. *hirsuta*"=*Lycopus lucidus* var. *hirtus* (Regel) Makino & Nemoto（拼写错误。福建植物志）

原生。华东分布：安徽、福建、江苏、江西、山东、上海、浙江。

荆芥属 *Nepeta*

（唇形科 Lamiaceae）

荆芥 ***Nepeta cataria*** L.

原生、栽培。华东分布：安徽、江苏、江西、山东。

浙荆芥 ***Nepeta everardii*** S. Moore

——"*Nepeta everardi*"=*Nepeta everardii* S. Moore（拼写错误。安徽植物志、江西种子植物名录、浙江植物志）

原生。华东分布：安徽、江苏、江西、浙江。

裂叶荆芥属 *Schizonepeta*

（唇形科 Lamiaceae）

裂叶荆芥 ***Schizonepeta tenuifolia*** (Benth.) Briq.

——*Nepeta tenuifolia* Benth.（江苏植物志 第2版、上海维管植物名录）

原生、栽培。华东分布：福建、江苏、山东、上海、浙江。

藿香属 *Agastache*

（唇形科 Lamiaceae）

藿香 ***Agastache rugosa*** (Fisch. & C.A. Mey.) Kuntze

——"*Agastache rugosus*"=*Agastache rugosa* (Fisch. & C.A. Mey.) Kuntze（拼写错误。江西种子植物名录）

原生、栽培。华东分布：安徽、江苏、江西、山东、浙江。

龙头草属 *Meehania*

（唇形科 Lamiaceae）

华西龙头草 ***Meehania fargesii*** (H. Lév.) C.Y. Wu

原生。华东分布：江西。

走茎华西龙头草 ***Meehania fargesii*** var. ***radicans*** (Vaniot) C.Y. Wu

别名：走茎龙头草（福建植物志、江西种子植物名录）

原生。华东分布：福建、江苏、江西、浙江。

龙头草 ***Meehania henryi*** (Hemsl.) Y.Z. Sun ex C.Y. Wu

原生。华东分布：安徽。

洪林龙头草 *Meehania hongliniana* B.Y. Ding & X.F. Jin
原生。华东分布：安徽、江西、浙江。
高野山龙头草 *Meehania montis-koyae* Ohwi
原生。华东分布：福建、江西、浙江。
狭叶龙头草 *Meehania pinfaensis* (H. Lév.) Y.Z. Sun ex C.Y. Wu
别名：狭荨麻叶龙头草（安徽植物志），走茎龙头草（浙江植物志）
——*Meehania urticifolia* var. *angustifolia* (Dunn) Hand.-Mazz.（安徽植物志、浙江植物志）
原生。华东分布：安徽、浙江。
荨麻叶龙头草 *Meehania urticifolia* (Miq.) Makino
原生。华东分布：安徽。
浙闽龙头草 *Meehania zheminensis* A. Takano, Pan Li & G.H. Xia
原生。华东分布：福建、江西、浙江。

活血丹属 *Glechoma*

（唇形科 Lamiaceae）

白透骨消 *Glechoma biondiana* (Diels) C.Y. Wu & C. Chen
原生。华东分布：福建。
日本活血丹 *Glechoma grandis* (A. Gray) Kuprian.
原生。华东分布：福建、江苏、上海。
活血丹 *Glechoma longituba* (Nakai) Kuprian.
原生。华东分布：安徽、福建、江苏、江西、山东、上海、浙江。

牛至属 *Origanum*

（唇形科 Lamiaceae）

牛至 *Origanum vulgare* L.
原生、栽培。华东分布：安徽、福建、江苏、江西、上海、浙江。

百里香属 *Thymus*

（唇形科 Lamiaceae）

地椒 *Thymus quinquecostatus* Čelak.
别名：烟台百里香（江苏植物志 第 2 版）
原生。华东分布：安徽、江苏、山东。

薄荷属 *Mentha*

（唇形科 Lamiaceae）

薄荷 *Mentha canadensis* L.
别名：白花薄荷（安徽植物志）
——*Mentha haplocalyx* Briq.（安徽植物志、福建植物志、江西种子植物名录、山东植物志、浙江植物志）
——*Mentha haplocalyx* f. *alba* X.L. Liu & X.H. Guo（安徽植物志）
原生、栽培。华东分布：安徽、福建、江苏、江西、山东、上海、浙江。
皱叶留兰香 *Mentha crispata* Schrad. ex Willd.
外来、栽培。华东分布：安徽、福建、江苏、江西、山东、上海、浙江。
留兰香 *Mentha spicata* L.
外来、栽培。华东分布：安徽、福建、江苏、江西、山东、上海、浙江。

风轮菜属 *Clinopodium*

（唇形科 Lamiaceae）

风轮菜 *Clinopodium chinense* (Benth.) Kuntze
——*Clinopodium umbrosum* (M. Bieb.) K. Koch（浙江植物志）
原生。华东分布：安徽、福建、江苏、江西、山东、浙江。
邻近风轮菜 *Clinopodium confine* (Hance) Kuntze
别名：光风轮（江西种子植物名录、浙江植物志）
原生。华东分布：安徽、福建、江苏、江西、山东、上海、浙江。
细风轮菜 *Clinopodium gracile* (Benth.) Kuntze
原生。华东分布：安徽、福建、江苏、江西、上海、浙江。
灯笼草 *Clinopodium polycephalum* (Vaniot) C.Y. Wu & S.J. Hsuan
原生。华东分布：安徽、福建、江苏、江西、山东、上海、浙江。
匍匐风轮菜 *Clinopodium repens* (D. Don) Benth.
原生。华东分布：福建、江苏、江西、浙江。
麻叶风轮菜 *Clinopodium urticifolium* (Hance) C.Y. Wu & S.J. Hsuan ex H.W. Li
别名：风车草（安徽植物志、江西种子植物名录、浙江植物志）
原生。华东分布：安徽、江苏、江西、山东、浙江。

石梓属 *Gmelina*

（唇形科 Lamiaceae）

石梓 *Gmelina chinensis* Benth.
原生。华东分布：福建。
苦梓 *Gmelina hainanensis* Oliv.
原生。华东分布：江西。

豆腐柴属 *Premna*

（唇形科 Lamiaceae）

黄药豆腐柴 *Premna cavaleriei* H. Lév.
别名：黄药（江西种子植物名录、FOC）
原生。华东分布：江西。
长序臭黄荆 *Premna fordii* Dunn
原生。华东分布：福建。
臭黄荆 *Premna ligustroides* Hemsl.
原生。华东分布：江西。
豆腐柴 *Premna microphylla* Turcz.
原生。华东分布：安徽、福建、江苏、江西、浙江。
狐臭柴 *Premna puberula* Pamp.
原生。华东分布：福建。
伞序臭黄荆 *Premna serratifolia* L.
——*Premna corymbosa* Rottler & Willd.（福建植物志）
原生。华东分布：福建。

香科科属 *Teucrium*

（唇形科 Lamiaceae）

二齿香科科 *Teucrium bidentatum* Hemsl.
原生。华东分布：江西。
穗花香科科 *Teucrium japonicum* Houtt.
原生。华东分布：安徽、江苏、江西、上海、浙江。
崇明穗花香科科 *Teucrium japonicum* var. ***tsungmingense*** C.Y. Wu & S. Chow
原生。华东分布：江苏、上海、浙江。
动蕊花 *Teucrium ornatum* Hemsl.
——*Kinostemon ornatum* (Hemsl.) Kudô（安徽植物志、FOC）
原生。华东分布：安徽。
庐山香科科 *Teucrium pernyi* Franch.

别名：霍山香科科（安徽植物志）

——*Teucrium huoshanense* S.W. Su & J.Q. He（安徽植物志）

原生。华东分布：安徽、福建、江苏、江西、浙江。

长毛香科科 ***Teucrium pilosum*** (Pamp.) C.Y. Wu & S. Chow

原生。华东分布：江苏、江西、浙江。

庆元香科科 ***Teucrium qingyuanense*** D.L. Chen, Y.L. Xu & B.Y. Ding

原生。华东分布：浙江。

铁轴草 ***Teucrium quadrifarium*** Buch.-Ham. ex D. Don

原生。华东分布：福建、江西。

香科科 ***Teucrium simplex*** Vaniot

原生。华东分布：山东。

黑龙江香科科 ***Teucrium ussuriense*** Kom.

原生。华东分布：山东。

裂苞香科科 ***Teucrium veronicoides*** Maxim.

原生。华东分布：安徽、山东、浙江。

血见愁 ***Teucrium viscidum*** Blume

原生。华东分布：安徽、福建、江苏、江西、上海、浙江。

微毛血见愁 ***Teucrium viscidum*** var. ***nepetoides*** (H. Lév.) C.Y. Wu & S. Chow

——"*Teucrium viscidum* var. *nepetoidea*"=*Teucrium viscidum* var. *nepetoides* (H. Lév.) C.Y. Wu & S. Chow（拼写错误。江西种子植物名录）

原生。华东分布：安徽、江西、浙江。

四棱草属 *Schnabelia*

（唇形科 Lamiaceae）

单花莸 ***Schnabelia nepetifolia*** (Benth.) P.D. Cantino

——"*Caryopteris nepetaefolia*"=*Caryopteris nepetifolia* (Benth.) Maxim.（拼写错误。安徽植物志、福建植物志、江西种子植物名录、浙江植物志）

——*Caryopteris nepetifolia* (Benth.) Maxim.（江苏植物志 第2版、上海维管植物名录、FOC）

原生。华东分布：安徽、福建、江苏、江西、上海、浙江。

四棱草 ***Schnabelia oligophylla*** Hand.-Mazz.

原生。华东分布：安徽、福建、江西、浙江。

三花莸 ***Schnabelia terniflora*** (Maxim.) P.D. Cantino

别名：短梗三花莸（江西种子植物名录）

——"*Caryopteris ternifloa* f. *brevipedunculata*"=*Caryopteris terniflora* f. *brevipedunculata* C. P'ei & S.L. Chen（拼写错误。江西种子植物名录）

——"*Caryopteris ternifloa*"=*Caryopteris terniflora* Maxim.（拼写错误。江西种子植物名录）

原生。华东分布：江西。

筋骨草属 *Ajuga*

（唇形科 Lamiaceae）

筋骨草 ***Ajuga ciliata*** Bunge

原生。华东分布：江苏、山东、浙江。

金疮小草 ***Ajuga decumbens*** Thunb.

原生。华东分布：安徽、福建、江苏、江西、山东、上海、浙江。

网果筋骨草 ***Ajuga dictyocarpa*** Hayata

原生。华东分布：福建、江西。

线叶筋骨草 ***Ajuga linearifolia*** Pamp.

原生。华东分布：安徽、江苏、山东。

多花筋骨草 ***Ajuga multiflora*** Bunge

原生。华东分布：安徽、江苏、山东、上海。

紫背金盘 ***Ajuga nipponensis*** Makino

别名：紫背金盘矮生变种（福建植物志）

——*Ajuga nipponensis* var. *pallescens* (Maxim.) C.Y. Wu & C. Chen（福建植物志）

原生。华东分布：安徽、福建、江苏、江西、上海、浙江。

矮小筋骨草 ***Ajuga pygmaea*** A. Gray

别名：台湾筋骨草（江苏植物志 第2版、上海维管植物名录）

原生。华东分布：江苏、上海。

叉枝莸属 *Tripora*

（唇形科 Lamiaceae）

叉枝莸 ***Tripora divaricata*** (Maxim.) P.D. Cantino

别名：莸（江西种子植物名录、FOC）

——*Caryopteris divaricata* Maxim.（江西种子植物名录、FOC）

原生。华东分布：江西。

水棘针属 *Amethystea*

（唇形科 Lamiaceae）

水棘针 ***Amethystea caerulea*** L.

原生。华东分布：安徽、江苏、山东、上海。

莸属 *Caryopteris*

（唇形科 Lamiaceae）

兰香草 ***Caryopteris incana*** (Thunb. ex Houtt.) Miq.

原生。华东分布：安徽、福建、江苏、江西、上海、浙江。

狭叶兰香草 ***Caryopteris incana*** var. ***angustifolia*** S.L. Chen & R.L. Guo

原生。华东分布：安徽、福建、江西、浙江。

大青属 *Clerodendrum*

（唇形科 Lamiaceae）

臭牡丹 ***Clerodendrum bungei*** Steud.

——"*Cleroendrum bungei*"=*Clerodendrum bungei* Steud.（拼写错误。江西种子植物名录）

原生、栽培。华东分布：安徽、福建、江苏、江西、山东、浙江。

灰毛大青 ***Clerodendrum canescens*** Wall. ex Walp.

——"*Cleroendrum canescens*"=*Clerodendrum canescens* Wall. ex Walp.（拼写错误。江西种子植物名录）

原生。华东分布：福建、江西、浙江。

重瓣臭茉莉 ***Clerodendrum chinense*** (Osbeck) Mabb.

——"*Cleroendrum phillipinum*"=*Clerodendrum phillippinum* Schauer（拼写错误。江西种子植物名录）

——*Clerodendrum philippinum* Schauer（福建植物志）

原生、栽培。华东分布：福建、江西。

大青 ***Clerodendrum cyrtophyllum*** Turcz.

——"*Cleroendrum cyrtophyllum*"=*Clerodendrum cyrtophyllum* Turcz.（拼写错误。江西种子植物名录）

原生。华东分布：安徽、福建、江苏、江西、上海、浙江。

白花灯笼 *Clerodendrum fortunatum* L.
——“*Cleroendrum fortunatum*”=*Clerodendrum fortunatum* L.（拼写错误。江西种子植物名录）
原生。华东分布：福建、江西。
赪桐 *Clerodendrum japonicum* (Thunb.) Sweet
——“*Cleroendrum japonicum*”=*Clerodendrum japonicum* (Thunb.) Sweet（拼写错误。江西种子植物名录）
原生。华东分布：福建、江苏、江西、浙江。
浙江大青 *Clerodendrum kaichianum* P.S. Hsu
——“*Cleroendrum kaichianum*”=*Clerodendrum kaichianum* P.S. Hsu（拼写错误。江西种子植物名录）
原生。华东分布：安徽、福建、江苏、江西、浙江。
江西大青 *Clerodendrum kiangsiense* Merr. ex H.L. Li
——“*Cleroendrum kiangsiense*”=*Clerodendrum kiangsiense* Merr. ex H.L. Li（拼写错误。江西种子植物名录）
原生。华东分布：江西、浙江。
广东大青 *Clerodendrum kwangtungense* Hand.-Mazz.
——“*Cleroendrum kwangtungense*”=*Clerodendrum kwangtungense* Hand.-Mazz.（拼写错误。江西种子植物名录）
原生。华东分布：江西。
尖齿臭茉莉 *Clerodendrum lindleyi* Decne. ex Planch.
别名：尖齿大青（江苏植物志 第 2 版）
——“*Cleroendrum lindleyi*”=*Clerodendrum lindleyi* Decne. ex Planch.（拼写错误。江西种子植物名录）
原生。华东分布：安徽、福建、江苏、江西、浙江。
长叶大青 *Clerodendrum longilimbum* C. Pei
——“*Cleroendrum longilimbum*”=*Clerodendrum longilimbum* C. Pei（拼写错误。江西种子植物名录）
原生。华东分布：江西。
海通 *Clerodendrum mandarinorum* Diels
——“*Cleroendrum mandarinorum*”=*Clerodendrum mandarinorum* Diels（拼写错误。江西种子植物名录）
原生。华东分布：江西。
圆锥大青 *Clerodendrum paniculatum* L.
原生。华东分布：福建。
海州常山 *Clerodendrum trichotomum* Thunb.
——“*Clerodendron trichotomum*”=*Clerodendrum trichotomum* Thunb.（拼写错误。山东植物志）
——“*Cleroendrum trichotomum*”=*Clerodendrum trichotomum* Thunb.（拼写错误。江西种子植物名录）
原生。华东分布：安徽、福建、江苏、江西、山东、上海、浙江。

苦郎树属 *Volkameria*

（唇形科 Lamiaceae）

苦郎树 *Volkameria inermis* L.
——*Clerodendrum inerme* (L.) Gaertn.（福建植物志、浙江植物志、FOC）
原生。华东分布：福建、浙江。

黄芩属 *Scutellaria*

（唇形科 Lamiaceae）

腺毛黄芩 *Scutellaria adenotricha* X.H. Guo & S.B. Zhou
原生。华东分布：福建。
安徽黄芩 *Scutellaria anhweiensis* C.Y. Wu
别名：黄山黄芩（安徽植物志）
——*Scutellaria huangshanensis* X.W. Wang & Z.W. Xue（安徽植物志）
原生。华东分布：安徽、浙江。
腋花黄芩 *Scutellaria axilliflora* Hand.-Mazz.
原生。华东分布：福建。
大花腋花黄芩 *Scutellaria axilliflora* var. ***medullifera*** (Y.Z. Sun ex C.H. Hu) C.Y. Wu & H.W. Li
原生。华东分布：江西、浙江。
黄芩 *Scutellaria baicalensis* Georgi
原生。华东分布：江苏、山东。
半枝莲 *Scutellaria barbata* D. Don
原生。华东分布：安徽、福建、江苏、江西、山东、上海、浙江。
尾叶黄芩 *Scutellaria caudifolia* Y.Z. Sun
原生。华东分布：江西。
浙江黄芩 *Scutellaria chekiangensis* C.Y. Wu
原生。华东分布：江西、浙江。
祁门黄芩 *Scutellaria chimenensis* C.Y. Wu
原生。近危（NT）。华东分布：安徽。
纤弱黄芩 *Scutellaria dependens* Maxim.
别名：纤弱黄岑（山东植物志）
原生。华东分布：山东。
异色黄芩 *Scutellaria discolor* Wall. ex Benth.
别名：紫背黄芩（江西种子植物名录）
原生。华东分布：福建、江西。
蓝花黄芩 *Scutellaria formosana* N.E. Br.
原生。华东分布：福建、江西。
岩藿香 *Scutellaria franchetiana* H. Lév.
别名：岩黄芩（江西种子植物名录）
原生。华东分布：江西、浙江。
粗齿黄芩 *Scutellaria grossecrenata* Merr. & Chun ex C.Y. Wu
原生。华东分布：福建。
连钱黄芩 *Scutellaria guilielmii* A. Gray
——“*Scutellaria guilielmi*”=*Scutellaria guilielmii* A. Gray（拼写错误。安徽植物志、浙江植物志、FOC）
原生。华东分布：安徽、浙江。
湖南黄芩 *Scutellaria hunanensis* C. Y. Wu
原生。华东分布：江西。
裂叶黄芩 *Scutellaria incisa* Y.Z. Sun ex C.H. Hu
原生。华东分布：福建、江西、浙江。
韩信草 *Scutellaria indica* L.
别名：印度黄芩（浙江植物志）
原生。华东分布：安徽、福建、江苏、江西、山东、上海、浙江。
长毛韩信草 *Scutellaria indica* var. ***elliptica*** Y.Z. Sun ex C.H. Hu
别名：长毛耳挖草（江西种子植物名录）
原生。华东分布：安徽、福建、江西、浙江。
小叶韩信草 *Scutellaria indica* var. ***parvifolia*** Makino
原生。华东分布：安徽。
缩茎韩信草 *Scutellaria indica* var. ***subacaulis*** (Y.Z. Sun ex C.H.

Hu) C.Y. Wu & C. Chen
别名：缩茎印度黄芩（江西种子植物名录）
——"*Scutellaria indica* var. *subacanlis*"=*Scutellaria indica* var. *subacaulis* (Y.Z. Sun ex C.H. Hu) C.Y. Wu & C. Chen（拼写错误。江西种子植物名录）
原生。华东分布：安徽、福建、江苏、江西、浙江。
永泰黄芩 *Scutellaria inghokensis* F.P. Metcalf
原生。华东分布：福建、浙江。
爪哇黄芩 *Scutellaria javanica* Jungh.
原生。华东分布：江西。
光紫黄芩 *Scutellaria laeteviolacea* Koidz.
原生。华东分布：安徽、江苏、浙江。
大叶黄芩 *Scutellaria megaphylla* C.Y. Wu & H.W. Li
原生。近危（NT）。华东分布：山东。
京黄芩 *Scutellaria pekinensis* Maxim.
原生。华东分布：安徽、江苏、山东、浙江。
紫茎京黄芩 *Scutellaria pekinensis* var. ***purpureicaulis*** (Migo) C.Y. Wu & H.W. Li
别名：紫京黄芩（江西种子植物名录）
原生。华东分布：安徽、福建、江苏、江西、山东、浙江。
短促京黄芩 *Scutellaria pekinensis* var. ***transitra*** (Makino) H. Hara
原生。华东分布：安徽、福建、江苏、江西、浙江。
四裂花黄芩 *Scutellaria quadrilobulata* Y.Z. Sun
别名：土薄荷（江西种子植物名录）
原生。华东分布：江西。
喜荫黄芩 *Scutellaria sciaphila* S. Moore
别名：喜阴黄芩（江西种子植物名录），喜荫黄岑（山东植物志）
原生。近危（NT）。华东分布：安徽、江苏、江西、山东。
并头黄芩 *Scutellaria scordifolia* Fisch. ex Schrank
别名：并头黄岑（山东植物志）
——"*Scutellaria scorifolia*"=*Scutellaria scordifolia* Fisch. ex Schrank（拼写错误。山东植物志）
原生。华东分布：山东。
沙滩黄芩 *Scutellaria strigillosa* Hemsl.
别名：沙滩黄岑（山东植物志）
原生。华东分布：江苏、山东、上海、浙江。
两广黄芩 *Scutellaria subintegra* C.Y. Wu & H.W. Li
原生。华东分布：福建、江西。
韧黄芩 *Scutellaria tenax* W. Smith
原生。华东分布：江西。
偏花黄芩 *Scutellaria tayloriana* Dunn
原生。华东分布：江西。
柔弱黄芩 *Scutellaria tenera* C.Y. Wu & H.W. Li
别名：柔弱黄（江西种子植物名录）
原生。华东分布：福建、江西、浙江。
假活血草 *Scutellaria tuberifera* C.Y. Wu & C. Chen
原生。华东分布：安徽、江苏、上海、浙江。
黏毛黄芩 *Scutellaria viscidula* Bunge
别名：粘毛黄芩（山东植物志、FOC）
原生。华东分布：山东。
英德黄芩 *Scutellaria yingtakensis* Y.Z. Sun
原生。华东分布：福建、江西。
红茎黄芩 *Scutellaria yunnanensis* H. Lév.
原生。华东分布：福建。
云亿黄芩 *Scutellaria yunyiana* B.Y. Ding, Z.H. Chen & X.F. Jin
原生。华东分布：浙江。

冠唇花属 *Microtoena*

（唇形科 Lamiaceae）

麻叶冠唇花 *Microtoena urticifolia* Hemsl.
原生。近危（NT）。华东分布：江西。

广防风属 *Anisomeles*

（唇形科 Lamiaceae）

广防风 *Anisomeles indica* (L.) Kuntze
——"*Epimeredi indica*"=*Epimeredi indicus* (L.) Rothm.（拼写错误。福建植物志、浙江植物志）
原生。华东分布：福建、江西、浙江。

刺蕊草属 *Pogostemon*

（唇形科 Lamiaceae）

水珍珠菜 *Pogostemon auricularius* (L.) Hassk.
原生。华东分布：福建、江西、浙江。
长苞刺蕊草 *Pogostemon chinensis* C.Y. Wu & Y.C. Huang
原生。华东分布：福建。
台湾刺蕊草 *Pogostemon formosanus* Oliv.
原生。华东分布：福建。
齿叶水蜡烛 *Pogostemon sampsonii* (Hance) Press
——"*Dysophylla sampsoni*"=*Dysophylla sampsonii* Hance（拼写错误。江西种子植物名录）
——*Dysophylla sampsonii* Hance（FOC）
原生。华东分布：江西。
北刺蕊草 *Pogostemon septentrionalis* C.Y. Wu & Y.C. Huang
原生。华东分布：江西。
水虎尾 *Pogostemon stellatus* (Lour.) Kuntze
别名：海南水虎尾（福建植物志）
——*Dysophylla stellata* (Lour.) Benth.（安徽植物志、福建植物志、江西种子植物名录、浙江植物志、FOC）
——*Dysophylla stellata* var. *hainanensis* (C.Y. Wu & S.J. Hsuan) C.Y. Wu & H.W. Li（福建植物志）
原生。华东分布：安徽、福建、江西、浙江。
水蜡烛 *Pogostemon yatabeanus* (Makino) Press
——*Dysophylla yatabeana* Makino（安徽植物志、福建植物志、江苏植物志 第2版、江西种子植物名录、浙江植物志、FOC）
原生。华东分布：安徽、福建、江苏、江西、浙江。

绵穗苏属 *Comanthosphace*

（唇形科 Lamiaceae）

天人草 *Comanthosphace japonica* (Miq.) S. Moore
原生。华东分布：安徽、江苏、江西。
绵穗苏 *Comanthosphace ningpoensis* (Hemsl.) Hand.-Mazz.
原生。华东分布：安徽、福建、江西、浙江。
绒毛绵穗苏 *Comanthosphace ningpoensis* var. ***stellipiloides*** C.Y. Wu
——"*Comanthosphace ningpoensis* var. *stellipilioides*"=

Comanthosphace ningpoensis var. *stellipiloides* C.Y. Wu(拼写错误。浙江植物志)
原生。华东分布：安徽、江西、浙江。

锥花属 *Gomphostemma*

（唇形科 Lamiaceae）

中华锥花 *Gomphostemma chinense* Oliv.
原生。华东分布：福建、江西。

铃子香属 *Chelonopsis*

（唇形科 Lamiaceae）

浙江铃子香 *Chelonopsis chekiangensis* C.Y. Wu
——"*Chelonopsis chekaingensis*"=*Chelonopsis chekiangensis* C.Y. Wu（拼写错误。江西种子植物名录）
原生。华东分布：安徽、江苏、江西、浙江。

短梗浙江铃子香 *Chelonopsis chekiangensis* var. ***brevipes*** C.Y. Wu & H.W. Li
原生。华东分布：江西。

毛药花 *Chelonopsis deflexa* (Benth.) Diels
——*Bostrychanthera deflexa* Benth.（安徽植物志、福建植物志、江西种子植物名录、浙江植物志、FOC）
原生。华东分布：安徽、福建、江西、浙江。

鼬瓣花属 *Galeopsis*

（唇形科 Lamiaceae）

鼬瓣花 *Galeopsis bifida* Boenn.
原生。华东分布：上海。

水苏属 *Stachys*

（唇形科 Lamiaceae）

蜗儿菜 *Stachys arrecta* L.H. Bailey
别名：地蚕（江苏植物志 第2版）
原生。华东分布：安徽、江苏、江西、浙江。

田野水苏 *Stachys arvensis* L.
外来。华东分布：福建、江西、上海、浙江。

毛水苏 *Stachys baicalensis* Fisch. ex Benth.
原生。华东分布：安徽、山东。

华水苏 *Stachys chinensis* Bunge ex Benth.
原生。华东分布：江西。

地蚕 *Stachys geobombycis* C.Y. Wu
原生。华东分布：安徽、福建、江西、浙江。

水苏 *Stachys japonica* Miq.
别名：毛叶水苏（A New Variety of Stachys）
——*Stachys japonica* var. *tomentosa* F.Z. Li & Z.Y. Sun（A New Variety of *Stachys*）
原生。华东分布：安徽、福建、江苏、江西、山东、上海、浙江。

针筒菜 *Stachys oblongifolia* Wall. ex Benth.
别名：长圆叶水苏（江西种子植物名录）
原生。华东分布：安徽、江苏、江西、浙江。

细柄针筒菜 *Stachys oblongifolia* var. ***leptopoda*** (Hayata) C.Y. Wu
原生。华东分布：福建、浙江。

甘露子 *Stachys sieboldii* Miq.
原生。华东分布：山东、浙江。

假糙苏属 *Paraphlomis*

（唇形科 Lamiaceae）

白毛假糙苏 *Paraphlomis albida* Hand.-Mazz.
原生。华东分布：福建。

短齿白毛假糙苏 *Paraphlomis albida* var. ***brevidens*** Hand.-Mazz.
别名：短齿假糙苏（福建植物志），上杭假糙苏（福建植物志）
——*Paraphlomis albida* f. *shanghangensis* Y.T. Chang & H.B. Chen（福建植物志）
原生。华东分布：福建、江西、浙江。

白花假糙苏 *Paraphlomis albiflora* (Hemsl.) Hand.-Mazz.
原生。华东分布：福建、江西。

短花假糙苏 *Paraphlomis breviflora* B.Y. Ding, Y.L. Xu & Z.H. Chen
原生。华东分布：浙江。

曲茎假糙苏 *Paraphlomis foliata* (Dunn) C.Y. Wu & H.W. Li
原生。华东分布：安徽、福建、江西、浙江。

纤细假糙苏 *Paraphlomis gracilis* Kudô
原生。华东分布：福建、江西。

髯药草 *Paraphlomis intermedia* C.Y. Wu & H.W. Li
别名：中间假糙苏（安徽植物志、福建植物志、浙江植物志、FOC）
原生。华东分布：安徽、福建、浙江。

假糙苏 *Paraphlomis javanica* (Blume) Prain
原生。华东分布：福建、江西。

狭叶假糙苏 *Paraphlomis javanica* var. ***angustifolia*** C.Y. Wu & H.W. Li ex C.L. Xiang, E.D. Liu & H. Peng
原生。华东分布：福建、江西。

小叶假糙苏 *Paraphlomis javanica* var. ***coronata*** (Vaniot) C.Y. Wu & H.W. Li
原生。华东分布：江西。

长叶假糙苏 *Paraphlomis lanceolata* Hand.-Mazz.
原生。华东分布：福建、江西。

云和假糙苏 *Paraphlomis lancidentata* Y.Z. Sun
原生。近危（NT）。华东分布：江西、浙江。

折齿假糙苏 *Paraphlomis reflexa* C.Y. Wu & H.W. Li
原生。易危（VU）。华东分布：安徽、江西。

小刺毛假糙苏 *Paraphlomis setulosa* C.Y. Wu & H.W. Li
原生。华东分布：安徽、福建、江西。

顺昌假糙苏 *Paraphlomis shunchangensis* Z.Y. Li & M.S. Li
原生。华东分布：福建。

毛果顺昌假糙苏 *Paraphlomis shunchangensis* var. ***pubicarpa*** B.Y. Ding & Z.H. Chen
原生。华东分布：浙江。

小野芝麻属 *Matsumurella*

（唇形科 Lamiaceae）

小野芝麻 *Matsumurella chinense* (Benth.) Bendiksby
——"*Galeobdolon chinensis*"=*Galeobdolon chinense* (Benth.) C.Y. Wu（拼写错误。FOC）
——*Galeobdolon chinense* (Benth.) C.Y. Wu（安徽植物志、福建植物志、江苏植物志 第2版、江西种子植物名录、上海维管植

物名录、浙江植物志）
原生。华东分布：安徽、福建、江苏、江西、上海、浙江。

粗壮小野芝麻 *Matsumurella chinense* var. *robustum* (C.Y. Wu) C.L. Xiang
——"*Galeobdolon chinense* var. *arbustum*"=*Galeobdolon chinense* var. *robustum* C.Y. Wu（拼写错误。福建植物志）
——"*Galeobdolon chinensis* var. *robustum*"=*Galeobdolon chinense* var. *robustum* C.Y. Wu（拼写错误。FOC）
原生。华东分布：福建。

近无毛小野芝麻 *Matsumurella chinense* var. *subglabrum* (C.Y. Wu) C.L. Xiang
——"*Galeobdolon chinensis* var. *subglabrum*"=*Galeobdolon chinense* var. *subglabrum* (C.Y. Wu) C.L. Xiang（拼写错误。FOC）
原生。华东分布：江西。

块根小野芝麻 *Matsumurella tuberifera* (Makino) Makino
——*Galeobdolon tuberiferum* (Makino) C.Y. Wu（江西种子植物名录、FOC）
原生。华东分布：江西。

糙苏属 *Phlomoides*

（唇形科 Lamiaceae）

糙苏 *Phlomoides umbrosa* (Turcz.) Kamelin & Makhm.
——*Phlomis umbrosa* Turcz.（安徽植物志、山东植物志、FOC）
原生。华东分布：安徽、山东。

南方糙苏 *Phlomoides umbrosa* var. *australis* (Hemsl.) C.L. Xiang & H. Peng
别名：糙苏（江西种子植物名录）
——*Phlomis umbrosa* var. *australis* Hemsl.（安徽植物志、江西种子植物名录、浙江植物志、FOC）
原生。华东分布：安徽、江西、浙江。

卵叶糙苏 *Phlomoides umbrosa* var. *ovalifolia* (C.Y. Wu) C.L. Xiang & H. Peng
别名：卵齿糙苏（FOC）
——*Phlomis umbrosa* var. *ovalifolia* C.Y. Wu（安徽植物志、江苏植物志 第2版、FOC）
原生。华东分布：安徽、江苏。

益母草属 *Leonurus*

（唇形科 Lamiaceae）

假鬃尾草 *Leonurus chaituroides* C.Y. Wu & H.W. Li
原生。华东分布：安徽、上海、浙江。

益母草 *Leonurus japonicus* Houtt.
别名：白花益母草（安徽植物志、福建植物志、江西种子植物名录、浙江植物志）
——*Leonurus artemisia* (Lour.) S.Y. Hu（江西种子植物名录、浙江植物志）
——*Leonurus japonicus* f. *niveus* (A.I. Baranov & Skvortsov) H. Hara（安徽植物志、福建植物志）
——*Leonurus japonicus* var. *albiflorus* (Migo) Y.C. Zhu（江西种子植物名录、浙江植物志）
原生。华东分布：安徽、福建、江苏、江西、山东、上海、浙江。

錾菜 *Leonurus pseudomacranthus* Kitag.
原生。华东分布：安徽、江苏、山东、上海。

夏至草属 *Lagopsis*

（唇形科 Lamiaceae）

夏至草 *Lagopsis supina* (Stephan ex Willd.) Ikonn.-Gal.
——"*Lagopsis supinus*"=*Lagopsis supina* (Stephan ex Willd.) Ikonn.-Gal.（拼写错误。安徽植物志）
原生、栽培。华东分布：安徽、江苏、山东、上海、浙江。

野芝麻属 *Lamium*

（唇形科 Lamiaceae）

短柄野芝麻 *Lamium album* L.
原生。华东分布：江苏。

宝盖草 *Lamium amplexicaule* L.
原生。华东分布：安徽、福建、江苏、江西、山东、上海、浙江。

野芝麻 *Lamium barbatum* Sieb. & Zucc.
原生。华东分布：安徽、福建、江苏、江西、山东、上海、浙江。

绣球防风属 *Leucas*

（唇形科 Lamiaceae）

线叶白绒草 *Leucas lavandulifolia* Sm.
原生。华东分布：福建。

白绒草 *Leucas mollissima* Wall. ex Benth.
——"*Leucas mollssima*"=*Leucas mollissima* Wall. ex Benth.（拼写错误。福建植物志）
原生。华东分布：福建。

疏毛白绒草 *Leucas mollissima* var. *chinensis* Benth.
——"*Leucas mollssima* var. *chinensis*"=*Leucas mollissima* var. *chinensis* Benth.（拼写错误。福建植物志）
原生。华东分布：福建、浙江。

绉面草 *Leucas zeylanica* (L.) W.T. Aiton
原生。华东分布：上海。

通泉草科 Mazaceae

通泉草属 *Mazus*

（通泉草科 Mazaceae）

早落通泉草 *Mazus caducifer* Hance
原生。华东分布：安徽、福建、江苏、江西、浙江。

福建通泉草 *Mazus fukienensis* P.C. Tsoong
原生。华东分布：福建。

纤细通泉草 *Mazus gracilis* Hemsl.
原生。华东分布：安徽、福建、江苏、江西、上海、浙江。

匍茎通泉草 *Mazus miquelii* Makino
别名：葡茎通泉草（江西种子植物名录）
原生。华东分布：安徽、福建、江苏、江西、浙江。

长匍通泉草 *Mazus procumbens* Hemsl.
原生。华东分布：福建。

通泉草 *Mazus pumilus* (Burm. f.) Steenis
——*Mazus japonicus* (Thunb.) Kuntze（安徽植物志、福建植物志、江西种子植物名录、山东植物志、浙江植物志）

原生。华东分布：安徽、福建、江苏、江西、山东、上海、浙江。

林地通泉草 *Mazus saltuarius* Hand.-Mazz.

原生。华东分布：江西、浙江。

毛果通泉草 *Mazus spicatus* Vaniot

原生。华东分布：安徽。

弹刀子菜 *Mazus stachydifolius* (Turcz.) Maxim.

原生。华东分布：安徽、江苏、江西、山东、浙江。

万木林通泉草 *Mazus wanmuliensis* M. Qian & L.B. Geng

原生。华东分布：福建。

休宁通泉草 *Mazus xiuningensis* X.H. Guo & X.L. Liu

原生。华东分布：安徽。

透骨草科 Phrymaceae

透骨草属 *Phryma*

（透骨草科 Phrymaceae）

透骨草 *Phryma leptostachya* subsp. ***asiatica*** (Hara) Kitam.

——*Phryma leptostachya* var. *asiatica* H. Hara（安徽植物志、福建植物志、山东植物志、浙江植物志）

原生。华东分布：安徽、福建、江苏、江西、山东、上海、浙江。

沟酸浆属 *Erythranthe*

（透骨草科 Phrymaceae）

尼泊尔沟酸浆 *Erythranthe nepalensis* (Benth.) G.L. Nesom

别名：尼泊尔酸浆（浙江植物志）

——*Mimulus tenellus* var. *nepalensis* (Benth.) P.C. Tsoong（安徽植物志、浙江植物志、FOC）

原生。华东分布：安徽、江西、浙江。

沟酸浆 *Erythranthe tenella* (Bunge) G.L. Nesom

——*Mimulus tenellus* Bunge（山东植物志、FOC）

原生。华东分布：安徽、山东。

小果草属 *Microcarpaea*

（透骨草科 Phrymaceae）

小果草 *Microcarpaea minima* (J. Koenig ex Retz.) Merr.

原生。华东分布：安徽、福建、浙江。

泡桐科 Paulowniaceae

泡桐属 *Paulownia*

（泡桐科 Paulowniaceae）

南方泡桐 *Paulownia* × *taiwaniana* T.W. Hu & H.J. Chang

——*Paulownia taiwaniana* T.W. Hu & H.J. Chang（FOC）

原生。华东分布：福建、浙江。

楸叶泡桐 *Paulownia catalpifolia* T. Gong ex D.Y. Hong

原生。华东分布：山东。

兰考泡桐 *Paulownia elongata* S.Y. Hu

原生。华东分布：安徽、江苏、山东。

白花泡桐 *Paulownia fortunei* (Seem.) Hemsl.

原生。华东分布：安徽、福建、江西、浙江。

台湾泡桐 *Paulownia kawakamii* T. Itô

——"*Paulownia* × *taiwaniana*"=*Paulownia kawakamii* T. Itô（误用名。福建植物志）

原生。华东分布：安徽、福建、江西、浙江。

毛泡桐 *Paulownia tomentosa* (Thunb.) Steud.

原生、栽培。华东分布：安徽、江苏、江西、山东。

光泡桐 *Paulownia tomentosa* var. ***tsinlingensis*** (Y.Y. Pai) T. Gong

原生。华东分布：山东。

列当科 Orobanchaceae

地黄属 *Rehmannia*

（列当科 Orobanchaceae）

天目地黄 *Rehmannia chingii* H.L. Li

原生。易危（VU）。华东分布：安徽、江西、浙江。

白花天目地黄 *Rehmannia chingii* 'Albiflora'

——*Rehmannia chingii* f. *albiflora* G.Y. Li & D.D. Ma（Two New forms of *Rehmannia chingii* Li from Zhejiang）

原生。华东分布：浙江。

紫斑白花天目地黄 *Rehmannia chingii* 'Purpureopunctata'

——*Rehmannia chingii* f. *purpureopunctata* G.Y. Li & G.H. Xia（Two New forms of *Rehmannia chingii* Li from Zhejiang）

原生。华东分布：浙江。

地黄 *Rehmannia glutinosa* (Gaertn.) DC.

原生、栽培。华东分布：安徽、福建、江苏、山东、上海。

阴行草属 *Siphonostegia*

（列当科 Orobanchaceae）

阴行草 *Siphonostegia chinensis* Benth.

原生。华东分布：安徽、福建、江苏、江西、山东、上海、浙江。

腺毛阴行草 *Siphonostegia laeta* S. Moore

别名：腺毛阴行茸（安徽植物志）

原生。华东分布：安徽、福建、江苏、江西、浙江。

鹿茸草属 *Monochasma*

（列当科 Orobanchaceae）

白毛鹿茸草 *Monochasma savatieri* Franch. ex Maxim.

别名：绵毛鹿茸草（安徽植物志、江苏植物志 第2版、浙江植物志），沙氏鹿茸草（福建植物志、江西种子植物名录）

原生。华东分布：安徽、福建、江苏、江西、浙江。

鹿茸草 *Monochasma sheareri* (S. Moore) Maxim. ex Franch. & Sav.

原生。华东分布：安徽、江苏、江西、山东、上海、浙江。

小苞列当属 *Phelipanche*

（列当科 Orobanchaceae）

光药小苞列当 *Phelipanche brassicae* (Novopokr.) Soják

别名：光药列当（福建植物志、FOC）

——*Orobanche brassicae* (Novopokr.) Novopokr.（福建植物志、FOC）

外来。华东分布：福建。

中华小苞列当 *Phelipanche mongolica* (Beck) Soják

别名：中华列当（山东植物志、FOC）

——*Orobanche mongolica* Beck（山东植物志、FOC）

原生。近危（NT）。华东分布：山东。

黄筒花属 *Phacellanthus*

（列当科 Orobanchaceae）

黄筒花 *Phacellanthus tubiflorus* Sieb. & Zucc.
原生。华东分布：安徽、浙江。

列当属 *Orobanche*

（列当科 Orobanchaceae）

列当 *Orobanche coerulescens* Stephan ex Willd.
原生。华东分布：江苏、山东、浙江。

黄花列当 *Orobanche pycnostachya* Hance
原生。华东分布：安徽、福建、江苏、山东、浙江。

来江藤属 *Brandisia*

（列当科 Orobanchaceae）

来江藤 *Brandisia hancei* Hook. f.
原生。华东分布：江西。

岭南来江藤 *Brandisia swinglei* Merr.
原生。华东分布：江西。

山罗花属 *Melampyrum*

（列当科 Orobanchaceae）

天柱山罗花 *Melampyrum aphraditis* S.B. Zhou & X.H. Guo
原生。华东分布：安徽。

圆苞山罗花 *Melampyrum laxum* Miq.
别名：圆苞山萝花（浙江植物志）
原生。华东分布：福建、江西、浙江。

山罗花 *Melampyrum roseum* Maxim.
别名：山萝花（安徽植物志、江西种子植物名录、山东植物志、浙江植物志）
原生。华东分布：安徽、福建、江苏、江西、山东、浙江。

卵叶山罗花 *Melampyrum roseum* var. ***ovalifolium*** (Nakai) Nakai ex Beauverd
别名：卵叶山萝花（浙江植物志）
原生。华东分布：浙江。

齿鳞草属 *Lathraea*

（列当科 Orobanchaceae）

齿鳞草 *Lathraea japonica* Miq.
别名：日本齿鳞草（江西种子植物名录）
原生。近危（NT）。华东分布：江西。

小米草属 *Euphrasia*

（列当科 Orobanchaceae）

小米草 *Euphrasia pectinata* Ten.
原生。华东分布：山东。

高枝小米草 *Euphrasia pectinata* subsp. ***simplex*** (Freyn) D.Y. Hong
别名：小米草高枝亚种（山东植物志）
原生。华东分布：山东。

脐草属 *Omphalotrix*

（列当科 Orobanchaceae）

脐草 *Omphalotrix longipes* Maxim.
——“*Omphalothrix longipes*”=*Omphalotrix longipes* Maxim.（拼写错误。山东植物志）
原生。华东分布：山东。

马先蒿属 *Pedicularis*

（列当科 Orobanchaceae）

短茎马先蒿 *Pedicularis artselaeri* Maxim.
别名：埃氏马先蒿（FOC）
原生。华东分布：江苏。

江南马先蒿 *Pedicularis henryi* Maxim.
别名：亨氏马先蒿（福建植物志、江西种子植物名录、FOC）
原生。华东分布：安徽、福建、江苏、江西、浙江。

江西马先蒿 *Pedicularis kiangsiensis* P.C. Tsoong & S.H. Cheng
原生。易危（VU）。华东分布：江西、浙江。

返顾马先蒿 *Pedicularis resupinata* L.
——“*Pedicularia resupinata*”=*Pedicularis resupinata* L.（拼写错误。山东植物志）
原生。华东分布：安徽、山东、浙江。

松蒿属 *Phtheirospermum*

（列当科 Orobanchaceae）

松蒿 *Phtheirospermum japonicum* (Thunb.) Kanitz
原生。华东分布：安徽、福建、江苏、江西、山东、上海、浙江。

短冠草属 *Sopubia*

（列当科 Orobanchaceae）

毛果短冠草 *Sopubia matsumurae* (T. Yamaz.) C.Y. Wu
别名：毛冠四蕊草（FOC），钟山草（江苏植物志 第2版）
——*Petitmenginia matsumurae* T. Yamaz.（江苏植物志 第2版、FOC）
——*Sopubia lasiocarpa* P.C. Tsoong（江苏植物志 第2版、浙江植物志、FOC）
原生。华东分布：江苏、浙江。

短冠草 *Sopubia trifida* Buch.-Ham. ex D. Don
原生。华东分布：福建、江西。

独脚金属 *Striga*

（列当科 Orobanchaceae）

独脚金 *Striga asiatica* (L.) Kuntze
原生。华东分布：安徽、福建、江西、浙江。

大独脚金 *Striga masuria* (Buch.-Ham. ex Benth.) Benth.
原生。华东分布：福建、江苏。

黑草属 *Buchnera*

（列当科 Orobanchaceae）

黑草 *Buchnera cruciata* Buch.-Ham. ex D. Don
原生。华东分布：安徽、福建、江苏、江西、浙江。

胡麻草属 *Centranthera*

（列当科 Orobanchaceae）

胡麻草 *Centranthera cochinchinensis* (Lour.) Merr.
原生。华东分布：安徽、福建、江苏、江西、浙江。

中南胡麻草 *Centranthera cochinchinensis* var. ***lutea*** (Hara) H. Hara
原生。华东分布：安徽、福建、江苏、江西。

矮胡麻草 *Centranthera tranquebarica* (Spreng.) Merr.
别名：细瘦胡麻草（福建植物志）
——*Centranthera tonkinensis* Bonati（福建植物志）

原生。华东分布：福建。

黑蒴属 *Alectra*

（列当科 Orobanchaceae）

黑蒴 *Alectra arvensis* (Benth.) Merr.

——"*Alectra avensis*"=*Alectra arvensis* (Benth.) Merr.（拼写错误。FOC）

——*Melasma arvense* (Benth.) Hand.-Mazz.（福建植物志、浙江植物志）

原生。华东分布：福建、浙江。

野菰属 *Aeginetia*

（列当科 Orobanchaceae）

野菰 *Aeginetia indica* L.

原生。华东分布：安徽、福建、江苏、江西、上海、浙江。

中国野菰 *Aeginetia sinensis* Beck

原生。华东分布：安徽、福建、江西、浙江。

假野菰属 *Christisonia*

（列当科 Orobanchaceae）

假野菰 *Christisonia hookeri* C.B. Clarke ex Hook. f.

原生。近危（NT）。华东分布：福建、浙江。

粗丝木科 Stemonuraceae

粗丝木属 *Gomphandra*

（粗丝木科 Stemonuraceae）

粗丝木 *Gomphandra tetrandra* (Wall.) Sleumer

别名：粗毛木（江西种子植物名录）

原生。华东分布：江西。

青荚叶科 Helwingiaceae

青荚叶属 *Helwingia*

（青荚叶科 Helwingiaceae）

中华青荚叶 *Helwingia chinensis* Batalin

别名：中华青夹叶（福建植物志）

原生。华东分布：福建。

青荚叶 *Helwingia japonica* (Thunb.) F. Dietr.

别名：青夹叶（福建植物志）

原生。华东分布：安徽、福建、江苏、江西、山东、浙江。

白粉青荚叶 *Helwingia japonica* var. ***hypoleuca*** Hemsl. ex Rehder

原生。华东分布：浙江。

台湾青荚叶 *Helwingia japonica* var. ***zhejiangensis*** (W.P. Fang & Soong) M.B. Deng & Yo. Zhang

别名：浙江青荚叶（江苏植物志 第2版、江西植物志、浙江植物志）

——*Helwingia zhejiangensis* W.P. Fang & Soong（江西植物志、浙江植物志）

原生、栽培。华东分布：江苏、江西、浙江。

冬青科 Aquifoliaceae

冬青属 *Ilex*

（冬青科 Aquifoliaceae）

满树星 *Ilex aculeolata* Nakai

原生。华东分布：福建、江西、浙江。

秤星树 *Ilex asprella* (Hook. & Arn.) Champ. ex Benth.

别名：梅叶冬青（福建植物志）

原生。华东分布：福建、江西、浙江。

短梗冬青 *Ilex buergeri* Miq.

别名：布格冬青（江西种子植物名录），毛枝冬青（福建植物志）

原生。华东分布：安徽、福建、江西、浙江。

黄杨冬青 *Ilex buxoides* S.Y. Hu

别名：黄杨叶冬青（福建植物志、江西植物志）

——"*Ilex buxuides*"=*Ilex buxoides* S.Y. Hu（拼写错误。江西植物志）

原生。华东分布：福建、江西。

华中枸骨 *Ilex centrochinensis* S.Y. Hu

别名：霍山冬青（A New Species of the Genus Iler from Anhui, China）

——*Ilex huoshanensis* Y.H. He（A New Species of the Genus Iler from Anhui, China）

原生、栽培。华东分布：安徽、江苏、江西。

凹叶冬青 *Ilex championii* Loes.

原生。华东分布：福建、江西。

沙坝冬青 *Ilex chapaensis* Merr.

原生。华东分布：福建。

冬青 *Ilex chinensis* Sims

别名：井冈山冬青（江西植物志），紫柄冬青（江西种子植物名录）

——*Ilex jinggangshanensis* C.J. Tseng（江西植物志）

——*Ilex purpurea* Hassk.（安徽植物志、福建植物志、江西种子植物名录、浙江植物志）

原生、栽培。华东分布：安徽、福建、江苏、江西、山东、上海、浙江。

楚光冬青 *Ilex chuguangii* M.M. Lin

原生。华东分布：福建。

铁仔冬青 *Ilex chuniana* S.Y. Hu

原生。华东分布：江西。

密花冬青 *Ilex confertiflora* Merr.

原生。华东分布：江西。

珊瑚冬青 *Ilex corallina* Franch.

原生。华东分布：江西。

枸骨 *Ilex cornuta* Lindl. & Paxton

别名：构骨（浙江植物志），构骨冬青（安徽植物志）

原生、栽培。华东分布：安徽、福建、江苏、江西、山东、上海、浙江。

齿叶冬青 *Ilex crenata* Thunb.

别名：波缘冬青（江西种子植物名录），钝齿冬青（安徽植物志、福建植物志、江西植物志、浙江植物志），钝叶冬青（江西种子植物名录）

原生、栽培。华东分布：安徽、福建、江苏、江西、山东、浙江。
大别山冬青 *Ilex dabieshanensis* K. Yao & M.B. Deng
原生、栽培。濒危（EN）。华东分布：安徽、江苏。
黄毛冬青 *Ilex dasyphylla* Merr.
原生。华东分布：福建、江西。
龙里冬青 *Ilex dunniana* H. Lév.
别名：方氏冬青（Additions to the Flora of Anhui Province）
——*Ilex intermedia* var. *fangii* (Rehder) S.Y. Hu（Additions to the Flora of Anhui Province）
原生。华东分布：安徽。
显脉冬青 *Ilex editicostata* Hu & Tang
别名：凸脉冬青（福建植物志、浙江植物志）
原生。华东分布：安徽、福建、江西、浙江。
厚叶冬青 *Ilex elmerrilliana* S.Y. Hu
原生。华东分布：安徽、福建、江西、浙江。
硬叶冬青 *Ilex ficifolia* C.J. Tseng ex S.K. Chen & Y.X. Feng
别名：戴云山冬青（浙江植物志），毛硬叶冬青（福建植物志）
——*Ilex ficifolia* f. *daiyunshanensis* C.J. Tseng（福建植物志、浙江植物志）
原生。华东分布：福建、江西、浙江。
榕叶冬青 *Ilex ficoidea* Hemsl.
别名：榕冬青（江西种子植物名录）
原生。华东分布：安徽、福建、江西、浙江。
台湾冬青 *Ilex formosana* Maxim.
原生。华东分布：安徽、福建、江西、浙江。
福建冬青 *Ilex fukienensis* S.Y. Hu
原生。近危（NT）。华东分布：福建、江西。
团花冬青 *Ilex glomerata* King
原生。华东分布：江西。
伞花冬青 *Ilex godajam* (Colebr. ex Wall.) Wall. ex Hook. f.
别名：米碎木（江西种子植物名录）
——"*Ilex umbellata*"=*Ilex godajam* Colebr. ex Hook. f.（误用名。江西种子植物名录）
原生。华东分布：江西。
海岛冬青 *Ilex goshiensis* Hayata
原生。华东分布：福建。
青茶香 *Ilex hanceana* Maxim.
别名：青茶冬青（江西种子植物名录）
原生。华东分布：福建、江西。
硬毛冬青 *Ilex hirsuta* C.J. Tseng ex S.K. Chen & Y.X. Feng
原生。华东分布：江西。
光叶细刺枸骨 *Ilex hylonoma* var. *glabra* S.Y. Hu
别名：光枝刺叶冬青（江西植物志、浙江植物志），无毛短梗冬青（福建植物志）
原生。华东分布：福建、江西、浙江。
全缘冬青 *Ilex integra* Thunb.
原生。华东分布：江西、上海、浙江。
中型冬青 *Ilex intermedia* Loes.
原生。华东分布：江西。
皱柄冬青 *Ilex kengii* S.Y. Hu
别名：盘柱冬青（福建植物志、江西种子植物名录）
原生。华东分布：福建、江西、浙江。
江西满树星 *Ilex kiangsiensis* (S.Y. Hu) C.J. Tseng & B.W. Liu
原生。华东分布：江西。
广东冬青 *Ilex kwangtungensis* Merr.
原生。华东分布：福建、江西、浙江。
剑叶冬青 *Ilex lancilimba* Merr.
原生。华东分布：福建。
大叶冬青 *Ilex latifolia* Thunb.
原生。华东分布：安徽、福建、江苏、江西、浙江。
汝昌冬青 *Ilex linii* C.J. Tseng
别名：显脉冬青（福建植物志）
——"*Ilex limii*"=*Ilex linii* C.J. Tseng（拼写错误。福建植物志、江西种子植物名录、浙江植物志）
原生。华东分布：福建、江西、浙江。
木姜冬青 *Ilex litseifolia* Hu & Tang
别名：木姜叶冬青（福建植物志、江西种子植物名录、浙江植物志）
——"*Ilex litseaefoelia*"=*Ilex litseifolia* Hu & Tang（拼写错误。江西种子植物名录）
——"*Ilex litseaefolia*"=*Ilex litseifolia* Hu & Tang（拼写错误。安徽植物志、福建植物志、浙江植物志）
原生。华东分布：安徽、福建、江西、浙江。
矮冬青 *Ilex lohfauensis* Merr.
别名：罗浮冬青（福建植物志）
原生。华东分布：安徽、福建、江西、浙江。
大果冬青 *Ilex macrocarpa* Oliv.
原生。华东分布：安徽、福建、江苏、江西、浙江。
长梗冬青 *Ilex macrocarpa* var. *longipedunculata* S.Y. Hu
别名：长柄大果冬青（江苏植物志 第2版），长梗大果冬青（安徽植物志）
原生。华东分布：安徽、江苏、江西、浙江。
大柄冬青 *Ilex macropoda* Miq.
原生。华东分布：安徽、福建、江西、浙江。
谷木叶冬青 *Ilex memecylifolia* Champ. ex Benth.
别名：谷木冬青（福建植物志）
原生。华东分布：安徽、福建、江西。
小果冬青 *Ilex micrococca* Maxim.
别名：毛梗冬青（江西植物志），细果冬青（安徽植物志）
——*Ilex micrococca* f. *pilosa* S.Y. Hu（江西植物志）
原生。华东分布：安徽、福建、江西、浙江。
宁德冬青 *Ilex ningdeensis* C.J. Tseng
原生。华东分布：福建。
亮叶冬青 *Ilex nitidissima* C.J. Tseng
别名：尾叶冬青（江西种子植物名录）
原生。华东分布：江西。
疏齿冬青 *Ilex oligodonta* Merr. & Chun
别名：少齿冬青（江西种子植物名录）
原生。华东分布：福建、江西。
具柄冬青 *Ilex pedunculosa* Miq.
别名：有柄冬青（江西植物志）
原生。华东分布：安徽、福建、江西、浙江。

猫儿刺 ***Ilex pernyi*** Franch.
原生、栽培。华东分布：安徽、福建、江苏、江西、浙江。
平和冬青 ***Ilex pingheensis*** C.J. Tseng
原生。华东分布：福建。
毛冬青 ***Ilex pubescens*** Hook. & Arn.
别名：秃毛冬青（江西种子植物名录）
——*Ilex pubescens* var. *glabra* Hung T. Chang(江西种子植物名录）
原生。华东分布：安徽、福建、江西、浙江。
黄果毛冬青 ***Ilex pubescens*** f. ***xanthocarpa*** X. Liu, X.D. Mei & Z.H. Chen
原生。华东分布：浙江。
庆元冬青 ***Ilex qingyuanensis*** C.Z. Zheng
原生。华东分布：福建、浙江。
微凹冬青 ***Ilex retusifolia*** S.Y. Hu
原生。华东分布：江西。
铁冬青 ***Ilex rotunda*** Thunb.
别名：毛梗铁冬青（江西植物志、浙江植物志），毛铁冬青（福建植物志），小果铁冬青（安徽植物志、江西种子植物名录）
——*Ilex rotunda* var. *microcarpa* (Lindl. ex Paxton) S.Y. Hu（安徽植物志、福建植物志、江西植物志、江西种子植物名录、浙江植物志）
原生、栽培。华东分布：安徽、福建、江苏、江西、浙江。
三清山冬青 ***Ilex sanqingshanensis*** W.B. Liao, Q. Fan & S. Shi
原生。华东分布：江西。
落霜红 ***Ilex serrata*** Thunb.
别名：无毛落霜红（福建植物志），硬毛冬青（浙江植物志）
——"*Ilex serrata* var. *sieboldi*"=*Ilex serrata* var. *sieboldii* (Miq.) Rehder（拼写错误。福建植物志、江西种子植物名录）
原生、栽培。华东分布：福建、江苏、江西、浙江。
书坤冬青 ***Ilex shukunii*** Y. Yang & H. Peng
原生。华东分布：福建、江西、浙江。
华南冬青 ***Ilex sterrophylla*** Merr. & Chun
原生。华东分布：江西。
香冬青 ***Ilex suaveolens*** (H. Lév.) Loes.
原生。华东分布：安徽、福建、江西、浙江。
拟榕叶冬青 ***Ilex subficoidea*** S.Y. Hu
——"*Ilex subficoides*"=*Ilex subficoidea* S.Y. Hu（拼写错误。江西种子植物名录）
原生。华东分布：福建、江西、浙江。
遂昌冬青 ***Ilex suichangensis*** C.Z. Zheng
原生。华东分布：浙江。
蒲桃叶冬青 ***Ilex syzygiophylla*** C.J. Tseng ex S.K. Chen & Y.X. Feng
原生。近危（NT）。华东分布：江西。
四川冬青 ***Ilex szechwanensis*** Loes.
原生。华东分布：江西。
三花冬青 ***Ilex triflora*** Blume
别名：茶果冬青（江西种子植物名录）
——*Ilex theicarpa* Hand.-Mazz.（江西种子植物名录）
原生、栽培。华东分布：安徽、福建、江苏、江西、浙江。
钝头冬青 ***Ilex triflora*** var. ***kanehirae*** (Yamam.) S.Y. Hu
别名：毛枝三花冬青（浙江植物志）
——"*Ilex triflora* var. *kanehirai*"=*Ilex triflora* var. *kanehirae* (Yamam.) S.Y. Hu（拼写错误。福建植物志、江西植物志、浙江植物志）
原生。华东分布：福建、江西、浙江。
紫果冬青 ***Ilex tsoi*** Merr. & Chun
——"*Ilex tsoii*"=*Ilex tsoi* Merr. & Chun（拼写错误。安徽植物志、福建植物志、江西种子植物名录、浙江植物志）
原生。华东分布：安徽、福建、江苏、江西、浙江。
罗浮冬青 ***Ilex tutcheri*** Merr.
别名：南岭冬青（江西种子植物名录）
原生。华东分布：江西。
乌来冬青 ***Ilex uraiensis*** Mori & Yamamoto
原生。易危（VU）。华东分布：福建。
秀丽冬青 ***Ilex venusta*** H. Peng & W.B. Liao
别名：纤秀冬青［A New Species of *Ilex* (Aquifoliaceae) from Jiangxi Province, China, Based on Morphological and Molecular Data］
原生。华东分布：江西。
湿生冬青 ***Ilex verisimilis*** C.J. Tseng ex S.K. Chen & Y.X. Feng
原生。华东分布：江西。
绿冬青 ***Ilex viridis*** Champ. ex Benth.
别名：亮叶冬青（安徽植物志、浙江植物志），绿叶冬青（FOC）
原生。华东分布：安徽、福建、江西、浙江。
温州冬青 ***Ilex wenchowensis*** S.Y. Hu
原生。濒危（EN）。华东分布：江西、浙江。
尾叶冬青 ***Ilex wilsonii*** Loes.
原生。华东分布：安徽、福建、江西、浙江。
武功山冬青 ***Ilex wugongshanensis*** C.J. Tseng ex S.K. Chen & Y.X. Feng
原生。濒危（EN）。华东分布：江西。
浙江冬青 ***Ilex zhejiangensis*** C.J. Tseng ex S.K. Chen & Y.X. Feng
原生。易危（VU）。华东分布：江西、浙江。

桔梗科 Campanulaceae

桔梗属 *Platycodon*

（桔梗科 Campanulaceae）

桔梗 ***Platycodon grandiflorus*** (Jacq.) A. DC.
原生、栽培。华东分布：安徽、福建、江苏、江西、山东、上海、浙江。

轮钟草属 *Cyclocodon*

（桔梗科 Campanulaceae）

轮钟花 ***Cyclocodon lancifolius*** (Roxb.) Kurz
别名：桃叶金钱豹（江西种子植物名录），长叶轮钟草（福建植物志、浙江植物志）
——*Campanumoea lancifolia* (Roxb.) Merr.（福建植物志、江西种子植物名录、浙江植物志）
原生。华东分布：福建、江西、浙江。

党参属 *Codonopsis*

（桔梗科 Campanulaceae）

鹅抱 ***Codonopsis ebao*** Jin Xie, Ling Zhang & D.Q. Wang

原生。华东分布：安徽。

金钱豹 *Codonopsis javanica* (Blume) Hook. f. & Thomson
别名：大花金钱豹（江西种子植物名录）
——*Campanumoea javanica* Blume（江西种子植物名录、FOC）
原生。华东分布：江西。

小花金钱豹 *Codonopsis javanica* subsp. ***japonica*** (Makino) Lammers
别名：金钱豹（安徽植物志、福建植物志、江西种子植物名录、浙江植物志）
——*Campanumoea javanica* subsp. *japonica* (Makino) D.Y. Hong（安徽植物志、福建植物志、江西种子植物名录、浙江植物志、FOC）
原生。华东分布：安徽、福建、江西、浙江。

羊乳 *Codonopsis lanceolata* (Sieb. & Zucc.) Benth. & Hook. f. ex Trautv.
原生。华东分布：安徽、福建、江苏、江西、山东、上海、浙江。

党参 *Codonopsis pilosula* (Franch.) Nannf.
原生、栽培。华东分布：江苏、山东。

蓝花参属 *Wahlenbergia*

（桔梗科 Campanulaceae）

蓝花参 *Wahlenbergia marginata* (Thunb.) A. DC.
别名：兰花参（江西种子植物名录、浙江植物志）
原生。华东分布：安徽、福建、江苏、江西、上海、浙江。

风铃草属 *Campanula*

（桔梗科 Campanulaceae）

紫斑风铃草 *Campanula punctata* Lam.
原生。华东分布：安徽、浙江。

沙参属 *Adenophora*

（桔梗科 Campanulaceae）

丝裂沙参 *Adenophora capillaris* Hemsl.
别名：长萼沙参（江西种子植物名录）
——“*Adenophora longiseala*”=*Adenophora capillaris* Hemsl.（拼写错误。江西种子植物名录）
原生。华东分布：江西。

细叶沙参 *Adenophora capillaris* subsp. ***paniculata*** (Nannf.) D.Y. Hong & S. Ge
——*Adenophora paniculata* Nannf.（山东植物志）
原生。华东分布：安徽、山东。

展枝沙参 *Adenophora divaricata* Franch. & Sav.
原生。华东分布：山东。

琅琊山荠苨 *Adenophora langyashanica* Ling Zhang & D.Q. Wang
原生。华东分布：安徽。

华东杏叶沙参 *Adenophora petiolata* subsp. ***huadungensis*** (D.Y. Hong) D.Y. Hong & S. Ge
——*Adenophora hunanensis* subsp. *huadungensis* D.Y. Hong（安徽植物志、福建植物志、江西种子植物名录、浙江植物志）
原生。华东分布：安徽、福建、江苏、江西、浙江。

杏叶沙参 *Adenophora petiolata* subsp. ***hunanensis*** (Nannf.) D.Y. Hong & S. Ge
——*Adenophora hunanensis* Nannf.（江西种子植物名录）
原生。华东分布：江西。

石沙参 *Adenophora polyantha* Nakai
原生。华东分布：安徽、山东。

毛萼石沙参 *Adenophora polyantha* subsp. ***scabricalyx*** (Kitag.) J.Z. Qiu & D.Y. Hong
原生。华东分布：安徽、江苏、山东。

多毛沙参 *Adenophora rupincola* Hemsl.
原生。华东分布：江西。

中华沙参 *Adenophora sinensis* A. DC.
原生。华东分布：福建、江西、浙江。

沙参 *Adenophora stricta* Miq.
原生。华东分布：安徽、福建、江苏、江西、山东、浙江。

轮叶沙参 *Adenophora tetraphylla* (Thunb.) Fisch.
原生。华东分布：安徽、福建、江苏、江西、山东、浙江。

荠苨 *Adenophora trachelioides* Maxim.
原生。华东分布：安徽、江苏、江西、山东、浙江。

苏南荠苨 *Adenophora trachelioides* subsp. ***giangsuensis*** D.Y. Hong
原生。华东分布：江苏。

袋果草属 *Peracarpa*

（桔梗科 Campanulaceae）

袋果草 *Peracarpa carnosa* (Wall.) Hook. f. & Thomson
原生。华东分布：安徽、福建、江苏、江西、浙江。

异檐花属 *Triodanis*

（桔梗科 Campanulaceae）

穿叶异檐花 *Triodanis perfoliata* (L.) Nieuwl.
外来。华东分布：福建、江西、浙江。

异檐花 *Triodanis perfoliata* subsp. ***biflora*** (Ruiz & Pav.) Lammers
别名：卵叶异檐花（福建植物志、浙江植物志）
——*Triodanis biflora* (Ruiz & Pav.) Greene（福建植物志、浙江植物志）
外来。华东分布：安徽、福建、江西、上海、浙江。

牡根草属 *Asyneuma*

（桔梗科 Campanulaceae）

球果牧根草 *Asyneuma chinense* D.Y. Hong
原生。华东分布：福建。

半边莲属 *Lobelia*

（桔梗科 Campanulaceae）

假半边莲 *Lobelia alsinoides* subsp. ***hancei*** (H.Hara) Lammers
原生。华东分布：福建。

半边莲 *Lobelia chinensis* Lour.
原生。华东分布：安徽、福建、江苏、江西、山东、上海、浙江。

江南山梗菜 *Lobelia davidii* Franch.
别名：广西山梗菜（江西种子植物名录）
——*Lobelia davidii* var. *kwangsiensis* (E. Wimm.) Y.S. Lian（江西种子植物名录）
原生。华东分布：安徽、福建、江西、浙江。

洪氏半边莲 *Lobelia hongiana* Q.F. Wang & G.W. Hu
原生。华东分布：福建。

线萼山梗菜 *Lobelia melliana* E. Wimm.
别名：东南山梗菜（浙江植物志）

原生。华东分布：福建、江苏、江西、浙江。

铜锤玉带草 *Lobelia nummularia* Lam.

——*Pratia nummularia* (Lam.) A. Braun & Asch.（福建植物志、江西种子植物名录、浙江植物志）

原生。华东分布：福建、江西、浙江。

山梗菜 *Lobelia sessilifolia* Lamb.

——"*Lobelia sessilifloia*"=*Lobelia sessilifolia* Lamb.（拼写错误。山东植物志）

原生。华东分布：安徽、福建、江西、山东、浙江。

卵叶半边莲 *Lobelia zeylanica* L.

原生。华东分布：福建。

花柱草科 Stylidiaceae

花柱草属 *Stylidium*

（花柱草科 Stylidiaceae）

狭叶花柱草 *Stylidium tenellum* Sw. ex Willd.

原生。华东分布：福建。

花柱草 *Stylidium uliginosum* Sw. ex Willd.

原生。华东分布：福建。

睡菜科 Menyanthaceae

睡菜属 *Menyanthes*

（睡菜科 Menyanthaceae）

睡菜 *Menyanthes trifoliata* L.

原生。华东分布：江苏、浙江。

荇菜属 *Nymphoides*

（睡菜科 Menyanthaceae）

水皮莲 *Nymphoides cristata* (Roxb.) Kuntze

——"*Nymphoides cristate*"=*Nymphoides cristata* (Roxb.) Kuntze（拼写错误。福建植物志、江西种子植物名录）

原生。华东分布：福建、江苏、江西。

金银莲花 *Nymphoides indica* (L.) Kuntze

原生。华东分布：安徽、福建、江苏、江西、山东、浙江。

龙潭荇菜 *Nymphoides lungtanensis* S.P. Li, T.H. Hsieh & C.C. Lin

原生、栽培。野外绝灭（EW）。华东分布：浙江。

荇菜 *Nymphoides peltata* (S.G. Gmel.) Kuntze

别名：莕菜（安徽植物志、江苏植物志 第2版、江西种子植物名录、山东植物志、浙江植物志）

——"*Nymphoides peltatum*"=*Nymphoides peltata* (S.G. Gmel.) Kuntze（拼写错误。江西种子植物名录、山东植物志）

原生。华东分布：安徽、福建、江苏、江西、山东、浙江。

草海桐科 Goodeniaceae

草海桐属 *Scaevola*

（草海桐科 Goodeniaceae）

小草海桐 *Scaevola hainanensis* Hance

原生。华东分布：福建。

草海桐 *Scaevola taccada* (Gaertn.) Roxb.

原生。华东分布：福建。

金鸾花属 *Goodenia*

（草海桐科 Goodeniaceae）

离根香 *Goodenia pilosa* subsp. ***chinensis*** (Benth.) Carolin

别名：火花离根香（福建植物志）

——*Calogyne pilosa* subsp. *chinensis* (Benth.) H.S. Kiu（福建植物志）

原生。华东分布：福建。

菊科 Asteraceae

和尚菜属 *Adenocaulon*

（菊科 Asteraceae）

和尚菜 *Adenocaulon himalaicum* Edgew.

别名：腺梗菜（浙江植物志）

原生。华东分布：安徽、福建、江苏、江西、山东、浙江。

大丁草属 *Leibnitzia*

（菊科 Asteraceae）

大丁草 *Leibnitzia anandria* (L.) Turcz.

——"*Leibnitzia anandria* (L.) Nakai"=*Leibnitzia anandria* (L.) Turcz.（不合法名称。山东植物志）

——*Gerbera anandria* (L.) Sch. Bip.（江西种子植物名录）

原生。华东分布：安徽、福建、江苏、江西、山东、浙江。

非洲菊属 *Gerbera*

（菊科 Asteraceae）

兔耳一支箭 *Gerbera piloselloides* (L.) Cass.

别名：毛大丁草（福建植物志、江苏植物志 第2版、江西种子植物名录、浙江植物志），兔耳一枝箭（FOC）

——*Piloselloides hirsuta* (Forssk.) C.Jeffrey ex Cufod.（FOC）

原生。华东分布：福建、江苏、江西、浙江。

蓝刺头属 *Echinops*

（菊科 Asteraceae）

截叶蓝刺头 *Echinops coriophyllus* C. Shih

原生。华东分布：江苏、山东。

驴欺口 *Echinops davuricus* Trevir.

原生。华东分布：山东。

褐毛蓝刺头 *Echinops dissectus* Kitag.

别名：东北蓝刺头（FOC）

原生。华东分布：山东。

华东蓝刺头 *Echinops grijsii* Hance

——"*Echinops grijisii*"=*Echinops grijsii* Hance（拼写错误。安徽植物志、福建植物志、山东植物志、浙江植物志）

原生。华东分布：安徽、福建、江苏、江西、山东、浙江。

火烙草 *Echinops przewalskyi* Iljin

原生。华东分布：山东。

糙毛蓝刺头 *Echinops setifer* Iljin

原生。华东分布：山东。

苍术属 *Atractylodes*

（菊科 Asteraceae）

朝鲜苍术 *Atractylodes koreana* (Nakai) Kitam.

——"*Atractylodes coreana*"=*Atractylodes koreana* (Nakai) Kitam.（拼写错误。山东植物志）

原生。华东分布：山东。

苍术 *Atractylodes lancea* (Thunb.) DC.

原生。华东分布：安徽、江苏、江西、山东、浙江。

罗田苍术 *Atractylodes lancea* subsp. ***luotianensis*** S.L. Hu & X.F. Feng

原生。华东分布：安徽。

白术 *Atractylodes macrocephala* Koidz.

原生、栽培。华东分布：安徽、福建、江苏、江西、山东、浙江。

山牛蒡属 *Synurus*

（菊科 Asteraceae）

山牛蒡 *Synurus deltoides* (Aiton) Nakai

原生。华东分布：安徽、福建、江西、山东、浙江。

猬菊属 *Olgaea*

（菊科 Asteraceae）

刺疙瘩 *Olgaea tangutica* Iljin

原生。华东分布：山东。

泥胡菜属 *Hemisteptia*

（菊科 Asteraceae）

泥胡菜 *Hemisteptia lyrata* (Bunge) Fisch. & C.A. Mey.

——"*Hemistepta lyrata*"=*Hemisteptia lyrata* (Bunge) Fisch. & C.A. Mey.（拼写错误。安徽植物志、福建植物志、山东植物志、浙江植物志）

原生。华东分布：安徽、福建、江苏、江西、山东、上海、浙江。

风毛菊属 *Saussurea*

（菊科 Asteraceae）

庐山风毛菊 *Saussurea bullockii* Dunn

别名：卢山风毛菊（福建植物志）

原生。华东分布：安徽、福建、江西、浙江。

心叶风毛菊 *Saussurea cordifolia* Hemsl.

别名：锈毛风毛菊（江西种子植物名录、浙江植物志）

——"*Saussurea dulaillyana*"=*Saussurea dulaillyana* Franch.（拼写错误。江西种子植物名录）

——*Saussurea dutaillyana* Franch.（浙江植物志）

原生。华东分布：安徽、江西、浙江。

狭翼风毛菊 *Saussurea frondosa* Hand.-Mazz.

原生。华东分布：福建。

黄山风毛菊 *Saussurea hwangshanensis* Y. Ling

原生。华东分布：安徽、浙江。

风毛菊 *Saussurea japonica* (Thunb.) DC.

原生。华东分布：安徽、福建、江苏、江西、山东、上海、浙江。

翼茎风毛菊 *Saussurea japonica* var. ***pteroclada*** (Nakai & Kitag.) Raab-Straube

原生。华东分布：山东。

羽叶风毛菊 *Saussurea maximowiczii* Herder

原生。华东分布：山东、浙江。

蒙古风毛菊 *Saussurea mongolica* (Franch.) Franch.

别名：华北风毛菊（山东植物志）

原生。华东分布：山东。

篦苞风毛菊 *Saussurea pectinata* Bunge ex DC.

别名：蓖麻风毛菊（山东植物志）

原生。华东分布：山东。

乌苏里风毛菊 *Saussurea ussuriensis* Maxim.

原生。华东分布：江苏、山东。

须弥菊属 *Himalaiella*

（菊科 Asteraceae）

三角叶须弥菊 *Himalaiella deltoidea* (DC.) Raab-Straube

别名：三角叶风毛菊（安徽植物志、福建植物志、浙江植物志），三角叶凤毛菊（江西种子植物名录）

——*Saussurea deltoidea* (DC.) Sch. Bip.（安徽植物志、福建植物志、江西种子植物名录、浙江植物志）

原生。华东分布：安徽、福建、江西、浙江。

苓菊属 *Jurinea*

（菊科 Asteraceae）

三角叶苓菊 *Jurinea deltoidea* (DC.) N. Garcia, Herrando & Susanna

原生。华东分布：安徽、福建、江西、浙江。

牛蒡属 *Arctium*

（菊科 Asteraceae）

牛蒡 *Arctium lappa* L.

原生。华东分布：安徽、福建、江苏、江西、山东、上海、浙江。

水飞蓟属 *Silybum*

（菊科 Asteraceae）

水飞蓟 *Silybum marianum* (L.) Gaertn.

外来、栽培。华东分布：上海。

蓟属 *Cirsium*

（菊科 Asteraceae）

刺儿菜 *Cirsium arvense* var. ***integrifolium*** Wimm. & Grab.

别名：刺蓟菜（江西种子植物名录），大刺儿菜（江苏植物志 第2版、山东植物志），大蓟（江西种子植物名录）

——*Cephalanoplos segetum* (Bunge) Kitam.（江西种子植物名录）

——*Cirsium arvense* var. *setosum* (Willd.) C.A. Mey.（江苏植物志 第2版）

——*Cirsium segetum* Bunge（山东植物志）

——*Cirsium setosum* (Willd.) M. Bieb.（安徽植物志、福建植物志、江西种子植物名录、江西种子植物名录、山东植物志、浙江植物志）

原生。华东分布：安徽、福建、江苏、江西、山东、上海、浙江。

绿蓟 *Cirsium chinense* Gardner & Champ.

原生。华东分布：福建、江苏、江西、山东、浙江。

蓟 *Cirsium japonicum* DC.

别名：大蓟（江苏植物志 第2版）

原生。华东分布：安徽、福建、江苏、江西、山东、上海、浙江。

白花蓟 *Cirsium japonicum* 'Albiflorum'

别名：白花大蓟（New Taxa of Plant in Putuo Mountain）

——*Cirsium japonicum* f. *albiflorum* Akasawa（New Taxa of Plant in Putuo Mountain）
原生。华东分布：浙江。
魁蓟 *Cirsium leo* Nakai & Kitag.
原生。华东分布：安徽。
线叶蓟 *Cirsium lineare* (Thunb.) Sch. Bip.
别名：湖北蓟（安徽植物志、福建植物志、江西种子植物名录）
——*Cirsium hupehense* Pamp.（安徽植物志、福建植物志、江西种子植物名录）
原生。华东分布：安徽、福建、江苏、江西、浙江。
野蓟 *Cirsium maackii* Maxim.
原生。华东分布：安徽、江苏、江西、山东、浙江。
沼生垂头蓟 *Cirsium paludigenum* Y.F. Lu, Z.H. Chen & X.F. Jin
原生。华东分布：浙江。
总序蓟 *Cirsium racemiforme* Y. Ling & C. Shih
原生。华东分布：安徽、福建、江西、浙江。
牛口刺 *Cirsium shansiense* Petr.
别名：牛口蓟（FOC）
原生。华东分布：安徽、福建、江西。
杭蓟 *Cirsium tianmushanicum* C. Shih
原生。华东分布：安徽、浙江。
浙江垂头蓟 *Cirsium zhejiangense* Z.H. Chen & X. F. Jin
原生。华东分布：浙江。

飞廉属 *Carduus*

（菊科 Asteraceae）

节毛飞廉 *Carduus acanthoides* L.
原生。华东分布：江苏、江西、山东。
丝毛飞廉 *Carduus crispus* L.
别名：飞廉（安徽植物志、浙江植物志）
原生。华东分布：安徽、福建、江苏、江西、山东、上海、浙江。
飞廉 *Carduus nutans* L.
原生。华东分布：江西。

伪泥胡菜属 *Serratula*

（菊科 Asteraceae）

伪泥胡菜 *Serratula coronata* L.
别名：伪泥湖菜（江西种子植物名录）
原生。华东分布：安徽、江苏、江西、山东。

红花属 *Carthamus*

（菊科 Asteraceae）

红花 *Carthamus tinctorius* L.
外来、栽培。华东分布：安徽、江苏、山东、浙江。

麻花头属 *Klasea*

（菊科 Asteraceae）

麻花头 *Klasea centauroides* (L.) Kitag.
——*Serratula centauroides* L.（安徽植物志、山东植物志）
原生。华东分布：安徽、山东。
碗苞麻花头 *Klasea centauroides* subsp. ***chanetii*** (H. Lév.) L. Martins
——*Serratula chanetii* H. Lév.（安徽植物志）
原生。华东分布：安徽、山东。
多花麻花头 *Klasea centauroides* subsp. ***polycephala*** (Iljin) L. Martins
原生。华东分布：安徽。

漏芦属 *Rhaponticum*

（菊科 Asteraceae）

华漏芦 *Rhaponticum chinense* (S. Moore) L. Martins & Hidalgo
别名：华麻花头（安徽植物志、福建植物志、江苏植物志 第2版、江西种子植物名录、浙江植物志）
——*Serratula chinensis* S. Moore（安徽植物志、福建植物志、江苏植物志 第2版、江西种子植物名录、浙江植物志）
原生。华东分布：安徽、福建、江苏、江西、浙江。
漏芦 *Rhaponticum uniflorum* (L.) DC.
——*Stemmacantha uniflora* (L.) Dittrich（山东植物志）
原生。华东分布：山东。

兔儿风属 *Ainsliaea*

（菊科 Asteraceae）

龟甲兔儿风 *Ainsliaea apiculata* Sch. Bip.
原生。华东分布：江苏。
蓝兔儿风 *Ainsliaea caesia* Hand.-Mazz.
原生。华东分布：江西。
闭花兔儿风 *Ainsliaea cavaleriei* H. Lév.
别名：卡氏兔儿风（FOC）
原生。华东分布：江西。
杏香兔儿风 *Ainsliaea fragrans* Champ. ex Benth.
——"*Ainsliaea frangrans*"=*Ainsliaea fragrans* Champ. ex Benth.（拼写错误。浙江植物志）
原生。华东分布：安徽、福建、江苏、江西、浙江。
四川兔儿风 *Ainsliaea glabra* var. ***sutchuenensis*** (Franch.) S.E. Freire
别名：车前兔儿风（福建植物志、江西种子植物名录）
——*Ainsliaea plantaginifolia* Mattf.（福建植物志、江西种子植物名录）
原生。华东分布：福建、江西。
纤枝兔儿风 *Ainsliaea gracilis* Franch.
原生。华东分布：江西。
粗齿兔儿风 *Ainsliaea grossedentata* Franch.
原生。华东分布：江西。
长穗兔儿风 *Ainsliaea henryi* Diels
原生。华东分布：福建、江西。
灯台兔儿风 *Ainsliaea kawakamii* Hayata
别名：铁灯兔儿风（安徽植物志、江西种子植物名录、浙江植物志），铁钉兔儿风（福建植物志）
——"*Ainsliaea macroclinidioides*"=*Ainsliaea kawakamii* Hayata（误用名。安徽植物志、福建植物志、江西种子植物名录、浙江植物志）
原生。华东分布：安徽、福建、江西、浙江。
长圆叶兔儿风 *Ainsliaea kawakamii* var. ***oblonga*** (Koidz.) Y.L. Xu & Y.F. Lu
原生。华东分布：福建、浙江。
宽穗兔儿风 *Ainsliaea latifolia* var. ***platyphylla*** (Franch.) C.Y. Wu
——"*Ainsliaea latifolia* var. *platyphlla*"=*Ainsliaea latifolia* var.

platyphylla (Franch.) C.Y. Wu（拼写错误。江西种子植物名录）
原生。华东分布：江西。
单花兔儿风 *Ainsliaea simplicissima* M.J. Zhang & Hong Qing Li
原生。华东分布：福建。
三脉兔儿风 *Ainsliaea trinervis* Y.C. Tseng
原生。华东分布：福建、浙江。
华南兔儿风 *Ainsliaea walkeri* Hook. f.
原生。华东分布：福建。
婺源兔儿风 *Ainsliaea wuyuanensis* Z.H. Chen, Y.L. Xu & X.F. Jin
原生。华东分布：江西。
云南兔儿风 *Ainsliaea yunnanensis* Franch.
原生。华东分布：江西。

帚菊属 *Pertya*

（菊科 Asteraceae）

心叶帚菊 *Pertya cordifolia* Mattf.
原生。华东分布：安徽、福建、江西、浙江。
聚头帚菊 *Pertya desmocephala* Diels
别名：单花帚菊（浙江植物志）
——*Pertya cordifolia* var. *desmocephala* (Diels) Z. Wei & Y.B. Chang（浙江植物志）
原生。华东分布：福建、江西、浙江。
锈毛帚菊 *Pertya ferruginea* Cai F. Zhang
原生。华东分布：福建、江西、浙江。
多花帚菊 *Pertya multiflora* Cai F. Zhang & T.G. Gao
原生。华东分布：浙江。
腺叶帚菊 *Pertya pubescens* Y. Ling
原生。华东分布：安徽、福建、江西、浙江。
长花帚菊 *Pertya scandens* (Thunb. ex Murray) Sch. Bip.
别名：卵叶帚菊（浙江植物志）
——"*Pertya glabrescens*"=*Pertya scandens* (Thunb.) Sch. Bip.（误用名。福建植物志、江西种子植物名录）
原生。濒危（EN）。华东分布：福建、江西、浙江。
华帚菊 *Pertya sinensis* Oliv.
原生。华东分布：安徽。

婆罗门参属 *Tragopogon*

（菊科 Asteraceae）

蒜叶婆罗门参 *Tragopogon porrifolius* L.
原生。华东分布：江苏、山东。

蛇鸦葱属 *Scorzonera*

（菊科 Asteraceae）

华北鸦葱 *Scorzonera albicaulis* Bunge
别名：笔管草（安徽植物志、浙江植物志），细叶鸦葱（山东植物志）
原生。华东分布：安徽、江苏、山东、浙江。
桃叶鸦葱 *Scorzonera sinensis* Lipsch. & Krasch.
原生。华东分布：安徽、江苏、山东。

鸦葱属 *Takhtajaniantha*

（菊科 Asteraceae）

鸦葱 *Takhtajaniantha austriaca* (Willd.) Zaika, Sukhor. & N. Kilian
——*Scorzonera austriaca* Willd.（安徽植物志、江苏植物志 第2版、山东植物志、FOC）
原生。华东分布：安徽、江苏、山东。
蒙古鸦葱 *Takhtajaniantha mongolica* (Maxim.) Zaika, Sukhor. & N. Kilian
——*Scorzonera mongolica* Maxim.（江苏植物志 第2版、山东植物志、FOC）
原生。华东分布：江苏、山东。

山柳菊属 *Hieracium*

（菊科 Asteraceae）

山柳菊 *Hieracium umbellatum* L.
原生。华东分布：安徽、江西、山东、浙江。

菊苣属 *Cichorium*

（菊科 Asteraceae）

菊苣 *Cichorium intybus* L.
外来、栽培。华东分布：安徽、江苏、山东。

莴苣属 *Lactuca*

（菊科 Asteraceae）

台湾翅果菊 *Lactuca formosana* Maxim.
别名：台湾莴苣（江苏植物志 第2版、江西种子植物名录）
——*Pterocypsela formosana* (Maxim.) C. Shih（安徽植物志、福建植物志、江西种子植物名录、浙江植物志）
原生。华东分布：安徽、福建、江苏、江西、上海、浙江。
翅果菊 *Lactuca indica* L.
别名：多裂翅果菊（安徽植物志、福建植物志、江西种子植物名录、浙江植物志），山莴苣（江苏植物志 第2版、山东植物志）
——*Pterocypsela indica* (L.) C. Shih（安徽植物志、福建植物志、江西种子植物名录、浙江植物志）
——*Pterocypsela laciniata* (Houtt.) C. Shih（安徽植物志、福建植物志、江西种子植物名录、浙江植物志）
原生。华东分布：安徽、福建、江苏、江西、山东、上海、浙江。
毛脉翅果菊 *Lactuca raddeana* Maxim.
别名：高大翅果菊（安徽植物志、福建植物志、江西种子植物名录、浙江植物志），高莴苣（江苏植物志 第2版、江西种子植物名录），毛脉山莴苣（山东植物志）
——*Lactuca elata* Hemsl.（江西种子植物名录）
——*Pterocypsela elata* (Hemsl.) C. Shih（安徽植物志、福建植物志、江西种子植物名录、浙江植物志）
——*Pterocypsela raddeana* (Maxim.) C. Shih（安徽植物志）
原生。华东分布：安徽、福建、江苏、江西、山东、浙江。
野莴苣 *Lactuca serriola* L.
——"*Lactuca seriola*"=*Lactuca serriola* L.（拼写错误。江西种子植物名录）
原生。华东分布：江苏、江西、上海、浙江。
山莴苣 *Lactuca sibirica* (L.) Benth. ex Maxim.
——"*Lactuca sibiricum*"=*Lactuca sibirica* (L.) Benth. ex Maxim.（拼写错误。江西种子植物名录）
原生。华东分布：江西。
乳苣 *Lactuca tatarica* (L.) C.A. Mey.
别名：蒙山莴苣（山东植物志）

——*Mulgedium tataricum* (L.) DC.（安徽植物志）
原生。华东分布：安徽、江苏、山东。

毛鳞菊属 *Melanoseris*

（菊科 Asteraceae）

细莴苣 *Melanoseris graciliflora* (DC.) N. Kilian
别名：细花莴苣（福建植物志）
——*Lactuca graciliflora* DC.（福建植物志）
原生。华东分布：福建。

紫菊属 *Notoseris*

（菊科 Asteraceae）

光苞紫菊 *Notoseris macilenta* (Vaniot & H. Lév.) N. Kilian
原生。华东分布：江西、浙江。
黑花紫菊 *Notoseris melanantha* (Franch.) C.Shih
原生。华东分布：浙江。

假福王草属 *Paraprenanthes*

（菊科 Asteraceae）

林生假福王草 *Paraprenanthes diversifolia* (Vaniot) N. Kilian
别名：雷山假福王草（FOC），异叶莴苣（江西种子植物名录）
——*Lactuca diversifolia* Vaniot（江西种子植物名录）
——*Paraprenanthes heptantha* C. Shih & D.J. Liou（FOC）
——*Paraprenanthes sylvicola* C. Shih（福建植物志、江西种子植物名录、浙江植物志）
原生。华东分布：福建、江苏、江西、浙江。
假福王草 *Paraprenanthes sororia* (Miq.) C. Shih
别名：堆莴苣（江西种子植物名录），节毛假福王草（福建植物志、江西种子植物名录），毛枝假福王草（浙江植物志），三裂假福王草（福建植物志、FOC）
——*Lactuca sororia* Miq.（江西种子植物名录）
——*Paraprenanthes multiformis* C. Shih（福建植物志、FOC）
——*Paraprenanthes pilipes* (Migo) C. Shih（福建植物志、江西种子植物名录、浙江植物志）
原生。华东分布：安徽、福建、江苏、江西、上海、浙江。

栓果菊属 *Launaea*

（菊科 Asteraceae）

光茎栓果菊 *Launaea acaulis* (Roxb.) Babc. ex Kerr
原生。华东分布：福建。
匐枝栓果菊 *Launaea sarmentosa* (Willd.) Kuntze
别名：蔓茎栓果菊（福建植物志）
原生。华东分布：福建。

苦苣菜属 *Sonchus*

（菊科 Asteraceae）

续断菊 *Sonchus asper* (L.) Hill
别名：北叶滇苦菜（江西种子植物名录），花叶滇苦菜（中国外来入侵植物名录、上海维管植物名录、FOC）
外来。华东分布：安徽、福建、江苏、江西、山东、上海、浙江。
长裂苦苣菜 *Sonchus brachyotus* DC.
别名：苣荬菜（安徽植物志、山东植物志）
原生。华东分布：安徽、江苏、江西、山东。
苦苣菜 *Sonchus oleraceus* L.
原生。华东分布：安徽、福建、江苏、江西、山东、上海、浙江。
苣荬菜 *Sonchus wightianus* DC.
别名：匍茎苦菜（浙江植物志）
——"*Sonchus arvensis*"=*Sonchus wightianus* DC.（误用名。福建植物志、江西种子植物名录、浙江植物志）
原生。华东分布：福建、江苏、江西、上海、浙江。

尾喙苣属 *Urospermum*

（菊科 Asteraceae）

弯喙苣 *Urospermum picroides* (L.) Scop. ex F.W. Schmidt
外来。华东分布：浙江。

猫耳菊属 *Hypochaeris*

（菊科 Asteraceae）

猫耳菊 *Hypochaeris ciliata* (Thunb.) Makino
别名：猫儿菊（山东植物志、FOC）
——*Achyrophorus ciliatus* (Thunb.) Sch. Bip.（山东植物志）
原生。华东分布：山东。
欧洲猫耳菊 *Hypochaeris radicata* L.
别名：假蒲公英猫儿菊（中国外来入侵植物名录、FOC）
外来。华东分布：福建、江西。

狮牙苣属 *Leontodon*

（菊科 Asteraceae）

狮牙苣 *Leontodon hispidus* L.
别名：糙毛狮齿菊（中国外来入侵植物名录）
外来。华东分布：山东。

毛连菜属 *Picris*

（菊科 Asteraceae）

日本毛连菜 *Picris japonica* Thunb.
别名：毛连菜（安徽植物志、江苏植物志 第 2 版、山东植物志、浙江植物志），毛莲菜（江西种子植物名录），日本毛莲菜（江西种子植物名录）
——*Picris hieracioides* subsp. *japonica* (Thunb.) Hand.-Mazz.（江西种子植物名录）
原生。华东分布：安徽、江苏、江西、山东、浙江。

耳菊属 *Nabalus*

（菊科 Asteraceae）

福王草 *Nabalus tatarinowii* (Maxim.) Nakai
别名：盘果菊（江西种子植物名录、山东植物志、FOC）
——*Prenanthes tatarinowii* Maxim.（安徽植物志、江西种子植物名录、山东植物志）
原生。华东分布：安徽、江西、山东、浙江。
多裂耳菊 *Nabalus tatarinowii* subsp. *macrantha* (Stebbins) N. Kilian
别名：大叶福王草（安徽植物志）
——*Prenanthes macrophylla* Franch.（安徽植物志）
原生。华东分布：安徽。

全光菊属 *Hololeion*

（菊科 Asteraceae）

全光菊 *Hololeion maximowiczii* Kitam.
原生。华东分布：安徽、江苏、山东、上海、浙江。

蒲公英属 *Taraxacum*

（菊科 Asteraceae）

药用蒲公英 ***Taraxacum campylodes*** G.E. Haglund
——*Taraxacum officinale* F.H. Wigg.（江苏植物志 第 2 版、中国外来入侵植物名录）
外来、栽培。华东分布：安徽、江苏、江西、上海、浙江。

蒲公英 ***Taraxacum mongolicum*** Hand.-Mazz.
别名：蒙古蒲公英（上海维管植物名录）
——"*Taraxacum mogolicum*"=*Taraxacum mongolicum* Hand.-Mazz.（拼写错误。江西种子植物名录）
原生、栽培。华东分布：安徽、福建、江苏、江西、山东、上海、浙江。

白缘蒲公英 ***Taraxacum platypecidum*** Diels
原生。华东分布：山东。

苦荬菜属 *Ixeris*

（菊科 Asteraceae）

中华苦荬菜 ***Ixeris chinensis*** (Thunb.) Nakai
别名：苦菜（山东植物志），山苦荬（安徽植物志、江西种子植物名录）
原生。华东分布：安徽、福建、江苏、江西、山东、上海、浙江。

光滑苦荬 ***Ixeris chinensis*** subsp. ***strigosa*** (H. Lév. & Vaniot) Kitam.
别名：光滑苦荬菜（江苏植物志 第 2 版）
——*Ixeris chinensis* var. *strigosa* (H. Lév. & Vaniot) Ohwi（江苏植物志 第 2 版）
原生。华东分布：江苏。

多色苦荬 ***Ixeris chinensis*** subsp. ***versicolor*** (Fisch. ex Link) Kitam.
别名：变色苦荬菜（安徽植物志），多色苦荬菜（江苏植物志 第 2 版），禾叶苦荬菜（山东植物志），禾叶小苦荬（江苏植物志 第 2 版），兔子菜（浙江植物志）
——*Ixeridium gramineum* (Fisch.) Tzvelev（江苏植物志 第 2 版）
——*Ixeris graminea* (Fisch.) Nakai（山东植物志）
原生。华东分布：安徽、江苏、山东、上海、浙江。

剪刀股 ***Ixeris japonica*** (Burm. f.) Nakai
——"*Ixeris debelis*"=*Ixeris debilis* (Thunb. ex Thunb.) A. Gray（拼写错误。浙江植物志）
——*Ixeris debilis* (Thunb. ex Thunb.) A. Gray（安徽植物志、福建植物志、江苏植物志 第 2 版）
原生。华东分布：安徽、福建、江苏、江西、上海、浙江。

苦荬菜 ***Ixeris polycephala*** Cass.
别名：多头苦荬（江苏植物志 第 2 版），多头苦荬菜（安徽植物志、江西种子植物名录、山东植物志、浙江植物志），裂叶多头苦荬（浙江植物志）
——*Ixeris polycephala* var. *dissecta* (Makino) Nakai（浙江植物志）
原生。华东分布：安徽、福建、江苏、江西、山东、上海、浙江。

沙苦荬 ***Ixeris repens*** (L.) A. Gray
别名：匍匐苦荬菜（福建植物志、江苏植物志 第 2 版、浙江植物志），匍匐苦荬菜（江西种子植物名录），葡匐苦荬菜（山东植物志），沙苦荬菜（上海维管植物名录、FOC）
原生。华东分布：福建、江苏、江西、山东、上海、浙江。

圆叶苦荬菜 ***Ixeris stolonifera*** A. Gray
别名：小剪刀股（浙江植物志）
原生。华东分布：江苏、江西、上海、浙江。

小苦荬属 *Ixeridium*

（菊科 Asteraceae）

狭叶小苦荬 ***Ixeridium beauverdianum*** (H. Lév.) Spring.
原生。华东分布：福建、江西、浙江。

小苦荬 ***Ixeridium dentatum*** (Thunb.) Tzvelev
别名：齿缘苦荬（江西种子植物名录），齿缘苦荬菜（安徽植物志、福建植物志、山东植物志、浙江植物志）
——*Ixeris dentata* (Thunb.) Nakai（安徽植物志、福建植物志、江西种子植物名录、山东植物志、浙江植物志）
原生。华东分布：安徽、福建、江苏、江西、山东、上海、浙江。

细叶小苦荬 ***Ixeridium gracile*** (DC.) Pak & Kawano
别名：细叶苦荬（江西种子植物名录），细叶苦荬菜（安徽植物志、福建植物志、浙江植物志）
——"*Ixeris gracil*"=*Ixeridium gracile* (DC.) Pak & Kawano（拼写错误。江西种子植物名录）
——*Ixeris gracilis* (DC.) Stebbins（安徽植物志、福建植物志、浙江植物志）
原生。华东分布：安徽、福建、江西、浙江。

褐冠小苦荬 ***Ixeridium laevigatum*** (Blume) Pak & Kawano
别名：平滑苦荬菜（福建植物志、浙江植物志）
——*Ixeris laevigata* (Blume) Engl. & Maxim.（福建植物志、浙江植物志）
原生。华东分布：福建、浙江。

假还阳参属 *Crepidiastrum*

（菊科 Asteraceae）

黄瓜菜 ***Crepidiastrum denticulatum*** (Houtt.) Pak & Kawano
别名：黄瓜假还阳参（上海维管植物名录、FOC），苦荬菜（安徽植物志、福建植物志、江苏植物志 第 2 版、江西种子植物名录、浙江植物志），秋苦荬菜（山东植物志）
——"*Ixeris denticulate*"=*Ixeris denticulata* (Houtt.) Nakai（拼写错误。江西种子植物名录）
——*Ixeris denticulata* (Houtt.) Nakai（安徽植物志、福建植物志、山东植物志、浙江植物志）
——*Paraixeris denticulata* (Houtt.) Nakai（江西种子植物名录）
原生。华东分布：安徽、福建、江苏、江西、山东、上海、浙江。

长叶假还阳参 ***Crepidiastrum denticulatum*** subsp. ***longiflorum*** (Stebbins) N. Kilian
原生。华东分布：福建、江西。

假还阳参 ***Crepidiastrum lanceolatum*** (Houtt.) Nakai
原生、栽培。华东分布：江苏、上海、浙江。

尖裂假还阳参 ***Crepidiastrum sonchifolium*** (Bunge) Pak & Kawano
别名：抱茎苦荬菜（安徽植物志、福建植物志、山东植物志、浙江植物志）
——*Ixeris sonchifolia* (Maxim.) Hance（安徽植物志、福建植物志、山东植物志、浙江植物志）
原生。华东分布：安徽、福建、江苏、江西、山东、上海、浙江。

稻槎菜属 *Lapsanastrum*

（菊科 Asteraceae）

稻槎菜 *Lapsanastrum apogonoides* (Maxim.) Pak & K. Bremer
——*Lapsana apogonoides* Maxim.（安徽植物志、福建植物志、江西种子植物名录、浙江植物志）
原生。华东分布：安徽、福建、江苏、江西、上海、浙江。

矮小稻槎菜 *Lapsanastrum humile* (Thunb.) Pak & K. Bremer
别名：矮小稻槎草（江苏植物志 第 2 版）
——*Lapsana humilis* (Thunb.) Makino（安徽植物志、福建植物志、浙江植物志）
原生。华东分布：安徽、福建、江苏、浙江。

具钩稻槎菜 *Lapsanastrum uncinatum* (Stebbins) Pak & K. Bremer
原生。华东分布：安徽。

黄鹌菜属 *Youngia*

（菊科 Asteraceae）

红果黄鹌菜 *Youngia erythrocarpa* (Vaniot) Babc. & Stebbins
原生。华东分布：安徽、福建、江苏、江西、浙江。

异叶黄鹌菜 *Youngia heterophylla* (Hemsl.) Babc. & Stebbins
原生。华东分布：安徽、江西、浙江。

黄鹌菜 *Youngia japonica* (L.) DC.
原生。华东分布：安徽、福建、江苏、江西、山东、上海、浙江。

卵裂黄鹌菜 *Youngia japonica* subsp. ***elstonii*** (Hochreutiner) Babc. & Stebbins
原生。华东分布：安徽、福建、江苏、江西。

长花黄鹌菜 *Youngia japonica* subsp. ***longiflora*** Babc. & Stebbins
原生。华东分布：安徽、福建、江苏、江西、上海、浙江。

九龙山黄鹌菜 *Youngia jiulongshanensis* X. Cai, Y.L. Xu & X.F. Jin
原生。华东分布：浙江。

戟叶黄鹌菜 *Youngia longipes* (Hemsl.) Babc. & Stebbins
原生。华东分布：浙江。

川西黄鹌菜 *Youngia pratti* (Babc.) Babc. & Stebbins
原生。华东分布：江西。

多裂黄鹌菜 *Youngia rosthornii* (Diels) Babc. & Stebbins
原生。华东分布：福建、浙江。

蔓斑鸠菊属 *Decaneuropsis*

（菊科 Asteraceae）

蔓斑鸠菊 *Decaneuropsis cumingiana* (Benth.) H. Rob. & Skvarla
别名：毒根斑鸠菊（福建植物志）
——*Vernonia cumingiana* Benth.（福建植物志、FOC）
原生。华东分布：福建。

台湾蔓斑鸠菊 *Decaneuropsis gratiosa* (Hance) H. Rob. & Skvarla
别名：台湾斑鸠菊（New materials in the Flora of Zhejiang、福建植物志、FOC）
——*Vernonia gratiosa* Hance（New materials in the Flora of Zhejiang、福建植物志、FOC）
原生。华东分布：福建、浙江。

夜香牛属 *Cyanthillium*

（菊科 Asteraceae）

夜香牛 *Cyanthillium cinereum* (L.) H. Rob.
——*Vernonia cinerea* (L.) Less.（福建植物志、江苏植物志 第 2 版、江西种子植物名录、浙江植物志、FOC）
原生。华东分布：安徽、福建、江苏、江西、浙江。

咸虾花 *Cyanthillium patulum* (Aiton) H. Rob.
——*Vernonia patula* (Aiton) Merr.（福建植物志、FOC）
原生。华东分布：福建。

尖鸠菊属 *Acilepis*

（菊科 Asteraceae）

糙叶尖鸠菊 *Acilepis aspera* (Buch.-Ham.) H. Rob.
别名：糙叶斑鸠菊（江西种子植物名录、FOC）
——*Vernonia aspera* Buch.-Ham.（江西种子植物名录、FOC）
原生。华东分布：江西。

南漳尖鸠菊 *Acilepis nantcianensis* (Pamp.) H. Rob.
别名：南漳斑鸠菊（安徽植物志、FOC）
——*Vernonia nantcianensis* (Pamp.) Hand.-Mazz.（安徽植物志、FOC）
原生。华东分布：安徽。

柳叶尖鸠菊 *Acilepis saligna* (DC.) H. Rob.
别名：柳叶斑鸠菊（福建植物志、江西种子植物名录、FOC）
——"*Vernonia saligua*"=*Vernonia saligna* DC.（拼写错误。江西种子植物名录）
——*Vernonia saligna* DC.（福建植物志、FOC）
原生。华东分布：福建、江西。

地胆草属 *Elephantopus*

（菊科 Asteraceae）

地胆草 *Elephantopus scaber* L.
原生。华东分布：福建、江西、浙江。

白花地胆草 *Elephantopus tomentosus* L.
外来。华东分布：福建、江西。

斑鸠菊属 *Strobocalyx*

（菊科 Asteraceae）

茄叶斑鸠菊 *Strobocalyx solanifolia* Sch. Bip.
——*Vernonia solanifolia* Benth.（福建植物志、江西种子植物名录、FOC）
原生。华东分布：福建、江西。

蜂斗菜属 *Petasites*

（菊科 Asteraceae）

蜂斗菜 *Petasites japonicus* (Sieb. & Zucc.) Maxim.
别名：蜂斗莱（福建植物志）
——"*Petasites japonica*"=*Petasites japonicus* (Sieb. & Zucc.) Maxim.（拼写错误。福建植物志、浙江植物志）
原生。华东分布：安徽、福建、江苏、江西、山东、浙江。

款冬属 *Tussilago*

（菊科 Asteraceae）

款冬 *Tussilago farfara* L.
原生。华东分布：安徽、江苏、江西、山东、浙江。

大吴风草属 *Farfugium*

（菊科 Asteraceae）

大吴风草 *Farfugium japonicum* (L.) Kitam.

原生、栽培。华东分布：安徽、福建、江苏、浙江。

蟹甲草属 *Parasenecio*

（菊科 Asteraceae）

两似蟹甲草 *Parasenecio ambiguus* (Y. Ling) Y.L. Chen
原生。华东分布：安徽、浙江。
兔儿风蟹甲草 *Parasenecio ainsliaeiflorus* (Franch.) Y.L. Chen
别名：白花蟹甲草（安徽植物志），兔儿风花蟹甲草（江西种子植物名录）
——"*Cacalia ainsliaeflora*"=*Cacalia ainsliaeiflora* (Franch.) Hand.-Mazz.（拼写错误。安徽植物志）
——"*Parasenecio ainsliiflora*"=*Parasenecio ainsliaeiflora* (Franch.) Y.L. Chen（拼写错误。江西种子植物名录）
原生。华东分布：安徽、江西、浙江。
无毛蟹甲草 *Parasenecio albus* Y.S. Chen
原生。华东分布：福建、江西。
山尖子 *Parasenecio hastatus* (L.) H. Koyama
——*Cacalia hastata* L.（山东植物志）
原生。华东分布：江苏、山东。
黄山蟹甲草 *Parasenecio hwangshanicus* (Y. Ling) C.I. Peng & S.W. Chung
——*Cacalia hwangshanica* Y. Ling（安徽植物志、浙江植物志）
原生。华东分布：安徽、江西、浙江。
天目山蟹甲草 *Parasenecio matsudae* (Kitam.) Y.L. Chen
——*Cacalia matsudae* Kitam.（Lectotypification of Names in Sympetalae from China - IV）
原生。华东分布：安徽、浙江。
蜂斗菜状蟹甲草 *Parasenecio petasitoides* (H. Lév.) Y.L. Chen
——"*Cacalia farfarifolia* subsp. *pelasitoides*"=*Cacalia farfarifolia* subsp. *petasitoides* (H. Lév.) Koyama（拼写错误。福建植物志）
原生。华东分布：福建。
矢镞叶蟹甲草 *Parasenecio rubescens* (S. Moore) Y.L. Chen
别名：蝙蝠草（安徽植物志）
——*Cacalia rubescens* (S. Moore) Matsuda（安徽植物志、福建植物志、浙江植物志）
原生。华东分布：安徽、福建、江西、浙江。

兔儿伞属 *Syneilesis*

（菊科 Asteraceae）

兔儿伞 *Syneilesis aconitifolia* (Bunge) Maxim.
原生。华东分布：安徽、福建、江苏、江西、山东、浙江。
南方兔儿伞 *Syneilesis australis* Y. Ling
原生。华东分布：安徽、浙江。

橐吾属 *Ligularia*

（菊科 Asteraceae）

浙江橐吾 *Ligularia chekiangensis* Kitam.
原生。华东分布：安徽、浙江。
齿叶橐吾 *Ligularia dentata* (A. Gray) Hara
原生。华东分布：安徽、江西、浙江。
蹄叶橐吾 *Ligularia fischeri* (Ledeb.) Turcz.
原生。华东分布：安徽、浙江。
鹿蹄橐吾 *Ligularia hodgsonii* Hook. f.
原生。华东分布：安徽、江西。
狭苞橐吾 *Ligularia intermedia* Nakai
原生。华东分布：安徽、江西。
大头橐吾 *Ligularia japonica* (Thunb.) Less.
原生。华东分布：安徽、福建、江苏、江西、浙江。
糙叶大头橐吾 *Ligularia japonica* var. ***scaberrima*** (Hayata) Ling
原生。华东分布：福建、江西、浙江。
掌叶橐吾 *Ligularia przewalskii* (Maxim.) Diels
原生。华东分布：江苏。
橐吾 *Ligularia sibirica* (L.) Cass.
原生。华东分布：安徽。
窄头橐吾 *Ligularia stenocephala* (Maxim.) Matsum. & Koidz.
原生。华东分布：安徽、福建、江苏、江西、山东、浙江。
离舌橐吾 *Ligularia veitchiana* (Hemsl.) Greenm.
原生。华东分布：江西。

中华菊属 *Sinosenecio*

（菊科 Asteraceae）

匍枝蒲儿根 *Sinosenecio globiger* (C.C. Chang) B. Nord.
原生。华东分布：江西。
江西蒲儿根 *Sinosenecio jiangxiensis* Ying Liu & Q.E. Yang
原生。华东分布：江西。
九华蒲儿根 *Sinosenecio jiuhuashanicus* C. Jeffrey & Y.L. Chen
原生。华东分布：安徽、江西。
白背蒲儿根 *Sinosenecio latouchei* (Jeffrey) B. Nord.
别名：白背千里光（安徽植物志）
——*Senecio latouchei* Jeffrey（安徽植物志）
原生。华东分布：安徽、福建、江西、浙江。
蒲儿根 *Sinosenecio oldhamianus* (Maxim.) B. Nord.
——*Senecio oldhamianus* Maxim.（安徽植物志、江西种子植物名录、浙江植物志）
原生。华东分布：安徽、福建、江苏、江西、上海、浙江。
武夷蒲儿根 *Sinosenecio wuyiensis* Y.L. Chen
原生。华东分布：福建、江西。

狗舌草属 *Tephroseris*

（菊科 Asteraceae）

狗舌草 *Tephroseris kirilowii* (Turcz. ex DC.) Holub
别名：白背千里光（江西种子植物名录）
——"*Senecio auriculata*"=*Senecio auriculatus* (DC.) Sch. Bip.（拼写错误。江西种子植物名录）
——*Senecio integrifolius* (L.) Clairv.（山东植物志）
——*Senecio kirilowii* Turcz. ex DC.（安徽植物志、江西种子植物名录、浙江植物志）
原生。华东分布：安徽、福建、江苏、江西、山东、浙江。
江浙狗舌草 *Tephroseris pierotii* (Miq.) Holub
原生。华东分布：福建、江苏、浙江。

合耳菊属 *Synotis*

（菊科 Asteraceae）

褐柄合耳菊 *Synotis fulvipes* (Y. Ling) C. Jeffrey & Y.L. Chen
原生。华东分布：江西。

千里光属 *Senecio*

（菊科 Asteraceae）

散生千里光 *Senecio exul* Hance
原生。华东分布：浙江。

闽千里光 *Senecio fukienensis* Y. Ling ex C. Jeffrey & Y.L. Chen
原生。华东分布：福建。

林荫千里光 *Senecio nemorensis* L.
原生。华东分布：安徽、福建、江苏、江西、山东、浙江。

千里光 *Senecio scandens* Buch.-Ham. ex D. Don
原生。华东分布：安徽、福建、江苏、江西、上海、浙江。

缺裂千里光 *Senecio scandens* var. ***incisus*** Franch.
原生。华东分布：江西、浙江。

闽粤千里光 *Senecio stauntonii* DC.
原生。华东分布：江西。

欧洲千里光 *Senecio vulgaris* L.
别名：欧千里光（山东植物志）
原生。华东分布：江苏、山东、上海、浙江。

岩生千里光 *Senecio wightii* (DC. ex Wight) Benth. ex C.B. Clarke
原生。华东分布：浙江。

菊芹属 *Erechtites*

（菊科 Asteraceae）

梁子菜 *Erechtites hieraciifolius* (L.) Raf. ex DC.
——"*Erechtites hieracifolia*"=*Erechtites hieraciifolius* (L.) Raf. ex DC.（拼写错误。福建植物志、江西种子植物名录）
外来。华东分布：福建、江西、浙江。

败酱叶菊芹 *Erechtites valerianifolia* (Link ex Wolf) Less. ex DC.
外来。华东分布：福建。

野茼蒿属 *Crassocephalum*

（菊科 Asteraceae）

野茼蒿 *Crassocephalum crepidioides* (Benth.) S. Moore
别名：革命菜（浙江植物志），革命草（安徽植物志）
——"*Gynura crepidiodes*"=*Gynura crepidioides* Benth.（拼写错误。江西种子植物名录）
——*Gynura crepidioides* Benth.（安徽植物志、浙江植物志）
外来。华东分布：安徽、福建、江苏、江西、上海、浙江。

菊三七属 *Gynura*

（菊科 Asteraceae）

红凤菜 *Gynura bicolor* (Roxb. ex Willd.) DC.
别名：两色三七草（浙江植物志）
原生、栽培。华东分布：福建、江苏、浙江。

菊三七 *Gynura japonica* (Thunb.) Juel
别名：菊叶三七（浙江植物志），三七草（安徽植物志、江苏植物志 第2版、山东植物志）
——*Gynura segetum* (Lour.) Merr.（安徽植物志、浙江植物志）
原生、栽培。华东分布：安徽、福建、江苏、江西、山东、浙江。

平卧菊三七 *Gynura procumbens* (Lour.) Merr.
原生。华东分布：福建。

一点红属 *Emilia*

（菊科 Asteraceae）

小一点红 *Emilia prenanthoidea* DC.
别名：细红背叶（浙江植物志）
原生。华东分布：福建、江西、浙江。

一点红 *Emilia sonchifolia* (L.) DC.
原生。华东分布：安徽、福建、江苏、江西、上海、浙江。

紫背草 *Emilia sonchifolia* var. ***javanica*** (Burm. f.) Mattf.
别名：缨绒花（山东植物志）
——*Emilia sagittata* (Vahl) DC.（山东植物志）
原生。华东分布：安徽、福建、山东。

疆千里光属 *Jacobaea*

（菊科 Asteraceae）

琥珀千里光 *Jacobaea ambracea* (Turcz. ex DC.) B. Nord.
——*Senecio ambraceus* Turcz. ex DC.（山东植物志、FOC）
原生。华东分布：山东。

额河千里光 *Jacobaea argunensis* (Turcz.) B. Nord.
别名：羽叶千里光（江苏植物志 第2版）
——*Senecio argunensis* Turcz.（安徽植物志、江苏植物志 第2版、FOC）
原生。华东分布：安徽、江苏。

疆千里光 *Jacobaea vulgaris* Gaertn.
别名：新疆千里光（江苏植物志 第2版、FOC）
——*Senecio jacobaea* L.（江苏植物志 第2版、FOC）
原生。华东分布：江苏。

鼠曲草属 *Pseudognaphalium*

（菊科 Asteraceae）

宽叶鼠曲草 *Pseudognaphalium adnatum* (DC.) Y.S. Chen
别名：宽叶拟鼠麴草（FOC），宽叶鼠麴草（江西种子植物名录），宽叶鼠麹草（江苏植物志 第2版、浙江植物志）
——*Gnaphalium adnatum* Wall. ex DC.（福建植物志、江苏植物志 第2版、江西种子植物名录、浙江植物志）
原生。华东分布：安徽、福建、江苏、江西、浙江。

鼠曲草 *Pseudognaphalium affine* (D. Don) Anderb.
别名：拟鼠曲草（上海维管植物名录），拟鼠麴草（FOC），鼠麹草（江苏植物志 第2版、山东植物志、浙江植物志），鼠麴草（江西种子植物名录）
——*Gnaphalium affine* D. Don（安徽植物志、福建植物志、江西种子植物名录、山东植物志、浙江植物志）
原生。华东分布：安徽、福建、江苏、江西、山东、上海、浙江。

秋鼠曲草 *Pseudognaphalium hypoleucum* (DC.) Hilliard & B.L. Burtt
别名：秋拟鼠麴草（FOC），秋鼠麹草（江苏植物志 第2版），秋鼠麴草（江西种子植物名录、浙江植物志），同白秋鼠曲草（安徽植物志、福建植物志），同白秋鼠麹草（浙江植物志）
——"*Gnaphalium hypoeucum*"=*Gnaphalium hypoleucum* DC.（拼写错误。浙江植物志）
——*Gnaphalium hypoleucum* DC.（安徽植物志、福建植物志、江西种子植物名录）
——*Gnaphalium hypoleucum* var. *amoyense* (Hance) Hand.-Mazz.

（安徽植物志、福建植物志、浙江植物志）
原生。华东分布：安徽、福建、江苏、江西、浙江。
丝棉草 *Pseudognaphalium luteoalbum* (L.) Hilliard & B.L. Burtt
原生。华东分布：江苏。

香青属 *Anaphalis*

（菊科 Asteraceae）

黄腺香青 *Anaphalis aureopunctata* Lingelsh. & Borza
——"*Anaphalis aureo-punctata*"=*Anaphalis aureopunctata* Lingelsh. & Borza（拼写错误。福建植物志）
——"*Anaphalis aure-opunctata*"=*Anaphalis aureopunctata* Lingelsh. & Borza（拼写错误。江西种子植物名录）
原生。华东分布：福建、江西。
车前叶黄腺香青 *Anaphalis aureopunctata* var. ***plantaginifolia*** F.H. Chen
别名：车前叶香青（安徽植物志）
原生。华东分布：安徽、江西。
珠光香青 *Anaphalis margaritacea* (L.) Benth. & Hook. f.
原生。华东分布：安徽、江西。
黄褐珠光香青 *Anaphalis margaritacea* var. ***cinnamomea*** (DC.) Herder ex Maxim.
原生。华东分布：江西。
香青 *Anaphalis sinica* Hance
别名：翅茎香青（安徽植物志、江西种子植物名录）
——"*Anaphalis pterocaula*"=*Anaphalis pterocaulon* (Franch. & Sav.) Maxim.（拼写错误。江西种子植物名录）
——"*Anaphalis sinica* f. *pterocaula*"=*Anaphalis sinica* f. *pterocaulon* (Franch. & Savat.) Ling（拼写错误。浙江植物志）
——*Anaphalis sinica* f. *pterocaulon* (Franch. & Savat.) Ling（安徽植物志）
原生。华东分布：安徽、福建、江苏、江西、山东、浙江。
密生香青 *Anaphalis sinica* var. ***densata*** Y. Ling
原生。华东分布：山东。

湿鼠曲草属 *Gnaphalium*

（菊科 Asteraceae）

星芒湿鼠曲草 *Gnaphalium involucratum* G. Forst.
别名：分枝星芒鼠曲草（福建植物志），星芒鼠麴草（FOC）
——*Gnaphalium involucratum* var. *ramosum* DC.（福建植物志）
原生。华东分布：福建。
细叶湿鼠曲草 *Gnaphalium japonicum* Thunb.
别名：白背鼠麹草（浙江植物志），细叶鼠曲草（安徽植物志、福建植物志、上海维管植物名录），细叶鼠麹草（江苏植物志 第 2 版），细叶鼠麴草（江西种子植物名录、FOC）
原生。华东分布：安徽、福建、江苏、江西、上海、浙江。
多茎湿鼠曲草 *Gnaphalium polycaulon* Pers.
别名：多茎鼠曲草（安徽植物志、福建植物志、上海维管植物名录），多茎鼠麴草（江西种子植物名录、FOC），多茎鼠麹草（浙江植物志）
原生。华东分布：安徽、福建、江西、上海、浙江。
湿生鼠曲草 *Gnaphalium uliginosum* L.
别名：东北鼠麹草（The addendum of Flora Shandong），湿生鼠麴草（FOC）
——*Gnaphalium mandshuricum* Kirp. & Kuprian. ex Kirp.（The addendum of Flora Shandong）
原生。华东分布：山东。

火绒草属 *Leontopodium*

（菊科 Asteraceae）

薄雪火绒草 *Leontopodium japonicum* Miq.
别名：厚茸薄火绒草（安徽植物志）
——*Leontopodium japonicum* var. *xerogenes* Hand.-Mazz.（安徽植物志）
原生。华东分布：安徽、江苏、江西、浙江。
岩生薄雪火绒草 *Leontopodium japonicum* var. ***saxatile*** Y.S. Chen
原生。华东分布：安徽、浙江。
火绒草 *Leontopodium leontopodioides* (Willd.) Beauverd
原生、栽培。华东分布：江苏、山东。

合冠鼠曲属 *Gamochaeta*

（菊科 Asteraceae）

匙叶合冠鼠曲 *Gamochaeta pensylvanica* (Willd.) Cabrera
别名：匙叶合冠鼠曲草（上海维管植物名录），匙叶合冠鼠麹草（江苏植物志 第 2 版、中国外来入侵植物名录），匙叶合冠鼠麴草（FOC），匙叶鼠曲草（福建植物志），匙叶鼠麴草（江西种子植物名录、浙江植物志）
——*Gnaphalium pensylvanicum* Willd.（福建植物志、江西种子植物名录、浙江植物志）
外来。华东分布：安徽、福建、江苏、江西、上海、浙江。

白酒草属 *Eschenbachia*

（菊科 Asteraceae）

埃及白酒草 *Eschenbachia aegyptiaca* (L.) Brouillet
——*Conyza aegyptiaca* (L.) Aiton（福建植物志）
原生。华东分布：福建。
白酒草 *Eschenbachia japonica* (Thunb.) J. Kost.
——*Conyza japonica* (Thunb.) Less. ex Less.（安徽植物志、福建植物志、江西种子植物名录、浙江植物志）
原生。华东分布：安徽、福建、江苏、江西、浙江。
黏毛白酒草 *Eschenbachia leucantha* (D. Don) Brouillet
别名：粘毛白酒草（FOC）
——*Conyza leucantha* (D. Don) Ludlow & P.H. Raven（福建植物志）
原生。华东分布：福建。

田基黄属 *Grangea*

（菊科 Asteraceae）

田基黄 *Grangea maderaspatana* (L.) Poir.
原生。华东分布：福建。

鱼眼草属 *Dichrocephala*

（菊科 Asteraceae）

小鱼眼草 *Dichrocephala benthamii* C.B. Clarke
原生。华东分布：江西。
鱼眼草 *Dichrocephala integrifolia* (L. f.) Kuntze
——*Dichrocephala auriculata* (Thunb.) Druce（浙江植物志）

原生。华东分布：福建、江西、浙江。

碱菀属 *Tripolium*

（菊科 Asteraceae）

碱菀 *Tripolium pannonicum* (Jacq.) Dobrocz.
别名：竹叶菊（安徽植物志）
——*Tripolium vulgare* Nees（不合法名称。安徽植物志、福建植物志、山东植物志、浙江植物志）
原生。华东分布：安徽、福建、江苏、山东、上海、浙江。

翠菊属 *Callistephus*

（菊科 Asteraceae）

翠菊 *Callistephus chinensis* (L.) Nees
原生、栽培。华东分布：江苏、山东。

瓶头草属 *Lagenophora*

（菊科 Asteraceae）

瓶头草 *Lagenophora stipitata* (Labill.) Druce
原生。华东分布：福建。

紫菀属 *Aster*

（菊科 Asteraceae）

三脉紫菀 *Aster ageratoides* Turcz.
原生。华东分布：安徽、福建、江苏、江西、山东、浙江。
异叶三脉紫菀 *Aster ageratoides* var. ***holophyllus*** Maxim.
——"*Aster ageratoides* var. *heterophyllus*"=*Aster ageratoides* var. *holophyllus* Maxim.（拼写错误。江西种子植物名录）
原生。华东分布：江西。
毛枝三脉紫菀 *Aster ageratoides* var. ***lasiocladus*** (Hayata) Hand.-Mazz.
别名：毛茎紫菀（江西种子植物名录）
——*Aster lasiocladus* Hayata（江西种子植物名录）
——*Aster trinervius* var. *lasiocladus* (Hayata) Yamam.（上海维管植物名录）
原生。华东分布：安徽、福建、江苏、江西、上海。
宽伞三脉紫菀 *Aster ageratoides* var. ***laticorymbus*** (Vaniot) Hand.-Mazz.
原生。华东分布：安徽、福建、江西。
微糙三脉紫菀 *Aster ageratoides* var. ***scaberulus*** (Miq.) Y. Ling
别名：山白菊（安徽植物志）
原生。华东分布：安徽、福建、江苏、江西、浙江。
翼柄紫菀 *Aster alatipes* Hemsl.
原生。华东分布：安徽。
阿尔泰狗娃花 *Aster altaicus* Willd.
别名：阿尔泰狗哇花（山东植物志），阿尔泰紫菀（江苏植物志 第2版）
——*Heteropappus altaicus* (Willd.) Novopokr.（山东植物志）
原生。华东分布：江苏、山东。
普陀狗娃花 *Aster arenarius* (Kitam.) Nemoto
别名：普陀狗哇花（浙江植物志）
——*Heteropappus arenarius* Kitam.（浙江植物志）
原生。华东分布：上海、浙江。
华南狗娃花 *Aster asagrayi* Makino
——*Heteropappus ciliosus* (Turcz.) Y. Ling（福建植物志）
原生。华东分布：福建。
白舌紫菀 *Aster baccharoides* (Benth.) Steetz
原生。华东分布：福建、江西、浙江。
女菀 *Aster fastigiatus* Fisch.
——"*Turczaninowia fastigiata*"=*Turczaninovia fastigiata* (Fisch.) DC.（拼写错误。安徽植物志、福建植物志、江西种子植物名录、山东植物志）
——*Turczaninovia fastigiata* (Fisch.) DC.（江苏植物志 第2版、上海维管植物名录、浙江植物志、FOC）
原生。华东分布：安徽、福建、江苏、江西、山东、上海、浙江。
台岩紫菀 *Aster formosanus* Hayata
原生。华东分布：浙江。
狗娃花 *Aster hispidus* Thunb.
别名：狗哇花（山东植物志、浙江植物志）
——*Heteropappus hispidus* (Thunb.) Less.（安徽植物志、福建植物志、江西种子植物名录、山东植物志、浙江植物志）
原生。华东分布：安徽、福建、江苏、江西、山东、浙江。
马兰 *Aster indicus* L.
别名：多型马兰（安徽植物志、浙江植物志），深裂叶马兰（江西种子植物名录），狭叶马兰（安徽植物志）
——*Kalimeris indica* (L.) Sch. Bip.（安徽植物志、福建植物志、江西种子植物名录、山东植物志、浙江植物志）
——*Kalimeris indica* var. *polymorpha* (Vaniot) Kitam.（安徽植物志、江西种子植物名录、浙江植物志）
——*Kalimeris indica* var. *stenophylla* Kitam.（安徽植物志）
原生。华东分布：安徽、福建、江苏、江西、山东、上海、浙江。
丘陵马兰 *Aster indicus* var. ***collinus*** (Hance) Soejima & Igari
原生。华东分布：福建、江西。
狭苞马兰 *Aster indicus* var. ***stenolepis*** (Hand.-Mazz.) Soejima & Igari
——*Kalimeris indica* var. *stenolepis* (Hand.-Mazz.) Kitam.（安徽植物志、福建植物志、江西种子植物名录）
原生。华东分布：安徽、福建、江苏、江西、浙江。
九龙山紫菀 *Aster jiulongshanensis* Z.H. Chen, X.Y. Ye & C.C. Pan
原生。华东分布：福建、江西、浙江。
山马兰 *Aster lautureanus* (Debeaux) Franch.
——*Kalimeris lautureana* (Debeaux) Kitam.（山东植物志）
原生。华东分布：江苏、山东、浙江。
短冠东风菜 *Aster marchandii* H. Lév.
——*Cardiagyris marchandii* (H. Lév.) G.L. Nesom［*Cardiagyris* (Asteraceae: Astereae), A New Genus for the Doelllingeria-like Species of Asia］
——*Doellingeria marchandii* (H. Lév.) Y. Ling（福建植物志、江西种子植物名录、浙江植物志）
原生。华东分布：福建、江苏、江西、浙江。
蒙古马兰 *Aster mongolicus* Franch.
别名：蒙古蒿（江西种子植物名录）
——"*Aster mongolica*"=*Aster mongolicus* Franch.（拼写错误。江西种子植物名录）
——*Kalimeris mongolica* (Franch.) Kitam.（山东植物志）
原生。华东分布：江西、山东。

虾须草 *Aster spananthus* Yuan Wang, Jing Yan & C. Du nom. nov.
［**Replaced name:** *Sheareria nana* S. Moore in Journal of Botany, British and Foreign 13(152): 227. 1875. **Type:** *Shearer s.n.* (Holotype: K-000890089)］
——*Sheareria nana* S. Moore（安徽植物志、江苏植物志 第 2 版、江西种子植物名录、浙江植物志、FOC）
原生。华东分布：安徽、江苏、江西、浙江。
琴叶紫菀 *Aster panduratus* Nees ex Walp.
——*Metamyriactis pandurata* (Nees ex Walp.) G.L. Nesom［*Metamyriactis* (Asteraceae, Astereae), A New Genus of Southeast Asian Asters］
原生。华东分布：安徽、福建、江苏、江西、浙江。
全叶马兰 *Aster pekinensis* (Hance) F.H. Chen
别名：金叶马兰（江西种子植物名录），全缘叶马兰（安徽植物志、浙江植物志）
——"*Kalimeris integifolia*"=*Kalimeris integrifolia* Turcz. ex DC.（拼写错误。江西种子植物名录）
——*Kalimeris integrifolia* Turcz. ex DC.（安徽植物志、福建植物志、山东植物志、浙江植物志）
原生。华东分布：安徽、福建、江苏、江西、山东、浙江。
高茎紫菀 *Aster procerus* Hemsl.
原生。华东分布：安徽、浙江。
东风菜 *Aster scaber* Thunb.
——"*Doellingeria scaber*"=*Doellingeria scabra* (Thunb.) Nees（拼写错误。安徽植物志、江西种子植物名录、浙江植物志）
——*Cardiagyris scabra* (Thunb.) G.L. Nesom［*Cardiagyris* (Asteraceae: Astereae), A New Genus for the Doelllingeria-like Species of Asia］
——*Doellingeria scabra* (Thunb.) Nees（福建植物志、山东植物志）
原生。华东分布：安徽、福建、江苏、江西、山东、浙江。
毡毛马兰 *Aster shimadae* (Kitam.) Nemoto
——"*Kalimeris shimadai*"=*Kalimeris shimadae* (Kitam.) Kitam.（拼写错误。安徽植物志、福建植物志）
——*Kalimeris shimadae* (Kitam.) Kitam.（江西种子植物名录、浙江植物志）
原生。华东分布：安徽、福建、江苏、江西、山东、上海、浙江。
岳麓紫菀 *Aster sinianus* Hand.-Mazz.
原生。华东分布：江西。
狭叶裸菀 *Aster sinoangustifolius* Brouillet, Semple & Y.L. Chen
别名：窄叶裸菀（福建植物志、浙江植物志）
——*Miyamayomena angustifolia* (Hand.-Mazz.) Y.L. Chen（福建植物志、浙江植物志）
原生。华东分布：福建、浙江。
匙叶紫菀 *Aster spathulifolius* Maxim.
原生。华东分布：浙江。
紫菀 *Aster tataricus* L. f.
——*Aster tataricus* var. *petersianus* hort. ex Bailey（安徽植物志）
原生。华东分布：安徽、江苏、江西、山东、浙江。
铜铃山紫菀 *Aster tonglingensis* G.J. Zhang & T.G. Gao
别名：长叶紫菀（福建植物志）
——"*Aster dolichophyllus*"=*Aster tonglingensis* G.J. Zhang & T.G. Gao（误用名。福建植物志）
原生。华东分布：福建、浙江。
陀螺紫菀 *Aster turbinatus* S. Moore
原生。华东分布：安徽、福建、江苏、江西、上海、浙江。
仙白草 *Aster turbinatus* var. ***chekiangensis*** C. Ling ex Y. Ling
别名：浙江紫菀（江西种子植物名录）
——*Aster chekiangensis* (C. Ling ex Y. Ling) Y.F. Lu & X.F. Jin［New Materials of the Seed Plants in Zhejiang (VI)］
原生。华东分布：安徽、江西、浙江。
秋分草 *Aster verticillatus* (Reinw.) Brouillet, Semple & Y.L. Chen
——*Rhynchospermum verticillatum* Reinw. ex Reinw.（福建植物志、江西种子植物名录、浙江植物志）
原生。华东分布：福建、江西、浙江。
密毛紫菀 *Aster vestitus* Franch.
原生。华东分布：江西。
仙居紫菀 *Aster xianjuensis* Y.F. Lu, W.Y. Xie & X.F. Jin
原生。华东分布：浙江。

黏冠草属 *Myriactis*

（菊科 Asteraceae）

圆舌黏冠草 *Myriactis nepalensis* Less.
别名：圆舌粘冠草（FOC）
原生。华东分布：江西。

飞蓬属 *Erigeron*

（菊科 Asteraceae）

飞蓬 *Erigeron acris* L.
——"*Erigeron acer*"=*Erigeron acris* L.（拼写错误。山东植物志）
原生。华东分布：山东。
一年蓬 *Erigeron annuus* (L.) Pers.
外来。华东分布：安徽、福建、江苏、江西、山东、上海、浙江。
香丝草 *Erigeron bonariensis* L.
别名：野塘蒿（安徽植物志、江苏植物志 第 2 版、江西种子植物名录、山东植物志、浙江植物志）
——*Conyza bonariensis* (L.) Cronquist（安徽植物志、福建植物志、江苏植物志 第 2 版、江西种子植物名录、山东植物志、浙江植物志）
外来。华东分布：安徽、福建、江苏、江西、山东、上海、浙江。
小蓬草 *Erigeron canadensis* L.
别名：小飞蓬（安徽植物志、江西种子植物名录）
——*Conyza canadensis* (L.) Cronquist（安徽植物志、福建植物志、江苏植物志 第 2 版、江西种子植物名录、山东植物志、浙江植物志）
外来。华东分布：安徽、福建、江苏、江西、山东、上海、浙江。
春飞蓬 *Erigeron philadelphicus* L.
外来。华东分布：安徽、江苏、江西、上海、浙江。
糙伏毛飞蓬 *Erigeron strigosus* Muhl. ex Willd.
别名：糙伏飞蓬（江苏植物志 第 2 版）
外来。华东分布：安徽、福建、江苏、江西、山东、上海、浙江。
苏门白酒草 *Erigeron sumatrensis* Retz.
别名：苏门小蓬草（江苏植物志 第 2 版）
——*Conyza sumatrensis* (Retz.) E. Walker（福建植物志、江苏植物志 第 2 版、江西种子植物名录、浙江植物志）
外来。华东分布：安徽、福建、江苏、江西、山东、上海、浙江。

一枝黄花属 *Solidago*

（菊科 Asteraceae）

加拿大一枝黄花 *Solidago canadensis* L.
外来。华东分布：安徽、福建、江苏、江西、山东、上海、浙江。
兴安一枝黄花 *Solidago dahurica* (Kitag.) Kitag. ex Juz.
别名：一枝黄花（山东植物志）
——*Solidago virgaurea* var. *dahurica* Kitag.（山东植物志）
原生。华东分布：山东。
一枝黄花 *Solidago decurrens* Lour.
原生。华东分布：安徽、福建、江苏、江西、上海、浙江。

联毛紫菀属 *Symphyotrichum*

（菊科 Asteraceae）

短星菊 *Symphyotrichum ciliatum* (Ledeb.) G.L. Nesom
原生。华东分布：山东。
钻叶紫菀 *Symphyotrichum subulatum* (Michx.) G.L. Nesom
别名：钻形紫菀（山东植物志、浙江植物志）
——"*Aster sublatus*"=*Aster subulatus* (Michx.) Hort. ex Michx.（拼写错误。浙江植物志）
——*Aster subulatus* (Michx.) Hort. ex Michx.（安徽植物志、福建植物志、山东植物志）
外来。华东分布：安徽、福建、江苏、江西、山东、上海、浙江。

裸柱菊属 *Soliva*

（菊科 Asteraceae）

裸柱菊 *Soliva anthemifolia* (Juss.) R. Br.
外来。华东分布：安徽、福建、江苏、江西、上海、浙江。
翅果裸柱菊 *Soliva sessilis* Ruiz & Pav.
别名：翼子裸柱菊（FOC）
——*Soliva pterosperma* (Juss.) Less.（中国外来入侵植物名录、FOC）
外来。华东分布：上海。

山芫荽属 *Cotula*

（菊科 Asteraceae）

芫荽菊 *Cotula anthemoides* L.
别名：芫绥菊（FOC）
原生。华东分布：福建、江西、浙江。
南方山芫荽 *Cotula australis* Hook. f.
别名：澳洲山芫荽（中国外来入侵植物名录）
外来。华东分布：福建。

亚菊属 *Ajania*

（菊科 Asteraceae）

灌木亚菊 *Ajania fruticulosa* (Ledeb.) Poljakov
原生。华东分布：江苏。
细叶亚菊 *Ajania tenuifolia* (Jacquem. ex Besser) Tzvelev
原生。华东分布：江苏。

菊属 *Chrysanthemum*

（菊科 Asteraceae）

阿里山菊 *Chrysanthemum arisanense* Hayata
原生。华东分布：江苏。
小红菊 *Chrysanthemum chanetii* H. Lév.
——*Dendranthema chanetii* (H. Lév.) C. Shih（山东植物志）
原生。华东分布：山东。
裂苞菊 *Chrysanthemum foliaceum* (G.F. Peng, C. Shih & S.Q. Zhang) J.M. Wang & Y.T. Hou
别名：叶状菊（FOC）
原生。华东分布：山东。
野菊 *Chrysanthemum indicum* L.
别名：菊花脑（江苏植物志 第 2 版）
——"*Dendranthema indica*"=*Dendranthema indicum* (L.) Des Moulins（拼写错误。浙江植物志）
——*Chrysanthemum indicum* var. *edule* Kitam.（江苏植物志 第 2 版）
——*Dendranthema indicum* (L.) Des Moulins（安徽植物志、福建植物志、江西种子植物名录、山东植物志）
原生。华东分布：安徽、福建、江苏、江西、山东、上海、浙江。
甘菊 *Chrysanthemum lavandulifolium* (Fisch. ex Trautv.) Makino
别名：甘野菊（江西种子植物名录）
——"*Dendranthema lavandulifolia* (Fisch. ex Trautv.) Y. Ling & C. Shih"=*Dendranthema lavandulifolium* (fischer ex Trautv.) Kitam.(拼写错误；不合法名称。浙江植物志）
——*Dendranthema lavandulifolium* (fischer ex Trautv.) Kitam.（安徽植物志、山东植物志）
——*Dendranthema lavandulifolium* var. *seticuspe* (Maxim.) C. Shih（江西种子植物名录）
原生。华东分布：安徽、江苏、江西、山东、浙江。
毛叶甘菊 *Chrysanthemum lavandulifolium* var. ***tomentellum*** Hand.-Mazz.
原生。华东分布：江苏、浙江。
线苞菊 *Chrysanthemum longibracteatum* (C. Shih, G.F. Peng & S.Y. Jin) J.M. Wang & Y.T. Hou
别名：长苞菊（FOC）
原生。华东分布：山东。
楔叶菊 *Chrysanthemum naktongense* Nakai
原生。华东分布：山东。
委陵菊 *Chrysanthemum potentilloides* Hand.-Mazz.
——*Dendranthema potentilloides* (Hand.-Mazz.) C. Shih（山东植物志）
原生。华东分布：江苏、山东。
毛华菊 *Chrysanthemum vestitum* (Hemsl.) Kitam.
——*Dendranthema vestitum* (Hemsl.) Y. Ling（安徽植物志）
原生。华东分布：安徽。
阔叶毛华菊 *Chrysanthemum vestitum* var. ***latifolium*** J. Zhou & Jun Y. Chen
原生。华东分布：安徽。
紫花野菊 *Chrysanthemum zawadskii* Herbich
——*Dendranthema zawadskii* (Herbich) Tzvelev（安徽植物志、山东植物志、浙江植物志）
原生。华东分布：安徽、江苏、山东、浙江。

栉叶蒿属 *Neopallasia*

（菊科 Asteraceae）

栉叶蒿 *Neopallasia pectinata* (Pall.) Poljakov
原生。华东分布：上海。

芙蓉菊属 *Crossostephium*

（菊科 Asteraceae）

芙蓉菊 *Crossostephium chinense* (L.) Makino
——"*Crossostephium chinensis*"=*Crossostephium chinense* (L.) Makino（拼写错误。上海维管植物名录）
原生、栽培。华东分布：福建、江苏、上海、浙江。

蒿属 *Artemisia*

（菊科 Asteraceae）

中亚苦蒿 *Artemisia absinthium* L.
别名：苦蒿（江苏植物志 第 2 版）
原生。华东分布：江苏。

碱蒿 *Artemisia anethifolia* Weber ex Stechm.
原生。华东分布：上海。

莳萝蒿 *Artemisia anethoides* Mattf.
原生。华东分布：江苏、山东、上海。

狭叶牡蒿 *Artemisia angustissima* Nakai
原生。华东分布：江苏、山东、上海。

黄花蒿 *Artemisia annua* L.
原生。华东分布：安徽、福建、江苏、江西、山东、上海、浙江。

奇蒿 *Artemisia anomala* S. Moore
原生。华东分布：安徽、福建、江苏、江西、上海、浙江。

尾尖奇蒿 *Artemisia anomala* var. ***acuminatissima*** Y.R. Ling
原生。华东分布：安徽、江西、浙江。

密毛奇蒿 *Artemisia anomala* var. ***tomentella*** Hand.-Mazz.
别名：毛奇蒿（江西种子植物名录）
原生。华东分布：安徽、江西、浙江。

艾 *Artemisia argyi* H. Lév. & Vaniot
别名：艾蒿（安徽植物志、江苏植物志 第 2 版、浙江植物志），朝鲜艾蒿（安徽植物志）
——*Artemisia argyi* var. *gracilis* Pamp.（安徽植物志）
原生。华东分布：安徽、福建、江苏、江西、山东、上海、浙江。

暗绿蒿 *Artemisia atrovirens* Hand.-Mazz.
别名：深绿蒿（浙江植物志）
原生。华东分布：安徽、福建、江西、浙江。

茵陈蒿 *Artemisia capillaris* Thunb.
原生。华东分布：安徽、福建、江苏、江西、山东、上海、浙江。

青蒿 *Artemisia carvifolia* Buch.-Ham. ex Roxb.
——"*Artemisia caruifolia*"=*Artemisia carvifolia* Buch.-Ham. ex Roxb.（拼写错误。安徽植物志、江苏植物志 第 2 版、上海维管植物名录、浙江植物志、FOC）
原生。华东分布：安徽、福建、江苏、江西、山东、上海、浙江。

大头青蒿 *Artemisia carvifolia* var. ***schochii*** (Mattf.) Pamp.
——"*Artemisia caruifolia* var. *schochii*"=*Artemisia carvifolia* var. *schochii* (Mattf.) Pamp.（拼写错误。安徽植物志、FOC）
原生。华东分布：安徽、江苏、江西。

南毛蒿 *Artemisia chingii* Pamp.
原生。华东分布：安徽、江西、浙江。

无毛牛尾蒿 *Artemisia dubia* var. ***subdigitata*** (Mattf.) Y.R. Ling
原生。华东分布：江苏、山东。

南牡蒿 *Artemisia eriopoda* Bunge
原生。华东分布：安徽、江苏、山东、上海、浙江。

渤海滨南牡蒿 *Artemisia eriopoda* var. ***maritima*** Y. Ling & Y.-R. Ling
原生。华东分布：山东。

圆叶南牡蒿 *Artemisia eriopoda* var. ***rotundifolia*** (Debeaux) Y.R. Ling
原生。华东分布：江苏、山东。

海州蒿 *Artemisia fauriei* Nakai
原生。华东分布：江苏、山东。

滨艾 *Artemisia fukudo* Makino
别名：滨蒿（浙江植物志）
原生。华东分布：福建、浙江。

湘赣艾 *Artemisia gilvescens* Miq.
原生。华东分布：安徽、江西。

白莲蒿 *Artemisia gmelinii* Weber ex Stechm.
——*Artemisia sacrorum* Ledeb.（安徽植物志、福建植物志、山东植物志、浙江植物志）
原生。华东分布：安徽、福建、江苏、山东、浙江。

灰莲蒿 *Artemisia gmelinii* var. ***incana*** (Besser) H.C. Fu
——*Artemisia sacrorum* var. *incana* (Besser) Y.R. Ling（安徽植物志）
原生。华东分布：安徽、福建、江苏、江西、山东、上海、浙江。

密毛白莲蒿 *Artemisia gmelinii* var. ***messerschmidiana*** (Besser) Poljakov
——"*Artemisia gmelinii* var. *messerschmidtiana*"=*Artemisia gmelinii* var. *messerschmidiana* (Besser) Poljakov（拼写错误。江苏植物志 第 2 版）
——*Artemisia sacrorum* var. *messerschmidtiana* (Besser) Y.R. Ling（安徽植物志）
原生。华东分布：安徽、江苏、山东。

盐蒿 *Artemisia halodendron* Turcz. ex Besser
原生。华东分布：山东。

歧茎蒿 *Artemisia igniaria* Maxim.
原生。华东分布：山东。

五月艾 *Artemisia indica* Willd.
别名：印度蒿（浙江植物志）
原生。华东分布：安徽、福建、江苏、江西、山东、上海、浙江。

柳叶蒿 *Artemisia integrifolia* L.
原生。华东分布：安徽、上海。

牡蒿 *Artemisia japonica* Thunb.
原生。华东分布：安徽、福建、江苏、江西、山东、上海、浙江。

庵闾 *Artemisia keiskeana* Miq.
别名：无齿蒌蒿（FOC）
原生。华东分布：山东。

白苞蒿 *Artemisia lactiflora* Wall. ex DC.
——"*Artemisia lactifolia*"=*Artemisia lactiflora* Wall. ex DC.（拼写错误。浙江植物志）
原生。华东分布：安徽、福建、江苏、江西、上海、浙江。

矮蒿 *Artemisia lancea* Vaniot

原生。华东分布：安徽、福建、江苏、江西、山东、上海、浙江。

野艾蒿 *Artemisia lavandulifolia* DC.

别名：无齿艾蒿（江西种子植物名录）

——"*Artemisia lavandulaefolia*"=*Artemisia lavandulifolia* DC.（拼写错误。安徽植物志、福建植物志、江西种子植物名录、山东植物志、浙江植物志）

——*Artemisia argyi* var. *eximia* (Pamp.) Kitag.（江西种子植物名录）

原生。华东分布：安徽、福建、江苏、江西、山东、上海、浙江。

细杆沙蒿 *Artemisia macilenta* (Maxim.) Krasch.

原生。华东分布：山东。

蒙古蒿 *Artemisia mongolica* (Fisch. ex Besser) Nakai

原生。华东分布：安徽、福建、江苏、江西、山东、上海、浙江。

山地蒿 *Artemisia montana* (Nakai) Pamp.

原生。华东分布：安徽、江西、上海。

西南牡蒿 *Artemisia parviflora* Buch.-Ham. ex Roxb.

——*Artemisia japonica* var. *parviflora* (Buch.-Ham. ex D. Don) Pamp.（江西种子植物名录）

原生。华东分布：江西。

魁蒿 *Artemisia princeps* Pamp.

原生。华东分布：安徽、福建、江苏、江西、山东、上海、浙江。

红足蒿 *Artemisia rubripes* Nakai

原生。华东分布：安徽、福建、江苏、江西、山东、上海、浙江。

猪毛蒿 *Artemisia scoparia* Waldst. & Kit.

原生。华东分布：安徽、福建、江苏、江西、山东、上海、浙江。

蒌蒿 *Artemisia selengensis* Turcz. ex Besser

别名：萎蒿（安徽植物志、山东植物志）

——"*Artemisia selengenis*"=*Artemisia selengensis* Turcz. ex Besser（拼写错误。浙江植物志）

原生。华东分布：安徽、江苏、江西、山东、上海、浙江。

大籽蒿 *Artemisia sieversiana* Ehrh. ex Willd.

原生、栽培。华东分布：江苏、江西、山东、上海。

中南蒿 *Artemisia simulans* Pamp.

原生。华东分布：安徽、福建、江西、浙江。

宽叶山蒿 *Artemisia stolonifera* (Maxim.) Kom.

原生。华东分布：安徽、江苏、江西、山东、浙江。

阴地蒿 *Artemisia sylvatica* Maxim.

——"*Artemisia sylvestica*"=*Artemisia sylvatica* Maxim.(拼写错误。浙江植物志）

原生。华东分布：安徽、江苏、江西、山东、上海、浙江。

密序阴地蒿 *Artemisia sylvatica* var. ***meridionalis*** Pamp.

——"*Artemisia sylvatica* var. *meridlonalis*"=*Artemisia sylvatica* var. *meridionalis* Pamp.（拼写错误。安徽植物志）

原生。华东分布：安徽、江苏。

黄毛蒿 *Artemisia velutina* Pamp.

原生。华东分布：安徽、福建、江西、山东。

辽东蒿 *Artemisia verbenacea* (Kom.) Kitag.

原生。华东分布：山东。

南艾蒿 *Artemisia verlotiorum* Lamotte

——"*Artemisia verlotorum*"=*Artemisia verlotiorum* Lamotte（拼写错误。安徽植物志、福建植物志、江苏植物志 第2版、江西种子植物名录、上海维管植物名录、FOC）

原生。华东分布：安徽、福建、江苏、江西、山东、上海、浙江。

母菊属 *Matricaria*

（菊科 Asteraceae）

母菊 *Matricaria recutita* L.

——*Matricaria chamomilla* L.（江苏植物志 第2版、上海维管植物名录、FOC）

原生。华东分布：安徽、江苏、山东、上海。

蓍属 *Achillea*

（菊科 Asteraceae）

高山蓍 *Achillea alpina* L.

原生、栽培。华东分布：安徽、江苏。

三肋果属 *Tripleurospermum*

（菊科 Asteraceae）

新疆三肋果 *Tripleurospermum inodorum* (L.) Sch. Bip.

原生。华东分布：江苏。

羊耳菊属 *Duhaldea*

（菊科 Asteraceae）

羊耳菊 *Duhaldea cappa* (Buch.-Ham. ex D. Don) Pruski & Anderb.

——*Inula cappa* (Buch.-Ham. ex D. Don) DC.（福建植物志、江西种子植物名录、浙江植物志）

原生。华东分布：福建、江西、浙江。

艾纳香属 *Blumea*

（菊科 Asteraceae）

馥芳艾纳香 *Blumea aromatica* DC.

别名：艾纳香（江西种子植物名录）

原生。华东分布：福建、江西、浙江。

柔毛艾纳香 *Blumea axillaris* (Lam.) DC.

——*Blumea mollis* (D. Don) Merr.（福建植物志、江西种子植物名录、浙江植物志）

原生。华东分布：福建、江西、浙江。

艾纳香 *Blumea balsamifera* (L.) DC.

原生。华东分布：福建。

七里明 *Blumea clarkei* Hook. f.

原生。华东分布：福建、江西。

节节红 *Blumea fistulosa* (Roxb.) Kurz

原生。华东分布：福建。

台北艾纳香 *Blumea formosana* Kitam.

别名：美丽艾纳香（安徽植物志），台湾艾纳香（浙江植物志）

原生。华东分布：安徽、福建、江西、浙江。

少叶艾纳香 *Blumea hamiltonii* DC.

别名：拟毛毡草（福建植物志、江西种子植物名录、FOC），丝毛艾纳香（浙江植物志）

——*Blumea sericans* (Kurz) Hook. f.（福建植物志、江西种子植物名录、浙江植物志、FOC）

原生。华东分布：福建、江西、浙江。

毛毡草 *Blumea hieraciifolia* (Spreng.) DC.

——"*Blumea hieracifolia*"=*Blumea hieraciifolia* (Spreng.) DC.（拼写错误。福建植物志、江西种子植物名录、浙江植物志）

原生。华东分布：福建、江西、浙江。
见霜黄 ***Blumea lacera*** (Burm. f.) DC.
原生。华东分布：福建、江西、浙江。
裂苞艾纳香 ***Blumea martiniana*** Vaniot
原生。华东分布：江西。
东风草 ***Blumea megacephala*** (Randeria) C.C. Chang & Y.Q. Tseng
原生。华东分布：福建、江西、浙江。
长圆叶艾纳香 ***Blumea oblongifolia*** Kitam.
别名：长园叶艾纳香（江西种子植物名录）
原生。华东分布：福建、江西、浙江。
无梗艾纳香 ***Blumea sessiliflora*** Decne.
原生。华东分布：江西。
六耳铃 ***Blumea sinuata*** (Lour.) Merr.
——*Blumea laciniata* DC.（福建植物志）
原生。华东分布：福建、浙江。

旋覆花属 *Inula*

（菊科 Asteraceae）

欧亚旋覆花 ***Inula britannica*** L.
——"*Inula britanica*"=*Inula britannica* L.（拼写错误。江西种子植物名录、山东植物志）
原生。华东分布：江苏、江西、山东、上海。
土木香 ***Inula helenium*** L.
原生、栽培。华东分布：江苏、山东。
旋覆花 ***Inula japonica*** Thunb.
原生。华东分布：安徽、福建、江苏、江西、山东、上海、浙江。
多枝旋覆花 ***Inula japonica*** var. ***ramosa*** (Kom.) C.Y. Li
原生。华东分布：安徽。
线叶旋覆花 ***Inula linariifolia*** Turcz.
别名：条叶旋覆花（安徽植物志）
——"*Inula leariifolia*"=*Inula linariifolia* Turcz.（拼写错误。安徽植物志、福建植物志、江西种子植物名录、浙江植物志）
原生。华东分布：安徽、福建、江苏、江西、山东、上海、浙江。
柳叶旋覆花 ***Inula salicina*** L.
原生。华东分布：山东。
蓼子朴 ***Inula salsoloides*** (Turcz.) Ostenf.
原生。华东分布：山东。

天名精属 *Carpesium*

（菊科 Asteraceae）

天名精 ***Carpesium abrotanoides*** L.
原生。华东分布：安徽、福建、江苏、江西、山东、上海、浙江。
烟管头草 ***Carpesium cernuum*** L.
原生。华东分布：安徽、福建、江苏、江西、山东、上海、浙江。
金挖耳 ***Carpesium divaricatum*** Sieb. & Zucc.
原生。华东分布：安徽、福建、江苏、江西、浙江。
贵州天名精 ***Carpesium faberi*** C. Winkl.
别名：中日金挖耳（FOC）
原生。华东分布：福建。
舌叶天名精 ***Carpesium glossophyllum*** Maxim.
原生。华东分布：浙江。
小花金挖耳 ***Carpesium minus*** Hemsl.
原生。华东分布：安徽、江西。
暗花金挖耳 ***Carpesium triste*** Maxim.
原生。华东分布：安徽、浙江。

六棱菊属 *Laggera*

（菊科 Asteraceae）

六棱菊 ***Laggera alata*** (D. Don) Sch. Bip. ex Oliv.
原生。华东分布：安徽、福建、江苏、江西、浙江。

球菊属 *Epaltes*

（菊科 Asteraceae）

球菊 ***Epaltes australis*** Less.
别名：鹅不食草（FOC）
原生。华东分布：福建、江西。

阔苞菊属 *Pluchea*

（菊科 Asteraceae）

阔苞菊 ***Pluchea indica*** (L.) Less.
原生。华东分布：福建。
光梗阔苞菊 ***Pluchea pteropoda*** Hemsl. ex F.B. Forbes & Hemsl.
原生。华东分布：福建。
翼茎阔苞菊 ***Pluchea sagittalis*** (Lam.) Cabrera
外来。华东分布：福建。

石胡荽属 *Centipeda*

（菊科 Asteraceae）

石胡荽 ***Centipeda minima*** (L.) A. Braun & Asch.
原生。华东分布：安徽、福建、江苏、江西、山东、上海、浙江。

山黄菊属 *Anisopappus*

（菊科 Asteraceae）

山黄菊 ***Anisopappus chinensis*** Hook. & Arn.
原生。华东分布：福建、江西。

鹿角草属 *Glossocardia*

（菊科 Asteraceae）

鹿角草 ***Glossocardia bidens*** (Retz.) Veldkamp
——*Glossogyne tenuifolia* Cass. ex Less.（福建植物志）
原生。华东分布：福建、浙江。

秋英属 *Cosmos*

（菊科 Asteraceae）

秋英 ***Cosmos bipinnatus*** Cav.
别名：波斯菊（江苏植物志 第 2 版）
——"*Cosmos bipinnata*"=*Cosmos bipinnatus* Cav.（拼写错误。安徽植物志、福建植物志、浙江植物志）
外来、栽培。华东分布：安徽、福建、江苏、江西、山东、上海、浙江。
黄秋英 ***Cosmos sulphureus*** Cav.
别名：硫磺菊（安徽植物志、江苏植物志 第 2 版）
外来、栽培。华东分布：安徽、福建、江苏、江西、山东、上海、浙江。

鬼针草属 *Bidens*

（菊科 Asteraceae）

婆婆针 ***Bidens bipinnata*** L.

外来。华东分布：安徽、福建、江苏、江西、山东、上海、浙江。

金盏银盘 ***Bidens biternata*** (Lour.) Merr. & Sherff

原生。华东分布：安徽、福建、江苏、江西、山东、上海、浙江。

大狼杷草 ***Bidens frondosa*** L.

别名：大狼把草（安徽植物志、江西种子植物名录、山东植物志、浙江植物志）

外来。华东分布：安徽、福建、江苏、江西、山东、上海、浙江。

小花鬼针草 ***Bidens parviflora*** Willd.

原生。华东分布：安徽、江苏、山东、上海。

鬼针草 ***Bidens pilosa*** L.

别名：白花鬼针草（安徽植物志、福建植物志、江西种子植物名录），三叶鬼针草（中国外来入侵植物名录）

——*Bidens pilosa* var. *radiata* (Sch. Bip.) J.A. Schmidt（安徽植物志、福建植物志、江西种子植物名录）

外来。华东分布：安徽、福建、江苏、江西、山东、上海、浙江。

狼杷草 ***Bidens tripartita*** L.

别名：狼把草（安徽植物志、山东植物志、浙江植物志）

原生。华东分布：安徽、福建、江苏、江西、山东、上海、浙江。

金鸡菊属 *Coreopsis*

（菊科 Asteraceae）

大花金鸡菊 ***Coreopsis grandiflora*** Hogg ex Sweet

外来、栽培。华东分布：安徽、福建、江苏、江西、山东、上海、浙江。

剑叶金鸡菊 ***Coreopsis lanceolata*** L.

别名：金鸡菊（安徽植物志）

外来、栽培。华东分布：安徽、福建、江苏、山东、浙江。

两色金鸡菊 ***Coreopsis tinctoria*** Nutt.

别名：蛇目菊（安徽植物志）

外来、栽培。华东分布：安徽、福建、江苏、江西、山东、上海、浙江。

黄顶菊属 *Flaveria*

（菊科 Asteraceae）

黄顶菊 ***Flaveria bidentis*** (L.) Kuntze

外来。华东分布：安徽、山东。

万寿菊属 *Tagetes*

（菊科 Asteraceae）

万寿菊 ***Tagetes erecta*** L.

别名：孔雀草（安徽植物志、福建植物志、山东植物志、浙江植物志）

——*Tagetes patula* L.（安徽植物志、福建植物志、山东植物志、浙江植物志）

外来、栽培。华东分布：安徽、福建、江苏、江西、山东、上海、浙江。

印加孔雀草 ***Tagetes minuta*** L.

外来。华东分布：江苏、山东。

丝蓉菊属 *Schkuhria*

（菊科 Asteraceae）

丝蓉菊 ***Schkuhria pinnata*** (Lam.) Kuntze

别名：史库菊（*Schkuhria*, a newly naturalized genus of Asteraceae in China）

外来。华东分布：山东。

豚草属 *Ambrosia*

（菊科 Asteraceae）

豚草 ***Ambrosia artemisiifolia*** L.

外来。华东分布：安徽、福建、江苏、江西、山东、上海、浙江。

三裂叶豚草 ***Ambrosia trifida*** L.

外来。华东分布：江苏、山东、上海、浙江。

银胶菊属 *Parthenium*

（菊科 Asteraceae）

银胶菊 ***Parthenium hysterophorus*** L.

外来。华东分布：福建、江苏、江西、山东、浙江。

苍耳属 *Xanthium*

（菊科 Asteraceae）

北美苍耳 ***Xanthium chinense*** Mill.

别名：蒙古苍耳（山东植物志）

——*Xanthium mongolicum* Kitag.（山东植物志）

外来。华东分布：安徽、福建、江苏、江西、山东、上海、浙江。

意大利苍耳 ***Xanthium italicum*** Moretti

外来。华东分布：山东。

苍耳 ***Xanthium strumarium*** L.

别名：偏基苍耳（福建植物志）

——*Xanthium inaequilaterum* DC.（福建植物志）

——*Xanthium sibiricum* Patrin ex Widder（安徽植物志、福建植物志、江西种子植物名录、山东植物志、浙江植物志）

原生。华东分布：安徽、福建、江苏、江西、山东、上海、浙江。

金纽扣属 *Acmella*

（菊科 Asteraceae）

金纽扣 ***Acmella paniculata*** (Wall. ex DC.) R.K. Jansen

别名：金钮扣（浙江植物志）

——*Spilanthes paniculata* Wall. ex DC.（福建植物志、浙江植物志）

原生。华东分布：安徽、福建、浙江。

白花金纽扣 ***Acmella radicans*** var. ***debilis*** (Kunth) R.K. Jansen

别名：短舌花金纽扣（*Acmella brachyglossa*, New Record of Naturalized in Mainland China）

——"*Acmella brachyglossa*"=*Acmella radicans* var. *debilis* (Kunth) R.K. Jansen（*Acmella brachyglossa*, New Record of Naturalized in Mainland China）

外来。华东分布：安徽、浙江。

向日葵属 *Helianthus*

（菊科 Asteraceae）

菊芋 ***Helianthus tuberosus*** L.

外来、栽培。华东分布：安徽、福建、江苏、江西、山东、上海、浙江。

肿柄菊属 *Tithonia*

（菊科 Asteraceae）

肿柄菊 ***Tithonia diversifolia*** (Hemsl.) A. Gray

外来、栽培。华东分布：福建。

百日菊属 *Zinnia*

（菊科 Asteraceae）

百日菊 *Zinnia elegans* Jacq.

外来、栽培。华东分布：安徽、福建、江苏、江西、山东、上海、浙江。

金腰箭属 *Synedrella*

（菊科 Asteraceae）

金腰箭 *Synedrella nodiflora* (L.) Gaertn.

外来。华东分布：福建、江西。

鳢肠属 *Eclipta*

（菊科 Asteraceae）

鳢肠 *Eclipta prostrata* (L.) L.

别名：醴肠（安徽植物志）

原生。华东分布：安徽、福建、江苏、江西、山东、上海、浙江。

蟛蜞菊属 *Sphagneticola*

（菊科 Asteraceae）

蟛蜞菊 *Sphagneticola calendulacea* (L.) Pruski

——*Wedelia chinensis* (Osbeck) Merr.（安徽植物志、福建植物志、江西种子植物名录、浙江植物志）

原生。华东分布：安徽、福建、江苏、江西、上海、浙江。

南美蟛蜞菊 *Sphagneticola trilobata* (L.) Pruski

外来、栽培。华东分布：福建、江西。

卤地菊属 *Melanthera*

（菊科 Asteraceae）

卤地菊 *Melanthera prostrata* (Hemsl.) W.L. Wagner & H. Rob.

——*Wedelia prostrata* Hemsl.（福建植物志、浙江植物志）

原生。华东分布：福建、江苏、上海、浙江。

李花菊属 *Wollastonia*

（菊科 Asteraceae）

李花菊 *Wollastonia biflora* (L.) DC.

别名：李花蟛蜞菊（福建植物志、江西种子植物名录）

——*Wedelia biflora* (L.) DC.（福建植物志）

原生。华东分布：福建、江西。

山蟛蜞菊 *Wollastonia montana* (Blume) DC.

别名：麻叶蟛蜞菊（福建植物志）

——*Wedelia urticifolia* (Blume) DC.（福建植物志）

——*Wedelia wallichii* Less.（江西种子植物名录）

原生。华东分布：福建、江西。

羽芒菊属 *Tridax*

（菊科 Asteraceae）

羽芒菊 *Tridax procumbens* L.

外来。华东分布：福建。

牛膝菊属 *Galinsoga*

（菊科 Asteraceae）

牛膝菊 *Galinsoga parviflora* Cav.

外来。华东分布：安徽、福建、江苏、江西、山东、上海、浙江。

粗毛牛膝菊 *Galinsoga quadriradiata* Ruiz & Pav.

别名：睫毛牛膝菊（江西种子植物名录、浙江植物志）

——*Galinsoga ciliata* (Raf.) S.F. Blake（安徽植物志、江西种子植物名录、浙江植物志）

外来。华东分布：安徽、福建、江苏、江西、山东、上海、浙江。

豨莶属 *Sigesbeckia*

（菊科 Asteraceae）

毛梗豨莶 *Sigesbeckia glabrescens* (Makino) Makino

——"*Siegesbeckia glabrescens*"=*Sigesbeckia glabrescens* (Makino) Makino（拼写错误。安徽植物志、福建植物志、江西种子植物名录、浙江植物志）

原生。华东分布：安徽、福建、江苏、江西、上海、浙江。

豨莶 *Sigesbeckia orientalis* L.

——"*Siegesbeckia orientalis*"=*Sigesbeckia orientalis* L.(拼写错误。安徽植物志、福建植物志、江西种子植物名录、山东植物志、浙江植物志）

原生。华东分布：安徽、福建、江苏、江西、山东、上海、浙江。

腺梗豨莶 *Sigesbeckia pubescens* (Makino) Makino

别名：无腺豨莶（江西种子植物名录），无腺腺梗豨莶（安徽植物志、浙江植物志）

——"*Siegesbeckia pubescens* f. *eglandulosa*"=*Sigesbeckia pubescens* f. *eglandulosa* Ling & X.L. Huang（拼写错误。安徽植物志、江西种子植物名录、浙江植物志）

——"*Siegesbeckia pubescens*"=*Sigesbeckia pubescens* (Makino) Makino（拼写错误。安徽植物志、福建植物志、江西种子植物名录、山东植物志、浙江植物志）

原生。华东分布：安徽、福建、江苏、江西、山东、上海、浙江。

包果菊属 *Smallanthus*

（菊科 Asteraceae）

包果菊 *Smallanthus uvedalia* (L.) Mack.

外来。华东分布：安徽、江苏。

假泽兰属 *Mikania*

（菊科 Asteraceae）

微甘菊 *Mikania micrantha* Kunth

别名：薇甘菊（中国外来入侵植物名录）

外来。华东分布：福建、江西、浙江。

南泽兰属 *Austroeupatorium*

（菊科 Asteraceae）

南泽兰 *Austroeupatorium inulaefolium* (Kunth) R.M. King & H. Rob.

——"*Austroeupatorium inulifolium*"=*Austroeupatorium inulaefolium* (Kunth) R.M. King & H. Rob.（拼写错误。FOC）

外来。华东分布：浙江。

泽兰属 *Eupatorium*

（菊科 Asteraceae）

多须公 *Eupatorium chinense* L.

别名：华泽兰（安徽植物志、福建植物志、江苏植物志 第2版、江西种子植物名录、浙江植物志）

原生。华东分布：安徽、福建、江苏、江西、上海、浙江。

佩兰 *Eupatorium fortunei* Turcz.

原生。华东分布：安徽、福建、江苏、江西、山东、上海、浙江。

异叶泽兰 *Eupatorium heterophyllum* DC.
原生。华东分布：安徽。

白头婆 *Eupatorium japonicum* Thunb.
别名：单叶泽兰（江西种子植物名录），裂叶泽兰（浙江植物志），轮叶泽兰（安徽植物志），三裂叶白头婆（福建植物志），泽兰（安徽植物志、江苏植物志 第2版、浙江植物志）
——*Eupatorium chinense* var. *simplicifolium* (Makino) Kitam.（江西种子植物名录）
——*Eupatorium japonicum* var. *tripartitum* Makino（安徽植物志、福建植物志、浙江植物志）
原生。华东分布：安徽、福建、江苏、江西、山东、上海、浙江。

林泽兰 *Eupatorium lindleyanum* DC.
别名：白鼓钉（安徽植物志），裂叶泽兰（江西种子植物名录）
——"*Eupatorium trisectifolium*"=*Eupatorium lindleyanum* DC.（误用名。江西种子植物名录）
原生。华东分布：安徽、福建、江苏、江西、山东、上海、浙江。

无腺林泽兰 *Eupatorium lindleyanum* var. *eglandulosum* Kimura
原生。华东分布：江苏、浙江。

毛果泽兰 *Eupatorium shimadae* Kitam.
——"*Eupatorium shimadai*"=*Eupatorium shimadae* Kitam.（拼写错误。福建植物志）
原生。华东分布：福建。

飞机草属 *Chromolaena*

（菊科 Asteraceae）

飞机草 *Chromolaena odorata* (L.) R.M. King & H. Rob.
——*Eupatorium odoratum* L.（福建植物志）
外来。华东分布：福建。

假臭草属 *Praxelis*

（菊科 Asteraceae）

假臭草 *Praxelis clematidea* (Hieron. ex Kuntze) R.M. King & H. Rob.
外来。华东分布：福建、江西、浙江。

藿香蓟属 *Ageratum*

（菊科 Asteraceae）

藿香蓟 *Ageratum conyzoides* L.
外来。华东分布：安徽、福建、江苏、江西、山东、上海、浙江。

裸冠菊属 *Gymnocoronis*

（菊科 Asteraceae）

裸冠菊 *Gymnocoronis spilanthoides* (D. Don ex Hook. & Arn.) DC.
外来。华东分布：福建、浙江。

下田菊属 *Adenostemma*

（菊科 Asteraceae）

下田菊 *Adenostemma lavenia* (L.) Kuntze
原生。华东分布：安徽、福建、江苏、江西、上海、浙江。

宽叶下田菊 *Adenostemma lavenia* var. *latifolium* (D. Don) Panigrahi
原生。华东分布：安徽、福建、江苏、浙江。

小花下田菊 *Adenostemma lavenia* var. *parviflorum* (Blume) Hochr.
原生。华东分布：江西。

五福花科 Adoxaceae

荚蒾属 *Viburnum*

（五福花科 Adoxaceae）

日本珊瑚树 *Viburnum awabuki* K. Koch
别名：珊瑚树（浙江植物志）
——*Viburnum odoratissimum* var. *awabuki* (K. Koch) Zabel ex Rümpler（安徽植物志、福建植物志、江苏植物志 第2版、浙江植物志、FOC）
原生、栽培。华东分布：安徽、福建、江苏、江西、山东、上海、浙江。

桦叶荚蒾 *Viburnum betulifolium* Batalin
别名：腺叶荚蒾（浙江植物志），浙皖荚蒾（江西种子植物名录、浙江植物志）
——"*Viburnum wrightii*"=*Viburnum betulifolium* Batalin（误用名。江西种子植物名录、浙江植物志）
——*Viburnum lobophyllum* var. *silvestrii* Pamp.（浙江植物志）
原生。华东分布：安徽、江西、浙江。

短序荚蒾 *Viburnum brachybotryum* Hemsl.
原生。华东分布：江西。

短筒荚蒾 *Viburnum brevitubum* (P.S. Hsu) P.S. Hsu
原生。华东分布：江西。

备中荚蒾 *Viburnum carlesii* var. *bitchiuense* (Makino) Nakai
原生。华东分布：安徽。

金腺荚蒾 *Viburnum chunii* P.S. Hsu
别名：毛枝金腺荚蒾（福建植物志）
——*Viburnum chunii* var. *piliferum* P.S. Hsu（福建植物志）
原生。华东分布：安徽、福建、江西、浙江。

樟叶荚蒾 *Viburnum cinnamomifolium* Rehder
原生。华东分布：江西。

伞房荚蒾 *Viburnum corymbiflorum* P.S. Hsu & S.C. Hsu
原生。华东分布：福建、江西、浙江。

水红木 *Viburnum cylindricum* Buch.-Ham. ex D. Don
原生。华东分布：江西。

粤赣荚蒾 *Viburnum dalzielii* W.W. Sm.
原生。华东分布：江西。

荚蒾 *Viburnum dilatatum* Thunb.
别名：光枝荚蒾（安徽植物志），庐山荚蒾（江西种子植物名录）
——*Viburnum dilatatum* var. *fulvotomentosum* (P.S. Hsu) P.S. Hsu（江西种子植物名录）
——*Viburnum dilatatum* var. *glabriusculum* P.S. Hsu & P.L. Chiu（安徽植物志）
原生。华东分布：安徽、福建、江苏、江西、山东、浙江。

宜昌荚蒾 *Viburnum erosum* Thunb.
别名：蚀齿荚蒾（安徽植物志），烛齿荚蒾（江西种子植物名录）
——*Viburnum ichangense* (Hemsl.) Rehder（山东植物志）
原生。华东分布：安徽、福建、江苏、江西、山东、上海、浙江。

裂叶宜昌荚蒾 *Viburnum erosum* var. *taquetii* (H. Lév.) Rehder
原生。华东分布：山东。

凤阳山荚蒾 *Viburnum fengyangshanense* Z.H. Chen, P.L. Chiu & L.X. Ye

原生。华东分布：浙江。

臭荚蒾 *Viburnum foetidum* Wall.

原生。华东分布：江西。

直角荚蒾 *Viburnum foetidum* var. ***rectangulatum*** Rehder

原生。华东分布：江西。

南方荚蒾 *Viburnum fordiae* Hance

原生。华东分布：安徽、福建、江苏、江西、浙江。

光萼荚蒾 *Viburnum formosanum* subsp. ***leiogynum*** P.S. Hsu

别名：光萼台中荚蒾（浙江植物志）

——"*Viburnum fomosanum* subsp. *leiogynum*"=*Viburnum formosanum* subsp. *leiogynum* P.S. Hsu（拼写错误。浙江植物志）

原生。华东分布：福建、浙江。

毛枝台中荚蒾 *Viburnum formosanum* var. ***pubigerum*** P.S. Hsu

——"*Viburnum formosanum* var. *pubegerum*"=*Viburnum formosanum* var. *pubigerum* P.S. Hsu（拼写错误。江西种子植物名录）

原生。华东分布：江西。

聚花荚蒾 *Viburnum glomeratum* Maxim.

原生。华东分布：安徽、江西、浙江。

壮大荚蒾 *Viburnum glomeratum* subsp. ***magnificum*** (P.S. Hsu) P.S. Hsu

别名：壮大聚花荚蒾（浙江植物志）

原生。华东分布：安徽、江西、浙江。

蝶花荚蒾 *Viburnum hanceanum* Maxim.

原生。华东分布：福建、江西。

衡山荚蒾 *Viburnum hengshanicum* Tsiang

原生。华东分布：安徽、江西、浙江。

巴东荚蒾 *Viburnum henryi* Hemsl.

原生。华东分布：福建、江西、浙江。

日本荚蒾 *Viburnum japonicum* (Thunb.) C.K. Spreng.

原生。华东分布：浙江。

绣球荚蒾 *Viburnum keteleeri* 'Sterile'

别名：木绣球（山东植物志），琼花（安徽植物志）

——*Viburnum macrocephalum* Fortune（安徽植物志、江苏植物志 第2版、山东植物志、FOC）

原生、栽培。华东分布：安徽、福建、江苏、江西、山东、上海、浙江。

披针叶荚蒾 *Viburnum lancifolium* P.S. Hsu

别名：长叶荚蒾（浙江植物志）、披针形荚蒾（FOC）

原生。华东分布：福建、江西、浙江。

侧花荚蒾 *Viburnum laterale* Rehder

原生。华东分布：福建。

淡黄荚蒾 *Viburnum lutescens* Blume

原生。华东分布：福建。

吕宋荚蒾 *Viburnum luzonicum* Rolfe

原生。华东分布：福建、江西、浙江。

黑果荚蒾 *Viburnum melanocarpum* P.S. Hsu

原生。近危（NT）。华东分布：安徽、江苏、江西、浙江。

珊瑚树 *Viburnum odoratissimum* Ker Gawl.

别名：早禾树（山东植物志）

原生、栽培。华东分布：福建、江西、山东。

少花荚蒾 *Viburnum oliganthum* Batalin

原生。华东分布：江西。

欧洲荚蒾 *Viburnum opulus* L.

原生。华东分布：浙江。

鸡树条 *Viburnum opulus* subsp. ***calvescens*** (Rehder) Sugim.

别名：泰山琼花荚蒾（A New Variety of *Viburnum* from Shandong Province），天目琼花（安徽植物志、山东植物志、浙江植物志）

——*Viburnum opulus* var. *calvescens* (Rehder) H. Hara（安徽植物志、浙江植物志）

——*Viburnum sargentii* Koehne（山东植物志）

——*Viburnum sargentii* var. *bracteatum* Y.Q. Zhu（A New Variety of *Viburnum* from Shandong Province）

原生、栽培。华东分布：安徽、江苏、江西、山东、浙江。

球核荚蒾 *Viburnum propinquum* Hemsl.

原生。华东分布：福建、江西、浙江。

陕西荚蒾 *Viburnum schensianum* Maxim.

别名：浙江荚蒾（浙江植物志）

——"*Viburnum shensianum*"=*Viburnum schensianum* Maxim.（拼写错误。山东植物志）

——*Viburnum schensianum* subsp. *chekiangense* P.S. Hsu & P.L. Chiu（浙江植物志）

原生。华东分布：安徽、江苏、山东、浙江。

常绿荚蒾 *Viburnum sempervirens* K. Koch

原生。华东分布：安徽、江西。

具毛常绿荚蒾 *Viburnum sempervirens* var. ***trichophorum*** Hand.-Mazz.

别名：毛枝常绿荚蒾（安徽植物志）

原生。华东分布：安徽、福建、江西、浙江。

茶荚蒾 *Viburnum setigerum* Hance

别名：短尾饭汤子（江西种子植物名录），饭汤子（浙江植物志），沟核茶荚蒾（安徽植物志、福建植物志），沟核饭汤子（浙江植物志）

——*Viburnum setigerum* var. *sulcatum* P.S. Hsu（安徽植物志、福建植物志、江西种子植物名录、浙江植物志）

原生。华东分布：安徽、福建、江苏、江西、浙江。

合轴荚蒾 *Viburnum sympodiale* Graebn.

原生。华东分布：安徽、福建、江西、浙江。

蝴蝶戏珠花 *Viburnum thunbergianum* Z.H. Chen & P.L. Chiu

别名：蝴蝶荚蒾（Additional Notes on *Viburnum* L. in Zhejiang、江苏植物志 第2版）

——*Viburnum plicatum* f. *tomentosum* (Miq.) Rehder（安徽植物志、江苏植物志 第2版、浙江植物志）

——*Viburnum plicatum* var. *tomentosum* Miq.（福建植物志、江西种子植物名录）

原生、栽培。华东分布：安徽、福建、江苏、江西、浙江。

粉团 *Viburnum thunbergianum* 'Plenum'

别名：雪球荚蒾（江苏植物志 第2版、山东植物志）

——*Viburnum plicatum* Thunb.（江苏植物志 第2版、山东植物志）

原生、栽培。华东分布：江苏、山东。

壶花荚蒾 *Viburnum urceolatum* Sieb. & Zucc.

原生。华东分布：福建、江西、浙江。

接骨木属 *Sambucus*

（五福花科 Adoxaceae）

接骨草 *Sambucus javanica* Reinw. ex Blume
——*Sambucus chinensis* Lindl.（安徽植物志、福建植物志、江苏植物志 第 2 版、江西种子植物名录、浙江植物志）
原生。华东分布：安徽、福建、江苏、江西、上海、浙江。

接骨木 *Sambucus williamsii* Hance
——"*Sambucus williamsaii*"=*Sambucus williamsii* Hance（拼写错误。山东植物志）
原生。华东分布：安徽、福建、江苏、江西、山东、上海、浙江。

五福花属 *Adoxa*

（五福花科 Adoxaceae）

五福花 *Adoxa moschatellina* L.
原生。华东分布：山东。

忍冬科 Caprifoliaceae

锦带花属 *Weigela*

（忍冬科 Caprifoliaceae）

锦带花 *Weigela florida* (Bunge) A. DC.
原生、栽培。华东分布：江苏、山东。

半边月 *Weigela japonica* Thunb.
别名：水马桑（浙江植物志）
——"*Weigela japonica* var. *sinica*"=*Weigela japonica* Thunb.（误用名。福建植物志、浙江植物志）
原生。华东分布：安徽、福建、江西、浙江。

七子花属 *Heptacodium*

（忍冬科 Caprifoliaceae）

七子花 *Heptacodium miconioides* Rehder
原生、栽培。濒危（EN）。华东分布：安徽、江苏、浙江。

忍冬属 *Lonicera*

（忍冬科 Caprifoliaceae）

淡红忍冬 *Lonicera acuminata* Wall.
别名：巴东忍冬（江西种子植物名录），短柄忍冬（安徽植物志、福建植物志、浙江植物志），贵州忍冬（江西种子植物名录），毛萼忍冬（安徽植物志、江西种子植物名录、浙江植物志），无毛淡红忍冬（福建植物志、浙江植物志）
——"*Lonicera pampaininii*"=*Lonicera pampaninii* H. Lév.（拼写错误。安徽植物志、江西种子植物名录）
——*Lonicera acuminata* var. *depilata* P.S. Hsu & H.J. Wang（福建植物志、浙江植物志）
——*Lonicera pampaninii* H. Lév.（福建植物志、浙江植物志）
——*Lonicera trichosepala* (Rehder) P.S. Hsu（安徽植物志、江西种子植物名录、浙江植物志）
原生。华东分布：安徽、福建、江西、浙江。

细叶忍冬 *Lonicera affinis* Hook. & Arn.
别名：细叶银花（江西种子植物名录）
原生。华东分布：江西。

金花忍冬 *Lonicera chrysantha* Turcz. ex Ledeb.
原生。华东分布：安徽、江苏、江西、山东。

须蕊忍冬 *Lonicera chrysantha* var. ***koehneana*** (Rehder) Q.E. Yang, Landrein, Borosova & Osborne
——*Lonicera chrysantha* subsp. *koehneana* (Rehder) P.S. Hsu & H.J. Wang（安徽植物志、江苏植物志 第 2 版、浙江植物志）
原生。华东分布：安徽、江苏、山东、浙江。

华南忍冬 *Lonicera confusa* DC.
别名：水忍冬（FOC）
原生。华东分布：江西。

北京忍冬 *Lonicera elisae* Franch.
原生。华东分布：安徽、山东、浙江。

锈毛忍冬 *Lonicera ferruginea* Rehder
别名：云雾忍冬（江西种子植物名录）
——*Lonicera nubium* (Hand.-Mazz.) Hand.-Mazz.（江西种子植物名录）
原生。华东分布：福建、江西。

郁香忍冬 *Lonicera fragrantissima* Lindl. & Paxton
别名：苦糖果（安徽植物志、江西种子植物名录、山东植物志、浙江植物志）
——"*Lonicera fragrantssima*"=*Lonicera fragrantissima* Lindl. & Paxton（拼写错误。江西种子植物名录）
——*Lonicera fragrantissima* subsp. *standishii* (Carrière) P.S. Hsu & H.J. Wang（安徽植物志、江西种子植物名录、浙江植物志）
——*Lonicera standishii* Jacques（山东植物志）
原生、栽培。华东分布：安徽、江苏、江西、山东、上海、浙江。

苦糖果 *Lonicera fragrantissima* var. ***lancifolia*** (Rehder) Q.E. Yang, Landrein, Borosova & Osborne
原生。华东分布：安徽。

樱桃忍冬 *Lonicera fragrantissima* subsp. ***phyllocarpa*** (Maxim.) P.S. Hsu & H.J. Wang
原生。华东分布：安徽。

蕊被忍冬 *Lonicera gynochlamydea* Hemsl.
原生。华东分布：安徽。

菰腺忍冬 *Lonicera hypoglauca* Miq.
别名：菇腺忍冬（安徽植物志）
原生。华东分布：安徽、福建、江西、浙江。

忍冬 *Lonicera japonica* Thunb.
别名：金银花（山东植物志）
原生、栽培。华东分布：安徽、福建、江苏、江西、山东、上海、浙江。

红白忍冬 *Lonicera japonica* var. ***chinensis*** (P. Watson) Baker
别名：红花忍冬（安徽植物志）
原生。华东分布：安徽、江苏、浙江。

光枝柳叶忍冬 *Lonicera lanceolata* var. ***glabra*** S.S. Chien ex P.S. Hsu & H.J. Wang
原生。华东分布：安徽。

女贞叶忍冬 *Lonicera ligustrina* Wall.
原生。华东分布：福建。

金银忍冬 *Lonicera maackii* (Rupr.) Maxim.
别名：金银木（山东植物志）
原生、栽培。华东分布：安徽、江苏、山东、上海、浙江。

红花金银忍冬 *Lonicera maackii* var. *erubescens* Rehder
——*Lonicera maackii* f. *erubescens* Rehder（安徽植物志）
原生。华东分布：安徽、江苏。
大花忍冬 *Lonicera macrantha* (D. Don) Spreng.
别名：灰绒忍冬（安徽植物志），灰毡毛忍冬（福建植物志、江西种子植物名录、浙江植物志）
——*Lonicera macranthoides* Hand.-Mazz.（安徽植物志、福建植物志、江西种子植物名录、浙江植物志）
原生。华东分布：安徽、福建、江西、浙江。
紫花忍冬 *Lonicera maximowiczii* (Rupr.) Regel
原生。华东分布：山东。
下江忍冬 *Lonicera modesta* Rehder
别名：庐山忍冬（安徽植物志、福建植物志、江西种子植物名录、浙江植物志）
——*Lonicera modesta* var. *lushanensis* Rehder（安徽植物志、福建植物志、江西种子植物名录、浙江植物志）
原生。华东分布：安徽、福建、江西、浙江。
黑果忍冬 *Lonicera nigra* L.
原生。华东分布：安徽。
无毛忍冬 *Lonicera omissa* P.L. Chiu, Z.H. Chen & Y.L. Xu
原生。华东分布：浙江。
皱叶忍冬 *Lonicera reticulata* Raf.
——*Lonicera rhytidophylla* Hand.-Mazz.（福建植物志、江西种子植物名录）
原生。华东分布：福建、江西。
细毡毛忍冬 *Lonicera similis* Hemsl.
别名：细绒忍冬（安徽植物志），异毛忍冬（福建植物志、浙江植物志）
——*Lonicera macrantha* var. *heterotricha* P.S. Hsu & H.J. Wang（福建植物志、浙江植物志）
原生。华东分布：安徽、福建、江西、浙江。
唐古特忍冬 *Lonicera tangutica* Maxim.
别名：袋花忍冬（安徽植物志）
——*Lonicera saccata* Rehder（安徽植物志）
原生。华东分布：安徽。
华北忍冬 *Lonicera tatarinowii* Maxim.
原生。华东分布：山东。
盘叶忍冬 *Lonicera tragophylla* Hemsl.
原生。华东分布：安徽、浙江。
华西忍冬 *Lonicera webbiana* Wall. ex DC.
别名：倒卵叶忍冬（安徽植物志、江西种子植物名录、浙江植物志）
——*Lonicera hemsleyana* (Kuntze) Rehder（安徽植物志、江西种子植物名录、浙江植物志）
原生。华东分布：安徽、江西、浙江。

糯米条属 *Abelia*

（忍冬科 Caprifoliaceae）

糯米条 *Abelia chinensis* R. Br.
原生、栽培。华东分布：福建、江苏、江西、山东、浙江。
蓪梗花 *Abelia uniflora* R. Br.
别名：小叶六道木（福建植物志）
——*Abelia parvifolia* Hemsl.（福建植物志）
原生。华东分布：福建。

猬实属 *Kolkwitzia*

（忍冬科 Caprifoliaceae）

猬实 *Kolkwitzia amabilis* Graebn.
别名：蝟实（江苏植物志 第2版）
原生、栽培。易危（VU）。华东分布：安徽、江苏、上海、山东。

双六道木属 *Diabelia*

（忍冬科 Caprifoliaceae）

狭叶双六道木 *Diabelia ionostachya* (Nakai) Landrein & R.L. Barrett
原生。华东分布：浙江。
双六道木 *Diabelia serrata* (Sieb. & Zucc.) Landrein
别名：黄花双六道木（FOC）
原生。华东分布：浙江。
温州双六道木 *Diabelia spathulata* (Sieb. & Zucc.) Landrein
原生。近危（NT）。华东分布：浙江。

六道木属 *Zabelia*

（忍冬科 Caprifoliaceae）

六道木 *Zabelia biflora* (Turcz.) Makino
——*Abelia biflora* Turcz.（山东植物志）
原生。华东分布：安徽、山东。
南方六道木 *Zabelia dielsii* (Graebn.) Makino
——*Abelia dielsii* (Graebn.) Rehder（安徽植物志、福建植物志、江西种子植物名录、浙江植物志）
原生。华东分布：安徽、福建、江西、浙江。

败酱属 *Patrinia*

（忍冬科 Caprifoliaceae）

异叶败酱 *Patrinia heterophylla* Bunge
别名：墓头回（福建植物志、山东植物志、FOC），窄叶败酱（安徽植物志、江苏植物志 第2版、江西种子植物名录、浙江植物志）
——*Patrinia heterophylla* subsp. *angustifolia* (Hemsl.) H.J. Wang（安徽植物志、江西种子植物名录、浙江植物志）
原生。华东分布：安徽、福建、江苏、江西、山东、浙江。
少蕊败酱 *Patrinia monandra* C.B. Clarke
别名：斑花败酱（安徽植物志、福建植物志、江西种子植物名录、浙江植物志），大斑花败酱（浙江植物志），大叶败酱（江西种子植物名录）
——*Patrinia punctiflora* P.S. Hsu & H.J. Wang（安徽植物志、福建植物志、江西种子植物名录、浙江植物志）
——*Patrinia punctiflora* var. *robusta* P.S. Hsu & H.J. Wang（江西种子植物名录、浙江植物志）
原生。华东分布：安徽、福建、江苏、江西、山东、浙江。
岩败酱 *Patrinia rupestris* (Pall.) Dufr.
原生。华东分布：山东。
败酱 *Patrinia scabiosifolia* Link
——"*Patrinia scabiosaefolia* Fisch. ex Trev."=*Patrinia scabiosifolia* Link（拼写错误；不合法名称。山东植物志）
——"*Patrinia scabiosaefolia*"=*Patrinia scabiosifolia* Link（拼写错误。安徽植物志、福建植物志、江西种子植物名录、浙江植

物志）
原生。华东分布：安徽、福建、江苏、江西、山东、浙江。
糙叶败酱 ***Patrinia scabra*** Bunge
原生。华东分布：山东。
攀倒甑 ***Patrinia villosa*** (Thunb.) Dufr.
别名：白花败酱（安徽植物志、江苏植物志 第2版、江西种子植物名录、浙江植物志）
原生。华东分布：安徽、福建、江苏、江西、山东、上海、浙江。

歧缬草属 *Valerianella*

（忍冬科 Caprifoliaceae）

歧缬草 ***Valerianella locusta*** (L.) Laterr.
别名：禾穗新缬草［*Valerianella locusta* (Linn.) Laterr., A Newly Recorded Species of Valerianaceae in Jiangsu Province, China］
原生。华东分布：江苏、上海。

缬草属 *Valeriana*

（忍冬科 Caprifoliaceae）

黑水缬草 ***Valeriana amurensis*** P.A. Smirn. ex Kom.
原生。近危（NT）。华东分布：山东。
柔垂缬草 ***Valeriana flaccidissima*** Maxim.
原生。华东分布：安徽、浙江。
长序缬草 ***Valeriana hardwickii*** Wall.
原生。华东分布：福建、江西。
蜘蛛香 ***Valeriana jatamansi*** Jones ex Roxb.
原生。华东分布：江西。
缬草 ***Valeriana officinalis*** L.
别名：宽裂缬草（浙江植物志），宽叶缬草（安徽植物志、江西种子植物名录）
——*Valeriana fauriei* Briq.（浙江植物志）
——*Valeriana officinalis* var. *latifolia* Miq.（安徽植物志、江西种子植物名录）
原生。华东分布：安徽、江苏、江西、山东、浙江。

蓝盆花属 *Scabiosa*

（忍冬科 Caprifoliaceae）

窄叶蓝盆花 ***Scabiosa comosa*** Fisch. ex Roem. & Schult.
别名：华北蓝盆花（江苏植物志 第2版），蓝盆花（FOC）
——*Scabiosa tschiliensis* Grüning（江苏植物志 第2版）
原生。华东分布：安徽、江苏。

川续断属 *Dipsacus*

（忍冬科 Caprifoliaceae）

川续断 ***Dipsacus asper*** Wall. ex DC.
——*Dipsacus asperoides* C.Y. Cheng & Ai（江西种子植物名录、山东植物志）
原生、栽培。华东分布：江西、山东、浙江。
日本续断 ***Dipsacus japonicus*** Miq.
别名：庐山续断（江西种子植物名录），日本川续断（安徽植物志），天目续断（浙江植物志），续断（江西种子植物名录、浙江植物志）
——*Dipsacus lushanensis* C.Y. Cheng & Ai（江西种子植物名录）
——*Dipsacus tianmuensis* C.Y. Cheng & Z.T. Yin（浙江植物志）
原生。华东分布：安徽、江苏、江西、山东、浙江。

海桐科 Pittosporaceae

海桐属 *Pittosporum*

（海桐科 Pittosporaceae）

短萼海桐 ***Pittosporum brevicalyx*** (Oliv.) Gagnep.
原生。华东分布：江西。
褐毛海桐 ***Pittosporum fulvipilosum*** Hung T. Chang & S.Z. Yan
原生。易危（VU）。华东分布：江西。
光叶海桐 ***Pittosporum glabratum*** Lindl.
原生。华东分布：福建。
狭叶海桐 ***Pittosporum glabratum*** var. ***neriifolium*** Rehder & E.H. Wilson
原生。华东分布：福建、江西。
海金子 ***Pittosporum illicioides*** Makino
别名：狭叶海金子（安徽植物志、福建植物志），狭叶崖花海桐（浙江植物志），崖花海桐（江苏植物志 第2版、浙江植物志）
——*Pittosporum illicioides* var. *stenophyllum* P.L. Chiu（安徽植物志、福建植物志、浙江植物志）
原生。华东分布：安徽、福建、江苏、江西、浙江。
昴山海桐 ***Pittosporum maoshanese*** Z.H. Chen, G.Y. Li & X.F. Jin
原生。华东分布：浙江。
小果海桐 ***Pittosporum parvicapsulare*** Hung T. Chang & S.Z. Yan
原生。华东分布：江西、浙江。
少花海桐 ***Pittosporum pauciflorum*** Hook. & Arn.
原生。华东分布：福建、江西。
柄果海桐 ***Pittosporum podocarpum*** Gagnep.
原生。华东分布：福建。
线叶柄果海桐 ***Pittosporum podocarpum*** var. ***angustatum*** Gowda
原生。华东分布：福建。
毛花柄果海桐 ***Pittosporum podocarpum*** var. ***molle*** W.D. Han
原生。华东分布：福建。
尖萼海桐 ***Pittosporum subulisepalum*** Hu & F.T. Wang
原生。华东分布：安徽。
海桐 ***Pittosporum tobira*** (Thunb.) W.T. Aiton
原生、栽培。华东分布：安徽、福建、江苏、江西、山东、上海、浙江。
秃序海桐 ***Pittosporum tobira*** var. ***calvescens*** Ohwi
原生。华东分布：福建。
棱果海桐 ***Pittosporum trigonocarpum*** H. Lév.
原生。华东分布：江西。

五加科 Araliaceae

天胡荽属 *Hydrocotyle*

（五加科 Araliaceae）

中华天胡荽 ***Hydrocotyle hookeri*** subsp. ***chinensis*** (Dunn ex R.H. Shan & S.L. Liou) M.F. Watson & M.L. Sheh

——"*Hydrocotyle chinensis* (Dunn ex R.H. Shan & S.L. Liou) Craib"=*Hydrocotyle chinensis* L.（不合法名称。江西种子植物名录）
——*Hydrocotyle shanii* Boufford（浙江植物志）
原生。华东分布：江西、浙江。
红马蹄草 ***Hydrocotyle nepalensis*** Hook.
原生。华东分布：安徽、福建、江西、浙江。
密伞天胡荽 ***Hydrocotyle pseudoconferta*** Masam.
——"*Hydrocotyle pseudo-conferta*"=*Hydrocotyle pseudoconferta* Masam.（拼写错误。浙江植物志）
原生。华东分布：浙江。
长梗天胡荽 ***Hydrocotyle ramiflora*** Maxim.
原生。近危（NT）。华东分布：浙江。
天胡荽 ***Hydrocotyle sibthorpioides*** Lam.
原生。华东分布：安徽、福建、江苏、江西、山东、上海、浙江。
破铜钱 ***Hydrocotyle sibthorpioides*** var. ***batrachium*** (Hance) Hand.-Mazz. ex R.H. Shan
原生。华东分布：安徽、福建、江苏、江西、浙江。
南美天胡荽 ***Hydrocotyle verticillata*** Thunb.
外来、栽培。华东分布：安徽、福建、江苏、江西、山东、上海、浙江。
肾叶天胡荽 ***Hydrocotyle wilfordii*** Maxim.
——"*Hydrocotyle wilfordi*"=*Hydrocotyle wilfordii* Maxim.（拼写错误。江西种子植物名录、浙江植物志）
原生。华东分布：福建、江西、浙江。

人参属 *Panax*

（五加科 Araliaceae）

竹节参 ***Panax japonicus*** (T. Nees) C.A. Mey.
别名：大叶三七（福建植物志、江西植物志、江西种子植物名录、浙江植物志）
——"*Panax pseudo-ginseng* var. *japonicus*"=*Panax pseudoginseng* var. *japonicus* (C.A. Mey.) C. Ho & C.J. Tseng（拼写错误。福建植物志、江西植物志、江西种子植物名录）
原生。华东分布：福建、江西、浙江。
疙瘩七 ***Panax japonicus*** var. ***bipinnatifidus*** (Seem.) C.Y. Wu & K.M. Feng
别名：羽叶三七（浙江植物志）
原生。华东分布：浙江。
三七 ***Panax notoginseng*** (Burkill) F.H. Chen
——"*Panax pseudo-ginseng* var. *notoginseng*"=*Panax pseudoginseng* var. *notoginseng* (Burkill) C. Ho & C.J. Tseng（拼写错误。江西植物志、江西种子植物名录）
原生、栽培。野外绝灭（EW）。华东分布：福建、江西、浙江。

楤木属 *Aralia*

（五加科 Araliaceae）

野楤头 ***Aralia armata*** (Wall. ex G. Don) Seem.
别名：虎刺楤木（江西植物志、江西种子植物名录）
原生。华东分布：江西。
黄毛楤木 ***Aralia chinensis*** L.
别名：楤木（安徽植物志、福建植物志、江西植物志、江西种子植物名录、山东植物志、浙江植物志）
原生。华东分布：安徽、福建、江西、山东、上海、浙江。
东北土当归 ***Aralia continentalis*** Kitag.
原生。易危（VU）。华东分布：安徽。
食用土当归 ***Aralia cordata*** Thunb.
别名：土当归（安徽植物志、江苏植物志 第2版）
原生、栽培。华东分布：安徽、福建、江苏、江西、浙江。
头序楤木 ***Aralia dasyphylla*** Miq.
别名：毛叶楤木（安徽植物志、江西植物志、江西种子植物名录）
——*Aralia chinensis* var. *dasyphylloides* Hand.-Mazz.（江西植物志、江西种子植物名录）
原生。华东分布：安徽、福建、江西、浙江。
台湾毛楤木 ***Aralia decaisneana*** Hance
别名：黄毛楤木（安徽植物志、福建植物志、江西植物志、江西种子植物名录）
原生。华东分布：安徽、福建、江西。
棘茎楤木 ***Aralia echinocaulis*** Hand.-Mazz.
——"*Aralia echinocanlis*"=*Aralia echinocaulis* Hand.-Mazz.（拼写错误。安徽植物志）
原生。华东分布：安徽、福建、江苏、江西、浙江。
楤木 ***Aralia elata*** (Miq.) Seem.
别名：白背楤木（福建植物志、江西植物志），白背叶楤木（江西种子植物名录、浙江植物志），湖北楤木（江苏植物志 第2版），辽东楤木（安徽植物志、山东植物志、江苏植物志 第2版）
——*Aralia chinensis* var. *nuda* Nakai（福建植物志、江西植物志、江西种子植物名录、浙江植物志）
——*Aralia hupehensis* C. Ho（江苏植物志 第2版）
原生。华东分布：安徽、福建、江苏、江西、山东、浙江。
辽东楤木 ***Aralia elata*** var. ***glabrescens*** (Franch. & Sav.) Pojark.
原生。华东分布：江苏、山东。
无刺楤木 ***Aralia elata*** var. ***inermis*** (Yanagita) J. Wen
——*Aralia ryukyuensis* var. *inermis* (Yanagita) T. Yamaz.（江苏植物志 第2版）
外来、栽培。华东分布：江苏。
锈毛羽叶参 ***Aralia franchetii*** J. Wen
——*Pentapanax henryi* Harms（安徽植物志、浙江植物志、FOC）
原生。华东分布：安徽、江西、浙江。
柔毛龙眼独活 ***Aralia henryi*** Harms
别名：柔毛土当归（浙江植物志）
原生。华东分布：安徽、浙江。
糙叶楤木 ***Aralia scaberula*** G. Hoo
原生。近危（NT）。华东分布：福建、江西。
长刺楤木 ***Aralia spinifolia*** Merr.
原生。华东分布：福建、江西、浙江。
波缘楤木 ***Aralia undulata*** Hand.-Mazz.
别名：光叶楤木（Biological Study and Utilization of Plants of Genus *Aralia*）
——*Aralia undulata* var. *nudifolia* Z.Z. Wang（Biological Study and Utilization of Plants of Genus *Aralia*）
原生。华东分布：福建、江西、浙江。
旺山楤木 ***Aralia wangshanensis*** (W.C. Cheng) Y.F. Deng

原生。华东分布：安徽、浙江。

萸叶五加属 *Gamblea*

（五加科 Araliaceae）

吴茱萸五加 *Gamblea ciliata* var. ***evodiifolia*** (Franch.) C.B. Shang, Lowry & Frodin

别名：吴茱萸叶五加（江西植物志）

——"*Acanthopanax evodiaefolius*"=*Acanthopanax evodiifolius* Franch.（拼写错误。安徽植物志、福建植物志、江西植物志、江西种子植物名录、浙江植物志）

原生。易危（VU）。华东分布：安徽、福建、江西、浙江。

树参属 *Dendropanax*

（五加科 Araliaceae）

挤果树参 *Dendropanax confertus* H.L. Li

原生。华东分布：江西。

树参 *Dendropanax dentiger* (Harms) Merr.

原生。华东分布：安徽、福建、江西、浙江。

海南树参 *Dendropanax hainanensis* (Merr. & Chun) Chun

原生。华东分布：江西。

变叶树参 *Dendropanax proteus* (Champ. ex Benth.) Benth.

别名：短柱树参（福建植物志、江西植物志、江西种子植物名录）

——*Dendropanax brevistylus* Ling（福建植物志、江西植物志、江西种子植物名录）

原生。华东分布：福建、江西。

大参属 *Macropanax*

（五加科 Araliaceae）

短梗大参 *Macropanax rosthornii* (Harms) C.Y. Wu ex G. Hoo

原生。华东分布：福建、江西。

梁王茶属 *Metapanax*

（五加科 Araliaceae）

异叶梁王茶 *Metapanax davidii* (Franch.) J. Wen & Frodin

——*Nothopanax davidii* (Franch.) Harms（江西种子植物名录）

原生。华东分布：江西。

梁王茶 *Metapanax delavayi* (Franch.) J. Wen & Frodin

别名：掌叶梁王茶（江西种子植物名录）

——*Nothopanax delavayi* (Franch.) Harms（江西种子植物名录）

原生。华东分布：江西。

刺楸属 *Kalopanax*

（五加科 Araliaceae）

刺楸 *Kalopanax septemlobus* (Thunb.) Koidz.

原生。华东分布：安徽、福建、江苏、江西、山东、上海、浙江。

五加属 *Eleutherococcus*

（五加科 Araliaceae）

糙叶五加 *Eleutherococcus henryi* Oliv.

——*Acanthopanax henryi* (Oliv.) Harms（安徽植物志、浙江植物志）

原生、栽培。华东分布：安徽、江苏、江西、浙江。

毛梗糙叶五加 *Eleutherococcus henryi* var. ***faberi*** (Harms) S.Y. Hu

别名：合柱五加（安徽植物志），两歧五加（安徽植物志）

——"*Acanthopanax divaricatus*"=*Eleutherococcus henryi* var. *faberi* (Harms) S.Y. Hu（误用名。安徽植物志）

——*Acanthopanax connatistylus* S.C. Li & X.M. Liu（安徽植物志）

——*Acanthopanax henryi* var. *faberi* Harms（安徽植物志、浙江植物志）

——*Eleutherococcus huangshanensis* C.H. Kim & B.Y. Sun［New Taxa and Combinations in *Eleutherococcus* (Araliaceae) from Eastern Asia］

原生。华东分布：安徽、江苏、浙江。

藤五加 *Eleutherococcus leucorrhizus* Oliv.

——*Acanthopanax leucorrhizus* (Oliv.) Harms（安徽植物志、福建植物志、江西植物志、江西种子植物名录、浙江植物志）

原生。华东分布：安徽、福建、江西、浙江。

糙叶藤五加 *Eleutherococcus leucorrhizus* var. ***fulvescens*** (Harms & Rehder) Nakai

——"*Acanthopanax lencorrhizns* var. *fulvescens*"=*Acanthopanax leucorrhizus* var. *fulvescens* Harms & Rehder（拼写错误。安徽植物志）

——*Acanthopanax leucorrhizus* var. *fulvescens* Harms & Rehder（江西植物志、江西种子植物名录、浙江植物志）

原生。华东分布：安徽、江西、浙江。

狭叶藤五加 *Eleutherococcus leucorrhizus* var. ***scaberulus*** (Harms & Rehder) Nakai

别名：刚毛五加（福建植物志、江西植物志、江西种子植物名录）

——*Acanthopanax leucorrhizus* var. *scaberulus* Harms & Rehder（江西植物志）

——*Acanthopanax simonii* Simon-Louis ex Mouill.（福建植物志、江西植物志、江西种子植物名录）

原生。华东分布：安徽、福建、江西、浙江。

细柱五加 *Eleutherococcus nodiflorus* (Dunn) S.Y. Hu

别名：糙毛五加（江西植物志、江西种子植物名录），大叶五加（安徽植物志），五加（安徽植物志、福建植物志、江西植物志、江西种子植物名录、山东植物志、浙江植物志）

——*Acanthopanax gracilistylus* W.W. Sm.（安徽植物志、福建植物志、江西植物志、江西种子植物名录、山东植物志、浙江植物志）

——*Acanthopanax gracilistylus* var. *major* C. Hoo（安徽植物志）

——*Acanthopanax gracilistylus* var. *nodiflorus* (Dunn) H.L. Li（江西植物志、江西种子植物名录）

原生。华东分布：安徽、福建、江苏、江西、山东、上海、浙江。

三叶五加 *Eleutherococcus nodiflorus* var. ***trifoliolatus*** (C.B. Shang) Shui L. Zhang & Z.H. Chen

别名：三叶细柱五加（浙江植物志）

——*Acanthopanax gracilistylus* var. *trifoliolatus* C.B. Shang（安徽植物志、浙江植物志）

原生。华东分布：安徽、浙江。

匍匐五加 *Eleutherococcus scandens* (C. Hoo) H. Ohashi

——*Acanthopanax scandens* G. Hoo（安徽植物志、江西植物志、浙江植物志）

原生。华东分布：安徽、福建、江西、浙江。

无梗五加 *Eleutherococcus sessiliflorus* (Rupr. & Maxim.) S.Y. Hu

——*Acanthopanax sessiliflorus* (Rupr. & Maxim.) Seem.（山东植物志）

原生。华东分布：山东。

刚毛白簕 *Eleutherococcus setosus* (H.L. Li) Y.R. Ling

——*Acanthopanax trifoliatus* var. *setosus* H.L. Li（福建植物志、江西植物志、江西种子植物名录）

原生。华东分布：福建、江西。

细刺五加 *Eleutherococcus setulosus* (Franch.) S.Y. Hu

别名：浙江五加（安徽植物志）

——*Acanthopanax setulosus* Franch.（安徽植物志、浙江植物志）

——*Acanthopanax zhejiangensis* X.J. Xue & S.T. Fang（安徽植物志）

原生。华东分布：安徽、浙江。

白簕 *Eleutherococcus trifoliatus* (L.) S.Y. Hu

——*Acanthopanax trifoliatus* (L.) Voss（安徽植物志、福建植物志、江西植物志、江西种子植物名录、浙江植物志）

原生。华东分布：安徽、福建、江苏、江西、浙江。

通脱木属 *Tetrapanax*

（五加科 Araliaceae）

通脱木 *Tetrapanax papyrifer* (Hook.) K. Koch

——"*Tetrapanax papyriferus*"=*Tetrapanax papyrifer* (Hook.) K. Koch（拼写错误。安徽植物志）

原生、栽培。华东分布：安徽、福建、江苏、江西、浙江。

幌伞枫属 *Heteropanax*

（五加科 Araliaceae）

短梗幌伞枫 *Heteropanax brevipedicellatus* H.L. Li

原生。华东分布：福建、江西、浙江。

幌伞枫 *Heteropanax fragrans* (Roxb.) Seem.

原生。华东分布：福建。

鹅掌柴属 *Heptapleurum*

（五加科 Araliaceae）

中华鹅掌柴 *Heptapleurum chinense* (Dunn) Y.F. Deng

——*Schefflera chinensis* (Dunn) H.L. Li（FOC）

原生。华东分布：江西。

穗序鹅掌柴 *Heptapleurum delavayi* Franch.

——*Schefflera delavayi* (Franch.) Harms（福建植物志、江西植物志、江西种子植物名录、FOC）

原生。华东分布：福建、江西。

密脉鹅掌柴 *Heptapleurum ellipticum* (Blume) Seem.

别名：福建鹅掌柴（福建植物志）

——*Schefflera elliptica* (Blume) Harms（FOC）

——*Schefflera fukienensis* Merr.（福建植物志）

原生。华东分布：福建。

鹅掌柴 *Heptapleurum heptaphyllum* (L.) Y.F. Deng

——*Schefflera heptaphylla* (L.) Frodin（FOC）

——*Schefflera octophylla* (Lour.) Harms（福建植物志、江西植物志、江西种子植物名录、浙江植物志）

原生。华东分布：福建、江西、浙江。

多叶鹅掌柴 *Heptapleurum metcalfianum* (Merr. ex H.L. Li) G.M. Plunkett & Lowry

——*Schefflera metcalfiana* Merr. ex H.L. Li（江西种子植物名录、FOC）

原生。华东分布：江西。

星毛鸭脚木 *Heptapleurum minutistellatum* (Merr. ex H.L. Li) Y.F. Deng

别名：星毛鹅掌柴（江西植物志）

——"*Schefflera mimutistellata*"=*Schefflera minutistellata* Merr. ex H.L. Li（拼写错误。江西植物志）

——*Schefflera minutistellata* Merr. ex H.L. Li（福建植物志、江西种子植物名录、FOC）

原生。华东分布：福建、江西、浙江。

常春藤属 *Hedera*

（五加科 Araliaceae）

常春藤 *Hedera nepalensis* var. *sinensis* (Tobler) Rehder

别名：中华常春藤（江西植物志、浙江植物志）

原生、栽培。华东分布：安徽、福建、江苏、江西、山东、上海、浙江。

罗伞属 *Brassaiopsis*

（五加科 Araliaceae）

锈毛罗伞 *Brassaiopsis ferruginea* (H.L. Li) G. Hoo

原生。华东分布：福建。

伞形科 Apiaceae

积雪草属 *Centella*

（伞形科 Apiaceae）

积雪草 *Centella asiatica* (L.) Urb.

原生。华东分布：安徽、福建、江苏、江西、上海、浙江。

马蹄芹属 *Dickinsia*

（伞形科 Apiaceae）

马蹄芹 *Dickinsia hydrocotyloides* Franch.

别名：大苞芹（江西种子植物名录）

原生。华东分布：江西。

变豆菜属 *Sanicula*

（伞形科 Apiaceae）

变豆菜 *Sanicula chinensis* Bunge

原生。华东分布：安徽、福建、江苏、江西、山东、上海、浙江。

黄花变豆菜 *Sanicula flavovirens* Z.H. Chen, D.D. Ma & W.Y. Xie

原生。华东分布：浙江。

薄片变豆菜 *Sanicula lamelligera* Hance

别名：薄叶变豆菜（江西植物志）

原生。华东分布：安徽、福建、江西、浙江。

直刺变豆菜 *Sanicula orthacantha* S. Moore

别名：野鹅脚板（FOC）

原生。华东分布：安徽、福建、江西、浙江。

天目变豆菜 *Sanicula tienmuensis* R.H. Shan & Constance

原生。近危（NT）。华东分布：浙江。

刺芹属 *Eryngium*

（伞形科 Apiaceae）

刺芹 *Eryngium foetidum* L.

外来。华东分布：福建。

柴胡属 *Bupleurum*

（伞形科 Apiaceae）

线叶柴胡 *Bupleurum angustissimum* (Franch.) Kitag.
原生。华东分布：山东。

北柴胡 *Bupleurum chinense* DC.
别名：柴胡（福建植物志），胡柴（江西种子植物名录）
——"*Bupleurum chinensis*"=*Bupleurum chinense* DC.（拼写错误。江西种子植物名录）
原生。华东分布：安徽、福建、江苏、江西、山东、浙江。

多伞北柴胡 *Bupleurum chinense* f. ***chiliosciadium*** (H. Wolff) R.H. Shan & Y. Li
原生。华东分布：安徽。

小柴胡 *Bupleurum hamiltonii* N.P. Balakr.
——*Bupleurum tenue* Buch.-Ham. ex D. Don（江西植物志）
原生。华东分布：江西。

大叶柴胡 *Bupleurum longiradiatum* Turcz.
原生。华东分布：山东、浙江。

南方大叶柴胡 *Bupleurum longiradiatum* f. ***australe*** R.H. Shan & Y. Li
原生。华东分布：安徽、江西、浙江。

竹叶柴胡 *Bupleurum marginatum* Wall. ex DC.
原生。华东分布：江西。

红柴胡 *Bupleurum scorzonerifolium* Willd.
别名：少花红柴胡（江苏植物志 第 2 版）
——*Bupleurum scorzonerifolium* f. *pauciflorum* R.H. Shan & Y. Li（江苏植物志 第 2 版）
原生。华东分布：安徽、福建、江苏、江西、山东。

黑柴胡 *Bupleurum smithii* H. Wolff
原生。华东分布：山东。

滇藁本属 *Hymenidium*

（伞形科 Apiaceae）

鸡冠滇藁本 *Hymenidium cristatum* (H. Boissieu) Pimenov & Kljuykov
别名：鸡冠棱子芹（安徽植物志、FOC）
——*Pleurospermum cristatum* H. Boissieu（安徽植物志、FOC）
原生。华东分布：安徽。

明党参属 *Changium*

（伞形科 Apiaceae）

明党参 *Changium smyrnioides* H. Wolff
原生。易危（VU）。华东分布：安徽、江苏、江西、上海、浙江。

北羌活属 *Hansenia*

（伞形科 Apiaceae）

宽叶羌活 *Hansenia forbesii* (H. Boissieu) Pimenov & Kljuykov
——*Notopterygium forbesii* H. Boissieu（江西植物志）
——*Notopterygium franchetii* H.Boissieu（FOC）
原生。华东分布：江西。

羌活 *Hansenia weberbaueriana* (Fedde ex H. Wolff) Pimenov & Kljuykov
——*Notopterygium incisum* C.T. Ting ex Ho T. Chang（江西植物志、FOC）
原生。华东分布：江西。

东俄芹属 *Tongoloa*

（伞形科 Apiaceae）

牯岭东俄芹 *Tongoloa stewardii* H. Wolff
原生。近危（NT）。华东分布：安徽、江西、浙江。

水芹属 *Oenanthe*

（伞形科 Apiaceae）

短辐水芹 *Oenanthe benghalensis* (Roxb.) Benth. & Hook. f.
别名：短幅水芹（福建植物志），少花水芹（江西种子植物名录）
原生。华东分布：福建、江西、浙江。

水芹 *Oenanthe javanica* (Blume) DC.
原生。华东分布：安徽、福建、江苏、江西、山东、上海、浙江。

卵叶水芹 *Oenanthe javanica* subsp. ***rosthornii*** (Diels) F.T. Pu
——*Oenanthe rosthornii* Diels（福建植物志、江西植物志、江西种子植物名录）
原生。华东分布：福建、江西。

线叶水芹 *Oenanthe linearis* Wall. ex DC.
别名：西南水芹（福建植物志、江西植物志、江西种子植物名录、浙江植物志），中华水芹（安徽植物志、福建植物志、江西植物志、江西种子植物名录、山东植物志、浙江植物志）
——"*Oenanthe sinense*"=*Oenanthe sinensis* Dunn（拼写错误。江西种子植物名录）
——*Oenanthe dielsii* H. Boissieu（福建植物志、江西植物志、江西种子植物名录、浙江植物志）
——*Oenanthe sinensis* Dunn（安徽植物志、福建植物志、江西植物志、山东植物志、浙江植物志）
原生。华东分布：安徽、福建、江西、山东、上海、浙江。

多裂叶水芹 *Oenanthe thomsonii* C.B. Clarke
原生。华东分布：江西。

窄叶水芹 *Oenanthe thomsonii* subsp. ***stenophylla*** (H. Boissieu) F.T. Pu
别名：细叶水芹（江西种子植物名录）
——*Oenanthe dielsii* var. *stenophylla* (H. Boissieu) H. Boissieu（江西种子植物名录）
原生。华东分布：江西、浙江。

毒芹属 *Cicuta*

（伞形科 Apiaceae）

毒芹 *Cicuta virosa* L.
原生。华东分布：福建、山东。

鸭儿芹属 *Cryptotaenia*

（伞形科 Apiaceae）

鸭儿芹 *Cryptotaenia japonica* Hassk.
别名：多裂鸭儿芹（福建植物志），深裂鸭儿芹（江苏植物志 第 2 版、江西植物志、江西种子植物名录），紫叶鸭儿芹（江苏植物志 第 2 版）
——*Cryptotaenia japonica* f. *dissecta* (Y. Yabe) Hara（福建植物志、江苏植物志 第 2 版、江西植物志、江西种子植物名录）
——*Cryptotaenia japonica* var. *atropurpurea* Makino（江苏植物志 第 2 版）
原生。华东分布：安徽、福建、江苏、江西、上海、浙江。

泽芹属 *Sium*

（伞形科 Apiaceae）

锯边泽芹 *Sium serrum* (Franch. & Sav.) Kitag.
别名：锯边茴芹（安徽植物志、江西植物志、FOC）
——*Pimpinella serra* Franch. & Sav.（安徽植物志、江西植物志、FOC）
原生。华东分布：安徽、江西。

泽芹 *Sium suave* Walter
原生。华东分布：安徽、福建、江苏、江西、山东、浙江。

藁本属 *Ligusticum*

（伞形科 Apiaceae）

尖叶藁本 *Ligusticum acuminatum* Franch.
别名：尖叶川芎（江西种子植物名录）
原生。华东分布：安徽、江西。

囊瓣芹属 *Pternopetalum*

（伞形科 Apiaceae）

散血芹 *Pternopetalum botrychioides* (Dunn) Hand.-Mazz.
原生。华东分布：江西。

囊瓣芹 *Pternopetalum davidii* Franch.
原生。华东分布：江西。

异叶囊瓣芹 *Pternopetalum heterophyllum* Hand.-Mazz.
原生。华东分布：江西。

裸茎囊瓣芹 *Pternopetalum nudicaule* (H. Boissieu) Hand.-Mazz.
别名：光滑囊瓣芹（江西植物志）
原生。华东分布：江西。

东亚囊瓣芹 *Pternopetalum tanakae* (Franch. & Sav.) Hand.-Mazz.
别名：条叶囊瓣芹（安徽植物志）
原生。华东分布：安徽、福建、江西、浙江。

假苞囊瓣芹 *Pternopetalum tanakae* var. ***fulcratum*** Y.H. Zhang
——"*Pternopetalum kiangsiense* var. *fulcrantum*"=*Pternopetalum tanakae* var. *fulcratum* Y.H. Zhang（拼写错误。江西植物志）
——"*Pternopetalum tanakae* var. *fulcrantum*"=*Pternopetalum tanakae* var. *fulcratum* Y.H. Zhang（拼写错误。浙江植物志）
原生。华东分布：安徽、福建、江西、浙江。

膜蕨囊瓣芹 *Pternopetalum trichomanifolium* (Franch.) Hand.-Mazz.
别名：江西囊瓣芹（江西植物志、江西种子植物名录）
——*Pternopetalum kiangsiense* (H. Wolff) Hand.-Mazz.（江西植物志、江西种子植物名录）
原生。华东分布：江西。

五匹青 *Pternopetalum vulgare* (Dunn) Hand.-Mazz.
原生。华东分布：江西。

尖叶五匹青 *Pternopetalum vulgare* var. ***acuminatum*** C.Y. Wu ex R.H. Shan & F.T. Pu
别名：尖叶五匹马（江西种子植物名录）
原生。华东分布：江西。

翅棱芹属 *Pterygopleurum*

（伞形科 Apiaceae）

翅棱芹 *Pterygopleurum neurophyllum* (Maxim.) Kitag.
别名：脉叶翅棱芹（安徽植物志、江苏植物志 第2版、江西植物志、浙江植物志、FOC）
原生。易危（VU）。华东分布：安徽、江苏、江西、浙江。

岩茴香属 *Rupiphila*

（伞形科 Apiaceae）

岩茴香 *Rupiphila tachiroei* (Franch. & Sav.) Pimenov & Lavrova
——*Ligusticum tachiroei* (Franch. & Sav.) M. Hiroe & Constance（安徽植物志、江西植物志、浙江植物志、FOC）
原生。华东分布：安徽、江西、浙江。

大叶芹属 *Spuriopimpinella*

（伞形科 Apiaceae）

尖齿大叶芹 *Spuriopimpinella arguta* (Diels) X.J. He & Z.X. Wang
别名：锐叶茴芹（安徽植物志、FOC）
——*Pimpinella arguta* Diels（安徽植物志、FOC）
原生。华东分布：安徽、浙江。

短柱大叶芹 *Spuriopimpinella brachystyla* (Hand.-Mazz.) Kitag.
别名：短柱茴芹（安徽植物志、FOC）
——*Pimpinella brachystyla* Hand.-Mazz.（安徽植物志、FOC）
原生。华东分布：安徽。

朝鲜大叶芹 *Spuriopimpinella koreana* (Y. Yabe) Kitag.
别名：朝鲜茴芹（FOC）
——*Pimpinella koreana* (Y. Yabe) Nakai（FOC）
原生。近危（NT）。华东分布：浙江。

黑水芹属 *Tilingia*

（伞形科 Apiaceae）

黑水芹 *Tilingia ajanensis* Regel & Tiling
别名：黑水岩茴香（山东植物志、FOC）
——*Ligusticum ajanense* (Regel & Tiling) Koso-Pol.（山东植物志、FOC）
原生。华东分布：安徽、山东。

胡萝卜属 *Daucus*

（伞形科 Apiaceae）

野胡萝卜 *Daucus carota* L.
外来。华东分布：安徽、福建、江苏、江西、山东、上海、浙江。

阿魏属 *Ferula*

（伞形科 Apiaceae）

铜山阿魏 *Ferula licentiana* var. ***tunshanica*** (S.W. Su) R.H. Shan & Q.X. Liu
——*Ferula tunshanica* S.W. Su（安徽植物志、山东植物志）
原生。华东分布：安徽、江苏、山东。

香根芹属 *Osmorhiza*

（伞形科 Apiaceae）

香根芹 *Osmorhiza aristata* (Thunb.) Rydb.
原生。华东分布：安徽、福建、江苏、江西、山东、上海、浙江。

峨参属 *Anthriscus*

（伞形科 Apiaceae）

钩刺峨参 *Anthriscus caucalis* M. Bieb.
别名：刺毛峨参（中国外来入侵植物名录）
外来。华东分布：江苏。

峨参 *Anthriscus sylvestris* (L.) Hoffm.
原生。华东分布：安徽、江苏、江西、山东、上海、浙江。

窃衣属 *Torilis*

（伞形科 Apiaceae）

小窃衣 *Torilis japonica* (Houtt.) DC.
别名：破子草（安徽植物志）
原生。华东分布：安徽、福建、江苏、江西、山东、上海、浙江。

窃衣 *Torilis scabra* (Thunb.) DC.
——"*Torilis scabar*"=*Torilis scabra* (Thunb.) DC.（拼写错误。江西种子植物名录）
原生。华东分布：安徽、福建、江苏、江西、山东、上海、浙江。

羊角芹属 *Aegopodium*

（伞形科 Apiaceae）

湘桂羊角芹 *Aegopodium handelii* H. Wolff
原生。华东分布：江西、浙江。

巴东羊角芹 *Aegopodium henryi* Diels
原生。华东分布：安徽。

葛缕子属 *Carum*

（伞形科 Apiaceae）

田葛缕子 *Carum buriaticum* Turcz.
原生。华东分布：山东。

葛缕子 *Carum carvi* L.
原生。华东分布：山东。

白苞芹属 *Nothosmyrnium*

（伞形科 Apiaceae）

白苞芹 *Nothosmyrnium japonicum* Miq.
原生。华东分布：安徽、福建、江苏、江西、浙江。

川白苞芹 *Nothosmyrnium japonicum* var. *sutchuenense* H. Boissieu
——"*Nothosmyrnium japonicum* var. *sutchuensis*"=*Nothosmyrnium japonicum* var. *sutchuenense* H. Boissieu（拼写错误。江西植物志）
原生。华东分布：江西。

茴芹属 *Pimpinella*

（伞形科 Apiaceae）

异叶茴芹 *Pimpinella diversifolia* DC.
原生。华东分布：安徽、福建、江苏、江西、山东、浙江。

城口茴芹 *Pimpinella fargesii* H. Boissieu
原生。华东分布：安徽、江西。

直立茴芹 *Pimpinella smithii* H. Wolff
原生。华东分布：安徽、浙江。

羊红膻 *Pimpinella thellungiana* H. Wolff
原生。华东分布：山东。

细叶旱芹属 *Cyclospermum*

（伞形科 Apiaceae）

细叶旱芹 *Cyclospermum leptophyllum* (Pers.) Sprague ex Britton & P. Wilson
别名：细叶芹（安徽植物志、福建植物志）
——*Apium leptophyllum* (Pers.) F. Muell. ex Benth.（安徽植物志、福建植物志、江西种子植物名录、浙江植物志）
外来。华东分布：安徽、福建、江苏、江西、山东、上海、浙江。

山茴香属 *Carlesia*

（伞形科 Apiaceae）

山茴香 *Carlesia sinensis* Dunn
原生。华东分布：山东。

石防风属 *Kitagawia*

（伞形科 Apiaceae）

台湾石防风 *Kitagawia formosana* (Hayata) Pimenov
别名：台湾前胡（FOC）
——*Peucedanum formosanum* Hayata（FOC）
原生。近危（NT）。华东分布：江西。

岩风属 *Libanotis*

（伞形科 Apiaceae）

济南岩风 *Libanotis jinanensis* L.C. Xu & M.D. Xu
原生。易危（VU）。华东分布：山东。

条叶岩风 *Libanotis lancifolia* K.T. Fu
原生。华东分布：山东。

老山岩风 *Libanotis laoshanensis* W. Zhou & Q.X. Liu
原生。华东分布：江苏。

宽萼岩风 *Libanotis laticalycina* R.H. Shan & M.L. Sheh
原生。华东分布：江西。

香芹 *Libanotis seseloides* (Fisch. & C.A. Mey. ex Turcz.) Turcz.
原生。华东分布：江苏、山东。

防风属 *Saposhnikovia*

（伞形科 Apiaceae）

防风 *Saposhnikovia divaricata* (Turcz. ex Ledeb.) Schischk.
原生、栽培。华东分布：江苏、江西、山东。

当归属 *Angelica*

（伞形科 Apiaceae）

重齿当归 *Angelica biserrata* (R.H. Shan & C.Q. Yuan) C.Q. Yuan & R.H. Shan
别名：毛当归（江西种子植物名录）
——"*Angelica pubescens*"=*Angelica biserrata* (R.H. Shan & C.Q. Yuan) C.Q. Yuan & R.H. Shan（误用名。江西种子植物名录）
原生。华东分布：安徽、江西、浙江。

长鞘当归 *Angelica cartilaginomarginata* (Makino ex Y. Yabe) Nakai
别名：东北长鞘当归（山东植物志），骨缘当归（山东植物志）
——*Angelica cartilaginomarginata* var. *matsumurae* (Boissieu) Kitag.（山东植物志）
原生。华东分布：山东。

骨缘当归 *Angelica cartilaginomarginata* var. *foliosa* C.Q. Yuan & R.H. Shan
——"*Angelica cartilagino-marginata* var. *foliosa*"=*Angelica cartilaginomarginata* var. *foliosa* C.Q. Yuan & R.H. Shan（拼写错误。安徽植物志）
原生。华东分布：安徽、江苏。

柳叶芹 *Angelica czernaevia* (Fisch. & C.A. Mey.) Kitag.
——*Czernaevia laevigata* Turcz.（山东植物志、FOC）

原生。华东分布：山东。

白芷 *Angelica dahurica* (Fisch.) Benth. & Hook. f.

别名：兴安白芷（江西种子植物名录）

原生、栽培。华东分布：福建、江苏、江西、山东。

台湾当归 *Angelica dahurica* var. ***formosana*** (H. Boissieu) Yen

原生。华东分布：福建。

紫花前胡 *Angelica decursiva* (Miq.) Franch. & Sav.

别名：前胡（安徽植物志、福建植物志），紫花当归（江西植物志）

——*Peucedanum decursivum* (Miq.) Maxim.（安徽植物志、福建植物志、山东植物志）

原生。华东分布：安徽、福建、江苏、江西、山东、浙江。

鸭巴前胡 *Angelica decursiva* f. ***albiflora*** (Maxim.) Nakai

原生。华东分布：江苏。

滨当归 *Angelica hirsutiflora* S.L. Liu, C.Y. Chao & T.I. Chuang

原生。华东分布：浙江。

大叶当归 *Angelica megaphylla* Diels

原生。易危（VU）。华东分布：江西。

福参 *Angelica morii* Hayata

原生。近危（NT）。华东分布：福建、江西、浙江。

木里当归 *Angelica muliensis* C.Y. Liao & X.G. Ma

原生。华东分布：安徽、江西。

拐芹 *Angelica polymorpha* Maxim.

别名：白根独活（江西种子植物名录），拐芹当归（山东植物志）

原生。华东分布：安徽、江苏、江西、山东、浙江。

天目当归 *Angelica tianmuensis* Z.H. Pan & T.D. Zhuang

原生。易危（VU）。华东分布：浙江。

山芹属 *Ostericum*

（伞形科 Apiaceae）

紫花当归 *Ostericum atropurpureum* G.Y. Li, G.H. Xia & W.Y. Xie

原生。华东分布：浙江。

隔山香 *Ostericum citriodorum* (Hance) R.H. Shan & C.Q. Yuan

——"*Ostericum citriodora*"=*Ostericum citriodorum* (Hance) R.H. Shan & C.Q. Yuan（拼写错误。浙江植物志）

原生。华东分布：福建、江西、浙江。

大齿山芹 *Ostericum grosseserratum* (Maxim.) Kitag.

别名：大齿当归（江西种子植物名录、江西种子植物名录），碎叶山芹（浙江植物志）

——*Angelica grosseserrata* Maxim.（江西种子植物名录）

原生。华东分布：安徽、福建、江苏、江西、浙江。

华东山芹 *Ostericum huadongense* Z.H. Pan & X.H. Li

原生。近危（NT）。华东分布：安徽、江苏、浙江。

山芹 *Ostericum sieboldii* (Miq.) Nakai

原生。华东分布：安徽、江苏、江西、山东、浙江。

蛇床属 *Cnidium*

（伞形科 Apiaceae）

滨蛇床 *Cnidium japonicum* Miq.

原生。近危（NT）。华东分布：江苏、山东、上海、浙江。

蛇床 *Cnidium monnieri* (L.) Cusson

原生。华东分布：安徽、福建、江苏、江西、山东、上海、浙江。

疆前胡属 *Peucedanum*

（伞形科 Apiaceae）

鄂西前胡 *Peucedanum henryi* H. Wolff

原生。近危（NT）。华东分布：江西。

黄山前胡 *Peucedanum huangshanense* Lu Q. Huang, H.S. Peng & S.S. Chu

原生。华东分布：安徽。

滨海前胡 *Peucedanum japonicum* Thunb.

别名：白花滨海前胡［*Peucedanum japonicum* f. *album* Q. H. Yang & Q. Tian, A New Form of *Peucedanum japonicum* (Umbelliferae) from Zhejiang, China］

——*Peucedanum japonicum* f. *album* Q.H. Yang & Q. Tian［*Peucedanum japonicum* f. *album* Q. H. Yang & Q. Tian, A New Form of *Peucedanum japonicum* (Umbelliferae) from Zhejiang, China］

原生。华东分布：福建、江苏、山东、上海、浙江。

南岭前胡 *Peucedanum longshengense* R.H. Shan & M.L. Sheh

原生。华东分布：江西。

华中前胡 *Peucedanum medicum* Dunn

原生。华东分布：江西。

前胡 *Peucedanum praeruptorum* Dunn

别名：白花前胡（安徽植物志、福建植物志、江西种子植物名录、浙江植物志）

原生。华东分布：安徽、福建、江苏、江西、上海、浙江。

泰山前胡 *Peucedanum wawrae* (H. Wolff) S.W. Su ex M.L. Sheh

——"*Peucedanum wawrum*"=*Peucedanum wawrae* (H. Wolff) S.W. Su ex M.L. Sheh（拼写错误。山东植物志）

原生。近危（NT）。华东分布：安徽、江苏、江西、山东。

珊瑚菜属 *Glehnia*

（伞形科 Apiaceae）

珊瑚菜 *Glehnia littoralis* F. Schmidt ex Miq.

别名：珊蝴菜（福建植物志）

原生。极危（CR）。华东分布：福建、江苏、山东、上海、浙江。

鞘山芎属 *Conioselinum*

（伞形科 Apiaceae）

藁本 *Conioselinum anthriscoides* (H. Boissieu) Pimenov & Kljuykov

别名：蒿本（福建植物志、江西种子植物名录）

——"*Ligusticum sinensis*"=*Ligusticum sinense* Oliv.（拼写错误。江西种子植物名录）

——*Ligusticum sinense* Oliv.（安徽植物志、福建植物志、江苏植物志 第2版、江西植物志、浙江植物志、FOC）

原生、栽培。华东分布：安徽、福建、江苏、江西、浙江。

山芎 *Conioselinum chinense* (L.) Britton, Sterns & Poggenb.

原生。华东分布：安徽、江西、浙江。

肖氏山芎 *Conioselinum shanii* Pimenov & Kljuykov

原生。华东分布：安徽、江西、浙江。

辽藁本 *Conioselinum smithii* (H. Wolff) Pimenov & Kljuykov

——*Ligusticum jeholense* (Nakai & Kitag.) Nakai & Kitag.（山东植物志、FOC）

原生。华东分布：山东。

独活属 *Heracleum*

（伞形科 Apiaceae）

白亮独活 *Heracleum candicans* Wall. ex DC.
原生。华东分布：江西。

独活 *Heracleum hemsleyanum* Diels
原生。华东分布：江西。

短毛独活 *Heracleum moellendorffii* Hance
——"*Heracleum moellendorfii*"=*Heracleum moellendorffii* Hance（拼写错误。浙江植物志）
原生。华东分布：安徽、江苏、江西、山东、浙江。

少管短毛独活 *Heracleum moellendorffii* var. ***paucivittatum*** R.H. Shan & T.S. Wang
原生。华东分布：山东。

椴叶独活 *Heracleum tiliifolium* H. Wolff
原生。华东分布：安徽、江西。

平截独活 *Heracleum vicinum* H. Boissieu
原生。华东分布：江西。

参考文献

[1]《安徽植物志》协作组.安徽植物志：第1卷[M].合肥：安徽科学技术出版社，1986.

[2]《安徽植物志》协作组.安徽植物志：第4卷[M].合肥：安徽科学技术出版社，1991.

[3]《安徽植物志》协作组.安徽植物志：第5卷[M].合肥：安徽科学技术出版社，1992.

[4]《安徽植物志》协作组.安徽植物志：第2卷[M].北京：中国展望出版社，1986.

[5]《安徽植物志》协作组.安徽植物志：第3卷[M].北京：中国展望出版社，1990.

[6]陈汉斌.山东植物志：上卷[M].青岛：青岛出版社，1990.

[7]陈汉斌，郑亦津，李法曾.山东植物志：下卷[M].青岛：青岛出版社，1997.

[8]丁炳杨，金川.温州植物志：第1卷[M].北京：中国林业出版社，2017.

[9]丁炳杨，金川.温州植物志：第2卷[M].北京：中国林业出版社，2017.

[10]丁炳杨，金川.温州植物志：第3卷[M].北京：中国林业出版社，2017.

[11]丁炳杨，金川.温州植物志：第4卷[M].北京：中国林业出版社，2017.

[12]丁炳杨，金川.温州植物志：第5卷[M].北京：中国林业出版社，2017.

[13]福建省科学技术委员会《福建植物志》编写组李法曾，李文清，樊守金.山东木本植物志(上、下卷).北京：科学出版社，2016.

[14]福建植物志：第1卷[M].福州：福建科学技术出版社，1982.

[15]福建省科学技术委员会《福建植物志》编写组.福建植物志：第2卷[M].福州：福建科学技术出版社，1985.

[15]福建省科学技术委员会《福建植物志》编写组.福建植物志：第3卷[M].福州：福建科学技术出版社，1987.

[16]福建省科学技术委员会《福建植物志》编写组.福建植物志：第4卷[M].福州：福建科学技术出版社，1989.

[17]福建省科学技术委员会《福建植物志》编写组.福建植物志：第5卷[M].福州：福建科学技术出版社，1993.

[18]福建省科学技术委员会《福建植物志》编写组.福建植物志：第6卷[M].福州：福建科学技术出版社，1995.

[19]《杭州植物志》编纂委员会.杭州植物志：第1卷[M].杭州：浙江大学出版社，2017.

[20]《杭州植物志》编纂委员会.杭州植物志：第2卷[M].杭州：浙江大学出版社，2017.

[21]《杭州植物志》编纂委员会.杭州植物志：第3卷[M].杭州：浙江大学出版社，2018.

[22]胡长松，陈瑞辉，董贤忠，等.江苏粮食口岸外来杂草的监测调查[J].植物检疫，2016，30(4): 63–67.

[23]江苏省植物研究所.江苏植物志：上卷[M].南京：江苏人民出版社，1977.

[24]江苏省植物研究所.江苏植物志：下卷[M].南京：江苏科学技术出版社，1982.

[25]《江西植物志》编辑委员会.江西植物志：第1卷[M].南昌：江西科学技术出版社，1993.

[26]《江西植物志》编辑委员会.江西植物志：第2卷[M].北京：中国科学技术出版社，2004.

[27]《江西植物志》编辑委员会.江西植物志：第3卷.上册[M].南昌：江西科学技术出版社，2014.

[28]李斌，林洪，邓绍勇，等.1999—2019年江西高等植物新种及新记录统计分析[J].南方林业科学，2020，48(3): 53–57，78.

[29]李法曾，陈锡典.山东丰花草属一新种[J].云南植物研究，1985，4: 419–420.

[30]李法曾，李文清，樊守金.山东木本植物志：上卷[M].北京：科学出版社，2016.

[31]李法曾，李文清，樊守金.山东木本植物志：下卷[M].北京：科学出版社，2016.

[32]李宏庆.华东种子植物检索手册[M].上海：华东师范大学出版社，2010.

[33]李新华，周闻，郭嘉诚，等.二色仙人掌，中国仙人掌科一新归化种[J].热带亚热带植物学报，2020，28(2): 192–196.

[34]李振宇.长芒苋：中国苋属一新归化种[J].植物学通报，2003，20(6)，734–735.

[35]刘启新.江苏植物志：第1卷[M].南京：江苏凤凰科学技术出版社，2013.

[36]刘启新.江苏植物志：第2卷[M].南京：江苏凤凰科学技术出版社，2013.

[37]刘启新.江苏植物志：第3卷[M].南京：江苏凤凰科学技术出版社，2016.

[38]刘启新.江苏植物志：第4卷[M].南京：江苏凤凰科学技术出版社，2015.

[39]刘启新.江苏植物志：第5卷[M].南京：江苏凤凰科学技术出版社，2015.

[40]刘仁林，张志翔，廖为明.江西种子植物名录[M].北京：中国林业出版社，2010.

[41]马金双.上海维管植物名录[M].北京：高等教育出版社，2013.

[42]马金双，李惠茹.中国外来入侵植物名录[M].北京：高等教育出版社，2018.

[43]上海科学院.上海植物志：上卷[M].上海：上海科学技术文献出版社，1999.

[44]上海科学院.上海植物志：下卷[M].上海：上海科学技术文献出版社，1999.

[45]田旗.华东植物区系维管束植物多样性编目[M].北京：科学出版社，2014.

[46]夏常英，张思宇，王振华，等.中国新归化大戟科植物：头序巴豆[J].植物检疫，2020，34(1): 54–56.

[47]徐晗，宋云，范晓虹，等.3种异株苋亚属杂草入侵风险及其在我国适生性分析[J].植物检疫，2013，27(4)，20–23.

[48]徐跃良，张洋，何贤平，等.浙江植物新记录[J].浙江

林业科技，2019， 39(4): 95–98.
[49] 严靖，闫小玲，李惠茹，等．华东地区归化植物的组成特征、引入时间及时空分布 [J]．生物多样性，2021，29(4): 428–438.
[50] 严靖，闫小玲，王樟华，等．安徽省外来入侵植物的分布格局及其等级划分 [J]．植物科学学报， 2017，35(5): 679–690.
[51] 杨旭东，李振宇，夏常英，等．中国新归化菊科植物：弯喙苣 [J] ．植物检疫， 2020，34(3): 58–60.
[52] 张美珍，赖明洲．华东五省一市植物名录 [M]．上海：上海科学普及出版社，1993.
[53] 浙江植物志编辑委员会．浙江植物志：第 1 卷 [M]．杭州：浙江科学技术出版社，1989.
[54] 浙江植物志编辑委员会．浙江植物志：第 2 卷 [M]．杭州：浙江科学技术出版社，1992.
[55] 浙江植物志编辑委员会．浙江植物志：第 3 卷 [M]．杭州：浙江科学技术出版社，1993.
[56] 浙江植物志编辑委员会．浙江植物志：第 4 卷 [M]．杭州：浙江科学技术出版社，1993.
[57] 浙江植物志编辑委员会．浙江植物志：第 5 卷 [M]．杭州：浙江科学技术出版社，1993.
[58] 浙江植物志编辑委员会．浙江植物志：第 6 卷 [M]．杭州：浙江科学技术出版社，1993.
[59] 浙江植物志编辑委员会．浙江植物志：第 7 卷 [M]．杭州：浙江科学技术出版社，1993.
[60] 浙江植物志编辑委员会．浙江植物志：总论 [M]．杭州：浙江科学技术出版社，1993.
[61] 中国科学院江西分院．江西植物志 [M]．南昌：江西人民出版社，1960.
[62] APG. An ordinal classification for the families of flowering plants. Annals of the Missouri Botanical Garden，1998，85: 531–553.
[63] APG III. An update of the Angiosperm Phylogeny Group classification for the orders and families of flowering plants: APG III. Botanical Journal of the Linnean Society，2009，161(2): 105–121.
[64] APG IV. An update of the Angiosperm Phylogeny Group classification for the orders and families of flowering plants: APG IV. Botanical Journal of the Linnean Society，2016，181(1): 1–20.
[65] BUSINSKY R. Taxonomy and Biogeography of Chinese hardpine，*Pinus hwangshanensis* W. Y. Hsia. Botanische Jahrbücher für Systematik，2003，125(1): 1–17.
[66] CHEMISQUY M A，GIUSSANI L M，SCATAGLINI M A，et al. Phylogenetic studies favour the unification of *Pennisetum*，*Cenchrus* and *Odontelytrum* (Poaceae): a combined nuclear，plastid and morphological analysis，and nomenclatural combinations in *Cenchrus*. Annals of botany，2010，106(1): 107–130.
[67] COURCHAMP F. Alien species: Monster fern makes IUCN invader list. Nature，2013，498: 37.
[68] DU C，LIAO S，BOUFFORD D E，et al. Twenty years of Chinese vascular plant novelties，2000 through 2019. Plant Diversity，2020，42(5): 393 – 398.
[69] FUENTES-BAZAN S，UOTILA P，BORSCH T. A novel phylogeny-based generic classification for *Chenopodium* sensu lato，and a tribal rearrangement of Chenopodioideae (Chenopodiaceae). Willdenowia，2012，42: 5–24.
[70] JIANG H，FAN Q，LI JT,et al. Naturalization of alien plants in China. Biodiversity and Conservation，2011，20(7): 1 545–1 556.
[71] LOWE S，BROWNE M，BOUDJELAS S，et al. 100 of the world's worst invasive alien species: A selection from the Global Invasive Species Database. The IUCN Invasive Species Specialist Group (ISSG)，Auckland，New Zealand，2000: 1–12.
[72] PPG I. A community-derived classification for extantlycophytes and ferns. Journal of Systematics and Evolution，2016，54(6): 563–603.
[73] PYŠEK P，RICHARDSON D M，PERGL J，et al. Geographical and taxonomic biases in invasion ecology. Trends in Ecology & Evolution，2008，23(5): 237–244.
[74] PYŠEK P，RICHARDSON D M，REJMÁNEK M，et al. Alien plants in checklistsand floras: Towards better communication between taxonomists and ecologists. Taxon，2004，53: 131–143.
[75] RAN J H，GAO H，WANG X Q. Fast evolution of the retroprocessed mitochondrial *rps*3 gene in Conifer II and further evidence for the phylogeny of gymnosperms. Molecular Phylogenetics and Evolution，2010，54(1): 136–149.
[76] WILL M，CLAßEN-BOCKHOFF R. Why Africa matters: Evolution of Old World *Salvia* (Lamiaceae) in Africa. Annals of Botany，2014，114: 61–83.
[77] WU Z Y, RAVEN P H, HONG D Y. Flora of China (Vol. 1–25). Beijing: Science Press & St. Louis: Missouri Botanical Garden Press，1989–2013.
[78] YAN X L，WANG Z H，MA J S. The Checklist of the Naturalized Plants in China. Shanghai: Shanghai Scientific and Technical Publishers，2019.
[79] ZHANG J J，PAN S H，ZHU W J，et al. *Taxodiomeria* (Taxodiaceae)，an intergeneric hybrid between *Taxodium* and Cryptomeria from Shanghai，People's Republic of China. SIDA, Contributions to Botany，2003，20(3): 999–1006.

附　录

附录Ⅰ　华东地区发表的新名称（至 2021 年 12 月）（包括新种及种下等级、新组合、新异名等）

中文名	学名	科	模式标本	备注
陀螺果	*Melliodendron xylocarpum*	安息香科	R.E.Mell 37	New Synonyms
宝华老鸦瓣	*Amana baohuaensis*	百合科	L.Wang, G.Y.Lu & X.W. Song WL194103	New Species
括苍山老鸦瓣	*Amana kuocangshanica*	百合科	D.Y.Tan & X.R.Li Zhe 004	New Species
皖浙老鸦瓣	*Amana wanzhensis*	百合科	B.X.Han & X.W.Song 2012125	New Species
基生蜘蛛抱蛋	*Aspidistra basalis*	百合科	Tillich 5720	New Species
巨球百合	*Lilium brownii* var. *giganteum*	百合科	G.Y.Li & al.WL002	New Variety
古田山黄精	*Polygonatum cyrtonema* var. *gutianshanicum*	百合科	X.F.Jin 0023	New Variety
大皿黄精	*Polygonatum daminense*	百合科	H.J.Yang 201902	New Species
长梗黄精	*Polygonatum filipes*	百合科	R.C.Ching 1614	New Synonyms
金寨黄精	*Polygonatum jinzhaiense*	百合科	J.Z.Shao & S.B.Zhou 98503	New Species
微齿菝葜	*Smilax microdontus*	百合科	C.X.Fu 92103	New Species
中国油点草	*Tricyrtis chinensis*	百合科	H.Takahashi 20201	New Species
毛果油点草	*Tricyrtis chinensis var. glandulosa*	百合科	Z.H.Chen CS-001	New Variety
仙居油点草	*Tricyrtis xianjuensis*	百合科	Z.M.Zhu & al.XJ20120911	New Species
皖郁金香	*Tulipa anhuiensis*	百合科	X.S. Shen 98006	New Species
东方杉	×*Taxodiomeria peizhongii*	柏科	S.H.Pan 01563A	New Species
黄果朱砂根	*Ardisia crenata* f. *xanthocarpa*	报春花科	F.Y.Zhang CN090101	New Form
大别山过路黄	*Lysimachia dabieshanensis*	报春花科	K.Liu 2009030	New Species
右旋过路黄	*Lysimachia dextrorsiflora*	报春花科	X.H.Guo 87034	New Species
金寨过路黄	*Lysimachia jinzhaiensis*	报春花科	K.Liu 09012	New Species
祁门过路黄	*Lysimachia qimenensis*	报春花科	X.H.Guo 89014	New Species
天马过路黄	*Lysimachia tianmaensis*	报春花科	K.Liu 2009042	New Species
丽水报春	*Primula lishuiensis*	报春花科	D.H.Wu & X.D.Mei JN20180317021	New Species
福建报春	*Primula obconica* subsp. *fujianensis*	报春花科	G.S.He 20001	New Subspecies
秋浦羽叶报春	*Primula qiupuensis*	报春花科	J.W.Shao & J.Liu 20150316-2	New Species
皖南羽叶报春	*Primula wannanensis*	报春花科	J.W.Shao & W.Zhang 160402-2	New Species
浙西羽叶报春	*Primula zhexiensis*	报春花科	J.W.Shao & W.Zhang 160326-1	New Species
红花假婆婆纳	*Stimpsonia chamaedryoides* var. *rubriflora*	报春花科	J.Z.Shao 82160	New Combination
短柄川蔓藻	*Ruppia brevipedunculata*	川蔓藻科	s.coll.s.n.	New Species
中华川蔓藻	*Ruppia sinensis*	川蔓藻科	s.coll.s.n.	New Species
浙江铃子香	*Chelonopsis chekiangensis*	唇形科	R.C.Ching 3724	New Species
短梗浙江铃子香	*Chelonopsis chekiangensis* var. *brevipes*	唇形科	J.Li 2098	New Variety
粉花出蕊四轮香	*Hanceola exserta f.subrosa*	唇形科	B.Y.Ding 16090	New Form
洪林龙头草	*Meehania hongliniana*	唇形科	B.Y.Ding 2017042302	New Species
浙闽龙头草	*Meehania zheminensis*	唇形科	Pan Li LP207976	New Species
短花假糙苏	*Paraphlomis breviflora*	唇形科	Y.L.Xu & al.602	New Species

续表

中文名	学名	科	模式标本	备注
毛果顺昌假糙苏	*Paraphlomis shunchangensis* var. *pubicarpa*	唇形科	Z.H.Chen & L.X.Zheng WC17080302	New Variety
白花南丹参	*Salvia bowleyana* f. *alba*	唇形科	D.D.Ma & al.s.n.	New Form
浙江琴柱草	*Salvia nipponica* subsp. *zhejiangensis*	唇形科	Z.H.Chen LS150803	New Subspecies
二回羽裂丹参	*Salvia subbipinnata*	唇形科	K.K.Tsoong 1048	New Combination
仙居鼠尾草	*Salvia xianjuensis*	唇形科	Z.M.Zhu，G.Y.Li, Z.H.Chen，D.D.Ma & R.Z.Zhang，XJ20120910	New Species
腺毛黄芩	*Scutellaria adenotricha*	唇形科	S.B.Zhou 95407	New Species
云亿黄芩	*Scutellaria yunyiana*	唇形科	B.Y.Ding 16187	New Species
毛叶水苏	*Stachys japonica* var. *tomentosa*	唇形科	F.Z.Li 3181	New Variety
庆元香科科	*Teucrium qingyuanense*	唇形科	Y.L.Xu & al.Xu725	New Species
毛叶南岭柞木	*Xylosma controversa* var. *pubescens*	刺篱木科	L.Teng 1675	New Variety
重阳木	*Bischofia racemosa*	大戟科	C.T.Yang 20578	New Species
仙霞岭大戟	*Euphorbia xianxialingensis*	大戟科	Z.H.Chen & al.JS20150714022	New Species
台闽算盘子	*Glochidion rubrum*	大戟科	C.L.von Blume s.n.	New Synonyms
毛枝叶下珠	*Phyllanthus glaucus* var. *trichocladus*	大戟科	Zhej.Bot.Exped. 27410	New Variety
楚光冬青	*Ilex chuguangii*	冬青科	M.M.Lin & J.P.Wu 02	New Species
霍山冬青	*Ilex huoshanensis*	冬青科	B.M.Li 98002	New Species
光叶细刺枸骨	*Ilex hylonoma* var. *glabra*	冬青科	W.T.Tsang 27796	New Synonyms
黄果毛冬青	*Ilex pubescens* f. *xanthocarpa*	冬青科	X.Liu，X.D.Mei & Z.H.Chen TS21010908	New Form
三清山冬青	*Ilex sanqingshanensis*	冬青科	Sanqingshan Exped.0807074	New Species
书坤冬青	*Ilex shukunii*	冬青科	B.H.Chen OYY00107	New Species
纤秀冬青	*Ilex venusta*	冬青科	Xu & Zhao XKW183	New Species
肉色土圞儿	*Apios carnea*	豆科	N.Wallich 5527	New Synonyms
南岭土圞儿	*Apios chendezhaoana*	豆科	L.H.Liu 11227	New Combination
土圞儿	*Apios fortunei*	豆科	A.Fortune 44	New Synonyms
无毛黄山紫荆	*Cercis chingii* var. *glabrata*	豆科	Z.H.Chen & al.CZH-9709	New Variety
秦氏香槐	*Cladrastis chingii*	豆科	R.C.Ching 5230	New Species
天台猪屎豆	*Crotalaria tiantaiensis*	豆科	s.coll.839	New Species
少毛大叶胡枝子	*Lespedeza davidii* f. *glabrescens*	豆科	S.S.Lai 19000001	New Form
细枝美丽胡枝子	*Lespedeza formosa* f. *gracilirama*	豆科	S.S.Lai 201200001	New Form
江西胡枝子	*Lespedeza jiangxiensis*	豆科	B.Xu 198	New Species
红花截叶铁扫帚	*Lespedeza lichiyuniae*	豆科	T.Nemoto & T.Itoh 30060	New Species
德化假卫矛	*Microtropis dehuaensis*	豆科	Z.S.Huang & Y.Y.Lin 0778	New Species
南海藤	*Nanhaia speciosa*	豆科	Millett 505	New Combination
山西棘豆	*Oxytropis shanxiensis*	豆科	M.Takahashi 680	New Species
阔裂叶龙须藤	*Phanera apertilobata*	豆科	W.T.Tsang 21042	New Combination
东方金合欢	*Senegalia orientalis*	豆科	T.D.Nghai & P.K.Loc T749	New Species
白花长柔毛野豌豆	*Vicia villosa* var. *alba*	豆科	Y.Q.Zhu 95010	New Variety
明月山野豌豆	*Vicia mingyueshanensis*	豆科	Z.Y.Xiao & X.C.Li，CSFI076074	New Species
绿花夏藤	*Wisteriopsis championii*	豆科	Champion 263	New Combination
江西夏藤	*Wisteriopsis kiangsiensis*	豆科	Y.G.Xiong 4143	New Combination

续表

中文名	学名	科	模式标本	备注
网络夏藤	*Wisteriopsis reticulata*	豆科	R.Fortune A95	New Combination
红花毛瑞香	*Daphne kiusiana f.purpurea*	杜鹃花科	H.F.Xu JN18030807	New Form
华顶杜鹃	*Rhododendron huadingense*	杜鹃花科	B.Y.Ding 4540	New Species
绿晕满山红	*Rhododendron mariesii* f. *viridia*	杜鹃花科	s.coll.01204	New Form
小果马银花	*Rhododendron microcarpum*	杜鹃花科	R.L.Liu L-003	New Species
上犹杜鹃	*Rhododendron seniavinii* var. *shangyounicum*	杜鹃花科	R.L.Liu 050034	New Variety
普陀杜鹃	*Rhododendron simsii* var. *putoense*	杜鹃花科	G.Y.Li & al.PT08071	New Variety
伏毛杜鹃	*Rhododendron strigosum*	杜鹃花科	R.L.Liu 89023	New Species
湘赣杜鹃	*Rhododendron xiangganense*	杜鹃花科	M.X.Nie 8267	New Species
云亿杜鹃	*Rhododendron yunyianum*	杜鹃花科	B.Y.Ding & H.S.Zhang 8052	New Species
矩圆叶椴	*Tilia oblongifolia*	椴树科	R.C.Ching 3078	New Synonyms
苍南凤仙花	*Impatiens chekiangensis* var. *cangnanensis*	凤仙花科	Y.L.Xu Xu318	New Variety
多花凤仙花	*Impatiens chekiangensis* var. *multiflora*	凤仙花科	Y.L.Xu & B.Y.Ding Xu313	New Variety
黄岩凤仙花	*Impatiens huangyanensis*	凤仙花科	X.F.Jin 6929	New Species
纤刺黄岩凤仙花	*Impatiens huangyanensis* subsp. *attenuata*	凤仙花科	X.M.Yang & C.D.Zheng 201	New Subspecies
括苍山凤仙花	*Impatiens kuocangshanica*	凤仙花科	Zhejiang Med.Bot.Exped.2305	New Combination
淡黄绿凤仙花	*Impatiens platysepala* var. *chloroxantha*	凤仙花科	Q. Ling & L.C.Jin 3438	New Combination
括苍山凤仙花	*Impatiens platysepala* var. *kuocangshanica*	凤仙花科	Zhejiang Med.Bot.Exped.2305	New Variety
武夷凤仙花	*Impatiens wuyiensis*	凤仙花科	X.F.Jin, Y.F.Lu & Jian S.Wang 4158	New Species
艺林凤仙花	*Impatiens yilingiana*	凤仙花科	X.F.Jin 1901	New Species
昴山海桐	*Pittosporum maoshanese*	海桐花科	L.M.Ji,G.Y.Li & Z.H.Chen LQ13061205	New Species
黄条大木竹	*Bambusa wenchouensis* f. *striata*	禾本科	J.J.Yue & J. L.Yuan 170915	New Form
花杆绿竹	*Dendrocalamopsis oldhamii* f. *striata*	禾本科	Y.Y.Wang & C.Jin 51102	New Form
长耳吊丝竹	*Dendrocalamus longiauritus*	禾本科	K.F.Huang, H.Z.Guo & S.H.Chen 2725	New Species
匍匐镰序竹	*Drepanostachyum stoloniforme*	禾本科	S.H.Chen 2004-002	New Species
崂山小颖羊茅	*Festuca parvigluma* var. *laoshanensis*	禾本科	Q.Ren & al.3134	New Variety
毛鞘羊茅	*Festuca trichovagina*	禾本科	Shandong Wild Plant General Survey Group 1230	New Species
武功山短枝竹	*Gelidocalamus stellatus* var. *wugongshanensis*	禾本科		New Combination
寻乌寒竹	*Gelidocalamus xunwuensis*	禾本科	W.G.Zhang & al. 1107	New Species
福建薄稃草	*Leptoloma fujianensis*	禾本科	Y.Ling 3239	Typification
天鹅绒竹	*Lingnania chungii* var. *velutina*	禾本科	T.P.Yi, J.Y.Shi & Y.G.Zou 04020	New Variety
有节竹	*Lingnania fujianensis*	禾本科	T.P.Yi & J.Y.Shi 04024	New Species
南荻	*Miscanthus lutarioriparius*	禾本科	L.Liu 273	New Species
城隍竹	*Oligostachyum heterophyllum*	禾本科	Q.W.Lin & al.01-06	New Species
糙竹	*Phyllostachys acutiligula*	禾本科	G.H.Lai 97024	New Species
白壳竹	*Phyllostachys albidula*	禾本科	X.W.Wang & N.X.Ma 201001	New Species

续表

中文名	学名	科	模式标本	备注
黄槽黄古竹	*Phyllostachys angusta* f. *flavosulcata*	禾本科	G.H.Lai 12009	New Form
绿槽人面竹	*Phyllostachys aurea* f.*koi*	禾本科	G.H.Lai & P.J.Gao 12012	New Form
金条竹	*Phyllostachys aureosulcata* f. *flavostriata*	禾本科	S.J.Zhao 006	New Form
花叶京竹	*Phyllostachys aureosulcata* f. *vittata*	禾本科	X.Y.Zeng 05001	New Form
对花竹	*Phyllostachys bambusoides* f. *duihuazhu*	禾本科	G.H.Lai 12010	New Form
黄槽斑竹	*Phyllostachys bambusoides* f. *mixta*	禾本科	G.H.Lai 12011	New Form
嘉兴雷竹	*Phyllostachys compar*	禾本科	W.Y.Zhang & N.X.Ma 2904065	New Species
广德芽竹	*Phyllostachys corrugata*	禾本科	G.H.Lai 91046	New Species
蝶毛竹	*Phyllostachys edulis* f. *abbreviatus*	禾本科	G.H.Lai 12003	New Form
青龙竹	*Phyllostachys edulis* f. *curviculmis*	禾本科		New Form ［nom. inval.］
麻衣竹	*Phyllostachys edulis* f. *exaurita*	禾本科	T.G.Chen 201302	New Form
斑毛竹	*Phyllostachys edulis* f. *porphyrosticta*	禾本科	G.H.Lai, X.Q.Hua & W.W.Zhou 12019	New Form
安吉紫毛竹	*Phyllostachys edulis* f. *purpureoculmis*	禾本科	P.X.Zhang & J.S.Zhang 201202	New Form
孝丰紫筋毛竹	*Phyllostachys edulis* f. *purpureosulcata*	禾本科	P.X.Zhang, J.S.Zhang & Z.Q. Wang 201201	New Form
黄槽甜笋竹	*Phyllostachys elegans* f. *luteosulcata*	禾本科	Z.D.Yu & N.X.Ma 190505	New Form ［nom. inval.］
黄条花哺鸡竹	*Phyllostachys glabrata* f. *aureo-lineata*	禾本科	Z.D.Yu & N.X.Ma 190504	New Form ［nom. inval.］
黄秆水竹	*Phyllostachys heteroclada* f. *flaviculmis*	禾本科	P.X.Zhang & X.X.Chen ZPX201402	New Form
安吉锦毛竹	*Phyllostachys heterocycla* f. *anjiensis*	禾本科	P.X.Zhang 7005	New Form
燥壳竹	*Phyllostachys hirtivagina*	禾本科	G.H.Lai 92028	New Species
黄条燥壳	*Phyllostachys hirtivagina* f. *flavovittata*	禾本科	G.H.Lai 12007	New Form
黄条燥壳竹	*Phyllostachys hirtivagina* f. *luteovittata*	禾本科	G.H.Lai 99002	New Form
光壳竹	*Phyllostachys hispida* var. *glabrivagina*	禾本科	G.H. Lai 91083	New Variety
花秆红壳雷竹	*Phyllostachys incarnata* f. *bicolor*	禾本科	P.X.Zhang & X.X.Chen ZPX201401	New Form
花秆红竹	*Phyllostachys iridescens* f. *heterochroma*	禾本科	P.X.Zhang 6005	New Form
金沟红竹	*Phyllostachys iridescens* f. *luteosulcata*	禾本科	P. X. Zhang ZPX201701	New Form
扬州红竹	*Phyllostachys iridescens* f. *yangzhounensis*	禾本科	Z. D. Yu & N. X. Ma 190503	New Form ［nom. inval.］
瓜水竹	*Phyllostachys longiciliata*	禾本科	G. H. Lai 12005	New Species
笔笋竹	*Phyllostachys nidularia* f. *basipilis*	禾本科	G.H.Lai 12008	New Form
罗汉紫竹	*Phyllostachys nigra* f. *heterocyst*	禾本科	Z.D.Yu & N.X.Ma 190501	New Form ［nom. inval.］
花秆白叶灰竹	*Phyllostachys nuda* f. *mescellus*	禾本科	Z.D.Yu & N.X.Ma 190506	New Form ［nom. inval.］
白叶石竹	*Phyllostachys nuda* f. *varians*	禾本科	P.X.Zhang 5085	New Form
谷雨竹	*Phyllostachys purpureociliata*	禾本科	G.H.Lai 97007	New Species
黄皮早竹	*Phyllostachys violascens* f. *chrysoderma*	禾本科	T.G.Chen 201301	New Form
大禹早竹	*Phyllostachys violascens* f. *dayunensis*	禾本科	Z.D.Yu & N.X.Ma 190502	New Form ［nom. inval.］
绿纹竹	*Phyllostachys vivax* f. *viridivittata*	禾本科	P.X.Zhang 20090603	New Form
浙江甜竹	*Phyllostachys zhejiangensis*	禾本科	G.H.Lai 12006	New Species

续表

中文名	学名	科	模式标本	备注
花叶铺地竹	*Pleioblastus argenteostriatus* f. *albus*	禾本科	Q.X.Qian QQX201801	New Form
光节苦竹	*Pleioblastus glabrinodus*	禾本科	G.H.Lai 97197	New Species
罗公竹	*Pleioblastus guilongshanensis*	禾本科	M.M.Lin & X.X.Wang 01-03	New Species
烂头苦竹	*Pleioblastus ovatoauritus*	禾本科	W.Y.Zhang & N.X.Ma 160043	New Species
短箨茶秆竹	*Pseudosasa brevivaginata*	禾本科	G.H.Lai 97127	New Species
花叶近实心茶秆竹	*Pseudosasa subsolida* f. *auricoma*	禾本科		New Form ［nom. inval.］
中岩茶秆竹	*Pseudosasa zhongyanensis*	禾本科	H.Z.Guo,K.F.Huang & S.H.Chen 2014	New Species
万石山箣竻竹	*Schizostachyum wanshishanense*	禾本科	H.Z.Guo, K.F.Huang & S.H.Chen 2013	New Species
花叶唐竹	*Sinobambusa tootsik* var. *luteoloalbostriata*	禾本科	S.H.Chen 2004-001	New Variety
大节华赤竹	*Sinosasa magninoda*	禾本科	T.H.Wen & G.L.Liao 90551	New Combination
明月山华赤竹	*Sinosasa mingyueshanensis*	禾本科	X.R.Zheng 16	New Species
腺栝楼	*Trichosanthes glandulosa*	葫芦科	G.Q.Zhu ZFAZGQ2018070301	New Species
展毛栝楼	*Trichosanthes rosthornii* subsp. *patentivillosa*	葫芦科	Y.R.Zhu WY18080101	New Subspecies
毛柄金腰	*Chrysosplenium pilosopetiolatum*	虎耳草科	H.F.Chou 119	New Synonyms
罗霄虎耳草	*Saxifraga luoxiaoensis*	虎耳草科	W.Y.Zhao, Q.L.Ding & al.LXP-13-16785	New Species
瓣萼虎耳草	*Saxifraga stolonifera* f. *sepaloides*	虎耳草科	G.H.Xia s.n.	New Form
桦叶桤木	*Alnus betulifolia*	桦木科	G.Y.Li & al.LC2015521001	New Species
福建桦	*Betula fujianensis*	桦木科	J.Zeng 2004050501	New Species
武夷桦	*Betula wuyiensis*	桦木科	J.B.Xiao 003	New Species
浙江舞花姜	*Globba chekiangensis*	姜科	G.Y.Li & al.s.n.	New Species
柔毛砂仁	*Wurfbainia villosa*	姜科		New Combination
普通假毛蕨	*Pseudocyclosorus subochthodes*	金星蕨科	W.T.Tsang 21260	New Synonyms
安徽堇菜	*Viola anhuiensis*	堇菜科	D.Q.Wang W140708	New Species
井冈山堇菜	*Viola jinggangshanensis*	堇菜科	Z.L.Ning 142	New Species
虎耳草状景天	*Sedum drymarioides* var. *saxifragiforme*	景天科	L.Hong 415	New Variety
贺氏景天	*Sedum hoi*	景天科	Y.Y. Ho 25418	New Species
伴矿景天	*Sedum plumbizincicola*	景天科	D.Bi 05061028	New Species
石台景天	*Sedum shitaiense*	景天科	Y.Zheng 92004	New Species
琅琊山荠苨	*Adenophora langyashanica*	桔梗科	D.Q.Wang 3386	New Species
鹅抱	*Codonopsis ebao*	桔梗科	J.Xie XJ13100207	New Species
长圆叶兔儿风	*Ainsliaea kawakamii* var. *oblonga*	菊科		New Combination
单花兔儿风	*Ainsliaea simplicissima*	菊科	M. J. Zhang 20181116-1	New Species
婺源兔儿风	*Ainsliaea wuyuanensis*	菊科	Z. H. Chen, F. Chen & Y. H. Hong JXWY18101102	New Species
尾尖奇蒿	*Artemisia anomala* var. *acuminatissima*	菊科	s.coll.1214	New Variety
仙白草	*Aster chekiangensis*	菊科	C.Ling 73-1511	New Combination
九龙山紫菀	*Aster jiulongshanensis*	菊科	G.Y.Li & Z.H.Chen JLS20111001	New Species
铜铃山紫菀	*Aster tonglingensis*	菊科	H.H.Hu 331-1	New Species
仙居紫菀	*Aster xianjuensis*	菊科	X.F.Jin 3829	New Species
罗田苍术	*Atractylodes lancea* subsp. *luotianensis*	菊科	D.G.Liu & B.S.Li A981006h	New Subspecies

续表

中文名	学名	科	模式标本	备注
短冠东风菜	*Cardiagyris marchandii*	菊科	J.Esquirol 2736	New Combination
东风菜	*Cardiagyris scabra*	菊科	C.P.Thunberg s.n.	New Combination
阔叶毛华菊	*Chrysanthemum vestitum* var. *latifolium*	菊科	East China Station Inst.Bot.6935	New Variety
白花大蓟	*Cirsium japonicum* f. *albiflorum*	菊科	S.H.Jin & al.PT090504	New Form
沼生垂头蓟	*Cirsium paludigenum*	菊科	Z.H.Chen & al.WC2018090707	New Species
浙江垂头蓟	*Cirsium zhejiangense*	菊科	X.F.Jin & T.T.Yu 3202	New Species
三角叶苓菊	*Jurinea deltoidea*	菊科		New Combination
岩生薄雪火绒草	*Leontopodium japonicum* var. *saxatile*	菊科	Zhejiang Plant Resources Exped. 29803	New Variety
琴叶紫菀	*Metamyriactis pandurata*	菊科	F.J.F.Meyen s.n.	New Combination
无毛蟹甲草	*Parasenecio albus*	菊科	Z.S.Chung 83438	New Species
锈毛帚菊	*Pertya ferruginea*	菊科	Cai F.Zhang 1865	New Species
多花帚菊	*Pertya multiflora*	菊科	Cai F.Zhang 2214	New Species
江西蒲儿根	*Sinosenecio jiangxiensis*	菊科	Ying Liu 2008017	New Species
单花獐牙菜	*Swertia subuniflora*	菊科	B.H.Chen 092201	New Species
九龙山黄鹌菜	*Youngia jiulongshanensis*	菊科	Y.L.Xu & al.627	New Species
匍匐鼠尾黄	*Rungia stolonifera*	爵床科	J.D.Hooker & T.Thomson s.n.	New Synonyms
景宁青冈	*Cyclobalanopsis jingningensis*	壳斗科	R.L.Liu，Z.H.Chen & X.D.Mei JN2017101901	New Species
软枝青冈	*Cyclobalanopsis reclinatocaulis*	壳斗科	Q.W.Lin & al.01-06	New Species
保连横蒴苣苔	*Beccarinda baolianis*	苦苣苔科	Q.W.Lin & al.0016	New Species
深裂长蒴苣苔	*Didymocarpus dissectus*	苦苣苔科	Y.L.Qiu & J.Huang CSJT110506	New Species
浙东长蒴苣苔	*Didymocarpus lobulatus*	苦苣苔科	W.Y.Xie & J.J.Zhou 140523-01	New Species
江西石山苣苔	*Petrocodon jiangxiensis*	苦苣苔科	F.Wen & X.Hong WF170502-01	New Species
池州报春苣苔	*Primulina chizhouensis*	苦苣苔科	S.B.Zhou & Xin Hong 0806001	New Species
东莞报春苣苔	*Primulina dongguanica*	苦苣苔科	F.Wen 100803	New Species
乐平报春苣苔	*Primulina lepingensis*	苦苣苔科	M.Kang & al.JXLP01-1	New Species
连城报春苣苔	*Primulina lianchengensis*	苦苣苔科	B.J.Ye 20180512	New Species
遂川报春苣苔	*Primulina suichuanensis*	苦苣苔科	J.J.Zhou 13100901	New Species
温氏报春苣苔	*Primulina wenii*	苦苣苔科	Jian Li & F.Wen 20130412-01	New Species
西子报春苣苔	*Primulina xiziae*	苦苣苔科	F.Wen & al.HZ20080601	New Species
黄山石豆兰	*Bulbophyllum huangshanense*	兰科	Y.M.Hu，J.L.Liu & W.Y.Han 003	New Species
宁波石豆兰	*Bulbophyllum ningboense*	兰科	H.L.Lin & X.P.Li FH20130510	New Species
大瓣卷瓣兰	*Bulbophyllum omerandrum* var. *macropetalum*	兰科	Liang Ma FAFU2019032905	New Variety
屏南石豆兰	*Bulbophyllum pingnanense*	兰科	J. F. Liu 201312	New Species
永泰卷瓣兰	*Bulbophyllum yongtaiense*	兰科	J. F. Liu 201708	New Species
云霄卷瓣兰	*Bulbophyllum yunxiaoense*	兰科	M. H. Li 20170315	New Species
异钩距虾脊兰	*Calanthe graciliflora* f. *jiangxiensis*	兰科	B. Li & G. Zhou GZ030739	New Form
异大黄花虾脊兰	*Calanthe sieboldopsis*	兰科	Bo Y.Yang 095	New Species
高宝兰	*Cionisaccus procera*	兰科		New Combination
杨氏丹霞兰	*Danxiaorchis yangii*	兰科	B. Y. Yang 075	New Species
文卉石斛	*Dendrobium luoi* var. *wenhuii*	兰科	W. L. Yang 18050601	New Variety

续表

中文名	学名	科	模式标本	备注
永嘉石斛	*Dendrobium yongjiaense*	兰科	Zhuang Zhou 2019120601	New Species
政和石斛	*Dendrobium zhenghuoense*	兰科	M. H. Li 20160501	New Species
绿花斑叶兰	*Eucosia viridiflora*	兰科		New Combination
福建天麻	*Gastrodia fujianensis*	兰科	Ma 2018081205	New Species
武夷山天麻	*Gastrodia wuyishanensis*	兰科	C. D. Liu 4823	New Species
莲座叶斑叶兰	*Goodyera brachystegia*	兰科	O. Schoch s.n.	New Synonyms
裂舌玉凤花	*Habenaria fimbriatiloba*	兰科	Zhang 1064	New Species
盔花舌喙兰	*Hemipilia galeata*	兰科	Y. Tang & X. X. Zhu 203	New Species
梅花山羊耳蒜	*Liparis meihuashanensis*	兰科	S. M. Fan 2016015	New Species
武夷对叶兰	*Neottia wuyishanensis*	兰科	B. H. Chen 04012	New Species
福建舌唇兰	*Platanthera fujianensis*	兰科	B. H. Chen CBH00317	New Species
金华独蒜兰	*Pleione jinhuana*	兰科	Z. J. Liu 7084	New Species
大籽猕猴桃	*Actinidia macrosperma*	肋果茶科	Hort. Bot. Hangzhou 31236	New Synonyms
绿花白丝草	*Chamaelirium viridiflorum*	藜芦科	Z. C. Liu & al. LXP-13-23537	New Species
昌化蓼	*Persicaria changhuaensis*	蓼科	H. W. Zhang 2009-0001	New Species
圆基愉悦蓼	*Persicaria rotunda*	蓼科	Z. Z. Zhou 0602	New Combination
武功山蓼	*Persicaria wugongshanensis*	蓼科	B. Li LB-0093	New Species
直立萹蓄	*Polygonum aviculare* f. *erectum*	蓼科	J. X. Li & F. Q. Zhou 0892	New Form
昌化刺蓼	*Polygonum changhuaense*	蓼科	H. W. Zhang 2009-0001	New Combination
圆基愉悦蓼	*Polygonum jucundum* var. *rotundum*	蓼科	Z.Z.Zhou 0602	New Variety
尼泊尔蓼	*Polygonum nepalense*	蓼科		New Synonyms
舒城蓼	*Polygonum shuchengense*	蓼科	Z.Z.Zhou s.n.	New Species
毛叶支柱蓼	*Polygonum suffultum* var. *tomentosum*	蓼科	B.Li 090201	New Variety
密齿贯众	*Cyrtomium confertiserratum*	鳞毛蕨科	J.Q.Sun 88-131	New Species
倒鳞贯众	*Cyrtomium reflexosquamatum*	鳞毛蕨科	J. X. Li 2005-01	New Species
无盖耳蕨	*Polystichum gymnocarpium*	鳞毛蕨科	Zoology and Botany Institute, Fujian Academy of Science 46	New Species
欧菱	*Trapa dimorphocarpa*	菱科	L.Su 1989	New Species
柔毛细果野菱	*Trapa incisa* var. *pubescens*	菱科	L.Y.Sun & Z.F.Yin 080101	New Variety
菱	*Trapa natans* var. *bispinosa*	菱科	s.coll.6339b	New Synonyms
格菱	*Trapa natans* var. *complana*	菱科	Z.T.Xiong 431	New Combination
四角菱	*Trapa natans* var *komarovii*	菱科		New Combination
野菱	*Trapa natans* var. *quadricaudata*	菱科	H.Hand.-Mazz.1922	New Combination
线叶双蝴蝶	*Tripterospermum chinense* var. *linearifolium*	龙胆科	X.F.Jin 808A	New Variety
钝齿红紫珠	*Callicarpa rubella* var. *crenata*	马鞭草科	Y.Tsiang 772	New Combination
秃红紫珠	*Callicarpa subglabra*	马鞭草科	R.C.Ching 1760	New Combination
白花马鞭草	*Verbena officinalis* f. *albiflora*	马鞭草科	G.Y.Li & al.PT090505	New Form
鲜黄马兜铃	*Aristolochia hyperxantha*	马兜铃科	X.X.Zhu，P.Ding & D.H.Yu ZH099	New Species
大别山关木通	*Isotrema dabieshanense*	马兜铃科		New Combination
鲜黄关木通	*Isotrema hyperxanthum*	马兜铃科		New Combination
柔叶关木通	*Isotrema molle*	马兜铃科		New Combination
寻骨风	*Isotrema mollissimum*	马兜铃科		New Combination
鹅掌草	*Anemonastrum flaccidum*	毛茛科		New Combination

续表

中文名	学名	科	模式标本	备注
巢湖铁线莲	*Clematis chaohuensis*	毛茛科	D.Q.Wang 70543	New Species
牯牛铁线莲	*Clematis guniuensis*	毛茛科	R.B.Wang WRB201805068	New Species
齿缺铁线莲	*Clematis inciso-denticulata*	毛茛科	S.P.Barchet s.n.	New Species
天台铁线莲	*Clematis tientaiensis*	毛茛科	Y.L.Keng 999	New Combination
柱果铁线莲	*Clematis uncinata*	毛茛科	J.G.Champion 34	New Synonyms
怀宁毛茛	*Ranunculus huainingensis*	毛茛科	D.Q.Wang 150329032	New Species
庐江毛茛	*Ranunculus lujiangensis*	毛茛科	D.Q.Wang W1804	New Species
华东唐松草	*Thalictrum fortunei*	毛茛科	C.W.Everard s.n.	New Synonyms
珠芽华东唐松草	*Thalictrum fortunei* var. *bulbiliferum*	毛茛科	B.Chen 523001	New Variety
岳西唐松草	*Thalictrum yuexiense*	毛茛科	Z.W.Xie & L.L.Zheng 97021	New Species
凹叶厚朴	*Houpoea officinalis* var. *biloba*	木兰科	E.H.Wilson 1649	New Combination
亚美马褂木	*Liriodendron* × *sinoamericanum*	木兰科	Z.R.Wang 8351	New Nothospecies
白花天目木兰	*Magnolia amoena* f. *alba*	木兰科	H.L.Lin BL2016025	New Form
紫花天目木兰	*Magnolia amoena* f. *purpurascens*	木兰科	F.Y.Zhang & X.Y.Ye LA2014006	New Form
美毛含笑	*Magnolia caloptila*	木兰科	JXAU Exped. 80069	New Combination
尾叶含笑	*Magnolia caudata*	木兰科	Q.J.Ye & X.H.Wu 1096	New Combination
紫黄山木兰	*Magnolia cylindrica* var. *purpurascens*	木兰科	Y.L.Wang Y2010-15	New Variety
福建木兰	*Magnolia fujianensis*	木兰科	R.Z.Zhou 0213A	New Species［nom. illeg.］
井冈山木莲	*Magnolia jinggangshanensis*	木兰科	R.L.Liu 20010012	New Combination
多瓣紫玉兰	*Magnolia polytepala*	木兰科	R.Z.Zhou 03021	New Species
七瓣含笑	*Magnolia septipetala*	木兰科	Z.L.Nong 086067	New Combination
井冈山木莲	*Manglietia jinggangshanensis*	木兰科	R.L.Liu 20010012	New Species
紫黄山玉兰	*Yulania cylindrica* var. *purpurascens*	木兰科	Y.L.Wang Y2010-15	New Combination
毛玉兰	*Yulania denudata* var. *pubescens*	木兰科	T.B.Zhao & al. 200103081	New Variety
绿花三叶木通	*Akebia trifoliata* f. *dapanshanensis*	木通科	G.Y.Li，Zi.L.Chen & al.DPS14041406	New Form
牛屎果	*Chengiodendron matsumuranum*	木樨科	B.Balansa 3405	New Combination
浙南木樨	*Osmanthus austrozhejiangensis*	木樨科	X.D.Mei & S.Z.Hu JN18093002	New Species
厚叶木樨	*Osmanthus marginatus* var. *pachyphyllus*	木樨科	M.J.Wang 3464	New Variety
山地乌敛莓	*Causonis montana*	葡萄科	Z.H.Chen，F.Chen & W.Y.Xie JN17080104A	New Species
文采乌蔹莓	*Causonis wentsiana*	葡萄科	Z. H. Chen，W.Y.Xie & L.X.Zheng WC17061004	New Species
华东拟乌蔹莓	*Pseudocayratia orientalisinensis*	葡萄科	Z. H. Chen，J. Lin & R. L. Liu JN17080401	New Species
拟乌蔹莓	*Pseudocayratia speciosa*	葡萄科	J. Wen 12047	New Species
秀丽葡萄	*Vitis amoena*	葡萄科	Z. H. Chen QJ17061510	New Species
开化葡萄	*Vitis kaihuaica*	葡萄科	Z. H. Chen，L.Chen & J.L.Hong KH19081506	New Species
腺枝龙泉葡萄	*Vitis longquanensis* var. *glandulosa*	葡萄科	Z. H. Chen & J. P. Zhong QJ17061511	New Variety
脱毛昌化槭	*Acer changhuaense* var. *glabrescens*	槭树科	X. F. Jin 4352	New Variety
三裂叶昌化槭	*Acer changhuaense* var. *trilobum*	槭树科	Y. R. Zhu & Z. H. Chen WY20092102	New Variety
蒙山槭	*Acer mengshanensis*	槭树科	Y. Q. Zhu & X. W. Li 90501	New Species
武义毛脉槭	*Acer pubinerve* var. *wuyiense*	槭树科	X. F. Jin 3271	New Variety

续表

中文名	学名	科	模式标本	备注
安徽紫薇	*Lagerstroemia anhuiensis*	千屈菜科	X. F. Zhou 89054	New Species
白花福建紫薇	*Lagerstroemia limii* f. *albiflora*	千屈菜科	D. D. Ma & al. LA09062101	New Form
浙江拉拉藤	*Galium chekiangense*	茜草科	s.coll. 0830	New Species
蕴璋耳草	*Hedyotis koana*	茜草科	B. H. Chen 524	New Species
无毛忍冬	*Lonicera omissa*	茜草科	Y. L. Xu, X. Cai & J. L. Liu Xu517	New Species
少花鸡眼藤	*Morinda nanlingensis* var. *pauciflora*	茜草科	X.Y.He 20528	New Variety
小叶蛇根草	*Ophiorrhiza microphylla*	茜草科	X.M.Mo 21172	New Combination
胀节假盖果草	*Pseudopyxis monilirhizoma*	茜草科	Zhejiang Medicinal Flora Exp. 2634	New Species
浙南茜草	*Rubia austrozhejiangensis*	茜草科	Z.P.Lei 001	New Species
仙居杏	*Armeniaca xianjuxing*	蔷薇科	J.Y.Zhang & al.2008-1	New Species
武夷红樱	*Cerasus campanulata* var. *wuyiensis*	蔷薇科	X.G.Yi 30604	New Variety
白花迎春樱	*Cerasus discoidea* f. *albiflora*	蔷薇科	X.F.Jin & Z.H.Chen DQ001	New Form
凤阳山樱桃	*Cerasus fengyangshanica*	蔷薇科	X.F.Jin 3502	New Species
重瓣矮樱	*Cerasus Jingningensis* f. *pleiopetala*	蔷薇科	H.F.Xu & Z.H.Chen JN1303001	New Form
崂山樱	*Cerasus laoshanensis*	蔷薇科	D.K.Zang 14007	New Species
景宁晚樱	*Cerasus paludosa*	蔷薇科	W.J.Chen 3468	New Species
磐安樱	*Cerasus pananensis*	蔷薇科	X.F.Jin & Z.L.Chen 2651	New Combination
重瓣旱樱	*Cerasus subhirtella* f. *multipetala*	蔷薇科	F.Y.Zhang & al.AJ20150403	New Form
平邑甜茶	*Malus hupehensis* var. *mengshanensis*	蔷薇科	T.Y.Zhou & al.6312	New Variety
湖北海棠	*Malus hupehensis var. taiensis*	蔷薇科	T.Y.Zhou & al.7366	New Variety
黑果石楠	*Photinia atropurpurea*	蔷薇科	Z.H.Chen，Z.P.Lei & W.Y.Xie TS20050316	New Species
裘氏石楠	*Photinia chiuana*	蔷薇科	Z.H.Chen，L.Chen & Q.S.Liu QJ19052001	New Species
脱毛石楠	*Photinia lasiogyna* var. *glabrescens*	蔷薇科	Jiangxi Exped.1071	New Variety
桃叶石楠	*Photinia prunifolia*	蔷薇科	Beechey s.n.	New Synonyms
泰顺石楠	*Photinia taishunensis*	蔷薇科	B. Y. Ding 4116	New Species
光萼石楠	*Photinia villosa* var. *glabricalycina*	蔷薇科	Jiangxi Exped. 1002	New Variety
沼生矮樱	*Prunus jingningensis*	蔷薇科	Z.H.Chen 2013002	New Combination
磐安樱桃	*Prunus pananensis*	蔷薇科	X.F.Jin & Z.L.Chen 2651	New Species
毛叶山樱花	*Prunus veitchii*	蔷薇科	E.H.Wilson 66	New Synonyms
粉花柯氏梨	*Pyrus koehnei* f. *roseiflorus*	蔷薇科	X.D.Mei，Z.H.Chen & L.Chen JN20032101	New Form
海棠叶梨	*Pyrus malifolioides*	蔷薇科	Z.L.Chen & J.F.Chen 779	New Species
大花石斑木	*Rhaphiolepis cavaleriei*	蔷薇科		New Combination
大盘山蔷薇	*Rosa cymosa* var. *dapanshanensis*	蔷薇科	F.G.Zhang 149	New Variety
腺瓣蔷薇	*Rosa uniflorella* subsp. *adenopetala*	蔷薇科	HHBG 3628	New Subspecies
圆叶悬钩子	*Rubus amphidasys* var. *suborbiculatus*	蔷薇科	F.Chen，Z.H.Chen & X.D.Mei JN19070406	New Variety
陈谋悬钩子	*Rubus chenmouanus*	蔷薇科	Z. H.Chen & F.G.Zhang ZJ19101801	New Species
展毛悬钩子	*Rubus hakonensis* var. *villosulus*	蔷薇科	Z. H.Chen & W.Y.Xie CA17101016	New Variety
武夷悬钩子	*Rubus jiangxiensis*	蔷薇科	Z.X.Yu & al.88106	New Synonyms
景宁悬钩子	*Rubus jingningensis*	蔷薇科	F.Chen，Z.H.Chen & X.D.Mei JN19070403	New Species
掌叶山莓	*Rubus palmatiformis*	蔷薇科	Z.H.Chen，L.Chen & M.H.Mao WX19051505	New Species
白花茅莓	*Rubus parvifolius* f. *alba*	蔷薇科	K.Ye YK-1819	New Form

续表

中文名	学名	科	模式标本	备注
遂昌红腺悬钩子	*Rubus sumatranus* var. *suichangensis*	蔷薇科	Hangzhou Bot.Exped.25845	New Variety
齿叶石灰花楸	*Sorbus folgneri* var. *duplicatodentata*	蔷薇科	J.X.Wang 2098	New Variety
庐山花楸	*Sorbus lushanensis*	蔷薇科	J.Qiu 1219	New Species
天堂花楸	*Sorbus tiantangensis*	蔷薇科	X.M.Liu & T.L.Chen 200014	New Species
毛果垂枝泡花树	*Meliosma flexuosa* var. *pubicarpa*	清风藤科	Y.Y.Ho 23949	New Variety
金华泡花树	*Meliosma platypoda* subsp. *jinhuaensis*	清风藤科	J.S.Wang & W.Q.Lin WC19052303	New Subspecies
丹霞秋海棠	*Begonia danxiaensis*	秋海棠科	D.K.Tian & X.L.Yu TDK1724	New Species
凤阳山荚蒾	*Viburnum fengyangshanense*	忍冬科	Z.H.Chen，L.X.Ye & S.L.Liu LQ2016001	New Species
泰山琼花荚蒾	*Viburnum sargentii* var. *bracteatum*	忍冬科	Y.Q.Zhu & X.W.Li 93070	New Variety
高姥山瑞香	*Daphne gaomushanensis*	瑞香科	Z.L.Chen & P.Wang 2017050601	New Species
木里当归	*Angelica muliensis*	伞形科	X.G.Ma & al.	New Species
肖氏山芎	*Conioselinum shanii*	伞形科	s.coll.90133	New Species
老山岩风	*Libanotis laoshanensis*	伞形科	S.L.Liu 1670	New Species
紫花山芹	*Ostericum atropurpureum*	伞形科	W.Y.Xie, G.Y.Li & G.H.Xia 0128	New Species
黄山前胡	*Peucedanum huangshanense*	伞形科	H.S.Peng 08201	New Species
白花滨海前胡	*Peucedanum japonicum* f.*album*	伞形科	Q.H.Yang & Q.Tian CSH-070331	New Form
黄花变豆菜	*Sanicula flavovirens*	伞形科	P.Wang & J.F.Chen PA2018041101	New Species
景宁榕	*Ficus jingningensis*	桑科	X.D.Mei & Z.H.Chen JN19081902	New Species
小果薜荔	*Ficus pumila* var.*microcarpa*	桑科	G.Y.Li & al.PT0909082	New Variety
山地柘	*Maclura montana*	桑科	Z.H.Chen，G.Y.Li & S.Z.Hu JN20071509	New Species
东部藤柘	*Maclura orientalis*	桑科	Z.P.Lei，G.Y.Li & S.Z.Hu JN20072901	New Species
瑞安薹草	*Carex arisanensis* subsp. *ruianensis*	莎草科	Li & Wang 0945	New Subspecies
浙南薹草	*Carex austrozhejiangensis*	莎草科	B.Y.Ding & al.2625	New Species
东亚薹草	*Carex benkei*	莎草科	T.Shimizu 86-293	New Species
朝芳薹草	*Carex chaofangii*	莎草科	C.F.Zhang 485	New Species
坚硬薹草	*Carex chungii* var.*rigida*	莎草科	Y.Ling 2213	New Variety
大盘山薹草	*Carex dapanshanica*	莎草科	X.F.Jin,S.F.Xu & W.J.Chen 2530	New Species
大通薹草	*Carex datongensis*	莎草科	S.W.Su 84020	New Species
密毛薹草	*Carex densipilosa*	莎草科	C.Z.Zheng s.n.	New Species
牯牛薹草	*Carex guniuensis*	莎草科	S.W.Su 84043	New Species
杭州薹草	*Carex hangzhouensis*	莎草科	X.F.Jin & F.J.Wu 0702	New Species
洪林薹草	*Carex honglinii*	莎草科	L. Hong 1851	New Species
黄山薹草	*Carex huangshanica*	莎草科	W.J.Chen 424A	New Species
长穗刻鳞薹草	*Carex incisa* subsp.*longissima*	莎草科	S.W.Su 2678	New Subspecies
琅琊薹草	*Carex langyaensis*	莎草科	S.W.Su 81061	New Species
无芒长嘴薹草	*Carex longerostrata* var. *exaristata*	莎草科	Q. C. Chen & J. H. Zhou 1879	New Variety
龙胜薹草	*Carex longshengensis*	莎草科	Guangfu Forest District Exped 363	New Species
拟三穗薹草	*Carex pseudotristachya*	莎草科	X. F. Jin 0121	New Species
清凉峰薹草	*Carex qingliangensis*	莎草科	X. F. Jin & H. W. Zhang 1713	New Species

续表

中文名	学名	科	模式标本	备注
远穗薹草	*Carex remotistachya*	莎草科	X. F. Jin 2872	New Species
反折果薹草	*Carex retrofracta* subsp. *retrofracta*	莎草科	Y. L. Keng 2352	New Synonyms
缘喙薹草	*Carex rhynchophora* var. *margineorostris*	莎草科	S. W. Su 86003	New Variety
崖壁薹草	*Carex scopulus*	莎草科	W. J. Chen & al. 370	New Species
具芒崖壁薹草	*Carex scopulus* subsp. *aristata*	莎草科	X. F. Jin & Y. F. Lu 3897	New Subspecies
近头状薹草	*Carex subcapitata*	莎草科	Zhejiang Bot. Exped. 26623	New Species
无毛条穗薹草	*Carex subglabra*	莎草科	Zhejiang Bot. Exped. 25852	New Combination
细喙薹草	*Carex tenuirostrata*	莎草科	D. F. Wu 0951-1	New Species
天目山薹草	*Carex tianmushanica*	莎草科	C. Z. Zheng 3343	New Species
华阳薹草	*Carex truncatigluma* subsp. *huayangensis*	莎草科	S. W. Su 85004	New Subspecies
雁荡山薹草	*Carex yandangshanica*	莎草科	C. Z. Zheng & al. 1793	New Species
云亿薹草	*Carex yunyiana*	莎草科	F. B. Xu & S. P. Zhou 027	New Species
浙江薹草	*Carex zhejiangensis*	莎草科	X. F. Jin 2130	New Species
龙泉飘拂草	*Fimbristylis longquanensis*	莎草科	C. F. Zhang, L. X. Hong & B. Y. Ding 5979	New Species
矮秆飘拂草	*Fimbristylis minuticulmis*	莎草科	Hangzhou Bot. Exped. 22072	New Species
匍匐飘拂草	*Fimbristylis stolonifera* var. *cylindrica*	莎草科	C. F. Zhang 7226	New Variety
穗芽水葱	*Scirpus gemmifer*	莎草科	C. Sato 3385	New Combination
景宁白山茶	*Camellia lucidissima* subsp. *jingningensis*	山茶科	Y. F. Wang & S. Z. Hu JN18032201	New Subspecies
细叶短柱茶	*Camellia microphylla*	山茶科	N.K.Ip 7686	New Synonyms
红花短柱茶	*Camellia microphylla* f. *rubida*	山茶科	S. Y. Zhang 7058	New Combination
尖萼紫茎	*Stewartia acutisepala*	山茶科	Suichang For. Inst. Exped. 495	New Species
天目紫茎	*Stewartia gemmata*	山茶科	S. S. Chien 737	New Synonyms
黑山山矾	*Symplocos prunifolia*	山矾科		New Synonyms
华东商陆	*Phytolacca americana* var. *huadongensis*	商陆科	X. H. Li 181007	New Variety
黄果野鸦椿	*Euscaphis japonica* var. *wupingensis*	省沽油科	B. P. Cai & H. Z. Guo 3621	New Variety
菱果脬果荠	*Hilliella rhombea*	十字花科	W. Y. Xie & D. D. Ma FY20150510	New Species
长果诸葛菜	*Orychophragmus longisiliquus*	十字花科	J. Q. Liu & H. Hu 2013006	New Species
铺散诸葛菜	*Orychophragmus violaceus* subsp. *homaeophylla*	十字花科	Forbes s.n.	New Combination
无毛全叶大蒜芥	*Sisymbrium luteum* var. *glabrum*	十字花科	F. Z. Li & Z. Y. Sun 03036	New Variety
笔直石松	*Lycopodium verticale*	石松科	H. S. Kung 5642	New Species
清凉峰卷耳	*Cerastium qingliangfengicum*	石竹科	H.W.Zhang 003	New Species
山东石竹	*Dianthus chinensis* var. *shandongensis*	石竹科	J.X.Li,F.Q.Zhou & P.X.Lian 102	New Variety
异花孩儿参	*Pseudostellaria heterantha*	石竹科	C.J.Maximowicz s.n.	New Synonyms
天目山孩儿参	*Pseudostellaria tianmushanensis*	石竹科	G.H.Xia & al.TM092	New Species
武夷山孩儿参	*Pseudostellaria wuyishanensis*	石竹科	Xiao Luo & Qiyi Yang 20190501	New Species
浙江孩儿参	*Pseudostellaria zhejiangensis*	石竹科	B.Y.Ding & M.Z.Shi 4645	New Species
闭花拟漆姑草	*Spergularia marina* var. *cleistogama*	石竹科	Y.X.Ma 2009002	New Variety
浙江光叶柿	*Diospyros zhejiangensis*	柿树科	Z.H.Chen S047	New Species
浙江勾儿茶	*Berchemia zhejiangensis*	鼠李科	L.Hong s.n.	New Species
毛柄小勾儿茶	*Berchemiella wilsonii* var. *pubipetiolata*	鼠李科	L.M.Chen 099	New Variety

续表

中文名	学名	科	模式标本	备注
仙居冻绿	*Rhamnus crenata* var. *xianjuensis*	鼠李科	X.F.Jin 3825	New Variety
安徽苦草	*Vallisneria anhuiensis*	水鳖科	X.S.Shen 99011	New Species
长梗苦草	*Vallisneria longipedunculata*	水鳖科	X.S.Shen 99019	New Species
保东水韭	*Isoetes baodongii*	水韭科	Y.F.Gu Fern 08946	New Species
东方水韭	*Isoetes orientalis*	水韭科	H.Liu & J.Y.Wang WH20021214	New Species
隐脉滨禾蕨	*Oreogrammitis sinohirtella*	水龙骨科	W.T.Tsang 24913	New Species
黄山石韦	*Pyrrosia dimorpha*	水龙骨科	S.B.Zhou & al.0407023	New Species
龙头节肢蕨	*Selliguea lungtauensis*	水龙骨科		New Combination
多羽节肢蕨	*Selliguea mairei*	水龙骨科		New Combination
马尾黄山松	*Pinus* × *cerambycifera*	松科	R. Businský 42123	New Nothospecies
短叶黄山松	*Pinus taiwanensis* var. *brevifolia*	松科	G.Y.Li & al.1271	New Variety
结脉黑桫椤	*Gymnosphaera bonii*	桫椤科	H.Bon 4073	New Combination
棱果米面蓊	*Buckleya angulosa*	檀香科	S.B.Zhou 20018	New Species
轮叶赤楠	*Syzygium verticillatum*	桃金娘科	T.S.Tsoong 83404	New Combination
密腺小连翘	*Hypericum lianzhouense* subsp. *guangdongense*	藤黄科	N.K.Chun 41377	New Subspecies
中国金丝桃	*Hypericum perforatum* subsp. *chinense*	藤黄科	E.H.Wilson 2425	New Subspecies
浙江山麦冬	*Liriope zhejiangensis*	天门冬科	G.H.Xia & al.TM052	New Species
绿苞灯台莲	*Arisaema bockii f.viridescens*	天南星科	S.H.Jin & D.D.Ma PT09027	New Combination
绿苞灯台莲	*Arisaema sikokianum* var. *viridescens*	天南星科	S.H.Jin & al.PT09027	New Variety
闽半夏	*Pinellia fujianensis*	天南星科	L.K.Ling 1027	New Species
浙江南蛇藤	*Celastrus zhejiangensis*	卫矛科	Z.L.Chen & Y.F.Yu PA20091001	New Species
无刺裸实	*Gymnosporia diversifolia* var. *inermis*	卫矛科	Z.H.Chen & al.910836	New Variety
光叶楤木	*Aralia undulata var.nudifolia*	五加科	Z.Z.Wang 930020	New Variety
旺山楤木	*Aralia wangshanensis*	五加科	M.Chen 1215	New Combination
毛梗糙叶五加	*Eleutherococcus huangshanensis*	五加科	W. C. Cheng 4146	New Species
三叶五加	*Eleutherococcus nodiflorus* var. *trifoliolatus*	五加科	Zhejiang Exped.28585	New Combination
多瓣杨桐	*Cleyera japonica subsp. pleiopetala*	五列木科	Z.H.Chen,G.Y.Li & J.P.Zhong SY17052803	New Subspecies
淳安小檗	*Berberis chunanensis*	小檗科	s.coll. 30227	New Species
白花六角莲	*Dysosma pleiantha* f. *alba*	小檗科		New Combination
东方狐尾藻	*Myriophyllum oguraense* subsp. *yangtzense*	小二仙草科	D.Wang 03810	New Subspecies
丽水眼子菜	*Potamogeton distinctus* var. *lishuiensis*	小二仙草科	X.F.Jin & Y.F.Lu 3788	New Variety
展毛中国绣球	*Hydrangea chinensis* var. *patentihirsuta*	绣球科	Z.H.Chen & al.JN19051705	New Variety
金门母草	*Lindernia kinmenensis*	玄参科	Y.S.Liang 837	New Species
天柱山罗花	*Melampyrum aphraditis*	玄参科	S.B.Zhou 210821	New Species
白花天目地黄	*Rehmannia chingii f.albiflora*	玄参科	G.Y.Li & D.D.Ma L1150	New Form
紫斑白花天目地黄	*Rehmannia chingii* f. *purpureopunctata*	玄参科	G.Y.Li & G.H.Xia L1155	New Form
靖安艾麻	*Laportea jinganensis*	荨麻科	J.H.Zhang 97056	New Species
浙江花点草	*Nanocnide zhejiangensis*	荨麻科	X.F.Jin 2806	New Species

续表

中文名	学名	科	模式标本	备注
少脉南亚赤车	*Pellionia griffithiana* var. *paucinervis*	荨麻科	S.Jiangxi Exped. 928	New Variety
二色鸭跖草	*Commelina bicolor*	鸭跖草科	D.Q.Wang,Y.Y.Lu & L.Zhang W1406291	New Species
钟氏柳	*Salix mesnyi* var.*tsoongii*	杨柳科	P.C.Tsoong 142	New Combination
三脉蜂斗草	*Sonerila trinervis*	野牡丹科	Q.W.Lin 01	New Species
秀丽鸭脚茶	*Tashiroea amoena*	野牡丹科	H.H.Hu 30	New Combination
过路惊	*Tashiroea quadrangularis*	野牡丹科	Seemann s.n.	New Combination
长柔毛鸭脚茶	*Tashiroea villosa*	野牡丹科	Y.Liu 568	New Species
浙江大果朴	*Celtis neglecta*	榆科	X.F.Jin & Y.Y.Zhou 3008	New Species
垂枝朴	*Celtis tetrandra* f. *pendula*	榆科	Y.Q.Zhu 95014	New Form
红果榆	*Ulmus erythrocarpa*	榆科	C.W.Cheng 20047	New Species
尾叶含笑	*Michelia caudata*	玉蕊科	Q.J.Ye & X.H.Wu 1096	New Species
鳞药含笑	*Michelia linyaoesis*	玉蕊科	S.BZhou 95544	New Species
白花黄山紫荆	*Cercis chingii* f.*albiflora*	云实科	S.H.Jin & al. JM0001	New Form
梗花椒	*Zanthoxylum huangianum*	芸香科	S.P.Ko 52739	New Name
毛野花椒	*Zanthoxylum simulans* subsp. *calcareum*	芸香科	Z.H.Chen, F.G.Zhang & W.Y.Xie CX17060901	New Subspecies
条纹凤丫蕨	*Coniogramme jinggangshanensis* f. *zebrina*	泽泻蕨科	X.X.Wang & J.K.Wang 2008012302	New Form
黄轴凤丫蕨	*Coniogramme robusta* var. *rependula*	泽泻蕨科	Y.G.Xiong 06276	New Variety
陷脉山橿	*Lindera reflexa* var. *impressivena*	樟科	Z.H.Chen,J.F.Wang & W.Y.Xie QT20060301	New Variety
黑果山橿	*Lindera reflexa* f. *melanocarpa*	樟科	J.S.Wang & Y.R.Zhu WY18080106	New Form
黄果山橿	*Lindera reflexa* f. *xanthocarpa*	樟科	G.Y.Li,Z.H.Chen & al.ZX20110901	New Form
汀州润楠	*Machilus tingzhourensis*	樟科	M.M.Lin 27	New Species
浙江楠	*Phoebe chekiangensis*	樟科	T.Hong 6538	New Species
泰顺皿果草	*Omphalotrigonotis taishunensis*	紫草科	W.W.Pan & J.P.Zhong WYL2017052501	New Species
保连马铃苣苔	*Oreocharis baolianis*	紫草科	Qin W.Lin & al.0016	New Combination
密毛大花石上莲	*Oreocharis maximowiczii* var. *mollis*	紫草科	J.M.Li 163292	New Variety
条纹马铃苣苔	*Oreocharis striata*	紫草科	C.Z.Yang & al.35042620130800016	New Species
汝槐车前紫草	*Sinojohnstonia ruhuaii*	紫草科	Team of Mt. Sanqingshan of Sun Yat-sen University 19117	New Species
狭叶伏生紫堇	*Corydalis decumbens* var. *zhujiensis*	紫堇科	G.K.Chen, G.Y.Li & Z.H.Chen ZJ21030601	New Variety
黄山紫堇	*Corydalis huangshanensis*	紫堇科	H.S.Peng & M.E.Cheng 20160317001HS	New Species
珠芽酢浆草	*Oxalis bulbillifera*	酢浆草科	X.S.Shen 20088	New Species

注：表中的中文名、学名以及科名以新名称所在文献中的表述为准，按照科中文名拼音排序；除部分新组合名称未给出模式标本外其余新名称均有模式标本信息。

附录 II 华东地区各省级植物志与名录中的误用名称

中文名	接受名	科	原学名	来源
长柄石杉	*Huperzia javanica*	石松科	*Huperzia serrata*	安徽植物志、江苏植物志 第 2 版、江西植物志、上海维管植物名录、浙江植物志
长柄石杉	*Huperzia javanica*	石松科	*Lycopodium serratum*	福建植物志
南海瓶蕨	*Vandenboschia striata*	膜蕨科	*Trichomanes orientale*	安徽植物志、福建植物志、江西植物志、浙江植物志
线羽凤尾蕨	*Pteris arisanesis*	凤尾蕨科	*Pteris linearis*	New records of ferns from Jiangxi, China; New record of Pteridophyte from Fujian Province
唇边书带蕨	*Haplopteris elongata*	凤尾蕨科	*Vittaria zosterifolia*	福建植物志
单边膜叶铁角蕨	*Hymenasplenium murakami-hatanakae*	铁角蕨科	*Asplenium unilaterale*	安徽植物志、福建植物志、江西植物志、浙江植物志
球子蕨	*Onoclea sensibilis* var. *interrupta*	球子蕨科	*Onoclea sensibilis*	The addendum of Flora Shandong
羽裂叶对囊蕨	*Deparia tomitaroana*	蹄盖蕨科	*Diplazium zeylanicum*	福建植物志
羽裂叶对囊蕨	*Deparia tomitaroana*	蹄盖蕨科	*Triblemma zeylanica*	江西植物志、浙江植物志
华南毛蕨	*Cyclosorus parasiticus*	金星蕨科	*Cyclosorus pauciserratus*	浙江植物志
舌蕨	*Elaphoglossum marginatum*	鳞毛蕨科	*Elaphoglossum conforme*	New records of ferns from Jiangxi, China
灰绿耳蕨	*Polystichum scariosum*	鳞毛蕨科	*Polystichum eximium*	江西植物志、浙江植物志
毛叶肾蕨	*Nephrolepis brownii*	肾蕨科	*Nephrolepis hirsutula*	福建植物志
全缘燕尾蕨	*Cheiropleuria integrifolia*	双扇蕨科	*Cheiropleuria bicuspis*	浙江植物志
柔软石韦	*Pyrrosia porosa*	水龙骨科	*Pyrrosia mollis*	浙江植物志
剑羽蕨	*Xiphopterella devolii*	水龙骨科	*Grammitis cornigera*	福建植物志、浙江植物志
短柄滨禾蕨	*Oreogrammitis dorsipila*	水龙骨科	*Grammitis lasiosora*	福建植物志、江西植物志
细辛	*Asarum heterotropoides*	马兜铃科	*Asarum sieboldii*	安徽植物志、江苏植物志 第 2 版、江西植物志、江西种子植物名录、山东植物志、上海维管植物名录、浙江植物志
稀脉浮萍	*Lemna aequinoctialis*	天南星科	*Lemna perpusilla*	安徽植物志、江西种子植物名录、浙江植物志
无根萍	*Wolffia globosa*	天南星科	*Wolffia arrhiza*	安徽植物志、福建植物志、江西种子植物名录、山东植物志、浙江植物志
狭叶南星	*Arisaema angustatum*	天南星科	*Arisaema heterophyllum*	浙江植物志
灯台莲	*Arisaema bockii*	天南星科	*Arisaema sikokianum* var. *serratum*	福建植物志、江西种子植物名录、浙江植物志
灯台莲	*Arisaema bockii*	天南星科	*Arisaema sikokianum*	安徽植物志、福建植物志、江西种子植物名录、浙江植物志
犁头尖	*Typhonium blumei*	天南星科	*Typhonium divaricatum*	福建植物志、江西种子植物名录、浙江植物志
冠果草	*Sagittaria guayanensis* subsp. *lappula*	泽泻科	*Lophotocarpus guayanensis*	安徽植物志
野慈姑	*Sagittaria trifolia*	泽泻科	*Sagittaria latifolia*	安徽植物志
华夏慈姑	*Sagittaria trifolia* subsp. *leucopetala*	泽泻科	*Sagittaria sagittifolia*	山东植物志
苦草	*Vallisneria natans*	水鳖科	*Vallisneria spiralis*	安徽植物志、山东植物志
竹叶眼子菜	*Potamogeton wrightii*	眼子菜科	*Potamogeton malaianus*	江苏植物志 第 2 版
绵萆薢	*Dioscorea spongiosa*	薯蓣科	*Dioscorea septemloba*	福建植物志、江西种子植物名录
长梗藜芦	*Veratrum oblongum*	藜芦科	*Veratrum maximowiczii*	江西种子植物名录

续表

中文名	接受名	科	原学名	来源
牯岭藜芦	*Veratrum schindleri*	藜芦科	*Veratrum japonicum*	安徽植物志、福建植物志、江西种子植物名录、浙江植物志
少花万寿竹	*Disporum uniflorum*	秋水仙科	*Disporum sessile*	安徽植物志、福建植物志、江西种子植物名录、山东植物志、浙江植物志
顶冰花	*Gagea nakaiana*	百合科	*Gagea lutea*	山东植物志
台湾香荚兰	*Vanilla somae*	兰科	*Vanilla griffithii*	福建植物志
十字兰	*Habenaria schindleri*	兰科	*Habenaria sagittifera*	安徽植物志、福建植物志、山东植物志
黄山舌唇兰	*Platanthera whangshanensis*	兰科	*Platanthera tipuloides*	浙江植物志、FOC
绿花开宝兰	*Eucosia cordata*	兰科	*Goodyera viridiflora*	福建植物志
齿瓣石豆兰	*Bulbophyllum levinei*	兰科	*Bulbophyllum psychoon*	浙江植物志
小花牛齿兰	*Appendicula annamensis*	兰科	*Appendicula micrantha*	江西种子植物名录
华山姜	*Alpinia oblongifolia*	姜科	*Alpinia chinensis*	福建植物志、江西种子植物名录
长梗薹草	*Carex glossostigma*	莎草科	*Carex okamotoi*	安徽植物志
具刚毛荸荠	*Eleocharis valleculosa* var. *setosa*	莎草科	*Eleocharis valleculosa*	安徽植物志
矮扁鞘飘拂草	*Fimbristylis complanata* var. *exaltata*	莎草科	*Fimbristylis complanata* var. *kraussiana*	安徽植物志、福建植物志
两歧飘拂草	*Fimbristylis dichotoma*	莎草科	*Fimbristylis dichotoma* f. *depauperata*	安徽植物志
锈鳞飘拂草	*Fimbristylis sieboldii*	莎草科	*Fimbristylis ferruginea*	福建植物志、浙江植物志
山东鹅观草	*Elymus shandongensis*	禾本科	*Roegneria mayebarana*	安徽植物志、江西种子植物名录、山东植物志、浙江植物志
巨序剪股颖	*Agrostis gigantea*	禾本科	*Agrostis alba*	江西种子植物名录
野青茅	*Calamagrostis arundinacea*	禾本科	*Deyeuxia arundinacea* var. *borealis*	安徽植物志、浙江植物志
野青茅	*Calamagrostis arundinacea*	禾本科	*Deyeuxia arundinacea* var. *ciliata*	安徽植物志、福建植物志、江西种子植物名录
野青茅	*Calamagrostis arundinacea*	禾本科	*Deyeuxia arundinacea* var. *ligulata*	安徽植物志、福建植物志
野青茅	*Calamagrostis arundinacea*	禾本科	*Deyeuxia arundinacea* var. *robusta*	安徽植物志
野青茅	*Calamagrostis arundinacea*	禾本科	*Deyeuxia arundinacea*	安徽植物志、福建植物志、江西种子植物名录、山东植物志
莠狗尾草	*Setaria parviflora*	禾本科	*Setaria geniculata*	福建植物志、江西种子植物名录
金色狗尾草	*Setaria pumila*	禾本科	*Setaria glauca*	安徽植物志、福建植物志、江西种子植物名录、山东植物志、浙江植物志
伪针茅	*Pseudoraphis brunoniana*	禾本科	*Pseudoraphis spinescens*	福建植物志
大距花黍	*Ichnanthus pallens* var. *major*	禾本科	*Ichnanthus pallens*	江西种子植物名录
细毛鸭嘴草	*Ischaemum ciliare*	禾本科	*Ischaemum indicum*	安徽植物志、福建植物志、江西种子植物名录、浙江植物志
大白茅	*Imperata cylindrica* var. *major*	禾本科	*Imperata cylindrica*	上海维管植物名录
菅	*Themeda villosa*	禾本科	*Themeda gigantea*	江西种子植物名录
青香茅	*Cymbopogon mekongensis*	禾本科	*Cymbopogon caesius*	江西种子植物名录
粗糙金鱼藻	*Ceratophyllum muricatum* subsp. *kossinskyi*	金鱼藻科	*Ceratophyllum submersum*	福建植物志

续表

中文名	接受名	科	原学名	来源
朝鲜淫羊藿	*Epimedium koreanum*	小檗科	*Epimedium grandiflorum*	安徽植物志、江西种子植物名录、山东植物志、浙江植物志
高帽乌头	*Aconitum longecassidatum*	毛茛科	*Aconitum loczyanum*	山东植物志
伽蓝菜	*Kalanchoe ceratophylla*	景天科	*Kalanchoe laciniata*	福建植物志
晚红瓦松	*Orostachys japonica*	景天科	*Orostachys erubescens*	安徽植物志、江西植物志、浙江植物志
二分果狐尾藻	*Myriophyllum dicoccum*	小二仙草科	*Myriophyllum humile*	安徽植物志
异叶地锦	*Parthenocissus dalzielii*	葡萄科	*Parthenocissus heterophylla*	安徽植物志、福建植物志、山东植物志、浙江植物志
翼茎白粉藤	*Cissus pteroclada*	葡萄科	*Cissus hastata*	福建植物志
海红豆	*Adenanthera microsperma*	豆科	*Adenanthera pavonina*	福建植物志
皱荚藤儿茶	*Senegalia rugata*	豆科	*Acacia vietnamensis*	浙江植物志
山槐	*Albizia kalkora*	豆科	*Albizia microphylla*	安徽植物志
穗序木蓝	*Indigofera hendecaphylla*	豆科	*Indigofera spicata*	福建植物志、江西种子植物名录
九叶木蓝	*Indigofera linnaei*	豆科	*Indigofera enneaphylla*	福建植物志
水蛇麻	*Fatoua villosa*	桑科	*Fatoua pilosa*	浙江植物志
藤构	*Broussonetia kaempferi* var. *australis*	桑科	*Broussonetia kaempferi*	安徽植物志、福建植物志、江西植物志、江西种子植物名录、浙江植物志
笔管榕	*Ficus subpisocarpa*	桑科	*Ficus superba* var. *japonica*	江西种子植物名录
藤麻	*Procris crenata*	荨麻科	*Procris laevigata*	福建植物志
木姜叶柯	*Lithocarpus litseifolius*	壳斗科	*Lithocarpus polystachyus*	福建植物志、浙江植物志
中华栝楼	*Trichosanthes rosthornii*	葫芦科	*Trichosanthes japonica*	江西种子植物名录
纽子瓜	*Zehneria bodinieri*	葫芦科	*Zehneria maysorensis*	福建植物志、江西植物志、江西种子植物名录
茅瓜	*Solena heterophylla*	葫芦科	*Solena amplexicaulis*	福建植物志、江西植物志
紫叶酢浆草	*Oxalis triangularis* subsp. *papilionacea*	酢浆草科	*Oxalis triangularis*	江苏植物志 第2版、中国外来入侵植物名录
秋茄树	*Kandelia obovata*	红树科	*Kandelia candel*	福建植物志
如意草	*Viola arcuata*	堇菜科	*Viola hamiltoniana*	江西种子植物名录
华南堇菜	*Viola austrosinensis*	堇菜科	*Viola hossei*	江西植物志、江西种子植物名录
柔毛堇菜	*Viola fargesii*	堇菜科	*Viola thomsonii*	江西植物志
紫花堇菜	*Viola grypoceras*	堇菜科	*Viola faurieana*	江西植物志、江西种子植物名录
犁头草	*Viola japonica*	堇菜科	*Viola selkirkii*	安徽植物志、江西植物志、山东植物志、上海维管植物名录
犁头草	*Viola japonica*	堇菜科	*Viola yunnanfuensis*	安徽植物志、江西植物志、上海维管植物名录、浙江植物志
福建堇菜	*Viola kosanensis*	堇菜科	*Viola pilosa*	江西植物志
广东堇菜	*Viola kwangtungensis*	堇菜科	*Viola mucronulifera*	江西植物志
白花堇菜	*Viola lactiflora*	堇菜科	*Viola patrinii*	安徽植物志
犁头叶堇菜	*Viola magnifica*	堇菜科	*Viola monbeigii*	江西植物志
犁头叶堇菜	*Viola magnifica*	堇菜科	*Viola urophylla*	江西植物志

续表

中文名	接受名	科	原学名	来源
蒙古堇菜	*Viola mongolica*	堇菜科	*Viola yezoensis*	江西种子植物名录、山东植物志
萱	*Viola moupinensis*	堇菜科	*Viola vaginata*	福建植物志、江西种子植物名录
早开堇菜	*Viola prionantha*	堇菜科	*Viola monbeigii*	山东植物志
早开堇菜	*Viola prionantha*	堇菜科	*Viola phalacrocarpa*	山东植物志
三蕊柳	*Salix nipponica*	杨柳科	*Salix triandra*	山东植物志
野桐	*Mallotus tenuifolius*	大戟科	*Mallotus japonicus* var. *floccosus*	安徽植物志、福建植物志、江西植物志、江西种子植物名录、浙江植物志
甘肃大戟	*Euphorbia kansuensis*	大戟科	*Euphorbia ebracteolata*	安徽植物志、江苏植物志 第2版、江西种子植物名录、山东植物志、浙江植物志
黄苞大戟	*Euphorbia sikkimensis*	大戟科	*Euphorbia adenochlora*	江西种子植物名录
小叶五月茶	*Antidesma montanum* var. *microphyllum*	叶下珠科	*Antidesma venosum*	江西种子植物名录
苦味叶下珠	*Phyllanthus amarus*	叶下珠科	*Phyllanthus niruri*	福建植物志、江西植物志
越南叶下珠	*Phyllanthus cochinchinensis*	叶下珠科	*Phyllanthus pireyi*	福建植物志
露珠草	*Circaea cordata*	柳叶菜科	*Circaea quadrisulcata*	安徽植物志、江西植物志、山东植物志、浙江植物志
碎米荠	*Cardamine occulta*	十字花科	*Cardamine flexuosa* var. *debilis*	安徽植物志
碎米荠	*Cardamine occulta*	十字花科	*Cardamine flexuosa*	安徽植物志、福建植物志、江苏植物志 第2版、江西植物志、江西种子植物名录、山东植物志、上海维管植物名录、浙江植物志、FOC
沼生蔊菜	*Rorippa palustris*	十字花科	*Rorippa islandica*	安徽植物志、山东植物志
波齿糖芥	*Erysimum macilentum*	十字花科	*Erysimum cheiranthoides*	安徽植物志、江西植物志、江西种子植物名录、山东植物志、上海维管植物名录、浙江植物志
红冬蛇菰	*Balanophora harlandii*	蛇菰科	*Balanophora japonica*	安徽植物志、江西种子植物名录
米面蓊	*Buckleya henryi*	檀香科	*Buckleya lanceolata*	江苏植物志 第2版、江西植物志、浙江植物志
棱枝槲寄生	*Viscum diospyrosicola*	檀香科	*Viscum angulatum*	福建植物志、江西植物志、江西种子植物名录
油茶离瓣寄生	*Helixanthera sampsonii*	桑寄生科	*Helixanthera ligustrina*	福建植物志
柔茎蓼	*Persicaria kawagoeana*	蓼科	*Polygonum minus*	福建植物志、江西植物志、江西种子植物名录、浙江植物志
圆基长鬃蓼	*Persicaria longiseta* var. *rotundata*	蓼科	*Polygonum hydropiper* var. *gracile*	江西植物志、江西种子植物名录
钝叶酸模	*Rumex obtusifolius*	蓼科	*Rumex madaio*	江西种子植物名录
卷耳	*Cerastium arvense* subsp. *strictum*	石竹科	*Cerastium arvense*	江西种子植物名录
多花繁缕	*Stellaria nipponica*	石竹科	*Stellaria florida*	安徽植物志
无瓣繁缕	*Stellaria pallida*	石竹科	*Stellaria anhweiensis*	浙江植物志
绿穗苋	*Amaranthus hybridus*	苋科	*Amaranthus retroflexus*	江苏植物志 第2版、浙江植物志
小藜	*Chenopodium ficifolium*	苋科	*Chenopodium serotinum*	安徽植物志、福建植物志、江西植物志、江西种子植物名录、山东植物志、浙江植物志
粟米草	*Trigastrotheca stricta*	粟米草科	*Mollugo pentaphylla*	安徽植物志、福建植物志、山东植物志、浙江植物志

续表

中文名	接受名	科	原学名	来源
梨果仙人掌	*Opuntia ficus-indica*	仙人掌科	*Opuntia vulgaris*	福建植物志
匐地仙人掌	*Opuntia humifusa*	仙人掌科	*Opuntia cespitosa*	Opuntia cespitosa Rafinesque, A New Naturalized Species of Cactaceae from China
秦榛钻地风	*Schizophragma corylifolium*	绣球科	*Schizophragma hydrangeoides* f. *sinicum*	安徽植物志
三裂瓜木	*Alangium platanifolium* var. *trilobum*	山茱萸科	*Alangium platanifolium*	安徽植物志、福建植物志、江西植物志、江西种子植物名录、山东植物志、浙江植物志
假排草	*Lysimachia ardisioides*	报春花科	*Lysimachia sikokiana*	福建植物志、江西种子植物名录
白檀	*Symplocos paniculata*	山矾科	*Symplocos tanakana*	Taxonomic Revision of the Genus Symplocos Jacq. from Zhejiang Province
滇白珠	*Gaultheria leucocarpa* var. *yunnanensis*	杜鹃花科	*Gaultheria leucocarpa* var. *cumingiana*	福建植物志、江西种子植物名录
九节	*Psychotria asiatica*	茜草科	*Psychotria rubra*	福建植物志、浙江植物志
广东牡丽草	*Mouretia inaequalis*	茜草科	*Mouretia tonkinensis*	福建植物志
小猪殃殃	*Galium innocuum*	茜草科	*Galium trifidum*	安徽植物志、福建植物志、江苏植物志 第 2 版、江西种子植物名录、浙江植物志
风箱树	*Cephalanthus tetrandrus*	茜草科	*Cephalanthus occidentalis*	福建植物志
尖叶白前	*Cynanchum acuminatifolium*	夹竹桃科	*Cynanchum ascyrifolium*	山东植物志
台湾醉魂藤	*Heterostemma brownii*	夹竹桃科	*Heterostemma alatum*	福建植物志
粗糠树	*Ehretia dicksonii*	紫草科	*Ehretia macrophylla*	安徽植物志、福建植物志、江西种子植物名录、浙江植物志
琉璃草	*Cynoglossum furcatum*	紫草科	*Cynoglossum zeylanicum*	安徽植物志、福建植物志、浙江植物志
马蹄金	*Dichondra micrantha*	旋花科	*Dichondra repens*	安徽植物志、福建植物志、江西种子植物名录、浙江植物志
毛打碗花	*Convolvulus sepium* subsp. *spectabilis*	旋花科	*Calystegia dahurica*	安徽植物志、江苏植物志 第 2 版、山东植物志
旋花	*Convolvulus silvaticus* subsp. *orientalis*	旋花科	*Calystegia sepium*	安徽植物志、福建植物志、江苏植物志 第 2 版、山东植物志、浙江植物志
旋花	*Convolvulus silvaticus* subsp. *orientalis*	旋花科	*Convolvulus sepium*	江西种子植物名录
橙红茑萝	*Ipomoea coccinea*	旋花科	*Ipomoea hederifolia*	中国外来入侵植物名录
七爪龙	*Ipomoea mauritiana*	旋花科	*Ipomoea digitata*	福建植物志
牛茄子	*Solanum capsicoides*	茄科	*Solanum surattense*	江西种子植物名录、山东植物志、浙江植物志
牛茄子	*Solanum capsicoides*	茄科	*Solanum virginianum*	福建植物志
野茄	*Solanum undatum*	茄科	*Solanum incanum*	福建植物志
毛果茄	*Solanum viarum*	茄科	*Solanum aculeatissimum*	江苏植物志 第 2 版、上海维管植物名录
毛果茄	*Solanum viarum*	茄科	*Solanum khasianum*	安徽植物志
刺天茄	*Solanum violaceum*	茄科	*Solanum anguivi*	福建植物志
刺天茄	*Solanum violaceum*	茄科	*Solanum indicum*	江西种子植物名录
日本散血丹	*Physaliastrum echinatum*	茄科	*Physaliastrum japonicum*	山东植物志
展毛灯笼果	*Physalis divaricata*	茄科	*Physalis minima*	山东植物志、上海维管植物名录

续表

中文名	接受名	科	原学名	来源
扩展女贞	*Ligustrum expansum*	木樨科	*Ligustrum robustum*	福建植物志、江西种子植物名录
辽东水蜡树	*Ligustrum obtusifolium* subsp. *suave*	木樨科	*Ligustrum longipedicellatum*	江西种子植物名录
辽东水蜡树	*Ligustrum obtusifolium* subsp. *suave*	木樨科	*Ligustrum obtusifolium*	安徽植物志
尖萼梣	*Fraxinus odontocalyx*	木樨科	*Fraxinus longicuspis*	安徽植物志
云南木樨榄	*Olea tsoongii*	木樨科	*Olea dioica*	New materials in the Flora of Zhejiang; New records of Oleaceae plants distributed in Jiangxi Province
西南水马齿	*Callitriche fehmedianii*	车前科	*Callitriche stagnalis*	江西植物志、江西种子植物名录、山东植物志
曲枝假蓝	*Strobilanthes dalzielii*	爵床科	*Diflugossa divaricata*	江西种子植物名录
曲枝假蓝	*Strobilanthes dalzielii*	爵床科	*Strobilanthes divaricatus*	福建植物志
台湾泡桐	*Paulownia kawakamii*	泡桐科	*Paulownia* × *taiwaniana*	福建植物志
伞花冬青	*Ilex godajam*	冬青科	*Ilex umbellata*	江西种子植物名录
白花金纽扣	*Acmella radicans* var. *debilis*	菊科	*Acmella brachyglossa*	*Acmella brachyglossa*, new record of naturalized in mainland China
灯台兔儿风	*Ainsliaea kawakamii*	菊科	*Ainsliaea macroclinidioides*	安徽植物志、福建植物志、江西种子植物名录、浙江植物志
长花帚菊	*Pertya scandens*	菊科	*Pertya glabrescens*	福建植物志、江西种子植物名录
苣荬菜	*Sonchus wightianus*	菊科	*Sonchus arvensis*	福建植物志、江西种子植物名录、浙江植物志
铜铃山紫菀	*Aster tonglingensis*	菊科	*Aster dolichophyllus*	福建植物志
林泽兰	*Eupatorium lindleyanum*	菊科	*Eupatorium trisectifolium*	江西种子植物名录
桦叶荚蒾	*Viburnum betulifolium*	五福花科	*Viburnum wrightii*	江西种子植物名录、浙江植物志
半边月	*Weigela japonica*	忍冬科	*Weigela japonica* var. *sinica*	福建植物志、浙江植物志
毛梗糙叶五加	*Eleutherococcus henryi* var. *faberi*	五加科	*Acanthopanax divaricatus*	安徽植物志
重齿当归	*Angelica biserrata*	伞形科	*Angelica pubescens*	江西种子植物名录

注：表中原学名的误用多是由于鉴定错误导致，大部分根据 FOC 和相关分类学文献确定，少部分为课题研究发现。

附录 III　华东地区保护植物名录

中文名	学名	科	属	华东分布	保护等级
华南马尾杉	*Phlegmariurus austrosinicus*	石松科	马尾杉属	江西	二级
柳杉叶马尾杉	*Phlegmariurus cryptomerinus*	石松科	马尾杉属	安徽、福建、江西、浙江	二级
福氏马尾杉	*Phlegmariurus fordii*	石松科	马尾杉属	福建、江西、浙江	二级
闽浙马尾杉	*Phlegmariurus mingcheensis*	石松科	马尾杉属	安徽、福建、江西、浙江	二级
有柄马尾杉	*Phlegmariurus petiolatus*	石松科	马尾杉属	福建	二级
美丽马尾杉	*Phlegmariurus pulcherrimus*	石松科	马尾杉属	安徽	二级
中华石杉	*Huperzia chinensis*	石松科	石杉属	福建	二级
伏贴石杉	*Huperzia appressa*	石松科	石杉属	浙江	二级
皱边石杉	*Huperzia crispata*	石松科	石杉属	江西	二级
锡金石杉	*Huperzia herteriana*	石松科	石杉属	安徽	二级
昆明石杉	*Huperzia kunmingensis*	石松科	石杉属	江西	二级
金发石杉	*Huperzia quasipolytrichoides*	石松科	石杉属	安徽	二级
直叶金发石杉	*Huperzia quasipolytrichoides* var. *rectifolia*	石松科	石杉属	福建、江西	二级
四川石杉	*Huperzia sutchueniana*	石松科	石杉属	安徽、江西、浙江	二级
保东水韭	*Isoetes baodongii*	水韭科	水韭属	浙江	一级
东方水韭	*Isoetes orientalis*	水韭科	水韭属	福建、浙江	一级
中华水韭	*Isoetes sinensis*	水韭科	水韭属	安徽、江苏、江西、上海、浙江	一级
福建观音座莲	*Angiopteris fokiensis*	合囊蕨科	观音座莲属	福建、江西、浙江	二级
金毛狗	*Cibotium barometz*	金毛狗科	金毛狗属	福建、江西、浙江	二级
笔筒树	*Sphaeropteris lepifera*	桫椤科	白桫椤属	浙江	二级
结脉黑桫椤	*Gymnosphaera bonii*	桫椤科	黑桫椤属	福建	二级
黑桫椤	*Gymnosphaera podophylla*	桫椤科	黑桫椤属	福建	二级
桫椤	*Alsophila spinulosa*	桫椤科	桫椤属	福建、江西、浙江	二级
粗梗水蕨	*Ceratopteris pteridoides*	凤尾蕨科	水蕨属	江苏、江西、山东、上海、安徽	二级
水蕨	*Ceratopteris thalictroides*	凤尾蕨科	水蕨属	安徽、福建、江苏、江西、山东、上海、浙江	二级
苏铁蕨	*Brainea insignis*	乌毛蕨科	苏铁蕨属	福建、江西	二级
银杏	*Ginkgo biloba*	银杏科	银杏属	安徽、福建、江苏、江西、山东、上海、浙江	一级
柱冠罗汉松	*Podocarpus chingianus*	罗汉松科	罗汉松属	江苏、浙江	二级
罗汉松	*Podocarpus macrophyllus*	罗汉松科	罗汉松属	福建、江苏、江西、浙江	二级
百日青	*Podocarpus neriifolius*	罗汉松科	罗汉松属	福建、江西、浙江	二级
水松	*Glyptostrobus pensilis*	柏科	水松属	福建、江西	一级
福建柏	*Fokienia hodginsii*	柏科	福建柏属	福建、江苏、江西、浙江	二级
白豆杉	*Pseudotaxus chienii*	红豆杉科	白豆杉属	江西、浙江	二级

续表

中文名	学名	科	属	华东分布	保护等级
红豆杉	*Taxus wallichiana* var. *chinensis*	红豆杉科	红豆杉属	安徽、福建、江西、浙江	一级
南方红豆杉	*Taxus wallichiana* var. *mairei*	红豆杉科	红豆杉属	安徽、福建、江苏、江西、浙江	一级
篦子三尖杉	*Cephalotaxus oliveri*	红豆杉科	三尖杉属	江西	二级
穗花杉	*Amentotaxus argotaenia*	红豆杉科	穗花杉属	福建、江苏、江西、浙江	二级
巴山榧	*Torreya fargesii*	红豆杉科	榧属	安徽、浙江	二级
榧	*Torreya grandis*	红豆杉科	榧属	安徽、福建、江苏、江西、浙江	二级
九龙山榧树	*Torreya grandis* var. *jiulongshanensis*	红豆杉科	榧属	浙江	二级
长叶榧	*Torreya jackii*	红豆杉科	榧属	福建、江西、浙江	二级
江南油杉	*Keteleeria fortunei* var. *cyclolepis*	松科	油杉属	福建、江苏、江西、浙江	二级
百山祖冷杉	*Abies beshanzuensis*	松科	冷杉属	浙江	一级
资源冷杉	*Abies ziyuanensis*	松科	冷杉属	江西	一级
金钱松	*Pseudolarix amabilis*	松科	金钱松属	安徽、福建、江苏、江西、浙江	二级
华东黄杉	*Pseudotsuga gaussenii*	松科	黄杉属	安徽、福建、江西、浙江	二级
莼菜	*Brasenia schreberi*	莼菜科	莼菜属	安徽、福建、江苏、江西	二级
马蹄香	*Saruma henryi*	马兜铃科	马蹄香属	江西	二级
金耳环	*Asarum insigne*	马兜铃科	细辛属	江西	二级
鹅掌楸	*Liriodendron chinense*	木兰科	鹅掌楸属	安徽、福建、江苏、江西、浙江	二级
落叶木莲	*Manglietia decidua*	木兰科	木莲属	江西	二级
厚朴	*Houpoea officinalis*	木兰科	厚朴属	安徽、江苏、江西、山东、浙江	二级
宝华玉兰	*Yulania zenii*	木兰科	玉兰属	江苏	二级
夏蜡梅	*Calycanthus chinensis*	蜡梅科	夏蜡梅属	安徽、福建、江苏、江西、山东、上海、浙江	二级
润楠	*Machilus nanmu*	樟科	润楠属	江西	二级
闽楠	*Phoebe bournei*	樟科	楠属	福建、江西、浙江	二级
浙江楠	*Phoebe chekiangensis*	樟科	楠属	安徽、福建、江苏、江西、浙江	二级
舟山新木姜子	*Neolitsea sericea*	樟科	新木姜子属	江西、上海、浙江	二级
天竺桂	*Cinnamomum japonicum*	樟科	樟属	安徽、福建、江苏、江西、上海、浙江	二级
油樟	*Cinnamomum longepaniculatum*	樟科	樟属	江西	二级
卵叶桂	*Cinnamomum rigidissimum*	樟科	樟属	江西	二级
长喙毛茛泽泻	*Ranalisma rostrata*	泽泻科	毛茛泽泻属	江西、浙江	二级
龙舌草	*Ottelia alismoides*	水鳖科	水车前属	安徽、福建、江苏、江西、上海、浙江	二级
金线重楼	*Paris delavayi*	藜芦科	北重楼属	江西	二级

续表

中文名	学名	科	属	华东分布	保护等级
球药隔重楼	*Paris fargesii*	藜芦科	北重楼属	福建、江西	二级
具柄重楼	*Paris fargesii* var. *petiolata*	藜芦科	北重楼属	安徽、江西	二级
亮叶重楼	*Paris nitida*	藜芦科	北重楼属	江西	二级
七叶一枝花	*Paris polyphylla*	藜芦科	北重楼属	福建	二级
华重楼	*Paris polyphylla* var. *chinensis*	藜芦科	北重楼属	安徽、福建、江苏、江西、浙江	二级
宽叶重楼	*Paris polyphylla* var. *latifolia*	藜芦科	北重楼属	安徽、江苏、江西	二级
狭叶重楼	*Paris polyphylla* var. *stenophylla*	藜芦科	北重楼属	安徽、福建、江苏、江西、浙江	二级
滇重楼	*Paris polyphylla* var. *yunnanensis*	藜芦科	北重楼属	福建、江西	二级
黑籽重楼	*Paris thibetica*	藜芦科	北重楼属	江西	二级
荞麦叶大百合	*Cardiocrinum cathayanum*	百合科	大百合属	安徽、福建、江苏、江西、浙江	二级
安徽贝母	*Fritillaria anhuiensis*	百合科	贝母属	安徽	二级
天目贝母	*Fritillaria monantha*	百合科	贝母属	安徽、浙江	二级
浙贝母	*Fritillaria thunbergii*	百合科	贝母属	安徽、福建、江苏、浙江	二级
东阳贝母	*Fritillaria thunbergii* var. *chekiangensis*	百合科	贝母属	浙江	二级
青岛百合	*Lilium tsingtauense*	百合科	百合属	山东	二级
深圳香荚兰	*Vanilla shenzhenica*	兰科	香荚兰属	福建	二级
紫点杓兰	*Cypripedium guttatum*	兰科	杓兰属	山东	二级
扇脉杓兰	*Cypripedium japonicum*	兰科	杓兰属	安徽、江苏、江西、浙江	二级
大花杓兰	*Cypripedium macranthos*	兰科	杓兰属	山东	二级
金线兰	*Anoectochilus roxburghii*	兰科	金线兰属	安徽、福建、江西、浙江	二级
浙江金线兰	*Anoectochilus zhejiangensis*	兰科	金线兰属	福建、江西、浙江	二级
血叶兰	*Ludisia discolor*	兰科	血叶兰属	福建	二级
天麻	*Gastrodia elata*	兰科	天麻属	安徽、福建、江苏、江西、山东、浙江	二级
白及	*Bletilla striata*	兰科	白及属	安徽、福建、江苏、江西、上海、浙江	二级
独蒜兰	*Pleione bulbocodioides*	兰科	独蒜兰属	安徽、福建、江西、浙江	二级
台湾独蒜兰	*Pleione formosana*	兰科	独蒜兰属	江西、福建、浙江	二级
金华独蒜兰	*Pleione jinhuana*	兰科	独蒜兰属	浙江	二级
钩状石斛	*Dendrobium aduncum*	兰科	石斛属	江西、浙江	二级
束花石斛	*Dendrobium chrysanthum*	兰科	石斛属	福建	二级
黄花石斛	*Dendrobium dixanthum*	兰科	石斛属	浙江	二级
串珠石斛	*Dendrobium falconeri*	兰科	石斛属	江西	二级
梵净山石斛	*Dendrobium fanjingshanense*	兰科	石斛属	浙江	二级
重唇石斛	*Dendrobium hercoglossum*	兰科	石斛属	江西	二级
霍山石斛	*Dendrobium huoshanense*	兰科	石斛属	安徽	一级

续表

中文名	学名	科	属	华东分布	保护等级
美花石斛	*Dendrobium loddigesii*	兰科	石斛属	江西	二级
罗河石斛	*Dendrobium lohohense*	兰科	石斛属	江西	二级
文卉石斛	*Dendrobium luoi* var. *wenhuii*	兰科	石斛属	福建	二级
细茎石斛	*Dendrobium moniliforme*	兰科	石斛属	安徽、福建、江西、浙江	二级
石斛	*Dendrobium nobile*	兰科	石斛属	安徽、福建、江苏、江西	二级
铁皮石斛	*Dendrobium officinale*	兰科	石斛属	福建、江西	二级
始兴石斛	*Dendrobium shixingense*	兰科	石斛属	江西	二级
剑叶石斛	*Dendrobium spatella*	兰科	石斛属	福建	二级
大花石斛	*Dendrobium wilsonii*	兰科	石斛属	江西	二级
永嘉石斛	*Dendrobium yongjiaense*	兰科	石斛属	浙江	二级
政和石斛	*Dendrobium zhenghuoense*	兰科	石斛属	福建、浙江	二级
纹瓣兰	*Cymbidium aloifolium*	兰科	兰属	福建	二级
冬凤兰	*Cymbidium dayanum*	兰科	兰属	福建	二级
落叶兰	*Cymbidium defoliatum*	兰科	兰属	福建、浙江	二级
建兰	*Cymbidium ensifolium*	兰科	兰属	安徽、福建、江苏、江西、浙江	二级
蕙兰	*Cymbidium faberi*	兰科	兰属	安徽、福建、江苏、江西、浙江	二级
多花兰	*Cymbidium floribundum*	兰科	兰属	福建、江苏、江西、浙江	二级
春兰	*Cymbidium goeringii*	兰科	兰属	安徽、福建、江苏、江西、浙江	二级
寒兰	*Cymbidium kanran*	兰科	兰属	安徽、福建、江苏、江西、浙江	二级
大根兰	*Cymbidium macrorhizon*	兰科	兰属	江西	二级
墨兰	*Cymbidium sinense*	兰科	兰属	安徽、福建、江苏、江西	二级
独花兰	*Changnienia amoena*	兰科	独花兰属	安徽、江苏、江西、浙江	二级
杜鹃兰	*Cremastra appendiculata*	兰科	杜鹃兰属	安徽、江苏、江西、浙江	二级
杨氏丹霞兰	*Danxiaorchis yangii*	兰科	丹霞兰属	江西	二级
大黄花虾脊兰	*Calanthe sieboldii*	兰科	虾脊兰属	江西	一级
象鼻兰	*Phalaenopsis zhejiangensis*	兰科	蝴蝶兰属	江西、浙江	一级
野生稻	*Oryza rufipogon*	禾本科	稻属	福建、江西	二级
山涧草	*Chikusichloa aquatica*	禾本科	山涧草属	安徽、江苏	二级
水禾	*Hygroryza aristata*	禾本科	水禾属	福建、江西、浙江	二级
莎禾	*Coleanthus subtilis*	禾本科	莎禾属	江西	二级
中华结缕草	*Zoysia sinica*	禾本科	结缕草属	安徽、福建、江苏、江西、山东、上海、浙江	二级
拟高粱	*Sorghum propinquum*	禾本科	高粱属	福建、江西	二级

续表

中文名	学名	科	属	华东分布	保护等级
石生黄堇	*Corydalis saxicola*	罂粟科	紫堇属	浙江	二级
小八角莲	*Dysosma difformis*	小檗科	鬼臼属	江西	二级
六角莲	*Dysosma pleiantha*	小檗科	鬼臼属	安徽、福建、江西、浙江	二级
八角莲	*Dysosma versipellis*	小檗科	鬼臼属	安徽、福建、江西、浙江	二级
黄连	*Coptis chinensis*	毛茛科	黄连属	江西	二级
短萼黄连	*Coptis chinensis* var. *brevisepala*	毛茛科	黄连属	安徽、福建、江西	二级
莲	*Nelumbo nucifera*	莲科	莲属	安徽、福建、江苏、江西、山东、上海、浙江	二级
银屏牡丹	*Paeonia suffruticosa* subsp. *yinpingmudan*	芍药科	芍药属	安徽	二级
长柄双花木	*Disanthus cercidifolius* subsp. *longipes*	金缕梅科	双花木属	福建、江西、浙江	二级
银缕梅	*Shaniodendron subaequale*	金缕梅科	银缕梅属	安徽、江苏、浙江	一级
连香树	*Cercidiphyllum japonicum*	连香树科	连香树属	安徽、江苏、江西、浙江	二级
乌苏里狐尾藻	*Myriophyllum ussuriense*	小二仙草科	狐尾藻属	安徽、江苏、上海	二级
浙江蘡薁	*Vitis zhejiang-adstricta*	葡萄科	葡萄属	浙江	二级
油楠	*Sindora glabra*	豆科	油楠属	福建	二级
格木	*Erythrophleum fordii*	豆科	格木属	福建	二级
长脐红豆	*Ormosia balansae*	豆科	红豆属	江西	二级
厚荚红豆	*Ormosia elliptica*	豆科	红豆属	福建	二级
肥荚红豆	*Ormosia fordiana*	豆科	红豆属	江西	二级
光叶红豆	*Ormosia glaberrima*	豆科	红豆属	江西	二级
花榈木	*Ormosia henryi*	豆科	红豆属	安徽、福建、江苏、江西、浙江	二级
红豆树	*Ormosia hosiei*	豆科	红豆属	福建、江苏、江西、浙江	二级
韧荚红豆	*Ormosia indurata*	豆科	红豆属	福建	二级
绒毛小叶红豆	*Ormosia microphylla* var. *tomentosa*	豆科	红豆属	福建	一级
秃叶红豆	*Ormosia nuda*	豆科	红豆属	江西	二级
软荚红豆	*Ormosia semicastrata*	豆科	红豆属	福建、江西	二级
木荚红豆	*Ormosia xylocarpa*	豆科	红豆属	福建、江西	二级
浙江马鞍树	*Maackia chekiangensis*	豆科	马鞍树属	安徽、江西、浙江	二级
山豆根	*Euchresta japonica*	豆科	山豆根属	安徽、江西、浙江	二级
降香	*Dalbergia odorifera*	豆科	黄檀属	福建、浙江	二级
野大豆	*Glycine soja*	豆科	大豆属	安徽、福建、江苏、江西、山东、上海、浙江	二级
烟豆	*Glycine tabacina*	豆科	大豆属	福建	二级
短绒野大豆	*Glycine tomentella*	豆科	大豆属	福建	二级
甘草	*Glycyrrhiza uralensis*	豆科	甘草属	山东	二级
银粉蔷薇	*Rosa anemoniflora*	蔷薇科	蔷薇属	福建	二级

续表

中文名	学名	科	属	华东分布	保护等级
广东蔷薇	*Rosa kwangtungensis*	蔷薇科	蔷薇属	福建、江西、浙江	二级
政和杏	*Prunus zhengheensis*	蔷薇科	李属	福建、浙江	二级
小勾儿茶	*Berchemiella wilsonii*	鼠李科	小勾儿茶属	安徽、浙江	二级
大叶榉树	*Zelkova schneideriana*	榆科	榉属	安徽、福建、江苏、江西、上海、浙江	二级
长序榆	*Ulmus elongata*	榆科	榆属	安徽、福建、江西、浙江	二级
台湾水青冈	*Fagus hayatae*	壳斗科	水青冈属	浙江	二级
华南锥	*Castanopsis concinna*	壳斗科	锥属	福建、江西	二级
尖叶栎	*Quercus oxyphylla*	壳斗科	栎属	安徽、福建、浙江	二级
天目铁木	*Ostrya rehderiana*	桦木科	铁木属	浙江	一级
普陀鹅耳枥	*Carpinus putoensis*	桦木科	鹅耳枥属	浙江	一级
天台鹅耳枥	*Carpinus tientaiensis*	桦木科	鹅耳枥属	浙江	二级
永瓣藤	*Monimopetalum chinense*	卫矛科	永瓣藤属	安徽、江西、浙江	二级
川藻	*Terniopsis sessilis*	川苔草科	川藻属	福建	二级
川苔草	*Cladopus doianus*	川苔草科	川苔草属	福建	二级
飞瀑草	*Cladopus nymanii*	川苔草科	川苔草属	福建	二级
细果野菱	*Trapa incisa*	千屈菜科	菱属	安徽、福建、江苏、江西、山东、上海、浙江	二级
庙台槭	*Acer miaotaiense*	无患子科	槭属	江苏、浙江	二级
伞花木	*Eurycorymbus cavaleriei*	无患子科	伞花木属	福建、江西	二级
宜昌橙	*Citrus cavaleriei*	芸香科	柑橘属	安徽	二级
黄檗	*Phellodendron amurense*	芸香科	黄檗属	安徽、福建、江苏、江西、山东	二级
川黄檗	*Phellodendron chinense*	芸香科	黄檗属	安徽	二级
红椿	*Toona ciliata*	楝科	香椿属	安徽、江苏、江西	二级
紫椴	*Tilia amurensis*	锦葵科	椴属	山东	二级
伯乐树	*Bretschneidera sinensis*	叠珠树科	伯乐树属	福建、江西、浙江	二级
金荞麦	*Fagopyrum dibotrys*	蓼科	荞麦属	安徽、福建、江苏、江西、上海、浙江	二级
黄山梅	*Kirengeshoma palmata*	绣球科	黄山梅属	安徽、浙江	二级
蛛网萼	*Platycrater arguta*	绣球科	蛛网萼属	安徽、福建、江西、浙江	二级
毛叶茶	*Camellia ptilophylla*	山茶科	山茶属	江西	二级
茶	*Camellia sinensis*	山茶科	山茶属	安徽、福建、江苏、江西、山东、上海、浙江	二级
普洱茶	*Camellia sinensis* var. *assamica*	山茶科	山茶属	福建、江西	二级
细果秤锤树	*Sinojackia microcarpa*	安息香科	秤锤树属	浙江	二级
狭果秤锤树	*Sinojackia rehderiana*	安息香科	秤锤树属	安徽、江西、浙江	二级
秤锤树	*Sinojackia xylocarpa*	安息香科	秤锤树属	安徽、江苏、山东、上海、浙江	二级

续表

中文名	学名	科	属	华东分布	保护等级
软枣猕猴桃	*Actinidia arguta*	猕猴桃科	猕猴桃属	安徽、福建、江苏、江西、山东、浙江	二级
中华猕猴桃	*Actinidia chinensis*	猕猴桃科	猕猴桃属	安徽、福建、江苏、江西、山东、上海、浙江	二级
金花猕猴桃	*Actinidia chrysantha*	猕猴桃科	猕猴桃属	江西	二级
条叶猕猴桃	*Actinidia fortunatii*	猕猴桃科	猕猴桃属	江西	二级
大籽猕猴桃	*Actinidia macrosperma*	猕猴桃科	猕猴桃属	安徽、江苏、江西、浙江	二级
华顶杜鹃	*Rhododendron huadingense*	杜鹃花科	杜鹃花属	浙江	二级
井冈山杜鹃	*Rhododendron jingangshanicum*	杜鹃花科	杜鹃花属	江西	二级
江西杜鹃	*Rhododendron kiangsiense*	杜鹃花科	杜鹃花属	江西、浙江	二级
巴戟天	*Morinda officinalis*	茜草科	木巴戟属	福建、江西	二级
香果树	*Emmenopterys henryi*	茜草科	香果树属	安徽、福建、江苏、江西、浙江	二级
水曲柳	*Fraxinus mandshurica*	木樨科	梣属	山东	二级
报春苣苔	*Primulina tabacum*	苦苣苔科	报春苣苔属	江西	二级
盾鳞狸藻	*Utricularia punctata*	狸藻科	狸藻属	福建	二级
苦梓	*Gmelina hainanensis*	唇形科	石梓属	江西	二级
七子花	*Heptacodium miconioides*	忍冬科	七子花属	安徽、江苏、浙江	二级
竹节参	*Panax japonicus*	五加科	人参属	福建、江西、浙江	二级
三七	*Panax notoginseng*	五加科	人参属	福建、江西、浙江	二级
明党参	*Changium smyrnioides*	伞形科	明党参属	安徽、江苏、江西、上海、浙江	二级
山茴香	*Carlesia sinensis*	伞形科	山茴香属	山东	二级
珊瑚菜	*Glehnia littoralis*	伞形科	珊瑚菜属	福建、江苏、山东、上海、浙江	二级

注：本名录根据国家林业和草原局和农业农村部最新发布的《国家重点保护野生植物名录》（2021）确定。

附录 IV 华东地区归化植物名录

中文名	拉丁学名	科	原产地	入侵等级	华东分布
细叶满江红	*Azolla filiculoides*	满江红科	北美洲	3	安徽、福建、江苏、江西、山东、上海、浙江
人厌槐叶蘋*	*Salvinia molesta*	槐叶蘋科	南美洲	3	福建
水盾草[④]	*Cabomba caroliniana*	莼菜科	北美洲	3	安徽、福建、江苏、江西、山东、上海、浙江
草胡椒	*Peperomia pellucida*	胡椒科	热带美洲	4	安徽、福建、江苏、江西、山东、上海、浙江
大薸[②]	*Pistia stratiotes*	天南星科	南美洲	1	安徽、福建、江苏、江西、山东、上海、浙江
伊乐藻	*Elodea nuttallii*	水鳖科	北美洲		江苏、浙江
黄菖蒲	*Iris pseudacorus*	鸢尾科	北非、欧洲、西亚		安徽、福建、江苏、江西、山东、上海、浙江
葱莲	*Zephyranthes candida*	石蒜科	南美洲		安徽、福建、江苏、江西、山东、上海、浙江
韭莲	*Zephyranthes carinata*	石蒜科	热带美洲		安徽、福建、江苏、江西、山东、上海、浙江
凤尾丝兰	*Yucca gloriosa*	天门冬科	北美洲		福建、浙江
龙舌兰	*Agave americana*	天门冬科	北美洲		福建
锦竹草	*Callisia repens*	鸭跖草科	热带美洲		福建
白花紫露草	*Tradescantia fluminensis*	鸭跖草科	南美洲		福建、江西
紫竹梅	*Tradescantia pallida*	鸭跖草科	北美洲		安徽、福建、江苏、江西、山东、上海、浙江
吊竹梅	*Tradescantia zebrina*	鸭跖草科	热带美洲		福建
凤眼莲*	*Eichhornia crassipes*	雨久花科	南美洲	1	安徽、福建、江苏、江西、山东、上海、浙江
再力花	*Thalia dealbata*	竹芋科	北美洲		安徽、福建、江苏、江西、山东、上海、浙江
风车草	*Cyperus involucratus*	莎草科	非洲、西亚		福建、江西
断节莎	*Cyperus odoratus*	莎草科	南北美洲		福建、山东、上海、浙江
苏里南莎草	*Cyperus surinamensis*	莎草科	南北美洲	4	福建、江西
水蜈蚣	*Kyllinga polyphylla*	莎草科	非洲		福建、上海、浙江
弗吉尼亚须芒草	*Andropogon virginicus*	禾本科	北美洲		浙江
野燕麦[④]	*Avena fatua*	禾本科	欧洲、西亚	2	安徽、福建、江苏、江西、山东、上海、浙江
地毯草	*Axonopus compressus*	禾本科	热带美洲		福建
巴拉草	*Brachiaria mutica*	禾本科	热带非洲	2	福建
扁穗雀麦	*Bromus catharticus*	禾本科	南美洲	2	安徽、福建、江苏、江西、山东、上海、浙江
野牛草	*Buchloe dactyloides*	禾本科	北美洲		江苏、山东
蒺藜草	*Cenchrus echinatus*	禾本科	北美洲	2	福建
牧地狼尾草	*Cenchrus polystachios*	禾本科	热带非洲		福建
象草	*Cenchrus purpureus*	禾本科	热带非洲	3	福建
芒颖大麦草	*Hordeum jubatum*	禾本科	北美洲和欧亚大陆寒温带	4	江苏、山东

续表

中文名	拉丁学名	科	原产地	入侵等级	华东分布
多花黑麦草	*Lolium multiflorum*	禾本科	北非、欧洲、西亚	4	安徽、福建、江苏、江西、山东、上海、浙江
黑麦草	*Lolium perenne*	禾本科	北非、欧洲、西亚	4	安徽、福建、江苏、江西、山东、上海、浙江
硬直黑麦草	*Lolium rigidum*	禾本科	北非、欧洲、西亚		安徽、福建、江苏、江西、山东、上海、浙江
毒麦[①]	*Lolium temulentum*	禾本科	欧洲、西亚	1	江苏、山东
红毛草	*Melinis repens*	禾本科	非洲	3	福建、江西
大黍	*Panicum maximum*	禾本科	热带非洲	3	福建
铺地黍	*Panicum repens*	禾本科	非洲、欧洲	2	福建、江西、浙江
假牛鞭草	*Parapholis incurva*	禾本科	北非、欧洲、西亚		福建、浙江
两耳草	*Paspalum conjugatum*	禾本科	热带美洲	4	福建、浙江
毛花雀稗	*Paspalum dilatatum*	禾本科	南美洲		安徽、江苏、江西、上海、浙江
双穗雀稗	*Paspalum distichum*	禾本科	南北美洲	3	安徽、福建、江苏、江西、山东、上海、浙江
百喜草	*Paspalum notatum*	禾本科	热带美洲		福建、江西
丝毛雀稗	*Paspalum urvillei*	禾本科	南美洲	3	福建、江西、浙江
水虉草	*Phalaris aquatica*	禾本科	北非、欧洲、西亚		江苏
石茅[①]	*Sorghum halepense*	禾本科	欧洲	1	安徽、福建、江苏、江西、山东、上海、浙江
苏丹草	*Sorghum sudanense*	禾本科	非洲		安徽、江苏、江西、山东、浙江
互花米草[①]	*Spartina alterniflora*	禾本科	北美洲	1	福建、江苏、山东、上海、浙江
节节麦	*Triticum triunciale*	禾本科	欧洲、西亚		安徽、江苏、山东
虞美人	*Papaver rhoeas*	罂粟科	欧洲		安徽、福建、江苏、江西、山东、上海、浙江
刺果毛茛	*Ranunculus muricatus*	毛茛科	北非、欧洲、西亚	3	安徽、江苏、江西、上海、浙江
洋吊钟	*Bryophyllum delagoense*	景天科	热带非洲	4	福建
落地生根	*Bryophyllum pinnatum*	景天科	热带非洲	4	福建
粉绿狐尾藻	*Myriophyllum aquaticum*	小二仙草科	南美洲	3	安徽、江苏、江西、上海、浙江
五叶地锦	*Parthenocissus quinquefolia*	葡萄科	北美洲		安徽、江苏、江西、山东、上海、浙江
银荆	*Acacia dealbata*	豆科	大洋洲		福建、江西、浙江
黑荆*	*Acacia mearnsii*	豆科	大洋洲	3	福建、江西、浙江
紫穗槐	*Amorpha fruticosa*	豆科	北美洲		安徽、福建、江苏、江西、山东、上海、浙江
蔓花生	*Arachis duranensis*	豆科	南美洲		福建
木豆	*Cajanus cajan*	豆科	热带亚洲		福建、江西、浙江
含羞草山扁豆	*Chamaecrista mimosoides*	豆科	热带美洲	3	福建、江西、山东、浙江
蝶豆	*Clitoria ternatea*	豆科	热带亚洲		福建
长果猪屎豆	*Crotalaria lanceolata*	豆科	热带非洲		福建
三尖叶猪屎豆	*Crotalaria micans*	豆科	热带美洲		福建
光萼猪屎豆	*Crotalaria trichotoma*	豆科	热带非洲		福建
南美山蚂蝗	*Desmodium tortuosum*	豆科	热带美洲	3	福建、江西

续表

中文名	拉丁学名	科	原产地	入侵等级	华东分布
野青树	*Indigofera suffruticosa*	豆科	热带美洲	3	福建、江西
银合欢*	*Leucaena leucocephala*	豆科	热带美洲	2	福建、江西、浙江
紫花大翼豆	*Macroptilium atropurpureum*	豆科	热带美洲		福建
大翼豆	*Macroptilium lathyroides*	豆科	热带美洲		福建
南苜蓿	*Medicago polymorpha*	豆科	北非、欧洲、西亚		安徽、福建、江苏、江西、山东、上海、浙江
苜蓿	*Medicago sativa*	豆科	中亚西部	4	安徽、福建、江苏、江西、山东、上海、浙江
印度草木樨	*Melilotus indicus*	豆科	印度		安徽、福建、江苏、山东
草木樨	*Melilotus officinalis*	豆科	欧洲	4	安徽、福建、江苏、江西、山东、上海、浙江
光荚含羞草	*Mimosa bimucronata*	豆科	热带美洲	1	福建、江西
无刺巴西含羞草	*Mimosa diplotricha* var. *inermis*	豆科	热带美洲	2	福建
含羞草*	*Mimosa pudica*	豆科	热带美洲	2	福建
刺槐	*Robinia pseudoacacia*	豆科	北美洲	4	安徽、福建、江苏、江西、山东、上海、浙江
小冠花	*Securigera varia*	豆科	欧洲		江苏
翅荚决明	*Senna alata*	豆科	热带美洲		福建
双荚决明	*Senna bicapsularis*	豆科	热带美洲		福建、江西、浙江
望江南	*Senna occidentalis*	豆科	热带美洲		安徽、福建、江苏、江西、山东、上海、浙江
伞房决明	*Senna corymbosa*	豆科	热带美洲		安徽、福建、江苏、江西、上海、浙江
槐叶决明	*Senna sophera*	豆科	热带亚洲		江西、浙江
田菁	*Sesbania cannabina*	豆科	大洋洲	2	安徽、福建、江苏、江西、山东、上海、浙江
圭亚那笔花豆	*Stylosanthes guianensis*	豆科	热带美洲		福建、浙江
白灰毛豆	*Tephrosia candida*	豆科	西南亚		福建
红车轴草	*Trifolium pratense*	豆科	北非、欧洲、西亚	4	安徽、福建、江苏、江西、山东、上海、浙江
白车轴草	*Trifolium repens*	豆科	北非、欧洲、西亚	2	安徽、福建、江苏、江西、山东、上海、浙江
长柔毛野豌豆	*Vicia villosa*	豆科	欧洲、西亚	4	江苏、山东、浙江
大麻	*Cannabis sativa*	大麻科	中亚	4	安徽、福建、江苏、江西、山东、上海、浙江
小叶冷水花	*Pilea microphylla*	荨麻科	热带美洲	4	安徽、福建、江苏、江西、山东、上海、浙江
木麻黄	*Casuarina equisetifolia*	木麻黄科	大洋洲		福建、浙江
美洲马瓟儿	*Melothria pendula*	葫芦科	南美洲		福建、江西
刺果瓜[④]	*Sicyos angulatus*	葫芦科	北美洲	2	山东
四季秋海棠	*Begonia cucullata*	秋海棠科	南美洲		福建、江西、浙江
关节酢浆草	*Oxalis articulata*	酢浆草科	南美洲	4	安徽、福建、江苏、江西、山东、上海、浙江

续表

中文名	拉丁学名	科	原产地	入侵等级	华东分布
红花酢浆草	*Oxalis debilis*	酢浆草科	南美洲		安徽、福建、江苏、江西、山东、上海、浙江
紫叶酢浆草	*Oxalis triangularis*	酢浆草科	南美洲		安徽、福建、江苏、江西、山东、上海、浙江
龙珠果	*Passiflora foetida*	西番莲科	热带美洲	3	福建
三角叶西番莲	*Passiflora suberosa*	西番莲科	热带美洲	3	福建
头状巴豆	*Croton capitatus*	大戟科	北美洲		安徽、江苏、山东
猩猩草	*Euphorbia cyathophora*	大戟科	热带美洲	3	福建、江苏、江西、山东、浙江
齿裂大戟	*Euphorbia dentata*	大戟科	北美洲	3	山东
白苞猩猩草	*Euphorbia heterophylla*	大戟科	热带美洲	2	安徽、福建、江西
飞扬草	*Euphorbia hirta*	大戟科	热带美洲	2	安徽、福建、江苏、江西、浙江
通奶草	*Euphorbia hypericifolia*	大戟科	热带美洲	3	安徽、福建、江苏、江西、山东、上海、浙江
斑地锦	*Euphorbia maculata*	大戟科	北美洲	4	安徽、福建、江苏、江西、山东、上海、浙江
大地锦草	*Euphorbia nutans*	大戟科	热带美洲	3	安徽、福建、江苏、上海
南欧大戟	*Euphorbia peplus*	大戟科	北非、欧洲	3	福建、浙江
匍匐大戟	*Euphorbia prostrata*	大戟科	热带美洲	4	安徽、福建、江苏、江西、山东、上海、浙江
匍根大戟	*Euphorbia serpens*	大戟科	热带美洲		福建、江苏、江西、上海
蓖麻	*Ricinus communis*	大戟科	非洲	2	安徽、福建、江苏、江西、山东、上海、浙江
苦味叶下珠	*Phyllanthus amarus*	叶下珠科	热带美洲	3	福建
纤梗叶下珠	*Phyllanthus tenellus*	叶下珠科	热带非洲		福建
野老鹳草	*Geranium carolinianum*	牻牛儿苗科	北美洲	2	安徽、福建、江苏、江西、山东、上海、浙江
长叶水苋菜	*Ammannia coccinea*	千屈菜科	南北美洲	4	安徽、山东、浙江
香膏萼距花	*Cuphea carthagenensis*	千屈菜科	热带美洲	2	福建、江西
无瓣海桑	*Sonneratia apetala*	千屈菜科	热带亚洲		福建
细果草龙	*Ludwigia leptocarpa*	柳叶菜科	北美洲		上海、浙江
翼茎水龙	*Ludwigia decurrens*	柳叶菜科	热带美洲		江西
月见草	*Oenothera biennis*	柳叶菜科	北美洲	2	安徽、福建、江苏、江西、山东、上海、浙江
小花山桃草	*Oenothera curtiflora*	柳叶菜科	北美洲	2	安徽、福建、江苏、江西、山东、上海、浙江
海边月见草	*Oenothera drummondii*	柳叶菜科	北美洲		福建、山东
黄花月见草	*Oenothera glazioviana*	柳叶菜科	欧洲（杂交起源）	4	安徽、福建、江苏、江西、山东、上海、浙江
裂叶月见草	*Oenothera laciniata*	柳叶菜科	北美洲	3	安徽、福建、江苏、江西、上海、浙江
美丽月见草	*Oenothera speciosa*	柳叶菜科	北美洲		安徽、福建、江苏、江西、山东、上海、浙江
四翅月见草	*Oenothera tetraptera*	柳叶菜科	北美洲		福建、江苏、上海
桉	*Eucalyptus robusta*	桃金娘科	大洋洲		福建、江西、浙江

续表

中文名	拉丁学名	科	原产地	入侵等级	华东分布
火炬树	*Rhus typhina*	漆树科	北美洲	4	安徽、江苏、山东
脬果苘	*Herissantia crispa*	锦葵科	热带美洲		福建
赛葵	*Malvastrum coromandelianum*	锦葵科	热带美洲	2	福建、江西
黄花棯	*Sida acuta*	锦葵科	热带美洲	4	福建
长蒴黄麻	*Corchorus olitorius*	锦葵科	热带非洲		福建
蛇婆子	*Waltheria indica*	锦葵科	热带美洲	3	福建
南美独行菜	*Lepidium bonariense*	十字花科	南美洲		福建、浙江
绿独行菜	*Lepidium campestre*	十字花科	欧洲、西亚	4	山东
密花独行菜	*Lepidium densiflorum*	十字花科	北美洲		山东
臭荠	*Lepidium didymum*	十字花科	南美洲	4	安徽、福建、江苏、江西、山东、上海、浙江
北美独行菜	*Lepidium virginicum*	十字花科	北美洲	2	安徽、福建、江苏、江西、山东、上海、浙江
豆瓣菜	*Nasturtium officinale*	十字花科	欧洲至西南亚	4	安徽、江苏、江西、山东、上海、浙江
野萝卜	*Raphanus raphanistrum*	十字花科	北非、欧洲、西亚	4	浙江
珊瑚藤	*Antigonon leptopus*	蓼科	北美洲	3	福建
麦仙翁	*Agrostemma githago*	石竹科	欧洲	4	安徽、江苏、山东、浙江
球序卷耳	*Cerastium glomeratum*	石竹科	北非、欧洲、西亚	4	安徽、福建、江苏、江西、山东、上海、浙江
西欧蝇子草	*Silene gallica*	石竹科	欧洲		福建、浙江
无瓣繁缕	*Stellaria pallida*	石竹科	欧洲	4	安徽、福建、江苏、江西、山东、上海、浙江
巴西莲子草	*Alternanthera brasiliana*	苋科	热带美洲		福建、江西
空心莲子草[①]	*Alternanthera philoxeroides*	苋科	南美洲	1	安徽、福建、江苏、江西、山东、上海、浙江
刺花莲子草	*Alternanthera pungens*	苋科	南美洲	3	福建
白苋	*Amaranthus albus*	苋科	北美洲	3	山东
北美苋	*Amaranthus blitoides*	苋科	北美洲	4	安徽、山东
凹头苋	*Amaranthus blitum*	苋科	北非、欧洲、西亚	2	安徽、福建、江苏、江西、山东、上海、浙江
老枪谷	*Amaranthus caudatus*	苋科	南美洲		安徽、福建、江苏、江西、山东、上海、浙江
老鸦谷	*Amaranthus cruentus*	苋科	热带美洲	3	安徽、福建、江苏、江西、山东、上海、浙江
假刺苋	*Amaranthus dubius*	苋科	热带美洲	3	安徽、江西、浙江
绿穗苋	*Amaranthus hybridus*	苋科	热带美洲	2	安徽、福建、江苏、江西、山东、上海、浙江
千穗谷	*Amaranthus hypochondriacus*	苋科	北美洲	3	安徽、福建、江苏、江西、山东、上海、浙江
长芒苋[④]	*Amaranthus palmeri*	苋科	北美洲	1	山东
合被苋	*Amaranthus polygonoides*	苋科	热带美洲	3	安徽、山东、上海、浙江
反枝苋[③]	*Amaranthus retroflexus*	苋科	北美洲	1	安徽、江西、山东
刺苋	*Amaranthus spinosus*	苋科	热带美洲	1	安徽、福建、江苏、江西、山东、上海、浙江

续表

中文名	拉丁学名	科	原产地	入侵等级	华东分布
薄叶苋	*Amaranthus tenuifolius*	苋科	西南亚		山东
苋	*Amaranthus tricolor*	苋科	热带亚洲	4	安徽、福建、江苏、江西、山东、上海、浙江
糙果苋	*Amaranthus tuberculatus*	苋科	北美洲	3	山东
皱果苋	*Amaranthus viridis*	苋科	热带美洲	2	安徽、福建、江苏、江西、山东、上海、浙江
鸡冠花	*Celosia cristata*	苋科	印度		安徽、福建、江苏、江西、山东、上海、浙江
杂配藜	*Chenopodiastrum hybridum*	苋科	欧洲、西亚	2	山东
土荆芥②	*Dysphania ambrosioides*	苋科	热带美洲	1	安徽、福建、江苏、江西、山东、上海、浙江
铺地藜	*Dysphania pumilio*	苋科	大洋洲	3	山东
银花苋	*Gomphrena celosioides*	苋科	热带美洲	3	福建、江西、浙江
千日红	*Gomphrena globosa*	苋科	热带美洲		安徽、福建、江苏、江西、山东、上海、浙江
番杏	*Tetragonia tetragonoides*	番杏科	大洋洲	4	福建、浙江
垂序商陆④	*Phytolacca americana*	商陆科	北美洲	1	安徽、福建、江苏、江西、山东、上海、浙江
蒜香草	*Petiveria alliacea*	蒜香草科	热带美洲		福建
叶子花	*Bougainvillea spectabilis*	紫茉莉科	南美洲		福建、江西
紫茉莉	*Mirabilis jalapa*	紫茉莉科	热带美洲	4	安徽、福建、江苏、江西、山东、上海、浙江
落葵薯②	*Anredera cordifolia*	落葵科	南美洲	1	福建、江西、浙江
落葵	*Basella alba*	落葵科	热带亚洲		安徽、福建、江苏、江西、山东、上海、浙江
土人参	*Talinum paniculatum*	土人参科	热带美洲	4	安徽、福建、江苏、江西、山东、上海、浙江
大花马齿苋	*Portulaca grandiflora*	马齿苋科	南美洲		安徽、福建、江苏、江西、山东、上海、浙江
毛马齿苋	*Portulaca pilosa*	马齿苋科	热带美洲	3	福建
仙人掌*	*Opuntia dillenii*	仙人掌科	热带美洲	2	安徽、福建、江苏、江西、山东、上海、浙江
匍地仙人掌	*Opuntia humifusa*	仙人掌科	北美洲		江苏、山东
单刺仙人掌	*Opuntia monacantha*	仙人掌科	南美洲	2	福建、浙江
凤仙花	*Impatiens balsamina*	凤仙花科	热带亚洲		安徽、福建、江苏、江西、山东、上海、浙江
双角草	*Diodia virginiana*	茜草科	北美洲		安徽
睫毛坚扣草	*Hexasepalum teres*	茜草科	北美洲	4	安徽、福建、江西、山东、浙江
盖裂果	*Mitracarpus hirtus*	茜草科	热带美洲	3	福建、江西
巴西墨苜蓿	*Richardia brasiliensis*	茜草科	南美洲	3	福建、浙江
田茜	*Sherardia arvensis*	茜草科	欧洲、西亚		江苏
阔叶丰花草	*Spermacoce alata*	茜草科	南美洲	1	福建、江苏、江西、浙江
光叶丰花草	*Spermacoce remota*	茜草科	南美洲	4	福建
长春花	*Catharanthus roseus*	夹竹桃科	非洲		福建、江西、浙江

续表

中文名	拉丁学名	科	原产地	入侵等级	华东分布
原野菟丝子	*Cuscuta campestris*	旋花科	北美洲	4	福建、浙江
五爪金龙[④]	*Ipomoea cairica*	旋花科	热带非洲	1	福建
心叶番薯	*Ipomoea cordatotriloba*	旋花科	热带美洲		浙江
橙红茑萝	*Ipomoea coccinea*	旋花科	南北美洲		安徽、福建、江苏、江西、山东、上海、浙江
瘤梗番薯	*Ipomoea lacunosa*	旋花科	北美洲	3	安徽、福建、江苏、江西、山东、上海、浙江
七爪龙	*Ipomoea mauritiana*	旋花科	热带美洲		福建
牵牛	*Ipomoea nil*	旋花科	南北美洲	2	安徽、福建、江苏、江西、山东、上海、浙江
圆叶牵牛[③]	*Ipomoea purpurea*	旋花科	南北美洲	1	安徽、福建、江苏、江西、山东、上海、浙江
茑萝	*Ipomoea quamoclit*	旋花科	热带美洲	3	安徽、福建、江苏、江西、山东、上海、浙江
三裂叶薯	*Ipomoea triloba*	旋花科	热带美洲	1	安徽、福建、江苏、江西、山东、上海、浙江
苞片小牵牛	*Jacquemontia tamnifolia*	旋花科	热带美洲		江西、山东
毛曼陀罗	*Datura inoxia*	茄科	热带美洲	2	安徽、江苏、山东、上海、浙江
洋金花	*Datura metel*	茄科	热带美洲	4	福建、浙江
曼陀罗	*Datura stramonium*	茄科	热带美洲	2	安徽、福建、江苏、江西、山东、上海、浙江
假酸浆	*Nicandra physalodes*	茄科	南美洲	3	安徽、福建、江苏、江西、山东、上海、浙江
苦蘵	*Physalis angulata*	茄科	南北美洲	4	安徽、福建、江苏、江西、山东、上海、浙江
灰绿灯笼果	*Physalis grisea*	茄科	北美洲		福建、江西、浙江
毛灯笼果	*Physalis pubescens*	茄科	北美洲	4	安徽、福建、江苏、江西、山东、上海、浙江
少花龙葵	*Solanum americanum*	茄科	南美洲	3	福建、江西、上海、浙江
牛茄子	*Solanum capsicoides*	茄科	南美洲	3	福建、江苏、江西、山东、上海、浙江
北美刺龙葵	*Solanum carolinense*	茄科	北美洲		山东、浙江
银叶茄	*Solanum elaeagnifolium*	茄科	北美洲	3	山东
假烟叶树	*Solanum erianthum*	茄科	热带美洲	2	福建
珊瑚樱	*Solanum pseudocapsicum*	茄科	南美洲		安徽、福建、江苏、江西、山东、上海、浙江
蒜芥茄	*Solanum sisymbriifolium*	茄科	热带美洲		江西、上海、浙江
水茄	*Solanum torvum*	茄科	热带美洲	2	福建、浙江
毛果茄	*Solanum viarum*	茄科	南美洲	2	福建、江西、浙江
田玄参	*Bacopa repens*	车前科	北美洲		福建
戟叶凯氏草	*Kickxia elatine*	车前科	北非、欧洲、西亚		江苏、上海、浙江
伏胁花	*Mecardonia procumbens*	车前科	热带美洲	4	福建
芒苞车前	*Plantago aristata*	车前科	北美洲		安徽、江苏、山东
北美车前	*Plantago virginica*	车前科	北美洲	3	安徽、江苏、江西、上海、浙江
野甘草	*Scoparia dulcis*	车前科	热带美洲	2	福建、浙江

续表

中文名	拉丁学名	科	原产地	入侵等级	华东分布
直立婆婆纳	*Veronica arvensis*	车前科	欧洲	4	安徽、福建、江苏、江西、山东、上海、浙江
常春藤婆婆纳	*Veronica hederifolia*	车前科	北非、欧洲、西亚	4	江苏、浙江
阿拉伯婆婆纳	*Veronica persica*	车前科	欧洲、西亚	2	安徽、福建、江苏、江西、山东、上海、浙江
婆婆纳	*Veronica polita*	车前科	西亚	4	安徽、福建、江苏、江西、山东、上海、浙江
圆叶母草	*Lindernia rotundifolia*	母草科	东非至西南亚		浙江
穿心莲	*Andrographis paniculata*	爵床科	西南亚		福建
小花十万错	*Asystasia gangetica* subsp. *micrantha*	爵床科	热带非洲		福建
翠芦莉	*Ruellia simplex*	爵床科	北美洲		福建
猫爪藤	*Dolichandra unguis-cati*	紫葳科	热带美洲	3	福建
假连翘	*Duranta erecta*	马鞭草科	热带美洲		福建、江西
马缨丹②*	*Lantana camara*	马鞭草科	热带美洲	1	福建、江西
蔓马缨丹	*Lantana montevidensis*	马鞭草科	南美洲		福建、江西
假马鞭	*Stachytarpheta jamaicensis*	马鞭草科	热带美洲	3	福建
柳叶马鞭草	*Verbena bonariensis*	马鞭草科	南美洲		安徽、江西、上海、浙江
狭叶马鞭草	*Verbena brasiliensis*	马鞭草科	南美洲		福建、江西、浙江
山香	*Hyptis suaveolens*	唇形科	热带美洲	3	福建
田野水苏	*Stachys arvensis*	唇形科	北非、欧洲、西亚		福建、江西、上海、浙江
穿叶异檐花	*Triodanis perfoliata*	桔梗科	北美洲		福建、江西、浙江
异檐花	*Triodanis perfoliata* subsp. *biflora*	桔梗科	南北美洲		安徽、福建、江西、浙江
白花金纽扣	*Acmella radicans* var. *debilis*	菊科	南北美洲	3	安徽、浙江
藿香蓟④	*Ageratum conyzoides*	菊科	南北美洲	1	安徽、福建、江苏、江西、山东、上海、浙江
豚草①	*Ambrosia artemisiifolia*	菊科	北美洲	1	安徽、福建、江苏、江西、山东、上海、浙江
三裂叶豚草②	*Ambrosia trifida*	菊科	北美洲	1	江苏、山东、上海、浙江
婆婆针	*Bidens bipinnata*	菊科	北美洲	3	安徽、福建、江苏、江西、山东、上海、浙江
大狼杷草④	*Bidens frondosa*	菊科	北美洲	1	安徽、福建、江苏、江西、山东、上海、浙江
鬼针草③	*Bidens pilosa*	菊科	南北美洲	1	安徽、福建、江苏、江西、山东、上海、浙江
飞机草①	*Chromolaena odorata*	菊科	南北美洲	1	福建
大花金鸡菊	*Coreopsis grandiflora*	菊科	北美洲		安徽、福建、江苏、江西、山东、上海、浙江
剑叶金鸡菊	*Coreopsis lanceolata*	菊科	北美洲	4	安徽、福建、山东、浙江
两色金鸡菊	*Coreopsis tinctoria*	菊科	北美洲		安徽、福建、江苏、江西、山东、上海、浙江
秋英	*Cosmos bipinnatus*	菊科	北美洲	4	安徽、福建、江苏、江西、山东、上海、浙江

续表

中文名	拉丁学名	科	原产地	入侵等级	华东分布
黄秋英	*Cosmos sulphureus*	菊科	北美洲	4	安徽、福建、江苏、江西、山东、上海、浙江
南方山芫荽	*Cotula australis*	菊科	大洋洲		福建
野茼蒿	*Crassocephalum crepidioides*	菊科	非洲	2	安徽、福建、江苏、江西、上海、浙江
白花地胆草	*Elephantopus tomentosus*	菊科	北美洲	4	福建、江西
梁子菜	*Erechtites hieraciifolius*	菊科	热带美洲	4	福建
一年蓬[3]	*Erigeron annuus*	菊科	北美洲	1	安徽、福建、江苏、江西、山东、上海、浙江
香丝草	*Erigeron bonariensis*	菊科	南美洲	2	安徽、福建、江苏、江西、山东、上海、浙江
小蓬草[3]	*Erigeron canadensis*	菊科	南北美洲	1	安徽、福建、江苏、江西、山东、上海、浙江
春飞蓬	*Erigeron philadelphicus*	菊科	北美洲	3	安徽、江苏、江西、上海、浙江
苏门白酒草	*Erigeron sumatrensis*	菊科	南美洲	1	安徽、福建、江苏、江西、山东、上海、浙江
黄顶菊[2]	*Flaveria bidentis*	菊科	南美洲	1	安徽、山东
牛膝菊	*Galinsoga parviflora*	菊科	热带美洲	2	安徽、福建、江苏、江西、山东、上海、浙江
粗毛牛膝菊	*Galinsoga quadriradiata*	菊科	北美洲	2	安徽、福建、江苏、江西、山东、上海、浙江
匙叶合冠鼠曲	*Gamochaeta pensylvanica*	菊科	南美洲		福建、江西、上海、浙江
裸冠菊	*Gymnocoronis spilanthoides*	菊科	南美洲		浙江
菊芋	*Helianthus tuberosus*	菊科	北美洲		安徽、福建、江苏、江西、山东、上海、浙江
欧洲猫耳菊	*Hypochaeris radicata*	菊科	北非、欧洲、西亚		福建、江西
狮牙苣	*Leontodon hispidus*	菊科	欧洲至中亚西部		山东
微甘菊[1]*	*Mikania micrantha*	菊科	南北美洲	1	福建、江西、浙江
银胶菊	*Parthenium hysterophorus*	菊科	南北美洲	1	福建、江苏、江西、山东
翼茎阔苞菊	*Pluchea sagittalis*	菊科	南美洲	3	福建
假臭草[3]	*Praxelis clematidea*	菊科	南美洲	1	福建、江西
加拿大一枝黄花[2]	*Solidago canadensis*	菊科	北美洲	1	安徽、福建、江苏、江西、山东、上海、浙江
裸柱菊	*Soliva anthemifolia*	菊科	南美洲	3	安徽、福建、江苏、江西、上海、浙江
翅果裸柱菊	*Soliva sessilis*	菊科	南美洲		上海
续断菊	*Sonchus asper*	菊科	北非、欧洲、西亚	4	安徽、福建、江苏、江西、山东、上海、浙江
南美蟛蜞菊*	*Sphagneticola trilobata*	菊科	热带美洲	2	福建、江西
钻叶紫菀[3]	*Symphyotrichum subulatum*	菊科	南北美洲	1	安徽、福建、江苏、江西、山东、上海、浙江
金腰箭	*Synedrella nodiflora*	菊科	热带美洲	2	福建
万寿菊	*Tagetes erecta*	菊科	北美洲	4	安徽、福建、江苏、江西、山东、上海、浙江
印加孔雀草	*Tagetes minuta*	菊科	南美洲	3	江苏、山东
药用蒲公英	*Taraxacum officinale*	菊科	北非、欧洲、西亚	4	安徽、江苏、江西、上海、浙江

续表

中文名	拉丁学名	科	原产地	入侵等级	华东分布
肿柄菊	*Tithonia diversifolia*	菊科	热带美洲	1	福建
羽芒菊	*Tridax procumbens*	菊科	热带美洲	2	福建
北美苍耳	*Xanthium chinense*	菊科	北美洲	3	安徽、福建、江苏、江西、山东、上海、浙江
意大利苍耳	*Xanthium italicum*	菊科	北美洲	2	山东
百日菊	*Zinnia elegans*	菊科	北美洲	4	安徽、福建、江苏、江西、山东、上海、浙江
南美天胡荽	*Hydrocotyle verticillata*	五加科	热带美洲	2	安徽、福建、江苏、江西、山东、上海、浙江
细叶旱芹	*Cyclospermum leptophyllum*	伞形科	南美洲	4	安徽、福建、江苏、江西、山东、上海、浙江
野胡萝卜	*Daucus carota*	伞形科	欧洲	2	安徽、福建、江苏、江西、山东、上海、浙江

注：（1）①～④表示该种被分别列入《中国外来入侵物种名单》（第一批至第四批）中；*表示该种被列为“100 种入侵性最强的外来生物物种”。

（2）科的顺序按照 APG IV 系统排列，各科内种的顺序按字母顺序排列。

（3）入侵等级依据《中国外来入侵植物名录》（马金双，李惠茹，2018）。

附录Ⅴ 首次发现于华东地区的国家级新记录植物

中文名	拉丁学名	科	发表时间	原产地	文献报道分布
禾穗新缬草	*Valerianella locusta*	败酱科	2018	国产	安徽
奥河牛鼻草	*Misopates orontium*	车前科	2018	欧洲	福建
德州酢浆草	*Oxalis texana*	酢浆草科	2021	美洲	江苏、上海、浙江
水盾草	*Cabomba caroliniana*	莼菜科	2000	美洲	浙江
头序巴豆	*Croton capitatus*	大戟科	2020	美洲	安徽、江苏
密毛巴豆	*Croton lindheimeri*	大戟科	2018	美洲	江苏、上海
匍根大戟	*Euphorbia serpens*	大戟科	2012	美洲	福建
弗吉尼亚须芒草	*Andropogon virginicus*	禾本科	2019	美洲	浙江
日本小丽草	*Coelachne japonica*	禾本科	2017	国产	浙江
刺果瓜	*Sicyos angulatus*	葫芦科	2007	美洲	山东
刺黄花稔	*Sida spinosa*	锦葵科	1994	东南亚	浙江
红子佛甲草	*Sedum erythrospermum*	景天科	2019	国产	浙江、台湾
穿叶异檐花	*Triodanis perfoliata*	桔梗科	1992	美洲	福建
异檐花	*Triodanis perfoliata* subsp. *biflora*	桔梗科	1992	美洲	安徽、福建、浙江
白花金纽扣	*Acmella radicans* var. *debilis*	菊科	2015	美洲	安徽、浙江
匙叶紫菀	*Aster spathulifolius*	菊科	1994	国产	浙江
南泽兰	*Austroeupatorium inulifolium*	菊科	2019	美洲	浙江
舌叶天名精	*Carpesium glossophyllum*	菊科	2019	国产	浙江
丝蓉菊	*Schkuhria pinnata*	菊科	2021	美洲	山东
印加孔雀草	*Tagetes minuta*	菊科	2013	美洲	江苏
弯喙苣	*Urospermum picroides*	菊科	2020	南欧至西亚	浙江
加拿大苍耳	*Xanthium canadense*	菊科	2012	美洲	浙江
早田氏爵床	*Justicia hayatae*	爵床科	2014	国产	浙江
翼茎水丁香	*Ludwigia decurrens*	柳叶菜科	2019	美洲	浙江
细果草龙	*Ludwigia leptocarpa*	柳叶菜科	2012	美洲	浙江
狭叶马鞭草	*Verbena brasiliensis*	马鞭草科	2012	美洲	浙江
刻叶老鹳草	*Geranium dissectum*	牻牛儿苗科	2015	欧洲	江苏
日本野木瓜	*Stauntonia hexaphylla*	木通科	2015	国产	浙江
长叶水苋菜	*Ammannia coccinea*	千屈菜科	2015	美洲	浙江
双角草	*Diodia virginiana*	茜草科	2014	美洲	安徽
睫毛坚扣草	*Hexasepalum teres*	茜草科	1985	美洲	山东
尖齿黑莓	*Rubus argutus*	蔷薇科	2020	美洲	安徽
黄果蓬蘽	*Rubus hirsutus* f. *xanthocarpus*	蔷薇科	2018	国产	安徽
北美刺龙葵	*Solanum carolinense*	茄科	1994	美洲	浙江
乳茄	*Solanum mammosum*	茄科	2013	美洲	浙江
刺毛峨参	*Anthriscus caucalis*	伞形科	2013	欧亚大陆	江苏
日本厚皮香	*Ternstroemia japonica*	山茶科	2015	国产	浙江
玄界萌黄薹草	*Carex genkaiensis*	莎草科	2016	国产	浙江
对马薹草	*Carex tsushimensis*	莎草科	2020	国产	江苏
穗芽水葱	*Scirpus gemmifer*	莎草科	2016	国产	浙江

续表

中文名	拉丁学名	科	发表时间	原产地	文献报道分布
朝鲜白檀	*Symplocos coreana*	山矾科	2020	国产	浙江
蒜味草	*Petiveria alliacea*	商陆科	2013	美洲	福建、云南
华日安蕨	*Anisocampium* × *saitoanum*	蹄盖蕨科	2020	国产	浙江
光叶对囊蕨	*Deparia otomasui*	蹄盖蕨科	2020	国产	安徽
盘珠鹿药	*Maianthemum robustum*	天门冬科	2019	国产	浙江
阔叶沿阶草	*Ophiopogon jaburan*	天门冬科	1994	国产	浙江
二色仙人掌	*Opuntia cespitosa*	仙人掌科	2020	美洲	江苏
匍地仙人掌	*Opuntia humifusa*	仙人掌科	2021	美洲	江苏、山东
假刺苋	*Amaranthus dubius*	苋科	2015	美洲	广东、浙江
薄叶苋	*Amaranthus tenuifolius*	苋科	2002	印度	山东
长序苋	*Digera muricata*	苋科	2000	中亚至北非	安徽
加拿大柳蓝花	*Nuttallanthus canadensis*	玄参科	2012	美洲	浙江
瘤梗甘薯	*Ipomoea lacunosa*	旋花科	1994	美洲	浙江
三裂叶薯	*Ipomoea triloba*	旋花科	1994	美洲	浙江
京都冷水花	*Pilea kiotensis*	荨麻科	2019	日本	浙江
洋竹草	*Callisia repens*	鸭跖草科	2014	美洲	广东、福建
胡椒木	*Zanthoxylum piperitum*	芸香科	2015	国产	浙江
圆头叶桂	*Cinnamomum daphnoides*	樟科	2014	国产	浙江

注：表中的中文名、拉丁学名及科名以该名称所在文献中的表述为准，按照科中文名拼音排序。

中文名称索引

四画

五画

六画

七画

八画

九画

十画

十一画

十二画

十三画

十四画

十五画

十六画

十七画

十八画

十九画

二十画

二十一画

二十二画

二十四画

拉丁学名索引

A

B

C

D

E

F

G

H

I

J

K

L

M

N

O

P

Q

R

S

U

V

W

X

Y

Z